海洋石油工程技术论文

（第十集）

中国石油学会石油工程专业委员会海洋工程工作部　编

中国石化出版社

图书在版编目(CIP)数据

海洋石油工程技术论文. 第十集 / 中国石油学会石油工程专业委员会海洋工程工作部编. —北京: 中国石化出版社, 2018. 10
ISBN 978-7-5114-5065-4

Ⅰ. ①海… Ⅱ. ①中… Ⅲ. ①海上油气田-石油工程-文集 Ⅳ. ①TE5-53

中国版本图书馆 CIP 数据核字(2018)第 226850 号

中国石化出版社出版发行
地址:北京市朝阳区吉市口路 9 号
邮编:100020　电话:(010)59964500
发行部电话:(010)59964526
http://www. sinopec-press. com
E-mail:press@ sinopec. com
北京科信印刷有限公司印刷
全国各地新华书店经销
*
787×1092 毫米 16 开本 41. 25 印张 992 千字
2018 年 10 月第 1 版　2018 年 10 月第 1 次印刷
定价:298. 00 元

海洋石油工程技术论文（第十集）

编委会

目　录

平台设计研究与建造安装

海底管道及海缆

海上钻修采作业及相关设施研究

HSE、风险评估及项目管理

陆岸终端及其他

平台设计研究与建造安装

超强台风下海洋平台井架结构动力灾变分析

赵一培　陈国明　吕涛　赵坦坦　李青阳　姜诗源

［中国石油大学（华东）海洋油气装备与安全技术研究中心］

摘要：考虑风载荷随机性以及构件损伤演化，系统开展井架结构在超强台风作用下的动力灾变研究。按照构件或节点损伤破坏的过程，详细分析了井架结构整体动力灾变行为，研究结构内力重分布现象，揭示了井架结构风致倒塌破坏机理。与传统有限元倒塌分析不同的是，该仿真分析方法不需要进行倒塌准则的判别，避免了人为评估可能造成的误差。研究表明：文中井架结构最危险抗风角度为90°；90°风向角下井架倒塌破坏的临界风速为48.9m/s；90°风向角下井架无斜撑面的底部一侧竖向支撑梁首先发生损伤直至破坏，随后该面底部另一侧竖向支撑梁损伤破坏，直接导致了井架结构整体倒塌。

关键词：井架；脉动风载荷；数字风洞；构件损伤演化；动力灾变

我国是世界上台风登陆最多、遭受灾害最严重的国家之一，统计中国气象局1949~2016年发布的台风情况，我国南海和西北太平洋共生成391次超强台风。2013年超强台风“海燕”中心附近最大风速为75m/s，2016年台风“海马”中心附近最大风速为59.77m/s。随着南海油气田的逐步开发，超强台风对钻井平台的威胁也越来越受到各方关注，台风已经成为威胁我国南海石油作业的最严重自然灾害。

超强台风作用下高耸的井架结构是上部组块的薄弱部分，针对极端风载荷下井架结构动力灾变的研究对优化结构设计具有重要意义。由于井架属于桁架式镂空结构，现行API规范很难确定其时变风载荷空间分布。数值模拟是获得结构风载荷的常用方式，陈维杰等对导管架平台上部组块风载荷进行了数值模拟研究，并与API规范计算结果进行对比分析。朱本瑞基于CFD仿真技术采用指数风速剖面边界条件研究了平台结构风压分布。目前也有一些学者对井架抗风能力进行了一些研究，康健基于构件拆除法及Pushover法研究了超强台风下导管架平台上部组块的倒塌机理。刘红兵基于高频天平风洞实验研究了高耸井架的风振响应。这些研究大多未考虑材料的损伤演化，仅从结构整体角度进行倒塌分析，人为的根据某些准则进行倒塌判别。本文以南海某导管架平台井架为研究对象，基于CFD仿真对风场进行数值模拟，获得井架结构时程风载荷的空间分布。从超强台风脉动风载荷随机性、构件损伤演化等特点出发，开展极端风载荷下井架结构动力灾变的研究。

1. 井架结构超强台风时变载荷数值模拟

对于井架结构而言，在其垂向高度上需要模拟出多点的脉动风速，本文采用计算量小、模拟速度快的线性滤波法中的自回归模型进行顺风向脉动风速时程模拟，文献已证明该方法的可靠性。采用威布尔三参数分布，由其概率密度函数，可推出台风极值风速x_p表达式为：

$$x_p = \eta(\ln n)^{1/\zeta} + \mu \qquad (1-1)$$

式中，η为台风极值风速尺度参数；μ为极值风速位置参数；ξ为极值风速形状参数。参考中国科学院南海海洋研究所关于1948~2008年南海海洋环境资料统计分析结果，即可估算台风极值风速Weibull分布三参数估计值分别为：$\eta=16.19$，$\mu=11.196$和$\xi=2.145$(风速参考高度为10m)。

表1 各重现期下10m高处极值风速

重现期/a	1	10	50	100	200	400	600	800	1000
风速/(m/s)	11.2	35.08	41.78	44.19	46.42	48.5	49.65	50.45	51.06

得到对应极值风速后，根据随机振动理论，功率谱密度与相关函数之间符合维纳—辛钦公式，采用MATLAB编程，求出AR模型自回归系数矩阵[ψ_k]和方差矩阵[$N(t)$]，进一步得到M维空间相关的随机脉动风速时程。以600年、1000年重现期为例，将井架结构划分为11层，顶层脉动风速时程如图2所示。

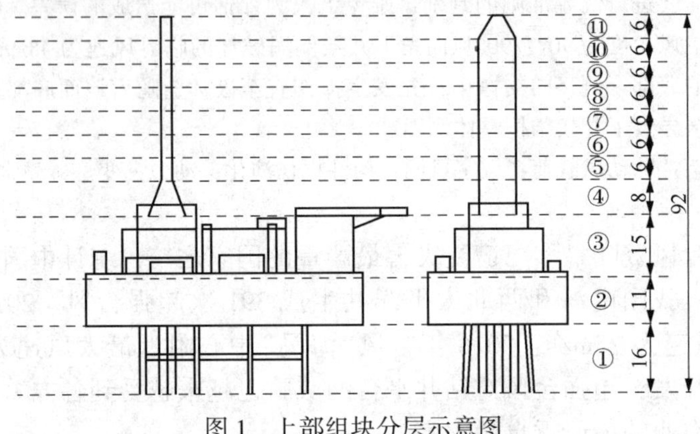

图1 上部组块分层示意图

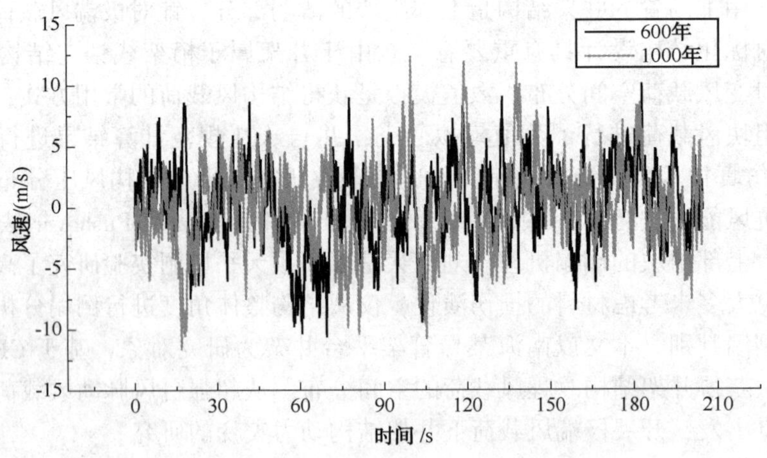

图2 600年、1000年重现期下井架顶层脉动风速

在Fluent中导入建好的Solidworks模型(图3)，为了考虑其他上部组块部分对风场的影响，建立了整个上部组块模型。全模型共布置监测点296个，井架部分布置监测点174个，计算流域取为900m×450m×300m。采用RNG $k-\varepsilon$湍流模型，对动量方程采用欠松弛技术，压力速度耦合采用SIMPLE算法。数字风洞入口采用UDF(User-Defined Functions)编程提供指数风速剖面和脉动风速时程及湍流度剖面。

图 3 平台模型及监测点布置

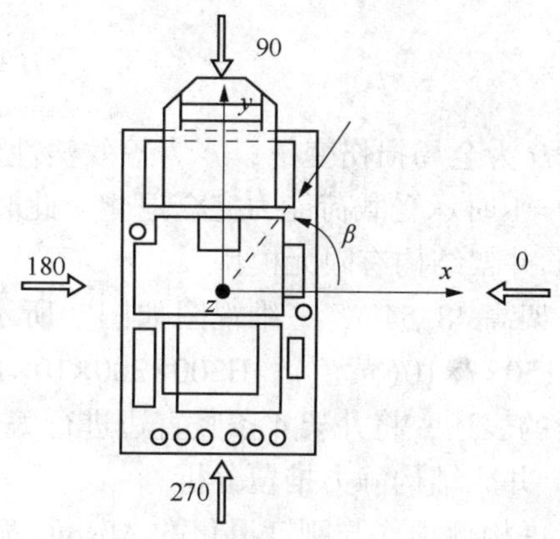

图 4 数值模拟坐标系

以 90°为例，计算 600 年重现期下风载荷时程，第 7 层、第 11 层结果如图 5 所示。

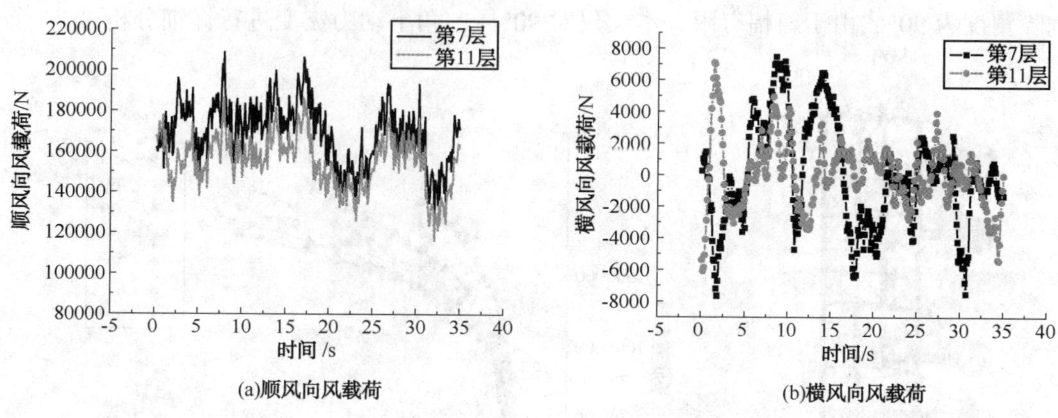

图 5 600 年重现期下第 7 层、第 11 层风载荷时程

2. 井架结构动力灾变分析基础

1）构件损伤与刚度退化模型

模型建立在以下假设条件的基础上：材料为弹塑性、各向同性，满足 Von Mises 屈服准则和相关的流动准则。模型中钢材弹性模量和屈服应力分别取为 $2.06\times10^5\mathrm{N/mm^2}$ 和 $345\mathrm{N/mm^2}$。定义材料损伤初期的等效塑性应变 ε_0^{pl} 为 0.06，材料失效时的等效塑性应变 $\bar{\varepsilon}_f^{pl}$ 为 0.12。应力—应变曲线如图 6 所示。

采用 Abaqus 中的剪切准则来预测由局部剪切带引起的损伤破坏。图 6 中第三段实线表明损伤后的应力—应变行为，虚线是没有损伤情况下的。图 6 中 $\bar{\varepsilon}_0^{pl}(s, \bar{\varepsilon}^{pl})$ 是应变率和剪应力比的函数。

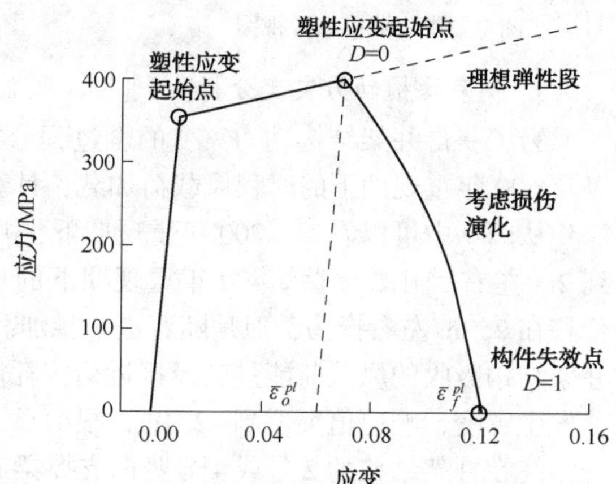

图 6 考虑损伤演化的材料应力-应变关系

单个失效准则下损伤开始后的演化模式：

$$\sigma = (1 - D)\bar{\sigma} \tag{2}$$

$$D = \frac{\bar{u}^{pl}}{\bar{u}_{\mathrm{f}}^{pl}} \tag{3}$$

式中，D 为全局损伤变量；$\bar{u}^{pl}$为等效塑性位移；$\bar{\sigma}$ 为不考虑损伤下计算得到的应力张量。材料在 $D=1$ 时承受载荷能力完全退化，此时其所在单元被删除。

2）井架结构有限元模型

井架高 48. 54m，三维视图如图 7 所示，井架结构由三种尺寸的 H 型钢组成，分别为：H150×150×7×10(黄色)、H300×300×10×15(蓝色)、H400×400×13×21(绿色)。为方便下一步分析的表述，将井架 4 条竖直边进行编号。

3）井架结构静力推覆分析

考虑构件损伤与刚度退化的 Abaqus 显示动力学分析耗时较长，先对井架结构进行相对简单的静力推覆分析，由于井架结构对称分析仅考虑-90°~90°的工况。从图 8 中可以看到井架结构在各角度推覆分析下均呈现延性倒塌，说明结构具有一定程度的冗余性。井架抗风最危险角度为 90°，由于篇幅有限，本文仅对 90°风向角下动力灾变进行详细分析。

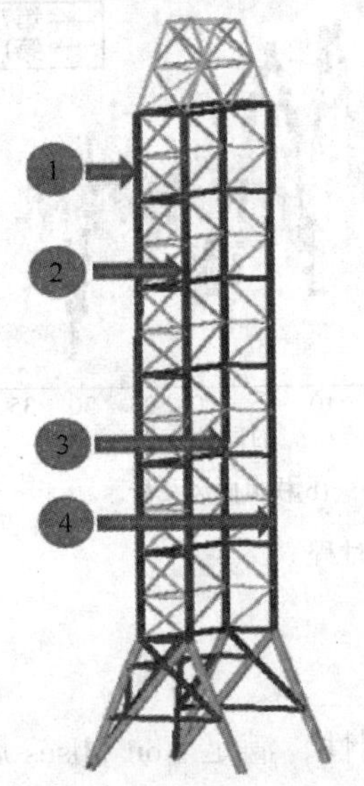

图 7　井架结构三维视图

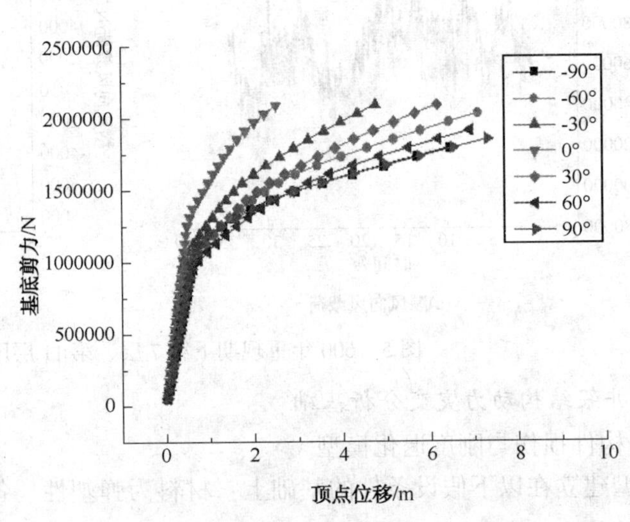

图 8　-90°~90°风向角下井架静力推覆

3. 井架结构动力灾变分析

为了获得井架结构动力灾变的全过程分析，对井架有限元结构模型进行 200 年、400 年以及 600 年重现期下的时程风载荷加载，计算时间为 35s。提取井架顶点位移时程(图 9)。

从图 9 中可以看到，200 年重现期下，井架结构并未发生倒塌，顶部 x 向位移迅速增大到 2m 左右后开始振荡。400 年重现期下的顶点 x 向位移变化规律有明显不同，首先前 10s 位移在 2. 2m 左右振荡，但是随着进一步加载，结构位移有着明显的缓慢变大趋势，考虑为井架结构吸收的风载荷能量已经接近结构耗能的临界值。当重现期为 600 年时，平台顶点位移发生突变，响应值突增到 42. 4m，很明显，此时结构发生倒塌破坏。井架结构最大塑性应变始终在井架结构的 2 号或 4 号竖向支撑梁底部。0. 9s 右侧底部竖向支持梁发生断裂，与位移突变时间对应，说明正是由于承受主要拉力的梁发生断裂，使结构受力不平衡，导致了井架的倾覆[图 10(c)]。

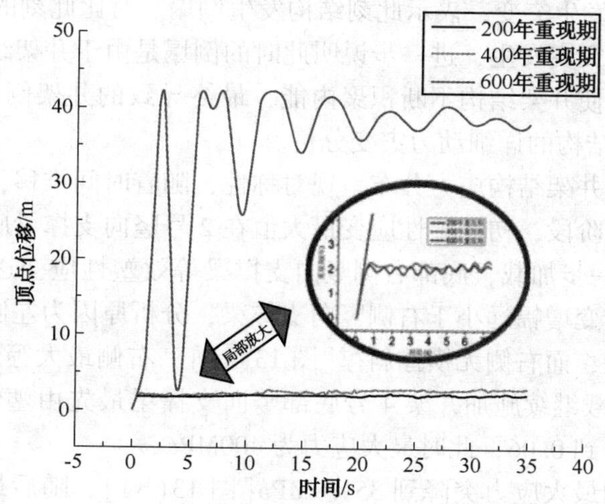

图 9　不同重现期下顶点位移时程

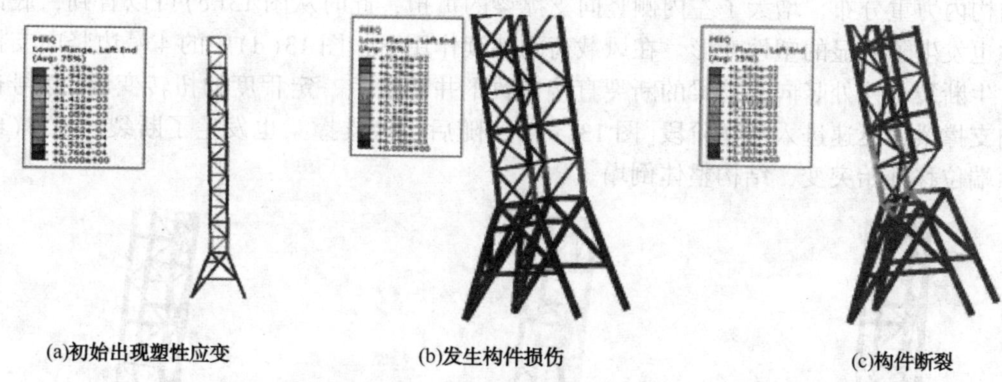

图 10　600 年重现期下基于等效塑性应变的倒塌过程

从以上分析可知，随着重现期的增大，井架结构的顶端位移将随之增大，当超过某一临界状态以后，井架会发生整体倒塌。但是因为重现期对应的是不连续的极值风速，需要在 400 年与 600 年重现期之间通过二分法不断进行试算，计算得到井架发生倒塌的临界风速为 48.9m/s，该风速作用下结构的位移时程如图 11 所示。

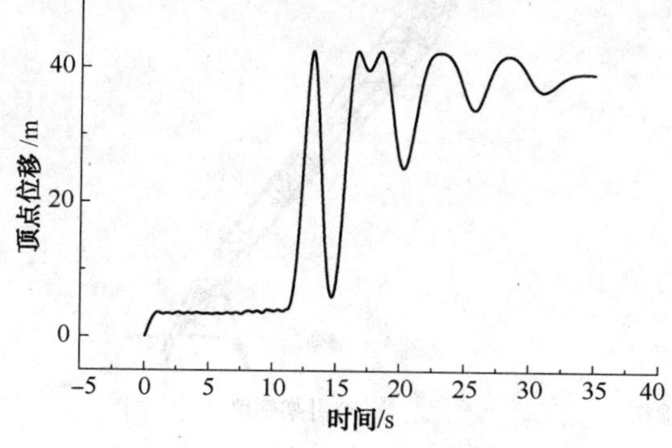

图 11　临界风速下井架顶点位移时程

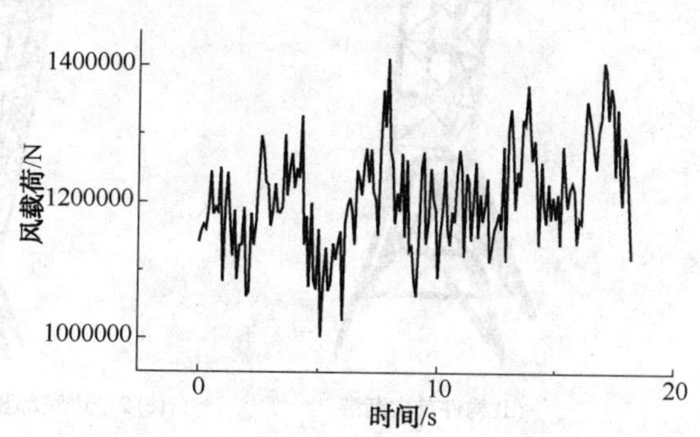

图 12　临界风速下风载荷时程

从图 11 中可以看到井架顶端位移首先是一段稳定的振动，但是随着时间的推移，在风作用 11.2s 以后响应值发生突变，表示此刻结构发生倒塌。对比此刻的风载荷时程曲线可以发现，此时载荷并没有突变发生，进一步说明此时的倒塌是由于井架结构吸收的风载荷能量无法被结构耗能消散，使井架结构不断积聚内能，最终导致的井架倒塌。针对该临界风速，展开 90°风向角下井架结构的详细动力灾变分析。

临界风载作用前，井架结构应力分布呈现对称性，随着时间推移，井架结构在初始加载时刻迅速进入塑性变形阶段，初始塑性应变最大值在 2 号竖向支撑梁底部，此时该处应力值为 346.1MPa。随着进一步加载，底部右侧竖向支撑梁等效塑性应变逐渐变大，而左侧竖向支撑梁处的等效塑性应变增幅远小于右侧竖向支撑梁，分析原因为左侧横撑斜撑较多可以帮助左侧竖向支撑梁承载，而右侧无横撑斜撑[图 13(a)]，右侧最大等效塑性应变为 0.0313，左侧为 0.009。随着风载继续施加井架 4 号底部竖向支撑梁最先由塑性阶段进入损伤阶段，即等效塑性应变首先达到 0.06，此时最大应力为 400MPa。

之后，井架结构的最大应力突降到 354.9MPa[图 13(b)]，随后最大应力位置转移到 3 号竖向支撑梁，发生该现象的原因是右侧竖向支撑梁发生构件损伤之后丧失一定承载能力，井架结构内力重分布，增大了左内侧竖向支撑梁的负担，此时从图 13(c)可以看到，底部侧面横撑也发生了明显的塑性变形。在风载荷的持续作用下，图 13(d)中的 4 号边竖向支撑梁首先发生断裂，该处竖向支撑梁的断裂直接导致了井架发生一定程度的扭转变形，2 号边底部竖向支撑梁也迅速进入损伤阶段[图 13(e)]，随后，该支撑梁也发生了断裂[图 13(f)]，井架顶端位移开始突变，结构整体倒塌。

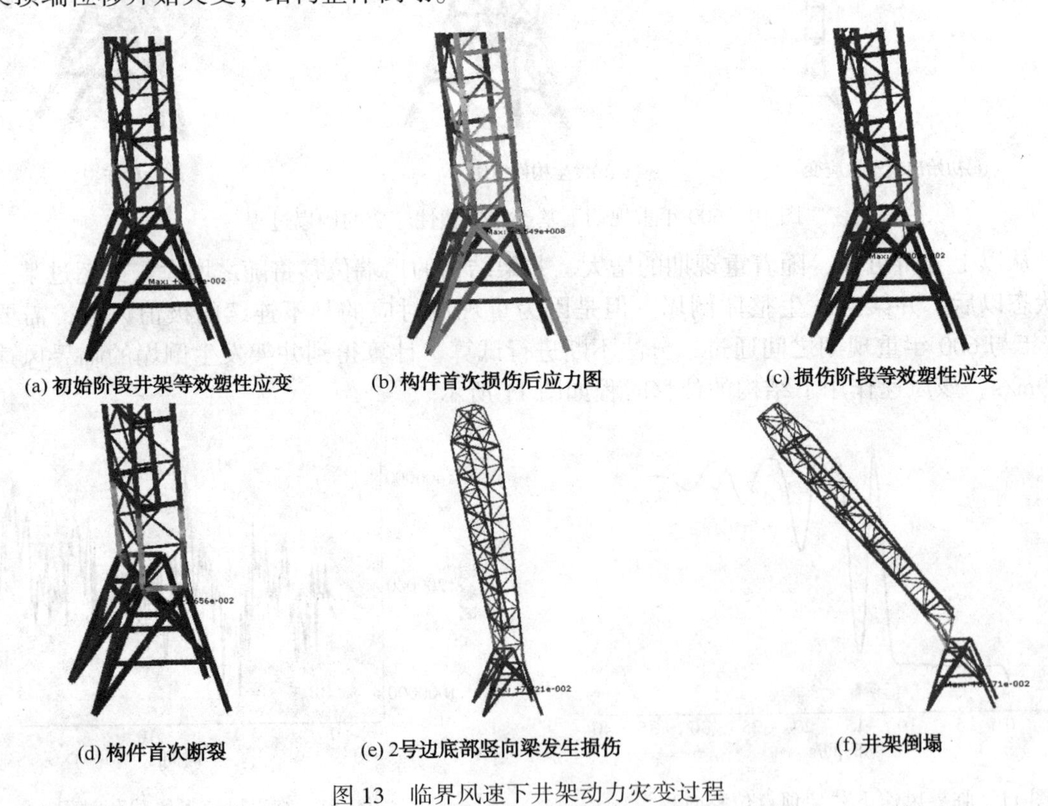
(a) 初始阶段井架等效塑性应变　(b) 构件首次损伤后应力图　(c) 损伤阶段等效塑性应变

(d) 构件首次断裂　(e) 2号边底部竖向梁发生损伤　(f) 井架倒塌

图 13　临界风速下井架动力灾变过程

从梁单元轴力来分析倒塌过程，可以详细的看到内力重分布的具体过程，图 14(a)、图 14(b)显示了首次发生构件断裂以后的轴向内力分布发展情况，此时 3 号竖向梁由轴向压力转变为轴向拉力，随着扭转的进一步发生，轴向拉力逐渐增大，而 2 号竖向支撑梁的轴向拉力有一个明显的降低，轴力值由 2.422e6N 降为 6.222e5N，同时，从图 14(c)中可以看到底部横撑和斜撑承受的轴力出现了明显的增大。

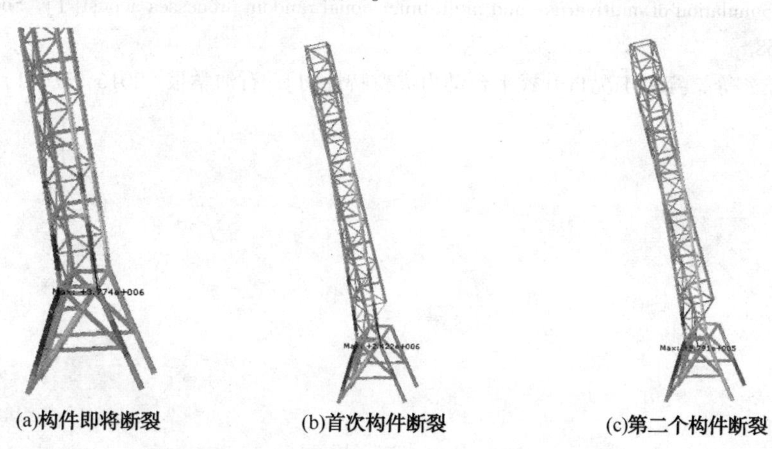

(a)构件即将断裂　(b)首次构件断裂　(c)第二个构件断裂

图 14　临界风速下井架内力重分布过程

4. 结论

(1) 以 600 年重现期下的随机风载荷时程为基础，对井架结构进行-90°~90°下的静力推覆分析，结果表明文中井架的最危险抗风角度为 90°。在实际工程中，可以为平台方位布置提供一定参考，以期避开强风向角。

(2) 考虑风载荷随机性以及构件损伤演化，对不同重现期下井架结构进行动力灾变分析，结果表明 200 年重现期下井架顶点位移表现为稳定的随机振动，400 年重现期下井架已经接近破坏，600 年重现期下井架完全倒塌。进一步通过二分法分析得到临界风速为 48.9m/s。

(3) 对临界风速下的井架结构进行详细的动力灾变分析，结果表明，井架顶端位移首先是一段稳定的振动，在风作用一段时间后响应值发生突变，表示此刻结构发生倒塌。分析井架整个动力灾变过程可以发现，井架 2 号、4 号底部竖向支撑梁的损伤断裂是导致井架倒塌破坏的关键因素。该结论可以为井架结构优化设计提供理论支撑。

参考文献

[1] 陈维杰，陈国明，朱本瑞，等．强台风下导管架平台风载荷数值仿真分析[J]．中国海上油气，2013，25(03)：73-77.

[2] 朱本瑞．超强台风下导管架平台倒塌机理与动力灾变模拟研究[D]．中国石油大学(华东)，2014.

[3] 康健．超强台风下海洋石油钢结构极限承载力及倒塌机理研究[D]．中国石油大学(华东)，2013.

[4] Liu HB，Chen GM，Lyu T，et al. Wind-induced response of large offshore oil platform[J]．Petroleum Exploration and Development，2016，43(04)：708-716.

[5] 黄翱，陈国明，刘红兵，李新宏，吕涛．海洋导管架平台上部组块台风时变载荷数值模拟研究[A]．中国造船工程学会船舶力学学术委员会载荷与响应学组学术论文集[C]．成都：船舶力学学术委员会载荷与响应学组《船舶力学》编辑部，2017：10-27.

[6] 陈团海，陈国明，许亮斌．基于台风验证载荷的平台时变可靠性分析与更新[J]．中国石油大学学报(自然科学版)，2011，35(03)：129-134+139.

[7] 中国国家气象局．台风年鉴，1749-2008.

[8] J S Owen. The application of auto-regressive time series modeling for the time-frequency analysis of civil engineering structures[J]. Engineering Structures，2001(23)：521-536.

[9] Shinozuka M. Simulation of multivariate and multidimensional random processes acoust[J]. Soc. Am. 1971，49(1)：357-368.

[10] 吕涛，徐长航，等．穿刺工况自升式平台动力灾变特性[J]．石油学报，2016，37(11)：1435-1442.

海洋油气开发工程电力负荷精确计算探讨

平朝春　王艳红　尚超

（中海油研究总院有限责任公司）

摘要：电气负荷计算是海上油气田开发工程电力系统设计最基础也是最重要的工作。本文分析了影响负荷计算精确性因素，对改进海洋油气开发工程电力负荷计算精确性进行了探讨，通过案例分析说明了用电设备分析以及合理选择相关计算系数的主要影响，并对智能化大数据技术在海洋油气田开发工程电力负荷精确计算应用进行了探讨。

关键词：海洋工程；电力；负荷计算；精确

1. 引言

电气负荷计算是选择海上油气田电站和供电方案最重要的依据之一。从工程设计的最初阶段(预可行性研究阶段)到详细设计阶段的每一个阶段，电气负荷计算是电气专业都需要做的工作。除此以外，它还是开展电力系统深入设计的基础和依据。因此，电力负荷计算书的编制是海上油气田电力系统设计最重要的工作之一。

由于电气负荷计算相关系数的选取影响因素多，且设计人员的经验不同，相关系数的选取差异也较大，而且目前设计人员年轻化，经验积累有限，往往在电气负荷计算的负载系数选取上偏保守。虽然计算负荷偏保守，为将来增加新的设备留有余地，但这给系统设计、设备选型优化带来难度，也为后续继电保护设计及系统可靠性方面带来挑战。

本文通过对比分析海上油气开发设施用电设备实际运行功率与设计负荷的差异，探讨海洋油气开发工程电力负荷计算相关系数选取，及如何提高海洋工程电气负荷计算的精确性。

2. 目前常用计算方法及系数选取

1）常用计算方法

海洋工程电力负荷计算方法与船舶电力负荷计算需要系数法和三类负荷法比较接近。

首先收集各个专业的用电设备(主要是机械、暖通、轮机、钻修机、采油生产设备等)，将用电设备按连续负载(I 类负荷)、间断负载(II 类负荷)和备用负载(III 类负荷，通常可以不计)进行区分，参考设计手册确定各用电设备的负载系数和不同容量电动机的效率和功率因数，并按下式-1 计算出各工况下所需总功率。

$$P_{C} = (K_{1C} \times \sum P_{LCi} + K_{2T} \times \sum P_{LTi}) \times (1 + \phi) \qquad (2-1)$$

式中　P_C——计算总负荷；

K_{1C}——连续负载同时系数；

K_{2T}——间断负载同时系数；

P_{LCi}——单个连续负载负荷；

P_{LTi}——单个间断负载负荷；

ϕ——系统及线路损耗系数。

当能够掌握每台设备的运行情况，能得出每台设备的需要系数(或负载系数)时则可按式(2-2)进行计算：

$$P_C = (\sum_i K_{2i} \times P_{Li}) \times (1 + \phi) \quad (2-2)$$

式中 K_{2i}——每台设备的需要系数，用电设备所需功率与设备额定输入功率之比；

P_{Li}——每台设备额定输入功率。

这种计算方法适用于对平台所有用电设备的运行情况比较熟悉的海上油气田，计算结果相应比较准确、可靠，但花费的时间和精力会比较多一些。

2) 常用计算系数

《海洋石油工程设计指南第3册——海洋石油工程电气、仪表、通信设计》(以下简称“设计指南”)中给出的同时系数为：I类负荷0.8~1.0；II类负荷0.3~0.5；III类负荷通常可以不计，装机容量小的电站一般为0.1~0.3。设计指南给出的系数是一个范围，实际设计中根据设计人员经验不同，存在估算负荷的差异，而且在实际设计过程中，设计人员从保守角度考虑，往往取值较大，这样造成了油气田投产后实际负荷与设计负荷存在不小差异。这样就有可能造成在电站选择、电气设备选择、海缆截面选择等方面偏保守。

国际上也没有统一的海洋工程电气负荷计算推荐系数和标准。

文献[2]中，关于不同阶段负荷计算系数选取建议连续负荷基本为1，间断负荷为0.5~0.6，这接近设计指南推荐的系数。根据目前几个在产油田的数据看，这样的系数选取一般会使计算负荷偏大。

文献[3]对负载系数没有给出具体建议范围，但在其所举例子中，各设备的负载系数取值在0.77~0.88之间。

国际知名海洋工程设计公司TechnipFMC，在进行FEED(Front End Engineering Design)阶段负荷计算时，一般会取0.8~0.85的负载系数。可见国际上负荷计算负载系数的选取差异也比较大。

国内关于海上油气开发工程电气负荷计算计算系数的研究比较少，类似的研究集中在船舶系统上，文献[4]中，对水泵类负载，“知道水泵的额定功率，在计算负荷选取需要系数时，其系数选取倾向是取大，其值在0. 80~0. 95之间。”

文献[5]中提及，“若将需要系数都取80%，船东和船级社都易接受，因这样计算结果普遍偏大，为将来增加新的设备留有余地。对于偏保守者，由于将用电设备的所需轴功率取得大，使设备利用系数降低，计算结果使偏差更大。”

可见，即便是船舶系统中，也没有统一推荐的相关电气负荷计算系数，且存在计算负荷与实际负荷有较大差异的情况，而我们目前负荷计算方法从船舶设计演变而来，也存在类似情况。

3. 计算的精确性及影响因素

在计算海洋油气田开发工程电力负荷时，由于海上工程设施所处地理位置、油气品质、季节差异、设施功能、设施型式等各方面因素影响，以及实际生产工况与设计理想工况的差异，会使实际运行负荷与设计负荷有一定差异，有的油气田的差异还较大。

比如南海某油田A，设计最大负荷11509kW，按设计负荷选择3台7600kW原油电站(正常生产“2用1备”)，在设计负荷最大年实际运行负荷约7300kW，为设计负荷的

63.4%。某些工况只需运行1台发电机组备用2台发电机组即可满足生产用电需求。

再如渤海某油田B，根据详细设计2009年设计负荷约12.2MW，设计3台7000kW原油发电机组，“2用1备”，而2009年6月实际运行负荷约9MW，为设计负荷的74%，实际运行2台原油发电机组，负荷率仅64%。

另外一方面，采油电潜泵是海上平台主要用电设备之一。而在计算负荷时，完全按照钻采专业所提数据，按所有井均能按计划正常生产进行计算，而实际生产过程中，由于实际的地质油藏情况与设计之间的差异，采办的泵的参数也与计算参数有一定差异，且部分井由于各种原因需要修井或提前关停等，导致部分油田电潜泵实际用电负荷小于计算负荷。比如南海某油田C，基本设计阶段电潜泵总负荷最大约3MW，而实际运行负荷约1.8MW，为设计负荷的60%。

设计系数的选取也是影响因素之一。由于设计人员年轻化，经验积累有限，往往在电气负荷计算的需要系数、同时系数等选取上偏保守。此外，电气负荷计算主要依据相关专业所提设备清单等资料数据，相关专业在设备选型和设计也会有各自的标准和设计裕量的考虑，与负荷计算系数保守取值相叠加，放大了设计负荷与实际需求的差异。

4. *改进负荷计算精确性探讨*

电气负荷计算的精确与否，将会影响海上油气开发设施发电机组选型和运行的合理性，以及输配电系统设计和运行的经济性、可靠性。下面将对如何改进海洋工程负荷计算的精确性进行探讨。

1）计算工况分析

海上油气开发设施类型、规模各异，电气负荷计算工况也各不相同，需要根据设施类型和规模划分好计算工况，对不同工况下的设备运行状态进行分析，取不同的负载系数、需要系数，避免不同工况下不同时运行设备的叠加计算，将有助于提高负荷计算的精确性。例如生产平台，在钻井、修机工况，被修井的电潜泵不应重复计算。表1列出了部分设施需要考虑的计算工况。

表1　不同海上设施电气负荷计算工况

计算工况	生产	钻井	修井	外输	置换	黑启动	应急	火灾	拖航/航行	安装/就位	桩腿升降	停泊
固定井口生产平台	○	▽	▽	—	▽	—	○	○	—	—	—	—
固定综合处理平台	○	▽	▽	—	▽	▽	○	○	—	—	—	—
浮式生产储卸油装置(FPSO)	○	—	—	○	▽	○	○	○	○	○	—	—
半潜式生产平台	○	▽	▽	—	▽	▽	○	○	○	○	—	—
张力腿平台(TLP)	○	▽	▽	—	▽	▽	○	○	○	○	—	—
可移动/半潜钻井平台	—	○	○	—	—	○	○	○	○	○	▽	○
可移动生产采油平台	○	▽	▽	—	▽	○	○	○	○	○	○	—
可移动生产采储平台	○	▽	▽	○	▽	○	○	○	○	○	○	—

注：“○”—需要计算工况；“—”—不需要计算工况；“▽”—根据设施具体功能判断是否需要计算。

对于某一区域多个设施通过海底电缆电力组网时，需要注意分析各个设施之间的一些设备是否有必要重复计算。

以渤海某油田D为例，该油田建有两座固定综合处理平台，以及两座固定井口平台，4座平台均配有修井机。在两座综合平台上配置原油发电机组并通过海底电缆进行电力组网，井口平台则由综合平台经海底电缆进行供电。各平台设计负荷如表2所示。

表2 油田D各平台计算电负荷

平台编号	平台生产公用负荷/kW	修井机负荷/kW
CEPA	12397	1350
CEPB	14734	1350
WHPC	9768	1350
WHPD	5593	1350

如按各平台生产、公用、修井机负荷完全叠加计算，总计将达到47892kW。按此设计并考虑一台发电机备用，发电机组最大负荷率按85%考虑，需要至少设置9台7600kW原油发电机组。而实际生产过程中，基本不会出现4个平台同时修井工况，按同时一个平台修井考虑，总负荷为43842kW，可以将发电机组减少至8台，减少直接投资约3000万元。油田实际投产初期实际运行负荷约31MW，实际运行6台原油发电机即满足运行要求，平均负荷率约68%，根据生产情况预测该油田最大用电负荷将达到38860kW(包括至少一个平台修井负荷)，所设计的8台发电机组满足生产要求。

再如采用FPSO+固定平台开发模式时，如果固定平台设置模块钻机，从工程建设和经济性考虑统一在FPSO设置电站为平台和模块钻机供电，钻井和原油外输均是计划性工作，且外输过程时间相对较短(24小时左右)，外输周期相对较长(5~10天)，而钻井过程中最大用电负荷也是周期性间断出现。基于上述分析，外输负荷与钻井负荷可以不叠加考虑。对于井口数较多(如20口以上)的平台，有频繁修井需求，可以考虑修井负荷与外输负荷的叠加。这样设计既满足实际需求，又使电站配置相对经济。

2）合理分析用电设备需要系数

各个相关专业向电气专业提供的设备清单往往是设备轴功率，或安装容量(安装负荷)。轴功率虽然是设备所需负荷，但考虑到主要根据工艺、生产最大需求，或最大可能运行工况的需求提出，基本会高于大多数实际运行工况负荷需求。另外，安装负荷也不能作为选择电器或导体的依据，这点国内外认识相同。因此，有必要在进行电气负荷计算前，确定合理的计算需要系数。

设计指南归纳的用电设备负载系数变化范围，具有灵活性，也需要设计人员根据具体设计方案具体分析。

如油田E的注水泵，油藏要求平台最大注水量为4173m^3/d，工艺设计注水系统4680m^3/d(195m^3/h)，最大注水压力8.34MPa。设备选择3台65m^3/h、出口压力9MPa的注水泵，轴功率为265kW，再考虑94%电机效率计算需要电功率282kW。上述设计工艺上有1.12倍裕量，设备选择上又多了1.08的裕量，如果从实际油藏需求的注水量和注水压力出发，进行负荷计算时取0.85的需要系数以抵消部分设计裕量，计算需要电功率240kW，则更接近实际用电需求。

生活楼内厨房、洗衣间设备工作的时段和时间长短都较为固定，而淡水供应、热水供应等设备，也是间断运行，因此在计算时，可以选取设计指南中归纳的负载系数范围内相对低的值。

由于空调压缩机不是连续运行的，因此可以作为间断负荷考虑，或者按连续负荷取0.8左右需要系数。公用仪表风压缩机，由于用户大多兼顾修井需求，往往不同时运行，且一般设置压缩空气瓶或储罐，因此，空气压缩机一般按间断负荷考虑，且也可以考虑选取设计指南中归纳的负载系数范围内相对低的值。

部分设施海水用户并不都同时工作，需要跟工艺专业沟通，根据同时工作海水用户需求，选取合适的需要系数。

3）线路及系统损耗计算探讨

进行电力负荷计算，一般需要另加5%各设备配电回路的线路损耗，从以往的设计中，一些没有另加网络损失，计算结果与实际负荷相比已经偏大(如上面提到的油田D)，说明可以考虑不必另加线路损耗。

特别在前期研究阶段(预可行性研究、可行性研究、总体开发方案研究阶段)，为使工程投资在后续阶段不出现大的变动，往往在设备选择、负荷计算系数选取方面偏保守，可以认为已经包住了线路损耗，建议不考虑损耗系数。

而在基本设计和详细设计阶段，随着设计深化和负荷计算的优化，以及部分设备的采办招标完成，能获得可靠的设备参数，详细的照明、电伴热数据等，可以适当考虑线路损耗。

而对于海底电缆输电的损耗，由于在海底电缆选型设计时，在保障供电质量前提下，需要综合考虑系统损耗和工程投资经济性，因此一般要进行单独计算分析，可以按式(4-1)进行简化计算海底电缆输电的功率损耗。

$$\Delta P = \frac{P_2^2 + Q_2^2}{U_2^2} \times R \times l \tag{4-1}$$

式中 ΔP——海底电缆有功功率损耗；

P_2——负载端有功功率；

Q_2——负载端无功功率；

U_2——负载端电压；

R——海底电缆单位长度电阻；

l——海底电缆长度。

表3为某油田群海底电缆功率损耗情况，可以看出同一油田群内海底电缆的损耗差异较大，有的要大于5%，有的则不到1%，因此需要单独考虑。

表3 某油田群海底电缆功率损耗情况

海缆编号	海缆长度/km	末端负荷/kW	海缆损耗/kW	损耗占末端负荷比
海缆A	13	1782	127	7.1%
海缆B	8	3945	128	3.2
海缆C	2.5	1318	83	6.3%
海缆D	1.5	2493	9	0.4%
海缆E	2.4	11569	76	0.7%
海缆F	2.1	8682	73	0.8%

5. 智能化大数据技术用于海洋工程负荷计算展望

国内外近几年来，已经开始了基于大数据、云计算、数据挖掘等新技术的电力系统负荷预测、电力调度和管理等技术研究。

利用大数据、智能化技术，深度分析历史数据及发展趋势，将有助于设计人员更准备把握和选取相关设计参数，提高负荷计算的可靠性和精确性。

利用智能化、大数据技术首先要需要采用智能配电设备，智能设备的应用一方面有利于提高电气设备的完整性管理，另一方面能够实时、准确传送设备状态数据，让操作人员及时掌握相关信息，准确快速定位故障点并及时发现故障原因，提高系统运行可靠性。

智能输配电设备传送的海量数据，经大数据分析后，将有利于设计人员掌握不同类型油气田、不同设备的实际运行状态和负荷率，进而指导负荷计算提高负荷计算精度。或者建立负荷计算系数数据库，通过对不同油气田、不同设备的历史运行数据和在运行数据的分析，利用特定算法，及时更新修正负荷计算系数数据库。让设计人员直接利用数据库数据，进行计算系数选取，这样可以规避部分设计经验不足导致的负荷计算不够精确问题。

除了负荷计算，在设备选型，前期研究时设备数量估算、电气房间面积估算、设备重量估算等各项工作，都可以利用大数据和智能化技术，提高设计工作可靠性和精确性。并逐步实现设计智能化，将设计人员从文字编辑劳动中解放出来，将更多精力投入优化方案、新技术开发和应用的思考中，这将是电气系统设计的一个发展趋势。

6. 结语

海洋油气田开发电力负荷计算不是简单的数学运算，更确切的说是用电负荷的分析。在设计过程中，要尽可能周全地考虑用电设备实际运行的各项影响因素，和用户的同时运行工况的分析，有利于计算准确、更贴合实际。经过分析，为提高海洋工程电力负荷计算的精确性，建议如下：①对区域电力组网油田，各平台直接钻修机不重复计算；②对连续运行的用电设备建议根据实际运行工况分析取0.85左右的需要系数；③平台内部电缆线路损耗建议可不考虑，对海底电缆损耗按计算负荷计算。对于海洋工程电气系统的设计技术发展趋向，将是利用智能化、大数据技术，逐步实现设计智能化，进而提高电气系统的设计水平。

参考文献

[1] 海洋石油工程设计指南编委会．海洋石油工程设计指南第3册——海洋石油工程电气、仪表、通信设计[M]．北京：石油工业出版社，2007：26-45.

[2] Alan L. Sheldrake. Handbook of Electrical Engineering for Practitioners in the Oil, Gas and Petrochemical Industry [M]. England: John Wiley & Sons Ltd, 2003: 2-8.

[3] Reza Vafamehr. Design of Electrical Power Supply System in an Oil and Gas refinery[M]. Sweden: Chalmers University of Technology, 2011: 23-27.

[4] 李群，吴祝华．船舶电力负荷实测分析—2006中国大连国际海事论坛论文集[C]．大连，大连海事大学出版社，2006,：416-420.

[5] 张灼端．电力负荷计算的精确性探讨[J]．广船科技，2001，(01)：25-28.

[6] 李兴龙．负荷计算的需要系数和同时系数[J]．建筑电气，2017，37(01)：33-35.

[7] 熊鹰，杨林．电气设计中负荷计算方法选择与探讨[J]．电气时代，2017，(12)：96-98.

[8] 王德文，孙志伟．电力用户侧大数据分析与并行负荷预测[J]．中国电机工程学报，2015，35(03)：527-537.

[9] 杨廷武，许达．负荷分析对负荷计算的影响[J]．建筑电气，2013，32(05)：75-79.

[10] 徐成，郃能灵．科学考察船电力负荷计算及分析[J]．电气自动化，2016，38(2)：44-47.

平台上部组块双船浮托施工方法关键技术研究

张爱霞　曹飞　祖淑玲　田凯　王剑

（中国石油集团海洋工程有限公司）

摘要：本文针对上部组块双船浮托安装关键设计技术进行研究，对双船拖航双船浮托及单船拖航双船浮托两种方法进行了对比，明确两种安装方式的特点和适用范围，得出的结论对大港、赵东等滩浅海油田开发有一定的指导和借鉴作用。

关键词：双船浮托；单船拖航；双船拖航；驳船

1. 概述

浮托法是20世纪70年代提出的一种海上安装方法，它利用驳船运载平台上部组块，并通过潮位、驳船调载调整结构物高度，使之安装在预先安装的下部承载结构上。浮托安装技术有效解决了整体吊装大型浮吊资源有限、分块吊装组块拼装流程复杂等问题。国际上实施的浮托法工程呈现出重量大、安装技术日趋成熟的特点，在北海、墨西哥湾、西非、东南亚等海域均有成功实施的先例。

我国最早使用浮托法，是2002年在赵东油田3m水深的滩浅海域，采用浅吃水驳船，成功浮托安装了赵东ODA平台，其上部组块重量为6280t，之后的OPA平台、ODB平台及OPB平台的上部组块同样采用浮托法进行安装。这种安装方式解决了由于水深浅，大型浮吊无法进入作业海域的问题，有效节约了施工成本。

2. 浮托法的分类

从承载驳船的数量和特点上区分，浮托法可以分为单船浮托和双船浮托。一般情况下所提到的浮托法均指单船浮托法，指浮托驳船进入大开口结构（导管架或桩基），通过系泊系统以及调载使船上临时支撑与上部组块桩腿进行对接，对接完成后调载浮托船使其上升以顶升组块，当组块顶升离开导管架桩腿一定高度后，浮托船驶出导管架并将组块运至指定地点。这种方法需要根据安装所采用驳船的宽度对承载组块的下部结构进行大开口设计，以方便驳船进入，从而使上部组块及下部结构腿柱之间的间距较大。

双船浮托法采用两条驳船在组块两侧支撑，从平台两侧驶入，对平台下部支撑结构间距没有要求。2006年，在中国南海东马来西亚海域，Kikeh Spar平台成功实现了一座Spar平台的浮托法安装，安装地点水深为1320m，组块质量为4000t，这也是双船浮托法的第一次成功实施。

双船浮托法对于待安装的结构物没有特殊要求，可适用于以下情况：①安装SPAR、TLP等下部没有开口的平台；②安装轴线间距较小的导管架平台，使平台设计更加灵活；③进行废弃平台的拆除。可见，双船浮托法既可用于大型上部组块的安装，也可用于滩浅海中小型安装，还可用于平台的拆除。但这种施式方式在国内仍处于研究阶段，没有实施先例。

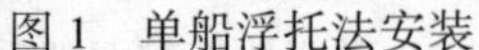
图 1　单船浮托法安装

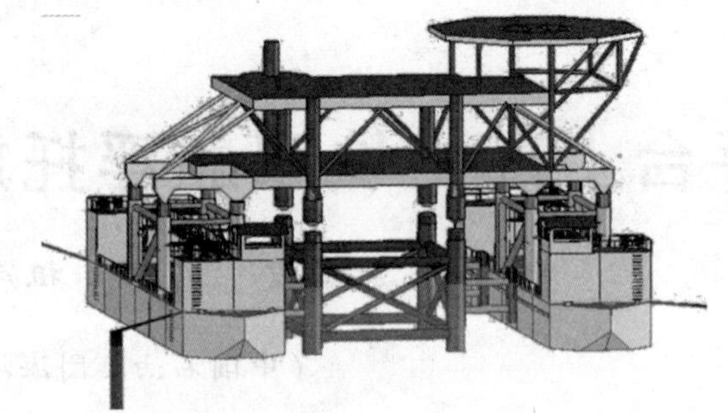

图 2　双船浮托法安装

根据拖航方式的不同，双船浮托法可以分为双船拖航双船浮托，及单船拖航双船浮托。双船拖航双船浮托采用两条驳船将上部组块拖航至安装地点，并采用两条驳船进行浮托安装。单船拖航双船浮托采用一条驳船将上部组块拖航至安装地点，在安装现场首先将上部组块过驳到两条驳船上，然后由两条驳船进行浮托安装。

本文以某滩浅海工程项目为例，通过研究确定经济合理的安装方式。项目所在海域海图水深为 3.0m，计划新建一座管缆终端平台。平台设三层甲板，主腿间距为 19.5m×13.5m，上部组块质量约为 1250t。以下将针对双船拖航双船浮托及单船拖航双船浮托分别进行研究。

3. 双船拖航双船浮托施工方法

1）驳船选型

该施工方案中采用双船装船、双船运输、双船浮托安装，因此，对于整个施工过程，驳船的选择至关重要。为保证拖航过程中两条驳船的运动协调一致，将优先选择姐妹船，使其具有相同的船型尺寸和吃水深度、相同的静水力性能、相同的水动力特性。所采用的驳船应配备调载系统，可以选择自航船舶，或采用无动力驳船利用拖船拖拉前进。

2）船间连接结构设计

为使两条驳船在拖航过程中运动同步，避免因运动不协调造成上部组块受扭破坏，需要安装船间连接结构。

船间连接结构的设计应根据《海上高速船入级与建造规范》进行横向强度和扭转强度的校核，以考虑两条驳船的总横弯矩及扭矩对船体的作用。由于船间连接结构承受较大的扭转荷载，因此需采用抗扭性能较好的箱形桁架结构。另一方面，为确保船间结构与船体之间的局部连接安全可靠，需要通过有限元模拟进行设计，并对船舶进行相应的改造。

3）组块支撑结构设计

采用双驳船进行安装施工的过程中，组块在船体上的支撑结构必须通过设计特定的结构来实现。除承受组块的重量外，该支撑结构还需要实现减振、缓冲等功能，并且尽可能的设计为能释放双船运输、安装过程中船舶相对运动产生的扭矩的结构形式，还应考虑浮托安装时荷载转移后能够与组块快速分离，以节省海上安装工期。

组块支撑结构主要包括组块支撑装置(Deck Supporting Unit，以下简称 DSU)、组块支撑框架(Deck Supporting Frame，以下简称 DSF)以及组块外扩支承框架。DSU 是直接与组块支点连接的支撑装置，具备承载、缓冲、减振等力学性能。DSF 是连接 DSU 与船体的框架结构，主要用于荷载的传递，为 DSU 提供足够的支撑力。组块外扩支承框架是在双船浮托法安装时由于两条驳船跨度较大，需要外扩的支撑组块重量的框架结构，其底部设置支撑点与 DSU 相连。

4）施工过程分析

双船拖航双船浮托施工包括装船、拖航、进船、对接、退船等过程，以下对各过程进行分析。

（1）装船。

在完成所有的准备工作后，将上部组块滑移装船。组块缓慢滑移至两艘驳船上，在整个装船过程中，需要针对驳船进行合适的调载分配方案，保持两艘驳船协调一致，并确保滑移过程中驳船稳性满足规范要求。同时，要始终保持码头和驳船上表面平齐，装船潮高与驳船吃水深度关系计算如下：潮高+驳船干舷高度(型深+驳船上滑道高度-驳船吃水深度)=码头高程+码头上滑道高度。

（2）拖航。

在双船拖航过程中，除了校核完整稳性和破舱稳性之外，还需要针对拖航沿线中可能遭遇的环境条件进行驳船的运动分析，以及在这种运动响应下，所运载的上部组块的强度、刚度及稳定性能够满足规范要求。

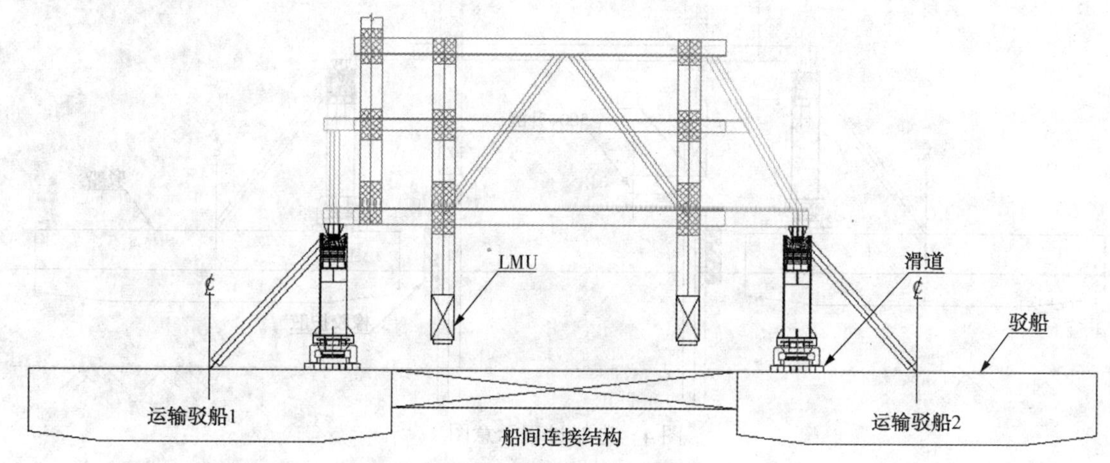

图 3　拖航过程中的布置

（3）进船与对接。

当运输驳船到达预定海域时，首先拆除两条驳船艏部的连接结构。等待潮位到达设计进船潮位后，通过调节锚链及带缆，控制驳船缓缓驶入桩区(已安装的下部结构)。驳船在桩区两侧就位之后，调节驳船的水平位置，使得组块甲板腿柱下端的桩腿对接耦合装置(Leg Matting Unit，以下简称 LMU)与桩顶插尖对准，不至于偏离对接范围。组块腿与桩腿对准以后，通过压载+退潮+千斤顶组合的方式降低驳船高度，进行上部组块与桩腿的对接，使上部组块的荷载逐步转移到桩腿上，从而完成浮托过程。

以本项目为例，具体步骤如下：

① 进船时船舶吃水为 1.5m，驳船下降 0.9m 后，桩插尖开始进入组块 LMU 顶部锥形接收器范围。

② 驳船再下降 0.35m，LMU 顶部伸出的锥形接收器与桩顶主体接触，荷载转移开始。

③ 液压千斤顶回缩，驳船继续下降进入荷载转移阶段，当液压千斤顶回缩 0.4m 进入无行程状态，驳船下降 0.1m，即 DSU 下降 0.5m 后(DSU 伸长，LMU 压缩)，DSU 上荷载全部转移至 LMU 上，此时 DSU 顶部凹球形接收器与上部组块支点间处于接触但不受力状态。

④ 驳船随压载及退潮继续下降，DSU 与上部组块支点开始脱离，经过 0.9m 的驳船下降

(考虑 DSU 凹球面接收器内高度及一定的安全间隙)后，驳船退出桩区。

综上所述，驳船总的下降高度为 2.65m，驳船设计吃水 4.0m，进船时吃水 1.5m，所需要的压载量为 1.45m，液压千斤顶回缩量 0.4m，需要配合 0.8m 高的退潮潮位完成荷载转移过程。通过对历史数据进行统计，4~9 月期间，每个月大约有 20 天以上的时间段最小潮高为 0.8m。因此，必需选择此潮汐窗口内进行施工。

在进船设计时，需要进行船舶浮态分析、系泊分析、稳性分析及水动力分析。通过计算得到组块 LMU 底部的升沉运动，并与已打入的桩顶保持 0.5m 以上的净间隙，使驳船能够安全进入桩群，如图 4 所示。

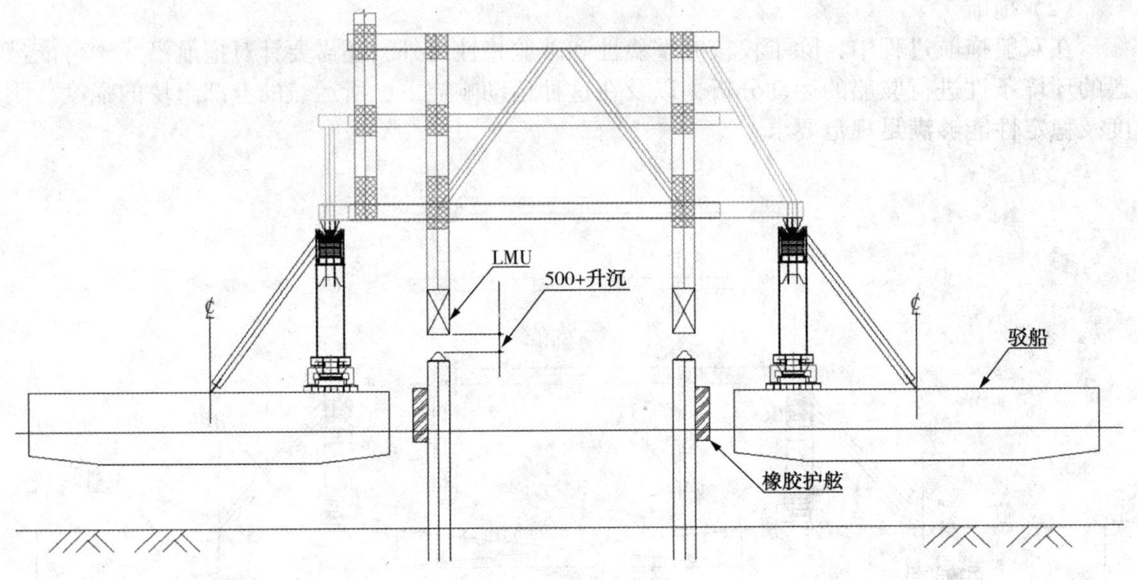

图 4　进船过程示意图

4. 单船拖航双船浮托施工方法

1) 驳船选型

该施工方案中采用一条驳船进行上部组块的装船及拖航，到达安装地点后，将上部组块过驳至两条驳船上进行浮托安装。因此，需要选择一艘运输驳船和两艘浮托驳船。为减少驳船改造量，运输驳船和浮托驳船均选择可调载的驳船，且两艘浮托驳船尽量选择姐妹船。由于浮托驳船只用于过驳后的浮托安装，不做远距离运输使用，驳船之间不需要通过船间连接结构连接。

2) 施工过程分析

单船拖航双船浮托施工包括装船、拖航、过驳、进船、对接、退船等过程。由于采用一艘运输驳船，在装船和拖航过程中，船舶的浮态比较容易控制，从而能够有效保障上部组块的安全。这种施工方案的进船过程及上部组块支撑结构设计与双船拖航双船浮托类似，不再赘述。以下重点针对过驳过程进行研究。

在运输驳船到达安装现场后，首先切除绑扎固定件，然后将上部组块从运输驳船上过驳到两艘浮托驳船上。为实现过驳，位于运输驳船两侧的两艘浮托驳船先进行排载，使组块的上部支撑点逐步与浮托驳船支撑结构的凹面接收器接触，并将上部组块荷载逐步从运输驳船转移至浮托驳船。之后对中间的运输驳船进行压载，使 LMU 与运输驳船垫墩之间净间距达到 1m，以保证后续顺利进船。

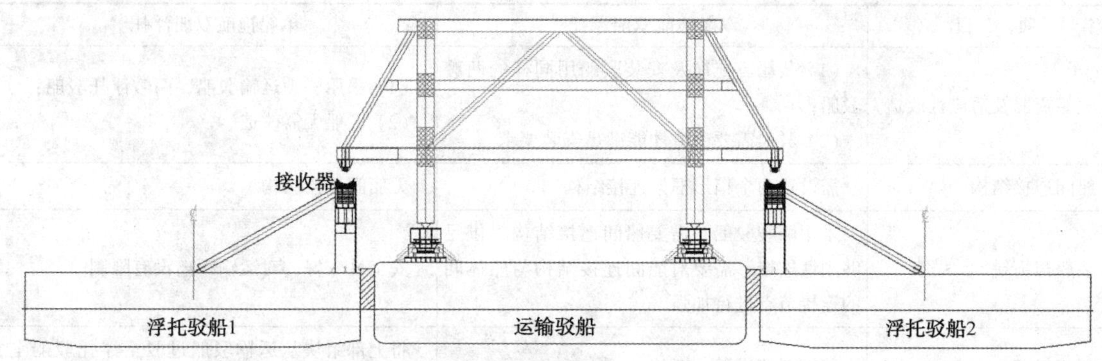

图 5　过驳初始状态示意图

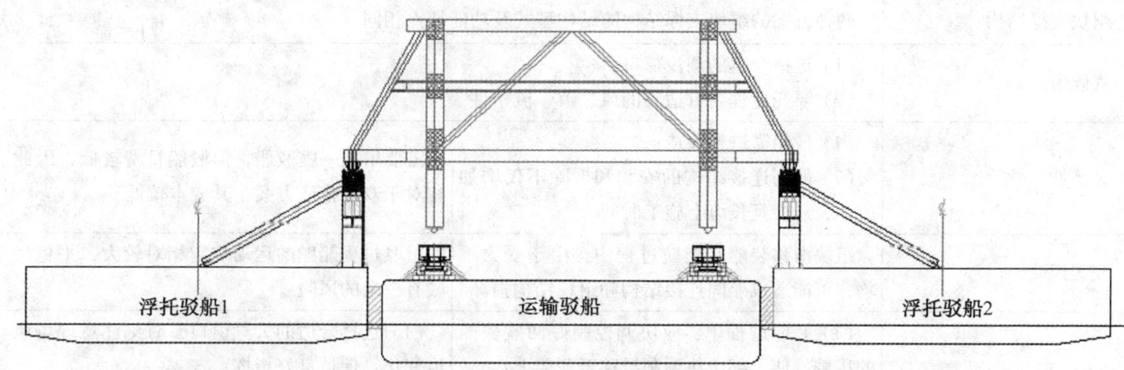

图 6　过驳最终状态示意图

过驳过程是整个双船浮托方案的关键环节，要重点控制以下方面：

① 选择合适的潮汐。由于通过驳船的压载实现过驳，而安装海域水深仅 3.0m，因此需要借助适合的潮高使驳船与海床之间保持安全距离。

② 选择合适的气候窗。风、浪、流等条件要宜于海上施工，以控制驳船和组块的运动幅度。

③ 施工前做好充分准备。如合理布置系泊方式，并在船舶两侧设置护舷，避免船舶意外碰撞而产生结构性损伤。

④ 控制驳船的浮态。避免组块荷载过渡到浮托驳船时，因局部受力增加而造成船舶横倾。

⑤ 控制驳船运动幅值。可以通过锚链和系泊缆来调节驳船的水平位置，使上部支撑点不至于跳出凹球面接收器的接收范围。

⑥ 准确控制三艘驳船的调载。

因此，设计时需要进行驳船的静水力计算、水动力性能计算、船舶压载分析及稳性分析，以确保过驳的安全进行。

5. 方案比选

根据上述研究，双船拖航双船浮托方案及单船拖航双船浮托方案对比如表 1 所示。

通过从技术、经济、安装风险等方面进行对比，可以看到，单船拖航双船浮托安装方案技术上更加可行，风险更加可控。在进行滩浅海平台安装、废弃平台拆除等施工时，推荐采用这种方案进行施工。

表1 双船拖航双船浮托方案及单船拖船双船浮托方案

项目	双船拖航双船浮托	单船拖航双船浮托
驳船资源及适应性改造	(1) 装船、拖航及安装驳船用同样的两艘驳船; (2) 驳船需要改造才能满足安装要求	(1) 采用一艘运输驳船，两艘浮托驳船; (2) 驳船无需改造
船间连接结构	需设置两个箱形框架连接结构	无船间连接结构
装船与拖航	采用两艘驳船，需要船间连接结构提供足够刚性连接，需要对船间连接结构与船体间的连接节点进行加强	安全性较好，对运输距离没有限制
浮托过程	两艘驳船进船、对接	将上部组块从运输驳船过驳至浮托驳船上，然后进船、对接
组块支撑结构	两种方案的组块支撑结构的结构型式及功能特点相同	
气候窗	(1) 选择合适的潮汐窗口; (2) 浮托过程要有适宜的风、浪、流条件	
经济性	(1) 驳船需进行改造; (2) 船间连接结构的安装和拆除不仅增加成本，还会延长海上施工时间	需要增加一艘驳船，但驳船日费较低，因此相对于双船拖航方案，其成本较低
安装风险	组块滑移装船和拖航过程中，由于受力不均，可能造成船间连接结构和组块结构损坏	过驳过程船舶的运动响应相对较大，平稳过驳有一定的风险
控制措施	(1) 装船过程中，应协调控制好两艘驳船的压载，使上部组块顺利滑移至驳船上; (2) 为保证拖航过程中驳船运动的协调，需要用船间连接结构将两艘运输驳船进行连接; (3) 拖航时应选择合适的气候窗口; (4) 不宜用于长距离运输	(1) 选择合适的天气窗口，时刻注意现场风浪变化，保持良好指挥; (2) 合理设置锚泊系统，运用交叉缆和纵向缆控制船位; (3) 合理设计护舷系统等缓冲装置。 (4) 设计时考虑各种受力状态，充分论证系泊系统的合理性，保证船舶有效控制

6. 双船浮托施工技术在滩浅海油田开发中的应用研究

滩浅海油田开发中，一般可以采用吊装法和单船浮托法等施工方案。但对于极浅水海域，常会因为水深的限制使施工船舶无法正常作业。

如本文所研究项目中，海图水深仅为3.0m，上部组块重量为1250t，如果采用吊装方式，浮吊作业吃水需6.0m左右，施工前需要对平台安装区域进行清淤，以保证船舶作业最小吃水要求。根据船舶作业区域布置，清淤量大约为$60\times10^4m^3$，使得施工成本增加、施工工期延长；另一方面浮吊费用昂贵，因而吊装法成本较高。如果采用单船浮托法，平台轴线间距需要考虑驳船宽度，因而上部组块尺寸将大幅增加。

与上述两种施工方案相比，双船浮托法具有良好的经济性，可以通过选择适宜的潮汐窗口，避免清淤工作量，因而在极浅水滩浅海区域上部组块的安装施工中有较好的使用前景。

参考文献

[1] 阮志豪，赵庆凯，等．双船浮托法整体拆除海上弃置组块方案概述[J]．中国水运，2017，38(06)：50-52.

胜利埕岛油田海上石油平台弃置技术研究

孙　慧

（中国石化胜利油田分公司生产运行管理中心）

摘要：我国经历了海上油田建设的高峰期后，设施老化需要拆除的退役平台数量剧增；埕岛油田也进入油田开发中后期的维护生产期，大量平台需要开展弃置工作。本文介绍了海上石油平台弃置的国家相关法律法规要求；阐述了平台弃置方案所应当考虑的几个方面；重点介绍了水下结构拆除的几种方式方法及特点；并对胜利埕岛油田目前完成的工作及下步的研究方向进行了说明。目前胜利埕岛油田海上退役平台弃置技术研究还有许多工作要做，力争探求一种适应埕岛海域的成熟的平台弃置方案技术。

关键词：埕岛油田；海上；平台；弃置；切割；技术

1. 前言

未来五年全球将有600多座平台需要进行退役拆除，拆除弃置的费用也在逐年增加。2002年，国家海洋局颁布《海洋石油平台废弃管理暂行办法》，对废弃平台的弃置处理进行了规定和说明。2017年国家海洋局下发《海洋石油平台废弃管理办法》（征求意见稿），正式文件即将颁布。进入21世纪，我国部分海上油田设施开始老化。经历了海上油田建设的高峰期后，国内平台拆除数量也将剧增。胜利埕岛油田自开发至今海上建成海洋平台100余座，目前已进入油田开发中后期的维护生产期，部分平台开展延寿工作，部分平台已开展弃置工作，并且按照总体规划，埕岛油田未来几年也将有大量平台需要开展弃置工作。

2. 国家相关法律法规要求

（1）《中华人民共和国海域使用管理法》（2002年1月1日起施行）。

（2）《中华人民共和国海上交通安全法》（1984年1月1日起施行）。

（3）防治海洋工程建设项目污染损害海洋环境管理条例》（中华人民共和国国务院令第475号，2006年11月1日起施行）。

（4）《中华人民共和国海洋倾废管理条例》（中华人民共和国国务院，1985年起施行，2011年修订）。

（5）《海洋石油安全管理细则》（国家安全生产监督管理总局25号令，2009年12月1日起施行）。

（6）《海上油气生产设施废弃处置管理暂行规定》（国家发展和改革委等五部委，2010年6月23日起施行）。

（7）《海洋石油平台弃置管理暂行办法》（国家海洋局，2002年6月24日起施行）。

（8）《中华人民共和国水上水下活动通航安全管理规定》（交通运输部令2011年第5号，2011年3月1日起施行）。

（9）《中华人民共和国航道管理条例实施细则》（交通运输部，1991年制定，2009年修订)。

3. 平台弃置方案的总体设计

1) 对可重复利用的部分进行评估分析

首先要考虑对海洋环境即：地形、地貌及海生物的影响，最大可能的对平台进行再利用。平台的完全拆除与部分拆除相比较对海洋环境的影响更大，而且费用更高，但无论是哪种拆除对海洋环境都有不利的影响。较之拆除方案，再利用方案的规划性支出与维护成本可能都比较高，但对海洋生态环境的影响较少，并且能产生较好的经济效益。如：海上风电、海水养殖、人造海洋栖息地、休闲钓鱼和潜水公园、具有药用价值的生物培养等。

2) 井口的拆除及工艺设备和机械设备的拆除

针对井口、工艺设备、机械设备等有可能存在油、气等污染物泄露的情况发生，首先需按照相关规定进行封堵、清洗、吹扫等处理，防止污染物对海洋环境造成影响。同时对于可再利用的设备需在评估后单独进行拆除处理。

3) 平台上部结构的拆除

(1)"浮托法"作为组块安装方式的一种，无需动用大型浮吊资源，组块桩腿切割后，再用驳船将组块托起，实现组块的拆解。同时从这一点看出：我们在平台的设计时，就应考虑将来平台退役时候的拆除问题。

(2)"浮筒配合拖拉"则是在导管架上预先安装浮筒，使用拖轮将大导管架拖拉至浅滩进行拆解，使得拆除成本费用大大降低。

4. 水下结构拆除

海洋石油平台的拆除，导管架的拆除是整个拆除过程中耗时最长，耗资最大的工程，除了将导管架平台留在原地，无论采取何种拆除方案，总要涉及到大量的水下切割操作，平台拆除水下切割应是关键之所在。水下切割的方式主要有以下几种。

1) 超高压水/砂冲蚀切割工艺

高压水射流切割法按照所采用的介质不同可以分为纯水射流切割和磨料水射流切割两种基本类型。用于水下主要是内切割，既可用于钢管件，又可用于混凝土结构。磨料水射流切割因在水中添加了磨料，提高了水射流的冲击、破坏作用，切割能力相比纯水射流有较大的提高。该技术不会对海洋环境造成其它的污染，但设备复杂、成本较高、喷嘴的磨损速度快，该种方式对平台桩基要求较高，如果平台桩基位置不规则或导管桩内无法进行切割头下放，都有可能给平台的切割效果带来影响。目前国内中海油和中国石油大学对该技术进行了研究。

2) 水下作业舱+电氧切割法

即电弧-氧切割：借助空心割条产生的电弧把工件熔化，并用空心割条中喷射出的氧气把熔化金属吹开，形成割口。电弧-氧切割速度比火焰切割高，技术要求低，设备简单，成本较低，切割效率低，且受作业环境因素影响较大。在采用水下电氧切割前，需在被切割物体周围进行清淤作业，其方法主要有：围堰清淤、放坡清淤和水下作业舱气举反排清淤。相比之下，围堰清淤及放坡清淤施工量较大，成本较高。胜利油田 L-178 平台就是采用围堰清淤+电氧切割法进行的水下切割。水下作业舱气举反排方法是一种较为经济、安全的清淤方法。其主要原理为：通过浮吊吊装水下作业舱沿支撑桩管下放，利用安装于舱底部的环喷装置对桩底泥沙进行喷冲，并采用气举反排原理将泥沙运移至作业舱外，逐渐下放至泥面下

5~6m，为水下电氧切割提供稳定的作业空间，但胜利油田目前尚无该种设备。

3）管内热熔切割

管内热熔切割，其主要适用于直径 ϕ600mm~ϕ1600mm 导管架平台支撑桩或独立桩的拆除，切割速度 200~700mm/min，具有切割效率高、切割工艺简便、自动化程度高、施工成本低、切割过程无污染、周边环境无破坏等特点。其主要原理为：采用桩管内阵列汽油割炬旋转切割。在完成桩管切割的同时，能够对桩内切割状态进行实时的监测，保证切割过程稳定性和安全性。

4）金刚线切割

金刚石线切割是采用金刚石线单向循环或往复循环运动的方式，使金刚石线与被切割物件间形成相对的磨削运动，从而实现切割的目的。高速旋转并往复回转的绕丝筒带动金刚石线做往复运动，金刚石线被二个张紧线轮(弹簧或气动)所张紧，同时加设两个导向轮以确保切割的精度和面型。因为在切割时采用了夹具、导轨和附加固定设备可进行位置控制和支撑，切割时往往配有摄像机进行遥控切割。金刚线切割可以切割上部平台及水下结构的所有钢及混凝土构件，属于冷切割，对切割环境要求较低，国外采用该方式作业的比较多。目前上海交通大学已生产出金刚线切割样机，并与胜利油田龙玺公司达成框架合作协议，相关研究实验工作正在继续。

5. 胜利埕岛油田目前的工作进展及下步研究方向

海洋平台的弃置和拆除已成为海洋工程的一个新产业，其涉及技术领域较多，且受经济、技术、安全、环境保护等多种因素的制约。胜利油田正在进行 9 座平台的拆除工作，目前已完成平台拆除的方案设计工作，且同时在进行相关技术的研究工作。

1）方案设计

(1) 确定拆除顺序。

平台及辅助地面设施的拆除顺序将影响拆除施工的安全性、环境保护、拆除效率等。综合考虑拆除工艺适应性、环境保护等安全、施工成本控制等因素，针对每个平台的特点，对其拆除顺序进行分析，主要原则为，先拆外围的设施，后拆平台及井口。

(2) 导管架平台拆除方案比选。

导管架平台拆除内容主要包含顶部工艺平台、设备及底部支撑桩。导管架顶部的工艺平台及相关设备可以在水面以上进行分离，采用氧乙炔切割；拆除的难点和关键点为底部支撑桩的拆除和切割。根据现有掌握技术，对于导管架支撑桩的拆除，主要考虑采用管内热熔切割、高压磨料射流切割、围堰+电氧切割三种方式。最后方案的制定尚待进一步调研后确定。

2）研究方向

(1) 适用于埕岛油田的井口弃置技术研究。

针对埕岛油田井口特点，研究适用于埕岛油田的封井技术，井口套管拆除技术。

(2) 海洋平台上部设施清洗技术研究。

平台上部甲板、生产管汇、油气装置等设施清洗技术及安全隔离技术研究。

(3) 海洋平台结构拆除技术研究。

研究拆除装备对埕岛油田海洋平台的适用性，与弃置相关的关键结构计算分析方法。

(4) 海洋生态环境保护研究。

开发安全、环保、经济、高效、稳定、通用的水下切割拆除作业环境，降低水下切割作业的安全风险，保护海洋生态环境。

6. 结语

平台弃置方法的选择需要考虑平台的使用时间、地点、水深、平台类型、土壤强度、冲蚀等等及国际国内的相关法律法规。胜利油田所处的地理位置地层情况比较复杂。局部区域地层表层存在铁板砂，废弃石油平台管切割位置多位于铁板砂层中，工作难度很大，且目前相关的企业标准还属于真空带，国内虽然平台拆除的工作已经开始做了，但尚无非常成熟高效的技术，需要进行的技术研究还很多，很多涉及面尚在研究阶段，需要更多的考察、调研、学习及实验，因此，我们需要探求一种适应埕岛海域的成熟的平台弃置技术。

参 考 文 献

[1] 李成刚，张敬安，郑辉，肖志国，韦卓. 海洋油气建设平台弃置方案研究[J]. 中国石油和化工标准与质量，2013，9.

使用浮吊进行 FPSO 和 FLNG 模块吊装方案设计及应用

刘超 江锦

(海洋石油工程股份有限公司)

摘要：FPSO 和 FLNG 在海洋油气田开发领域的应用越来越广泛。但随着 FPSO 和 FLNG 规模的不断增大，在增加模块处理能力的同时，势必会造成模块尺寸和重量的增加。以往在船厂使用龙门吊完成模块吊装的优势受到了极大的削弱。而固定扒杆浮吊作为模块吊装的重要工程设备，在 FPSO 和 FLNG 模块吊装领域将更好的发挥本领。

关键词：浮吊；FPSO；FLNG；模块吊装；方案设计；应用

FPSO 和 FLNG(以下简称“浮式生产设施”)是用于海上油气田开发，通过系泊系统定位于海上，具有开采、处理、储存和装卸油气的功能。搭配穿梭油轮和 LNG 船，可以实现海上油气田的开采和成品油气的外输。

随着浮式生产设施应用技术的逐步成熟，浮式生产设施概念的工程化已被众多能源公司所接受。利用浮式生产设施进行海上油气田开发结束了只能采用管道运输上岸的单一模式，节约了运输成本，而且，该装置可以安装在远离人群居住的地方，安全环保。此外，浮式生产设施还可以在油气田开采结束后二次使用，安置于其他区块，经济性能较高。浮式生产设施的上述优势使其成为开发离岸较远的中小型边际气田的首选装备。

浮式生产设施通常可分为 3 个部分：船体，处理模块，系泊系统。本文将针对浮式生产设施的集成施工中模块吊装环节展开方案设计，并在工程中实际应用。该方案通用性较高，可为类似工程设计提供参考和借鉴。

1. FPSO 发展类型

FPSO 发展类型如图 1 所示。

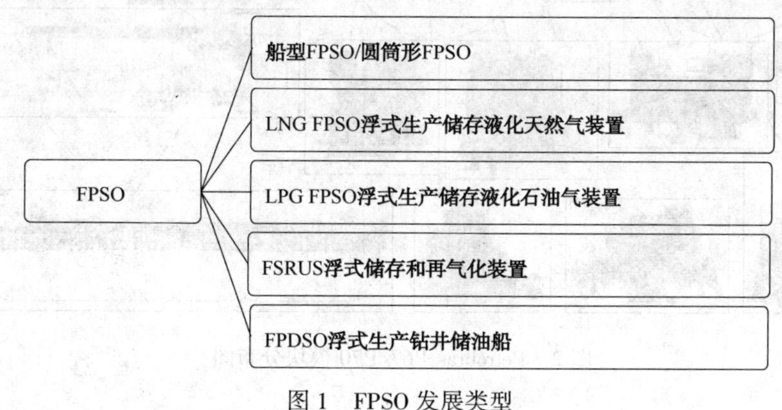

图 1　FPSO 发展类型

FPSO是伴随海上油气田开发需求逐渐兴起的一类独特的浮式生产设施，并在功能上进一步细化。它集生产处理、存储外输、生活、动力供应于一体。FPSO以船型居多，但圆筒形FPSO在相同储存量的情况下，水线面面积更大，船体稳定性得到提高。工作甲板承载能力高，紧凑的结构设计使构件的弯曲载荷与疲劳强度最小化，且减少各种管缆的使用。圆筒形FPSO为对称形状的浮体，结构简洁，适合模块化的设计和建造。建造工艺比船型FPSO简单，且成本低、周期短。圆筒形的外壳消除了艏摇激励，也使水下部分水动力完全相同。圆筒形FPSO不仅适用于浅海，其深海复杂的环境条件下更加凸显出其优越性。

2. 浮式生产设施模块特点分析

随着浮式生产设施的设计技术日益提高，浮式生产设施的吨位和处理能力也越来越大。浮式生产设施的吨位增加将导致主尺度增大，处理能力的增强势必造成处理模块设备的增加和质量的提升。30万吨级FPSO的处理模块已经达到1500~2500t的级别，而吨位更大的FLNG模块质量更是达到6000t。模块重量的急剧增加，使得一些以造船为主的船厂在模块吊装方面出现短板。而且浮式生产设施甲板面积可谓寸土寸金，各种处理模块需要按合理的顺序紧密布置。

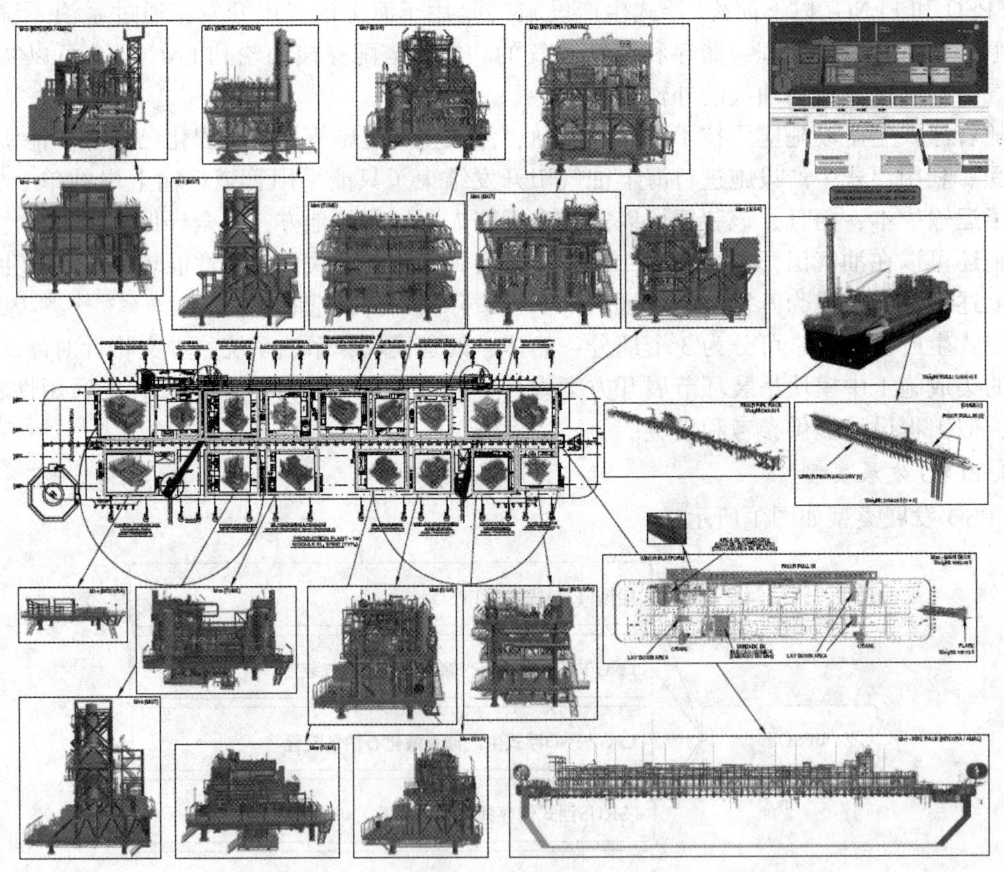

图2 Petrobras P67/P70模块分布图

表 1　Petrobras P67/P70 模块信息统计

位置	模块	尺寸/m		吊点间距/m		重心坐标/m		质量/t
		长	宽	长	宽	长	宽	
左舷	M01—CO_2压缩模块	26000	22000	18000	21600 19640	6956	7806	1532.4
	M03—CO_2脱离与 HCDP 模块	21000	22000	19672	14400	6902	7512	1290.9
	M05—气体脱水与燃气分离模块	20000	20000	16800	11700	7645	6074	1053.2
	M07—注气模块	19000	22090	17100	14400	6713	7744	1188.4
	M09A—清管球发射/接收和生产和注射歧管模块(下块)	27000	22000	18000	14400	8820	6558	1394.6
	M09B—清管球发射/接收和生产和注射歧管模块(上块)	27000	22000	18000	14400	9565	7945	1092.1
	M11—注水脱硫模块	23000	22000	18000	14400	7519	7422	1162.1
	M15—动力模块	29000	22000	18000	18120	9666	7799	1403.1
	M12—公共模块与实验室	12600	17380	9000	14400	3678	7534	615.9
	M13—电气自动化模块	30080	21980	18000	14400	8978	7617	1592.3
右舷	M02—火炬系统与气体回收装置模块	20500	20000	18000	14400	6637	7330	873.8
	M04—压缩天然气模块	21750	22000	21288	14400	8518	6417	1415.6
	M06—主要气体压缩与降低粘度系统模块	22000	22000	13500	19792	8231	6515	1430.7
	M08—原油加工模块	28000	20000	22500	14400	9767	5304	807.5
	M10—石油加工与生产水处理模块	28000	22000	18000	21400	7839	6403	826.2
	M16—动力模块	29000	22000	18000	18120	9778	6617	1424.6
	M14—化学品存放与卸货模块	25500	22000	18000	14400	8491	6432	275.4

通常情况下，浮式生产设施的业主为缩短建造周期，船体和模块的建造工作是同时展开的。更有的业主会将若干模块打包由多个建造场地完成。模块建造完成后，使用甲板驳船或重吊船运输至集成场地存放。船体完工后随即进行模块的吊装和集成。这样就导致模块吊装的分包商需要在短时间内完成多个尺寸各异模块的吊装。

传统海洋工程固定式平台吊点一般布置于顶层甲板，多采用的四点式吊装方式。浮式生产设施的模块顶部通常存在大量管线和设备，所以浮式生产设施的模块设计的更加精巧，其吊点一般位于模块中下部和四周。在结构强度与经济性平衡后，杆件 UC(Unity Check)值比较临界。

综上，浮式生产设施模块吊装的特点总结如下：

(1) 模块数量多，排列紧密；

(2) 模块尺寸和重量大；

(3) 吊点分布各异，重心位置不同，配扣难度大；

(4) 模块吊装工期要求短。

3. 吊装方案选型分析

通常浮式生产设施的模块吊装可以选用船厂的龙门吊、大型陆地吊机和浮吊 3 种形式完成。

表 2 模块吊装设备优缺点分析

吊装设备	优　势	劣　势
龙门吊：	（1）路基吊装，平稳精确； （2）龙门吊多钩，便于配扣； （3）船体剩余工作可与模块吊装同时进行	（1）模块重量不能过大； （2）占用船池时间长
陆地吊机：	（1）路基吊装，平稳精确； （2）吊装能力高； （3）吊机可拆装，吊装灵活	（1）吊机租金昂贵； （2）单点吊装，配扣困难； （3）占用码头大量空间
浮吊：	（1）浮吊行动灵活； （2）吊装能力高	吊装相对运动较大

浮吊作为海洋工程主力工程设备，可以分为全回转浮吊和固定扒杆浮吊两类。模块吊装是浮吊的主业，但全回转浮吊却不太适用于浮式生产设施的模块吊装。究其原因是全回转浮吊设计初衷主要是在外海进行施工，设计吃水较大。而浮式生产设施模块吊装一般在船池或码头进行，作业水深不足和移船区域狭小限制了全回转浮吊能力的发挥。另一方面，全回转浮吊以单钩或双钩居多，在模块吊装时需要为每个模块进行吊装索具布置设计。浮式生产设施需要吊装大量的模块，且重量和重心都不一样，配扣设计繁琐。且吊点位于模块中下部位置，吊装时要设计庞大的吊装框架。从索具采办、撑杆制作的成本和施工效率等多方面因素分析，浮式生产设施模块吊装并不应优先考虑全回转浮吊。

相比之下，固定扒杆浮吊具有吃水浅，吊装能力强，作业跨距大，移船速度快，多勾头便于索具配置等诸多优势。固定扒杆浮吊广泛应用于码头、桥梁建设，船舶救捞等近海吊装作业。

综上所述，固定扒杆浮吊在浮式生产设施模块吊装领域具有得天独厚的先天条件。

4. 吊装撑杆和吊装方案设计

浮式生产设施模块众多，模块尺寸和吊点间距、高差不一。为了配合全部模块的吊装情况，并考虑浮吊勾头分布距离，一般会设计吊装框架或撑杆。

如果模块数量较少，可以设计简单的吊装框架。在 2008 年，Modec 项目中，模块重量和尺寸较小。项目使用的浮吊为“四行奋进”（起重能力 650t×4），为匹配模块吊点间距设计了一个大型吊装框架。

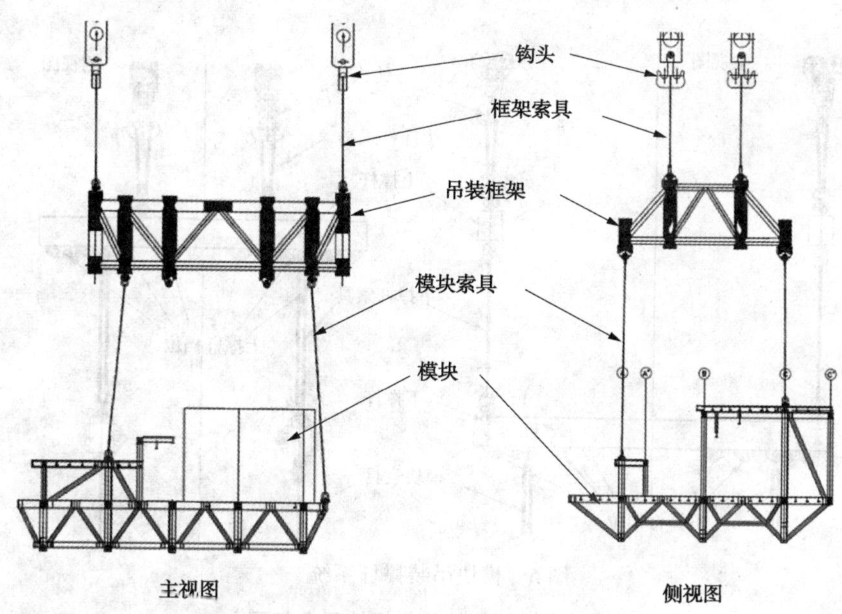

图 3　吊装框架及吊装示意图

即便吊装框架下部设计了多个吊点，仍不能保证索具呈竖直状态。而且 4 个钩头必须联动，框架下方索具无法随时调整。一旦模块重心不准，起吊后不平，调整难度很大。极有可能需要重新配扣，施工效率不高。

2016 年，巴西 FPSO 项目共有 2 条 30 万吨级 FPSO 模块吊装工作，每条 FPSO 大大小小模块 17 座。仅设计一个吊装框架很难满足全部模块吊装，而且模块吊点在底层甲板，要求索具竖直才不会干涉。因此在 P67 模块吊装方案设计中，设计团队结合打捞局抬梁的设计理念，吸收了吊装框架设计方式，开发出一套双层撑杆吊装系统。

图 4　模块吊点环境照片

该系统共有 4 根方截面撑杆组成，分上下两层平行布置。撑杆下部根据模块吊点分布距离设置对称吊点，分别从横向和纵向涵盖全部模块吊装要求。并且该系统使 4 个钩头分别控制模块 4 角的索具，在起吊后即使模块偏斜，也可以分别调整钩头高低予以补偿。

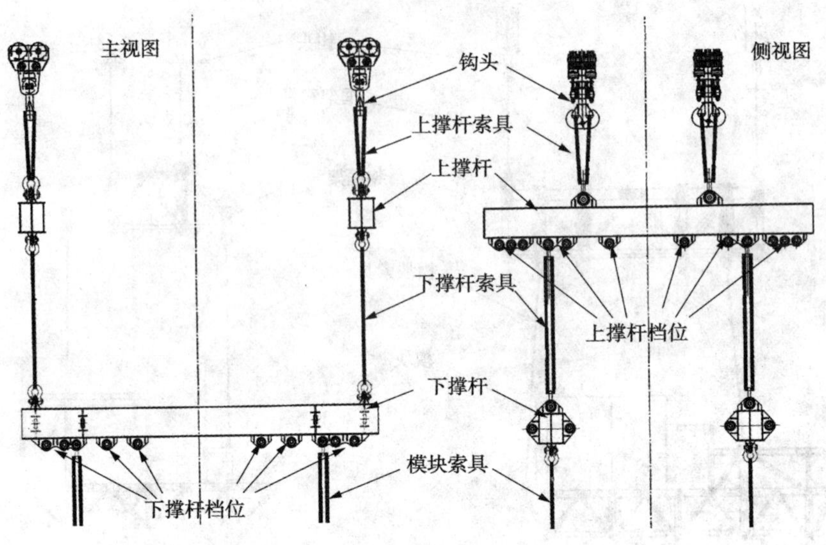

图5 模块吊装撑杆系统

表3 上下撑杆档位与模块吊点匹配

上撑杆吊点宽度	模块吊点宽度	下撑杆吊点宽度	模块吊点宽度
11700	M05	9000	M12
14400	M02 M03 M04 M07 M08 M09 M11 M12 M13 M14	13500	M02 M06 M11
		17000	M05(16800) M07(17100)
18120	M15 M16	18000	M01 M09 M10 M13 M14 M15 M16
19800	M01(19640) M06(19792)	18900	M04(18700)
21500	M01(21600) M10(21400)	19800	M03(19572)

通过上下撑杆档位的更换使用，保证所有模块吊装索具都呈竖直状态，既避免了索具与模块上结构物的干涉，又简化了配扣工作量。

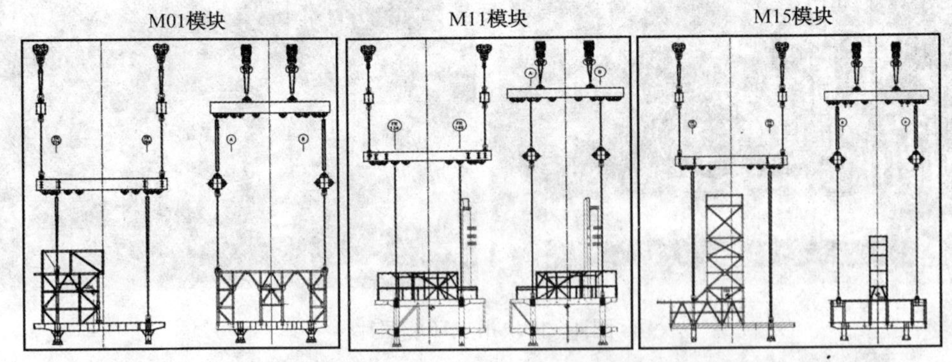

图6 模块吊装示意图组(仅显示模块主结构)

配合浮吊4钩单独高度的调节，长度近似的索具即可满足绝大多数模块的吊装需求。该撑杆吊点以浮吊最大起吊能力设计，最大限度保证撑杆的使用范围，不仅可以用于巴西FPSO项目，更可以推广到其他同类型项目中。

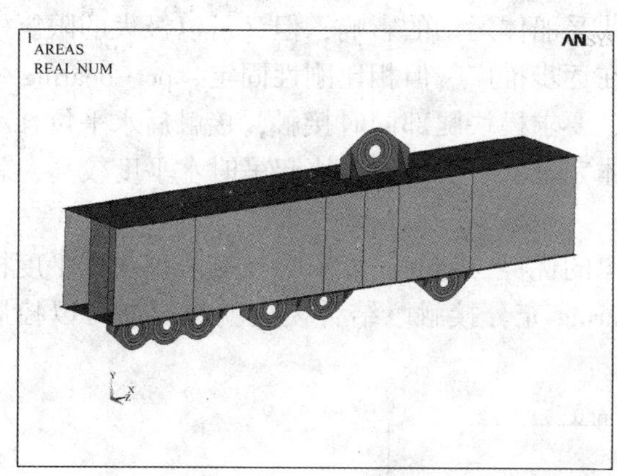

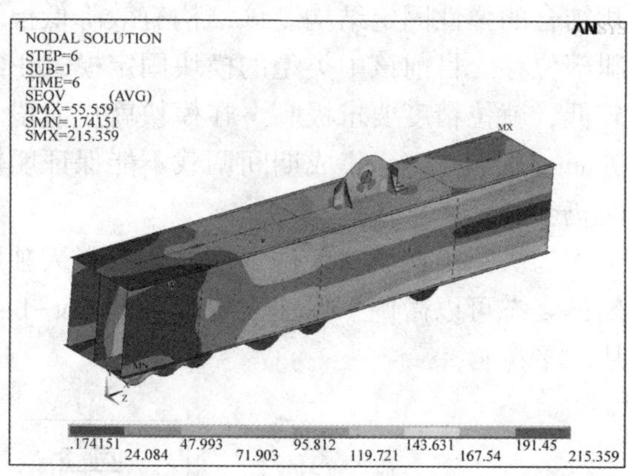

图 7　吊装撑杆有限元计算模型和计算结果

5. 模块吊装施工

由于 FPSO 空间有限，为使模块处理能力受空间影响更小，一般模块间距都被压缩。巴西 FPSO 项目的模块间距非常小，主结构水平间距 300mm 左右，垂直间距甚至不足 100mm。而且有很多配管、电仪专业的附属结构超出模块外沿。设计团队应用三维模型对整船和模块分别进行检查，对吊装路径上的干涉物进行标注，并到模块上实际测量，最终生成拆除清单。

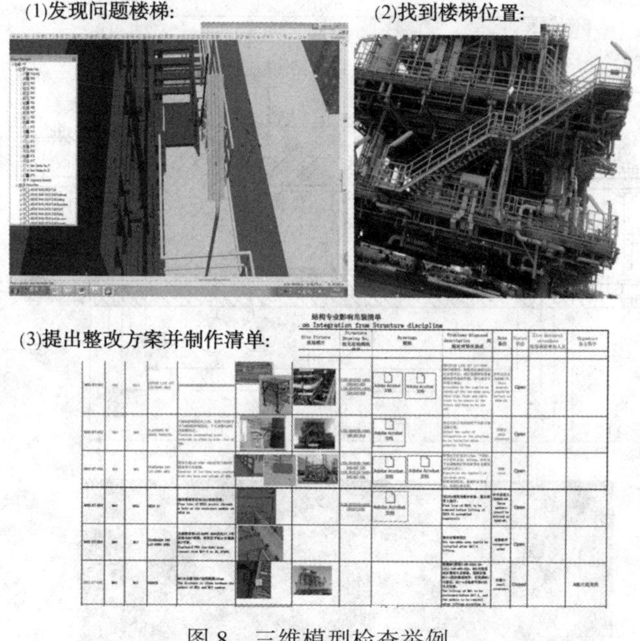

图 8　三维模型检查举例

由于撑杆设计合理，索具通用性强，除撑杆系统自身使用的 8 根索具外，全部 17 座模块仅使用 20 根索具。除模块吊点不在同一水平层的专用索具外，大部分模块均使用同一套索具。极大的节省了高强度环形索具的采办数量，降低了项目成本。

随着技术水平的不断进步，将模块与船体刚性固定的模式显示出很多弊端。如模块运动幅度较大，固定部分应力集中比较明显；模块与船体运动周期一致，长期受到船体恢复力的作用，固定部分疲劳强度降低。因此随之而来的是采用 pot-bearing（盆式支座）结构和限位块相结合的弹性固定结构。该结构有效降低模块受船体运动的影响，但又可以极大的限制模块腿部位移。目前该中类型的模块固定模式正在逐步推广。但相比刚性固定，pot-bearing 强度较低，就位精度要求极高。在模块就位阶段，要求模块腿部同时接触，接触后水平位移小于 6mm。而且 FPSO 集成期间调载不能保证船体完全水平，即使模块起吊时水平度较高，就位时仍会遇到困难。

多勾头浮吊在模块就位方面显示出得天独厚的优势，勾头高度单独控制，模块水平度根据船体姿态可以微调，保证模块腿部与 pot-bearing 充分接触。结合模块就位导向可以控制模块水平位移。

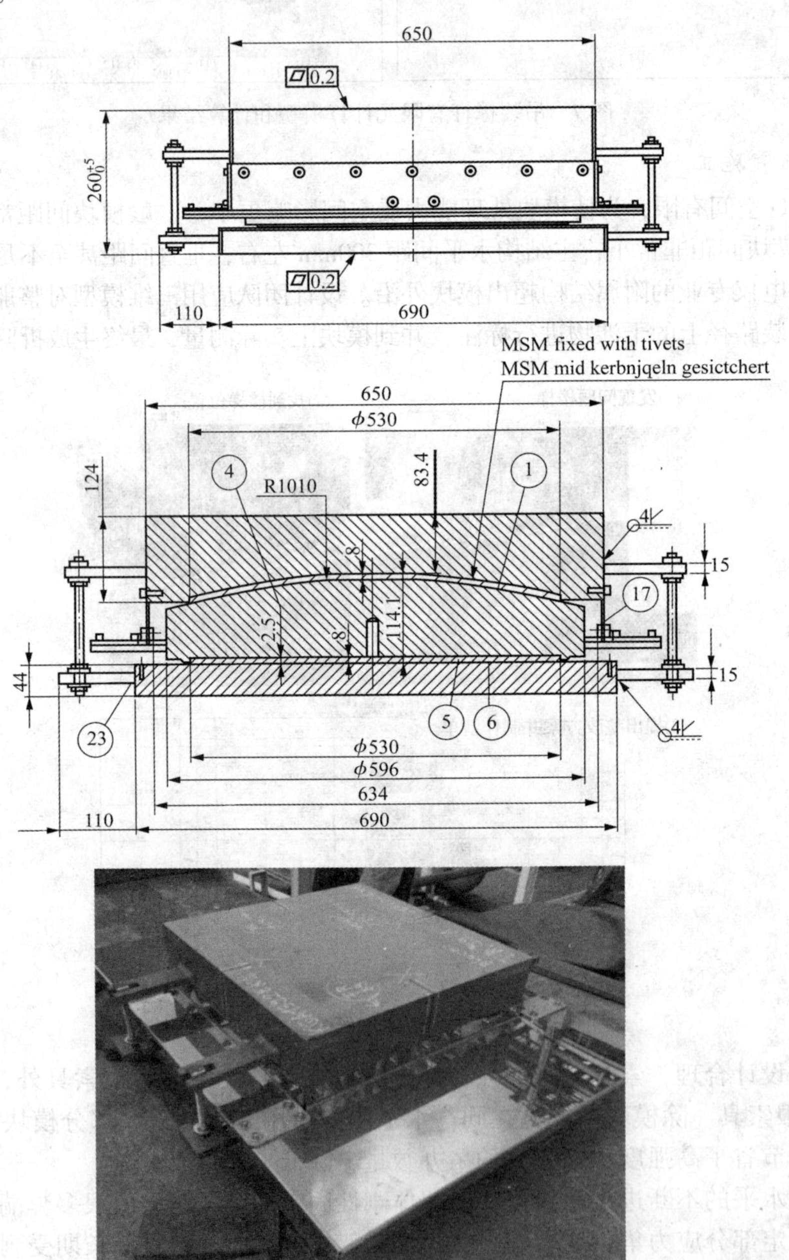

图 9　pot-bearing 结构图和实物照片

图10　模块弹性固定

巴西FPSO P67/P70项目前期准备充分，施工过程非常顺利。模块均按设计要求精确就位。

图11　模块吊装现场照片

6. 结语

我国围绕深海开发领域的多个重点技术突破就包括超大型FPSO(50万吨级)设计制造关键技术。随着深海开发的步伐，更多远离大陆的油气田将大量需求FPSO。使用固定扒杆浮吊搭配双层吊装撑杆系统进行FPSO和FLNG模块吊装方案，是一种通用型模块吊装方案。该方案对码头水深要求低，不限制模块吊点位置，索具使用数量少，可以有效降低吊装成本，缩短建造、调试周期。该方案将会在未来多个FPSO和FLNG项目中继续使用并持续改进。

参　考　文　献

[1] 刘超，贺辰，王继强，等．多种不同尺寸模块的吊装方法[P]．中国：ZL2016 1 0853220. 8.
[2] 王继强，刘超，贺辰，等．浮式生产储油卸油装置的上层模块集成作业的方法[P]．中国：ZL2016 1 1048689. 0.

桁架式自升式平台桩腿抗冰极限承载能力研究

赵坦坦　陈国明　吕涛　何胜威　赵一培　李青阳

[中国石油大学(华东)海洋油气装备与安全技术研究中心]

摘要：自升式平台作为冰区常见的结构形式，在冰区作业时，桩腿作为其主要的受力构件，其承载能力的研究对于平台的安全性至关重要。本文选取弹塑性有限元法，依据平台桩腿结构判定准则，对某400ft自升式平台进行极限承载能力分析。同时揭示平台在极端冰载荷下的失效模式，探讨失效模式与极限承载能力的关系，分析了动力放大效应对极限承载能力的影响，并且通过强度储备系数校核了平台冰区作业的安全性，结果表明该平台可以在冰区安全作业。

关键词：桁架式桩腿；极限承载能力；失效模式；动力放大效应

自升式平台在我国海洋石油勘探和开采中得到了广泛应用，自升式平台结构强度研究受到海工界的高度重视。张剑波、刘健校核了渤海冰区圆柱式自升式平台桩腿的极限强度和疲劳强度；许靖等采用SACS软件开展了自升式平台桁架式桩腿的疲劳强度分析；蒙占彬等针对不同桩腿结构型式的深水自升式平台进行了极限承载能力分析。刘海丰等对某圆柱式自升式钻井平台在完好状态和受损状态下的极限承载能力作了研究。

近年来，国际极区海洋资源开发逐渐升温，对冰区海洋石油开发成为新热点。平台在冰区作业时，桩腿作为其主要的受力构件，其承载能力的研究对于平台的安全性非常重要。目前，桁架式自升式平台抗冰承载能力评估缺乏系统的研究，限制了其在冰区的使用。为了保证桁架式自升式平台在冰区服役时安全可靠，有必要对冰载作用下自升式平台桁架式桩腿的承载能力进行评估。本文通过弹塑性力学分析方法，对桁架式桩腿的抗冰承载能力进行分析，并通过强度储备系数评估了自升式平台冰区作业桩腿的安全状况。

1. 自升式平台桩腿极限承载能力分析

1）极限承载能力分析方法

平台在冰区作业时，平台结构损伤是一个逐渐累积的过程，随着冰载荷循环作用，构件出现屈服的数量越来越多，最终平台发生倒塌，这种状态称为“极限状态”，此时的载荷称为“倒塌载荷”。目前，常用的极限承载能力分析方法主要有3种：塑性极限定理、试验法、弹—塑性有限元法。弹—塑性有限元方法是利用有限元软件对结构进行数值模拟分析，确定结构的承载能力。有限元法计算结果可靠，而且成本低，能够模拟多种工况下结构的极限载荷。因此，弹塑性有限元法是目前最常用的极限分析法，文中也采用该方法对平台桩腿的极限承载能力进行分析。

弹塑性分析方法主要包括静力弹塑性分析方法和动力弹塑性分析方法。静力弹塑性分析方法又称为非线性静力推覆法（POA），该方法主要基于结构弹塑性理论基础，其基本原理是：将环境载荷施加在平台力学模型上，然后逐级放大载荷，平台构件相继屈服，直至平台倒塌。通常有两种施加载荷的方法：一种是是以某重现期载荷为基础载荷，然后通过载荷放大系数逐级放大载荷；另一种按重现期施加，如重现期为 50 年、100 年、500 年、1000 年，逐级施加。针对自升式平台而言，采用第一种方法对平台结构施加设计某重现期载荷，采用放大系数逐级增大设计载荷，直至结构被推覆。动力弹塑性推覆分析(DPA)和静力弹塑性分析方法原理类似，是在静力推覆分析基础上考虑动力放大效应，对平台施加动冰力时程载荷，采用非线性动力分析实现结构在塑性阶段的动力响应分析，确定结构的动极限承载能力和失效模型，其载荷的施加方法同静力推覆类似。

2）平台桩腿结构承载能力判定准则

自升式平台结构构件一般采用安全系数法设计，即平台结构构件应力超过某一极限值，结构即视为失效。但由于平台结构冗余度较高，在极端冰载荷作用下结构会呈现出不同的损伤状态，可以将桩腿结构的承载能力分为四个状态(图 1)。其中绿色区域代表桩腿结构处于弹性阶段，并且安全系数在规范范围内；黄色区域代表桩腿构件的安全系数不在规范范围内，逐渐达到屈服；洋红色区域代表构件出现屈服，随着失效构件数量逐渐增多，达到极限承载状态，最终平台倒塌，即红色区域。其中，DPA 是一种精准的倒塌分析方法，能够实现结构在塑性阶段的动力响应分析，确定结构的动极限承载能力和失效模型，因此采用 DPA 定义其倒塌载荷。根据 DPA 动力响应曲线，当位移响应值出现逐渐上升趋势，振动幅值不在保存恒定或者位移超过允许值时则认为平台倒塌。平台最大位移允许值参考工业与民用建筑高层结构的侧向位移限值，取最大位移不得超过结构总高度的 1/100。

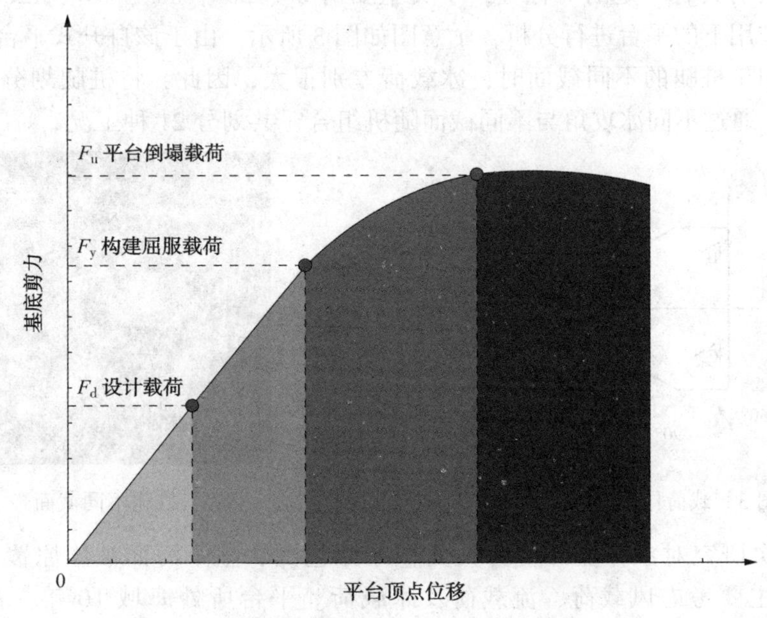

图 1　自升式平台桩腿结构承载能力评估图

2. 平台结构模型及环境载荷模型

1）自升式平台有限元模型

基于文中提出的自升式平台桩腿极限承载能力评估方法，以某 400ft 自升式平台为例进行承载能力分析。平台作业水深为 122m，气隙高度为 15.5m，由平台主体、桁架式桩腿、升降系统、桩靴四部分组成。平台长 79.2m、宽 78m、高 9.6m；桩腿高 180m，截面为等边三角形边长为 14.5m。平台设三根桁架式桩腿，艏一艉二，分别编号为 A、B、C 桩腿。自

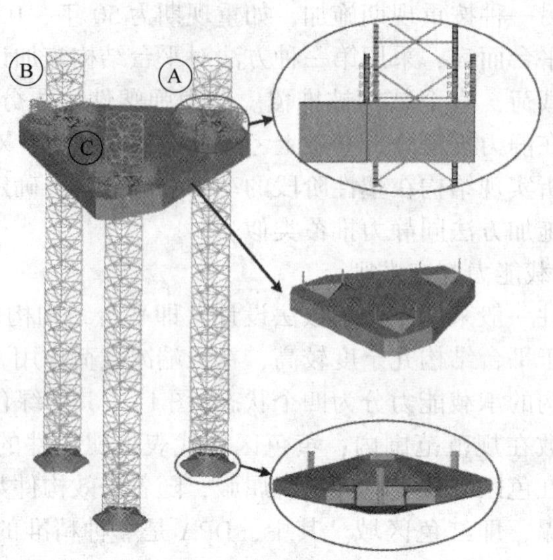

图2　自升式平台有限元模型

升式平台具体有限元模型及局部放大图如图2所示。

2）工况划分与环境载荷

鉴于平台结构具有一定的对称性，本文主要对0°、30°、60°、90°、120°、150°、180°七个方向载荷作用下的平台进行分析，示意图如图3所示。由于该自升式平台桩腿是桁架式结构，海冰作用于桩腿的不同截面时，冰载荷差别很大，因此，将桩腿划分为A、B、C 3个截面(图4)。通过不同冰攻角与不同截面随机组合，共划分21种工况。

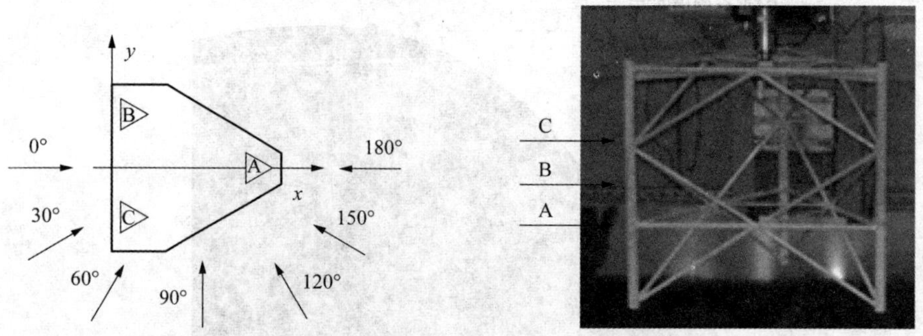

图3　载荷作用方向示意图　　　　图4　桩腿不同截面

考虑到本次研究对象作业环境为大面积冰原包围，整个海面被冰原覆盖，故波浪力可忽略不计，主要考虑风载荷、流载荷及冰载荷。平台所处海域10年一遇最大流速为1.4m/s，风速为36m/s，海冰冰厚为26.4cm，挤压强度为2.05MPa。其中风载荷可根据中国船级社规范计算得到，但对于复杂桁架式结构的冰载荷，目前还没有经验公式或计算方法适用于此结构。因此开展了桁架式桩腿冰载荷物理模型试验，通过添加角度系数和截面系数修正《中国海冰条件及应用规范》冰载荷公式，提出了适用于桁架式桩腿结构的冰载荷公式：

$$F = nmIf_c\sigma_c DhS_cA_c \qquad (2-1)$$

式中 n——桩腿主弦杆的个数；

m——形状系数，圆形截面取 0.9；

σ_c——海冰挤压强度单位为 MPa；

I——嵌入系数；

f_c——接触系数；

D——主弦杆宽度；

h——冰厚，m；

S_c——截面系数；

A_c——角度系数，取值如表 1 所示。

对于圆形截面的，嵌入系数 I 和接触系数 f_c 的乘积由下面的经验公式确定：

$$If_c = 3.57h^{0.1}/D^{0.5} \qquad (2-2)$$

式中，冰挤压结构的宽度 D 和冰厚 h 的单位为 cm。

表 1　角度系数和截面系数取值

冰攻角/(°)	0	30	60	90	120	150	180
角度系数 A_c	1.18	0.64	0.84	0.64	1.18	0.64	0.84
不同截面	A 截面		B 截面			C 截面	
截面系数 S_c	2.83		2.26			1	

3. 平台桩腿结构静极限承载能力及失效模式

将不同工况环境载荷施加到平台，通过放大系数逐级放大载荷进行静力推覆分析，得到的平台极限承载能力曲线如图 5 所示。

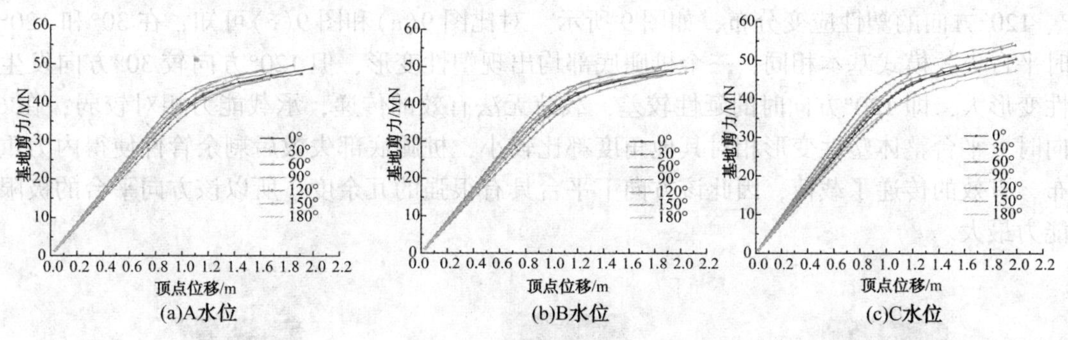

图 5　不同设计水位下平台极限承载能力图

由图 5 可知，在 A、B 水位下平台的极限承载能力几乎相同，C 水位时略有增加。为了直观清晰的对比各工况下平台极限承载能力，通过 Matlab 线性插值处理，获得顶点位移达到 0.8m 时所需的基底剪力以及基底剪力为 30MN 时平台的顶点位移，分别如图 6、图 7 所示。

由图 6 可知，不同水位时平台的抗力有所不同，C 水位时平台抗力最强，A 水位时最弱。不同方向时，平台在 60°方向的抗力明显高于其他角度，120°方向平台的抗力最弱，30°和 90°方向的平台抗力基本一样。从图 7 中可以得到相同的结论，相同基底剪力下，平台位移越小，抗力越大。

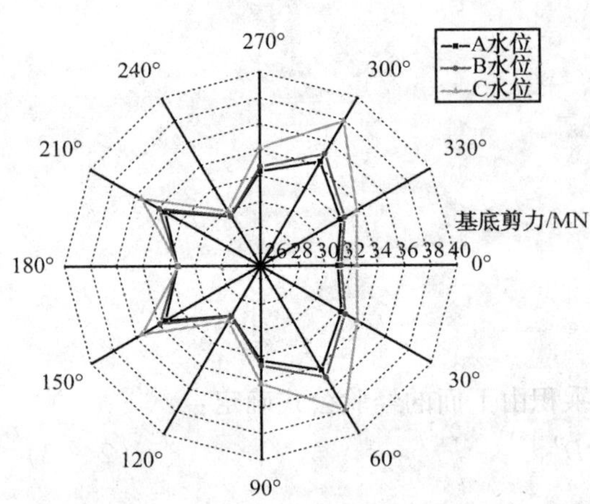

图 6　顶点位移 0.8m 时的基底剪力

图 7　基底剪力 30MN 时的顶点位移

为探讨平台结构的失效模式，分别提取极限承载能力最弱工况 A 水位 120°方向下不同推覆阶段平台结构的塑性应变分布，如图 8 所示。当环境载荷比较小时，平台结构整体处于弹性变形阶段，逐渐放大载荷，在平台桩腿底部主弦杆及部分斜撑出现塑性变形；随着载荷继续放大，桩腿发生塑性应变的管件往上逐渐增多；进一步增大载荷，平台在冰面下的桩腿结构大部分发生屈服进入塑性变形，并且变形越来越大。通过分析平台结构的失效模式和失效路径演变规律可知，桩腿底部管件是整个平台结构的抗冰薄弱环节，底部构件的失效是平台结构的主要失效模式。因此冰区桁架式桩腿自升式平台设计时，应针对桩腿底部的管件进行相应的加强处理，进一步加强平台的抗冰能力。

为进一步分析平台承载能力与失效模式的关系，分别提取相同基底剪力下 A 水位 30°、60°、120°方向的塑性应变分布，如图 9 所示。对比图 9(a)和图 9(c)可知，在 30°和 120°方向时平台失效模式基本相同，三个桩腿底部均出现塑性变形，但 120°方向较 30°方向发生的塑性变形大，即 120°方向时的延性较差，载荷无法有效的传递，承载能力相对较弱；在 60°方向时，平台整体塑性变形相对其他角度都比较小，桩腿底部失效后剩余管件使得内力重新分布，有效的传递了载荷，因此该方向下平台具有很强的冗余度，所以该方向平台的极限承载能力最大。

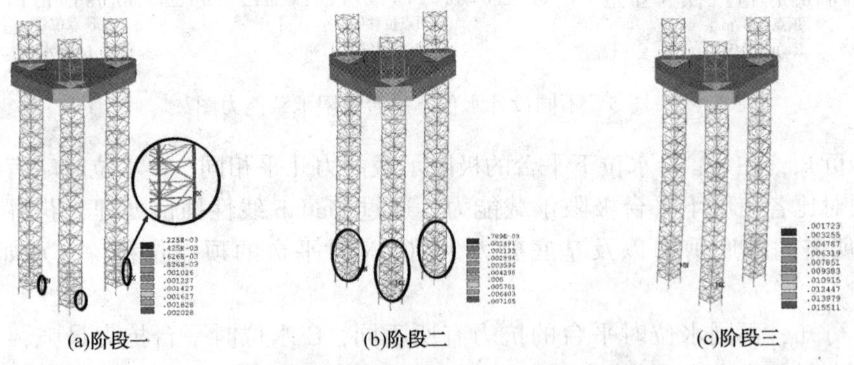

图 8　A 水位 120°方向下平台结构的失效模式

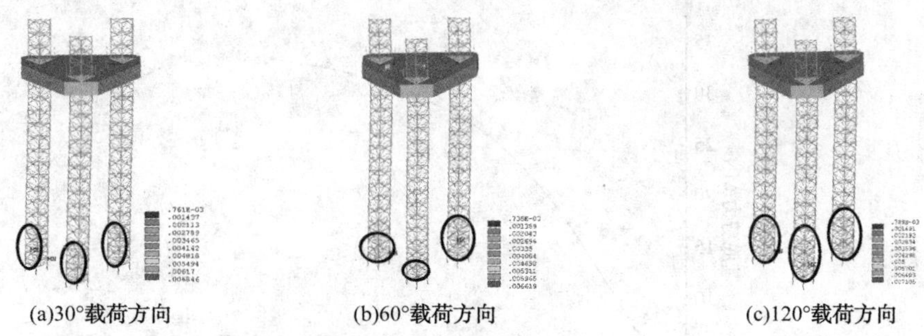

图 9　A 水位不同方向下平台结构的失效模式

4. 平台桩腿结构动极限承载能力

采用稳态冰力时程开展平台结构动力弹塑性分析，获得平台结构时程响应。图 10、图 11 展示了两种不同的倒塌方式：一种是结构出现塑性变形，位移响应值出现上升趋势并且达到位移限值；另一种是位移达到了位移限值，但没有出现塑性变形。从图 10 中可以发现，载荷在 7.2 和 7.4 放大倍数下，顶点位移响应随冰力时程呈现周期性变化，位移振幅保持恒定；随着载荷放大倍数增加，结构出现塑性变形，在 7.6 放大倍数下，位移振幅逐渐增大，但随着载荷继续施加，位移振幅重新保持恒定；在 7.8 放大倍数下，位移振幅逐渐增大，随着载荷继续施加，位移幅值超过了 1.8m，达到了平台位移限值，即认为在 7.8 倍环境载荷下平台发生倒塌。由图 11 可知，在图中三个放大倍数下，平台位移呈周期性变化振幅保持恒定，没有出现塑性变形，但在 10.6 放大倍数下，平台位移幅值已经超过 1.8m，此处取 10.4 倍环境载荷为倒塌载荷。

由图 12 可知，随着环境载荷逐渐等幅度增加，位移增幅逐渐变大，说明平台开始出现塑性变形。同时可以发现，倒塌时动极限承载能力为 31.3MN，而静极限承载能力为 50.1MN。对比两种方法得到的极限承载能力可知，考虑动力放大效应后，平台的抗力有所降低，并且在非线性阶段更加显著，进一步说明采用动力弹塑性方法进行倒塌分析的必要性。通过 DPA 得到的失效模式，其分布与 POA 结果基本相同，即考虑载荷动力效应后，平台失效模式并未发生改变，此处不再赘述。

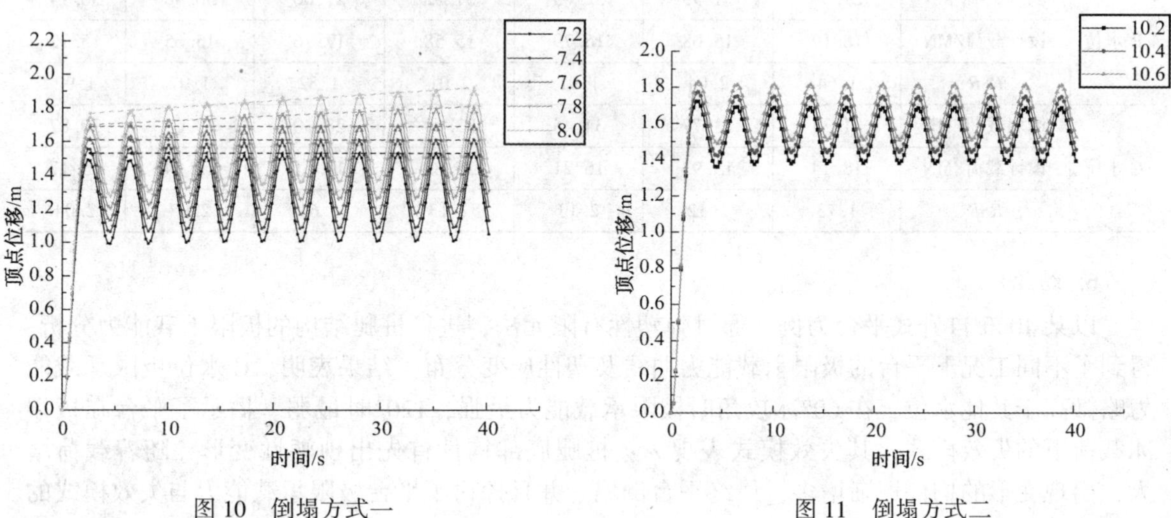

图 10　倒塌方式一　　图 11　倒塌方式二

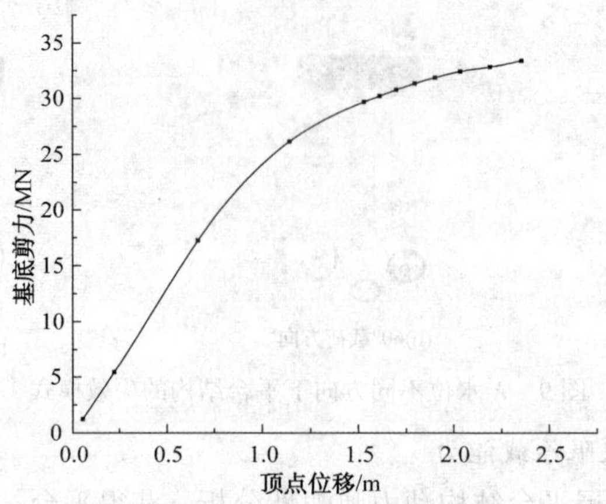

图 12　某工况下动极限承载能力图

5. 平台桩腿结构的强度储备系数

平台储备强度通常由储备强度系数 *RSR* 来评定，储备强度系数定义为结构倒塌时承受载荷(即平台极限承载能力)与设计载荷的比值：

$$RSR = F_u / F_d \tag{5-1}$$

式中，F_u、F_d 分别是倒塌载荷、设计载荷下的基底剪力。

RSR 反映平台结构体系的抗力水平，通常要求该系数大于 1.5 即可。表 2 列出了平台桩腿结构的储备强度系数，由表 2 可知，文中研究的自升式平台桩腿满足该系数要求，可以在冰区作业。

表 2　平台桩腿结构储备强度系数

储备强度系数		0°	30°	60°	90°	120°	150°	180°
A 水位	倒塌载荷/MN	29.07	31.45	31.13	30.63	26.59	30.04	29.77
	设计载荷/MN	18.06	15.98	16.50	15.26	17.46	15.30	15.36
	RSR	1.61	1.97	1.89	2.01	1.52	1.96	1.94
B 水位	倒塌载荷/MN	29.84	31.99	32.03	31.32	27.00	30.86	30.14
	设计载荷/MN	18.19	15.68	16.79	15.58	17.76	15.65	15.72
	RSR	1.64	2.04	1.91	2.01	1.52	1.97	1.92
C 水位	倒塌载荷/MN	31.34	33.77	34.45	33.69	28.30	33.05	30.87
	设计载荷/MN	18.14	15.93	16.21	15.85	17.61	15.94	15.17
	RSR	1.73	2.12	2.13	2.13	1.61	2.07	2.04

6. 结论

以某 400ft 自升式平台为例，通过弹塑性有限元法，进行桩腿结构的极限承载能力分析。得到了不同工况下平台的极限承载能力曲线及塑性应变分布，结果表明，C 水位极限承载能力略微高于其他水位，在 60°冰攻角时极限承载能力最强，120°时最弱。揭示了平台在极端冰载荷下的失效模式，其失效模式表现为：桩腿底部构件首先出现塑性变形，随着载荷增大，出现变形的构件逐渐增多，最终平台倒塌。并且探讨了平台极限承载能力与失效模式的内在关系。根据 DPA 响应结果，分析了动力放大效应对平台极限承载的影响。通过强度储备系数校核了平台桩腿结构抗力水平，结果表明该平台在冰区作业时，桩腿满足安全要求。

参 考 文 献

[1] 张剑波，刘健．冰激动载荷下自升式平台桩腿结构的安全评估[J]．中国石油大学学报(自然科学版)，2005，29(5)：76-79.

[2] 许靖，郝金凤，丁君海，等．自升平台桁架式桩腿疲劳分析[J]．船舶工程，2014(s1)：174-177.

[3] 蒙占彬，张士华，田海庆．深水自升式平台桩腿极限承载力研究[J]．中国水运(下半月)，2018，18(07)：230-231.

[4] 刘海丰．老龄自升式平台极限承载能力分析[J]．中国造船，2008，49(增刊)：421-426

[5] 沈鋆．ASME 压力容器分析设计[M]．华东理工大学出版社，2014.

[6] 陈维杰．超强台风下固定式平台极限承载能力分析[D]．中国石油大学，2010.

[7] 何懋华．南海固定式平台极限承载能力分析研究[D]．华南理工大学，2013.

渤海边际油田简易平台结构选型分析

巩皓华　赵海

（中国石油集团海洋工程有限公司海工事业部）

摘要： 随着国际油价持续低迷，常规油田开发模式已不适用于边际小油田的开发。简易平台应运而生，但在渤海海域，简易井口平台主要由导管架、桩、隔水导管及井口平台上部组块所组成，其中，导管架对井口进行保护，并与桩作为持力结构支撑上部组块。为降低投资，使传统导管架平台结构设计观念得到转变，把隔水导管原有单一功能解放出来，在保留原功能的基础上，使隔水导管参与到平台承载中。本文提出了隔水导管支撑的简易平台方案，并通过数值模拟的方法对简易平台选型模拟分析，从而最大程度降低简易平台建造、安装成本。

关键词： 渤海湾；边际油田；简易平台；隔水导管

1. 引言

从我国目前海洋石油开发状况来看，虽然每年都有海上油田建成投产，年总产量不断增长。但多数海上油田都属于中小型油田或边际油田，年产量不高。若采用常规方法和装备去开采这些海上油田，生产成本比较高。尤其在世界油价低迷期，这将直接影响到海上油气田开发的经济效益。在这种情况下，如不进一步降低投资，仍然使用常规的开发方式和技术，许多油田（特别是边际小油田）将不具备开采价值，海洋石油的稳产、高产难以继续得到保证。因此，转换开发思路，采用新技术、新工艺，简化结构，降低开发成本，已成为海洋石油工业再创佳绩的关键。

目前国内外在海上边际油田开发中（特别是 1~6 口井的无人小型井口平台上），较多地采用简易井口支撑的结构形式，如美国墨西哥湾海马系列平台、渤海湾无人简易平台的应用，都取得很好的开发效果。随着渤海湾油田开发深入，需要动用越来越多的边部、产能低、效益差的区块油田，也包括边际小型油田。这些区块少至 1~2 口井，多至 5~6 口井，总资源量也相当可观，如果能实现经济有效开发，将对未来渤海产能产生越来越重要的贡献。

渤海海域简易井口平台主要由导管架、桩、隔水套管及井口平台上部组块组成，其中，导管架对井口进行保护并与桩作为持力结构支撑上部组块。但这种结构形式中隔水套管的作用并没有完全发挥，如何能够更好地利用隔水套管，使其结构承载力充分利用，是一个值得探讨的课题。本文将从如何取消导管架，以隔水导管为持力构件支撑上部模块是否可行出发，提出隔水套管支撑的简易平台方案，把隔水套管原有单一功能解放出来，在保留原功能的基础上，使隔水套管参与到平台承载中，最大程度降低成本。

2. 简易平台简介

1）简易平台定义

根据《海上固定平台安全规则》中的定义，简易平台是指油气井数不多、不安装修井机、上部设施较少的生产平台，其下部结构有以下 3 种：

(1) 利用油(气)井的隔水导管(群)兼做下部支撑结构；

(2) 节点等全部或主要利用非焊接的机械连接方法(如螺栓连接、销连接、卡子连接等)直接固定于桩/桩导管上；

(3) 其他型式的简易下部结构。

《海上固定平台规划、设计和建造的推荐做法》中并没有明确给出简易平台的定义，仅给出“小型结构”的说明：“从总体上讲，与常规导管架结构相比，这些结构没有强度储备和冗余度。”小型结构具有以下特征：

(1) 框架结构，与典型的具有良好支撑的三腿基盘式平台相比，其强度储备少、冗余度小；

(2) 自由站立和牵索沉箱平台，由一个大圆柱杆件组成，支撑一口或多口井；

(3) 将井口隔水导管或自由站立式沉箱通过焊接、非焊接或非常规焊接等方法连接并固定，作为结构和/或轴向基础部件；

(4) 基础部件采用螺栓、销钉或卡箍等方式连接；

(5) 支撑型沉箱和其他结构，单根结构单元系统是该类平台的主要构件，例如，甲板由单根甲板腿或沉箱支撑。

以上基本是从下部结构的角度界定简易平台的概念，在结构设计中作为判别简易结构的标准是适当的。但是，该理解较为片面，很容易对简易平台设计产生误解，更多地追求下部结构的简单和轻型，而忽略平台的核心目标是要满足上部设施的功能要求及负荷要求。

2) 简易平台主要类型

世界上一些大的石油公司，不论在美国的墨西哥湾、欧洲的北海，还是在东南亚国家海域，为开发海上油、气田，都在研制简易平台，以降低投资，提高效益，高效、快速地发展。海上石油现已开发和应用的简易平台形式较多，但综合其不同的结构特征，大致可分为以下几种类型。

(1) MINI-JACKET。

MINI-JACKE 一般设计为三腿(图 1)，利用打入钢桩作为平台支撑。与常规导管架不同的是，它只有水线面附近部分结构。安装时，将简易导管架吊装并夹在已安装就位、并露出水面的沉箱(CAISSON)上，利用导管架腿导向将长桩打入泥面以下，桩与导管联接后卸下铁具。

(2) GUARDIAN。

GUARDIAN 结构(图 2)是基于侧向牵索式结构原理发展起来的，最初主要用于单井保护。该结构利用设于沉箱侧向的两根打入桩作为结构的侧向支撑。安装时，将带有两个桩导管的登船平联接到沉箱上，通过导筒打入一两根斜桩，然后将桩和导管焊接连为一体，最后安装上部甲板。

(3) MOSS 系列。

MOSS 系列是美国 CBS 工程公司开发的专利技术，现已有 5 种结构型式，分别为 MOSS Ⅰ 至 MOSS Ⅴ。

MOSS Ⅰ 由常规的两腿桩基导管架通过水平拉筋与沉箱相联组成一个完整的三腿式结构，联接方式采用焊接(水上)和铰接(水下)两种，上部甲板座在两根桩腿上，该结构可适应 50m 以下水深条件。

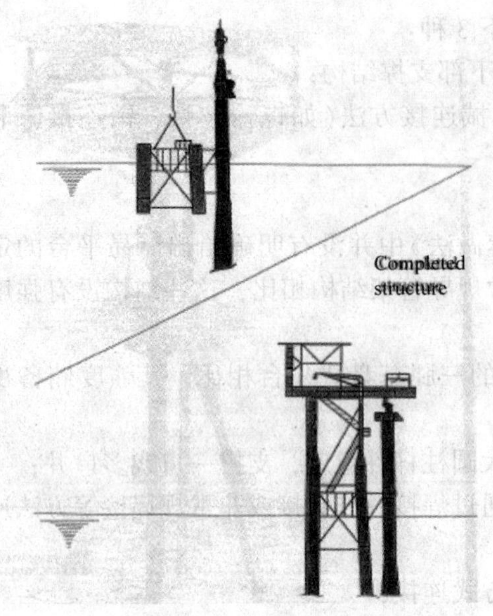

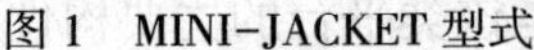

图 1 MINI-JACKET 型式

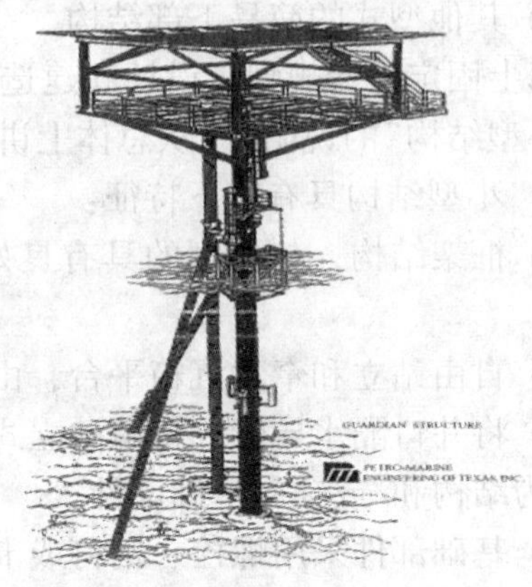

图 2 GUARDIAN 结构型式

MOSSⅡ由两根斜撑和沉箱组成，斜撑的支点位于沉箱的水线面以上部位，其下端在泥面处与水下桩导管铰接，两斜撑在平面内成直角并与泥面成 60°夹角，上部甲板支撑在沉箱的项端。该结构可适应 30m 以下水深条件。

MOSSⅢ 由一根带主桩的直立腿和两根水下裙桩组成，主腿和裙桩腿之间用水平拉筋和斜撑连接，主桩升至水面以上作为上部甲板的支撑。该结构可适应 100m 以下水深条件。

MOSSⅣ由仅设一根主桩的直立三腿导管架和侧设两根裙桩组成，裙桩导筒通过水平拉筋和斜撑与导管架腿联接，三腿导管架伸出水面作为上部甲板的支撑结构。该结构适应 100m 以下水深条件。

MOSSⅤ能适应深水海域，该结构由四腿导管架和 4~6 根裙桩组成，主腿内可根据需要设置主桩，裙桩和主腿之间用水平拉筋和斜撑联接，上部甲板可设计成常规的四腿支撑型式，上面可设置修井机或平台钻机。该结构适应水深可达 230m。

除了上述几种简易平台型式之外，常见的还有单柱式和单柱牵索式。与传统导管架相比，简易平台的特点是设计简单，低刚度和冗余度。

3）简易平台设计原则

对平台上部设施进行简化是实现结构简化的前提，因此，在总体设计时需考虑以下因素：

（1）注重设计、制造、安装及费用方面的管理，合理应用有关规范和标准，严格控制上部设施的质量；

（2）甲板和悬臂的大小因结构简化而有一定的限度，在保证安全生产、操作、维修及逃生的前提下，应充分利用有限的甲板面积和空间合理布置；

（3）充分利用可依托的外部设施，尽量简化系统设计，一般只设置计量设备，不设置油气水处理设备，气、液通过海底管道输送至所依托的平台中；

（4）尽量不选用转动设备，设备仪表和阀门宜采用液压或电动型式。

3. 渤海湾简易平台调研

现场调研中海油的两个平台，其中3WJ简易平台为三桩简易平台(图3)，所在区域平均水深为18m，上层甲板离水面高度为13m。平台共有4口井，1口井正在进行生产作业。4口井隔水导管分别在3个桩腿和3个桩腿中间的护管中。

隔水导管与套管头之间通过环板与隔水导管上焊接的承台进行连接，采油树和井口装置的质量通过环板和承台坐落在简易平台护管上，在风浪流或其他载荷作用下井口装置可能发生上下移动，因此在环板与护管之间不进行焊接处理，即井口载荷通过自重坐落在护管上，井口和护管之间可发生适当的横向和水平方向的相对位移。

平台主要撑力结构为工字钢，作为桩腿结构的3个护管与平台结构和护管的连接形式为刚接，并在三个护管中间相隔一定距离有水平支撑，水平支撑中间装有导向孔，相邻水平支撑之间有斜支撑(图4)。此种水平支撑不仅能给中间的护管提供水平方向的约束，而且能提高简易平台的稳定性，提高平台抗风浪流的能力。后续在简易平台的设计中可重点考虑此种结构，优化其结构形式。

图3 3WJ平台实物图

图4 桩腿与平台结构之间的斜支撑

NB35-2WHPB平台所处水域海底基本平整，大部区域水深变化平缓，仅在东北角有起伏。全区水深从11.9~13.8m之间变化(海图深度基准面在平均海平面以下1.21m)。海底平均坡度为1.2‰。该平台在井槽组块底层甲板下面还有一个由隔水导管作为支撑的栅格板(图5)。栅格板与隔水导管的连接使用工字梁与焊接的方式进行连接。

图5 NB35-2WHPB平台与隔水导管连接的栅格板

NB35-2WHPB平台的隔水导管与导管架之间通过导向孔连接。隔水导管的横向位移被导向孔限制，保证了横向稳定性。在隔水导管上焊接的栅格板将众多隔水导管连成一个整体，能够有效分担单个隔水导管承受的横向载荷。

实际调研显示，该平台的隔水导管仅承受顶部采油树，栅格板两部分质量，隔水导管的纵向承载力未能充分利用。该平台目前隔水导管能够有效分担受到的横向载荷，作为导管架平台的持力结构时横向稳定性能够保证。然而，目前仍然缺少有效分担纵向稳定性的方法。

4. 隔水导管式平台结构形式选型

通过调研分析，渤海边际油田简易平台均采用导管架平台结构形式。为了研究隔水导管作为简易平台的主要支撑结构能否满足现场应用需求，并确定最佳的隔水导管布置方式，以渤海常用三桩腿简易平台为例，利用有限元模拟软件ABAQUS建立了三桩隔水导管式平台结构模型，对4种不同的隔水导管布置方式进行了数值模拟分析。4种不同的隔水导管布置方式分别为：

(1) 三桩等边三角形布置(图6)；

(2) 三桩直角三角形布置(图7)；

(3) 三桩等边三角形布置(灌注水泥)(图8)；

(4) 三桩直角三角形布置(灌注水泥)(图9)。

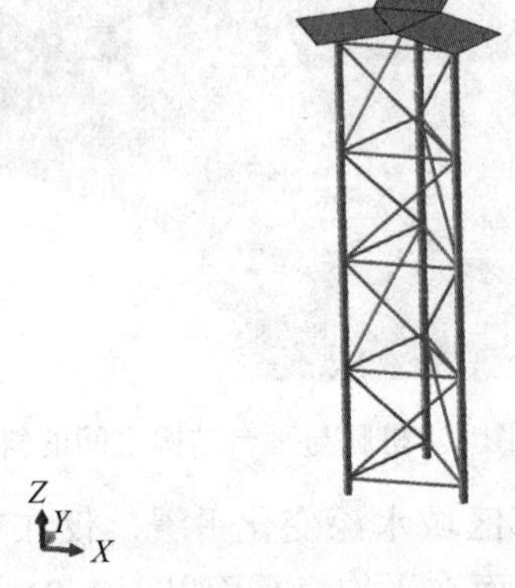

图6　隔水导管布置方式：等边三角形

图7　隔水导管布置方式：直角三角形

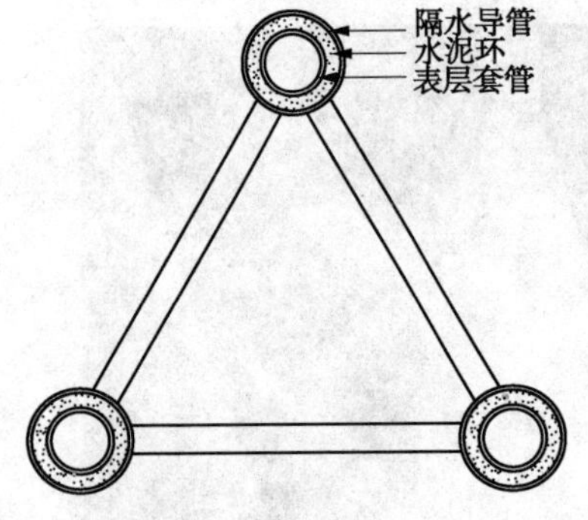

图8　三桩等边三角形布置(灌注水泥)

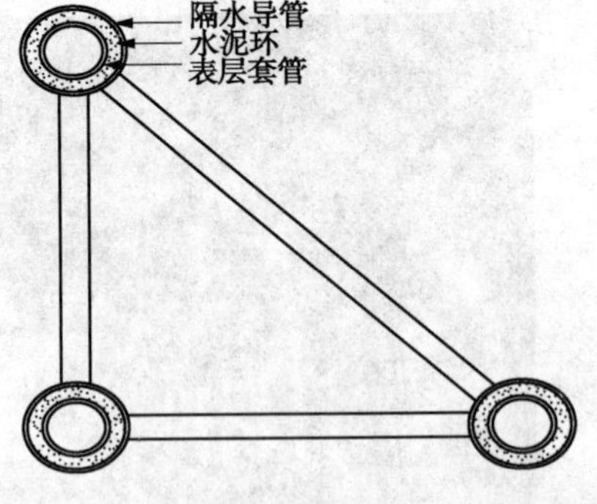

图9　三桩直角三角形布置(灌注水泥)

泥面至平台甲板高度为30m，水深为15m，隔水导管直径为30in，表层套管直径为13⅜ in，隔水导管与表层套管之间充满水泥，隔水导管之间通过水平支撑和斜支撑进行焊连，桩腿底部为固定约束。环境载荷主要考虑了渤海100年一遇极端风浪流的条件以及平台上部组块质量300t，渤海海洋环境载荷数值如表1所示。

表1 渤海海洋环境载荷数

要　素	单位	重现期/a				
		1	10	25	50	100
1h 平均风速	m/s	21.3	24.7	25.8	26.4	27.0
1h 平均风速	m/s	25.1	29.2	30.4	31.2	31.8
3s 阵风风速	m/s	28.3	32.9	34.3	35.1	35.9
有效波高 H	m	2.8	4.1	4.6	4.9	5.1
有效波周期 T	s	5.7	6.9	7.3	7.6	7.8
最大波高 H_{max}	m	4.8	7.1	7.9	8.4	8.8
最大波周期 T_{max}	s	7.2	8.8	9.3	9.6	9.9
表层流速	cm/s	152	196	213	224	234
中层流速	cm/s	150	180	194	204	212
底层流速	cm/s	136	151	163	170	177

通过数值模拟软件的 AQUA 模块，将风浪流载荷和平台上部组块重量载荷施加在上述4种形式隔水导管式平台上，得到的隔水导管应力分布于位移分布结果如图10~图13所示。

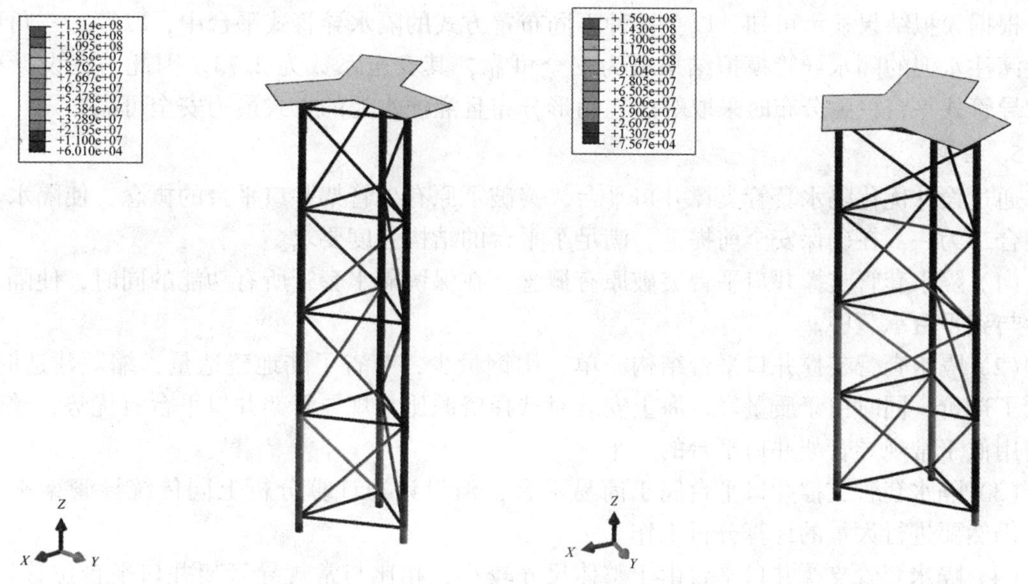

图10 等边三角形布置等效应力分布云图　　图11 直角三角形布置等效应力分布云图

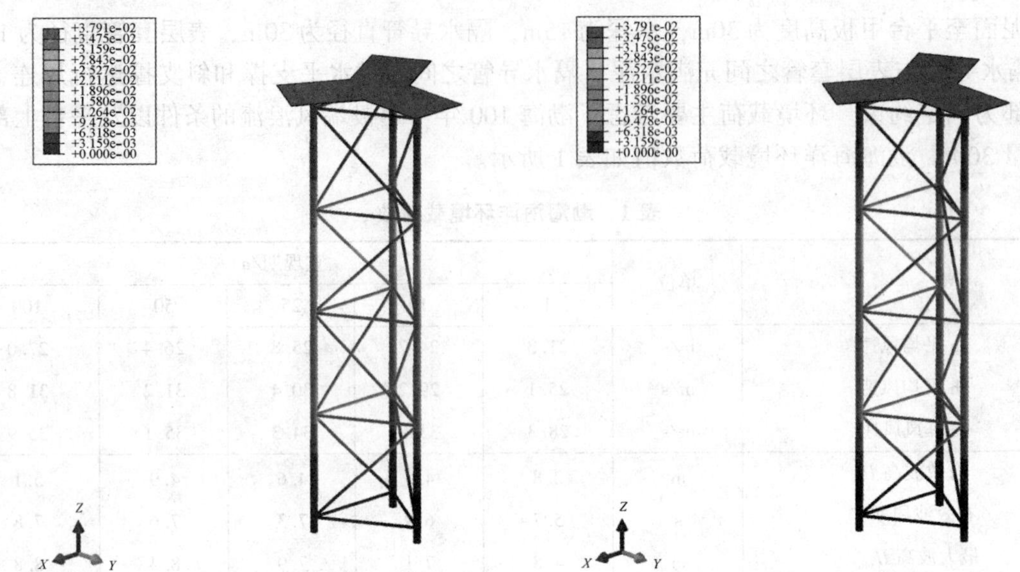

图 12　等边三角形布置位移幅值分布云图　　　图 13　直角三角形布置位移幅值分布云图

表 2　4 种不同隔水导管布置方式结果对比

布置形式	最大等效应力/MPa	最大位移幅值/MPa	管材许用应力/MPa	安全系数
等边三角	131.4	0.039	252	1.92
直角三角	156.0	0.056	252	1.62
等边三角(灌注水泥)	92.3	0.019	252	2.73
直角三角(灌注水泥)	108.5	0.028	252	2.32

根据模拟结果显示可知，以上 4 种不同布置方式的隔水导管式平台中，以等边三角形布置且灌注水泥的隔水导管模拟结果最为安全可靠，其安全系数为 2.73。因此，在设计三桩隔水导管式平台桩腿分布时采取等边三角形分布且灌注水泥的方式最为安全可靠。

5. 结论

通过设计优化隔水套管支撑井口平台，突破了原有导管架井口平台的概念，使隔水套管与桩合二为一，在确保安全前提下，满足了平台的结构强度要求。

(1) 隔水套管支撑井口平台突破原有概念，在保留隔水套管所有功能的同时，使隔水套管参与到平台承载中。

(2) 隔水套管支撑井口平台结构简单，用钢量少，节省了陆地建造量，缩短建造时间，降低了造价，同时由于质量轻，海上安装时选择资源比常规导管架井口平台有优势，整体造价费用低于常规导管架井口平台的一半。

(3) 隔水套管支撑井口平台属于简易平台，但设计与计算分析上同传统导管架平台相同，仍然要进行大量的计算分析工作。

(4) 隔水套管支撑井口平台由于整体尺寸较小，相比与常规导管架井口平台位移偏大，但可以满足工程刚度要求。

参 考 文 献

[1] 杜尊峰，余建星. 适于海上边际油田开发的平台选型与结构计算[J]. 海洋技术，2010，12.

[2] 赵文智，胡永乐，罗凯. 边际油田开发技术现状、挑战与对策[J]. 石油勘探与开发，2006，33(4)：393-398.

[3] 张燕坤，宋玉普. 适用于渤海边际油田的轻骨料混凝土平台结构选型及优化[J]. 中国海洋平台，2005，20(3)：31-39.

[4] 方华灿. 我国海上边际油田采油平台选型浅谈[J]. 石油矿场机械. 2005，34(1)：24-26.

[5] 杨进，刘书杰，周建良，等. 风浪流作用下隔水导管强度及安全性计算[J]. 中国海上油气，2006，18(3)：198-200.

级弯相应管线应力消除技术研究及应用

刘平　李莹　张嘉　杨曼　沈晓婵

[中海石油(中国)有限公司上海分公司]

摘要：在国内某海域某辅助平台建设项目中，为了消除两平台间大幅度位移造成栈桥上管道的应力，根据栈桥位移分布，通过有限元模拟分析和研究，得到了位移对栈桥上管线各部分的影响，满足栈桥管线布置的应力计算需求。通过增加管道柔性吸收栈桥轴向位移，配套五种优化措施缩短直管段长度，避免平台空间限制，为海上类似项目大位移配管应力消除提供了借鉴。

关键词：栈桥；应力分析；轴向位移；弯头

1. 项目背景

某油气田是我国某海域发现的第一个以天然气为主的复合型油气田，为了使综合平台(DPP)能满足钻机升级的要求，新建一座4腿导管架辅助支持平台(SDPP)，辅助支持平台设有3个井槽及管子堆场，并布置有钻机泥浆模块，污水处理设施、二级分离器、吊机等设备。SDPP与DPP平台间通过一座30m的双层栈桥相连，工程方案见图1。

根据钻机升级改造和生产工艺的需要，连接SDPP与DPP之间的栈桥就必须兼顾转运货物(特别是钻完井期间)、人员走道、管线布置等功效，考虑到两台吊机的作业半径和两个平台导管架桩腿(海底之间仅21m)的影响，栈桥设计长度仅30m，这样的短距离给栈桥复杂管线的布置及应力计算带来了问题，主要表现在：

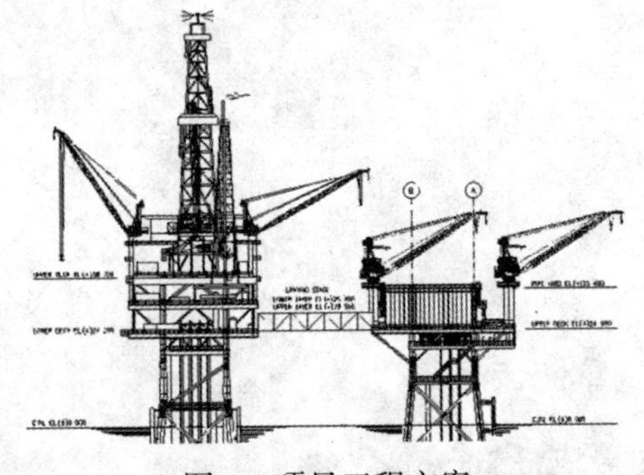

图1　项目工程方案

(1) 栈桥布置管线数量多，操作压力高，管径大。管线布置共27根，其中7条高压泥浆管线(压力5000PSI)，20条生产及公用管线：8in以上管线10条，高压力管线6条(来自其他项目海管设计压力11.6MPa)。

(2) 两个平台间距离短，位移大。参照以往项目，栈桥位移由两侧平台分别计算的最大位移值叠加得到，结合东海水深、风、浪、流等影响因素计算，发现位移值高达851mm。

(3) 泥浆管线在钻完井期间泥浆泵震动和泥浆流脉动将会传递到栈桥管线。

(4) DPP侧由于管线设施固定且空间受限，管线大部分应力消除落在了SDPP侧管线布置上。

2. 栈桥管线应力分析

面临上述问题，为了给栈桥高危险等级配管设计提供准确的应力计算依据，必须对栈桥上布置管线应力分析。包括，管道应力、管道支撑类型、配管系统固有频率、法兰泄漏和配管位移。

1）栈桥管线设计

(1) 工艺设计条件。

① 表 1 中所示栈桥布置管线的工艺参数将被用于应力计算。

表 1　栈桥布置管线的参数

Analyzed pipe	操作温度 T_1/℃	低温极值 T_2/℃	最高设计温度 T_3/℃	设计压力 P/kPa	水压测试压力 P_{Hyd}/kPa
10in-PW-30001-A2BZ-P	55	-8.5	85	1300	1950
4in-WF-42021-A2BG	21	-5.7	50	800	1200
4in-FD-32021-A2BZ	21	-5.7	50	1000	1500
12in-PF-15204-E2BZ-HT20	17.5	-5.7	48	11600	17400
8in-FW-60001-A2BP	21	-5.7	50	1650	2000
8in-FW-60002-A2BP	21	-5.7	50	1650	2000
8in-PL-12002-A2DZ-H	50	-8.5	80	1380	2070
6in-PW-30102-A2DZ-P	50	-5.7	80	1380	2070
4in-NG-23003-A2BZ-H	50	-5.7	80	1380	2070
3in-CR-23002-A2BZ-H	85	-5.7	115	1380	2070
4in-WF-42004-A2BG	21	-5.7	50	800	1200
3in-FG-31001-B2BZ	7	-8.5	65	2250	3375
8in-FL-34002-A2BZ-H	55	-11	85	420	630

注：安装环境温度：21.1℃。

② 根据结构计算，栈桥管道的地震荷载如下：

X：-0.127g(South)；Y：-0.197g(Vertical)；Z：-0.127g(West)。

③ 风载荷：根据配管规格书的描述，风荷载以一百年一遇 3s 阵风为基础，风载体型系数为 0.6，风速 57.1m/s。

④ SDPP 与 DPP 之间的相对位移。

按照一百年一遇理论计算得出，栈桥相对位移南北方向 851mm、东西方向 876.8mm、高度 199.2mm，但根据经验相对位移远远达不到这个标准，参照该海域另一个油气田的类似栈桥实际监测，栈桥滑动端位移划痕不到 50mm，于是将相对位移调整至南北方向 750mm、东西方向 750mm、高度 199.2mm。

(2) 机械特性。

配管特性用于模型中(表 2)，配管材料参数如表 3 所示。

表 2　配管特性参数

Pipe Material	Ambient Temperature/℃	E Modulus, Axial/kPa	PoissonRatioAxial/Hoop	σ_b/MPa	σ_s/MPa
A106 Gr. B	21.1	2.0340×10^8	0.292	414	241

表 3 配管材料参数

Pipe Material	Temperature/℃		Mechanical Properties		B31.3 Allowable Stress	
			E Modulus, Axial/kPa	Poisson Ratio, Axial/Hoop	Sh/kPa	Sc/kPa
A106 Gr. B	T1	7	2.0398×10^8	0.292	137895.141	137895.141
		17.5	2.0354×10^8			
		21	2.0340×10^8			
	T2	50	2.0180×10^8			
		55	2.0142×10^8			
		85	1.9919×10^8			
	T3	−11	2.0472×10^8			
		−8.5	2.0462×10^8			
		−5.7	2.0450×10^8			
		48	2.0194×10^8			
		50	2.0180×10^8			
		65	2.0068×10^8			
		80	1.9956×10^8			
		85	1.9919×10^8			
		115	1.9722×10^8			

2）栈桥管线配管应力计算

（1）设计模型如图 2 所示。

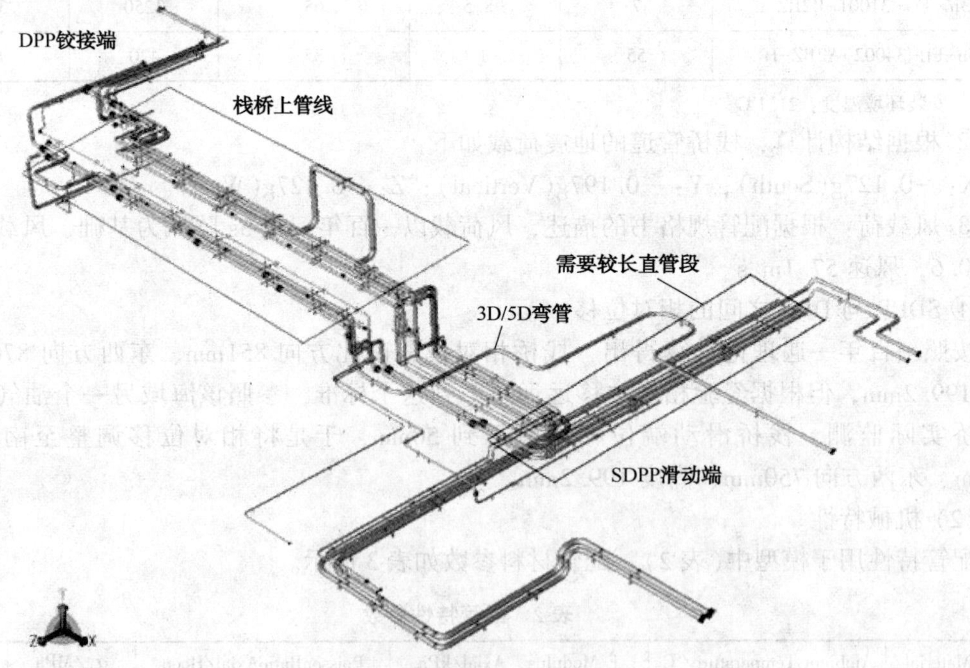

图 2 栈桥配管设计模型

（2）应力计算结果汇总如表4所示。

表4　应力计算结果汇总

Load cases	Node number	Highest Stress/kPa	Allowable Stress/kPa	Code Stress Ratio/%
2 (SUS)	1940	54782. 5	137895. 1	39. 7
41(OCC)	4230	125590. 5	183400. 5	68. 5
42(EXP)	5570	262181. 0	335146. 8	78. 2
43(EXP)	5570	242215. 7	335146. 8	72. 3
44(EXP)	1139	258674. 7	335980. 8	77. 0
45(EXP)	1139	229448. 2	335980. 8	68. 3
46(EXP)	5419	116388. 9	337062. 2	34. 5
47(EXP)	3899	140924. 5	322007. 6	43. 8
48(EXP)	5570	251488. 7	335146. 8	75. 0
49(EXP)	5570	253928. 2	335146. 8	75. 8
50(EXP)	1139	232297. 7	335980. 8	69. 1
51(EXP)	1139	255711. 2	335980. 8	76. 1
52(EXP)	860	82544. 6	337116. 7	24. 5
53(EXP)	5419	113655. 3	337062. 2	33. 7

通过分析可以看到，栈桥位移对栈桥上管线各部分的影响：栈桥位移（轴向）对栈桥上管线无影响，但影响栈桥滑动端的管线应力，且该影响很大；栈桥位移（其他两个方向）对栈桥上管线有影响。这些影响为配管设计计算管线应力提供基础。

另外，本次分析还进行了管道支撑类型、固有频率和法兰泄漏校核，在这里就不在累述。

3. 栈桥配管应力消除优化设计

为了解决前文“项目背景”中描述的配管应力消除问题，经过计算研究，优化出了一种新型栈桥连接设计思路，即在栈桥位移超过700mm（尤其是轴向位移）时，通过在滑动端平台内部靠近滑动端的位置增加管道柔性，进而吸收栈桥轴向位移——相对而言，应力计算中栈桥轴向位移是最难计算通过的（图2）。通过在与栈桥轴向垂直的水平方向上（即图中Z方向）增加直管段的长度来吸收栈桥轴向位移。理论上，只要Z向直管段足够长，就可以无限吸收栈桥的轴向位移。但受限于海洋平台空间，不可能布置过长的直管段，此时需要其他的配套优化设计措施来弥补。

1）使用3D或5D弯管代替90°弯头

由于弯头处的应力集中，在受到较大的弯曲应力时，弯头易发生破坏，因此增加弯头的曲率半径以减小该处的应力增大系数。尤其是在无法满足直管段要求需要改变管道走向时，增大弯头曲率半径更是重中之重。

2）增加法兰等级

根据法兰泄漏校核NC-3658.3方法，影响法兰端面泄漏的主要是弯矩载荷，在栈桥位移确定无法减小法兰端面的弯曲载荷时，如不考虑更换特殊法兰，增加法兰等级是唯一可行的方法。

3）将阀门设置在远离栈桥滑动端的位置

由于法兰泄漏的原因，将阀门布置在远离栈桥滑动端的第一个固定支架之后。对于栈桥铰接端，该要求相对较低。

4）在栈桥上布置3Dπ型弯

对于压力较高的管道，由于壁厚较厚，管道自身可变形量较小，且没有足够的平台空间布置直管段时，可将此方法与常用的在栈桥上布置π型弯的设计方案结合使用，且最好使用3Dπ型弯(2Dπ型弯相对能够吸收的位移量小很多)。另外，对于需要3Dπ型弯的管道，一般将其设置在栈桥内部靠近侧面的位置，以方便3Dπ型弯及支架的设置。

5）支架设计时考虑管道变形的影响

为避免支架脱空，部分支架管鞋的长度需要加长，最长为2倍的栈桥位移，即$2\Delta L$；为避免管道变形后与支架吊臂或平台结构发生碰撞，在管道和支架设计时要留出足够的间隙余量；相邻管道由于壁厚、管径、温度等的不同，其自身柔性也不尽相同，因此在相邻管道间应留有足够的间隙，以避免管道变形后与相邻管道发生碰撞。

4. 结语

根据SDPP平台与DPP平台之间栈桥管道的设计，总结出一套可用于以后栈桥管道布置的新方法，尤其是对于超过700mm的较大的栈桥位移的情况。

(1) 通过有限元模拟分析得到栈桥位移(3个方向)分别沿栈桥轴向的分布情况，进而将其应用于管线柔性分析，为管线应力满足相关设计规范的要求提供理论依据。

(2) 通过应用弯头形式变换、增加法兰等5项措施，有效地消除了栈桥布置管线由于平台间位移造成的应力，避免平台空间的限制，该做法可以为其他类似项目提供有益的借鉴。

参考文献

[1] NATIONAL ASSOCIATION OF CORROSION ENGINNEERS. NACE 10A 392-2006 Effectiveness ofcathodic protection on therm ally in sulatedenderground metallic structures [S]. Houston: NACE, 2006.

[2] DELAHUNT J F. Corrosion of underground insulated pipelines[J]. Journal of Protective Coatings and linings, 1986, 3(1): 36.

[3] 李双胜，程新宇，王冰，等．东海栈桥安装对管线布置的影响[J]．石油化工设备，2017，03(46)：10-13.

[4] GUTIERREZ J E, ZAMORA B, GARCIA-ESPINOSA J, et al. Dynamic modelling of mooring for floating offshorestructuresmarine 2013; proceedings of the 5th International Conference on Computational Methods in Marine Engineering, MARINE 2013, May 29, 2013 - May 31, 2013, Hamburg, Germany, F, 2013 [C]. International Center for Numerical Methods in Engineering.

[5] 王斌斌．不同标准下法兰最大许用弯矩的对比研究[J]．石油化工设备技术，2012，33(6)：1-3.

海上浮托安装中的组块支撑结构设计

田凯[1] 姜学华[2] 李欢[1] 郭学龙[1] 李冬梅[1]

（1. 中国石油集团海洋工程有限公司工程设计院；2. 大港油田对外合作项目部）

摘要：本论文主要介绍了海上浮托法中的关键部件，组块支撑结构(DSU)。一个典型的DSU结构包括4个核心部件，每个部件都有它的功能和设计要求。为了能在浮托安装前期设计中更准确的模拟组块支撑结构，本文采用有限元方法，通过数值模拟的方式，对某工程中的组块支撑结构进行分析设计，保证施工中该结构的结构强度能够满足要求。

关键词：浮托法；组块支撑结构；组块支撑框架

1. 概述

浮托法是20世纪70年代提出的相对于传统的吊装技术而言的一种海上安装方法，它利用驳船运载结构物，并通过潮位、驳船调载及其它升降机构等调整结构物高度，使之安装在预先安装的承载结构物上。吊装和浮托法均可进行大中型组块安装，相比于吊装法安装需要采用的海上浮吊，浮托法施工船舶主要为驳船，对施工船舶要求更低，尤其在大中型浮吊难以进入的浅水施工海域，采用浮托法进行组块安装往往可以降低航道疏浚等施工费用。

在组块采用驳船进行装船、拖航和安装的施工过程中，组块在船体上的支撑结构必须通过设计特定的结构来实现。除承受组块的重量外，该支撑结构还需要实现如下功能：

(1) 支撑结构必须能具备足够的缓冲、减振性能，使组块在施工全过程中不会与船体之间有过大的刚性碰撞和振动。

(2) 在装船过程中要求船体与组块支撑结构、组块支撑结构与组块之间要有足够的连接强度，支撑结构能承受装船过程中一条桩腿失效时的最大单腿荷载，同时在滑道上有较好的滑移特性。

(3) 在拖航和安装过程中组块支撑结构作为组块与船体之间的连接过渡结构，其上部能够较好地支撑组块，释放双船运输、安装过程中船舶相对运动产生的扭矩，下部能够较好地连接船体，将荷载传递到船体上。

(4) 设计应考虑浮托安装时荷载从船体转移到桩上后能快速的分离组块与支撑结构，以便于驳船的快速退船。

2. 典型的组块支撑结构形式

组块支撑装置(DSU)直接与组块支点连接的支撑装置，具备承载、缓冲、减振等力学性能，为配置缓冲材料或设备的成品结构，通常由供应商根据项目特点进行设计，提供全套的产品解决方案。

一个典型的DSU主要包含下述结构。

(1) 顶部接收器。

与组块支点直接相连的部位，通常设计为内凹的锥形或平板形，组块的支点相应的设计为凸出的锥形体或平板形，以便于上下支撑点的契合。凹面表面涂敷特氟龙涂层，摩擦系数极低，负载滑动时摩擦系数产生变化，但数值仅在 0.05~0.15 之间，以极大程度的释放相对运动产生的扭矩。球形接收器下加筋板并进行混凝土浇筑，增加凹面承载能力。

(2) 垂向缓冲装置。

用于在组块安装施工全过程中垂向上的缓冲、减振，并具备足够的承载能力。通常垂向缓冲装置根据缓冲媒介的不同分为：三种类型：一是以细砂作为缓冲媒介，二是采用橡胶作为缓冲媒介，三是采用氮气罐作为缓冲媒介。3 种类型在性能和经济性上各有优缺点：细砂经济性最好，但缓冲和减振性能较差，反应速度受漏砂速度的限制；氮气缓冲效果较好，但氮气罐等装置价格较高；综合考虑采用橡胶作为缓冲媒介，既有足够的缓冲、减振能力，又有一定的经济性，应用广泛，技术成熟可靠。

橡胶垂向缓冲装置可以分为纯橡胶和带液压千斤顶两种形式，带液压千斤顶 DSU 可以在进船时增加组块的顶升高度，在荷载转移时加速组块的下放，缩短荷载转移的时间，可以减少橡胶的用量，但需要配置的液压千斤顶数量较多，顶升高程小的千斤顶作用较小，配置意义不大，而顶升高程较大的液压千斤顶不但价格昂贵，且安装高度较大，综合考虑本研究对象的浮托安装过程，结合经济性等考虑，采用纯橡胶的垂直缓冲装置，垂向压缩量 250mm。

图 1 细砂为缓冲媒介的 DSU

图 2 氮气为缓冲媒介的 DSU

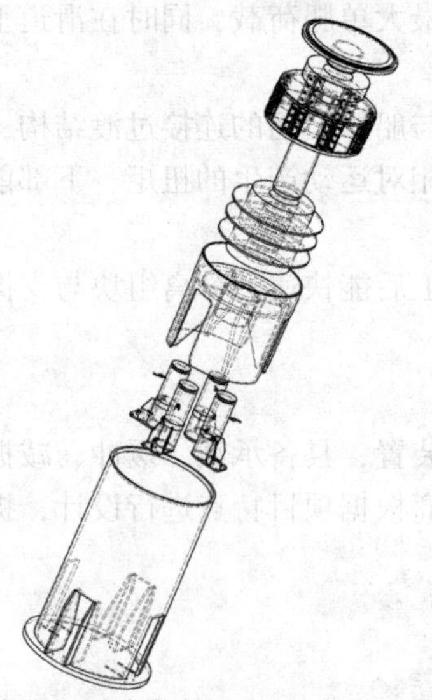

图 3 橡胶为缓冲媒介的 DSU(带液压千斤顶)

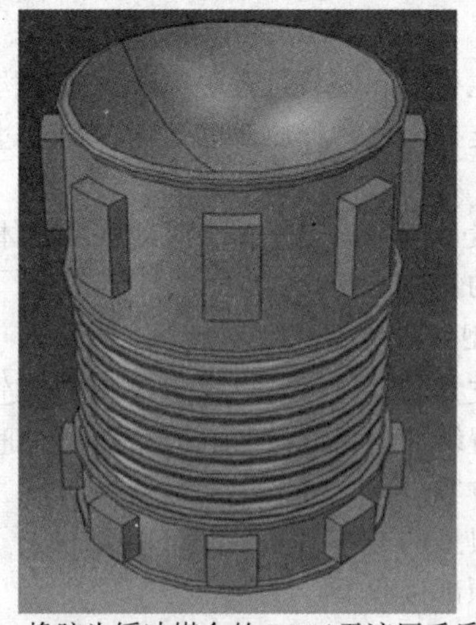

图 4 橡胶为缓冲媒介的 DSU(无液压千斤顶)

（3）侧向缓冲装置。

用于在组块安装施工全过程中侧向上的缓冲，并具备足够的承载能力。侧向缓冲装置采用橡胶作为缓冲媒介，安装在 DSU 的周侧。

（4）承载结构。

安装在 DSU 底部，用于支撑垂向缓冲装置，将垂向荷载从 DSU 向组块支撑框架(DSF)传递，一般为箱型结构。

3. 典型的组块支撑结构设计

1）计算模型

根据某目标平台海上安装项目，设计的组块支撑结构(DSU)主要尺寸如下，未压缩高度 2200mm(压缩后 1950mm)，凹球面半径 650mm，中部有 1050mm 高的垂向缓冲橡胶。在 DSU 周侧和底部有斜向支撑，周侧采用 ϕ1506mm×38mm 的钢管套筒提供水平支撑力，底部是带筋的支撑柱提供垂向支撑力。

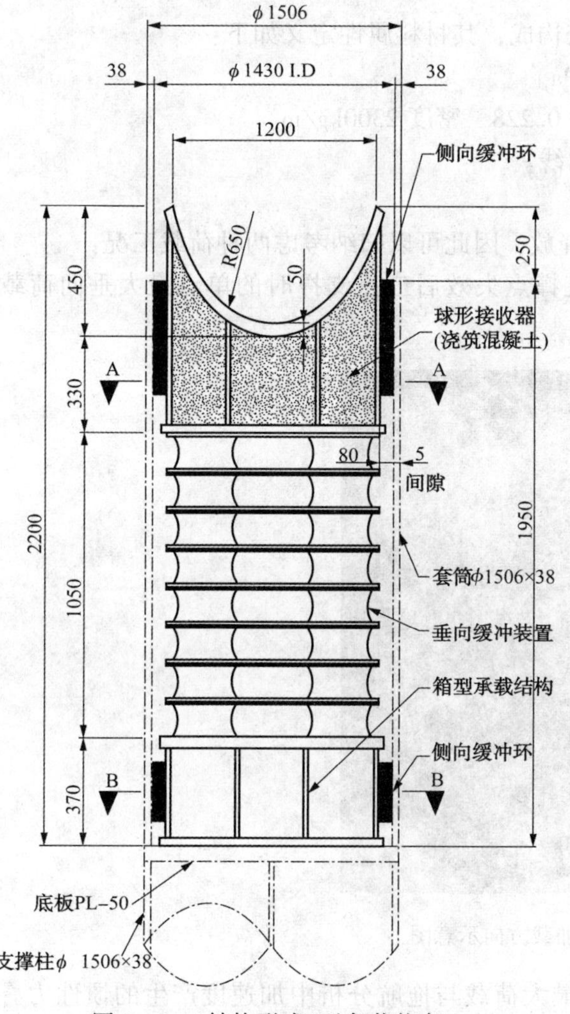

图 5　DSU 结构形式(无负载状态)

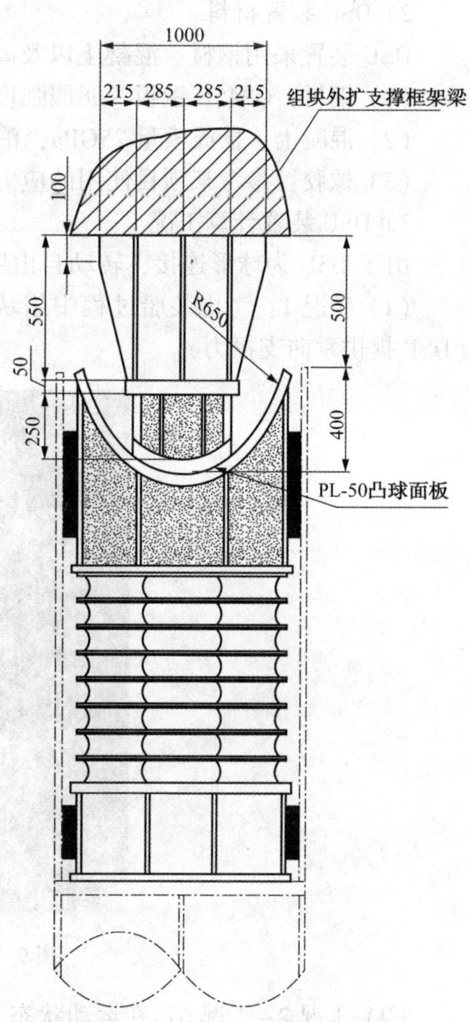

图 6　DSU 结构形式(负载状态)

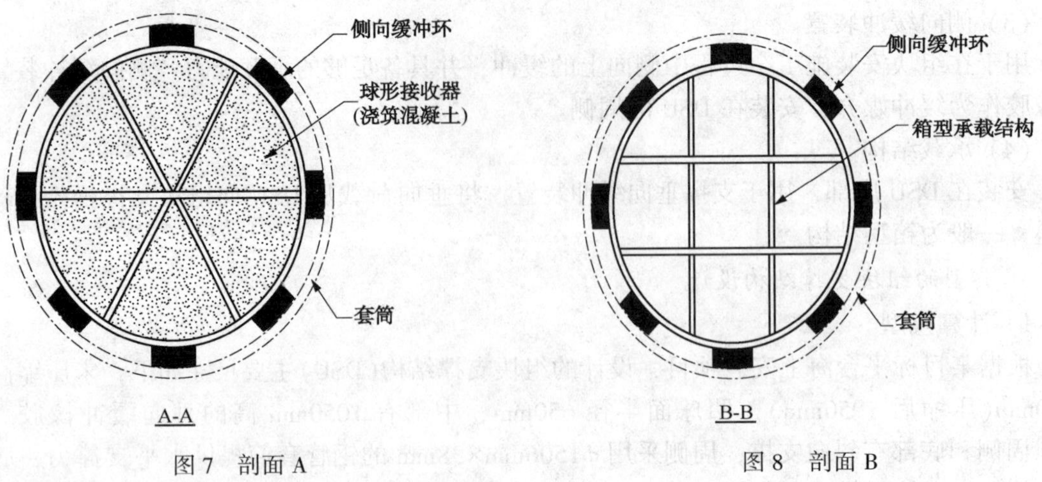

图7 剖面A　　图8 剖面B

2）DSU装置材料

DSU装置采用钢材、混凝土以及高弹橡胶构成，其材料属性定义如下：

(1) 钢材：Q345B钢板，屈服强度345MPa。

(2) 混凝土：杨氏模量25GPa，泊松比为0.228，密度$2300kg/m^3$。

(3) 橡胶：参考某项目使用的应力应变曲线。

3）DSU装置计算工况

由于DSU为球形连接，转动自由度完全释放，因此可以归纳考虑两种荷载工况：

(1) 工况1：考虑装船过程中组块一个支撑点失效后三点支撑时的单点最大垂向荷载(DSF提供垂向支撑力)。

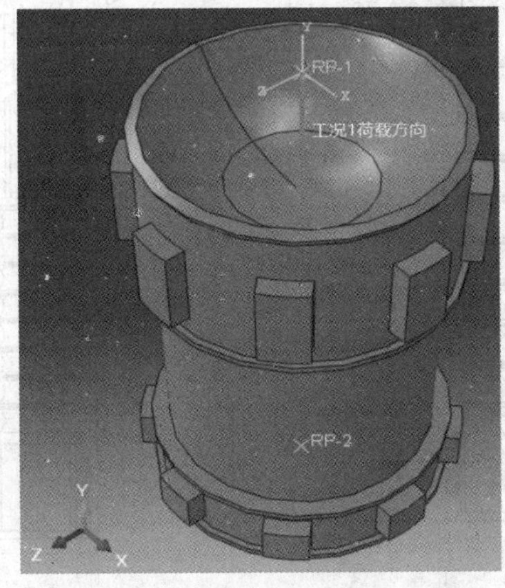

图9 工况1加载方向示意图

(2) 工况2~工况6：在运动状态下单腿最大荷载与拖航分析中加速度产生的惯性力叠加作用于5个方向(与垂向夹角15°，工况2荷载方向指向拉筋侧，顺时针每45°方向布置一个工况，DSF提供垂向及侧向支撑力)。

图 10　工况 2~工况 6 加载方向示意图

4）DSU 计算荷载

根据平台上部组块质量重心，并综合考虑装船、拖航及浮托安装的水动力分析结果，选取各工况下四个支撑点运动响应加速度计算相应惯性力，作为外部载荷施加在有限元模型上。

5）DSU 分析结果

（1）工况 1：DSU 应力云图。

分析结果显示，最大应力 105.4MPa，满足强度要求。

（2）工况 2~工况 6：DSU 应力云图。

分析结果显示，最大应力 209.0MPa，满足强度要求。

4. 结论

组块支撑结构作为海上浮托法安装中的核心部件，其结构主要包括顶部接收器、垂向缓冲装置、侧向缓冲装置以及承载结构。结构设计涉及到上部组块、驳船运动特性、施工时的环境条件等因素。在工程前期设计中，通过浮托对接的耦合模拟，得到组块支撑结构的控制荷载，并在有限元软件中准确模拟各结构部件，特别是橡胶缓冲件，对组块支撑结构进行校核分析，是一种效率较高并可行的方法。

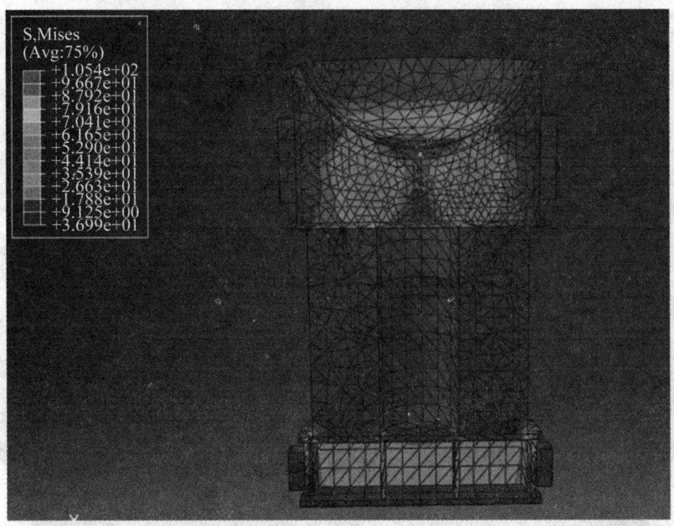

图 11 工况 1：DSU 应力云图

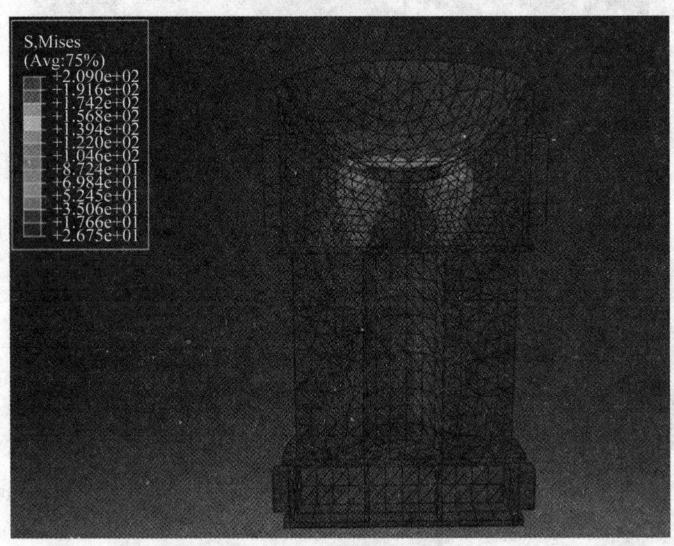

图 12 工况 2~工况 6：DSU 应力云图

参 考 文 献

[1] 李达，范模，易丛等．海洋平台组块浮托安装总体设计方法[J]．海洋工程，2011 年，29(3)：13-22.

[2] 房晓明，郝军，魏行超．南堡 35-2 油田中心平台应用浮托法安装新工艺实践[J]．中国海上油气，2006 年，18(2)：126-129.

[3] 许鑫，杨建民，李欣，等．浮托驳船系泊定位的数值模拟与模型试验研究[J]．水动力学研究与进展：A 辑，2013(004)：471-481.

[4] Ruhua Yuan，Alan M. Wang，Huailiang Li. Design Considerations of Leg Mating Units for FloatoverInstallations [J]. Proceedings of the Twenty-second International Offshore and Polar Engineering Conference，2012：1091-1098.

基于数值水池浮式平台运动性能虚拟试验研究

韩旭亮[1]　谢彬[1]　谢文会[1]　栗京[1]　段文洋[2]　马山[2]

（1. 中海油研究总院有限责任公司；2. 哈尔滨工程大学）

摘要：本文基于海洋平台运动虚拟试验数值水池，对浮式平台系泊系统耦合运动性能进行了虚拟试验研究。计算了半潜式钻井平台系泊系统时域耦合响应特性，将平台波频摇荡运动、慢漂运动和系泊缆索张力等虚拟试验结果分别从静力响应和动力响应角度进行比较分析。虚拟试验研究结果表明，动力响应对平台波频运动影响较小，但是对平台慢漂运动和系泊缆索张力影响显著，有必要采用动力响应方法进行浮式平台系泊系统时域耦合响应评估。数值水池比物理试验更易实现和控制，能有效满足平台性能优化设计需求，具有广阔应用前景。

关键词：数值水池；虚拟试验；耦合运动；静力响应；动力响应

1. 引言

水动力性能是海洋平台的基本性能，通常依靠物理水池模型试验来评估。为此，世界上建成了大量的、耗资巨大的试验水池，这为海洋平台性能的研究提供了模拟试验环境。但建设物理水池不仅投资花费较大，每次试验花费时间较长，加长了海洋平台的设计周期，而且由于新型海洋结构物出现和尺度不断增加，水池尺度总是有限的，现有物理水池设施难以满足新需求。随着计算流体力学的发展和计算机软硬件条件的改善，以获取船舶与海洋结构物流体动力响应为目标的数字化水池技术得到快速发展。数值水池技术是利用先进计算条件和水动力学研究成果，研究开发数字化水池软件，实现部分代替物理水池实验的目标。近年来，欧、美、韩、日等国家在虚拟仿真对接物理试验的技术方面已率先走在世界前列，相关研究成果大大提高了其船舶与海洋结构物设计效率和优化水平。中国数值水池项目也已于2016年正式启动，目的是为增强中国造船业和航运业的竞争力，弥补物理水池试验的不足，创造一个高效的流体动力学分析和优化集成系统，为中国实现造船强国和海洋强国发展目标做贡献。由此可见，数字化水池已成为当前世界造船强国及海洋工程发展的重大技术。

浮式平台结构物是较深水海洋环境下普遍采用的油气勘探和生产作业的海洋工程装备。在风、浪、流等复杂环境载荷作业下，浮式平台摇荡运动与其钻井和生产等作业密切相关，是确定平台作业范围的重要指标。同时，为了保持平台正常作业，常采用锚泊等定位系泊系统进行平台位移控制，需要准确预报系泊浮式平台的低频慢漂运动和系泊缆索载荷，也是影响平台正常作业能力的重要指标。基于海洋浮体三维势流水动力学，通过数值模拟仿真手段可以开展浮式海洋平台水动力性能虚拟试验，实现物理水池试验所具有的浮式平台水动力性能、耦合运动响应和系泊系统受力测试，从而解决实际海洋平台评估运动性能周期较长、花费较大等问题。

本文基于海洋平台运动虚拟试验数值水池，主要针对半潜式钻井平台运动性能进行虚拟试验。采用泰勒展开边界元方法和三维频域势流理论，进行浮式平台水动力和摇荡运动统计分析。在此基础上，采用细长结构动力学模型模拟系泊缆索细长构件动力响应，在复杂环境中开展浮式平台和系泊系统时域耦合动力求解，计算了半潜式钻井平台的低频漂移等运动响应和系泊缆索动力载荷，由此评估系泊浮式平台水平低频慢漂运动和系泊缆索载荷。通过虚拟试验计算获得的平台运动性能和系泊缆索载荷，可用于半潜式钻井平台作业衡准评估和系泊系统安全评估。

2. 虚拟试验研究对象

选取作业在1000m水深某大型油气田的半潜式钻井平台为虚拟试验研究对象。表1给出了半潜式钻井平台基本参数。目标半潜式钻井平台采用多点系泊系统实施定位，系泊系统总共由12根锚泊缆索组成，分为4组，每组3根，表2给出了系泊系统基本参数。图1给出了半潜式钻井平台系泊系统布置图。本次虚拟试验的主要内容包括：平台波频摇荡运动响应、低频慢漂运动响应和系泊缆索张力响应。虚拟试验的精度已通过国际标模物理试验验证和主流商业软件验证，运动响应误差在5%以内。

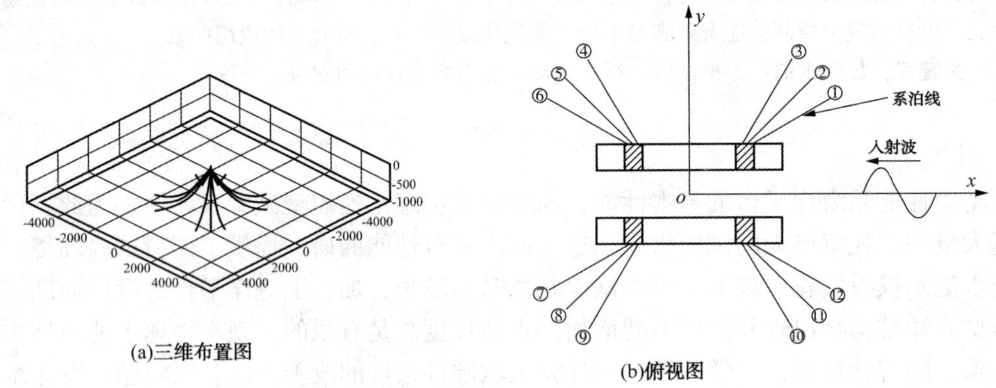

图1 半潜式钻井平台系泊系统布置图

表1 半潜式钻井平台基本参数

结构	参数名称	数值
半潜式平台	排水量 Δ/t	36975.0
	吃水 T/m	20.0
	重心 G_z/m	20.33
	横摇惯性半径 R_{44}/m	29.13
	纵摇惯性半径 R_{55}/m	34.52
	艏摇惯性半径 R_{66}/m	38.46
主甲板	长 L/m	80.0
	宽 B/m	70.0
	高 H/m	38.0
下浮筒	长 L/m	108.0
	宽 B/m	15.0
	高 H/m	8.0

续表

结　构	参数名称	数　值
立柱	长 L/m	15.0
	宽 B/m	15.0
	高 H/m	25.0

表 2　系泊系统基本参数

结　构	名　称	数　值
系泊系统	水深/m	1000.0
	预张力/kN	774
	系泊缆索数目	12
	相临两根系泊缆索夹角/(°)	15
顶部系缆	长度/m	2250
	直径/mm	76
	干重/(kg/m)	26.85
	湿重/(kg/m)	22.57
	断裂刚度/kN	4900
	拉伸刚度/kN	334
底部锚链	长度/m	800.0
	直径/mm	76
	干重/(kg/m)	123.0
	湿重/(kg/m)	98.4
	断裂刚度/kN	5000
	拉伸刚度/kN	550

3. 虚拟试验结果与分析

运用海洋平台运动虚拟试验数值水池对系泊半潜式钻井平台分别进行静力耦合响应分析(Static Coupling)和动力耦合响应分析(Dynamic Coupling)。两者不同之处在于前者在平台导缆孔位置只考虑了系泊缆索的恢复力，而后者考虑了系泊缆索的恢复力、拖曳阻尼力和惯性力引起的动态效应。大地坐标系下，平台重心初始位置为 0.0m、0.0m、0.33m，转动角度均为零。平台的动力学时间间隔为 $\Delta t = 0.2$s，系泊缆索的动力学时间间隔为 $d_t = 0.05$s。每根系泊缆索划分 40 个单元用于系泊缆索有限元计算。初始浪向为迎浪 $\beta = 180°$。采用 JONSWAP 波浪谱模拟不规则波浪，选择有义波高 H_s 为 13.3m，谱峰周期 T_s 为 15.5s，谱峰因子 γ 为 2.5，如表 3 所示。图 2 给出了该工况参数下入射波浪时历曲线。

表 3　海洋环境工况

名称	波浪谱	有义波高/m	谱峰周期/s	谱峰因子	角度/(°)
数值	JONSWAP	13.3	15.5	2.5	180

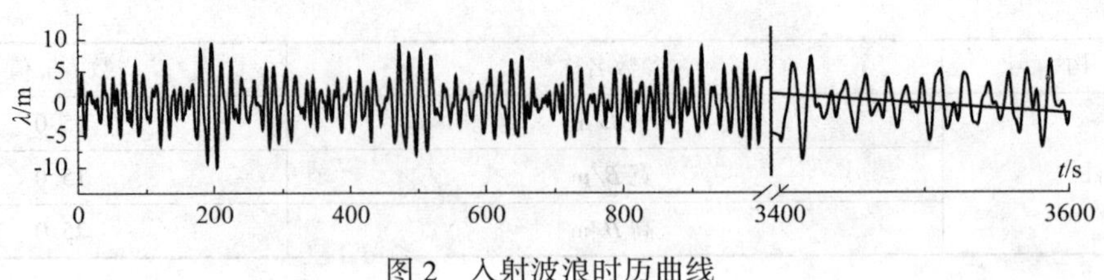

图 2　入射波浪时历曲线

1）平台耦合运动响应

图 3 为该工况下半潜式钻井平台时域运动响应时历曲线。可以看出，平台纵荡波频运动幅度较小，漂移力使得平台偏离初始平衡位置，伴随平台自身固有周期呈现出大幅低频慢漂运动。还可以看出，静力耦合响应和动力耦合响应的低频运动具有类似固有周期，但由于系泊缆索的动力效应导致平台运动响应幅值差异较大，动力响应比静力响应的结果偏小。系泊缆索对平台垂荡和纵摇运动的影响较小，主要体现为波频运动，静力响应和动力响应的结果基本一致。

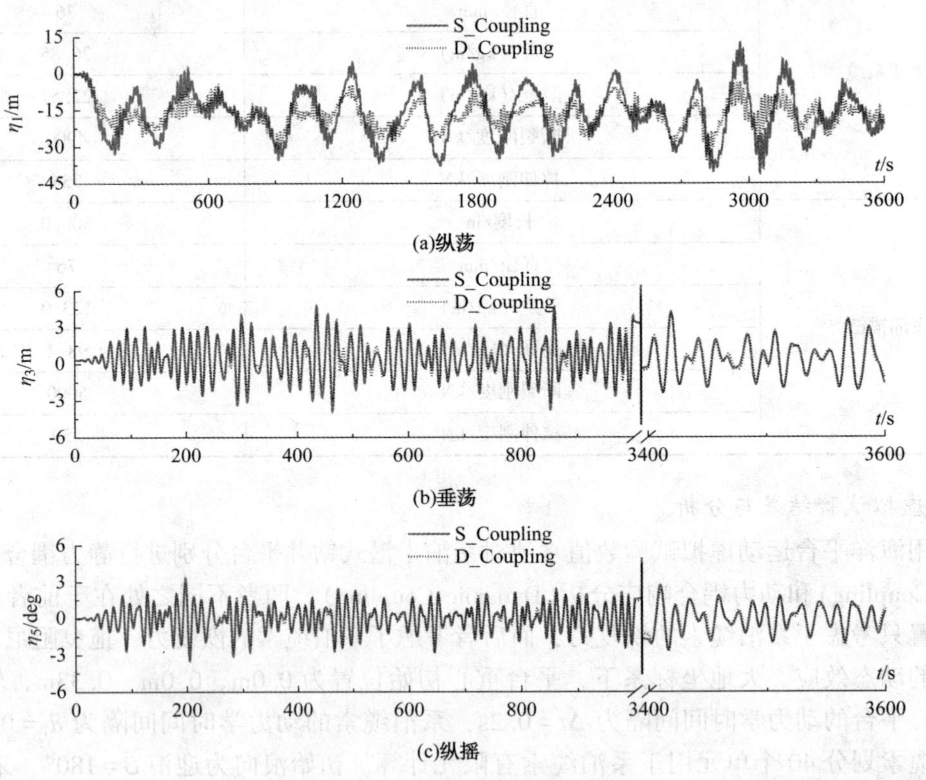

图 3　平台时域运动响应时历曲线

2）系泊缆索张力响应

由图 1 可以看出在迎浪作用下系泊系统具有对称性，通过计算可知，系泊缆索 No. 1 和 No. 12 张力响应相同且最大。图 4 为该工况下系泊缆索 No. 1 顶端张力响应时历曲线。可以看出，系泊缆索张力的静力耦合响应比动力耦合响应结果偏小，动力响应效应显著，系泊缆索张力变化依赖于平台纵荡运动模态。在波浪漂移力作用下，系泊缆索 No. 1 顶端最大响应为 1530kN，比预张力大约为 1 倍，表明系泊系统该海况下安全系数高，稳定性好。

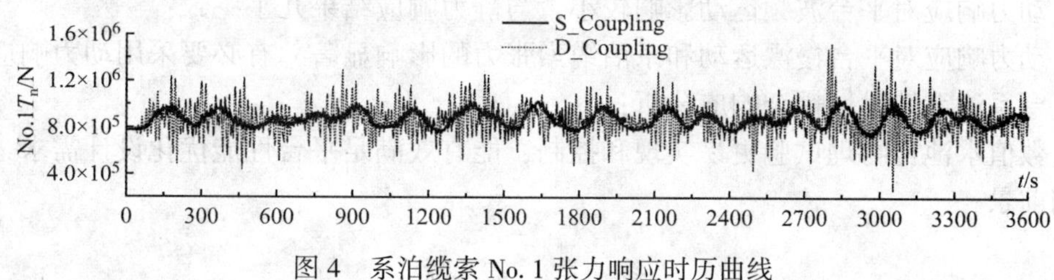

图 4　系泊缆索 No. 1 张力响应时历曲线

3）运动响应谱分析与统计分析

图 5 给出该工况下半潜式钻井平台运动响应谱分析结果。可以看出，平台纵荡运动不仅在 ω = 0. 029rad/s 附近存在明显低频运动特性，还在 ω = 0. 39rad/s 出现相对较小波频运动响应峰值；平台垂荡运动不仅出现波频响应峰值，还在 ω = 0. 32rad/s 垂荡固有频率附近出现明显低频运动响应峰值；平台纵摇运动与垂荡运动类似，还在 ω = 0. 24rad/s 纵摇固有频率附近出现低频运动响应峰值。还可以发现，静力耦合响应和动力耦合响应结果在波频范围内吻合较好，而低频运动响应存在差别，与之前分析平台时域运动响应时历曲线结果差别的原因相同。

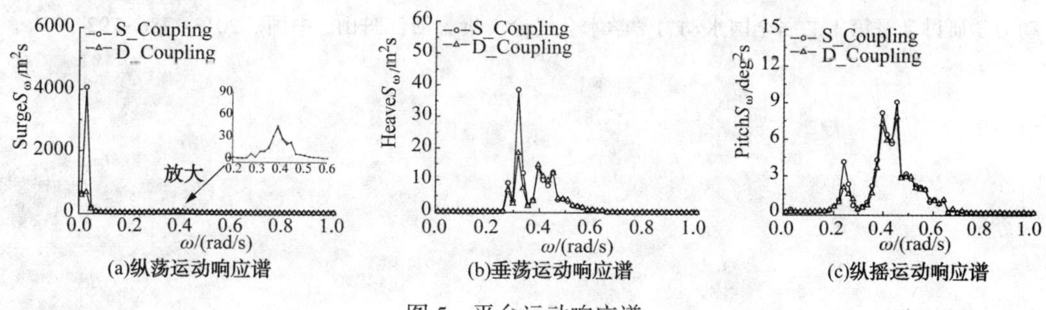

图 5　平台运动响应谱

图 6 给出该工况下半潜式平台运动响应统计分析结果。可以看出，纵荡运动由于漂移力的影响，平台会产生 x 轴负向偏移，平均值基本相同。由于系泊缆索动力效应，平台运动静力耦合响应和动力耦合响应在最大值、最小值方面相差较大。

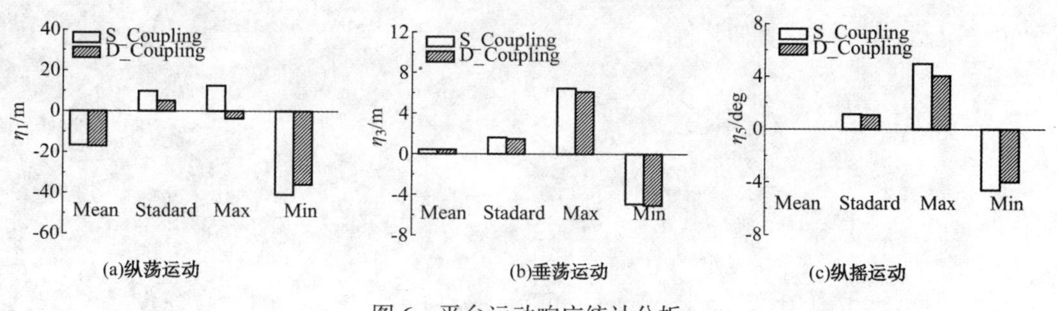

图 6　平台运动响应统计分析

4. 结论

本文以半潜式钻井平台系泊系统为研究对象，基于海洋平台运动虚拟试验数值水池，分别从静力响应和动力响应的角度对浮式平台系泊系统耦合运动性能进行研究，虚拟试验研究结果表明：

(1) 动力响应对平台波频运动影响较小，与静力响应结果几乎一致；

(2) 动力响应对平台慢漂运动和系泊缆索张力的影响显著，有必要采用动力响应方法进行浮式平台系泊系统时域耦合响应分析；

(3) 数值水池比物理试验更易实现和控制，能有效满足平台性能优化设计需求，具有广阔的应用前景。

参 考 文 献

[1] 赵峰，吴乘胜，张志荣，等．实现数值水池线的关键技术初步分析[J]．船舶力学.2015，19(10)：1209-1220.

[2] DuanW Y，Chen J K，. Zhao B B. Second order Taylor expansion boundary element method for the second order wave radiation problem，Application of Ocean Research，Vol. 52，pp：12-26，2015.

[3] 韩旭亮，段文洋，马山，等．深海系泊浮体物面非线性时域耦合动力分析[J]．船舶力学，2017，21(1)：31-44.

[4] Ma S，Duan W Y，Han X L. Dynamic asynchronous coupled analysis and experimental study for a turrent moored FPSO in random seas [J]. Journal of Offshore Mechanics and Arctic Engineering，2015，137：041302.

[5] 马山，段文洋．深海浮动式平台与系泊/立管系统动力响应异步耦合分析研究[C]// 第二十五届全国水动力学研讨会暨第十二届全国水动力学学术会议论文集．浙江舟山，中国．2013：786-792.

自升式作业支持平台环境适应性技术及程序系统开发

柴俊凯　唐广银

（中国船级社海洋工程技术中心）

摘要：自升式作业支持平台在作业过程中存在转场频繁、作业时间短等特点，该特点对平台的安全作业和结构设计提出了更高的要求，本文基于环境适应性技术，以 VB 为编程语言，结合 CCS 规范及 Sname 推荐做法开发了环境图谱计算程序，并以某四腿平台为算例，阐述了该软件在平台安全评估、结构优化等领域应用的可行性和适用性。

关键词：自升式作业支持平台；环境适应性；VB

1. 引言

自升式作业支持平台根据作业需求配备了不同的海洋工程设备，其广泛应用于海洋工程领域，根据具体作业需求可分为风电安装平台、修井平台、地基整平平台、打桩平台、生活支持平台等类型。相比传统油气钻井平台，作业支持平台在作业期间具有转场频繁、作业时间短等特点，其频繁变化的作业环境对平台的安全性提出了严峻挑战，也对平台的设计工作提出了更高的要求。

目前，作业支持平台的安全管理主要依靠操船手册中的典型设计工况进行，当作业海域的环境条件超过平台设计值时就需要对平台进行类似钻井平台的“井位分析”，来重新评估平台安全性，但这种方式是针对某一“特殊井位”进行计算，显然无法根据作业海域的环境条件快速评估平台的极限能力，而环境适应性技术可以对平台可能遇到的所有海况进行全面评估，具有较大的使用价值；另外，在平台设计阶段运用环境适应性技术可以找到平台的薄弱环节，改进设计方案，进行结构优化。因此研究环境适应性技术对平台的结构安全性和设计合理性具有重要意义。

在研究平台环境适应性时，需要对平台可能遇到的海况组合进行评估，如果人工计算十分耗时。为找到快速准确的分析平台环境适应性方法，本文结合 CCS 规范及 Sname 推荐做法编写了可实现参数化建模和图谱自动绘制的 VB 程序。基于该程序，本文给出了某四腿作业支持平台的环境适应性图谱，讨论了该程序在平台作业和设计过程中的实用性。

2. 环境适应性技术

在平台作业阶段，运用环境适应性技术对平台设计周期内，可能遇到的海况所下平台极限能力进行分析，编制平台环境适应性图谱，通过对比目标海况和相应图谱，可对平台进行快速、准确、经济的安全评价，环境适应性图谱绘制过程见图 1。需要指出的是该极限能力应当是保证平台安全的极限荷载，其安全指标主要包括抗倾稳性、预压载能、升降系统固桩能力、桩靴承载力、桩腿强度等。

在平台设计阶段，运用环境适应性技术，可以找出平台结构的薄弱环节，然后进行针对性的结构优化。其计算流程与图1相近，在此不赘述。

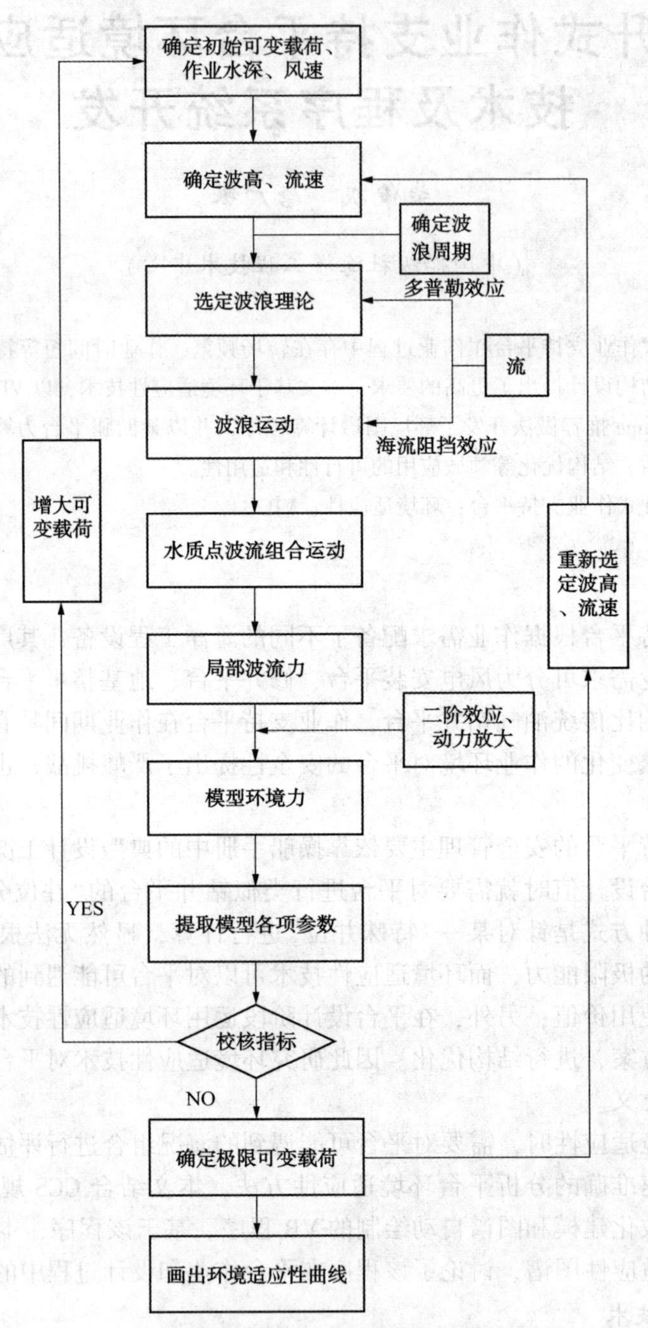

图1 环境图谱计算流程

3. 程序系统开发

1）基本流程

当绘制环境适应性图谱时，图谱中的任意数据点值都代表了在一个子海况下满足规范要求的平台极限装载能力，因此需要技术人员对该海况下平台装载量进行循环迭代搜索，而图谱包含数百个子海况，如人工计算十分耗时且无法保证准确性。因此需要采用编程方法来获取环境图谱。程序绘制环境图谱时的基本设计流程如图 2 所示。程序主界面如图 3 所示。

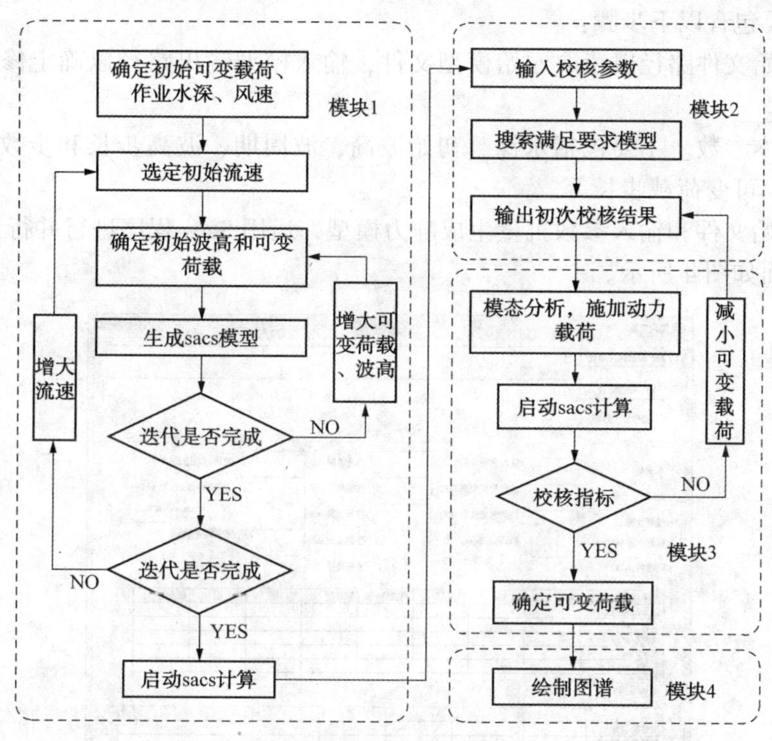

图 2　程序流程图

2）程序模块

由图 3 可知，该程序包含 4 个主要模块。

图 3　程序主界面

(1) 生成模型文件模块。

本模块主要负责输入和存储用于计算环境适应性图谱的基本参数，然后利用该参数批量修改模型。主要包含以下步骤：

① 输入原始文件路径以读取原始模型文件，输入模型输出路径以确定修改后模型的保存位置。

② 输入基本参数。主要包括水深、初始波高、波周期、波高步长和步数、流速、风载荷、桩腿刚度、可变荷载步长等。

③ 根据原始文件和输入参数批量生成静力模型，运用 Sacs 程序进行并行计算。

该模块界面如图 4 所示。

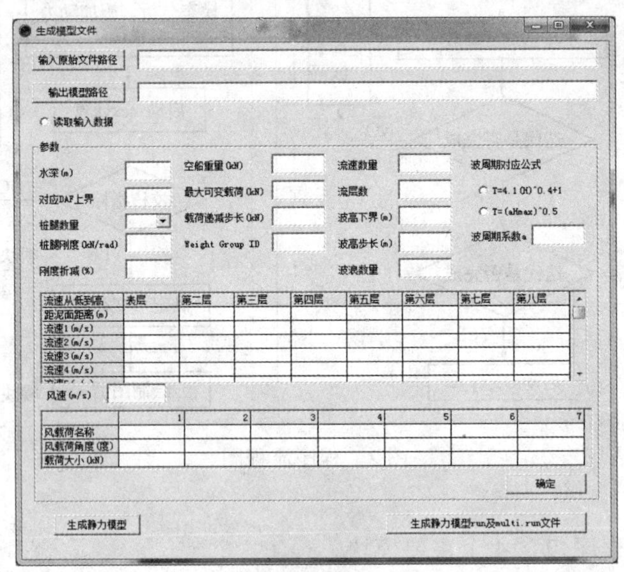

图 4　生成模型文件模块

(2) 静力计算模块。

本模块主要功能是输入环境适应性的基本校核指标，并根据校核指标在不考虑水动力的情况下计算平台的极限起升载荷，初步绘制环境图谱。主要包含以下步骤：

① 输入主要校核指标。包括恢复力臂、可用压载水量、单腿预压保持能力、抗倾安全系数、单弦杆风暴保持能力、单桩腿风暴保持能力、桩靴极限承载力。

② 输入弦杆总数量。

③ 搜索静力初步计算结果，得到满足校核指标的计算模型，然后初步绘制环境图谱。

(3) 修正模型模块。

主要功能是对模块 2 搜索出的静力模型进行动力修正。主要包含以下步骤：

① 设置 DAF 下限。当 DAF 值小于该值时，保守取该下限值。

② 输入用于动力修正的基本迭代参数。主要包括载荷递减比例、载荷递减次数。

③ 生成动力修正模型，搜索固有周期，计算惯性力。

④ 根据计算的惯性力，生成动力修正后的模型文件。

(4) 静力计算修正木块。

搜索静力修正计算结果，然后生成修正后的环境适应性图谱。

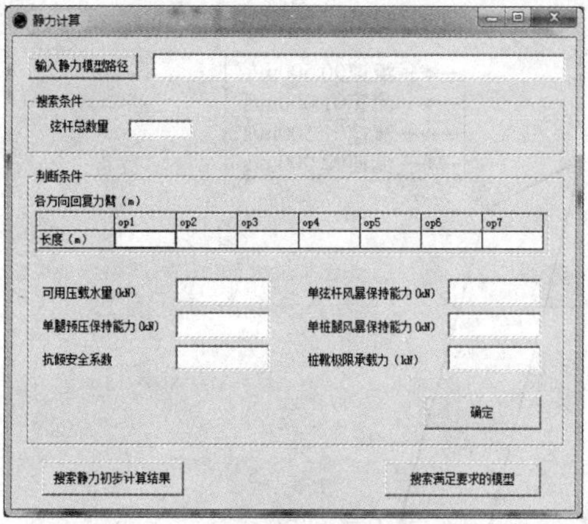

图 5　静力计算模块

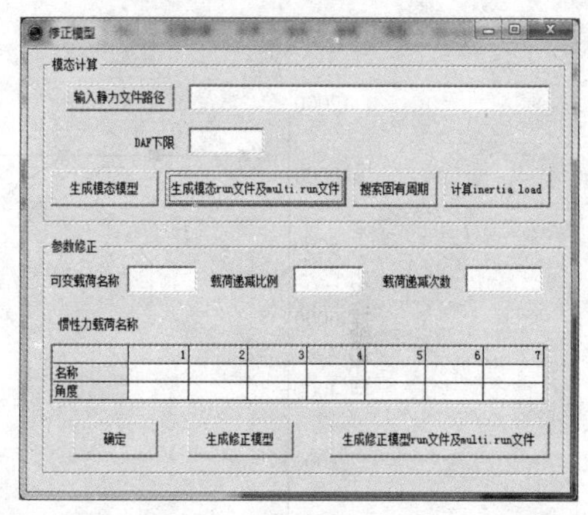

图 6　修正模型模块

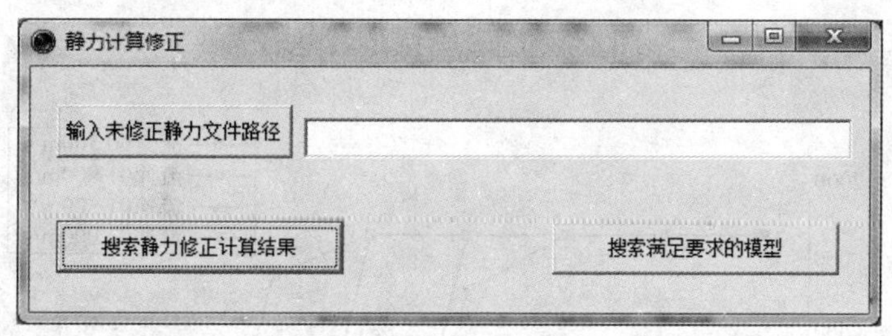

图 7　静力计算修正模块

4. 工程应用案例

1）计算模型

算例平台的主船体为长方形箱型结构，船长 55.5m，采用液压式升降系统，包含 4 个圆柱桩腿，平台左舷配备一个 400t 吊机。

通过 SACS 程序进行有限元建模，桩腿按设计图纸进行详细模拟，船体采用刚性梁进行简化模拟，在上下导向的连接处采用虚拟单元并对其自由度进行释放，使其只传递水平载荷，通过对泥面下 3m 进行铰支约束对桩靴和土壤的相互作用进行考虑。计算模型如图 8 所示。

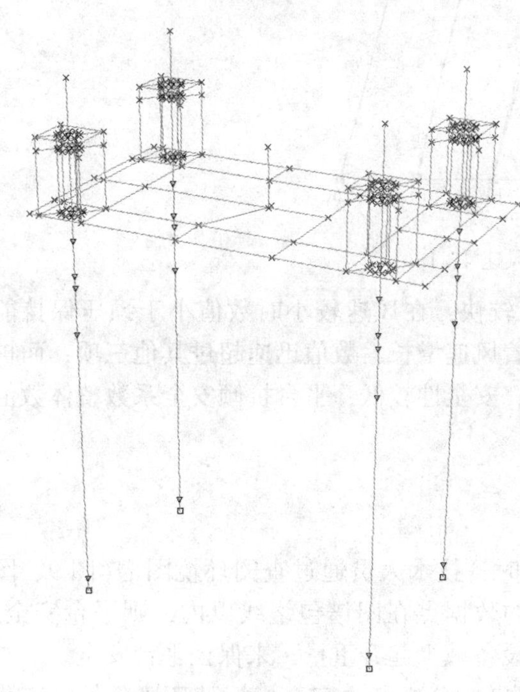

图 8　计算模型

2）计算结果分析

由图 9、图 10 可知，当水深、流速相同的情况下，51.4m/s 风速曲线包络面积要小于 41.1m/s 风速曲线的包络面积，即随着风速的增加，平台能够承受的极可变荷载越小。其主要原因是，随着风速的增大，船体所受风载荷逐渐增大，导致平台能够承受的可变荷载变小。

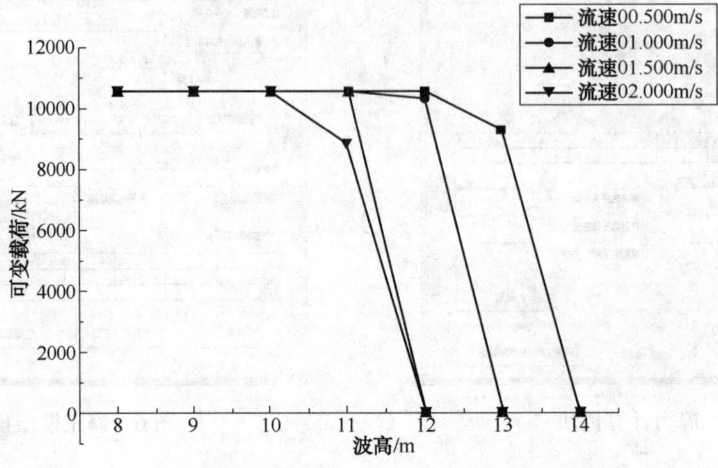

图 9　水深 40m，风速 51.4m/s

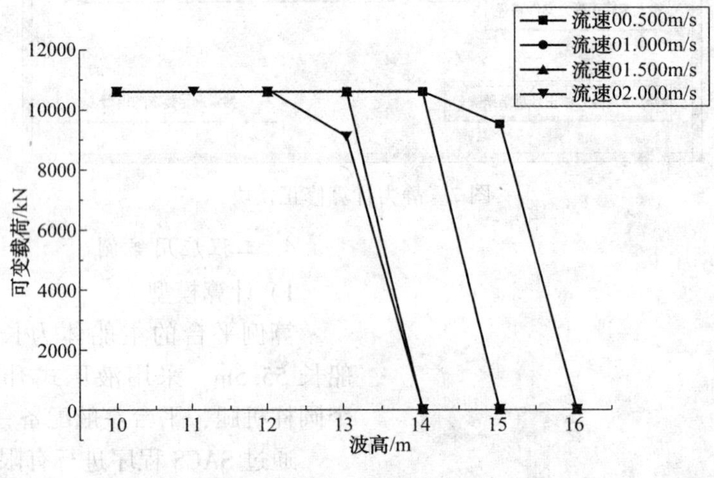

图 10　水深 40m，风速 41.1m/s

由图 11 中可知，桩腿强度 UC 随着风速增长较快，在风速较小时数值小于预压保持能力、单弦杆风暴保持能力、桩靴承载能力，但随着风速增长，数值迅速超过其他三项；而桩靴承载能力虽随风速增长缓慢，但整体数值较大，安全性较低；平台抗倾安全系数整体数值较低，表面平台抗倾覆能力较强。

5. 结论

通过以上研究可以得出如下结论：

(1) 平台作业时，当环境条件超越设计海况时，技术人员通过查阅环境图谱(图 9、图 10)，可快速评估平台的安全性。如果对应海况的数据点在图谱包络线以内，则平台安全，如果数据点在包络线以外，则需要通过拆除多余设备减少起升重量，来保证平台安全。

(2) 平台设计时，设计者通过查阅图谱(图 11)，分析各项安全指标随环境条件的变化趋势，可以快速判断出平台结构的薄弱环节，有针对性地对结构进行优化。以本平台为例，其桩靴承载力决定了平台能力上限，具有较大优化空间，设计者应当予以重视。

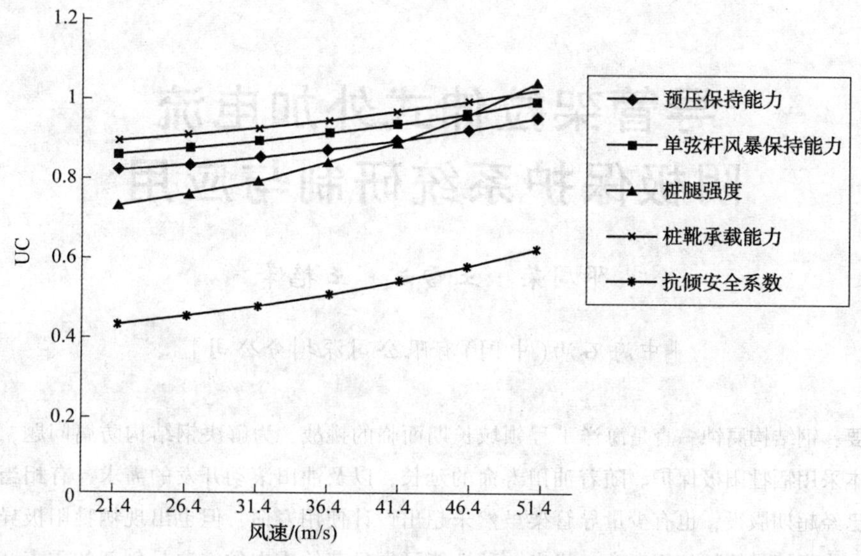

图 11 40m 水深 1.5m/s 流速 12m 波高时，各项校核指标随风速的变化规律

（3）本次算例对桩靴与土壤的相互作用采用了简支简化，与实际值相比偏于保守。使用该程序时应该予以适当考虑。

参 考 文 献

［1］吴艳新，汪怡，罗瑞锋．400ft 自升式钻井平台环境载荷图表计算研究［J］．船舶工程，2013，35(s2)：103-105.

［2］中国船级社．海上移动平台入级与建造规范［M］．北京：人民交通出版社，2005.

［3］SNAME. Guidelines for site specific assessment of mobile jack - up units：SNAME 5 - 5A ［S］，SNAME，2002.

［4］SNAME. Recommended practice for site specific assessment of mobile jack-up units：SNAME 5-5A ［S］，SNAME，2007.

［5］SACS. SACS_ manual_ 5.5v8i［M］. SACS，2015.

导管架拉伸式外加电流阴极保护系统研制与应用

邓周荣　王雪斌　王艳峰

［中海石油（中国）有限公司深圳分公司］

摘要：钢结构腐蚀一直是海洋工程领域长期面临的挑战，为解决钢结构防腐问题，现有导管架基本采用牺牲阳极保护。随着油田寿命的延长，以及油田滚动开发的需求，有相当数量的导管架已经超期服役，也有少量导管架虽然未超出设计使用寿命，但也出现牺牲阳极异常消耗等情况。为延续导管架使用寿命，找出一种性能可靠且节约成本的方法是创新的重点。本文通过介绍南海某导管架牺牲阳极耗尽，利用国外技术安装的远地式外加电流阴极保护（ICCP）系统损坏失效情况下，为解决导管架延寿防腐问题，依托国内科研成果技术，研制并成功安装了一套创新的位于导管架内部的张紧式 ICCP 系统，运行效果良好，为海洋平台延寿防腐提供了新的行之有效的解决方案。

关键词：导管架；延寿；拉伸式外加电流阴极保护系统；多路控制系统

1. 引言

南海东部某平台属于超期服役平台，平台海域所处水深超过 130 多米，原有用于导管架结构保护的牺牲阳极已全部消耗。2010 年安装了从国外引进的远地式外加电流阴极防腐系统，但该系统并不适用于南海海域复杂的海洋和作业环境，投用不到 5 年就出现损坏，该导管架处于欠保护状态，公司和船级社均把它列为重大隐患项。公司通过专家评选会的方式，选择采用了大连科迈尔防腐科技有限公司提出的拉伸式方案，并会同相关单位，在前期科研理论成果的基础上，针对南海平台特点，攻克多项技术难题，研制出了国内首套安装于导管架内部的张紧式外加电流阴极保护系统，于 2017 年 6 月完成海上安装、调试并投入运行。该系统投用以后，2017 年先后经历了“天鸽”等六次台风以及冬季季风考验，已稳定运行接近一年，系统稳定可靠，证明了系统设计合理有效。该技术的成功应用，为超龄设施的延寿提供了技术保障，在老旧设施逐年增加的未来，应用前景广阔，经济效益可观。

2. 超期服役导管架面临的防腐问题

本项目平台建于 2005 年，水深 130 多米，设计寿命 10 年。2008 年，发现导管架底部的阳极消耗严重，到 2010 年，导管架原有的牺牲阳极已完全消耗（图 1），2010 年 6 月新装了两套 Deepwater 远地式 ICCP 系统（图 2、图 3，每套最大输出电流 500A，最大工作电压 32V）。到 2015 年检测发现，一套无法正常工作、输出电流值明显低于设计值，ROV 检查发现其中 RB1 模块上的两个辅助阳极丢失（图 4），利用 ROV 检测导管架电位，部分结构电位偏高，不能满足规范要求的保护电位要求（-1100～-800mV），导管架结构处于欠保护状态。

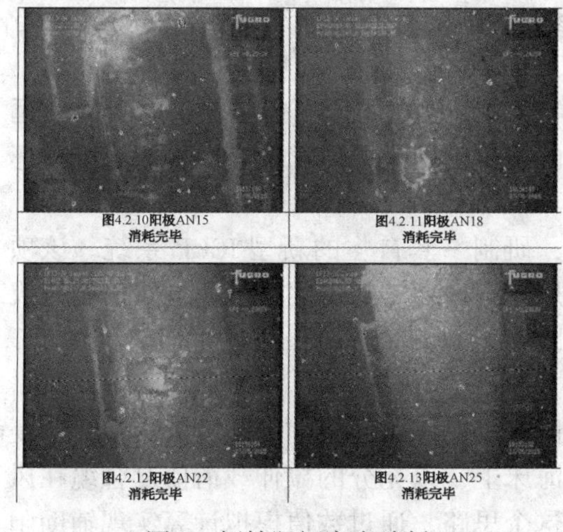

图 1 牺牲阳极完全消耗

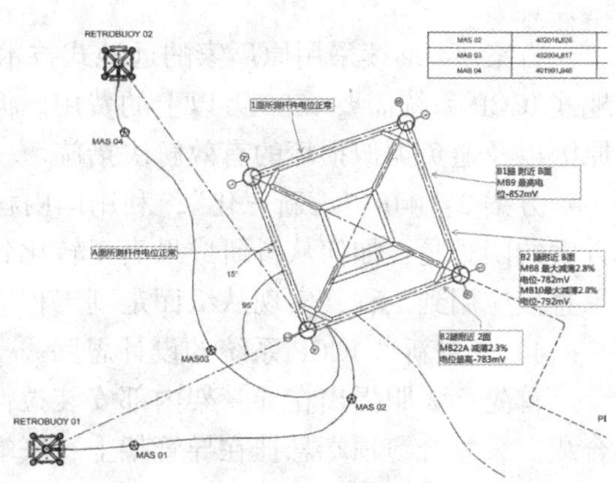

图 2 远地式 ICCP 布置图

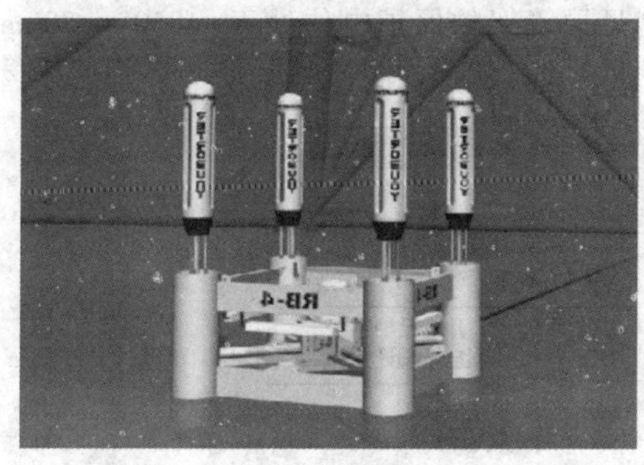

图 3 远地式 ICCP 阳极

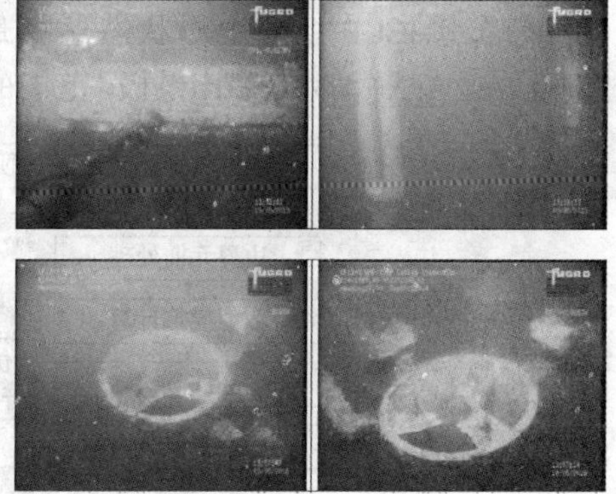

图 4 远地式 ICCP 阳极损坏

3. 外加电流阴极保护系统设计及技术要求

1）外加电流阴极保护系统工作原理

外加电流阴极保护是通过外部直流电源向被保护结构表面提供充分的电子流以支撑氧化剂的还原反应，同时使结构表面发生阴极极化，将结构表面的电位调控到-1100～-800mV范围，从而使得结构处于良好的腐蚀防护状态。

2）技术要求

针对本项目导管架平台防腐系统的现状，根据工程整体设计原则，确定导管架阴极保护的技术指标为：

① 设计寿命 15 年，设计海况环境条件为百年一遇；

② 必须考虑渔业对系统带来的损坏风险；

③ 采用 DNV RP B401 Cathodic Protection Design 规范，参考 NACE-SP-0176 Corrosion Control of Steel Fixed Offshore Structures Associated with Petroleum Production 标准。

3）方案比选

该导管架建设初期安装有 568 块牺牲阳极，每块牺牲阳极净重为 47.5kg，总质量达到 44t。由于导管架所处水深达到 132m，如果重新安装牺牲阳极，需要利用到饱和潜水，工期需要2~3个月，费用高达1亿元以上。因此，维修方案围绕着外加电流阴极保护方案进行选择。

方案1：继续采用原厂家的远地式技术方案进行修复。通过同原厂家沟通，修复一套远地式ICCP系统需要1500万以上的费用。但此方案的重要问题是原厂家没有回答原系统损坏原因以及避免类似损坏的有效解决措施。

方案2：响应“三新三化”，利用国内科研成果，研制一套自主的新型ICCP系统。该项方案的困难是，如何从科研成果真正转化到工程应用，把一项未经过实践过程检验的科研成果直接应用到工程，实现从纸面走到工程应用的跳跃。

4）自主新型ICCP系统的设计思路

首先，大胆提出在导管架内部安装拉伸式辅助阳极串的思路即将辅助阳极集成在一条复合缆上，复合缆顶端悬挂在导管架上，底端固定在海床上，以充分的拉伸载荷使复合缆在风浪流等海洋环境要素的作用下处于稳定状态。根据这个思路，通过数值模拟计算实现辅助阳极沿水深方向布置位置的优化设计，通过调节每一个辅助阳极输出电流的大小，使导管架保护电位分布和ICCP系统工作状态达到最优，满足导管架的保护电位处于-1050~-800mV[相对于Ag/AgX(海水)参比电极]范围的防腐要求，设计流程如图5所示。

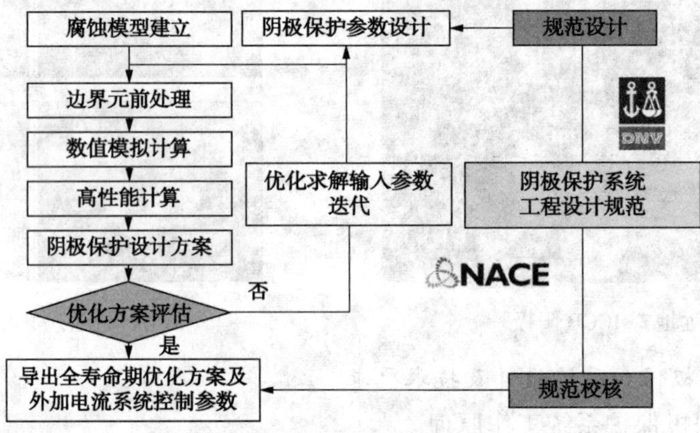

图5 ICCP系统设计流程

4. 工程方案

在上述设计思路的指导下，采用数值模拟计算实现导管架ICCP系统整体方案的优化设计，形成了拉伸式ICCP系统的最终工程方案。确定：安装两套拉伸式ICCP系统，位于导管架内部，ICCP与阴极保护监测系统(CPMS)集成于一体；每套ICCP系统的主要构成包括将12个辅助阳极和6个参比电极集成在一条复合缆上，一台大功率整流器，一台实现12个辅助阳极输出保护电流独立调控的多路控制器。在ICCP系统中，复合缆等承受载荷构件的结构设计满足油田海域百年一遇极端海况的要求，使用寿命15年。整套ICCP系统取得第三方船级社的产品认证，在系统投用到平台以后，通过系统自带的CPMS测量以及ROV CP测量，保证整个导管架保护电位保护满足DNV规范要求，并取得设施发证机关CCS的认可。安装在导管架平台上的ICCP系统(图6)由以下主要设备构成：复合缆(承力钢缆、动力芯线、信号线等，如图7所示)、复合缆上集成的辅助阳极和参比电极、整流器、多路控制器、顶部张拉装置及底部配重等。

整流器
顶部固定装置
多路控制器
复合电缆
上端分线装置
辅助阳极
限弯器
参比电极
下端波纹管

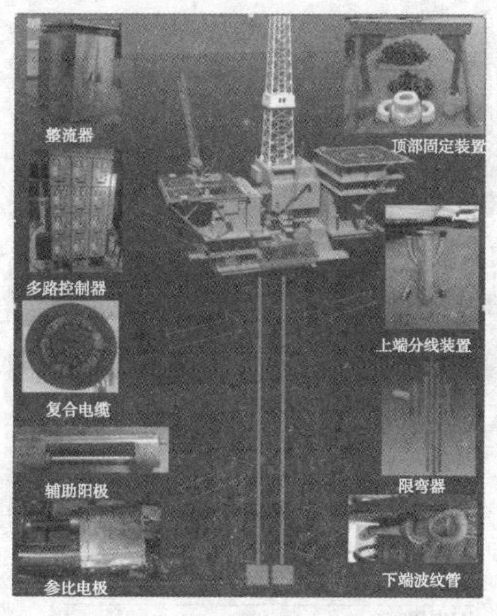

图 6 ICCP 系统构成图

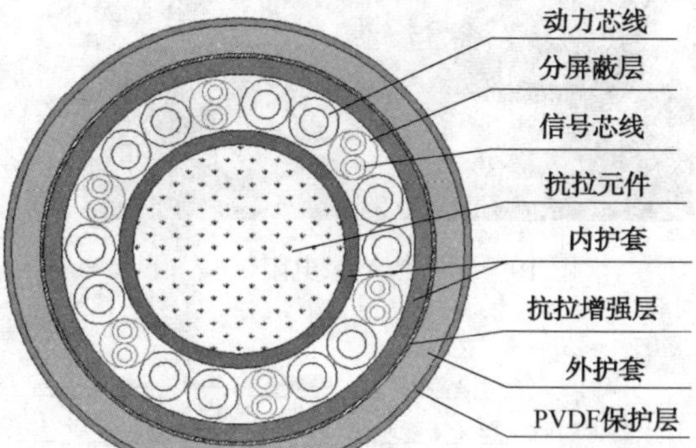

动力芯线
分屏蔽层
信号芯线
抗拉元件
内护套
抗拉增强层
外护套
PVDF保护层

图 7 复合缆断面图

5. 产品的研发、测试及产品的制造

根据项目需求，在拉伸式 ICCP 系统总体设计的基础上，针对性地设计了本项目的关键设备。

所有关键设备均先试制试验品，试验品根据设计要求进行严格的测试，在测试结果满足设计要求的情况下，依照试验品的生产工艺生产项目所需的产品。所有试验品的生产、试验以及成品生产均在第三方船级社的见证下进行，整套系统通过了法国 BV 船级社的产品认证。

从 2015 年 8 月开始，历时一年半时间，研制出用于导管架平台的拉伸式 ICCP 系统。ICCP 系统中的复合缆及其组成构件接受了疲劳试验(图 8)、水密试验(图 9)、绝缘电阻试验(图 10)、辅助阳极疲劳试验(图 11)及参比电极电位标定试验。整流器在大连市产品质量检测研究所做了防护等级 IP56 检验(图 12)。产品的设计及制造全程得到第三方法国船级社 BV 的跟踪审查，已获得法国船级社 BV 的设计认证和产品认证(图 13)。

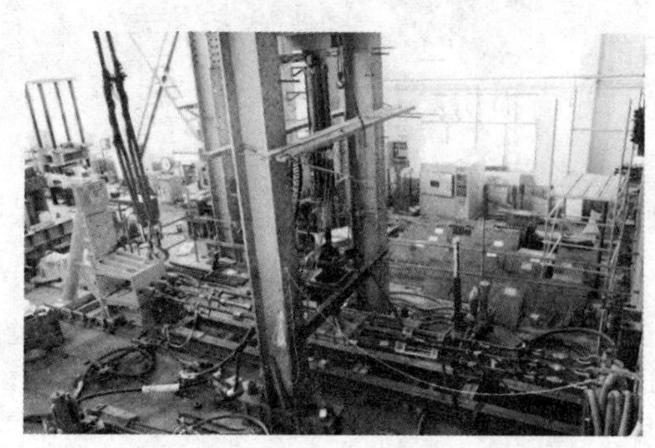

图 8 复合缆疲劳试验

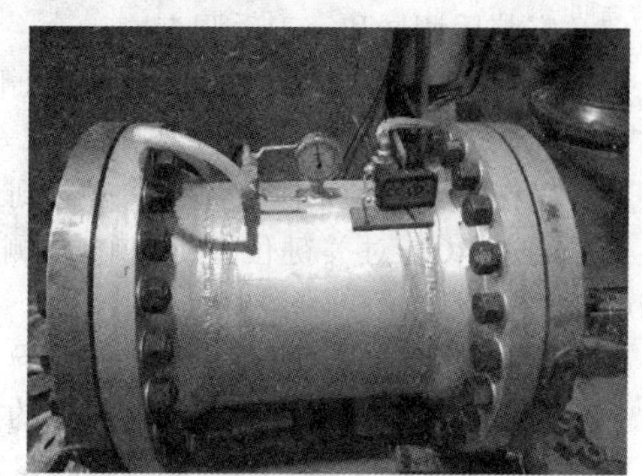

图 9 复电缆 3.0MPa 耐压水密试验

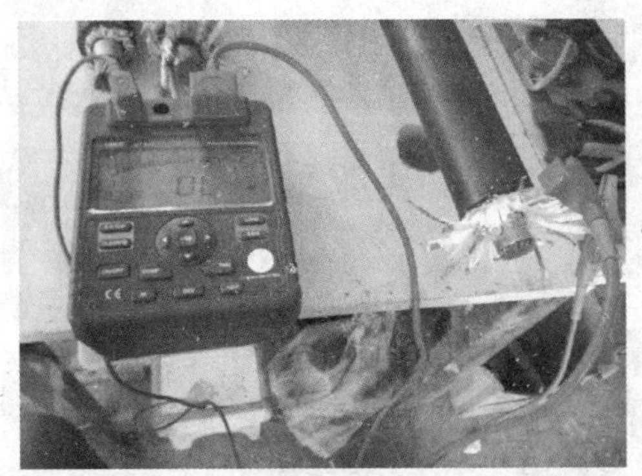

图 10　复合缆绝缘电阻试验

图 11　辅助阳极疲劳试验

送样人 Sampling Person　大连科迈尔防腐科技有限公司 朱东旭　　抽样基数 Population　******

样品状态描述 Sample Condition　无包装、外观完好　　样品数量 Sample Quantity　1台

检验依据 Reference Documents　GB 4208-2008

检验项目 Test items　防护等级 IP56

检验结论 Test Conclusion　该样品按 GB 4208-2008 标准检验，所检项合格。

大连市产品质量检测研究院 (1) 检验专用章

签发日期 Dated　2017 年 3 月 28 日

备注 Remarks　检验结果仅对来样负责。

批准 Approved by:　审核 Inspected by:　主检 Tested by:

图 12　整流器防护等级 IP56 检验

Bureau Veritas Marine (China)

CERTIFICATE OF COMPLIANCE

Cert. No.: BV- DRC/S-Q160825-COC-01

B.V. Job Ref: DRC/S-Q160825

Project/Installation: LF13-2 WHP

Inspection ordered to B.V. by: Dalian Kingmile Anticorrosion Technology Co.,Ltd.

Ref. of the Order to BV: DRC/S-Q160825

Supplier: Dalian Kingmile Anticorrosion Technology Co.Ltd.

Sub-supplier, if any: N/A　　Copies to: N/A

Description of the Supply / Subject of inspection:

Equipment Name: Impressed Current Cathodic Protection System　Serial No.: 2017001

Equipment Category*: *B　　Model: KM-ICCP-2017001

ICCP system parameter	Value
Service water depth:	132m
Allowable tension:	60T
Service life	15y
Input voltage	AC 480V±15%
Output voltage	DC 0~24V
Maximum output Current	300A

图 13　产品符合性证书

6. 海上安装及应用效果

本项目 ICCP 系统于 2017 年 6 月 10 日完成安装通电，随后进行了调试和水下后调查。通过调试，使整个 ICCP 系统达到最优状态。通过 ROV 水下后调查，确认系统安装达到设计要求，并通过 ROV 实际测量导管架保护电位，确认导管架保护电位均处于规范要求的范围，系统自带的监测系统通过和 ROV 实测数据对比，证明采集数据有效。系统安装后运行一年，各项指标数据稳定正常。

1）安装后调试和完工后调查

安装后调试和完工后调查要求达到以下几个目的：

① 确认 ICCP 系统安装设计规格要求安装到位，没有损伤；

② 确保整个导管架阴极保护状态达到最优；

③ 通过 ROV 对关键位置保护电位测量，确保所有敏感点没有发生过保护和欠保护情况；

④ 校验数值模拟计算和实测值的差异；

⑤ 验证多路控制器对水下辅助阳极的控制性能；

⑥ 比较复合缆上的 CPMS 和实际测量值的差异。

完成安装后，利用 ROV 对 ICCP 系统从海床配重一直往上到接近水面，对配重状态、复合缆外观、辅助阳极外观、参比电极外观均作了仔细检查，没有发现异常。每个辅助阳极通电后均能观察到有明显的气泡产生，从而确认了辅助阳极处于正常工作状态。

（1）辅助阳极、参比电极功能性测试。

ICCP 系统各设备间接线完毕后，为确保辅助阳极和参比电极接线无误、功能正常，需对辅助阳极试通电，观察各参比电极电位的动态响应状况。各参比电极电位的动态响应需符合辅助阳极与参比电极的位置关系：改变某辅助阳极输出电流强度，距离该辅助阳极最近的参比电极，电位变化应最为明显，稍远距离变化较弱。具体测试方法为：迅速加大某辅助阳极的输出电流强度，短时大电流输出后迅速降低，测控软件自动记录参比电极电位曲线、辅助阳极电流强度曲线的对应关系(图 17)。从图 17 可明显看出两者的密切关联性，故可以验证：该辅助阳极、参比电极接线正确，且均能正常工作。

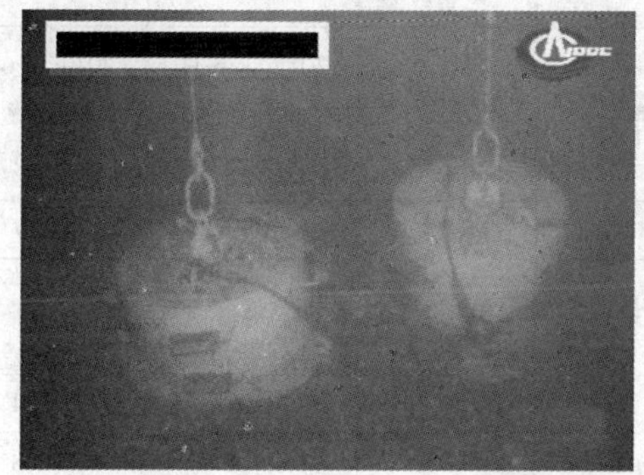

图 14 配重

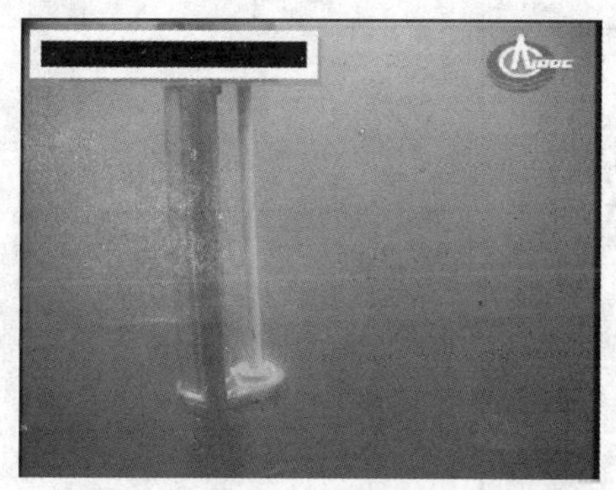

图 15 辅助阳极

图 16 参比电极

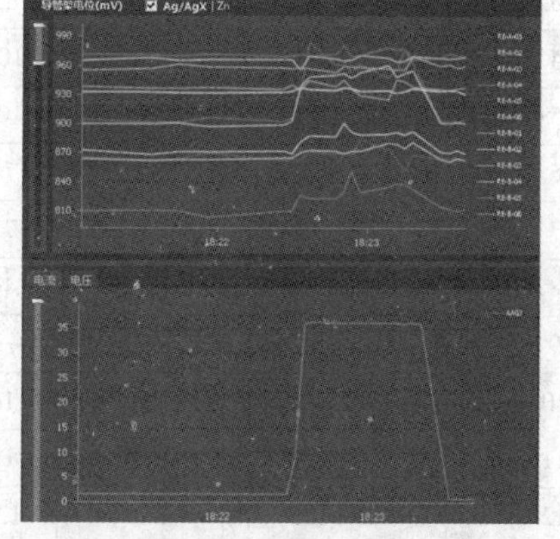

图 17 功能测试

（2）数值模拟计算电位和 ROV 实测电位的比较。

本套 ICCP 系统输出 186.2A 的电流时，利用 ROV 对导管架结构表面易过保护点、易欠保护点的电位进行了测量，从表 1《XXX 导管架电位测量表》中可以看出，除 A 缆的电缆索节外，导管架所有测点的电位均在-1036～-832mV 之间，从而使导管架处于良好的保护状态(DNV 规范推荐保护范围-1100～-800mV)，满足设计要求。

A 缆电缆索节电位较低原因分析：由于复合缆底部所有的肯特扣、椭圆环和卸扣表面都有涂层，因此电联通较差，导致 A 缆索节暂时得不到底部重力块牺牲阳极的保护，不过经过一段时间的磨损后会有所改善。另一方面，由于索节表面有渗锌处理，因此并不需要担心该处的防腐问题。

综上，在复合电缆 A+B 联合输出 186.2A 的电流时，导管架结构表面电位在-1036~-832mV 之间，符合 DNV 规范要求(-1100~-800mV)，导管架处于良好的腐蚀防护状态。本套 ICCP 系统完全能够使导管架处于良好的腐蚀防护状态。

表1　XXX 导管架电位测量表

测量点		所在面	杆件上阳极编号	Z(水深)/m	远地阳极单独工作测量电位/-mV	远地阳极关断状态下复测电位/-mV	拉伸阳极小电流工作状态下的电位/-mV	拉伸阳极正常工作状态下的电位/-mV
测量时间		无			2017年5月31日	2017年6月7日上午	2017年6月10日晚~11日凌晨	2017年6月21日晚~22日凌晨
测量工具					ROV	ROV	ROV	ROV
工作电流/A	远地阳极				323	0	0	0
	A缆				0	0	28	93.4
	B缆				0	0	49.8	92.8
1		EL-122	E202	-123.75	929	844	845	877
2		ROW2	裙桩(B2/B)	-125.17	858	806	815	838
3		EL-122	<6>杆中点	-122	1007	867	877	957
4		ROWA	E302	-102.05	951	885	899	945
5		EL-102	E303	-102.05	946	883	899	951
6		ROWA	E402	-71.38	993	911	932	983
7		EL-73	E403	-71.56	987	913	944	990
8		ROWA	E502	-44.08	1001	927	927	992
9		EL-45	E503	-45	1002	937	963	993
10		ROWA	E602	-16.55	1006	941	950	1003
11		EL-17	E603	-16.49	1009	936	971	1012
12		EL-122	E204	-123.75	956	858	870	916
13		EL-102	<14>杆中点	-102	976	885	918	1018
14		EL-73	<10>杆中点	-73	1014	920	948	1043(1036)
15		EL-73	<14>杆中点	-73	1008	915	950	1031(1029)
16		EL-45	<16>杆中点	-45	964	940	972	1030
17		ROW1	R107	-31.29	1014	940	971	1014
18		EL-17	<5>杆中点	-16.75	1011	947	907	1025/1027
19		ROW1	R108	-8.28	1016	947	977	1011
20		EL-17	E607	-16.51	1002	956	983	1028
21		EL-102	<10>杆中点	-102	964	880	916	1027

续表

测量点	所在面	杆件上阳极编号	Z（水深）/m	远地阳极单独工作测量电位/-mV	远地阳极关断状态下复测电位/-mV	拉伸阳极小电流工作状态下的电位/-mV	拉伸阳极正常工作状态下的电位/-mV
23	ROW 2	杆件 22A	-128	968	865	860	835
				963	865	860	839
				967	862	852	832
24	ROW B	杆件 9		947	838	875	905
				935	820	858	912
				926	805	852	909
25	LegA2	水深 22m		1016	943	960	961/967/985
26	A 缆下端索节	无	-130				780(783)
	A 缆下端重块						1024(1024)
27	B 缆下端索节		-130				1034
	B 缆下端重块						1022
28	水下基盘	距离阳极AA-B-01最近处	-125.4		新增		962
			-127.4				983
			-128.3				975
			-130.2				959
29	EL-122	<7>杆中点	-122				969(974)
30	EL-73	<15>杆中点	-73				1041(036)
31	EL-102	<15>杆中点	-102				1027

2）ICCP 系统使用情况

本项目 ICCP 系统的承载结构是按照百年一遇的极端环境条件设计的，设计使用寿命为15年，复合缆和辅助阳极等关键部件均经过严格的测试。ICCP 系统安装完成以后，2017年下半年就接受了多次台风（表2）的检验（图18、图19），台风过后的检测结果表明ICCP 系统运行正常，完达到设计要求。

表2　2017年下半年台风统计表

编号	台风名称	持续时间	所处风圈	最大风力	距离 LF13-2 最近/km	ICCP 系统应对方案	台风过后系统复检查
201702	苗柏	0611-0612	7级	10级	125	运行	系统正常
201707	洛克	0722-0723	7级	8级	30	运行	系统正常
201713	天鸽	0822-0823	10级	14级	40	停机	系统正常
201714	帕卡	0826-0827	7级	10级	115	停机	系统正常
201716	玛娃	0920-0903	7级	10级	80	停机	系统正常
201720	卡努	1014-1015	7级	13级	185	运行	系统正常

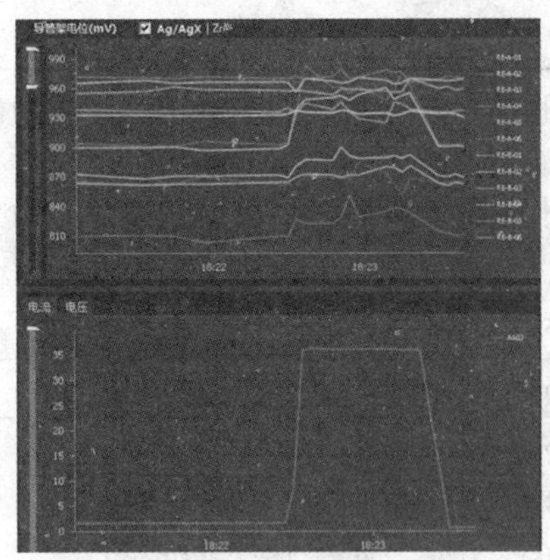

图 18　恶劣海况

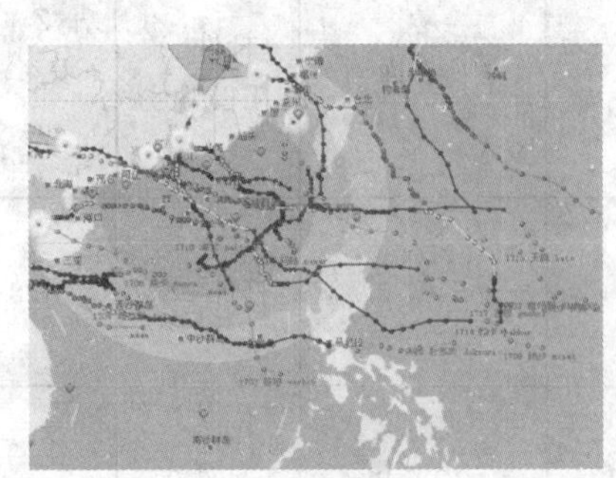

图 19　台风路径

7. 结语

本项目成功研制的首套国产海上平台阴极保护延寿装置，打破了海上平台外加电流阴极保护的国际技术壁垒，填补了国内海洋平台阴极保护延寿技术的空白。本项目采用的安装于导管架内部的拉伸式 ICCP 系统，费用约为常规的安装牺牲阳极的 1/20，节省费用 1 亿以上；对比采用的国外(DEEPWATER)远地式外加电流防腐技术，节省投资约 2 千万元。该技术为超龄海洋平台、FPSO 的海洋工程设施的延寿提供了技术保障，在老旧海洋平台设施逐年增加的未来，应用前景广阔，社会效益和经济效益显著。

参 考 文 献

[1] 刘道新，材料的腐蚀与防护[M]. 西安：西北工业大学出版社，2005.

[2] 大连科迈尔防腐科技有限公司，一种海上拉伸阳极系统及其安装方法：CN201710951168. 4[P]，2018.

[3] Huang Yi, A Study on the Boundary Element Method for Cathodic Protection Problems, Doctoral Dissertation of Hiroshima University, 1992.

[4] 涂三山，阴极保护数值仿真可视化与高性能计算研究[D]. 大连：大连理工大学，2014.

[5] 大连科迈尔防腐科技有限公司，一种模块化的辅助阳极多路控制柜：CN2017212439926[P]，2017.

[6] 大连科迈尔防腐科技有限公司，一种阳极复合电缆：中国，CN201621030166. 9[P]，2017.

[7] 大连科迈尔防腐科技有限公司，一种可施加轴向预张力的疲劳试验装置及方法：CN201711340248. 2[P]. 2017.

涠西油田简易平台结构形式研究

鲁之如

（中国石化石油工程设计有限公司）

摘要：基于南海涠西油田的环境条件，提出一种具有成本低、可靠性高、施工方便等优点的简易平台结构形式，借助数模分析，证明该结构形式具有良好的经济效益。

关键词：涠西油田；结构设计；简易平台

1. 概述

简易平台是一种能够有效降低海上油气田开发成本的结构形式。简易井口平台起源于美国，与传统导管架平台相比，简易平台设计简单、刚度低，冗余度少，通常采用单腿或少腿柱的结构，而且可以将井口隔水管作为结构的一部分考虑，其上部设施少、整体质量轻、建造周期短、安装费用低，这些因素使得简易平台特别适用于海上边际油气田的开发。本文基于南海涠西油田的环境条件，针对常见的海上钻井方式优选合适的导管架结构形式，再在此基础上进行简易平台的结构形式研究，对简易平台的可靠性、寿命周期成本和与风险性相关的特性进行分析。

2. 内、外置井口平台结构形式对比

导管架结构是海上石油平台中已得到广泛应用的基础结构形式，我国海域的大多数海上固定式井口平台均采用此种结构形式，井口依托于导管架平台，实现海上油气的开采、计量和输送等环节。由于海上钻井方式的不同，决定了井口平台的整体布置的差异，常见的海上钻井方式有卡口式和悬臂式两种形式，卡口式钻井平台由于其自身因素限制了井口周围的尺寸，正常情况下无法将井口置于导管架框架内，只能将井口外置；悬臂式钻井平台由于结构相对灵活，对井口的布置要求比较宽松，将井口置于导管架框架内部可以同时满足钻井和修井的需求。结合南海涠西油田的环境条件，针对卡口式和悬臂式这两种钻井方式，确定井口外置和井口内置两种井口平台的结构形式，考虑常见的9井式导管架结构，对不同形式的结构进行校核，详细结构形式如下：

（1）结构形式1：外置井口，四腿导管架。

（2）结构形式2：外置井口，三腿导管架。

（3）结构形式3：外置井口，两腿三桩导管架。

（4）结构形式4：内置井口，四腿导管架。

（5）结构形式5：内置井口，三腿导管架。

（6）结构形式6：内置井口，两腿三桩导管架。

采用相同的环境数据和甲板荷载作为输入条件，同时考虑了腐蚀和海生物对结构的影响，对比6种形式的结构强度，最终应力比分布如图1所示。

结构参数及计算结果对比如表1所示。

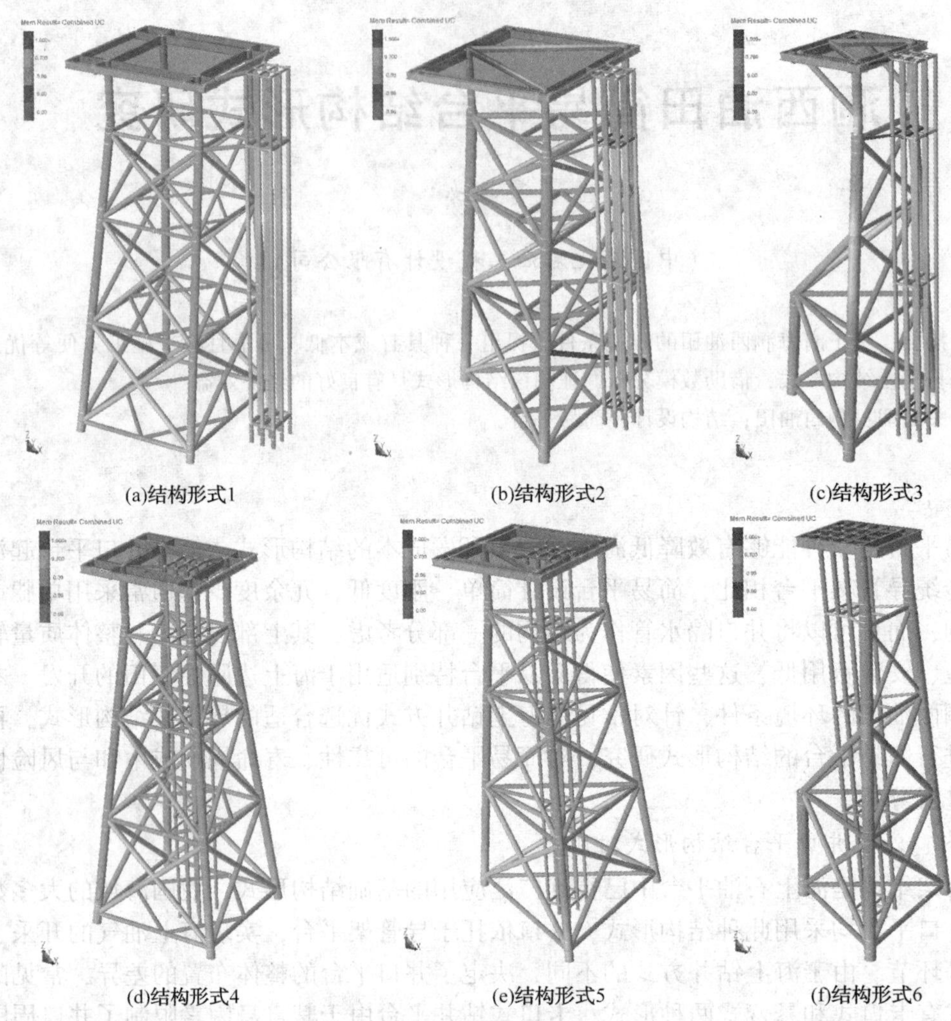
(a)结构形式1　(b)结构形式2　(c)结构形式3

(d)结构形式4　(e)结构形式5　(f)结构形式6

图1　6种结构形式应力比分布图

表1　6种结构形式计算结果对比

结构形式	隔水管尺寸/mm	桩尺寸/mm	桩基安全系数比	导管架重/t	桩重/t	钻井方式
1	ϕ762	ϕ1397	0.90	1396	785	卡口式
2	ϕ762	ϕ1829	0.91	1552	799	卡口式
3	ϕ762	ϕ1829	0.89	1181	775	卡口式
4	ϕ610	ϕ1397	0.90	1261	786	悬臂式
5	ϕ610	ϕ1397	0.91	1071	606	悬臂式
6	ϕ610	ϕ1829	0.88	1130	775	悬臂式

通过结果可以看出，在桩基承载力安全系数比近似的情况下，井口内置的导管架结构形式要明显优于井口外置的导管架结构形式。井口外置时，仅四腿导管架结构形式能够满足强度要求，三腿和两腿三桩导管架结构形式均不同程度的出现杆件强度不足的情况，由于井口外置，需要采用大尺寸隔水管来满足结构强度，而且为了满足承载力的要求均需要采用较大

的桩径，泥面下钢材量的牺牲要远大于泥面上钢材量的节省，经济性不佳，同类比较四腿导管架结构形式用钢量最少，受力性能最好；井口内置时，三种导管架结构形式均能满足强度要求，基于与井口外置导管架相同的原因，两腿三桩井口内置导管架结构形式同样存在经济性不佳的问题，同比发现三腿导管架结构形式用钢量最少，经济性最佳。

综上所述，井口内置的导管架结构形式的整体性能要明显好于井口外置的导管架结构形式，在此基础上进行简易平台的结构形式研究，探讨其可行性。

3. 简易平台结构形式研究

1）简易平台的优缺点

简易平台是指能够支撑少数井口并满足油气田开发要求、仅设置必要的工艺设施、能够保证油气集采和外输、满足一定的安全要求、结构简单、投资较少的平台设施。由于简易平台建造简单，安装快捷，能够大大降低油气田的开发和时间成本，特别适用于边际油气田的开发。简易平台主要具有以下四个优点：①结构尺寸小，建造场地需求小，动用的建造机具少；②结构自重轻，海上安装动用的浮吊驳船等机具要求少，安装工期相对灵活；③可把隔水导管或护管作为结构或基础的一部分，进一步减少钢材使用量；④海上平台服役期满需要弃置，简易平台结构尺寸小、自重轻，可以考虑重复利用。但是相比于传统导管架平台，简易平台的设计简单、刚度低，冗余度少，使得平台在设计、建造和操作失误时更易发生损坏并产生缺陷，主要缺点体现如下：①结构后期改造和增加设备的弹性小，设计初期需要综合考虑未来的各种变数；②平台整体强度低决定了无法采用外置式井口结构形式，限制了钻井和修井方式；③后期保养较困难，设计要充分考虑腐蚀和海生物对结构的影响，保证足够的冗余度。

2）简易平台的结构设计原则

虽然简易平台存在刚度低，冗余度少的特点，但是通过较好的工程设计还是能保证建造成和传统导管架平台一样的可靠性结构，简易平台的结构设计应遵循以下几个原则：①设计初期充分考虑平台后期改造和增加设备的可能性，基于平台寿命周期考虑腐蚀和海生物对结构的影响，保证结构冗余度能够满足各阶段的使用要求；②控制井口数量，一般为1~9口井为宜；③简易平台一般应设置成无人值守平台，即平台上不设置永久人员住房；④在满足结构强度要求的前提下，尽可能将井口隔水管作为结构的一部分，以降低结构的复杂程度；⑤通常情况下简易平台上不设置钻井机和修井机，均考虑外来钻井及修井。

3）简易平台结构形式的选取

简易平台的基础形式同常规海上平台类似，有多种选择，常见有形式有桩基式、拉索式、重力式和吸力锚式，由于目前我国已建的海上简易平台结构形式多为钢制桩基式平台，所以本文也以此种结构形式作为主要研究对象。

根据腿柱的数量，钢制桩基式平台可分为单立柱、双腿、三腿及三腿以上的多腿结构形式(图2)，桩基又可分为常规导管架式基础、裙桩式基础和扩展式基础(图3)。

结合南海涠西油田的实际情况，除非前期确定开发周期内不增设井口不设置预留井，否则单立柱和双腿结构形式显示是无法满足实际要求的，涠西油田海域水深在50m左右，常规导管架式和裙桩式桩基均不满足经济性的条件，最终确定采用扩展式桩基，将井口隔水管作为结构一部分的形式作为简易平台的研究方向。

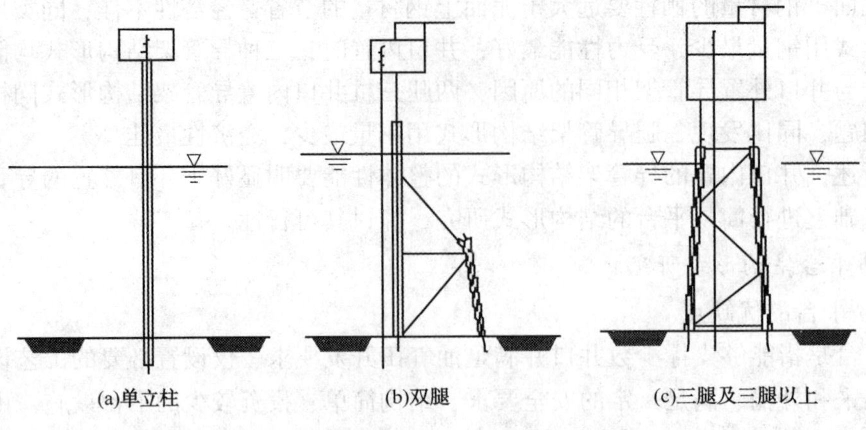

图 2 桩基式平台——按腿柱数量分类

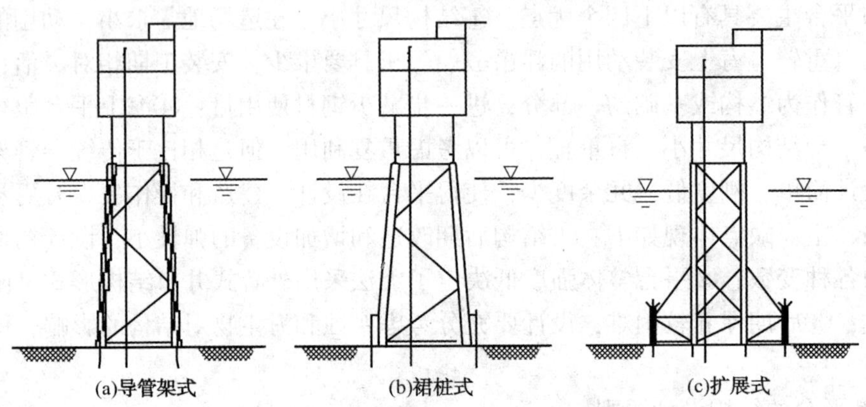

图 3 桩基式平台——按基础形式分类

4) 简易平台结构校核

结合南海涠西油田的开发模式，对确定的简易平台结构形式进行建模分析，平台为 9 井式井口平台，同时考虑了腐蚀和海生物对结构的影响，平台上设置井口控制盘、计量分离器和化学药剂注入橇等满足油气开发的基本设施，并设置二层配电室一座，桩基采用扩展式基础，利用井口隔水管作为上部平台的支撑以节省钢材量，对平台进行极端条件下的静力分析和地震分析，计算结果与传统 4 腿导管架进行对比，最终应力比分布如图 4 所示。

结构钢材使用量对如如表 2 所示。

表 2 结构用钢量对比

结构形式	桩尺寸/mm	桩入泥深度/m	桩基安全系数比	平台重/t	桩重/t	钢材量合计/t
4 腿导管架平台	$\phi1400$	90	0.94	1077	610	1687
扩展式简易平台	$\phi1100$	70	0.90	688	270	958

从计算结果可以看出，在静力分析和地震分析工况条件下，9 井式简易平台的结构强度要略逊于传统 4 腿导管架，但所有杆件的应力比均小于 1.0，满足可靠性的要求。除此之外，简易平台的结构自重比导管架平台减少三分之一，相应的桩基承载力要求降低，桩入泥深度要浅，桩重减少二分之一，平台整体钢材使用量节省了 700 多吨。

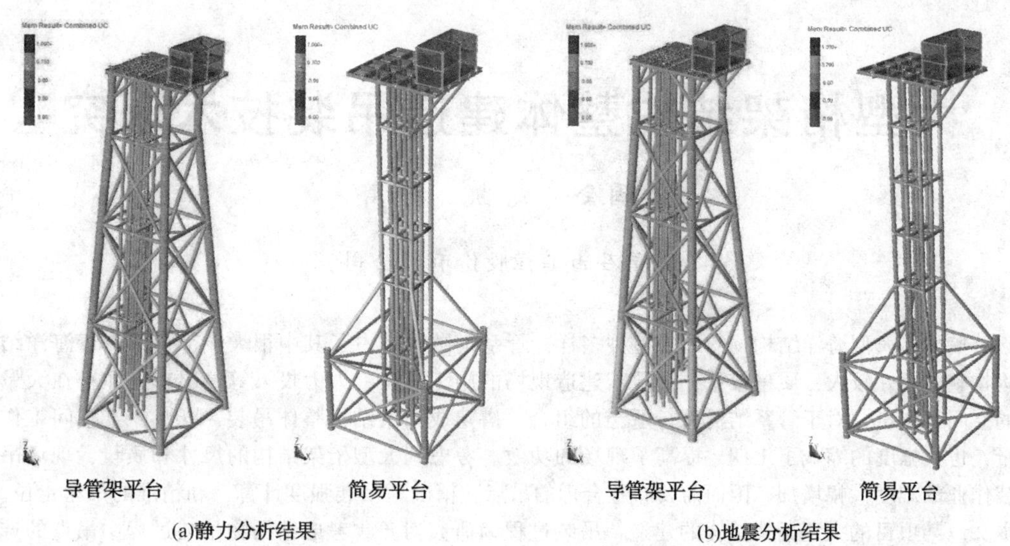

图 4　简易平台结构应力比分布图

4. 结语

海洋油气田开发结构形式种类繁多，适用于涠西油田所在海域水深条件的海工结构形式也具有多样性，简易平台这种结构形式具有成本低、可靠性高、施工方便等诸多优点，经济效益和社会效益显著。对南海涠西油田简易平台的研究提供了一条降低边际油气田开发成本的有效途径，具有一定的借鉴意义，在边际油气田工程中具有很好的推广应用前景。

参 考 文 献

[1]《海洋石油工程设计指南》编委会. 海洋石油工程边际油气田开发技术(第 13 册)[M]. 北京：石油工业出版社，2010，01：18.

[2] 冯进，孙仁俊，李娟. 国外简易平台的设计与应用介绍[J]. 海洋石油，2009，12：99-100.

[3] 汪昌. 简易平台之工程简介[C]. 第七届全国海洋工程学术会议论文集，中国海洋平台，上海，1994：130-135.

大型桁架结构整体建造吊装技术研究

李国金　成凯　杨晔

（海洋石油工程股份有限公司）

摘要：大型海洋结构物的形式多种多样，管系钢结构物占了其中很大一部分。由于海洋结构物整体尺寸较大，质量较重，受限于建造现场的施工设备，人力投入等情况，往往存在大量的空间工作量。对于管系结构进行适当的组合，搭建成桁架结构整体吊装，既减少了空间工作量，也大幅度的缩减了工期，提高了现场的功效。考虑到大型桁架结构的尺寸和质量，现场吊装作业的难度大幅增加，因而需要布置合理的吊点，精确地吊装强度计算，和精准的吊车走位。本文以某项目的大型桁架结构的建造、吊装过程为研究对象，考虑结构物吊装过程中吊点的选取，吊车的站位等，成功完成了大型桁架结构的建造和吊装，在保证安全的前提下，提升了现场的施工效率。

关键词：大型桁架结构；多台吊车；海洋工程导管架

海洋工程导管架多由钢管和型钢结构组成，在预制场地上几根杆件即可搭建成一个框架结构，但一般此类简易框架结构自身强度较弱，不适于进行整体吊装，导致大量的结构单根杆件需要空间进行安装，既增加了施工的难度，也降低了施工的功效。同时，多次吊装作业也增加了现场施工的安全风险。将尽可能多的杆件搭建成一个稳定的桁架结构，并将阳极、脚手架等附属结构提前固定于桁架结构上，最大化地减少空间组对及焊接工作。一体化的陆地预制工作，结构物整体吊装，已成为现今海工项目施工过程中的优选方案，大型桁架结构物的吊装已成为施工过程中的重要环节和主要风险点。本文以渤中 34-2/4 项目为例，以桁架结构强度计算，吊机选取及走位为研究基础，介绍了大型桁架结构的整体建造及吊装技术的应用及研究。

1. 质量和重心

渤中 34-2/4 项目 CEPA 导管架的下部两层水平片计划采用大型桁架结构进行吊装，该导管架共有两个此类桁架结构，分别位于海洋石油工程股份有限公司塘沽场地 6# 和 9# 预制场地进行预制，由于该桁架结构杆件较多，质量较大，为了保证结构物质量重心的准确，通过 TEKLA 软件绘制了详尽的三维模型，计算出了桁架结构整体的质量重心。具体质量及重心计算结构如表 1 所示，质量重心位置如图 1 所示。

表 1　桁架结构的重量及重心

类　型	净质量/t	类　型	净质量/t
主结构重	215.5	总　重	296.1
附件重	66		

由表 1 和图 1 可以算出，桁架结构整体质量虽然较大，但重心位置比较接近结构物的中心，比较有利于后续的吊装过程中的变形控制。

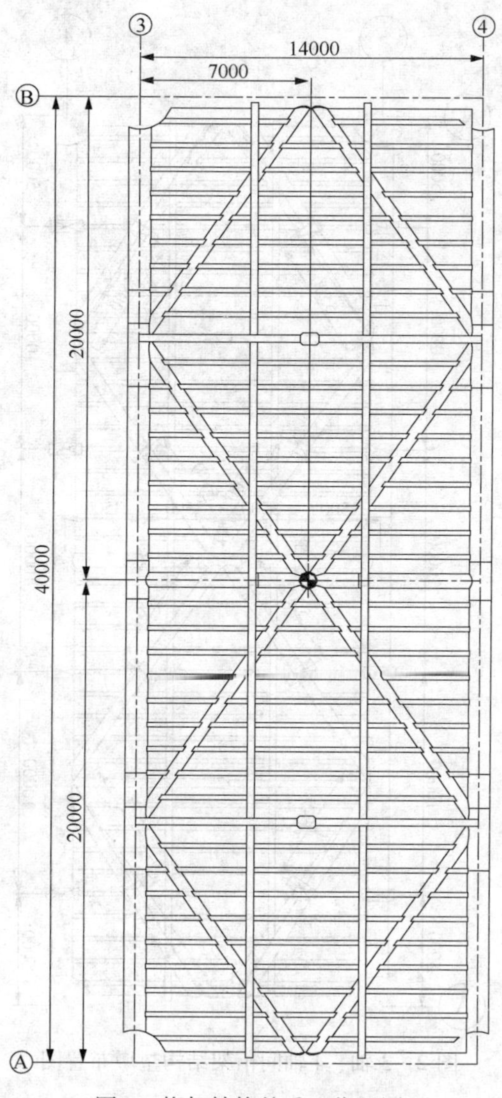

图 1　桁架结构的重心位置图

2. 桁架结构建造流程简单分析

桁架结构杆件较多，不可能一次完成所有杆件的组对和焊接工作，需要分步分批进行，以保证在焊接过程中的尺寸控制能够满足项目要求，具体组对过程如图 2 所示。先按照图布置垫蹲，垫墩布置过程中需进行测量，保证后续水平片在同一平面上进行建造，在建造过程中，对垫墩要进行监测，以保证水平片的建造精度，本层底层水平片，主要由管、型钢及板组成，水平片杆件组对顺序如图 3 中数字顺序所示，焊接顺序为从中间向四周进行对称焊接。

待底层水平片组对完成后，根据图 3 所示，依照数字顺序完成上层杆件的组对，焊接顺序同样为从中间向四周进行对称焊接，最后安装并焊接阳极等附件。待桁架结构整体组对焊接完成后，需进行整体检验，确保每到焊口都已完成焊接并检验合格，保证桁架结构整体吊装的安全性。

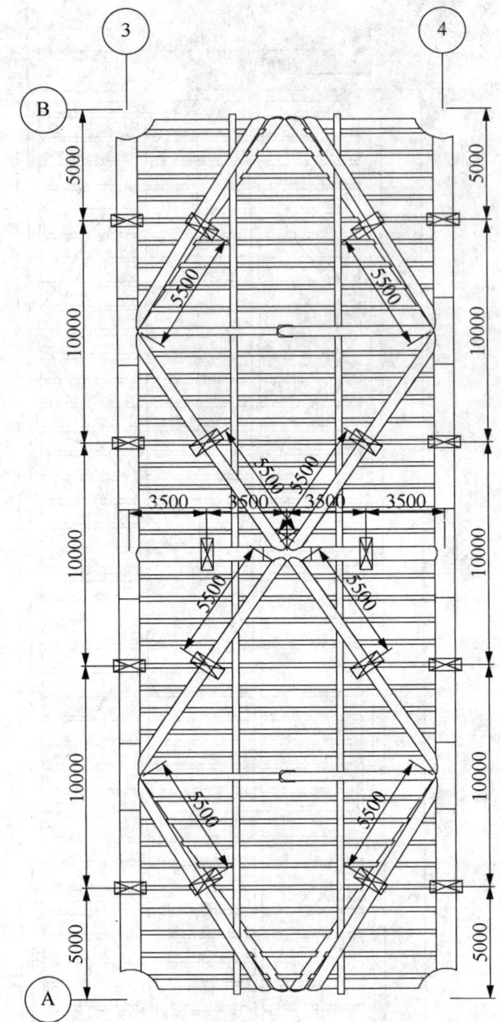

图2　3轴、4轴间桁架结构垫墩布置图

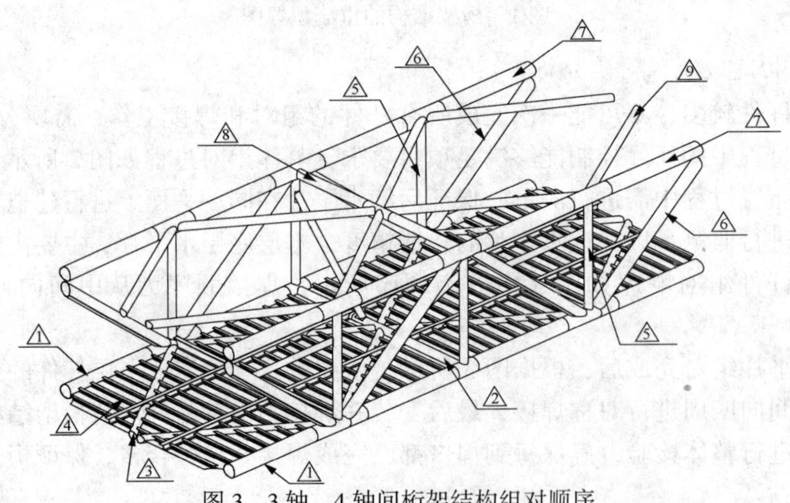

图3　3轴、4轴间桁架结构组对顺序

3. 吊装计算及吊索具要求

根据表 1 所示桁架结构的整体质量和图 1 所示重心位置，结合结构物自身的特点，依照图 4 所示的位置进行吊点布置，共 4 个吊点，每个吊点位置均采用钢丝绳直接兜管的吊装形式(图 4 中每个位置使用一根 ϕ85m×16m 和 ϕ95m×16m，并使用 85t 卡环连接)。

使用 SACS 软件对桁架结构进行计算，动态放大系数采用 1.5，如图 5、图 6 所示，UC 值为 0.7，最大变形值为 10.52cm，通过以上计算结果可知结构强度满足吊装要求，因此，图 4 所示吊装位置可行。

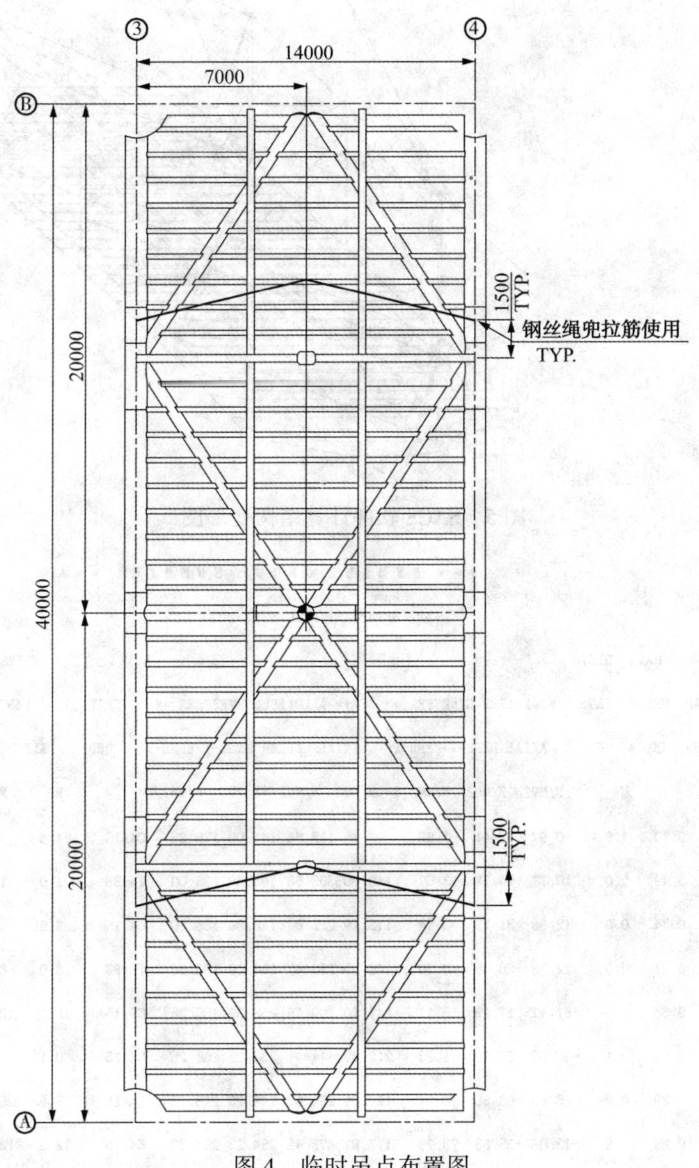

图 4　临时吊点布置图

考虑到吊点位置采用兜管形式进行吊装，需使用 ANSYS 软件对钢丝绳所兜位置钢管的局部强度进行计算(含 1.5 倍动态放大系数)，如图 7 所示，最大等效应力为 156MPa，结构强度满足要求，可以采用兜管形式进行吊装。

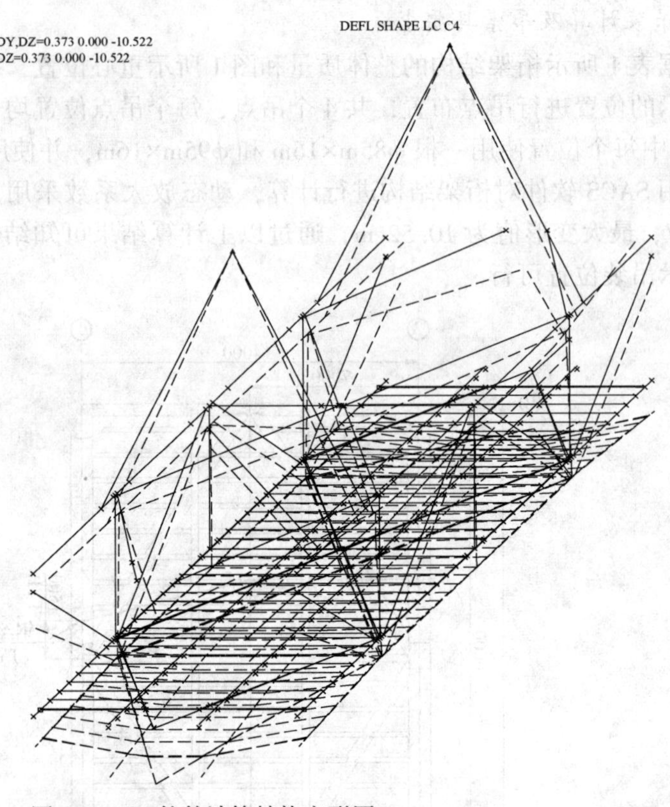

图 5 SACS 软件计算结构变形图

*** M E M B E R G R O U P S U M M A R Y ***

API RP2A 21ST/AISC 9TH

GRUP ID	CRITICAL MEMBER	LOAD COND	MAX. UNITY CHECK	DIST FROM END (M)	APPLIED STRESSES AXIAL (N/MM2)	APPLIED STRESSES BEND-Y (N/MM2)	APPLIED STRESSES BEND-Z (N/MM2)	ALLOWABLE STRESSES AXIAL (N/MM2)	ALLOWABLE STRESSES EULER (N/MM2)	ALLOWABLE STRESSES BEND-Y (N/MM2)	ALLOWABLE STRESSES BEND-Z (N/MM2)	CRIT COND	EFFECTIVE LENGTHS KLY (M)	EFFECTIVE LENGTHS KLZ (M)	CM VALUES Y	CM VALUES Z
H20	0276-0258	C4	0.70	4.6	-0.97	-95.41	-1.60	93.35	122.54	141.00	176.25	C<.15	4.6	4.6	0.85	0.85
H44	0189-0266	C4	0.49	0.0	10.77	-56.77	13.07	148.80	5305.68	163.68	186.00	TN+BN	1.0	1.0	0.85	0.85
H53	0189-0117	C4	0.34	0.0	-12.38	31.79	-3.14	115.19	228.04	148.80	186.00	C<.15	4.6	4.6	0.85	0.85
P41	0206-0211	C4	0.27	0.0	22.73	-20.88	0.30	148.80	253.47	186.00	186.00	TN+BN	8.9	8.9	0.85	0.85
P53	0017-0046	C4	0.53	9.2	-61.11	17.29	16.11	147.10	209.26	255.36	255.36	C>.15A	12.3	12.3	0.85	0.85
P62	0177-0017	C4	0.24	0.1	-30.03	25.73	1.23	212.69	*******	266.25	266.25	C<.15	0.1	0.1	0.85	0.85
P63	0154-0184	C4	0.29	0.0	-6.33	-63.85	-0.84	194.01	1296.63	246.75	246.75	C<.15	5.9	5.9	0.85	0.85
P79	0068-0071	C4	0.25	12.2	-13.05	-35.63	28.73	175.97	476.42	254.23	254.23	C<.15	12.2	12.2	0.85	0.85
P91	0122-0130	C4	0.43	6.5	18.95	72.34	41.84	213.00	2441.80	245.46	245.46	TN+BN	6.5	6.5	0.85	0.85
P93	0113-0046	C4	0.29	0.0	9.83	59.91	27.92	213.00	*******	266.25	266.25	TN+BN	0.2	0.2	0.85	0.85

图 6 SACS 软件计算 UC 值

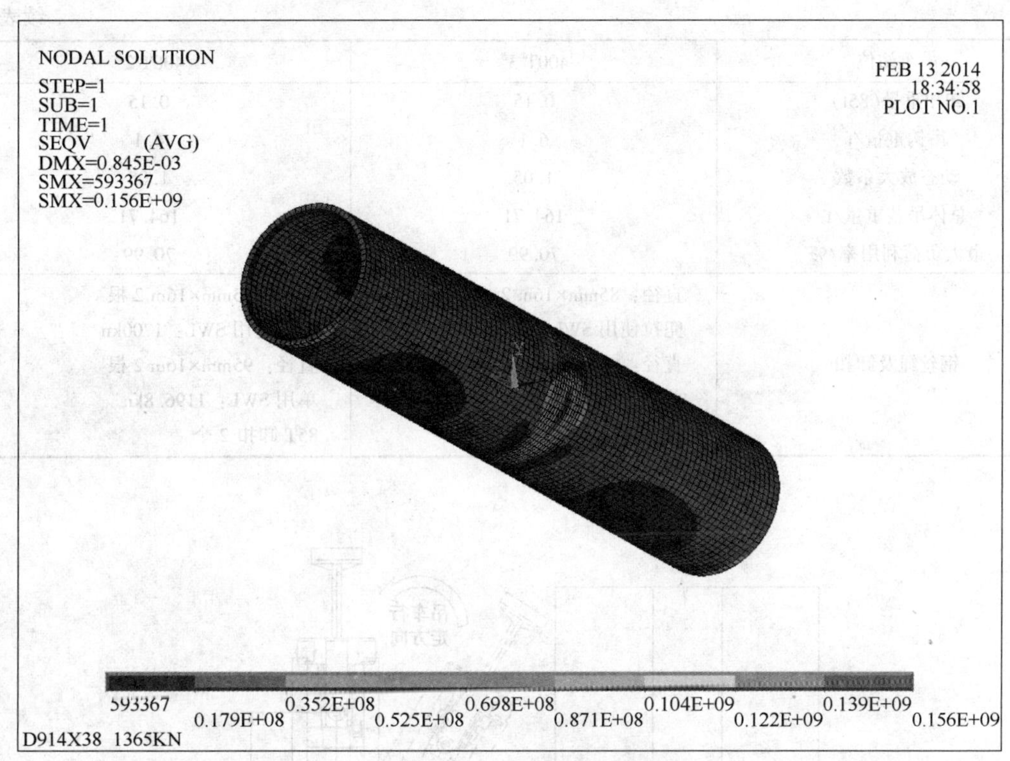

图 7 ANSYS 软件计算局部结构强度

4. 吊装过程，运输路径及吊机选型

该桁架结构由于结构物较重，结构整体尺寸较大，拟采用 400T 2#、400T 3#两台车进行吊装作业，两台车在预制场地缓慢的将桁架结构整体吊起，吊离垫墩一定高度后，调整吊车站位，待吊车调整至最终位置后，将桁架结构向着最终就位方向运输，在最终就位场地前，调整吊车的角度，最终将桁架结构运输到指定位置，精准就位。具体吊车调整和走位如图 8、图 9 所示。

吊装作业过程中，吊车与桁架结构的相对位置如图 10 所示，通过三维模拟软件的模拟，确认结构物与吊车在空间位置无碰撞。

如表 2 所示，在吊装过程中吊机的利用率，吊索具的安全载荷均满足公司体系文件要求。

表 2 桁架结构吊装过程吊机利用率

吊车站位	400T 3#	400T 2#
主扒杆/m	42(28)	42(28)
回转半径/m	21	21
超起重量/t	170	170
超起与旋转重心距离/m	15	15
吊车额定起重量/t	232	232
结构重量/t	148.61	148.61
吊绳重量/t	2	2

续表

吊车站位	400T 3#	400T 2#
卸扣重量(85t)	0.15	0.15
吊钩重量/t	6.1	6.1
动态放大系数	1.05	1.05
总体吊装重量/t	164.71	164.71
最大负荷利用率/%	70.99	70.99
钢丝绳及卸扣	直径：85mm×16m 2 根 兜拉使用 SWL：1700kn 直径：95mm×16m 2 根 单用 SWL：1196.8kn 85T 卸扣 2 个	直径：85mm×16m 2 根 兜拉使用 SWL：1700kn 直径：95mm×16m 2 根 单用 SWL：1196.8kn 85T 卸扣 2 个

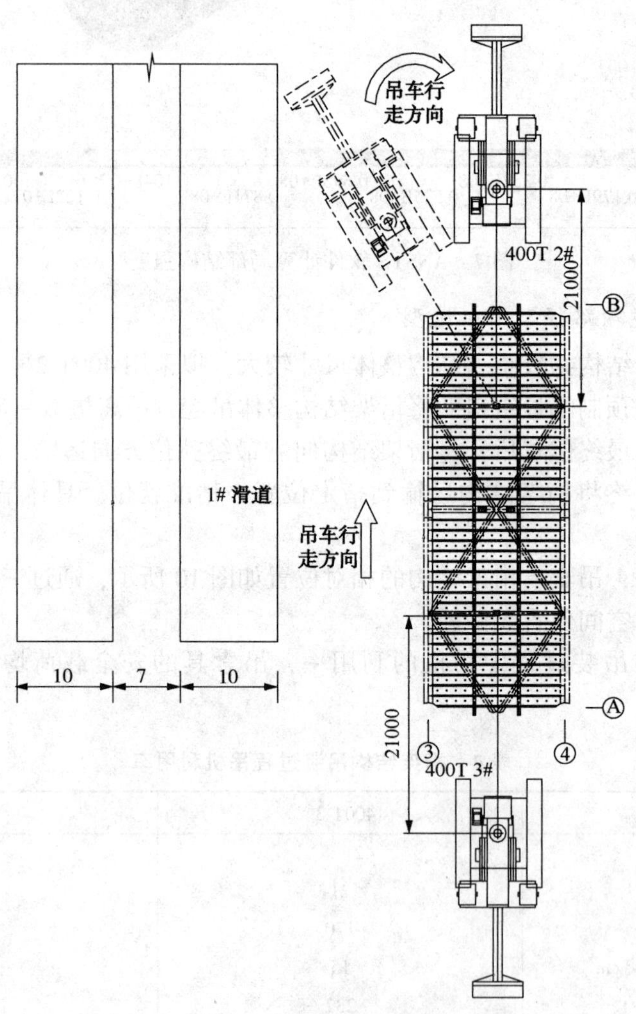

图 8 吊车初始站位图

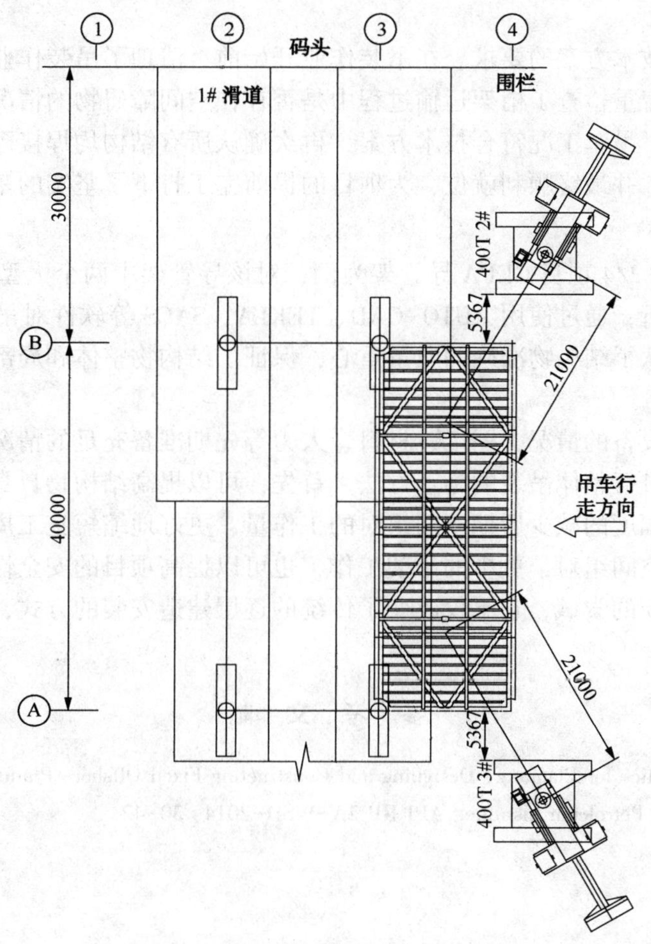

图 9　吊车最终站位图

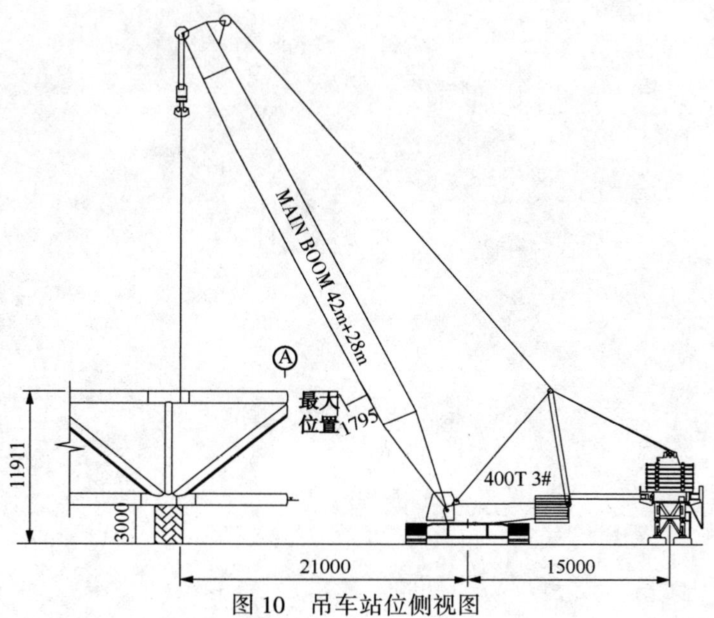

图 10　吊车站位侧视图

5. 现场作业

施工现场根据技术方案的要求，在吊装作业开始前，清理了吊装作业场地和吊车行走路线中的障碍物，并着重检查了桁架运输过程中是否存在空间障碍物的情况，检查了吊索具和吊车的情况并确认了吊车工况符合技术方案，再次确认所有结构均焊接已完成后，进行了桁架结构的整体吊装，并最终顺利就位，为项目的提前完工打下了坚实的基础。

6. 结语

本文以渤中 34-2/4 项目 CEPA 导管架为例，对该导管架中两个大型桁架结构的建造及吊装过程进行了分析，通过使用 AUTO-CAD、TEKLA、SACS 等软件对吊装过程进行了充分的模拟和计算，确认了结构物准确的质量重心，保证了结构物整体和局部的强度均能够满足吊装要求。

依据施工场地设备的情况，图纸、材料、人力等先期准备充足的情况下，在预制场地制作大型桁架结构，进行整体吊装的施工方法。首先，可以提高结构物自身以及空间的组对精度。其次，可以大幅度的减少后期空间组对的工作量，更好地缩短施工周期。然后，更多的场地预制，更少的空间组对，更少的吊装工作，也可以提高项目的安全性。大型桁架结构整体预制吊装是一种新的尝试，它不仅改变了传统的逐层建造安装的方式，也提高了现场的施工效率和安全性。

参 考 文 献

[1] Recommended Practice for Planning, Designing and Constructing Fixed Offshore Platforms-Working Stress Design[S]. American Petroleum Institute. API RP 2A-WSD-2014: 30-42.

稳态冰力下自升式平台桁架式桩腿动力分析

李青阳[1]　陈国明[1]　周树合[2]　吕　涛[1]　孙宝峰[1]

［1. 中国石油大学(华东)海洋油气装备与安全技术研究中心；
2. 中国石油集团海洋工程有限公司］

摘要：为了分析动冰载作用下自升式平台的安全性能，应对平台桩腿的动力特性进行合理评估。利用ANSYS软件建立自升式平台精细化仿真有限元模型，设计具体计算工况，对平台进行稳态动力分析。建立桁架式桩腿模型，进行冰激自升式钻井平台桁架式动态特性分析，观测稳态振动下的冰力响应，分析不同水深对桁架式桩腿的影响。计算出不同工况角下平台桩腿的动强度，对计算强度进行校核。计算结果表明，在50年一遇的稳态动冰载作用下，该平台的桩腿的强度满足安全要求，能够在冰区海域安全的进行作业。本文的研究可为自升式平台在极端冰载荷环境下的安全评估提供参考。

关键词：动强度；实验模型；自升式钻井平台；有限元；安全评估

海冰不仅能够对平台结构施加较大的静冰力，冰连续的作用还会产生动冰力，引起结构剧烈振动，在直接影响生产作业同时，长期大幅度振动引起结构的疲劳累计损伤，会导致结构抗力衰减，甚至可能使结构因抗力不足而失效。基于海洋平台冰激振动特性，抗冰海洋平台的动力分析主要是研究在不同挤压动冰力模型的作用下结构的振动响应分析。刘健和陈国明等从分析冰抗压强度与应力速率的关系入手，对Matlock冰力模型进行适当修改，对不同的海冰参数下导管架平台动冰力大小和动力响应进行了分析计算。张剑波采用了Matlock模型，考虑了冰排前沿与结构接触，脱离接触，然后再接触的过程。张大勇、岳前进等通过对冰挤压破碎过程的分析，发现在不同冰速下冰对直立结构的挤压破碎可以导致三种冰激振动形式。为了延长自升式平台在冰区海域的作业周期，保证平台服役安全可靠，有必要对冰载荷作用下的桁架式桩腿进行动力分析。

国内外自升式平台研究对象多为圆柱式桩腿结构，对桁架式桩腿的研究较少。因此，对桁架式桩腿结构进行合理分析具有重要意义。本文主要针对自升式平台桁架式桩腿，分析稳态振动冰力下深水区和浅水区桩腿的动力响应，对平台的动强度进行校核。

1. 自升式平台模型及环境载荷

1）平台模型

根据某桁架式自升式钻井平台为对象，利用Ansys软件建立平台的有限元模型，该平台主要参数指标如下所示：平台甲板长79.2m，宽78m，高9.6m；桩腿总高180m，桩靴高度5.6m，桩靴直径17m。该平台整体和部分模型如图1所示，主要是由平台甲板，桩腿及桩靴组成。

利用PIPE288单元模拟自升式平台桩腿管件，并通过该单元直接模拟波浪和海流载荷；通过BEAMl88单元模拟平台桩腿齿轮齿条结构以及甲板、桩靴的连接结构；利用SHELL181单元模拟甲板和桩靴的主体结构；采用PIPE16单元模拟自升式平台以外的管件；MASS21

图 1 自升式平台有限元模型

单元模拟集中质量。

2）环境载荷

稳态振动情况下桁架式桩腿响应的冰力呈现锯齿状的规律，该曲线反映了冰排与桩腿接触后，载荷大小程线性增长直至冰破坏，进而冰力卸载。此时冰力周期和结构的自振周期基本相同，呈现“锁频”现象。

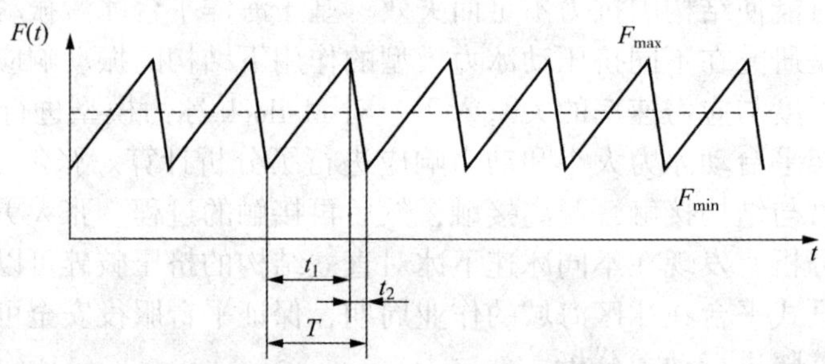

图 2 稳态振动下的冰力模型

稳态振动下的冰力时程可按照图 2 进行简化，具体表达式如下所示：

$$F(t) = F_{\min} + \frac{(F_{\max} - F_{\min})}{t_1}(t - nT) - \frac{(F_{\max} - F_{\min})}{t_2}(t - nT - t_1) \tag{1}$$

式中，T 为冰力周期；t_1 为冰力加载时间；t_2 为冰力卸载时间；$F_{\max}$ 为最大冰力值；$F_{\min}$ 为最小冰力值。最大冰力 $F_{\max}$ 可以按多系数冰力公式进行计算：

$$F_{\max} = \alpha DH\sigma_c \tag{2}$$

式中，σ_c 是冰单轴压缩强度，MPa；H 为冰厚，m；D 为冰与结构挤压宽度，m；α 为影响冰力的各项修正系数，即综合修正系数。

为探究不同重现期下的冰载荷对自升式钻井平台的影响，对平台所处载荷环境进行合理划分。选取重现期为 50 年的冰载荷和重现期为 10 年的风流载荷作为环境条件，具体参数见表 1。

表 1　环境载荷参数

载荷类型	具体数值
海风	10 年重现期，为 26.6m/s
海流	10 年重现期，最大流速为 1.4m/s
海冰	50 年重现期，厚度 36.8cm，单轴抗压强度 2.11MPa

选取 2 个作用水位，分别是 20m 和 122m 水深。选取 7 个载荷所用方向，如图 3 所示，由于平台结构对称，故 210°、240°、270°、300°及 330°载荷作用方向不再作重复计算。

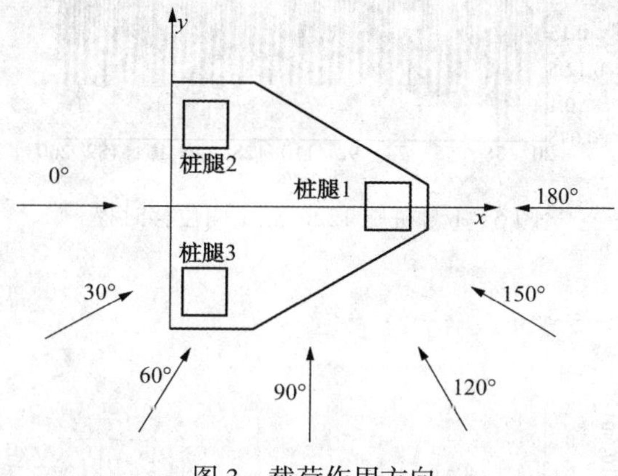

图 3　载荷作用方向

2. 桁架式桩腿动态特性分析

1）深水区桁架式桩腿动力响应

为探讨不同水位的稳态冰载荷对桁架式桩腿的影响，将对 122m 和 20m 水深下的自升式平台进行动力分析，研究不同水深下平台的动力响应。进行瞬态冰激响应分析，为探究桁架式桩腿各层管件的动态响应情况，提取 3 条桩腿高度（137m、122m、100m、80m、60m、40m、20m）方向上关键管节点的冰激振动响应情况。

图 4~图 7 为 0°方向的稳态振动冰力作用下，1 号桩腿高度 20m 和 122m 处关键管节点

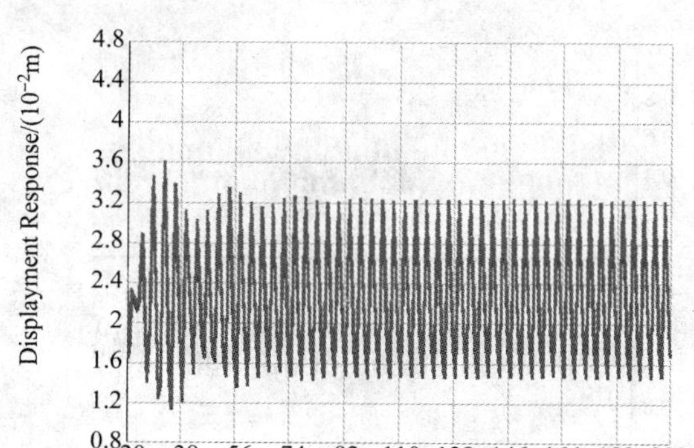

图 4　1 号桩腿 20m 处 x 向位移时程

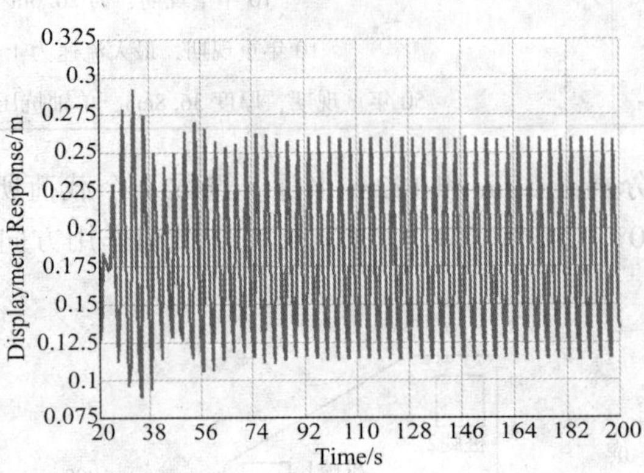

图 5　1 号桩腿 122m 处 x 向位移时程

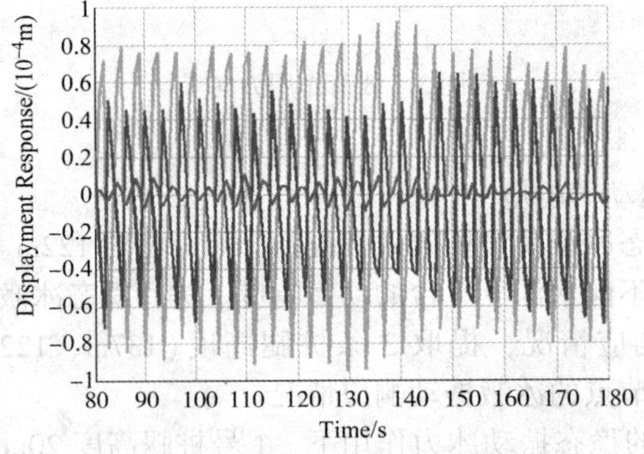

图 6　1 号桩腿 20m 处 y 向位移时程

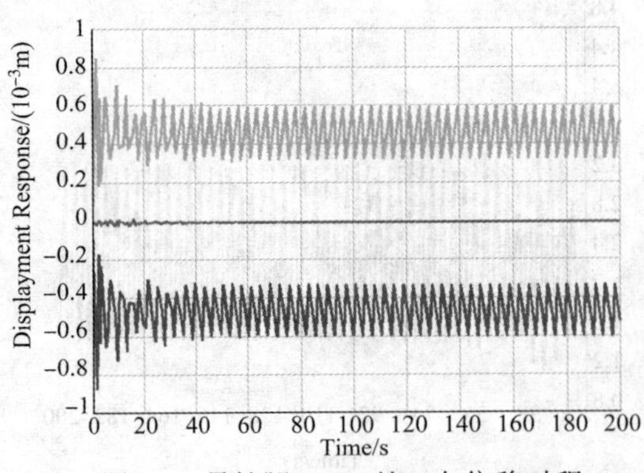

图 7　1 号桩腿 122m 处 y 向位移时程

的 x、y 向位移时程曲线，各图对单桩腿的三个顶点位移情况进行对比分析。由图可知，桩腿在x 向位移幅值初期有小幅波动，之后保持恒定，振动响应呈稳态振动模式，且单桩腿的三个顶点位移有相同的响应规律。由图可知 y 向稳态振动阶段的最大位移远小于 x 向稳态位移 3，二者不处于同一数量级。结果表明在同冰向下结构位移振动响应明显，横冰向下位移响应很弱。

2）浅水区桁架式桩腿动力响应

上节探讨了 122m 水深下自升式平台的动态响应规律，本节将研究 20m 浅水区结构在动冰力作用下的动态特性。下面只列出 0°工况角下 20m 和 122m 高度处的 x 向位移响应曲线。

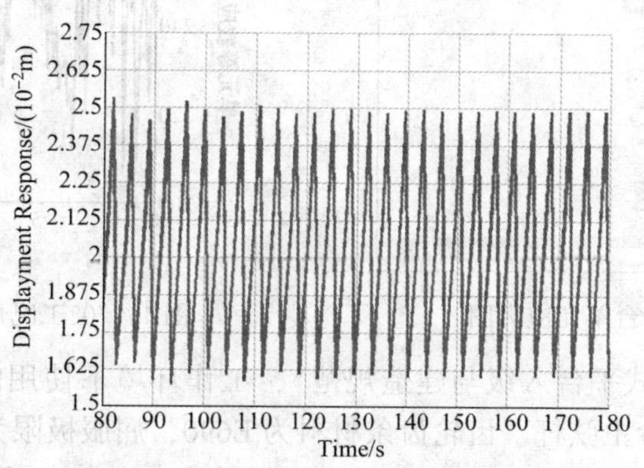

图 8 1 号桩腿 20m 处 x 向位移时程

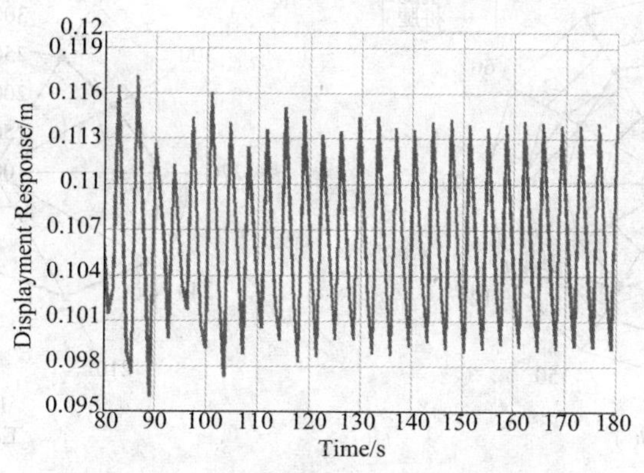

图 9 1 号桩腿 122m 处 x 向位移时程

对比分析 122m 深水区及 20m 浅水区，3 条桩腿在动冰力作用下的动态响应规律，包括桩腿关键管件的 x 和 y 方向的位移时程。20m 浅水区作业时，其位移随桩腿高度的增加而近似线性增大，最大位移为 0. 114m。综合结果可知，在深水区作业时，桩腿高处冰激振动强烈；而在浅水区作业时，桩腿的底部及桩腿高处，均振动较强，且深水区平台桩腿的位移响应明显大于浅水区。

3. 桁架式桩腿动强度分析

针对稳态动冰力作用下自桁架式桩腿，本节将对平台结构进行动力分析，进而校核桩腿的动强度，采用瞬态动力学的分析方法，对平台单元的最大应力响应进行分析。选取0°工况角下122m水深的工况，得到自升式平台最大单元等效应力响应如图11所示，该工况下管单元最大应力发生在左侧桩腿标高为-107.1m附近，稳定后最大值为263MPa。

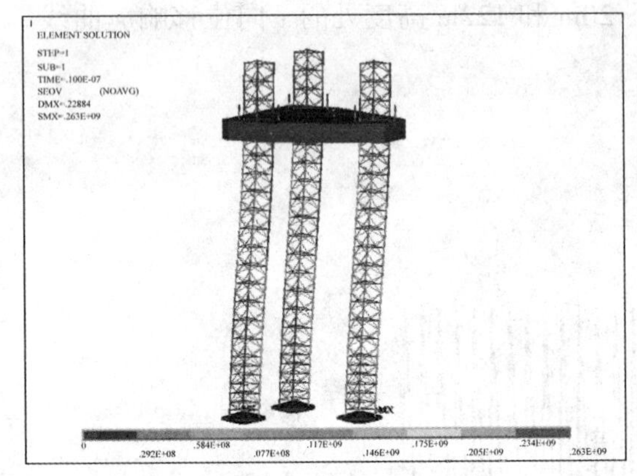

图10 0°工况角下平台单元应力图

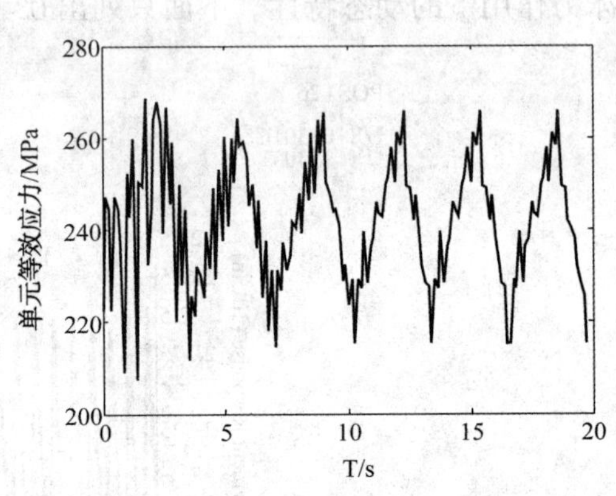

图11 0°工况角下最大应力时程曲线

根据我国《海上固定式平台入级与建造规范》，工作环境下使用的材料抗拉抗压及抗弯的安全系数取1.67，平台主弦杆、齿轮齿条材料为E690，屈服极限为690MPa，根据安全系数计算出许用应力为413MPa，水平撑杆和斜撑杆材质为API×80，屈服强度为550MPa，根据安全系数计算出许用应力为329MPa。平台最大应力发生在桩腿主弦杆或齿轮处，最大值小于413MPa，故平台安全可靠，能够承受50年一遇的冰载荷。

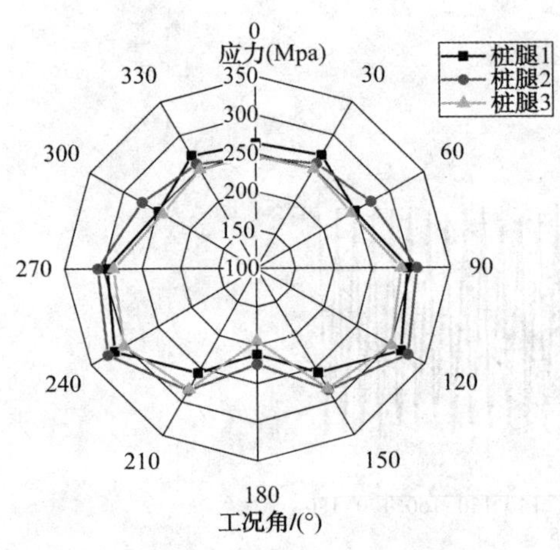

图12 各工况下桩腿最大应力窗口

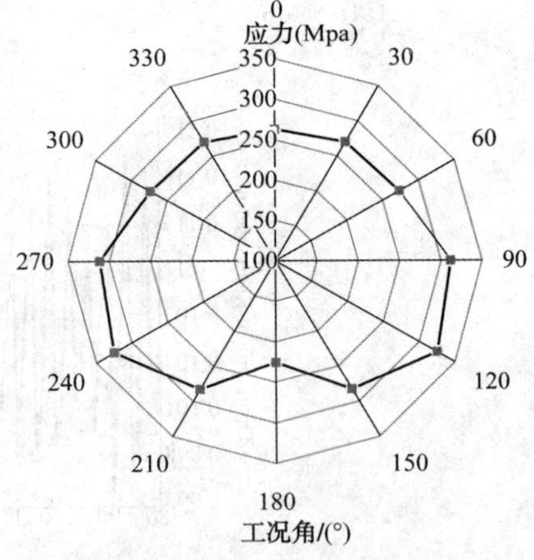

图13 各工况下平台最大应力窗口

作出0°~360°工况角下桩腿及平台的最大应力窗口如图12和图13所示，各个桩腿在不同工况角下的最大应力值不断变化，最大应力交替出现。在120°及240°工况角下，平台所受最大应力值最大，具体应力值为325 MPa；在180°工况角下，平台最大应力值最小，具体应力值为 225 MPa。

4. 结论

(1) 针对自升式海洋平台桁架式桩腿结构，开展动态特性分析，结果表明主同冰向的位移呈稳态振动规律，振动比较强烈；横冰向的位移响应很弱，在深水区作业时，桩腿高处冰激振动强烈；浅水区作业时，桩腿的底部及高处振动较为强烈；深水区平台桩腿的位移响应明显大于浅水区。

(2) 对自升式平台桁架式桩腿进行稳态冰力下的动强度评价，定量分析不同工况角下对自升式平台结构应力的影响，结果表明动冰力分析的结果小于屈服强度，故 50 年一遇的冰载荷作用下的自升式平台十分安全。

(3) 分析不同工况角下对自升式平台结构应力的影响，确定最大应力及最小应力对应的工况角，与实际生产结合，调整平台工作角度，减少平台应力。

参 考 文 献

[1] 朱本瑞，陈国明，刘红兵，等. 超强台风下导管架平台结构弹塑性分析[J]. 中国海上油气，2014，26(6)：86-92.

[2] 陈团海，陈国明. 海洋平台冰激疲劳时域精细评估[J]. 石油工业技术监督，2008，24(12)：17-21.

[3] API RP 2A WSD. Recommended practice for planning, design and constructing fixed offshore platforms-working stress design[S]. American Petroleum Institute, 2007.

[4] ISO 19902. Petroleum and natural gas industries-fixed steel offshore structures [S]. International Organization for Standardization, 2007.

[5] DNV. ULTIGUIDE-best practice guideline for use of non-linear analysis methods in documentation of ultimate limit states for jacket type offshore structures[S]. Norway: Det Norske Veritas, 1999.

[6] 刘健，陈国明，杨晓刚，黄东升. 基于 ANSYS 软件实现平台结构的冰激振动分析[J]. 中国海上油气，2005，(01)：65-69.

[7] 张剑波，刘健. 冰激动载荷下自升式平台桩腿结构的安全评估[J]. 中国石油大学学报(自然科学版)，2005，29(5)：76-79.

[8] 李晓晓，张大勇，岳前进，等. 冰激自升式海洋平台疲劳寿命分析[J]. 中国海洋平台，2016，31(3)：66-73.

[9] James F. Wilson, Dynamics of offshore structures [M]. John Wiley & Sons Inc, 2003.

浅谈电缆排布图在海洋石油平台上的应用

王彦辉　李学云　刘　茜

（海洋石油工程股份有限公司）

摘要：电缆敷设施工过程中存在很多问题，诸如需要参考的图纸种类多，电缆敷设过程随意，电缆缠绕和交叉情况严重等，为了解决上述问题，经过项目实践总结出问题的图纸——电缆排布图。本文着重介绍了电缆排布图的编制的几个原则，以及电缆排布图的编制流程、电缆排布图编制的意义。

关键词：电缆敷设；电缆排布图；电缆敷设原则

1. 概述

海洋石油平台的建造是一个复杂的工程，包括结构安装、配管施工、设备安装、电缆敷设等，其中电缆敷设是为了能使平台上的设备设施正常运行的一个重要环节，特别是在海洋石油平台这样一个多雾多盐、电力设备集中、空间布局紧凑的这样一个特殊环境下，电力系统及仪表控制系统是否能够正常平稳、安全可靠的工作，电缆之间是否能够有效的避免电磁干扰，电缆的合理敷设就显得尤为的重要了。为了达到以上的目的，经过多年的海洋平台电缆敷设经验的积累，总结了一套应对海洋平台电缆敷设的图纸——电缆排布图，本文将从该套图纸能够解决的问题、图纸编制原则、图纸编制流程等方面进行讨论。

2. 电缆敷设施工存在的问题

1）参考图纸种类多

在以往的电缆敷设施工作业中，因为没有一张能够具体指导电缆敷设施工的图纸，电缆敷设施工作业人员要参考电缆清册、设备布置图、电缆托架布置图、电缆布线图这四套图纸，在敷设过程中要通过设备布置图确定设备位置，再根据电缆清册确定电缆规格，最后要参考电缆托架布置图和电缆布线图确定电缆的路径，很大程度上浪费了施工作业的时间。

2）电缆敷设过程随意

因为对电缆敷设指向性不强，在电缆敷设过程中较为随意，施工人员按照电缆清册随意选择需要敷设的电缆，不会考虑电缆敷设的先后顺序，只按照设备布置图找到电缆的起终点，再按照电缆布线图中的电缆路径敷设，这样随意的敷设方式虽然路径不会出现问题，但是由于没有考虑电缆的敷设顺序，电缆交叉和扭曲的程度必然会加大，对于电缆的干扰以及电缆的性能都会存有隐患。

3）电缆敷设缺少全局控制

敷设电缆过程只关注单个设备和单根电缆的路径敷设问题，对于其他设备和电缆的敷设缺少关注，这样的敷设方式必然会导致电缆排布杂乱无章，电缆托架内的电缆交叉缠绕问题严重，电缆托架的利用率降低，托架的填充率不能满足设计要求。

3. 电缆排布图的编制原则

电缆排布图是为了解决电缆敷设过程中出现的问题而产生的，主要是为了优化敷设电缆的施工工艺，制作电缆排布图的方法不是固定的，但是每一种方法都要遵循既定的原则，现把主要的几个编制原则列举如下。

1）大小线的敷设原则

在同一路径中，电缆的规格是不尽相同的，电缆的外径从十几到几十都有可能在同一托架截面出现，这样就要求电缆在敷设的过程中要满足，较大外径的电缆敷设在下方并且在托架中间位置，外径较小的电缆敷设在上方并且在托架两边的位置。

2）电缆敷设“三先三后”原则

（1）先敷设主干电缆，后敷设局部电缆；

（2）先敷设粗电缆，后敷设细电缆；

（3）先敷设长电缆，后敷设短电缆。

3）电缆敷设“三分”原则

“三分”原则是指要对电缆按照分束、分层、分支的原则进行敷设。

（1）分束的原则是指要把动力电缆和信号电缆分开，同时还要考虑电缆的排列、电缆束与束的间距，以及每束的层数、高度和宽度。

（2）分层的原则是指分清电缆在托架的上层敷设或者下层敷设，一般较粗、较长、直线走向的电缆及动力电缆在下层，这和大小线敷设的原则也是一致的。

（3）分支的额原则是指分清径直走向的电缆和转弯走向的电缆，同时考虑弯头的弯曲半径，避免过多的分支，将交叉的电缆敷设在隐蔽处。

4. 电缆排布图的编制流程

电缆排布图的编制方法不是唯一的，根据不同的工程情况，制作方法也不尽相同，下面仅介绍一种常用的编制流程。

1）选取截面

首先是要在电缆托架布置图上选取截面，截面要本着在电缆较多并且交汇的地方选取，电气间和中控室电缆入口处电缆较为集中，在此处一般应选取一个截面；另外在电缆托架的三通、四通处电缆交汇较为集中，此处也适宜选取一个截面，以及电缆上下的地方也要选取一个截面，如图 1 所示。

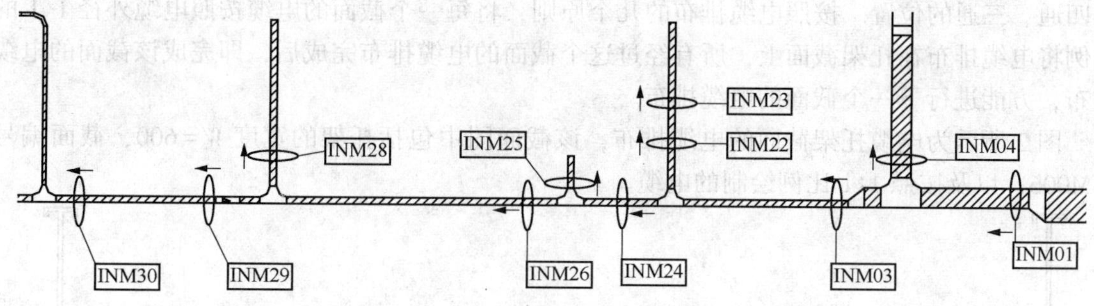

图 1　电缆截面选取

2）筛选电缆

电缆的筛选主要依托电缆清册进行，把电缆清册中规格相同的电缆筛选出来，使用 Excel 表格将电缆在截面处的代号、电缆号、每根电缆的规格筛选出来。为每根电缆编制一个电缆代号是为了能够在排布图中将电缆信息表示出来(如表1)。

表1 电缆信息表

电缆代号	电缆编号	电缆类型	规格
M012	I-BSL-GD-130109	FS	1TR
M013	I-BSL-GD-130110	FS	1TR
M015	I-BSL-FD-130103	FS	1TR
M016	I-BSL-FD-130107	FS	1TR
M017	I-BSL-MFS-120101	FS	1P
M018	I-BSL-MFS-120102	FS	1P
M020	I-BSL-MFS-120104	FS	1P
M021	I-BSL-PFSL-120102-31	FS	5C
M022	I-BSL-IJB-F201-1	FS	10TR
M023	I-BSL-IJB-F202-1	FS	10TR
M028	I-BSL-GD-120120	FS	1TR

3）电缆排布

电缆的一端连接设备另外一端连接中控室或者电气间，在进行电缆排布的时候，可以把设备端做为起始点也可以把中控室或者电气间做为起始点，无论以哪头为设备的起始点，定好之后，所有的电缆截面都要按照定好的起始点原则进行排布。

每个截面的电缆在上一步已经筛选出来，这一步就将该截面中的电缆按照设备布置图、电缆布线图以及电缆清册中的规定的路径，按照后下托架的电缆放在托架底部，先下托架的电缆放在托架上部，电缆在排布时应成束的敷设，电缆束的横截面，宜敷设成梯形或矩形，避免敷设成圆形或方形，梯形或矩形的宽度一般为150~200mm，高度应尽可能的小。

动力电缆成束敷设时，宜不要超过两层，或者敷设高度不要超过50mm为宜。

电缆从托架左端下线时，在排布的时候宜将电缆分布在左端，同样，电缆从托架右端下线时，宜将电缆排布在托架的右端，直行的电缆宜布置在托架的中间位置。

电缆在排布的过程中会有不可避免的电缆交叉的情况出现，这种交叉点应尽量安排在托架四通、三通的位置。按照电缆排布的几个原则，将每一个截面的电缆按照电缆外径1:1的比例将电缆排布在托架截面上，所有经过这个截面的电缆排布完成后，即完成该截面的电缆排布，方能进行下一个截面的电缆排布。

图2所示为电缆托架截面的电缆排布，该截面图中包括托架的宽度 $W=600$，截面编号INM006，以及按照1:1比例绘制的电缆。

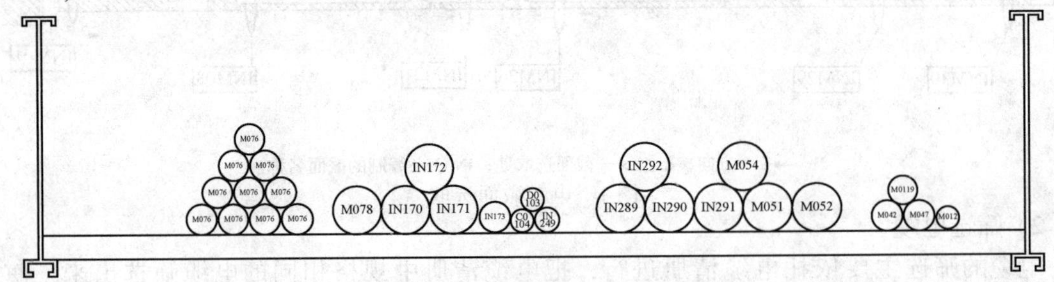

图2 电缆托架截面的电缆排布

4）完成图纸

电缆排布图的整套图纸包括筛选的电缆的表格和每一个托架截面的电缆排布。电缆代号的表格是为了让施工人员能够知道每一个电缆代号代表是哪根电缆，电缆编号和电缆规格是什么，截面排布图能让施工人员直观的了解每一个电缆的位置，并按照顺序排列即可，大大节省了施工人员看图纸的时间，并且能够对电缆排布统筹规划，做全局的处理，从而减少电缆交叉情况的出现。图 3 电缆排布图，包括托架截面图、电缆代号表和电缆托架截面图。

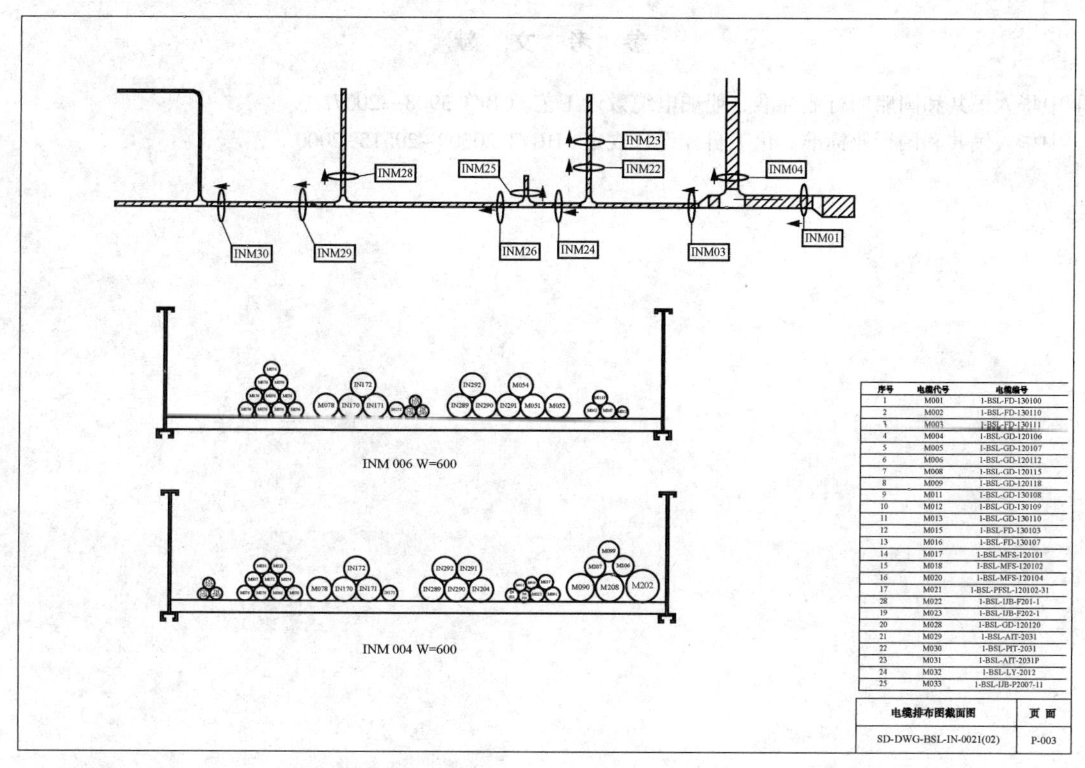

序号	电缆代号	电缆编号
1	M001	1-BSL-FD-130100
2	M002	1-BSL-FD-130110
3	M003	1-BSL-FD-130111
4	M004	1-BSL-GD-120106
5	M005	1-BSL-GD-120107
6	M006	1-BSL-GD-120112
7	M008	1-BSL-GD-120115
8	M009	1-BSL-GD-120118
9	M011	1-BSL-GD-130108
10	M012	1-BSL-GD-130109
11	M013	1-BSL-GD-130110
12	M015	1-BSL-FD-130103
13	M016	1-BSL-FD-130107
14	M017	1-BSL-MFS-120101
15	M018	1-BSL-MFS-120102
16	M020	1-BSL-MFS-120104
17	M021	1-BSL-PFSL-120102-31
28	M022	1-BSL-IJB-F201-1
19	M023	1-BSL-IJB-F202-1
20	M028	1-BSL-GD-120120
21	M029	1-BSL-AIT-2031
22	M030	1-BSL-PIT-2031
23	M031	1-BSL-AIT-2031P
24	M032	1-BSL-LY-2012
25	M033	1-BSL-IJB-P2007-11

图 3　电缆排布图

5. 电缆排布图编制的意义

在电缆敷设施工过程中编制电缆排布图的意义在于能够行之有效的指导电缆施工作业。

（1）设计人员在电缆施工作业开展之前利用一定的时间，按照电缆的路径以及进出顺序，整体布局，合理排布电缆托架内电缆的位置，从而增加托架的利用率，减少电缆交叉缠绕的情况发生，同时也会对降低电缆之间电磁干扰。

（2）电缆排布图是在电缆托架布置图、电缆清册、电缆布线图、设备布置图这四套图纸的基础上编制而成的，在没有这套图之前，施工人员在进行电缆施工敷设的时候，要参考上述四套图纸，并且时常还需要设计人员进行现场指导，不仅降低了施工人员的工作效率，也浪费了设计人员的时间，因此这一套图纸涵盖了四套图纸的内容，并且把四套图纸的内容合理的总结到一套图纸当中，在提高了施工效率的同时也优化了设计流程。

（3）通过对电缆路径的合理化布置，避免了电缆缠绕扭曲、电缆绕弯路等问题的出现，平整的电缆肯定要比弯曲的电缆使用的短，因此排列整齐的电缆不仅美观，而且也间接的节约了电缆的材料成本。

6. 总结

本文针对海上平台电缆敷设过程中出现的电缆交叉缠绕、电缆托架填充率降低、电缆敷设施工工作量增加等问题，经过多个项目实践总结出一套应当对上述问题的图纸——电缆托架排布图，具有很强的实用性和可行性。但是也是存在一定的弊端，比如增加了编制图纸的工作量，因此，在后续的项目实践中可以尝试使用软件等自动化手段来提高图纸编制的效率。

参 考 文 献

[1] 中华人民共和国船舶行业标准．船舶电缆敷设工艺．CB/T 3908—2007.
[2] 中华人民共和国行业标准．化工自控设计规定．HG/T 20509～20515-2000.

上部模块组合式新型栏杆的应用与研究

杨 晔　刘海静　李国金　陈 钰

（海洋石油工程股份有限公司建造公司）

摘要：海洋工程上部模块传统的固定式栏杆缺少灵活性，一旦发生修改工作量大，为此研究了一种组合式新型栏杆来弥补传统固定式栏杆的缺点。这种栏杆安装简易、灵活，便于调整，后期修改更换更加简便，且它的标准化使其具有更好的通用性，能进一步提高效率、降低成本，在今后的推广应用中更具有优势。

关键词：组合式新型栏杆；传统固定式栏杆；成品件；标准化

海洋工程上部模块使用的传统栏杆多为固定式栏杆（图 1），这种固定式栏杆单跨跨距小于 1500mm，受安装质量的影响，每片栏杆最多为 3 跨，具体长度均是按照上部模块栏杆布置图设计计算。因为每片栏杆的长度均为固定尺寸，所以一旦发生碰撞或修改等需要调整栏杆尺寸的情况就需要产生大量的栏杆返修工作，而这种情况每个项目中均会发生，且固定式栏杆在后期的维护更换中工序也比较繁琐工作量大。针对这些问题研究了一种灵活性、简易性和适用性更好的新型栏杆，并从使用性能、安装操作、经济成本等多方面论证了其更具有推广和应用的优势。

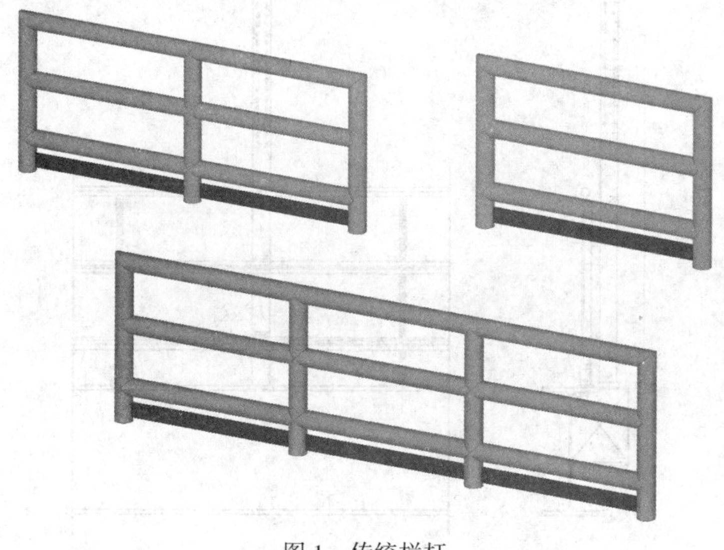

图 1　传统栏杆

1. 组合式新型栏杆的结构特点和设计原理

1）结构组成

组合式新型栏杆结构如图 2 所示，主要由生根件、U 型立柱、M 型横梁、管型扶手、连接件、紧固件组成，以上部件均为成品件。

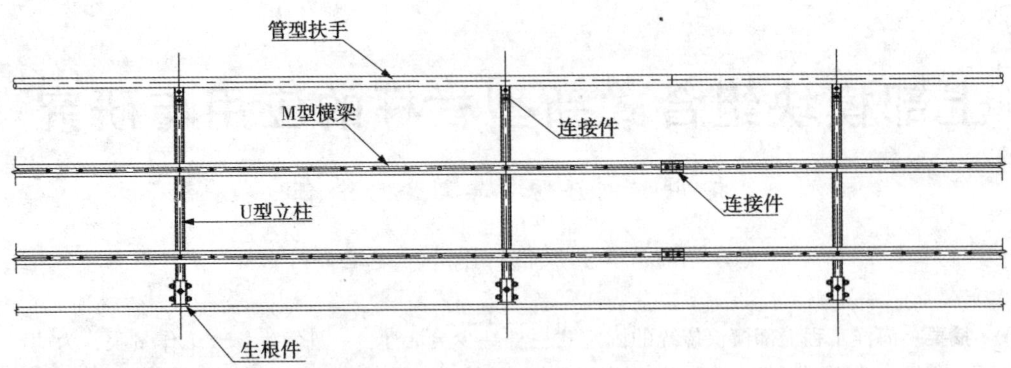

图 2　组合式新型栏杆结构详图

2）设计原理

组合式新型栏杆是由标准化的成品件拼接而成，生根件焊接固定在上部模块甲板片上；生根件与 U 型立柱、U 型立柱与 M 型横梁之间通过紧固件连接；U 型立柱与管型扶手之间通过连接件连接；栏杆间的接长、转向也均通过连接件实现。U 型立柱、M 型横梁采用了定距离的螺栓长孔的设计，便于它们之间位置的调整，可以适用于各种跨距，有效的避开各种障碍物，同时螺栓长孔还可以与其它组合式电仪支架配合使用，如图 3 所示。

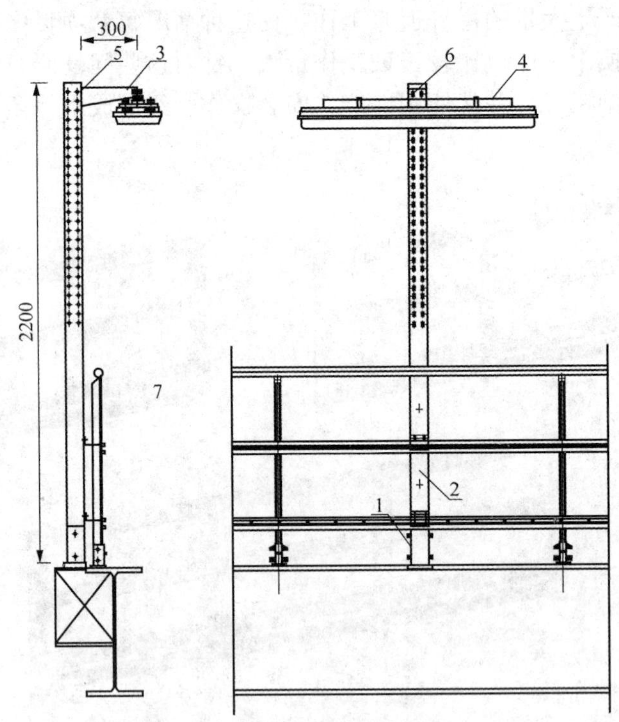

图 3　栏杆与组合式电仪支架连接

3）安装工艺

为了更好的指导组合式新型栏杆的安装，研究了一套配套的安装工艺，包括如下几条：

(1) 栏杆安装前的准备和检查：工机具的准备、栏杆成品件的检查(表面是否光滑无毛刺，防腐涂层良好且无锈蚀)等。

(2) 安装流程：组对方法、安装顺序和安装方向等。

(3) 尺寸公差技术要求：直线度、跨距误差、高度误差、横向纵向弯曲度误差等。

(4) 紧固件安装要求：紧固件安装顺序和方向、紧固件安装工具、紧固件松紧度等。

(5) 注意事项：安装过程中对防腐涂层的保护，不得使用电气焊开孔、扩孔、切割，安装后的检查等。

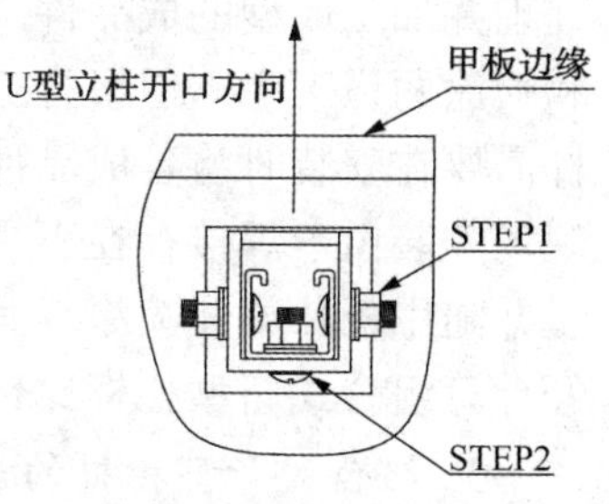

图4 生根件的紧固件安装顺序和方向

4）技术特点

组合式新型栏杆的设计需满足以下设计要求：

(1) 安全可靠——栏杆的外形尺寸、结构强度要符合《海上平台栏杆》、《工业防护栏杆及钢平台》等设计标准，既要满足竖向、横向、侧向载荷的要求，还需满足海上抗风载荷的要求。

(2) 安装简易——每个杆件的重量和长度设计必须便于施工人员搬用安装，每个杆件的尺寸设计必须是标准化的可以相互替换，每个杆件之间均采用紧固件连接尽量避免焊接作业。

(3) 经济实用——新型栏杆的预制安装成本要尽可能的低于传统栏杆，新型栏杆的材料需使用常规材料，杆件均为标准件易于替换。

2. 组合式新型栏杆的与传统固定式栏杆的对比

1）材料

传统固定式栏杆使用材质为Q235B或20#的碳素钢管预制焊接而成。

组合式新型栏杆主要使用材质为热渗锌+环氧富锌面漆碳素钢板和钢管加工成成品件，再采用紧固件连接的方式进行拼接。

2）防腐处理

传统固定式栏杆一般采用预制后安装前进行防腐处理，此方法需要在甲板片喷涂时对所有已安装栏杆进行涂层保护，如在甲板片喷涂后安装需要进行补漆；也可采用安装后随甲板片进行整体喷涂。

组合式新型栏杆生杆件随甲板片一体化建造并整体喷涂，其它杆件均在成品件预制时已完成防腐处理。

3）安装

传统固定式栏杆焊接固定在甲板片上，一般尽可能采用在甲板片喷涂之前安装，如后期与其它专业支架发生碰撞再进行修改。

组合式新型栏杆在甲板片喷涂之前安装生根件，其它组件安装时间不限，如发生碰撞可随时调整。

4）后期维护

传统固定式栏杆使用过程中如损坏需要更换，需整片栏杆重新预制，再进行防腐、焊接安装和补漆。

组合式新型栏杆使用过程中如损坏只需更换损坏的部件，更换部件的安装采用紧固连接，可避免动火作业和补漆工作。

5）成本造价

组合式新型栏杆的原材料价格比传统固定式栏杆要高很多，因为新型栏杆是完成了防腐处理并加工成型的成品件，而传统栏杆仅为散钢材的价格，因此传统栏杆需要后续进行预制和喷涂两道工序，但组合式新型栏杆不再需要这两道工序并且不存在这两部分费用。新型栏杆需要在安装时将各成品件组对成片，因此安装费用比传统栏杆费用要高。此外，传统栏杆现场安装由于焊接存在不少补漆工作量，而组合式新型栏杆生根件可在一体化建造时完成安装并随甲板片整体喷涂，其它杆件现场安装时采用紧固件铆接，因此基本不存在补漆问题。经计算组合式新型栏杆比传统固定式栏杆费用可降低10%左右。

3. 组合式新型栏杆的应用

组合式新型栏杆在设计完成后便与厂家合作完成了样品的制作如图7所示。通过对样品进行实验，测试了新型栏杆的结构强度是否满足设计要求，连接件的牢固性是否安全可靠；同时检验了手握扶手的舒适度，使用过程中是否存在安全隐患，安装过程是否简便有足够的操作空间等，并根据实验结果不断改善栏杆的设计。此外，还研究了一些辅助工装用于帮助和提高生根件和紧固件的安装效率。

组合式新型栏杆目前已在文昌9-2/9-3项目中心平台上尝试部分应用并取得了良好的效果。

图7 组合式新型栏杆样品(未做防腐处理)

4. 结语

组合式新型栏杆安装简易、灵活，便于调整，可在一体化建造时完成生根件的安装，并进行整体喷涂，可以减少现场的补漆工作，同时栏杆的安装时间不再受限，可灵活安排，后期如发生与其它的结构物碰撞也可快速简便的修改，此外还兼具传统固定式栏杆和活动栏杆的两项功能，因此具有很好的推广前景，在今后的新项目中会继续加大推广应用。

海底管道及海缆

断层作用下大口径薄壁海底管道非线性反应分析

曹文冉[1,2]　许浩[1,2]

(1. 中国石油集团工程技术研究有限公司；2. 中国石油天然气集团公司海洋工程重点实验室)

摘要：南海北部湾已经探明石油储量约 80 亿吨，并且分布有两个千亿方级天然气水合物矿藏，具有极高的开发潜力。由于濒临滨海断裂带，历史上曾多次发生 7 级以上的地震，海底管道运行期间很有可能遭遇断层错动的影响。大量震害资料表明，活动断层错动是造成埋地管道破坏的重要原因。为此，利用有限元软件 ABAQUS 建立了 X65 级海底管道穿越断层的三维模型，模型中充分考虑了管道的材料非线性和几何非线性的影响，精细模拟了管道和土体之间的相互作用，分析了不同断层错动下管道的非线性反应，探讨了破碎带宽度、管道埋深、周围土体特性、管土摩擦系数等因素对管道抗断性能的影响，获得了管道名义应变沿管长方向的变化规律。计算结果表明：海底管道抗断设计应重点校核断层面两侧 10m 内的受压管段，管道铺设宜采用大曲率半径弹性敷设，预期发生断层大变形的管段应尽可能浅埋或不埋。

关键词：海底管道；断层错动；管-土相互作用；非线性变形；局部屈曲

1. 引言

随着海洋油气资源的不断开发，海底管道在我国得到了广泛应用，发挥着越来越重要的作用。据报道，南海北部湾已经探明石油储量约 80×10^8t，并且分布有两个千亿方级天然气水合物矿藏，具有极高的开发潜力。但是，上述海域濒临南海北部最大的活动构造——滨海断裂带，该断裂两侧的构造特征差异显著，历史上曾多次发生 7 级以上的地震。当海底管道路由穿越活动构造铺设时，管道运行期间很有可能遭遇断层错动的影响，从而给管道的设计、施工带来诸多技术难题。大量震害资料表明，活动断层错动是造成埋地管道破坏的重要原因。因此，海底管道设计往往要考虑活动断层的不利影响。

20 世纪 70 年代，Newmark 和 Kennedy 先后提出了断层作用下埋地管道的解析方法。由于计算方法简单实用，相继被美国、中国等规范采纳使用，目前已在油气输送管道抗震设计中得到了广泛应用。20 世纪 90 年代以来，随着计算机能力的不断提升，有限元分析方法得到了广泛应用，国内外学者基于有限元法也提出了多种模拟假设和理论模型，其中最具代表性的是梁模型和壳模型。与梁模型相比，壳模型可以直观的呈现管道应变的分布规律，能够更好的分析管道局部屈曲变形情况，但是壳模型构造复杂，计算时间很长，如何在满足精度条件下降低时间成本也成了近几来的研究热点。

为了真实反映 X65 级大口径薄壁管线穿越断层的适应能力，利用有限元软件 ABAQUS 建立海底管道穿越断层的三维模型，充分考虑管道的材料非线性和几何非线性的影响，精细模拟管道和土体之间的相互作用，研究管道在不同断层错动下的力学性能，分析断层作用下管道的非线性反应，探讨破碎带宽度、管道埋深、周围土体特性、管土摩擦系数等因素对管道抗断性能的影响，获得管道名义应变沿管长方向的变化规律，从而为大口径海底管道的工程设计和施工铺设提供技术参考。

2. 基本假设和计算模型

1) 基本假设

对于海底管道而言，实际的有限元模型不可能包括整个无限海床，因此需要在一定的范围内将海床截断，只考虑截断边界以内的部分。因此，本文考虑长度为 L、宽度为 B、厚度为 H 的海床，直径为 D、壁厚为 t 的海底管线埋置于海床土体中，埋置深度为 h。坐标自刚性基底起向上(图 1)。

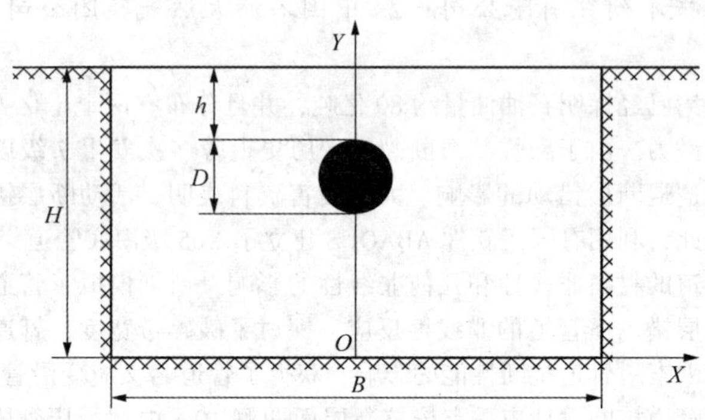

图 1　海底管道断面示意图

在建模过程中，本文采用如下假定：

(1) 断层作用下，海床的运动为平动，没有转动分量；

(2) 海底管道和海床土体都是各向同性的均质材料；

(3) 除周围土体外，管道没有任何其他外部支撑，并且各部分力学性质相同；

(4) 管道和土体之间存在接触摩擦相互作用；

(5) 不考虑管道内介质、混凝土层、防腐层和海床孔隙水对管道受力的影响。

以我国某海底管道项目作为工程依托，本文进行有限元计算和分析时采用的管道、土体和断层基本参数分别如表 1~表 3 所示。管道路由沿线以密实砂层为主，包括粉砂质砂、泥质粉砂等。

表 1　海底管道基本参数

物理量	取　值	物理量	取　值
外径×壁厚/mm	813×25.4	管道材质	API 5L X65
密度/(kg/m³)	7.85×10^3	屈服应力/MPa	448
弹性模量/MPa	2.1×10^5	极限应力/MPa	531
泊松比	0.3	基准埋深/m	2.0

表 2　海床土体基本参数

物理量	取　值	物理量	取　值
土体密度/(kg/m³)	1500	黏聚力/kPa	50
弹性模量/MPa	100	内摩擦角/(°)	30
泊松比	0.3	摩擦系数	0.7

表 3　断层基准参数

物理量	取　值	物理量	取　值

续表

物理量	取 值	物理量	取 值
断面与水平面夹角/(°)	60	破碎带宽度/m	0.2
管道与断层间夹角/(°)	90	断层最大位移/m	2.0

2）材料本构模型

考虑到钢材的硬化，管道采用钢材三折线弹塑性模型，服从米塞斯屈服准则；土体采用摩尔—库伦弹塑性模型，管—土间的相互接触服从库伦摩擦定律。两者的本构模型如图 2、图 3 所示。

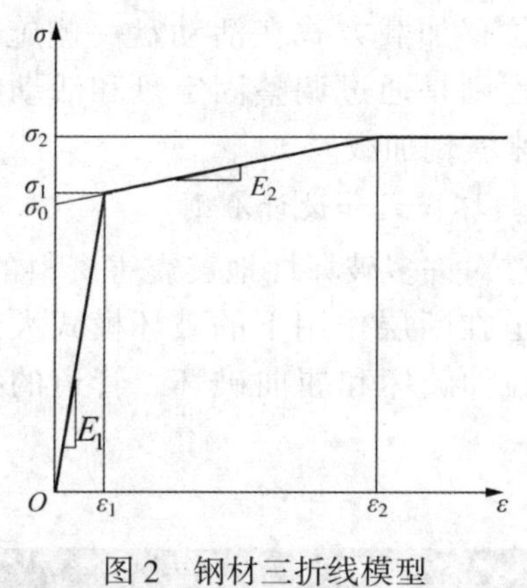

图 2 钢材三折线模型

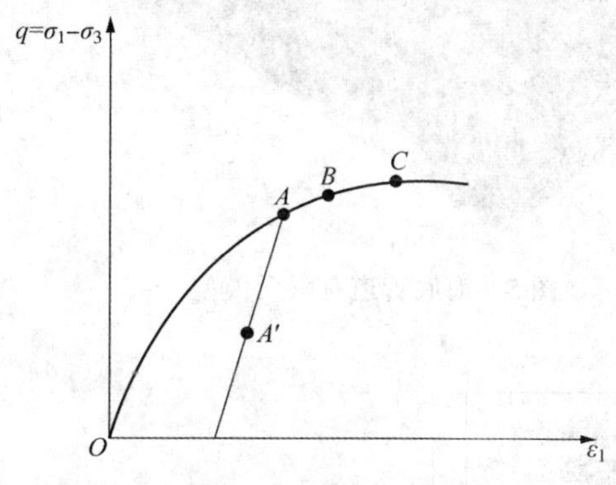

图 3 土体摩尔—库伦弹塑性模型

3）边界条件

在计算管道-土体相互作用时，管道有效计算长度的取值非常重要。Kennedy 曾指出：“在断层作用下，管土之间存在较大相对位移的范围虽然只有 10~30m，但是从断层相交处到管内应变降为零的整个受影响管段范围却比较长，认为至少取 300m 才能满足精度要求。”但是，这将会耗费巨大的内存和相当长的计算时间。为此，本文采用刘爱文等提出的等效弹簧边界代替小变形管段的影响。根据海底管道及周围土体的特性，计算得到了管道沿轴向的等效弹簧边界刚度(图 4)。

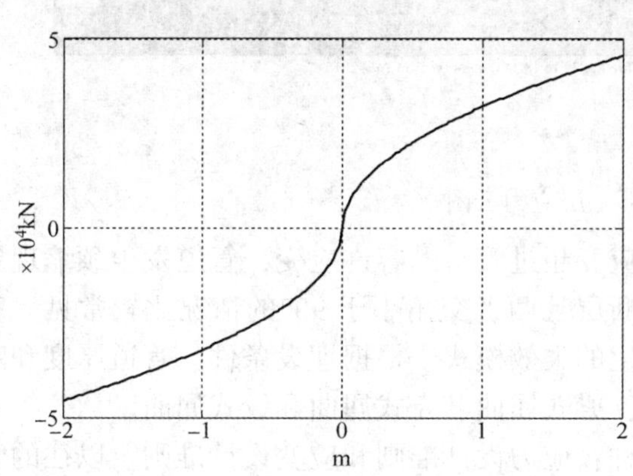

图 4 管道轴向等效弹簧边界刚度

除管道两端施加等效弹簧边界条件外，土体边界条件与断层类型及其走向有关。以平移断层为例，固定盘底面约束 x、y、z 向平动自由度，端面(与管道轴线垂直)约束 z 向平动自由度，侧面(与管道轴线平行)约束活动盘运动方向(x 向)平动自由度，顶面为自由表面；活动盘底面约束 y、z 方向平动自由度，x 向平动自由度释放，侧面 x 向自由。作为断层移动加载面，顶面为自由表面。

4）有限元模型

为考虑断层附近的大变形管段，管道长度取为 60m，在 ABAQUS 中采用壳单元

(S4R)模拟，土体尺寸取为 20m(宽)×10m(高)×60m(长)，在 ABAQUS 中采用三维实体减缩积分单元(C3D8R)模拟。模型网格划分时，对靠近断层面的管段和土体单元网格进行加密，以准确模拟管道的局部屈曲过程。为了节省时间并提高计算效率，远离断层面的单元网格划分则相对粗糙，但要保证管道发生大变形、屈曲时的网格质量。采用 ABAQUS 软件建立的海底管道穿越断层有限元模型如图 5 所示。

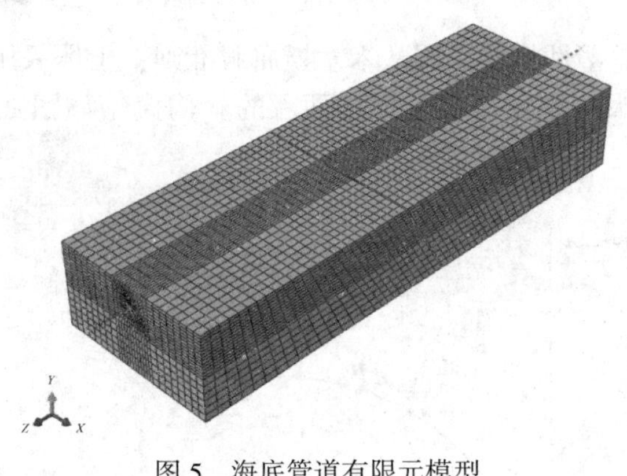

图 5　海底管道有限元模型

在模型加载过程中，首先施加重力荷载，建立管道和土体之间的相互作用，然后再考虑断层错动作用。施加重力后的土体应力云图如图 6 所示。需要说明的是，断层错动量是通过位移加载方式在活动盘一侧施加，破碎带宽度则是通过调整固定盘和活动盘之间的距离来实现加载。

3. 破坏模式和设计准则

通过对许多破坏性地震震害资料的总结，埋地管道在断层作用下的破坏模式大致分为两类：拉伸破坏和屈曲破坏。管道的拉伸破坏一般是在断层的斜拉作用下管体的轴向拉伸应变超过管材的容许应变，管道发生颈缩现象直至断裂而发生的破坏模式，这在管道跨走滑断层且两者交角小于 90°的情况比较常见。管道的屈曲破坏是指管道在断层的挤压作用下发生的失效模式。根据埋设条件、管道厚度和断层错动方式的不同，屈曲破坏又可分为三小类：梁式屈曲、壳式屈曲和铰式屈曲。

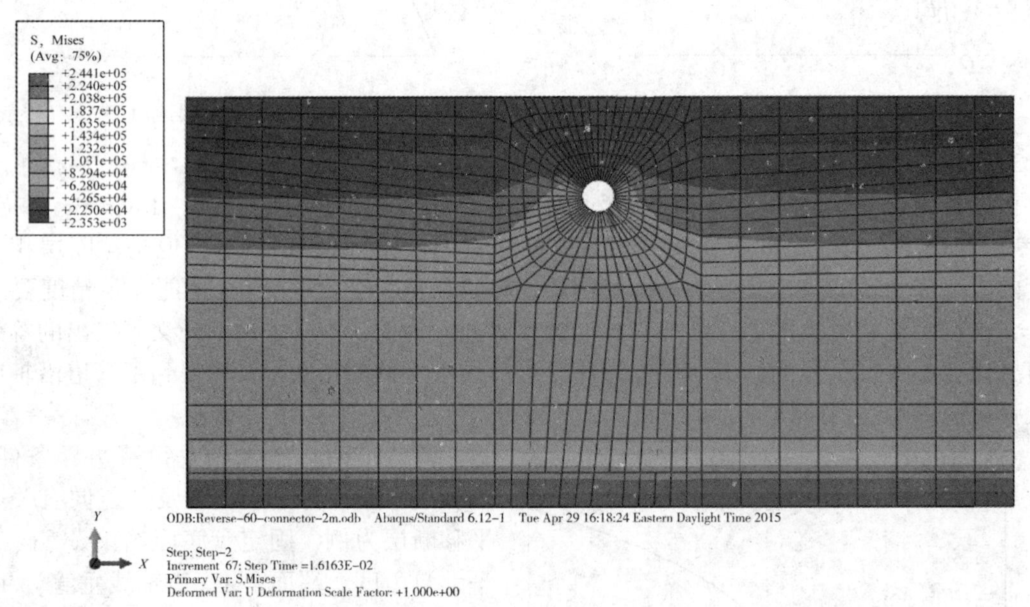

图 6　自重状态下土层应力云图

目前，海底管道采用的设计准则主要有两种：应力设计准则和应变设计准则。以往的管道设计多采用前者，即基于一定安全余量的考虑，管材所承受的荷载不应超过其本身的容许应力限值。然而，对于断层错动这种位移控制的加载方式，应力设计准则明显存在一定的弊端，即当应力达到一定限度后，管道对位移荷载将不再敏感，此时在相同应力情形下就会产生不同的应变值，安全余量过大会导致材料性能不能充分发挥，过小则使管材应变容易超过容许应变值，可能会引发一系列安全问题。

因此，本文采用应变设计准则来分析管道在断层作用下的抗断性能。同时，依据我国《油气输送管道线路工程抗震技术规范》的要求，选取容许拉伸应变和容许压缩应变均为1.0%。

4. 计算结果与分析

1）断层位移量

根据断层面(即岩石的裂缝和两块岩石运动过程中产生的裂缝)位置的不同特征，一般将断层分为正断层、逆断层、平移断层等主要类型。研究表明，断层类型对埋地管道抗震性能的影响非常明显。因此，本文首先研究了断层类型对海底管道名义应变的影响规律，如图7所示。

可以看出，随着断层位移量的增加，逆断层作用下的管道名义应变最大，平移断层作用下次之，正断层作用下最小。当断层位移量小于0.6m时，不同断层类型作用下的管道名义应变峰值相差不大，但当断层位移量超过0.8m时，逆断层作用下的管道名义应变值迅速增加，导致管道发生破坏；而平移断层或正断层作用下的管道名义应变发展相对稳定，大都位丁安全范围以内。

为了分析导致上述差异的原因，取断层位移量为0.8m时管道沿长度方向上的名义应变分布进行比较，如图8所示。同样可以看出，在断层位移量相同时，逆断层作用下的应变峰值最大，平移断层作用下次之，正断层作用下最小。另外，在逆断层作用下，管道在距离断层面0~10m范围内出现了多个应变峰值，说明存在多处应力集中现象，推断原因在于管道不仅受到断层的弯曲作用，而且受到沿轴向的挤压作用，由于管道是薄壁结构，根据杆件稳定性原理可知，此时管道发生了局部屈曲，如图9所示。

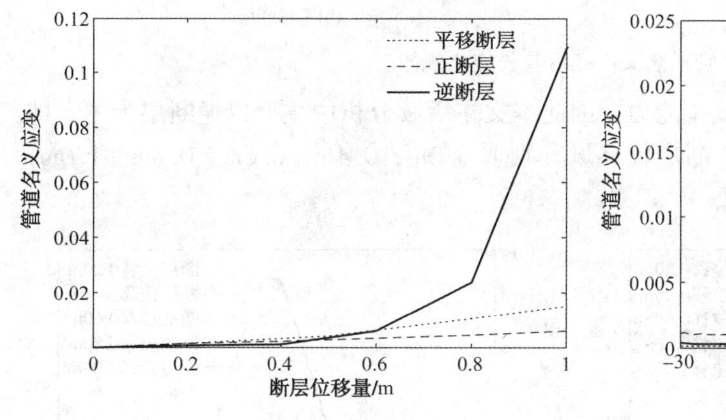

图7 断层类型对管道名义应变的影响规律

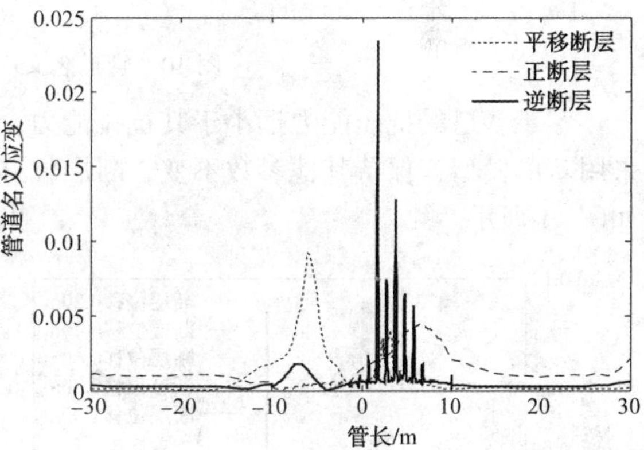

图8 管道名义应变沿管长变化规律(断层位移0.8m)

反之，在其他断层类型作用下，管道除受到断层错动引起的弯曲作用，还受到沿轴向的拉伸作用，从而在一定程度上抑制了局部屈曲的发生，有利于发挥管道的材料性能。如图10所示，在正断层作用下，当断层位移量增大到1.2m时，管道在距离断层面0~10m范围内才出现局部应力集中现象，而且幅值很小，不足以发生局部屈曲，因此管道穿越断层的适应能力较强。

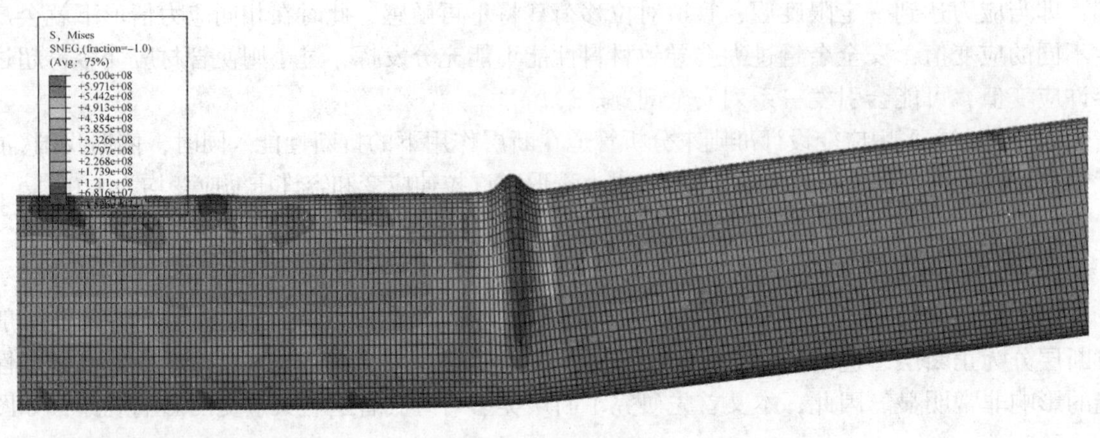

图 9 逆断层作用下管道局部屈曲(断层位移 0.8m)

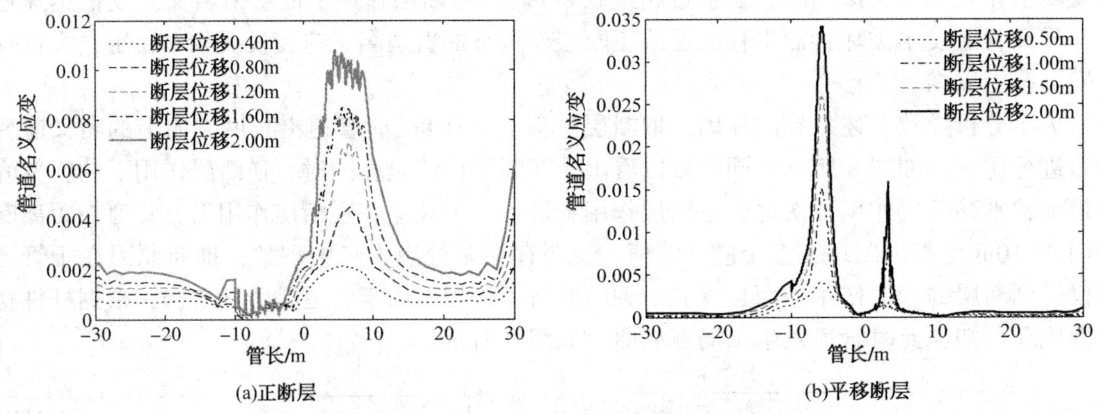

图 10 管道名义应变沿管长变化规律

鉴于管道的抗压能力远小于其抗拉能力，因此本文在后续分析中主要以逆断层为主，即采用基准模型，保持其他参数不变，断层位移量分别取 0.2m、0.4m、0.6m、0.8m、1.0m，如图 11 所示。

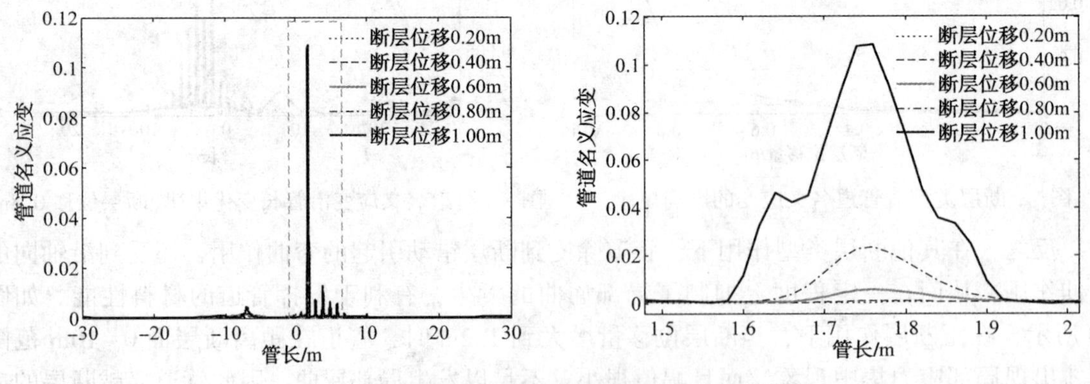

图 11 逆断层作用下管道名义应变沿管长变化规律

可以看出，在逆断层导致的局部屈曲破坏中，位于被动盘土层中的管道首先出现应力集中现象，而且存在多个局部屈曲点，但是主要集中在距离断层面 0~10m 范围内。另外，从局部放大图中可以看出，当断层位移量从 0.6m 变化到 1.0m 时，管道名义应变峰值从 0.6% 激增到 10.9%，可见管道局部应变随着断层位移量的增加发生了急剧变化，但是管道的大应变区段相对有限，发生局部屈曲破坏的长度仅 0.45m，推断原因是该位置处局部屈曲的进一步发展可能会抑制其他区段的应变传递。

2）破碎带宽度

采用基准模型，保持其他参数不变，破碎带宽度分别取 0.1m、0.2m、0.3m 和 0.4m，如图 12 所示。

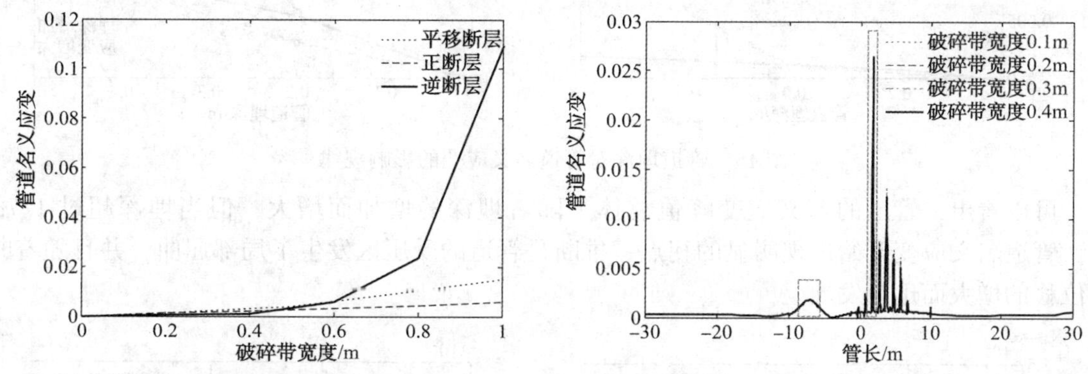

图 12 破碎带宽度对管道名义应变的影响规律　图 13 管道名义应变沿管长变化规律（断层位移 0.8m）

可以看出，当破碎带宽度发生改变时，管道名义应变峰值变化不大，说明破碎带宽度对管道的力学性能影响不明显，并且不同破碎带宽度下管道的名义应变峰值比较接近。

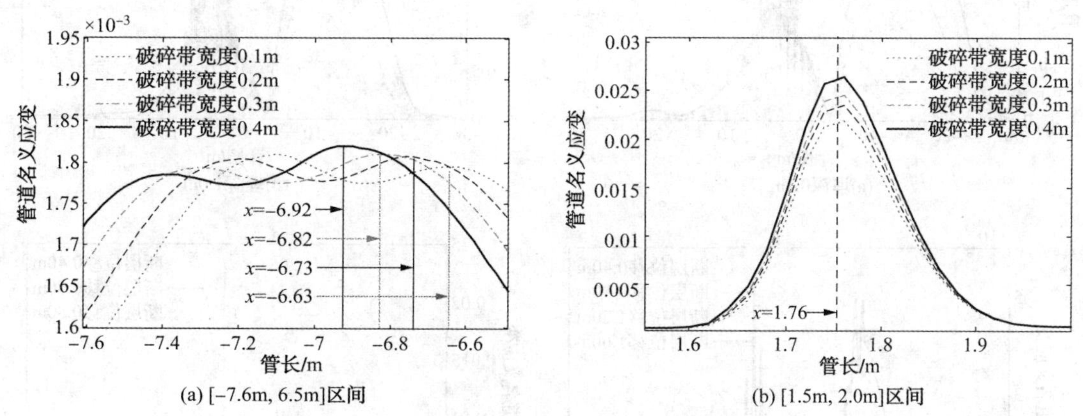

图 14 管道名义应变沿管长变化规律放大图（断层位移 0.8m）

可以看出，在主动盘-10~0m 范围内，管道名义应变峰值的出现与破碎带宽度有关，即随着破碎带宽度的增加逐渐向远离断面方向移动，应变峰值位置的移动量与破碎带宽度的变化量基本一致；而在被动盘 0~10m 范围内，管道名义应变峰值均出现在距离断面 1.76m 处，可见应变峰值的出现与破碎带宽度变化的相关性较弱，破碎带宽度的影响主要表现在应变峰值差异，即应变峰值随着破碎带宽度的增加而增加。

3）管道埋深

采用基准模型，保持其他参数不变，管道埋深分别取 0.5m、1.0m、1.5m 和 2.0m，如图 15 所示。

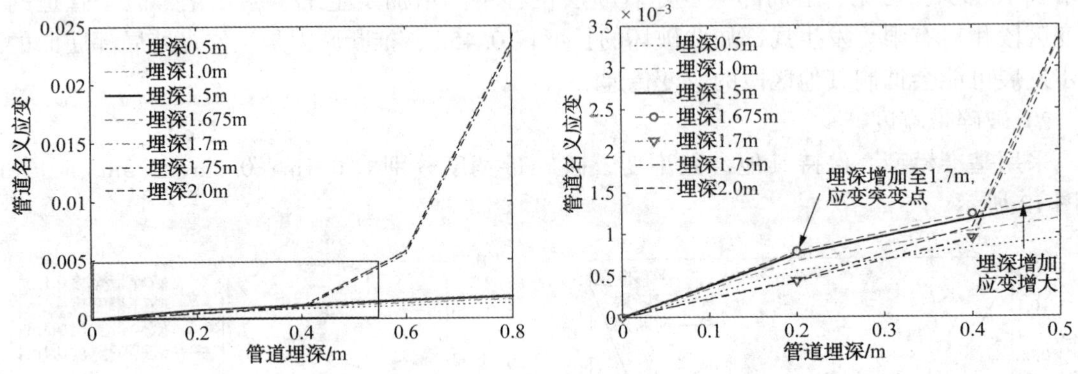

图 15　管道埋深对管道名义应变的影响规律

可以看出，管道的名义应变峰值总体上随着埋深的增加而增大，但当埋深超过 1.7m 时，管道名义应变开始出现明显的拐点，推断是管道的受压区发生了局部屈曲，并且随着断层位移的增大而迅速发展。

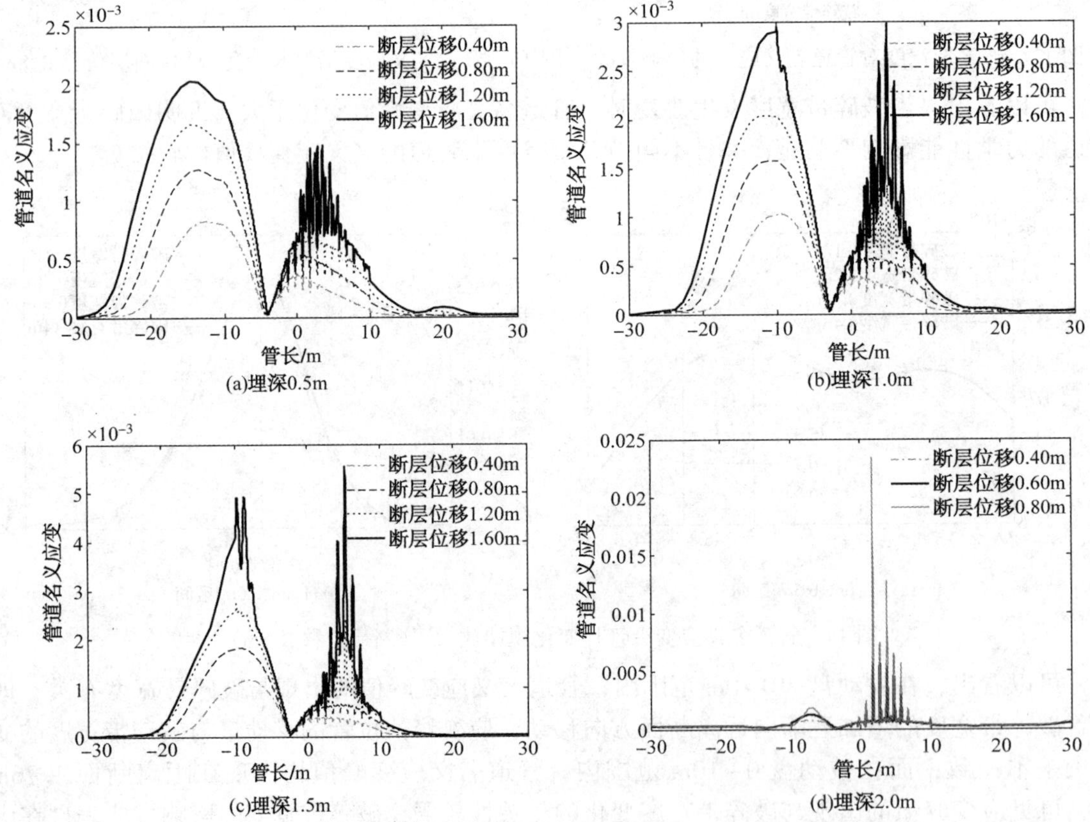

图 16　管道名义应变沿管长变化规律

可以看出，当埋深从 0. 5m 增加至 2. 0m 的过程中，管道受压区的名义应变峰值逐渐超越其受拉区，尤其是埋深 2. 0m 时，管道在被动盘内的局部压应变迅速超过其在主动盘内的拉应变，管道屈曲范围随着断层位移的增加不断扩大，最终导致全截面屈曲。同时，管道受拉区长度也受到埋深的影响，即管道受拉区长度随着埋深的增加而逐渐减小，推断原因是埋深增加增强了土体对管道的约束作用，导致管道名义应变不断增大，使得管道应变峰值向断层与管道的交叉点处靠近。

4）周围土体特性

采用基准模型，保持其他参数不变，土体黏聚力取 50kPa、75kPa、100kPa 和 200kPa，如图 17 所示。

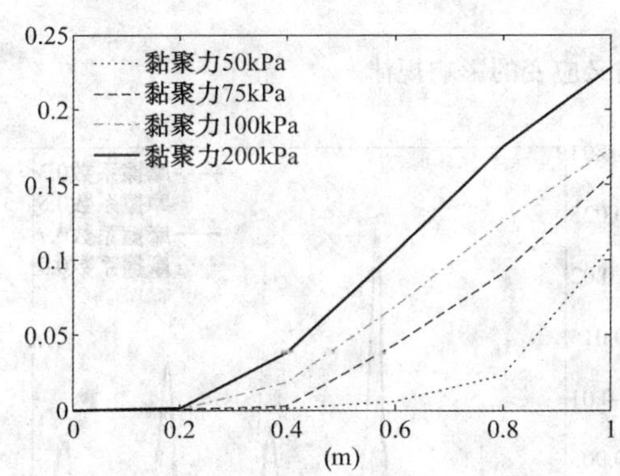

图 17　周围土体特性对管道名义应变的影响规律

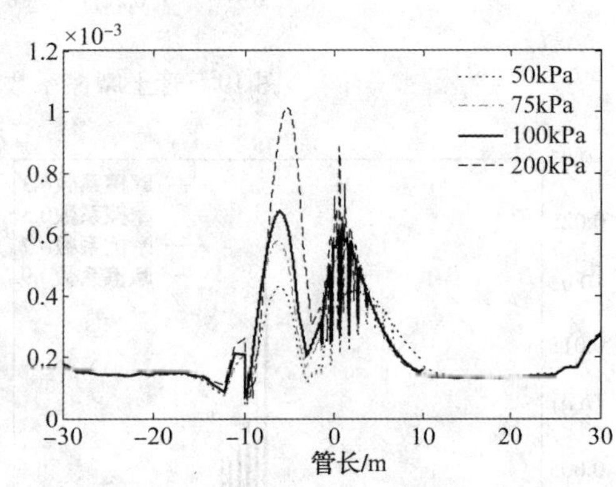

图 18　管道名义应变沿管长变化规律(断层位移 0. 2m)

可以看出，随着土体黏聚力的增加，管道名义应变峰值不断增大，导致管道局部屈曲迅速发展。当黏聚力为 50kPa 时，管道局部屈曲剧烈发展区段位于断层位移 0. 8m 后，而当黏聚力增加至 100kPa 时，管道局部屈曲在断层位移 0. 4m 时就已经十分明显，并随着断层位移的增加而迅速发展。另外，随着土体黏聚力的增加，管道局部屈曲出现的位置总体上向断面靠近，说明黏聚力的增加会提高土体对管道的约束作用。对同一管段而言，在相同的断层位移下，高黏聚力土体中的管道已经进入塑形而且发生了局部屈曲，而低黏聚力土体中的管道还未出现塑形变形，推断原因是吸收断层能量的管段更长，管道变形更趋平稳。

5）管土摩擦系数

采用基准模型，保持其他参数不变，管土摩擦系数分别取 0. 3、0. 5、0. 7 和 0. 9，如图 19 所示。

可以看出，在相同的断层位移下，管道名义应变总体上随着管—土摩擦系数的增加而提高，当管土摩擦系数大于 0. 5 时，管道在断层位移 0. 8m 时开始出现局部屈服现象，并且随着断层位移的增大快速进入发展阶段，此时管道的适应能力较差。

可以看出，在主动盘-10~0m 范围内，管土摩擦系数对管道名义应变峰值影响不大，变形显著的区间长度比较集中。而在被动盘 0~10m 范围内，随着管土摩擦系数的增加，管道名义应变峰值出现的位置逐渐远离断层面，而且管道局部屈曲波数也有所增加。

5. 结语

基于变动参数的对比计算与分析，可以得到以下结论：

(1) 当穿越正断层或平移断层时，管道容易发生拉伸破坏，此时应变分布较为均匀，说

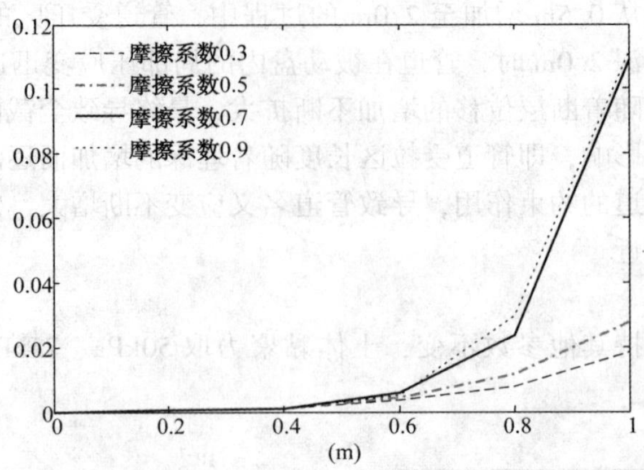

图 19 管土摩擦系数对管道名义应变的影响规律

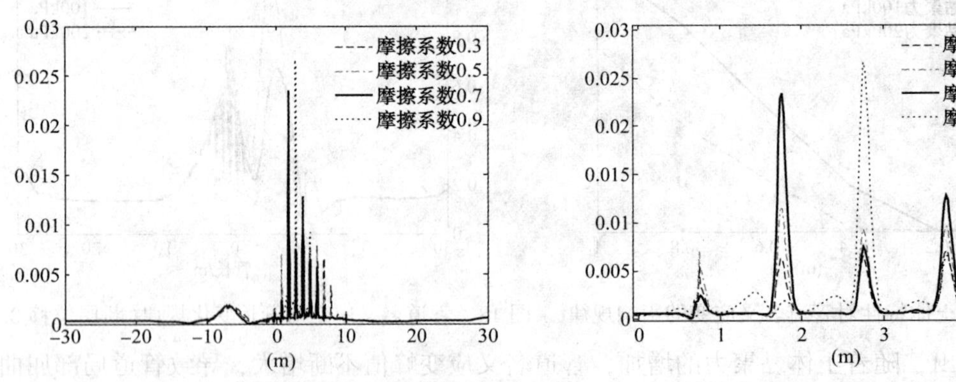

图 20 管道名义应变沿管长变化规律(断层位移 0.8m)

明管道的适应能力较好；当穿越逆断层时，管道容易发生屈曲破坏，被动盘侧的管道会过早出现应力集中现象。由于管道的受拉能力远大于其受压能力。因此，海底管道宜采用大曲率半径弹性敷设。

(2) 即使在同一条断裂带上，断层位移的大小和破碎带的宽度也不一样。因此，应根据历史记载和地震地质勘查结果，尽可能保证海底管道在断层位移和破碎带宽度最小的地方通过断裂带，而且管道敷设的方向不应与断裂带平行，即使不可避免，也应距离断层破碎带200m 以外敷设。

(3) 穿越断层铺设时，海底管道的破坏主要发生在断层面附近，大多集中在距离断层面两侧各 10m 范围内。在逆断层作用下，虽然管道发生屈曲破坏的区段有限，但是存在多个局部屈曲点，使得管道失效的几率明显增大。因此，海底管道抗断设计应重点校核断层两侧10m 内的受压管段。

(4) 管道适应断层的能力与管道埋深、土体黏聚力和管土摩擦系数均成反比。埋深越浅，土体黏聚力越小，摩擦系数越小，土体对管道的约束作用就越小，管道就越容易变形免遭破坏。因此，海底管道通过断裂带的管段埋深不宜超过 1m，在预期大变形区应考虑宽沟、松砂浅埋或不埋。

参 考 文 献

[1] 孙政策，林钟明，陈瑞峰．地震断层上海底管线的适应能力研究[J]．中国造船，2005，46(增)：186-193.

[2] 徐辉龙，叶春明，丘学林，等．南海北部滨海断裂带的深部地球物理探测及其发震构造研究[J]．华南地震，2010，30(增)：10-17.

[3] 龚再升，李思田，谢泰俊，等．南海北部大陆边缘盆地分析与油气聚集[M]．北京：科学出版社，1997. 10-25.

[4] 张素灵．地震断层作用下埋地管线反应分析方法的研究[J]．国级地震动态，2000，10：35-37.

[5] Newmark N M，Hall W J. Pipeline Design to Resist Large Fault Displacement[A]. Proceedings of US Conference on Earthquake Engineering[C]. Ann Arbor：EERI，1975. 416-425.

[6] Kennedy R P，Chow A W，Williamson R A. Fault Movement Effects on Buried Oil Pipeline[J]. Transportation Engineering Journal，1977，103(5)：617-633.

[7] The American Lifelines Alliance. Guideline for the Design of Buried Steel Pipe[S]. New York：ASCE，2001. 44-49.

[8] 中华人民共和国国家标准编写组．GB50470 油气输送管道线路工程抗震技术规范[S]．北京：中国计划出版社，2008. 15-30.

[9] Takada S，Hassani N，Fukuda K. A New Proposal for Simple Design of Buried Steel Pipes Crossing Active faults[J]. Earthquake Engineering and Structural Dynamics，2001，30(8)：1243-1257.

[10] Tohidi R Z，Shakib H. Response of Steel Buried Pipeline to the Three-dimensional Fault Movement[J]. Journal of Science and Technology，2003，14(56b)：1127-1135.

[11] Hart J D，Lee C H，Kelson K I，et al. A Unique Pipeline Fault Crossing Design for a Highly-focused Fault[A]. Proceedings of the 5th Biennial International Pipeline Conference[C]. Calgary：ASME，2004. 291-298.

[12] 刘爱文，张素灵，胡幸贤，等．地震断层作用下埋地管线的反应分析[J]．地震工程与工程振动，2002，22(2)：22-27.

[13] 林均岐，胡明伟，申选召．跨越断层埋地管线地震反应数值分析[J]．地震工程与工程振动，2006，26(3)：186-192.

[14] Yun H D，Kyriakides S. A Model for Beam-mode Buckling of Buried Pipeline[J]. Journal of Engineering Mechanics，1985，111(2)：235-253.

深水海管智能测径技术应用研究

原庆东　张玉勇　王佐强　刘　浩

[中海石油(中国)有限公司深圳分公司]

摘要： 深水海管需要特殊的海管终端设计以适应 ROV 在水下进行海管终端与跨接管的连接作业，深水海管的清管测径检查也需要水下发球、收球装置并借助于 ROV 进行水下清管发球和收球作业。在对测径板测量结果产生疑问时，智能清管测径仪可用来准确检测到怀疑有缺陷的海管缺陷位置，并以此确定是否有必要回收海管消除海管缺陷。本文主要研究智能清管测径仪在深水海管清管测径中的应用，并分析测量结果用于对所存在缺陷的海管进行处理提供必要的技术依据。

关键词： 深水海管；PLET；清管测径；智能测径；测径结果分析

1. 深水海管终端(PLET)结构设计

深水海管铺设与连接因潜水员已无法下潜作业，都改由适用于 ROV 作业的设计和工艺。深水海管终端不再是普通的螺栓法兰终端，而是采用了专用连接器管接口及其辅助结构设计，终端接口可分为立式和水平式两种。

深水海管终端接口立式结构设计如下图 1 所示，主要由防沉板、定位信标插孔、端部海管、旋转吊放架、充水/压力帽、海管端口 CVC 连接器、防腐牺牲阳极、ROV 作业停靠板等组成，其中防沉板根据实际情况可以单独设计建造先行下放，也可以设计成可折叠的和管线终端一起下放安装。

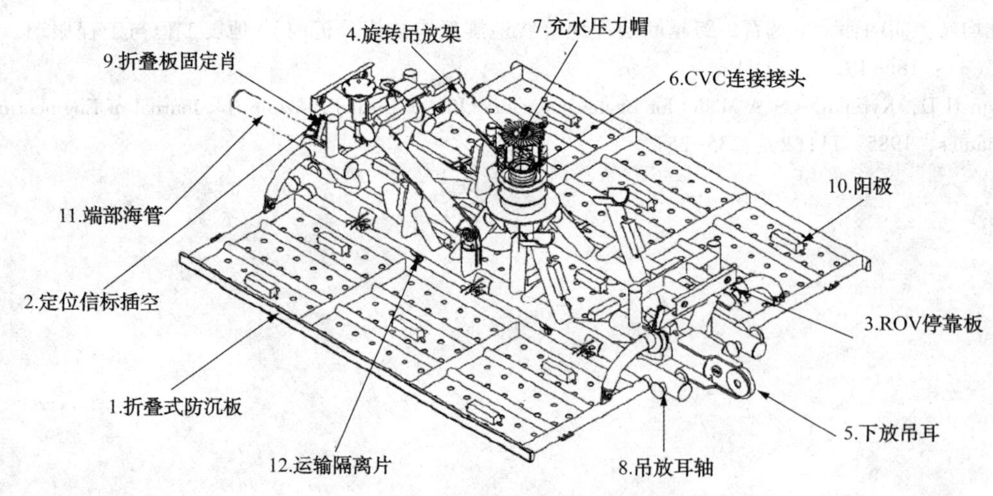

图 1　立式管接口海管终端和防沉板

水平式连接器海管终端(PLET)结构和立式连接器差不多，所不同的是连接器为水平式，连接器及其压力帽的结构设计更加复杂一些，终端设计在细节上也稍有不同。图 2 是一折叠式水平式连接海管终端，其中的防沉板未和主结构一体设计，安装时为经过作业线及张紧器，防沉板进行折叠以减小尺寸，安装就位后防沉板再打开伸平。

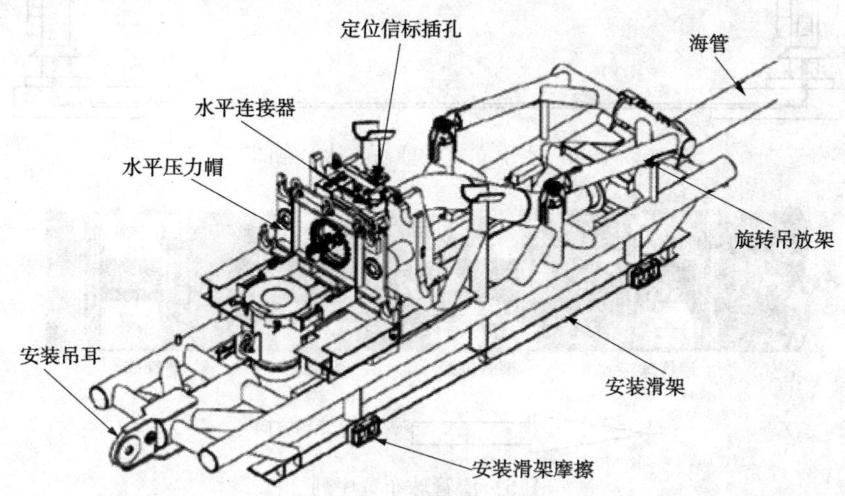

图 2　水平式管接口海管终端(防沉板单独设计下放安装)

2. 深水海管充水、清管和测径技术

海管铺设后的充水、清管和测径作业也要适应水下无人 ROV 作业要求，为此专门设计了 ROV 作业的水下发球和收球装置及其辅助工具等。

水下发球器和收球器可以根据连接器形式和其他具体情况设计成立式的或水平式的，图 3 为一水平式水下发球器和收球器系统。在海管铺设后，进行清管测径时首先将原先装好清管测径球的发球器在水下安装到海管终端(PLET)上，发球筒上设计有专用连接器，正好和海管终端上的管接口连接。收球器也在海管的另一端终端上预先安装好收球，并在收球筒出口处安装一个双单向阀以便单向排液。发球时可从工程船上下放一个软管与发球器连接，并从船上通过软管加压推动发球(根据需要也可在水下安装加压装置推球)。当收球器收到所有清管测径球后，工程船将收球器连同清管测径球一起回收到船甲板上，再取出清管测径球进行检查。

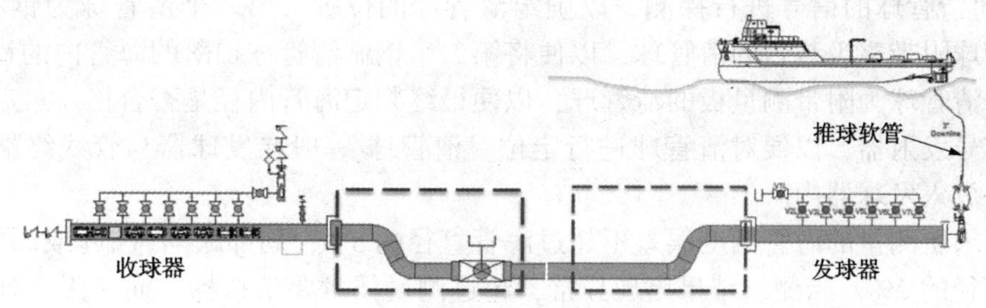

图 3　水下水平式发球、收球示意图

立式发球和收球系统和水平式类似，但安装作业会相对简单，图 4 所示为一立式发球器的工作示意图。

清管测径球的数量及组合型式一般根据管线清洁程度的要求、管线的长度与大小、管线的重要性等确定。测径一般根据设计要求使用测径板测量，以直观反映海管铺设的质量好坏。图 5、图 6 所示是一 4 个清管球清管测径实例，其布置序列如图示。

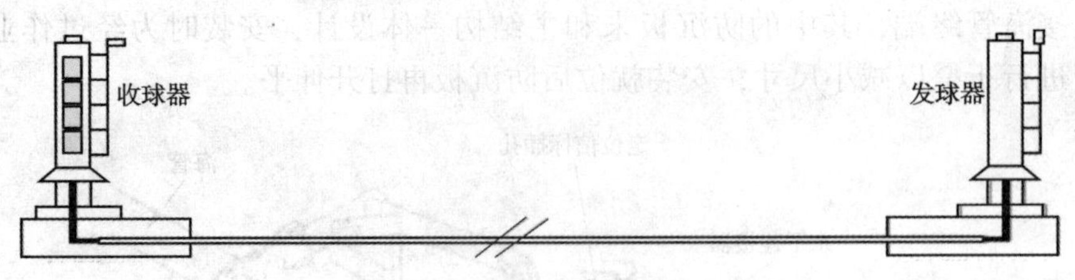

图4 水下立式发球、收球示意图

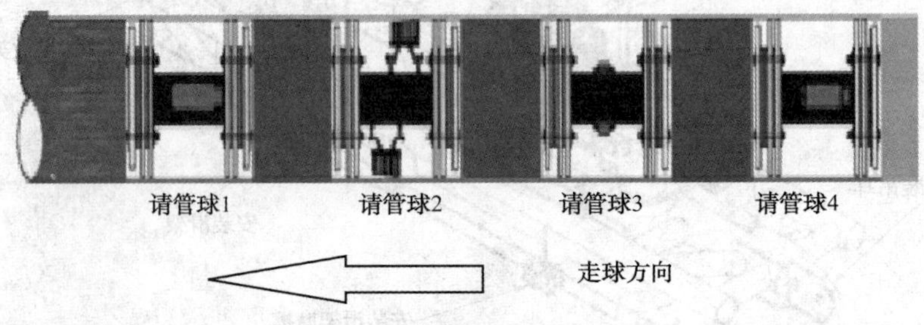

图5 清管球布置序列

图6 水下清管球

第一个清管球为标准双向的皮圈清管球，并附带信号发射器，如果发生清管球堵塞可以使用 ROV 对清管球的信号进行探测，以确定清管球的位置。第二个清管球为钢刷清管球，第三个清管球附带磁吸装置的清管球，以便将第二个钢刷清管球扫落的海管内的铁削进行回收。第四个清管球为附带测量板的清管球，以便最终判定海管内径是否合格。最后这个测量球也附带信号发射器，以便对清管球进行定位。清管球 一般在发球器与管线终端连接之前已按照顺序放入发球器内。

一般要求所测量的海管圆度误差不超过海管直径的 3%，局部缺陷(凸起或凹陷)不大于海管公称直径的 2%。当测量结果出现异常，超过测量技术要求指标，而又无法通过铺管作业过程判断海管缺陷位置时，则需要使用智能测径仪，或使用测径板与智能测径仪的组合进行清管测径来进一步检测评估。

3. 深水海管智能测径技术

智能测径技术是国内近些年发展起来的技术，其主要测量工具为智能测径仪，它能够比较准确的测定管线缺陷位置，在非常重要的管线测径中使用，或在测径板不能满足测径要求时使用。图 7 为一典型的智能测径仪示意图，它主要由导向板、密封板、卡钳式测径器、里程计数器、位置信号发射器等组成。

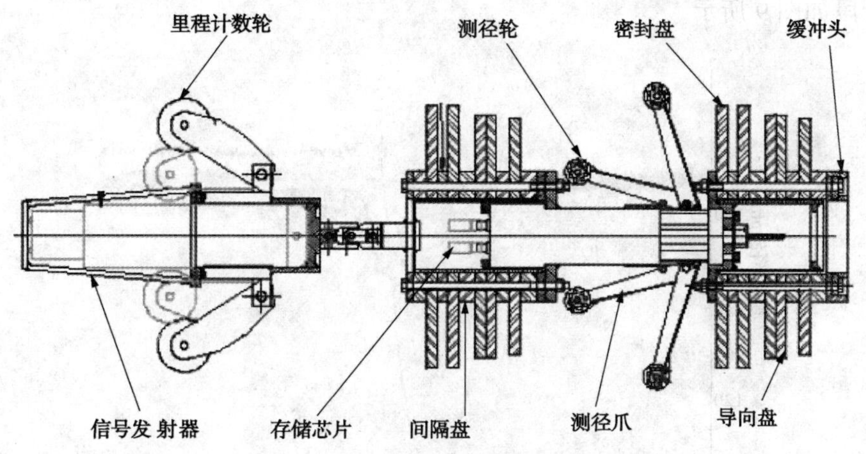

图 7　智能测径仪示意图

智能测径仪上的卡钳式测径器由 8 个均匀分布的测径爪组成，在走球时测径爪上的小轮通过弹簧保持与管壁的接触，从而测量管壁距测径器中心的距离，记录管壁内表面的形变；里程计可记录从发球开始到收球后全程走球里程，配合测径器的记录准确测定管线每一个位置的管线直径和形变；导向和密封板用来保证测径器平稳测量和走球；信号发射器则通过发射信号通过 ROV 接受信号来判断智能测径仪走球过程中速度和位置。

智能测径仪每次走球时都要用标准管对测径仪进行校验，以保证测量精度。智能测径仪可以和常规清管球组合一同装入发球器进行水下发球、收球作业。

4. 智能测径检测结果分析

智能测径仪走球完成后需要连同收球器一起回收到工作船上后取出，然后再从测径仪上取出测径记录芯片，插入到计算机上使用厂家的专用软件对记录数据进行解析，并对解析图像上的异常显示比对海管走球过程进行解释，如走球时可能遇到弯管、焊缝、止屈器、法兰等的解析图像都会有异常显示，当海管出现凸起、鼓包、裂纹等异常现象而又没有合理的解释时，这时需要重点关注并分析管线失效的可能性，必要时要重新走球证实。

图 8 是我国南海某气田开发工程项目使用智能测径仪进行测量所得到的测径部分管段曲线图，所测海管为一条 12in 带不锈钢内衬管(内管直径 287mm、外管直径 324mm)的天然气深水(1400 多米水深)海管，图中的曲线代表为测径器 8 个测径爪所测得的数据处理图，每一条曲线代表一个测径爪的测径记录，立轴为测量半径，横轴为走球起始点为原点的走球距离，图中显示管线某处缺陷测量半径差有 33mm 之多，管线缺陷位置大约在离管线起始端 1680m 处。根据走球速度和与附近的已知的止屈器位置进行参照对比，可以判断管线缺陷位置在哪一个标号管段上。综合所有测径结果，还可推断计算得出缺陷长度大约有 1.1m，宽度 112~225mm。

智能测径仪上装有加速度计和回转仪传感器，可连续记录测径仪在走球时的方向变化，根据跟踪判断不同测径爪的测量结果，可推断管线缺陷位置大约在管线走球方向的右侧(3 点位置)。

5. 管线实际缺陷与检测分析结果对比

根据智能检测分析结果，得出海管必须回收并消除海管缺陷的结论。海管随后被回收并逐段切割到缺陷位置，切掉缺陷管段，重新回铺管线，并再次完成管线清管试压工作。所切掉的缺陷管段如图9所示。

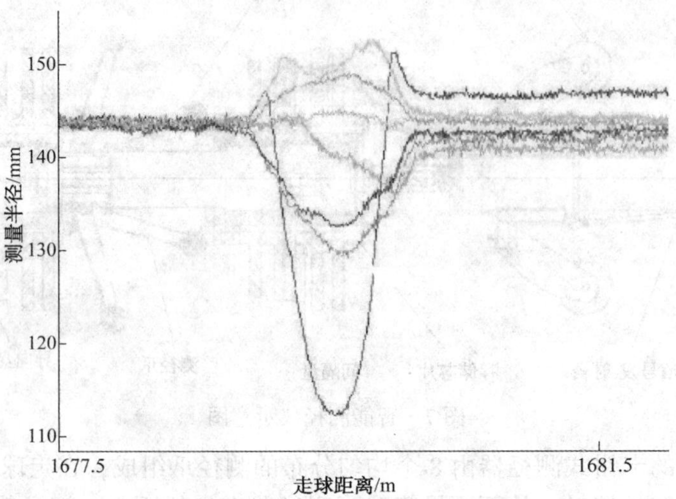

图8　某测径爪在走球1680m处的测量异常现象

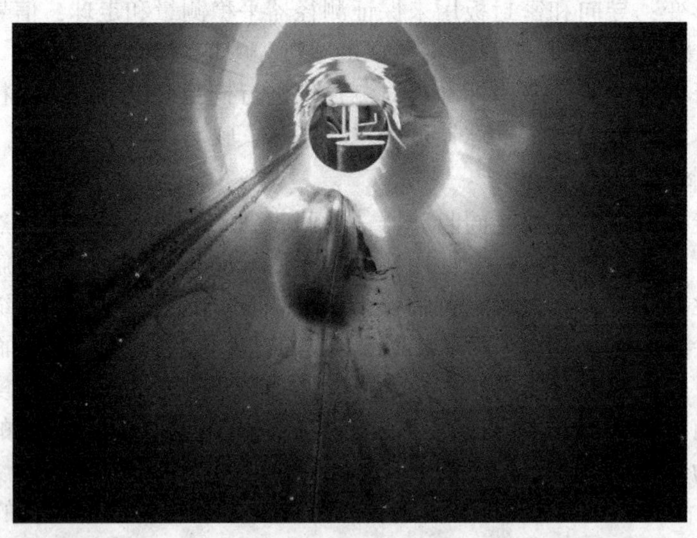

图9　实际缺陷管段的形状位置

经过分析测量所切掉的缺陷管段，得出如下结论：

(1) 缺陷部位与检测位置分析结果一致，管线缺陷位置大约在离管线起始端1680m处(管线铺设编号QJ#37，预制编号12QJ39)。

(2) 缺陷位置发现明显的鼓包现象，长度约920mm，高度约53mm，和检测结果有所区别(长度1100mm，高度约33mm)。这说明测径器的测径爪没能测得缺陷最高处。

(3) 实际缺陷方位大约管线走球方向的右下侧(4-5点位置)，和预测结果右侧方位稍有不同(图10)。

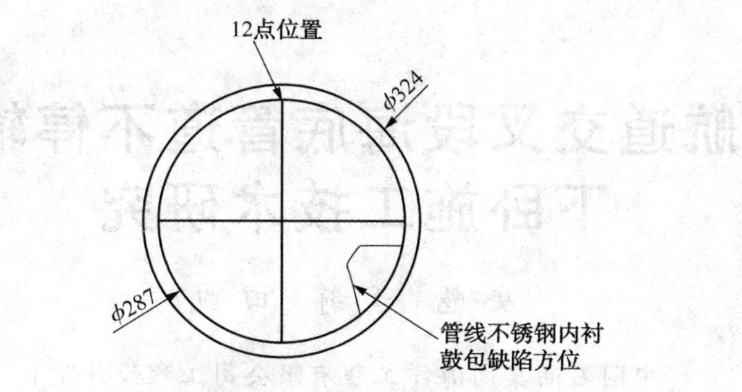

图 10　管线实际缺陷方位

6. 结语

深水海管铺设需要适应 ROV 作业的特殊的海管终端(PLET)，管线的清管试压也需要相应的水下发球、收球装置及升压设备，并采用相适应的清管试压工艺。

深水海管的清管测径工作非常重要，必要时应采用智能测径技术以确保海管铺设质量。智能测径结果可精确评估海管缺陷的性质，位置，但缺陷的大小及方位因测径爪设计的局限性与实际结果仍有稍许的差别。由于测径器只能检测测径爪小轮与管子内表面接触位置的管径变化，因此可能需要多次测径，并改变送球时的测径爪位置，才能检测到可疑的管子缺陷准确位置。

智能测径结果和常用的测径板测量结合起来，会使海管测径质量的评估更加完善。智能测径仪在使用过程中受到作业程序和作业环境的影响较大，可能会出现一些测量未能启动、测量结果丢失等问题，在作业准备过程中应加以特别重视。

参　考　文　献

[1] 王志涛，张其滨，韩文礼．海底管道腐蚀检测技术发展现状及应用研究[C].//海洋石油工程技术论文，4 集．北京：中国石化出版社，2012：585-594.

[2] 马国武，马军，龙志宏，等．天然气管道通球扫线和氮气置换难点及对策[J]．石油工程建设，2017，43(1)：60-63.

[3] 唐雷．海底管道内检测在埕北油田的应用及效果分析[C].//海洋石油工程技术论文，5 集．北京：中国石化出版社，2013：474-479.

[4] 颜芳蕤，张彦龙，季宏，等．南堡 103 人工岛外输海底管道内检测实践与思考[J]．石油工程建设，2017，43(2)：80-84.

[5] 代晓东，刘将波，党丽，等．国内外油气管道清管技术现状[J]．石油工程建设，2017，43(1)：01-05.

[6] 喻西崇，王春升，李博，等．我国南海深水油气田水下回接管道清管策略研究[J]．海洋工程装备与技术，2017，44(4)：199-204.

[7] 孙旭，陈欣，刘爱侠．清管器类型与应用[J]．清洗世界，2010，26(6)：36-41.

航道交叉段海底管道不停输下卧施工技术研究

唐彪　于莉　田凯

（中国石油集团海洋工程有限公司工程设计院）

摘要：随着海洋开发活动频繁，航道需要疏浚加深以满足日益增长通航能力需求，与航道交叉段的海底管道埋深成为限制航道浚深的重要因素。本文针对某项目海底管道与航道交叉段的埋深要求，分析对比常用的下卧方案，结合附近海域管缆现状、航道区域水深、海床底质、管道参数等条件，推荐采用不停输后挖沟下卧方案，并对下卧施工关键参数分析，并给出了具体的实施措施，为后续项目的实施提供借鉴。

关键词：海底管道；航道跨越；后挖沟沉管下卧

1. 前言

海底管道作为海上油气输送、岛际引水、深海污水排放等的重要方式，发挥着日益重要的作用。随着管道输送需求的日益增长，海底管道建成的里程数也不断增加，仅中国海域海上油气管道总里程已经超过6500km，近岸海域各类管道密布，常存在与现有航道交叉的情况。由于航运的发展及航道通航能力的提升，越来越多的航道需要疏浚加深，部分跨越航道的海底管道由于原设计埋深浅，已经成为航道浚深的限制条件，阻碍了吃水更深船舶的通航要求。因此，需采取措施增加管道埋设深度，以满足航道疏浚要求。

目前，常采用的管道下卧方法主要有两种，包括旁侧新建下卧及原地下卧。旁侧新建的方法主要将原有管道关断并切除后，在旁边适当位置新铺设管道，新铺管道可采用预挖沟等方式埋设至要求深度，如锦州20-2凝析气田登陆管线改线。原地不停输下卧主要采用后挖沟等方式，将已有管道下沉至设计埋深。本文以某条海底管道与航道交叉段为例，结合周边管缆情况、下卧深度等要求，对比了不同的下卧方案，针对原地下卧方式，从管道下卧强度、后挖沟设备选取及施工措施等方面进行了展开。

2. 管道下卧可行性分析

本文所提的管道全长33km，在靠近登陆点附近与航道存在交叉，交叉位置为KP28. 27-KP8. 95，交叉长度为680m，航道交叉段原设计埋深为管顶距原海床面2m。烟墩航道现状水深仅为12m(海图水深，下同)，规划通航水深为15m，港航部门要求管顶的埋设深度至少在规划航道底标高以下3m的位置，即是管顶埋深标高至少需要达到18m，管顶至少需要距原海床面6m，如图1所示。

目前常用的下卧方式包括停输状态下旁侧新建下卧及不停输原地下卧。国内常采用停输状态下旁侧新建下卧。通常做法是选择原管线较近、海床适宜、地质合适的位置，采用预挖沟的方式形成管沟，新铺设一条管道，再将原管道停输、断管，新旧管连接，试压合格后，回收旧管道，保护新管道，最终完成下卧工作。

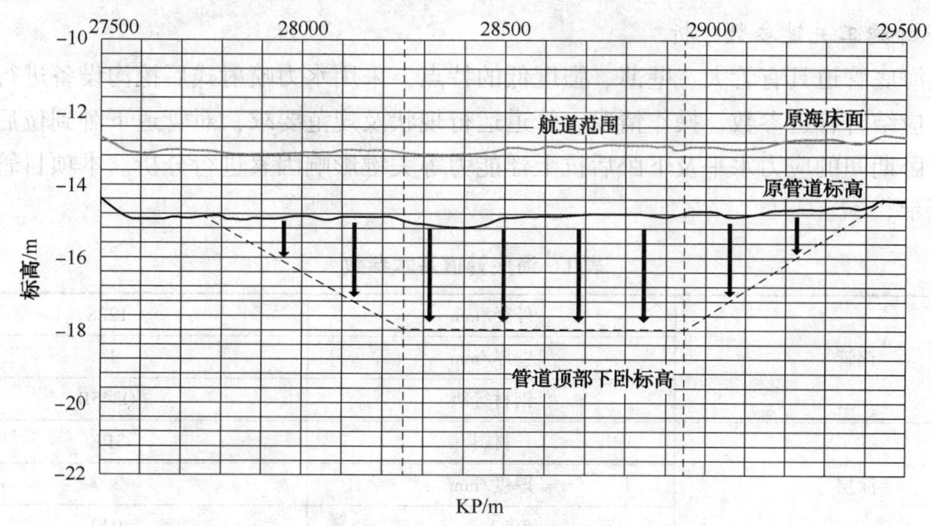

图1 海底管道原标高与要求标高对比

由于本项目海底管道南侧间隔50m均布三条管道，北侧距离150m及400m分别布置有输气管道(规划)及通讯光缆，可供开挖的范围小。加之土质较软，成沟边坡比预计达1：5，开挖管沟横断上顶面范围达到87m，如采取耙吸式挖泥船进行预挖沟，作业面较宽并且定位一旦不准容易损伤已建附近管道；如采用抓斗挖泥船，在靠近二期北线水管施工时，由于所处海域海流较大的影响，施工风险高，采用旁侧改线方式进行管道下卧实施难度大(图2)。

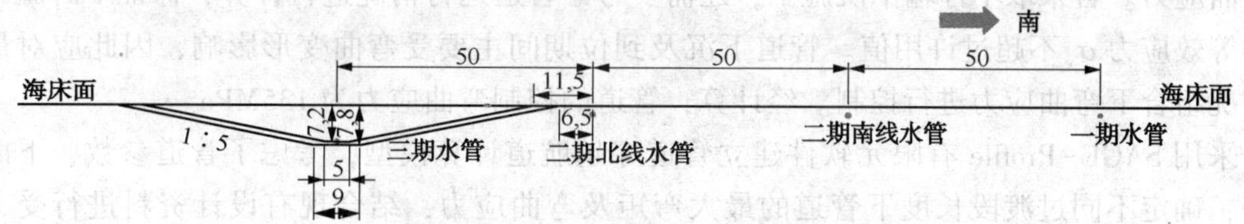

图2 预开挖管沟横断面示意图

另一种方式为采用不停输原地下卧。根据前文交叉段管道下卧要求，采用此方法需要将管道下卧至距原海床面7.2m(管底)。目前国内的后挖沟设备最深可以挖至泥面下4m，如中海油渤西南联网供气项目海管后挖沟及中石化册镇海管后挖沟沉管。对于海底管道超过4m的后挖沟作业，在挖沟施工中存在难点，主要体现在：①对挖沟机的能力要求高，传统的后挖沟设备(无沦是机械式的还是喷冲式的)，挖沟埋深局限在2m以内；②需要解决泥砂回淤问题，当沟深大于2m，由于挖沟机功率不够，泥砂外涌的动力不足，泥砂回淤严重。若采用此方法需要解决后挖沟下卧深度不足的问题。

通过对上述两种下卧方案分析，结合海底管道跨越烟墩航道下卧标高要求，若采取旁侧下卧方案，实施难度极大；若采用原地下卧方案，方案可行，但需要解决大埋深下沉到位的难题。因此，本文按照将航道交叉段管道进行原地下卧，利用后挖沟方式进行沉管，分两期实施：一期按照正常后挖沟施工，将管道埋设至管顶2.0m的位置；二期将待航道需要疏浚时，再后挖沟埋设至要求标高。本文主要针对第二阶段下卧，分析海底管道不停输期间下卧施工。

3. 下卧施工关键参数分析

本文海底管道具有管大、壁薄、强度低的特点，采用水力喷射式后挖沟设备进行沉管下卧施工，应结合管道参数、操作情况、管道运行现状及规范要求，对管道下卧到位后的在位强度、下卧期间的应力水平及下卧后抗上浮能力等关键影响因素进行分析。本项目管道参数如表1所示。

表1 海底管道基本参数

钢管	外径/mm	1228
	壁厚/mm	14
	钢材等级	Q345B
涂层	材料	3PE
	厚度/mm	3. 7
	密度 kg/m^3	940
设计参数	设计压力/kPa	800
	设计温度/℃	27
	输送介质	水
	介质密度/m^3	1000

管道下卧产生的应力主要有两部分，包括管道下卧拉伸产生的轴向应力及管道弯曲产生的弯曲应力。若采取不停输下沉施工，还需要考虑管道运行情况进行计算，保证下卧施工期间的等效应力 σ_e 不超过许用值。管道下沉及到位期间主要受弯曲变形影响，因此应对最严苛工况组合下弯曲应力进行控制。经计算，管道的控制弯曲应力为135MPa。

采用SAGE-Profile有限元软件建立管道穿越航道计算模型，考虑了管道参数、下卧标高等，确定不同过渡段长度下管道的最大弯矩及弯曲应力，结合现有设计资料进行受力校核，确保过渡段长度满足运行要求。过渡段长度考虑3种工况，150m、300m和500m，经计算得到充水状态管道所受最大弯曲应力，如表2所示。

表2 不同过渡段长度下最大弯曲应力

烟墩作业区航道处管道两端过渡段长度/m	管道计算最大弯曲应力/MPa	管道许用弯曲应力/MPa
150	254	135
300	143	
500	107	

过渡段长度500m的改线段管道纵断面和管道的弯曲计算结果如下图所示。可以看出若将管道下沉至指定标高，管道的过渡段不低于500m。

后挖沟沉管期间，海底管道置于海底面后进行后挖沟，临时处于一个坡型的海底面上，会随海底面形成一个双弯曲的形状，海底管道上产生附加的弯曲应力。挖沟过程中管道的弯曲应力应不大于许用应力，海底管道在安装期的许用应力为72%σ_F，其中 σ_F 为海底管道的最小屈服强度。根据刚性海床下管道双弯曲模型，计算得到单次后挖沟深度不超过2. 0m。为保证管道安全，下卧期间管道单次后挖沟深度不超过1. 0m。

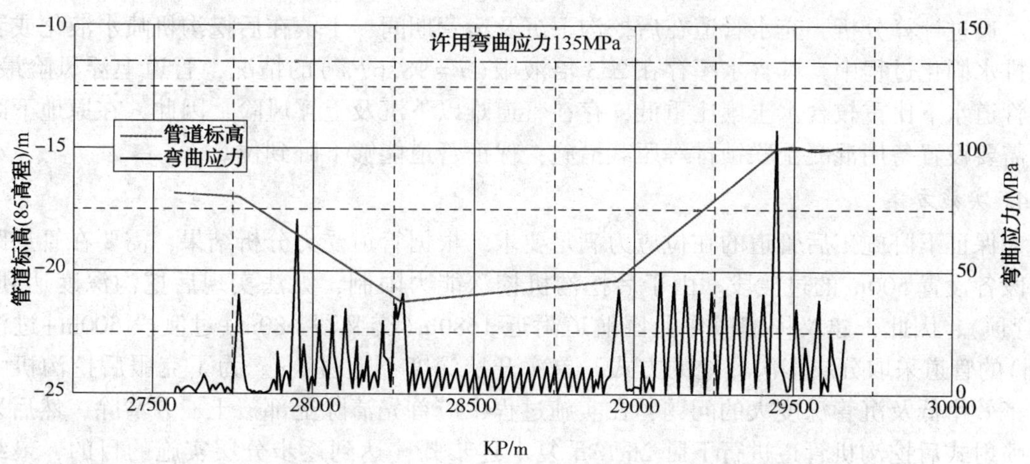

图 3　过渡段长度 500m 管道的下卧轮廓及弯曲应力图

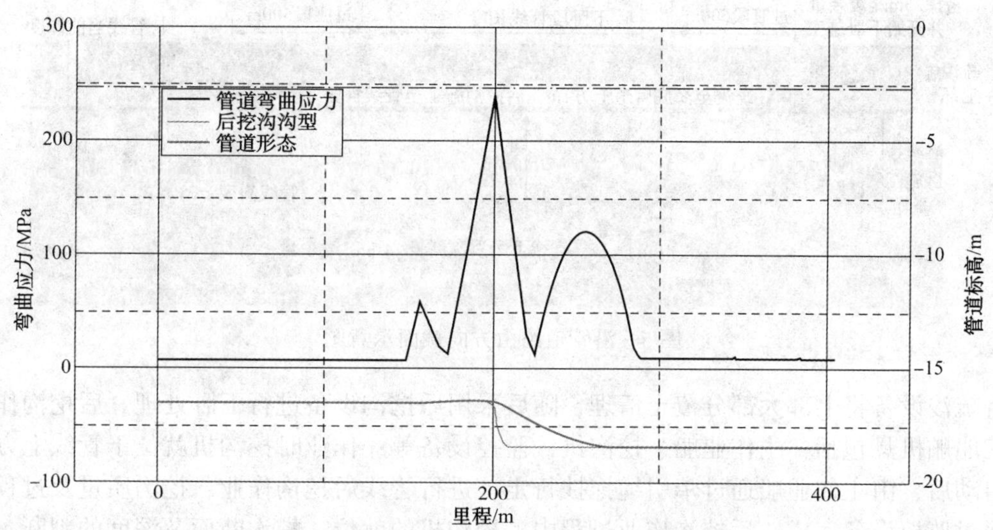

图 4　单次后挖沟沉管下卧管道形态及弯曲应力图

根据地质钻探结果，航道段区域覆盖土层为淤泥，土层厚度约 7m，具体参数参见表 3。淤泥质土壤适合采用水力喷射式挖沟机进行施工，由于下卧深度大，采用后挖沟成沟坡度小，沟越深，回淤程度越大，施工难度越大。管道完全充水条件下水下比重小（S. G. = 1. 28），采用水力喷射方式进行，需校核管道后挖沟期间下沉及运营期间上浮的风险。

表 3　航道海域海床工程地质参数

土层类型	淤　泥	土层类型	淤　泥
含水率	56. 5%	液限	42. 9%
天然重度	16. 8kN/m^3	土壤特性	内摩擦角，8. 8°；内聚力 11kPa， 地基承载力 f_k = 30kPa
比重	2. 75		

根据研究结论，综合考虑土壤和管道的单位重量、土壤剪切强度和液限等三项相互影响

因素。通过计算分析，充水管道在后挖沟下沉及运营期间，土壤在后挖沟机喷水液化或者回淤期排水固化过程中，其含水率存在2.3倍液限($w=98.67\%$)的情况，管道上浮风险最高。此时管道水下比重较含水土壤比重低，存在管道难以下沉及上浮风险，因此，在原地下卧期间，需要设置备用混凝土联锁排等压载措施，保证管道能够下卧到位。

4. 实施方案

为保证下卧施工后管道的在位应力满足要求，根据管道受力分析结果，需要在管道跨域航道段各设置500m的过渡段。由于后挖沟机挖深能力限制，无法实现后挖沟深度达到6m(距管顶)，因此，建议将烟墩作业区航道附近1680m(交叉段680m+过渡段500m+过渡段500m)的管道采取分层多次开挖的方式，单次开挖深度不超过1m。为了克服后挖沟机大范围施工效率低及沉管深度大的问题，在实施过程中应首先清除上部覆土，并清除，然后采用水力喷射式后挖沟机管道进行下卧2m，重复上述步骤，达到逐步分层实施的目的，最终实现管道顺利下卧至距离海床面6m位置(距离管顶)。后挖沟下卧区域示意图如图5所示。

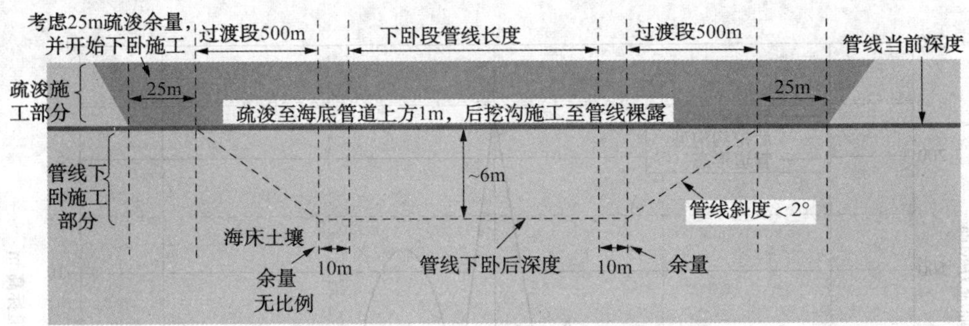

图5 沿管道路由方向截面示意图

待疏浚设备将上部大部分覆土清理，随后采用后挖沟设备进行下卧处理。后挖沟作业主要施工船舶机具包括：主作业船、挖沟机、监控设备等；作业时挖沟机就位于管线上方，挖沟机启动后，由主作业船通过牵引缆拖拽行走，进行管线后挖沟作业；挖沟质量及过程控制主要通过监控设备完成。后挖沟作业过程中，挖沟机的就位、挖沟断面及深度的判断、沟形记录都是通过声纳进行实施监控。后挖沟施工过程中，由声纳观测人员全程跟踪检查，包括沟形沟深、管线状态、导向轮状态等内容，同时联机电脑会自动记录声纳监测信息。专业测量工程师定时对DGPS定位测量数据进行记录。

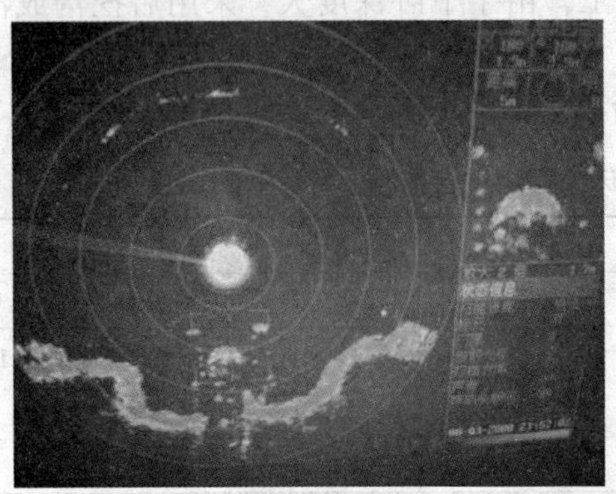

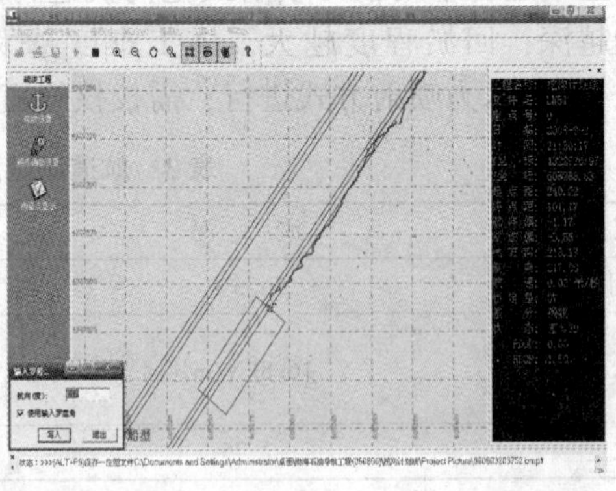

图6 彩图声纳检测和DGPS定位显示器

5. 结论

本文主要有以下结论：

(1) 经过分析对比，推荐采用不停输原地下卧方式对跨越航道段的海底管道进行下卧埋深处理。

(2) 为保证管道下卧及运营期间管道应力满足要求，需设置不低于 500m 的过渡段，单次后挖沟深度不超过 1m，为了保证管道下沉到位，设置需要设置备用混凝土联锁排等压载措施。

(3) 受限于后挖沟设备能力，航道交叉段管道采取分步实施、分层开挖的方式，实现管道下卧至设计埋深。

参 考 文 献

[1] 杜永军，曹学文，潘东民，等．锦州 20-2 凝析气田海底管道投产工艺[J]. 天然气工业，2009，29 (1)：106-108.

[2] N. I. Thusyanthan，T. Selwood，K. A. J. Willaims，et al. Challenges of Lowering a Live Subsea Buried Gas Pipeline by 6m [C]//Offshore Technology Conference. Offshore Technology Conference，2014.

[3]《海洋石油工程设计指南》编委会．海洋石油工程海底管道设计[M]. 北京：石油工业出版社，2007.

[4] S. N. Endley，A. K. Potturi，P. M. Rao，et al. An Experimental Study of Pipeline Flotation [C]// Offshore Technology Conference. 2009.

长距离海缆保护措施探讨

张清伟

[中海石油(中国)有限公司湛江分公司]

摘要：海洋石油平台规模不断扩大，海缆应用越来越广泛，距离也越来越长。长距离海缆空载合闸瞬间线路电容充电功率很大，空载合闸时末端电压升高过大，每次合闸都相当于一次冲击，长时间可能会对海缆产生损伤；同时因船舶抛锚等外在机械损伤原因导致海缆受损，海缆维修成本高。本文通过近几年海洋工程项目接触案例，具体说明对长距离海缆的几种常用保护措施。

关键词：海底电缆；并联电抗器；光差保护；智能相控开关；在线监测

1. 概述

海洋油气田开发中，一般中心平台或浮式生产储卸油轮(Floating Production Storage and Offloading，简称 FPSO)设置透平发电机组作为主电站，通过海底复合电缆给各井口平台供电，形成一个非环形小型电网。随周围油田不断开发，海缆应用越来越广泛，距离也越来越长，一些海缆长达 30 多公里甚至更长。

目前常用海缆主要以交联聚乙烯绝缘三芯光纤复合海底电缆为主，主要结构如图 1 所示。

图 1　海缆结构剖面图

1—阻水铜导体；2—导体屏蔽；3—XLPE 绝缘；4—绝缘屏蔽；5—半导电阻水带；6—合金铅套；7—沥青防腐层；8—PE 护套；9—光纤单元；10—填充；11—成缆包带；12—PP 内垫层；13—镀锌钢丝铠装；14—沥青+PP 外被层

电缆相间及各相对外皮之间类似电容器，当电缆充电后，会产生微小电流，即电缆的电容电流。海缆在系统中运行时，由于其相对地、相与相之间存在分布电容，从而在电缆中存在着容性无功功率。随着电压等级升高、电缆截面积增大及电缆长度的增加，电缆中容性无功随之增加，线路越长，线路等值电容越大，线路末端工频电压和操作过电压越高，对海缆冲击和损伤很大，严重时容易引发击穿。

以下几种方式对海缆保护效果不错，近几年在海上油气田新建项目逐步推广应用。

2. 以光纤差动保护为主的继电保护

目前海缆的主流继电保护采用光纤差动保护作为主保护，配合后备保护对整条海缆进行电气保护，光纤差动保护需要海缆两端开关柜配置相同型号的综保产品，对2条光纤传来的光信号转化为电流信号进行计算判断，原理如图2所示。

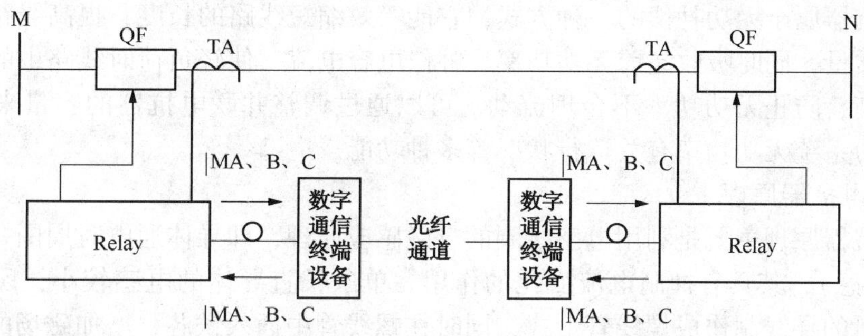

图2 光纤差动基本原理

之前项目海缆继电保护主要以距离保护为主，近几年各项目基本以光纤差动保护为主。距离保护是反应故障点至保护安装地点之间的距离（或阻抗），并根据距离的远近而确定动作时间的一种保护装置，距离保护I段只能保护全线的80%，其余类似反时限过流保护，距离越近，故障电流越大，动作也越快，如果要求动作迅速，距离保护范围只能做到80%线路范围。只能靠延时段去弥补。

光纤差动保护最大优点就是采用光纤通讯，动作速度快，能够保护整条线路，一旦检测到海缆两端电流大小和相位有问题，两侧断路器迅速动作，到达海缆保护的目的，将故障或损失限制在最小范围内。

3. 采用并联电抗器

海缆空载或轻载合闸瞬间线路电容充电功率很大，导致海缆末端电压升高，严重时会损伤或击穿海缆；在海缆末端平台设置并联电路器，与海缆直接连接，补偿长距离输电线路的容性充电电流，抑制工频过电压，保证线路的可靠运行，达到海缆保护的目的。

文昌13-6油田属于传统的边际油田开发，海洋石油116电站通过海缆给文昌19-1平台和文昌14-3平台供电，文昌14-3平台通过18km（26/35KV电压等级）给海缆文昌13-6平台供电。考虑到18km海缆长度较长，通过在文昌13-6平台设置1台干式铁芯并联电抗器与18km海缆直接连接，抑制系统末端电压升高和工频过电压的产生。

1）并联电抗器作用

（1）减轻线路电容效应，降低工频过电压。

并联电抗器一个主要作用就是减轻空载或轻载线路上的电容效应，以降低工频过电压。输电线路上的损耗有线路电抗产生的感性无功消耗和线路对地电纳产生的容性无功损耗（又称充电功率），充电功率与线路的电压平方成正比。在高压线路上这部分功率就很大并有可能超过线路本身电抗所消耗的感性无功，尤其是线路轻载时，负载及线路本身的感性无功消耗小于其对地电纳产生的充电功率就会产生线路末端电压升高的情况，使线路首端电压高于电源电势，这也会造成工频过电压。为限制工频过电压，在线路末端安装并联电抗器可以抵偿线路的部分或全部充电功率，从而降低线路的过电压水平。

(2) 改善线路电压分布。

在线路末端设置并联电抗器可以补偿线路部分或全部对地电纳，减小线路与外部系统的无功交换，改善长距离输电线路上的电压分布。

(3) 无功补偿。

并联电抗器属于无功补偿的一种方式，它能等效缩短线路的长度，提高线路的传输能力和确保输电质量，同时吸收超前无功功率、补偿电容电流，使轻负荷时线路中的无功功率尽可能就地平衡，防止无功功率不合理流动。可以通过调整并联电抗器的容量来调整运行电压，改善电力系统无功功率有关运行状况等多种功能。

2) 并联电抗器原理

并联电抗器原理主要是利用电感线圈的电磁感应原理，即导体通电时周围一定空间内会产生磁场(电感)，其具有抑制电流变化的作用。单条长直导体的电感较小，所产生的磁场不强，把大量的导线制作成螺线管形式，同时在螺线管中插入铁芯，增加磁场的效应。把具有电感作用的绕线式的静止感应装置称为电抗器，其结构主要是由铁芯和线圈组成。

电抗器又分串联电抗器和并联电抗器，串联电抗器的主要作用是抑制高次谐波和限制合闸涌流，防止谐波对电容器造成危害，避免电容器装置的接入对电网谐波的过度放大和谐振发生。并联电抗器，一般接在超高压输电线的末端和地之间，常用于无功补偿作用。

目前海洋平台常用干式铁芯并联电抗器，布置在电气房间，采用环氧树脂浇注型式，铁芯采用优质低损耗冷轧硅钢片，压紧并采用浸漆分层绝缘以减少涡流损失，芯柱由多个气隙分成均匀小段，气隙采用环氧层压玻璃布板作间隔，以保证电抗气隙在运行过程中不发生变化。铁芯磁通密度在正常运行时，不会饱和。

干式铁芯并联电抗器采用环氧树脂绝缘、无变压器油，基本属于免维护型式，风冷、抗过载能力强，占地小，损耗和噪音低。

3) 工程实施方案

文昌 13-6 平台供电由文昌海上油田电站经 18km 海底电缆提供，海缆从导管架上来后经海缆箱进入 35kV 高压盘，高压盘再经变压器到 400V 低压盘给各设备用户供电。35kV 高压盘共 3 面，分别是海缆进线柜、电抗器柜和变压器柜。在文昌 13-6 平台海缆进线柜和电抗器出线柜都为 35kV 高压柜，采用母排连接，合分闸及保护等控制电源采用 UPS。

具体操作程序为：海缆合闸送电前先把电抗器柜合闸(高压柜已设置联锁)，让海缆实际与电抗器连在一起，然后再给海缆送电，补偿海缆的容性电流，抑制工频过电压，达到海缆保护的目的；同时，随着井口平台设备负荷的不断调整，电抗器对于轻载情况下的稳压有很大作用。

本项目采用树脂绝缘干式铁芯并联电抗器，硅钢片采用有取向优质硅钢片，外置 IP23 防水外壳，外壳采用高压静电喷漆，达到海上“三防要求”。该干式铁芯并联电抗器安装调试后运行情况良好，海缆投切过程电压波动比较平稳，消除海缆中电容效应和对油田电网无功补偿效果好，有效降低电网损耗，提高输电能力。

海上平台长距离海底电缆中使用并联电抗器，不仅抑制投切海缆导致的工频过电压，同时提高油田电网系统稳定性大有帮助。

4. 智能相控开关的应用

1）原理

在空投海缆(相当于电容器)或变压器的时候，传统断路器的分合时刻是随机不可控的，由于系统电压的相角都是随机的，所以常常会产生很大的容性电流或励磁涌流，不仅会对运行设备造成危害，而且会导致保护装置误动，严重威胁系统运行的安全可靠性。

智能相控开关实现三相分相操作，将传统的“随机—不可控”到“智能—可控”的转变，利用过零投切实现顺利合闸：智能相控开关检测分合闸时电压或电流的初相角判断电容器或变压器的偏磁大小和极性等涌流情况，减小投入时产生的励磁涌流和过电压等暂态冲击，应用相控技术来完成海缆等设备的投切操作。

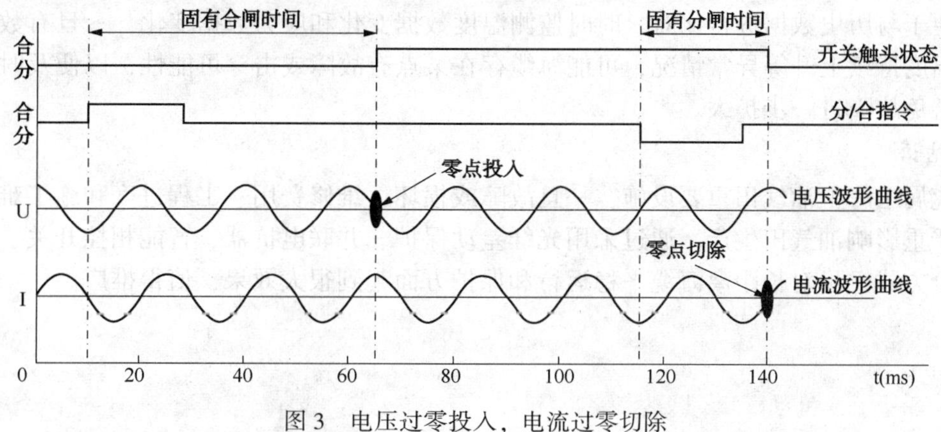

图 3　电压过零投入，电流过零切除

2）组成

智能相控开关主要由智能控制单元、三相分相操作的永磁真空断路器及辅助软件等组成。通过智能控制单元的精准控制和三相分相断路器的精确执行，实现优选的分合闸相位角控制，从而抑制电容器、变压器等负载空投过程中产生的容性电流或励磁涌流。该智能相控开关永磁真空断路器优势如下所述。

(1) 操作可靠性高。

所有开关部件都按照纵向对称布置；所有机械运动均为直线运动，传动环节达到最少；零部件数量最很少，省去分闸线圈(分闸电磁铁)、储能电机、机械锁扣、齿轮(包括链条、轴承、连杆等)等，可靠性高。

(2) 合闸零弹跳。

合闸保持依靠永磁力，分闸保持依靠分闸弹簧，合闸、分闸时都能良好配合，实现了真空开断技术与磁力机构、弹簧机构的完美结合，既能做到合闸无弹跳，又能得到较大的刚分速度。

(3) 极小的动作分散性。

永磁真空断路器动触头是唯一的运动部件且作直线运动，开关总动作行程只有 8mm，灭弧室动触头与机构动铁芯为刚性联接，接近理论上的 100%传动效率，操作电压的变化不影响开关的动作时间，每次动作时间误差为±0. 5ms。

(4) 三相分相操作。

每相为独立的操动机构，设置独立的信号接点，拥有独立的控制单元。

因为电源三相(即A、B、C相)相位相差120°，要实现三相选相操作，断路器三相每个相要配置独立的永磁操作机构。过零投切技术的应用在于提高海缆(电容器，及变压器)和投切开关的使用寿命，减少维护费用；提高系统的安全稳定运行，对电力系统具有重要意义，减少保护误动，降低过电压导致绝缘破坏。

5. 分布式在线监测应用

分布式光纤监测系统主要原理是利用复合海缆电缆内部的单模光纤作为分布式传感器，通过采集记录的光纤射频偏移及谐波测试仪数据，对发生的故障原因进行分析，从而判断故障的可能原因。

光纤光谱是温度和应力的反馈，可以将抽象的海缆运行状态用形象数据直观的显示在屏幕上；便于与历史数据进行比对，时时监测温度数据变化和应力数据变化，一旦有数据大的变化或温度持续上升等异常情况，可能海缆存在某点有故障或击穿可能性，以便及时进行预报警，避免故障进一步扩大。

6. 结语

海缆属于海上油气田重要设施，一旦故障或损坏，维修费用、工程进度和施工难度都比较大，严重影响油气田生产。通过采用光纤差动保护、并联电抗器、智能相控开关、在线监测等组合方式，可对长距离海缆平稳运行和保护方面起到很大效果，值得推广。

册镇海底管道悬空治理技术应用研究

冯永超　付春丽　孙耀涛　李艳艳　孔令兵　侯二宾

（中国石油集团海洋工程有限公司海工事业部）

摘要：册子岛-镇海海底原油管道(简称：册镇管道)位于海流流速高达 6kn 的杭州湾海域，在海流的冲刷下，管道周围承载管道的泥沙被掏空，从而使海底管道产生两次悬空。本文对册镇管道的悬空控制进行了对策研究，在采用"抛填砂袋和混凝土连锁排"方法临时支撑和保护管道的基础上，形成了采用"后挖沟深埋"方法进行管线悬空治理的施工工艺，实施后取得了显著效果，为保证海底管线安全、保护海洋环境提供了有利借鉴。

关键词：海底管道；悬空治理；后挖沟；砂袋破除；网兜清理

海底管道作为一种海洋油气运输方式，以其高效、经济的特点，被广泛应用于当今的海洋工程中。由于海底管道所处的海底环境复杂，在海流的长期冲刷和海底地质灾害频发的工作条件下，管道周围承载管道的泥沙很容易被掏空，从而使海底管道产生悬空。悬空段在海流的冲蚀下不断变长，由于振动而发生疲劳断裂，将会造成严重的海洋污染和重大的经济损失。为了延长海底管道寿命，保证海底油气输送的安全，管道悬空段的治理十分重要。

册镇管道自舟山册子岛西岙经大菜花北侧至镇海岚山中转油库，全长约 36. 3km，是甬沪宁管网的重要组成部分。管线直径 762mm，采用单层管加 75mm 混凝土配重形式。管道沿线理论水深位于 0~22m 之间，水深分布不均，潮差变化较大，潮流流速快，地质地貌复杂。

册镇管道 2010 年发现悬空段，到 2012 年 30m 以上悬空段有 4 处，最大一处悬空长度达到 35m，另有一处悬空高度达 1. 9m。2012 年对 4 段超 30m 长悬空段，采用抛填砂袋、混凝土连锁排进行了临时治理。2015 年对册镇管线进行了全线后挖沟沉管隐患治理，治理后全线管顶埋深 2. 5m，航道段管顶埋深 3. 5m。2017 年对册镇管道全线检测当中，发现管道多处存在悬空、裸露的现象，连续悬空长度达到 63m，已经远超出管线的临界悬空长度。紧急对原油管线 63m 悬空段底部及两侧进行抛砂袋支撑、吨袋保护，抛填效果如图 1 所示。为达到管道的长期治理效果，采用"后挖沟深埋"方法进行管道悬空治理。本文将以册镇管道两次悬空治理为例阐述海底管道悬空治理技术的应用研究。

1. 海底管道悬空治理方法对比

经过广泛调研，海底管道悬空治理方法如表 1 所示。

表 1　海底管道悬空治理方法对比表

序号	方案	管线悬空情况	适用海况	优势	劣势
1	回填碎石粗砂	短距离裸露、悬空，悬空高度较低	管线附近流速小(小于 2 节流)	施工简易	不适用大流速海域

续表

序号	方案	管线悬空情况	适用海况	优势	劣势
2	袋装粗砂支护	短距离裸露、悬空	管线附近流速较小(小于4节流)	施工简易	效率较低
3	水下短桩支护	个别点悬空，悬空高度超过1m以上	管线附近流速较小(小于4节流)	个别点治理，成本较低	施工工艺复杂，管线还在悬空状态，影响通航
4	整体后挖沟沉管	长距离裸露、悬空	几乎不受海流影响	管线整体下沉，彻底解决悬空、裸露问题	需专业后挖沟设备

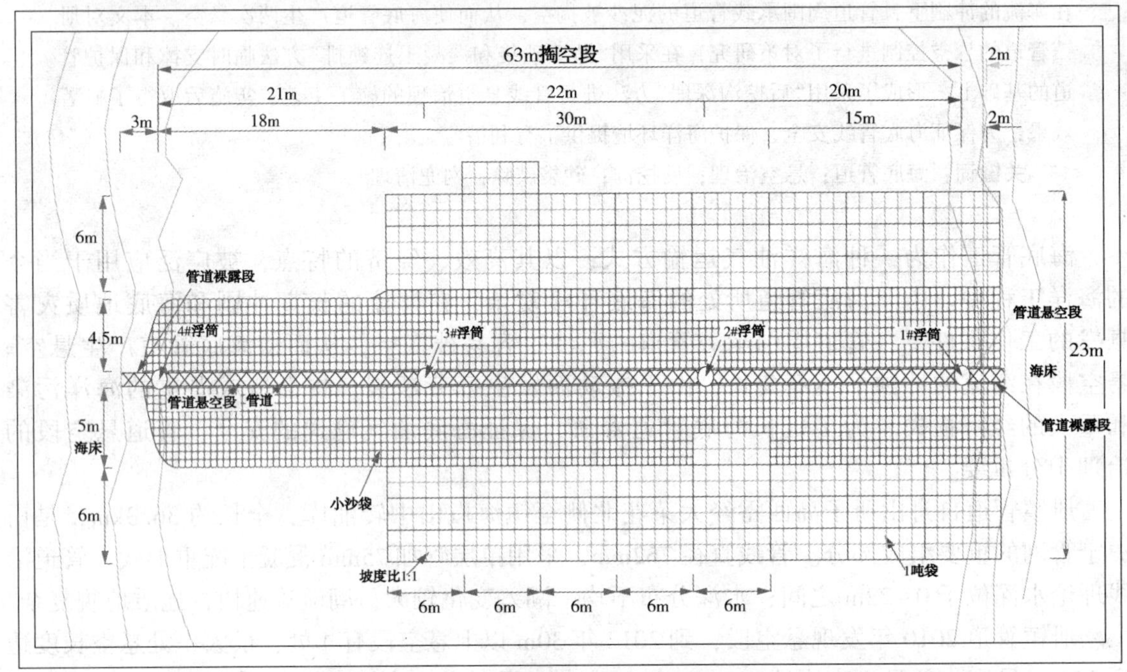

图1 砂袋临时治理剖面图

册镇海底管道在发现悬空段后首先采用了袋装粗砂支护及混凝土连锁排的治理方案，但因为该海域涨落潮流速大，该方案未能有效制止悬空段的继续冲刷扩张。因此后期管线悬空裸露治理采用后挖沟方案，使管线整体下沉埋设，确保管线的长期安全。

2. 后挖沟治理

1）砂袋、连锁排的清除

册镇管道在发现悬空处后进行了袋装粗砂支护与混凝土连锁排的治理，在后挖沟前需将沙袋破除与连锁排移除，这是2015年册镇管道全线后挖沟沉管治理悬空的施工难点。

（1）砂袋破除。

册镇管道悬空位置回填砂袋17.35万条，拆除、处理的工作量大，采用常规潜水作业的方式效率低成本高。因此对挖沟机进行适应性改造，增加专用砂袋破除设备，采用高压射水切割砂袋和机械切割砂袋两种作业方式，高效完成砂袋的处理工作。

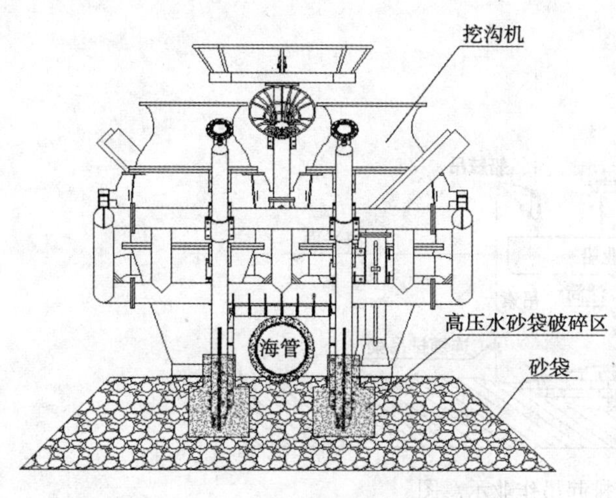

图 2 挖沟机清理砂袋示意图

图 3 前导向腿布置的割刀片

(2) 连锁排移除。

混凝土连锁排(1000 方)位于管线上方，原位置分割拆除时会影响到管线自身的安全，为了保证管线的安全，连锁排的拆除分两步进行。

① 连锁排平移。

连锁排平移采用中油海 101 船上的侧弦吊及 400t 主吊机悬挂 2 根长 40m 吊梁，吊梁通过索具与连锁排上的吊点连接。为确保连锁排不因重力作用刮擦管线，在连锁排中间安装 2 个 50t 浮袋保证连锁排整体起吊高度。连接好后，通过起吊弦吊及主吊机，将连锁排提离海床，提高连锁排过程中，利用声纳监控连锁排离开海床状态，提离海床 0.5~1m 后，平行移动中油海 101 作业船，使连锁排平移远离管线路由 300m。

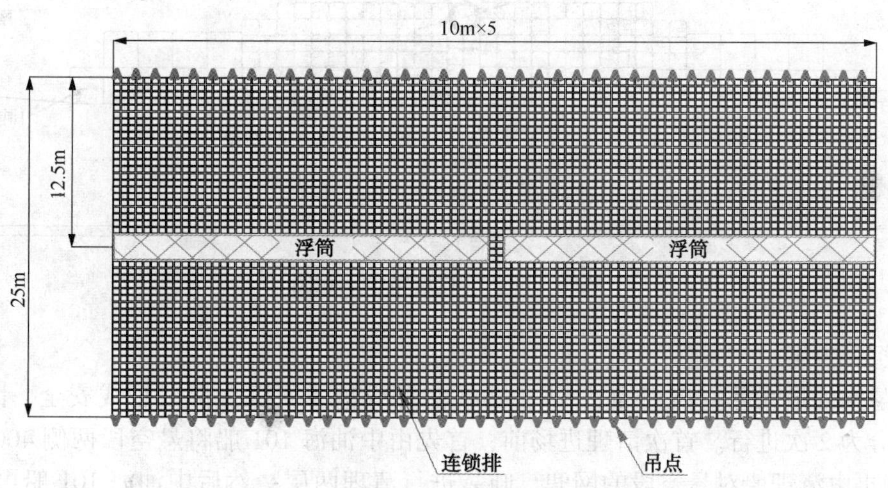

图 4 连锁排浮筒布置示意图

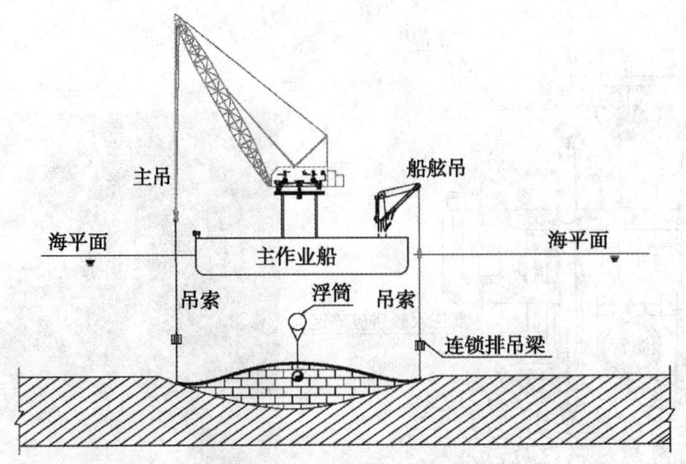

图5 连锁排起吊作业示意图

② 连锁排分解起吊。

连锁排平移至管线一侧后，则由液压切割设备以及潜水员协助对连锁排进行分割，分割后连锁排由中油海101主吊以及单梁起吊方式吊至自航驳，并运至指定地点回收。

2）网兜、吨袋清理

册镇管道2017年发现63m悬空后进行了紧急砂袋支护治理，在治理过程中抛填了大量的网兜与吨袋，采用伸缩臂挖掘机进行清理。

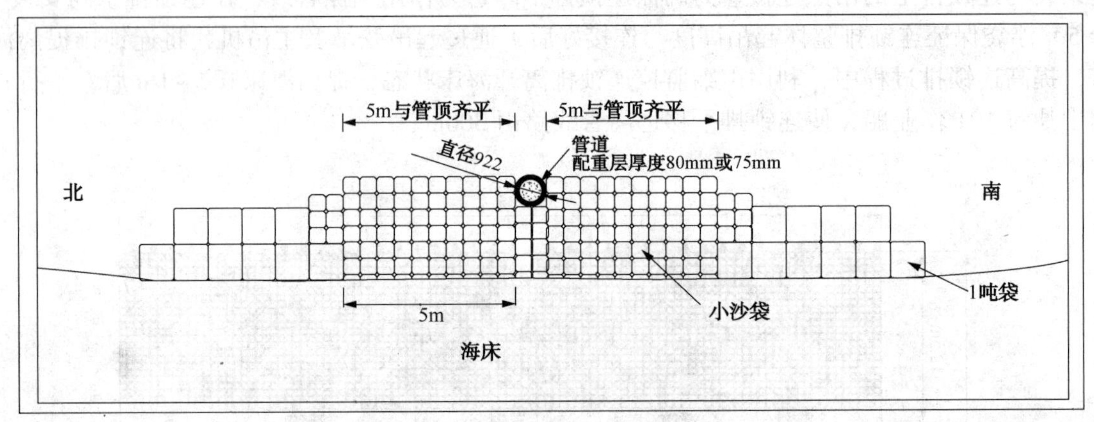

图6 网兜、吨袋抛填示意图

（1）沉管方案。

因为悬空处最大悬空高度为2.5m，必须使管线整体下沉，保证管线安全。因此网兜、吨袋清理分为2次进行。首次清理进场前，首先由中油海101船将悬空段两侧400m范围沉管0.5m；再由清理船对悬空段的网兜、吨袋进行清理两层；然后中油海101船再进场对悬空段两侧各200m的范围内进行第二次后挖沟沉管0.5m，第二次沉管后清理船第二次进场将剩余的网兜和吨袋进行清理。

（2）伸缩臂挖机清理。

为提高工效，使用伸缩臂挖掘机进行网兜、吨袋清理施工。设备最大伸缩长度为

20.5m，满足水深 15m 要求。同时对挖掘机进行适应性改造与陆地抓举试验。

为保证管线安全与砂袋、网兜、吨袋清理效率，根据现场实际情况制定 3 项安全控制措施：

① 通过信号绳确定管道实际位置；

② 利用警戒船船头压过管线 2m，用船体限制挖掘机作业范围保护管线；

③ 通过潜水确定清理范围准确性及清理效果。

图 7 内伸缩臂挖掘机

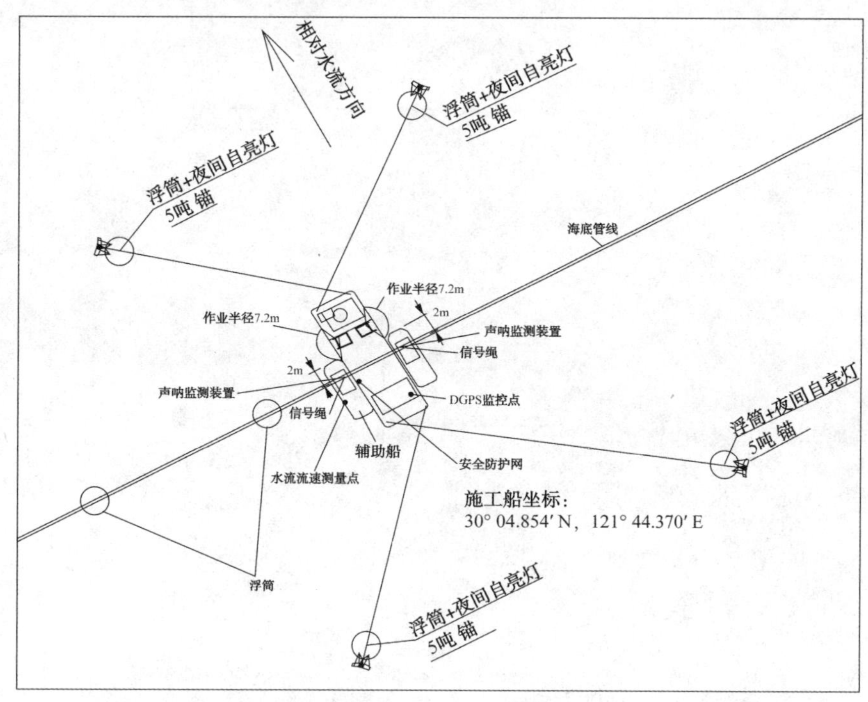

图 8 挖掘机清理网兜船位布置图（两侧同时作业）

3）管线深挖沟

2018 年册镇管道沉管一般段要求管顶埋深 4.6m，中间段要求管顶埋深 5.1m，悬空区段部分管顶埋深深达 6m。为确保管线能达到设计埋深，项目采用窄体滑撬挖沟机，并针对深挖沟特点通过喷嘴改造、增加气举设备、声呐改造等 9 项专项设备改造保证顺利的进行 6m 的深挖沟作业。

4）管线深挖沟效果

通过后调查结果确认册镇管道深挖沟沉管治理效果如下：kp7-kp8、kp11.7-kp15 路由段海管管顶埋深在 4.6~5.1m；kp8-kp11.7 路由段海管管顶埋深 5.2~6.2m；管线整体下沉均匀，40m 范围内管线高程高差不超过 0.6m；管线埋深变化过渡段过渡比例均大于 1∶100。管线沉管深度与过渡比例控制均符合设计要求。

册镇管道沉管深度为国内沉管深度之最，能够有效避免海床冲刷而造成管线安全隐患，从而达到永久治理之目的。同时册镇海底管道深挖沟治理的成功实施，证明管线深挖沟沉管是大流速、海床严重冲刷海域内海底管道悬空裸露行之有效的治理方案。

3. 结论

（1）针对小范围悬空及悬空深度不深的海底管线，可采用常规的悬空段回填碎石粗砂、悬空段袋装粗砂支护、悬空段水下短桩支护等常规治理方案。

（2）针对大范围裸露悬空及悬空深度较深的海底管线，采用后挖沟使管线整体下沉的治理方法可达到管线长期治理的效果。

（3）在后挖沟沉管治理前存在悬空处抛有砂袋、网兜、吨袋、连锁排等临时治理物时，采用稳性较好的铺管船等船舶携带直臂挖掘机等专业清理设备可达到安全高效的清理效果。

海缆在结束端平台的余量预留施工工艺研究

俞德门

(海洋石油工程股份有限公司)

摘要：通常将海底电缆、海底光缆及海底光电复合缆(信息传输/电能传输)简称海缆，是海上油/气田和新能源海上风电生产中的命脉，就海上油/气田开发工程而言，海缆铺设工程多为平台至平台间海缆，而平台间海缆铺设工程的难点及关键点就在于如何在靠近结束端平台处进行余量预留及海缆抽拉上平台，本文结合工程实践，总结了两种海缆在靠近结束端平台进行余量预留的施工工艺，并对比分析了两种施工工艺特点及适用性，对如何安全、高效地完成靠近结束端平台的海缆余量预留提出建议。

关键词：海缆；结束端平台；余量预留；施工工艺

1. 引言

在典型的平台间海缆的铺设工程中，海缆施工的主要流程包括施工预调查、海缆装船、施工动员至现场、平台抽拉施工准备、起始端平台海缆抽拉、海缆正常铺设、结束端平台海缆余量预留、结束端平台海缆抽拉、海缆平台锚固、接线及测试、海缆后保护及施工后调查。平台间海缆施工难点及关键点就在于如何在靠近结束端平台处进行余量预留及海缆抽拉上平台，既要确保海缆抽拉上平台后的长度满足平台接线要求，又要确保不将过多的海缆预留海底导致海缆打扭或位置精度无法满足设计要求。

目前业界主要采用的在结束端平台进行余量预留的施工工艺有两种，一是将海缆以“S”型布置海底进行余量预留的施工工艺；二是绑扎浮球式的海缆余量预留施工工艺。两种施工工艺都有各自的工艺特点及一定适用性，下面结合工程实践总结介绍两种靠近结束端平台的余量预留施工工艺，并对其工艺特点及适用性进行对比分析。

2.“S”型海底弃置海缆余量预留施工工艺

“S”型海底弃置海缆余量预留施工工艺，顾名思义，是铺缆船在靠近结束端平台区域时，铺缆船将平台抽拉所需长度的海缆以“S”型弃置在海底。该工艺对铺缆精度及船舶性能要求较高，通常由动力定位铺缆船操作完成。

1）主要施工工艺

铺缆船沿着海缆设计路由正常铺设海缆，通常在铺缆船接近结束端平台约100m处时，距离值可随铺缆船尺寸大小、可操控性能及海缆在铺缆船下水处位置不同适当调整，开始靠近结束端平台的海缆余量预留操作，如果是采取边铺边埋方式铺设海缆，此时需将埋缆机回收并悬挂至船尾或船侧，操作示意图见下图1，图中示意的是海缆从铺缆船舷侧入水，海缆从船尾下水原理及操作步骤大同小异。在甲板铺缆作业线的海缆上绑扎一个标记物，同时记录张紧器上铺缆长度计数器数值为D_1，当标记物处的海缆到达着泥点A点时，下放ROV(水下机器人)对该处实际坐标位置进行打点并记录KP值为A_{kp}，此时记录铺缆长度计数器

数值为 D_2，可知 D_2-D_1 值即为此过程中释放海缆的长度，即海缆在水中悬链线及甲板上部分海缆长度之和，此操作还可验证理论计算的海缆 Layback 值是否与实际相符，海缆 Layback 值为海缆着泥点至船舷侧下水桥处的水平距离。后续再铺设进行余量预留的海缆长度需充分考虑平台护管喇叭口 *D* 点至标记物着泥点 *A* 点的海缆长度、考虑海缆在电缆护管中的长度、考虑平台护管口锚固点至海缆接线箱的长度、考虑海缆接线所需的余量长度以及路由误差的余量长度，方可满足平台海缆接线要求。此刻假定当铺缆长度计数器为 D_X 时需要切断海缆，根据上述考虑因素，则 $D_X = D_1 + (D_{kp} - A_{kp}) + L_J + L_T +$ (510m 余量)，其中，L_J 为电缆护管长度，L_T 为护管口锚固点至海缆接线箱长度与海缆接线所需余量长度之和。

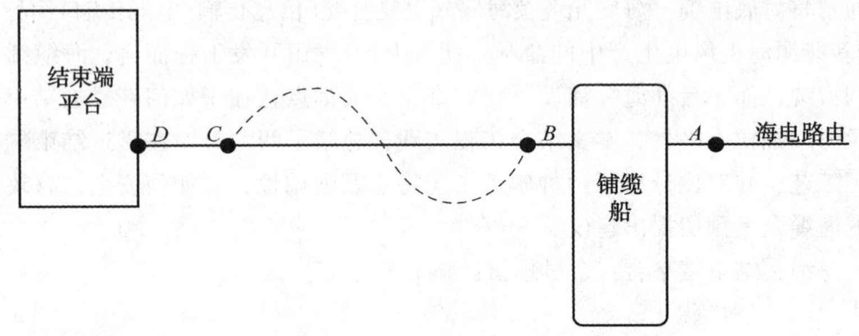

图 1 “S”型海底布置海缆余量预留工艺示意图

确定需在铺缆长度计数器为何值时切断海缆后，铺缆船可继续沿着设定的“S”型路由进行结束端海缆余量预留操作，“S”型路由铺设可采用步长式海缆铺设，即在“S”型上下弯处均分取点，顺着路由方向沿每点做切线，切线长度取值为该水深处海缆铺设 Layback 值，若干切线终点连线即为铺缆船入水桥处的行走轨迹，均分取点数量越多则越逼近理想的“S”型路由。“S”型路由铺缆过程中，可下放 ROV 对海缆着泥点进行实时监控，确保海缆铺设在设计的“S”型路由上，当铺缆长度计数器显示为 D_X 值时，切断海缆，做好海缆头的防水密封处理工作，在海缆头处安装终端拖拉网套，连接平台绞车钢丝绳，并连接可在甲板面回收的弃缆钢丝绳，平台绞车带力收紧钢丝绳的同时，随动下放弃缆钢丝绳，下放 ROV 实时监控海缆头进入电缆护管喇叭口的过程，直至将海缆抽拉出平台接线所需要的长度。

3. 绑扎浮球式海缆余量预留施工工艺

绑扎浮球式海缆余量预留施工工艺，顾名思义，是通过在海缆上绑扎浮球将平台抽拉所需长度的海缆漂浮。该工艺需铺缆船尽量去靠近结束端平台，通常是铺缆船在结束端平台导管架靠船件侧带缆，并根据实际需要及设计锚位图向平台外侧抛锚定位。

1）主要施工工艺

铺缆船沿着海缆设计路由正常铺设海缆，通常在铺缆船接近结束直线段海缆设计路由时，如果是采取边铺边埋方式铺设海缆，此时需将埋缆机回收并悬挂至船尾，操作示意图如图 2 所示，铺缆船在结束端平台导管架靠船件侧带缆，并根据实际需要及设计锚位图向平台外侧抛锚稳住船位，该步骤需充分考虑电缆护管与平台方位的相对位置关系、主风向及主流向等因素，确保铺缆船就位尽量靠近电缆护管一侧。待平潮时安排潜水员下水，携带 USBL 水下定位设备，对海缆着泥点 *A* 点进行打点并记录 KP 值，后续再铺设的海缆长度需同样考虑在前文中已描述过的内容，不再赘述。

确定需在铺缆长度计数器为何值时切断海缆后，张紧器继续释放海缆，同时在海缆上等

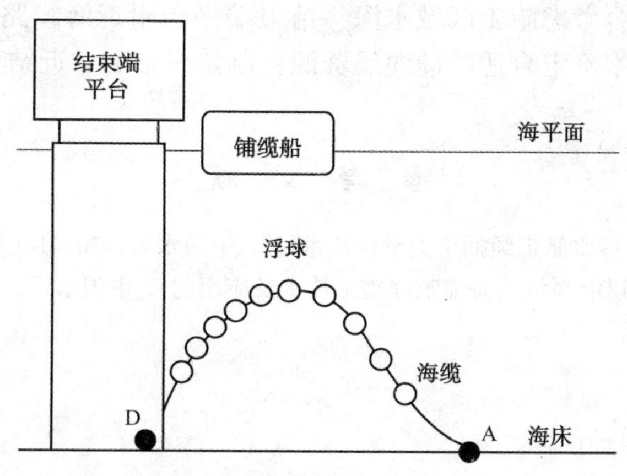

图 2　绑扎浮球式海缆余量预留工艺示意图

间距的绑扎浮球或轮胎，浮力需根据海缆的单位长度重量计算，确保浮力满足海缆漂浮要求，需要注意的是绑扎浮球过程中，如果埋缆机刀臂是无法打开式的，则需要在船舷外永久或临时性设置一个可以在海缆上绑扎浮球的小平台，以确保人员操作安全，同时在绑扎浮球的过程中要特别注意潮流方向，需要在潮流方向尽量与电缆护管喇叭口朝向相同及远离平台方向时再绑扎浮球，否则很可能造成平台海缆抽拉工作无法正常进行。当铺缆长度计数器显示为 D_X 值时，操作步骤与前文中描述相似，不同之处在于需要潜水员下水切割绑扎在海缆上的浮球，并实时监控海缆头进入电缆护管喇叭口的过程，切割浮球过程中要特别注意浮球的切割顺序及切割速度，潜水员需要在喇叭口附近逆着海缆抽拉的方向一个一个将浮球切割，并确保切割速度不会过快，避免导致过多海缆同时下沉后因自身扭力而打圈，直至将海缆抽拉出平台接线所需要的长度。

4. 两种海缆余量预留工艺特点及适用性对比分析

上述两种海缆在靠近结束端平台的余量预留工艺都有各自的工艺特点及一定的适用性，现结合工程实践，对比分析两种施工工艺特点及适用性，如表 1 所示。

表 1　两种施工工艺特点及适用性对比表

内容	“S”型海底布置海缆余量预留工艺		绑扎浮球式海缆余量预留工艺
适用船舶	动力定位船舶	锚系船舶亦可适用	锚系船舶
船舶操控性要求	较高	较低	较低
适用水深范围	约 10300m	约 1050m	约 1050m
水下作业装备	配备水下机器人 ROV	配备潜水员	配备潜水员
海缆位置精度	较高	较低	较低
需要的天气窗口时间	操作周期较为固定		可能需要等待潮流方向改变至合适方向
注意事项	“S”型弯设计需充分考虑电缆护管喇叭口方向，避免范围过大导致海缆抽拉角度不顺		绑扎浮球期间需确保潮流方向尽量与电缆护管喇叭口朝向相同

5. 结语

综上所述，工程实践表明两种海缆在靠近结束端平台进行余量预留的施工工艺，都可以完成靠近结束端平台完成海缆的余量预留工作，两种施工工艺有着各自的工艺特点及适用性，海缆铺设工程需综合考虑施工区域水深、结束端平台附近海缆路由相对平台位置关系、海缆位置精度要求等因素确定合适的铺缆船资源，制定详细的靠近结束端平台进行余量预留的施工方案。

参 考 文 献

[1] 张印桐，蔡长松，等．深水脐带缆抽拉上平台技术[J]．中国水运，201414(2)：144-145.
[2] 沈光．基于电缆转盘和 DP 系统的海缆敷埋施工技术及应用[J]．中国水运，201616(7)：293-295.

巴西某深水油田油管–管道一体化流动保障分析

段瑞溪[1]　袁玉金[2]　潘浩[1]　王博[1]

［1. 中国石油集团海洋工程有限公司工程设计院；2. 中油国际拉美(巴西)公司］

摘要：巴西某深水油田，水深约2000m，采用水下生产系统+FPSO的生产模式，水下采油树通过管线直接回接到FPSO。从油管底部开始，将油管—管道作为整体进行流动保障分析，开展了油管与管道管径选择、沿线水力热力分析，蜡沉积风险、水合物生成风险分析、气举分析等。油管—管道一体化分析打破了传统分析中采油树为界面将油管、管道分别计算的局限，减少了中间计算节点，有利于提高分析速度、优化生产制度。

关键词：巴西；深水油田；流动保障

巴西某油田，水深18002200m，采用水下生产系统+FPSO的开发模式，每艘FPSO连接8口生产井。生产井为直井，完钻井深57345893m。水下采油树通过出油管线(flowline)、立管(riser)管线回接到FPSO。出油管线、立管均为刚性管，立管采用惰性波布置。出油管线的长度在38008800m之间，立管的长度约为3000m。产出原油通过穿梭油轮外输，产出气部分作为燃料气供FPSO使用，部分作为气举气，其余回注到储层。

1. 油管与管径选择

将油管、管线整体考虑，针对不同规格的油管、管道的组合，在生产早期、生产中期、生产晚期分析了原油从井底输送到FPSO所需要的压力，并与井底流压进行对比(图1图3)。如果计算得到的油管底部压力小于井底流压对比，则说明地层能量可以满足管道输送的要求，可行则规格可行，反之则不可行。从图中可以看出，在生产早期，油管为5½in时，管线使用8in、10in、12in均不可行；油管为6⅝in时，管线规格在

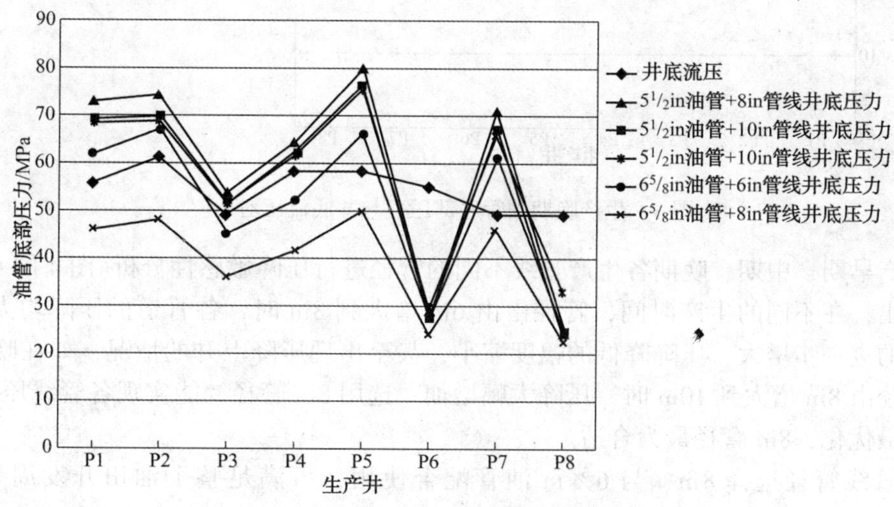

图1　生产早期油管底部压力与井底流压对比

8in 及以上时均可行。

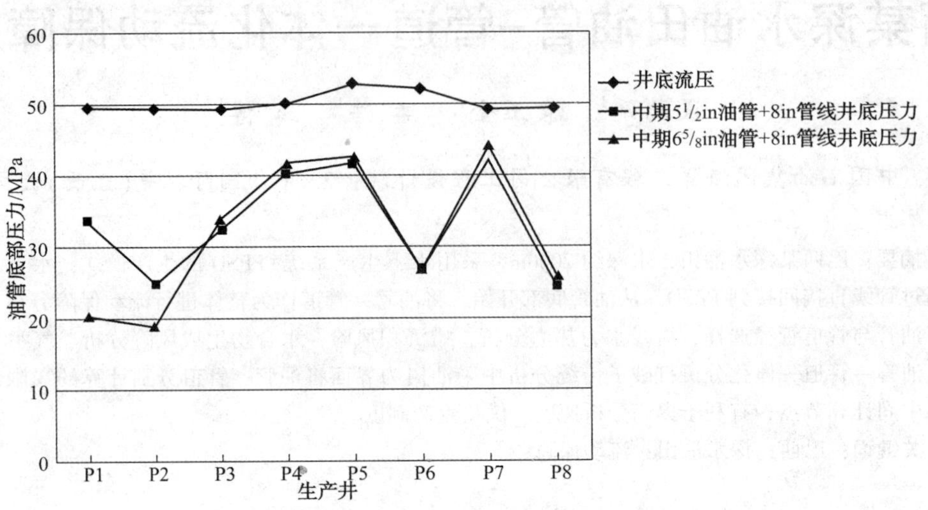

图 2　生产中期油管底部压力与井底流压对比

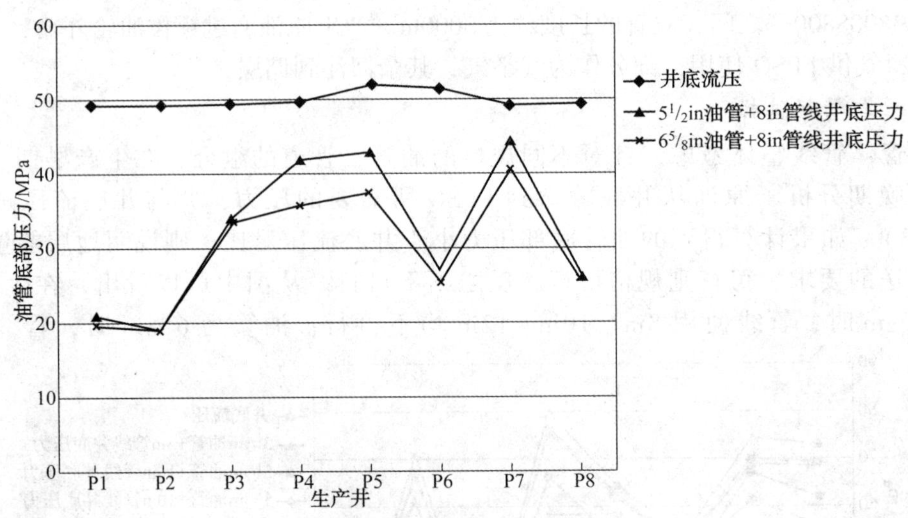

图 3　生产晚期油管底部压力与井底流压对比

对生产早期、中期、晚期各生产管线不同的管径进行压降敏感性分析(图 4 图 6)。从图中可以看出，在不同的生产时间，管径由由 6in 增大到 8in 时，各管道的压降均大幅下降。随着管径的进一步增大，压降降低的幅度缩小，甚至出现压降上升的情况，如在晚期 P2 管线，当管径由 8in 增大到 10in 时，压降大幅增加。选用 8in 管径，能实现各管线压降的及输送压力的最优化，8in 管径最为合适。

生产管线管径选择 8in、与 6⅝in 油管配合使用，可满足整个油田开发周期内的输送要求。

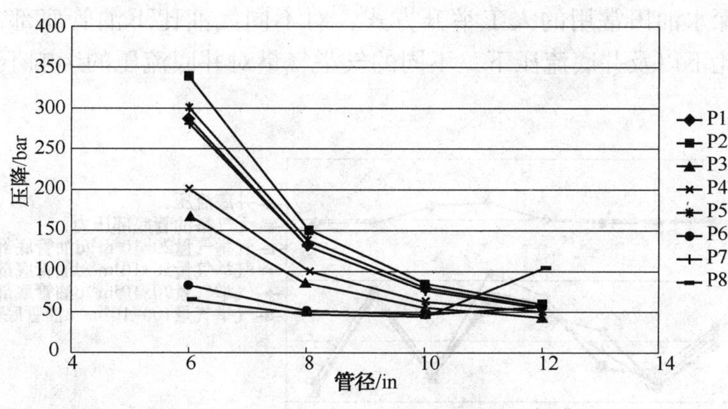

图 4　生产早期不同管径下管道压降

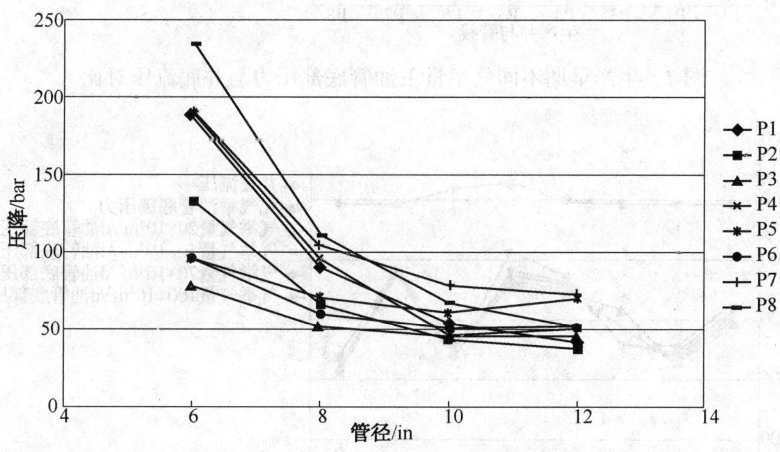

图 5　生产中期不同管径下管道压降

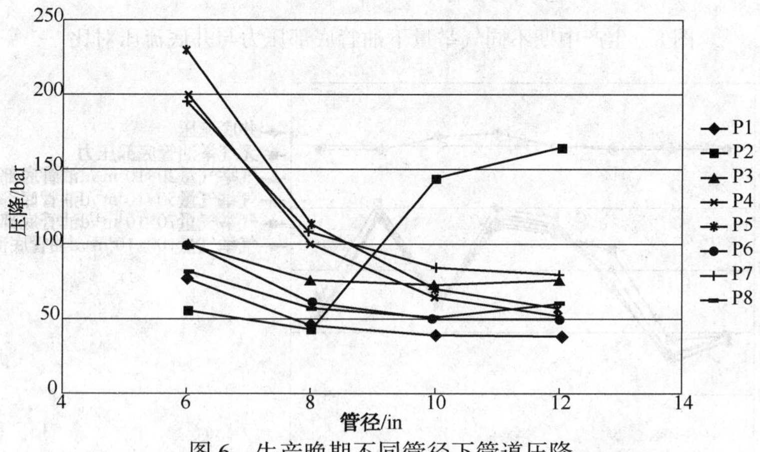

图 6　生产晚期不同管径下管道压降

2. 气举可行性分析

气举是巴西深水油田常用的人工举升方式，对不同气油比下油管底部的压力进行了分析。在正常气油比下以及井底流压下，不同的气举气量对井底流压的影响不大，即气举对增产效果不明显。

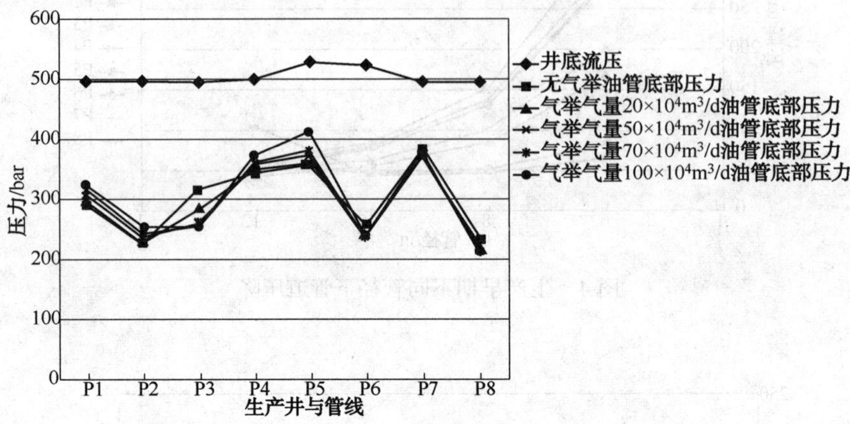

图7 生产早期不同气举量下油管底部压力与井底流压对比

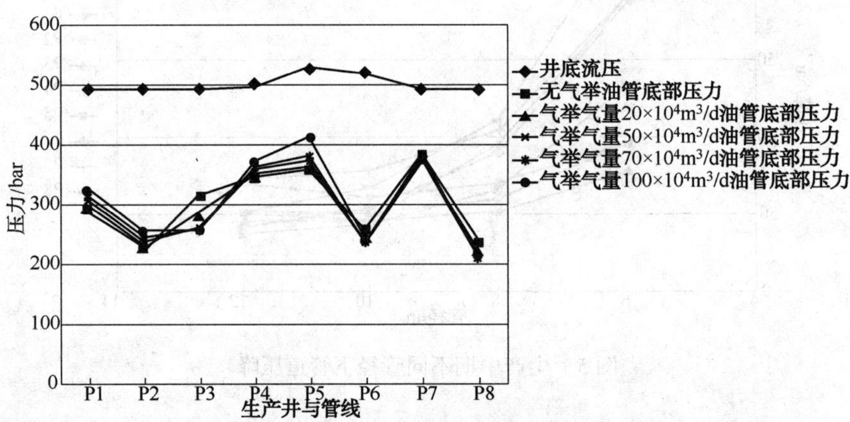

图8 生产中期不同气举量下油管底部压力与井底流压对比

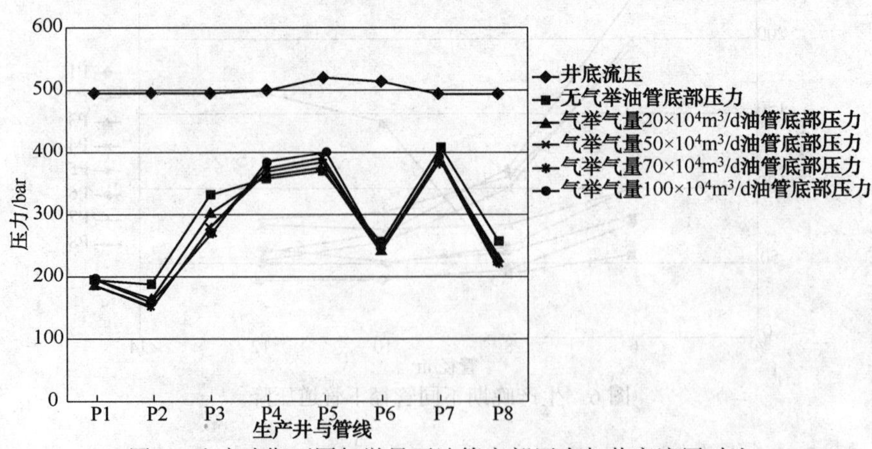

图9 生产晚期不同气举量下油管底部压力与井底流压对比

考虑到在生产过程中气油比存在一定的不确定性，如果实际产气量低，则可能会导致油管底部压力增大。进行了不同气油比下油管底部压力分析。计算结果如图 10 图 12 所示。P7 井受 *GOR* 减小的影响最大，在生产早期，当 *GOR*<50 时，P7 井的油管底部压力高于井底流压，不能满足需要。生产中期 *GOR*<50 时，生产晚期 *GOR*<200 时井底流压不能满足需要。

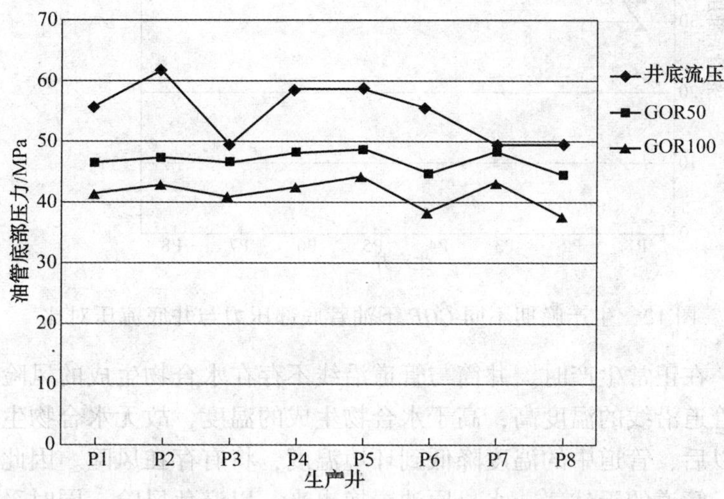

图 10 生产早期不同 *GOR* 下油管底部压力与井底流压对比

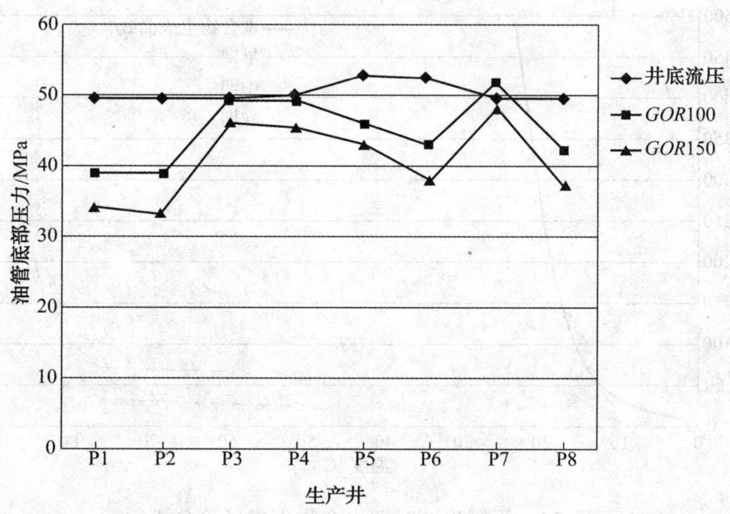

图 11 生产中期不同 *GOR* 下油管底部压力与井底流压对比

根据分析如果未来生产中产气量与预期值接近，可以不使用气举。但为预防实际生产中气油比与预测数据之间的偏差，仍要在生产井生产管柱中布置气举阀，布置气举管线。

3. 水合物生成风险分析

井口产物中有水存在，因此需要对水合物生成风险进行分析。针对各井与管管道沿线的

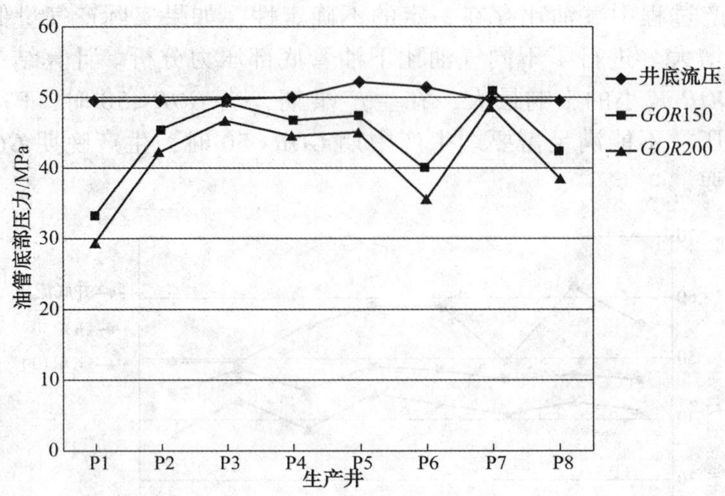

图 12　生产晚期不同 *GOR* 下油管底部压力与井底流压对比

温度进行了分析，在正常生产时，井筒与管道沿线不存在水合物生成的风险。这是由于油田产量高，井筒与管道沿线的温度高，高于水合物生成的温度，故无水合物生成的风险。但是在井、管道关停以后，管道中的温度降低到环境温度，将有存在风险。因此采用的策略是使用柴油将采油树、管道的天然气、水、原油置换出来，以避免风险。同时采油树处设置水合物抑制剂注入阀。

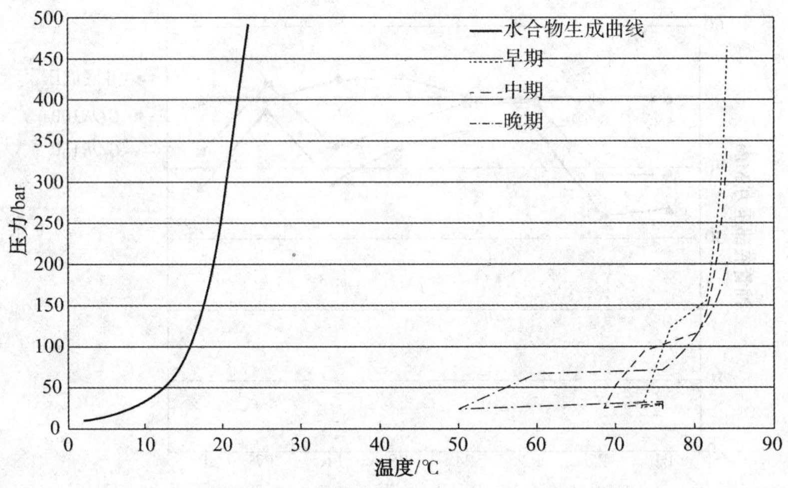

图 13　不同生产时期水合物生成风险分析

4. 蜡沉积风险分析

根据井测井油样，原油的析蜡温度（WAT）为 50. 2℃。在管道沿线的温度低于 50. 2℃时，存在蜡析出并沉积的风险。

在 8 口生产井中，P2 井后期温温度最低，因此选择 P2 井进行析蜡分析。从 2035 年开始，温度迅速下降，因此选择 2035 年 P2 井的数据开展软件模拟，进行析蜡分析，结果如图 14 所示。在立管底部，蜡开始析出。在立管的中部位置，蜡沉积较厚，这是由于进入析蜡高峰期以后，蜡大量析出并沉积。在立管的上部，蜡沉积量较小，这是由于原油中的含蜡量减少，析出的蜡减少，同时立管气、液流速较大，对管壁处的剪切增强，析出的蜡较难沉积。在40天以后，管道中的蜡层厚度约为1.3mm，沉积的蜡总体积约为0.4m^3。对生产时的流动影响较小，但在后期制定清管方案时，需要考虑蜡层厚度以及积蜡的总量。

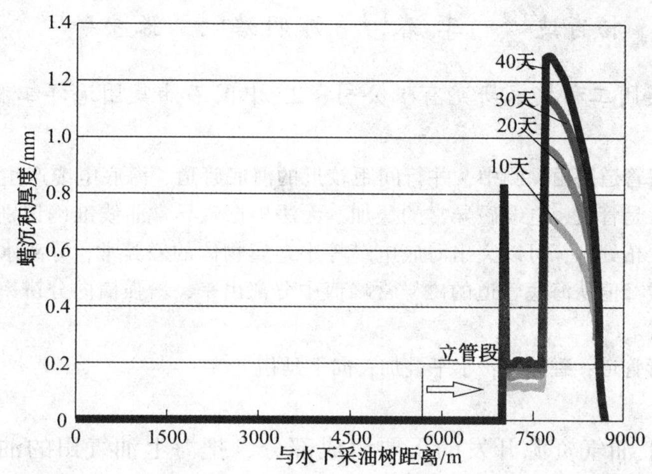

图14 P2井沿线蜡沉积情况(后期)

5. 其他流动保障风险

根据实验室对已经采集到的油样进行分析，在生产过程中，无沥青析出的风险。为应对未来原油物性的变化，在井筒中设两处化学药剂注入点，通过注入化学药剂的方式预防沥青沉积。为避免水垢沉积，在水面设施、井口预留阻垢剂注入管道。在最大的产液量下，井筒中局部位置及立管中沿线冲蚀速率比大于1，存在冲蚀的风险。但是由于估计储层中出砂很少，冲蚀对管道的风险影响不大，但是需要做好出砂监测，防止出现严重的冲蚀问题。各井目前不存在严重段塞流的风险。

6. 结论与建议

本文将油管、管道进行一体化考虑，对油管与管道的输送能力进行分析、完成了管径筛选，进行了气举可行性及气举时机分析，进行了蜡沉积等流动保障风险分析，保证了开发方案的可行性。目前的分析还是基于稳态工况计算分析，在未来还需要进行动态工况分析，分析各种操作工作中存在的风险并提出应对措施。

海底并行管缆磁法探测技术研究

杨肖迪[1,2]　李春[1,2]　淳明浩[1,2]　张宁馨[1,2]

（1. 中国石油集团工程技术研究有限公司；2. 中国石油集团海洋工程重点实验室）

摘要：在海底管道路由探测中，并行间距较近的海底管道、海底电缆产生的磁异常相互干扰，测得的磁异常是管道、电缆磁异常的叠加，无法根据磁异常曲线准确识别管道、电缆。对磁异常进行向下延拓处理，可以突出海底电缆等小金属物体的磁异常，分离水平叠加异常，将海底电缆的磁异常峰值从海底管道的磁异常峰值中分离出来，增强横向分辨率，准确识别海底管道、电缆的位置。

关键词：并行管道；磁异常；水平叠加；向下延拓

海底管道是海上油气资源开发的重要组成部分，把海上油气田的油气集输与储运系统联系起来。海底管道所处海洋环境复杂，往往对其进行埋设保护。在风暴潮、海流冲刷等作用下，上覆沉积物可能被冲刷而裸露、悬空或是由于土体液化而移位，成为管道运营的不安全因素，按照国内外规范要求，为保障海底管道运输安全，需定期对海底管道进行检测。

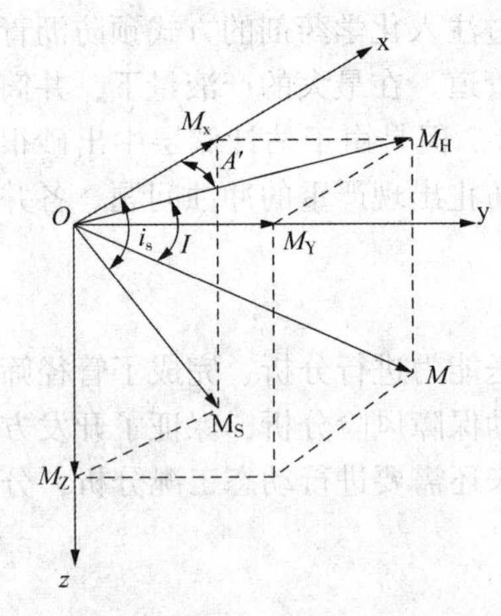

图1　磁化强度矢量空间分布图

近岸浅水采油平台往往通过海底管道、海底电缆与陆基连接。在管道下水端和登陆端附近，海底管道、海底电缆并行距离较近，并且往往有抛石层保护，声波难以穿透抛石层，声学探测效果往往不尽如人意，需要使用磁法探测。但是磁法探测容易受到探测目标周围磁性体的干扰，如并行距离较近的海底管道、海底电缆相互影响，无法从磁异常曲线上有效区分海底管道和海底电缆。因此本文研究对磁异常数据求梯度，根据磁异常梯度来识别海底管道、海底电缆的位置。

1. 海底管道的磁场模型

1）磁偶极子的磁场模型

磁偶极子表示两个无限靠近的磁极构成的系统，两个磁极的磁通量大小相等极性相反。将磁偶极子置于图1所示的空间直角坐标系中。其中 x 轴指向正北，y 轴指向正东，z 轴竖直向下。图中 M 为总磁化强度矢量，M_S 为 M 在 xOz 平面（即观测面）的投影（分量），称为有效磁化强度矢量；M_H 为 M 在 xOy 面的投影，称为水平磁化强度矢量；I 表示倾角，即磁化倾角；i_s 为 M_z 的倾角，即 M_z 与 Ox 轴之间的夹角，称为有效磁化倾角；A' 为 M_x 与 M_H 之间的夹角。

在直角坐标下，磁偶极子的磁场表达式为：

$$\begin{cases} H_{ax} = \dfrac{\mu_0}{4\pi} \dfrac{m}{(x^2+y^2+z^2)^{5/2}} [(2x^2-y^2-R^2)\cos I\cos A' - 3Rx\sin I + 3xy\cos I\sin A'] \\ H_{ay} = \dfrac{\mu_0}{4\pi} \dfrac{m}{(x^2+y^2+z^2)^{5/2}} [(2y^2-x^2-R^2)\cos I\sin A' - 3Rx\sin I + 3xy\cos I\sin A'] \\ Z_a = \dfrac{\mu_0}{4\pi} \dfrac{m}{(x^2+y^2+z^2)^{5/2}} [(2R^2-x^2-y^2)\sin I - 3Rx\cos I\cos A' - 3Ry\cos I\sin A'] \end{cases} \tag{1-1}$$

式中，m 为磁性体单位长度的有效磁矩；μ_0 为磁导率；R 为磁性体埋深；H_a 为 ΔT 在水平方向的分量；Z_a 为 ΔT 在竖直方向的分量；H_{ax} 为 H_a 在 x 方向的分量；H_{ay} 为 H_a 在 y 方向的分量；I 为磁性体磁化倾角；A'为剖面与磁化方向水平投影的夹角。

磁异常 ΔT 与 H_{ax}、H_{ay}、Z_a 的关系为：

$$\Delta T = H_{ax}\cos I\cos A' + H_{ay}\cos I\sin A' + Z_a\sin I \tag{1-2}$$

则 ΔT 的磁异常表达式为：

$$\Delta T = \frac{\mu_0}{4\pi} \frac{m}{(x^2+y^2+z^2)^{5/2}} [(2R^2-x^2+y^2)\sin I^2 + (2x^2-y^2-R^2)\cos I^2\cos A^2 + (2y^2-x^2-R^2)\cos I^2\sin I^2 \\ 3xR(\sin I\cos I\cos A + \sin I\cos A) + 3xy(2\cos I^2\sin A^2) + 3yR(\cos I^2\sin A\cos A + \cos I\sin A\sin I)] \tag{1-3}$$

2）管道的磁场模型

按照微积分的极限理论，海底管道可视为无数个无限小的磁偶极子在空间沿管道走向的线状排列，海底管线在某点产生的磁异常是无数个磁偶极子磁异常的叠加。将磁偶极子的磁异常沿管道走向进行积分，得到海底管道的磁异常表达式为：

$$\Delta T = \frac{-\mu_0 m}{2\pi(x^2+R^2)^2} \frac{\sin I}{\sin I_s} [(R^2-x^2)\cos(i_s+I_s) + 2Rx\sin(i_s+I_s)] \tag{1-4}$$

式中，m 为磁性体单位长度有效磁矩；μ_0 为磁导率；I 为地磁场倾角；I_s 为地磁场有效倾角；i_s 为磁性体磁化倾角；R 为管道埋深。

管道产生的磁异常与单位长度管道的有效磁矩有关，而管道的有效磁矩 $m=Mv$，其中，M 为单位体积磁化强度（$M=\kappa H$，κ 为物质的磁化率，H 是地磁场强度），v 是单位长度管道的体积。磁化率 κ 与物质的种类有关，地磁场强度 H 在某一区域是不变的，因此单位体积磁化强度 M 是不变的，单位长度管道的有效 m 只与单位长度管道的体积有关，即与管道直径有关。因此管道直径越大，产生的磁异常也越大，反之相反。

海底管道的磁异常特征如图 2 所示，单条管道的磁异常曲线呈脉冲状，为独立的峰值，峰值的位置即对应着管道的位置。当两条海底管道并行时，在管道间距 D 较大时（$D>2h$，h 为测量点与管道的垂直距离），管道的磁异常为两个独立的峰值，峰值的位置即对应着管道的位置；当管道间距 D 较小时（$D<2h$，h 为测量点与管道的垂直距离），管道的磁异常曲线为两个峰值的叠加，曲线形态失真，表现为比独立的峰值变宽，并且磁异常变小，无法准确判断管道的位置。

3）向下延拓处理

向下延拓是将由观测平面磁异常外推换算观测面以下、场源以上空间的磁异常。由于缩短了

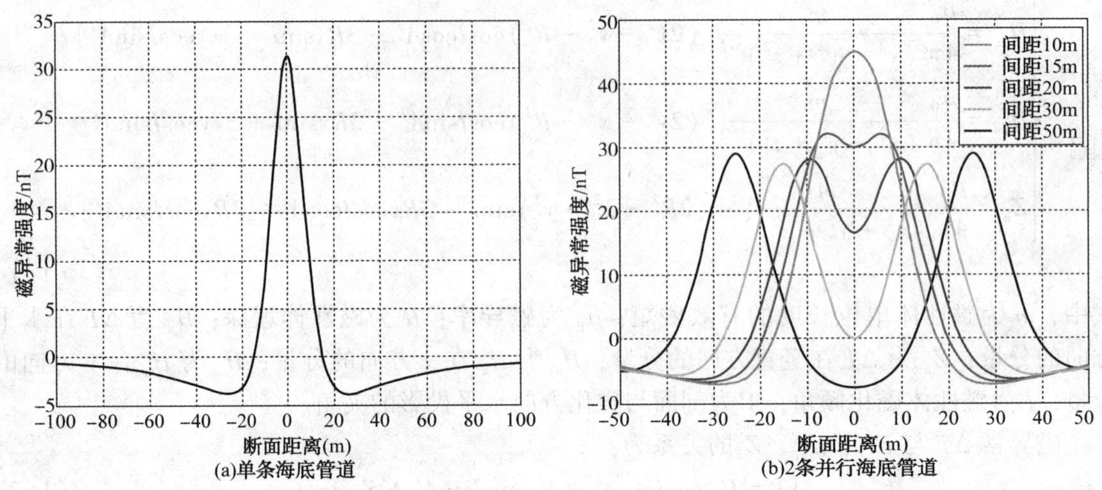

图 2　海底管道的磁异常($h=15$m)

测点与场源间的距离，使下延后的磁异常更能突出浅部场源信息，分解水平方向的叠加异常。

由观测平面磁异常推算观测面以下、场源以上空间的磁异常向也可归结为狄利克莱问题：

$$\begin{cases}\dfrac{\partial^2 \Delta T(x,\ z)}{\partial x^2}+\dfrac{\partial^2 \Delta T(x,\ z)}{\partial z^2}=0\\ \Delta T(x,\ z)\mid_{z=0}=\Delta T(x,\ 0)\end{cases} \tag{1-5}$$

对于磁异常 $\Delta T(x,\ z)$，设有一个与 ΔT 正交的调和函数 $\Delta T^*(x,\ z)$，定义复磁场为：

$$T(w)=\Delta T^*(x,\ z)-i\Delta T(x,\ z) \tag{1-6}$$

复场强的拉格朗日插值多项式为：

$$T(w)=\sum_{k=0}^{m}\frac{\Pi_m(w)}{(w-w_k)\Pi'_m(w_k)}T(w_k) \tag{1-7}$$

在复平面上半空间选取适当的点，进行插值外推就可导出下部空间某一点 w 上的磁场。假设 $m=7$，在复平面上取 8 个点：$w_0=0$，$w_1=-ih$，$w_2=-h$，$w_3=h$，$w_4=-2h$，$w_5=2h$，$w_6=-3h$，$w_7=3h$。向下延拓计算点为 $w=ih$，如图 3 所示，

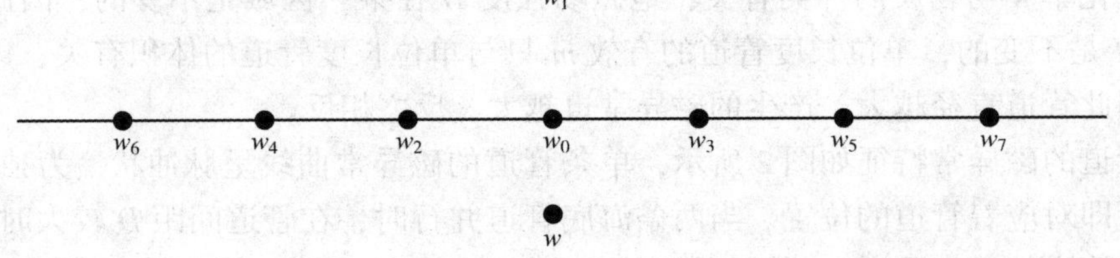

图 3　插值点与计算点位置示意图

将这些值及相应点位上的复场强值代入式(1-1)即可得到：

$$\overline{T}(ih)=\frac{50}{9}\overline{T}(0)-\overline{T}(-ih)-\frac{25}{12}[\overline{T}(h)+\overline{T}(-h)]+\frac{1}{3}[\overline{T}(2h)+\overline{T}(-2h)]-\frac{1}{36}[\overline{T}(3h)+\overline{T}(-3h)] \tag{1-8}$$

取其虚部，并用$\Delta T(0,\ h)$用向上延拓公式代入，得：

$$\Delta T(0,\ h)=5.2604\Delta T(0,\ 0)-2.2486[\Delta T(h,\ 0)+\Delta T(-h,\ 0)]+0.2673[\Delta T(2h,\ 0)+\Delta T(-2h,\ 0)]-0.0603[\Delta T(3h,\ 0)+\Delta T(-3h,\ 0)]-0.0190[\Delta T(4h,\ 0)+\Delta T(-4h,\ 0)] \quad (1-9)$$

假设两条并行管道间距15m，管道材质相同，处于同一水平面上，埋深15m。图4显示了管径相同和管径不同情况下并行管道的磁异常曲线及向下延拓曲线。

如图4(a)所示，管道1和管道2管径相同，两条管道的磁异常叠加在一起，磁异常曲线表现为平缓的凸起，无明显的峰值，无法根据磁异常曲线来识别管道的位置。对磁异常曲线进行向下延拓7m后，磁异常曲线的峰值被放大，表现为彼此分开、相互独立的2个峰值，峰值呈脉冲状，极大值对应着管道的位置。

图4(b)中管道1和管道2的管径不同，管道1的管径大于管道2的管径，由于管道材质相同，管道1和异常大于管道2的磁异常，所以管道2的磁异常叠加在管道1的磁异常之上并且被管道1的磁异常掩盖，磁异常曲线整体表现为1个峰值，对应着管道1的位置。对磁异常曲线进行向下延拓7m后，管道2的峰值被放大、突出，磁异常曲线整体表现为彼此分开、相互独立的2个峰值。峰值呈脉冲状，极大值对应着管道的位置。

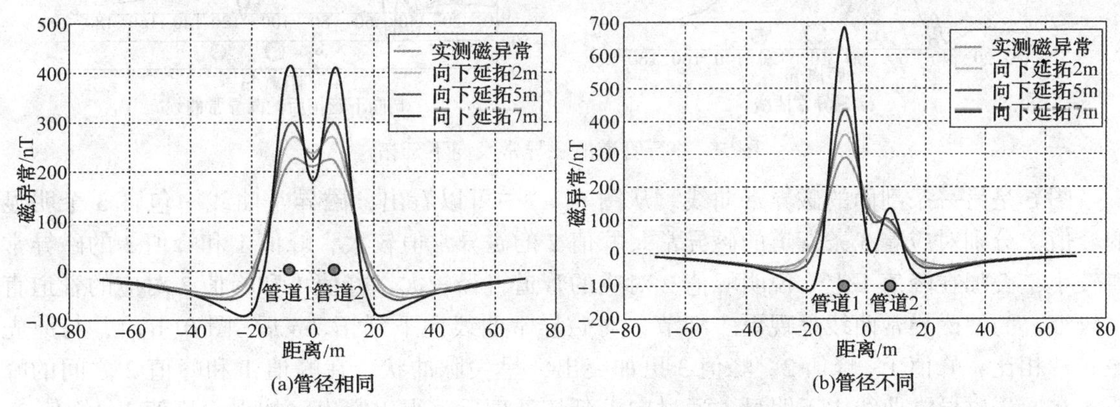

图4 并行海底管道向下延拓计算

由此可知，向下延拓可以突出浅部小的磁性体的异常，抑制深度大的磁性体的异常，并且可以分离水平叠加异常，增强横向分辨率。但是有向下延拓的计算方法可知，精确计算下部空间一点的场值需要积分空间无限大，是不现实的，实际计算时总是用有限项的和来近似无限积分。因此向下延拓换算的准确程度主要取决于计算的剖面长度，剖面长度越长、点数越多，计算精度越高，但造成的边缘损失也越大。因此在计算目标两侧，必须有一定的数据点。

2. 工程实例

2017年8月份在冀东油田南堡作业区进行平台周围海洋工程地质调查。平台通过管道、电缆与人工岛连接。在人工岛的管道、电缆登陆端附近，管道、电缆并行，间距较小，并且有抛石保护层。因此使用磁力仪进行管道、电缆路由探测。

在管道、电缆登陆端包含两条输油管道、一条输水管道、一条海底电缆。其中输油管道为双层管，输水管道为单层管。输油管道外径分别为559mm、335.6mm，输水管道外径为219.1mm。管道产生的磁异常强度与管道直径正相关，因此外径559mm的管道的磁异常最大，电缆的磁异常最小。管道、电缆之间的距离约15m，测量时磁力仪至管道、电缆的垂直距离约 10m，因此在管道登陆端附近测得的磁异常曲线是管道、电缆磁异常的叠加。

图 5 是其中一条剖面的磁异常。从图 5(a)中可以看出，磁异常曲线中存在 3 个较为明显的峰值，分别对应着 3 条管道的磁异常。其中峰值 2 和峰值 3 的磁异常值较大，峰值 1 的磁异常值较小，叠加在峰值 2 的磁异常之上，说明峰值 2 和峰值 3 对应的管道直径较大，峰值 1 对应的管道直径较小。为使磁异常曲线呈现更多细节，对磁异常进行向下延拓 7m 后[图 5(b)]，与原先磁异常相比，峰值 1、峰值 2、峰值 3 更加突出，呈尖脉冲状。在峰值 1 和峰值 2 之间的峰值 4 在原先磁异常曲线中不明显，通过向下延拓处理后，得以突出、加强。峰值 1、峰值 2、峰值 3 分别对应着 3 条管道的磁异常，而峰值 4 则对应着电缆的磁异常。即通过向下延拓处理后，不仅可以识别海底管道，还可以识别电缆等小金属物体。

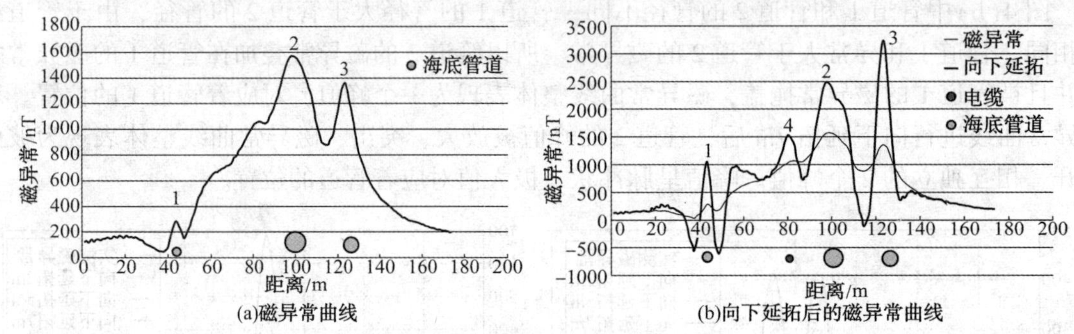

图 5 并行管道的磁异常及向下延拓

图 6 是另一条剖面的磁异常曲线。从图 6(a)中可以看出，磁异常曲线中包含 3 个明显的峰值，分别对应着 3 条管道的磁异常。峰值 2 的磁异常值较大，峰值 1 和峰值 3 的磁异常值较小，叠加在峰值 1 上。说明峰值 2 对应的管道直径较大，峰值 1 和峰值 3 对应的管道直径较细。为使磁异常曲线呈现更多细节，对磁异常曲线向下延拓 7m 后[图 6(b)]，与原先磁异常相比，峰值 1、峰值 2、峰值 3 更加突出，呈尖脉冲状。在峰值 1 和峰值 2 之间的峰值 4 在原先磁异常曲线中不明显，通过向下延拓处理后，得以突出、加强。峰值 1、峰值 2、峰值 3 分别对应着 3 条管道的磁异常，而峰值 4 则对应着电缆的磁异常。

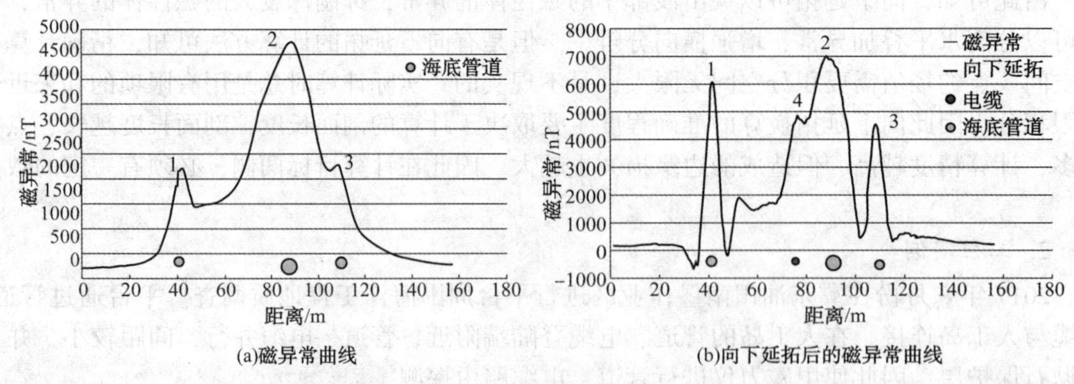

图 6 并行管道的磁异常及向下延拓

因此，对磁异常进行向下延拓换算，相当于使观测面靠近磁性体，可以突出浅部小的磁性体的异常，抑制深度大的磁性体的异常，并且可以分离水平叠加异常。发掘磁异常曲线更多细节，识别较小的磁性体目标。

3. 结论

对于并行的海底管道、海底电缆，如果探测点至管道、电缆的垂直距离大于管道、电缆间距的1/2，则管道、电缆的磁异常会相互干扰，磁异常曲线形态表现为多个异常值的叠加，无法有效区分管道、电缆。对磁异常进行向下延拓换算，可以突出电缆、细小管道的磁异常，降低相邻的较粗的管道的磁异常的影响，将其分离出来，可根据磁异常曲线识别管道、电缆，增强横向的分辨率。

参考文献

[1] 陆礼训，王水强，胡绕．水高精度磁法用于海底深埋管线探测[J]．港工技术，2015，52(4)：99-101.
[2] 孙海军，祝绪阳．航道疏浚中大面积海底疑似爆炸物的探测方法与实践[J]．中国港湾建设，2015，35(9)：63-66.
[3] 任来平，黄谟涛，翟国君．海底管线磁场计算模型[J]．海洋测绘，2007(1)：1-6.
[4] 刘天佑．磁法勘探[M]．1．北京：地质出版社，2013：80-87.
[5] 张恒磊，胡祥云，刘天佑．基于二阶导数的磁源边界与顶部深度快速反演[J]．地球物理学报，2012，55(11)：3839-3847.
[6] 张陶．二度体磁异常总梯度模型反演与应用[D]．成都：成都理工大学，2011.
[7] 杨威，王传雷．规则形体垂直磁梯度场研究及应用[J]．工程地球物理学报，2012，9(3)：326-331.
[8] 黄临平，管志宁．利用磁异常总梯度模确定磁源边界位置[J]．华东地质学院学报，1998，21(3)：142-149.

单层保温配重管道抗张紧器夹持能力研究

吴业卫　刘凯　周楠

（海洋石油工程股份有限公司）

摘要：海底单层保温配重管道相较于双层保温配重管道，由于采用聚乙烯(HDPE)夹克管替代钢制夹克管，其管道制造成本低、海上铺设效率高，目前已在我国近海边际油气项目中，尤其是渤海地区油气项目中得到应用。在海上铺设过程中，由张紧器通过夹持配重层为管道铺设提供足够张力，考虑到海底单层保温配重管道特殊的结构型式，为满足其海上铺设要求，需要对管道进行抗张紧器夹持能力计算，有些项目还要求对管道进行张紧器夹持试验，以实际评价其承受张紧器夹持力的能力，从而为海上铺设提供指导。

关键词：管道；配重层；张紧器；夹持力

海底单层保温配重管道与传统双层保温配重管道结构型式类似，管道由内及外分别为钢管、防腐涂层、聚氨酯泡沫保温层、夹克层和混凝土配重层，其不同点是单层保温配重管道采用聚乙烯(HDPE)管作为夹克管，管道终端采用防水帽的型式，对夹克层进行密封处理，从而达到保温层防水效果，且在海上铺设过程中夹克管不需要进行焊接工作，所以管道制造成本低，海上铺设效率高，在我国近海边际油气项目中得到应用。

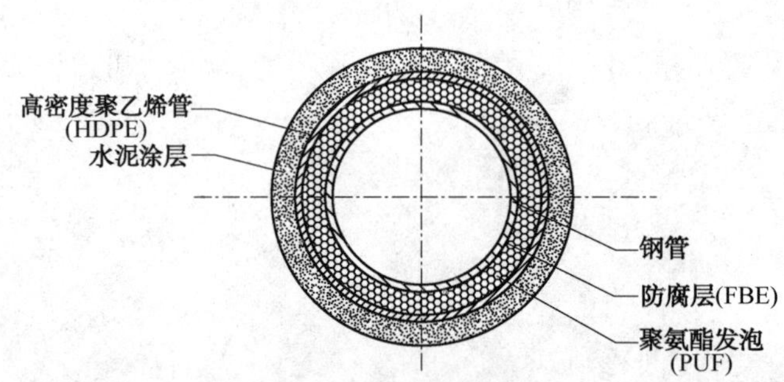

图1　海底单层保温配重管道管体图

在管道铺设过程中，铺管船通过张紧器夹持管道配重层，对管体提供铺设张力，由于管道特殊的管体结构型式，在铺管过程中，管道主要由内部的钢管来承受轴向拉力、压力载荷，然后通过管道层间剪力传递到其他各层，所以管道的抗张紧器夹持能力和抗层间剪切能力成为影响海上铺设的关键因素。

为得到管道的抗层间剪切能力，可以使用管道制作试件，通过压力试验机在陆地进行管道抗层间剪切能力试验，其试验的过程及原理可以满足海上管道铺设的要求。

对于管道的抗张紧器夹持能力试验，由于试验设备的限制，在陆地进行管道的抗张紧器夹持能力试验比较困难，一般进行管道抗张紧器夹持能力的理论计算。抗张紧器夹持能力计算仅是从理论上面对管道配重层进行强度校核，为保证管道铺设安全，部分项目要求在目标铺管船进行管道抗张紧器夹持能力试验，实际评估管道的抗张紧器夹持能力。

图 2　单层保温配重管道水泥配重层在张紧器中压裂

图 3　单层保温配重管道抗层间剪切能力试验

本文对单层保温配重管道的抗张紧器夹持能力计算和试验方法进行研究，可以为管道的海上铺设提供作业指导，从而有利于提高管道铺设的安全性。另一方面由于张紧器的夹持力与管道铺设张力紧密相关，对管道的抗张紧器夹持能力进行计算和试验，可以指导管道铺设计算，确保选取合适张力进行管道铺设。

1. 管道抗张紧器夹持能力计算

张紧器夹持力通过履带垫块传递到管道配重层，常见的张紧器履带垫块间的角度为 120°，通过对履带垫块进行受力分析，可以得出：

$$F=F_1=F_2$$

式中，F 为张紧器夹持力；F_1、F_2 为管道对垫块的支反力。

将管道与张紧器履带垫块的接触看作是圆柱体与平面的接触，根据 Roark 应力应变公式，管道与张紧器履带垫块接触区域的最大应力为：

$$\sigma=0.798\sqrt{\frac{F}{D\left(\frac{1-\mu^2}{E_1}+\frac{1-\mu_2^2}{E_2}\right)}}$$

式中：F 为每单位长度的张紧器夹持力；D 为管道外径；μ_1 为张紧器垫块泊松比；μ_2 为管道配重层泊松比；E_1 为张紧器垫块弹性模量；E_2 为管道配重层弹性模量。

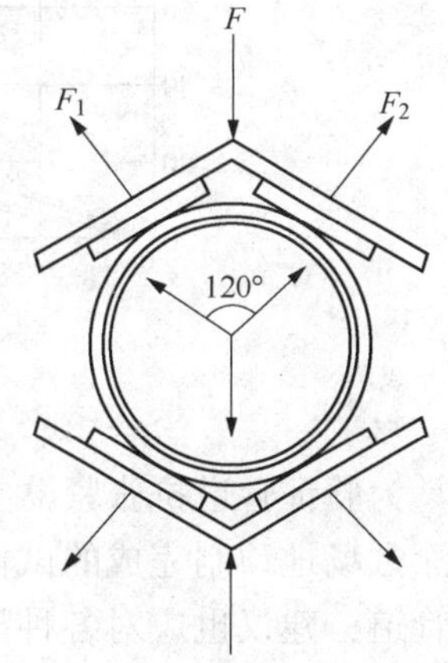

图 4　张紧器垫块受力分析

从而得出管道配重层可以承受每单位长度的张紧器最大夹持力为：

$$F=\frac{\sigma_{抗}^2 D}{0.6368}\left(\frac{1-\mu_1^2}{E_1}+\frac{1-\mu_2^2}{E_2}\right)$$

式中，$\sigma_{抗}$为管道配重层的抗压强度。

针对张紧器夹持状态下管道内层之间的应力计算，可以看作是圆柱体与圆柱面基座的接触，同样根据 Roark 应力应变公式，可以得出管道内层在张紧器夹持状态下的最大应力，从而可以得出管道内层承受每单位长度的张紧器最大夹持力。

在实际情况下，配重层的弹性模量远远大于其他层的弹性模量，其消耗的张紧器的夹持应力也远远大于其他层，一般情况下可重点针对配重层进行张紧器夹持状态下的应力校核。

2. 管道抗张紧器夹持能力试验

1）试验原理

对于海底管道铺设项目，为保证管道铺设的安全性，安装设计期间会进行管道铺设计算，对目标铺管船给出推荐的铺设张力，管道通过张紧器夹持力产生摩擦力，为管道提供铺设张力，根据推荐管道铺设张力和目标铺管船张紧器垫块的摩擦系数，可以得出铺管过程中的张紧器夹持力，本试验就是将管道在张紧器中进行夹持，以验证管道是否具备承受铺管过程中张紧器夹持力的能力。

不同铺管船张紧器垫块的摩擦系数不同，摩擦系数要根据张紧器规格书进行选择，以图5为例，如铺管计算推荐张力为60t，选择张紧器垫块的摩擦系数为0.3，则对应的张紧器夹持力为30t/m，试验过程中就要将张紧器夹持力设置为30t/m。

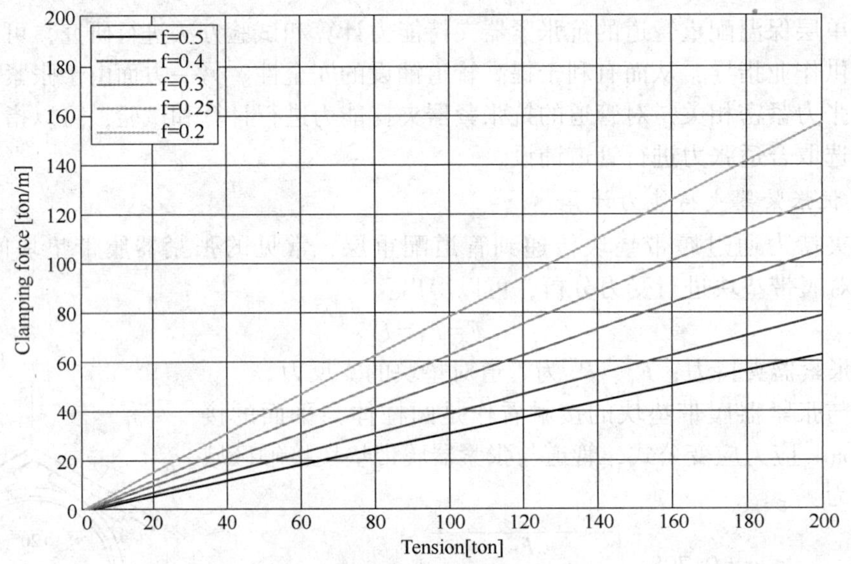

图5　某铺管船张紧器夹持力/张力曲线

为验证管道抗张紧器夹持能力可以满足海上铺设要求，在管道大批量生产前，可以在管道涂敷场地预制完成的试样中随机抽取两根管道在目标铺管船进行试验，如项目涉及多种尺寸管道，建议也应对各种尺寸进行海上试验，以确保海上管道铺设工作的安全性。

2）试验方法

随机提供两根管道试验件，试验件要完成28天的养护期，以确保其配重层到达理论设计强度，管道试验件由运输船运输至目标铺管船，管道吊装及运输过程中要避免磕碰，以免对试验结果造成影响。

（1）管道传输至张紧器。

铺管船将管道通过传送滚轮及存管区横移小车，将管道传送至作业线。打开张紧器，借助作业线天车将管道传送至张紧器。

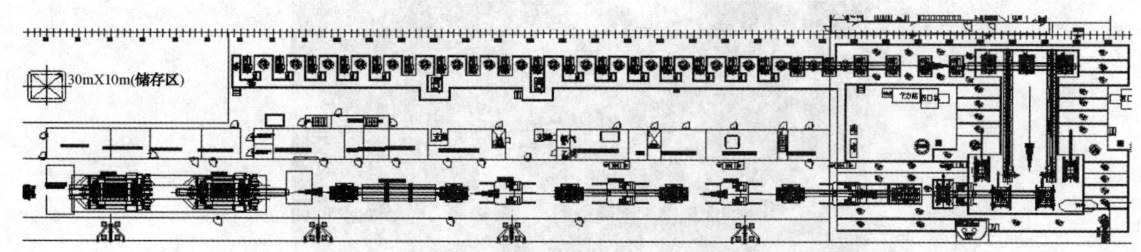

图 6　某铺管船管道试验件传送路线图

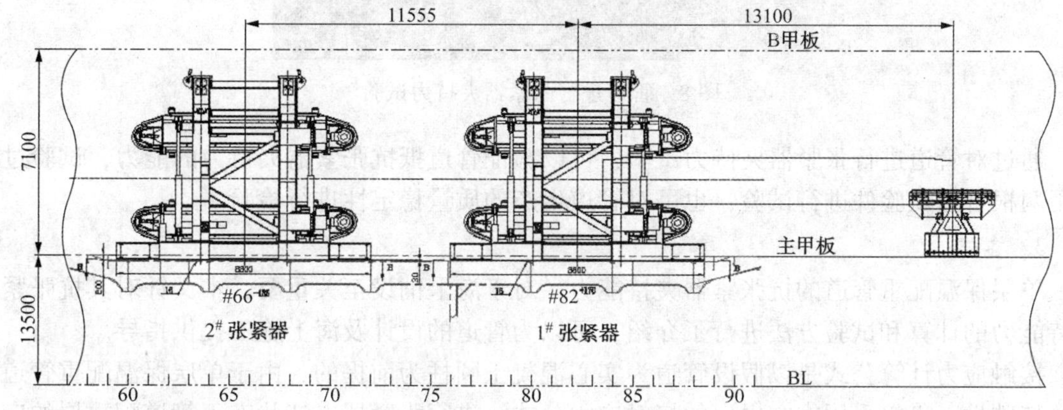

图 7　某铺管船管道试验件到达指定位置

（2）试验步骤。

在管道到达指定位置后，就可以开展试验，如铺管船只有一台张紧器，可以利用作业线天车配合张紧器完成试验，如铺管船具备两台张紧器，两台张紧器可以相互配合完成试验，试验过程中要对管道的外观进行观察和记录。下面以具备两台张紧器的铺管船为例，其试验步骤如下：

第一步：将管道传送至指定位置后，关闭 1#张紧器，并根据铺管计算张力得出的夹持力进行张紧器设置。

第二步：打开 2#张紧器，设置 2#张紧器下履带标高与 1#张紧器一致。

第三步：手动控制张紧器履带，使管道逐渐通过 1#张紧器进入 2#张紧器。管道水泥配重层节点边缘接近水平履带末端时，履带停止转动。

第四步：手动控制 1#张紧器履带，使管道逐渐反向通过 1#张紧器。

第五步：打开 1#张紧器，将管道按照原路退出作业线，退出过程中可以对管道配重层进行更加全面的观察和记录。

第六步：按照第一步至第五步对第二根管道进行试验，以验证管道生产质量的稳定性。

3）试验结论

如管道试验过程中配重层出现裂纹，则表明夹持力超出管道的承受能力，这种情况下，一方面可以进行优化铺管计算，在保证管道安全铺设的前提下，进一步降低铺设张力，以达到降低夹持力的目的，另一方面就要从增加配重层的强度入手，优化配重层设计方案，使配重层强度满足张紧器夹持力的要求。

图 8 管道进行张紧器夹持力试验

通过对管道进行张紧器夹持力试验，可以验证管道抵抗张紧器夹持力的能力，试验过程选用两根管道试验件进行试验，也可对管道生产的质量稳定性进行检验。

3. 总结

单层保温配重管道的抗张紧器夹持能力，对于海上铺设至关重要，本文针对其抗张紧器夹持能力的计算和试验方法进行了介绍，可以为管道的设计及海上施工提供指导。

接触应力计算公式是以假设管道为实心混凝土圆柱为前提的，由于单层保温配重管道结构的特殊性，直接采用本文提出的接触应力公式，进行张紧器夹持状态下管道配重层的应力计算，并不能很好的反映配重层的真实应力值，因此，对单层保温配重管道的张紧器夹持情况进行有限元计算，并与接触应力公式计算值进行比较，可以对计算公式进行适当修正。

对于管道内部各层的应力计算，是一个极其复杂的计算过程，本文不做介绍，推荐采用有限元方法，使用国际通用的有限元软件 ANSYS，并选择合适的建模方法，建立合理的三维有限元模型进行计算分析，可以校核管道配重层、夹克层及保温层强度，以得到合理的管道抗张紧器夹持能力。

管道抗张紧器夹持能力试验，可以实际检验配重层的强度是否满足铺设要求，在试验过程中也可以逐步增加张紧器夹持力进行试验，可以得到多种夹持力状态下的配重层夹持结果。

管道抗张紧器夹持能力试验方法也存在不足之处，由于整个试验过程的结论都是基于配重层未出现损坏进行判断，无法对聚乙烯夹克层及聚氨酯保温层的损坏情况进行检验，存在配重层未出现损坏，但聚乙烯夹克层及聚氨酯保温层出现损坏的情况，尤其是聚乙烯夹克层出现损坏，考虑到配重层的渗水性，会导致聚氨酯保温层失效，对管道的保温性能造成不利影响。

参 考 文 献

[1] YOUNG W C. Roark 应力应变公式[M]. 北京：清华大学出版社，2003.

[2] 张晓灵 . 单层钢管保温配重新产品在海洋油田中的应用[J]. 石油工程建设，2009，35(3)：22-26.

[3] 刘新帅 . 海底单层保温管道配重层压溃试验分析研究[J]. 海洋工程装备与技术，2016，3(6)：376-380.

海底管线国内大管径恶劣海况长距离浮拖技术研究

张 涛　付春丽　冯永超　张国兴　刘 昕

（中国石油集团海洋工程有限公司海工事业部）

摘要：海底管线铺设施工中，近岸段水深较浅，铺管船吃水受限无法进行正常的行船铺管作业，因此需要岸拖施工技术。本文结合中油海101船在实施舟山市大陆引水三期工程期间，面临大管径、恶劣海况所进行长达1.2km的浮拖施工，进行相关的技术分析与研究，为今后类似工程的实施提供有力的技术保障。

关键词：大管径；恶劣海况；浮拖；限位桩

1. 近岸段拖拉铺设技术

海管拖拉铺设技术常应用于铺管船吃水受限的近岸段或者因环境变化施工海域底质无法确定的情况下。拖拉铺设技术常见：通过陆地定点安装锚机等牵引设备，连接铺管船作业线管线弃管头（牵引连接部件）将焊接处理完毕的管线一根根牵引拖拉至登陆点。按照拖拉过程中管线所处海内位置可将拖拉铺设技术具体分为：底拖法、离底拖法、定深拖法、浮拖法。4种拖拉方式对比见表1。

表1　拖拉方式对比表

拖拉方式	优　点	缺　点
底拖法	管线力学损伤小； 受表面风浪涌影响小	拖拉底质要求高； 管线防腐层磨损不可控； 增加拖拉摩擦力
离底拖法	拖拉摩擦力小； 管线力学损伤小	拖拉底质要求较高； 需额外绑扎浮筒
定深拖法	拖拉底质无要求； 拖拉摩擦力较小	管线力学损伤较大； 容易偏移路由
浮拖法	拖拉底质无要求； 拖拉摩擦力小	受表面风浪涌影响大； 管线力学损伤大； 容易偏移路由

2. 舟山水管三期工程近岸段施工难点

舟山水管三期工程近岸段施工难点如表2所示。

表 2　近岸段施工难点

难点	特征	施工影响
管线	直径 1228mm； 壁厚 14mm	径厚比大，管线偏移时易导致屈曲甚至断裂
海流	最大流速达 4kn 且为横流	流速大易导致浮拖管线偏移路由，且存在造成管线断裂的风险
岸拖长度	1. 2km	浮拖距离较长，管线难以铺设至设计路由
底质	近岸处多为砂石	管线外表 3PE 易损伤

3. 浮拖计算分析

浮拖管段受力分析如下所述。

1）计算模型说明

浮拖管段受力分析采用 ANSYS 12. 0 软件，管段长度 1km，采用 PIPE59 模拟。限位桩设置 9 处，按简支处理，管端约束按实际情况考虑简支约束和自由两种工况，并考虑浮拖铺设时管道张力。

分析时，水动力荷载计算参数如下：

海流：流速 $V_c=1.86\text{m/s}$，方向与管道成 45°；

波浪：波高 $H=0.8\text{m}$，周期 $T=4.0\text{s}$，方向与管道成 45°(依据施工期海况条件选取)。

根据 DNV1981 规范，安装期管道的强度校核公式为：

$$\sqrt{\left(\frac{N}{A}+\frac{0.85M}{W}\right)^2+\sigma_y^2-\left(\frac{N}{A}+\frac{0.85M}{W}\right)\cdot\sigma_y}\leqslant\eta\cdot\sigma_F$$

式中　N——轴向力(包括水压力的影响)；

A——钢管截面积；

σ_y——环向应力；

M——弯矩；

W——管道剖面抗弯模数；

σ_F——屈服应力；

η——强度利用系数，仅计入功能载荷，取 $\eta=0.72$，当采用施工期最大的风、浪、流等最不利条件组合时，取 $\eta=0.96$。

2）分析结果

海底管道岸拖管段受力分析计算结果如表 3 所示。

表 3　管段受力计算分析结果(铺管时牵引拉力 10kN，管端自由)

序号	项目	数量	对应位置/m
1	等效应力最大值	136. 63N/mm²	900(管端最近限位桩处)
2	规范校核应力允许值	331. 2N/mm²	满足
3	管道变形最大值	5. 425m	1000(管端)
4	限位桩最大支反力	82. 08kN	900(管端最近限位桩处)

由上表可知，海底管道浮拖过程中的应力均小于许用应力 331. 2N/mm²，管道强度校核

满足规范要求。

4. 浮拖铺设

1）施工前准备

起始铺设前，需做好以下准备：

（1）根据铺管应力分析报告调节铺管船与托管架上滚轮的高度、托管架的角度；

（2）根据管径调节张紧器上下履带垫块的间距；

（3）管子的传送和对中站的设备调试；

（4）准备终止铺设及临时弃管时所用的牵引头。

2）管线铺设

（1）管线铺设流程图如图 1 所示。

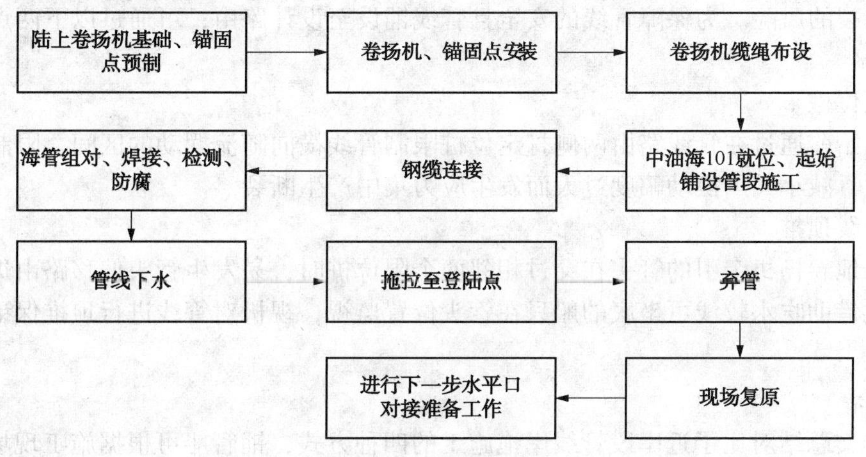

图 1　岸拖施工流程图

（2）岸拖程序。

在岸拖施工中铺管船的位置完全不动。管道张紧器保持管段的张力为 10t，岸拖卷扬机通过收缆进行管线的岸拖作业（岸拖铺设示意图见图 2）。每完成 12.2m 管道（即 1 根管）的焊接，铺管船原位不动，岸拖端卷扬机进行收缆拖管 12.2m，管线到达位置刹车。

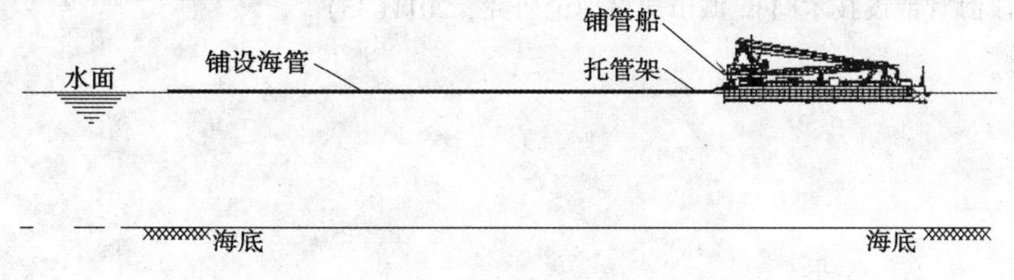

图 2　铺设示意图

3）弃管作业

在海底管线浮拖铺设期间，因管线漂浮于海面管线的稳定由有限位桩限位、卷扬机拖拽铺管船张紧器限位来保持管线稳性，如在施工过程中遇到不可抗力因素弃管后管线稳性难以保证，因此必须根据岸拖施工工期选取满足施工期的天气窗口进行施工，同时制定弃管后管线稳性保护措施。但当因天气或其他原因使得铺管作业不得不中止时，要进行弃管作业。

（1）根据气象信息，项目经理至少提前 24 个小时在恶劣天气到来前，下达弃管指示，在1号工位将弃管牵引头与最后一根管焊接。

(2) 在管线到达张紧器前时，张紧器取消恒张力并打开上下履带。

(3) 岸拖卷扬机继续进行岸拖作业，直至铺管船上管线脱离托管架后停止。

(4) 管线停止拖拽后使用吊带、倒链等将管线与每根桩管进行索止限位，完成后岸拖卷扬机保持2t张力，保证管线在海面的稳性。

(5) 弃管时管线封头处阀门都应保持关闭状态。

(6) 向前移船，使铺管船与管线自由端保持一定安全距离。

(7) 根据具体情况，采取起锚及时撤至避风锚地或进行水平口对接准备工作。

4）设计路由铺设保障措施

浮拖管线位于水面上，受表面风浪涌的影响较大，流速大易导致浮拖管线偏移路由，并存在管线断裂的风险。为保障管线的安全且管线铺设至设计路由，可通过以下两点实现得以实现。

(1) 限位桩。

浮拖开始前通过在管线路由两侧打定位桩限制管线横向随流摆动的区间，限制浮拖管线的弯曲程度，减小其因摆动幅度过大而发生应力集中产生断裂。

(2) 管线顶推。

通过陆地卷扬机牵引的管头在穿过相邻两个限位桩时，易发生管头偏移路由进而偏出限位桩，为此借助吃水较浅可坐底的船只在管头位置监视，视机对管线进行顶推保证管线沿路由铺设。

5. 结论

(1) 本文总结对比了近岸段管线岸拖施工的四种方式，铺管船可根据施工现场的状况择优选择操作性最强的方式，为近岸段施工提供可靠的解决方案。

(2) 详细阐述了通过打限位桩及驳船顶推等措施实现恶劣海况、长距离岸拖的施工技术，为后续类似工程提供有力技术保障。

参考文献

[1] 高磊. 近岸段海管铺设技术[J]. 城市建设理论研究，2011(35).

滩海油田原油集输管线泄漏在线监测技术探讨

卢壮杰

（中国石化石油工程设计有限公司）

摘要：为及时发现滩海油田原油集输管线泄漏事故的发生，在不影响油井生产的前提下对原油集输管线泄漏在线监测技术进行对比分析，并提出合理化建议。

关键词：滩海油田；原油集输管线；泄漏在线监测

1. 引言

滩海油田主要是指由陆地向海上延伸，即横跨海岸线，一部分在陆地，另一部分延伸到海里；或者虽然整个油田都在海里，但水深却较浅的油田。我国的辽河、冀东、大港、胜利油田滩海区域，有着丰富的油气资源并取得了良好的勘探发现。以胜利油田为例，历经二十几年的探索，通过多年来不断技术创新和积累，形成了两类开发模式如下所述。

第一类是滩海开发模式，即在极浅海区域修建“进海路+滩海陆岸平台”路岛开发方式，例如垦东 12、L168、青东 5 区块。

第二类是滩涂开发模式，按照是否修建海堤划分为“封闭式”和“开敞式”开发建设模式，例如飞雁滩、大王北区块。

其中，滩海陆岸平台形成了“井站合一、分井计量、油气混输”的集输模式，即各井口来液在滩海陆岸平台上就地分离、计量后，分出的天然气一部分作为平台燃料气使用，剩余油气利用井口回压通过敷设于进海路两侧的集输管线直接混输到陆地联合站进行处理。

滩海油田的生产环境远比一般陆地油田险恶，经常遭遇 10 级左右风暴潮的袭击。其中，敷设于进海路两侧的原油集输管线作为重要的生产设施，一旦发生泄漏，不仅影响油气生产，而且会造成环境污染，给油田带来重大的经济损失和社会影响。

图 1　滩海油田进海路原油集输管线腐蚀穿孔泄漏图

目前，针对滩海油田埋地原油集输管线泄漏监测一般都需要管线停产并且开挖验证，既影响了原油正常生产，又会造成开挖时产生的环境污染，还会支付高昂的费用，这些都给管理单位带来了极大的困难。

考虑到上述难题和依法合规生产的严格要求，滩海油田原油集输管线采用泄漏在线监测技术是很有必要的。本次也提出几种比较成熟的在线监测方法。

2. 滩海油田原油集输管线泄漏在线监测技术

1）“负压波+输差”分析法

（1）负压波分析法。

当管道发生泄漏时，由于管道内外的压差，使泄漏处的压力突降，泄漏处周围的液体由于压差的存在向泄漏处补充，在管道内产生负压波，从泄漏点向上、下游传播，并以指数律衰减，逐渐归于平静。管道两端的压力传感器接收管道的瞬变压力信息，而判断泄漏的发生，通过测量泄漏时产生的瞬时压力波到达上游、下游两端的时间差和管道内的压力波的传播速度计算出泄漏点的位置。为了克服噪声干扰，可采用小波变换或相关分析等方法对压力信号进行处理。前苏联从 20 世纪 70 年代开始研究和使用自动测漏技术，负压波测漏系统的普及，使输油管线泄漏事故减少 88%。负压波的传播规律跟管道内的声音、水击波相同，其速度取决于管壁的弹性和液体的压缩性。国内曾经实测过大庆原油管道在平均油温 44℃，密度 845kg/m^3 时的水击波传播速度为 1029m/s。对于一般原油钢质管道，负压波的速度约为 1000~1200m/s，频率范围 0.2~20kHz。

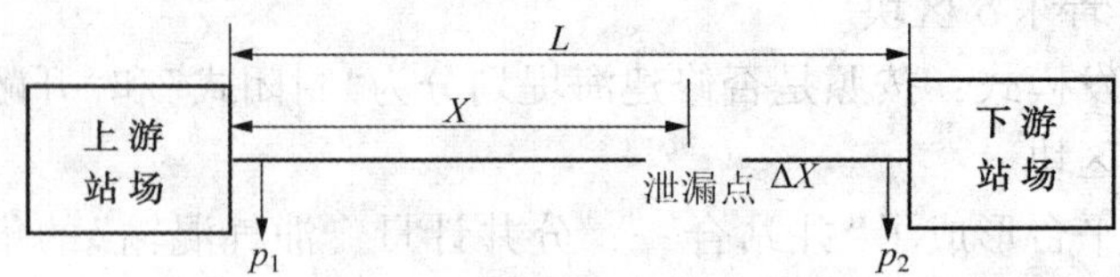

图 2　泄漏点定位图

负压波分析法具有较快的响应速度和较高的定位精度。

其定位公式为：

$$X = \frac{1}{2}(L + a\tau_0) \tag{2-1}$$

式中　X——泄漏点距首端测压点的距离，m；

L——管道全长，m；

a——压力波在管道介质中的传播速度，m/s；

τ_0——上、下游压力传感器接收压力波的时间差，s。

由以上公式可知，要实现准确的定位必须精确的计算压力波在管道介质中的传播速度 a 和上、下游压力传感器接收压力波的时间差。

优点：对于突发性泄漏比较敏感，能够在 3min 内检测到，如监视犯罪分子在管道上打孔盗油。

缺点：对缓慢增大的腐蚀渗漏不敏感。

（2）输差分析法。

管道在正常运行状态下，管道输入和输出流量应该相等，泄漏发生时必然产生流量差，上游站场的流量增大，下游站场的流量减少。

在管道的两端及各插入点安装数据采集站，采集站由数据采集专用模块、仪表电源、安全栅等组成。模块由数据采集模块、GPS时间采集器构成，其中GPS时间采集器采集卫星的标准时间信号，用于测漏系统的校时。灵敏度：小于总瞬时输量的1%；误报率：小于5%；响应时间：小于3min。

优点：可靠性较高，跟压力波结合使用，可以大大减少误报警。

缺点：管线首末端需安装流量计，油井需停产。由于管道本身的弹性及流体性质变化等多种因素影响，首末两端的流量变化有一个过渡过程，所以反应慢，精度不高，也不能确定泄漏点位置。

负压波分析法由于对缓慢增大的腐蚀渗漏不敏感，而输差分析法可靠性高，故采用“负压波+输差”分析法联合对管线进行在线监测。

2）光纤在线监测

光缆布置在管道附近并与管道保持一定间距，将光缆终端接入监测站内，安装分析仪和计算机，从而实现对管道全程的实时在线监测，可以及时发现泄漏并准确定位。利用光缆作为分布式传感器组建光缆在线监测系统，系统可以通过光缆实时获取各处的温度变化或土壤振动情况，分析识别还原现场情况，通过智能学习主动判别并对危险信号发出警告，及时通知监控人员采取应急措施。

优点：精度高、不带电，抗射频和电磁干扰、防燃、防爆、抗腐蚀、耐高压和强电磁场、耐辐射、数据传输及读取速度快、报警快、自适应性能好等优点，能在各种有害的环境中工作。

缺点：光缆不能大角度折弯；光缆需全线开挖敷设，工程量大，投资大，工农关系难处理。

3）热成像视频在线监测

沿管线建立一套红外热成像视频监控系统，如果管线有漏油、穿孔等情况发生，由于温度的不同，热成像仪可以第一时间发现原油泄漏情况并确定泄漏点位置。同时还可以监视到不法分子偷盗破坏情况，做到人为破坏的预警。

因滩海地区外界电磁干扰小，中间没有高大山体、建筑物遮挡，因此系统传输考虑采用无线网桥传输方式。在铁塔上安装远距离红外热成像监控系统、网络视频编码器和无线网桥，通过远距离红外热成像监控系统监控油区内大范围的输油管线安全情况。采用网络视频编码器将模拟信号转换成数字信号通过无线网桥传输到新滩联合站控制室统一显示、控制及存储。

优点：可实现及时监测并且不需要开挖施工。

缺点：需在沿线新建通信铁塔，自然保护区工农关系需处理。

4）次声波在线监测

当管道遭到破坏时或是发生自然泄漏时产生的声波信号中包含次声部分（0~20Hz），根据声波传播理论，声波中的次声部分可以沿着原油管线传播到很远的距离，因此可以采用次声传感器进行管道的防盗及泄漏检测。在管道两端安装音波传感器，现场数据采集处理器能及时接收管道内输送介质泄漏的瞬间所产生的音波震荡，通过高效的信号分析算法，在噪声中分辨出有效信号进行定性的报警提示，以及比较数据库中的模型来确定管道是否发生了泄漏以及泄漏量等信息；同时，利用管道两端的现场数据采集处理器传送信号的时差，从而判断泄漏位置。

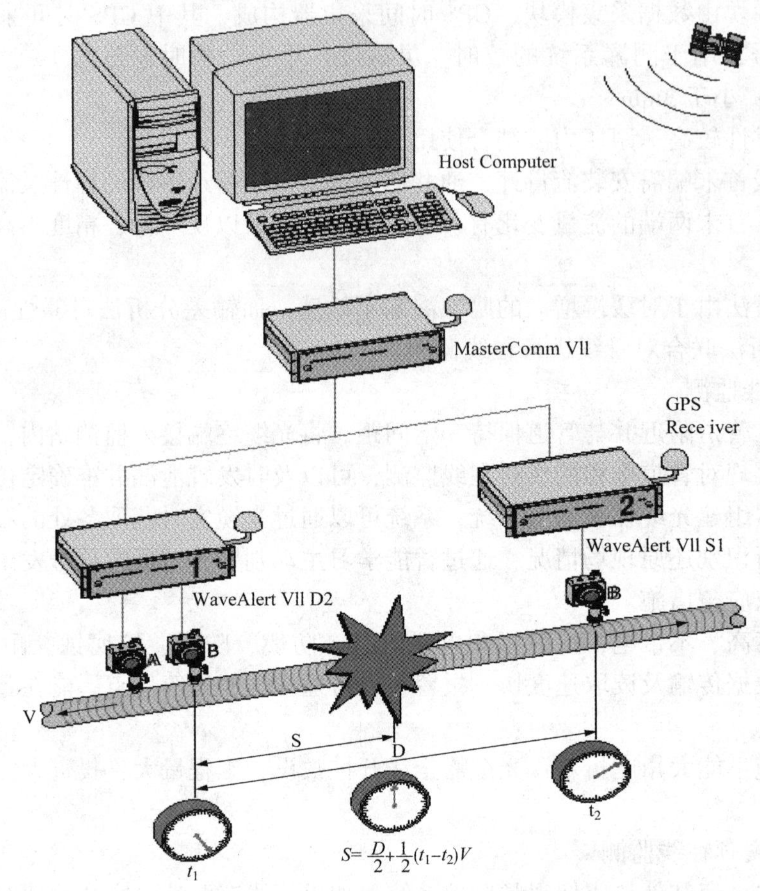

图 3　次声波监测示意图

音波法定位公式：

$$S = \frac{D}{2} + \frac{1}{2}(t_1 - t_2)V \tag{2-2}$$

式中，S 为泄漏位置；D 为两传感器之间的距离；V 为音波的传播速度；t_1-t_2 为管道两端的现场数据采集处理器传送信号的时差。

当运行管道发生破损泄漏时，音波传感器装置采集到管道破损瞬间的音波信号，并将音波信号传送到现场数据采集处理器，现场数据采集处理器对信号进行处理并转换为固定格式的数字信号，打上 GPS 时标，把数据上传至中心数据汇集处理器。现场数据采集处理器和中心数据汇集处理器互相通信。中心数据汇集处理器能够整合分析系统的数据，确定泄漏是否真的发生并确定泄漏位置。通过串口可以 MODBUS RTU 协议与监控主机进行通讯。

优点：对于突发性泄漏比较敏感，精度高、速度快、报警快。

缺点：压力变化幅度大且变化频繁对次声波有干扰。

5）滩海油田原油集输管线泄漏在线监测技术对比分析

针对滩海油田原油集输管线泄漏在线监测技术进行对比分析，如表 1 所示。

表 1 滩海油田原油集输管线泄漏在线监测技术对比分析表

	“负压波+输差”分析法	光缆在线监测	热成像视频在线监测	次声波在线监测
优点	对于突发性泄漏比较敏感，能够在 3min 内检测到，如监视犯罪分子在管道上打孔盗油	精度高、不带电，抗射频和电磁干扰、防燃、防爆、抗腐蚀、耐高压和强电磁场、耐辐射、数据传输及读取速度快、报警快、自适应性能好等优点，能在各种有害的环境中工作	可实现及时监测并且不需要开挖施工	对于突发性泄漏比较敏感，精度高、速度快、报警快。只需在站内安装监控点，工作量小，故推荐此项技术
缺点	(1) 对缓慢增大的腐蚀渗漏不敏感。 (2) 输差分析法需在管线首末端增加流量计，油井需停产，故不建议采用	光缆不能大角度折弯；光缆需全线开挖敷设，工程量大，投资大，工农关系难处理，故不建议采用	需在沿线新建通信铁塔，自然保护区工农关系需处理，故不建议采用	压力变化幅度大且变化频繁对次声波有干扰

3. 结论

通过对比分析，针对滩海油田原油集输管线不停产监测的特殊要求，可采用“次声波在线监测”技术对原油集输管线进行在线监测，从而保证滩海石油开采的安全平稳运行。

参 考 文 献

[1] 周诗岽，吴志敏，吴明．输油管道泄漏检测技术综述[J]．石油工程建设，2003，06，29(3)：6-10.

薄壁大管径海底管线非常规水平口对接技术研究

雷 捷　李 静　刘汉坤　刘泽飞　杜书鑫

（中国石油集团海洋工程有限公司海工事业部）

摘要：水平口对接是浅水域海底管道铺设的重要施工技术之一，是近岸端管线与深水端管线连接的重要施工方式。在项目施工时如能利用现有条件，在保证管线安全的情况下简化施工流程，利用非常规方法进行管线水平口对接与释放，能够有效缩短海上紧张的施工工期，为项目节约成本提高功效。

关键词：水平口；薄壁；大管径；对接与释放

1. 概述

海底管线水平口对接是浅水域海底管道近岸端管线与深水端管线连接重要施工技术之一。施工时应根据管线应力计算分析选择合适的水深位置进行水平口对接。一般采用铺管船侧舷吊将管线起吊到船舷水面以上，进行对接后再利用侧舷吊无应力释放到海底。

舟山市大陆引水三期工程跨海输水管道工程项目采用 S 型铺设方式进行铺设，管材为 Q345B，螺旋缝埋弧焊(SAWH)，管道外径 1228mm，壁厚 14mm。根据马目侧登陆点附近水深分布和中油海 101 船吃水要求，需进行 1.2km 的岸拖铺设。由于施工水域流速大，岸拖距离长，因此采用浮拖法铺设，同时打限位桩限制管线在路由范围内。在铺设完成后需进行水平口对接施工。

2. 计算分析

1）管道水平口起吊计算分析

“中油海 101”铺管船侧舷吊支撑点坐标如图 1 所示。

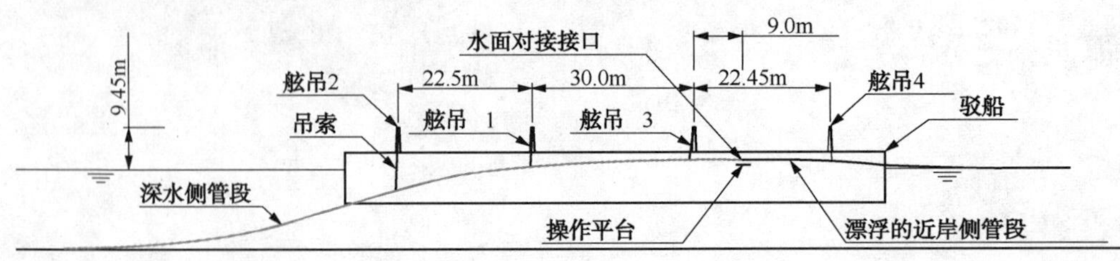

图 1　中油海 101 船起吊计算示意图

2）深水侧管段提吊分析

（1）计算模型说明。

水平口对接位置水深 7.9m，考虑潮位实际计算水深 12.2m(高潮位水深)，9.4m(低潮位水深)。

深水侧管道提吊利用舷侧吊，舷侧吊设3个，间距30m和22.5m。提吊时，管道上的吊点就位于舷侧吊正下方。

分析时假定管道中液面与水面相同。计算模型示意图如图2所示。

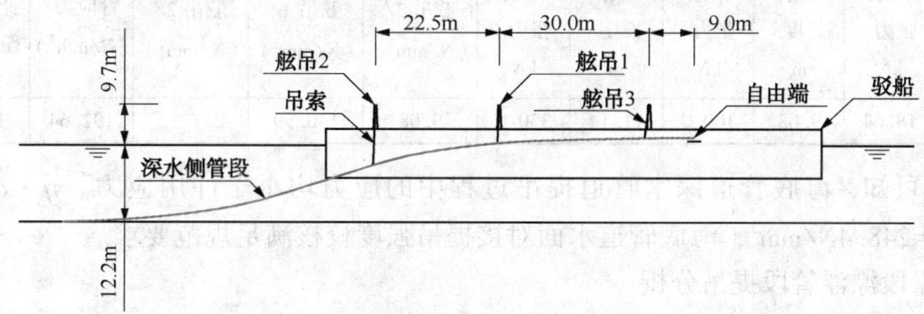

图2 深水侧管段提吊计算模型示意

根据DNV1981规范，安装期管道的强度校核公式为：

$$\sqrt{\left(\frac{N}{A}+\frac{0.85M}{W}\right)^2+\sigma_y^2-\left(\frac{N}{A}+\frac{0.85M}{W}\right)}\cdot\sigma_y\leqslant\eta\cdot\sigma_F$$

式中 N——轴向力(包括水压力的影响)；

A——钢管截面积；

σ_y——环向应力；

M——弯矩；

W——管道剖面抗弯模数；

σ_F——屈服应力；

η——强度利用系数，仅计入功能载荷，取 $\eta=0.72$，当采用施工期最大的风、浪、流等最不利条件组合时，取 $\eta=0.96$。

(2) 分析结果。

海底管道深水侧管段提吊计算结果(表1~表3)。海底管道深水侧管段提吊计算分析结果(高潮水深，考虑弃管头管段3m)

表1 海底管道深水侧管段提吊计算分析结果(高潮水深，考虑弃管头管段3m)

步骤	舷吊3		舷吊1		舷吊2		支撑处管道应力			下弯段管应力/(N/mm²)	自由端距水面距离/m	管端水平角度/(°)
	吊索长度/m	吊索张力/kN	吊索长度/m	吊索张力/kN	吊索长度/m	吊索张力/kN	舷吊3/(N/mm²)	舷吊1/(N/mm²)	舷吊2/(N/mm²)			
	9.57	45.18	11.89	110.0	14.15	300.0	16.09	118.52	170.68	211.48	1.77	3.10

表2 海底管道深水侧管段提吊计算分析结果(高潮水深，切除弃管头管段)

步骤	舷吊3		舷吊1		舷吊2		支撑处管道应力			下弯段管应力/(N/mm²)	自由端距水面距离/m	管端水平角度/(°)
	吊索长度/m	吊索张力/kN	吊索长度/m	吊索张力/kN	吊索长度/m	吊索张力/kN	舷吊3/(N/mm²)	舷吊1/(N/mm²)	舷吊2/(N/mm²)			
	9.57	9.94	11.22	100.0	13.14	360.0	9.07	151.03	247.51	215.30	1.34	2.12

表 3　海底管道深水侧管段提吊计算分析结果(低潮水深，切除弃管头管段)

步骤	舷吊 3		舷吊 1		舷吊 2		支撑处管道应力			下弯段管应力/(N/mm²)	自由端距水面距离/m	管端水平角度/(°)
	吊索长度/m	吊索张力/kN	吊索长度/m	吊索张力/kN	吊索长度/m	吊索张力/kN	舷吊 3/(N/mm²)	舷吊 1/(N/mm²)	舷吊 2/(N/mm²)			
	8.46	18.64	9.63	100.0	11.14	350.0	9.08	140.99	237.12	192.64	1.30	1.43

由上表可知，海底管道深水管道提吊过程中的应力均小于许用应力。$\eta \cdot \sigma_F = 0.72 \times 345\text{N/mm}^2 = 248.4\text{N/mm}^2$，海底管道水面对接提吊强度校核满足规范要求。

3）近岸段漂浮管段提吊分析

(1) 计算模型说明。

近岸侧管段在水平口对接时处于空管漂浮状态。

近岸侧漂浮管道提吊利用 400t 主吊，舷侧吊设 2 个。提吊时，管道上的吊点就位于舷侧吊正下方，舷吊 4 在水平方向距管道自由端 13.5m，主吊距管道自由端 40m(未计入弃管头长度)。

(2) 分析结果。

海底管道近岸侧浮拖管段提吊计算结果(表 4、表 5)。

表 4　海底管道近岸侧漂浮管段提吊计算分析结果(船舷 4 单点提吊)

步骤	舷吊 4		舷吊 4 管道应力/(N/mm²)	下弯段管应力/(N/mm²)	自由端距水面距离/m	管端水平角度/(°)
	吊索长度/m	吊索张力/kN				
	8.46	191.08	20.45	93.67	1.30	1.55

表 5　海底管道近岸侧漂浮管段提吊计算分析结果(船舷 4、浮吊两点提吊)

步骤	舷吊 4		浮吊		支撑处管道应力		下弯段管应力/(N/mm²)	自由端距水面距离/m	管端水平角度/(°)
	吊索长度/m	吊索张力/kN	吊索长度/m	吊索张力/kN	舷吊 4/(N/mm²)	浮吊 4/(N/mm²)			
	11.63	9.78	-	360.00	17.58	166.19	87.51	1.32	0.00

由上表可知，海底管道近岸侧管段提吊中的应力均小于许用应力。$\eta \cdot \sigma_F = 0.72 \times 345\text{N/mm}^2 = 248.4\text{N/mm}^2$，海底管道水面对接提吊强度校核满足规范要求。

根据深水侧管段提吊分析和近岸侧漂浮管段提吊分析(单舷侧吊)，高潮位条件下，管段提吊至水面 1.3m，最大吊索张力 360kN 情况，管道对接口夹角 3.67°；低潮位条件下，管段提吊至水面 1.3m，最大吊索张力 350kN 情况，管道对接口夹角 2.98°，满足要求。

4）漂浮管道充水下放强度分析

(1) 漂浮管道充水下放计算。

① 概述。

管道水面上对接完成以后，充水下放。管道充水下放过程中，由于充水管道的方向向下的水下浮重量和空管段方向向上的水下浮重量，使管道成为“S”形状得以平衡。随着管道充水，管道会列成新的“S”形状得以重新平衡，直到充水完成。要充水过程中会受到较大的弯曲应力，应选择低潮位下放。

管道充水过程的形状示意(图 3)。

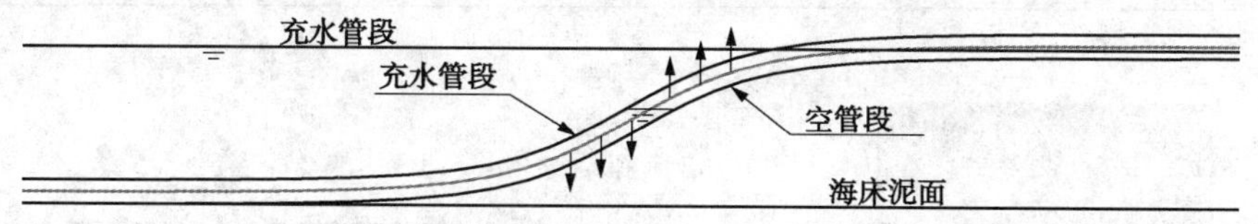

图 3　管道充水过程的形状示意

② 计算模型说明。

管道充水下放强度分析采用 AutoPIPE 软件。分析时，管道单元按公称管径、壁厚建模，实际建模充水管段长度 500m，空管段 400m，管道材质 Q345B。管道海床以 Guide 型支撑模拟。管道主要的荷载包括压力、温度、重量和浮力等功能荷载，由程序自动计算。

计算时，简化海床为平的，选取 KP31.8 的低潮位时水深 9.8m(1985 年国家高程基准)，如图 4 所示。

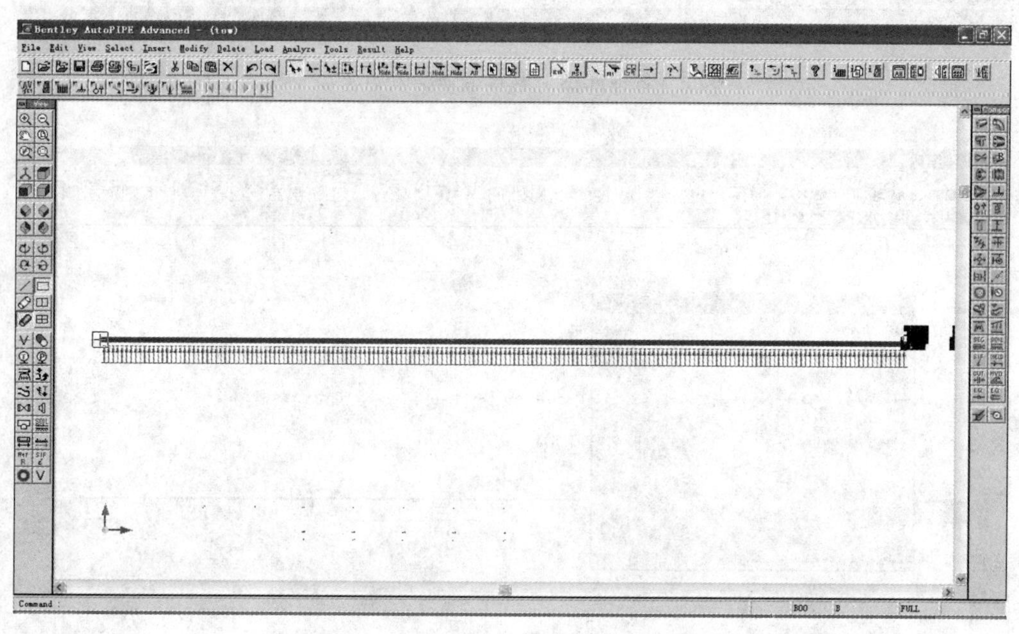

图 4　管道充水下放管道强度分析计算模型

③ 计算结果。

漂浮管段下放强度分析变形(图 5)。

漂浮管段下放强度分析应力结果(图 6)。

(2) 管道充水下放结论。

分析结果表明，管道的最大变形 9.95m；管道 *DNV*81 最大等效应力 303N/mm^2，位于空管段 B526。管道应力比为 1.22，超过规范允许值 248N/mm^{2}要求。考虑到管道在是深水处采用舷吊平稳下放，实际管道强度应满足规范要求。管道 KP31.8m 水深 10.6m(1985 年国

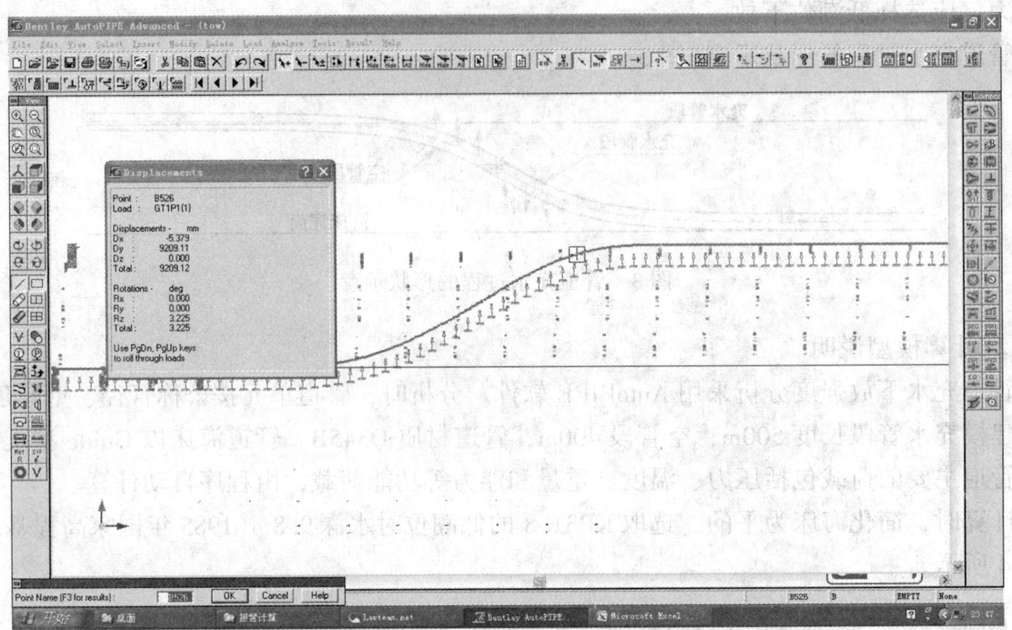

图 5　管道充水下放管道强度分析变形

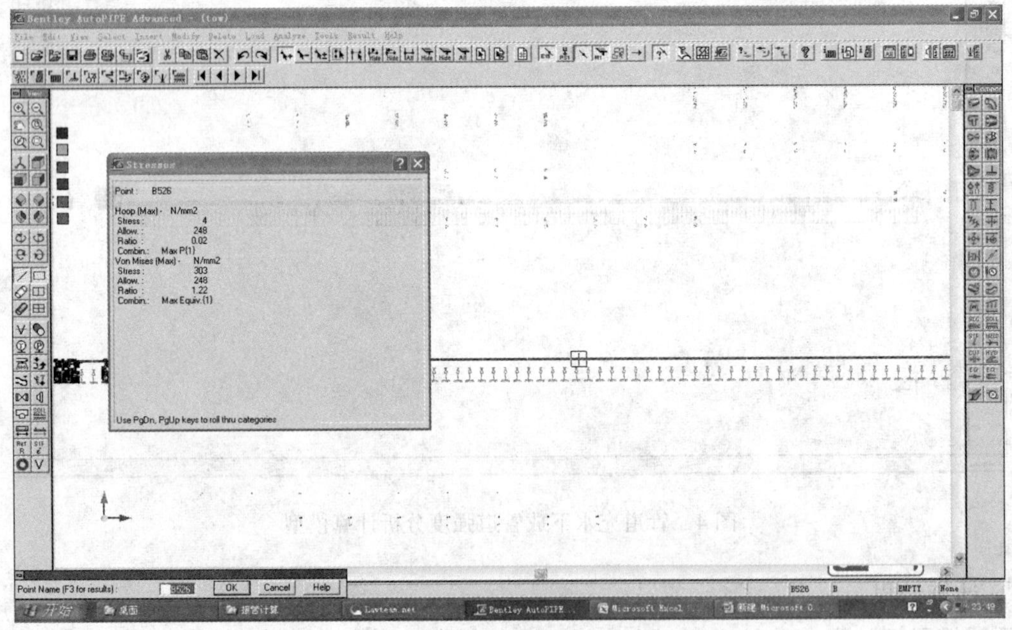

图 6　管道充水下放管道强度分析最大应力

家高程基准，下同），KP32.0m 水深 7.9m，仅 200m 距离，管道路由水深减小了 2.7m，管道强度基本满足要求(管道应力比 1.04)。进一步分析，得到满足规范要求的临界水深为 6.70m。

3. 工程应用

1)岸拖施工弃管作业

在岸拖铺设期间，当铺设工作完成后要，要进行弃管作业。

由于本工程岸拖段施工采用的是浮拖铺设，整根管线是漂浮在海面上，因此岸拖弃管采用非常规弃管方案。

该方案利用主作业船 400t 主吊机配合管线弃管，400t 吊机根据管线起吊计算分析吊起管线末端，保证管线末端出主作业船托管架后管线末端不入水，然后通过主作业船移船与 400t 吊机配合将近岸端管线移动至侧舷吊吊点正下方进行挂钩作业完成近岸端管线起吊工作。

由于近岸端管线不进行充水铺设，处于漂浮状态，由限位桩固定于水面。在完成岸拖至铺管船进行水平口对接施工就位的移船过程中需时刻关注管线漂浮状态并注意保护。

由于采用此方案管线末端不需进行弃管头焊接，只进行简单封堵，水平口对接作业时也无需进行弃管头切割作业，节省宝贵的海上作业时间。

2）水平口对接施工作业

主作业船将近岸端管线挂钩同时进行深水端管线的挂钩作业，管线挂钩完成后，通过按照计算分析将管线提升到设计位置后进行水平口对接作业(图 7)。

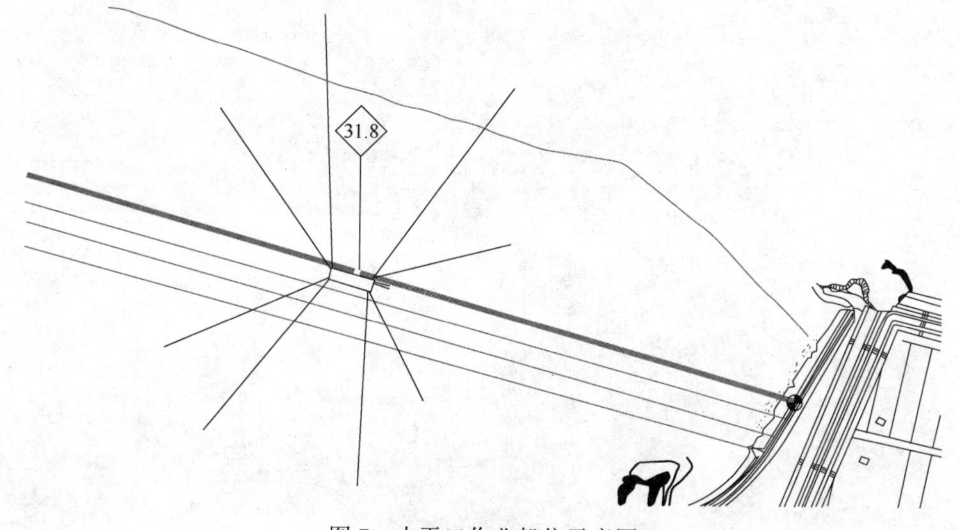

图 7　水平口作业船位示意图

3）管道下放

水平口对接作业完成后进行管道下放作业。

(1）选择低平潮期进行下放作业。

(2）水平口下放时，以 2m 为一个下放节点。以远岸侧下放状态为近岸侧调整依据，潜水员下水探摸远岸侧管道状态与入水深度，并且要求注水端进行注水，使得近岸侧管道受力和侧悬吊保持稳定状态。

(3）注水端进行注水，注水量以现场实际管线下放入水情况为准。(每根管线注水 13.8 方)同时岸拖卷扬机对近岸端漂浮管线保持 10t 拉力配合管线下放。

(4) 重复上述步骤直至管线顺利落入沟底。潜水员检查管道无问题后，拆除索具等。

(5) 水平口管段全部入水后，中油海 101 铺管船起锚撤离。

(6) 在水平管段入水后继续进行管线注水，使近岸端漂浮管线逐步下放至管沟。

(7) 直至全部管线下放完成后，岸拖卷扬机拉力释放。

4. 结论

(1) 因近岸端铺设为浮拖铺设法，利用主作业船主吊与移船配合快速实现近岸端管线的挂钩起吊作业，同时节省管线弃管头的焊接切割时间，节约海上作业时间。

(2) 根据工程岸拖施工海域实际水深，通过计算管线强度满足充水下放要求，实现对接水平口后整体充水下放。

(3) 在工程施工中可以根据现场环境实际情况，在保证工程质量、安全的前提下合理有效改善施工工艺，节约施工时间，降低成本，为工程创造更高的利润。

无人艇海底管道巡检系统在埕岛油田的应用

李民强[1]　修长军[2]　杨光[1]　芳海柱[1]　郑震生[1]　于俊峰[1]　王鹏鹏[1]

(1. 中国石化胜利油分公司海洋采油厂海底管道管理中心；
2. 中国石化胜利油田分公司生产运行管理中心)

摘要：埕岛海域地形地貌复杂多变，部分海底管道存在裸露及悬空，需对其进行检测以保障海底管道安全运营。本文介绍的无人艇海底管道检测系统通过搭载多波束成像声呐能够以较准确的测线控制和较低的安全风险进行作业，进一步提高了海管检测的效率，为海底管道的检测工作提供了一条更安全、直观、快捷的新方法。

关键词：无人艇；海底管道、检测；三维实时成像声呐

1. 概述

埕岛油田位于黄河三角洲前缘、渤海湾南岸的浅海海域，海况特征、浅层地质条件以及海底松软沉积物变形情况都十分复杂，油田所在海域内易发生多种灾害地质现象，如水下滑坡、塌陷、粉沙流、软弱地层夹层、强烈起伏地形、埋藏河道等。这些灾害地质的产生可能对海上构筑物、海底管道、电缆或其他海上工程设施构成潜在的重大威胁，导致严重的人身财产损失和工程事故。同时油田所在区域位于渤海无潮点附近，潮汐复杂，潮流强大，风暴潮时有发生。由于这些因素的存在，造成海上石油产区基本上处于较强侵蚀冲刷区，致使海区地形地貌复杂多变，海底管道裸露于海底，甚至管道悬空现象大范围存在，海底管道在水平方向上产生位移，垂直方向上产生沉降，所有这些现象会给安全生产和环保带来极大的隐患。

由于该海域水深较深、水体十分浑浊，常规观测手段难以完成巡检任务，无人艇可搭载三维实时成像声呐提供高清晰的海底管道图像，以判别其状态是否裸露或悬空。另常规的船载测量方式由于天气与海况等影响，海况恶劣时不能够进行作业且外业与内业往往不能同时进行，大大影响管道巡检效率，而无人艇的实时传输数据能力使得海管外业巡检与内业数据处理可以同步实现从而使提高巡检效率。

为了保证作业安全和防止海洋环境污染，需要对海底管道进行巡检，及时了解海底管道运行中的实际情况，海底管道路由的位置埋藏、裸露和悬空情况，每次大风天气过后，应对处于灾害地质严重区域的油气输送干线，进行管道位置、悬空情况的加密探测，为及时治理提供科学数据。

2. 无人艇检测系统介绍

无人艇(unmanned surface vessel，简称USV)，是一种无人操作的水面舰艇。主要用于执行危险以及不适于有人船只执行的任务。配备先进的控制系统、传感器系统、通信系统后，可以执行多种任务，比如搜救、导航和水文地理勘察。在无人艇研发和使用领域，美国和以色列一直处于领先地位。

整个巡检系统由无人艇平台、海管检测任务系统和数据处理及展示系统组成。其中无人艇平台主要作用是搭载海管检测任务系统的设备，并将任务系统所获取的信息传回地面控制中心；海管检测任务系统主要是由三维实时成像声呐、浅地层剖面仪和组合导航系统，主要作用是由对海底管道的状态进行探测；数据处理及展示系统能够对所获取的数据进行处理、分析和建模显示，能够直观的展示海管的状态。

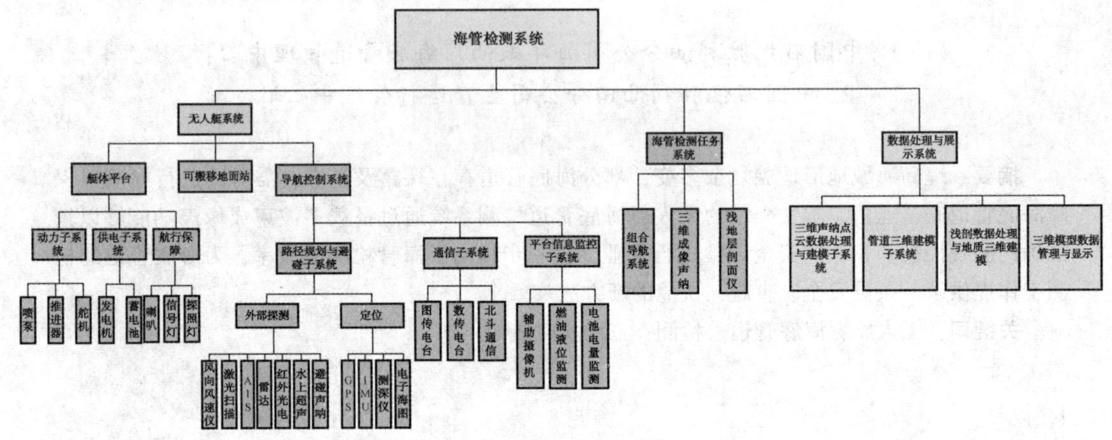

图 1 无人艇海管检测系统组成

3. 无人艇海管检测技术

无人艇海管巡检系统采用声学测量的探测手段，利用三维实时成像声呐、浅剖声呐，并结合高精度组合导航设备组成海管巡检任务系统，加载到无人艇的任务系统从而实现海底管道巡检，可以实现一下功能：

(1) 海底管道路由区三维实时成像声呐调查：利用三维实时成像声呐对管道路由区域进行全覆盖调查，查明裸露/悬空管道情况。

(2) 海底管道路由区浅地层剖面调查：利用浅剖声呐对掩埋管道进行埋深探测，获取未裸露管道具体位置与埋深情况。

(3) 关键区域加密管道状态加密调查：利用三维实时成像声呐调查结果，分析海底管道裸露、悬空重点区域，并对重点区域进行加密调查，获取管道详细信息。

(4) 按照要求进行海底管道周围环境调查：利用三维声呐及浅剖声呐，扩大范围扫测管道周围海底地形情况，分析海底管道周围环境。

无人艇可以根据预设的路径进行自主导航，用户可以根据管路的布设的实际情况，预置无人艇的航迹，也可在地面控制站随时更改航迹。无人艇还可以将测试的数据，实时传输回地面控制站。海管巡检任务中预置无人艇的航迹如下：

(1) 海底管道的裸露、悬空情况巡检：使用三维实时成像声呐测量海底管道情况，沿路由方向布设 1 条测线，测线距路由为 15m，声呐探测角度根据所处测线在 30°90° 区间调整，如图 2 所示。

(2)海底管道的埋深情况巡检：按照实际需要使用浅地层剖面仪对埋藏状态进行巡测，垂直管道路由轴线布设浅地层探测测线，测线长 100m，直至实现巡测。测线布设如图 3 所示。

(3)海底管道关键区域加密巡检：利用三维实时成像声呐与浅剖声呐进行加密测量，于

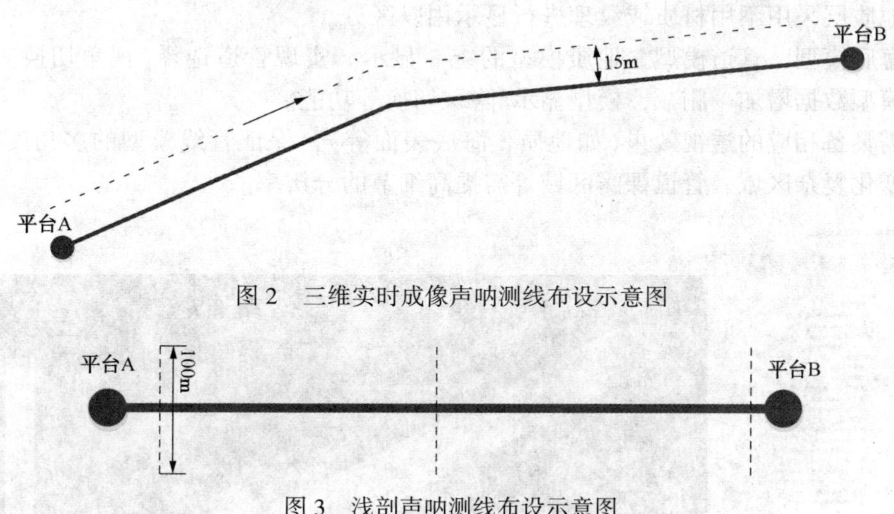

图2 三维实时成像声呐测线布设示意图

图3 浅剖声呐测线布设示意图

关键段左右距离 10m 各布置一个固定巡检点，进行定点测量，并在关键位置两侧进行反复测量直至数据满足分析要求。

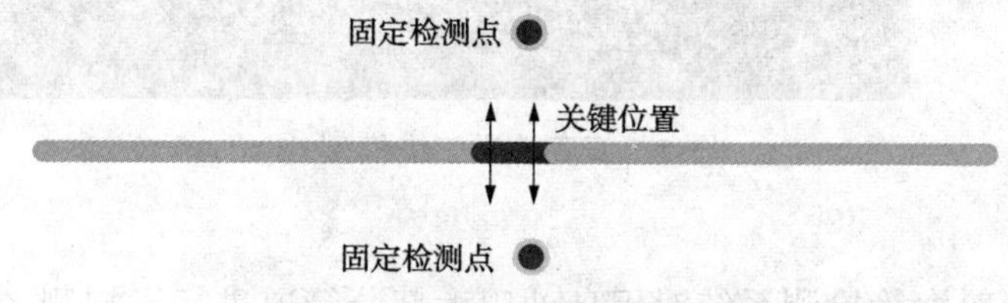

图4 加密巡检测线布设示意图

4. 数据处理及展示技术

现有检测结果往往以报告形式，不利于海底管道状态直观展示与管理，本系统研制了一套水面水下一体化处理软件，实现检测结果一体化三维显示、重点问题与检测参数一键查询。

根据三维实时成像声呐等实际测量数据，采用数据点云处理、数据建模分析、图像拼接等技术建立海管及海底三维模型，实现水面与水下数据的一体化处理。

海底三维建模与管道数据管理软件主要功能需求如下：

（1）数据预处理与三维建模：通过处理三维声呐与浅剖声呐数据，完成海底表面模型、地质模型、管道模型的建立，实现该区域海域海底情况的三维展示。

（2）模型数据管理：对所建立的三维模型进行数据管理，实现管线选择（视角切换），三维漫游，管线模型增加、删减，模型显示/隐藏切换等功能。

（3）所建立的模型具备在 Web 端的加载能力。

利用三维实时成像声呐获取的点云数据，通过适当的数据处理过程（如数据滤波、数据差值等），抽象出海底表面模型，并利用数据实现建模，完成所需区域海底状态三维模型。

利用外部输入的管道经纬度数据与三维实时成像声呐、浅剖声呐的检测数据，获取海底管道精确位置、深度等信息，并实现模型建立。不同状态的管道如埋藏、裸露等需采用不同颜色或纹理进行显示。

利用浅剖声呐获取的地质情况，根据地质分层建立海底地质分层模型，具备三维展示功能。不同地质层采用不用材质或纹理进行显示用以区分。

实现海底模型、管道模型、地质模型的统一显示。实现管道选择(视角切换)，三维漫游，管道模型数据增加、删减，模型显示/隐藏切换等功能。

模型需具备相应的透视效果(如地质、海底表面等)，保证管线模型的多角度展示，在海底地形变化复杂区域、管道裸露区域等需提高细节的分辨率。

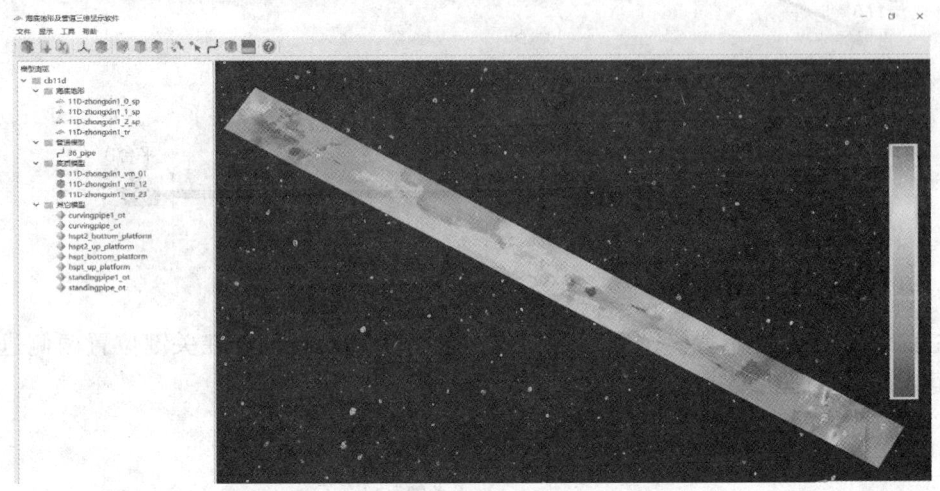

图5　海底管道三维模型

5. 应用情况

我们已利用无人艇海管检测系统对埕岛油田大部分管道进行了扫测，主要目的是为了探测其空间位置状况，获得其裸露、悬空的长度和高度。使用数据处理及展示技术对数据进行处理后，我们可以近距离地拉近并360°全方位地观察海底管道的3D图像。经过无人艇海管检测系统的检测后，发现多根海底管道存在裸露情况，部分裸露管道出现裸露悬空段，其中平台立管部分多存在悬空现象，部分治理板块已存在破损冲蚀情况。

以某输油海管为例，无人艇海管检测系统获得的数据如图6所示，可以非常直观的看到整个海管的裸露悬空状态以及周边的海底地形地貌，同时由于原始数据为三维点云数据，可以通过后期数据处理得到海管悬空的精确高度。如图6中的裸露海管经数据处理之后，得到此部分裸露海管悬空长度2.14m，最大悬空高度为0.64m。该数据为后期海底管道治理工作提供了较好的理论依据与数据支持。

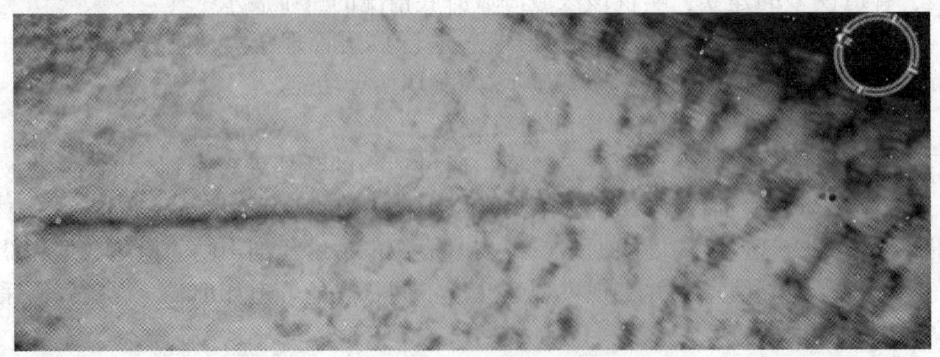

图6　某海管裸露悬空状态

6. 结语

相对于传统的管道测量方法，无人艇海底管道检测系统可以对海底管道悬空裸露检测的实际工作中，确切获得海底管道悬空裸露的长度和状态，利用三维实时成像声呐更高的定位精度和分辨率特性，提供更为精确的测量结果，为下一步安全运行和隐患治理提供科学依据。总之，无人艇海管探测系统以其直观性好、工作效率高和安全保障足的特性必将会在海洋石油工业领域发挥越来越大、越来越重要的作用。

参 考 文 献

[1] 黄明泉. 水下机器人 ROV 在海底管道检测中的应用[J]. 海洋地质前沿，2012，28(2)：52-57.

[2] 文世鹏，吴敏，王西岗，等. 埕岛油田海底管道悬空治理探索[J]. 石油工业技术监督，2008，7：17-20.

[3] 崔双民，张传隆，王瑜，等. 多波束测深技术在海底管道悬空裸露检测中的应用 [J]. 石油工程建设，2012，38(5)：58-60.

[4] 王金龙，何仁洋，张海彬，等. 海底管道检测最新技术及发展方向[J]. 石油机械，2016，44(10)：112-118.

[5] 张树凯，刘正江，张显库，等. 无人船艇的发展及展望[J]. 航海技术，2015，38(9)：29-36.

海底管线漏点水下修复技术研究与应用

侯二宾　梅致宇　杜书鑫　丁银山　于德周

（中国石油集团海洋工程有限公司海工事业部）

摘要：随着海洋石油开发的不断深入，海底管线泄油事件也日益增多，给海洋环境造成很大的污染，并给国家造成很大的损失，而且一旦事故发生后如何尽快采取有效的治理措施，也对最大限度的减少海洋环境的污染起着至关重要的作用。通过对国内海底管线漏点修复方法的比较和探讨，重点介绍管卡修复法在舟山大陆引水一期管线泄漏点修复中的运用，以期达到充分推广和进一步提高完善的目的。

关键词：海底管道；抢修；管卡；漏点修复

海底油气管道被喻为油气田的生命线。海底管道在海洋石油生产中发挥着重要作用，将平台与平台，平台与陆地，平台与FPSO（浮式生产储油装置）连成一个有机整体，担负原油外输、化学药剂输送、注水等重要任务。海底管道安全、可靠运行是海上油气田生产的根本保证。但由于海洋环境的复杂性，海底管道的破坏总是不可避免的，而且每一次破坏都会造成油田停产，甚至污染海洋环境，给企业和国家带来巨大的经济损失。造成海底管道损伤的因素主要来自两个方面：环境因素和人为因素。环境因素主要包括腐蚀和有机物损坏、波浪或潮流形成的冲刷和悬空，波浪的水动力、沉积物液化产生的浮力、台风等；人为因素主要包括设计施工质量问题、不法分子盗油、锚等重物的撞击和刮扯、生产操作失误和人类海洋开发等。

1. 海底管道漏点修复的方法

1）钢套袖修复法

钢套袖修复法采用与原管道相同型号、分为两个半圆形的钢套将其套在破损管道表面，然后采用焊接的方式焊接半圆形钢套，并在钢套袖和管道间的缝隙填充密封材料。这种修复方式操作简便，管道可不停输，也无需管道断管作业。但由于钢套袖修复方法涉及水下焊接作业，水下焊接质量难以保证，因此只适用于修复管道小面积的腐蚀以及对浅水管道的修复。

2）连接器修复法

连接器修复法可按照连接器的类别不同分为法兰连接器修复法和机械三通修复法。

法兰连接器修复法是将原有管道进行机械断管后，在管端安装法兰连接器，同时在更换管段端部预先焊接法兰，替换管段采用法兰连接的方式与原管道上的法兰连接器进行机械式连接，达到修复的目的。

3）水下焊接修复法

水下焊接修复法是在水下切割破损管段，并对管道切口端部进行机械处理，完成修复短节与原管道的对口，再将处理后的管端与替换管段进行对口焊接，焊口做防腐处理，最终完成修复工作。

水下焊接修复法分为湿式焊接法、局部干式焊接法和干式焊接法。此外，还有水下摩擦叠焊修复法、等离子焊修复法等。

4）外管卡修复法

外管卡修复法是在海底管道泄露部位安装紧固件(管卡)，管卡卡两端有金属机械密封，可达到修复管道泄露的目的。管卡主要由上下壳体、液压机构、密封机构及端塞组成。施工时，通过安装在管卡上的液压机构将上下壳体张开，由潜水员牵引至管道维修处并扣在需修复的管段上，采用扳手将上下壳体连接螺栓拧紧，两侧的端塞螺栓采用液压扳手拧紧，保证管卡具的轴向和环向密封条达到密封要求，最终达到管道设计运行要求，外管卡修复适用于管道泄漏较小、操作压力较低和安全等级较低的管道修复，所用船舶较小，费用较低，方便快捷。

2. 舟山大陆引水一期管线泄漏点修复方法

1）舟山大陆引水一期水管线漏点修复方法选择

舟山大陆引水一期工程(原称“引水应急工程”)海底输水管道(图 1)于 1999 年 5 月开工，2001 年 8 月铺设完工。该管道从宁波镇海澥浦至舟山本岛马目黄金湾海塘，路由全长 35.832km，设计管顶埋深 1m。海底管道材质为 Q235B，钢管壁厚 14mm，外径 1.02m，设计输水能力为 $1m^3/s$。

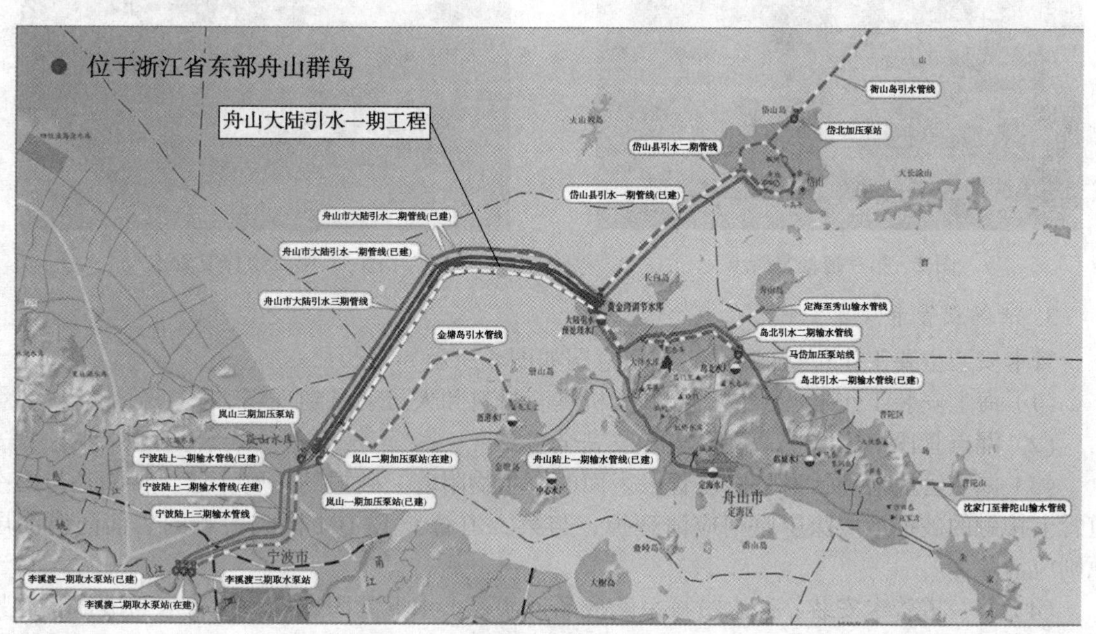

图 1　舟山大陆引水一期工程管线路由示意图

为保证舟山大陆引水一期管道后续正常运行，开展了舟山大陆引水一期管线泄漏点排查和修复工作，确认 KP0.265 和 KP2.95 两处漏点。根据舟山市大陆引水一期管线输送介质泄漏危害性低、运行压力低的特点及泄漏点检测结果，确定对泄漏点采用外管卡修复法进行修复。相对于海底管道焊接修复方法或机械法兰修复方法，修复管卡修复漏点简便高效，海上作业时间短，费用低，适用于一期水管线泄露的修复。

2）修复管卡结构

KP0.265 和 KP2.95 两处漏点均采用二道管卡并在管道和管卡的环形空间灌注水下不分散水泥基浆料的方案进行修复工作，具体如下所述。

(1) 第一道修复管卡(图2)。

第一道堵漏管卡为外购成品，采用304不锈钢2mm厚，内衬橡胶包覆管道，螺栓固定。

(2) 第二道修复管卡(图3)。

第二道修复管卡为工厂预制焊接结构件，管卡主结构采用两个半瓦型钢结构(D1228X14，Q235B)。半瓦之间和管卡两端与破损管道采用橡胶密封。管道修复采用管卡抱住泄漏点的管子，螺栓紧固管卡，堵住泄漏点。

管卡钢结构材质采用Q235B，密封橡胶采用EPDM橡胶。钢结构采用环氧防腐涂层和牺牲阳极联合防腐。为便于海上安装还应设置钢制吊点等构件。

管卡需在陆上试安装或精确测量，以验证管子满足海上安装工差要求。

图2　第一道修复管卡

图3　第二道修复管卡

3. 泄漏点管卡修复安装

管卡安装主要工作包括(漏点修复示意图如图4所示)：

(1) 海上安装工作准备，包括船舶、机具、材料和人员动员到现场。

(2) 漏点管段海床吹挖，使修复管段完全暴露。

(3) 漏点管段清理，清除修复管段表面的海生物附着、破损的防腐涂层，特别是与第一道管卡接触的破损区域涂层原则应清理掉，与第二道管卡EPDM橡胶接触的表面防腐涂层原则应清除掉。

(4) 第一道管卡安装，潜水员按采购成品说明要求水下紧固螺栓，使管卡与破损管道紧密帖合。

(5) 第二道管卡安装，潜水员引导漏点修复管卡就位，并精调管卡位置后，螺栓坚固，使EPDM密封橡胶与海管紧密贴合，确保密封。

(6) 管卡安装后检查，管道以设计压力运行，潜水员水下检查，修复位置无泄露为合格。

(7) 管卡灌浆作业，管卡试压后，将管卡与修复管道之间的环形空间灌注LT-2006水下不分散水泥基灌浆料。

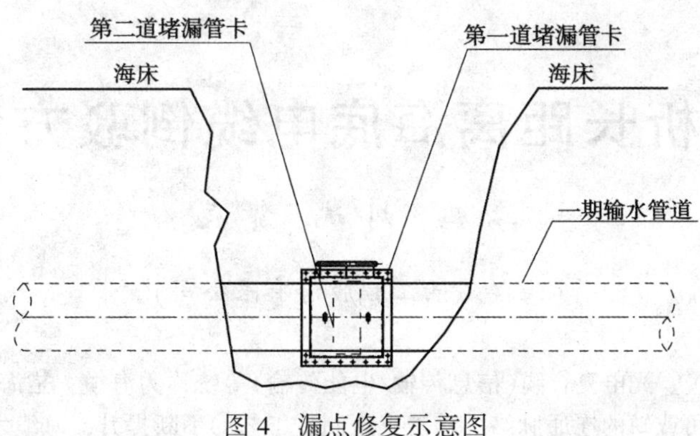

图4　漏点修复示意图

4. 结语

随着海底管道的增多和使用年限的增长，海底管道出现损坏泄漏的几率也在逐年增加。海底油气管道损坏可以采取不同的方法进行修复，可依据管道的损坏程度和损坏原因合理选择维修方法。总结舟山大陆引水一期管线漏点修复实践经验，采用外管卡修复法修复管线漏点具有以下优势：

（1）修复管卡均为工厂预制件，采用螺栓紧固，管卡安装只需借助小型船舶主吊将管卡吊入水下，潜水员即可快速、完全的完成水下安装工作，海上作业时间短，可减少其他辅助船舶，降低了工程施工成本。

（2）该修复方法采用两道修复管卡并在管道和管卡的环形空间灌注水下不分散水泥基浆料，密封效果显著，第一道管卡和所有紧固件均采用不锈钢材料，使用寿命长，能达到永久修复的目的。

（3）外管卡修复方法，安装简便高效，可大大缩短潜水员水下作业时间，安全性好。因此，在同等条件下，建议优先采用外管卡修复方法修复管线漏点。

参 考 文 献

[1] 侯涛，安国亭．海底管道损伤的原因分析及修复[J]．中国海洋平台，2002，17(14)：37-39.

[2] 陈晨，陈社鹏，谷风涛．海底管道修复技术及我国的发展状况[J]．化工装备技术，2015.10，36(05)：59-63.

[3] 江锦，马洪新，秦立成．几种典型海底管道修复技术．第十五届中国海洋(岸)工程学术讨论会论文集，405-410.

浅析长距离海底电缆倒驳方法

李鹏　刘斌　贺辰

（海洋石油工程股份有限公司）

摘要：海底电缆、光电复合缆（信息传输/电能传输）等统称为海缆，是海上油/气田和海上风力发电生产中不可或缺的连通脉络。随着工厂制造工艺的不断提升，海缆发展趋势为单位重量更大、单条长度更长，由此给海缆吊装倒驳带来极大困难。因此，长距离海底电缆通常需要使用倒缆的方式进行过驳。

关键词：海底电缆；倒缆；过驳原理

1. 引言

随着海上油气田、海上风力发电厂不断开发，海底电缆作为连接海上平台、海上风机间的纽带，其应用也越来越广泛。海底电缆通常由生产厂家制造完成，以海缆托盘的形式进行装载，并通过货驳运输至施工现场。海缆运抵后，由大型浮吊船将海缆托盘（图1）吊装至铺缆船甲板，再由铺缆船进行铺设安装作业。

图1　海缆托盘示意图

现今较为通用的海底电缆，直径约为140mm，每米质量约为40kg，10km海缆自重约为400t，再加海缆托盘质量，总重约为450t，几乎相当于一个小型钢结构物的质量。在进行海缆吊装过驳时，除去跨距对吊机的影响，需要800900t起吊能力的浮吊船才能完成。而长度更长、重量更大的海缆，除受浮吊船起重能力的限制之外，对海缆托盘的加工强度要求也更高，相应成本增加极大。因此，长距离的海底电缆通常采用倒缆的方式进行过驳。

2. 研究背景

金县1-1油田开发项目中，拟安装的海底电缆的起始、终止平台直线距离为29.8km，设计路由长度为30.2km，是渤海湾首条长度最长、质量最大、电压等级最高的海底电缆。相较于通常单条不超过10km的海底电缆，此电缆自重约为1400t，相当于一座海上无人井口平台的质量；同时，根据设计人员核算，如针对此海底电缆设计海缆托盘，为满足吊装强度，托盘自身质量将高达380t，几乎难以实现。为降低成本，保障工作顺利进行，经与海缆制造厂商沟通学习，在了解海底电缆出厂装盘的施工要点之后，技术人员研究出一套长距离海底电缆倒缆过驳的技术方案，并在金县1-1项目中成功应用，仅用时70h，便顺利的将长度约30km的海底电缆完好无损的倒驳至铺缆船上，成功的攻克了无法吊装的技术难题，同时也为后续工作提供了宝贵的经验。

3. 倒缆过驳原理分析

1）海底电缆机械构造

海底电缆的结构，包括从内到外依次设置的阻水铜导体(电缆芯)、导体屏蔽层、绝缘层、绝缘屏蔽层、缓冲层、铅护套、内衬层、铠装钢丝和外被层等，不同的海底电缆，根据具体设计要求，结构略有不同，但关键结构基本一致。海底电缆剖面如图2所示。

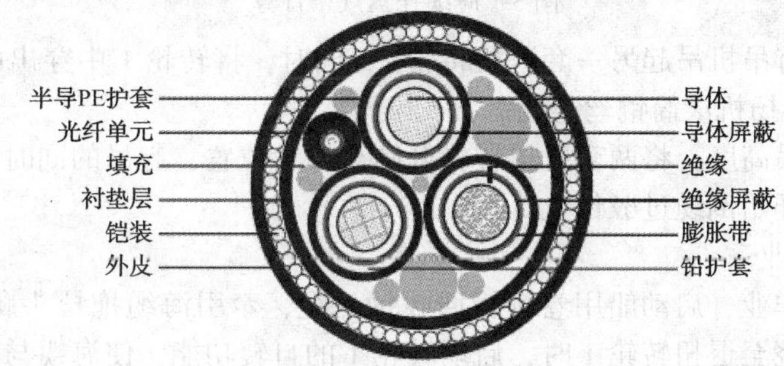

图2 海底电缆剖面图

2）海底电缆退扭原理

由于海底电缆中有光纤单元，为避免光纤折断，海底电缆会规定最小弯曲半径，海缆在动态及存储状态中，都不能小于这个弯曲半径。而海底电缆最外层起保护作用的钢丝铠装，在盘绕存储过程中会发生弹性形变，行成一种较为稳定的“跑道圈”。铺设海缆或倒缆过驳过程中，需要退掉铠装层弹性形变产生的扭力，以防止海缆在扭力作用下成环打结，造成损伤。海缆通常使用高度退扭的形式释放扭力，即：将海缆拉出海缆托盘，首先通过退扭架进行高度爬升和下降，再进入水平的铺缆作业线或另一个海缆托盘，通过此方式操作，铠装钢丝将在较长的长度范围内逐步释放扭力。

4. 长距离海底电缆倒缆过驳操作

1）海缆托盘设计及制作

在进行倒缆过驳作业前，首先需要按照施工船舶和海缆机械参数进行计算，设计出符合船舶参数，同时能够盛装海缆所需托盘的规格尺寸。海缆托盘通常设计为圆形或者椭圆形，其中内圆半径必须大于海缆规定的最小弯曲半径，以保证海缆在存储阶段不会损坏。按照设计图纸，在施工船甲板焊制海缆托盘，准备进行海缆接收。

2)倒缆过驳施工准备

在进行海底电缆倒缆过驳作业时，需要使用两台吊机和两套退扭转轮配合完成。其中一台吊机和一套退扭转轮在运缆船上方使用，另一套在铺缆船上方使用。当运缆船抵达码头后，首先平靠在泊位上，再由铺缆船帮靠在运缆船外侧。一台吊机架设在码头上，吊起一套退扭转轮1，起吊前，需在转轮内预穿牵引钢丝绳，钢丝绳的一端与海缆拖拉头连接；同

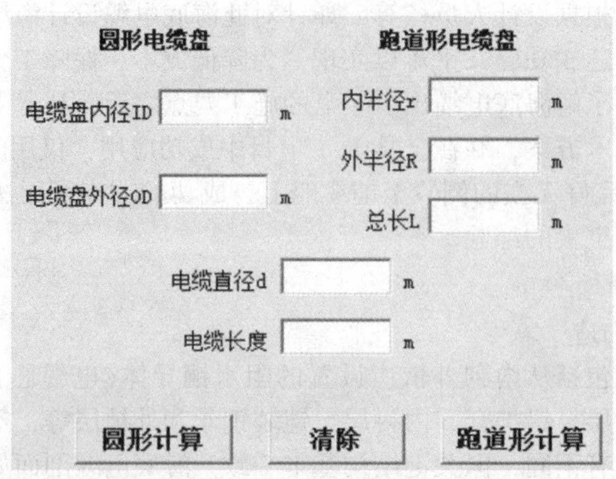

图3 海缆托盘规格计算

时，铺缆船使用自有吊机吊起另一套退扭转轮2，同时，将转轮1中穿出的牵引钢丝绳穿过转轮2，并与船用卷扬机滚筒钢丝连接。

按照计算的起吊高度，将两套退扭转轮升高至设计位置，起吊的同时，同步释放船用卷扬机钢丝绳，准备开始倒缆过驳作业。

3）倒缆过驳作业

开始倒缆过驳作业，启动船用卷扬机回收钢丝绳，牵引海缆拖拉头爬升至退扭转轮1；当海缆随钢丝绳卷绕至退扭转轮1时，启动转轮1的自转功能，使海缆与转轮的静态摩擦变为动态摩擦，降低海缆所受拉伸张力，减小海缆受损风险。卷扬机继续回收钢丝绳，牵引海缆穿过退扭塔轮2，同时启动退扭塔轮2的自转功能，调节速度，使两套塔轮自转速度保持同步。继续以上操作，直至海缆拖拉头抵达铺缆船甲板，暂停所有设备。将海缆头固定在焊制电缆托盘的内侧立柱底端，并将悬垂段海缆紧密的盘绕在海缆托盘外侧，同时解除卷扬机钢丝绳。

检测人员拆除海缆拖拉头，剥离出光纤单元，将光纤单元与检测仪器连接。在整个倒缆过程中，检测人员实时对光纤的衰减进行检测，监控海缆状态。

重新启动退扭塔轮1，以塔轮驱动海缆卷绕，当两台塔轮中间出现悬垂状态海缆的同时，启动退扭塔轮2，继续过驳海缆至铺缆船。在塔轮1和塔轮2间保持存有悬垂状态海缆的目的，是使两个塔轮不会因为受到海缆的横向张紧力而向一起聚拢。此外，两台塔轮都应提前设置限位固定绳索，保持塔轮不会因外力作用而大幅度摆动。

继续进行海缆倒缆作业，与此同时，盘缆工人需要同步将倒至的海缆逐匝排缆，以保持倒驳后的海缆规整排列，并保证海缆托盘容积得到有效利用。两台退扭塔轮倒缆速度需要与工人排缆的速度相匹配，否则会出现海缆堆积过多，加之海缆的刚性较大，造成无法排缆的现象。海缆经过双塔轮的高度退扭后，存储阶段产生的弹性扭力已被充分释放，同时，通过塔轮驱动速度保持海缆为悬垂状态，使用撬棍进行排缆工作较为轻松。

5. 结语

完成作业后，对海缆进行整体的性能测试，通过实际数据证明，应用以上方式进行大重量、长距离海底电缆倒缆过驳作业有效可行。按此方式进行倒缆，作业效率可达约12公里/天，且有效的避免了小型浮吊船无法协助吊装、超大海缆托盘制作难度大等制约因素，在节约成本投入的基础上，为后续类似生产作业提供了宝贵的经验和过程数据。

图4 双退扭塔轮倒缆示意图

图5 甲板排缆示意图

参 考 文 献

[1] 中华人民共和国工业和信息化部．海底电缆中国机械行业标准 JB—T11167. 2-2011. 北京：机械工业出版社，2011.

[2] American Petroleum Institute. API Recommended Parctice 17I. Installation guidelines for subseaumbilicals[S]. First Edition，1996. 8：4-21.

海底管道 ECA 评估技术研究

何亚章[1]　李艳艳[2]　刘 剑[1]　牛虎理[1]　张建护[1]　胡艳华[1]

(1. 中国石油集团工程技术研究有限公司；2. 中石油海洋工程有限公司海工事业部)

摘要：本文对海底管道 ECA 评估技术进行了研究。分析了 ECA 评估的应用优势、基于 BS 7910 标准的海底管道焊接接头铺设和服役过程中断裂—疲劳评估的流程，以及主要评估参数确定试验方法，并结合工程实例进行了阐述，表明了 ECA 评估在管道铺设及服役过程中的断裂—疲劳评估方面具有广泛应用前景。

关键词：海底管道；ECA 评估；断裂韧性；裂纹扩展

1. 前言

海底管道作为一种典型的焊接结构，担负着输送石油、天然气等介质的重要任务。由于经历焊接过程，接头往往发生组织性能的劣化并存在各种缺陷，在焊接缺陷处存在较大的应力集中，使缺陷处往往成为裂纹的源头。一旦发生泄漏或破坏事故，将会造成巨大的经济损失甚至重大的灾难性事故，给国家经济和国民生活带来巨大的损失。

ECA 评估(Engineering Critical Assessment)基于“合于使用”原则，以断裂力学、材料力学、弹塑性力学及可靠性系统工程为基础，在焊接结构中可能存在缺陷的前提下，通过应力分析、材料试验、无损探伤等科学分析，确定管道在特定工作载荷下，各类型缺陷临界尺寸，保证结构在铺设过程和服役期间不因已知缺陷发生脆性破坏、疲劳失效等失效事故。

不同于一般服役环境下普遍适用的焊接缺陷验收标准，ECA 评估针对特定工程条件进行分析，给出缺陷接收范围，合理挖掘含有不同种类缺陷的海底管道焊接接头部位承载潜力，充分发挥海底管线的服役水平和安全裕度。采用 ECA 评估，确定工程临界缺陷尺寸，允许不影响安全可靠性的缺陷存在，对服役期间可能继续扩展的缺陷进行寿命预测，对威胁可靠性的缺陷采取措施。这既避免了在过于保守的标准要求下进行返修，导致资源浪费或引入新的缺陷因素，也避免了在相对严苛的环境条件下，不够严格的标准要求带来的结构安全隐患。

2. 断裂—疲劳评估流程

在海底管道铺设施工过程中，不可避免地存在裂纹、气孔、夹渣等焊接缺陷，以及由于装配组对等原因造成的错边等不良成形，使焊接接头成为整个结构的薄弱环节。同时，海底管道受力状态复杂，包括海浪引起的周期动载荷的作用，铺设过程中承受较大的拉力等。因此，焊接接头的断裂—疲劳安全评定对于海底管道的安全运行至关重要。

依据国际上最通用的 ECA 评估标准 BS 7910《金属结构中缺陷验收评定方法导则》，开展海底管道为 ECA 评估流程研究。评定采用的 FAD 图(Failure Assessment Diagram)如图 1 所示。

每一个评定点的位置是施加载荷条件、缺陷尺寸、材料性能等参数的函数。当评定点落

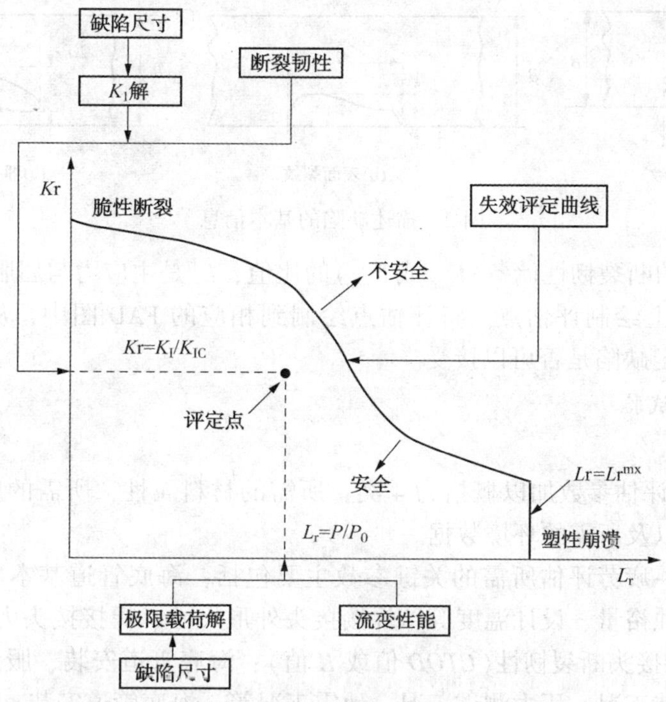

图 1　FAD 图

在评定图与坐标轴包围的区域中时，认为缺陷是可以接受的，反之则认为缺陷是不可接受的，也是危险的。图的横坐标是从力学性能的角度来进行度量，表征了结构趋向于塑性失效破坏的程度；纵坐标则是从断裂韧性的角度来进行度量，表征了裂纹在实际负载作用下趋向于失稳扩展的程度。

断裂—疲劳评估涉及的主要流程包括以下几个方面：

(1) 定义应力。由于压力、温度、残余应力或任何其他类型的外界环境负荷、工作负荷引起的应力(主、一次应力与二次应力)，其中主应力是导致塑性破坏以及裂纹产生的驱动力。安装阶段的循环荷载为在安装工况下海管承受的周期动荷载，可通过海底管道的动态安装分析报告中提取。

(2) 确定材料断裂韧性。通过断裂评估得到允许的极限裂纹尺寸，避免管道焊接接头在铺设及服役期间发生脆性断裂破坏。

(3) 确定材料拉伸性能。确定材料弹性模量、工程/真实应力—应变曲线数据，包括母材、焊材、焊接接头。

(4) 描述缺陷。评估前需要对裂纹的尺寸进行描述，表面裂纹、埋藏裂纹、贯穿裂纹等缺陷的信息如缺陷高度、缺陷长度、缺陷距离表面的深度、缺陷的方位(通常为与主应力方向的夹角)等，如图 2 所示。

(5)定义 FAD。FAD 图横坐标反映了裂纹尖端塑性储备量的大小，纵坐标反映可裂纹尖端趋向于发生失稳扩展的程度。在实际评定过程中根据结构及材料相关性能、所受负载等数据的完备性及准备性，以及所需达到的评定结果的准确程度，选用相应的评定选择“option”，进而确定 FAD 曲线形式。

(6) 求解 K_r、L_r。K_r 为用断裂韧度度量的外界负载对裂纹产生的作用(K_I 或 δ_I)与裂纹

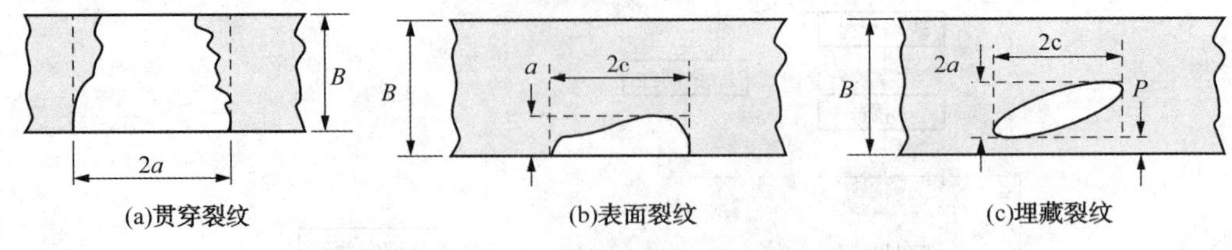

图 2　描述缺陷的基本信息

评定处材料所具有的断裂韧性储备(K_{mat}或δ_{mat})的比值，L_r 是主应力与屈服强度 σ_Y 的比值。

(7) 在 FAD 图上绘制评估点。将评估点绘制到相应的 FAD 图中，从而确定评估点在 FAD 图的位置，确定缺陷是否可以接受。

3. 评估参数及试验

1）主要参数

海底管道 ECA 评估参数加以概括为 4 类：所需的材料属性，所需的应力或荷载，所需的焊接缺陷信息，以及所需的环境数据。

综合考虑断裂—疲劳评估所需的关键参数主要包括：海底管道基本数据，例如外形尺寸、厚度公差、腐蚀裕量、设计温度等；焊接接头外形尺寸、焊接接头力学性能(拉伸、冲击、弯曲)等；焊接接头断裂韧性(*CTOD* 值或 *K* 值)；海底管道安装、服役阶段极限工况对应的应力，包括安装工况、压力测试工况、地震工况等；海底管道安装、服役阶段疲劳荷载(含应力幅、循环周次)；海底管道疲劳断裂门槛值与疲劳裂纹扩展速率；海底管道无损检测设备精度。其中部分参数需要通过试验的方式获得。

2）断裂韧性试验

为防止管道脆性断裂，需要保证焊接接头具有一定的抵抗脆性断裂引发的能力，同时在产生微小裂纹的情况下限制其扩展。采用 BS7910 标准进行面型缺陷评定时，通过断裂评估得到允许的极限裂纹尺寸，避免管道焊接接头在铺设及服役期间发生脆性断裂破坏。裂纹尖端张开位移(*CTOD*)试验是评定管道材料断裂韧性的主要方法。为此按照 BS EN ISO 15653：2010《金属材料—焊缝准静态断裂韧度测定的试验方法》标准，对焊接接头进行断裂韧性测试。

试验采用三点弯曲(TPB)标准试件，如图 3 所示。实验步骤包括：采用线切割、铣削、磨削等机械加工方法加工试样；使用钼丝线切割加工机械缺口；缺口附近进行局部压缩，降低焊接残余应力；高频疲劳试验机预制疲劳裂纹，通过超过 10^5 次循环加载，获得接近真实结构中存在的尖锐裂纹；在电液伺服万能试验机上进行 *CTOD* 试验，获取载荷—位移曲线上的特征值；通过计算得到选定区域的 *CTOD* 值，评定断裂韧性。

ECA 评估中选用多组试验结果中最小的临界表征参数，是比较保守的做法，同时 BS 7910 中包含了约束因子，考虑了裂纹尖端受到各种约束作用带来试验结构的准确性降低。

3）裂纹扩展速率试验

BS 7910 标准的断裂力学疲劳方法是将实际缺陷理想化为尖锐的裂纹，然后用断裂力学中的裂纹扩展速率的定律对其从初始裂纹 a_i 到临界裂纹 a_f 进行积分，得到裂纹的扩展寿命 *N*，如果疲劳寿命 *N* 大于所要求的疲劳寿命，则该缺陷 a_i 可以接受。

为此需要确定材料的疲劳特性常数 *A*、*m* 和 ΔK。ΔK 是应力强度因子范围，*A* 和 *m* 是由

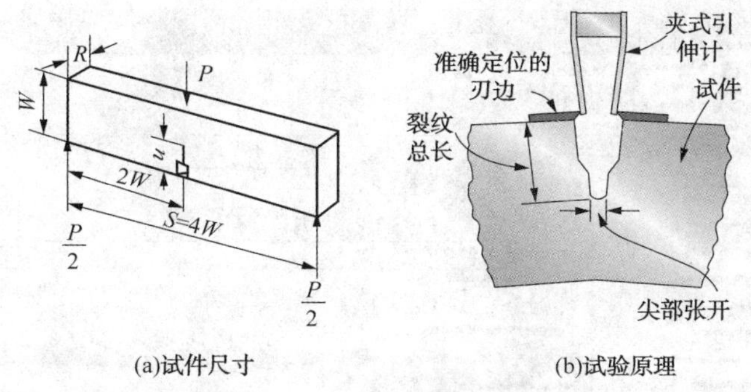

(a)试件尺寸　　(b)试验原理

图 3　三点弯曲标准试件

材料、加载条件、环境、循环频率决定的常数，须由疲劳裂纹扩展速率试验获得。试验可采用标准紧凑拉伸试件，如图 4 所示。

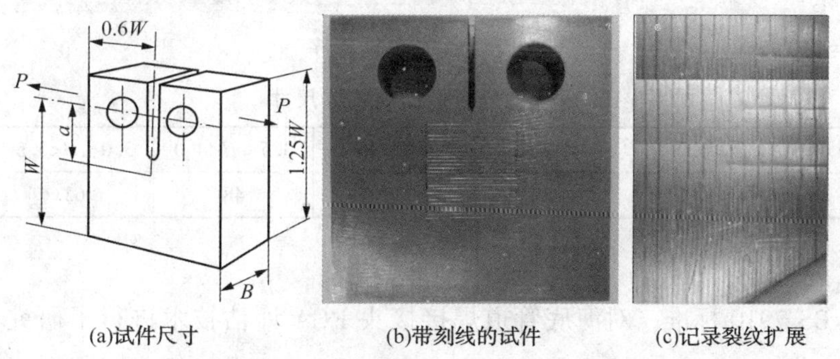

(a)试件尺寸　　(b)带刻线的试件　　(c)记录裂纹扩展

图 4　标准紧凑拉伸试件

试验前，在加工完成的试样表面裂纹扩展区域刻划间隔 1mm 的细线，如图 4(b)所示。试验过程中采用直读法配合高清电子放大镜的方法，每进行若干周次的循环载荷，记录一次裂纹长度，如图 4(c)所示。根据试验记录建立裂纹长度和交变载荷施加次数的关系，以及裂纹扩展速率和裂纹尖端应力强度因子范围的关系，通过分析计算可获得焊接接头疲劳裂纹扩展特性参数，进而描述裂纹扩展规律。

4. 工程应用

ECA 评估过程，须将所收集的基本数据输入软件进行计算，通过迭代计算得到所允许的极限裂纹尺寸。ECA 评估所用程序如图 5 所示。

某海洋工程公司管道铺设采用了 ECA 进行评估。管道材料为 X65 钢；管道外径 610mm，壁厚 20.6mm，公差 -1 ~ 1.5mm，内腐蚀裕量 1.5mm；母材最小屈服强度约 550MPa，焊缝最小屈服强度约 580MPa；热影响区和焊缝最小 *CTOD* 值约 0.55mm；管道 S 型铺设过程中的应力和应变取最大值；考虑焊接残余应力、错边量、焊趾应力集中；铺设和服役阶段选用两组不同的裂纹扩展速率参数。

根据输入的参数计算临界裂纹尺寸。计算结果针对内表面裂纹、外表面裂纹和埋藏裂纹分别给出铺设、服役两个阶段的临界裂纹高度和长度范围。考虑 AUT 检测精度误差后的外表面裂纹尺寸如表 1 所示。可以看出，尽管评估参数选取中采取保守的方式，评估结果仍较传统的验收标准有一定程度的放宽。

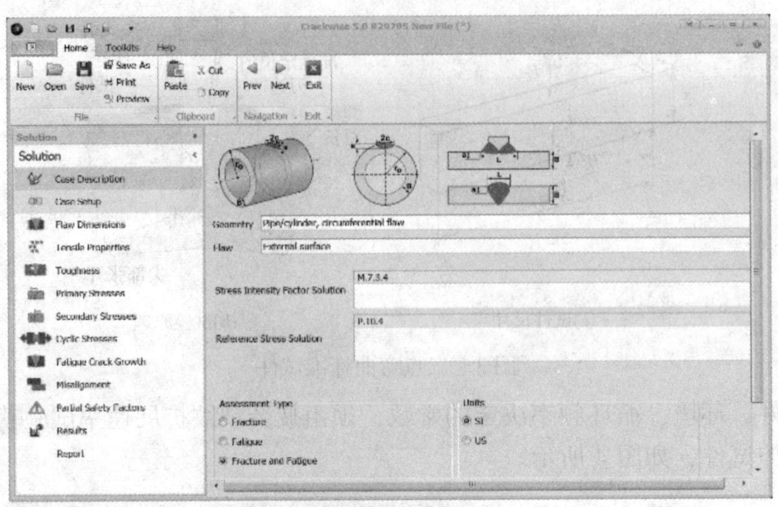

图5 ECA 评估程序

表1 外表面裂纹临界尺寸

裂纹高度/mm	$H\geqslant6.0$	$5.0\leqslant H<6.0$	$4.0\leqslant H<5.0$	$3.5\leqslant H<4.0$	$3.0\leqslant H<3.5$	$2.5\leqslant H<3.0$
最大长度/mm	不可接受	15	30	48	63	86

5. 结论

本文基于 BS 7910 标准，对海底管道焊接接头 ECA 评估技术进行了研究，得出以下结论：

(1) 采用 ECA 评估方法对海底管道焊接接头进行疲劳-断裂评估，可以为管道施工及无损检测提供验收依据；

(2) 相对于常规验收标准，ECA 评估在一定条件下可以放宽缺陷验收标准，提高施工效率的同时兼顾工程质量。

参考文献

[1] 邓彩艳．海底油气管道断裂性能及安全评定研究[D]．天津大学，2003.

[2] 左波．海底石油管线体积型缺陷 ECA 评估[D]．天津大学，2004.

[3] 刘俊襲．X56 海底管线的 ECA 评估[D]．天津大学，2004.

[4] 戴忠，李剑．ECA 评估在海底管道 AUT 检测中的应用[J]．焊接技术，2015(10)：79-81.

[5] 邓彩艳，张玉凤，霍立兴，等．基于 BS 7910 海底外输管线 ECA 评估[J]．焊接学报，2006，27(1)：17-20.

海底管线现场节点防腐施工质量控制分析

雷捷　付春丽　张涛　李杰

（中国石油集团海洋工程有限公司海工事业部）

摘要：随着我国社会经济的持续发展，对海上油气资源开采力度不断提升，海底管线作为海上油气运输的主要方式，发挥着重要作用。在大多数海上工程施工的过程中，由于受到工期、现场环境、资金供应等多种因素的影响，通常忽视防腐工程的重要性，进而导致海底管线很容易发生腐蚀问题，影响其后期正常使用。基于此，本文将对海底管线节点防腐施工中的施工工艺以及质量控制进行分析和研究，研究结果为提高海底管线现场节点防腐补口施工质量提供借鉴。

关键词：海底管线；现场节点；防腐施工；质量控制

1. 引言

近年来，随着海底管线泄漏、断裂、损坏事故的不断发生，对社会发展与生态环境造成了十分严重的影响。究其原因，主要是由于管线受到长期腐蚀，导致内部结构发生改变，进而产生质量问题。目前，对海底管线的防腐质量控制不系统，导致海底管线接头节点常常发生损坏，本文将针对海底管线节点防腐工程的质量控制进行分析和研究，为提高海底管线现场节点防腐补口施工质量提供借鉴。

2. 热缩带补口施工工艺及质量控制

1）补口清理及预热

在补口之前需要对管道的接口进行清理，将其中存在的灰尘、油脂等去除，避免热收缩套补口以后，产生黏结力不足等问题。通过火焰烘烤的方式，对补口处的裸钢管加热，使其在预热之后温度能够与规定温度相符合。

2）热收缩套的安装与加热

在安装方面，将热收缩套内部的牛皮纸与塑料袋剥离出来，并且将表面清洗干净。在具体安装的过程中，应避免将杂草、泥土等物质掺入到胶体当中，应使用毛巾将表面的污渍与水珠清理干净，然后将热收缩套移动到补口管段的中部位置，使两端处于相同的位置，在宽度上相一致。由于热收缩带与防腐层之间的连接处被控制在100mm以外，因此在使用的过程中，应尽量将收缩套与管壁附近的空气排出，使收缩带与周围的搭接不超过80mm。

在加热方面，以液化石油气作为燃料，通过专用烧烤的方式对热收缩带进行加热处理，使加热后的温度被控制在110~140℃之间。按照液化石油气罐中气体的压力，以及操作人员的经验，对燃气量进行有效的控制，避免由于局部加热过快使收缩带被烧焦。对于管径较大的补口来说，要想避免热收缩带周围存在皱纹等问题，在实施补口操作的过程中，应对管道两侧在同一时间进行加热处理，并且要求在相同截面位置上，保障周向以均匀的方式收缩。在加热的过程中，可以利用橡胶或者佩戴隔热手套，对热收缩带进行挤压，以此排除其中的空气残留。

3）节点结构安排

由于我国海洋石油中使用较为频繁的是管线防腐涂层，在节点防腐结构方面与热缩带的要求几乎一致，存在的差别在于配重管线节点在施工后需要将沥青马蹄脂灌入其中。但是，目前的马蹄脂存在预热温度控制困难问题，因此在利用热缩带将节点进行缠绕处理以后，需要将聚氨酯泡沫 HDPUF 灌入其中。综上，从我国目前海底管线铺设状况来看，可以将马蹄脂或者 HDPUF 灌注到配重管节点铁皮中。

4）质量验收

在质量检测与验收的过程中，主要包括外观、漏点与黏结力 3 个重点内容。其中，在外观检测方面，热收缩带的外观应保持平整，不存在气泡、褶皱、炭化等不良现象，并且在收缩带的周围能够显现出诸多胶黏剂均匀溢出。在对漏点进行检查的过程中，使用电火花检漏仪，电压控制在 15kV 左右进行检验。如若其中存在针孔问题，则立即采取补救措施，对其重新补口并再次检漏，直至不存在漏点问题为止。在对黏结力进行检测时，应根据 DNV RPF102-2003 标准中规定的内容，保障管体温度在 20~30℃时，剥离强度应高于 25N/cm，并且对补口进行抽样检测，补口的抽检比例为 100：1，即 100 个补口中抽检出 1 个补口进行检测。

综上介绍了热缩带补口施工工艺及质量控制，下面本文将从管套节点与输送管节点热缩带两个方面分别加以探讨。

3. 套管节点热缩带施工工艺及质量控制

1）施工工艺

首先，将管材节点表面存在的污垢、油脂等杂物去除，保障表面温度达到 40~50℃，并且对节点进行喷砂清理，使其符合 Sa2.5 近白色金属级别的相关要求，通过喷射或者抛射等方式，将表面锈渍进行彻底的清除，使钢材的表面不存在任何的污垢、油脂、斑点、氧化物等，保障表面的粗糙程度超过 50μm，严格按照触针法进行检测。采用此种方式的优势在于不会产生大量的材料消耗与浪费，如若需要对粗糙程度进行进一步的检测，还可以按照 NAcERP0287 标准，采用复制胶带法进行检测。此种检测方式的优势在于能够测量出表面粗糙程度的具体数值。由于海洋环境较为复杂，通常需要喷砂后对节点盐分进行抽查测试，按照 ISO8502-6 标准，在测量的过程中如果遭遇台风应及时躲避，放弃作业以安全为主。收管后，应采用淡水对浸泡海水的节点表面多余盐分进行冲洗，并且逐个节点盐分进行测试，使其与规定要求相适应，套管节点热缩带如图 1 所示。

图 1 套管节点热缩带

其次，根据热缩带中的环氧涂料。将底漆涂刷与涂料的基料、固化剂等相混合，搅拌时间超过 1min，保障其充分混合。将环氧涂料涂膜到管线节点以及与管线相距 10mm 的底漆涂层当中，然后采用湿膜卡对涂层的厚度进行测试，使其能够与规定要求相符合。将环氧涂料加热到 125℃后，再对热缩带进行涂覆，尽量利用感应线圈进行加热，由于感应线圈的热效率更高，能够在较短的时间内完成加热工作，并且减少了工作量，温度也变得更加均匀。在预热的过程中，可以采用环氧涂料使其形成固体后干燥处理，保障热缩带黏结层的黏结性不受破坏，并且对其进行重点检测。

2）质量控制

第一，在油管正式施工之前，应保障其附着力符合 ASTMD1000 标准中的规定内容。第二，在表面处理的过程中，应对管节的两侧涂层进行打磨处理，使其坡口小于 30°，这样做能够保障热缩带在涂覆的过程中不会产生缝隙，还能够使附着力得到有效的提升。第三，对于热缩带在涂覆的过程中，由于受到高温加热影响产生破损、裂纹等问题，对质量产生较大不利影响，应采用专门的修补带对其进行修补。第四，由于海上的湿度较大，通常在 80%左右，在施工过程中应将管节点中的湿气去除后进行保存，并且采取合理措施对涂覆材料进行保存。

4. 输送管节点防腐施工工艺及质量控制

1）施工工艺

首先，需要对输送管节点的表面进行处理，在管线焊接与检验完毕后进行防腐施工，预热管节点的位置温度与露点相比应高于 5℃左右，然后对管材的表面进行处理，将表面的油脂等杂物去除，并且通过动力工具进行打磨，使表面处理的等级达到 St3 级标准，不存在油污、灰点、旧漆膜、浮锈等。对于其中存在的锈迹，应通过手工方式进行除锈处理，而不应采用可能使金属表面产生磨损或者变形等方式去除锈渍。对于锈蚀较为严重的部分来说，可以采用蓄电角磨机的方式除锈，以此来去除锈迹，提升防腐质量。

其次，采用丙烷烤的方式对节点进行预热处理，利用测温枪对热缩带的覆盖范围进行检测，使其表面温度能够高于 90℃，如若出现预热不足等现象，则会导致热缩带中形成较大的附着力、黏结性等，从而对节点质量与效率产生较大的不利影响，尤其对于节点 6 点钟的位置，更要加强重视。

第三，将热缩带的内衬去除以后，放置到节点 10 点或者 2 点的位置上，使其能够宽松的将节点环绕其中，然后按照产品说明书中的规定内容，对热缩带进行均匀的加热处理以后，利用滚轮将其中的气泡挤出，并且在安装完毕后，对其外观进行检验，要求热缩带能够完全的附着在管体当中。在热缩带的两端都应能够看到黏接剂有均匀溢出的迹象，并且热缩带中不存在开裂、孔洞等问题。直至温度降低到 90℃以下时，按照 NACERF0274 中的规定要求实施漏涂点实验，主要使用的实验仪器为漏涂点检测仪，在检测过程中，电压应超过 10kV，一旦发现其中存在漏涂点问题，应立即采用专门的材料进行修补。最后，利用干膜测厚仪按照相关对顶标准，对热缩带厚度进行测量，保障其厚度超过规定数值。

2）质量控制

在防腐涂层方面，现阶段海洋管道在防腐涂层方面主要采用的是 HPCC，主要构成部分为聚乙烯层、黏结层与 FBE 层。从结构上来看与 3PE 较为相似，但是有所区别的是 HPCC 各层中使用静电粉末喷涂工艺，外层为密度适中的聚乙烯，中间层为黏结剂与适当浓度的 FBE 混合物质，该工艺能够使各个涂层之间的间隙降低，从而保障管线节点质量。在施工中对涂层系统进行涂覆以后，能够使 HPCC 涂层与管道表面之间形成较强的黏结力，进而提升抗冲击性、抗剥离性、抗剪切阻力性等，使节点质量得到显著提升。

在表面处理方面，在对输送管节点进行 NDT 检测与焊接结束以后，需要对其进行防腐施工工作，使节点温度与露点相比温度高于 5℃，并且将其中存在的水汽去除，最后处理管材表面的杂物，通过动力工具打磨处理，最终使表面的光滑程度符合 ISO08501-ISr3 中的规定。

在保温方面，应保障保温半瓦与管线节点之间充分接触，防止二者的结合位置产生任何形式的缺口和缝隙等。最终采用镀锌铁丝等对保温材料进行固定，以此来保障节点质量不受影响。在保温施工的过程中，相关人员应佩戴防尘装备，防止纤维与人体产生接触，带来不必要的损害。

5. 结论

随着我国经济的不断发展，海底管线数量不断增加，海底管线由于长期处于复杂的海水环境中，将不可避免的出现腐蚀问题，使管线的使用寿命缩短，甚至对正常工作产生不利影响。对此，本文介绍了套管节点热缩带施工、输送管节点防腐施工、热缩带补口施工 3 种工艺及质量控制，希望能够对我国海底管线防腐补口工作提供参考，使海底管线的使用寿命得到有效延长。

参 考 文 献

[1] 张国庆，余直霞，张国华，等．现场节点防腐对海底管线阴极保护设计研究[J]．全面腐蚀控制，2015，22(4)：42-44.

[2] 郑国良，常世君，谢洪雷，等．海底管道节点涂敷工艺技术[J]．管道技术与设备，2014(2)：33-35.

[3] 王旭东，缴立立．海底管线节点防腐涂层施工[J]．涂料工业，2015，45(6)：80-83.

[4] 赵利，武占文，相政乐，等．海底管道节点防腐涂层结构发展概况[J]．石油工程建设，2016，42(1)：7-9.

一种新型的拉管装置

王继强

（海洋石油工程股份有限公司）

摘要：在进行双层保温管海上铺设时，拉管器的主要作用是拖动内外管，使外管漏出内管一段距离。此目的是确保双层保温管在进入作业线前有足够的空前确保坡口机的操作，以使内管的焊接坡口达到设计要求。新型的拉管装置在确保坡口机的操作空间的同时可以确保自动焊机以及 AUT 设备的操作空间，这样可以很有效的消除由于操作空间不足而进行内外管二次调整造成的施工时间损耗，可以一定程度的提高海上双层海管的施工效率，间接降低海上施工成本。

关键词：双层保温管；作业线；坡口机；AUT

1. 引言

为了确保油气在海底管线长距离运输时的流动性，保持油气在海管中的温度是重要的因素之一，所以一般情况下海管都采用的是双层保温管，尤其是对于水域较深的油气田。

如图 1 所示，双层保温管主要由外管、内管以及石棉保温层构成。由于双层管是管中管的构造，而且内外管的长度基本上一样，所以在海上进行内管焊接时，必须确保一定的焊接空间，否则将无法进行内管的焊接，而且往往内管的焊接效率将直接影响到整个海管海上施工的效率，进而无形中增加了施工成本。图 2 所示为内管焊接空间预留状态。

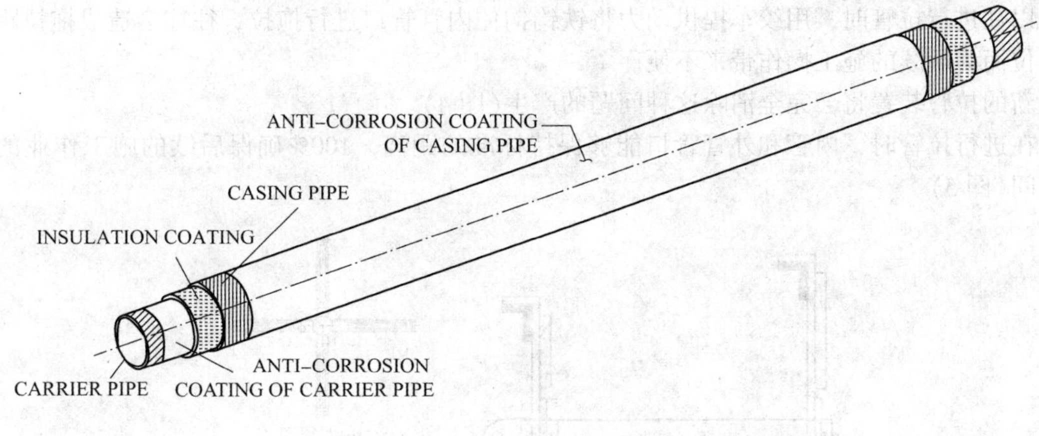

图 1　双层保温海管结构图

2. 新型的拉管装置

拉管装置的目的是将双层保温管的内外管进行错位以便满足后续的施工要求。

将内外管错位而进行空间预留的目的(图 3)：

(1) 在进行海管内管焊口进行加工时，确保足够的空间便于坡口机的操作；

(2) 海管内管焊口进行加工后，确保焊口消磁设备有足够的安装空间；

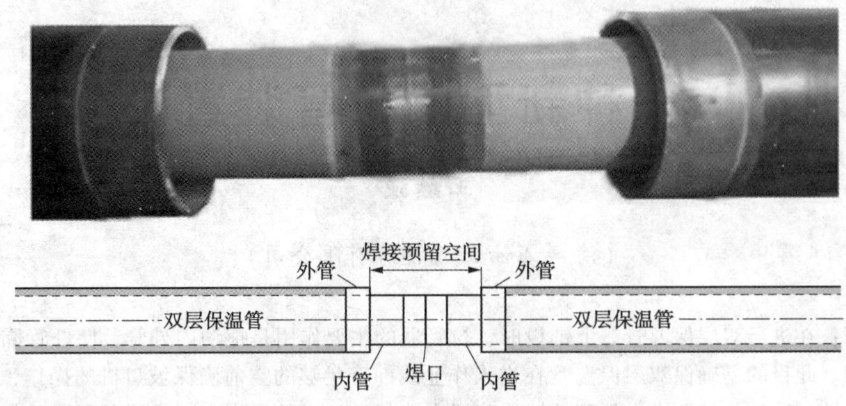

图2 双层保温海管内管预留焊接空间

(3) 在作业线进行内管焊口焊接时，确保焊机设备以及人员操作有足够的空间；

(4) 在作业线进行内管焊缝探伤时，确保AUT设备有足够的运作空间。

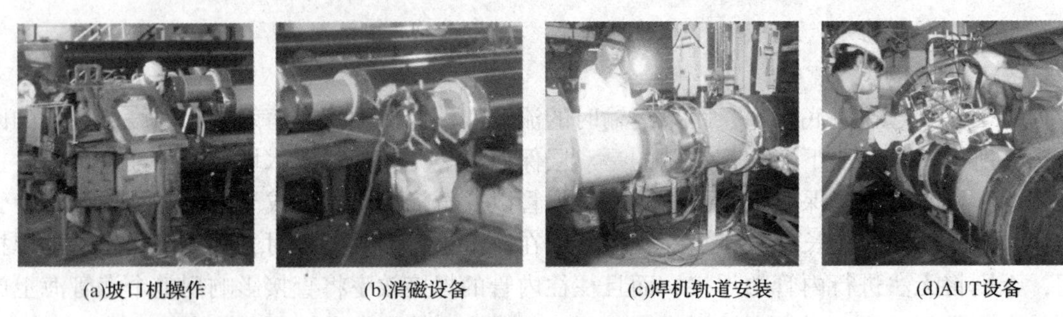

(a)坡口机操作 (b)消磁设备 (c)焊机轨道安装 (d)AUT设备

图3 设备作业线操作状态

以往进行拉管时，用绞车提供动力将铁钩钩住内管管口进行拖拉，往往会造成拖拉距离不到位而为后续的施工操作带来不便。

新的拉管装置将会完全消除这种问题的产生(图4)。

在进行拉管时，内管和外管管口能够保持标准的距离，100%确保后续的施工作业的操作空间(图5)。

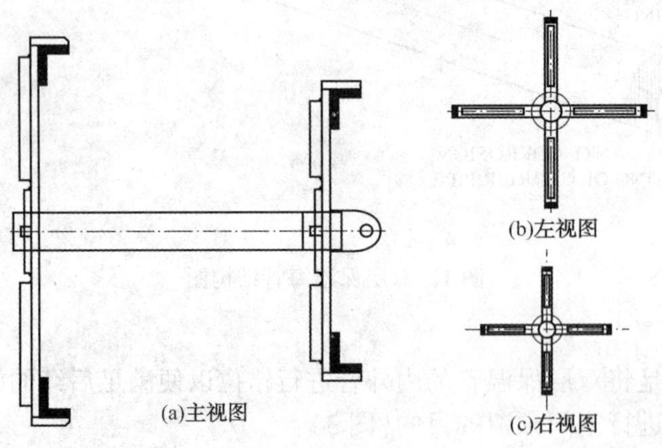

(a)主视图 (b)左视图 (c)右视图

图4 拉管装置

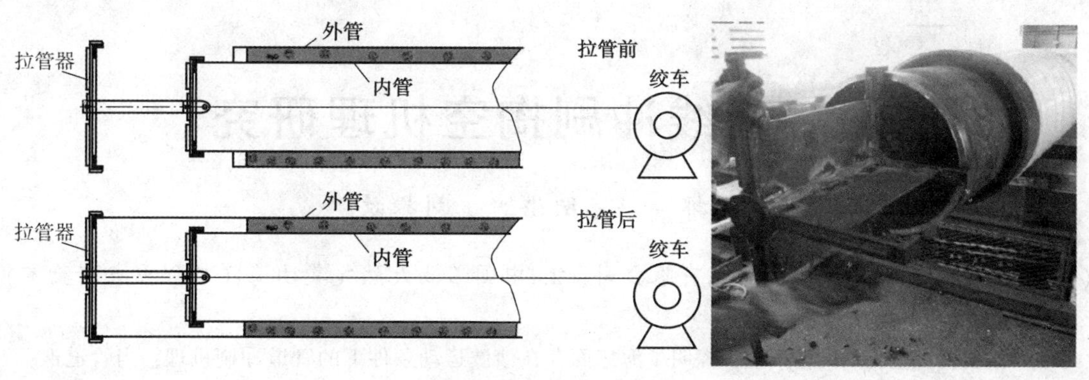

图5 拉管器工作状态

3. 结语

海上施工是一种高风险高投入的工程，所以要求高回报也是无可厚非的。但高回报是以高效率为基础，面对目前完全成熟的海上海管施工工艺和方法，如果想进一步提高施工效率那就必须向精益求精的方向探索。由于海上工程特有的特质，节约一分钟甚至一秒钟都可以给整个工程带来可观的效益，即小的变通即可带来大的创收。

此拉管装置就是基于这种理念而产生的，虽结构简易，但便于操作更重要的是能够一定程度的提高是高效率。此装置虽小，但在这个精益求精的年代，对于海上海管施工意义重大。

参 考 文 献

[1] 甘惠良，李盼，宋艳磊，梁超．关于内外管同时焊接的双层海管铺设新工艺研究[J]．中国造船．2012，11，53：372-377.

[2] 赵刚．蓝疆号铺管船双层保温海底管道铺设工艺[C]//第十五届中国海洋(岸)工程学术讨论会，2011.

海底管线冲刷掏空机理研究

罗小桥[1,2]　淳明浩[1,2]　刘振纹[1,2]

（1. 中国石油集团工程技术研究有限公司；2. 中国石油天然气集团海洋工程重点实验室）

摘要：在波流共同作用下，探明了海床面存在沙波运动条件下的管道冲刷机理；当管道裸露于床面，管道的存在阻挡了来流，在管道后方床面形成高速漩涡区，管道后方床面开始发生冲刷。随着冲刷坑的增大，管壁附近的泥沙被水流突然高速喷射而出，管壁附近形成小缝隙，缝隙内水流急剧增大，缝隙迅速扩大，管道悬空；当管道与海床的缝隙增大到一定值后，管道后方出现明显的涡旋生成、发展、脱落过程，在尾流的作用下，冲刷向管道下游发展，直至缝隙冲刷和尾流冲刷达到平衡状态。

关键词：波流作用；泥沙运动；冲刷掏空；管道悬空

1. 引言

海底油气输送管道是海上油气田开发中油气传输的主要方式，是海洋油气集运系统中的重要组成部分，管道直径通常为20cm1m。海底管道的输送能力几乎不受水深、地形、海况等条件的影响，它有输送连续、效率高、输送量大、成本低等优点。因此，随着海上油气田开采方式和技术的发展，海底管道得到了广泛应用。从1954年Brown&Root公司在美国墨西哥湾铺设第一条海底管道以来，海上油气管线建设的年度投资额逐年增加。在全球各个不同区域，包括英国北海、美国墨西哥湾、地中海、澳大利亚、拉丁美洲，东南亚和我国沿海，已成功铺设了各种类型、不同管径的海底管道，总长度已达十几万公里。

海底油气管道的安全与否直接影响着海洋石油工业的发展和海洋环境的保护。Arnold对美国密西西比河三角洲19581965年间海底管道失效事故进行了统计，发现海床运动和波流冲刷是导致海底管道失效的主要原因。海床运动和波流冲刷引起的海底管道失效数变化相对稳定且有逐年增加的趋势，腐蚀引起的海底管道失效数变化则相对较小，波流冲刷和海床运动两者加在一起成为造成海底管道失效的重要部分：海底管道失效总数基本上呈逐年上升趋势，这与海底管道服役时间增长以及铺设量增加有关。

海底管道因其所处的海洋环境通常非常恶劣，海底管线附近海床在波流等作用下的冲刷对管线造成了大量的掏空破坏，严重影响管道的安全运行，危及海洋生态环境。因此，在海底管道设计、施工、维护中必须掌握管道周围的冲刷情况，从而保证管道在运行过程中的安全。因此，管道附近的冲刷是值得研究和思考的重要问题，可以为海底管线的安全生产提供可靠的技术支持。

2. 管道冲刷机理的研究

1）水槽实验条件

（1）实验设备。

本试验将利用集团公司海洋工程重点实验室的波流水槽，实验水槽长46m，宽1.5m，槽深 1.5m，两边为光滑水泥壁面，测量段侧壁为光学性能良好的玻璃壁面。水槽采用自循环供水系统设计，有水槽下部设置的离心泵调节流量，保持实验流量恒定，入水口处设置有铁丝网以对水槽上游来流消能减阻，并保证实验段内为均匀稳定水流。

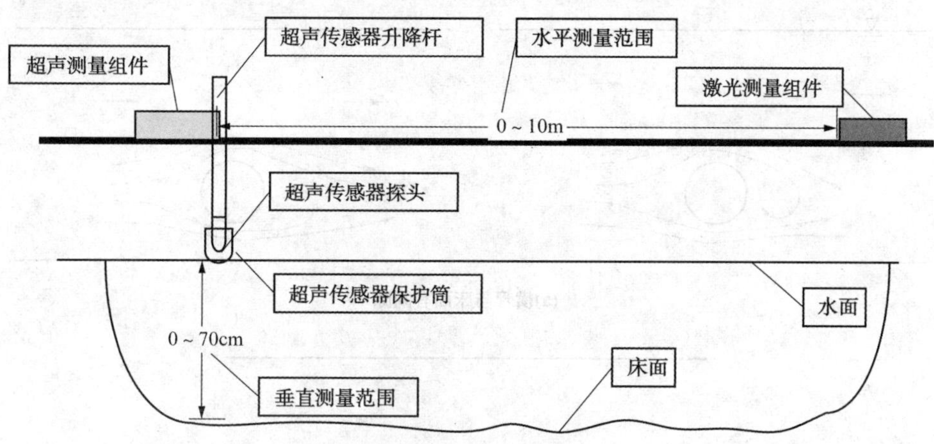

图 1　超声波测量系统原理图

设备的试制：试验的管径有为 50mm 的管径。

波浪测量设备：波浪的测量采用波高仪，测量波浪高度的精度可达 0.4%，采用水和空气的电容不同而精确测量水位，线性好。

流速测量设备：流速测量采用 ADV 声学多普勒流速仪，可测到实验室精度的流速数据，仪器配套包括能很容易安装在测杆上的手持式操作显示器和便携式 ADV 探头。流速测量范围：0.0014.5m/s；分辨率：0.0001m/s；准确度：所测流速的 ±1%；可测最小水深仅为 2cm；可测流速最高达 4.5m/s；可测流速最低至 0.001m/s。

（2）实验材料。

由于管道附近，尤其是管道和床面之间的部位，采用常用的流速仪测量流速比较困难。为此，在水流中加入示踪粒子以显示流体的运动，并通过对示踪粒子照相或摄影测量示踪粒子的运动，从而间接测量水流的速度场。示踪粒子可见高度，是光的良好散射体；能跟随流体运动，即跟随性好。

本次研究采用泥沙的粒径相对比较均匀，大部分都集中在 0.650.97mm 之间，其中中值粒径为中值粒径 0.73mm，不均匀系数 1.21。

2）管道附近流场及冲刷

（1）实验工况。

实验在 1.5m 宽的波流水槽和 1.0m 宽的往复流水槽中进行。试验采用两种不同粒径级配的天然沙。试验中模拟海底管道的模型管径取 5 种情况，分别为 16mm、20mm、25mm、32mm 和 40mm。试验分管道两端固定和不固定两种情况开展。管道的初始位置分别为：埋深为 $0D$、$0.15D$、$0.3D$、$0.5D$，其中 D 为管径。

（2）管道附近流场的实验观测

利用高锰酸钾示踪剂以及示踪粒子，观察和拍摄了横管存在时的水流绕流形态。如图 2（a）所示，当横管与床面之间有一定的间隙时，横管上方高处的面流基本上保持原来水流方向不变，横管附近上下方的流线偏离原来方向沿着横管外壁面两侧继续向前流动。横管后上下交替出现漩涡，这些漩涡的结构随时间不断发生变化，并且不断向下游移动，由于水体的黏滞作业，漩涡慢慢消失。当横管安放在床面上时，如图2(b)所示，横管前后分别形成逆时针漩涡，并在床面附近有与水流方向相反的回流产生。

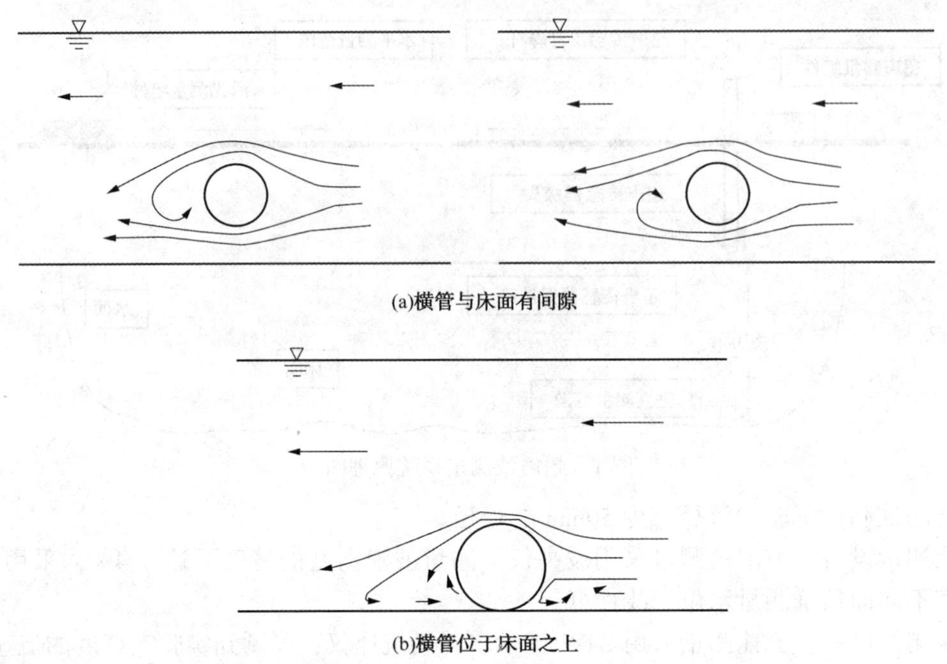

(a)横管与床面有间隙

(b)横管位于床面之上

图2 横管附近水流结构示意图

对比图2中的两种不同工况可以看出，没有横管时流场基本是均匀稳定的；当横管安放在床面时，横管下游侧出现回流及漩涡，同时因水流受到阻碍，横管上游侧也出现漩涡，这一区域床面附近有逆向水流生成，这些是形成横管周围局部冲刷的重要因素之一；圆柱型横管上部和下部边壁有规律性的交替生成漩涡，并随水流向下游输运扩散，直到消亡。

(3) 管道上和床面切应力。

根据壁面定律，利用壁面附近的流速测量资料，可以反求壁面上的摩阻流速，从而计算出壁面上的切应力。将不同特征位置的各个切应力与水槽内无横管时的床面切应力相比得到无量纲切应力。图4反映水深18cm、来流断面平均流速0.17m/s时3种不同管径横管的切应力变化，尽管管径不同，各特征部位的切应力随悬空比的变化关系具有相同的规律。从图3可看出：在同样的水流以及管道安装状况下，有横管存在时切应力增大，并且横管底部切应力最大，床面切应力次之，横管顶部切应力最小。这是因为横管上下方过流量与无横管时相比增大，横管的存在改变了断面流速分布，使水流的剪切变形增大。

相同水深相同断面流速条件下，随着悬空比的增大，无论是床面切应力还是横管上下壁面切应力逐步减小。因为随着横管位置的升高，垂线上的水流流速梯度增加缓慢，即剪切速率变小，切应力变小。

从图3可以看出，横管直径大的床面切应力比较大，因为其阻流作用大。这点也与野外实测和后续的动床试验情况相符，在动床条件下，横管直径较大时，其冲刷坑也比较大。试验发现，横管上下壁面的切应力却比较小，这可能是因为大直径横管表面流速梯度较小。

图4反映在水深18cm和管径2.5cm条件下床面及横管上下方切应力随流速的变化关

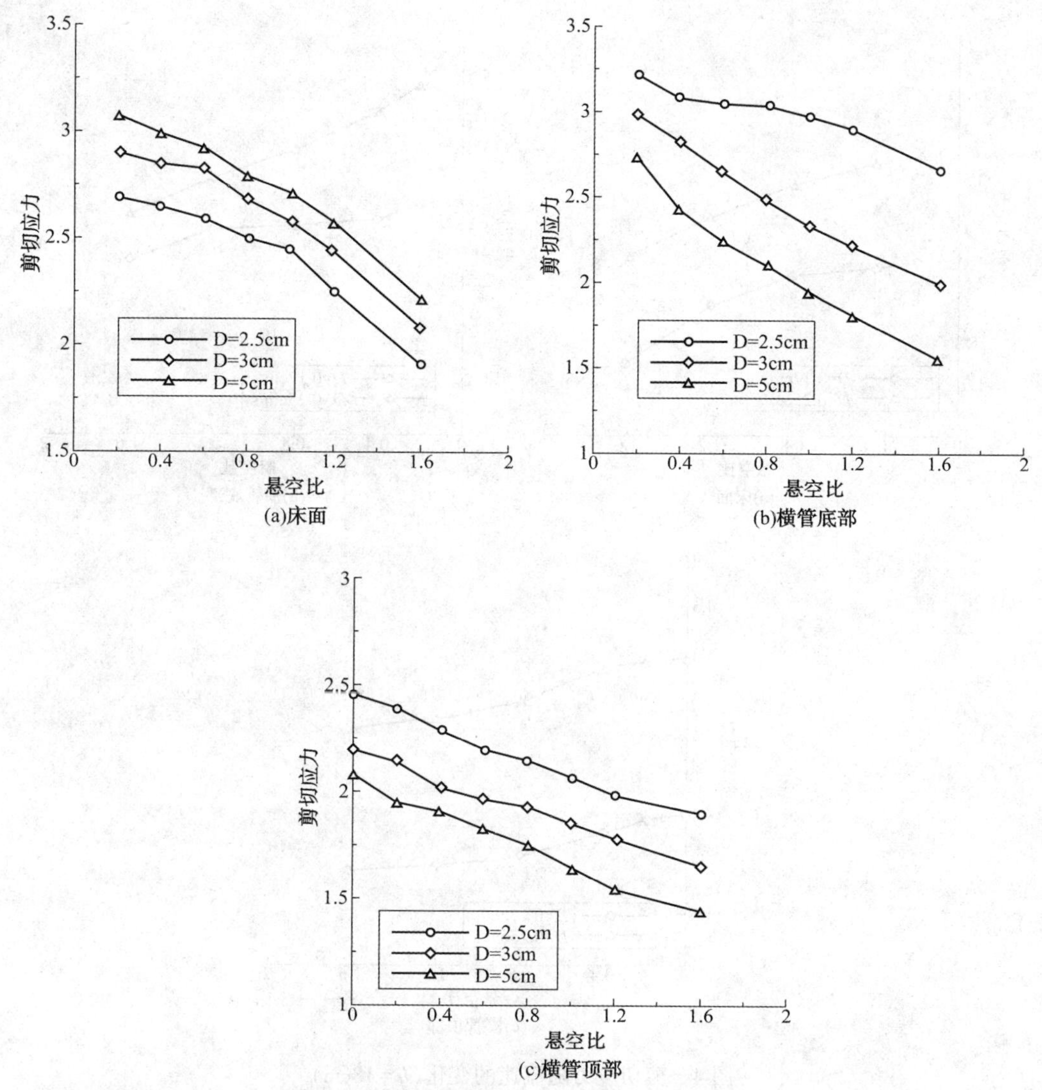

图 3 剪切应力随悬空比的变化($h=18$cm)

系。尽管来流流速不同，各特征部位的切应力随流速的变化关系具有相同的规律。由图 4 可以看出，当流速较大时切应力也比较大。这是因为当流速比较大时，垂线上流速增加比较快，导致剪切变形较大，切应力增大。如果在动床条件下，这将反映为当流速较大时，横管冲刷深度也较大，并且冲刷坑发展的也比较快。

图 5 所示为横管下方床面、管道上顶部和下底部的壁面切应力与 F_r 的关系曲线。

对比图 5 的 3 张图可以看出：在实验水流条件下，各特征部位的切应力随着 F_r 数的增大而增大。对于海底管道，由于水深相对较大，流速相对较小，大多数情况下，F_r 数小于 0.2。由于 F_r 数代表流体惯性力和重力相对大小，所以，切应力受流速的影响比较大。

根据以上定床试验可得到以下结论：

① 当横管安放在床面时，横管下游侧出现回流及漩涡，上游侧也出现漩涡，这一区域床面附近有逆向水流生成。

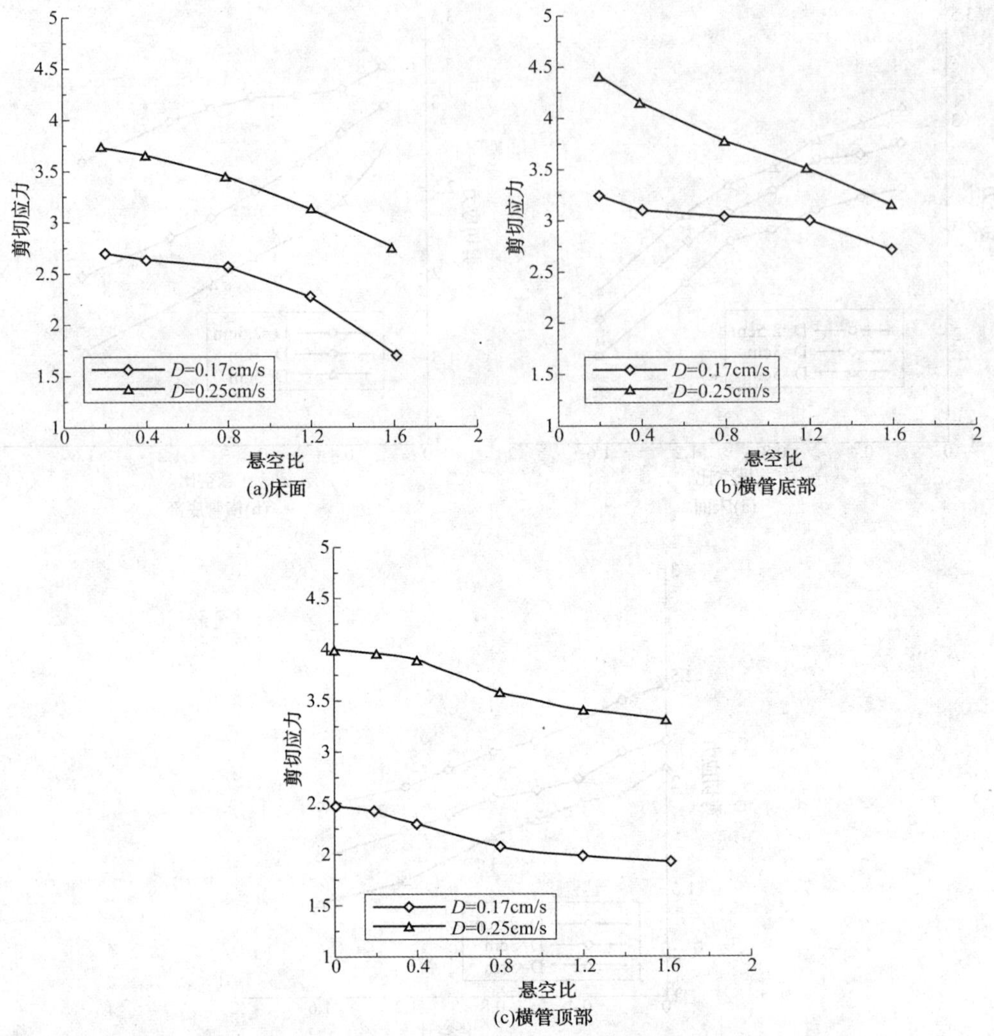

图4 剪切应力随流速的变化($h=18$cm)

② 横管悬空于床面时，横管上部和下部壁面有规律性的交替生成漩涡，并随水流向下游输运扩散和消亡。

③ 在相同的水流以及相同的悬空状况下，横管底部的切应力最大，横管下方的床面切应力次之，横管顶部的切应力最小。

④ 无论是横管下方的床面切应力，还是横管顶部或底部壁面上的切应力，均随着悬空比的增大而减小；横管直径大的床面切应力较大，但横管顶部和底部壁面的切应力却较小。

⑤ 横管下方床面、管道上顶部和下底部的壁面切应力随着 F_r 数的增大而增大。

3. 结论

当管道裸露于床面，管道的存在阻挡了来流，在管道后方床面形成高速漩涡区，同时管道前后压差造成的渗流降低了管道后方床面泥沙的起动切应力，当来流强度足够大时管道后方床面开始发生冲刷。

随着冲刷坑的增大，渗流作用不断加强，当冲刷坑发展到一定程度的时候，局部管道与

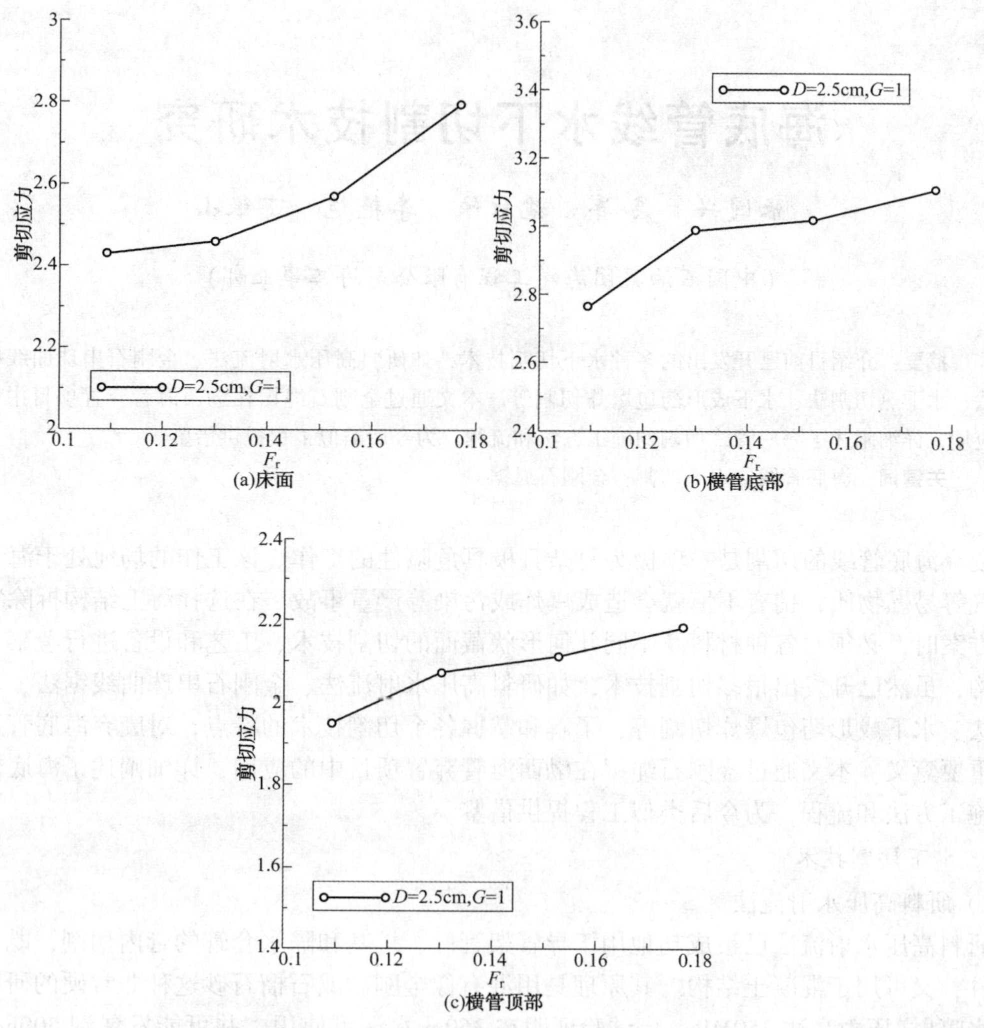

图 5　剪切应力随 F_r 的变化($h=18$cm)

沙床之间会发生一股缝隙射流冲刷；管壁附近的泥沙被水流突然高速喷射而出，管壁附近形成小缝隙，缝隙内水流急剧增大，缝隙迅速扩大，管道悬空。

当管道与海床的缝隙增大到一定值后，管道后方出现明显的涡旋生成、发展、脱落过程，在尾流的作用下，冲刷向管道下游发展，直至缝隙冲刷和尾流冲刷达到平衡状态。

参考文献

[1] 杨兵，高福平．海流引起的海底管道周围砂质海床局部冲刷[J]．中国造船，2004，45(21)：281-288.

[2] 吴钮骤，金伟良．海底输油管道底砂床冲刷机理研究[J]．海洋工程，2006，4：43- 48.

[3] 秦崇仁，彭亚．波浪作用下海底裸露管道周围的冲刷[J]．港工技术，1995，3：7-12.

[4] 潘冬子，王立忠．推进波作用下海底管道周围局部冲刷试验研究[J]．海洋工程，2007，4：27-32.

[5] 陈兵．李玉成．绕海底管道悬空段肩部的三维湍流结构的数值研究[J]．中国造船，2002，21：279-287.

海底管线水下切割技术研究

张国兴　吴军　施虹依　李艳艳　丁银山

（中国石油集团海洋工程有限公司海工事业部）

摘要：介绍目前已开发出的多种水下切割技术，如研料高压水射流法、金刚石串珠曲线锯法、水下热切割法、水下成形药包爆炸切割等。本文通过金刚石绳锯在渤西海管弃置项目中的应用，详细阐述了海底管线切割的施工方法和流程，为今后类似工程提供借鉴。

关键词：海底管线；水下切割；金刚石绳锯

废弃海底管线的切割是一项极为复杂且极具危险性的工作。该工作的场地处于海上、接近油气等易燃物质，稍有不慎就会造成爆炸或污染等严重事故。在选择海上结构拆除实施的切割方案时，必须对各种材料及不同几何形状截面的切割技术、工艺和设备进行考察。对水下结构，虽然已开发出很多切割技术，如研料高压水射流法、金刚石串珠曲线锯法、水下热切割法、水下成形药包爆炸切割等，了解和掌握各个切割技术的特点，对废弃海底管道拆除具有重要意义。本文通过金刚石绳锯在渤西海管弃置项目中的应用，详细阐述了海底管线切割的施工方法和流程，为今后类似工程提供借鉴。

1. 水下切割技术

1）研料高压水射流法

研料高压水射流法已被成功地用于导管架管件、桩基和隔水套管的管内切割，既可用于钢管件，又可用于混凝土结构。其原理是用混有像金刚砂或石榴石砂这种非常硬的研磨砂的高压水喷射(压力高达 350MPa)。试验证明在 360m 水深可使用，并可能发展到 500m 水深。对小尺度对象切割时，可在作业的 ROV(水下机器人)中安置切割喷嘴装置。对大尺度对象，则需在水下配置一个工作模块，在水面进行远程控制。目前这种技术能切割 305m 深处有 5 层钢组成的夹层结构。不换切割嘴也可完成对有水泥填充和钢筋混凝土结构的切割，切割时刀具没有震动和摇晃(假设被割物体也是固定状态)，切口较精确和干净；另一优点是除在海床上遗留下研磨砂的沉积外，不会对海洋环境造成污染。研料高压水射流系统的缺点和优点：缺点在于使用过程中，机械噪声与空气动力噪声最为严重，有时需向操作工提供保护装置；优点是该方法的应用范围极广，由于技术的先进性，许多工业项目都可使用，并能迅速得到收益。在油气开发工业，装备研料高压水射流系统的船可从事海洋废弃平台的切割、救生、平台拆除和修补及水下建筑工作。

2）金刚石串珠曲线锯法

金刚石串珠曲线锯法是从开采工业中发展来的，在石油天然气工业中也有所应用，当发生井喷和油井着火时需采用该技术进行井口远程切割。金刚石串珠曲线锯法的优点在于其作业的高可靠性。金刚石串珠曲线锯切割方法利用一系列遥控操作设备对钢、混凝土或其他材质进行外部切割。系统不受目标的大小、材质及海洋结构的水深的影响，并可对任何构件进行高质量的切割。这些特点使其成为进行外部切割的理想工具。金刚石串珠曲线锯法的缺点和优点：缺点是该方法操作较复杂，从而产生不完全切割，容易损坏吊装设备及驳船。根据不同金刚石串珠曲线锯切割能力和尺寸，需为其设计制造专门的夹具和索具；优点是安装方便，可由潜水员或ROV(水下机器人)完成，对水深无要求，环境安全可靠，对切割目标无明显的物理体积限制，可切割的材料多，切割质量高。

3）水下热切割法

水下热切割法是利用热源对金属进行加热，或在纯氧气中燃烧，使金属熔化，并采取某种措施将熔化金属或熔渣去除而形成切口的切割方法，如水下氧—火焰切割、水下电弧切割、水下电弧—氧切割等。热切割法又可分为氧化切割法、熔化切割法及熔化—氧化切割法。氧化切割法是先利用火焰将待割金属预热到燃点，然后供氧气使金属燃烧，并吹掉熔渣而形成切口的切割方法，如水下氧—火焰切割。熔化切割法是利用热源将待割金属熔化，靠熔化金属自重或采取某种措施将熔化金属及熔渣除掉而形成切口的切割方法，如水下等离子切割、熔化极气体保护切割及熔化极水喷射切割等。熔化—氧化切割法是利用热源对待割金属预热使其熔化，然后供氧使金属燃烧，并将燃烧产生的熔渣及剩余的熔化金属吹掉而形成切口的切割方法，如水下电弧—氧切割、热割矛切割及热割缆切割。

4）水下成形药包爆炸切割

该方法用的成形药包是装在软质金属(如铜、铝及铅等)外壳内的、成分经特别配制的一种炸药(如RDX等)。药包的断面通常呈倒V形。水下成形药包爆炸切割的原理是：把药包置于被切割工件的待切割部位，当炸药起爆、爆炸波将金属外壳破坏时，所形成的高温高速金属粒子流(伴有高能冲击波)定向集中地喷射到工件很小的面积上，把工件击穿而形成切口。与一般炸药爆炸相比，成形药包爆炸切割具有以下优点：①能切割出相对精确的切口；②由于定向爆炸，故破坏邻近构件的危险性较小。该水下切割可对板材进行直线切割、穿孔以及标准几何形状的断面(如切割管子、钢缆等)。

根据渤西海管弃置项目的特点，采用金刚石串珠曲线锯法，此方法效率高，安全性高，对环境要求低，以下介绍金刚石绳锯的结构和使用方法，金刚石绳锯属于金刚石串珠曲线锯法。

2. 金刚石绳锯的结构

金刚石绳锯的结构如图1所示。

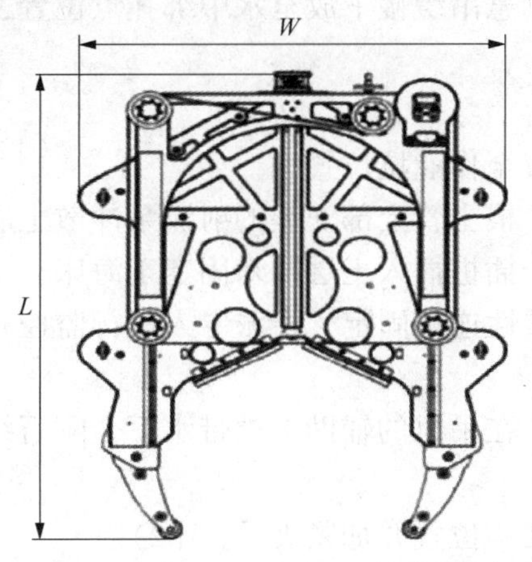

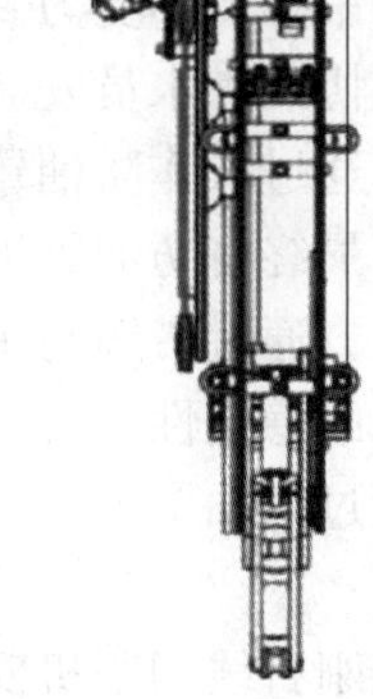

图1　金刚石绳锯结构图

机械参数如下：

型号：MDWS620；

切割范围：620in(152506mm)；

进给行程：26in(660mm)；

长：85in(2159mm)；宽：60in(1524mm)；高：30in(762mm)；质量：413kg；

动作方式：液压夹紧和自动/手动进给；

配套设备：柴油机液压动力单元、液压控制面板、液压软管滚筒；

耗材：钻石钢丝绳等。

3. 水下切割

在水下切割前先用挖沟机对切口位置进行吹扫。

在吹扫工作完成后，进行水下切割作业前必须接到业主的管线清管完成报告，并且保证管线内压力完全释放。

吹扫作业工作完成后由潜水员进行水下探摸作业。确定管线已经完全暴露且作业位置作业坑已经通过后挖沟机吹扫达到设计要求后，由潜水员进行吊带的水下安装工作，并在切割位置辅助完成防油罩的安装工作。清理完成后携带水下金刚石线切割机进行水下安装后进行切割作业。

1）准备工作

（1）水下金刚石线切割机及金刚石绳锯须预先进行调试安装。

（2）中油海 101 船将防油罩放在船舷边准备好。

（3）锚艇等辅助船舶准备足够量的围油栏、吸油毡、消油剂、废油回收桶等溢油应急处置材料和储存器具。

（4）由锚艇携带围油栏与地锚，根据现场流速、流向，在下流位置提前监控，以免溢油发生后油花扩散，也便于回收溢油。

2）管道切割施工及管帽安装流程

（1）船舶抛锚就位，侧悬吊位于管线正上方。

（2）根据管线起吊下放应力计算报告水下探摸确定并标记切割位置及吊带绑扎位置，确认作业坑吹扫符合要求。

（3）将提前准备好的 4 根吊带通过侧悬吊缓慢下放至水中绑扎点位置，由潜水完成绑扎作业并将吊带与侧悬吊相连接。

（4）吊机收紧吊扣但不受力。

（5）通过吊机协助潜水员安装防油罩至作业坑位置。

（6）操作人员通过操作防油罩下方 4 根主管上部安装的射流泵冲散土层，使防油罩可以靠自重插入泥中，最终将防油罩下部四个插桩插入土层两米固定于海床。

（7）防油罩上方通过带缆与 101 船柔性连接固定，指派专人进行监控并适时调整，保证施工过程中防油罩的稳定性。

（8）潜水员通过防油罩上方开口处，在吊机的辅助下携带水下金刚石线切割机下水至切割位置。

（9）将水下金刚石线切割机安装在切割位置并加紧夹具(图 2)。

（10）操作人员调整夹具，并启动开始进行切割作业。

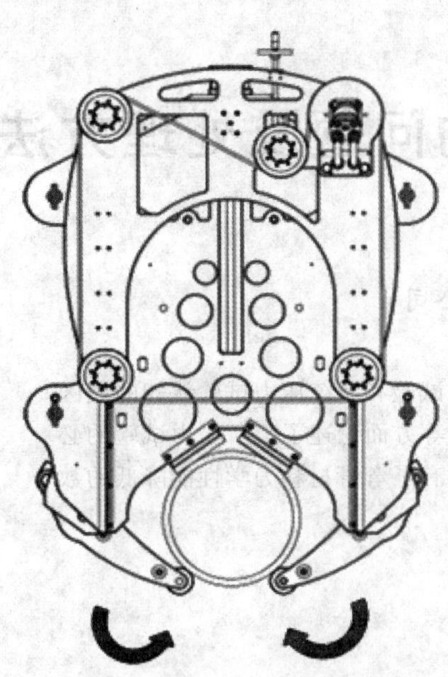

图 2 金刚石线切割机夹紧管线示意图

（11）切割完成后潜水员下水检查切割情况，当内管确认完全切割开后通知船上操作人员松开卡具。

（12）潜水员移动切割机至切割位置旁 800mm 处再次安装固定。

（13）操作人员调整夹具，并启动开始进行切割作业。

（14）切割完成后潜水员下水检查切割情况，当内管确认完全切割开后进行切管机和脱落管段的回收工作。

（15）潜水员携带管头安装封帽及固定卡子从防油罩上方开口处入水，由潜水员对管头安装封帽及固定卡子（必要时用倒链对管头位置进行调整后安装封帽）。

（16）检查牢固并确认防油罩内油污清理完成后，潜水员撤离至安全位置观察。启动防油罩自带的喷冲设备，通过主吊将防油罩吊起回收。

（17）继续起吊，下潜水员检查吊机及管线情况，待一切正常时，潜水员出水。

（18）按照分析计算结果，慢慢起吊直至管线两个端头到达指定位置，并分开固定于船舷。

图 3 金刚石切割机实物图

4. 结论

随着海上石油行业的发展，海管管道不断增多，而海底管道的维修和拆除也不断增多，总结海底管道的切割技术和施工经验，金刚石绳锯的应用实践，为今后类似工程提供借鉴。

参 考 文 献

[1] 赵寿元，李勇，高军伟，廖燕．水下切割技术的研究[J]．机械研究与应用，2007，5.

海上弯管工厂压力试验面临的问题及处理方法

邵怀海

（中国石化石油工程设计有限公司）

摘要：本文针部分设计施工人员对海底管道弯管工厂压力试验和系统压力试验认知的误区进行分析，文中分析了两者的不同，从设计方法、规范的要求等方面论述了工厂压力试验的必要性，并提出了即使工厂压力试验不能满足规范的要求，只要有了弯管材料力学性能降低的数值关系，设计中也可以采取一定的措施进行补救。

关键词：海底管道；弯管；工厂压力试验；静水压试验

1. 问题的提出

海底管道的设计过程中弯管的设计是无法避免的，埕岛油田的不少海底管道虽然设计文件要求对弯管进行工厂压力试验，但由于规范中未明确指明弯管的工厂压力试验，施工单位及业主均对是否需要对弯管进行工厂压力试验存有疑问，甚至一度以系统压力试验为借口要求设计人员修改设计文件，去掉弯管工厂压力试验的相关要求。对于弯管的试压问题，设计院的同事们也多认为海底管道设计规范中对此并没有明确的规定，从而放松了弯管技术要求。

其实“工厂压力试验”是钢管制造完成后对管子和管子部件进行压力试验，是对管道或管道部件材料性能的验证，以材料的屈服强度或抗拉强度为基础变量。它不同于“系统压力试验”，“系统压力试验”是在管道安装完成后为试验管道系统的水密性而对管道或管道段进行试验，“工厂压力试验”试验压力值要求应使得管材的组合应力达到屈服强度 0. 96 倍或抗拉强度的 0. 84 倍，因此试验压力一般较大。“系统压力试验”是对管道系统水密性的验证，是以设计压力为基础变量，一般取 1. 25 倍的设计压力，相对较低。

2. 设计方法的要求

目前海底管道的设计在以《海底管道系统》(SY/T 10037—2010)作为主规范之前多采用“许用应力法”，采用《海底管道系统》(SY/T 10037—2010)作为主规范之后，一般采用“荷载与抗力系数法”，两种设计方法虽然在设计理念上有所不同，但在采用钢管材料的性能上的要求是有共同之处的。前者主要使用材料的屈服强度，后者使用了材料的屈服强度和抗拉强度。两种设计方法都使用了材料的屈服强度，而如何保证钢管弯制之后的管材的强度依然满足规范要求呢？这可以从《海底管道系统》规范(SY/T 10037—2010)中寻找答案。

3. 规范中关于弯管静水压试验的相关规定

根据现行规范《海底管道系统》(SY/T 10037—2010)，“工厂压力试验”的目的有两个，一是作为管道承压能力证明，二是确保所有管段(节)的材料性能至少达到最小屈服强度。

《海底管道系统》(SY/T 10037—2010)第 5. 2. 2. 1 节关于工厂压力试验解释如下：

“工厂试验要求的目的是：

——构成承压证明试验。

——确保所有管段(节)至少达到最小屈服(强度)应力。”

另外，7.7.1.7 节规定 C-Mn 钢弯管的母管：“C-Mn 钢母管应在正火调质或 TMCP 的条件下交货。”

7.7.1.5 节规定：“热感应弯曲是弯管制造的推荐作法。”

7.7.1.8 节、7.7.1.9 节分别写道：“应注意到“正火”的钢管，特别是以 TMCP 板制造的钢管在加热、热感应弯曲和弯曲热处理后的硬化性有可能使弯管达不到力学性能的要求。”“对采用热扩工艺制造的母管，在弯管热处理后，可能会经历不稳定。”

这说明弯管的制造过程有可能改变弯管材料的力学性能，因此，规范第 7.8.7.1 节规定：“如果规定了静水压试验，应进行该试验。”

综合以上所述，按照现行规范《海底管道系统》(SY/T 10037—2010)制造的弯管，为证明管道材料的力学性能为其标定值，工厂压力试验是必要的。

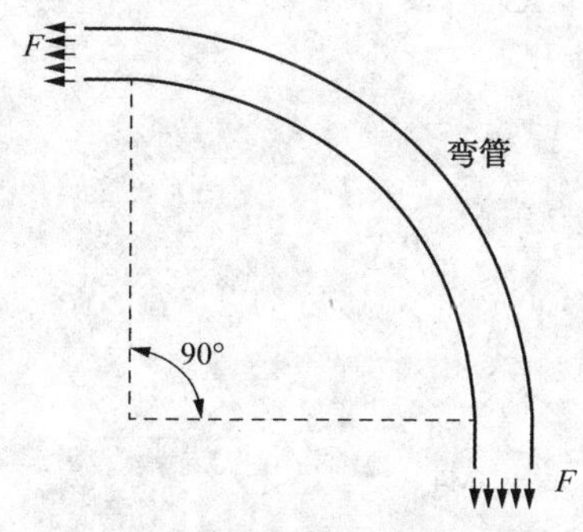

图 1　弯管试压力学模型

4. 弯管厂的要求

实际工程中为了验证管道材料的力学性能所进行的工厂压力试验所有的生产厂家对于直管段都没有异议，但是对于弯管的试压则不少厂家有异议，对于壁厚较大、管径较大的弯管进行“工厂压力试验”，难度则更大。弯管试压时的力学模型如图 1 所示。

图中 F 为通过挤压固定弯管试压时的两端约束对弯管提供的约束力，其值为所试验的压力与管道断面的乘积，根据不同的管径及壁厚其约束力也不同，表 1 为不同管径、壁厚、材质的几种常用管材在做静水压试验时，弯管端部所需的约束力。

表 1　管径、壁厚、试验压力及管端约束力

D/mm	114.1	168	245	323.1	406.4	508	610	762	813	914
T/mm	11.1	14.3	18	13.1	14.3	15.9	15.9	17.5	20.8	22.2
σ/MPa	390	390	415	415	415	450	450	450	450	450
F/t	80	154	304	301	415	627	757	1043	1319	1585
P/MPa	91.9	79.5	72.2	38.7	33.4	32.2	26.7	23.4	26.2	24.8

注：1. 表中 F 为管端轴向约束力，P 为试验压力，D 为管径，T 为壁厚，σ 为屈服强度；

2. 表中试验压力的计算方法参考《海底管道系统》(SY/T 10037—2010)。

由表 1 可以看出，弯管试压时其管端的约束力少则数十吨大则数百上千吨，试验压力从 20MPa 左右到 90MPa。通过咨询，甚至宝钢这类国内首屈一指的大钢铁厂也只进行直管段的“工厂压力试验”，弯管生产及其“工厂压力试验”需要专门的弯管厂家来完成，“工厂压力试验”单次试验成本可达数万元，此外还要考虑弯管厂运输至工厂压力试验厂、试压不合格返工等造成的时间成本。如果弯管厂不具备试压能力，就难怪业主和管道安装公司有不进行弯管试压的想法了。那么万一弯管的“工厂压力试验”不能满足规范，弯管是否就报废了呢？

5. 问题的处理方法

一方面是设计方根据规范，要求进行“工厂压力试验”，另一方面是业主及安装单位出

于节省投资及工期的考虑想要去掉弯管的“工厂压力试验”，笔者接合多年的设计经验有以下想法。

海底管道中的弯管多为应变释放(而非限制强制位移)的关键部位，弯管部分的应力一般较之直管段稍小。弯管的“工厂压力试验”是为了验证钢管弯制以后材料力学性能没有降低，但是如果设计本身允许弯管部分可以降低材料强度，或者限制弯管部分在管道寿命期内所受荷载的最大值，弯管部分的“工厂压力试验”应该就能降低要求，甚至在一定条件下(比如，有弯管弯制成型以后材料整体屈服强度的证明)可以取消。

图 2 为埕岛油田某平台采用“AUTOPIPE”软件分析立管计算模型的局部截图，为了直观，图中内外管分开显示，其中 B3、B5、B6 为套管上的点，A3、A4、A5 为工艺管上的点，B3、B5 位置设有管卡固定在导管架腿上，B6、A5 为弯管，M4 为连接内外管的锚固件，管道材质为 API 5L X56PSL2 级，屈服强度 390MPa。

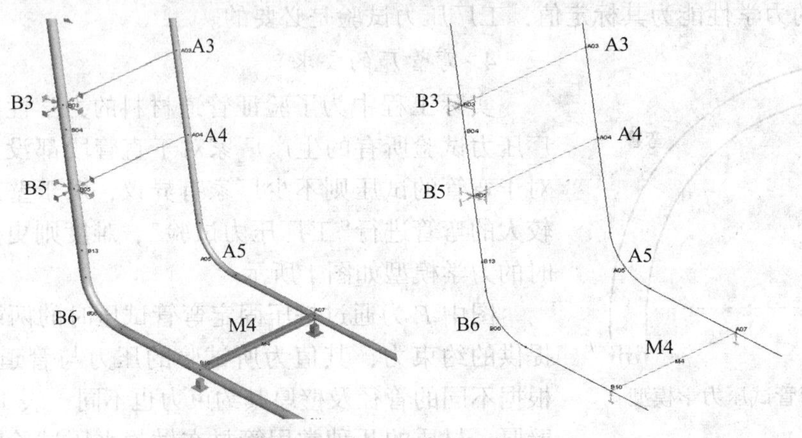

图 2 立管底部结构示意图

本文从立管分析的结果文件中摘出 B3、B5、B6、A3、A4、A5 等几个点可能产生的最大应力(表 2)。

表 2 弯管附近可能的最大应力

位置	B3	B5	B6	A3	A4	A5
应力/MPa	58	182	83	115	133	149
许用应力/MPa	195	195	195	195	195	195
余量/MPa	137	13	112	80	62	46

注：上表中许用应力取 0.5 倍的屈服强度。

从计算结果可知，套管弯管相比管卡位置应力偏小，工艺管弯管位置处应力比邻近位置大。套管的弯管实际最大应力和许用应力之间还有 112MPa 的富余强度，工艺管的弯管的实际最大应力和许用应力之间只有 46MPa 的富余强度。弯管的弯制过程中如果屈服强度降低过大，就有可能导致按原屈服强度进行的设计不满足规范，因此需要验证弯制以后弯管的屈服强度。如果弯管生产过程中的屈服强度的降低情况能有明确的数据，比如针对弯管进行的破坏性力学试验得到了弯管的实际屈服强度，设计也可以针对屈服强度降低以后的弯管做针对性的设计，比如采取改变膨胀弯的方向、增加膨胀弯的尺寸、加固立管桩以降低立管的水平位移等以缓解立管和平管之间的相对位移，这些能有效地降低弯管的应力水平，达到虽然弯管屈服强度降低了，但弯管受到的应力水平降的更多，以此来使设计满足规范的要求。

综上所述，从设计方法、规范的要求等方面考虑弯管的工厂压力试验是需要的，是工程完整性的一环。工厂压力试验能够最全面的检测管道所有位置管材的屈服强度情况，是最可靠的检测整根弯管材料性能的手段。

设计过程可以参考弯管屈服强度降低的实际数值，进行针对性的设计，最大限度的降低弯管的应力水平，尽可能保证工程的安全。因此，除非积累了大量数据对弯管材料力学性能的降低有数值的概念，弯管的“工厂压力试验”是必要的。

参 考 文 献

[1] 中华人民共和国石油天然气行业标准．海底管道系统 SY/T 10037—2010. 国家能源局发布，2010. 12.

[2] 中国船级社标准．海底管道系统规范．北京：人民出版社，1992.

[3] 邵怀海．海底管道立管系统模拟中的约束处理[J]. 石油工程建设，2005，31(3)：30-32.

浅海海底管线定点防污染隔离技术研究

丁银山　吴军　张国兴　张涛　孔令兵

（中国石油集团海洋工程有限公司海工事业部）

摘要：如何让海洋环境不受到污染是海底输油管线回收必须要解决的问题，因此海底输油管道在切割时如何保证管道内的残油能够及时隔离并回收是施工时的重点。本文通过渤西海管弃置项目，详细阐述了浅海海底管线的定点防污染隔离的方法，防油罩的结构形式、安装程序等一整套的施工技术，本文所述的防污染隔离技术为国内首次应用，可为以后类似工程的顺利实施提供有力的技术保障。

关键词：海底管线；防污染；防油罩；潜水泵

随着海上石油行业的发展，海底输油管线越来越多，当这些输油管线到达使用寿命时，输油管线安全环保的回收成了海洋环境保护的重要因素。管道切割后，残油如果混入到海洋中，不仅破坏了海洋生态系统，也会给水产业和旅游业带来巨大的经济损失。目前国内对于海底油管线回收的防污染施工技术没有成熟的施工经验，本文通过渤西海管弃置项目详细阐述了浅海海底管线定点防污染隔离的方法，此技术方法为国内首次应用，为以后浅海海底油管线的回收提供有力的技术保障。

1. 溢油的清除方法

（1）分散剂处理，分散剂能将溢油分散成很小的微粒，微粒随海流和潮汐在海洋中分散开来，并通过微生物的作用分解消失。

（2）现场焚烧，可用于海上泄露时快速有效的清除海上大量的油品，采用焚烧处理可清除大部分溢油，但需要在溢油初期尽快进行，且油膜至少有 3mm 的厚度。

（3）溢油的水上围堵和回收，最常用的包括围油栏和各种撇油器等。

（4）生物学技术，海洋中的某些微生物有较强的分解油的能力，在溢油海区撒播营养物质，使微生物大量繁殖，从而促进溢油的氧化和分解，从而达到消除的目的。

渤西海管弃置项目所处施工海域平均水深为 10m，海底地形比较平坦，水流流速较低，且溢油位置已经确定，根据项目的特点，采用溢油的水上围堵和回收的方法，专门设计了水上围堵和回收的设备——防油罩，以下介绍防油罩的结构和使用方法以及实际应用。

2. 防油罩结构

渤西海管弃置项目所处施工海域平均水深为 10m，被切割的油管线直径是 355.6mm，为满足施工要求，设计结构尺寸为长 4m、宽 3m、高 17m，整体为框架结构，框架四面设封板，防止石油流出扩散，上部水面设潜水泵，用来抽出管道中漏出的石油（图 1）。

3. 防油罩安装

防油罩安装步骤如下：

（1）“中油海 101”就位于管线切口处，管线距离船舷 1.5m；

图 1　防油罩示意图

（2）起吊防油罩入水；

（3）潜水员水下指引使防油罩就位到管线上方，且切口位于防油罩中心处；

（4）缓慢下放防油罩，在防油罩桩腿接触泥面时，开启甲板上的柴油机水泵；

（5）桩腿内的喷射管对泥面进行喷射，同时缓慢下放防油罩，下放时应及时调整防油罩的位置，使管线位于两端的槽口内；

（6）当防油罩两侧的防沉板快接近泥面时，关闭水泵，继续下放防油罩至其平稳的坐落在海床上且不再沉降；

（7）用四道缆绳将防油罩与船舶带紧，解开吊装缆绳。当由于涨落潮引起作业船舶上浮或下沉时，应及时放松或收紧与防油罩相连的缆绳，减少对防油罩的影响。

在防油罩安装完成后，要在防油罩内对油管线进行切

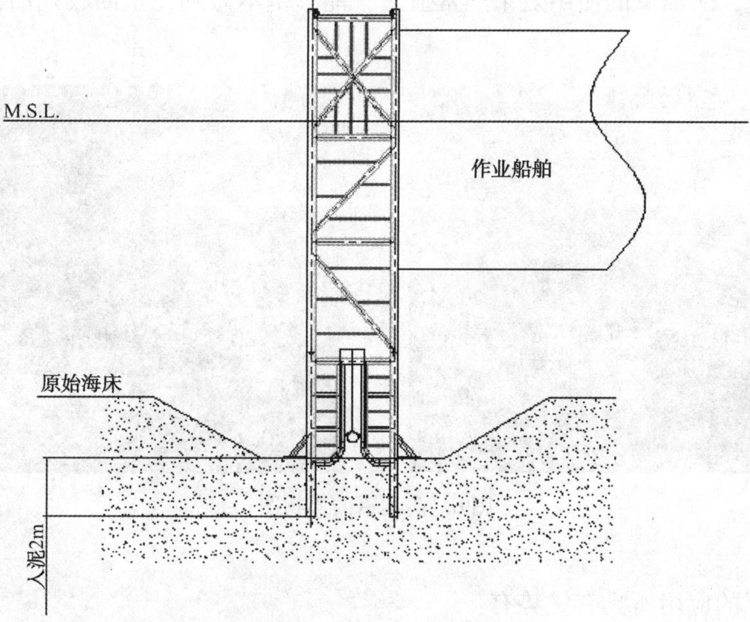

图 2　防油罩入水就位图

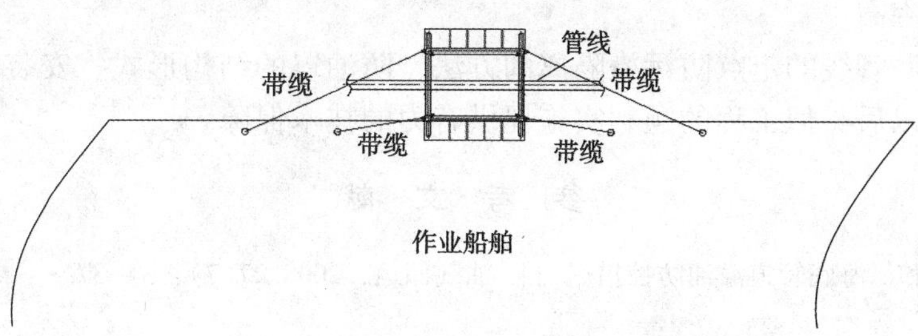

图 3　防油罩带缆图

割，管线切开后，为防止管线内的残油溢出，将切开的管线两端用防油帽堵住。

简易防油帽由防油布(图4)和卡箍组成，使用时，由潜水员将防油布套在管口上，用卡箍将其紧固在管子上(图5)。

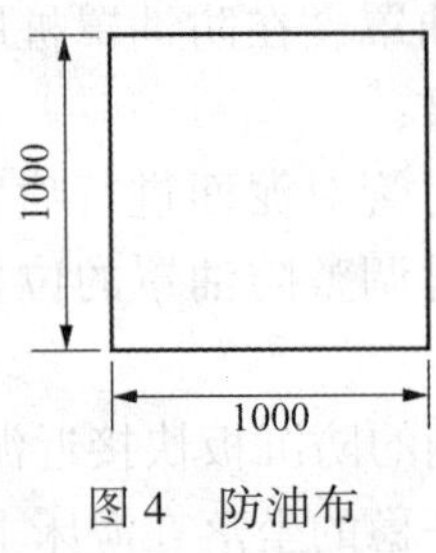

图4　防油布

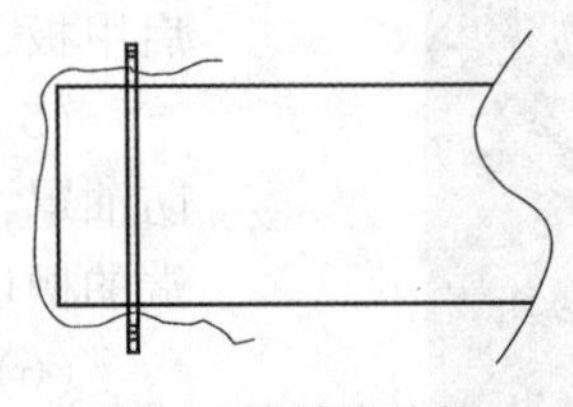

图5　简易防油帽

4. 防油罩应用

防油罩安装完成后，由水下切割机切开油管线，管线内的残油进入防油罩中，随浮力上升到海面上，由于防油罩四周是封闭的，残油被围在防油罩内，启动防油罩的抽油泵，将残油从防油罩中抽出并储存起来以便对残油进行处理。

在本项目中，防油罩的使用效果非常显著，能够基本做到完全回收残油，使海洋环境不受到污染。

图6　防油罩的实物图

5. 结论

总结防油罩的应用所具有优势有：

(1) 能够完全回收残油；

(2) 施工效率高。

总结浅海海底管线的定点防污染隔离的方法，防油罩的结构形式、安装程序等一整套的施工技术，可为以后类似工程的顺利实施提供有力的技术保障。

参考文献

[1] 郭敏智，王乃和．海底管道溢油防控措施[J]．油气储运，2008. 27(7)：34-37.

海上钻修采作业及相关设施研究

海上低渗透油藏水平井体积压裂工艺技术研究

王天驹　王 蕊　徐鸿志　郝志伟　张鹏远

（中国石油集团工程技术研究有限公司）

摘要：海上低渗透油藏具有低孔低渗、埋藏深、压力高等特点，其开发常采用“海油海采”的方法，但这类油气藏动用成本较高，且产量较差，至今仍未大规模开采，需通过压裂改造提高单井产量和经济效益。不压裂油井自然产能低。为达到增大改造范围，提高单井产量的目的，本文针对该区块水平井开发，从储层特征出发，基于储层岩性、物性、微观孔喉特征、岩石力学特性、地应力等的精细评价，引入适度体积压裂理念，优选压裂工艺，优化裂缝及施工关键参数组合。经优化研究，排量 5~6m^3/min 以上，单段液量 550m^3，砂量 55m^{3}时，可保证主缝沟通次级裂缝，形成复杂缝网，主缝缝长可达 120m，导流能力 20D · cm。压后累产明显高于常规分段压裂，具有较好的增有效果，可为该区块开发实现突破提供技术支撑。

关键词：海上低渗透油藏；水平井体积压裂；簇间距优化

1. 引言

海上低渗特低渗储层，油井自然产能低，需通过压裂改造提高单井产量和经济效益。然而浅滩海“海油海采”的压裂改造相比于陆地及人工岛，施工难度大，改造规模小，作业周期长，成本高，一直没有突破性进展。为此，本文针对海上低渗油藏水平井开发，从储层特征出发，基于储层岩性、物性、微观孔喉特征、岩石力学特性、地应力等的精细评价，引入适度体积压裂理念，保证主缝与次级裂缝沟通形成缝网，同时优化海上低渗储层条件下最佳的改造规模和范围，而不是盲目追求大规模改造，进而优选压裂工艺，优化裂缝及施工关键参数组合，力争达到提高单井产量和效益的目的。

2. 压前储层综合评价

目标区块储层平均渗透率 4. 84mD，孔隙度 14%，部分区块有效渗透率更是仅有 1mD，在这种孔渗条件下，最好的压裂策略就是通过“体积压裂”，让主缝沟通次级裂缝，造复杂缝，立体改造储层。那么该储层是否具有形成复杂裂缝的条件，就需要从储层岩石脆性特征、地应力差大小与净压力关系、天然裂缝及层理发育情况等多方面入手，进行压前综合评价。

1）脆性特征

储层岩性是否具有显著的脆性特征，是决定能否采用体积改造的物质基础。而脆性指数则是衡量储层脆性的特征的关键参数。

脆性指数计算方法有多种，通常主要采用两种计算方法。一种方法是根据岩石矿物组成判断，一般认为脆性矿物含量超过 30%可认为岩石具有较高脆性指数；另一种方法是根据岩石力学实验得到岩石的杨氏模量和泊松比，根据归一化方法计算岩石的脆性指数。

（1）脆性矿物含量。

在通过岩石的矿物含量来进行评价脆性指数时，基于全岩分析实验分析岩石中的各种矿物成分，主要有黏土矿物（高岭石、伊利石和蒙脱石等），石英、方解石、长石、白云石等。再利用下式进行脆性指数计算：

岩石脆性指数=石英/（石英+碳酸盐+黏土）

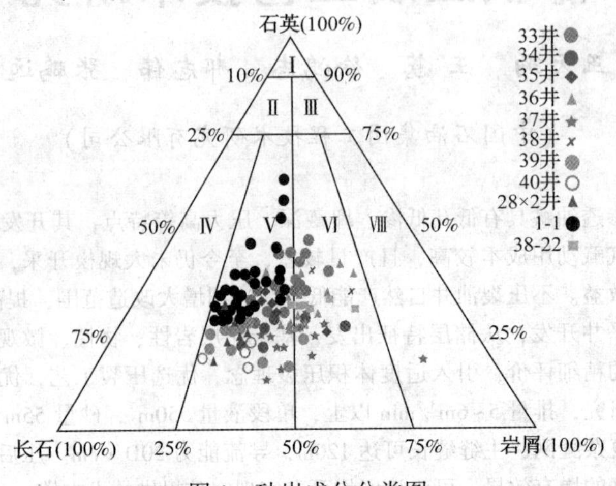

图1　砂岩成分分类图

通过全岩分析，得到区块11口井砂岩成分分类图，如图1所示。从图中可以看出该储层主要以岩屑长石砂岩、长石岩屑砂岩为主，具有石英、长石含量较高，岩屑较少的特点，矿物成分统计表如表1所示。

表1　矿物成分统计表

层　位	沙　二　段		
岩性	岩屑长石、长石岩屑砂岩		
	石英/%	长石/%	岩屑/%
	30~40	30~40	25~30

可以看出，储层脆性矿物含量较高，脆性指数最低可达40%，储层可压性较好。

（2）岩石力学参数。

岩石脆性指数计算的另一种方法则是根据岩石力学特性判断，由杨氏模量及泊松比进行计算。

以某井区为例，通过测井曲线反演储层岩石力学参数如图2所示。储层杨氏模量范围1.7~3.1GPa，平均杨氏模量2.8GPa；泊松比范围0.17~0.30，平均泊松比0.22，以此计算脆性指数为51%，具有形成复杂缝网的条件。

综合分析，该区块储层脆性指数可达50%，具备形成复杂缝网的条件。

2）地应力场分析

该区块在构造上受重力正断层控制，三向主应力关系为 $S_V>S_H>S_h$。该区块最大主应力方向为北偏东75°。利用测井数据反演地应力剖面及地应力梯度，如图3所示。该区块储层最小主应力为56~61MPa，两向应力差3~5MPa，水平地应力差异系数较低。

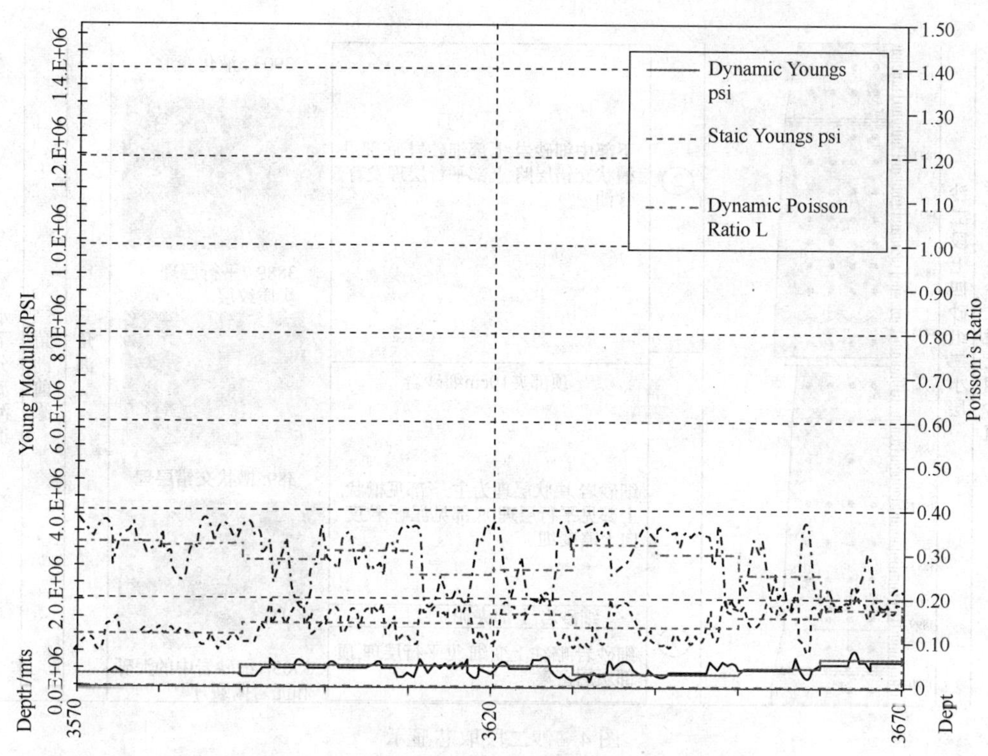

图 2　静态样式模量及泊松比随深度变化曲线

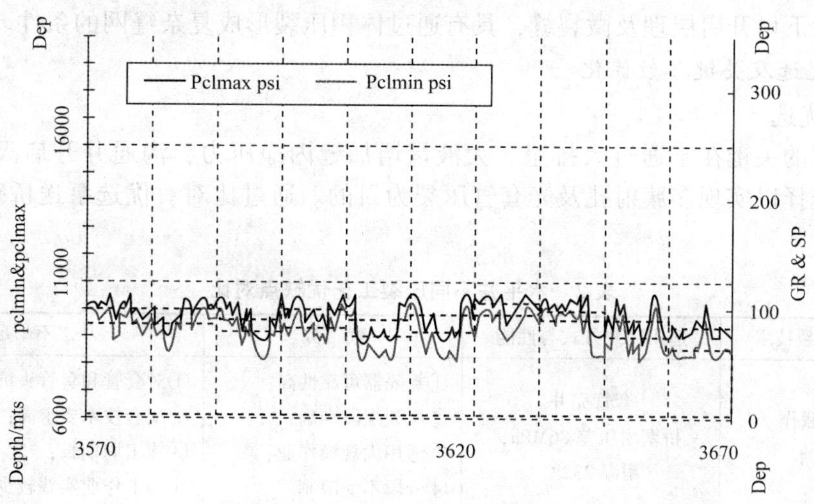

图 3　某井储层最小主应力剖面图

3）层理及天然裂缝分析

储层发育良好的天然裂缝及层理，是实现体积改造的前提条件。压裂施工中，通过优化排量、液体黏度以及采用相应的技术方法，可以确保缝内净压力满足裂缝开启条件，就能较为容易地形成复杂缝网。

从区块主力储层沙二段取芯显示(图 4)可以看出，储层发育有水平层理、中小型槽状交错层理。

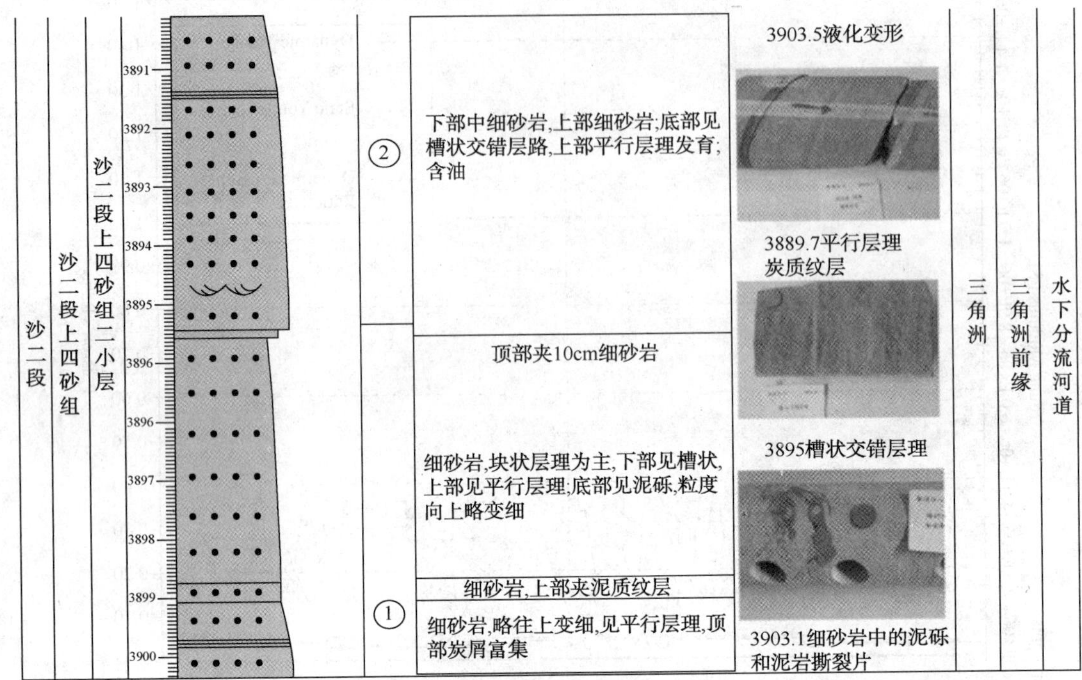

图4　沙二段取芯显示

综合分析，区块储层整体脆性条件较好，主力层位发育有水平层理，水平差异系数较低，一定排量下可开启层理及微裂缝，具有通过体积压裂形成复杂缝网的条件。

3. 工艺优选及关键参数优化

1）工艺优选

体积压裂的关键在于通过大排量、大液量增加缝内净压力，沟通并开启天然裂缝，因此，工艺的选择以实现多簇射孔及光套管压裂为目的。通过比对，优选泵送桥塞+射孔联作工艺技术。

表2　水平井不同压裂工艺优缺点对比

水平井分段压裂技术	适用完井方式与性能	优　势	不　足
泵送桥塞+射孔联作分段压裂技术	套管完井 桥塞耐压差 86MPa， 耐温 232℃	①封隔器可靠性高； ②压裂层段准确； ③适用大规模作业； ④分段不受限制	①对套管和套管头抗压要求高； ②配套技术要求高； ③施工周期长； ④海上作业实践较少
套管内封隔器+滑套分段压裂技术	套管完井， 封隔器耐压差 70MPa， 耐温 176℃	①不动管柱一次压裂； ②分段压裂施工效率高； ③作业强度低	①洗井冲砂有难度； ②封隔器无法取出； ③内通径小，影响二次作业； ④封隔器密封及滑套打开风险
水力喷砂分段压裂+分簇射孔	套管、裸眼、筛管完井 工具耐压差 50.0MPa， 耐温 120℃	①定向喷砂压裂； ②分段不受限制	井深 4000m 以内

2）关键参数优化

（1）排量及簇间距优化。

通过 ABAQUS 有限元分析软件，建立尺寸为 300m×150m×80m 长方体模型，采用线性三维八节点孔隙压力单元结构化网格进行网格划分，在内部预置两个零厚度 cohesive 单元作为裂缝扩展面，采用渗流—应力—损伤耦合方法，利用黏结单元的损伤模拟不同簇间距两簇裂缝压裂延伸过程，水力裂缝的扩展面与地层初始最小主应力方向(即 x 方向)垂直，模型如图 5 所示。

图 5　两簇裂缝簇间距优化模型

取排量为 $5m^3/min$、$6m^3/min$、$7m^3/min$，簇间距为 15m、25m、30m、50m，计算不同排量、不同簇间距下两簇裂缝扩展情况及簇间诱导应力。再结合原场地应力与诱导应力叠加后形成的新地应力场，综合考虑净压力的作用，通过研究不同簇间距下排量和压后两向应力差的关系来判定是否可开启天然裂缝并促使裂缝发生转向，进而优化合理簇间距。考虑到两簇正中间的范围因诱导应力作用距离有限，最不易于主缝沟通天然裂缝起裂转向，若能保证该范围内天然裂缝起裂转向，可表明簇间能够形成缝网，实现体积压裂的目的。故而，考查不同簇间距及排量下两簇正中应力场变化，并在此基础上绘制簇间距优化图版(图 6)，可以直观反映排量对簇间距优化的影响。

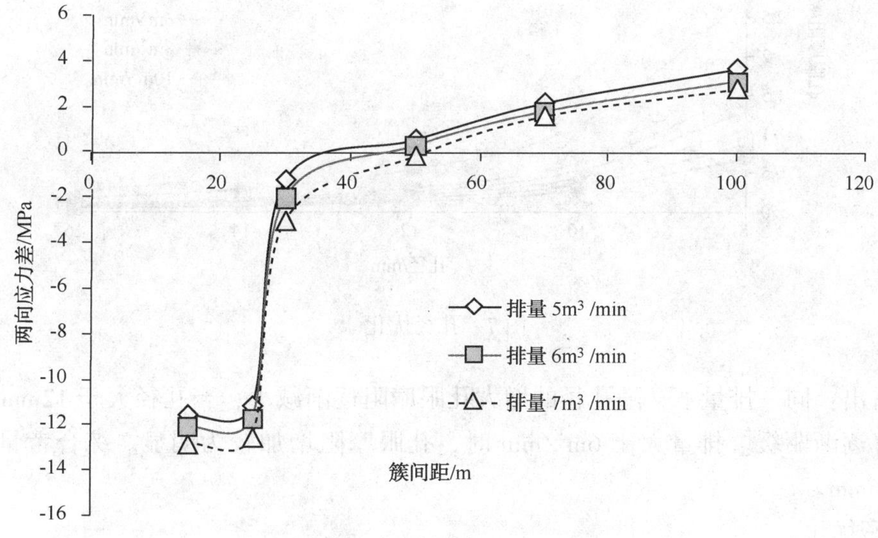

图 6　两簇裂缝簇间距优化图版

从图中可以看出：

① 通过对比不同排量下净压力与两向应力差的关系，可以看出该储层条件下，簇间距在所取范围内，$5m^3/min$、$6m^3/min$、$7m^3/min$ 的排量下，净压力均大于两向应力差，可满足簇间天然裂缝开启条件。

② 不同排量下的应力差变化曲线均对应一个应力差为 0 的临界转向簇间距，在这一距离之内两向应力差为负，其绝对值呈递减趋势。其中，在簇间距小于 25m 时应力差绝对值较大但随簇间距变化不明显，当簇间距在 25m 到 30m 之间时呈明显下降趋势，而簇间距增至 30m 后开始缓慢下降，直至应力差为正值后逐渐增大，这一趋势主要是源于簇间诱导应力的变化。

③ 随着排量的增加，临界转向簇间距(图中与 X 轴交点)也越大。当簇间距取临界转向簇间距附近时，两向主应力较为接近，易于主缝沟通天然裂缝起裂转向造复杂裂缝，可以作为优化簇间距的一个标准。

④ 综合分析，对于该致密砂岩储层，排量为 $5m^3/min$ 以上时，簇间距取 25~30m 时可实现开启天然裂缝，并促使簇间裂缝转向，进而增大改造体积的效果。若排量较大，可适当增加簇间距，减小段数，满足改造效果的同时，减少施工周期和风险。

(2) 射孔参数优化。

① 孔径优化。

取孔径为 8mm、10mm、12mm、14mm、16mm，计算不同排量下的孔眼摩阻，如图 7 所示。

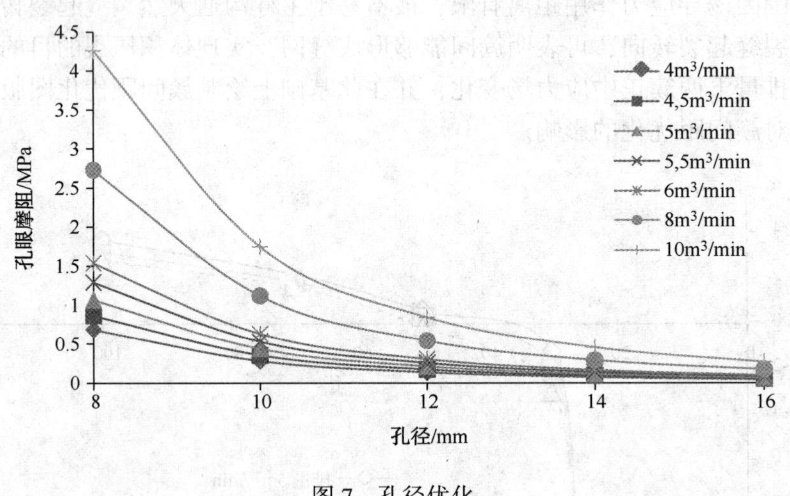

图 7 孔径优化

可以看出：同一排量下，随孔径的增大孔眼摩阻逐渐减小，当孔径大于 12mm 时，孔眼摩阻的下降逐渐驱缓。排量大于 $6m^3/min$ 时，孔眼摩阻增加较为明显。综合考量，优选孔径为 12~16mm。

② 孔密优化。

取孔密为 12 孔/m、14 孔/m、16 孔/m、18 孔/m、20 孔/m，计算不同排量下的孔眼摩阻，如图 8 所示。

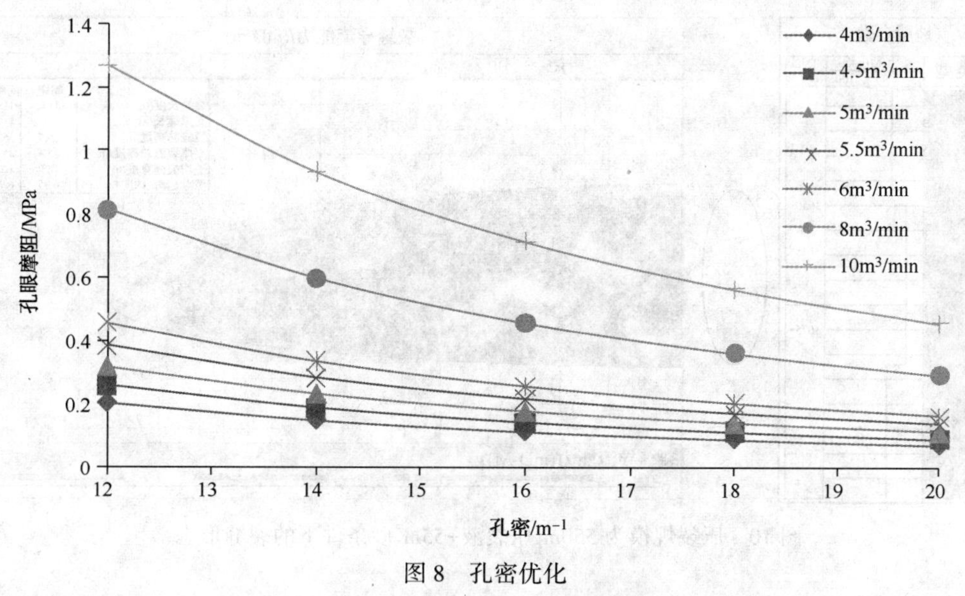

图 8 孔密优化

可以看出：同一排量下，随着孔密的增加，孔眼摩阻逐渐下降，当孔密大于 16 孔/m 时，孔眼摩阻的下降逐渐驱缓。当排量大于 $6m^3/min$ 时，孔眼摩阻的增加较为明显。优选孔密 16 孔/m。

③ 规模优化

取单段压裂液用量为 $400m^3$、$450m^3$、$500m^3$、$550m^3$、$600m^3$；对应支撑剂用量为 $40m^3$、$45m^3$、$50m^3$，$55m^3$，$60m^3$，模拟结果如图 9 所示。

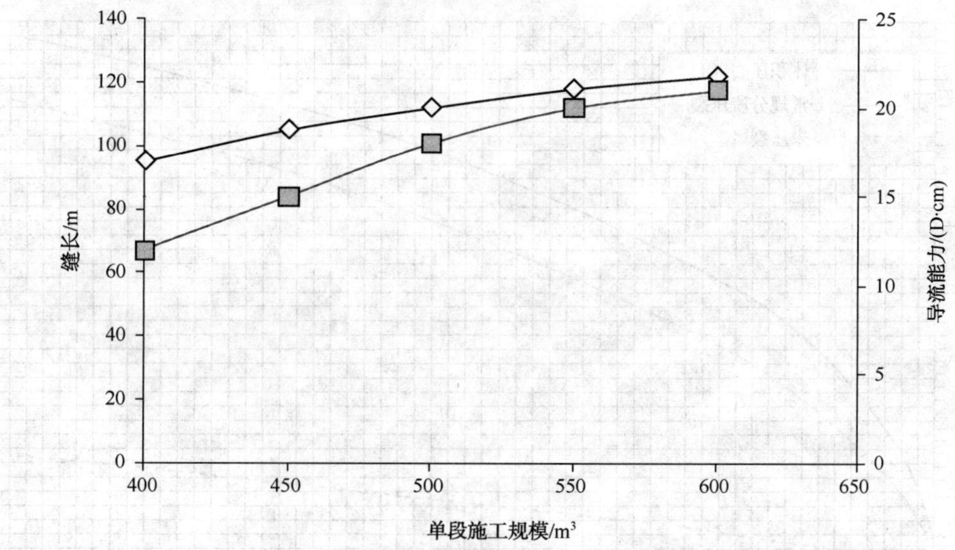

图 9 施工规模与缝长、导流能力的关系

可以看出，当液量大于 $550m^3$ 后，缝长和导流能力的增幅趋缓，综合优选压裂规模为 $550m^3$ 压裂液+$55m^3$ 砂，该规模下裂缝形态如图 10 所示，缝长 118.5m，有效缝长比 95%，导流能力为 20D · cm。

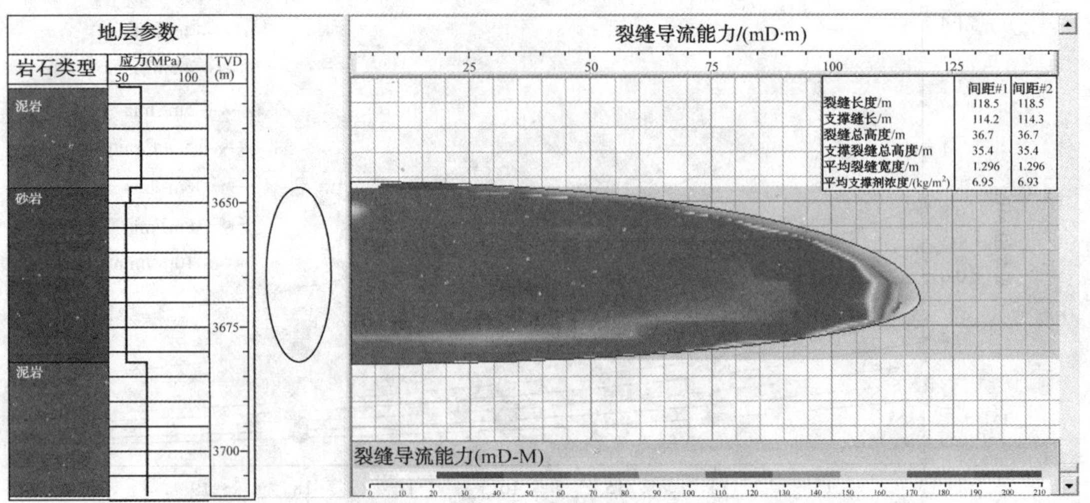

图 10　压裂规模为 $550m^3$ 压裂液 + $55m^3$ 砂条件下的裂缝形态

4. 压后效果预测

现建立数值模拟模型，在定生产压差 15MPa 的生产制度下模拟体积压裂、常规分段压裂以及未压裂生产的产油曲线，对比其产能。由图 11 可知，生产 3 年后未压裂的累计产油量为 $15967.2m^3$，常规分段压裂的累计产油量为 $69150.9m^3$，体积压裂的累计产油量为 $78656.7m^3$。体积压裂的累计产油量是未压裂时的 4.9 倍，是常规压裂的 1.13 倍，比常规压裂增油 $9506m^3$。结合不同压裂改造方式的成本预算可知，体积压裂的经济效益比常规压裂更好。

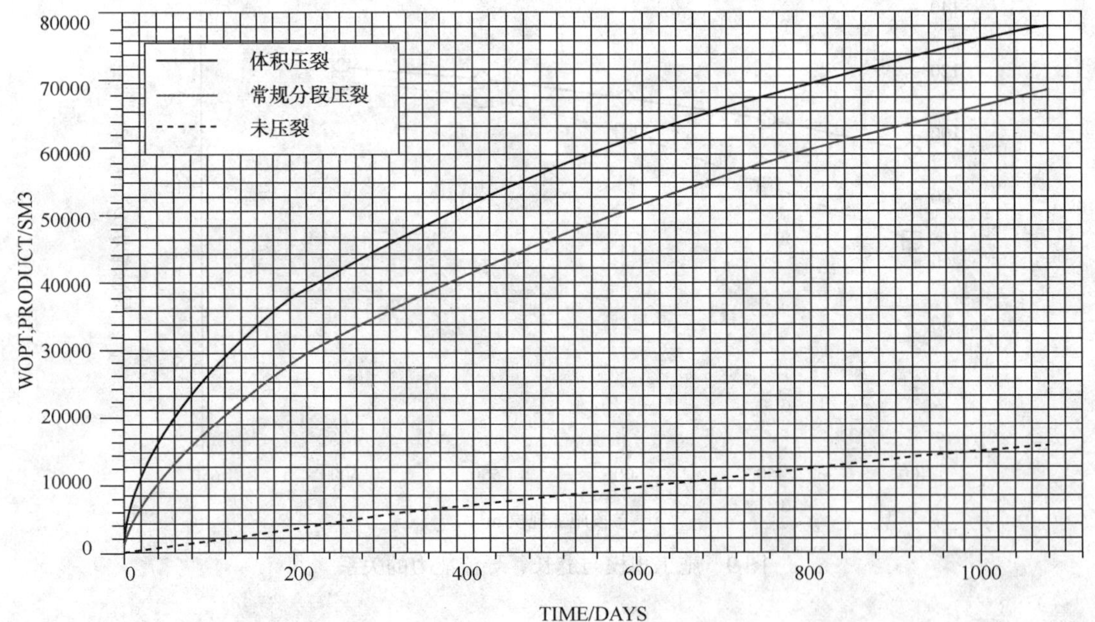

图 11　不同方案下的累计产油量曲线

5. 结论与建议

（1）该区块储层渗透率较低，但脆性特征较好，主力层位发育有水平层理，水平应力差异系数低，适合采用泵送桥塞+射孔联作工艺进行细分切割体积改造。

（2）该区块两向应力差为3~5MPa，以段内两簇射孔压裂为例，当排量达到5~6m^3/min以上时，可满足天然裂缝开启条件。在此基础上，优选射孔参数及压裂规模，优化缝长可达120m，导流能力为20D·cm。

（3）经压后产能预测，相比于不压裂直接生产和常规压裂后生产，体积压裂压后日产油及累计产油均有大幅提高效果明显，可考虑进行现场实践。

参 考 文 献

[1] Maxwell S C, Urbancic T J, SteinsbergerN, et al. Microseismic imaging of hydraulic fracture complexity in the Barnett shale. San Antonio, Texas, USA SPE Annual Technical Conference and Exhibition, 29 September-2 October, 2002.

[2] Fisher M K, Davidson B M, Goodwin A K, etal. Integrating fracture mapping technologies to optimize stim-ulations in the Barnett shale. San Antonio, Texas, USA SPE Annual Technical Conference and Exhibition, 29 September-3 October 2002.

[3] Fisher M K, Heinze J R, Harris C D, etal. Optimi-zing horizontal completion techniques in the Barnett shale using microseismic fracture mapping. Houston, Texas, USA. SPE Annual Technical Conference and Exhibition, 26-29 September 2004.

[4] MayerhofermJ, Lolon E P, Youngblood J E, etal. Integration of microseismic fracture mapping resultswith numerical fracture network production modeling in the Barnett shale. SanAntonio, Texas, USA SPE Annual Technical Conference and Exhibition, 24-27 September2006.

[5] Cipolla, Craig L., Pinnacle Technologies Lolon, Elyezer, CARBO Ceramics, Inc. Mayerhofer, Michael J., Pinnacle Technologies Warpinski, Norman Raymond, Pinnacle The Effect of Proppant Distribution and Un-Propped Fracture Conductivity on Well Performance in Unconventional Gas Reservoirs 119368-MS SPE Conference Paper, 2009.

[6] 邓燕，尹建，郭建春．水平井多段压裂应力场计算新模型．岩土力学，2015：660-666.

调节阀特性及海上油气生产系统调节阀计算

叶雷

（海洋石油工程股份有限公司）

摘要：新建或改造海上油气生产平台系统时，常需要依据工艺参数计算调节阀流量系数选择合适尺寸的调节阀或校核原调节阀来给出方案及建议，掌握选择的调节阀种类及流量特性知识并利用专业计算软件计算出的流量系数，依据厂家资料选择合适尺寸直通单座阀。

关键词：调节阀；流量特性；流量系数；尺寸计算

1. 引言

海上油气生产平台作为海洋油气开发、处理及外输的大型海上建筑，其上部组块安装的大量工艺设备需要调节阀门实现工艺流程中流量、压力、温度、液位等参数稳定在操作生产目标值处，实现该些工艺参数控制的实质是调节工艺设备进或出口处的流量。调节阀的作用相当于节流面积随着阀芯变化而变化的孔板。调节阀门的计算工作主要是依据工艺参数计算出调节阀的流量系数(流通能力)范围。海洋油气工程设计工作中使用的计算工具为鹰图公司 SmartPlant Instrumentation 软件(简称 SPI)。

2. 调节阀门特性

1）调节阀门流量特性

调节阀的流量特性是指被控介质流过阀门的相对流量与阀门的相对行程之间的关系，即 $Q/Q_{max}=f(l/L)$。其中，Q 为阀门某一开度的流量；Q_{max} 为阀门全开度流量；l 为调节阀某一开度行程；L 为调节阀的全行程。不同厂家统一尺寸规格的调节阀 Q_{max} 与 L 不同。

常用的调节阀固有的流量特性(理想流量特性)有四种，其种类及特性曲线见图 1。

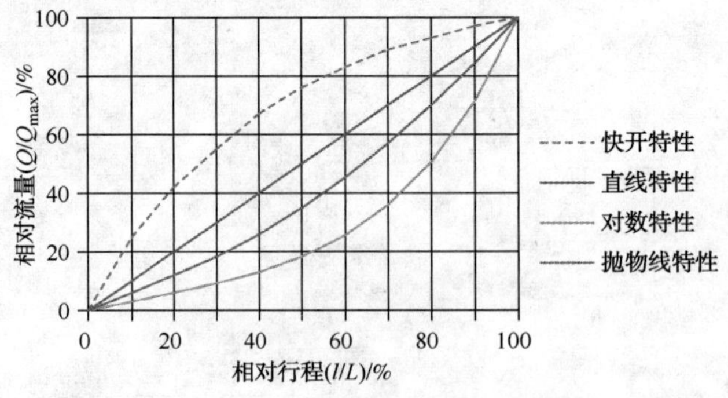

图 1　调节阀典型理想流量特性曲线

(1) 直线流量特性：$Q/Q_{max}=1/R+(1-1/R)\times l/L$。由公式及图形曲线可知其调节特性为：调节放大倍数是常数，小开度处流量变化也较大，调节作用强，但调节过程易振荡；大开度时调节作用弱，调节性能差。

（2）对数流量特性（等百分比流量特性）：$Q/Q_{max}=R^{l/L-1}$ 或 $Q/Q_{max}=e^{(l/L-1)\ln R}$，其调节特性为：调节阀的放大倍数随流量增大而增加，流量的相对变化值近似相等。小开度处放大倍数小，调节作用缓和、平稳；大开度处放大倍数大，调节作用灵敏、有效。

（3）抛物线流量特性：$Q/Q_{max}=1/R[1+(\sqrt{R}-1)\times l/L]^2$，该流量特性的调节阀可弥补直线特性在小开度时调节性能差的缺点，调节特性介于直线与对数流量特性之间。

（4）快开流量特性：该类调节阀在开度小时就有很大流量，随着开度增大，流量很快达到最大值，适用快速启闭的切断或双位调节工况要求。

上述中的 R 为调节阀的可调比：调节阀最大可控流量与最小可控流量的比值。校核计算时一般取 $R=30$。这四种典型的流量特性曲线中的等百分比流量特性是生产过程中比较符合期望的调节过程，常选择该特性的调节阀。但由于该特性调节阀在开度过小处调节性能较差，开度过大处调节易超调，所以在选型时要求调节阀的工作开度范围在10%～90%之间。

2）调节阀门种类选择

用于调节流量的阀门种类较多，比如蝶阀、球阀及截止阀等，不同种类阀门的调节特性及应用不同：蝶阀结构紧凑、价格便宜、能通能力大，在转角70°前流量特性相似于对数特性，但阀门泄漏量大，适用低压差、大流量气体和带悬浮物流体的场合；球阀具有流通能力大、流量调节阀范围大，流量特性为快开特性，常用的V形球阀的V形口与阀座有剪切作用，适合用于纤维、纸浆及含有颗粒等黏性介质的调节和切断；截止阀中直通单座调节阀常被选用，该阀门具有关闭时泄漏量小、不平衡力大、调节性能好，阀芯易于更换及维修等优点。海上平台选用的调节阀常用于黏性较低的介质，如气体、水和流动性好的原油或其混合液态，而且在一定时间生产过程中的流量变化范围不是很大，所以通常选用的调节阀为截止阀中的直通单座阀。

3. 调节阀尺寸计算

1）调节阀流量系数

调节阀的流量系数（表征阀门流通能力的参数）国际上常用 C_v、K_v 来表示。流量系数 C_v 是指温度为40～60℉的水在1psi（磅/平方英寸）的压降下，阀门某开度下每分钟流过阀门的体积［单位：gal（美）］；K_v 是指温度为5～40℃的水在100kPa的压降下，阀门某开度下每小时流过阀门的体积（单位：m³）；一些厂商使用的 C_g 常用于表示可压缩流体的流量系数。他们之间换算关系为：$C_v=1.167K_v$；$C_g=40C_v\sqrt{Xt}$。其中，X_t 为阀门的固有系数（此值咨询厂商，未知时一般取0.6）。

2）调节阀流量系数计算及尺寸选择

（1）调节阀流量系数计算基本公式。

由于海上油气平台上气流程管线上阀门压降远小于入口压力，所以气体与不可压缩液体的性质相似。由理想流体的伯努利方程能量守恒原理推导得出 K_v 值与流量 Q 基本计算公式为：$K_v=Q\sqrt{G/\Delta P}$，公式中变量为工况下工艺参数，其中，ΔP 为阀全开时阀门前后工况下压差（kPa）；Q 为体积流量（m^3/h）；G 为工况下流体密度与标况下水密度比（密度单位为 kg/m^3）。正常情况下流通调节阀流量随压差增大而增大，但达到阻塞流时，流通流量按照阻塞压降计算。

由于流经调节阀过程的流体状态实际不是理想状态，计算调节阀 K_v 需要依据流体及阀门特性对基本计算公式进行修正，选型设计工作中的 Kv 值依据分析工况参数与预选用阀门类型及尺寸代入 GB/T 17213. 2—1/IEC 60534—2—1 或 ISA 75. 01 规范中的适用计算公式得出。

(2) 标况下气体转换为工况下流量。

对于可压缩的气体，工艺专业提供标况(101. 325kPaG，15. 6℃)下气体流量和气体摩尔质量，需要换算成工况带入计算公式计算出 K_v 值。气体工况流量依据理想气体状态方程来计算：$PV=nRT$ 推导出的 $P_1V_1/T_1=P_2V_2/T_2$，在实际中引入工况下气体压缩因子 K_1 来修正工况与标况下气体流量转换计算，得出工况下气体流量 $Q_2=Q_1T_2P_1K_1/(T_1P_2)$；由 0℃，101kPa 状态下 1moL 理想气体体积为 22. 4L，可得出工况下气体密度 $\rho=m/V=273.15MP_2/(22.4T_2K_1P_1)$。其中，$P_1$ 为 1 个大气压(101. 325kPa)；Q_1 为标况气体流量；T_1 为标况绝对温度(288. 75K)；P_2 为工况下绝对压力(101. 325+表压)；Q_2 为工况气体流量；T_2 为工况下绝对温度(273. 15+表温，K)；M 为气体摩尔质量。

(3) 流通系数计算影响因素及尺寸选择。

调节阀尺寸选择是依据工况参数计算出最小和最大流量系数值是否在确定选择的阀门尺寸额定流量系数的要求值内。由于油气田年配产变化，工艺专业给出操作压力及流量范围值，海上油气平台每年油藏压力及井口数量变化，操作压力与流量没有对应关系。由基本计算公式可得出：对于不可压缩流体，流量及密度随压力、温度变化影响忽略，阀门前后压差不变情况下，流量越大，计算出的流量系数越小；对于可压缩流体，标况流量、压差不变，入口压力变大或温度降低，由理想气体状态方程可得，工况流量变小，工况密度变大，但因工况密度开方，计算出的流量系数变小。所以低流量与入口高压力及低温的工况可计算出最小流量系数 C_{vmin}、高流量与入口低压力及高温的工况可计算出最大流量系数 C_{vmax}。根据上述海上油气平台调节阀特性选择内容，选用开度在 10%~90% 的等百分比流量特性的直通单座截止阀，即其开度为 $l/L=\log_R(C_v/C_{v额})+1$，即 $\log_R(C_{vmin}/C_{v额})+1\geq 10\%$ 与 $\log_R(C_{vmax}/C_{v额})+1\leq 90\%$，计算时 R 值取 30。对于同尺寸的不同厂家的调节阀的额定流量系数 $C_{v额}$ 大小是不同的，在选择或校核调节阀尺寸时要与厂家确定该阀门的额定 C_v 值。

SPI 是油气工程设计方、业主及第三方认可的专业计算软件，其与各自调节阀厂商的计算结果差别在接受范围内。鹰图公司与著名的 FISHER 等调节阀厂商保持联系，其计算过程使用的各项系数可以依据工艺参数自动调用数据，不需自己查找手动输入，提高了计算精确度，并减少人工工时。SPI 软件中调节阀压差参数使用工艺专业对工艺流程期望的值，不同流程的期望压差不同，如油气输送流程中阀门前后压差小，而废液排放流程压差大，调节阀在实际作用的过程中前后压差也在变化的。

4. 总结

海上油气生产平台工艺系统设计项目内容常需要新选调节阀或校核旧调节阀调节能力，依据工艺专业提供的工艺参数表和年配产数据分析流体状态特性并使用 SPI 专业软件计算出调节过程中出现的最小和最大 C_v 值，并根据所选的调节阀自身特性核实调节阀的动作开度是否在要求范围内。

参 考 文 献

[1] 王树青，乐嘉谦．自动化与仪表工程师手册[M]．北京：化学工业出版社，2014.

[2] 陆德民．石油化工自动控制设计手册[M]．北京：化学工业出版社，2013.

[3] GB/T 17213.2 工业过程控制阀：流通能力安装条件下流体流量的计算公式[S]．中华人民共和国国家质量监督检验检疫总局，2005.

[4] 黄步余．石油化工控制阀的设计选用[R]．北京：中国石化工程建设公司，2014.

[5] 郑永明．控制阀基本知识 &FISHER 产品概况[R]．北京：艾默生过程控制有限公司，2006.

双交联聚合物微球调剖剂研究

孙 磊　张贵清　夏 烨　徐鸿志　郝志伟

（中国石油集团工程技术研究有限公司）

摘要：针对现有聚合物微球调剖剂普遍存在吸水膨胀过快的不足，本文采用化学性质稳定的N，N-亚甲基双丙烯酰胺与可降解型丙烯酸酯类交联剂制备了双交联聚合物微球调剖剂，通过丙烯酸酯类交联剂在一定pH及温度下降解特性，实现对聚合物微球溶胀性能的控制。本文详细研究了交联剂、油溶剂、乳化剂、反应温度等条件对聚合物微球粒径和溶胀速率的影响，成功制备了初始粒径1020μm双交联聚合物微球，此类微球粒径分布集中，具有优异的耐剪切、耐盐性能，封堵效果明显，在油田堵水调剖领域具有潜在应用价值。

关键词：微球；聚合物；交联剂；封堵

调剖措施作为油田改善注水开发效果的主要手段，对于油藏增产稳产非常关键。聚合物微球调剖技术采用的是微凝胶调剖剂，是将合成的预交联聚合物直接注入至地层以封堵地层的高渗流层段。目前，聚合物微球调剖剂在华北油田、冀东油田、青海油田及中海油海上油田应用较多。在应用过程中微球调剖剂遇水后溶胀速率快、强度降低，在满足油藏深部调剖和长效封堵方面受到限制。针对上述问题，部分研究着眼于在合成过程中引入可降解型交联剂，此类交联剂在温度或pH等条件变化时缓慢分解，以此改变聚合物微球的交联剂密度，控制其膨胀速率。同时，稳定交联剂的存在使得微球通过保持三维网状结构，仍具有一定的机械强度。

基于上述思路，本文拟在采用化学性质稳定的N,N′-亚甲基双丙烯酰胺作为交联剂的基础上，引入丙烯酸酯类作为可降解型交联剂，制备粒径及溶胀速率可控的双交联聚合物微球，重点考察交联剂、油溶剂、乳化剂、功能单体、反应温度等条件对双交联聚合物微球粒径和溶胀速率的影响，同时研究了此类微球的耐剪切、耐盐及封堵性能，为此类调剖体系的制备及应用提供实验支撑。

1. 实验

1）仪器和试剂

N,N′-亚甲基双丙烯酰胺(MBA)(AR，天津市江天化工有限公司)；聚乙二醇二丙烯酸酯(PEGDA)(AR，天津市江天化工有限公司)；氢氧化钠(AR，天津市江天化工有限公司)；白油(河北沧州华海炼油化工有限责任公司)；煤油(河北沧州华海炼油化工有限责任公司)；植物油(河北沧州华海炼油化工有限责任公司)；Span-80(AR，天津市江天化工有限公司)；OP-10(AR，天津市江天化工有限公司)；丙烯酰胺(AM)(AR，梯希爱化成工业发展有限公司)；恒温干燥箱；高速搅拌机；激光粒度仪等。

2）双交联聚合物微球合成

将一定量的丙烯酰胺(AM)溶解于蒸馏水中，用NaOH溶液调节pH至78；加入一定量的MBA和丙烯酸酯类交联剂，加水至单体浓度为50%；将乳化剂溶于油溶剂中得到油相，搅拌预乳化 10min；再用高速剪切机在冰水浴中细乳化 2min，制得细乳液；将细乳液移至三口烧瓶，通氮气 20min，设定一定的搅拌速度，加入引发剂引发聚合；温度达到最高点时，保持一定的反应温度，反应一定时间，得到聚合物微球乳液。将反应产物滴入无水乙醇中，离心，取下层产物，用无水乙醇反复洗涤几次，将产物放入烘箱中干燥 12h，得到双交联聚合物微球。

3）双交联聚合物微球粒径

配制质量浓度为 10mg/mL 的双交联聚合物微球乳液，在指定条件下用激光粒度仪测定粒径。

4）双交联聚合物微球溶胀性能

配制一定浓度的双交联聚合物微球乳液，置于 90℃恒温条件下，采用激光粒度仪测量聚合物微球在 1d、2d、3d、5d、7d、10d 及 15d 的粒径。

配制 NaCl 浓度为 5000mg/L 的双交联聚合物微球乳液，置于 90℃恒温条件下，采用激光粒度仪或动态光散射仪测量联聚合物微球在 1d、2d、3d、5d、7d、10d 及 15d 的粒径。

双交联聚合物微球的溶胀倍数采用粒径法测定，并根据以下公式计算微球的溶胀倍数（S，g/g）：

$$S=(D_s/D_e)^3$$

式中，D_s为微球溶胀后的粒径，μm；D_e为微球的初始粒径，μm。

2. 结果与讨论

1）交联剂配比及用量对聚合物微球粒径影响

双交联剂的使用可以更好的调节合成的聚合物微球粒径，如图 1 所示，MBA：PEGDA 为 10：1 时，不同加量的均可实现得到粒径 1020μm，随着 PEGDA 比例增加，粒径均有不同程度增加，因此，可以通过调节两者比例，得到满足粒径要求的双交联聚合物微球。另一方面，随着交联剂总量加量增多，双交联聚合物微球粒径逐渐增大，这是由于交联剂用量增加，使得多条分子链发生交联反应，分子链之间交联，缠绕使微球的粒径增大。交联剂加量合理能够使合成的聚合物微球结构更致密，在溶胀性能、耐温、耐盐、耐剪切性等方面性能更加突出。根据上述实验结果，我们选择 MBA：PEGDA 为 10：1 的比例，交联剂总为单体

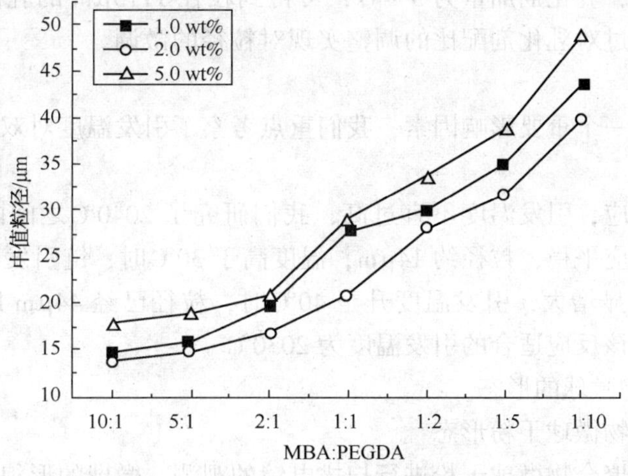

图 1　交联剂用量对聚合物微球中值粒径影响

用量的1%的加量制备聚合物微球，用于随后实验。

2）油溶剂种类及用量对粒径影响

具有一定稳定性W/O型微乳液的制备是进行聚合的前提条件，所用油性溶剂种类和比例，影响着聚合反应实现的难易程度以及双交联聚合物微球的粒径。首先对溶剂种类和用量进行了筛选优化，选用白油，煤油，植物油作为溶剂，按如前所述制备双交联聚合物微球。

如图2所示，煤油和植物油虽然可制备双交联聚合物微球悬浮液，但粒径偏大。选用50%和75%用量的白油，可得到粒径为14μm和10μm左右的乳白色悬浮液，且可长时间保持稳定，未见分层，因此，该体系适宜选用50%的白油作为油相。

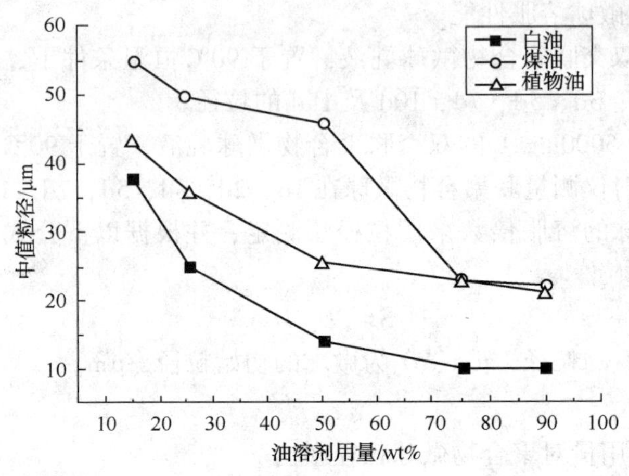

图2 油溶剂种类及用量对中值粒径影响

3）乳化剂对粒径影响

选用白油为分散介质，乳化剂采用非离子表面活性剂Span-80和OP-10的二元复配乳化剂，确定复配乳化剂的最佳比例及用量。

乳化剂配比和用量会对双交联聚合物微球的粒径产生重要影响。我们分别选取不同比例和不同乳化剂加量进行制备实验。结果如图3所示，乳化剂用量过少和过多时得到的双交联聚合物微球粒径偏大，乳化剂加量为5%时，可得到粒径1115μm的乳白色双交联聚合物微球悬浮液，且可以通过对乳化剂配比的调整实现对粒径的微调。

4）温度影响

温度是合成过程一个重要影响因素，我们重点考察了引发温度对双交联聚合物微球粒径的影响。

该反应为放热反应，引发温度不宜过高，我们研究了2040℃之间的引发温度对粒径影响，温度较低时，反应平稳，粒径约14μm，温度高于30℃时，链引发反应较为剧烈，双交联聚合物微球粒径明显增大，引发温度升至40℃时，粒径已经44μm以上，且乳液分层明显。根据实验结果，该反应适合的引发温度为2030℃。

5）双交联聚合物微球的形态。

（1）双交联聚合物微球干粉形态

将得到的双交联聚合物微球干粉进行扫描电镜的观测，微球的形貌大小如图5所示，由图5可知，双交联聚合物微球的粒径分布集中在35μm，表面都比较光滑，呈球形。

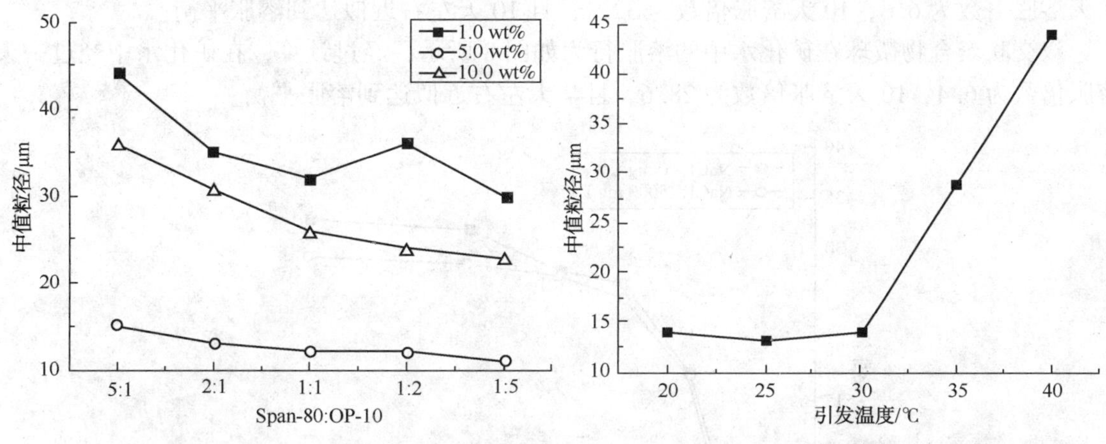

图 3 乳化剂配比及用量对粒径影响　　图 4 引发温度对粒径影响

(2) 双交联聚合物微球的粒径分布及耐剪切性能。

将双交联聚合物微球干粉经过超声充分分散在去离子水中，配制成质量分数为 0.25%的微球水分散体系，用滴管抽取少量聚合物微球水分散体系滴加到激光粒度分析仪中，测量双交联聚合物微球粒径及分布，分布如图 6 所示，双交联聚合物微球的粒径分布都比较集中，水分散体系中中值粒径约 14μm。

图 5 聚合物微球 SEM 图

使用高频搅拌机 10000r/min 下剪切 5min 后，其中值粒径约为 15μm，变化不大，显示出此类双交联聚合物微球具有优异的耐剪切性能。

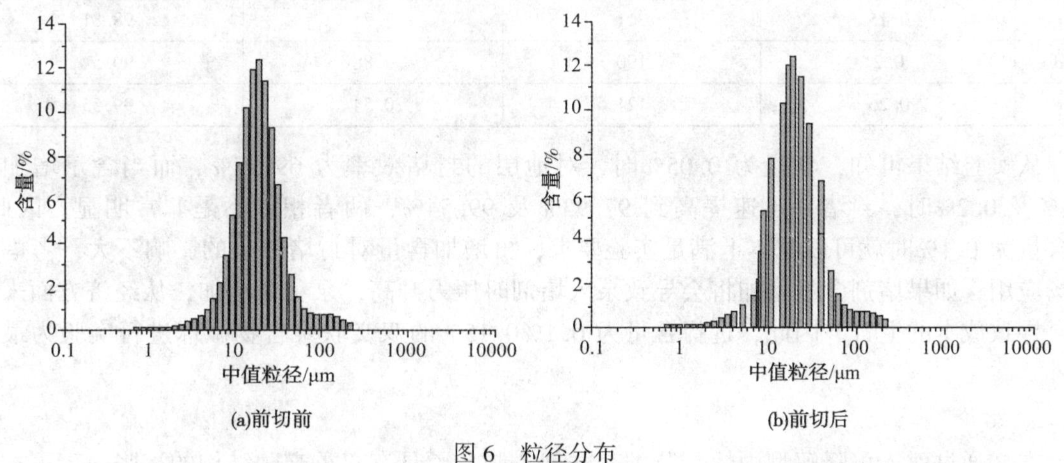

图 6 粒径分布

实验证实，高速剪切前，聚合物中值粒径约为 14μm，经过 5min10000r/min 的高速剪切后，其中值粒径约为 15μm，变化不大，显示出此类双交联聚合物微球具有优异的耐剪切性能。

6) 双交联聚合物微球溶胀性能研究

双交联聚合物微球在去离子水中的溶胀行为如图 7 所示，经过计算，在去离子水中经过一天溶胀倍数为6.6，10天溶胀倍数为32.1，且10天左右近似达到溶胀平衡。

双交联聚合物微球在矿化水中的溶胀行为如图8所示，经过计算，在矿化水中经过一天溶胀倍数为6.4，10天溶胀倍数为28.6，且7天左右近似达到溶胀平衡。

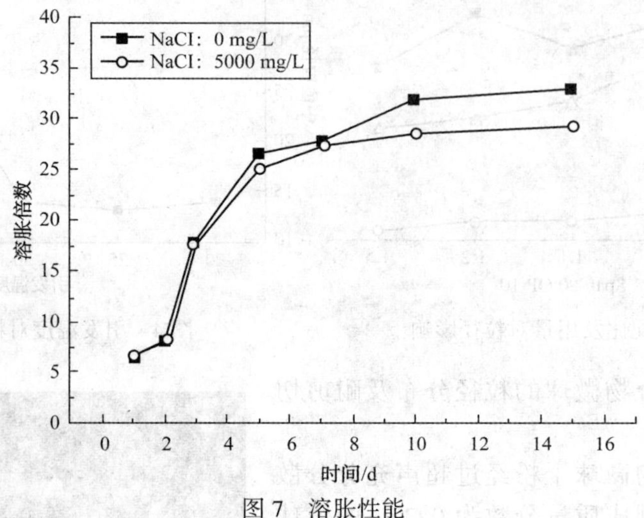

图7 溶胀性能

7）双交联聚合物微球封堵性能研究

配制质量分数分别为0.05%、0.1%、0.15%、0.2%和0.25%的双交联聚合物微球调剖剂，采用驱替实验测定注入前后压力变化值以评价聚合物微球对地层的封堵效果(表1)。

表1 封堵效果

编号	含量/%	岩心渗透率/mD	水驱渗透率/mD	封堵率/%
a	0.05	300	90.1	69.97
b	0.1	420	8.7	97.93
c	0.15	311	3.71	98.81
d	0.2	190	0.88	99.54
e	0.25	121	0.54	99.55

从实验结果可知，含量为0.05%时，对地层的封堵效率为69.97%，而当含量增加到0.1%及0.2%时，封堵率迅速提高到97.93%及99.54%，两者相差不是非常明显。因此，当含量为0.1%时就可以基本上满足实验要求，再增加含量对封堵效果的影响不大，考虑到现场应用，如果堵剂含量增加将会导致泵入堵剂时压力升高，泵负荷增加，从经济方面来说也会导致成本的上升。因此，选择含量为0.1%0.15%的双交联聚合物微球进行实验为最优条件。

3. 结论

本文通过引入可降解型丙烯酸酯类交联剂，制备了具有双重交联结构的溶胀速率可控的聚合物微球。通过实验证实，该双交联聚合物微球合成最佳交联剂总用量为1.0%，油溶剂为用量50.0%的白油，乳化剂为Span－80和OP－10，引发温度2030℃，搅拌速度约10000rad/min。制备的微球粒径1020μm，且粒径均一，单分散性及耐剪切性能好，在去离子水及矿化水中均具有良好的延缓溶胀性能，可实现对地层的有效封堵。

参 考 文 献

[1] 赵修太，陈泽华，陈文雪，等. 颗粒类调剖堵水剂的研究现状与发展趋势[J]. 石油钻采工艺，2015，37(4)：105-112.

[2] 熊春明，唐孝芬. 国内外堵水调剖技术最新进展及发展趋势[J]. 石油勘探与开发，2007，34(1)：2-0.

[3] 黎晓茸，贾玉琴，樊兆琪，等. 裂缝性油藏聚合物微球调剖效果及流线场分析[J]. 石油天然气学报，2012，34(7)：125-128.

[4] 刘承杰，安俞蓉. 聚合物微球深部调剖技术研究及矿场实践[J]. 钻采工艺，2010，33(5)：62-64.

[5] 陈行，郭睿威，苑成，等. 延时溶胀聚丙烯酰胺微球及其溶胀行为[J]. 精细化工，2016，33(8).

[6] 薛军，刘建梅. 聚合物与 SP 及 XT 双交联调剖剂的研究与应用[J]. 油气采收率技术，1996，3(1)：23-32.

[7] 程增会，张明明，王春鹏，等. 聚丙烯酸酯微球塑性溶胶的流变性能[J]. 高分子材料科学与工程，2012，28(9)：95-99.

[8] 熊明娜，武利民. 丙烯酸酯/纳米 SiO_2 复合乳液的制备和表征[J]. 涂料工业，2002，32(11)：1-3.

单筒双井技术在阿布扎比 Belbazem 油田群的应用

邸建伟　马良辉

（中国石油集团海工工程有限公司海洋工程设计院）

摘要：针对 Belbazem 油田群的具体地质油藏特征，每个平台布置为 3×4 单筒双井井口槽，井身结构设计为四开或五开，分别为 36in×(2×13⅜in)× 9⅝in× 7in × 4½in，井身轨迹满足防碰要求。根据开发的要求，设计采用占位式单筒双井技术，井口为双油管或四油管设计，完井方式为双电潜泵或双油管气举，提供多个控制管线的穿越。根据开发需要，单筒双井采油树的设计满足后期两口井独立修井或一口井钻井的同时另一口正常生产。阿布扎比浅海 Belbazem 油田群开发初始计划采用常规的单筒单井技术，共计需要新建 5 座海工平台，CPOE 海外海洋支持中心从中方项目公司的整体利益出发，提出采用单筒双井（双油管和四油管）技术方案，减少平台的数量，最终成功实施。单筒双井技术的应用，使 Belbazem 油田群海工平台数量由 5 座减少为 3 座，在钻完井费用略微减少的同时节省海工投资近 1 亿美元，大大提高了项目的整体收益。

关键词：单筒双井；Belbazem 油田群

阿布扎比陆海项目是中石油与阿联酋的第一个上游合作项目，自 2013 年参与项目以来，项目公司充分借助集团公司整体技术优势，多次组织国内专家技术支持，开展方案持续优化。陆海项目合资公司（Al Yasat）二期 Belbazem 区块包括 Belabzem、Umm Dholou 和 Salsal 三个油田，需要钻井口数分别为 25 口、19 口和 22 口，鉴于当地常规平台配置和 ADNOC 成熟技术，开发方案中对于海工平台考虑每个油田设置一个标准井口平台（12 个井口槽）和一个 Alpha 平台（12 个井口槽），即为每个油田需要两个井口平台满足生产需求。

在中方项目公司组织的方案审查中，中石油海外海洋支持中心专家认为增加 Alpha 平台海工投资大幅度增加，对项目收益有较大影响，可通过采用单筒双井技术，取消 Alpha 平台，节省投资近 1 亿美元，对提高项目经济效益有重大影响单筒双井技术虽然在全世界范围内应该已较为广泛，而且中石油赵东平台已成功应用该技术，但在阿布扎比单筒双井的应用极少，ADNOC 相关专家要求中方完成单筒双井技术方案并论证其可行性。

1. 技术介绍

1）单筒双井技术介绍

单筒双井（Splitter Well）技术是采用双井井口系统，将主井眼分成 2 个分支的互成 180°的分井眼，2 个分井眼的表层套管共用 1 层隔水导管，又称为双子井（Twin Well）或者 导管共用井（conductor sharing well）。通过采用双井井口系统，将单个井口槽分成两个完全独立井眼，根据单井设计的井眼轨道，在二开或三开井段开始造斜，并沿着设计的井眼轨道钻达各自的目标靶点，从而实现在单个槽口钻两口采油（气）井或注水井的目的。由于各井眼均完全独立，采油、注水、修井作业等均独立实施，井眼之间不存在相互干扰（图 1）。

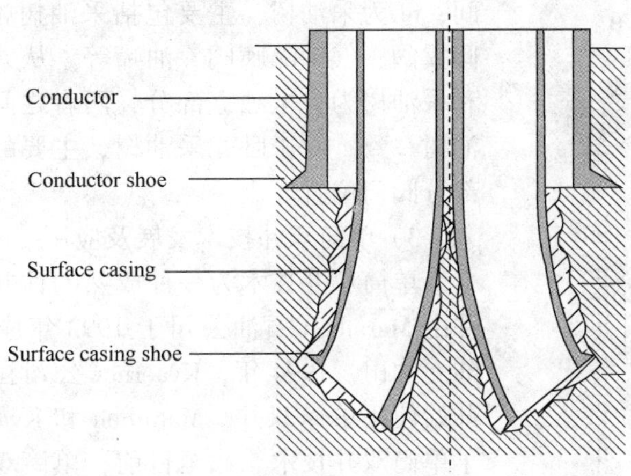

图 1　单筒双井表层示意图

2)单筒双井技术关键工具

井口头和占位工具是单筒双井成功实施的关键工具。图 2 为一种典型单筒双井口头的示意图。单筒双井井口头主要由两个套管穿过口组成，从井口头开始分隔两个井筒，且提供表层套管的悬挂。单筒双井井口头直接与导管连接，连接方式主要有三种：法兰连接、焊接、卡瓦式，其中卡瓦式连接操作简单、节省时间，为推荐方式。

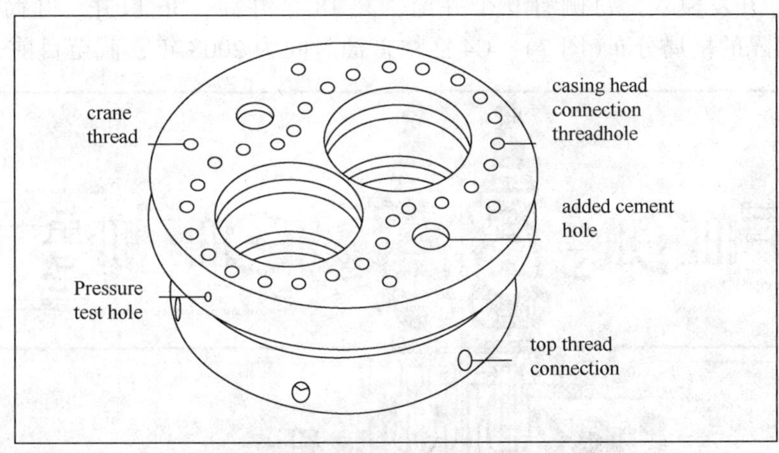

图 2　单筒双井井口头示意图

占位工具是单筒双井实施的关键部件，其作用是为单筒双井井槽内所钻的第 2 口井预留钻柱和套管串的通道位置，并在固井时循环出隔水管管鞋处多余的水泥浆，其主要部件包括占位钻具悬挂器、分割串、占位钻具堵头和占位钻具取送工具等组成，结构如图 3 所示。使用占位钻具后，配合相关钻井技术，能够满足表层闭路钻进(循环泥浆)、造斜钻进等施工要求。

单筒双井井口和采油树是另一个不同于常规钻井的设备。图 4 为一个典型立式井口和采油树示意图。主要可以分成四个部分，从上到下依次为：①为井口头，如图 2 所示，与导管相连接；②为套管头，主要包括套管挂、套管锥座、套管阀；③为油管头，主要包括油管挂、油管锥座、管线控制阀、油管阀等，其中套管头和油管头可以为整体式设计，减少空

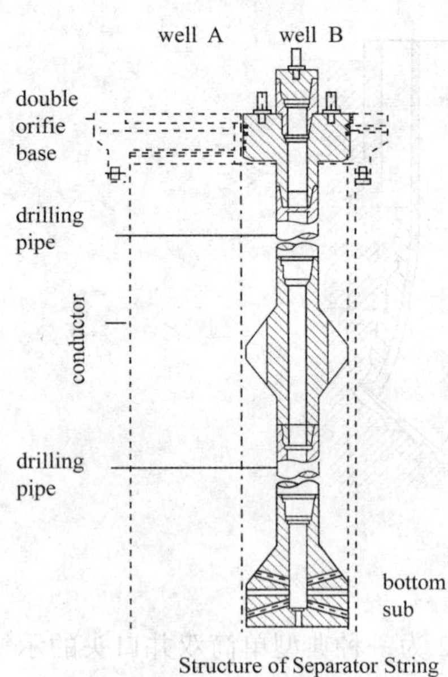

图 3　占位钻具结构图

间；④为采油树，主要包括采油树帽、止阀、清蜡阀、主阀翼阀、气动隔膜阀、油嘴等。从井口头以上部分，井口和采油树为完全独立部分，两者之间互补干扰，与常规采油树一致。对于卧式采油树，主要的部件基本相同，除了部分阀门位置。

3）单筒双井技术发展及应用

单筒双井技术为一种成熟的钻井技术。第一口单筒双井由 Marathon 石油公司于 1993 年应用在美国怀俄明州的陆上油田。1994 年，Kvaerner 公司在墨西哥湾的海上油田开始使用单筒双井。Marathon 和 Kvaerner 公司发明且推广了单筒双井技术。截至目前，单筒双井技术已经在世界各地被国际知名石油公司广泛应用，据不完全统计，已经超过 8000 口单筒双井使用(图 5)。

4）典型单筒双井技术应用案例

(1) ROC 赵东 C4。

ROC 赵东区块位于中国东北部渤海湾区域，所在地区水深为 5m 左右(图 6)。C4 区块 CP2(conductor pod 2)导管架，采用的是丛式井布井方式；单筒双井钻探、开发模式。每侧有 9 个井筒，共 18 个井筒，36 口井。井筒以 3×3 形式、2. 3m ×2. 3m 间隔的格局分布(图 7)。C4 区块首油时间为 2008 年，截至目前，总计已钻 36

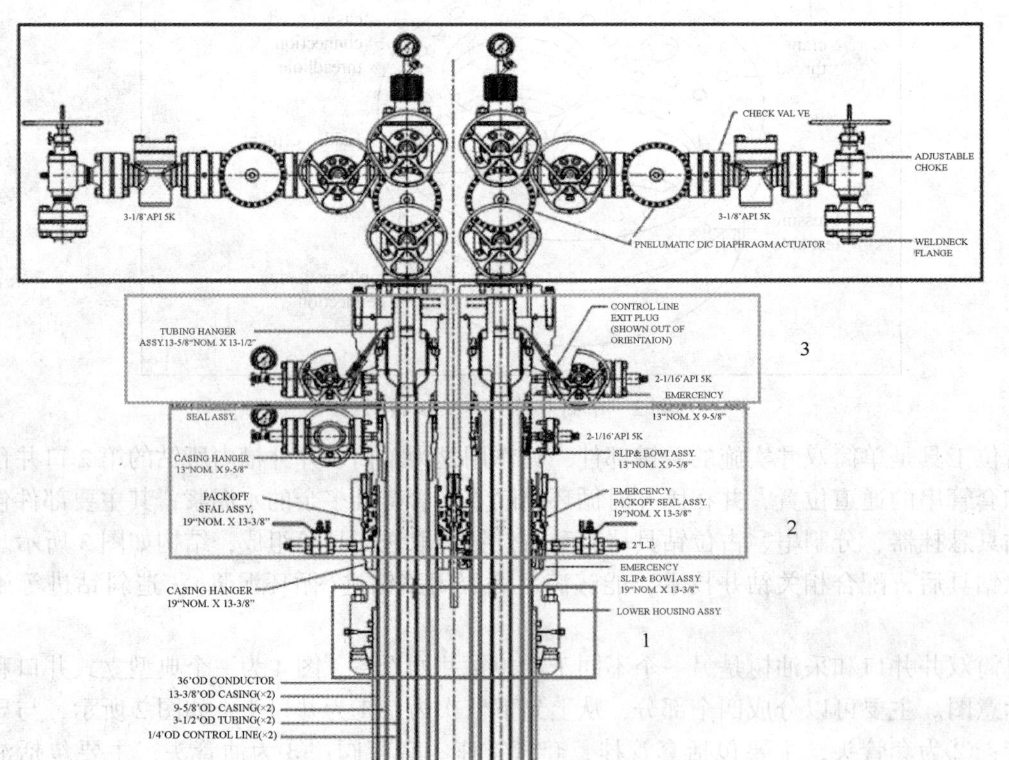

图 4　典型的单筒双井井口及采油树示意图(立式采油树)

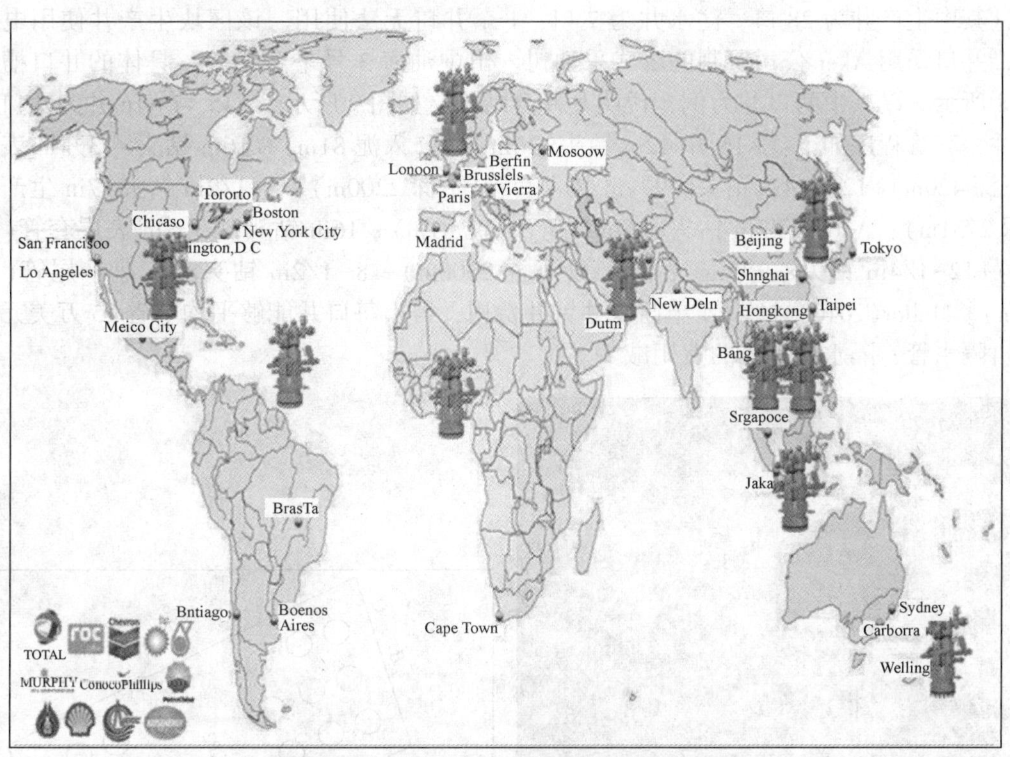

图 5　单筒双井技术使用分布范围

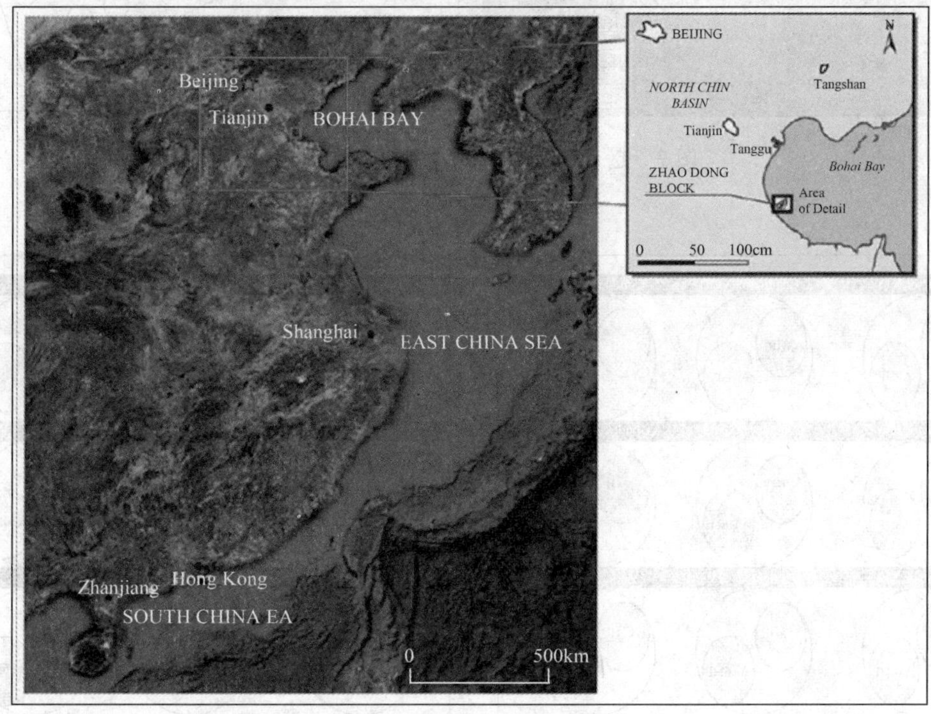

图 6　赵东 C4 区块位置示意图

口井，其中生产井为28口，注水井为7口，1个井口无法使用。该区块生产井使用电潜泵生产，井口采用Aker公司研制的卧式采油树。由中油海3号平台钻井。具体的井口槽分布如图8所示。以其中两口井为例，说明其井身结构，如图9所示，A15与A16井为两口水平生产井，套管程序如下：A15井42in钻头×36in导管(入泥81m)+ 16in钻头×$13\frac{3}{8}$in表层套管(下深420m)+12-1/4in钻头× $9\frac{5}{8}$in技术套管(下深2200m)+ 8-1/2in钻头×7in生产尾管(下深2731m)；A16井42in钻头×36in导管(入泥81m)+ 16in钻头×$13\frac{3}{8}$in表层套管(下深456m)+12-1/4in钻头× $9\frac{5}{8}$in技术套管(下深2300m)+ 8-1/2in钻头×7in生产尾管(下深2932m)。Mellor(2010)计算C4单筒双井钻井费用，得出每口井能够平均节省15万美元，主要来自隔水管、隔水管置入的费用减少。

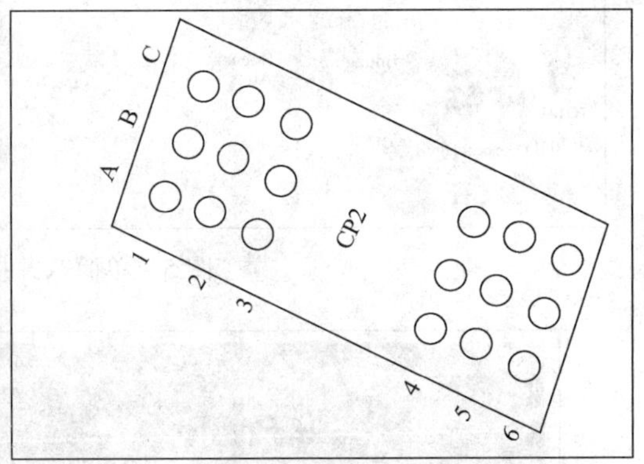

图7 赵东C4单筒双井井口及平台示意图

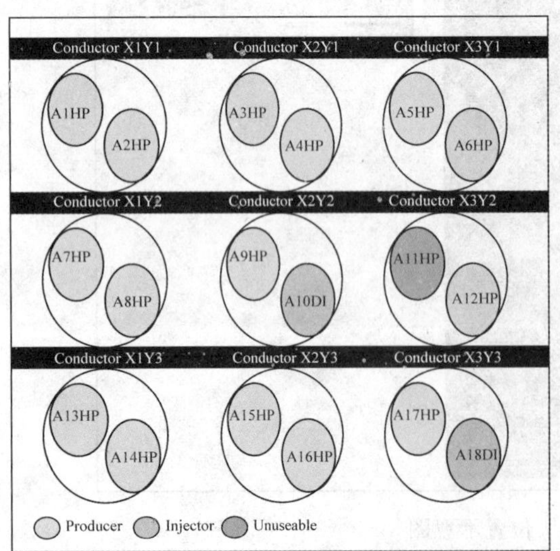

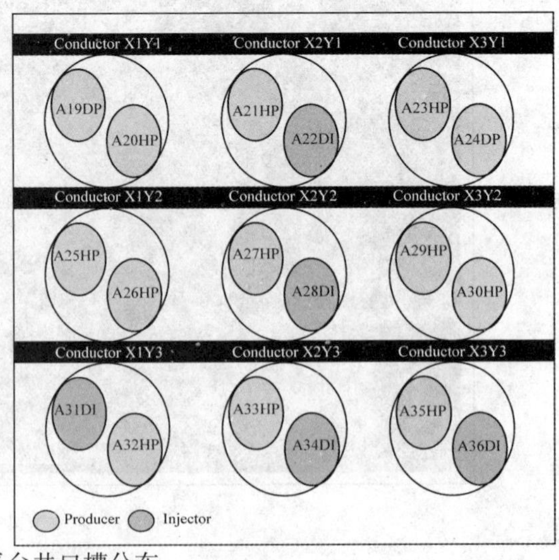

图8 赵东C4平台井口槽分布

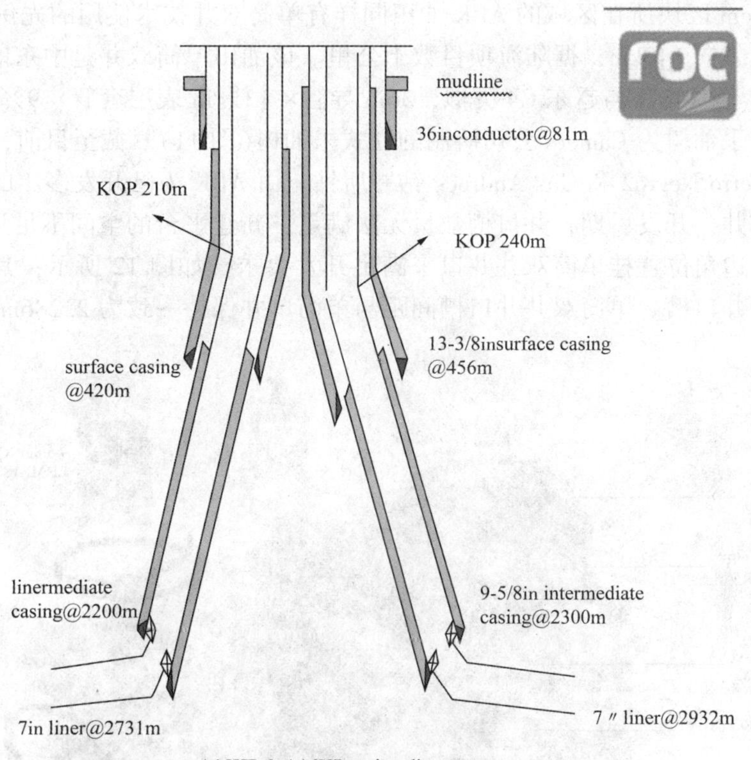

图 9　赵东 C4 平台 A15 井与 A16 井井身结构示意图

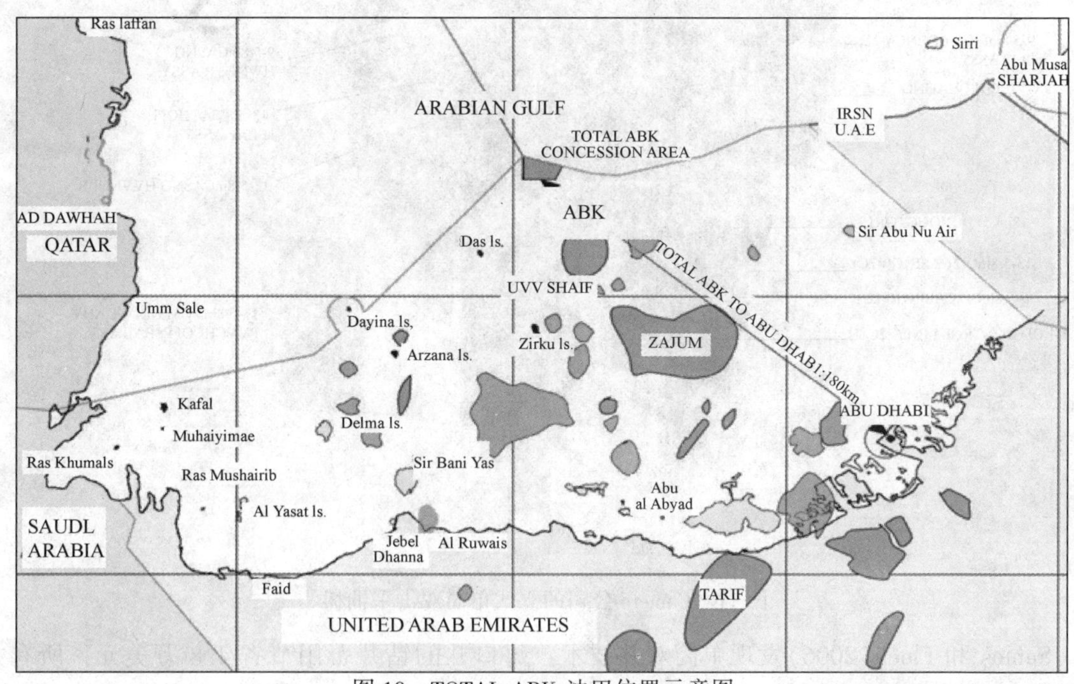

图 10　TOTAL ABK 油田位置示意图

(2) TOTAL ABK 单筒双井。

在 Belabzem 区块所在区域的 ABK 油田同样有单筒双井技术使用的先例。ABK 油田位于阿布扎比西北方向 140km，据陆海项目数十公里。该油田单筒双井是中东地区首个使用，于 2005 年开始。套管程序与赵东 C4 类似，36in 导管× 13⅜in 表层套管× 9⅝in 技术套管× 7in 尾管，井口和采油树为 Camero 公司研制的立式采油树(图 11)。截至目前，总计已钻 8 个单筒双井，由 Perro Negro2 和 Gus Androes 钻井所钻。由 ABK 为已开发多年的油田，初始设计时全为单筒单井，开发后期，井口槽数量无法满足，新建平台的空间不足且投资较高，所以在原有平台的边角位置挂单筒双井井口来满足开发要求。如图 12 所示，其中一个平台两侧增加单筒双井井口槽。单筒双井井口槽间距与单筒单井保持一致为 2. 286m。

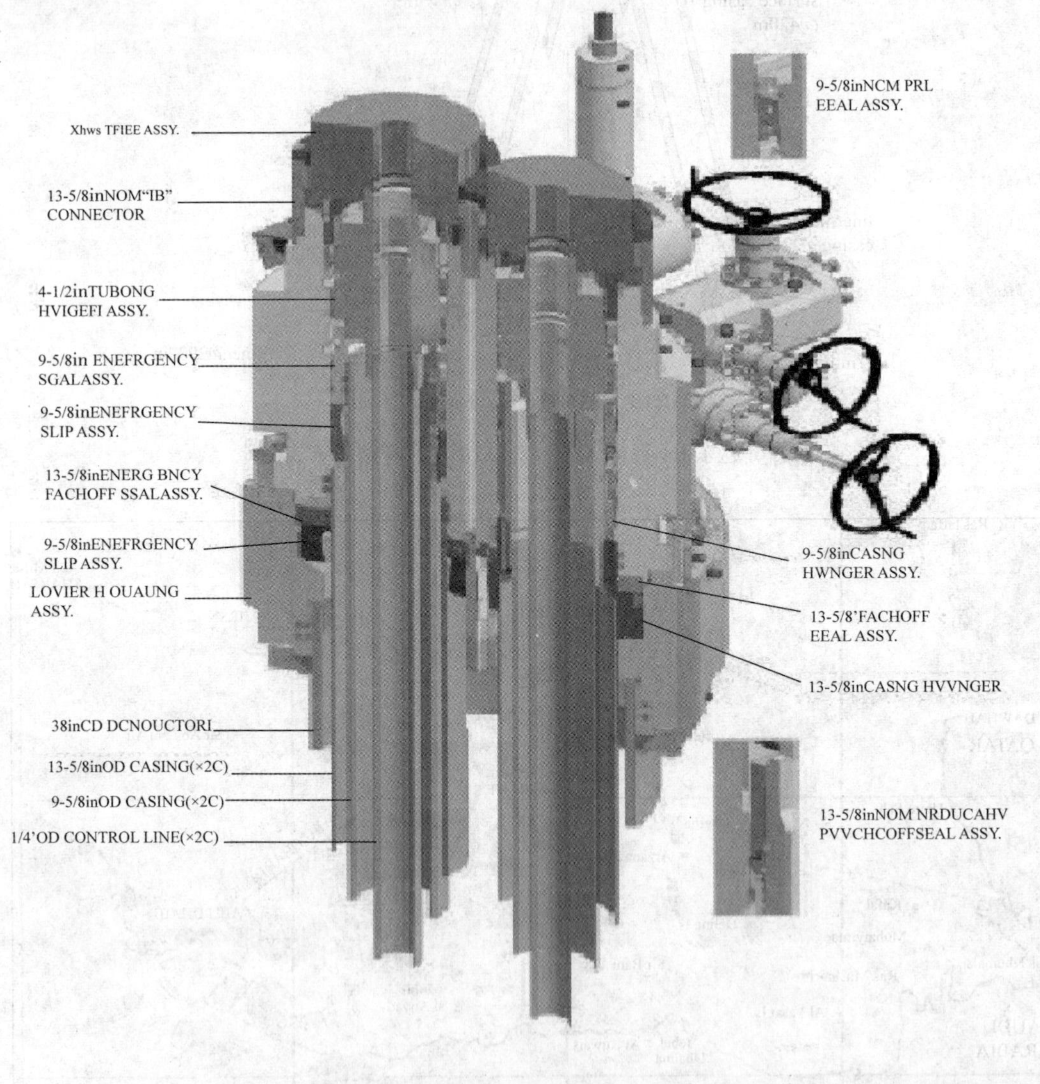

图 11 Camero 公司的立式单筒双击采油树

Santos 和 Floch(2006)发现单筒双井技术：每口井的钻井费用节省 4. 8 万美元；所有井的钻井/完井没有出现任何问题，且钻完井时间提前完成，费用在预算之下；成功在一个井

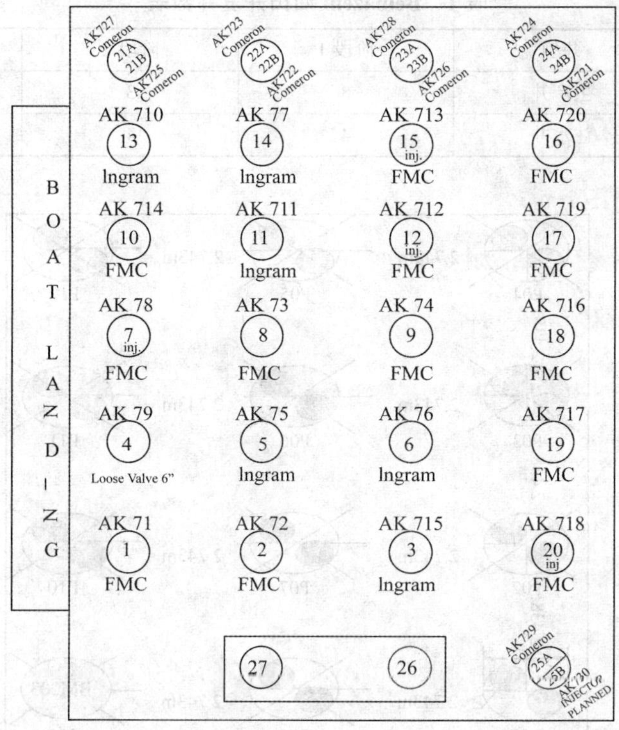

图 12 ABK 油田单筒双井井口槽布置示意图

口槽中一口井先投产，另外一口井再钻井，满足 SIMOPS 要求(图 13)。

图 13 ABK 油田单筒双井满足一口井生产一口井钻井

2. 单筒双井在 Belbazem 油田的可行性分析

1)井身结构及井眼轨迹设计

以 Belbazem 油田群中的 Belbazem 油田为例进行单筒双井技术可行性论证。按照油藏开发要求，Belbazem 油田计划开发 25 口井，如下表 1 所示。井口槽设置为 3×4，间距为 2. 44m×2. 74m（如图 14 所示）。

表 1　Belbazem 油田开发井数表

油田	井型	阶段 1	阶段 2	阶段 3
Belbazem	生产井	8	3	3
	注水井	4	4	1

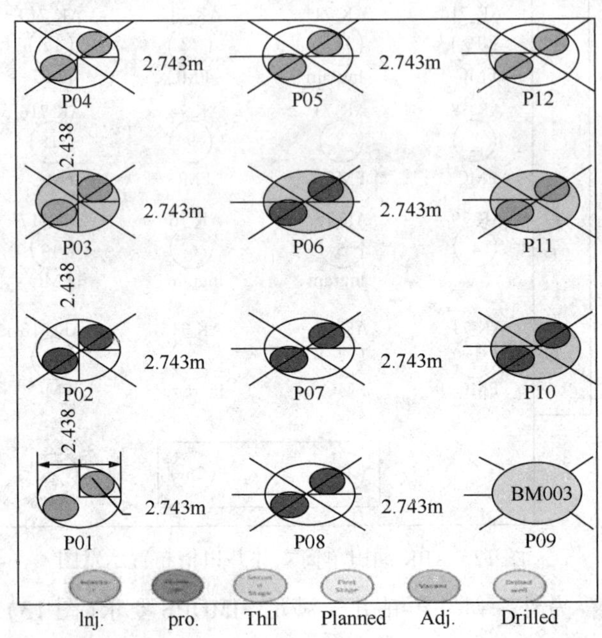

图 14　Belbazem 油田单筒双井井口槽布置图

Belbazem 油田开发井中，分为定向井与水平井，其中注水井全部采用定向井，生产井为定向井和水平井。定向井采用四开井身结构：36in×(2×13⅜in)× 9⅝in× 7in；水平井采用五开井身结构：36in×(2×13⅜in)× 9⅝in× 7in × 4-1/2in。以其中两口水平井为例进行说明，基于钻井工程适应性评价，结合开发方案和完井方案的要求以及压力系统的预测结果，采用从下往上的井身结构设计思路，利用 Landmark 的 CasingSeat 模块设计出的井身结构如下：

(1) 36in 导管入泥 260ft 左右，保障 16in 井眼的安全高效钻进。

(2) 13⅜in 表层套管下入到 Fiqa 地层以内 50ft，封固 EUR 和 Simsima 地层，为钻遇 Laffen 和 Nahr Umr 页岩地层前做好准备。

(3) 9⅝in 套管下到 Hith 地层以内 50ft，封固 Laffen 和 Nahr Umr 页岩地层。

(4) 7in 套管下入到 Th-II 储层顶部，为进入储层准备。

(5) 4½in 割缝衬管在储层内完井。

其井身结构和套管程序如图 15 与表 2 所示。整个 Belbazem 油田已知靶点的井眼轨迹如图 16 所示。

表 2　单筒双井套管程序

井眼/in	套管/in	下深/ft	段重/(lb/ft)
40	36	400	374
16	13⅜	5211	72

续表

井眼/in	套管/in	下深/ft	段重/(lb/ft)
12¼	9⅝	7889	47
8½	7	9502	29
6	4½	11800	—

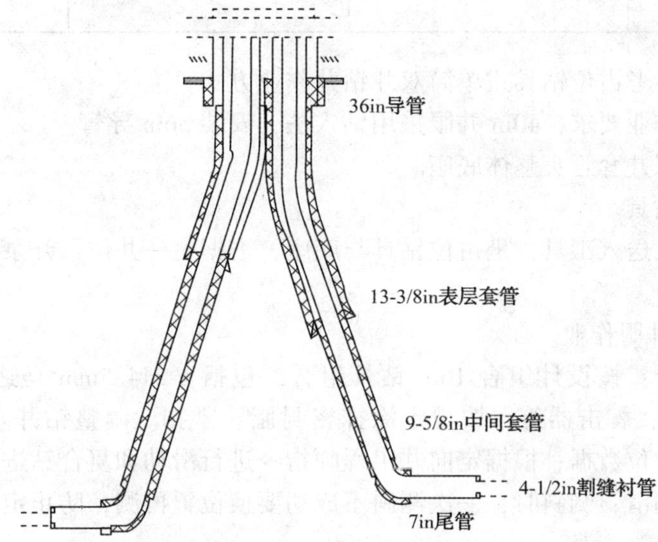

图 15　单筒双井井身结构图

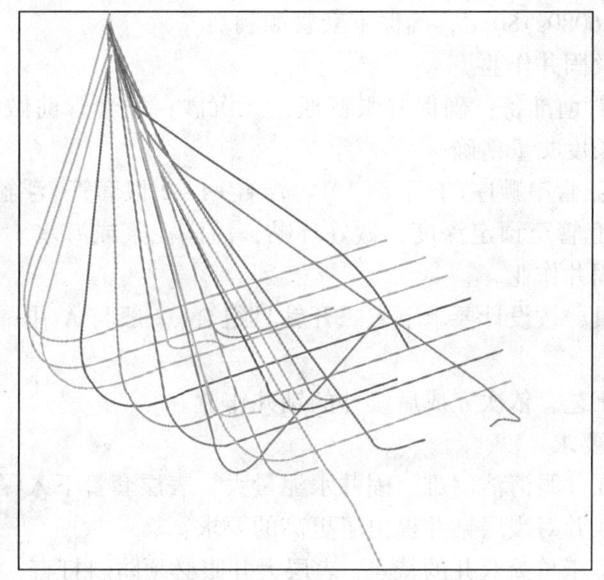

图 16　Belbazem 油田井眼轨道设计

2）钻井液要求

根据目标区块地层压力预测结果和已钻井的钻井液使用情况，综合考虑井眼清洁，维持井眼稳定所需的密度窗口和地层岩性特征，井段钻井液提出要求。

表3 钻井液性能

井眼/in	套管/in	密度/SG	类型
40	36		
16	13⅜	1. 081. 10	水基聚合物
12¼	9⅝	1. 211. 36	高性能水基聚合物
8½	7	1. 201. 25	无固相钻井液
6	—		

3) 施工作业(参考占位钻具式单筒双井钻井作业方式)

(1) 按照当地作业要求，40in 井眼采用钻入法，安装 36in 导管。

(2) 安装单筒双井套管头整体底座。

(3) 下入占位钻具。

组合占位钻具及送入工具；坐占位钻具与底座，占据另一井位，开泵测试连通性，正常后脱手。

(4) 一开 16in 井眼作业。

配动力钻具组合：按设计组合 16in 钻具组合，包括 Φ244. 5mm 马达、631×630 浮阀、MWD 仪器、扶正器、震击器等，按规定涂抹密封脂、紧扣。调整钻井参数到设计要求开钻，造斜前测井斜方位数据；根据定向井工程师指令进行滑动和复合钻进，坚持多复合少定向，保证井眼轨迹圆滑；测斜时，一次测斜不成功要换位置再测，防止定点冲刷井壁形成大肚子井段。

钻完进尺后充分循环洗井，替入 20m^3 稠浆携砂，短起至导管鞋，下钻到底探沉砂。起钻前全井眼垫满稠浆(6080s)80m^3，确保下套管顺利。

(5) 下表层套管及固井作业。

做好下 13⅜in 套管前准备：确保井眼畅通，无沉砂；下套管前做好作业安全分析；检查好套管附件，套管长度丈量精确。

下入 13⅜in 套管：管串顺序(自下而上)：浮鞋+1~2 根套管+浮箍+套管串至井口，按照套管表下入 13⅜in 套管至预定深度，做好环贴，灌满泥浆或海水。接固井泵，按照固井设计离线循环泥浆和固井作业。

(6) 起甩占位钻具，按设计要求下入二开钻具组合(一般与 A 井一致)，钻下一口井(B 井)。

(7) 采用批钻井工艺，依次完成后续井的钻井作业。

4) 表层钻井技术要求

单筒双井技术存在井眼清洁困难、固井水泥量大，表层套管下入深度浅以及井控安全隐患等缺点。因此单筒双井对表层钻井提出了更高的要求：

(1) 防斜打直。鉴于单筒双井的特点，表层大井眼必须防斜打直，以有利于后续 2 井口定向钻井和防碰要求。

(2) 清洁井眼。一是优化水力参数，选用合适钻杆，排量要求达到设计排量以上，以提高环空返速，有利于携砂；及时泵入稠泥浆携砂，下套管前需垫入稠塞，减缓井底沉砂。

(3) 井壁稳定。大多数情况下表层使用海水开路钻进，由于表层裸眼段长，为防止井壁垮塌，保证套管能够顺利下入，在稠浆中添加聚合物降失水材料，以有利于形成良好滤饼。

(4) 漏层钻进措施。针对地质预测表层可能存在大漏层的情况，为了防止因井漏引起卡钻，在钻进至接近井漏位置时泵入稠塞携砂，并彻底循环井眼干净后再继续钻进，钻进过程中密切监测，一旦发现井漏，立即采取措施，并备好堵漏材料。

5) 表层套管固井技术

在进行固井前后通过以下方面措施，保证完成单筒双井固井作业。

(1) 在作业过程中，为了满足固井封固要求，确定合理的附加量，防止因附加量过大压漏地层。固井作业前必须测井眼容积。

(2) 表层固井作业，由于井眼破裂压力低，易发生井漏。为防止固井时发生井漏，可先泵注 $10m^3$ 堵漏水泥浆作为领浆。

(3) 固井水泥浆设计时，按地层承压能力计算好固井时的井底当量压力，确定合理的水泥浆密度，优化固井设计。

3. 结论

(1) 单筒双井技术是一种成熟高效且应用广泛的海上油田开发技术。

(2) ROC 赵东、Total ABK 等案例的成功实施证明单筒双井技术能够节省部分钻井的费用，主要来自隔水管和一开钻井时间的减少；同时单筒双井能够大大降低海工平台的面积，极大的节省海工投资。

(3) 在 Belbazem 油田群每个平台布置为 3×4(2.44m×2.74m) 单筒双井井口槽，井身结构设计为四开或五开，井身轨迹满足防碰要求。

(4) Belbazem 油田群通过单筒双井技术能够减少两座海工 Alpha 平台的建设，节省近 1 亿美元的海工投资。

参 考 文 献

[1] Santons A, Floch A. 5K Dual Splitter Wellhead System: 1st Middle East Deployment on an Offshore Oilfield, Combining Simultaneous Production and Drilling on Adjacent Wells Within the Same Conductor: SPE 101736, 2006: 1-9.

[2] Low Siew Lin, Andrew Mellor, Robert Hill, Randy Scott, Zhao Dong Drilling- A History of Innovation to Enable Continuous Improvement and Optimum Performance: SPE 132071, 2010: 1-13.

[3] Douglas Hall, Robert Gardes. Downhole Splitter in the Gulf of Mexico: Field Introduction and Results: OTC 7905, 1995: 329-336.

[4] Jumasri Terimo, Hazim Kamarul Zaman, George Pallath, Optimizing Offshore Infill Drilling: Application of Conductor Sharing and Casing Drilling Techniques: IADC/SPE 180579, 2016: 1-16.

埕海油田低产液井举升工艺研究与应用

周凤艳

（大港油田滩海开发公司工艺研究所）

摘要：埕海油田近年来低产液井逐年增加，低产液井由于供采不协调，地层供液能力低于电泵机组的采液能力，造成供液不足，对电泵电缆的运行寿命均有一定的影响。为寻求适合埕海油田低产液井的举升方式，先后试验了往复式潜油电泵、小排量电泵和电潜螺杆泵技术，并对三种举升方式对埕海油田的适应性进行了评价。

关键词：低产液；往复式潜油电泵；小排量电泵；电潜螺杆泵

1. 基本概况

埕海油田位于大港油田滩海开发区南部的埕北断阶区，地理位置在河北省黄骅市关家堡村以南的滩涂，水深为04m的极浅海地区。该油田以海油陆采的方式，采用人工岛和人工井场模式开发，井型以大斜度井、水平井为主，由于受地面空间条件得限制举升方式为潜油电泵举升。近年来，油井低产液井逐年增多，电泵举升检泵周期短，运行费用高等问题逐渐显现，低产液井潜油电泵举升适应性逐年变差。

2. 低产液井举升工艺适应性差

1）低产液井危害

低产液井由于供采不协调，地层供液能力低于电泵机组的采液能力，造成供液不足，对电泵电缆的运行寿命均有一定的影响。其危害有：

（1）通过电机周围的液量少，流速低，电机温度高，易结垢，堵塞电泵造成不出液。

（2）泵排出液量少，不能工作在最佳排量区内，一旦泵的流量低于最低界限条件，下推力磨损增加，会加快泵的损坏。

（3）长期的供液不足，会造成频繁停机。频繁启、停电泵，会使电机内部温度频繁交替上升和下降，从而造成保护器呼吸的次数增加，影响保护器寿命；其次，每启动电泵一次，电机会受到正常运转时额定电流2~8倍的冲击，对电机、电缆绝缘造成很大伤害。

2）检泵周期短

埕海油田目前日产液低于30m^{3}的电泵井有54口，占总井数的56%，平均检泵周期553天，远低于平均检泵周期904天。目前主体应用的50m^{3}电泵，适应性较差，需进一步开展举升工艺配套的优选评价工作。

3）电机表面液体流速低，散热差

低产液对电泵举升的影响主要体现在电机表面液体流速低，散热差，导致电机温度过高，影响电泵寿命(一般来说，电机的环境温度每增加10℃，电机寿命减少1/2)，并增加了电机烧毁的概率。根据行业国际标准，流经电机表面的液体流速要大于0. 34m/s。埕海油田低产液井流经电机表面的液体流速远不能达到标准要求，电机温升大，电机散热效果不好。

3. 低产液井举升方式的试验应用

针对低产液举升难题，埕海油田先后试验应用了往复式潜油电泵、小排量电泵和电潜螺杆泵技术。

1）往复式潜油电泵

往复式潜油电泵是利用潜油电缆将地面控制系统变频后的电源传输给井下直线电机，直线电机动子与上部柱塞抽油泵的推杆连接，电机动子直接驱动柱塞式抽油泵，上下往复完成举升运动，实现井液举升。埕海油田试验应用了3口井，最长运行269天，最短仅有75天。由于该泵随着生产周期的延长，电机永磁铁逐渐退磁，举升力下降，造成检泵周期短，且相对于普通电泵(12万)往复式潜油电泵(26.3万)的价格偏高，从三口井的试验应用情况看，试验效果不太理想。

表1 埕海油田往复式潜油电泵应用情况表

序号	井号	投产日期	泵型	额定排量/(m^3/d)	工作制度	理论排量/(m^3/d)	日产液/(m^3/d)	运行时间/天
1	张海34-19H	2012.9.27	WFQYDB-114-1140-(40-80)(Φ40)	20	冲次：3次/min	20	5.3	269
2	庄海4-4	2013.8.19	WFQYDB-114-1140-30(Φ38)	15	冲次：4次/min	7.8	5.2	154
3	庄海4-14	2013.10.30	WFQYDB-114-1140-30(Φ38)	15	冲次：6次/min	11.8	11.6	75

往复式潜油电泵优点：适合低产液举升，对大斜度井适应性较好；电机属于间歇工作，断电待机、无启动电流，节能效果好。缺点：电机永磁铁容易退磁，造成检泵周期短；往复式潜油电泵价格偏高；地面控制柜频繁出现故障。

2）小排量电泵

(1) 国产小排量电泵。

2014年以来针对低产液井配套应用了国产小排量电泵(排量$20m^3$或$30m^3$)，共应用了6井次，最长运行了605天，综合试验井情况来看，国产小排量电泵整体运行时间较短，适应性不强。

表2 小排量潜油电泵应用情况统计表

井号	电泵厂家	电泵排量/m	扬程/m	泵挂深度/m	投产日期	日产液/t	日产油/t	运行时间	备注
张海101M2	中成	30	3200	3020	2014.5.25	8.48	2.93	30	2014.6.23泵卡停井
张海101M2	百成	20	3000	3020	2014.8.13	9.31	5.63	21	2014.9.2供液不足停产
庄海8Es-L9	百成	20	2000	3099	2014.8.1	15.1	0.15	100	间开正常运行

续表

井号	电泵厂家	电泵排量/m	扬程/m	泵挂深度/m	投产日期	日产液/t	日产油/t	运行时间	备注
庄海8Es-H4K	百成	20	2800	2442	2014.7.1	7.2	4.9	419	正常运行
庄海8Es-L11	百成	20	1800	2485	2014.6.23	5.42	4.2	46	2014.8.7 电缆无绝缘停
张海15-22	百成	20	2800	2950	2014.11.3	13.6	12.4	236	2015.06.26 过载停机

(2) 进口小排量电泵。

进口小排量电泵与国产的相比，单级扬程优势更大，级数少，安全性能更高。国产小排量电泵的试验成功为进口小排量的试验应用提供了依据。2016年以来进口小排量电泵共试验应用2井次，目前均正常运转。

表3　国产与进口小排量参数对比表

类　　别	国产小排量电泵	进口小排量电泵
扬程	2800m	2800m
排量	20/30m^3	1015m^3
级数	630级(三节泵)	400级(两节泵)

表4　进口小排量电泵应用情况统计表

井号	电泵厂家	电泵排量/m	扬程/m	泵挂深度/m	投产日期	日产液/t	日产油/t	目前运行时间	备注
庄海8Es-H8	贝克	718	2800	3050	2016.12.25	4.56	3.51	334	间关
张海30-35	贝克	520	2800	3012	2018.1.26	12.19	8.47	118	正常生产

3) 电潜螺杆泵

电潜螺杆泵是一种以液体产生的旋转位移为泵送基础的新型机械采油装置。它融合了柱塞泵和离心泵的优点，无阀，运动件少，流道简单，过流面积大，油流干扰小。同其他采油方式比，螺杆泵具有系统容积效率高、低消耗、开采高粘度，高含砂和高含气量的原油时具有灵活可靠，抗磨蚀的特点，对低产液井举升适应性强。

庄海8Es-L8井于2016年11月1日试验应用了一台，作业后日产液7m^3，日产油3.8t，生产了176天井口不出液关井。分析认为：该井后期日产液下降至2m^{3}左右，地层供液严重不足，造成橡胶干磨受损严重，泵效下降导致井口不出液。

节能情况：庄海8Es-L8用普通电泵时，月耗电为20160kW·h；应用电潜螺杆泵后，月耗电为7600×10^{4}kW·h。月节省电量为12560kW·h，预计年节省电量为15.1×10^{4}kW·h。

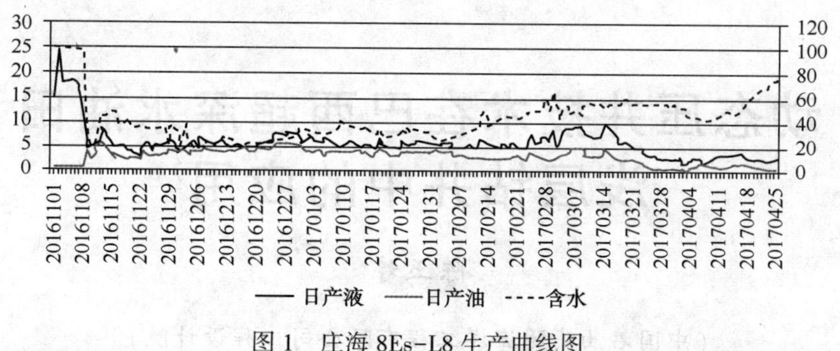

图 1　庄海 8Es-L8 生产曲线图

4. 结论与建议

（1）往复式潜油电泵在埕海油田试验效果均不理想，且投资大，下一步不建议应用该技术。

（2）进口小排量电泵对埕海油田适应性较强，下步建议通过开展 $30m^3$ 及以下小排量电泵等举升配套技术优化研究，形成关键技术配套，延长低产液井检泵周期。

（3）电潜螺杆泵对埕海油田大斜度低产液井存在一定的适应性，与电泵相比节能效果明显，下步着重对电潜螺杆泵选井进行研究，继续对该技术进行试验应用。

参 考 文 献

[1] 万仁傅. 采油工程手册(精要本)[M]. 北京：石油工业出版社，2009.

动态压井技术在巴西超深水油田浅层钻井中的应用

陈玉婷

（中国石油集团海洋工程有限公司工程设计院）

摘要：深水浅层钻井是深水关键技术之一，由于浅部地层不稳定、浅层地质灾害风险高，井身结构通常较为复杂。增加表层套管下深，简化井身结构是深水钻井亟待解决的关键问题。本文提出的 Pump & Dump 技术也称为动态压井技术，是深水表层建井工艺中的关键技术。该方法自研发成功以来已被用于许多深水钻井作业中，以增加表层套管的下入深度。该技术是一种在未建立正常循环的深水浅层井段，通过泵重浆/稠浆以压井方式控制深水钻井作业中的浅层气井涌、浅层水涌动及浅层不稳定地层等复杂情况的钻井技术。本文通过对 Pump & Dump 技术工作原理以及适应性分析，结合各油田的使用情况，通过理论研究和现场应用效果得出，Pump & Dump 技术能够增加表层套管下深，简化深水钻井井身结构，工艺简单，可操作性强。本次研究为深水浅层储层安全、经济、高效开发提供了新思路。

关键词：深水浅层；钻井；动态压井

深水浅层钻探不同于陆地浅层，深水环境恶劣多变，存在浅层水、浅层气等不确定因素，同时储层漏失非常严重。因此，深水浅层钻井时，由于还未安装隔水管，不能建立井下到平台的循环通道，无法采取常规的井控措施，动态压井技术优势就更加明显。

国外在 1981 年就已经提出了动态压井的概念，至今 Baker Hughes、Halliburton 等公司都成功开发了动态压井技术，相关工艺和技术在现场应用的已十分成熟，关键设备混合装置已经发展了三代。国内相关单位也掌握该项技术，第三代混合装置已研制成功。

1. 动态压井技术国内外现状

国外的动态压井技术相关工艺和技术在现场应用的已十分成熟，并且已可作为服务项目出售，关键设备混合装置已经发展了三代。国内在中海油研究总院、西南石油大学及重庆科技学院依托 863 项目进行攻关后，使我国也掌握了该技术，直接研制成了第三代混合装置。

国内外动态压井这一技术主要是应用在深水表层钻井，解决浅层气和浅层流的问题，国内外的非深水表层的其他复杂地层压力系统尚未采用这一工艺。假如这一工艺能够推广应用，在钻遇复杂地层压力系统时，我们就很容易掌握主动性。

国内现已突破技术瓶颈并在南海八号、九号以及海洋石油 981 深水钻井平台上使用，技术相对成熟。鉴于目前控压技术现状，推广应用动态压井钻井技术解决复杂地层压力系统钻井问题是十分有必要的。

2. 动态压井技术基本工艺过程

动态压井技术通过将加重钻井液与海水以一定比例混合，得到不同密度的钻井液迅速泵入井筒，结合环空摩阻的作用控制井底压力，防止浅层井涌并控制井壁坍塌。

动态压井技术主要需要三个系统完成：①多相混合部分，同时混合不同流体；②实时监测部分，主要分为两部分，一部分是水下机器人监测，另一部分是综合利用随钻测量仪器，测量环空压力或其他测量数据，解释环空压力，同时结合随钻测井，对地层参数进行实时测量，最终目的是早发现浅层流，获得地层压力参数为实现动态压井钻井及时做准备；③设计软件部分，依据采集的数据对钻井时井筒压力进行计算，并提供混合钻井液参数，进行钻井液密度以及排量设计，为后续钻井做指导。

深水表层钻进采用动态压井钻井技术时，需要动态压井钻井的三个部分相互协作共同完成。实时检测系统的水下机器人和随钻压力温度测量仪检测井下复杂情况，当发现异常情况时，实时检测系统就会反馈数据信息给软件设计系统，经过软件计算获得参数后，自动或人工输入指令，启动多相混合装置根据井底压力的需要，将备用的高密度钻井液与正常钻进时的低密度钻井液或海水，通过一台可自动控制的混浆装置，自动调节到混合所需密度的钻井液，然后供泥浆泵向井内连续不断的泵送到井下，从而控制地层压力。

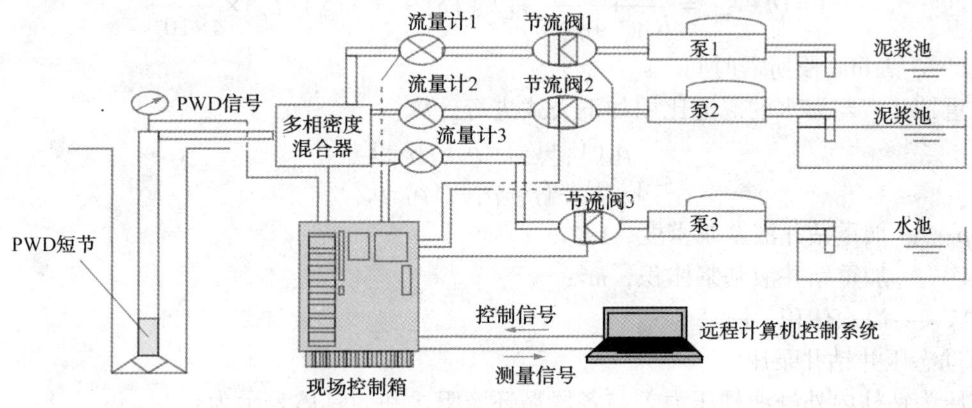

图1 动态压井钻井工艺示意图

3. 动态压井工艺参数计算

1）密度及排量

计算动态压井钻井所需密度及排量的原则是：在该密度与排量下，井内的流动循环摩阻加液柱压力略大于地层孔隙压力而小于地层破裂压力。发现浅层流后，要按照计算好的密度与排量迅速泵入环空进行压井。

压井液密度满足：

$$p_r=\rho_1 gh+p_{fr}+\rho_{sw}gh_{sw} \tag{3-1}$$

式中 p_r——浅气流地层压力，Pa；

ρ_1——动态压井钻井时的钻井液密度，kg/m^3；

h——泥线距井底深度，m；

ρ_{sw}——海水密度，kg/m^3；

h_{sw}——水深，m。

钻井液密度可以根据地层破裂压力求得

$$\rho'_1\leqslant\frac{p_f-\rho_{sw}gh_{sw}}{gh} \tag{3-2}$$

式中 ρ'_1——终了钻井液密度，kg/m^3；

p_f——地层破裂压力，Pa。

钻井液的最小排量应满足携岩要求，最大排量应满足井壁稳定性条件，且不能压漏薄弱地层。

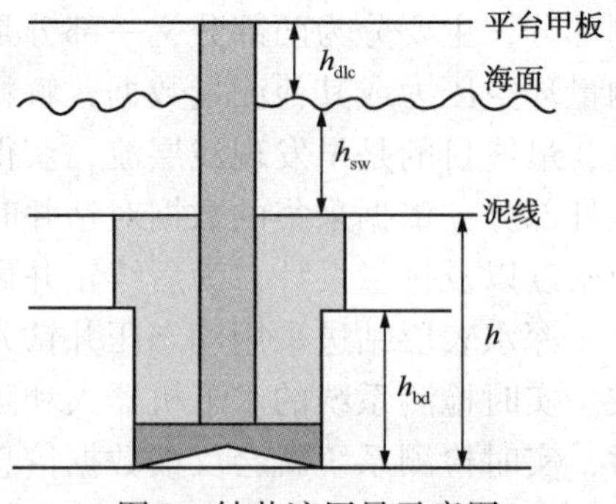

图 2 钻井液用量示意图

2）加重钻井液基浆用量

无隔水管段开钻一般用海水喷射钻进，然后应用动态压井方法，使用加重钻井液混合海水钻进。计算钻井液基浆用量需知道井段长度、机械钻速、加重钻井液基浆密度、动态压井钻井排量和混配比等。

钻井液总量为钻进 hbd 段的钻井液总量与钻进该段前钻井液充满钻柱的体积之和：

$$V=Qt+V_{pipe}=\frac{Qh_{bd}}{R_{OP}}+\frac{\pi d_{ci}^2 L_c}{4\times10^4}+[h_{dk}+h_{sw}+(h-h_{bd})-L_c]\times\frac{\pi d_{pi}^2}{4\times10^4} \tag{3-3}$$

式中 t——钻 hbd 段所需时间，s。

加重钻井液与海水的混配比用如下公式进行计算：

$$\rho_1(V_1+V_2)=\rho_0 V_1+\rho_{sw}V_2 \tag{3-4}$$

$$V_2/V_1=(\rho_0-\rho_1)/(\rho_1-\rho_{sw}) \tag{3-5}$$

式中 ρ_0——加重钻井液基浆密度，kg/m^3；

V_1——加重钻井液基浆体积，m^3；

V_2——海水体积，m^3。

3）动态压井钻井泵压

泵压为钻柱内外静液柱压力差与各段循环摩阻之和，具体表示为：

$$p_b=\Delta p_b+\Delta p_p+\Delta p_a+(\rho_{sw}-\rho_1)gh_{sw}\times10^{-6} \tag{3-6}$$

其中钻头压降为：

$$\Delta p_b=\frac{0.05\rho_1 Q^2}{C^2 A_o^2}$$

钻柱内压耗为：

$$\Delta p_p=\left[\frac{BL_p}{d_{pi}^{4.8}}+\frac{0.51655L_c}{d_{ci}^{4.8}}\right]\rho_1^{0.8}\mu_1^{0.2}Q^{1.8}$$

环空压耗为：

$$\Delta p_a=\sum_i\left[\frac{0.57503}{(d_{hi}-d_{po})^3(d_{hi}+d_{po})^{1.8}}+\frac{0.57503}{(d_{hi}-d_{co})^3(d_{hi}+d_{co})^{1.8}}\right]\rho_1^{0.8}\mu_1^{0.2}Q^{1.8}$$

式中 p_b，Δp_b，Δp_p，Δp_a——分别为泵压、钻头压降、钻柱内压耗、环空压耗，MPa；

Q——钻井液排量，L/s；

C——喷嘴流量系数；

A_0——喷嘴面积，cm^2；

B——常数，内平钻杆 $B=0.51655$，贯眼钻杆 $B=0.57503$。

4. 动态压井技术现场应用效果分析

以巴西 L 油田为例：

水深 2000m，36 导管，泥线下 80m，28 钻具，压力系数 1.05psi/m，采用动态压井技术成功简化井身结构，减少一个开次。

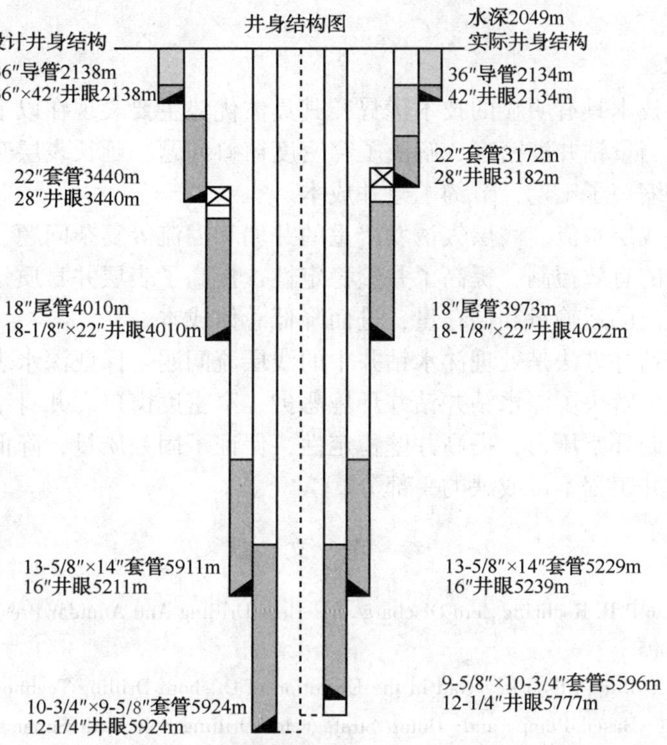

图 3　未使用动态压井技术时井身结构

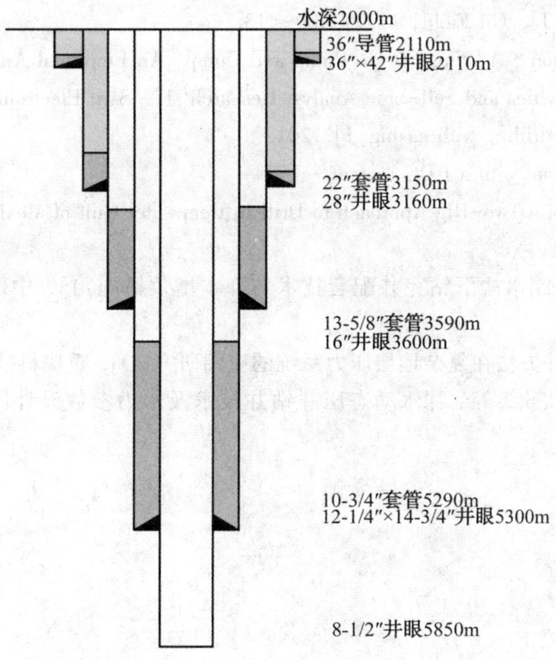

图 4　使用动态压井技术后井身结构

通过使用该动态压井技术克服了盐上不稳定地层的钻进成功几率低的难题，进一步增加表层套管下深，可以实现部分井的套管层次从5层优化为4层，单井可实现降低钻井工期约15d。

5. 结论及建议

动态压井钻井技术具有明显的技术优势，其具体优势主要表现在以下几点：

(1) 有效控制当量钻井液密度，解决了窄密度窗口问题，延长表层套管下深，使井身结构得到优化，进而缩短了工期，节约了建井成本。

(2) 快速解决浅层水流、浅层气诱发严重的井塌和溢流等复杂问题。

(3) 环空压力的有效控制，提高了井壁稳定性，提高了表层井身质量，保证固井质量。

(4) 减少钻井液的运输量和储存量，进而降低总体成本。

采用动态压井钻井方法是处理深水钻井中的浅层流问题、保证深水表层钻井作业顺利进行的一种有效途径。解决了深水钻井钻井环境恶劣、窄密度窗口、井身结构复杂、井塌、溢流等难题，有效控制环空压力，提高井壁稳定性，保证了固井质量，降低钻井工期，带来巨大效益，是深水钻井工程不可或缺的一部分。

参 考 文 献

[1] Judge B, Hariharan P R. Realizing Zero Discharge Riserless Drilling And Annular Pressure Management With A Single Tool[J]. 2005.

[2] Managed Pressure Drilling fills a key void in the Evolution of Offshore Drilling Technology.

[3] Akers T J. Salinity-Based Pump-and-Dump Strategy for Drilling Salt With Supersaturated Fluids[J]. Spe Drilling & Completion, 2011, 26(1): 151-159.

[4] Yao C Y, Hill N C, Mcvay D A. Economic Pilot-Floods of Carbonate Reservoirs Using a Pump-Aided Reverse Dump-Flood Technique[J]. Oil Field, 1999: 409-413.

[5] Bradshaw M T, Richardson S A, Sloan R G. Pump and Dump: An Empirical Analysis of the Relation between Corporate Financing Activities and Sell-Side Analyst Research[J]. Ssrn Electronic Journal, 2003.

[6] Giroux R L. Deep water drilling with casing[J]. 2013.

[7] Replacing ´pump and dump´ with a RDG system.

[8] The Economic Analysis of a Two-Rig Approach to Drill in Deepwater Gulf of Mexico Using Dual Gradient Pumping Technology.

[9] 何保生，张钦岳. 巴西深水盐下钻完井配套技术与降本增效措施[J]. 中国海上油气，2017，29(5)：96-101.

[10] 赵士林. 动态压井钻井方法在复杂地层压力系统的应用研究[D]. 重庆科技学院，2016.

[11] 高永海，孙宝江，赵欣欣，等. 深水动态压井钻井技术及水力参数设计[J]. 石油钻采工艺，2010，32(5)：8-12.

低渗白垩岩石中二氧化碳驱的应用及动态流体检测

牛犇[1,2]　Wei Yan[2]　Alexander A. Shapiro[2]　Erling H. Stenby[2]

（1. 中国石油集团工程技术研究有限公司；
2. Center for Resources Engineering, Technical University of Denmark）

摘要：二氧化碳驱在水驱过后的油藏中使用，不但可以有效地提高采收率，而且还可以将二氧化碳注入地下来降低温室效应。在实验室的模拟过程中，通过使用 X 射线 CT 来鉴别流动中不同的相态分布是对整个驱替过程可视化，及进一步了解多孔介质中多相流动的重要手段。整个实验中的岩石是来自于丹麦北海油田的白垩岩石，其中的油相为含气原油，水相为蒸馏水，都分别加入掺杂剂来改变 X 射线的穿透能力，进而提高相态饱和度的计算精度，特别是二氧化碳饱和度的精度。通过 CT 成像，我们可以观察岩芯中的驱替模式，动态监测液体饱和度变化。在实验当中，不但二氧化碳饱和度被准确定量计算，整个驱替过程也动态可视。同时，产出液体及压力变化也被准确记录。基于这些数据我们对于水驱和二氧化碳驱的采收效率进行了分析。

关键词：二氧化碳驱；多相流；岩芯分析；油藏流体力学；碳酸盐岩油藏

1. 实验设计

由于双能级扫面在低渗白垩岩石的应用上有自身局限，我们决定只侧重于定量分析二氧化碳驱中的气相。在水驱过后，没有掺杂剂的水相被使用掺杂剂的水代替，而后者与岩芯中使用掺杂剂的油具有类似的 CT 数。因此，在随后的二氧化碳驱中，水相和油相可以在扫描中被认为是一相，进而只使用单能级扫描就能定量确定二氧化碳的饱和度。

2. 实验描述

1）实验设备

我们使用碳纤维包裹的岩芯夹持器，它最大的工作压力为 1000bars，最高工作温度为 150℃。如图 1 所示，岩芯夹持器的入口处连接了由 ISCO 泵驱动的圆筒，而出口处分别连接了压力调节器和两相分离器。压力调节器用来维持实验所需要的油藏压力，以及保证两相分离器在常压下工作。ISCO 泵用来进行定速注入。所有关于压力的数据都由电脑自动记录。为了保护岩心在油藏条件下不被损坏，岩芯两端都使用了铜滤网。在实验过程中，我们使用西门子第四代 SOMATOM CT 扫描器，对岩芯进行扫描。

2）材料

实验中使用的岩芯是来自北海油田的白垩岩石。实验条件是模拟真实油藏条件 385bars 和 115°C。岩芯中充满含气原油和水，并及在油藏条件下进行了三周的老化，以得到接近现实情况的润湿性。岩芯的物理性质如表 1 中所示。含水原油的气油比为 216.8sm^3/sm^3，油体积系数为 1.63rm^3/sm^3。含气原油的起泡点为 342bars。表 2 显示了在油藏条件下流体的密度和粘度(未加入掺杂剂之前)。在膨胀实验中，我们没有观察到沥青质的析出。油相使用的

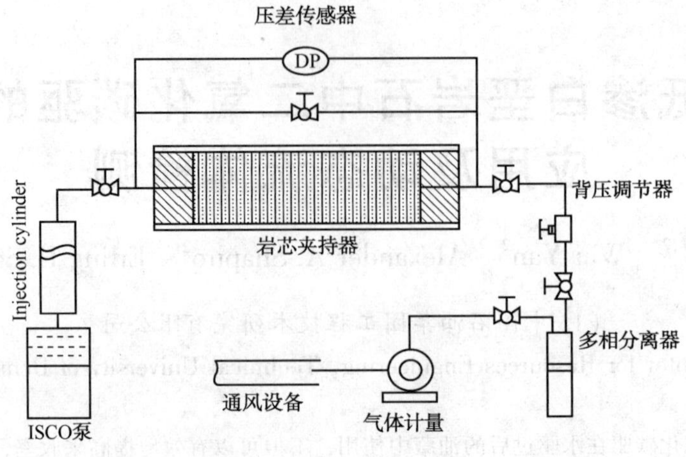

图1　实验装置简略图

掺杂剂是一碘葵烷，蒸馏水使用的是碘化钾。

表1　岩芯的物性

岩芯类型	直径/mm	长度/mm	孔隙度/%	渗透率/mD
白垩岩	37.51	74.41	26.16	1.06

表2　流体性质

	含气原油	蒸馏水	二氧化碳
密度/(g/mL)	0.633	0.966	0.708
黏度/cp	0.251	0.253	0.061

3）实验步骤

水驱和二氧化碳驱的注入速率分别是2mL/h和4mL/h。CT扫描沿着岩芯每2mm进行一次成像。整套实验步骤如下：

(1) 依次扫描充满二氧化碳，掺杂的油，和掺杂的水的岩芯。在转换不同液体之间，必要时使用甲苯和乙醇对岩心进行清洗。

(2) 将掺杂的油注入岩芯达到束缚水饱和度。

(3) 将岩芯在油藏条件下老化3周。

(4) 注入纯水达到剩余油饱和度。

(5) 注入掺杂的水代替纯水。

(6) 注入二氧化碳直到没有液体产生。

(7) 清理及干燥岩芯。

每个步骤结束都会进行岩心扫描。所有产出的油，水和气都会在常压下分离，它们各自的体积也会被记录。

4)饱和度测量

基于CT数计算两相饱和度的公式如下：

$$S_o = (CT_{wo} - CT_w)/(CT_o - CT_w) \quad (2-1)$$

$$S_w = 1 - S_o \quad (2-2)$$

类似地，在二氧化碳驱中，当水和油通过使用掺杂剂达到了相同的CT数时候，可以认为是单相，计算二氧化碳饱和度的公式如下：

$$S_g = (CT_{wog} - CT_{wo})/(CT_g - CT_{wo}) \quad (2-3)$$

在式(2-1)、式(2-2)和式(2-3)中，S_i代表不同液体的饱和度；脚标o、w和g分别代表了油、水和气；这些脚标的组合，即wo和wg分别代表了在岩芯中共存的不同相态。这些方程都建立在CT数与相应饱和度呈线性关系基础上。

3. 结果与讨论

1)水驱结果

通过之前实验，为了保留含气原油物性及保证计算饱和度的准确性，我们选择10%作为一碘葵烷在含气原油中的浓度，进而确定碘化钾在水中的最佳浓度确定为3.04%，这样在二氧化碳驱过程当中，他们会产生同样的CT数。通过使用式(2-1)和式(2-2)，我们将CT数转化为岩芯断面饱和度分布，如图2所示，每个数据点代表相应位置岩层断面饱和度的平均值。通过观察实验开始后2h、4h及6h水饱和度的分布，我们发现在水线前形成了富油带。这一现象很可能是由于岩芯中油与水不均匀分布引起的。图3中的产量与压力数据显示，水突破发生在0.5个孔体积注入之后，随之而来油的产出明显减缓，在3.4个孔体积水注入之后，油的产出就停止了。相关水驱采收率的讨论将随后和二氧化碳驱一起讨论。

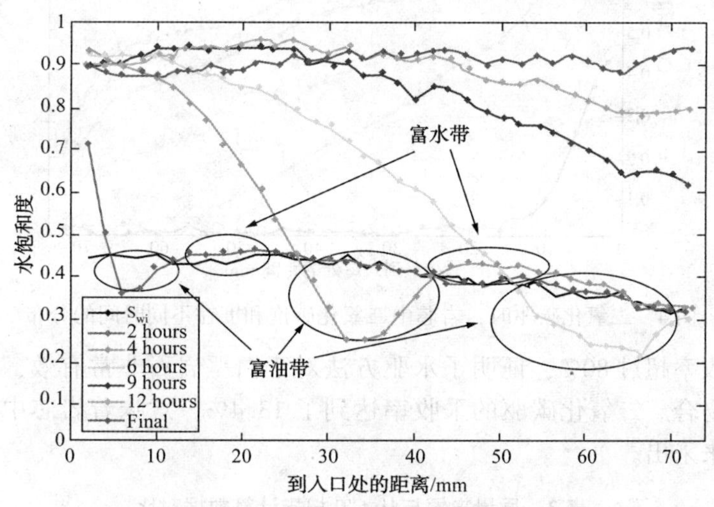

图2 水驱时，岩芯中水的饱和度在不同时间的分布

2）二氧化碳驱结果

图4中显示了二氧化碳沿着岩芯分布的饱和度，有超过4个孔体积的二氧化碳被注入岩芯，直到没有液体产出。入口处二氧化碳的饱和度与出口处相差将近50%，显示了岩芯中有很强的毛细管力末端效应，导致出口处水饱和度较高。

图5中的气驱产量与压力数据显示，油产出只持续较短时间。在0.48个孔体积二氧化碳注入之后，二氧化碳突破产生，同时油产出开始。当注入0.88个孔体积二氧化碳之后，油产出停止。该过程表明二氧化碳注入水驱过后的岩芯，油产出只发生在二氧化碳突破之后。表3显示了从质量守恒计算出的水驱与二氧化碳驱的采收率与从CT扫描中算出的数据

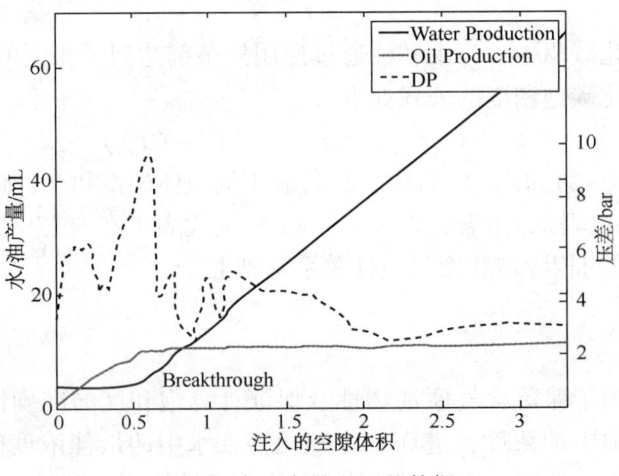

图 3 水驱产量和压差数据

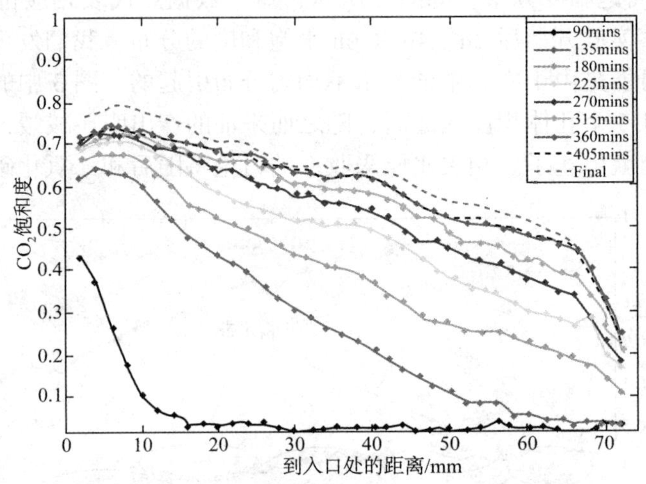

图 4 二氧化碳驱时，岩芯中二氧化碳饱和度在不同时间的分布

对比。水驱的采收率超过 80%，证明了水驱方法对于白垩岩石非常有效，这也与丹麦北海油田的现实情况吻合。二氧化碳驱的采收率达到了 13.4%，意味着岩芯中大部分油都可以通过注水和注气来采出。

表 3 质量守恒与从 CT 扫描计算数据对比

	S_{wi}/%	S_{or}/%	最终 S_g/%	水驱采油率/%	气驱采油率/%
质量守恒	35.7	10.4	57.2	83.7	13.4
CT 扫描	38.8	9.6	61.5	84.3	13.4

根据质量守恒计算的饱和度与从 CT 扫描数据得到的结果非常接近，两者的绝对差值范围 0.8%~4.3%。对于这一差异，除了死体积测量的影响，还有可能其他两个原因：首先，注入的二氧化碳会溶解到水和含气原油中，因此从 CT 扫描中得到的二氧化碳饱和度不是针对游离二氧化碳，而更靠近二氧化碳在空隙中的比例。而从质量守恒计算得到的饱和度则是针对游离二氧化碳。因此两者会有细小差别。其次，虽然在二氧化碳驱之前，我们使用了超

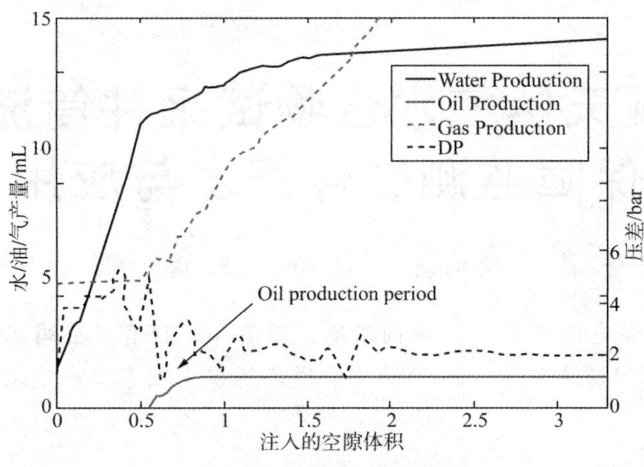

图 5　二氧化碳驱产量和压差数据

过 5 个孔体积的掺杂水注入岩芯以代替之前岩芯中不含掺杂剂的水，但是 100%的代替很难做到。因此，在式(2-3)中，CT_{wo} 会比理想值小，进而导致在计算二氧化碳饱和度时，产生误差。

4. 结论

(1) 我们提出了一个使用 CT 扫描来鉴别岩芯里不同饱和度的新方法。在这一方法中，我们将含气原油和水通过使用掺杂剂，使他们产生相同的 CT 数，因此我们可以使用单能级扫描来确定二氧化碳驱中二氧化碳的饱和度。测得数据可以应用到今后的数值模拟和历史拟合当中。

(2) 在实验中，CT 扫描得到的饱和度与质量守恒计算得到结果一致。两者的细小偏差可能是由于溶于水和油中的二氧化碳，或者是水驱后岩芯里的水并没有完全被含有掺杂剂的水代替。

(3) 在二氧化碳驱中，只有当二氧化碳突破后油才产出。注入 0. 88 个孔体积二氧化碳后，油产出停止。

参 考 文 献

[1] Niu et al. Phase Identification and Saturation Determination in Carbon Dioxide Flooding of Water Flooded Chalk Using X-ray Computed Tomography. Paper SCA2009-19 presented at the International Symposium of the Society of Core Analysts held in Noordwijk, The Netherlands, 27-30 September, 2009.

海域天然气水合物试采井筒流动保障监测软件开发与应用

黄芳飞[1]　陈晨[1]　段瑞溪[2]　康琦[3]　王博[2]　潘浩[2]　方从银[2]

（1. 广州海洋地调查局；2. 中国石油集团海洋工程有限公司工程设计院；
3. 中国石油大学（北京）油气管道输送安全国家工程实验室）

摘要：天然气水合物在试采过程中面临井筒及管道流动保障问题，在生产现场需要及时分析流动状况，以便于现场人员监测井筒内流动状况，对试采面临的风险要有直观的了解和快速反应，及时调整生产制度和采取相关措施确保试采顺利进行。根据天然气水合物试采需要，自主研发了一套天然气水合物试采井筒流动保障监测系统，系统可实时自动采集数据并进行在线计算分析，及时提示存在的流动保障风险并提供应对建议，服务于未来水合物试采现场分析，并可根据未来水合物试采产业化开采的需要扩展，实现多分支、丛式井、水下管网流动保障监测。

关键词：海域天然气水合物；试采；流动保障；实时监测

1. 前言

天然气水合物在试采过程中，井筒与管道中的流道内面临着流动安全风险。在水合物试采过程中，现场人员需要实时监测井筒内流动状况，对试采面临的风险要有直观的了解和迅速的判断，及时调整生产制度及采取相关措施，确保试采顺利进行。在对传感器实时读取参数进行分析的同时，还需监测历史数据，才能更迅速掌控井筒内流动工况及预测试采测试过程中存在的风险，为天然气水合物试采合理调整生产制度提供技术支持。需研发一套天然气水合物试采井筒流动保障监测系统，实时自动采集数据并进行在线计算分析，及时提示存在的流动保障风险及提出应对措施的建议，是海域天然气水合物试采的关键监测技术手段。

2. 水合物试采流动保障监测软件现状

由于海域天然气水合物试采尚处于前期研究阶段，目前国内外还没有成熟的试采流动保障监测软件。但目前国际上流动保障监测技术已经广泛应用于油气田开发生产领域，在开发管理中通过油气田生产的基本参数（温度、压力、油嘴开度等），利用各种多相流模型通过数值计算获得流道流体的实时流动状态。油气流动保障监测软件减少现场生产的风险，降低投入，成为海上油气开发与运营管理中重要的手段。流动保障监测技术而言，其最早由多相流管道、油田现场生产设备的操作培训和工程模拟软件演变而来。2002 年 SPT 公司在著名多相流模拟软件 OLGA 的基础上开发，较为完整地提出了该系统的在线监测和操作功能框架。现阶段，流动保障系统已在北海、墨西哥湾、西非等地区的一些深水油气田上得到成功应用，取得了较为良好的效果。在一些新投产的深水油气田中，国外大型石油公司（Chevron、Shell、Total 等）已将流动安全保障系统作为标准设计的一个重要部分，并在已投产的生产油气田上安装使用。较为典型的几种流动保障在线监测系统有 OLGA Online、ISIS 系统、FWPU 系统等。

我国深水油气田开发启动较晚，在 2012 年之前，尚无自己的海域流动保障系统，有关该方面的具体研究和软件开发相对很少。我国现阶段仅在南海个别深水油气田有这种生产管理系统投入使用，且所使用的系统均从国外购买。这些流动保障系统费用高，且每年需要缴纳高昂的使用及维护费用，对于新开发的功能模块还需单独购买。国内公司购买的流动安全保障系统，仅限于固定的油气田使用，如若其他海上油气田需要使用，则要另行购买。除此之外，国内石油公司在安装此类系统时，通常需要向卖方(设计方)提供相关涉及油气资源秘密的信息，这也增加使得该类型系统在国内石油公司的购买和应用困难。目前流动安全保障系统的资料多以产品的形式出现，绝大多数的重点在产品推广、功能介绍、技术特点分析和相关案例展示。而对其在实际油气田的可行性、计算的模型、核心的算法及相关重要技术细节均鲜有涉及，都限制了该项技术在我国海洋油气田生产运行中的大面积推广和使用。

3. 水合物试采流动保障监测软件开发设计

围绕水合物试采井筒流动保障监测需求，通过对天然气水合物二次生成与防控预测技术、天然气—水—砂多相流动的预测技术、井筒流动可视化技术及数据实时交换集成技术的研究，为第二轮海域天然气水合物试采研发一套井筒流动保障监测系统。系统主要由包含天然气水合物二次生成与防控预测模块、天然气—水—砂多相流动的预测模块、井筒流动可视化模块的核心计算软件，试采数据库软件，数据通信软件及服务器平台构成。

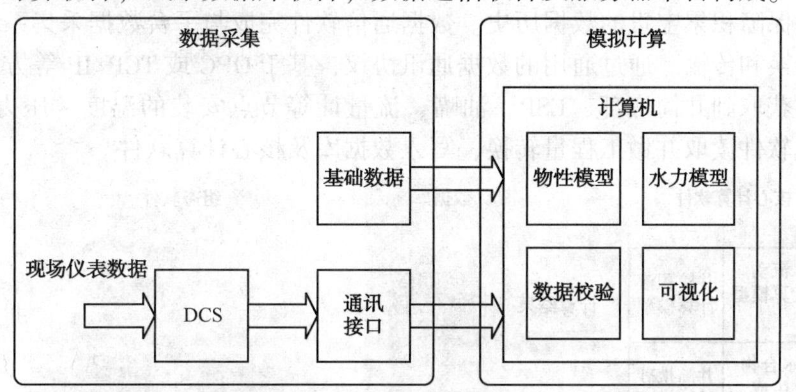

图 1　监测系统工作原理

天然气水合物二次生成与防控预测模块主要用于水合物分解后，天然气在井筒流动过程中的二次生成热力学及动力学条件预测。在水合物试开采的过程中，通过抽取井筒中混合流体，降低井筒内的压力促使水合物分解成甲烷和水。水合物分解产物中的甲烷与水在多相流动下，由井底运移至水面试采设施。在这一过程中，由于海床面的海水温度低及水合物分解后急剧吸热这两个因素可能会产生局部低温，存在水合物二次生成的风险。水合物在流道内二次生成后，会在试采测试管柱中聚集，增大气液的流动阻力，甚至可能导致测试管柱堵塞，最终导致试采中断。同时，由于水合物生成记忆效应的存在，在天然气和水合物分解水流动过程中，一旦温度、压力条件进入水合物生成区，可能会迅速再次生成水合物。低温、记忆效应等因素的共同作用，大大增加了水合物试开采的过程二次生成的风险，影响安全生产。天然气水合物二次生成热力学及动力学条件预测技术是井筒流动保障自动监测与分析的关键。

天然气—水—砂多相流动的预测模块，是天然气水合物试采井筒流动保障核心计算软件的主要计算单元。天然气—水—砂多相流动的预测模块，是天然气水合物试采井筒流动保障核心计算软件的主要计算单元，天然气水合物试采中纯粹的气相或液相流动是十分理想或简化的情形，而实际的井筒中同时存在着天然气、水和砂的多相流动，通过对比现有的单相或两相流压降损失的结论可知，实际管道中水的存在会导致管道压力损失大幅增加，通过天然气—水—砂多相流动的预测模块可以更加准确的计算天然气、水、砂多相流动过程的水力、热力方程，为可视化图形软件提供更加接近实际情况的井筒温度、压力、持液率分布及变化数据。为防止试采井筒流动过程中，进入液相的砂的运动速度小于临界流速，在管内形成砂泥沉积或在管道局部形成堵塞，甚至损坏阀门、流量计等设备，在多相流动的预测模块中同时提供最小携沙速度、临界携沙的计算值参考。

井筒流动可视化模块将通过数据采集系统获取的实时采集数据和井筒流动保障内容的计算结果进行集成、汇总和输出，为天然气水合物试采过程中井筒的温度、压力、持液率分布、天然气水合物二次生成温度、压力条件及不同加剂量下的温压区间、砂监测提供数据可视化角度的呈现。

试采数据库软件将为二次天然气水合物试采井筒监测数据、运行参数、计算结果等提供长期的、稳定的、高效安全的持久化等业务操作需求，通过历史数据的保存和分析，模型和算法可被进一步校准，为可视化界面提供时间尺度和空间尺度的数据中心，为天然气水合物试采井筒流动保障积累宝贵的数据历史。数据通信软件完成与平台数据采集系统或平台控制系统的数据转换和传输。通过通用的数据通讯协议，基于 OPC 或 TCP/IP 等方式可从平台数据采集系统中获取到井筒底部、ESP、油嘴、流量计等节点安装的温度、压力传感器数据，利用数据通讯软件读取并做工程量转换，写入数据库及核心计算软件。

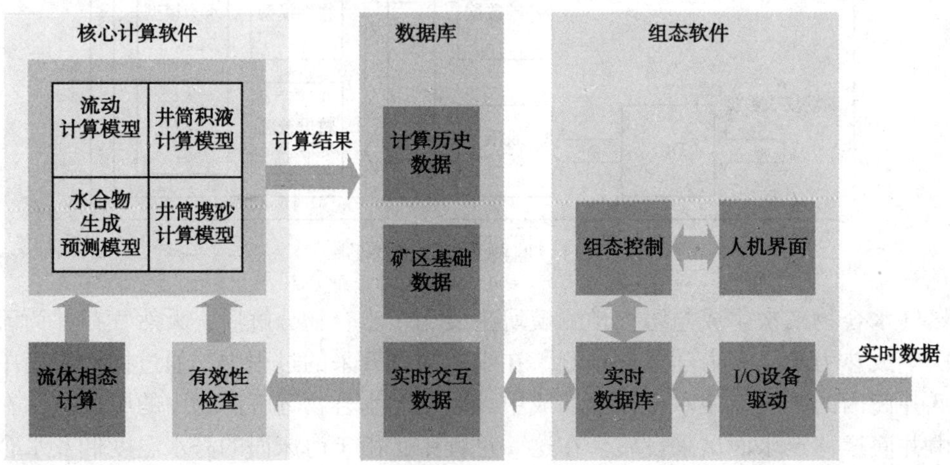

图 2　软件系统示意图

服务器平台将安装在试采控制间，将作为核心计算软件、数据库软件、通讯软件的运行平台和控制端，通过数据传输系统与平台数据采集系统连接。天然气水合物试采井筒流动和海上油气田井筒流动规律有所区别，由于水合物试采流动工况调节的波动性，以及现场环境的复杂性，对流动保障监测系统运行的可靠性、准确性、鲁棒性均有较高要求。因此，除了以上核心关键技术外，基础参数的准确性、传感器信号的质量、物理模型及算法的适应性、使用过程中的调校等因素也是监测软件研发中重点关注的内容。此外，由于流动保障监测系统是一个由多模块、多技术、多业务集成的软硬件复杂系统，测试、集成、联调和维护过程将是整个研发的重要环节。

4. 结论与建议

（1）水合物试采流动保障监测软件可以实时监测井筒中的流动情况，可以及时分析管道中的流动风险，提高现场操作的效率与准确度。

（2）首次应用于在水合物试采现场时，需要软件开发人员在现场对软件的计算效果，及时调整软件的参数，并根据试采现场的需求进一步更新完善系统。

（3）建议在单井流动保障监测的基础上，开展多分支井、丛式井与水下集输管网流动保障监测系统研发，为未来水合物的产业化开采提供技术保障。

参 考 文 献

[1] 吴海浩．深水流动安全管理系统研究现状与应用[J]．中国海洋平台．2015，30(2)：4-9.

[2] Minami K，Kurban A P A，Khalil C N. Ensuring Flow and Production in Deepwater Environments[C]. Offshore Technology Conference，1999.

[3] Hongkun Dong. Deepwater flow assurance best practice：keeping the network moving. https://www.slb.com/~/media/Files/software/industry_articles/201402_offshore_flow_assurance.

[4] 王珏．水下油气田虚拟计量技术应用[J]．舰船科学技术．2013，35(9)：118-122.

海洋高温高压井底循环当量密度计算方法研究

王鄂川　张贺恩　陈龙桥　王剑　曹飞

（中国石油集团海洋工程有限公司）

摘要：随着油气资源勘探开发逐步走向海洋，钻井工作者面对日益复杂的地质条件和技术革新要求，对于海洋高温高压井底循环当量密度的计算也越来越受到重视。一般而言，井底循环当量密度 ECD 等于当量静态密度 ESD 与环空压力损失的当量密度之和。本文主要针对海洋高温高压井中当量静态密度 ESD 和螺杆动力钻具 PDM 压耗计算十分复杂的现状，提出了一种适用于高温高压下钻井液密度的简易计算方法和一种具有较高计算精度的螺杆动力钻具循环压耗计算方法。即通过分别研究液相水及液相油密度随井下温度、压力的变化规律，并考虑实际钻井液液相水、液相油的组分，根据体积比系数计算井筒温度压力环境下的钻井液密度值。同时，结合螺杆动力钻具的几何结构建立了相关的数学模型，详细分析了马达定子和转子的结构关系，从机械功率与水力功率的转换关系出发，详细推导出螺杆动力钻具循环压耗计算公式。最终形成了一种新的海洋高温高压井底循环当量密度计算方法，以期为海洋高温高压钻井工作者提供一定的借鉴与指导意义。

关键词：高温高压；井底循环当量密度；当量静态密度；循环压耗；螺杆动力钻具

1. 前言

全球海洋油气资源约占石油资源总量的 34%，且尚处于勘探早期阶段。随着海洋钻井逐渐向复杂的地层进军，钻遇高温高压井的状况越来越普遍，尤其是海洋控压钻井等新技术的逐步普及，井底循环当量密度的测量、计算与监测越来越受到重视。因此，如何准确计算与预测其值具有重要的工程意义。当量循环密度（equivalent circulating density，ECD）比较合理的定义为井底循环压力的当量密度值。井底循环压力就是循环时井底压力，它等于静液柱压力（hydrostatic fluid column pressure）p_{hy}、环空循环压耗（annulus pressure loss）p_a 及井口回压（well head pressure）p_{wh}之和：

$$ECD = \frac{p_{hy} + p_{wh} + p_a}{gH} \tag{1}$$

式中，H 为井深深度，m；ECD 为当量循环密度，g/cm^3；其他压耗的物理量含义如前所述，Pa。

为表示方便，引入当量静密度（equivalent static density，简称 ESD）。ESD 为钻井液在井眼内任意一深度处所受静液压力的当量钻井液密度值，用公式表示为：

$$ESD = \frac{p_{hy} + p_{wh}}{gH} \tag{2}$$

式中，ESD 为当量静密度，g/cm^3。

综合式（1-1）和式（1-2）可得井深 H 处的 ECD 计算式为：

$$ECD = ESD + \frac{p_a}{gH} \tag{1-3}$$

由式(1-3)可知，ECD 等于 ESD 与环空压耗的当量密度之和。若需准确计算 ECD 的大小，需要准确计算 ESD 和环空压耗的当量密度。对于 ESD 的计算，一般在非高温高压条件下，可近似地认为钻井液密度是不变常数，其值就等于钻井液在地面的密度值。而在高温高压等复杂环境下，由于钻井液受到温度和压力的相互耦合作用，导致密度值变化规律复杂，目前主要的计算方法有复合模型法和经验模型法两大类，还未有一种相对简易的密度计算方法。而环空压耗计算，常通过选取合适的流变模式，判别流体流态，优化紊流摩阻系数计算，考虑钻杆接头、钻柱偏心旋转等影响以及井下动力钻具压耗等因素，来提高环空压耗的计算精度。其中，精度较高的计算螺杆动力钻具循环压耗的方法较少，目前的固定值法、插值法、反算法、数据回归法误差较大。针对上述问题和不足，本文主要阐述了一种高温高压下钻井液密度的简易计算方法和具有较高计算精度的螺杆动力钻具循环压耗计算方法，并形成了海洋高温高压井井底循环当量密度计算方法。

2. 高温高压钻井液密度计算简易新模型

高温高压钻井时井下钻井液密度随着温度和压力的变化而变化。主要原因是钻井液中液相具有压缩性和膨胀性，高温、高压对钻井液产生的热膨胀效应及弹性压缩效应较强。为保证钻井安全、顺利、高效进行，有必要考虑温度及压力对钻井液密度的综合影响，以确定钻井液密度沿井深随温度、压力变化规律。目前已有的钻井液密度计算数学模型主要是两类：一是 Hoberock 等根据物质平衡原理提出的水基、柴油基钻井液密度的复合模型；二是鄢捷年、汪海阁等依据大量的实验结果数据分析得到的经验模型。复合模型考虑了钻井液不同液相组分的压缩性和热膨胀性，忽略了固相的压缩性和膨胀性，使用起来较复杂，需要对钻井液的多个不同组分(水、油、固相等)分别实验，掌握规律才能使用，运用限制较大。经验模型表达式不尽相同，使用精度也各不相同，存在一定不足。

井下钻井液密度简易计算模型是在复合模型的基础上简化得出的，传统的复合模型计算公式为：

$$\rho(p, T) = \frac{\rho_o f_o + \rho_w f_w + \rho_s f_s + \rho_c f_c}{1 + f_o\left(\dfrac{\rho_o}{\rho_{oi}} - 1\right) + f_w\left(\dfrac{\rho_w}{\rho_{wi}} - 1\right)} \tag{2-1}$$

式中，$\rho(p, T)$为钻井液在一定温度压力环境下的密度；ρ_o 为钻井液中油相密度；ρ_w 为水相密度；ρ_s 为固相密度；ρ_c 为化学添加剂密度；f_o 为油相体积分数；f_w 为水相体积分数；f_s 为固相体积分数；f_c 为化学添加剂体积分数；ρ_{oi} 为温度、压力引起油相体积变化后的密度；ρ_{wi} 为温度、压力引起水相体积变化后的密度。

若将钻井液简化为由单一液相与不同固相组成(水基钻井液及纯油基钻井液属于此种情况)，液相为水或油，固相是除岩屑外所有其他与液相不相溶的材料。假设钻井液的固相有 N 种材料，体积比分别为 k_1，k_2，…，k_N，其中液相的体积比为 λ，即 $\lambda + \sum_{i=1}^{N} k_i = 1$。则复合模型计算式可简化为：

$$\rho(p,\ T)=\frac{\rho_0(p_0,\ T_0)}{1+\lambda\left[\dfrac{\rho_f(p_0,\ T_0)}{\rho_f(p,\ T)}-1\right]} \tag{2-2}$$

式中，$\rho_0(p_0,\ T_0)$为钻井液地表常温常压下的密度；p_0，T_0 分别为常温及常压；$\rho_f(p_0,\ T_0)$为钻井液液相在常温常压下的密度；$\rho_f(p,\ T)$为钻井液液相在压力、温度为 p、T 下的密度。

钻井过程中，温度、压力对钻井液中固相密度的影响可以忽略，仅考虑温度、压力对钻井液中液相密度的影响。温度使液相产生热膨胀效应，压力对其产生压缩效应，两者共同作用使井下钻井液液相密度$\rho_f(p,\ T)$不再等于地表常温常压下的密度$\rho_f(p_0,\ T_0)$，导致井下钻井液密度$\rho(p,\ T)$也不再等于地表钻井液密度$\rho_0(p_0,\ T_0)$。因此，计算高温高压下钻井液密度的关键是计算高温高压下钻井液液相的密度$\rho_f(p,\ T)$。液相密度计算可分为纯水、纯油和油包水型或水包油型等几种情况，因此，本文分别计算液相水和液相油的密度。

1）液相水的密度计算

液相水密度的计算主要根据水的压缩系数α、膨胀系数β与水的密度之间的关系式。在一定温度下，用压缩系数表示的水的密度ρ_w 计算式为：

$$\rho_w=\rho_{w0}e^{\alpha(p-p_0)} \tag{2-3}$$

式中，ρ_{wo}为初始状态时水的密度；p_0 初始压力。

同理，一定压力下用膨胀系数表示的水的密度计算式为：

$$\rho_w=\rho_{w0}e^{\beta(T_0-T)} \tag{2-4}$$

式中，T_0 为初始温度。

因此，在不同温度、压力下，综合上述两公式计算水的密度。对常温下，水在不同压力下的压缩系数进行回归，可采取叠加求和的计算方法得到常温 20℃，N 个大气压下水的密度计算公式为：

$$\rho_{w(N,\ 20)}=998.2e^{(N-1)(-9\times10^{-7}\ln p+5\times10^{-5})} \tag{2-5}$$

采取相同的方法，研究在一定压力时不同温度下水的密度计算公式。对水在不同温度压力下的膨胀系数进行数据拟合，可得到不同压力下，膨胀系数与温度的表达式，选定常温常压为初始条件，同理采取叠加求和计算方法，则初始压力(标准大气压，10^{-1}MPa)及 N℃下水的密度计算公式为：

$$\rho_{w(1,\ N)}=998.2e^{(20-N)f(\beta_N)} \tag{2-6}$$

式中，$\rho_{w(1,N)}$为初始压力 10^{-1}MPa 及 N℃时水的密度，kg/m^3；$f(\beta_N)$为压力 10^{-1}MPa 及 N℃时水的膨胀系数，1/℃。

根据式(2-5)、式(2-6)可计算不同温度压力下水的密度。考虑钻井实际情况，温度选择范围为 20℃、50℃、80℃、110℃、140℃、170℃、200℃，计算截止温度为 200℃；压力计算范围为 1~120MPa，计算截止压力为 120MPa。得到不同温度压力下水的密度如图 1 所示。

分析图 1 中密度数据可知，在一定压力下，当温度较低时，水的密度随着温度的升高呈线性减小，但在较高的温度范围内其密度与温度变化呈现出非线性变化。为提高计算准确性，采用非线性回归法计算水的密度。设在某一压力下，水的密度随温度变化关系表达式为：

$$\rho_w=aT^2+bT+c \tag{2-7}$$

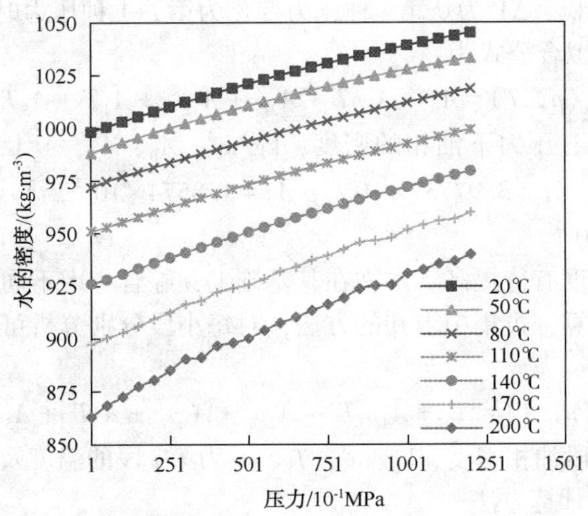

图 1 不同温度压力下水密度曲线

式中，a、b 为水的特性常数，可由非线性回归法求出。

采用分段分析的方法研究压力对水密度的影响，即在一定的压力范围内研究压力、温度对水密度的影响规律。假设分段研究步长为 10 个大气压(1MPa)，则式(2-7)可表示为

$$\rho_{wi} = a_i T^2 + b_i T + c_i \qquad (p_{i-10} \leqslant p \leqslant p_i) \tag{2-8}$$

因此，对图 1 中密度数据拟合可得不同压力范围内水的密度随温度变化的关系计算式。在计算水的密度时，根据压力范围，选取下述不同的拟合公式，即可得一定温度压力下水的密度值。

$$\rho_w(p,\ T) = \begin{cases} -0.0133T^2 + 23.97T - 10670 & (1 \leqslant p \leqslant 10,\ R^2 = 0.9940) \\ \vdots & \\ -0.0018T^2 - 0.2635T + 1041.6 & (880 \leqslant p \leqslant 890,\ R^2 = 0.9999) \\ \vdots & \\ -0.0014T^2 - 0.3256T + 1051.9 & (1150 \leqslant p \leqslant 1160,\ R^2 = 0.9995) \end{cases} \tag{2-9}$$

2)液相油的密度计算

液相油的密度计算，可采取类似于水的密度处理方法。目前，处理方法主要有两种：一是基于实验的测定方法；二是基于经验的拟合公式。实验测定方法是利用高温高压实验装置，测定不同温度压力下液相油的密度数据，对测定的实验数据进行数据回归，得出油相密度与温度、压力之间关系式。实验选用高温高压 PVT 测量仪实验装置，不同压力下油相密度的计算公式为：

$$\rho_{i+1} = \frac{\rho_i}{1 + \left(\dfrac{\Delta V}{V_i}\right)} \tag{2-10}$$

式中，ρ_i 为第 i 种压力下钻井液液相密度；ρ_{i+1} 为第 $i+1$ 种压力下钻井液液相密度；V_i 为第 i

种压力下钻井液液相体积；ΔV 为从第 i 种压力变化为第 $i+1$ 种压力时体积的变化。

Politte 提出的经验拟合公式为：

$$\rho_o(p, T) = A_0 + A_1pT + A_2p + A_3p^2 + A_4T + A_5T^2 \tag{2-11}$$

式中，$\rho_o(p, T)$ 为温度、压力下油相的密度，kg/m^3；A_0、A_1、A_2、A_3、A_4、A_5 均为经验常数，分别为 $A_0 = 880.7$，$A_1 = 3.97737\times10^{-10}$，$A_2 = 1.8574\times10^{-7}$，$A_3 = 2.2548\times10^{-15}$，$A_4 = -0.648$，$A_5 = -1.6741\times10^{-4}$。

该经验公式计算精度有待提高。本文在其基础上，综合考虑不同井眼不同深度处油相密度大小，采用先分段计算，再集中求和的方法，对每小段分别分析可得第 i 段油相的密度计算公式为：

$$\rho_{oi}(p, T) = A_0 + A_1p_iT_i + A_2p_i + A_3p_i^2 + A_4T_i + A_5T_i^2 \tag{2-12}$$

式中，$\rho_{oi}(p, T)$ 为第 i 段油相密度，kg/m^3；T_i、p_i 为第 i 段的温度及压力。

3)井下钻井液密度计算方法

对水基钻井液和油基钻井液，将前述计算得出的液相水密度、油相密度分别代入式(2-2)，可得井下水基钻井液和油基钻井液的密度。

对油包水或水包油型钻井液，即液相包括水相和油相时，考虑水相、油相的体积比系数，可计算钻井液液相密度。假设液相中水相的体积比为 λ_1，油相的体积比为 $(1-\lambda_1)$，则钻井液液相的密度 $\rho_f(p, T)$ 计算公式为：

$$\rho_f(p, T) = \lambda_1\rho_w(p, T) + (1-\lambda_1)\rho_o(p, T) \tag{2-13}$$

将上式代入式(2-2)得：

$$\rho(p, T) = \frac{\rho_0(p_0, T_0)}{1 + \lambda\left[\dfrac{\rho_f(p_0, T_0)}{\lambda_1\rho_w(p, T) + (1-\lambda_1)\rho_o(p, T)} - 1\right]} \tag{2-14}$$

分别将式(2-8)和式(2-12)代入式(2-14)，即可得油包水或水包油型的钻井液井下密度计算公式。

3. 螺杆动力钻具压耗计算方法

深井、超深井和大位移钻井中采用螺杆钻具(positive displacement motor，简称 PDM)同时配合使用 PDC 钻头的复合钻井技术是提高机械钻速的一项有力途径。螺杆动力钻具是一种容积式马达，其作用是将钻井液的水力能量转换为机械能供给钻头。一般由 4 部分构成：旁通阀总成、马达总成、万向轴总成和转动轴总成，如图 2 所示。

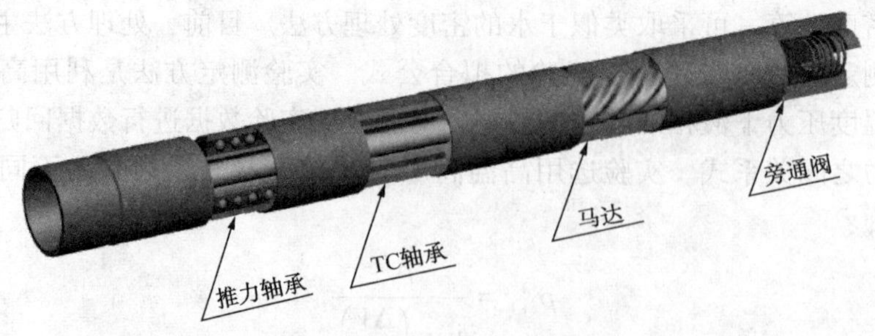

图 2　螺杆钻具结构示意图

螺杆动力钻具在工作或循环钻井液时，从马达内流出的钻井液穿过万向轴壳体内壁与万向轴间的空间，通过传动轴上端的通道进入传动轴的内部通道，再从钻头水眼流出。当钻井液在循环过程中，螺杆钻具在高压循环流体的作用下，对外做功。马达中的定子和转子具有一定的啮合关系，这些啮合点沿轴线形成螺旋的密封线，形成一个个密封的空腔。当具有一定能量的流体进入密封的空腔，并从马达的一端流动到另一端时，推动转子在定子中转动，这就是螺杆钻具工作的原理。

螺杆动力钻具压耗计算对有效提高钻井液循环系统压耗计算精度具有重要工程意义。其计算方法复杂，国外 G. Robello Samuel 教授和国内苏义脑院士等人已做过许多研究，但至今关于其计算方法还不够成熟，没有简单统一的方法。本文根据螺杆钻具的几何结构建立了相关的数学模型，考虑了多叶片式马达的动力螺杆钻具，详细分析了马达中定子和转子的结构关系，从机械功率与水力功率的转换关系出发，详细推导出螺杆动力钻具压耗计算方法。

1）螺杆动力钻具横截面分析

马达横截面示意图如图 3 所示。

$$d_s - d_r = e$$

$$i = \frac{n}{n+1} \tag{3-1}$$

$$d_s = d_r \frac{n}{n+1}$$

式中，d_s 为定子直径，mm；d_r 为转子直径，mm；e 为定子直径和转子直径之间的偏心距大小，mm；i 为马达绕线比例；n 为马达转子为 n 头摆线线型，则定子为 n+1 头摆线线型。

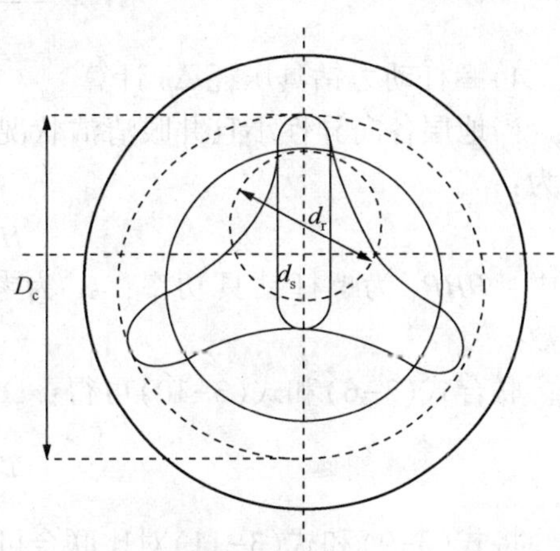

图 3　螺杆钻具马达横截面示意图

转子和定子之间通过齿数耦合产生的空腔的直径 D_c 可表示为：

$$D_c = 2e(n+2) \tag{3-2}$$

螺杆动力钻具两叶马达的横截面积为：

$$A = \frac{\pi D_c^2}{4} \frac{(1-i^2)}{(2-i)^2} \tag{3-3}$$

动力螺杆钻具的转子和定子之间形成空隙的体积 V 的表达式：

$$V = \frac{\pi^2 D_c^3}{4} \frac{(1-i^2)}{(2-i)^2} \tan\alpha \tag{3-4}$$

式中，α 为螺旋角，其为切线与螺旋线之间的夹角。

2）螺杆动力钻具流量 Q 计算

由式(3-3)和式(3-4)可得流量 Q 的表达式为：

$$Q = \frac{\pi^2 D_c^3 N}{4} \frac{i(1+i)}{(2-i)^2} \tan\alpha \tag{3-5}$$

式中，N 为旋转角速度。

3）螺杆动力钻具扭矩 T 计算

螺杆动力钻具的实质是将钻井水力学能量转换为螺杆动力钻具机械能量，机械功率 *MHP* 计算表达式可按下式计算：

$$MHP = \frac{T}{550}\left(\frac{2\pi}{60}\right)N \tag{3-6}$$

由式(3-5)可得用流量表示的水力功率 HHP 计算式为：

$$HHP = \frac{\pi^2 D_c^3 \Delta p N}{6856}\frac{i(1+i)}{(2-i)^2}\tan\alpha \tag{3-7}$$

则螺杆动力钻具能量利用效率 η 为：

$$\eta = \frac{MHP}{HHP} = \frac{1714}{4125}\frac{T(2-i)^2}{\pi D_c^3 \Delta p i(1+i)\tan\alpha} \tag{3-8}$$

因此可得扭矩 T 的表达式：

$$T = \frac{4125\eta\pi D_c^3 \Delta p i(1+i)\tan\alpha}{1714(2-i)^2} \tag{3-9}$$

4)螺杆动力钻具压耗 Δp 计算

当地层各向异性小且井眼清洁状况良好时，螺杆动力钻具所需机械功率可用钻压 W 表示为：

$$HHP_m = k_b W^x N d_b^y \tag{3-10}$$

式中，HHP_m 为螺杆钻具功率；k_b 为考虑地层硬度的系数；d_b 为钻头直径；x，y 为常数指数。

联合式(3-6)和式(3-10)可得：

$$T = \frac{16500}{\pi}k_b W^x d_b^y \tag{3-11}$$

将式(3-9)和式(3-11)对比联合可得：

$$\Delta p = 685.6\frac{k_b W^x d_b^y}{\eta k_i D_c^3 \tan\alpha} \tag{3-12}$$

式中，$k_i = \frac{i(1+i)}{(2-i)^2}$为马达线圈绕组系数。

即可用式(3-12)计算具有一定参数结构的螺杆动力钻具压耗。

4. 海洋高温高压井底循环当量密度计算

为了既能较好地模拟钻柱内高剪切率和环空内低剪切率下实际钻井液的流变性，本文选取幂律模式作为实际钻井液的流变模式进行计算。

1) 环空循环压耗计算

幂律流体在整个环空内层流段的总压耗为：

$$p_{al} = B_0 Q^n \sum_{j=1}^{M_1}\frac{L_j}{(d_{1j}-d_{2j})^{n+1}A_j^n} + d_b{}^2 R(\rho_s-\rho)g\sum_{j=1}^{M_1}\frac{A_j L_j}{(d_{1j}^2-d_{2j}^2)(Q-k'v_s A_j)} \tag{4-1}$$

式中，$B_0 = 4K\left[\frac{4(2n+1)}{n}\right]^n$，仅与幂律流体流变参数 K，n 有关；Q 为环空中通过的流量，m^3/s；L 为环空内层流段的长度，m；d_1，d_2 为井眼直径和管柱外径，m；A 为环空横截面积，m^2；d_b 为钻头直径，m；R 为机械钻速，m/h；v_s 为岩屑颗粒的滑落速度，m/s；k'为速度修正系数。

幂律流体在整个环空内紊流段的总压耗为：

$$p_{\mathrm{at}} = k_1 Q^{k_2} \sum_{j=1}^{M_2} \frac{L_j}{(d_{1j} - d_{2j})^{nb+1} \cdot A_j^{k_2}} + d_{\mathrm{b}}{}^2 R(\rho_{\mathrm{s}} - \rho) g \sum_{j=1}^{M_2} \frac{A_j L_j}{(d_{1j}^2 - d_{2j}^2)(Q - v_{\mathrm{s}} A_j)} \quad (4-2)$$

考虑螺杆动力钻具循环压耗 Δp，综合式(3-12)、(4-1)和(4-2)可得幂律流体在整个环空内总循环压耗为：

$$\begin{aligned} p_{\mathrm{a}} &= p_{\mathrm{al}} + p_{\mathrm{at}} + \Delta p \\ &= B_0 Q^n \sum_{j=1}^{M_1} \frac{L_j}{(d_{1j} - d_{2j})^{n+1} A_j^n} + d_{\mathrm{b}}{}^2 R(\rho_{\mathrm{s}} - \rho) g \sum_{j=1}^{M_1} \frac{A_j L_j}{(d_{1j}^2 - d_{2j}^2)(Q - k' v_{\mathrm{s}} A_j)} + \\ &\quad k_1 Q^{k_2} \sum_{j=1}^{M_2} \frac{L_j}{(d_{1j} - d_{2j})^{nb+1} \cdot A_j^{k_2}} + d_{\mathrm{b}}{}^2 R(\rho_{\mathrm{s}} - \rho) g \sum_{j=1}^{M_2} \frac{A_j L_j}{(d_{1j}^2 - d_{2j}^2)(Q - v_{\mathrm{s}} A_j)} + \\ &\quad 685.6 \frac{k_{\mathrm{b}} W^x d_{\mathrm{b}}^y}{\eta k_i D_{\mathrm{c}}^3 \tan\alpha} \end{aligned} \quad (4-3)$$

2) 井底循环当量密度计算

综合式(1-3)、式(2-14)和式(4-3)可得井底循环当量密度计算表达式为：

$$ECD = ESD + \frac{p_{\mathrm{a}}}{gH} = \frac{\rho_0(p_0,\ T_0)}{1 + \lambda\left[\dfrac{\rho_{\mathrm{f}}(p_0,\ T_0)}{\lambda_1 \rho_{\mathrm{w}}(p,\ T) + (1 - \lambda_1)\rho_{\mathrm{o}}(p,\ T)} - 1\right]} +$$

$$\frac{1}{gH}\left(\begin{aligned} &B_0 Q^n \sum_{j=1}^{M_1} \frac{L_j}{(d_{1j} - d_{2j})^{n+1} A_j^n} + d_{\mathrm{b}}{}^2 R(\rho_{\mathrm{s}} - \rho) g \sum_{j=1}^{M_1} \frac{A_j L_j}{(d_{1j}^2 - d_{2j}^2)(Q - k' v_s A_j)} + \\ &k_1 Q^{k_2} \sum_{j=1}^{M_2} \frac{L_j}{(d_{1j} - d_{2j})^{nb+1} \cdot A_j^{k_2}} + d_{\mathrm{b}}{}^2 R(\rho_{\mathrm{s}} - \rho) g \sum_{j=1}^{M_2} \frac{A_j L_j}{(d_{1j}^2 - d_{2j}^2)(Q - v_{\mathrm{s}} A_j)} + \\ &685.6 \frac{k_{\mathrm{b}} W^x d_{\mathrm{b}}^y}{\eta k_i D_c^3 \tan\alpha} \end{aligned}\right) \quad (4-4)$$

5. 认识与建议

通过对高温高压钻井液密度计算，螺杆动力钻具循环压耗计算的研究分析，建立了高温高压钻井液密度计算简易新模型和螺杆动力钻具循环压耗计算方法，得到了海洋高温高压井底循环当量密度的计算公式，主要的认识与建议如下：

(1) 高温高压钻井液密度计算简易新模型：通过液相组分分别研究液相水和液相油的密度随井下温度、压力的变化规律，考虑体积比系数计算高温高压下钻井液密度，解决了经验模型的较大误差和复合模型的复杂计算等问题，形成了一种相对简易的密度计算方法。

(2) 螺杆动力钻具压耗计算：根据螺杆动力钻具的几何结构建立了数学模型，从机械功率与水力功率的转换关系出发，详细推导了螺杆动力钻具压耗计算方法。

(3) 海洋高温高压井底循环当面密度计算：在钻井液密度和螺杆动力钻具循环压耗计算的基础上，选用适用性较好的幂律流变模式，详细地推导了井底循环当量密度的计算公式。

(4) 建议后期进一步结合现场实际运用，优化完善井底循环当量密度的计算方法。

参 考 文 献

[1] 杨先伦，李黔，袁本福．欠平衡钻井安全钻进控制参数评价[J]．断块油气田，2013，20(5)：671-673.

[2] 李达，贾建鹏，滕飞启，等．压裂施工过程中的井底压力计算[J]．断块油气田，2013，20(3)：384-387.

[3] Hoberock L L, Thomas D C, Nickens H V. Bottom-hole mud pressure variations due to compressibility andthermal effects[C]// IADC Drilling Technology Conference, Houston, 9-11 March, 1982.

[4] 汪海阁，刘岩生，杨立平．高温高压井中温度和压力对钻井液密度的影响[J]．钻采工艺，2000，23(1)：56-60.

[5] 鄢捷年，李元．预测高温高压下泥浆密度的数学模型[J]．石油钻采工艺，1990(50)：27-34.

[6] 张金波，鄢捷年．高温高压钻井液密度预测新模型的建立[J]．钻井液与完井液，2006，23(5)：1-3.

[7] Politic M D. Invert oil mud rheology as a function of temperature and pressure[C]// IADC Drilling, New Orleans, LA, 6-8 March, 1985.

[8] Haobo Z, Honghai F, Yinghu Z, et al. A comprehensive hydraulic calculation method of non-Newtonian fluids used Four-Parameter model[J]. SOCAR Proceedings, 2013(2)：39-45.

[9] 王鄂川，樊洪海等．环空附加当量密度的计算方法[J]．断块油气田，2014，21(5)：671-674.

[10] G. Robello Samuel, Glenn McColpin, “Wellbore Hydraulic Optimization With Positive Displacement Motor and Bit” SPE 72320, 2001.

[11] 王鄂川，樊洪海，李岩泽，等．螺杆动力钻具压耗计算方法研究与分析[J]．石油钻采工艺，2013，35(6)：9-14.

割缝套管力学强度模拟分析及应用

淳明浩[1,2]　刘振纹[1,2]　徐爽[1,2]　祁磊[1,2]　曹先凡[1,2]

(1. 中国石油集团工程技术研究有限公司；2. 中国石油集团海洋工程重点实验室)

摘要：通过建立有限元数值计算分析模型，评价割缝后的套管在不同荷载条件下的力学强度性质及实际作业工况条件下割缝套管的安全稳定性，分析割缝套管井下作业风险。研究得出，以Solid实体模型建立的有限元模型计算表明，割缝后的套管力学性质稳定，在给定数值计算荷载条件下表现为弹性变形特征，未达到最小屈服强度；在给定深水作业工况下，割缝套管在井下受到的拉伸、压缩及径向挤压荷载均处于弹性变形范围内，套管无安全风险。

关键词：割缝套管；力学强度；模拟；荷载；风险评估

1. 引言

钻井套管可视为圆柱壳体，对其进行开孔已在工程中广泛应用，但应力集中是面临的一个复杂问题。随着有限元法理论及其软件的发展，为套管等结构物的应力集中分析提供了很好的解决方案。

已有的实验研究及工程应用表明，水力喷砂割缝形成的割缝套管剩余力学强度与套管缝体、储层地应力、渗透率等具有相关性。开展水力割缝套管应力和强度方面的研究，分析水力割缝个数、缝体形状和高度对套管强度和应力的影响，可为水力喷砂割缝相关工程作业提供技术支持。水力喷砂割缝套管剩余力学强度与割缝特征具有相关性，不同缝宽、缝数的套管剩余强度具有较大的差别，通常随着缝宽的增大、缝数增多，剩余强度会明显降低，大缝宽套管所受影响明显强于小缝宽套管。

本文基于海洋工程结构物力学强度有限元分析技术，对深水井下作业用9⅝in规格的割缝套管进行不同荷载下力学强度数值模拟计算，分析不同荷载条件下套管的力学特性，并基于现场作业工况条件评价割缝套管作业安全风险，为深水钻井作业提供技术支持。

2. 有限元模型建立

1）边界参数选择

分析工程项目提供的割缝套管，为9⅝in型号，长度均为12m，材质为P110，壁厚分别为11.99mm。依据割缝套管的力学参数及割缝分布，作为数值模拟模型建立时的基本参数，对整管割缝套管模型边界条件进行控制，基于割缝分布与规格建立对应的有限元模型。套管基本参数见表1，割缝分布如图1。

2）模拟适用性分析

将压缩载荷有限元模拟初步计算结果与试验结果进行对比，以确定数值分析方法模拟计算的有效性。从对比分析结果可以看出，有限元模拟分析结果与实验结果变化均为线性变化，增长趋势和数值比较接近(图2)，证明通过有限元分析进行割缝导管的整体位移、应力情况等力学参数计算分析可行，因此可以用模拟方法来分析多种工况载荷下的割缝套管力学性质。

表1 割缝套管规格参数

型号	P110 钢级最小屈服强度	P110 钢级最大屈服强度	P110 钢级最小抗拉强度	P110 钢级弹性模量	泊松比	洛氏硬度	密度
9⅝in	758MPa/110000psi	965MPa/140000psi	862MPa/125000psi	2.1×10^5 MPa	0.3	29.8	7850 kg/m³

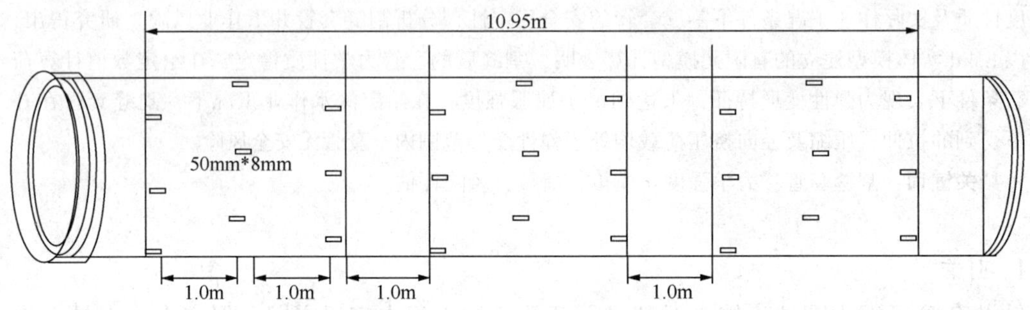

图1 套管规格及割缝分布

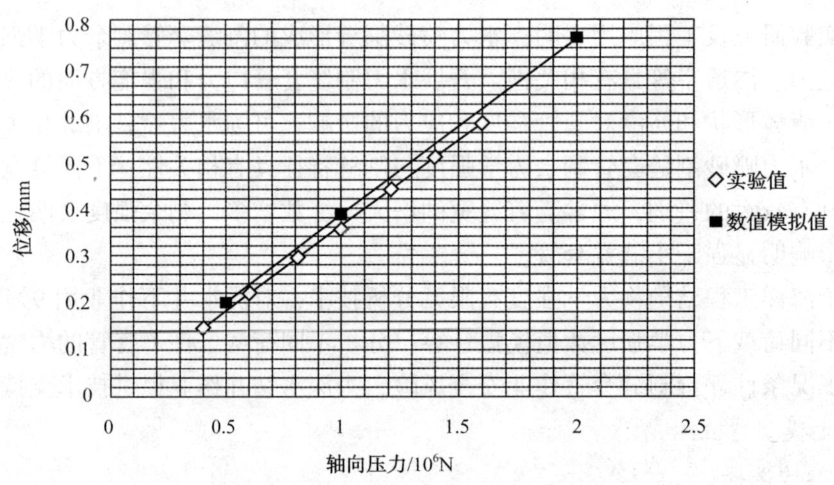

图2 试验测试数据与数值计算数据对比图

3）有限元模型建立

9⅝in 割缝套管力学强度数值模拟分析采用 ABAQUS 有限元分析软件进行计算。模型建立采用 Solid 实体模型建立，以真实模拟套管及割缝情况，模型基本参数为割缝套管相关参数，根据套管参数设置有限元模型属性。

有限元模拟过程中，所需参数包括割缝套管尺寸形态相关参数，每一圈割缝之间间隔为 1m，每一圈两个缝之间间隔为 60°，6 个缝之间均匀分布，保证实物套管和模拟割缝位置分布及尺寸形状一致。

边界条件采用底端固支，顶端自由的方式，顶端设置参考点进行集中载荷和扭矩的加(图 3)。有限元模型网格划分采用 C3D4 单元进行划分，总共划分 848923 个单元(图 4)。

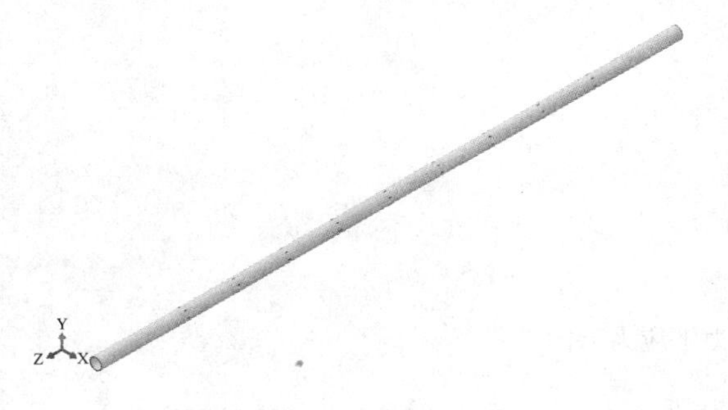

图 3 套管整体有限元模型

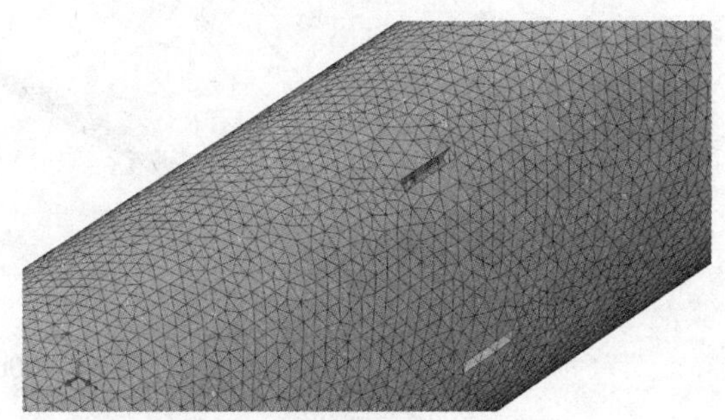

图 4 套管有限元模型细节

3. 有限元模型分析

1）荷载条件选择

数值模拟计算过程中，对有限元模型分别进行 50t、100t、200t、300t、400t、499.6t、530t、550t 压力 8 种工况下的计算分析。在每一种工况荷载下，计算得出荷载压力与应变关系、荷载压力与位移关系，以此分析不同工况下的力学性质变化过程，判断达到最小屈服强度对应的荷载条件。

2）压力与应力、位移特征

针对上述工况条件，模拟计算对应荷载条件下的割缝套管最大应力值、应力集中的位置，分析力学性质发生变化时的荷载条件，以及应力集中位置的响应特征(图 5~图 12)。

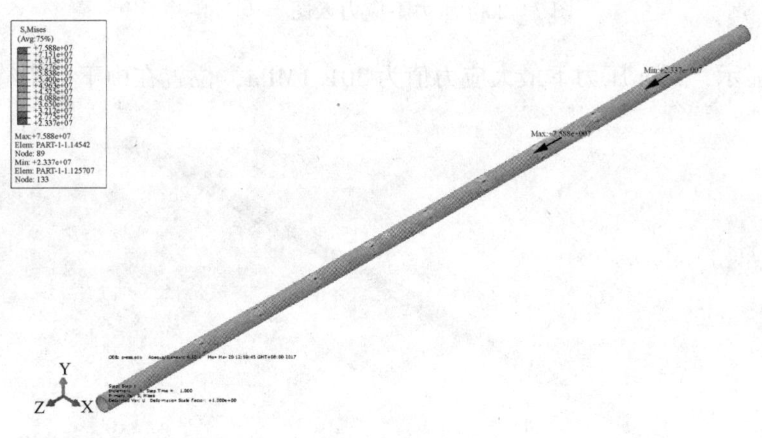

图 5 50t 压力下应力云图

数值模拟计算显示，50t 压力下最大应力值为 75.8MPa，位置在中下部割缝处。

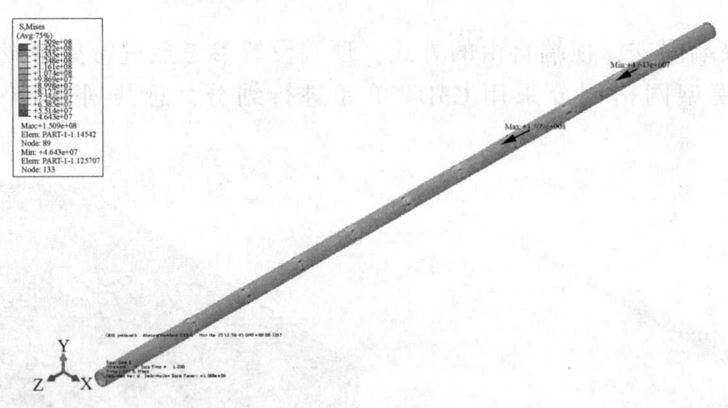

图 6　100t 压力下应力云图

数值模拟计算显示，100t 压力下最大应力值为 150. 9MPa，位置在中下部割缝处。

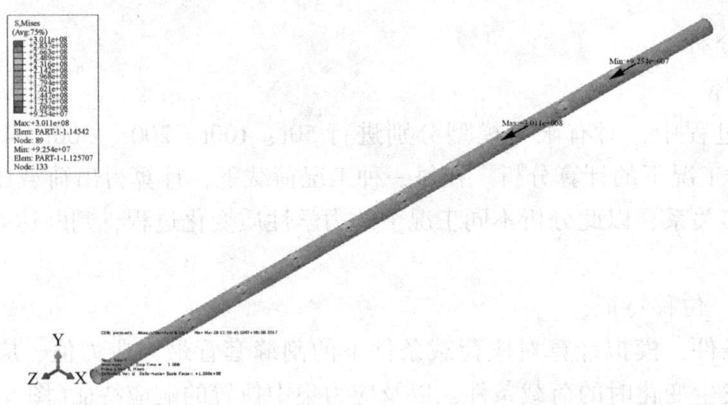

图 7　200t 压力下应力云图

数值模拟计算显示，200t 压力下最大应力值为 301. 1MPa，位置在中下部割缝处。

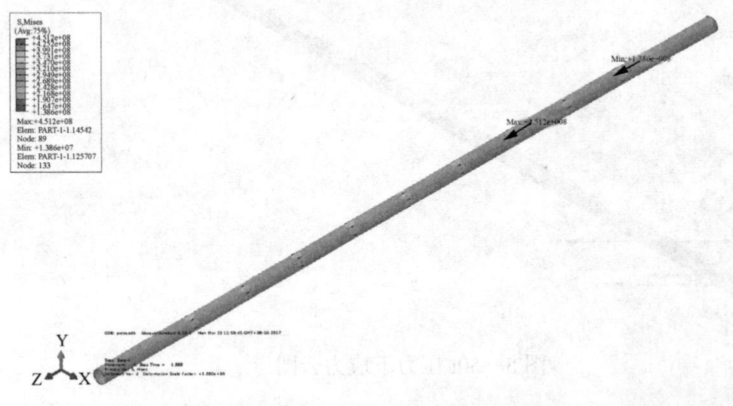

图 8　300t 压力下应力云图

数值模拟计算显示，300t 压力下最大应力值为 451. 2MPa，位置在中下部割缝处。

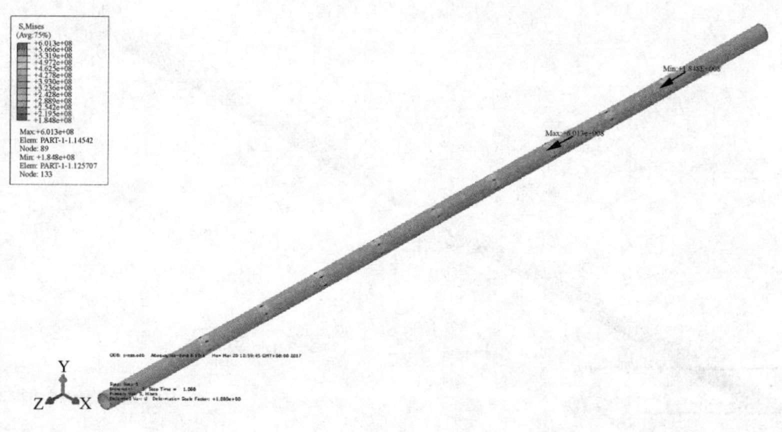

图 9　400t 压力下应力云图

数值模拟计算显示，400t 压力下最大应力值为 601.3MPa，位置在中下部割缝处。

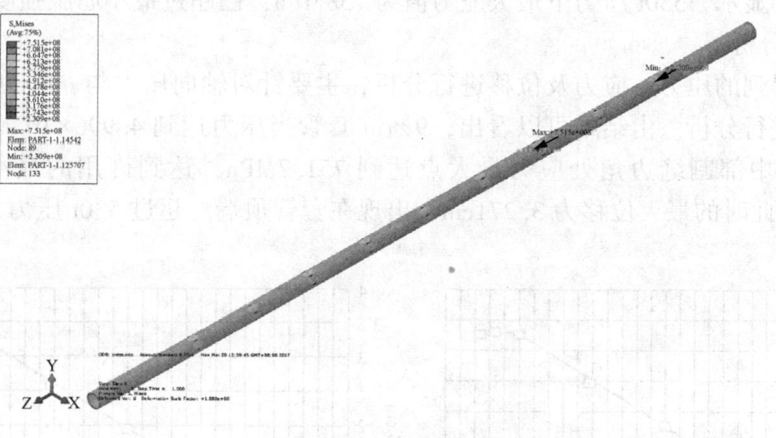

图 10　499.6t 压力下应力云图

数值模拟计算显示，499.6t 压力下最大应力值为 751.5MPa，位置在中下部割缝处。

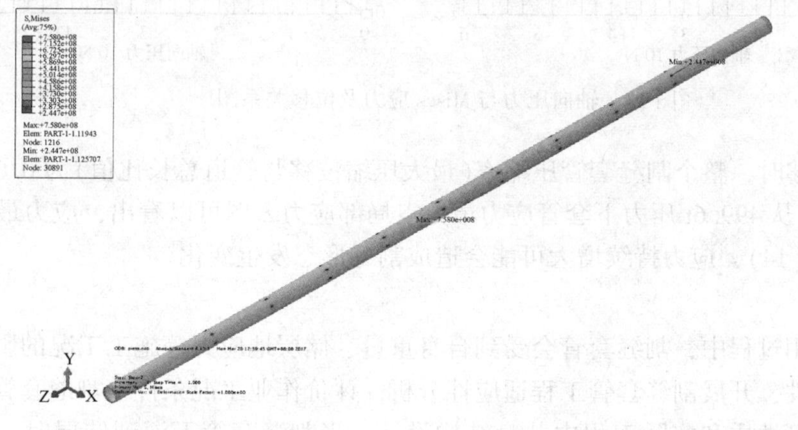

图 11　530t 压力下应力云图

数值模拟计算显示，530t 压力下最大应力值为 758MPa，已超过最小屈服强度。

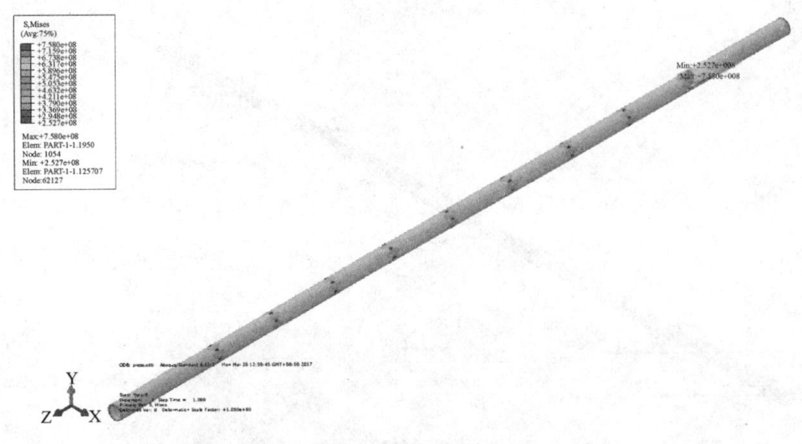

图 12　550t 压力下应力云图

数值模拟计算显示，550t 压力下最大应力值为 758MPa，已超过最小屈服强度。

3）应力集中分析

对模拟计算得到的压力、应力及位移进行分析，主要针对轴向压力与 mises 应力、轴向压力与位移关系进行分析。由结果可以看出，9⅝in 套管当压力达到 4.996×10^6N(约 499.6t 拉力)的压力时，中部割缝边角处应力最大点达到 751.7MPa，达到许用的最小屈服强度 758MPa(图 13)，此时的最大位移为 3.271cm，出现在套管顶端。超过 530t 压力，套管进入塑性变形阶段。

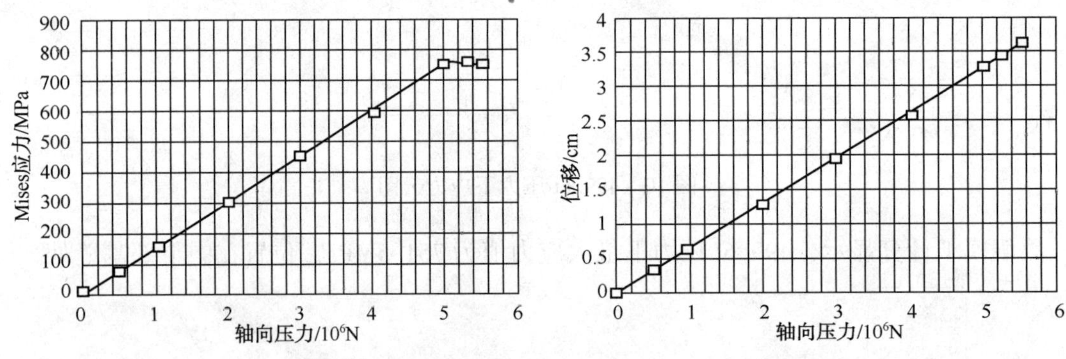

图 13　轴向压力与 Mises 应力及位移关系图

出现最大位移时，整个割缝套管压缩率(最大压缩位移与管道总长比值)为 0.03271/12×100%=0.273%。从 499.6t 压力下套管应力最大点局部应力云图可以看出，应力最大点分布于割缝边角处(图 14)，应力持续增大可能会造成割缝形态发生变化。

4. 风险分析

深水钻井作用过程中，割缝套管会受到自身重量、储层地应力等施工工况的影响。基于作业区域工况条件，开展割缝套管工程适应性分析，评价作业工况条件下割缝套管风险。

根据割缝套管性质和实际工程中井身结构设计，当割缝套管下深到储层时，暂时未固井，套管直接悬挂在井口，考虑到套管的自身重量，整个管串的重量作用在井口上，套管的自身重量以及割缝段之下的套管重量会对割缝段产生拉力、压力的作用。套管下深泥线以下

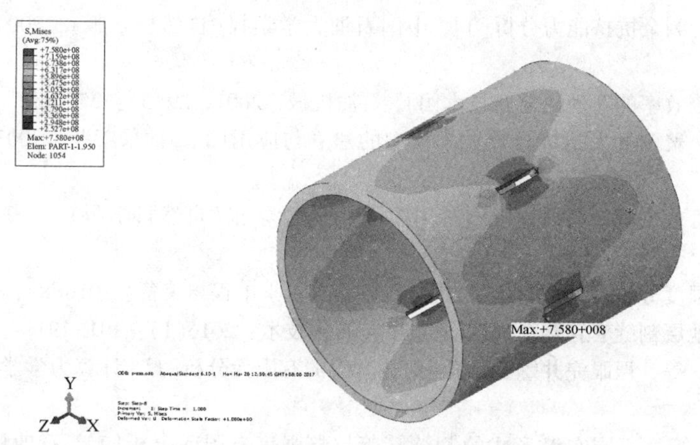

图 14　499.6t 压力下套管应力最大点局部应力云图

400m，割缝深度泥线以下 200~260m，储层参数表明地层应力为 15~20MPa 之间。根据上文述及的两种类型套管规格参数，得出割缝套管的工况参数如表 2 所示。

表 2　9⅝in 割缝套管工况参数

描述	长度起始/m	长度终止/m	重量/kg	压力/kN	拉力/kN	风险评估与提示
割缝段	200	215	14000	140	115	压力、拉力均远小于套管最小屈服强度对应的压力、拉力荷载，套管安全可靠
割缝段	240	260	16802	167	88	
入泥深度	410	410	28053	280	280	

从上表中可知，在钻井过程中，当 9⅝in 割缝套管下入到泥线之下 410m 时，两个割缝段受到的拉力、压力主要为套管自身重量，该重量处于模拟分析加载荷载范围内，割缝套管为弹性变形特征，远未达到套管最小屈服强度对应的压力、拉力，套管安全可靠，不存在安全隐患或作业风险。根据储层地质参数可知，套管割缝处的的地层应力为 15~20MPa 之间，处于数值模拟计算加载荷载范围内，割缝套管为弹性变形特征，未达到套管最小屈服强度对应的应力，不存在地层应力风险。

5. 结论

（1）通过数值模拟分析，9⅝in 割缝套管的力学特性，在给定的压缩和拉伸荷载条件下，表现出弹性变形特征，力学性质稳定。

（2）9⅝in 的割缝套管，在给定的深水作业工况下，应力远未达到最小屈服强度对应的拉力和压力，不存在套管自重和地层应力风险，满足作业要求。

（3）割缝套管力学强度与割缝数目、分布、规格等具有相关性，定量评价割缝特征与套管强度的关系，可为深水钻井作业提供重要支持。

参　考　文　献

[1] 唐波，杨龙，练章华，等．射孔套管应力集中系数有限元分析[J]．西南石油大学学报(自然科学版)，200，25(4)：69-72.

[2] 王东，吴雨川，罗维平，等．高压水射流切割流场的数值模拟研究[J]．武汉纺织大学学报，2005，18(3)：15-18.

[3] 于永南，杨秀娟．射孔套管剩余抗挤能力分析[J]．中国石油大学学报(自然科学版)，2004，28(1)：77-80.
[4] 窦宏恩．提高有杆抽油系统效率的新理论与新技术[J]．石油机械，2001，29(5)：25-26.
[5] 张继成，宋考平，邓庆军．聚驱开发指标计算数学模型的建立与应用[J]．钻采工艺，2003，26(1)：27-29.
[6] 于永南，杨秀娟．射孔套管剩余抗挤能力分析[J]．中国石油大学学报(自然科学版)，2004，28(1)：77-80.
[7] 武洪雨．水力割缝后套管强度分析及其配套压裂工艺探讨[J]．化学工程与装备，2016(8)：105-107.
[8] 余舟，张娇，王浩．出砂地层割缝套管剩余强度研究[J]．石化技术，2016(1)：191-191.
[9] 俞然刚，殷明进，冉艳华，等．裸眼完井螺旋钻孔-射孔套管的有限元分析[J]．计算力学学报，2009，26(4)：548-551.
[10] 李航，邱亚玲，伍建川，等．不同布缝形式的割缝筛管抗挤强度有限元分析[J]．石油机械，2016(2)：80-83.
[11] WANG D X，LUO M，XI Q I，et al. Stress analysis and strength study of hydraulic slotting casing[J]. Journal of Daqing Petroleum Institute，2007.

水力喷砂射孔压裂现场施工喷嘴损伤试验及分析

杜卫刚　谢梦春　陈肖帆　李博

（中国石油集团海洋工程有限公司天津分公司）

摘要： 水力喷砂射孔压裂是一种新型的储层增产改造技术，其中喷嘴是整个井下工具中的核心部件，通过多次现场施工喷嘴损伤的情况总结，归纳出影响现场施工喷嘴寿命的主要原因并进行模拟现场施工试验。试验表明磨料类型、射流压力、安装方式，施工类型等都对喷嘴的使用寿命影响较大。通过实验分析提出了相应的注意事项，对现场施工具有重要的指导意义。

关键词： 水力喷砂压裂；喷嘴；磨损；试验

水力喷砂射孔压裂是一种集射孔、压裂和隔离于一体的新型储层增产改造技术，一趟管柱可以实现多段储层改造，同时可以实现射孔和压裂联作且无需机械封隔。水力喷砂压裂是由高压水射流技术发展而来，通过在流体中添加一定浓度的磨料(石英砂或陶粒)经过高压泵加压后，磨料经喷枪喷嘴后形成高速射流，射开套管、储层等形成一定长度和深度的孔眼，然后在泵入压裂液以及支撑剂进行压裂，与常规射孔压裂工艺相比较，射孔深度大、孔眼周围无压实带，且由于高速射流可实现自定位，不需要对已压开的其他井段进行封堵，压裂作业快速高效，是提高油井增产、开发的重要手段。

水力喷砂射孔压裂工具组合中，喷嘴是喷枪工具的核心部件，在整个施工过程中实现能量转换将喷嘴前的高压流体转换为喷嘴出口的高速流体，能量聚集于喷砂点，完成水力喷砂射孔。因为射孔磨料、压裂液等均需以较高压力和排量通过喷嘴，进入地层和裂缝中，因此导致喷嘴冲蚀严重及内部流道变形，严重降低喷嘴的冲蚀切割能力，这将对压裂施工的顺利进行以及施工效果产生很大的影响。

通过对现场施工喷嘴的损坏情况进行统计，发现喷嘴的损伤一般有三种：喷嘴完全从喷枪本体脱落，喷嘴出口单方向切割严重损坏，喷嘴本体扩径等现象。喷嘴的损伤原因比较复杂，主要的失效原因是磨损，磨损的主要方式包括微切削、微变形、疲劳和扩散等。影响磨损程度的主要原因有喷嘴的材料本身性能、喷嘴加工设计参数、喷嘴安装位置、流经喷嘴磨料参数、射流流体参数等。本文从施工角度考虑，为了提高水力喷砂压裂施工效率以及喷嘴的使用寿命，在基于对喷嘴磨损因素分析的基础上，通过现场施工模拟，重点验证磨料类型、射流压力、安装方式，施工类型等因素对喷嘴磨损情况的影响。通过对影响喷嘴寿命的因素进行分析总结，以期为现场施工应用提供借鉴和参考。

1. 试验方案

1）试验流程

水力喷砂射孔压裂施工喷嘴损伤试验流程如图 1 所示。模拟现场施工泵注程序，施工液体经过混砂橇和磨料混合经压裂橇加压产生高速射流，混合液经过高压管线到达水力喷砂射

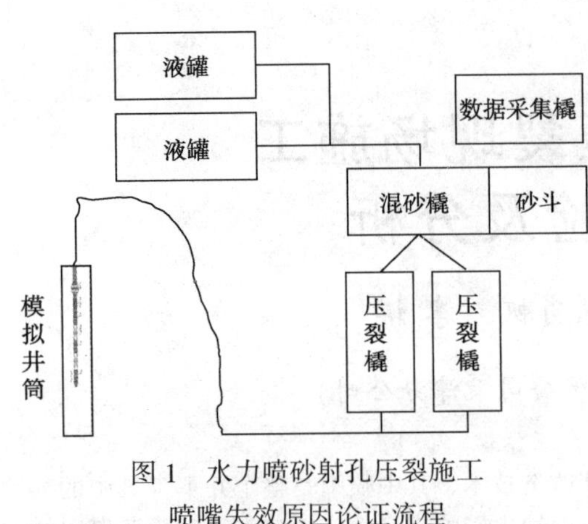

图1 水力喷砂射孔压裂施工喷嘴失效原因论证流程

孔工具，从喷嘴射出切割套管，实现水力喷砂射孔，再按照泵注程序进行水力压裂。整个试验流程装有数据采集系统、视频监视系统。为了保证试验能够对比，本试验采用相同的喷嘴，不考虑喷嘴本身材料属性及设计对试验结果的影响。

2）试验设备

(1) 压裂橇。

压裂橇为2000hp高压三柱塞泵，最高工作压力85MPa，其主要作用为液体加压，产生满足施工压力、排量要求的高压水射流。

(2) 混砂橇。

混砂橇用于加砂压裂作业中将液体和石英砂或陶粒、添加剂(液体或固体)按一定比例均匀混合，可向施工中的压裂橇以一定压裂泵送不同比例、不同黏度的压裂液进行压裂施工，由发电机提供动力，最大排量75bbl。

(3) 数据采集橇。

数据采集橇配有两套采集系统，可同时采集施工压力、瞬时排量、砂量、砂浓度等32组施工数据，1套施工现场视频监视系统，1套远程压裂泵操作系统，具有施工控制，数据采集、监测、分析能力。

(4) 工具组合。

喷砂工具采用两种结构工具，一种为喷嘴螺旋布置的螺旋喷枪，6个喷嘴为360°螺旋分布；另一种为水平喷枪，6喷嘴在一个平面内相间60°分布。同时准备管线过滤网，水力锚，专用夹持装置等工具及试验材料若干。

2. 试验结果及分析

1）磨料类型

采用20~40目、40~60目石英砂和陶粒4种分别进行测试，4样磨料作为一组在相同的压力、排量、砂浓度下进行测试，然后然后分组改变压力、排量、砂浓度。测试结果发现，同样目数的石英砂和陶粒，石英砂对喷嘴的磨损大于陶粒，这是因为石英砂为不规则形状，在撞击喷嘴时，由于接触面积小应力大，更容易对喷嘴造成破损，而陶粒为接近球状外结构，对喷嘴的磨损较小，说明越尖锐、不规则的对喷嘴的磨损越大。.

对比20~40目、40~60目的两组试验发现，20~40目的磨料对喷嘴的损伤大于40~60目的磨料，这是因为粒径小时，其本身具有的冲击力较小，对喷嘴的撞击磨损较小，而粒径大的冲击力大，能够对喷嘴表面造成更大的伤害。

在压力排量不变，逐步提高砂浓度后发现40~60目的磨料比20~40目的磨料对喷嘴的磨损更明显，这是因为在砂浓度一定的情况下，粒径大的磨料，磨料数量少，从喷嘴喷出时撞击磨损喷嘴内壁的磨料数量少于粒径小的磨料，喷嘴磨损较小。但当砂浓度逐渐提高以后，20~40目的磨上升缓慢，40~60目上升迅速但后期趋于缓和，砂浓度与喷嘴的磨损没有直接的比例关系，但砂浓度较大时磨损较严重。

2）泵注压力

在砂比 5%和排量 4.5bbl/min 的情况下，使用石英砂作为切割磨料，泵注压力逐渐的提高，通过视频监控计量割开 5½in（钢级 P110，壁厚 9.17mm）套管的时间。统计如表 1 所示。

表 1　水力喷砂射孔射开 5½in 套管时间数据

序号	压力/MPa	射开套管时间/min
1	20	6.1
2	25	5.5
3	30	5.1
4	35	4.9

从表 1 可以看出随着泵压的提高，割开套管的时间逐渐缩短，但泵压对射孔效果的在大于一定压力后，并没有明显的缩小，但对喷嘴的冲击效果明显加大。考虑到喷嘴的寿命和现场施工时间，泵压不宜过高，达到射孔压力稍大即可。，

3）安装方式

本次试验模拟现场施工，采用现场常用 9⅝in 套管（钢级 P110，壁厚 11.99mm），管柱结构（自下而上）：球座+喷枪+总成+连接头+水力锚+油管。施工排量 3.5～5.5bbl/min，砂液比 5%，加砂 6min 后，施工压力由 2475psi 下降到 2015psi，判断喷砂工具异常，检查后发现，3 个喷嘴断裂，如图 2 所示，套管上有 3 个孔，更换喷嘴后再次测试，发现紧贴套管壁的 3 个喷嘴断裂，另外 3 个喷嘴良好。经分析发现，由于模拟试验采用吊车悬空进行施工，与施工时井下有上千米的缓冲和几十吨管柱的拖曳有很大区别，喷枪不居正，泵注脉冲及流体剪切带动管柱抖动，导致横向旋转，碰撞套管壁，撞击造成喷嘴脱落。为达到与井下相同效果，地面试验必须进行管柱和喷枪的固定。

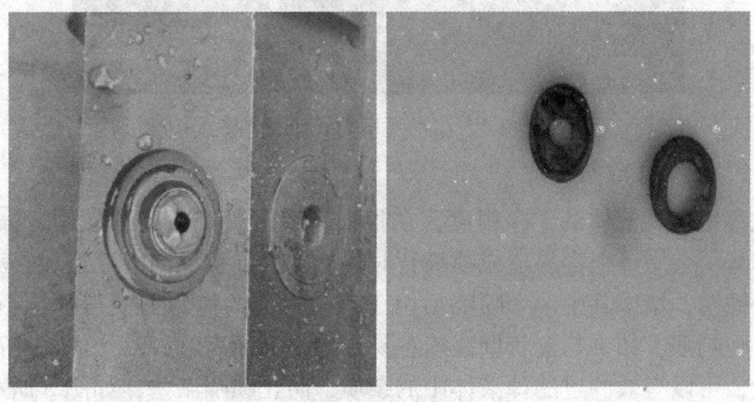

图 2　喷嘴断裂图

经过分析计算，制作出夹持装置，如图 3 所示，将套管靶件埋入地下，中部套管用顶丝固定，喷砂工具顶部同样固定。然后同样工具组合及排量、砂比下进行试验。试验过程顺利，结束后检查喷枪完好，重复试验两次，喷嘴依然完好，有轻微的扩径和磨痕，可以达到喷砂压力要求还可继续使用。试验证明，喷射工具晃动、碰撞是造成喷嘴脱落和损坏的主要原因。因此在现场施工时建议工具底部带扶正器，工具顶部带水力锚或扶正器，保证工具居中受力均匀。

图3 套管靶件固定装置

4）施工类型

使用直井喷砂射孔的压力、排量、时间参数，用于水平井模拟试验，试验如图4所示，发现小砂比、低排量在水平井施工中优势明显，不仅比直井中射孔时间缩短，喷嘴使用寿命更长，不同的施工类型中，压力、排量、砂比应使用不同的参数保证施工效果及喷嘴寿命。

图4 水平喷砂射孔施工图

5）其他因素

在试验的过程中发现液体的干净程度，在很大程度上影响喷嘴的使用寿命。设备中铁锈、磨料中大颗粒碎渣、杂质等很容易造成喷嘴暂时性堵塞，导致反向射流造成高频撞击效应，喷嘴断裂，特别是铁锈，堵塞其中一个喷嘴后由于反向射流的作用力使得喷枪不居中受力不均，喷嘴硬度高，但脆响强，如果与套管壁碰撞容易导致喷嘴断裂、脱落。因此在高压管线入口增加高压过滤装置，可以有效的过滤掉液体中的杂质，防止喷嘴堵塞，如图5所示。

因试验现场条件有限，未考虑到围压对喷砂效果及喷嘴磨损的影响。经研究发现围压对射孔及岩石穿透能力有很大影响，随着围压的增加，水力喷砂射孔的深度逐渐降低。现场施工因在试验时间的基础上适当的增加射孔时间，保证孔眼大小。

3. 结论及建议

(1) 水力喷砂射孔能力随着压力和排量的提高而提高，但到达一定压力后提高缓慢，同时喷嘴磨损明显增加，保证施工效果的情况下，因选取合适的压力和排量，提高喷嘴使用寿命。

图5 高压过滤装置及其效果图

（2）喷嘴磨损一般随着磨料的硬度增加而增加，不规则磨料对喷嘴的磨损更严重，综合考虑施工成本及材料来源等，石英砂作为磨料相对较佳。

（3）喷砂工具的居中对喷嘴及工具寿命影响较大，现场建议使用扶正器、水力锚等工具避免喷射工具的晃动及撞击。

（4）液体中的杂质会堵塞喷嘴影响喷砂使用寿命，建议使用清洁液体并安装过滤装置。

参考文献

[1] 田守嶒，李根生，黄中伟，等．水力喷射压裂机理与技术研究进展[J]．石油钻采工艺，2008，30(1)：58-62.

[2] 李宪文，陈生圣，赵文珍．水力喷砂射孔压裂喷嘴的损伤试验与分析[J].

[3] 左伟芹，卢义玉，赵建新，等．实验研究喷嘴磨损规律的新方法[J]．四川大学学报(工程科学版)，2012，44(1)：196-201.

[4] 李继磊，牛根生，宋剑，等．水力喷砂射孔参数实验研究[J]．石油钻探技术，2003，31(2)14-16.

测卡及爆炸解卡技术在伊朗南帕斯气田SPD13C-12井的应用

张飞　王勇　梅天林

（中国石油集团海洋工程有限公司钻井事业部）

摘要：在石油行业钻井作业过程中，一旦发生卡钻事故，施工单位都会想尽各种办法，恢复正常生产，最大限度地缩短事故时间。在常规卡钻处理手段无效时，测卡与爆炸解卡技术可以快速解决卡钻，避免事故进一步恶化，目前已被广泛应用于地层复杂的伊朗南帕斯气田。本文介绍了测卡与爆炸解卡仪器的组成、工作原理，举例说明了测卡及爆炸解卡技术在伊朗南帕斯气田SPD13C-12井的应用效果，并对其进行了适用性分析，希望对以后类似的卡钻事故处理提供借鉴。

关键词：伊朗南帕斯；卡钻；测卡；爆炸解卡

1. 测卡及爆炸解卡技术介绍

1）测卡与爆炸解卡仪器的组成

测卡与爆炸解卡仪器有测卡点、定位钻具接箍、引爆三种功能，主要由地面设备和井下仪器组成。地面设备主要包括测井撬、地面仪表、天地滑轮及各种电路控制系统等；井下仪器由以下主要部件组成：

（1）电缆头：连接仪器和电缆。

（2）磁性定位器：用来寻找钻具接箍的位置以及校正仪器下深（工作原理：当磁定位通过不同内径的钻具时，磁场发生变化，以此来判断是钻具接头或本体）。

（3）加重杆：起配重作用，用来增加仪器质量，克服钻井液浮力。

（4）伸缩杆：为使传感器处于自由状态，伸缩行程一定范围，用来消除下部传感器受到的电缆拉力，确保拉伸钻具时准确感测到钻具的变形。

（5）弹簧锚（或磁锚）：因弹簧锚的弹力作用使其和井下钻具内壁贴合在一起，在钻具受外力产生变形时，与钻具同步动作。

（6）测卡仪（或叫传感器）：感受上下弹簧锚（或磁锚）的动作差异，用来判断井下钻具是否被卡。

（7）安全接头：由一组高反压二极管组成，由于二极管的单向导通作用，在加正电时阻止电流流向炸药，加反向电压时导通，炸药爆炸。

（8）爆炸杆：用于捆绑雷管、炸药，雷管和炸药用胶布捆绑在爆炸杆上。

（9）引鞋：引导仪器在钻具水眼内通行。

加重杆、传感器、磁性定位器的相对位置可互换，有时为了更准确地测卡点或测钻具接箍，可将传感器或磁性定位器放到最下部；为了尽量减少爆炸时对磁性定位器与传感器的损伤，最好将加重杆连接在爆炸杆的上面；当井内有杂物，仪器遇阻不能通过时，可将加重杆接在最下面，便于下冲；若通井时已测出卡点或卡点已知，传感器可不必带；在对井内情况较为清楚的条件下，也可不必通井，只需将各部分都连接起来，力争定位、测卡、爆炸解卡一次成功。

理论上测卡和爆炸解卡仪器可以连在一起，一趟下去既测卡点又爆炸解卡，但是现场为了减小爆炸冲击波对测卡仪的影响，延长测卡仪的使用寿命，一般都不组合入井，而是先找准卡点后起出测卡仪器(图 1)，再下爆炸解卡仪器(图 2)。

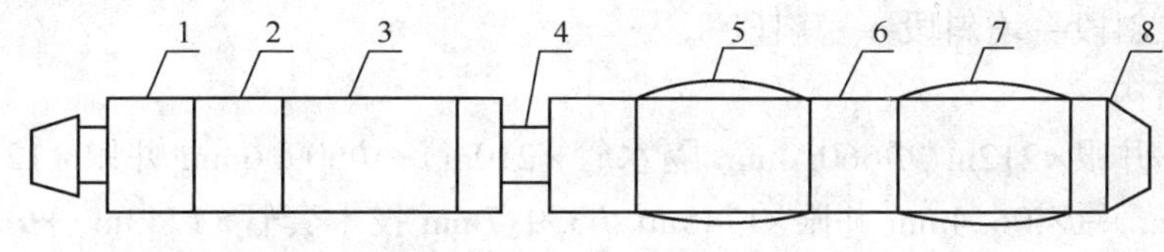

图 1　测卡仪器

1—电缆头；2—磁性定位器；3—加重杆；
4—伸缩杆；5—上弹簧锚；6—传感器；7—下弹簧锚；8—引鞋

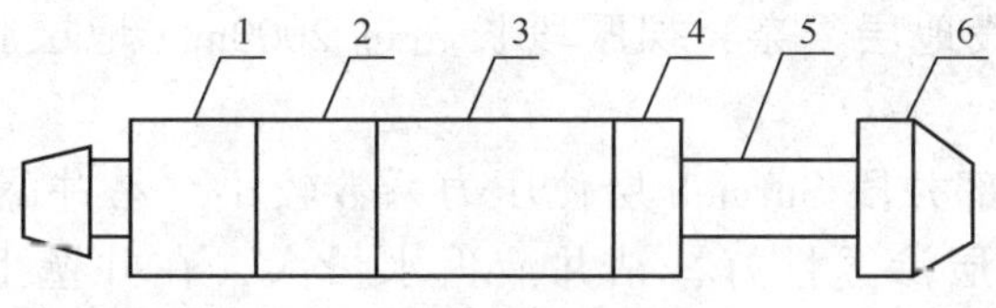

图 2　爆炸解卡仪器

1—电缆头；2—磁性定位器；3—加重杆；4—安全接头；5—爆炸杆；6—引鞋

2）测卡与爆炸解卡工作原理

（1）测卡原理。

测卡仪是根据井下被卡钻具在井口施加的拉伸或旋转的外力时只能传递到卡点以上，而不能传递到卡点以下的这一特点，通过测量井下钻具的拉伸或扭转位移来确定卡点的位置。在测卡仪的关键部件传感器的内部有磁钢及线圈，当拉伸及旋转钻具时由于传感器上下弹簧锚(或磁锚)紧撑在被测钻具内壁上，使得传感器也随钻具的拉伸和旋转而伸长和扭转，由于电磁感应的因素，此时在传感器内部便产生瞬间感应电流，通过电缆传递到地面测卡仪表上，其上指针便随之左右摆动，由于卡点以上钻具可拉伸、旋转，这种现象便很明显，而卡点以下钻具因不能被拉伸、旋转，测卡仪表上便无此反应，根据指针反应幅度的变化，便可确定卡点位置。

（2）爆炸解卡原理。

根据实际井况的不同，爆炸解卡分为爆炸切割和爆炸松扣。爆炸切割是用单芯测井电缆将炸药(切割弹)下至卡点位置以上钻具本体处，然后点火引爆，炸药爆炸一瞬间产生的高能冲击波将钻具切断或炸裂后再施加一定的上提力将钻具从裂口处拉断。爆炸松扣是用测井电缆将炸药下至卡点位置以上钻具第一个接箍螺纹处，拉伸钻具使得松扣点为中和点，并施加足够的反扭矩，然后点火引爆，炸药爆炸一瞬间产生的高速冲击力的猛烈震击使母扣弹性膨胀，螺纹牙间的摩擦和自锁性瞬间消失或大大减少，这样就使接头螺纹在预先施加的反扭矩作用下松开，达到使扣倒开的目的。

2. 测卡及爆炸解卡技术在伊朗南帕斯气田 SPD13C-12 井的应用

北方-南帕斯油气田位于波斯湾的一个天然气田，是目前为止世界上已知的最大天然气田，位于伊朗和卡塔尔之间。北方-南帕斯油气田总面积大约 9700km²，其中北部 3700km² 位于伊朗水域内，被称为南帕斯气田；其余南部 6000km² 位于卡塔尔水域内，被称为北方气田。

1）SPD13C-12 井基本情况

SPD13C-12 井位于波斯湾东北部伊朗南帕斯气田，沿伊朗海岸距离 Kish 岛 227km 处，为双靶点大斜度定向井(最大井斜达 69.79°)，双增式轨道设计，五段制基本组成为“直井段—增斜段—稳斜段—增斜段—稳斜段”。

（1）井身结构

Φ812.8mm 井眼×212m(Φ660.4mm 隔水管×210m)+Φ609.6mm 井眼×1210m(Φ473mm 表层套管×1127m)+Φ406.4mm 井眼×1745m(Φ339.7mm 技术套管×1743m)+Φ311.1mm 井眼×4627.47m(三开设计中完井深)。

（2）地层特征。

SPD13C-12 井隔水、一开和二开井段作业在发生卡钻时已经顺利完工，地层特性在此不做详细描述。三开井段地层复杂，裸眼段长超过 2000m，地层胶结程度和压力系数变化大。

三开钻井难点：上部井段 Surmeh 层位压力系数较小，易井漏，主要岩性是石灰岩，白云岩，泥质灰岩，地层渗透性好，钻井液失水量大，在井壁上形成较厚泥饼，钻具接触并嵌入泥饼易发生黏附卡钻。下部井段 Dashtak 层位压力系数较大，顶部 Evaporite B 地层为厚度为 80m 的长段膏盐层、高压盐水层，易缩径卡钻及溢流；底部泥岩和石膏易吸水膨胀，钻井液性能稍微调整不及时，就会使地层浸泡变软，容易剥落入井造成坍塌卡钻(表 1)。

表 1　三开复杂层位地质分层及风险提示

地层		岩性	风险提示
Surmeh	Arab	灰色白云岩，夹硬石膏	卡钻
	Upper Dolomite	浅褐色白云岩，夹少量黄铁矿和浅灰色灰岩	部分漏失
	Upper Limestone	灰色灰岩，底部夹云质灰岩	部分漏失
	Cherty Zone	浅白色灰岩，夹泥质薄层	部分漏失
	Middle Limestone	暗灰色灰岩	部分漏失
	Mand	中灰色灰岩	部分漏失
	Lower Limestone	灰白色灰岩，底部泥质含量增加	
	Lower Surmeh	中灰色灰岩，夹泥岩薄层	
Neyriz		褐色灰岩，含褐色白云石和方解石晶体	
Dashtak	Up Dashtak	上部浅褐色白云岩，下部灰色灰岩，夹有石膏	
	Evaporite B	上部灰色硬石膏，下部灰色白云岩，夹有石膏	高压盐水层
	Up Sudair	上部褐色泥岩，夹白云岩层，中部灰色白云岩，下部泥岩层	垮塌
	Massive	白色、浅灰色石膏层	黏卡
	Low Sudair	浅灰色石膏、暗褐色泥岩和白云岩互层	垮塌
	Aghar Shales	红褐色泥岩段	垮塌

（3）钻具组合。

Φ311.1mmPDC 钻头×0.35m+Φ244.5mm 马达（0.93°）×9.61m+Φ301.6mm 扶正器×1.73m+Φ203.2mm 浮阀×0.48m+Φ203.2mm MWD 短节×0.87m+Φ203.2mm 无磁钻铤×8.79m+Φ203.2mm 无磁钻铤×2.90m+Φ209.5mm 钻铤×9.45m（1 根）+接头×0.98m+Φ139.7mm 加重钻杆×171.16m（18 根）+接头×1.09m+Φ203.2mm 震击器×8.94m+接头×1.09m+Φ139.7mm 加重钻杆×56.88m（6 根）+Φ139.7mm 钻杆。

（4）钻井液性能。

密度：13.3ppg（1.59g/cm^3）；黏度：51s；失水：2.9mL；泥饼：0.4mm；静切力 10s/10mmin：4.79/8.62Pa；动切力：10.05Pa；pH 值：9.6；固相含量：30%。

2）SPD13C-12 井卡钻发生经过及处理情况

2017 年 4 月 28 日 22：15 三开钻进至 S8 地层（Lower Sudair），该层顶深为 4089m，底深预计在 4177m，从 4092m 开始按照甲方 S8 地层特殊钻进程序进行钻进。4 月 29 日 17：15 钻进至 4117m 后，倒划至 S8 顶，循环 5min，开始下划，下划参数：排量 650gpm，转速 40rpm，泵压 2000~2250psi，扭矩 19~27kft · lbs，下划悬重 260kips。19：40 下划至 4115m 时，地层突然坍塌，顶驱蹩停（钻进扭矩设定 32kft · lbs），泵压迅速升高（泵压最高上升至 3500psi），现场立即降低排量至 400gpm，同时上提钻具，逐步上提钻具至 360kips，未提活。继续降排量至 300gpm，同时上下活动钻具，带扭矩 35kft · lbs 上提悬重至 360kips，下放至 220kips；释放扭矩后，上提悬重最高至 430kips，下放至 220kips，多次上下活动仍未解卡。

之后通过不断增加顶驱憋停扭矩至 43kft · lbs，快速开顶驱至 80 转，憋停后，在悬重 320~90kips 范围内活动钻具；释放扭矩，在悬重 570~90kips 之间活动钻具，仍不能提活钻具。又多次通过泡解卡剂，憋扭活动钻具等手段尝试解卡，均失败。期间逐渐提排量至 800gpm，泵压 3050~3150psi，返出正常。（注：上提悬重 570kips，实际作用在钻具上拉力为 480kips。）

3）测卡及爆炸解卡技术在 SPD13C-12 井的应用

（1）测卡及爆炸解卡仪器入井前的准备工作。

① 挂天地滑轮，以上提下放测井电缆不摩擦井架为准。

② 调整好方余，一般在 3m 以内，便于上人卸去顶驱鹅颈管。

③ 卸去顶驱鹅颈管，将仪器从此处下入。

（2）测卡施工程序。

① 用测井电缆将组装好的仪器从钻具水眼内下到未卡井段进行试测卡，间隔一定距离测一次，以检查仪器工作情况。

② 找到被卡井段后，用平均法逐渐逼近卡点，当仪器下到测卡位置时，停止下放，上提仪器 1.5~1.8m，再下放 0.6~0.9m，使伸缩杆以下仪器自由锚定在钻具内。

③ 调节仪器使测卡表指针指零。

④ 给钻具施加应力，一般为转动钻具，转动圈数以 2~3 圈/1000m 为宜。

⑤ 卡点判定：同一点测试 2 次以上，保证所测数据准确。a. 钻杆：表值在 80 以下为卡。b. 159mm、178mm 钻铤：表值在 40 以下为卡；203mm 以上钻铤一般测不出。

（3）爆炸切割/松扣施工程序。

① 测完卡点后，需根据井下情况确定导爆索和电雷管类型以及数量，然后地面组装爆炸切割/松扣仪器。

② 仪器接好后，用专用工具检测引爆电路，证明电路畅通。

③ 针对爆炸松扣：给钻具上提一定拉力(上提钻具至计划松扣部位以上的悬重，通常再加3%~5%的附加量，主要是考虑井壁的摩擦阻力和其它因素的影响，附加量可根据井下情况而定)，使中和点在计划松扣的位置，对钻具施加正扭矩(钻杆正常上扣扭矩的120%，现场紧扣一般在4~6圈/1000m，理论加正扭矩圈数见表2)，刹住转盘，慢慢下放钻具，对松扣点以上钻杆逐根紧扣，直到把钻具悬重放完，每次稳定3~5min再松开转盘，释放扭矩后，重复上述动作3次以上，确保扭矩传递充分。针对爆炸切割，无此步骤。

表2 爆炸松扣理论施加正反扭距圈数

钻杆(mm)	140	127	114	89	73	60
圈/1000m(正转)	3.5	3.8	4.3	5.5	6.7	8
圈/1000m(反转)	2.5	2.7	3.1	3.9	4.8	5.2

④ 关闭井场所有动力设备及无线电通讯设备，切断电源。

⑤ 连接爆炸系统并下井。开始将爆炸系统慢慢放人钻具内，当深度超过50m时，打开仪表盘电源，监视仪器下行情况(仪器下放速度不能超过50m/min)。

⑥ 仪器下到预计深度后，活动钻具至中和悬重。针对爆炸切割：用磁性定位器避开钻具接头或接箍引爆电路切割钻具本体，观察指重表悬重变化，判断是否割断，起出仪器后，上提钻具，有时钻具本体没有被完全割断，要多提一定拉力才能取出被卡钻具；针对爆炸松扣：施加一定反扭矩(建议所施加的反转扭矩小于上扣扭矩的80%，以防止钻具在较弱的连接部位首先倒开，反扭矩的圈数比紧扣扭矩圈数要少，之差一般在2圈/1000m以上，理论加反扭矩圈数见表2)，当爆炸杆中间对准接头时，引爆电路进行松扣，爆炸后反扭矩减小，起出仪器后，上提钻具，有时钻具接头没有完全倒开，要反转几圈才能取出被卡钻具。

(4) SPD13C-12井测卡及爆炸切割/松扣施工过程

5月2日11：00~5月3日19：00下测卡仪第一次测卡点，测卡结果表明钻铤以上钻具均处于自由状态。

5月3日19：00~5月4日15：00第一次下爆炸切割仪器至4077m(钻铤上第一根加重钻杆公接头以上2m处)，实施切割作业，作业后钻具未能切断。起爆炸切割仪器至地面，发现爆炸切割仪器落井。开泵循环，排量600gpm，泵压1400psi(较爆炸前泵压下降200psi)，甲方认为钻具本体部分切割。

5月4日15：00~5月5日14：30第二次下爆炸切割仪器至4077m，实施切割作业，作业后钻具未能切断。起爆炸切割仪器至地面，发现未引爆，继续按照解卡程序活动钻具，期间将钻井液密度由13.3ppg降为12.1ppg。

5月5日14：30~5月5日23：15第三次下爆炸切割仪器至4077m，实施切割作业，作业后钻具未能切断。起爆炸切割仪器至地面，发现已引爆，但循环泵压无变化，继续按照解卡程序活动钻具。

5月5日23：15~5月6日7：30由于爆炸切割炸药耗尽，改为爆炸松扣，第一次下爆炸松扣仪器至4050m(钻铤上第三根加重钻杆母扣处)，上提悬重至410kips，逐步施加反扭矩至 33klbs · ft 实施爆炸松扣，钻具未倒开。起爆炸松扣仪器至地面，发现炸药已引爆，继续按照解卡程序活动钻具。

5 月 6 日 7：30~5 月 6 日 21：45 第二次下爆炸松扣仪器至 3811m(加重钻杆以上第三根钻杆与第四根钻杆接头处)，上提悬重至 355kips，逐步施加反扭矩至 35klbs · ft 实施爆炸松扣，钻具未倒开。起爆炸松扣仪器至钻台面，发现炸药已引爆，继续按照解卡程序动钻具(活动时扭矩最大值设为 35klbs · ft)。

5 月 6 日 21：45~5 月 7 日 0：45 第三次下爆炸松扣仪器至 3811m，上提悬重至 355kips，逐步施加反扭矩至 38klbs · ft 实施爆炸松扣，钻具未倒开。继续增加反扭矩至 40kft. lbs，钻具突然倒开，悬重由 355kips 降为 98kips(顶驱游车悬重为 89kips，计算在井深 120m 左右钻具倒开)，同时发现电缆卡住。

5 月 7 日 0：45~5 月 7 日 10：30 尝试下放顶驱对扣，绷紧电缆拉力至 6800lbs，缓慢下放顶驱，遇阻 3kips，开顶驱 5r/min 尝试对扣，逐步提高上扣扭矩至 38kft. lbs，上提钻具悬重至中和点，悬重 260kips，恢复正常；对扣期间，发现电缆拉力逐渐降低至 3200lbs，恢复正常。

5 月 7 日 13：30~5 月 7 日 24：00 回收电缆，起爆炸松扣仪器至地面，发现炸药已引爆。按照以下措施上下活动钻具：a. 带扭矩 40kft. lbs，上提悬重至 300kips，下放悬重至 230kips，活动 10 分钟；b. 不带扭矩，在悬重 450~90kips 范围内上下活动钻具 10 分钟；c. 重复以上步骤；期间开泵循环，排量 800~1030gpm，泵压 1780~2750psi。

5 月 8 日 00：00~12：30 第二次测卡点，卡点位于 3250~3270m。

5 月 8 日 12：30~23：00 泵入 550bbls 海水至环空，替至 3167m 以上(上移卡点地层 Lower Sur. Shale 的深度)，活动钻具：a. 带扭矩 25~30kft · lbs，上提悬重至 440kips，下放悬重至 120kips；b. 不带扭矩，在悬重 540~90kips 范围内上下活动钻具；c. 重复以上步骤；未解卡。

5 月 8 日 23：00~5 月 9 日 6：30 第三次测卡点，卡点位于 3300~3350m。

5 月 9 日 6：30~12：00 第四次下爆炸切割仪器至 3226.5m，切割成功。

5 月 9 日 12：00~5 月 10 日 01：00 循环调整钻井液密度至 12.2ppg，起钻完。

3. 测卡及爆炸解卡技术在 SPD13C-12 井的应用效果分析

SPD13C-12 井通过三次测卡点，三次爆炸松扣及四次爆炸切割作业，成功解除卡钻，回收上部钻杆 304 根，挽回了大量经济损失，并为尽快进入井组下部作业奠定了基础，节约了整个井组的施工时间。但是，从中也可以发现现场作业还有很大的提升空间，理论上一次测卡点和一次爆炸切割即可快速解除卡钻，由于前期被卡钻具静止时间较短，卡点还没上移或上移不多，从而在爆炸切割后可以回收更多钻具，节省更多时间，挽回更多损失。

另外，有惊无险的是在第三次爆炸松扣作业时，爆炸松扣工程师为确保井下安全，建议甲方将爆炸松扣时顶驱反扭矩设置为最大正扭矩的 75%，即 32~33kft · lbs。但由于第一次爆炸松扣作业设置的反扭矩为 30kft · lbs，第二次设置为 33kft · lbs 都未能成功松扣，甲方认为按照程序作业已无法顺利实施松扣，于是继续逐步增加反扭矩至 40kft · lbs，导致钻具在近地面倒开，如果在井下稍深但还不是预定倒扣处的地方倒开，重新对扣将会非常困难，会大大加大处理难度。因此，现场处理卡钻时应严格执行作业程序，不能盲目蛮干。

1）三趟爆炸切割失败原因分析

(1) 爆炸切割炸药量不足：第一趟和第三趟炸药入井爆炸后，钻台指重表、扭矩表以及目测钻具本体均无任何反应。第一次起出仪器后开泵，泵压下降判断部分炸穿了钻具，第三次使用的炸药威力比第一次小，作业后循环泵压无变化，判断可能未炸穿钻具。

(2) 测井服务商业务能力不足：第一趟爆炸切割仪器起出地面后，未见底部爆炸切割仪器和配合接头，只剩下磁性定位器和电缆头，测井服务商认为仪器落井，炸药未能引爆，但开泵循环后(在排量600gpm下，泵压为1400psi，较爆炸前泵压下降200psi)，才判断炸药爆炸；第二趟爆炸切割作业，入井后炸药未能引爆，出井后可见完好的爆炸切割仪器。

2）三趟爆炸松扣失败原因分析

(1) 前期处理卡钻过程中，钻具多次蹩扭矩至43kft·lbs(正常顶驱上扣扭矩36kft·lbs)，造成钻具上扣过紧，增加了爆炸松扣倒扣的作业难度。

(2) 本井采用爆炸松扣前未重新测卡，前期进行多次爆炸切割，耗时较长，钻具长时间处于静止状态，卡点可能上移，导致爆炸松扣处钻具发生黏卡。

(3) 在大斜度长裸眼井内，爆炸松扣时很难准确将反扭矩传递到所需倒开钻具的深度。

(4) 爆炸松扣炸药量可能不足，炸药爆炸的瞬间威力不足以使钻具连接螺纹迅速倒扣。

4. 测卡及爆炸解卡技术的适用性分析

1）测卡技术适用性分析

确定卡点位置是处理各类卡钻事故最基础的工作，有了准确的卡点，才能够对卡钻情况做出正确的判断，制订出合理的解卡方案。目前确定卡点的方法主要有两种，即拉伸计算卡点法和测卡仪测卡点法。

(1) 拉伸计算卡点适用性分析。

拉伸计算卡点是一种应用较早的确定卡点的方法，利用虎克定律，根据钻具在不同拉力下的伸长量，通过计算来确定卡点深度。在井上条件限制没有测卡仪器的情况下，通常使用这种方法确定卡点大概位置，其优点是使用方便。

但是，由于受井眼轨迹、钻井液性能、钻具材质及磨损程度等多方面因素的影响，拉伸计算卡点求得的卡点位置存在较大的误差，给卡钻事故的下步处理带来极大的困难，不仅延长了事故处理时间，还会导致井下事故的复杂化，从而增加处理费用，甚至造成整口井报废。

(2) 测卡仪测卡点适用性分析。

一般的测井服务公司都有测卡仪，专门用于测量卡点。目前，测卡仪测卡点在国内外海洋和陆地钻井现场中的应用相当广泛。

通过拉伸和扭转井下被卡钻具，利用测卡仪测卡点的方法可以准确、便捷地检测出卡点的确切位置，并得出井下钻具被卡的程度，帮助判断卡钻性质，对后续的事故处理提供了可靠的依据；还可根据测卡结果对卡钻情况做出正确的判断，制定出合理的事故处理方案，不仅为卡钻事故的处理节省了时间，而且缩短了钻井周期，节约了钻井成本。

但是，这种方法对刚性较大的钻具(如：大尺寸钻铤、变尺寸钻具组合)存在着较大的误差，特别是钻具上提受到钻柱中最弱点限制时，对大尺寸的钻铤可能引起的拉伸变形很小，以至于很难测出卡点。

2）爆炸解卡技术适用性分析

目前，卡钻的处理方法有很多，如：活动解卡、震击解卡、倒扣解卡、浸泡解卡、爆炸解卡等。然而，很多情况下仅仅依靠上下活动钻具，使用震击器的上下震击，泡油等常规手段无法解卡，特别是当井内发生了异物卡钻，压差卡钻等情况时，它们大多数表现出来的特征是可以维持正常的泥浆循环，但钻具在井内不能上下活动和转动，即被卡钻具在井内完全静止，此时，为了节省费用快速处理卡钻，往往采用爆炸解卡技术。

(1) 爆炸切割解卡技术的适用性分析。

发生严重卡钻后，取决于现场下一步的安排，通常是在不打算打捞井下落鱼而是采用打水泥塞后侧钻的情况下采用爆炸切割解卡技术，这种方法简单易行，成功率高。

①对于井斜较大，井眼变化率大，裸眼轨迹不理想的定向井，若施加反扭拒会很容易造成上部钻具脱扣，建议实施爆炸切割。

②在有些情况下，特别是对腐蚀严重的井，紧扣有可能扭断井下被卡钻具时，建议实施爆炸切割。

(2) 爆炸松扣解卡技术的适用性分析。

除了适用于爆炸切割的范围外，在处理严重卡钻时优先使用爆炸松扣解卡技术，因为爆炸松扣是从井下被卡钻具接头处将上部钻具倒开，倒扣位置准确，落鱼鱼顶比较规则，为后续可能的进一步打捞作业提供了便利。

5. 结论及建议

(1) 测卡仪能准确地测出被卡钻具中的卡点位置，然后再通过爆炸切割/松扣技术起出卡点以上钻具，可大大缩短卡钻事故的处理时间。

(2) 在应用测卡仪测卡点时，需要根据被测钻具的钻具组合、井身结构、钻井液性能、井型及卡钻类型作出相应对策，以最少的测卡次数获取最准确的卡点位置，为后续作业提供准确的数据资料。

(3) 每次爆炸切割或爆炸松扣作业前最好都能测一次卡点，确保所选择的爆炸切割点或爆炸松扣处以上钻具均处于自由状态，以便顺利起出上部钻具。

(4) 从爆炸切割的效果来看，切口有连带现象，原因是切割弹在大斜度井段一边紧挨钻具，造成切割不完全。建议针对大斜度井的切割弹要有扶正装置，使切割弹尽量居中，达到最佳切割效果。

深水油气测试工艺浅析

王剑　孙永涛　曹飞　王存芳　李相鹏

（中国石油集团海洋工程有限公司）

摘要：近年来，随着全球海洋油气资源勘探力度的不断扩大，我国各大石油公司对海洋油气的勘探开发也逐渐由浅水转向深水。深水油气测试工艺技术在海洋油气勘探中的作用越发关键，为深水油气田资源高效经济开发提供重要保障，因此研究深水油气测试工艺特点，并把握其发展趋势对于促进我国海上石油工业可持续发展具有重要意义。本文主要通过分析深水油气测试工艺特点，介绍其现有的工艺技术水平，并在此基础之上展望深水油气测试技术的发展趋势。

关键词：深水测试；地面测试；水下测试；井下测试

全球海洋石油和天然气资源十分丰富，约占世界油气资源的34%，海洋油气资源大部分又分部在深水、超深水域，能够占到全部海洋油气资源的30%~40%，而陆地油气资源经过多年的开采，即将进入衰退期，未来新增油气产量将主要来源于海洋。因此，我国也在进一步加强对海洋石油的勘探开发力度。

我国浅海油气测试工艺经过几十年的发展，已经形成了一套较为成熟可靠的工艺体系，然而随着油气勘探开发不断向深水、超深水进军，深水油气测试也在不断发展。深水油气测试系统主要由地面测试系统、水下测试系统、井下测试系统等3部分构成，与浅海常规测试工艺技术相比较，其工艺特点如下：

（1）更高风险，由于受到深水，台风、特殊水文特征、内波流等因素影响，浅海常规的测试方法并不适用，需要采用更为复杂的工艺和更为可靠工具设备，进行深水油气测试作业。因此，深水测试的风险远远高于浅海。

（2）更高成本，整个作业过程在半潜平台或钻井船上进行，需要采用水下测试系统，目前该系统设备和工具均要进口，作业日费成本很高。

（3）更加复杂，水下和井下功能上存在有多种井控功能阀组、防堵塞注入系统、电缆穿越系统，并且对下井工具的性能和稳定性有更高要求。由于使用浮式钻井作业装置，需要解决和补偿平台的运动与保障测试管柱与隔水管的相对稳定问题，而且要解决特殊气候、水文灾害和深水灾害控制等的应急处理与安全解脱问题(如台风、内波流与水合物等)。

1. 地面测试系统

地面测试系统是通过地面测试设备，实现地面油气求产、数据采集处理和取样分析等作业。主要设备包括：地面测试树、高压软管、地面安全阀、除砂器、油嘴管汇、加热器、分离器、外输油泵、缓冲罐、燃烧装置等。另外，还可备含砂探测仪器、化学注入泵、分流管汇、连续油管、氮气设备、钢丝橇等设备来满足其他工艺需求。

工艺流程：地层流体通过井口进入地面测试树、地面安全阀、除砂器、油嘴管汇等设备，实现安全控制并测取地面压力、温度数据，然后经过加热器，进入分离器进行三相分离，分离产出的油、气、水进入缓冲罐存储或直接通过燃烧装置燃烧处理。为了保证油、气、水充分燃烧，还配备了助燃剂和空气压缩设备，以提高燃烧效率，同时在燃烧装置上还配备了冷却系统，既实现对燃烧装置的降温，也减少热辐射对平台和工作人员的影响。常规地面测试系统示意图如图 1 所示。

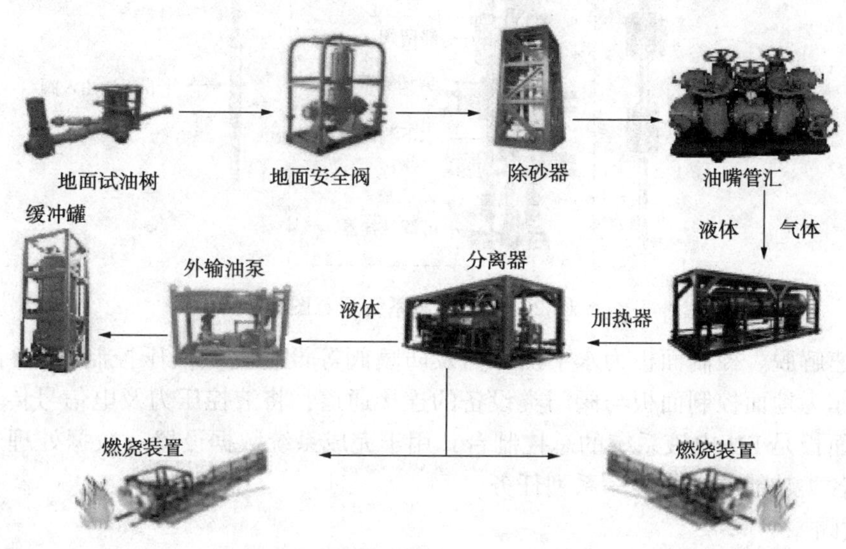

图 1　常规地面测试系统示意图

地面测试系统在深水测试作业，由于受到半潜平台空间限制，导致流动距离短、流动压力大、流动时间短、流动相态变化复杂等现象，因此在选用地面测试设备时，应根据目标井的产能预测，对整个地面测试流程进行压力及温度校核，优选满足本井预测产能条件下的设备，使整个作业期间地面测试压力及温度变化可控；避免作业期间出现高压密封失效或水合物二次形成冻堵现象，同时可采取预先集成安装方式，提高作业时效和节约场地空间。

2. 水下测试系统

水下测试系统能够快速实现水下测试管柱解脱和回接，保证重新作业顺利可靠。该功能对于深水平台在恶劣海况条件下应急解脱必不可少，是国内外深水油气测试作业的必备水下安全手段，也是深水测试与浅海测试最大的差异。同时其可以井下及水下系统提供完整的化学药剂注入通道，有效避免井下水合物的二次形成。同时，也可为钢丝、电缆、连续油管作业等工序提供必要的安全保障，并具备应急剪切能力。

主要设备工具包括(以 EXPRO 公司服务工具为例)：地面控制系统、防喷阀(Lubricator Valve)、储能器、立管控制模块(Riser Control Module)、滞留阀(Retainer Valve)、水下测试树(Subsea Test Tree)、可调悬挂器(Adjustable Fluted Hanger)等，水下测试系统示意图如图 2 所示。

1）地面控制系统

地面控制系统主要由控制面板 HPU、脐带缆绞车 Umbilical Reeler、电控面板 SECP 等部分组成，用来控制水下测试树各执行机构的动作，实现各阀门开/关动作及紧急情况下水下

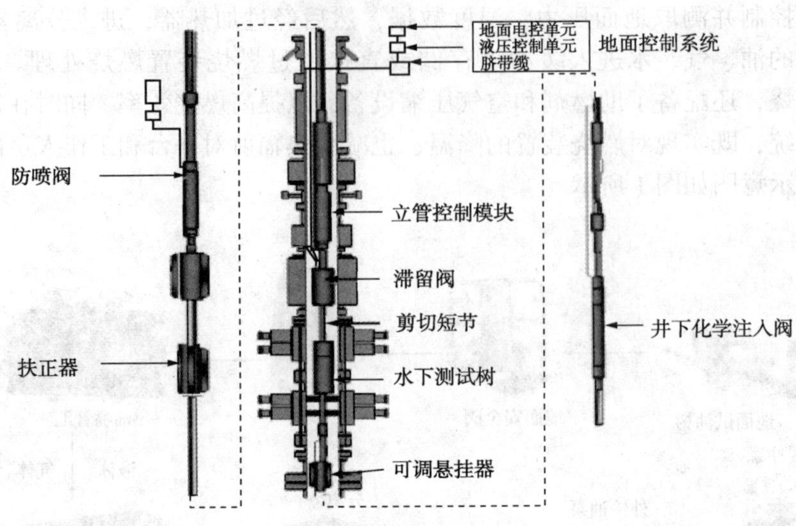

图2 水下测试系统示意图

测试树的快速解脱。控制面板为水下测试树及防喷阀等设备提供液压控制及进行压力测试。脐带缆绞车作为地面控制面板与阀门类设备的连接通道，将液控压力及电信号传输至各相关设备。电控面板是EH电液系统的总控制台，用于完成系统数据设置、数据处理、系统测试和井下工具各类功能的操作等一系列任务。

2）防喷阀

防喷阀通常装配在上部坐落管柱，位于转盘面以下，实际作业中通常由两个防喷阀提供双屏障保护，主要是辅助地面设备试压及装配，如地面测试树试压作业。特殊情况下，如果需要进行钢丝或连续油管作业时，由于下入工具过长，可先关闭防喷阀进行上部工具相关作业。

3）储能器

存储来至地面控制面板的操作压力，存储的压力能够快速释放，操作球阀的开关或者解脱。

4）立管控制模块

地面电控面板的操作电信号指令通过脐带缆传递至立管控制模块，立管控制模块将电信号转换为液压信号，传递至下部滞留阀或水下测试树，从而实现球阀的开关或解脱回接操作。

5）滞留阀

滞留阀位于水下测试树的上部。当水下测试树解脱时，能够平衡油管与隔水管之间的压差，滞留水下测试树解脱后上部管柱流体，减少水下测试树解脱的反应时间。

6）水下测试树

水下测试树是在水下测试系统的核心工具，主要应用于在深水浮式平台上进行的地层测试和试油作业，也时常应用于井筒排液替喷、水下维修以及其他修井作业中。它与地面控制系统一起实现各执行机构的开关动作，在井口处控制油气流动和关井。在紧急情况下，水下测试树能够迅速关井并快速剪断其内部连续油管、钢丝、电缆等，实现测试管柱与平台的分离，以保证平台的安全撤离和井筒安全。该工具由两个关闭阀组构成，解脱部分可提供紧急

解脱功能，两个阀组均能承受底部压力，

水下测试系统在深水油气测试系统中非常关键，通过该系统使测试管柱紧急情况下能够迅速断开并封堵井内高压油气，实现钻井平台的安全快速撤离。该系统经过几十年的发展，国外（如 EXPRO、Schlumberger、Aker Solutions、Halliburton 等石油服务公司）已拥有了较为成熟可靠的工艺技术，并广泛应用于巴西、西非、中国南海等深水油气测试项目，但随着深水油气测试业务的不断扩展，对水下测试系统的要求也在不断提高，需要向更高的承压能力、更简洁的作业程序、更加安全高效的应急解脱能力发展，并且随着智能测试需求不断提升，对电缆、光纤、无线传输、化学注入穿越通过能力也在提高。同时，新型水下系统的研发创新，也为深水油气测试拓展出新的发展方向和提供多样的选择，如 Aker Solutions 公司 Open Water 系统。

3. 井下测试系统

常规井下测试系统包括：封隔器、测试工具（开/关井）、循环压井工具、温压存储工具及其他辅助工具等，常规井下测试系统如图 3 所示。

通过钻杆或油管将测试工具下入井内，然后地面操作控制井下测试工具开井或关井，对目的层进行测试，同时录取井下压力、温度等数据，然后通过对录取的温压数据处理分析，得到动态条件下地层和流体的各项参数，如实测有效渗透率、储层污染程度、原始地层压力、测试半径、油气藏边界显示等，从而通过这些参数对目标储层作出评价，为计算油、气储量和制定油气田开发提供依据。

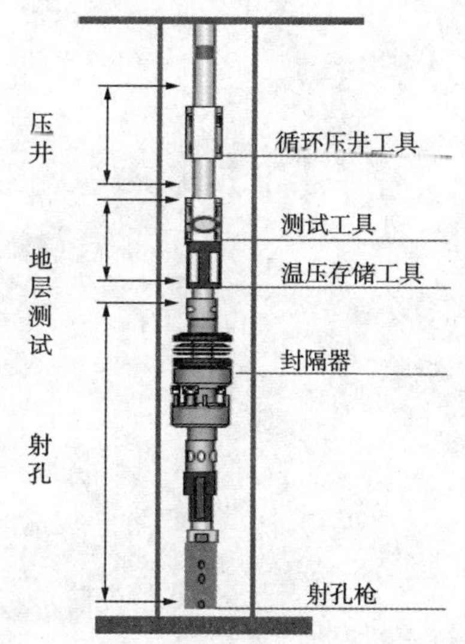

图 3　常规井下测试系统示意图

由于井下测试的管串可以根据测试目的不同进行组合，尤其是针对高温高压、含硫化氢油气井测试，可以将射孔、测试、气举、泵排等工艺联作，利用一趟管柱完成，降低测试周期，提高作业时效。

深水测试井下测试系统与浅海区别不大，成熟可靠的井下测试工具主要以斯伦贝谢和哈里伯顿测试工具为主。虽然国内一些公司研发了部分井下测试工具，但其稳定性和可靠性还有待进一步提高，且由于深水测试作业的高风险和高成本，对井下工具可靠性要求极高，因此为保证整个测试工艺成功，通常选用斯伦贝谢和哈里伯顿等知名油服公司成熟工具。

4. 结论

通过对国内外深水油气测试工艺的调研，结合应用效果，总结得出了深水油气测试工艺特点和发展趋势，并形成以下结论：

（1）深水油气测试是一个系统工程，由于受到深水半潜平台作业环境的严重制约，所以必须保证整个测试工艺安全可靠。

（2）随着深水油气智能测试的发展，对地面、水下、井下设备工具的操作智能化和地质资料录取的多样化要求更高，也对工艺发展提出更高要求。

（3）深水油气测试受到作业水深、恶劣海洋环境、地质条件影响，未来发展应更加注重测试管柱安全，开展水下和井下测试管柱受力分析、强度校核、屈曲效应、温度效应、流动保障等方面的研究应用。

参考文献

[1] 王震，陈船英，赵林．全球深水油气资源勘探开发现状及面临的挑战[J]．中外能源，2010，15(1)：46-49.

[2] 金立平，吕音，任永宏，等．国内首次自营深水测试工艺技术[J]．油气井测试，2015，24(1)：50-53.

[3] 魏晓东，刘清友．深水测试管柱力学行为研究进展及发展方向[J]．西南石油大学学报(自然科学版)，2015，37(1)：172-178.

[4] 王跃曾，唐海雄，陈奉友．深水高产气井测试实践与工艺分析[J]．石油天然气学报，2009，31(5)：148-151.

[5] 刘清友，唐洋．水下测试树国内外研究现状与国产化思考[J]．西南石油大学学报(自然科学版)，2013，35(2)：1-7.

海上油田钻修机位置互换新思路

陈国宏　黄波　黄毓祥

（中海油能源发展股份有限公司工程技术分公司）

摘要： 海上老油田为最大释放产能，降低钻完修作业成本和风险，在原有平台一侧外挂新平台，新平台采用能力较强的 HXJ225 修井机，以满足该油藏绝大部分钻井作业需求。同时，为根据实际情况，更加合理的选用钻机，两平台顶层甲板采用滑道梁搭接，实现修井机在两平台间的变轨滑移。另外，创造性的提出在新平台设置变轨滑道，采用"推箱子"方式解决新老平台两台钻机避让问题。该外挂平台投入使用之后，修井机的相互调用，为油藏开发带来了可观的经济效益。

关键词： 外挂平台；互调钻机；钻机避让

海上油气的勘探与开发具有高风险、高成本等特征，在勘探初期，往往依赖为数极少的探井资料，制定油藏整体开发方案。随着油藏的开发，地质认识进一步加深，时常出现储量核算增加的情况。当储量增加有限，单独新建平台成本偏高，为了更好的控制投资成本，时常采用外挂平台作为油藏增产增效的措施。海上某油田通过采用平台外挂模式，在共享已有平台设施的基础上，创造性的在外挂平台顶层甲板设置变轨滑道，实现互调老平台与外挂平台的钻机设备目的，以满足现场钻完井、修井等不同作业需求。

1. 油田开发现状

海上某油田于 2002 年 1 月发现，位于渤海辽东湾海域辽西低凸起的中南端。2005 年 1 月投产，至 2005 年 8 月，27 口开发井全部投产。2007 年开始滚动开发，油田调整期间，外挂 3 排井槽，截至 2012 年 4 月调整井全部投产。截至 2012 年底，该油田共有开发井 55 口，已无剩余槽口。

油田开发过程中，油田 WHPA 平台存在如下问题：

（1）2008 年油田储量复算后，探明储量增加 $600\times10^4m^3$，老平台 WHPA 在外挂改造后，已无剩余槽口，无法满足油藏综合调整需要。

（2）WHPA 平台配置机具为 HXJ135 修井机，作业能力低，导致油田侧钻、大修等复杂作业严重受限，钻完井作业前均需进行平台改造与升级。该油田储层埋深较浅，平均井深约为 2000m，井身结构均采用 17½in+12¼in+8½in 三开模式，中子、密度测井考虑作业风险，采取补测模式，故由机具原因导致的钻完井作业工期、费用、风险大幅增加。

（3）由于平台外扩甲板面积，且外挂了 3 排井槽，导致内排槽口钻井平台悬臂梁均无法覆盖，外排槽口井也因平台栈桥和海管三个侧面无法就位，仅能就位的一侧则因屡次就位钻井平台桩靴印密布而无法进行精就位。例如 2010 年南海 1 号钻井平台平台就位最边部槽口时，由于桩靴滑移，耗时 2 天，无法满足覆盖槽口，最终换 HYSY936 钻井平台完成钻完井作业，直接导致增加高额动复员费用。

2. 外挂平台调整思路

为最大释放油田产能，降低钻完井作业成本和风险，提出在WHPA南侧外扩新建WHPC平台，并配置作业能力较大的HXJ225修井机及变轨滑道，在满足油田挖潜的同时，解决老平台钻完井作业困难等问题。为实现上述目标，需进行如下方面的工作：

(1) 新建平台WHPC将设置24个井槽(其中4个单筒双井)。

(2) WHPA平台与新建WHPC平台修井机滑轨对接。通过滑轨，可实现两个钻机在两平台间滑移，以便根据需求选用HXJ135或HXJ225修井机。为实现滑轨对接，导管架在安装时需保证足够的精度。

(3) WHPC平台设置变轨滑道。变轨滑道是互调钻机的关键所在，如无变轨滑道，钻机也可实现调用，但另一台钻机却处于闲置状态，且不能覆盖所有井槽，无法最大化降低钻完修作业成本。通过设置变轨滑道，可实现一台钻机在变轨滑道避让，另一台钻机通过对接滑道移动至作业槽口，然后将变轨滑道停留的钻机移至另一平台，实现不同平台各作业有效配合。另外，当WHPC平台作业需要采用钻井平台时，变轨滑道也可以作为钻机临时的避让场所。

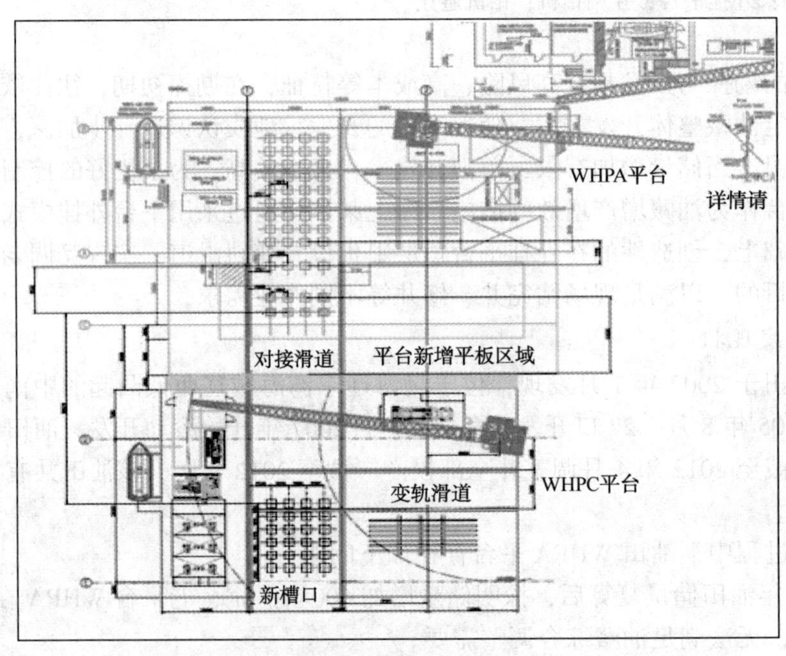

图1 外挂平台与老平台平面图

3. 修井机共享滑移工况载荷校核

在导管架建造中平台承载是关键因素，不仅直接影响平台的结构和投资，而且关乎整个平台在后期各种作业中的安全。由于本次外挂平台开创性的采用新老平台修井机滑移共享模式，可能会发生两个修井机共处一个平台的极限工况，因此在项目前期研究中对可能发生的各种工况进行细致和严格的力学校核极为必要，并根据结果对平台结构、桩腿进行调整和优化，确保项目不仅经济而且最安全。图3即为该油田外挂平台三种极限工况时校核过程。

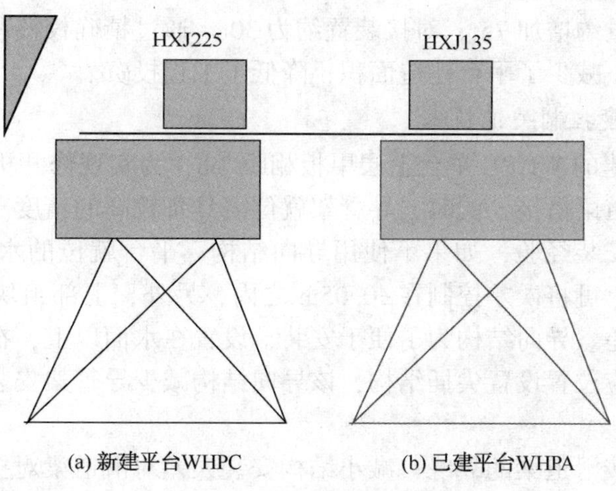

图 2　外挂平台与老平台钻机设备示意图

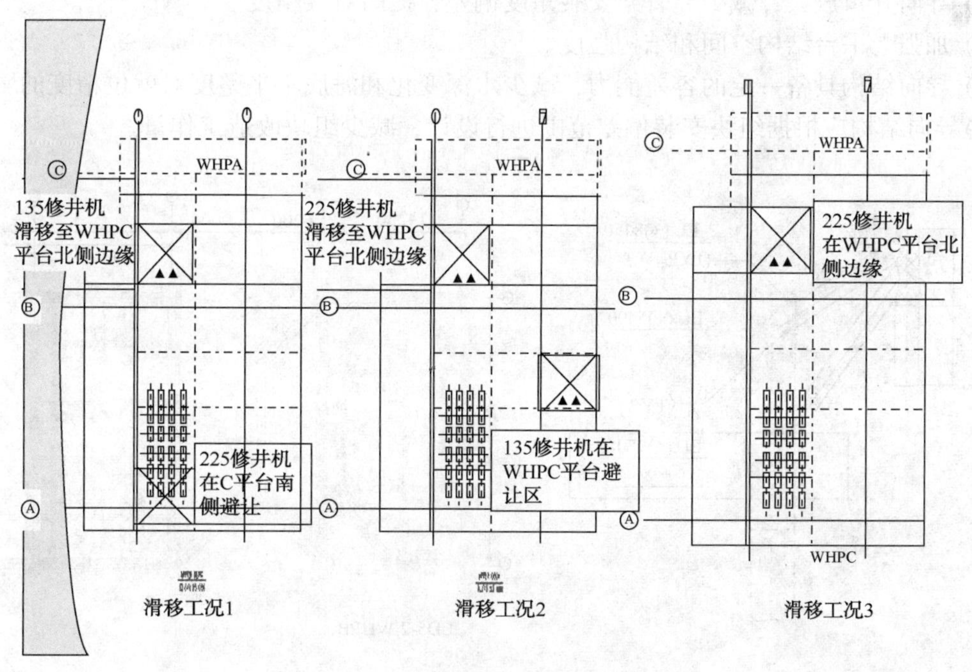

图 3　WHPC 平台导向结构

表 1　修井机极限工况载荷表

工况	质量/t	重心/m(计算时考虑 x、y 轴±0.5m 偏差)		
		x	y	z
滑移工况 1	3750	−0.98	2.96	18.94
滑移工况 2	3750	−0.07	4.15	19.13
滑移工况 3	3550	−0.69	4.21	18.74

经初步校核平台 60in 桩腿入泥深度可以满足承载安全要求，极端工况下桩承载力安全系数最小为 1.95，操作工况下桩承载力安全系数最小为 2.23。但滑道梁和部分斜撑需要加

强，对此组块结构重量约增加75t，对接装置约为30t。通过精确校核和平台改造，大大提高了平台作业安全系数，减少了平台建造面积，降低了工程投资。

4. 导管架安装精度控制关键技术

WHPA平台与新建的WHPC平台上层甲板相距2m，为实现修井机在两平台间滑移，两平台顶层甲板需要滑道梁搭接，同时，导管架就位需具备较高的精度。

根据以往导管架安装经验，如果不使用导向结构，平台就位的水平误差在1.5~2m之间，而采用导向结构，可将误差控制在±0.05m之内，另外，上部组块安装时，利用过渡区域进一步降低水平误差。导向结构为了便于安装，设置在水面以上，在老平台上设置喇叭口导向盘，在新平台对应位置设置尖插结构，该导向结构减少导管架安装角度偏差，提高对接精度。

(1) 加宽组块对接滑道梁的翼缘，减小结构安装误差对滑道梁对接的影响。

(2) 对接结构处于水面之上，便于安装和拆除。

(3) 导向开口放大，减少导管架安装角度偏差，提高对接精度。

(4) 加强老平台结构空间和结构强度。

(5) 导向结构具备一定的容差能力，减少水深变化和海底不平整度对就位精度的影响。

(6)导向结构应根据组块安装偏差范围进行设计，减少组块改造工作量。

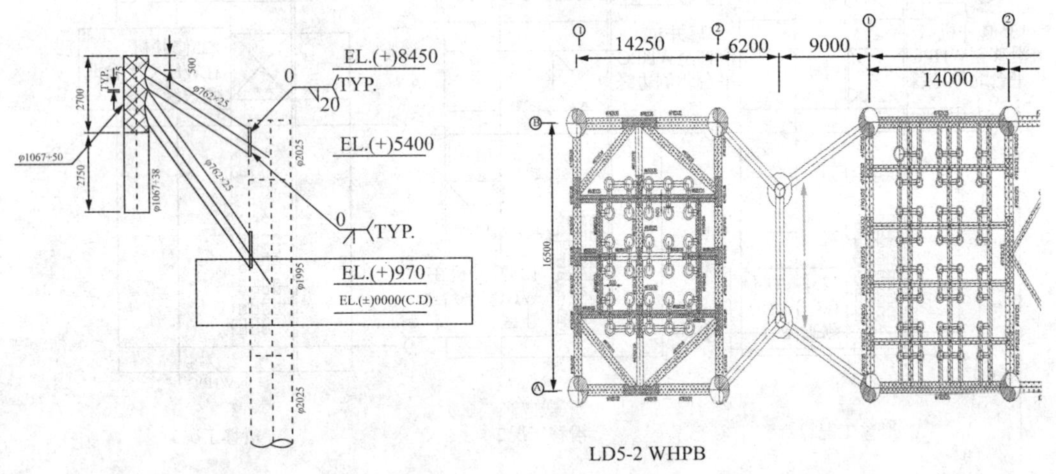

图4 WHPC平台导向结构

5. 应用效果分析

在最初的油田方案中，根据油藏靶点要求，最理想的新建平台位置距离油田WHPA平台超过1.1km，需要在新建井口平台WHPC和WHPA平台之间铺设2根海底管道和1根海底电缆。虽然该方案的钻完井难度和投资较低，但会大幅增加地面工程投资和生产管理难度。

本次采用外挂平台，依托现有平台设施，减少工程量，降低工程费用，同时，组织钻完井研究人员解决老井防碰、轨迹反抠、钻井平台就位、井架避让等关键问题，保证外挂平台方案的可实施性，降低项目总投资数亿元，为降低桶油成本做出了突出贡献。

新建外挂平台设置变轨滑道，采用“推箱子”方式解决新老平台两台钻机避让问题，实现了两平台滑移共享、滑移互换修井机的思路，与老平台 HXJ135 型号修井机相互配合，大幅度提高了生产作业效率，为老平台节省了更换 HXJ225 修井机的费用上千万元。

图 5 WHPA 与 WHPC 平台钻修机共享图

6. 结论

(1) 采用外挂平台，可以最大程度的利用现有平台资源，降低投资成本。

(2) 老平台与外挂平台通过对接滑道与变轨滑道，实现钻机的共享与互换，满足钻完井及修井作业需求。

(3) 外挂平台通过导向结构，可实现钻修机在外挂平台与老平台精确就位。

参 考 文 献

[1] 张建勇，等．导管架平台外挂桩腿扩建技术实践与改进[J]．中国海洋平台，2012，27(6)：27-31.

[2] 谭越．老平台新增井槽技术的应用与发展[J]．海洋石油，2012，32(2)：106-110.

[3] 段梦兰，等．外挂井槽对导管架平台抗震性能影响研究[J]．石油机械，2013，41(11)：53-57.

高温裂缝性碳酸盐岩储层酸压技术研究与应用

赵文娜[1]　张鹏远[1]　吴广[2]　张硕[1]　徐鸿志[1]　郝志伟[1]

（1. 中国石油集团工程技术研究有限公司；2. 中海油田服务股份有限公司）

摘要：渤海湾南堡凹陷潜山碳酸盐岩油藏具有埋深大、储层温度高、储层裂缝发育差异较大、井段长等特点，酸压改造工艺技术难度大。在综合分析渤海湾南堡凹陷潜山碳酸盐岩储层酸压技术难点的基础上，开展高温工作液体系、施工工艺及规模参数等优化研究，形成了适合高温裂缝性碳酸盐岩储层的酸压工艺技术。开展现场应用15井次，取得了较好的改造效果，证明前置液酸压、多级交替注入+复合酸压等4项工艺技术能满足高温裂缝性碳酸盐岩储层酸压改造技术需求。

关键词：渤海湾；南堡凹陷；潜山；高温碳酸盐岩；裂缝性；酸压

渤海湾南堡凹陷潜山以奥陶、寒武系碳酸盐岩油气藏为主，油藏埋深4000~5700m，地层温度140~190℃。储层基质为特低孔特低渗，储集空间主要包括孔隙、溶洞及裂缝，以裂缝为主，为孔隙—裂缝型储层，高角度缝发育，但多被充填，纵向及横向非均质性强，裂缝既是储集空间又是主要的流体流动通道，孔喉配合度低，连通性差。

尽可能多沟通天然裂缝是增产措施主要目标，理论和实践证明，对于这类连通性较差的碳酸盐岩储集层，只有通过酸化压裂改造措施，形成一定长度、高导流能力的酸蚀裂缝，沟通、连接油气渗流通道和储油空间，才能正确认识储层、保证油井正常投产和高产稳产。为提高酸压改造效果，开展高温裂缝性碳酸盐岩储层酸压技术研究。

1. 渤海湾南堡凹陷潜山酸压技术难点

碳酸盐岩储层酸压改造的目的是沟通储集体发育带，因此，提高酸压有效酸蚀缝长和酸蚀裂缝导流能力，增加沟通远井可能天然裂缝的机率、扩大渗滤面积，是提高酸压改造效果的关键。针对渤海湾南堡凹陷潜山储层及钻完井等特点，综合分析，酸压改造存在以下技术难点：

（1）储层温度高，酸岩反应速度较快，酸压改造用酸液体系缓速、缓蚀难度大，酸液穿透深度有限。

（2）埋藏深，施工摩阻高，井口泵压高，施工排量受限。

（3）处于滩海或人工岛，地面情况复杂，设备摆放及成本限制，酸压规模受限。

（4）储层天然裂缝发育、非均质性强，酸液体系降滤难度大，改造范围受影响，难以实现井周裂缝体系的大范围改造。

（5）储层应力高且以天然裂缝为主要渗流通道，纵向变化大、层多，受限于完井方式及工具适应性，分层改造难度大。

2. 高温工作液及酸压工艺研究

1）高温工作液体系

针对渤海湾南堡凹陷潜山储层埋藏深、储层温度高，酸压改造过程中酸岩反应速度较快，酸液对施工管柱腐蚀严重，除了通过采用前置液酸压等施工工艺降低储层温度，实现酸液缓速、降低腐蚀外，主要通过采用高温下体系缓速性能良好、腐蚀速率低、降阻性能良好、降滤失性能良好的工作液体系，提高酸压改造范围，实现酸液穿透。

（1）高温胶凝酸体系。

高温胶凝酸具有较好的耐温抗剪切性能，150℃下剪切 1h 黏度≥25mPa·s，能有效降低酸液滤失，延缓酸岩反应速率，增加裂缝长度和活性酸的穿透距离；同时该体系具有较好的降阻性能(降阻率 52%)，有于提高施工排量，实现深度酸压改造。

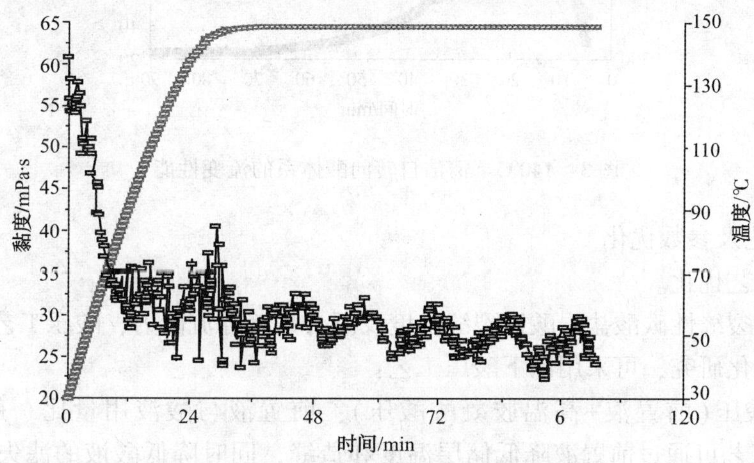

图 1　150℃下高温胶凝酸体系的流变性能

（2）高温交联酸体系。

高温交联酸体系主要特点：①在常温条件下交联，延迟交联时间可调，随温度的增加，产生二次交联，体系整体交联强度增强，进一步提高酸液黏度；②低摩阻，该体系基液黏度低，具有随温度升高交联增强的特性，在井筒中黏度较低，摩阻较小；③具有良好的耐温、抗剪切性能，在 150℃下，黏度稳定 70mPa·s 以上，能有效降低酸液滤失，延长酸蚀裂缝长度；④施工中加入破胶剂可彻底破胶，残酸表界面张力低，易于返排，残渣含量低，对地层伤害小。

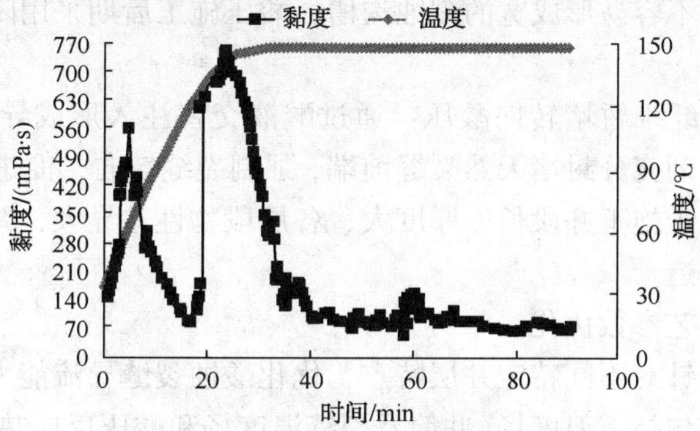

图 2　150℃下高温交联酸体系的流变性能

(3) 清洁自转向酸体系。

该体系初始黏度较低，具有较好的降阻性能(降阻率65%)，随着酸液进入地层后酸岩反应的进行，其黏度逐步增加实现良好的缓速性能(起黏后黏度>300mPa·s)，增加地层孔道内液体的流动阻力，起到暂堵裂缝的作用，破使后续酸液转向，从而实现长裸眼井段非均质储层的高效改造。施工结束，转向酸体系遇油水自动破胶，易于压后返排。

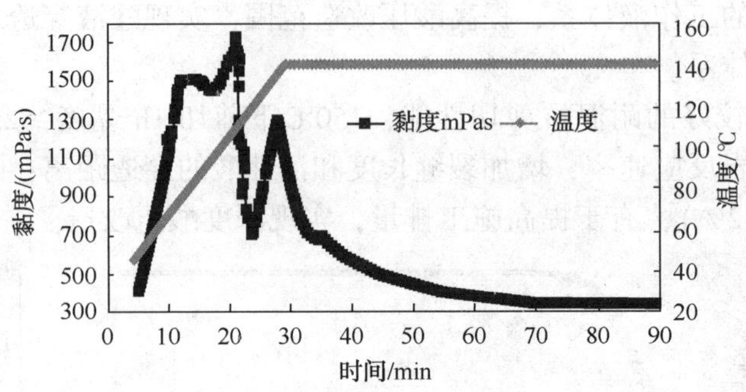

图3 140℃下清洁自转向酸体系的流变性能

2) 酸压工艺及参数优化

(1) 酸压工艺优化。

为提高高温裂缝性碳酸盐岩酸蚀裂缝长度及闭合裂缝导流能力，酸压工艺以缓速、降滤失为主，通过优化研究，可采用以下酸压工艺：

① 前置液酸压(前置液+高温胶凝酸酸压)：前置液与酸液用量比一般在(1∶1)~(1∶2.5)。该工艺可通过前置液降低储层温度和造缝，同时降低酸液的滤失和酸岩反应速率，实现深度酸压，特别适合于沟通天然裂缝。

② 多级交替注入+复合酸压工艺(高温交联酸+清洁自转向酸的多级注入酸压)：为了实现更好的酸压效果，将两种或两种以上的酸液体系复合使用，发挥其各自的优越性。酸液交替注入地层进行酸压施工，其降滤失性和对储层的不均匀刻蚀性能较好，可形成较长的且导流能力较高的酸蚀裂缝，从而提高酸压效果，适合于裂缝发育、井段较长、非均质性较强的改造。

③ 闭合酸化工艺：天然裂缝发育，当人工裂缝延伸方向与天然裂缝走向一致，酸液容易沿天然流动、刻蚀，不容易形成宽的刻蚀沟槽，酸压施工后期采用闭合酸化工艺提高缝口酸蚀裂缝导流能力。

④ 多级交替注入+纤维暂堵转向酸压：通过酸液交替注入形成导流能力较高的酸蚀裂缝，挤入纤维暂堵转向剂充分封堵天然裂缝前端，强制裂缝转向，促进裂缝延伸，沟通更多天然裂缝、孔洞。适合于施工井段长、厚度大、各层段物性差异大，并且在人工裂缝垂直方向上天然裂缝发育的改造。

(2) 酸压规模等工艺参数优化。

工艺参数优化主要针对不同特定井层特点，优化酸蚀裂缝导流能力和有效缝长，确定施工参数。模型模拟内容包括：温度场(井筒及裂缝温度场和酸压反应热)、动态液体滤失(包括多级交替注入)、裂缝几何尺寸、酸蚀缝浓度及导流能力分布等。

① 对于裂缝发育、测井解释油气储集体距离井筒20m以内，施工规模按小型酸压改造，采用胶凝酸酸压工艺技术；

② 对于裂缝较发育、施工井段长、厚度大、非均质性强、油气储集体距离井筒20~80m，以压开裂缝，产生一定长度、高导流能力的酸蚀裂缝，沟通天然溶洞和天然大型裂缝为目的，施工规模按中型酸压改造，采用高温交联酸+清洁自转向酸+多级交替注入+纤维暂堵转向酸压工艺技术。

③ 对于裂缝不发育储、油气储集体距离井筒>80m，该类储层以压开长的酸蚀裂缝，沟通更多的天然裂缝及溶孔为目标，施工规模按大型酸压改造，采用前置液+高温交联酸酸压工艺技术、多级交替注入、闭合酸化等复合工艺。

3. 现场应用分析

2010年以来，在渤海湾南堡凹陷潜山及类似高温裂缝性碳酸盐岩储层共实施酸压15井次，有效11井次，有效率73.3%，取得了较好的应用效果。酸压工艺主要有前置液酸压、多级交替注入+复合酸压、纤维暂堵转向、闭合酸化等工艺技术。

以NP2X井为例介绍高温裂缝性碳酸盐岩酸压技术现场应用情况。该井储层埋深4025m，前期经过2次常规酸压，压后均地层供液不足，未取得理想的改造效果。分析认为由于改进裸眼井段长度200m左右、各层段物性差异大，前期改造排量低、规模偏小，仅改造了部分近井裂缝发育段，未能有效沟通远端裂缝储集系统。为此，经研究优化采用前置液+颗粒纤维降滤+高温交联酸+清洁自转向酸+多级交替注入+闭合酸化的酸压工艺技术，同时采用大规模酸压，适当提高施工排量控制滤失，保证裂缝向远端的有效延伸及刻蚀。共挤入地层总液450m^3，停泵测压降13MPa↓10.5MPa，同时施工过程中排量保持稳定情况下，泵压迅速下降13MPa，沟通储集体显示明显。压后排液300m^3见油，初期日产油17m^3/d，含水40%，取得了较好的改造效果。

4. 认识与结论

（1）渤海湾南堡凹陷潜山碳酸盐岩储层温度高、裂缝发育，提高酸压措施效果的关键是延缓酸岩反应速率和降低酸液滤失速率。

（2）研究优选出3套高温下缓速性能良好、腐蚀速率低、降阻性能良好、降滤失性能良好的工作液体系：高温胶凝酸能有效延缓酸岩反应速率，降低施工摩阻；高温交联酸具有延迟交联、酸液黏度高等特点，能有效降低酸液滤失，提高酸蚀裂缝长度；清洁自转向酸摩阻低、缓速性能好，遇油水自动破胶，可实现裂缝暂堵转向，实现均匀布酸。

（3）结合渤海湾南堡凹陷潜山碳酸盐岩储层酸压技术难点，对高温工作液体系、酸压工艺及施工参数进行了优选及优化研究，形成了多级交替注入+复合酸压、闭合酸化等酸压工艺技术，现场应用效果良好，表明能满足高温裂缝性碳酸盐岩储层酸压改造技术需求。

参考文献

[1] 颜菲，卢修峰，等. 南堡滩海高温裂缝性碳酸盐岩储层酸压技术研究与应用[J]. 全国低渗透油气藏压裂酸化技术研讨会，2010：383-387.

[2]孙刚．碳酸盐岩储层纤维暂堵转向酸压技术研究与应用[J]．内蒙古石油化工，2012，12(1)：112-113.

[3] 赵文娜，王宇宾，宋有胜，等．耐高温酸化缓蚀剂 GC-203L 的开发及评价[J]．科学技术与工程，2014，14(5)：201-203.

[4] 赵文娜，王宇宾，张烨．高温地面交联酸体系研究及其现场应用[J]．科学技术与工程，2013，13(8)：2190-2192.

[5] 车明光，袁学芳，等．酸蚀裂缝导流能力实验与酸压工艺技术优化[J]．特种油气藏，2014，21(3)：120-123.

排管机使用过程中典型故障分析

孙绪振　沈心瑞　栗慧燕

（中国石油集团海洋工程有限公司钻井事业部）

摘要：排管机(PRS)用于在钻台立根盒与井口之间往返自动抓取与排放钻杆，是 NOV 钻井包中自动化程度较高同时又是较易出现故障的设备。本文从排管机的基本结构及主要功能入手，结合中油海 17 平台生产作业中排管机出现的几次典型故障及维修过程，总结今后排管机在使用过程中更为科学的操作方法及相关注意事项。

关键词：智能排管机；典型故障

1. 引言

NOV 管子自动排放系统可分为水平管子处理与垂直管子处理两部分，其中抓管机与猫道机配合，实现管柱从悬臂梁管子甲板到钻台面的水平移送，管柱到达钻台面后通过智能排管机配甩钻具并实现钻杆在立根盒与井口之间的往复自动化排放。传统的钻杆排放操作方式需要工作人员与钻杆直接接触，在起下钻过程中，司钻、钻工、井 e3sssss 架工要手动密切配合，稍有不慎便可能造成事故。特别是在指梁与井口之间移送钻杆立根时，需要二层台上的井架工直接接拆移送立根，危险性较大。由此可见排管机作为钻井自动化系统中的一个重要组成部分，对于钻井平台生产作业中提高劳动效率，降低员工劳动强度及风险性有着极为重要的意义。排管机为实现在使用中的高自动化，配备了复杂的电气控制系统，轻巧的机械构件以及较为精密的液压执行与操控系统，从而导致该设备的故障率较高。本文从排管机的电气控制、机械构件及液压系统三个方面阐述该设备在使用中的典型故障及维修过程，探讨排管机今后在操作中的注意事项及各类故障的避免方法，从而为更好是利用好这一高自动化设备提供一定借鉴意义。

2. 排管机简介

立柱式排管机主要用于实现在井口与钻台指梁之间往返自动移送钻杆立根操作，还可与猫道机、动力鼠洞、铁钻工配合完成离线接立柱操作，而不需要借助起升系统，不影响钻进，大大提高工作效率。中油海 17 平台装备的 PRS-4I 排管机(图 1)是立柱动态机器，被设计满足固定或者浮动井架钻台设计。PRS-4I 除可以实现与绞车，顶驱，鼠洞配合完成起下钻，配立柱操作外，还可以实现在钻台立根盒井口大门坡道水平移动，立根盒与井口之间旋转，上下臂提升伸缩可实现立根盒处钻柱提升抓取操作。

图 1

3. 排管机故障实例及处理过程

1) 排管机压力开关损坏

(1) 故障现象:

排管机在正常使用过程中出现"Column Caliper Brake is not Released"和"Hydraulic Supply Pressure is low"报警,同时排管机不能动作。

(2) 故障分析及处理:

因为报警显示为排管机水平移动电机刹车未打开和系统液压压力低故障,故首先检查排管机液压系统压力情况。排管机液压动力由钻台液压站供给,液压站工作正常;用压力表实测排管机系统压力 2850psi,在正常范围内(图 2)。

图 2

由此我们判断,液压系统工作正常,问题应出在电气信号反馈及控制系统。

在确认液压系统工作正常的情况下,电气师利用 Amphion 系统中 I/O diagnostic 的强制赋值功能进行应急操作和诊断。在进行强制赋值操作后,操作界面报警信息消失,排管机能够正常使用。此时排管机压力传感器被屏蔽,说明问题出在电气系统的压力传感器。(如图 3 中所标出)

(3) 总结:

此次排管机所报故障为液压系统失效导致设备不能正常操作,现场维修人员在第一时间排查液压系统,首先排除压力低导致刹车不能正常打开的可能性,同时可初步确定由于电气系统信号采集及传递导致的误报警。在通过系统强制赋值操作后确定是由于液压检测开关损坏,导致系统不能够正常检测系统压力,造成排管机不能正常使用。利用 Amphion 系统中 I/O 诊断强制赋值功能,可以在确认液压系统正常工作的前提下,监测传感器是否存在故障。同时在没有备件更换的情况下,可以通过屏蔽压力传感器实现系统正常运转。海洋钻井平台自动化程度越来越高,设备为实现自动化功能相应的各类传感器越来越多,如何利用软件系统功能迅速诊断传感器故障成为分析解决故障的重要手段。但此操作同样也存在风险,由于系统压力失去了实时监测,因而在排管机操作过程中就需更加细心。此种强制赋值操作

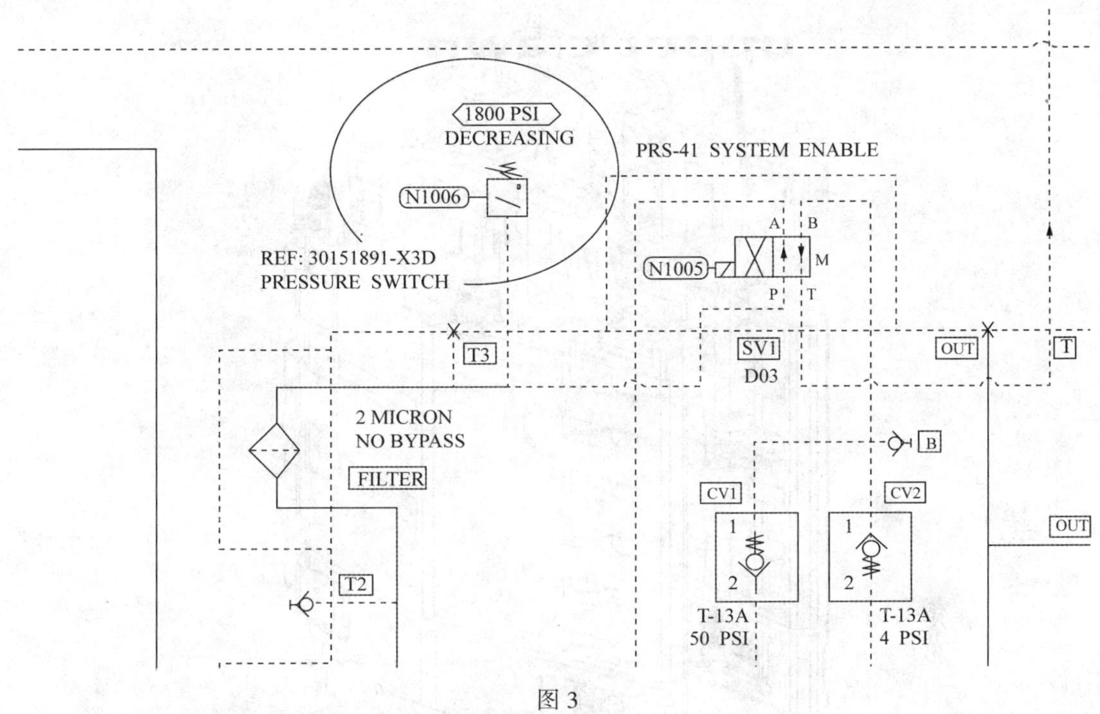

图 3

只适用于无备件情况下的应急操作，根本解决此类问题仍需更换相应设备备件。

2）排管机上臂 UPPER CLAW 销子断裂

（1）故障现象：

排管机在正常使用过程中，班组人员发现排管机上臂 UPPER CLAW 不动作，发现该部件靠船艏方向 CLAW 运动方向与正确方向错位 90°。

（2）故障分析及处理：

维修人员到现场，开始进行故障排查，查找原因。通过现场检查分析，可能是该部件连接销子断裂，拆开销子后，发现销子已断裂为 3 节(图 5)。

处理过程：

① 将断裂销子拆除，更换外径相同的不锈钢螺栓，将螺栓与螺帽焊死。

② 报料销子，到料后更换。

（3）原因分析：

由于该部件关节处没有保养项点，导致转动部件锈蚀，卡阻。在抓钻杆时，与钻杆发生碰撞，导致无法转动，销子断裂。

（4）总结：

此次为纯机械构件故障，查找原因及处理都较为迅速。但在处理设备故障中所采用的并非设备原件，而是由平台人员自行加工的替换件。在 NOV 设备设计过程中存在许多为保护设备过载而优先断裂释放过大应力与扭矩从而保护设备整体完好性的设计。在更换自制配件后，排管机上臂销子失去了原来的优先断裂保护设备的功能。在使用中如因不当操作容易引起更为严重的设备故障。因此，设备维修过程中对于原装备件的依赖性越来越强。

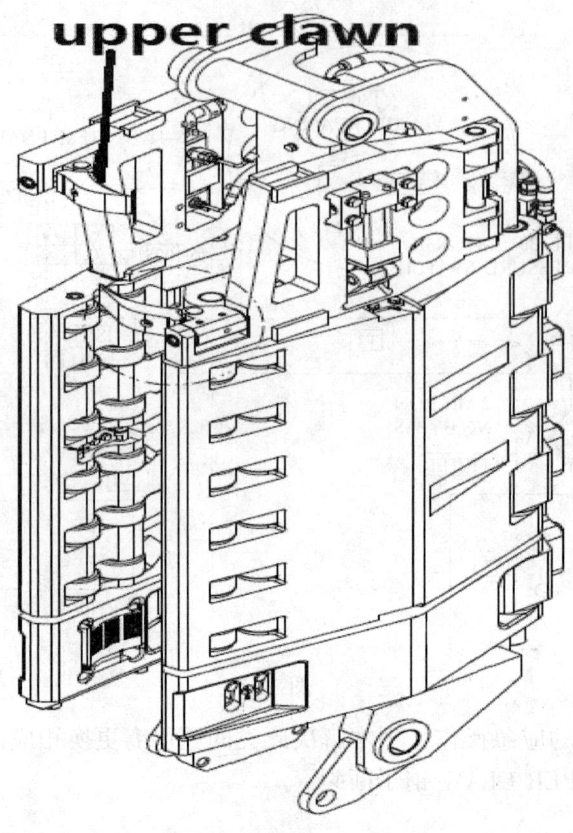

图 4

图 5

3）排管机刹车密封漏油

(1) 故障现象：

在使用过程中，排管机下臂齿轮油杯中有油不断溢出。

(2) 故障分析及处理：

查阅图纸，判断为下臂电机刹车密封损坏，导致高压刹车释放液压油泄露至齿轮油中。

图 6 中所标出部位即为排管机下臂电机刹车密封漏油处，详图见图 7。图 7 中第 46/98/99 项为不同形式密封。

图 6

86
6
78
6
13
I
46
I
98
I
46
I
45
I
25
REF
24
I
79
4
99
I
51
I
20
REF
DETAIL C
SCALE 0.330

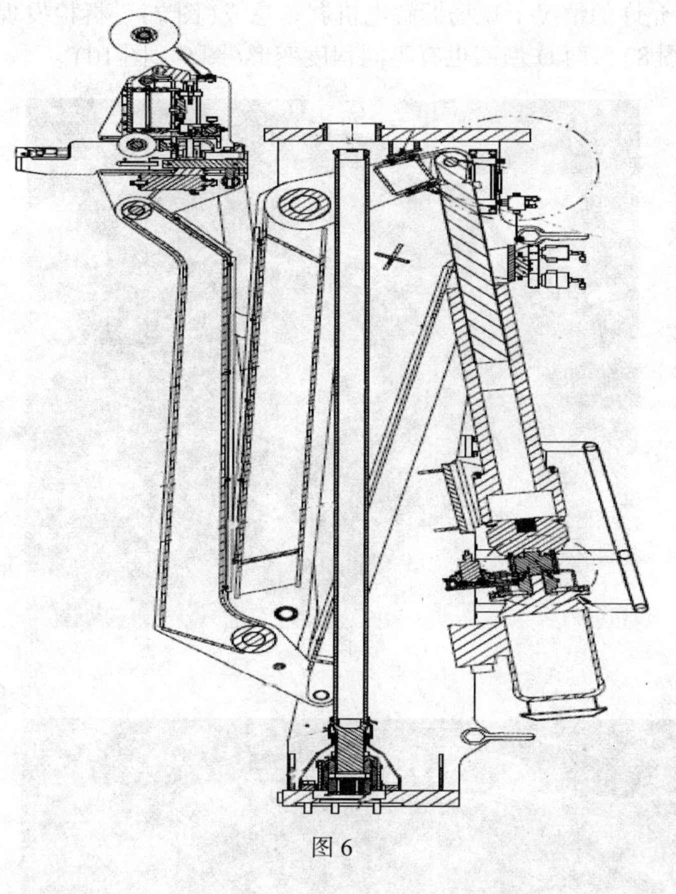

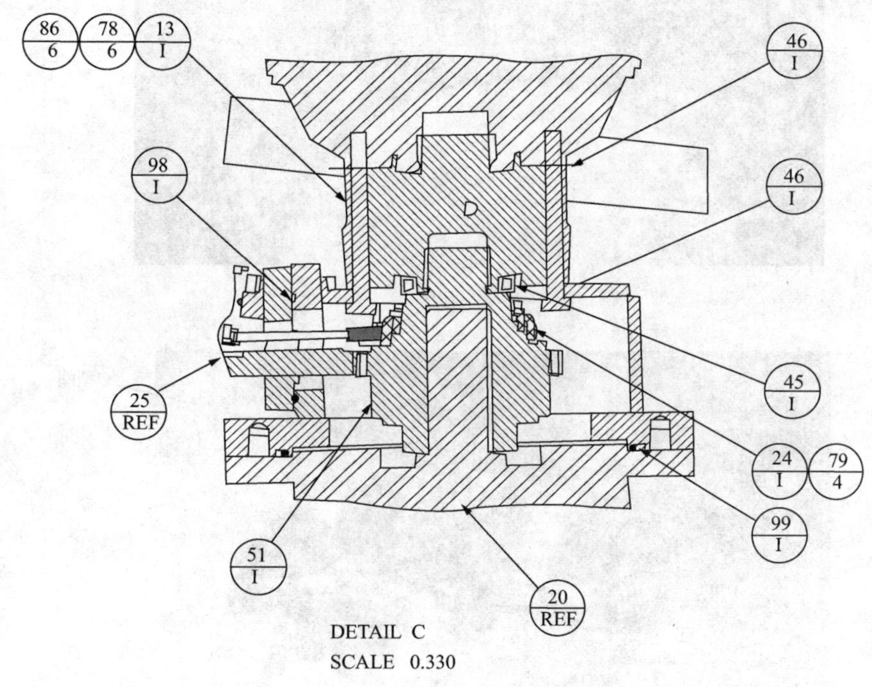

图 7

于是，在工况允许的情况下现场拆解电机刹车总成(图7)。拆检发现，其中2套布列维尼密封均有磨损(图8)，两O型圈也有不同程度变形(图9、图10)。

图8

图9

图10

更换2套油封，2套布列维尼密封后，反装刹车密封及电机，试运转后不再有窜油现象。

(3) 总结：

此类问题为典型密封损坏导致液压油窜漏的液压故障，在了解设备结构及有相关备件的情况下比较容易查找及解决问题。

4. 结束语

随着海洋石油平台钻井设备自动化程度越来越高，设备维护工作难度不断加大。纯机械构件故障，极易发现和解决，但需要有相应备件，否则临时替换件可能会引起更大的设备问题。液压系统问题主要发生在密封损坏导致的泄露，压力不足等。设备电器元件间通讯增多，各种传感器遍布设备各处，设备连锁保护更为复杂，新型电器元件大量应用，设备集成度更高，使得电气故障不易直接发现，往往需要首先排除机械故障。因此在设备修理过程中，机械与电气路人员需要密切配合，并逐步学习掌握非专业内的一些基本知识，如设备结构原理或电气原理等。同时，设备自动化程度的提高，对班组人员的操作与维护保养提出了更高的要求。严格执行操作规程，精细操作，防止机械损伤及电气控制系统程序混乱。

浅析水平井打捞技术

何江波[1]　钱旭瑞[2]

（1. 中国石油集团海洋工程有限公司技术处；
2. 中国石油集团海洋工程有限公司天津分公司）

摘要：长期以来，由于特殊的井身结构，水平井打捞井下落物及井下管柱这个“疑难杂症”一直被视为井下作业施工中难啃的硬骨头，水平井水平段内的落鱼打捞（特别是防砂管打捞）作业是一个很大难题，由于水平井井眼轨迹的特殊性，致使水平段的落物、形态由于重力的作用，处于套管的低部位，造成打捞工具、打捞管柱状态发生变化，作业时井口施加的扭矩和拉力很难全部传递到水平段鱼顶位置，常规打捞解卡措施无法实施。文中根据我公司成功实施水平段防砂管打捞施工的现场经验，结合理论分析，对打捞难点、工具及钻具的选择等进行了分析，以期对今后斜井、水平井的打捞作业具有一定的指导意义。

关键词：水平井；打捞；特点；管柱；实例

1. 水平井概述

1）水平井定义

水平井是指井眼轨迹同油层走向基本一致，井斜角不低于86°的特殊定向井。如图1所示，井眼在油层中水平延伸相当长一段长度。有时为了某种特殊的需要，井斜角可以超过90°“向上翘”。

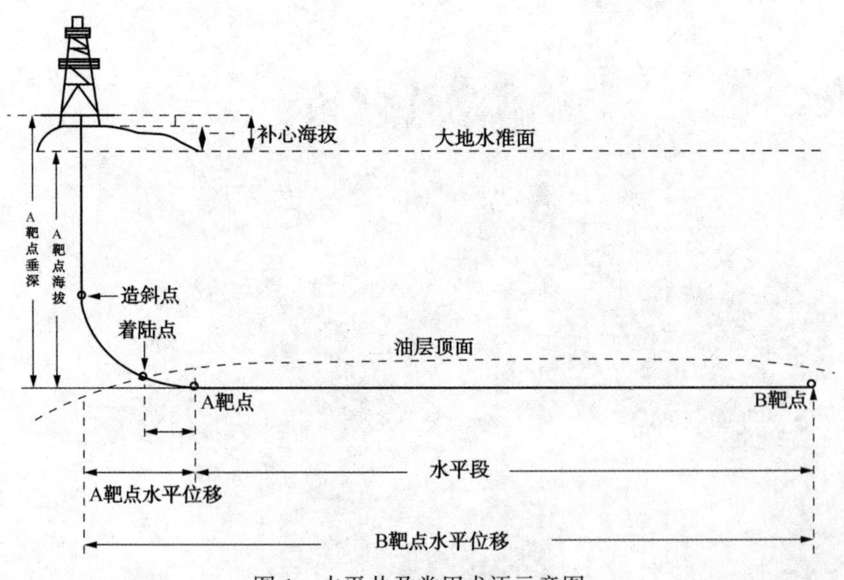

图1　水平井及常用术语示意图

一般来说，水平井适用于薄的油气层或裂缝性油气藏，目的在于增大油气层的裸露面积，提高采油速度，是增加产量的有效手段之一。

2）水平井的分类。

（1）按照曲率半径分类。

① 长半径水平井（又称小曲率水平井）：其造斜井段的设计造斜率 $K=(2°\sim6°)/30m$，相应的曲率半径 600m>R>300m。

② 中半径水平井（又称中曲率水平井）：其造斜井段的设计造斜率 $K=(6°\sim20°)/30m$，相应的曲率半径 245m>R>100m。

③ 短半径水平井（又称大曲率水平井）：其造斜井段的设计造斜率 $K=(24°\sim30°)/30m$，相应的曲率半径 60m>R>6m。

（2）按照完井方式分。

① 常规水平井：固井射孔完井、带管外封隔器分级注水泥筛管完井、悬挂筛管完井、砾石充填完井、裸眼完井。

② 侧钻水平井：尾管固井射孔完井、带管外封隔器筛管完井、带管外封隔器筛管顶部注水泥完井、带管外封隔器分级注水泥射孔完井。

③ 分支井：尾管固井射孔完井。

④ 鱼骨刺井：裸眼完井。

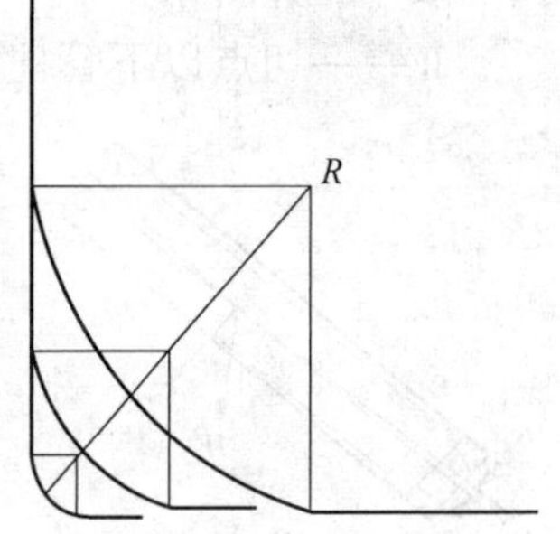

图 2　水平井分类示意图

2. 水平井的特点

水平井最主要的特征在于它可以大大增加井眼在产层中的长度和产层的泄油面积，用略高于一口直井的成本投入得到数口直井的产量。

1）水平井的应用优点

（1）开发薄油藏油田，提高单井产量；

（2）开发低渗透油藏，提高采收率；

（3）开发重油稠油油藏；

（4）开发以垂直裂缝为主的油藏；

（5）开发底水和气顶活跃的油藏；

（6）利用老井采出残余油；

（7）用丛式水平井扩大控制面积，减少丛式井的平台数量；

（8）用水平井注水注气有利于水线气线的均匀推进；

（9）用水平探井可穿多层陡峭的产层，往往相当于多口直井的勘探效果；

（10）有利于更好的了解目的层的性质；

（11）有利于环境保护。

2）水平井打捞重难点

（1）管柱和工具工作状态发生根本变化，常规井下作业管柱和工具不能满足水平井作业要求下井工具受到很大限制。

（2）打捞管柱受力复杂，起下管柱磨阻大，对管柱和工具磨损严重，力和扭矩损耗大不易传递。

（3）水平段修井液流态发生变化，对修井液性能及循环参数要求不同。

（4）压力系数及压井液密度的确定应以垂深计算。

（5）电缆测试不能到达水平段，仅能够完成井斜小于 60°以内井段的测试。

(6) 水平井冲砂难度高，易卡钻。

3) 水平井管柱受力特点

对于水平井弯曲井段可看作是由井斜角不同的多边形组成，这是水平井和斜井的共同点，因此，本文把水平井和斜井放在一起研究。

受重力作用，水平井与直井相比有如下特点：

(1) 油层砂粒更易进入井筒，形成长井段的“砂床”，严重时形成砂堵井眼。

(2) 井内管柱贴近井壁低边，“钟摆力”F获得平衡。

$$F = W\sin\alpha \tag{1}$$

式中 α——井斜角；

W——切点以下管柱的重力。

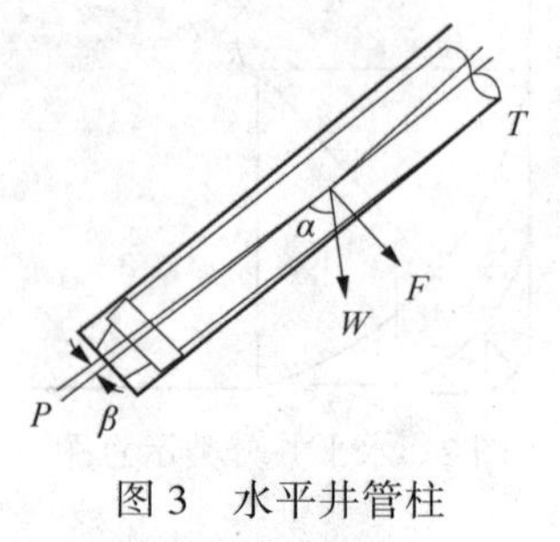

图3 水平井管柱受力示意图

长井段“砂床”中的管柱，受“钟摆力”和磨擦面积大的双重作用，更易形成卡钻，所以水平井、斜井解卡打捞成为常见的井下作业之一，是大修作业首要解决的问题之一。斜井和水平井中的管柱受力较为复杂，特别是“钟摆力”和弯曲应力很大、分力多，活动解卡时的拉力和扭矩不易最大限度的传递到卡点上，解卡成功的机率低。倒扣时也无法准确掌握中和点，倒扣打捞落物长度短，提下打捞工具次数多。

3. 水平井打捞工具的选择

水平井打捞要遵循“下得去、抓得住、起得出、有退路”的原则，在实际打捞施工中，打捞工具常与安全接头、震击器、磨铣、套铣等工具配合使用，一般要注意以下几点：

(1) 防止工作部件的磨损；

(2) 工具尽可能选择带水眼的，且注意防止堵塞水眼；

(3) 工具接头以及配合接头最大外径处支点与钻柱之间的中心线倾斜角，选择工具接头及配合接头的最大外径与预捞管柱外径基本一致，这样有利于抓捞落物；

(4) 落井管柱与打捞工具的偏心距基本一致，中心线基本一致，否则应给予调节，内捞时工具端部有引锥，外捞时工具端部有拔钩，外表面无死台阶，防止挂卡现象发生；

(5) 工具抓获方式尽可能选用液压式，并采用扶正器引入捞鱼。

4. 水平井打捞管柱的选择

(1) 内捞工具端部要有引锥，外劳工具端部打外倒角，工具外表面无直台阶，防止挂卡现象发生。

(2) 无需大力解卡打捞落井管柱时，选用与落井管柱同尺寸的钻柱。偏心距和中心线与井下一致，有利于抓捞落物。

(3) 为利于轴向载荷和扭转载荷的传递，可选用倒装钻具，即：下段采用与落井管柱同尺寸的钻具柱，上段采用大一级的钻柱，或把钻铤加在垂直井段。

(4) 工具接头及配合接头的最大外径应与遇捞管柱外径基本一致，有利于抓捞落物，这样就只需小量调整或不需调整钻柱偏心距和中心线。如：预捞 ϕ62mm 油管(接箍外径 88.9mm)，选用 ϕ60.3mm 钻杆(接头外径 85.73mm)。

(5) 在打捞钻柱上加扶正器，调整下段钻柱的偏心距和中心线，使之与落井管柱基本一致。

（6）在钻柱上近工具处加扶正器，利用钻柱的弯曲变形来调节井下工具倾斜角，以利于抓捞落物；

（7）使用优质钻具施工，勤检查，勤倒换钻具，重点防止钻具折断。

5. 水平井打捞实例

中油海 63 平台在胜利油田埕北海域 6E-P2 井进行了检换电泵、拔滤、补射、充填防砂、下电泵完井施工，该井人工井底 1900.55m、造斜点 530.35m、最大井斜 94.7°、最大井斜点深度 1872.47m，采用 7in 套管完井，水平井段长 233m，该井需打捞 258.21m 长防砂管柱，防砂管柱结构：Y445-150 防砂封隔器+ϕ126mm 安全接头+ϕ152mm 扶正器+ϕ126mm 安全接头+ϕ124mm 防砂管柱（19.41m）+ϕ152mm 扶正器+ϕ124mm 防砂管柱（19.44m）+ϕ152mm 扶正器+丝堵。

针对该井井斜段防砂管柱长且防砂管柱下井长达 7 年，施工难度较大，工程技术人员详细分析井筒管柱情况、优化施工方案、优化打捞工具，采用 ϕ89mm 反扣钻杆+150 扶正器+安全接头+双滑块捞矛打捞管柱，下至鱼顶上 10m 后，大排量正循环洗井，冲洗干净鱼顶后缓慢下放，待捞矛进入鱼腔后，考虑到磨阻的影响，加压 100kN 上提，悬重由 320kN 上升至 600kN 抓获落鱼，控制悬重在 300~600kN 间活动解卡，约 20min 后悬重缓慢降至 340kN，解卡成功，起出打捞管柱后，检查已捞获全部防砂管柱，打捞共计用时 43.5h，将井内 258.21m 防砂管柱一次性成功捞获，比计划周期 168h 提前 124.5h 完成打捞任务，大大缩短了施工周期，增加了经济效益。

该井打捞成功关键在于施工前制定了详细的施工方案，确定了合理的打捞管柱，操作过程中平稳、观察仔细悬重变化，在加压、活动解卡中充分考虑到磨阻的影响，杜绝了生拉硬拽卡死管柱，控制合理的上提悬重进行活动解卡，确保了打捞成功实施。

5. 结论与建议

我国水平井发展迅速，井下作业也将面临大量的水平井施工，特别是水平井打捞，考虑到水平井的井身结构特性，在修井装备方面要加大力度，确保设备性能满足要求，在打捞工具方面，要有多种方案可选择，以确定最优管柱组合，技术人员应对摩阻分析、钻柱力学分析等有一定的水平，在现场施工中多进行观察总结，优化施工方案、落实风险措施、不断提升技术水平，做好以上工作，水平井打捞难题也将迎刃而解。

参 考 文 献

[1] 吕凤平. 水平井打捞工艺技术新探[J]. 石油天然气学报，2009，31(03)：343-345.
[2] 张士江. 水平井作业技术，2012.
[3] 胡文瑞. 水平井油藏工程设计[M]. 北京：石油工业出版社，2008.
[4] 周全兴. 现代水平井采油技术[M]. 天津：天津大学出版社，1997.

耐高温复合氮气泡沫体系研究

张贵清　孙　磊　徐鸿志　郝志伟　夏　烨

（中国石油集团工程技术研究有限公司）

摘要：针对常规泡沫体系在高温条件下适用性差的难题，室内开展了耐高温氮气泡沫调剖体系研究。考察了高温条件下氮气泡沫调剖体系的的发泡率、析液半衰期、表面张力、及岩心封堵率。实验结果表明，当两种起泡剂复合使用时，氮气泡沫调剖体系的综合性能明显优于两者单独使用时。起泡剂 A 加量为 0.5%、起泡剂 B 加量为 0.3%时，95℃下老化 7d 后，体系的发泡率>400%，析液半衰期>300s，界面张力<0.1mN/m，岩心封堵率>85%，表明该氮气泡沫体系研究具有良好耐温性能，满足高温油藏调剖需求，具有较好的应用前景。

关键词：泡沫体系；发泡率；耐高温；岩心封堵率

1. 前言

国内油田经过长期注水开发现已进入高含水期，增产稳产难度大，需要实施调驱作业以改善储层非均质性，提高注水开发效率。泡沫是一种选择性调驱体系，遇水稳定，遇油消泡，具有“堵大不堵小、堵水不堵油”的优点，既能扩大低渗透率地层的波及体积，达到高低渗透率地层同步驱替的效果，又能很好地控制水油流度比。此外，泡沫中的表面活性剂可有效降低油水界面张力，改善岩石表面润湿性，降低毛管作用力，从而提高洗油效率。因此，近年来泡沫调驱体系在油田应用日益广泛。但在高温条件下，现有泡沫体系起泡和稳泡能力衰减严重，无法有效扩大波及体积和效率，因此，有必要开展耐高温氮气泡沫体系研究。

2. 实验部分

1）试剂和仪器

起泡剂 A(工业品，烯烃基)；起泡剂 B(工业品，芳烃烷烃基)；氯化钠(分析纯)；氯化钙(分析纯)；六水氯化镁(分析纯)；TX-500C 旋转滴界面张力仪(美国 CNG 公司)；电子天平(BSA323S，德国赛多利斯集团)；电热恒温干燥箱(Unb400，德国 Menmert 公司)，吴茵搅拌器(WT-2000A，北京探矿工程研究所)。

2）盐水的制备

称取适量的氯化钠、氯化钙和六水氯化镁，配制总矿化度为 5000mg/L 的盐水(其中，Ca^{2+}浓度为 40mg/L，Mg^{2+}浓度为 10mg/L,)，以模拟地层条件下水的离子组成。

3）起泡剂 A 溶液的制备

采用盐水配制起泡剂 A 浓度分别为 0.1%、0.2%、0.3%、0.4%、0.5%、0.6%、0.7%、0.8%、0.9%、1.0%的溶液，备用。

4）起泡剂 B 溶液的制备

采用盐水配制起泡剂 B 浓度分别为 0.1%、0.2%、0.3%、0.4%、0.5%、0.6%、

0.7%、0.8%、0.9%、1.0%的溶液，备用。

5）起泡剂 A、B 复合溶液的制备

采用盐水配制两种起泡剂总浓度为 0.8%、起泡剂 A 和起泡剂 B 质量比分别为 1∶7、2∶6、3∶5、4∶4、5∶3、6∶2、7∶1 的溶液，备用。

6）发泡率和析液半衰期的测定

将采用盐水配制好的起泡剂溶液 200.00g 密闭放入 95℃电热恒温干燥箱中恒温 7d。采用吴茵搅拌器（转速 7000r/min）搅拌 1min（搅拌同时通入氮气），立即倒入 2000mL 量筒中，封口，开始计时，记录停止搅拌时泡沫的体积 V，即发泡体积，单位为 mL；分离出 100mL 液体所需要的时间，即析液半衰期，单位为 s。用发泡率 φ（$\varphi=V/200\times100$）表示发泡能力，用析液半衰期 $t_{1/2}$ 表示泡沫的稳定性。

7）界面张力的测定

将采用盐水配制好的起泡剂溶液 100.00g 密闭放入 95℃电热恒温干燥箱中恒温 7d。按 SY/T 6424—2000 中第四章的方法，测试起泡剂溶液与原油之间的界面张力。

8）岩心封堵率的测定

将采用盐水配制的起泡剂 A 浓度为 0.5%、起泡剂 B 浓度为 0.3%的起泡剂溶液密闭放入 95℃电热恒温干燥箱中恒温 7d。采用长 300mm、底面 45×45mm 的方形人造胶结岩心测试的岩心封堵率。岩心水测渗透率为 1.2μm^2，氮气与起泡剂溶液同时注入，氮气与起泡剂溶液体积比为 3∶1，注入速度 0.5mL/min，实验温度 95℃。

3. 结果与讨论

1）起泡剂对发泡率的影响

（1）起泡剂单独使用时对发泡率的影响。

由图 1 可知，随着起泡剂 A、B 浓度增加，发泡率随之增加。当起泡剂 A、B 浓度增加至 0.8%时，发泡率达到最大值，起泡剂 A 的发泡率为 400%，起泡剂 B 的发泡率为 390%。起泡剂浓度继续增加，发泡率变化不明显。

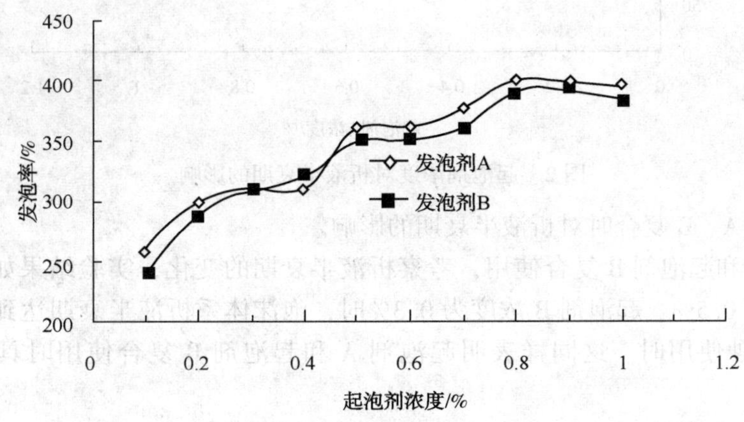

图 1 起泡剂浓度对发泡率的影响

（2）起泡剂 A、B 复合时对发泡率的影响。

将起泡剂 A 和起泡剂 B 复合使用，考察发泡率的变化，实验结果如表 1 所示。当起泡剂 A 浓度为 0.5%、起泡剂 B 浓度为 0.3%时，泡沫体系发泡率达到 420%，均高于起泡剂 A、B 单独使用时。这表明起泡剂 A 和起泡剂 B 复合使用时具有一定的协同作用。

表 1 起泡剂浓度对泡沫体系性能的影响

实验编号	起泡剂 A 浓度/%	起泡剂 B 浓度/%	发泡率/%	析液半衰期/s	界面张力/mN·m^{-1}
1	0	0.8	390	285	0.25
2	0.1	0.7	390	273	0.21
3	0.2	0.6	390	232	0.20
4	0.3	0.5	400	261	0.15
5	0.4	0.4	410	269	0.12
6	0.5	0.3	420	305	0.08
7	0.6	0.2	400	270	0.09
8	0.7	0.1	395	243	0.14
9	0.8	0	400	262	0.19

2）起泡剂对析液半衰期的影响

（1）起泡剂单独使用对析液半衰期的影响。

由图 2 可知，随着起泡剂 A、B 浓度增加，析液半衰期随之延长。当起泡剂 A 浓度增加至 0.7%时，析液半衰期达到最大值 272s；当起泡剂 B 浓度增加至 0.8%时，析液半衰期达到最大值 285s。起泡剂浓度继续增加，析液半衰期略有降低。

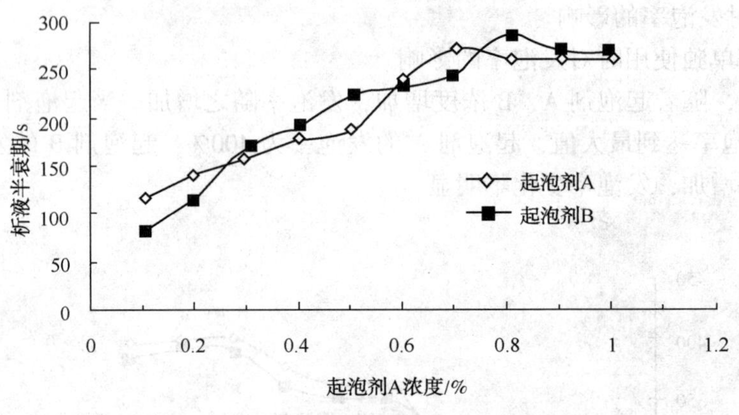

图 2 起泡剂浓度对析液半衰期的影响

（2）起泡剂 A、B 复合时对析液半衰期的影响。

将起泡剂 A 和起泡剂 B 复合使用，考察析液半衰期的变化，实验结果如表 1 所示。当起泡剂 A 浓度为 0.5%、起泡剂 B 浓度为 0.3%时，泡沫体系析液半衰期达到 305s，均高于起泡剂 A、B 单独使用时。这同样表明起泡剂 A 和起泡剂 B 复合使用时具有一定的协同作用。

3）界面张力评价

将起泡剂 A 和起泡剂 B 复合使用，测定界面张力的变化，实验结果如表 1 所示。当起泡剂 A 浓度为 0.5%、起泡剂 B 浓度为 0.3%时，油水界面张力达到最低，为 0.08mN/m，表明该泡沫体系在可有效降低油水两相界面张力，具有良好的驱油效果。

4）封堵率评价

泡沫体系注入体积与注入压力的关系曲线如图3所示。第一次水驱阶段，压力平稳，为60kPa左右。注入泡沫体系，压力迅速上升，这是由于起泡剂溶液与氮气混合后产生了大量的泡沫，封堵了岩心中的孔喉。注入0.4PV起泡剂溶液后转为水驱，压力呈波动下降趋势，表明泡沫在岩心中发生了移动、破裂、再生的过程。水驱0.5PV后，压力维持在440KPa左右，岩心封堵率为86.4%。

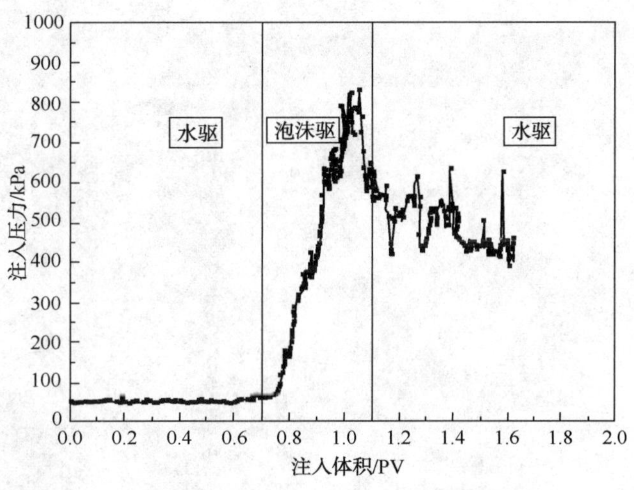

图3 注入体积与注入压力的关系

4. 结论

（1）起泡剂A和起泡剂B复合使用时各方面性能明显优于其单独使用时，表明两种起泡剂在泡沫调驱过程中具有一定协同作用。

（2）95℃条件下，该复合氮气泡沫体系具有良好的起泡能力、较低的界面张力和较高的封堵率，表明该体系适用于高温油藏调剖调驱。

参考文献

[1] 颜家才，王玉忠，苟景锋，等．酚醛树脂在油田化学领域的应用[J]．钻井液与完井液，2007，24(B09)：6-9.

[2] 余成林，林承焰，尹艳树，等．合注合采油藏窜流通道发育区定量判识方法[J]．中国石油大学学报(自然科学版)，2009，33(2)：23-28.

[3] 林梅钦，郭金茹，徐凤强，等．大尺度交联聚丙烯酰胺微球微观形态及溶胀特性[J]．石油学报(石油加工)，2014，30(4)：674-681.

[4] Eli SERIGHT R S，LIANG J. A survey of field applications of gel treatments for water shut-off[J]. SPE 26991，1994：221-231.

[5] FULLEYLOVE R J，MORGAN J C，STEVENS D G，et a1. Water shut-off in oil production wells-lessons from 12 treatments[J]. SPE 36211，1996：415-427.

[6] CHOU S I，BAE J H，FRIEDMANN F，et a1. Development of optimal water control strategies[J]. SPE 28451，1994：41-51.

[7] PAPPAS J，CREEL P，CROOK R. Problem identification and solution method for water flow problems[J]. SPE

35249，1996：797-805.
[8] 欧阳向南，唐善法，胡小冬，等．低界面张力泡沫驱油体系研究[J]．精细石油化工进展，2012，13(8)：32-35.
[9] 高海涛，李雪峰，赵斌，等．ZY 型耐温耐盐泡沫体系的研制及性能评价[J]．断块油气田，2010，17(3)：369-371.
[10] 李亮，张建军，马淑芬，等．塔河油田高温高盐油藏氮气泡沫调驱技术[J]．石油钻探技术，2016，44(5)：94-99.

化学切割技术在BZ25-1油田修井作业中的应用

沈吉阳　尤彬彬　曾令权　孟令亮

（中国石油集团海洋工程有限公司钻井事业部）

摘要：由于油气井开采时间长，套管变形、地层出砂、封隔器处结垢等原因，常常导致在修井作业中，油管柱和封隔器无法起出，造成卡钻事故。如果不能成功解卡，最终基本都要计算卡点，并在所测卡点以上切割管柱。化学切割技术是修井施工中一项成熟应用的新技术，该技术与常规爆炸切割等工艺相比，具有效率高、不损伤套管等优点。2017年，中油海16平台在BZ25-1油田修井检泵作业过程中有2口井应用了LCC公司化学切割技术，有效解决了卡钻难题，大大提高了修井时效。本文对化学切割技术的简要介绍及在现场施工中的成功应用作一阐述，对以后发生类似卡钻事故处理有所指导与帮助。

关键词：化学切割；修井

化学切割是用标准电缆输送入井，通过电测校深，电缆点火，使化学药剂与催化剂反应，产生高温、高压腐蚀流体，并从切割头孔眼处高速喷出，从而腐蚀切割管柱的一种技术。此项新技术在国内各大油田也时有应用，其切割迅速、端面平齐，没有毛刺，便于后续打捞施工，应用比较成功。

1. 化学切割技术原理及结构组成

1）技术原理

化学切割工具通过标准电缆输送入井，用磁定位仪器管柱校深。切割头对准预切割位置后，激发点火装置引燃推进火药，迅速产生高温、高压气体，推动三氟化溴穿越催化剂到达切割头，三氟化溴就从切割头上的一圈小孔喷射到被切割管柱内壁上(图1)，高温、高压的气体促使化学反应非常迅速，管柱就被化学反应强烈腐蚀。

反应式为：三氟化溴+铁=三氟化铁+三溴化铁+热量

此化学反应产生的盐溶于井液之中，切割完以后不会对井眼产生任何污染，化学药剂从工具内到达井眼时，已经被井液稀释掉了，不会对套管及环境产生任何影响。

整个过程只需要125~175ms。化学切割反应过程要求管柱内必须有水使反应物不断和水溶解，这样才能使反应继续下去切断管柱（井液内最少要有5%的水）。当切割工具压力下降到井液压力时锚定装置自动收回。

2）工具结构组成

化学切割工具由点火装置+推进火药筒+锚定装置+单流阀+化学药剂筒+催化剂+切割头+尾头等组成(图2)。

(1)点火装置：使用电激发点火装置，内置电雷管。

(2)推进火药筒：药筒内置火药，被电雷管引燃后能快速释放出大量高压气体

(25000psi)。高压气体使锚定装置迅速张开固定在管柱内壁上，同时使化学药剂筒上下端破裂盘破裂。

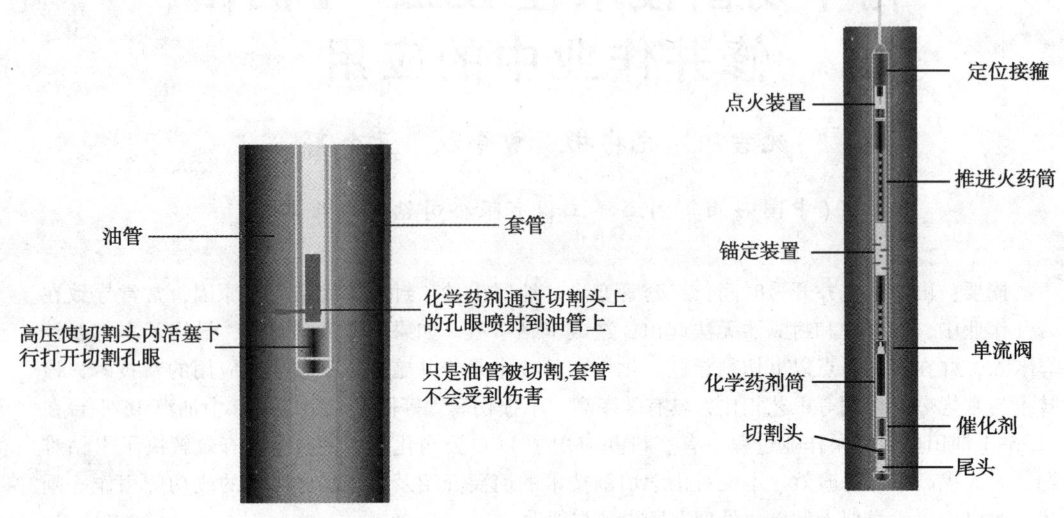

图1 化学切割示意图 图2 化学切割工具结构图

(3) 锚定装置：固定切割工具，防止切割时工具上下活动，影响切割效果。当切割工具压力下降到井液压力时锚定装置自动收回，就可以把工具回收。

(4) 单流阀：控制推进火药燃烧而产生的高温、高压气流不能反向到达点火装置。

(5) 化学药剂筒：药筒为无缝钢外壳，用来保存化学药剂(三氟化溴)，其两头各有一个高压破裂盘(耐压6000psi)。

(6)催化剂：是用来引起三氟化溴与铁发生剧烈化学反应的一种物质，依据被切割管柱的材质，是否含铬等，现场可选择不同类型的催化剂。

(7)切割头：切割头用退火铜制造，它不与三氟化溴发生任何化学反应，在其周围密集分布一圈小孔用来作为三氟化溴的释放通道。化学反应产生的高温高压，使切割头内活塞下行打开切割孔眼，从而使化学反应中的液体高速喷出将管柱腐蚀切断。

(8)尾头：由钢材料制作，它能防止切割头进入碎屑，切割时使小活塞进入尾头里，并使工具内外压力平衡，使锚爪收回。

2. 化学切割技术在现场的应用

1) 基本情况

(1) 井号：BZ25-1-C20；

井型：定向井；

井斜数据：最大井斜深度：714.00m，最大井斜：51°；

人工井底：2464.00m；

原井套管程序：13⅜in×246.96m+9⅝in×2445.00m；

该井于2016年5月29日过载停井，初步判断电机故障。

2017年2月3日起原井管柱检泵作业时，保持顶驱悬重在52~110t范围内间断上下活动油管(顶驱空载52t)，多次尝试皆无法解封封隔器。最后采用化学切割技术，在封隔器上部附近(607m)切割3½in油管(见图3)，起出油管后，再下3½in钻杆+打捞工具，最终打捞解卡成功。

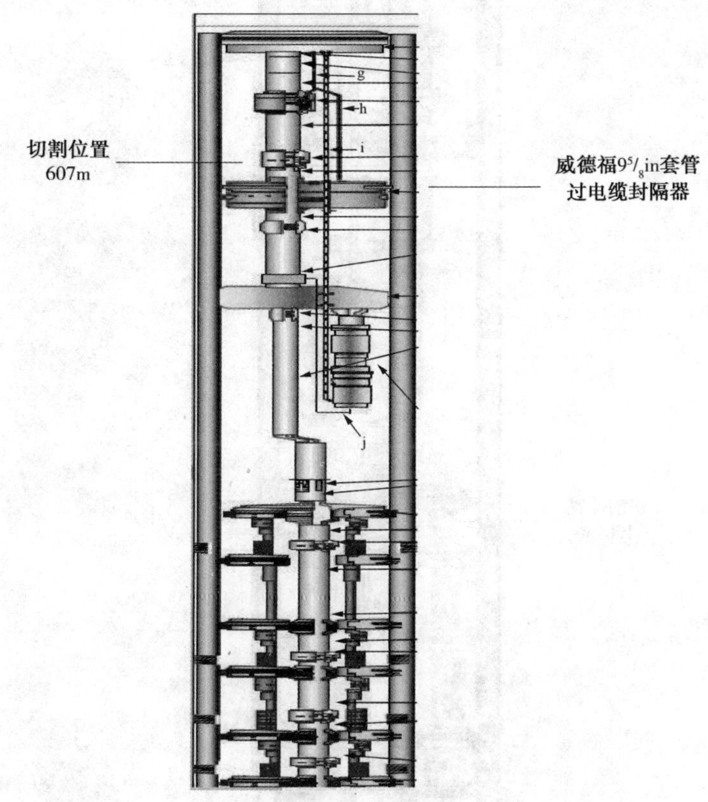

图3 BZ25-1-C20原井管柱及切割位置

(2)井号：BZ25-1-C21；

井型：定向井；

井斜数据：最大井斜深度：1428.73m，最大井斜：44.8°；

人工井底：2296.00m；

原井套管程序：13⅜in×255.18m+9⅝in×2290.63m；

该井于2015年10月9日11：14停井，初步判断电潜泵故障。

2017年2月27日进行检泵作业时，保持顶驱悬重在52~110t范围内多次上下活动油管未能解卡(顶驱空载52t)。由于该井出砂严重，判断底部完井管柱被砂埋了。最后采用化学切割技术，在卡点附近(1984m)切割2⅞in油管解卡(图4)，起出上部完井管柱后，下3½in油管临时封井。

2）施工前准备

(1) 资料收集。

切割管柱的尺寸和壁厚；管柱的最下内径、位置；切割深度；井底压力、温度；井口压力；切割位置之上是否有足够的液柱；管柱液体类型；管柱是否有塑料层、不锈钢或是含铬较高，如果有就要用使用专用的催化剂和大药量化学药剂。

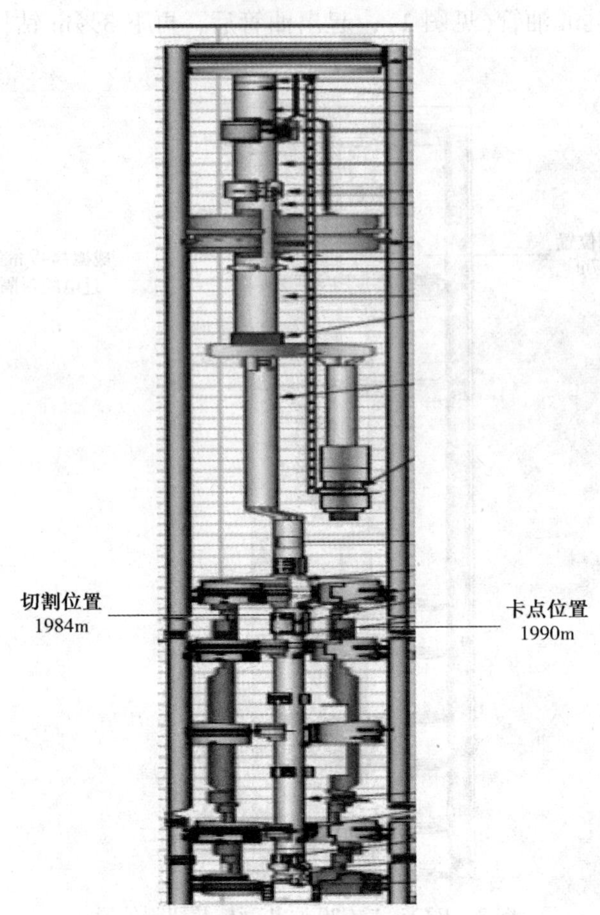

图 4 BZ25-1-C21 原井管柱及切割位置

(2) 井口准备。

洗压井作业，拆采油树，安装井口防喷器，并试压合格，回接油管挂至井口。也可直接在采油树上接防喷管，但这种井口组装方式化学切割时不能给管柱施加拉力，但切割后井里压力不能窜出。

(3) 通井。

为了保证通井作业的安全进行，需组装电缆防喷器并试压。组合通井工具管串(绳帽+旋转节+加重杆+万向节+震击器+通径规)进行通井，确保管柱内畅通。

(4) 作业许可，召开安全会。

要求化学切割作业期间禁止电焊、关掉所有的手机和无线电设备，无关人员远离钻台。

3) 化学切割工具的选择

每种尺寸的切割头都有其相适用的管柱尺寸范围(表 1)，目前海上油气井以 2⅞in EUE Tubing 和 3½in EUE Tubing 为主。化学切割头尺寸的选择依据为：①工具能顺利下到切割点处；②锚定装置可以固定在管柱内壁上。

BZ25-1-C20 井需要切割油管为 3½in EUE J55，所选择的切割工具：2⅝in 化学切割头+化学药剂筒(配 8 号催化剂，适用于不含铬普通油管)+3.16in 锚体+1⅝in×60 推进火药筒。

BZ25-1-C21 井需要切割油管为 2⅞in EUE J55，所选择的切割工具：1⅞in 化学切割头+化学药剂筒(配 8 号催化剂，适用于不含铬普通油管)+2.45in 锚体+1⅝in×60 推进火药筒。

表 1　化学切割工具尺寸对照表

切割头规格/in	油管外径/in	油管质量/(lb/ft)	最大锚体/in	药筒规格/in	催化剂编号
1⅝	2⅜	4.70~7.70	2.220	1⅜×72	6
1⅞	2⅞	6.50~10.70	2.450	1⅝×60	8
2⅛	2⅞	6.50~9.50	2.660	1⅝×48	6
2⅜	3½	7.70~15.10	3.225	1⅝×72	10
2⅝	3½	7.70~10.30	3.160	1⅝×60	8
3⅛	4	9.50~14.00	3.880	1⅝×72	10

4)化学切割作业操作步骤

(1) 上提油管使油管提到切割位置中和点再过提 1~2t(需要考虑井况、井斜、摩阻的影响决定上提负荷)，用卡瓦座在井口，将卡瓦固定好。由于切割头的孔眼有的被堵塞时不能使管柱完全切断，如果在管柱上施加一定的拉力就能解决这个问题。

(2) 安装电缆防喷器及防喷管并试压。

(3) 连接化学切割工具管串：化学切割头+化学药剂筒+锚体+推进火药筒+DET 电雷管点火头+ CCL 磁定位仪器+加重杆+电缆头。作业时无关人员远离危险区，作业期间要通知平台及平台附近无线电保持沉默，保证作业的安全性。

(4) 电缆下化学切割工具，下入速度控制在 90m/min，工具到位校深，确定切割位置。

(5) 关闭电缆防喷器，油管内打压，控制油套压力尽量保持平衡。

(6)点火引燃火药筒。观察油管及钻台有震动现象，可确定油管已被切断。

(7)起出电缆切割工具。在起至距井口 70m 时，一定要放慢速度，注意安全，直到全部起出电缆切割工具管串后，方可解除警报。

(8)拆卸电缆防喷器及防喷管。

(9)起出切割点以上完井管柱。

BZ25-1-C20 井化学切割及打捞作业的详细过程见表 2。

表 2　BZ25-1-C20 井化学切割及打捞作业描述

期间	时间	工作内容
20:00~0:00	4:00	通井前准备工作
00:00~1:30	1:30	通井校深
01:30~4:30	3:00	上提油管至 59t(切割点中和点过提 1t)；组装化学切割仪器串并电缆下入；在封隔器顶部附近(约 607m)切割油管(观察：电缆明显抖动、钻台轻微震感)；起出电缆仪器串
04:30~5:00	0:30	上提油管至 60t 油管断(管串自重 6t 顶驱 52t)，继续上提 0.5m 至 60~58t 电泵电缆破断(电缆额定破断拉力 5t)
05:00~6:00	1:00	起甩油管挂，起出 3 根 3½in 油管单根(起油管前，油管内灌柴油并泵到安全阀下，环空灌柴油)

续表

期间	时间	工作内容
06:00~12:30	6:30	起出 3½in 油管 60 根(607.15m),确认切割位置在距离封隔器顶部 6.92m 油管本体处。
12:30~13:30	1:00	防喷器试压 1000psi,稳压 10min,压力不降,合格
13:30~16:00	2:30	配 3½in 钻杆,下临时管柱
16:00~17:30	1:30	组合打捞工具:8⅛in 捞筒(装 3½in 篮瓦及铣环)+ 6½in 震击器
17:30~0:00	6:30	接 3½in 钻杆(62 根)下打捞筒至 607m,并称重 61t
00:00~0:30	0:30	缓慢下放顶驱至悬重 60t,上提悬重增加至 63t,下放顶驱至悬重 55t,提上悬重增加至 100t,确认捞筒已抓住落鱼
00:30~2:30	2:00	上下活动钻具(悬重变化 52~120t),累计向上震击 20 次;多次活动后上提钻具至 130t 解卡(解卡后上提悬重 79t)
02:30~5:00	2:30	起钻,累计起出 3½钻杆 62 根
05:00~6:00	1:00	甩 6½in 震击器及 8⅛in 捞筒

3. 化学切割注意事项与优缺点

1)化学切割注意事项

(1)油管内外的压差尽量保持平衡。如果油管内压力太高,而套管内压力太低,油管断开的一刹那,油管内的压力将瞬间释放,将会导致切割工具串相对于油管下移而卡在断口处;如果套管压力太高而油管压力较低,油管断开的一刹那,套管内的压力将会瞬间释放到油管内,从而导致切割工具管串连同电缆瞬间上窜,电缆就会在油管内缠绕打扭而卡在油管内。

(2)确保切割工具串在液体中,且液体的含水在 5% 以上。干井、气井、纯油井必须进行洗井或者正挤水处理,确保化学药剂充分反应。无线电静默时所有对讲机和手机关机。

(3)由于采用电缆信号进行点火引爆切割,因此现场切割前需要平台保持无线电静默,避免干扰。

(4)由于化学切割是通过高温高压高浓度的化学药剂射出后,到达被切割的管柱后,强烈的化学腐蚀将其切割,所以切割工具切割前应使管柱处于拉伸状态,这样可以更好的完成切割作业,而且从地面可以感觉的到切割时的强烈颤动,更好的证明管柱已经被切割。可以理解为化学腐蚀后将管柱拉断的过程。

(5)化学药剂具有强烈的腐蚀性,应做好防泄漏、防污染和急救工作。化学药液不慎沾到皮肤上,立即用清水冲洗 15min,涂烧伤药膏。如果不慎溅入眼睛中,请立即用专用洗眼液清洗,最好用流动的清水冲洗 15min。

2)化学切割的优缺点

化学切割作为一项比较新的技术有其先进的一面和不足的地方,下面就简要的作一下说明。

(1)优点与先进性。

① 切割位置准,切割速度快,可靠性大,成功率高。

② 切割完留下的断口光滑平整、没有喇叭口和膨胀现象(图 5),便于下一步的打捞

作业。

③ 此方法不会伤害套管和邻近的管串。

④ 化学切割不留任何残渣、碎片在井内，不会对井内的液体产生污染，对后续作业不产生任何负面影响。

⑤ 此工具可在额定温度204℃下工作1h以上，最大可承受10000~20000psi的静液柱压力，具体取决于切割工具的尺寸。

图5　BZ25-1-C21/C20两口井管柱切割断口

（2）缺点与不足。

① 此工具还无法用来切割内径大于5in（12.7cm）的管柱，由于切割头外径与管柱内壁之间的最小距离受限制，所以可用的切割头的尺寸将受到一定的限制。

② 三氟化溴是一种强烈破坏性、伤害性的化学药剂，在生产以及运用中对人及设备都具有非常大的伤害性，所以在接触、储备以及运输中必须遵从相关的操作规程。

③ 当工具在下入过程中遇到重泥浆时会出现问题，重泥浆会堵塞切割头上的小直径孔眼。

④ 这种类型的切割工具无法对空心的管柱进行切割，要进行切割时，切割头以上至少必须有30m充满液体，否则必须让流体始终流通在管柱内。

4. 认识与建议

（1）化学切割技术是一种十分有效的管柱切割方法，在井修井作业过程中被卡的油管可以在所需的任意部位切割断，给解卡打捞工作提供了新的手段。

（2）化学切割作业设备简单，操作方便，切割高效，切口规则且不伤害套管，该技术在渤海油田修井作业中已得到广泛应用。

（3）如果井内是泥浆或井内脏物很多，切割后就会影响切割工具内外压力平衡，使锚定装置不能收回，建议在工具的上部接一个电缆震击器，防止锚定装置卡在管柱内。

参考文献

[1] 周望，赵学昌，何师荣．化学切割和喷射切割工艺[J]．石油钻采工艺，1988(1)：91-95.

[2] 冯耀．新型化学切割器[J]．石油机械，2007，11(2)：7.

割缝套管力学强度试验测试及应用

淳明浩[1,2]　刘振纹[1,2]　赵开龙[1,2]　徐爽[1,2]

（1. 中国石油集团工程技术研究有限公司；2. 中国石油集团海洋工程重点实验室）

摘要：为改善深水井场储层条件，对井下作业用套管进行水力喷砂割缝处理，通过力学试验测试割缝后的套管力学强度特性，评价割缝后套管的力学强度及实际作业工况条件下割缝套管的安全稳定性，分析割缝套管井下作业风险。研究得出，割缝后的套管力学性质稳定，在试验加载荷载条件下表现为弹性变形特征，未达到最小屈服强度；在给定深水作业工况下，割缝套管在井下受到的拉伸、压缩及径向挤压荷载均处于弹性变形范围内，在储层中无安全风险。

关键词：割缝套管；力学强度；测试；荷载；风险评估

1. 引言

水力喷砂割缝技术是一种新型的射孔完井技术，由前苏联引进至我国，其首先在大庆油田进行地面和井下试验，2003年开始在大庆油田推广。利用水力喷砂割缝技术制成的割缝套管，可用来改善油气井近井地带的渗流条件以达到解堵、增产增注等储层改造目的，应用普遍。已有的实验研究及工程应用表明，水力喷砂割缝形成的割缝套管力学强度与套管缝体、储层地应力、渗透率等具有相关性。开展水力割缝套管应力和强度方面的研究，分析水力割缝个数、缝体形状和高度对套管强度和应力的影响，可为水力喷砂割缝相关工程作业提供技术支持。水力喷砂割缝套管剩余力学强度与割缝特征具有相关性，不同缝宽、缝数的套管剩余强度具有较大的差别，通常随着缝宽的增大、缝数增多，剩余强度会明显降低，大缝宽套管所受影响明显强于小缝宽套管。

本文基于结构物力学强度试验测试技术，对深水井下作业用9⅝in和5½in规格的割缝套管进行强度测试，分析不同荷载条件下套管的力学特性，并基于现场作业工况条件评价割缝套管作业时的安全风险，为深水钻井作业提供技术支持。

2. 试件准备

试验测试用割缝套管分别为9⅝in［图1(a)］和5½in［图1(b)］两种型号，长度均为12m，材质为P110，壁厚分别为11.99mm和9.17mm，套管基本参数见表1，割缝分布如图1。对整根12m长的P110套管进行切割以制备测试试件，设计测试试件长度为0.7m，考虑割缝位置对试验试件的影响，切割过程中割缝分布在试件的中间位置，确保完整保留割缝，切割后的割缝套管试件见图2(a)和图2(b)。

在割缝套管试件的割缝处选取两处对称位置作为应变片黏贴区，利用打磨机对选定区域进行打磨处理，沿试件轴向进行粗磨、抛光。在抛光位置黏贴应变片［图2(c)、图2(d)］，静置20min后，用万用表测量应变片阻值，确认应变片黏贴合格。通过数据线连接应变片到TST3826静态应变测试系统，进行测试数据采集。

表 1　割缝套管规格参数

型号	P110 钢级 最小屈服强度	P110 钢级 最大屈服强度	P110 钢级 最小抗拉强度	P110 钢级 弹性模量	泊松比	洛氏 硬度	密度
9⅝in	758MPa/ 110000psi	965MPa/ 140000psi	862MPa/ 125000psi	2.1×10^5MPa	0.3	29.8	7850 kg/m^3
5½in							

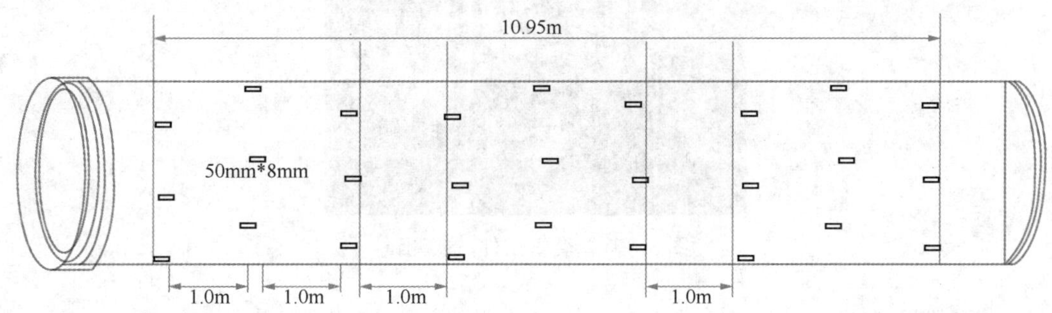

图 1　套管规格及割缝分布

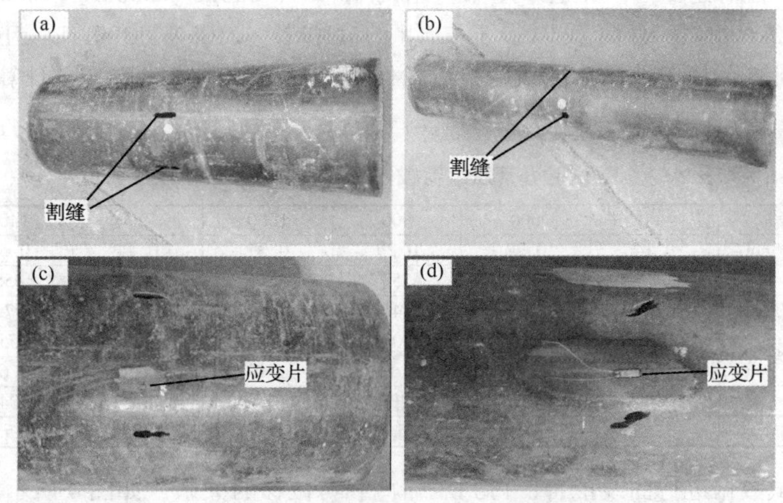

图 2　9⅝in 和 5½in 割缝套管试件

3. 试验测试

割缝套管试验测试采用仪器设备为微机控制电液伺服万能试验机和 TST3826 静态应变测试系统，其中微机控制电液伺服万能试验机主要用于金属材料的拉伸、压缩、弯曲、剪切等试验测试，试验力准确度可达±1%，最大可加载荷载为 200t，拉伸试验空间 850mm，压缩试验空间 720mm。TST3826 静态应变测试系统主要用于工程实验应力采集分析，基于应变计测量结构上任意点的应变，最高分辨率为 1$\mu\varepsilon$，测量应变范围为±20000$\mu\varepsilon$。

对 9⅝in 管径试件和 5½in 管径试件分别施加拉伸与压缩荷载，测试试件的力学特性。试验过程中采用分段加载方式逐步加大载荷，试验初始阶段采用试验力单步控制模式，按照每段 200kN 或非均匀的速度递增加压至设定载荷(图 3)。

图3 割缝套管试件试验测试

4. 测试数据分析

1) $9\frac{5}{8}$in 套管试件压缩荷载下力学特性

对 $9\frac{5}{8}$in 试验割缝套管，分别采用第一组的 400kN、600kN、800kN、1000kN、1200kN、1400kN 和 1600kN 的压缩荷载以及第二组的 110kN、210kN、300kN、510kN、900kN、1550kN 和 1750kN 的压缩荷载，测试两组荷载作用下的试件位移、应变及计算所得应力值，如表 2 所示。

表2 $9\frac{5}{8}$in 试验套管压缩荷载作用下的位移、应变及应力值

第一组	荷载/kN	400	600	800	1000	1200	1400	1600
	位移/mm	0.14	0.22	0.29	0.37	0.44	0.52	0.59
	应变/με	277	404	557	693	831	958	1066
	应力/MPa	57.1	83.3	114.7	142.8	171.2	197.4	219.6
第二组	荷载/kN	110	210	300	510	900	1550	1750
	位移/mm	0.03	0.07	0.11	0.19	0.36	0.61	0.69
	应变/με	83	150	218	352	623	1045	1179
	应力/MPa	17.0	30.9	45.0	72.6	128.4	215.3	242.9

将试验测试数据进行曲线拟合，得到压缩荷载与位移的关系，如图 4 所示。

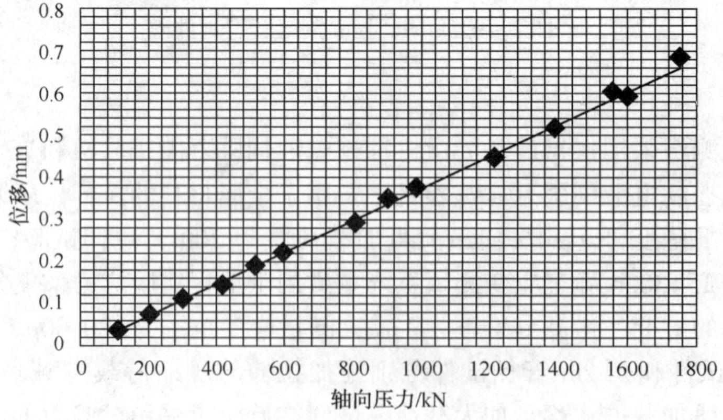

图4 $9\frac{5}{8}$in 套管压缩荷载与位移关系图

2）9⅝in 套管试件拉伸荷载下力学特性

对 9⅝in 试验割缝套管，分别采用第一组的 400kN、600kN、800kN、1000kN、1200kN、1400kN 和 1600kN 的拉伸荷载以及第二组的 150kN、220kN、300kN、540kN、700kN、960kN 和 1150kN 的拉伸荷载，测试两组荷载作用下的试件位移、应变及计算所得应力值，如表 3 所示。

表 3　9⅝in 试验套管拉伸荷载作用下的位移、应变及应力值

第一组	荷载/kN	400	600	800	1000	1200	1400	1600
	位移/mm	0.14	0.21	0.28	0.37	0.43	0.51	0.58
	应变/με	263	407	526	667	809	962	1077
	应力/MPa	54.1	83.9	108.3	137.4	166.7	198.2	221.8
第二组	荷载/kN	150	220	300	540	700	960	1150
	位移/mm	0.05	0.08	0.11	0.21	0.27	0.38	0.45
	应变/με	116	164	218	376	483	657	786
	应力/MPa	23.9	33.7	45.0	77.5	99.5	135.3	161.8

将试验测试数据进行曲线拟合，得到拉伸荷载与位移的关系，如图 5 所示。

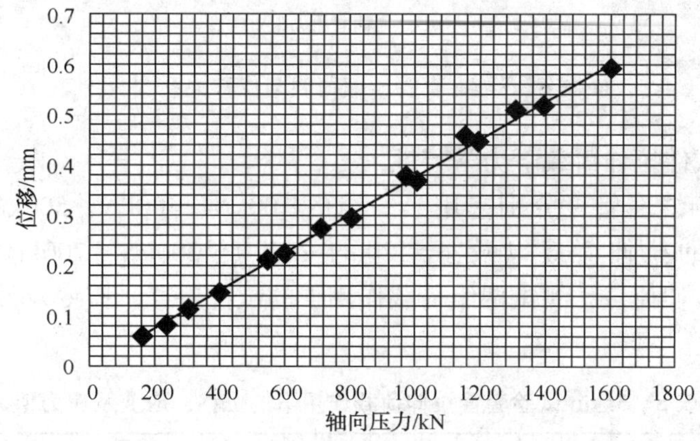

图 5　9⅝in 套管拉伸荷载与位移关系图

3）5½in 套管试件压缩荷载下力学特性

对 5½in 试验割缝套管，分别采用第一组的 100kN、155kN、200kN、400kN、600kN、800kN 和 1000kN 的压缩荷载以及第二组的 300kN、540kN、690kN、900kN、1200kN、1300kN 和 1450kN 的压缩荷载，测试两组荷载作用下的试件位移、应变及计算所得应力值，如表 4 所示。

表 4　5½in 试验套管压缩载荷作用下的位移、应变及应力值

第一组	荷载/kN	100	155	200	400	600	800	1000
	位移/mm	0.10	0.14	0.17	0.36	0.54	0.71	0.88
	应变/με	167	252	355	685	1027	1376	1784
	应力/MPa	34.4	52.0	73.2	141.1	211.6	283.3	367.4

续表

	荷载/KN	300	540	690	900	1200	1300	1450
第二组	位移/mm	0.27	0.49	0.63	0.81	1.08	1.17	1.31
	应变/με	513	946	1223	1578	2110	2288	2563
	应力/MPa	105.7	194.9	251.9	325.0	434.7	471.2	527.9

将试验测试数据进行曲线拟合，得到压缩载荷与位移的关系，如图 6 所示。

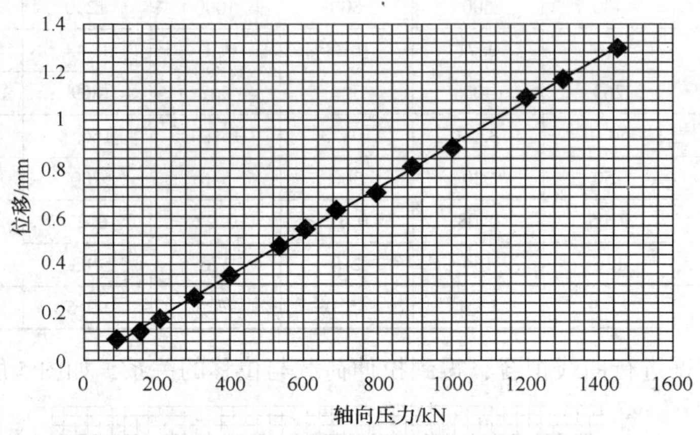

图 6　5½in 套管压缩荷载与位移关系图

4）5½in 套管试件拉伸荷载下力学特性

对 5½in 试验割缝套管，分别采用第一组的 100kN、400kN、500kN、600kN、800kN、1000kN 和 1210kN 的拉伸荷载以及第二组的 200kN、300kN、700kN、900kN、1150kN、1300kN 和 1400kN 拉伸荷载，测试两组荷载作用下的试件位移、应变及计算所得应力值，如表 5 所示。

表 5　5½in 试验套管拉伸荷载作用下的位移、应变及应力值

	荷载/kN	100	400	500	600	800	1000	1210
第一组	位移/mm	0.10	0.36	0.46	0.55	0.69	0.87	1.10
	应变/με	172	673	854	996	1353	1711	2056
	应力/MPa	35.4	138.7	175.9	205.1	278.6	352.4	423.5
	荷载/kN	200	300	700	900	1150	1300	1400
第二组	位移/mm	0.17	0.28	0.65	0.83	1.04	1.18	1.28
	应变/με	346	513	1203	1544	1940	2216	2397
	应力/MPa	71.3	105.6	247.9	318.1	399.6	456.5	493.8

将试验测试结果数据进行曲线拟合，得到拉伸荷载与位移的关系，如图 7 所示。

5. 工程适用性评价

深水钻井作用过程中，割缝套管会受到自身质量、储层地应力等施工工况的影响，需根据作业工况条件开展割缝套管工程适应性分析。

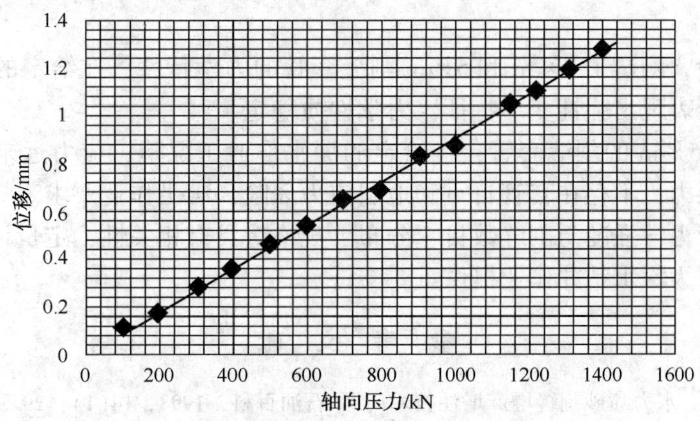

图7 5½in 套管伸荷载与位移关系图

1）套管自重的拉伸和压缩风险

根据割缝套管性质和实际工程中井身结构设计，当割缝套管下深到储层时，暂时未固井，套管直接悬挂在井口，整个管串的重量作用在井口上，套管的自身重量以及割缝段之下的套管重量会对割缝段产生拉力、压力的作用。套管下深泥线以下 410m，割缝深度泥线以下 200~260m。根据上文述及的两种类型套管规格参数，得出割缝套管的工况参数如表 6 所示。

表6 9⅝in 割缝套管工况参数

描述	长度起始/m	长度终止/m	重量/kg	压力/kN	拉力/kN	风险评估与提示
割缝段	200	215	14000	140	115	压力、拉力均远小于套管最小屈服强度对应的压力、拉力荷载，套管安全可靠
割缝段	240	260	16802	167	88	
入泥深度	410	410	28053	280	280	

从上表中可知，在钻井过程中，当 9⅝in 割缝套管下入到泥线之下 410m 时，两个割缝段受到的拉力、压力主要为套管自身重量，该重量处于试验测试加载荷载范围内，割缝套管为弹性变形特征，远未达到套管最小屈服强度对应的压力、拉力，套管安全可靠，不存在安全隐患或作业风险。同时，试验测试时，5½in 割缝套管表现出的力学特性与 9⅝in 割缝套管一致，因此在以上工况条件下，5½in 割缝套管也不存在安全隐患或作业风险。

2）地层应力风险

在实际工程的井身结构设计中，割缝套管下深泥线以下 410m，割缝区间为泥线以下 200~260m。根据储层地质参数(表 7)可知，套管割缝处的的地层应力为 15~20MPa 之间，处于试验测试加载荷载范围内，割缝套管为弹性变形特征，未达到套管最小屈服强度对应的应力，不存在地层应力风险。

表7 储层地质参数表

站位	N-1	N-2	N-3	N-4
储层顶深/mbsf	144	135	113	210
储层厚/m	30	21	87	60
储层压力/MPa	14.14	14.56	14.77	15.22

6. 结论

（1）通过试验，测试了9⅝in和5½in割缝套管的力学特性，在给定的压缩和拉伸荷载条件下，割缝套管表现出弹性变形特征，力学性质稳定。

（2）9⅝in和5½in的割缝套管，在给定的深水作业工况下，应力远未达到最小屈服强度对应的拉力和压力，不存在套管自重和地层应力风险，满足作业要求。

（3）割缝套管力学强度与割缝数目、分布、规格等具有相关性，定量评价割缝特征与套管强度的关系，可为深水钻井作业提供重要支持。

参 考 文 献

[1] 黄学斌，刘新福．水力喷砂割缝增产增注技术[J]．石油百科，1998，14(1)：29.

[2] 王亚华，徐东方．水力机械割缝射孔工艺的研制与应用[J]．国外油田工程，2001，17(11)：22-24.

[3] 李忠华，章兵，郜英楼．水力喷砂割缝增产增注机理及有关参数的研究[J]．辽宁工程技术大学学报，2001，20(2)：156-158.

[4] 窦宏恩．提高有杆抽油系统效率的新理论与新技术[J]．石油机械，2001，29(5)：25-26.

[5] 张继成，宋考平，邓庆军．聚驱开发指标计算数学模型的建立与应用[J]．钻采工艺，2003，26(1)：27-29.

[6] 武洪雨．水力割缝后套管强度分析及其配套压裂工艺探讨[J]．化学工程与装备，2016(8)：105-107.

[7] 佘舟，张娇，王浩．出砂地层割缝套管剩余强度研究[J]．石化技术，2016(1)：191-191.

[8] 俞然刚，殷明进，冉艳华，等．裸眼完井螺旋钻孔-射孔套管的有限元分析[J]．计算力学学报，2009，26(4)：548-551.

[9] 李航，邱亚玲，伍建川，等．不同布缝形式的割缝筛管抗挤强度有限元分析[J]．石油机械，2016(2)：80-83.

[10] WANG D X，LUO M，XI Q I，et al. Stress analysis and strength study of hydraulic slotting casing[J]. Journal of Daqing Petroleum Institute，2007.

海上某井同心双管分层注水管柱失效原因分析

谢梦春　徐蕾　刘军生　杜卫刚

（中国石油集团海洋工程有限公司天津分公司）

摘要：本文介绍同心双管分层注水管柱的基本结构和工作原理，描述了海上某井注水井同心双管分层注水管柱内外管互串失效现象，对完井管柱的失效原因进行分析，并在现场进行逐项排查，为以后完井出现类似问题提供分析方法，同时为避此类问题的发生提出相应的预防措施。

关键词：同心双管；分层注水；内外管互串；原因分析；预防措施

1. 引言

同心双管分层注水管柱主要由双级油管悬挂器、内外油管、双控安全阀、补偿器、液控封隔器、打孔管、密封插头、密封工作筒等部分组成(图1)。

工作原理：同心双管分层注水管柱通过内管注水，水流经下部打孔管进入下部地层；通过外管与内管(内管末端有密封插头插入密封工作筒)环空注水，水流在上部打孔管处进入外管与套管环空，由于封隔器封堵原因水流进入防砂管与外管环空，进而进入上部地层，达到分层注水目的。同心双管管柱采用不同直径油管同心下井分注，实现小管和双管环空两套系统独立分压注水，形成两套注水管柱，每套注水管柱分别对应各自的注水层位，两套管柱之间通过专门的密封插件封隔，可以从地面分别调节两个层位的注水量，避免测调遇阻对分层资料录取的影响，同时可实现对每个层位的精细注水。

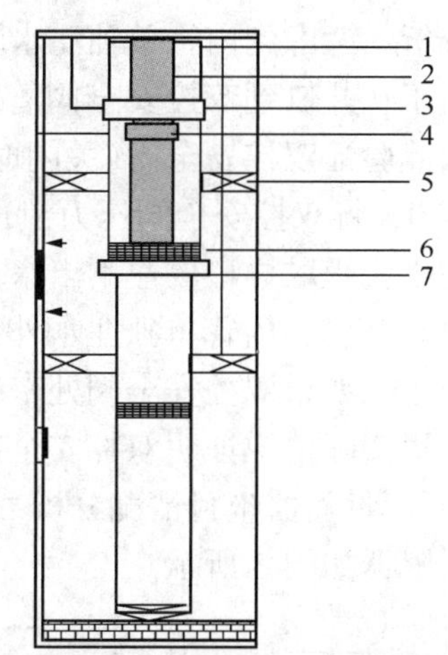

图1　同心双管分层注水管柱结构示意图

1—注水外管；2—注水内管；3—双控安全阀；4—补偿器；5—液控封隔器；6—打孔管；7—密封工作筒+插入密封

2. 现场情况描述

某井为渤海海域一口注水井，作业工序为：检管、拔滤、冲洗炮眼、下同心双管注水完井管柱作业。该井下完同心双管注水完井管柱、装好采油树、封隔器坐封验封之后，试注过程中发现内外管互串。并进行验证，将内管及外管压力放至0，内管注水，压力6.5MPa，约5s后外管压力迅速上升至4.5MPa，取样口放空出水。将内管及外管压力放至0，外管注水，外管压力8MPa，约10s后内管压力缓慢上升至4.2MPa，取样口放空出水。双管同时注水，外管8.4MPa，内管5.4MPa。

3. 管柱失效原因分析

根据试注情况可以判断内管与外管处于连通状态，现场判断导致内外管连通，致使同心双管分层注水管柱失效的原因可能有：

(1) 双控安全阀密插密封不严，导致注入水在双控安全阀处发生互串。

(2) 下封隔器坐封不严、封隔器反洗通道工作不正常一直处于开位，导致注入水在套管环空内发生互串。

(3) 密封工作筒密插密封不严，导致注入水在密封工作筒处发生互串。

(4) 内管悬挂器液控管线穿越孔密封不严，导致注入水在内管悬挂器处发生互串。

(5) 两个注水油层存在串层。

4. 管柱失效原因分析与验证

1) 双控安全阀密插密封情况分析

双控安全阀如图2所示。

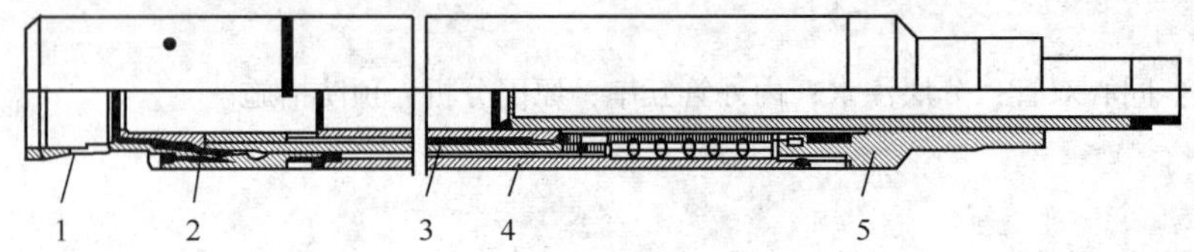

图2 井下双控安全阀

1—上接头；2—环空管；3—活塞；4—连接套；5—下接头

分析：考虑到内管单独注水时外管压力上升明显，外管单独注水时内管压力上升缓慢，并且由于从井口到双控安全阀管柱较短，所以如果双控安全阀密插密封不严会导致以上情况，因此验证双控安全阀(关闭时液体不能从下向上流动)密插是否完好。将内管及外管压力放至0，将双控安全阀压力泄压至0，内管单独注水，内管压力5.4MPa，外管压力为0，外管注水流程取样口放空不出水，内外管没有串通显示。将双控安全阀压力打至26MPa，双控安全阀开启，内管单独注水外管压力迅速上升，显示内外管串通。

结论：如果双控安全阀处密插密封不严，关闭安全阀后，内管单独注水时外管仍然会反水，现场实际情况证明双控安全阀密插密封完好。

2) 下封隔器坐封情况分析

封隔器如图3所示。

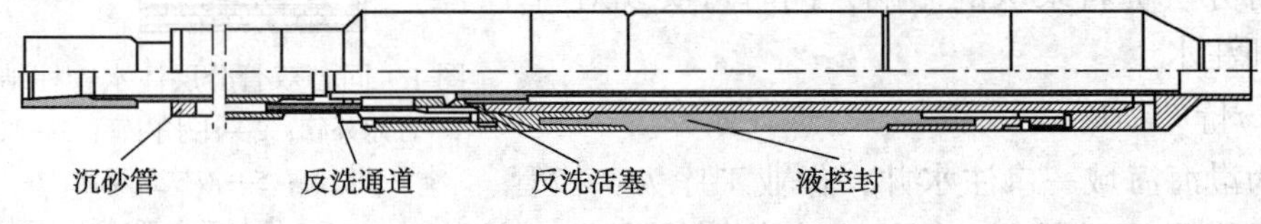

图3 YK344-150反洗阀式液控封隔器

下封隔器采用YK344-150反洗阀式液控封隔器，该封隔器主要由沉砂管、洗井通道、液控封隔器组成。地面液压源打压，液压由液控管线通过液压控制接头进入膨胀胶筒与中心管之间的空腔，胶筒扩张，实现封隔器的座封；同时反洗活塞在液控管线压力的作用下处于密封状态。

在完井施工后按设计封隔器坐封并验封，封隔器最高打压至12MPa，套管打压3.5MPa验封合格。从验封来看只能验证上封隔器坐封完好，为了防止下封隔器有脏物坐封不严导致内外管串通，将封隔器泄压至0，待封隔器胶筒完全收回后，开内管注水流程关闭外管注水流程，同时开套管阀门接管线至进沉降罐，正洗井 1 周，洗井后等待 1h，待出口完全不出液后将封隔器最高压力打至 22MPa。关套管阀门开采油树侧翼外管阀门，内管单独注水，显示外管压力上升较快，并且外管出水量很大。

结论：通过该次验证可以证明，首先洗井后将封隔器压力打至 22MPa 并稳压合格，封隔器坐封完好并且下封洗井通道关闭，仍然显示内外管串通，因此下封隔器问题导致内外管串通的可能性较小。

3）密封工作筒密插密封情况分析

密封工作筒如图 4 所示。

图 4　密封工作筒分体图

密封工作筒主要由两部分组成：密封工作筒本体、密封插头(光杆)。上部接外管，密封工作筒内部为密封圈结构；下部接尾管，内管尾部为光杆密封插头。密封工作原理：密封插头进入密封工作筒本体，密封圈与密封插头形成密封。

分析：①如果出现密封插头未插入密封工作筒本体的情况，将出现密封失效内外管互串的现象；②如果密封工作筒内密封圈失效，将会导致内外管出现互串。

结论：根据现场起管柱情况，密封插头已全部插入密封工作筒内，密封工作筒密封圈工作状态良好。但是密封工作筒弯曲变形，导致密封失效。

4）内管悬挂器液控管线穿越孔密封情况分析

内管悬挂器如图 5 所示。

图 5　油管悬挂器

考虑到是否由于内管悬挂器液控管线穿越孔密封不严导致内外管串通的问题：首先液控管线穿越孔采用三个密封圈之后用压帽压实拧紧，另外内管悬挂器上部接密封件，密封件含两个密封胶圈，密封油管悬挂器与采油树环空，即使内管悬挂器液控管线穿越孔密封不严也不会导致内外管串通。

结论：根据起出情况：油管悬挂器密封圈状况良好，悬挂器原因导致内外管串通的可能性为 0。

5）油层串层情况分析

该井2001年以前采用螺杆泵生产，2001年油井转注，至今未进行过大型压裂防砂、酸化作业施工，虽然两个注水油层之间的夹层只有19m，但是串层的可能性也基本不可能。

总结：从以上验证分析，密封工作筒的密封性是否可靠无法判断，在下步起原井过程中，起出双控安全阀后，在避开套管接箍的前提下，封隔器重新坐封，内管接洗井管线，开套管闸门，大排量洗井观察外管是否反水，从而判断密封工作筒的密封性。如果外管和套管都不反水，那么在起原井过程中仔细检查内管是否有砂眼、裂缝及丝扣连接处是否完好。

5. 结论

（1）同心双管分层注水管柱出现内外管互串现象时，主要分析思路如下所述：

① 检查下井油管是否出现漏点。

② 检查井下工具，特别是封隔器的密封性、密封插头内工具的密封性以及油管悬挂器处密封性。

③ 追查该井作业简史，是否进行过酸化、压裂等大型施工，是否存在油层见联通的可能性。

（2）在进行同心双管分层注水管柱完井时，建议采取以下措施避免此类问题出现：

① 下井油管做好检查，避免错扣或者扣损油管入井，在条件允许的情况下，提前对完井油管进行试压。

② 所有井下工具在地面做好检查和试验：封隔器配合短套管进行坐封试验，确保封隔器灵活好用；密封插头类工具建议在车间内做试压试验，试压压力为设计最高注水压力，确保密封插头处无刺漏；油管悬挂器坐入采油四通，安装完注水井口后，建议对采油四通法兰及油管悬挂器密封进行试压，确保密封承压合格。

③ 在同心双管完井过程中，内管下至双控安全阀处，密封工作筒密插插好后，在封隔器避开套管接箍的前提下，封隔器坐封，内管注水观察外管是否反水，验证密封工作筒密封性。

④ 对于油层间距小，进行过酸化、压裂等大型施工作业的注水井，不建议使用同心双管分层注水管柱完井方式。

参 考 文 献

[1] 施明华，王艳珍，李宝林，等．海上油田同心双管分层注水工艺研究与应用[J]．石油机械，2011，39（5）：70-71.

[2] 魏长艳．同心双管注水工艺管柱的研究与应用[J]．中国化工贸易，2012(5)：113-114.

海上油气田稳定器断裂原因分析

李 波 刘禹铭 朱益辉 李胜伟 胡国金

（中海油能源发展股份有限公司工程技术分公司）

摘要：收集了近 2 年中海油四海发生的 4 起因稳定器断裂而造成的恶性钻井事故，并对失效稳定器断口进行宏微观分析和理化性能分析；结果表明，稳定器作为钻柱一部分，受力情况与钻柱基本相同，其以上钻柱如同悬臂梁，外径最大处如同“固定端”，其余部分则是“活动端”，越靠近固定端，所受弯矩越大；因此，稳定器母螺纹处是钻柱中最薄弱截面；疲劳裂纹是造成稳定器断裂的根本原因，打捞外径减小降低了稳定器承载能力，提高了疲劳裂纹产生的可能性；提出了微扩孔器钻具组合、适当增加稳定器打捞外径及加强稳定器管理等措施，以确保海洋钻井安全和钻井时效。

关键词：海上油气田；稳定器；断裂分析；疲劳裂纹

1. 前言

海洋钻井费用高，约占总投资 50%以上；国内外较为常见的自升式平台、半潜式平台及钻井船的平均日费大约 16 万美元、43. 3 万美元及 49. 9 万美元；近 2 年中海油四海共发生了 4 起因稳定器断裂而造成的恶性钻井事故，导致钻井工期严重滞后，钻井成本大大增加；本文作者收集了这些事故井失效稳定器，并对其断口进行了宏微观分析和理化性能分析，找到了造成井下稳定器断裂的根本原因，并提出了解决问题的建议与措施，以保证海洋钻井安全和钻井时效。

2. 断口观察及尺寸测量

1）宏观断口尺寸测量

为了便于事故原因分析，对失效稳定器进行了编号：1#失效稳定器事故发生在锦州区块的某水平井、2#失效稳定器事故发生在垦利区块的某大位移井及 3#和 4#失效稳定器事故发生在涠洲区块的同一某预探井；4 根稳定器断裂都发生在母螺纹处，如图 1 所示；靠近断口内壁较为平齐，靠近断口外壁存在明显的剪切唇，并且断面严重磨损；相关尺寸测量数据见表 1，其中，2#、3#及 4#失效稳定器打捞外径比 SY/T 5051—2016《随钻井眼修整工具》规定的外径小约 25. 4mm。

图 1　1#失效稳定器母螺纹段

表 1 各稳定器打捞外径实际值

	适用钻头直径/(mm/in)	打捞外径 D_2/mm
SY/T5051—2016 标准	311.1/12¼	203
	444.5/17½	229
1#	–	203.2
2#	–	203.5
3#	–	203.7
4#	–	204.7

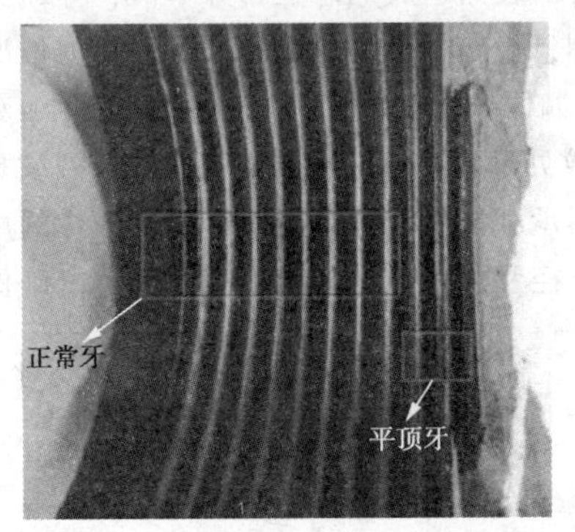

图 2 1#失效稳定器母螺纹形貌

2)宏观断口螺纹形貌观察

失效稳定器连接螺纹均为 6⅝in REG(630×631),扣型为 V-050;稳定器母螺纹牙发生不同程度的磨损,见图 2;该螺纹牙型分为正常牙和平顶牙,平顶牙主要是消除应力集中,稳定器断裂位置刚刚位于正常牙与平顶牙交界的牙底;同时对母螺纹部分参数进行测量,测量结果如表 2,表中虽有些测量尺寸数据不在公差范围之内,可能是人为测量误差或钻柱受力产生了螺纹微变形。

表 2 各稳定器母螺纹参数测量值

螺纹参数	螺距/mm	齿高/mm	内螺纹镗孔直径/mm	内螺纹镗孔深度/mm
API Spec7-2 标准	6.35	3.75	153.95~154.79	15.8~17.48
1#实测	6.38	3.74	154.05	16.51
2#实测	6.48	3.78	154.90	15.95
3#实测	6.355	3.765	154.58	16.68
4#实测	6.345	3.74	154.60	15.98

3)微观断口螺纹形貌

将稳定器母螺纹进行纵向取样并磨抛,螺纹形貌见图 3,靠近断口的螺纹牙底发现 1 条裂纹;腐蚀后裂纹整体形貌如图 4 所示,长度约 0.3mm,开口较宽,裂纹两侧组织没有明显变化。

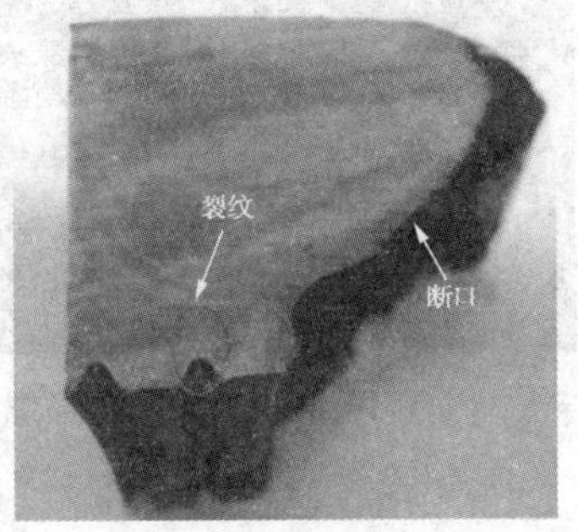

图 3 取样试件

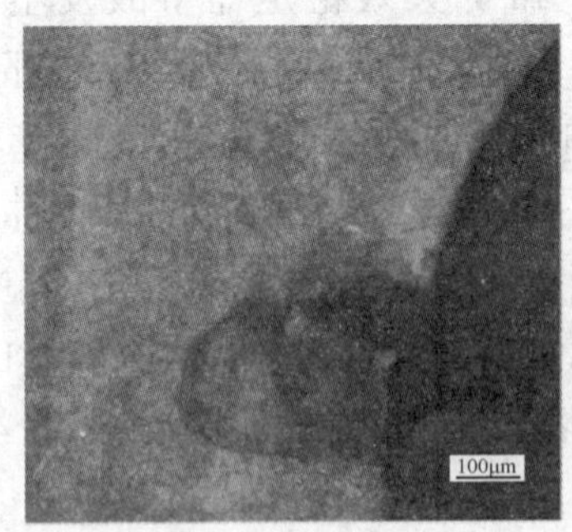

图 4 裂纹形貌(抛光态,50×)

3. 理化试验

1）化学成分分析

失效稳定器原材料均为40CrMnMo，采用SPECTRO LABLAVM11直读光谱仪对失效稳定器断口进行化学成分分析，分析结果如表3所示，由表中结果可知：各化学元素成分都满足SY/T 5051—2016标准规定要求。

表3　元素质量分数　　单位：%

	C	Mn	Si	Cr	Mo	Cu	S	P
SY/T 5051—2016标准	0.37~0.45	0.9~1.2	0.17~0.37	0.9~1.2	0.2~0.3	≤0.3	≤0.025	≤0.025
1#实测	0.42	1.04	0.25	1.1	0.23	0.1	0.015	0.019
2#实测	0.44	1.12	0.28	1.13	0.25	0.087	0.005	0.016
3#实测	0.4	1.08	0.27	1.15	0.26	0.08	0.01	0.015
4#实测	0.43	1.1	0.26	1.14	0.27	0.02	0.008	0.018

2）力学性能试验

稳定器断口附近（落鱼侧）截取ϕ12.5mm×50mm的圆柱试棒在Zwick Z600双立柱万能材料试验机进行拉伸实验；母螺纹侧取10 mm×10 mm×55mm全尺寸CVN冲击试样（分别取横向样和纵向样）在JBS—300摆锤冲击试验机进行冲击实验；10mm厚的全壁厚硬度片在Wilson BH3000布氏硬度计上进行硬度实验；实验过程严格执行ASTM A370标准和相关国家标准，实验结果如表4所示，由力学性能测试结果可知：失效稳定器力学性能也满足SY/T 5051—2016标准规定要求。

表4　力学性能测试结果

项目	拉伸性能				冲击韧性				硬度		
检测参数	抗拉强度（R_m）	屈服强度（$R_{t0.5}$）	断面收缩率（Z）	断后伸长率（A）	冲击功（A_{kv}）				布氏硬度 HBW		
SY/T 5051—2016标准	≥931MPa	≥690MPa	≥40%	≥13%	≥54J				≥285HB		
					单个值			平均值			
1#	931	751	48	19.5	35	33	31	33（横）	298	289	299
					97	79	85	90（纵）	平均值295		
2#	990	844	54	16.6	41	46	39	42（横）	298	300	293
					97	101	96	98（纵）	平均值297		
3#	993	898	–	20.6	40	38	46	41（横）	298	300	302
					88	86	88	87（纵）	平均值300		
4#	1065	883	–	19.2	48	44	46	46（横）	304	306	308
					76	77	74	75（纵）	平均值306		

3）金相分析

稳定器的一般热处理工艺为调质处理（淬火+高温回火），组织为：回火索氏体，目的是工件具有良好的综合机械性能，即消除内应力，提高金属的塑性和韧性[4]；在失效稳定器断口附近(母螺纹侧)取金相试件，并将试件磨抛及腐蚀，根据GB/T13298—1991《金相显微组织检验方法》，置于试件于蔡司 Observer A1m 金相显微镜下进行金相检验和腐蚀形貌观察，显微组织为回火索氏体，如图5所示，根据GB/T10561—2005标准，断口附近夹杂物评级为A0.5，B0.5，D0.5。

图5 金相组织

4. 断裂原因分析

1) 稳定器使用场合不合理

锦州区块某水平井 12¼in 井段设计井深 2582m，倒划眼起钻至 1556m，泵压突然由 11.44MPa 降至 7.37MPa，扭矩由 17kN·m 降至 13.8kN·m，悬重由 67t 降至 64.8t；起钻至井口，发现 12⅛in 倒划眼稳定器母扣断裂，井下“落鱼”长度：12¼in PDC 钻头×0.32m+9in Xceed×8.61m+8¼in ARC×5.86m+MWD×8.55m+8in NMDC×9.47m+8in F/V×0.68m+12⅛in 倒划眼稳定器×1.48m，“落鱼”总长 34.97m。

旋转导向钻具所钻井眼规整，完钻后起钻或中途短起倒划眼困难，经常出现憋压憋扭问题，故本井使用倒划眼稳定器目的解决此难题；但从“落鱼”钻柱组合可知，倒划眼稳定器以下钻柱组合刚性大，弯曲变形显然小；其以上钻柱与井壁间隙大，弯曲变形大；倒划眼稳定器以上钻柱如同悬臂梁，其螺旋带处如同“固定端”，其余部分则是“活动端”，越靠近固定端，所受弯矩越大；因此，倒划眼稳定器内螺纹处是钻柱中最薄弱截面，服役一段时间后，危险截面螺纹处易形成疲劳裂纹；但并非产生疲劳裂纹就会导致工件断裂失效，主要取决于初始裂纹是否达到断裂门槛值，即疲劳裂纹是否扩展。

裂纹萌生区应力强度因子 ΔK 有一个断裂门槛值 ΔK_{th}，$\Delta K<\Delta K_{th}$ 时，裂纹为非扩展裂纹，反之为扩展裂纹；应力强度因子为：

$$\Delta K = F\Delta\sigma\sqrt{\pi a} \tag{4-1}$$

式(4-1)中，F 为与裂纹的形状、位置及加载方式等有关的常数；对于圆柱型构件含周向裂纹情况，F 计算公式为：

$$F = 1.12 + 3\left(a/r^0\right)^2 \tag{4-2}$$

式(4-2)中，a 为周向裂纹深度；r^0 为圆柱构件半径，由于裂纹深度远小于稳定器半径，取近似值 $F=1.12$。

式(4-1)中，$\Delta\sigma=\sigma_{max}-\sigma_{min}$，$\sigma_{min}$取0，$\sigma_{max}$取材料许用疲劳强度值，计算公式如下：

$$\sigma_{max}=\sigma_y/S \tag{4-3}$$

式(4-3)中，σ_y为材料最小屈服强度，$\sigma_y=690MPa$·s为安全系数，一般取1.5；代入上式(4-3)中，$\sigma_{max}=460MPa$。

稳定器疲劳裂纹断裂与其材料强度有关，由表4可知最小屈服强度为690MPa，并参考文献[8]，计算出稳定器断裂门槛值$\Delta K_{th}=3.26MPa$和门槛裂纹深度值$a_{th}=0.004mm$；由此可知，当初始裂纹深度小于0.004时，裂纹为非扩展裂纹，而本井稳定器母螺纹牙底裂纹深度已达0.3mm，远远大于裂纹深度门槛值，故疲劳裂纹必定会造成稳定器断裂失效。

不管直井还是复杂结构井，钻柱将承受轴向力、扭矩及弯矩等载荷，水平井、大位移井及大斜度井等钻柱承受的弯矩将更加明显；稳定器作为钻柱一部分，受力和钻柱基本相同；因此稳定器母螺纹处是钻柱中最薄弱截面，为解决稳定器断裂问题、憋压憋扭问题及下尾管难问题等，提出了一种井下随钻微扩孔钻井工具，如图6所示；该工具连接于钻具组合中，随钻柱旋转传递扭矩，偏心结构设置；上、下两组刀翼镶嵌PDC齿；下刀翼组负责钻进期间的随钻扩眼或下钻过程中的正划眼，上刀翼组负责起钻过程中的倒划眼，实现扩孔后比原井眼尺寸稍大，各刀翼侧面焊接保径合金柱，防止在下钻过程中刮伤套管内壁、起到保护切屑齿的目的；目前，旋转导向钻柱组合中加随钻微扩孔钻井工具已在渤海油田推广应用。

图6 随钻微扩孔钻井工具

2)稳定器打捞外径减小

由参考文献[11]知，最大拉/压应力计算式为：

$$\sigma_{max}=\frac{M_{max}}{W} \tag{4-4}$$

式中，σ_{max}为最大拉/压应力值；M_{max}为最大弯矩，与井眼曲率半径相关，W为抗弯截面系数，与钻柱的截面形状和大小相关。

圆环抗弯截面系数计算式为：

$$W=\frac{\pi D^3}{32}\left[1-\left(\frac{d}{D}\right)^3\right] \tag{4-5}$$

式中，D为圆环截面外径，d为截面处螺纹内径。

结合式(4-1)和式(4-2)可知，圆环截面外径越大，拉弯截面系数越大，在弯矩一定情况下，σ_{max}越小。

2#、3#及4#失效稳定器打捞外径比SY/T 5051—2016标准规定的打捞外径小约25.4mm，计算稳定器内螺纹危险截面最大压/拉应力值增加34%，从而大大降低了稳定器承载能力，提高了疲劳裂纹产生的可能性，因此，稳定器选取必须执行相关行业标准，在不影响现场作业情况下，尽量增加稳定器打捞外径。

3) 稳定器管理不规范

2#失效稳定器检验时间3年前，期间无服役记录，但露天风吹雨晒摆放，无任何遮蔽物；3#和4#失效稳定器已使用3~4井次，每次服役后只进行了外观检查，并未对稳定公母螺纹进行磁粉探伤；由此可知，稳定器管理并未遵从钻具管理规定。

为降低稳定器失效率，中海油能源发展股份有限公司工程技术分公司在稳定器管理方面规定如下：①研发工程师设计稳定器必须遵循SY/T 5051—2016标准规定；②质量工程师严格管控供货渠道，不符合设计要求和质量要求的产品严禁入库；③稳定不能露天摆放，倒划眼稳定器必须带PDC齿保护罩，以防磕碰PDC齿；④服役返车间稳定器需整体打磨除锈，磁粉探伤，合格产品刷漆、螺纹涂抹丝扣油及带护丝，并严格遵守钻具的分级检验(5级)；历时一年统计发现，2017年度海上油气田无1起因稳定器断裂而造成的恶性钻井事故，保证了海洋钻井安全和钻井时效。

5. 结论

(1) 收集了近两年中海油四海发生的4起因稳定器断裂而造成的恶性钻井事故，并对失效稳定器断口进行宏微观分析和理化性能分析；结果表明，稳定器作为钻柱一部分，受力情况与钻柱基本相同，其以上钻柱如同悬臂梁，外径最大处如同“固定端”，其余部分则是“活动端”，越靠近固定端，所受弯矩越大；因此，稳定器母螺纹是钻柱中最薄弱截面；疲劳裂纹是造成其断裂的根本原因。

(2) 稳定器母螺纹纵向取样试验，断口附件螺纹牙底发现1条深0.3mm的裂纹，而计算得知门槛裂纹深度值 $a_{th}=0.004$mm，故推断稳定器断裂失效由疲劳裂纹造成；为了解决稳定器断裂问题、憋压憋扭问题及下尾管难问题等，提出了一种井下随钻微扩孔钻井工具。

(3) 提出了微扩孔器钻具组合、适当增加稳定器打捞外径及加强稳定器管理等措施，以确保海洋钻井安全和钻井时效。

参 考 文 献

[1] 张鑫，何阳，和鹏飞等．新型配切削齿扶正器在渤海油田的应用[J]．科技创新与应用，2015，33：122-124.

[2] 李捷．油田钻头的技术现状及发展剖析[J]．科技创新与应用，2015，35：90-91.

[3] 迟愚，刘照伟，史海东．全球海洋钻井平台市场现状及发展趋势[J]．国际石油经济，2009，10：17-24.

[4] 崔振铎，刘华山．金属材料及热处理[M]．长沙：中南大学出版社，2010.

[5] 袁鹏斌，吕拴录，孙丙向等．在空气钻井过程中钻杆断裂原因分析[J]．石油钻采工艺，2008，30(5)：34-37.

[6] 吕拴录，骆发前，周杰等．满加1井钻柱转换接头外螺纹接头断裂原因分析[J]．石油矿场机械，2010，39(8)：41-44.

[7] 胡芳婷，贾华明，迟军等．用断裂力学法分析影响抽油井油管疲劳寿命因素[J]．石油矿场机械，2006，35(3)：53-56.

[8] 徐灏．疲劳强度[M]．北京：高等教育出版社，1988.

[9] 贺林．深井稳定器失效分析及设计研究[D]．成都：西南石油学院，2003.

[10] 朱益辉，刘小刚，张彬奇等．一种井下随钻微扩孔钻井工具[P]．中国：ZL201620117206.7，2016(7).

[11] 刘鸿文．材料力学[M]．北京：高等教育出版社，2006：142-143.

[12] 董星亮，王长利，刘书杰等．海洋钻井手册[Z]．北京：石油工业出版社，2009：179-180.

浅析南帕斯气田井漏问题和堵漏措施

朱卫新　黄卿卿　毕博

（中国石油集团海洋工程有限公司）

摘要：南帕斯—北方气田是世界最大的凝析气田，位于伊朗波斯湾海域，水深约70m，其中1/3位于伊朗境内，称为南帕斯气田；2/3位于卡塔尔境内，称之为北方气田。总储量超过40 $\times10^{12}m^3$。中油海钻井平台日费钻井施工的南帕斯13区和22-24区位于整个气田北段倾末端的东南翼，根据伊朗POGC公司批准开发方案的部署，两区共分7个导管架平台进行开发和投产，总开发井数为77口，其中直井7口，大斜度定向井70口，所钻井目的层均为三叠-二叠系的Khuff组地层。从两区块以及邻近区块的钻探实践表明，南帕斯气田普遍存在严重的井漏问题，以及由井漏造成的卡钻、H_2S溢流等井下复杂问题，如何有效快速堵漏是缩短钻井周期、提高固井质量和确保井控安全的关键环节。

关键词：漏失机理；强钻；桥浆堵漏；特例分析

井漏一直是制约南帕斯气田缩短钻井周期第一关键因素，也是造成该地区频繁发生卡钻、H_2S溢流等复杂事故的根本原因，严重影响了钻井作业的设备工具安全和井控安全。据作业数据统计，井漏占该地区钻井作业的复杂事故比重为56%，而由井漏引起的卡钻、H_2S溢流等又占复杂事故的比重为30%，因此如何快速高效的堵漏是缩短钻井周期，提高固井质量和确保井控安全的关键环节。

1. 南帕斯气田地质概况

南帕斯气田地层主要岩性为石灰岩、白云岩和硬石膏互层，偶见页岩夹层；非均质性强，具有复杂的沉积史，成岩作用比较复杂，硬度高可钻性差，钻井周期长，在Asmari/Jahrum，Sachun，Dariyan和Dashtak地层中钻进时出现局部和大量漏失，且易发生卡钻、井塌、遇阻等多种井下复杂事故，如图1所示。

主要储集层是二叠系和早三叠统的海相沉积碳酸盐岩与蒸发岩地层的Dalan-Kangan组（又称Khuff层组），主要储集岩为多孔的石灰岩、白云岩。气层由四个次级层组成：K1、K2、K3和K4；孔隙度在5%~15%，平均孔隙度9.5%，平均渗透率300mD，属中低孔、中渗储层，每个层厚度约70~140m，具有有限的垂向连通性。

在Asmari，Jahrum，Dariyan，Hith，Kangan(K1，K2，K3和K4)地层中出现硫化氢；主力油气层地层压力36.45MPa，温度102℃，温度梯度3.2℃/100m，平均H_2S含量6500ppm，CO_2含量24000ppm，CL^-含量290000ppm，甲烷含量为82.09%，产出物中含少量凝析油。

2. 南帕斯气田钻井井漏分析

1）井漏情况统计

根据已收集到的南帕斯气田13区及邻近区块的钻井资料，出现严重漏失和全部漏失的井数占统计井的55%，出现部分局部漏失的井数占统计井的25%，尤其是SPD13A-05井漏失严重，共发生井漏失返12次。井漏简要情况，如表1所示。

地层	地层柱状图	岩性描述	深度(m)	存在风险
Far Group	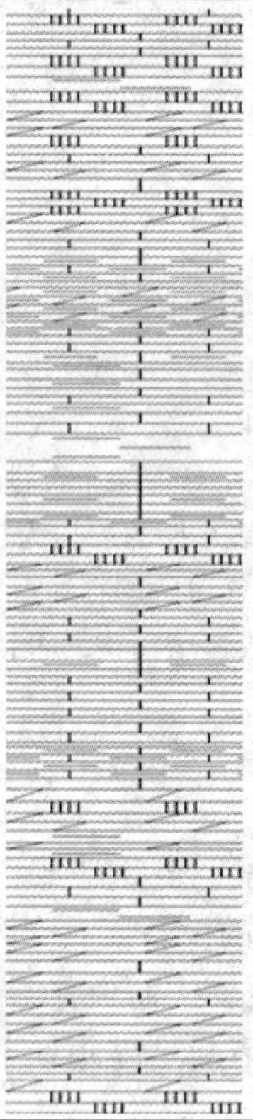	灰岩、泥岩、石膏、夹少量砂岩		
Asmari		灰岩、云岩,夹石膏	403-474	漏失、卡钻
Jahnrm		以云岩、石膏为主,夹灰岩	474-748	井漏失返、遇阻、卡钻、硫化氢
Sachun		云岩、灰岩,底部泥灰岩	748-956	井漏、卡钻
Sarvak		以云岩、灰岩为主,夹泥岩	980-1134	遇阻、遇卡
Kazhdumi		泥岩、页岩	1134-1189	
Dariyan		以灰岩为主	1189-1291	
Gadvan		以灰岩为主	1291-1355	
Fahliyan		以灰岩为主	1355-1550	
HIHT		石膏为主	1550-1623	
Surmeh		以灰岩为主,底部泥、页岩	1623-2211	井漏、卡钻
Dashtak		以云岩、灰岩为主,底部泥、页岩	2296-2724	遇阻、遇卡,底部泥页岩垮塌
Kangan		以云岩为主、灰岩次之,夹石高薄层	2724-2904	卡心、硫化氢

图1　地质剖面及各段钻井风险

表1　邻井漏失统计表

井号	井深/m	地质层位	漏失量/m^3	静态漏速/(m^3/h)	动态漏速/(m^3/h)	处理方法
SPD13A-05	778~950	Jahrum	912	失返		海水强钻
	1356~1365	Dariyan		失返		海水强钻
	1457~1472	Fahliyan		失返		海水强钻
	1528~1601	Hith		失返		水泥浆堵漏，砂石堵漏，砂石堵漏，桥浆堵漏，海水强钻
SPD13A-01	1208-1502	Dariyan-Fahliyan	849	部分漏失		钻屑堵漏，随钻堵漏，水泥浆堵漏
	1530-1752	Fahliyan-Hith		严重漏失、失返		
SPD13A-09	1318-1324	Dariyan	497	严重漏失、失返		钻屑堵漏，随钻堵漏
	1372-1505	Dariyan-Fahliyan		部分漏失		
	1515-1731	Fahliyan-Hith		严重漏失、失返		

续表

井号	井深/m	地质层位	漏失量/m^3	静态漏速/(m^3/h)	动态漏速/(m^3/h)	处理方法
SP-9	624~635	Jahrum		6.8	113	海水强钻
	804~848	Anhydrite			16~72	海水强钻
	876~880	Anhydrite			19~32	桥浆堵漏
	908~948	Anhydrite		34		海水强钻
	980~1058	Sarvak		34		桥浆堵漏
SP-8	90~207	Fars	130			随钻堵漏
	520~540	Jahrum	180			海水强钻
	668~698	Jahrum	229			随钻堵漏
	710~740	Jahrum	67			海水强钻
	1200	Dariyan	2	36		桥浆堵漏
SPD4-1	2842	Kangan	9.6	6	5~12	桥浆堵漏
	2849	Kangan	10	5		桥浆堵漏
	2856	Kangan	8.3	9	20	桥浆堵漏
	2857	Kangan	17		30	桥浆堵漏
			7.6		9~13	桥浆堵漏
			23		25~40	桥浆堵漏
			25	6	16~20	水泥浆堵漏
	2858	Kangan	16.3	6	16~20	桥浆堵漏
	2862	Kangan	15.4	7	6~30	桥浆堵漏
	2879	Kangan	1		3~5	水泥浆堵漏
	2928	Kangan	4.5	4~5	10~16	桥浆堵漏
	2931	Kangan	3.3		7~22	桥浆堵漏
	2945	Kangan	8		20~25	桥浆堵漏
	2986	UpDalan	2.6		10~17	桥浆堵漏
			4.1		8~17	水泥浆堵漏
SPD4-3	3053	UpDalan	6	20	31	桥浆堵漏
SPD4-12	3795	UpDalan	11			桥浆堵漏
SPD4-14	1888	Upper Limestone		6		桥浆堵漏
SP-13	407~442	Fars-Asmari	部分漏失			海水强钻
	442~830	Asmari-Anhydrite	失返			海水强钻
	830~850	Anhydrite	部分漏失			桥浆堵漏
SP-5	184~986	Asmari-Anhydrite	失返			桥浆堵漏
SPD12D-1	385~447	Asmari	失返			桥浆堵漏

由表 1 可知井漏主要集中在上部地层(Fars-Jahrum-Anhydrite)，中部地层(Fahliyan-Hith)和下部储层(Kangan-Up Dalan)，占全部井漏次数的 90%。从漏失严重程度上分析，中

上部地层(Fars-Jahrum-Anhydrite，Fahliyan-Hith)表现为部分漏失—全部漏失，井漏发生的机率较高；下部储层(Kangan-Up Dalan)为部分漏失，漏速一般为10~20m^3/h。

所分析井的井漏处理情况为：上部地层(Fars-Jahrum-Anhydrite)以强钻下套封隔漏层的方法为主；中层地层(Fahliyan-Hith)多以桥浆堵漏为主，水泥堵漏为辅；下部储层(Kangan-Up Dalan)也以桥浆堵漏为主，水泥堵漏为辅。

2）井漏机理分析

尽管影响井漏的因素复杂多样，但归根到底是漏失通道的自身性质和作用于漏层的压差对井漏的影响。南帕斯气田从上到下是一套以白云岩和灰岩为主的碳酸盐岩地质剖面，在成岩作用与构造运动作用形成的溶孔和裂缝是构成了南帕斯气田地层的主要漏失通道。其中Fars-Jahrum-Anhydrite地层孔隙-裂缝发育丰富，其漏失压力系数小于1.0，因此即便使用海水钻井也有可能发生井漏。该地区的漏失类型根据漏失通道的性质可以分为3类：

(1) 渗透性漏失：如图2所示，这种漏失多发生在粗颗粒未胶结或胶结很差的地层，只要它的渗透率超过14D，或者它的平均粒径大于钻井液中数量最多的大颗粒粒径的三倍，在钻井液液柱压力大于地层孔隙压力时，就会发生漏失。

(2) 天然裂缝、溶洞性漏失：如图3和图4所示，如石灰岩、白云岩的裂缝、溶洞及不整合侵蚀面、断层、地应力破碎带、火成岩侵入体等都有大量的裂缝和孔洞，在钻井液液柱压力大于地层压力时会发生漏失，而且漏失量大，漏失速度快。

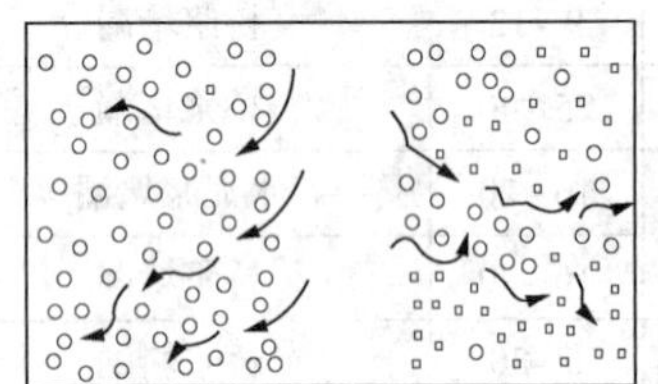

图2　渗透性漏失

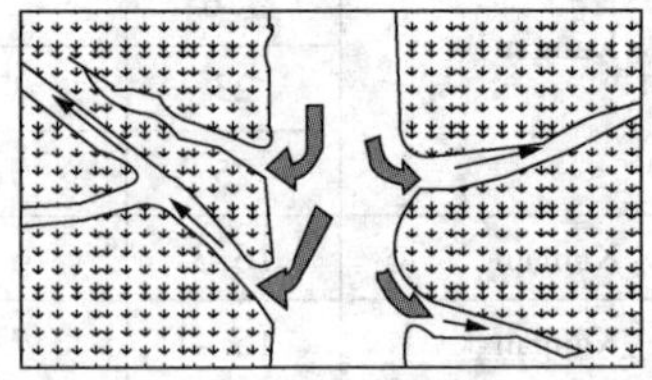

图3　天然裂缝性漏失

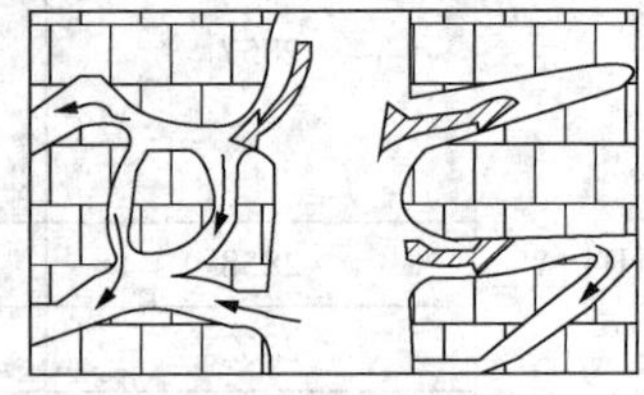

图4　溶洞漏失

(3) 孔隙—裂缝性漏失：即前两者因素都具备的综合性漏失。

漏失通道的性质是内因，在一定条件下是相对不变的因素；作用于漏层的漏失压差是外因，是可变因素。根据漏失压差ΔP的计算公式：

$$\Delta P=P_{动}-P_{漏}=(P_{柱}+P_{耗}+P_{激})-(P_{孔}+P_{损}) \tag{2-1}$$

可知控制漏失压差的外因包括静液柱压力($P_{柱}$)、环空循环压耗($P_{耗}$)和激动压力($P_{激}$)。因此如何优化钻井液性能、钻井水力参数和钻具结构，合理组织施工，是预防漏失的一个关键环节，同时针对漏失通道的性质选择合理的堵漏材料和堵漏措施是快速堵漏的重中之重。

3. 井漏预防措施

处理井漏坚持预防为主，防堵结合的原则。井漏的预防主要包括合理的井身结构设计、合理的钻井液性能、合理的钻井参数等措施。

1）井身结构

南帕斯气田地层坍塌压力低、破裂压力高，孔隙压力分布在坍塌压力和破裂压力之间，且相互之间的间隔较大，因而其压力剖面简单，有利于井身结构的设计。三压力剖面如图5所示。

根据三压力剖面，为更有利于井漏的预防，采用的井身结构如图6所示。

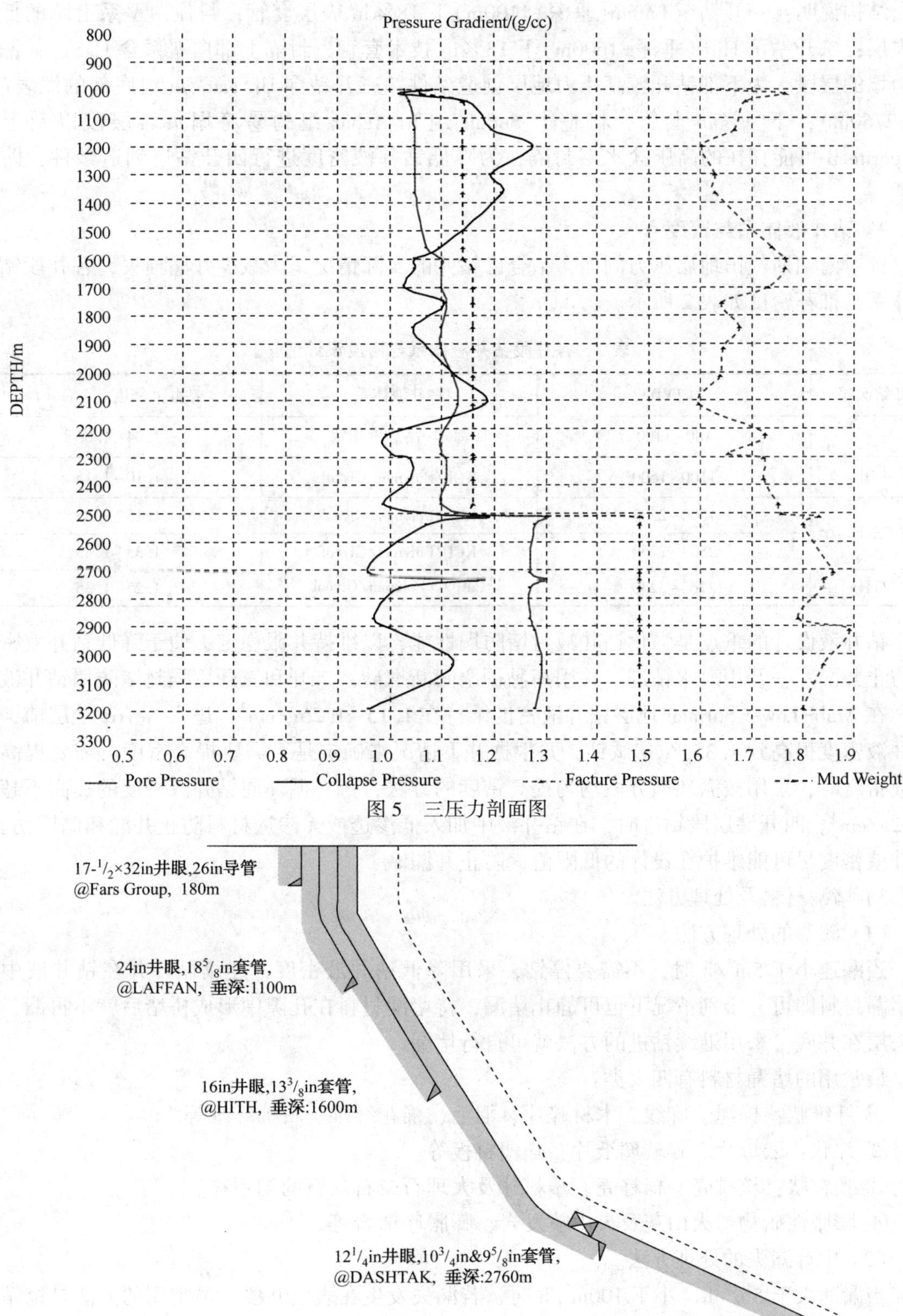

图 5 三压力剖面图

图 6 井身结构图

结构说明：一开钻至 Laffan(垂深±1100m)下 18⅝in 表层套管，封住白垩系上统的低压漏失层；二开钻至 Hith(垂深±1600m)下 13⅜in 技术套管，封隔上部白垩系含 H_2S、易漏及易垮塌的层段，为下部钻开较高压力地层创造条件；三开钻穿 Up Kangan 组底部的泥岩(垂深±2760m)，下 9⅝in 套管，将整个 Sudair 组和 Aghar 组的易垮塌页岩层段以及上部 Evaporite B 可能存在的高压盐水层封隔，为降低钻井液密度进行四开钻进创造条件，防止井漏。

2）钻井液体系与密度

针对南帕斯气田地层压力剖面，结合已钻井的实际情况，为减少井漏损失，各井段钻井液体系与推荐密度如表 2 所示。

表 2　各井段钻井液体系与密度设计值

开钻次序	井段(TVD)/m	钻井液体系	钻井液密度/(g/cm^3)
一开	180~1100	海水+高黏度稠塞	1.04~1.06
二开	1100~1600	KCL/Polymer/Glycol	1.10~1.15
三开	1600~2503	KCL/Polymer/Glycol	1.15~1.25
	2503~2760	KCL/Polymer/Glycol	1.35~1.45
四开	2760~3230	$CaCO_3$/Polymer/Glycol	1.25~1.35

钻井液设计的重点是强化钻井液封堵防塌性能，以维持井眼稳定，便于降低钻井液密度来防止井漏。一开用海水钻进，并用高黏稠塞间断携砂；二开和三开用强封堵防塌钻井液钻进，在 Arab-Lower Surmeh 地层钻井液密度维持在 1.15~1.25g/cm^3，进入 Neyriz 地层前，将钻井液密度提高到 1.35g/cm^3试钻，并根据井下情况来确定是否需要提高密度。需要提高钻井液密度时，采用按循环周分段均匀提高密度的方法，每一循环周钻井液密度的提高不超过 0.02g/cm^3。四开储层段钻进时，在钻井液中加入低渗透或无渗透材料防止井漏和储层伤害，钻井液密度尽可能维护在设计的低限值，防止井漏。

3）堵漏材料及处理方法。

(1) 渗漏的处理方法。

当漏速小于 5m^3/h 时，不需要停钻，采用降低钻井液密度，连续循环并在钻井液中加入堵漏材料即可。个别情况下也可静止堵漏，待堵漏材料在孔隙中形成桥堵后就不再漏，如漏失层在井底，采用继续钻进的方法就可自行堵漏。

最常用的堵漏材料有四大类：

① 纤维状：棕绳、麻线、木材碎片、羽毛、棉花纤维、石棉纤维等。

② 片状：云母片、碎玻璃纸片、碎塑料板等。

③ 颗粒状：核桃壳、棉籽壳、塑料球及大理石或石灰石的细颗粒。

④ 膨胀性矿物：火山灰及火山喷发岩，膨胀珍珠岩等。

(2) 中等漏失的处理方法。

当漏速大于 5m^3/h、小于 100m^3/h 时，若漏失发生在表层井段，最常用的方法是抢钻到下表层套管深度，下入套管封固漏层；表层套管鞋以下井段发生有进无出的情况，可采用先泵入含堵漏剂的高黏度钻井液，后打水泥塞。若中等漏失发生在较深井段，通常是注入高浓度堵漏材料的钻井液段塞处理井漏，既经济又安全，具体做法如下：

① 强行钻进，钻穿漏层，并再往下钻一定的深度。

② 转动钻具，循环钻井液，彻底清洗井眼。

③ 从钻杆内泵入高浓度堵漏段塞，用钻井液将其替到井底的漏失层位，然后起钻至安全井段或套管内等候 2~4h，让漏失层慢慢愈合。

④ 如一次堵漏不成功，可连续多次注入，注入 2~3 次，一般情况下就可收到较好的效果。

（3）严重或失返性漏失的处理方法

当漏速大于 $100m^3/h$ 甚至失返时，首先起钻至套管内或上部裸眼内井壁稳定井段，宜采用高浓度、高黏度和切力的桥塞堵漏，或采用石灰—膨润土浆、膨润土—水泥浆、柴油—膨润土浆、速凝胶质水泥浆、纤维水泥浆等段塞，以及化学凝胶堵漏。

在使用各类凝结性段塞堵漏时，宜根据实际井深、井底温度等数据，经室内实验确定各种凝结性堵漏段塞配方，以保证段塞钻井液具有一定的流动性、合适的初凝时间和凝结强度。也可加入混合堵漏材料增加凝结后的强度。在井下条件允许和现场供水充足的情况下，可采用先强钻通过漏层，然后打水泥塞封固的方法堵漏。

4）具体漏层防漏措施

（1）上部 Fars-Anhydrite 漏层。

Asmari、Jahrum、Anhydrite 是南帕斯气田的主要漏层，且可能存在含有 H_2S 的地层水，因而这一层段是防漏治漏的重点井段。这一层段使用海水钻井，但在钻开漏层前准备好堵漏材料和配制堵漏浆液的预水化膨润土浆。

① 强钻治漏措施。

强钻治漏是本井段的首选方法。强钻治漏适应条件为：钻遇部分漏失，钻屑能有效带出井眼；或者钻遇全部漏失，钻屑能有效漏入地层。

强钻的主要措施如下：

a. 强钻前，对所有设备和钻具进行检查，保证设备状态良好，钻具正常。

b. 尽量简化钻具结构，少用大尺寸钻铤，尽量不用扶正器。

c. 钻头不装水眼，钻压合理，送钻均匀。（如果要定向作业，可以装水眼）

d. 每钻完一根单根或起钻前应大排量洗井，并上提钻具至安全位置（至少上提一根单根以上，防止沉砂卡钻，然后停泵让钻屑沉淀到位（约 3~5min），再缓慢下钻探井下沉砂，若沉砂大于 3m，则再次开泵大排量洗井。

e. 接立柱应尽量抓紧时间，防止沉砂卡钻。

f. 强钻到下套管井深后大排量洗井以确保井眼清洁，起钻前注入高黏度钻井液，以确保套管能顺利下到位。

② 堵漏措施。

在强钻过程中，长时间大排量洗井后，井底沉砂仍过多，强钻无法实施时，则需要对漏层进行堵漏作业。考虑到底部钻具带有马达，堵漏材料粒径不宜过大，如 SPD4 区采用的：膨润土浆+4%-6%LCM-F（粒径小于 0.9mm，如 FDJ-1 或 QDL-3）+3%-5%SDL。若桥浆堵漏两次不成功，则采用水泥浆堵漏。用水泥浆堵漏时，可在井下注一高黏钻井液段塞，减小井筒中海水对水泥浆的稀释，提高堵漏成功率。

(2) 中部 Fahliyan-Hith 漏层。

Fahliyan-Hith 地层发生部分漏失的情况较多，一般漏速在 $50m^3/h$ 以下。钻遇井漏，优先使用随钻堵漏，只有当随钻堵漏无效时，才使用桥浆停钻堵漏。

① 随钻堵漏。

根据不同的漏失速度来确定随钻堵漏的配方，如表 3 所示。

表 3 应用的随钻堵漏泥浆成份

漏速/(m^3/h)	<5	5~20	20~50
堵漏配方	井浆+4%~6%随堵剂	井浆+3%~4%LCM-F +3%~5%随堵剂	井浆+2%~3%LCM-M +3%~4%LCM-F +3%~5%随堵剂

② 桥浆堵漏。

若随钻堵漏效果不好，则停钻使用桥浆堵漏；若桥浆堵漏两次无效，可使用水泥浆堵漏。

根据不同的漏失速度来确定桥浆配方，如表 4 所示。

表 4 应用的堵漏桥浆的成份

漏速/(m^3/h)	5~20	20~50
堵漏配方	井浆+4%~6%LCM-F	井浆+3%~5%LCM-M +5%~7%LCM-F

(3) 储层 Kangan 漏层。

对邻井资料分析表明，储层段可能发生部分漏失，漏速一般为 $10 \sim 20m^3/h$，对这类井漏，根据邻井较好的经验，首选桥浆堵漏。桥浆堵漏配方：井浆+2%~3%LCM-M+3%~4% LCM-F+3%~5%随堵剂。若桥浆堵漏两次无效，可使用水泥浆堵漏。

4. SPD13A-05 井严重井漏的特例分析

SPD13A-05 井为 SPD13 区 A 导管架平台的一口评价直井，设计井深 3231m，该井在一开 23½in 井眼和二开 16in 井眼钻进期间，多次出现泥浆漏失失返进行强钻的情况，导致二开 13⅜in 套管未下到预定层位封堵漏层，致使三开在失返的情况下强钻 793m，为避免“上漏下喷”不得不提前下 9⅝in 套管封堵上部漏层，四开提前下 7in 尾管封堵高压盐水层和 Aghar Shales 的泥岩层。最后在储层补钻 5⅞in 小井眼下 5in 尾管完井。

1) 各地层钻遇复杂情况

表 5 SPD13A-05 井钻遇复杂情况

地层	设计预测顶部深度/m	实际顶部深度/m	顶深确认情况	井下复杂
Dariyan	1330	1254	录井捞砂确定	漏失
Gadvan	1434	1357		
Fahliyan	1500	1422		漏失，H_2S

续表

地层		设计预测顶部深度/m	实际顶部深度/m	顶深确认情况	井下复杂
Hith		1652	1557	二开：1528~1579m(二开完钻深度)井段井漏失返，录井无法捞砂确认层位，提前下入套管，未能封住1590~1601m的主要漏失段；三开：1579~2372m钻进期间一直无返出，强行钻进至2255m，电测确定地层深度	漏失，H_2S
Surmeh		1672	1612		漏失，卡钻
Mand		1976	1995		漏失，卡钻
LowSurmeh Shale		2713	2184		缩径，漏失，卡钻
Lithiotis Bed		2205	2237.5		漏失
Neyriz		2252	2261	根据电测结果预测	缩径，漏失
UpDashtak		2280	2290		卡钻
Evaporate B		2359	2364		低钻速，高压盐水层，H_2S
UpSudair		2435	2439		高压盐水层
Massive		2494	2502.5		
Lower Sudair	S-8	2523	2527	四开(2372~2742m)捞砂确认地层深度，四开下7in尾管固井后，下5⅞in钻头打小井眼，钻套管内水泥塞只2221m时出现溢流，需用2.2g/cm³密度的泥浆平衡地层压力，无法降低泥浆密度至1.25g/cm³实施打开油气层的五开钻进，多次挤水泥无果后决定打水泥塞临时弃井	缩径，卡钻，漏失
	S-7	2550	2555		
	S-6	2575	2580		
	S-5	2593	2603		
	S-4	2616	2621		盐水层
	S-3	2652	2655		
	S-2	2660	2662		
	Aghar Sh	2697	2705		缩径，垮塌，卡钻，漏失 H_2S
Kangan	UpKangan	2722	2731		
	K1		2760		
	K2		2870		
Dalan	K3		2917	地质预测	
	K3		3035		
	Nar		3182		

(1) 一开23½in井段。

一开井段为海水(8.5ppg)钻进，期间间歇性泵入稠塞清洗井眼。其中在Jahrum地层778.5m，792.9m，796m，796.8m，810.6m，852m，883m，950m等多处出现间歇性泥浆失返，且在852m，883m，903m，950m由于失返造成沉砂和垮塌卡钻。该段钻进期间，由于漏失造成地层H_2S溢出，井口H_2S检测多次超过100ppm。

(2) 二开16in井段。

在1356.63m-LowDariyan地层，1457m和1472.37m-Fahliyan地层出现井漏失返，期间H_2S多次溢出，振动筛处浓度最高超过100ppm。在1528-1579m-Hith地层钻进期间发生井漏失返，用海水强钻至井深1579m，期间由于井口无返出，录井无法获得岩屑，导致地质层位未掐准，提前完钻下入套管未能封堵1590~1601m的主要漏失段。

(3) 三开 12¼in 井段。

整个三开作业从开始钻进就一直无返出，海水钻进，间歇性泵入稠塞清洗井眼，主要漏失层位 1590~1601m。期间伴随着由于漏失造成地层 H_2S 侵入泥浆，溢流，井口 H_2S 检测多次超过 100ppm。

2）堵漏措施

针对 Hith 地层上部 1590~1601m 的漏失段，作业方共采取了以下 5 种堵漏措施。

(1) 打水泥塞堵漏。

下光钻杆，自下往上，打水泥塞堵漏(5m^3钻井水+11.5m^3密度为 1.39~1.51g/cm^3膨润土水泥浆+1m^3 钻井水)，共计 9 次，判明主要漏失层位在 1590~1601m。后期又在主要漏失层位(1590~1601m)上部位置打 9 次水泥塞，每次泵入 5~10m^3水泥浆，密度 1.74~1.90g/cm^3，一旦钻塞到 1595m，环空失返。总计打水泥塞 18 个，用水泥 186t，现场判断应该是水泥漏入裂缝性低压含水层被稀释，没起到封堵作用。

(2) 柴油+膨润土堵漏。

连续三次使用柴油+膨润土堵漏，具体做法：下钻至 1595m，泵入 20bbls 柴油+25bbls 堵漏泥浆(35bbls 柴油+3t 膨润土)+10bbls 柴油，排量 400gpm，泵压 250psi，用 109bbls 密度 9.2ppg 泥浆顶替，排量 400gpm，泵压 320psi，期间井口一直没有返出，候效后以 100gpm 排量开泵循环，井口始终无返出。

(3) 井口投堵漏材料包堵漏。

混合沙石、$CaCO_3$、云母片和 Kwik seal-C 快速堵漏材料，分别包成 60 小袋直接投入井内，然后倒入 1.5t 沙石，探底 1572m，循环井口无漏失，打 70bbls 密度 14.5ppg 水泥塞，候凝 7.5h，下钻钻进到漏层 1593m，失返，堵漏失败。

(4) 倒入砂石堵漏。

直接倒入沙石 13 大桶，下钻探底 1586m，循环井口无漏失；打水泥塞，候凝 6h，下钻钻进到漏层，在漏层没有完全封堵死的情况下，上下划眼多次，破坏已经形成的井壁，再次失返，堵漏失败。

(5) 使用纤维堵漏剂。

在 1603m 处打入 5m^3隔离液+10m^3 losseal×w 纤维泥浆+2m^3隔离液，3h 后，下钻到底循环排量 200gpm，井口有少量返出，仍漏失严重。在 1277m 处再次打水泥塞，泵入 100bbls 密度 15.2ppg 的水泥浆，候凝后从 1378.4m 开始钻塞，钻至 1593m 后再次失返。

3）小结

(1) 井内多次出现溢流和硫化氢，但没有全烃，最高溢流速度达到 159m3/h，关井后，套压为零；钻进时，基本能保持液面，由此可以判断漏失层为裂缝性含硫化氢水层。

(2) 判明主要漏层后，采用同一种措施，重复性 9 次打水泥塞进行堵漏，堵漏措施没有及时调整。

(3) 第二次沙石填充后打塞，钻开漏层之后，环空一直有返出，漏失量大约 42m^3/h，没有进一步采取合理的堵漏措施，造成失败。

(4) 施工期间没有对漏失层位裂缝情况进行详细电测，但根据钻进期间没有放空现象，岩屑没有返出而是漏入地层以及堵漏投入的材料等判断地层裂缝应该是宽度大于 2cm 的纵向裂缝。

（5）由于漏失层为水层，对水泥浆和其它堵漏剂产生水化溶解。没有模拟井下温度对水泥浆做实验，没有加入速凝剂等固井材料。注入的仅为普通水泥浆，水泥还未凝固时，就已经漏光。

（6）类似这样的漏失层，建议应采用速凝低密度水泥浆或者不溶于水的智能凝胶材料或者膨胀率较高的堵漏材料等。

5. 结论及建议

（1）根据南帕斯气田钻井漏失情况分析，发生井漏的层位主要是上部地层（Fars-Jahrum-Anhydrite），中部地层（Fahliyan-Hith）和下部储层（Kangan-Up Dalan），占全部井漏次数的90%。

（2）南帕斯气田漏失通道为孔隙—裂缝性引发的压差性漏失。上部 Fars-Jahrum-Anhydrite 地层发生严重井漏甚至失返的机率较高，以海水强钻为主要治漏方法；中部 Fahliyan-Hith 地层和下部 Kangan-Up Dalan 储层一般发生部分漏失，以桥浆堵漏为主要治漏方法。

（3）Fars-Jahrum-Anhydrite，Fahliyan-Hith 地层孔隙—裂缝发育丰富，其漏失压力系数小于1.0，因此使用海水钻井时均有可能发生井漏，若钻遇纵向裂缝性地层，采用不溶于水的智能凝胶材料+速凝低密度水泥浆堵漏应该可以取得很好的效果。

参考文献

[1] 刘伟．井漏的成因及处理[J]．中国西部科技，2008(07)：41-42.
[2] 蒋希文．钻井事故和复杂问题[M]．北京：石油工业出版社，2002.

深水气田多相流计量研究

谭壮壮

（中国石油集团海洋工程有限公司工程设计院）

摘要： 随着开发水深的不断提高，越来越多的海洋天然气田采用了水下生产系统的开发模式。由于井口多分布于深水或超深水区域，传统的计量管汇模式难以进行单井计量，因此常采用水下多相流计量的方式，以保证计量的准确性和实时性。本文介绍了常用的水下多相流计量系统，并研究了计量系统的设计要点。

关键词： 水下生产系统；单井计量；湿气流量计

1. 引言

随着开发水深的不断提高，越来越多的油气田采用了水下生产系统，在这种模式中，水下生产系统通过水下井口、水下管汇、海底管线和脐带缆，将油气井生产的油气混合物输送至依托设施或陆上终端。水下生产系统能够适应深水油气田的开发，具有开发成本低、建设周期短、开发效益高的特点。

由于产出物通常直接在水下通过管汇汇集，后由海管、立管输送到上部设施，因此上部设施接受到的物流为多个井口产出物的汇集，传统计量管汇方式难以实现单井计量。而单井多相流量数据又是油藏管理、生产优化、故障诊断的重要数据，因此，为实现气田水下生产系统的单井计量，通常采用的方式为在每个水下采油树上设置湿气流量计，从而实现项目中单井计量的要求。

2. 水下湿气流量计的应用

天然气生产中，通过单井的多相流计量，可对气体流量、凝析油流量、水流量分别进行计量，作为水合物抑制剂注入量及产出物产量调整和气藏管理的重要依据。

目前，气田水下生产系统的单井计量方式主要为水下湿气流量计计量，并结合虚拟计量作为辅助计量方式。湿气流量计计量是使用采油树上的湿气流量计等多相流计量仪表直接计量；虚拟计量通过测得的单井温度、压力等数据，通过数学模型间接计算出单井产量。

安装于采油树上的湿气流量计，通过水下控制模块和脐带缆将计量结果传到依托设施。湿气流量计通常适用于含气率较大的井口采出物计量，具有精度高、测量方便、不需要单独管线、能够实现实时计量等优点。这种计量方式目前被广泛用于水下气田的开发中，适用于水下丛式井开发模式且对单井计量精度要求较高的项目。但是，由于需要在所有的单井采油树上都设置湿气流量计，存在成本较高、维修维护相对困难的缺点。

以下以东非某深水气田为例，介绍湿气流量计在深水项目中的应用。

该气田水深为2000~2150m，属于超深水天然气项目。水下生产系统采用丛式井口，每个井丛设置4个水下采油树，并设置1个水下管汇用于井口采出物汇集；陆上设LNG工厂用于采出物的接收和处理；井口区域离岸距离约为60km。

该气田为典型的超深水多井口水下生产系统，由于气藏管理、工艺生产的要求，需要对井口采出物进行单井多相流计量。由于每个井丛的采出物在水下管汇汇集，无法采用传统的计量管汇方式计量，因此在每个采油树上设置湿气流量计作为单井多相流计量，具体设计及选型要点如下：

（1）由于离岸距离较远，为减小脐带缆内电缆截面积，采用了功耗较小的湿气流量计，单个流量计功率为45W，约占整个用电量的20%，极大缩小了电缆截面积。

（2）通讯方面采用了井口区内采用电缆通讯、井口区至陆地LNG工厂之间采用光缆通讯的方式，提高通讯距离的同时保证了通讯灵活性。

（3）由于预计气田后期出水量较大，采用了含气量范围为0~100%的湿气流量计，保证整个周期的精确计量。

3. 湿气流量计的选型与设计研究

湿气流量计是一种多相计量仪器，在气含量较大的气田采出物的计量中应用较为广泛。与单相流量计相比，湿气流量计还能够测出井口采出物的含水量、含油量、含盐度，是化学药剂注入量、产量调节和集输系统故障诊断等的重要数据来源。同时，湿气流量计是水下生产系统的一部分，通常安装于深水或超深水区域的井口采油树处，因此在设计过程中需要考虑其性能、通讯、供电、可靠性和维护维修等方面。

1）湿气流量计的性能

水下湿气流量计通常采用不同原理、技术，具有不同的性能特点。根据气藏的组分、含沙、气体比例等数据，设计过程中需要对湿气流量计的性能做出要求，包括以下几个方面：

（1）是否为三相计量。常见的湿气流量计分为两相计量和三相计量，两相计量即计量结果为总质量流量和水流量，然后通过气油比离线计算气、油流量；三相流量则直接在线计量油、气、水的流量。在计量过程中，三相流量更为直接、准确，适用于含油、水较多的气田，而两相流计量适用于含气量高的气田。

（2）含气量计量范围。含气量范围是湿气流量计的重要参数，计量原理不同，湿气流量计的含气量范围也不同，包括以下几种范围：80%~100%、90%~100%以及0~100%。超出含气量范围，计量结果将无法达到要求精度。含气范围越大的流量计需要的射源数量及能量越大、体积越大、价格也越高，应根据气藏特性合理选择。

（3）测量原理及放射性。水下湿气流量计基本测量原理包括射线式和非射线式两种。在测量总流量时，两种流量计均采用文丘里管或V锥流量计，并结合微波测量；在测量各组分比例时，射线式采用放射源方式，具有一定的放射性，而非放射式则不含有放射源。放射源测量方式在运输、安装、寿命等方面存在一定风险，但在体积、精度方面又有其优势，设计过程中应按照实际情况考虑。

（4）对出砂的敏感性。V锥流量计具有精度高、体积小、寿命长等优点，但出砂时易损坏，因此出砂较多的气田应选择文丘里管计量。

（5）精度。通常湿气流量计气体精度在2%~10%，液体精度在4%~10%，总流量精度在4%~10%之间，可根据具体要求进行选择。

2）湿气流量计的通讯

湿气流量计与依托设施之间要进行大量的数据传输，包括气、水、油的流量、压力、参数设置、设备自诊断信息等，一般通过水下控制模块和脐带缆传送到依托设施。为了减少水下连接，并提高数据传输速率，一般湿气流量计通过 Modbus TCP 或 CAN 等串行通讯方式进行通讯。为了减少水下控制模块的运行负担，湿气流量计的数据不进入水下控制模块的 CPU 单元，而是通过水下控制模块内的以太网交换机直接送到依托设施，通过依托设施上专门的服务器进行数据处理。湿气流量计的通讯如图 1 所示。

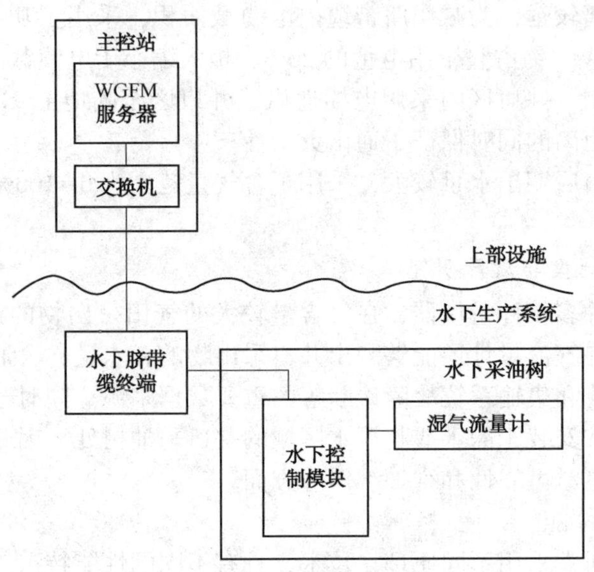

图 1　湿气流量计通讯

3）湿气流量计的供电

水下系统的总体用电量较低，平均每个采油树在 180~250W 之间，而湿气流量计的用电量在 40~120W 之间，可见湿气流量计的用电量占比较大。因此，在设计过程中要考虑湿气流量计的用电量，避免由于湿气流量计选型不当而带来用电量增大，导致脐带缆截面积增大，带来不必要的成本提高。

水下生产系统通常由上部设施 UPS 冗余供电，通过电力单元将 UPS 电压升压为合适的电压，通过脐带缆传入水下，在水下由水下控制模块将电压转换为 24V，并供给湿气流量计。

4）湿气流量计的回收维修

深水水下设备对可靠性要求非常高，设备损坏的回收维修费用异常昂贵。由于湿气流量计中含有电子元器件等易损部件，失效的风险较高，因此要做成可回收模块，能够由水下机器人从采油树上拆下后回收回水面进行维修。湿气流量计通常和其它易损设备(如节流阀、压力温度传感器等)集成在一个可 ROV 回收的流量控制模块内，方便回收维修。

5）辅助计量

由于湿气流量计的维修周期较长(通常按 30 天考虑)，在维修期间需考虑采用虚拟计量作为辅助计量方式。这种计量方式是利用其它过程参数，通过数学模型进行计算得到单井的流量、组分等数据。如利用井下以及节流阀上下游的温度、压力数据，通过热工流体模型计算出采出物的多相流量。这种方式通过不断的迭代得到收敛的模型参数，进而通过模型得到所需过程量。但是，这种模型需要大量的输入、输出数据进行模型训练来得到参数，同时，参数的变化以及工作状态的非线性转移对模型准确度的影响很大。因此，这种方式只适合用于短期的计量，作为临时辅助计量手段。

4. 结论

根据前文所述，得到以下结论：

（1）由于井口采油树、管汇等设备位于水下，因此水下生产系统单井计量通常采用湿气流量计；

（2）在湿气流量计的选型及设计过程中，应就性能、通讯、供电和维修等因素，并结合成本、空间、重量以及操作维修等方面进行考虑；

（3）如有必要，可采用虚拟计量作为临时辅助计量。

参考文献

[1] 张理．水下生产控制系统设计探讨[J]．中国造船，2010(2)：185-191.

[2] ISO 13628-1：Petroleum and Natural Gas Industries—Design and Operation of Subsea Production Systems — Part 1：General Requirements and Recommendations[S]. 2006：28-35.

[3] Bai Yong，Bai Qiang. Subsea Engineering Handbook[M]. Burlington：Gulf Professional Publishing，2010：225-249.

[4] 范亚民．水下生产控制系统的发展[J]．石油机械，2012(7)：45-49.

[5] 刘太元，郭宏，闫嘉钰．基于光纤的开放式架构水下生产控制系统研究及应用[J]．化工自动化及仪表，2012(2)：209-211.

连续混配橇在海上压裂施工中的应用及改进

杜卫刚

（中国石油集团海洋工程有限公司）

摘要：海上压裂液配置是压裂施工中一项重要的工作，其耗费时间长、占用空间大、现场环境差。连续混配撬的引入，解决了这些问题，但在现场施工施工过程中发现一些问题。通过对连续混配撬使用过程的问题进行分析，解决了添加剂吸入速度慢、胍胶粉吸入缓慢、胍胶粉计量不准、水合罐过小溶胀时间不足、射流泵堵塞5大问题，通过对设备的改造、施工流程优化、实现压裂液高效率、高质量配置，提高海上压裂施工整体的经济效益。

关键词：压裂液；影响因素；胍胶；改进

压裂液是水力压裂改造油气层过程中的工作液，它在压裂过程中起着传递压力、形成地层裂缝、携带支撑剂进入裂缝的作用。压裂液性能的好坏对压裂施工起到的作用是至关重要的，甚至可以说是决定性的。海上压裂施工因为海况原因等会影响施工时间，如不能及时施工，长时间放置会导致压裂液黏度降低，甚至降解。海上大型压裂施工因平台、船舶储液空间不可能大量预先配置，所以压裂液只能在施工前进行配置，一般先配置一部分压裂液，然后边施工边配置。这就需要高效连续的进行压裂液配置，不仅要求配置效率高，同时必须保证质量和速度。连续混配撬的引入，不仅节省了存储液体的空间，解决了海上平台、船舶施工场地有限的问题，同时能根据施工情况随时对压裂液浓度、数量进行调整，避免配置过多的压裂液造成极大的浪费和损失。连续混配撬的使用，降低了劳动强度，减少配液人员工作量、节省大量时间，缩短整体施工工期，使海上压裂的整体经济效益。

连续混配撬在现场施工使用过程中也出现了一些问题，本文通过对现场使用连续混配橇过程中出现问题的分析与改进，更好的发挥连续混配撬的优势。

1. 现场配液流程

现场配置水基压裂液，采用的是速溶胍胶，以某次施工进行说明，配置过程基如图1所示，首先加入杀菌剂和KCl，根据情况调节pH值之后缓慢加入胍胶，边吸入，边进行循环，吸完后加入黏土稳定剂，助排剂等液体添加剂，继续循环一周，直至完全溶解，没有出现“鱼眼”或非水化聚合物胶块，黏度和密度达到要求后，一罐合格压裂液配置完成。基本配液流程如图1所示。

2. 连续混配撬原理和性能

1）工作原理

连续混配撬装置采用了高效水合技术，在一定温度条件（水温20℃以上）下，胍胶粉在射流泵负压的作用下与清水经过短时间（3～4min）混合后便可达到水合黏度的80%以上，混合罐采用了先进先出的罐体系统，保证胍胶粉与水溶涨时间均匀一致，克服了传统配液存在的水合黏度低、黏度不均匀、溶胀时间长的缺点。在一定的条件下，小排量时可以实现现配

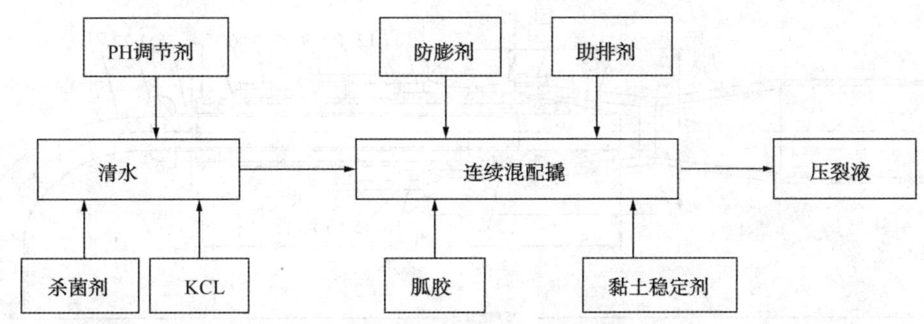

图 1　水基压裂液基本配液流程

现用；大排量时，压裂液快速混配橇可以做批量混配，也可与水合罐橇联合工作，实现现配现用。

2）设备性能

工作流量：额定流量 2.0~8.0m^3/min，最小下粉排量为 2.0m^3/min，短时最大工作流量为 8m^3/min；

最大配比：0.6%（粉水重量比）；

浓度精度：±2%；

出口黏度：快速提高出口黏度，消除“水包粉”。

3. 配液中存在的问题及改进

1）添加剂吸入速度慢

连续混配橇配有四个液体添加剂吸入泵，两个齿轮泵，两个柱塞泵，分别用于不同添加剂吸入。配液之前算好各添加剂的排量，确定好每种添加剂使用液添泵。施工现场，各液添泵接一根 1in 约 10m 长管线插入到添加剂桶（200L/bbl 的塑料桶）进行添加剂吸取，添加剂按顺序逐一加入。前期添加剂桶内液面较高，吸入速度快，随着液位降低吸液速度越来越慢，后期排量很小且有抽空，比全程高液位吸液，浪费不少时间，且需要专人看守。一桶添加剂吸完后需要换另一桶添加剂，中间停泵浪费时间。配液过程中，经过统计得出一桶液体添加剂保持满液位吸入时间比液位逐渐降低状态下节约 6min 左右。

解决方法：利用闲置 1m^3 液罐，制作了添加剂液罐，液罐出口阀门直接接液添泵吸入口，将液罐置于 1m 的高台上，增加了液面的高度，液添泵的吸入速度变得更快。高台直接挨着混配橇放置，将之前 10m^3 多长的吸入管减少到 2m 左右，减少液体流通的摩阻，提高了排量。配液前用隔膜泵将 200L/bbl 的施工用添加剂加入到 1m^3 罐中，在配液过程中，从液添泵开始吸入到结束都处于高液位，节省单桶后期液位低、排量小而造成的时间损失。

2）胍胶粉吸入缓慢

连续混配撬核心元件射流泵，结构示意图如图 2 所示，射流泵利用清水离心泵泵出的高压清水在泵内部形成真空，产生负压将刮胶吸入混合器与清水进行混合，干粉能够与水充分润湿，减少了“鱼眼”形成机会。连续混配撬上安装的射流泵为中央进粉型结构，胶粉顺着进粉管轴线直接进入混合区，阻力小，不易形成胶粉团阻塞。在施工现场发现胍胶粉吸入缓慢，吸力不足。

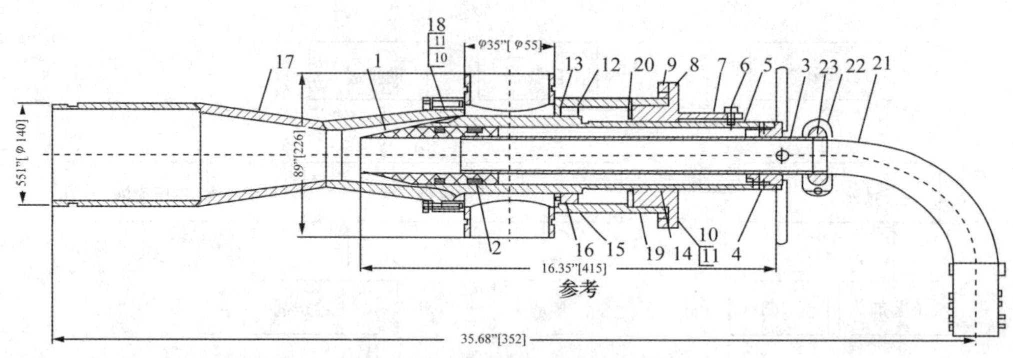

图 2　射流泵示意图

解决方法：在射流泵吸力一定的情况下，胍胶粉吸入管线的直径和长度都会影响胍胶粉的吸入能力。观察发现胶粉在管线堵塞处，多为曲折拐弯位置，实际测量吸粉管线长度 2.3m，管线过长，且布局多处拐弯。通过缩短粉罐下料口到射流泵之间软管线的长度，能够提高胍胶粉吸入能力。通过多次布局比较，在下料口重新连接软管线，经设备旁边直接连接到射流泵的入口，改变原有管线的弯角同时减少管线长度 0.6m，在原有排量的情况下，负压不变，而管线长度减小，吸粉能力显著提高。

3）胍胶粉料计量不准

因为连续混配撬装设备在上下平台，码头运输等过程中受到的震动或者其他原因，对胍胶粉料的计量有时候不准，在平台、船舶晃动期间，有时计量系统会显示为零，实际上下料正常。该设备在生产时已经考虑到海上平台、船舶的晃动，采用电子称配合螺旋输送机的投料方式，失重法在线计量胍胶粉料的重量，动态控制物料的输出量。但在实际使用过程中，风浪较大时，平台、船舶上下起伏较大仍会出现失重计量为零的情况。

解决方法：在平台、船舶晃动期间，观察粉料罐和下料口，采用手动操作控制螺旋下料的速度，采用双管下料，防止因晃动导致胍胶料罐内分布不均，同时人工调整粉罐内胍胶分布，保证下料口充满胍胶。

4）水合罐过小，溶胀时间不足

与连续混配撬相配套的混合罐容积为 9m^3，在最小排量下，4min 就能充满，而基本满足溶胀时间为 3~4min，明显容积不足。

解决方法：在连续混配撬的旁边放置 1 个 40m^3 液罐，压裂液在混合均匀后直接外排到 40m^3 液罐中进行溶解，入口置于罐顶，可以起到一定的搅拌作用，压裂液从罐底出口被抽走，形成一个动态的循环，保证了足够的溶胀时间。

5）射流泵堵塞

现场按照正常胍胶下料速度和吸入排量配液，配液顺利，胍胶吸入正常，无堵塞，过渡斗无多余胍胶溢出，排量波动后出现射流泵口出现堵塞；疏通后，按正常下料和吸入速度进行，配液正常，再将排量降到最小吸粉排量 2m^3/min 保持，4min 后，过渡斗胍胶粉增多，随后溢出，再次出现堵塞。

解决办法：反复测试发现该设备在 2.2m^3/min 以上排量射流泵发生堵塞情况较少。为保证吸入口排量，启用固定清水缓冲罐的模式，连续混配撬的入口通过 2 根管线直接连接固定清水罐，清水罐入口连接供液橇，供液橇罐不断的向缓冲罐供应清水，保持缓冲罐高液位，满足连续混配撬的排量要求，配液效率提高明显，且射流泵堵塞明细减少。

4. 总结及建议

（1）通过对连续混配撬现场使用过程中出现问题的分析，逐项提出整改。经现场使用达到了压裂液配置效率的提高，实现节能减排和标准化作业现场。

（2）海洋环境潮湿极易使胍胶粉受潮，胍胶粉受潮后很容易固结造成下料缓慢或无法下料，潮湿的胍胶很容易堵塞射流泵，使用前因合理储存胍胶防止受潮影响施工。

（3）为了保证胍胶的充分溶胀，在平台、船舶有空间的情况下，可以提前配置一部分压裂液。

参 考 文 献

[1] 呼延源．压裂液配置的质量控制及应用[J]．化学工程与装备，2014(12)：153-155.

[2] 潘社卫，卢亚平．石油压裂液高效配置技术的研究与应用[J]．矿冶，2012(21)1：68-72.

赵东区块钻完井技术介绍

王贞玉　李志刚　高俊奎　李同勇　张浩　程玉琨

（中石油海洋工程有限公司钻井事业部）

摘要：赵东区块位于河北省黄骅市南排河镇赵家堡村东南渤海湾海域，主要含油目的层为上第三系明化镇组下段和馆陶组，埋深在 1180～1960m 之间，属于高孔高渗常温常压油藏。自 2003 年投产开发至 2017 年年底，已高效的完成钻井 220 口，累计进尺 569660m，通过旋转导向、地质导向、裸眼砾石充填完井、无固相钻井液等先进工艺技术的应用，创造了多项开发钻井纪录，为中国石油海上油气勘探开发起到了良好示范作用。

关键词：防碰绕障；油层保护；砾石充填；地质导向

1. 区块简介及地质概况

赵东区块位于河北省黄骅市南排河镇赵家堡村东南渤海湾海域。2015 年 4 月，赵东区块的作业权交给中石油大港油田，目前，赵东区块的作业者赵东作业分公司是一个股份公司，三家股东分别为大港油田、中化集团和洛克石油。自 2003 年投产开发至 2017 年底，已高效的完成钻井 220 口，累计进尺 569660 米，创造了多项开发钻井纪录，为中国石油海上油气勘探开发起到了良好示范作用。

赵东构造总体上是羊二庄——赵东断层上下盘所组成背斜构造，属于砂岩油藏，主要含油目的层位于上第三系明化镇组下段和馆陶组，埋深在 1180～1960m 之间。油藏孔隙度为 30%～32%，渗透率为 225～5900mD，属于典型的“高孔高渗”油藏，含油层明化镇组和馆陶组地层岩性主要为大段砂泥岩互层，砂岩泥质含量为 1%～19%，泥岩胶结疏松，分散均匀，吸水造浆能力强；压力系数 1.0 左右，属于正常压力系统；该地区属正常温度系统，地温梯度基本在 3.24℃/100m 左右。地质数据如表 1 所示。

表 1　赵东区块地层特征表

层位					厚度/m	岩性特征
界	系	统	组	段		
新生界	第四系	更新统	平原组		300～450	灰黄、棕黄色黏土、泥质粉砂岩及粉细砂岩
	上第三系	中上新统	明化镇组	上	300～400	棕黄色、灰黄色泥岩与灰黄色、浅灰色细砂岩不等厚互层，为一砂包泥的粗段
				下	600～800	曲流河沉积环境，棕红色泥岩与浅灰色细砂岩呈不等厚互层，总体表现为一泥包砂的细段。由下向上为一反旋回沉积
			馆陶组		250～373	辫状河沉积，浅灰色厚层块状含砾不等粒砂岩、砂砾岩、细砂岩夹薄层泥岩，底部以一套燧石砾岩层与下伏地层呈角度不整合接触
	下第三系	渐新统	东营组		4～56	上部以绿色泥岩为主，下部为灰色、浅灰色细砂岩
			沙河街组		150～300	上部沙一主要以灰色泥岩沉积为主，下部沙二、三沉积为砂泥岩互层沉积，呈现砂包泥特征

续表

层位					厚度/m	岩性特征
界	系	统	组	段		
中生界	侏罗系	中下侏罗			32~430	上部为浅灰色泥岩与砂岩互层，夹棕色泥质砂岩；下部为浅灰色砂岩与泥岩互层，夹多层薄煤层
	三叠系				100~300	暗紫色泥岩与灰白色、棕红色粉砂岩互层
古生界	二叠系				0~850	紫红、紫灰色泥岩与灰绿、灰紫色砂岩、含砾砂岩互层

2. 钻完井施工工艺简介

1）赵东常规井身结构

赵东区块常规井井身结构如表2及图1所示。

表2　井身结构数据表

井眼尺寸/in	套管尺寸/in	深度/m（测深/垂深）
桩入	26 导管	75/75
16	13⅜	325~750/300~450
12¼	9⅝	2000~3000/1000~1800
8½	7 尾管或裸眼完井	2200~4500/1250~1900

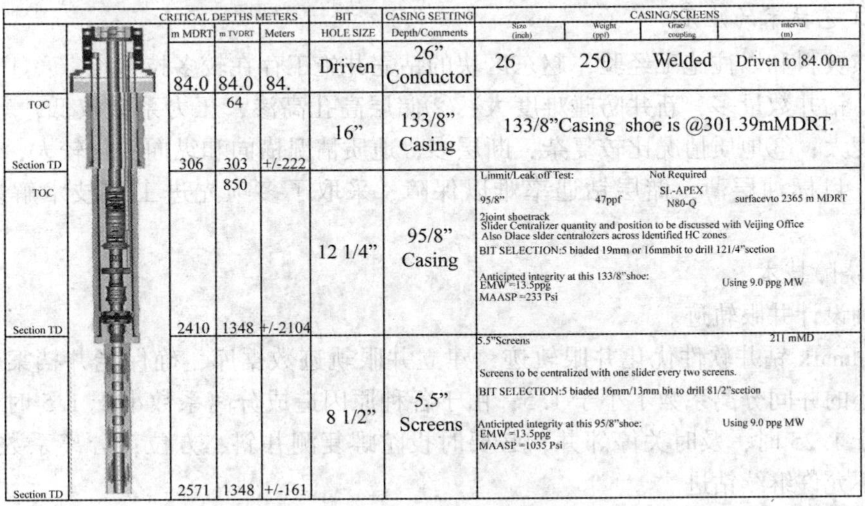

	CRITICAL DEPTHS METERS m MDRT	m TVDRT	Meters	BIT HOLE SIZE	CASING SETTING Depth/Comments	CASING/SCREENS Size (inch)	Weight (ppf)	Grae/coupling	interval (m)
	84.0	84.0	84.	Driven	26" Conductor	26	250	Welded	Driven to 84.00m
TOC Section TD	306	64 303	+/-222	16"	133/8" Casing	133/8"Casing shoe is @301.39mMDRT.			
TOC Section TD	2410	850 1348	+/-2104	12 1/4"	95/8" Casing	Linmit/Leak off Test: Not Required 95/8" 47ppf SL-APEX N80-Q surfacevto 2365 m MDRT 2joint shoetrack Slider Centralizer quantity and position to be discussed with Veijing Office Also Dlace slder centralozers across Identified HC zones BIT SELECTION:5 biaded 19mm or 16mmbit to drill 121/4"scetion Anticipted integrity at this 133/8"shoe: Using 9.0 ppg MW EMW=13.5ppg MAASP=233 Psi			
Section TD	2571	1348	+/-161	8 1/2"	5.5" Screens	5.5"Screens 211 mMD Screens to be centralized with one slider every two screens. BIT SELECTION:5 biaded 16mm/13mm bit to drill 81/2"scetion Anticipted integrity at this 95/8"shoe: Using 9.0 ppg MW EMW=13.5ppg MAASP=1035 Psi			

图1　典型井身结构图

2）施工工艺简介

由于受到井口槽数量的限制，赵东区块后续开发以井口槽回收，老井侧钻的生产方式为主。一般以12¼in井眼侧钻至油层，8½in钻头在油层中水平钻进至完钻；或者以8½in钻头在9⅝in套管开窗，直接在油层着陆后钻至完钻。以第一种井身结构为例，施工工艺简介如下。

(1) 钻井阶段。

赵东区块后续开发井钻井工艺基本情况如表3所示。

表3　赵东钻井工艺基本情况

	12¼in 井段	8½in 井段
钻头类型	PDC	PDC
钻具组合	旋转导向+倒装钻具	旋转导向+倒装钻具
钻井液体系	KCL 聚合物	Flo-Pro 无固相钻井液
钻井参数	钻压：30~50kN；排量：55~60l/s； 转速：80~120r/min	钻压：50~80kN；排量：30~35l/s； 转速：80~120r/min
固井	低密度高强水泥浆、单级固井	

(2) 完井阶段。

① 防砂管柱组合：ϕ244.5mm×ϕ177.8mm 带卡瓦的顶部封隔器+ϕ177.8mm 带滑套的砾石充填短节+ϕ177.8mm×ϕ139.7mm 变扣接头+ϕ139.7mm 盲管+ϕ139.7mm Excluder 2000 筛管+ϕ139.7mm 防液锁密封筒+ϕ139.7mm 盲管短节+ϕ139.7mm 冲洗引鞋。

② 上部完井管柱组合：油管挂+3½in 油管+R 喷嘴座+3½in 油管+电潜泵组+扶正器+转位短节+3½in 射孔油管+3½in 短油管+安全阀+3½in 短油管+剪切短节+扶正器+PBR+3½in 短油管+扶正器+定位锚。

③ 防砂工艺：砂粒粒径：0.838~0.419mm；平均砂比：0.8ppg；混浆液：KCl 盐水；泵排量：6bpm，筛管筛缝：0.30mm。

3. 先进工艺技术的应用

根据地质资料和以往施工经验，赵东区块的钻完井施工存在较多技术难点：①平台井口槽数量有限，钻井数量多，新井防碰难度大；②储层高孔高渗，压力系数较低，暴露段长，油层保护难度大；③地质情况比较复杂，断层多，地质情况横向和纵向变化较大，目标油层着陆难度大，目标油层薄，储层钻遇率难以保障。采取了多项先进工艺技术解决了以上难题。

1) 防碰绕障技术

(1) 精确设计井眼轨迹。

采用 landmark 钻井软件优化井眼轨迹，建立井眼轨迹数据库，确保老井档案受控。原则上保证最小的井间分离系数不小于1.5；由于各种原因造成分离系数小于1.5时，进行风险分析；小于1.25时，及时关停邻井，必要时投陀螺复测井斜、方位；分离系数小于1.0时，原则上不允许继续钻进。

(2) 使用旋转导向工具精确控制井眼轨迹。

旋转导向 AutoTrak 是贝克休斯公司开发的旋转闭环钻井系统，其主要特点是能够在旋转钻进过程中经过地面计算机控制实现地质导向随钻测井及可控制定向钻进。近钻头井斜测量仪距钻头仅1.45m，能够及时测量钻头处井斜，及时调整及修正井眼几何轨迹；全程旋转钻进，钻出的井眼井径规整、轨迹平滑。

(3) 精心操作，加强观测。

钻进过程中，注意扭矩、钻压变化，一旦发现有蹩跳、扭矩突然增加等异常现象，立刻停止钻进。在防碰井段加强观测，一旦在钻井液返出口发现铁屑，立刻停止钻进。

2）油层保护技术

（1）保护油气层的钻完井液技术。

优选 FLO-PRO 钻井液体系为储层钻开液。该钻井液具有如下优点：对储层和完井设备无损害；超低渗透率滤饼；低回排启动压力；高渗透率恢复值；可调式配方；与甲酸盐技术相匹配；能很精确的控制桥堵剂的粒径分布；极低的磨阻系数；流变学工艺设计；超高低剪切速率黏度(LSRV)；极好的井眼清洗流型；环保。其处理剂及功用如表 4 所示，性能参数如表 5 所示。

表 4　FLO-PRO 无固相钻井液体系成分及功用

材　料	功　用	材　料	功　用
钻井水	基液	淀粉	控制失水
氢氧化钠	碱度调节	生物聚合物	提黏剂
碳酸钠	除钙剂	部分水解聚丙烯酰胺	包被剂
氯化钾	抑制剂	杀菌剂	杀菌
聚阴离子纤维素	控制失水	润滑剂	润滑

表 5　FLO-PRO 无固相钻井液体系性能参数

性　能	范　围	性　能	范　围
密度/ppg	9.0~9.2	静切力 10s(lbs/100 sq ft)	6~12
漏斗黏度/s	40~70	静切力 10 min(lbs/100 sq ft)	12~20
pH	8.5~10.0	静切力 30 min(lbs/100 sq ft)	15~30
塑性黏度/cP	<25	API 失水(mL/30min)	<6
动切力/(lbs/100 sq ft)	10~25	MBT/ppb	<14
转速(r/min)	6~12	固相含量(*v/v*%)	<6

使用 KCl 盐水完井液，盐水完井液可以解决与钻开液 FLO-PRO 及地层流体的配伍问题，在最大程度上减少对地层的伤害，提高油井的产能。

（2）保护油气层的钻完井工艺技术。

① 实现近平衡钻井，采用合理的钻井液密度。

赵东油田原始储层压力系数 0.95~1.02，经多年开发，部分储层压力系数已降至 0.25~0.85，通过掌握油藏压力，建立合理的压力剖面，新井钻井时钻井液密度控制在 1.09~1.11g/cm^3。

优化钻井参数，确保井眼清洁，实时监测井底 ECD 值，避免造成过大的井底压差。

② 降低浸泡时间。

a. 提高机械钻速。使用大排量 650gpm，高转速 135r/min 钻进；使用旋转导向工具全旋转定向；优选高性能 PDC 钻头、5½inHT55 高强钻杆；储层段钻进一趟钻到底，倒划起钻修正井壁，大大提高了钻井时效。

b. 采用贝克的随钻测井工具，节省了通井及完井电测时间，降低了储层浸泡时间。

c. 合理计划和组织现场施工，最大限度地降低储层施工期间的非生产时效。

③ 采用裸眼砾石充填完井。

采用SPE39437推荐的标准，选择防砂方法，如表6所示。依据Saucier法，根据陶粒粒度与地层砂样粒度之比即 $D_{50}/d_{50}=5\sim6$，选择砾石尺寸，如表7所示。经岩心粒度分选测试，一般选择20~40目陶粒及细缝绕丝筛管，以保证砾石可以挡住大部分出砂又不会产生较高的生产压差，保证油井产能。采用贝克休斯的井下工具，如图2所示。

表6 不同防砂工艺选择推荐经验法(SPE39 437)

序号	d_{10}/d_{95}	d_{40}/d_{90}	低于325目的砂粒/%	适宜的防砂方法
1	<10	<3	<2	筛管完井
2	<10	<5	<5	纺织筛、网筛
3	<20	<5	<5	大砾石高速水充填
4	>20	>5	>10	砾石充填或采用压裂工艺扩大井眼

表7 砾石尺寸与筛管缝隙尺寸对应表

砾石尺寸		缝隙尺寸	
目	mm	in	mm
40~60	0.416~0.249	0.006	0.15
20~40	0.838~0.419	0.012	0.30
16~30	1.190~0.584	0.014	0.35
10~20	2.010~0.838	0.020	0.50
10~16	2.010~1.190	0.020	0.50
8~12	2.390~1.680	0.030	0.80

3) 地质导向技术

采用贝克休斯的Trak随钻测井系列，包括随钻自然伽玛和电阻率测井(OnTrak)、随钻方位电阻率测井(Azitrak)和随钻核磁共振测井(MagTrak)。

OnTrak是一个能够提供实时导向、方位伽马、电阻率、井底压力和振动测量的随钻工具，能与先进的地面系统协调操作，实时评价地层，优化井眼轨迹，实现地质导向。AziTrak在OnTrak的基础上增加了方位电阻率测井功能，深电阻率方位成像能够对360°周向的地层界面实时监测，探测深度达到5.1m，实现井眼轨迹优化和油层中导向。MagTrak没有放射性，能够实时地提供孔隙度等岩石特性，它能够通过T2图谱测量自由流体和束缚流体的百分含量、流体饱和度、孔隙度和渗透率。

进入目的层前进行地层对比和预测。利用地质录井、随钻伽玛、随钻电阻率和随钻核磁共振测井等资料与邻井进行地质资料对比，对目的层进行预测和准确着陆。如图3是新钻井与邻井的地层对比图。

进入目的层后的地质解释和导向。储层段的导向钻进采用随钻伽马及电阻率成像测井、方位电阻率测井及核磁共振测井等技术实施，提高储层钻遇率及保证井身质量，如图4是某井的储层钻进测井曲线。

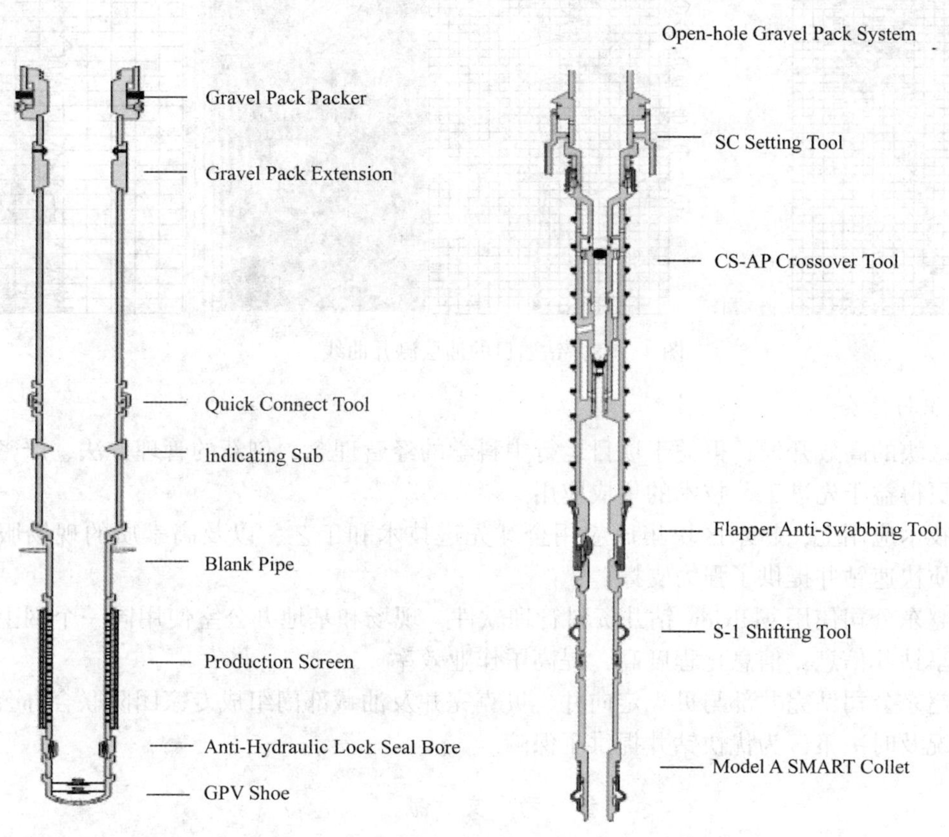

图 2　砾石充填管柱及服务工具图

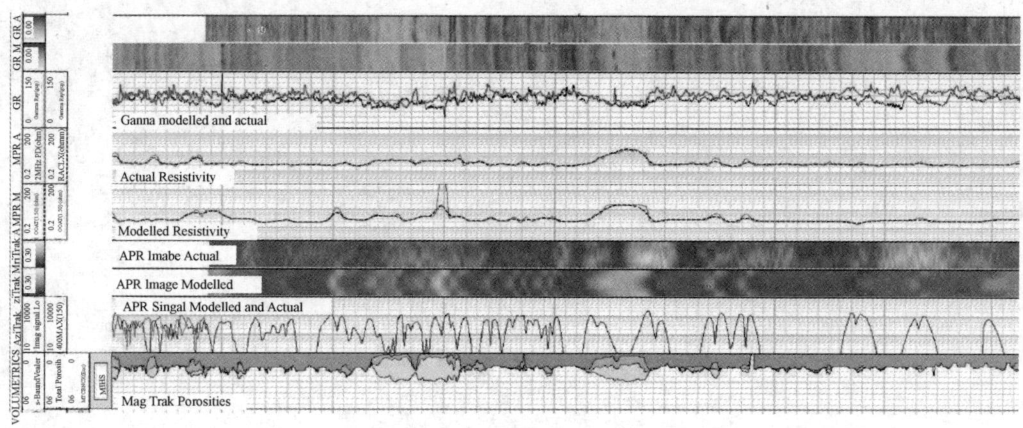

图 3　××井与邻井的地层对比图

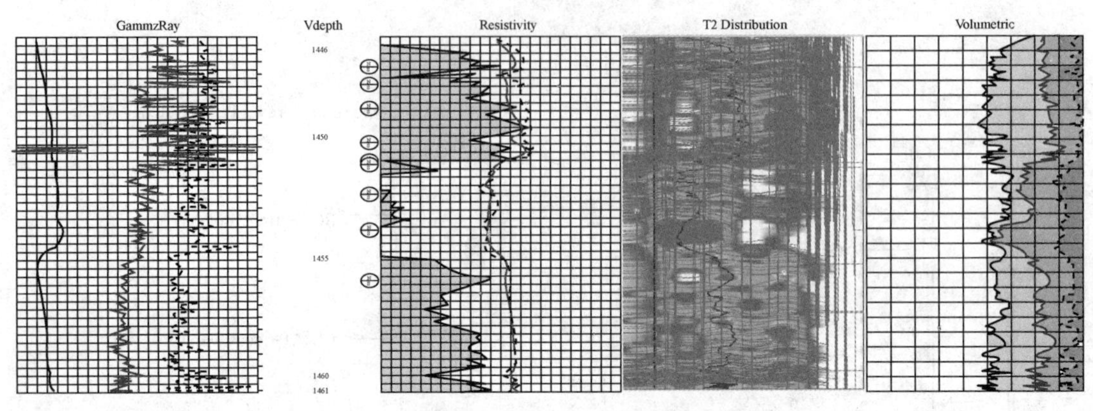

图 4 ××井钻遇目的油层测井曲线

4. 认识与体会

赵东区块的高效开发，得益于项目运行中科学的经营理念、创新的管理方法、严密的生产组织，更得益于先进工艺技术的集成应用。

(1) 技术应用上，赵东区块集成应用全球先进技术和工艺，以及高素质的现场服务人员，为优质快速钻井提供了强力支撑。

(2) 赵东公司使用 wellview 钻井资料管理软件，现场和基地办公室使用同一个网上办公平台，共享钻井信息，信息化程度高，提高了作业效率。

(3) 赵东公司钻完井部与贝克定向井、贝克完井及油藏部门组成专家团队联合办公，对井下的情况及时决策，为优快钻井提供了保障。

参 考 文 献

[1] 张明，李凡，袁洪水，等. FLO-PRO 无固相钻开液对绥中 36-1 油田水平井的储层保护[J]. 石化技术，2015，5：189-191.

[2] 杨喜柱，刘树新，薛秀敏，等. 水平井裸眼砾石充填防砂工艺研究与应用[J]. 石油钻采工艺，2009，6(3)：76-78.

油气生产设施中加热设备的选型及设计

王梦阳

（中国石油集团海洋工程有限公司工程设计院）

摘要：本文首先分析了油气生产设施中加热设备的形式，并通过对加热设备的特点分析及设计准则的分析，以设计污油罐加热盘管为例，确定加热管内/外壁传热系数、总传热系数、加热管面积等参数，得出设备数据。最后，根据计算结果选型盘管尺寸、形式。

关键词：加热盘管；导热油；传热系数

1. 引言

化工生产过程中，当容器内贮存具有高黏度或高凝固点的液体时，为保持其流动性，防止物料凝固，需要加热或保温。内加热盘管是较常用的一种容器加热器，又称为沉浸式蛇管换热器。

内加热盘管的特点是结构简单、造价低、操作管理方便、管内可承受高压、安装灵活、可以适应容器的形状，弯曲成圆柱形或平板等形状，也可并联若干组以增加传热面积，甚至可在同一设备中采用两组独立的盘管，通过不同的热载体以充分利用热量。但由于容器的体积相对较大，容器内流体的流速必然很低，所以管外给热系数也相对较小，这将影响总传热系数的提高。此外，盘管本身通过的能力有限，而且管内难以清洗，故只适于传热负荷不是很大的场合及较清洁的流体，为提高盘管外侧的给热系数，往往安装搅拌装置，以强化传热过程，提高总传热效率。

2. 加热方式分类及特点

1）加热方式的分类及特点

导热油加热设备常用的有导热油加热炉、油介锅炉、夹套釜、电热棒加热以及各种自制非标准的加热装置等，以煤、油、气、电为热源使导热油加热升温至所需温度。

导热油加热炉是一种高效节能的特殊加热设备，它以煤、油、气作热源，由泵强制循环，将热送给用热设备，而后返回。导热油加热炉重量轻、体积小、不需专门锅炉房，操作简单，能满足不同使用温度和多个加热设备同时使用。反应釜、夹套电热棒加热作为一种简易加热器在石油化工、油脂纤维行业使用较广。夹套电热棒加热器是一种投资少、无污染、操作简便的导热油加热装置。

2）容器内加热盘管的设计难点

容器内加热盘管的设计原则：

（1）当采用液体作为加热或保温介质时，为使盘管中充满液体，应从盘管下端送入液体；当采用蒸汽或低压热源时，为避免水锤或阻塞，应从上端送人蒸汽，下端排出凝液。

（2）内加热盘管不宜过长，否则会增加流体阻力，消耗过多能量。当采用蒸汽为加热源时，蒸汽在盘管内发生冷凝，易产生凝液排出困难和冲击振动，还可能发生不凝性气体聚集于盘管的上部，很难排出，影响冷凝效果。所以当所需的传热面积较大时，宜采用若干组盘管并联来解决。

(3) 内加热盘管直径不宜过大，直径过大加工制造有困难，一般常用管径在 $DN25\sim65$ 范围。为防止盘管的压降过大，限制管内流速在 0.3~0.8m/s，对于气体，质量流速可以控制在 3~10kg/(m·s)。

(4) 盘管内外圈之间的间距一般为(2~3)d。(其中 d_0为盘管外径)，上下圈的垂直距离 h 应保持在(1.5~2.0)d_0，而最外圈与容器壁间的最小距离为 100~200mm。

(5) 在设计计算中，首先应根据管内流体的物性，选择适宜的流速，决定盘管直径及并联组数 I11，然后进行传热计算，求得传热面积，计算管长和圈数 n_0以及盘管的几何尺寸。

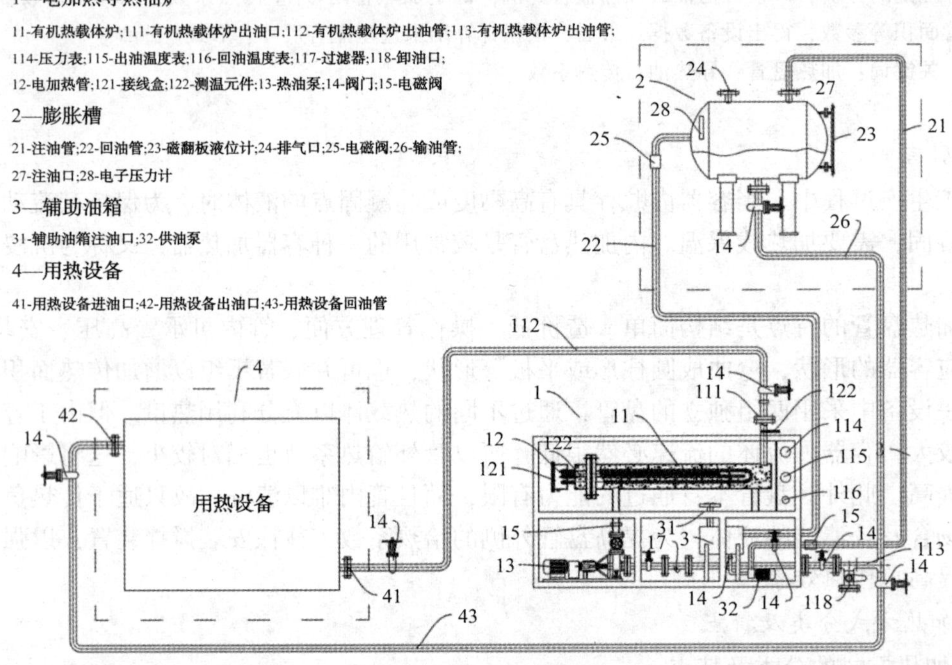

图 1　加热盘管概述

3）热媒介质物质特点

导热油是有机热载体，分矿油型及合成型两大类，目前国内使用的大都是矿油型导热油，矿物油型导热油是石油进行高温裂解或催化裂化过程中，形成的馏分油作为原料经添加抗氧化剂后精制而成，主要组分为烃类混合物。合成型导热油是以化学合成工艺生产的，具有一定化学结构和确定的化学名称，主要分子特征是分子结构中含有芳烃或环烷烃结构，而且大都是两环或三环的芳烃化合物。

3. 加热盘管实例计算

1）设计条件

以某工程项目为例，设计污油罐加热盘管。设计依据参考《化工原理》《热能工程手册》《传热学》《GB/T 151-2014》。

外部条件，罐体尺寸为 4000(L)×4000(W)×4500(H)，操作温度为 60~78℃。

内部条件为罐内维持温度：T=78℃，热介质盘管污油罐导热油加热盘管：

外径：60mm；

壁厚：4mm；

导热油入口温度：220℃；

导热油出口温度：160℃；

导热油压力：1.5MPa(水压试验反推)；

导热油密度：入口 734kg/m^3；出口 777kg/m^3；

加热盘管材质：S31603。

2）管径选择

加热盘管管径依据内压与外压较大者进行选型，建议采用 SW6 软件，直管段按照压力容器内压筒体进行简易计算。

加热盘管受管内导热油的内压，以及污油罐内污油的外压。设计时，为确保安全，外压按照常压考虑，导热油盘管只校核内压。

本污油罐项目加热盘管材质为 S31603，内压 1.5MPa，外径 60mm，设计温度 220℃，腐蚀余量取 1.5mm，双面 3.0mm。经 SW6 计算：计算厚度 0.5mm。

由 GB/T14976 盘管壁厚负偏差为 0，由 GB/T151 弯管端弯制前的最小壁厚为：

$$H=h\cdot(1+d/4R)=3.9375\text{mm}$$

故选取加热盘管壁厚为 4mm。

3）传热计算

加热盘管在污油罐内存在导热、强迫对流换热、自然对流换热、辐射换热等，其中以导热、强迫对流换热、自然对流换热为主。

总传热系数=导热系数+自然对流换热系数+强迫对流换热系数

$$K=1/[1/\alpha_i(d_o/d_i)+\gamma_i(d_o/d_i)+\delta_w/\lambda w(d_o/d_m)+\gamma_o+1/\alpha_o]$$

加热盘管计算思路：

(1) 热介质焓差→导热油循环量→导热油流速；

(2) 导热油流速→导热油过度流→管内强迫对流换热系数；

(3) 污油定性温度→管外自然对流换热系数；

(4) 计算总传热系数→换热面面积→加热盘管有效长度；

(5) 确定加热盘管总长度和布置方式。

根据 GB/T 151—2014，换热管直管段长度推荐采用：

1.0m、1.5m、2.0m、2.5m、3.0m、4.5m、6.0m、7.5m、9.0m、12.0m 等。

由工艺 P&ID：罐内维持温度为 78℃；热介质(导热油)入口温度为 220℃，出口温度为 160℃。表 1 所示数据由工艺专业输入。

表 1　由工艺专业输入数据

参　　数	进口处	出口处
罐内介质温度	60℃	78℃
热介质密度	60kg/m^3	78kg/m^3
热介质比热	2610J/kg・K	2400J/kg・K
热介质热焓	520800J/kg	371200J/kg

4）计算结果

根据以上输入条件及设计准则，可得出表2所示数据。

表2 数据

参数名称	公 式	数 据
加热管内壁传热系数	$\alpha_i = f\alpha_i$	56.325826
加热管外壁传热系数	$\alpha_o = \varepsilon\lambda(G_r P_r)n/d_0$	1732.6545
总传热系数	K	45.147022W/m^2·K
加热管面积	$A = P_w/(K\Delta t)$	2.8473407m^2
加热管总长度	$L = A/(\pi d_o)$	15.113274m

根据GB/T151，换热管直管段长度推荐采用：1.0m、1.5m、2.0m、2.5m、3.0m、4.5m、6.0m、7.5m、9.0m、12.0m等。由GB/T151，弯管段弯曲半径不小于2倍的换热管外径，即$R \geqslant 0.12$m。弯管端弯制前的最小壁厚为$\delta_0 = \delta_1 \times \left(1 + \frac{d}{4R}\right) = 0.0045$m。

代入计算书计算得加热管总长度为15.1m，圆整至16m，布置如图2所示。

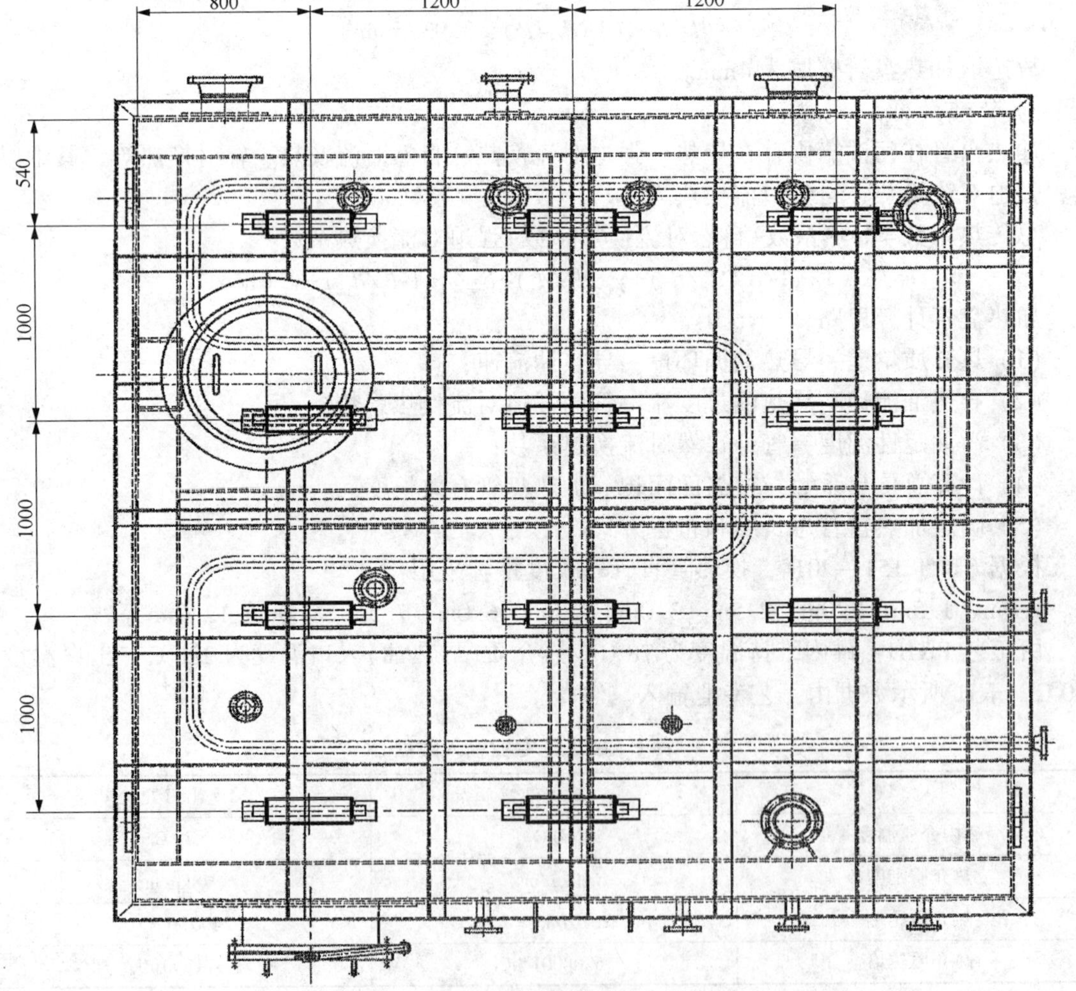

图2 加热盘管布置图

4. 结论

根据前文所述，可得出结论：根据不同工况，优化选择相应形式的加热方式；应根据具体加热管内/外壁传热系数、总传热系数、加热管面积等参数来确定加热管面积及长度；根据加热盘管设计准则及计算思路进行设计，并严格参考相关技术规程规范，加强设计安全可靠性。

参考文献

[1] 何文静．储罐内加热盘管的设计与计算[J]．化工设计，2013，23(3)：10-13.
[2] 汪琦．导热油循环加热系统供热管路的设计．中国机械工程学会工业炉分会全国工业炉学术会议计，2015.
[3] 杨雯玥．电加热器管板设计温度的合理设定[J]．石油和化工设备，2015(5)：9-11.

连续油管喷砂切割技术及其应用

朱永凯　庞涛涛　齐益部

（中石油海洋工程公司井下作业事业部）

摘要：在绥中 36-1B17 井生产过程中，由于防砂段出砂严重，多次堵塞管柱，导致电泵欠载。在修井过程中，发现防砂筛管在井内砂卡，针对此类大斜度井和水平井生产管柱遇卡提出新思路，结合连续管能重新建立管内循环及在水平井方面的优势，提出使用连续管进行喷砂切割解卡的施工方案。通过喷砂切割解卡，管柱被顺利起出，解卡取得成功。本次连续管喷砂切割解卡的成功，为大斜度井和水平井管柱解卡提供了新的方法和思路。

关键词：连续油管；喷砂切割；解卡；修井

1. 连续管喷砂切割技术原理

目前，喷砂切割技术作为油田技术领域中的一部分，早在上世纪就已经进行了研究和应用，技术也日趋成熟，虽我国连续管技术早在 20 世纪 70 年代就已经引入，但在连续油管喷砂切割技术方面的应用也是从近几年才开始研究并得到重视。虽然连续管切割工艺作为一项新型应用技术，但与以往化学切割和机械切割等工艺相比，具有简单、切割准、效率高等特点，尤其是在大斜度井及水平井方面，连续油管作为切割工具的传送介质和循环通道，具有其他工艺无法比拟的优势。

本文结合绥中 36-1B17 井连续油管喷砂切割现场的应用，对连续油管喷砂切割技术做一定阐述，对应用的主要工具结构和工作原理进行介绍，希望能够对大斜度井和水平井解卡提供新的研究和思路。

1）技术原理

连续油管通过自身的下推力将喷砂切割工具输送到目的位置，锚定装置固定后，通过泵入切割使用的磨料，利用高速射流粒子的冲蚀作用射穿待切割管柱，将管体切断。

2）切割工具

喷砂切割工具串：油管接头+马达头总成+水力锚定工具+水力扶正器+水力切割工具。

马达头总成(图 1)有三部分组成：双闸板单流阀、液压脱手和循环短节。

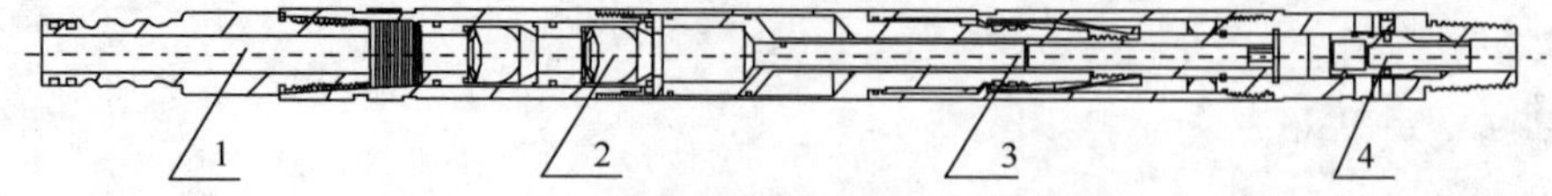

图 1　油管接头及马达头总成结构示意图

1—油管接头；2—双闸板单流阀；3—液压脱手；4—循环短节

双闸板单流阀作用：防止井内压力过高使液体或其他杂质返窜回连续油管内，造成回压事故或杂质堵塞油管事故。

液压脱手作用：工具遇卡等情况出现后，进行投球打压脱手，保障连续油管从井内起出，避免造成更大的事故。

循环短节作用：投球脱手时，如果循环通道遇阻，需投球建立新的循环，保障脱手顺利进行。

连续油管水力锚定装置作用(图2)：连续油管在到达切割目的位置时，通过压力降锚定装置将工具串固定，防止喷砂切割过程中抖动，影响切割效果。

图2 连续油管水力锚定装置

连续油管扶正装置作用(图3)：在连续油管切割过程中，将切割工具串居中的作用。

图3 连续油管扶正装置

连续油管喷砂切割工具作用(图4)：通过喷砂孔，在高压状态下，喷出高速磨料流体，切割管柱。

图4 连续油管喷砂切割工具

2. 连续油管喷砂切割现场应用

下面就通过在绥中36-1B17井为例，来介绍连续喷砂切割作业的措施和方案。

绥中36-1B17井由于由于防砂管柱砂卡点不明，本次连续油管作业决定使用喷砂切割工具，针对防砂段进行分段切割，再尝试分段打捞。

1) 喷砂切割的参数

根据现场生产井的情况，并进行地面试验确定喷砂切割的参数(表1)。

表1 喷砂切割参数表

切割趟数	喷嘴直径/in	喷嘴个数	喷嘴压力/psi	泵入压力/psi	切割深度/ft	泵入排量/(bbl/m)	使用胶液	使用砂子	砂子到达喷嘴时间/min
1	0.089	3	3661	5485	5603.9	0.75	WG-11	100目	24
2	0.089	3	3661	5488	5487.5	0.75	WG-11	100目	24
3	0.089	3	3661	5492	5351.3	0.75	WG-11	100目	25

续表

切割趟数	喷嘴直径/in	喷嘴个数	喷嘴压力/psi	泵入压力/psi	切割深度/ft	泵入排量/(bbl/m)	使用胶液	使用砂子	砂子到达喷嘴时间/min
4	0.089	3	3661	5494	5259.4	0.75	WG-11	100目	24
5	0.089	3	3661	5500	5039.6	0.75	WG-11	100目	25

2）软件模拟

根据绥中36-1B17井管柱结构，采用1.25in连续油管，长度为4000m，工具串最大外径为1.75in(44.45mm)，满足作业需求。根据以上数据，模拟连续油管上提下放(图5)。

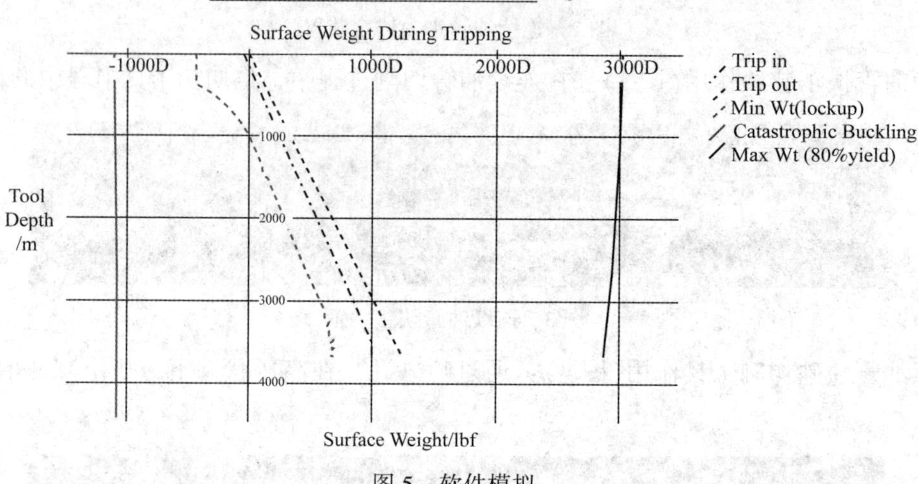

图5 软件模拟

3）现场作业

在绥中36-1B17井喷砂切割作业过程中，开始从连续油管泵入WG-11胶液，并缓慢增加排量至设计排量，(此时锚定装置已经将工具锚定至油管壁)；当打完1m^{3}胶液后(作为液垫隔离井内液体)，开始向胶液内混砂，砂比为0.5ppg，并记录时间，切割3.5h后停止加砂；切割完成后，开始泵入25cp的WG-11顶替，排量0.75bbl/m，泵压5585psi，返出自底至井口约90min，待返出干净后停泵(施工过程如图6所示)，后期追踪看出切割效果良好。

3. 结论和认识

(1) 连续管喷砂切割的优势：连续油管以其本身固有的强度和挠性特别适用于各类修井作业，能够通过自身的下推力将工具输送到切割位置，泵入磨料安全方便，切口平滑，并且在切割后可以建立连续管和管柱的循环通道；无需压井作业，不污染地层；作业周期缩短。

(2) 连续管喷砂切割的缺点：作业前需要进行理论计算及其试验，并且目前的国内的切割工具质量较差，而国内的价格昂贵，作业费用较高。

(3) 综合连续油管和喷砂切割工艺的特点，连续管喷砂切割技术及其工具有待进一步研究，虽技术不够成熟但其实用性较强，喷砂切割工具及其磨料配方是下一步的重点研究对象。

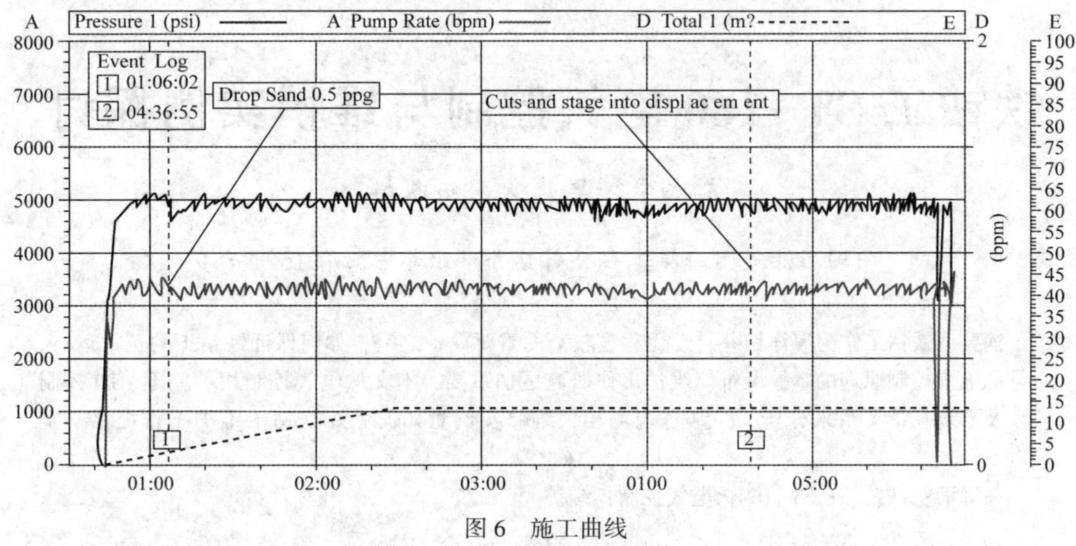

图6 施工曲线

参 考 文 献

[1] 李宗田 . 连续油管技术手册[M]. 北京：石油工业出版社，2003.

[2] Scott Campbell，Brian Carter，and Jean-Paul Amiel. Nonexplosive Tubing Cutter for Safe，Efficient Pipe Recovery Operations[J]. Society of Petroleum Engineer121574.

[3] 贺会群 . 连续油管技术与装备发展综述[J]. 北京：石油机械，2006，34(1)：1-6.

[4] 周崇志，王玲，陈澈 . 连续油管受力分析方法在水平井作业中的应用[J]. 天然气工业，2002，22(4)：59-60.

[5] 沈泽俊，王新忠，钱杰等 . 优势明显应用领域众多连续油管技术促进水平井开发[J]. 石油与装备，2010，30：68-70.

铁钻工 ST-160 电气控制与维护实例探讨

齐赋宁　栗慧燕　杨冬梅

（中国石油集团海洋工程公司钻井事业部中油海 16 平台）

摘要：铁钻工作为海洋钻井自动化程度较高的重要设备之一，如何保证铁钻工的正常运行，对它的电气控制原理的掌握及维修维护工作研究更加重要，本文从电气控制相关原理、IO 控制关系及系统互锁关系来分析，并结合现场相关维修实例对如何做好铁钻工维护工作提供一定参考。

关键词：铁钻工；ST-160；电气控制；维护

1. 引言

随着海洋钻井设备的自动化技术的发展，钻钻工在钻井生产过程中的重要性逐渐凸显，铁钻工作为机械化效率化的重要钻井设备，与钻井控制系统进行了有效融合，并能进行自动化的衔接作业，作为关键设备之一，如何保证它的正常工作，在出现问题事快速有效的解决问题并做好预防性维护工作显得更加重要。

2. 铁钻工 ST-160 电气控制原理

铁钻工 ST-160 采用的电磁阀控制液压油驱动铁钻工机械执行机构在钻井过程中对钻杆进行上卸扣操作，并且在下套管过程中，可以作为套管钳使用。铁钻工 ST-160 配备扭矩钳和旋扣钳。扭矩钳的上卸扣扭矩分别为 140000~160000ft · lbs，可用于外直径为 3½~10in 的管件。

ST-160 铁钻工机械驱动部分由 Arm/Column、Drill head with torque wrench 和 Casing tong frame 组成。铁钻工 ST-160 通过现场数据采集箱与 APMPHION 钻井控制系统的主铁钻工 SBC 进行通讯并检测和传输 IO 指令对铁钻工进行控制。铁钻工 SBC 可以通过钻井控制环网与司钻房的控制屏进行通讯并提供设备集中操作，也可以通过铁钻工遥控器在现场，进行无线操作，方便快捷。铁钻工通过安装在扭矩钳底部的传感器，可以对钻杆的接头进行检测，自动进行定位。铁钻工 ST-160 无线控制器在使用过程中，需要与司钻房进行沟通。两者只有一方可以选择拿取权限。在拿取权限后，方可对铁钻工 ST-160 进行操作(图 1)。

3. 铁钻工 ST-160 电气控制互锁关系

ST-160 自动化程度高，通过 AMPHION 系统中主铁钻工 SBC 控制器能对铁钻工运动状态和 IO 进行检测和控制，同时通过 SBC 构建的互锁程序对不同工况下的铁钻工的运动状态进行控制和自我保护，以免在使用过程中，避免误操作造成的机械损坏。通过显示屏上面的信息，就可以对互锁的原因进行了解，以下是程序设定的几种工况下的互锁功能：

Torque wrench clamp interlock：当钳子夹住钻杆时，arm 不允许动作。

Non driven motion interlock：当旋扣钳或扭矩钳夹紧时，如果垂直传感器位置发生变化，所有的扭矩作业立即停止，并立即打开扭矩钳及旋扣钳。

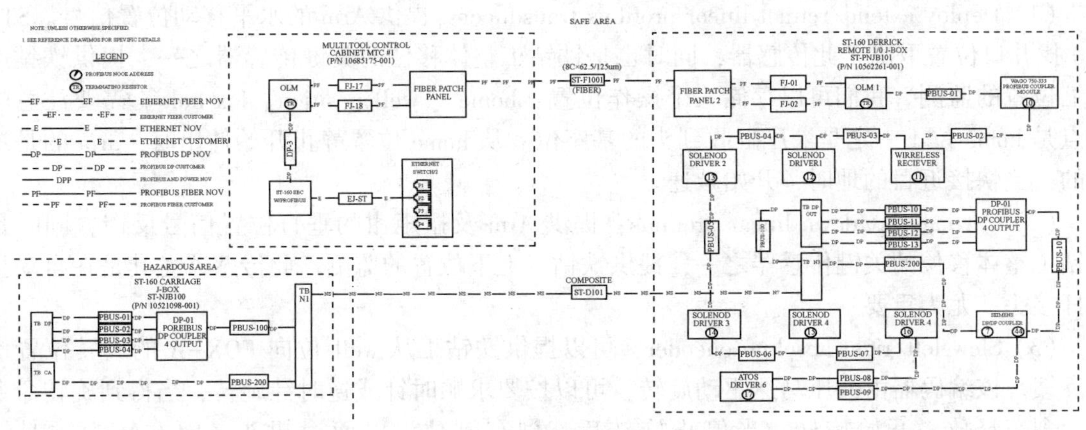

图 1

Slewing interlock：当铁钻工的臂伸出 18 inches 后，本体就不允许转动。

Spin wrench clamp interlock：当旋扣钳夹紧时，手臂的动作和上下调整就失效了。

Wrench center interlock：当旋扣钳没在中间，手臂无法伸出。

Unclamp interlock：只有上卸扣完全停止后，jaws 才能从钻杆上打开。

Carriage interlock：当铁钻工上升或下降时，jaws 无法夹住钻杆。

Safety curtain：当触发安全传感器时，所有功能停止。如果旋扣钳闭合：铁钻工无法伸出收回和旋转。

The main carriage and spin wrench carriage：无法上升下降。

4. 铁钻工 ST-160 电气控制 IO 传感器及功能实现

在对铁钻工进行控制的过程中，除了电磁阀对执行机构进行控制外，铁钻工的状态监测也很重要，各个执行机构的位置和状态需要相关的传感器进行检测并传输给铁钻工 SBC 控制器，以更加精准的对铁钻工进行控制和保护，下面将铁钻工主要的传感器(图 2)及功能实现进行分析。

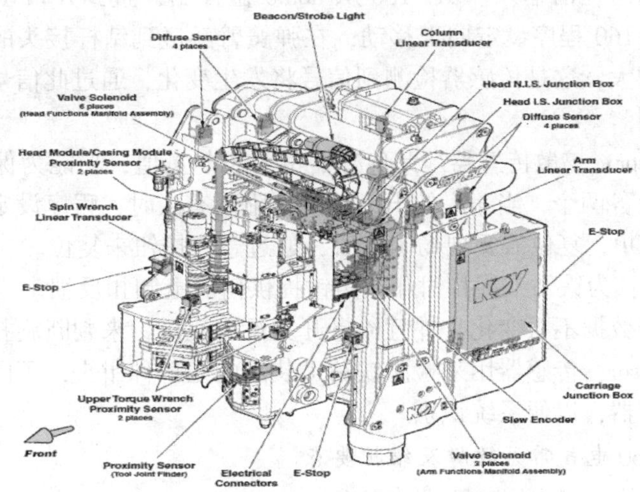

图 2

（1）Deploy extend/retract linear profibus transducer：提供 Arm 的水平移动位置信号。ST-160 找井口位置取决于此传感器，同时也是铁钻工整体移位的关键传感器之一，提供铁钻工伸缩位置的监测。我们可以存储三个操作位置：home 、well position、fox hole。需要注意的一点是 home 位不一定是液压缸收到头的基座位。从 home 位置静止开始伸出时，arm 的是加速的，当快接近目的地时，开始减速。

（2）Carriage up/down linear profibus：提供 Arm 及扭矩钳的垂直位置信号反馈，同时是铁钻工整体移位的关键传感器之一，提供铁钻工上下位置的监测。此传感器尤其是在自动找钻杆接头，尤为重要。

（3）Slew left/right absolute encoder：可以提供铁钻工从 well 位向 FOX-A 的旋转位置信号反馈。该编码器由液压马达驱动旋转，可以按要求顺时针或逆时针旋转，当得到旋转命令时，刹车释放，开始旋转。当停止旋转后，刹车刹住。以面对钳头，向左转为顺时针(CW)，向右为逆时针(CCW)，此编码器为齿轮连接，如误差过大或编码器齿轮松动会造成旋转位置不准确或旋转不到位或过位情况。

（4）Spin Wrench Up/down Linear Profibus Transducer：提供旋扣钳的垂直位置信号反馈，是监测旋扣钳上下位置的关键传感器。用于旋扣钳卸扣时，线性传感器检测不到高度发生变化后，即确认检测到的是最后一个丝扣。

（5）System Pressure transducer：系统压力变送器是用来检测铁钻工输入的液压油动力压力。液压系统的工作压力为 3000psi ，当该系统压力变送器检测到系统压力低于 2800psi 时系统报警互锁，铁钻工无法操作。设置的最小压力值 2800psi 可以在工程师维护界面进行调节来监测设备故障问题。

（6）Torque Wrench Proximity Sensor：通过两个接近式传感器，为上部扭矩钳提供钳中心，满量程上扣、满量程卸扣信号的反馈，此信号为布尔量值，可在系统维护时通过工程师维护界面来检测传感器功能。

（7）Tool Joint Finder Proximity Sensor：钻具接头探测近距离传感器。用于 ST-160 的 torque wrench 自动找到钻杆接头台阶。近距离传感器安装在 torque wrench 下方的弹簧座上，接头的长度要在使用前提前输入。ST-160 从 home 位伸出，直到井口位，传感器接触到钻杆。这时铁钻工 ST-160 程序设定向上移动，在弹簧臂触碰到钻杆接头的台阶面时，传感器距离钻杆的位置将增大，这是传感器检测到信号将发生变化，通过此信号的变化来实现对接头的移动位置的控制。

（8）Diffuse Sensor：扩散传感器。此传感器也为布尔量值，功能为保护性传感器。在铁钻工 arm 的左右臂上各两个，当 arm 伸出，检测到附近有人时，程序设定铁钻工将立即停止动作，系统报 E-STOP，复位需要现场确认后，通过急停按钮来复位。

（9）Flow Switch：为铁钻工旋扣钳和扭矩钳提供何时上卸扣反馈。当旋扣钳上扣时，通过旋扣钳线性传感器数据不再变化，并且流量开关没有流量，来判断旋扣到位，旋扣停止。

（10）Casing Sensor：传感器用来检测铁钻工装配的是哪种钳头，不同的钳头安装后会对应不同的位置的传感器，以便系统识别。

5. 铁钻工 ST-160 电气常见故障及维护要点

1）ST-160 无法伸缩到位故障及维护要点

（1）故障分析：ST-160 伸出位置需要伸出位置线性传感器来监测并传输到主铁钻工

SBC 进行软件控制，当位置检测与软件判断不一致或出现检测错误时会导致 ST-160 无法伸出或缩回到位。

（2）故障监测：当出现线性传感器故障，无法伸到井口位置。在 Amphion 系统维护界面将会出现如下提示信息(图 3、图 4)。

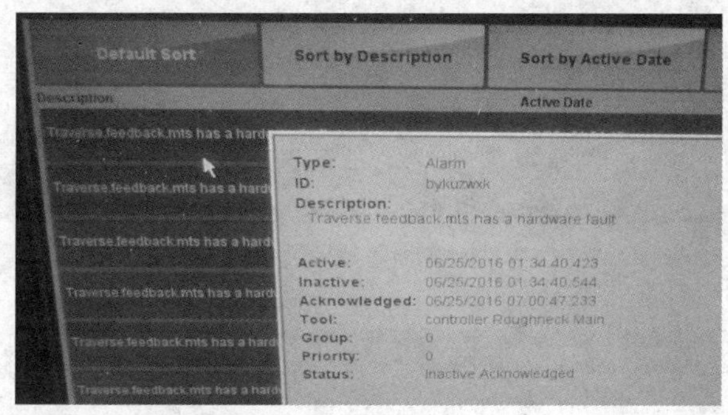

图 3

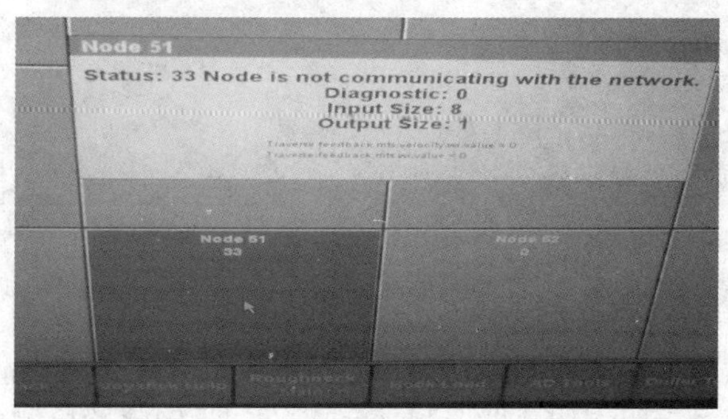

图 4

（3）维护要点：对此传感器重新进行标定，如传感器依旧错误需更换传感器，并重新进行设置和标定，方法步骤如下：

① 更换好传感器后，在铁钻工 service page 中，profibus d 中会出现一个新的 node 167。点击更改地址，旧地址输入 167，新地址输入 51。完成后，列表中 167 消失。

② 改完地址后，在 Maintenance mode 下对 Traverse 进行了 Calibration，标定 park 位和 well 位。

③ 在正常模式操作时出现 Interlock，显示"behind the duck can not travel"。

④ 在正常模式下，对铁钻工用遥控进行了 teach ，按照屏幕提示 teach home 位，回到 home 后点下 auto 确认，对下一个位置点击 teach，点 auto 确认，最后完成后点 teach 退出(图 5)。

2）系统显示 Interlock，铁钻工无法动作故障

（1）故障分析：系统显示 interlock，说明铁钻工因程序保护禁止动作，通过工程师维护界面查看，可以发现进一步状态信息(图 6)，根据状态信息进一步检查解决问题。

（2）维护要点：若系统压力低或系统压力电磁阀不动作均会导致系统压力低于工作压力 3000psi，当压力变送器检测到系统压力低于 2800psi 时系统报警互锁，铁钻工无法操作。通过系统压力电磁阀状态及系统压力传感器的压力值可以分析判断故障原因，提供进一步解决的思路。

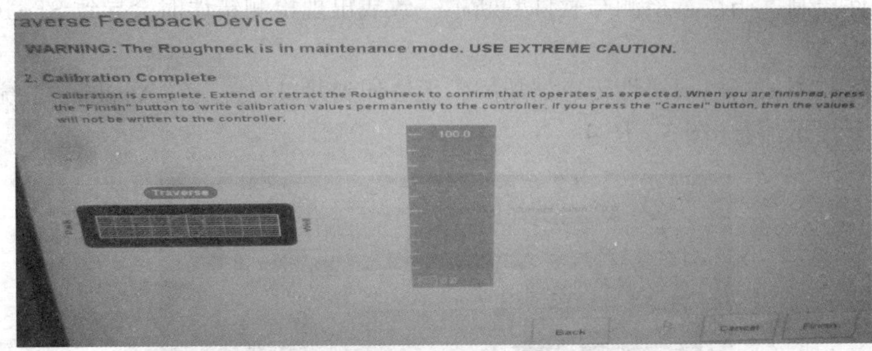

图 5

图 6

6. 铁钻工无法检测到钻具接头故障

(1) 故障分析：铁钻工无法检测到钻具接头故障在铁钻工使用中故障概率出现较大。铁钻工检测钻杆接头是通过近距离传感器探测来完成的，此传感器检测的状态值为布尔量值。当发现无法检测到钻具接头，首先就要从近距离传感器上进行检查(图 7)。

图 7

(2) 维护要点：检查钻具检测传感器表面是否清洁。由于在起下钻过程中，钻具本体会存在很多泥浆或者岩屑，很容易造成探头表面被污垢附着，无法进行有效地状态检测。此时需要对探头表面进行清洁处理即可。从结构上来看，检测钻具接近传感器尾部为弹簧结构，在使用过程中不可避免会与钻杆碰撞，在长时间使用后，传感器位置有可能会产生松动，从而导致传感器前后位置改变，导致检测状态的不准确，通过检查后重新进行固定即可，这在平时日常维护中需要注意检查传感器固定及相关部位的接头是否连接可靠，绝缘是否良好，否则就会产生检测状态的错误。

7. 铁钻工动作报 E-STOP 报警，无法进行下步操作故障

（1）故障分析：铁钻工出现 E-STOP 报警，说明处于应急停状态，触发应急停原因有 3 个，AMPHION 系统触发应急停导致，铁钻工设备上应急停按钮按下未恢复导致，Diffuse Sensor 传感器触发或误报导致。

（2）维护要点：AMPHION 系统和铁钻工应急停按钮触发只要恢复就可以，一般情况下多为 Diffuse Sensor 传感器误报警或触发造成的。传感器正常情况下，对应的指示灯应该是亮的(图 8)，当检测到周围有人的时候，该传感器报警输出，此时该模块对应的指示灯熄灭。如果铁钻工周围并未有障碍物，而指示灯熄灭，则说明对应的传感器有问题，可以测量传感器阻值应在 11kΩ。通过维护状态信息和检查确定是触发还是传感器问题，如果该传感器未有备件进行更换的话，可在 I/O 界面中将该组反馈，强制输出正常。作为临时应急处理。

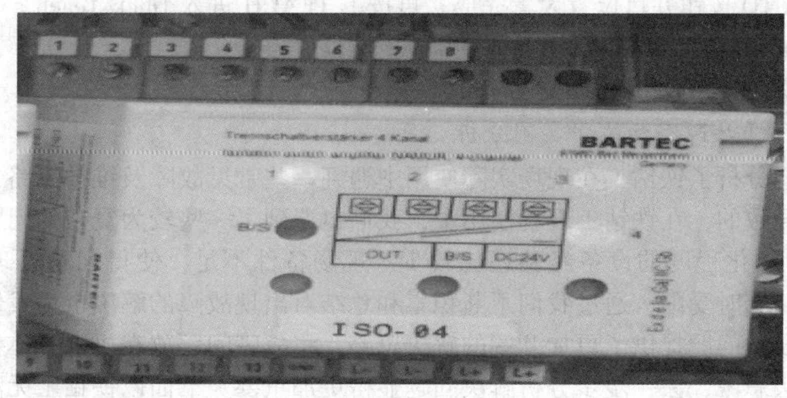

图 8

8. 软件标定问题导致铁钻工位置运行故障

（1）故障分析：在铁钻工位置移动过程中，有几个传感器对其位置进行监测，如果传感器监测故障或位置不准确就会对铁钻工的运行状态产生影响，导致位置运行问题，同样我们在实际使用中不仅要靠位置传感器来提供移动位置的监测，我们还需要人为的给铁钻工规定几个位置信息，以便更好的控制铁钻工的运行轨迹，即 home、home、duck、destination 位置，该位置对铁钻工能否按照规定运行也起着重要作用。

（2）维护要点：对铁钻工传感器的位置标定需要进入工程师维护界面，选择相应的传感器进行标定(图 9)，标定时注意相关提示信息，按照提示信息标定完成后存储到铁钻工 SBC 即可完成标定信息储存。

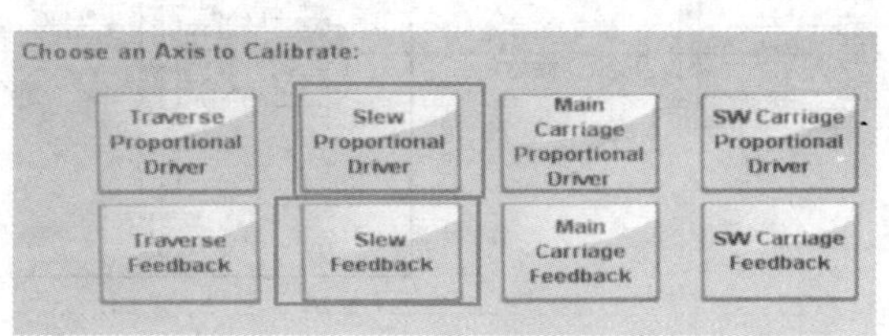

图 9

对于铁钻工完成标定后在实际操作中需要对 3 个位置进行 teach：即 home、duck、destination。

Home 位：是指铁钻工使用完后希望它回收到的位置，不一定回收到头，只要不妨碍其他工作就行。Duck：是铁钻工在伸出时开始是在最低的位置，防止碰到上方的导轨障碍物，当超过这个位置时，carriage 就可以上升了。Destination：铁钻工需要伸到什么位置停止，即 Well position 和 Fox-a Position。

① 从遥控盒上操作相应的按钮，选择想 Teach 的位置，通过按 destination 按钮，直到对应的指示灯亮。

② 按下 Teach 按钮，进入 teach 模式，teach 灯亮。

③ 把 ST-160 伸到井口位置，必要时调节伸出的距离，使扭矩钳下方的接头传感器弹簧顶在钻杆上，压入 1/3~1/2 这样是为了使传感器贴紧钻杆，防止在 carriage 上升时由于震动使传感器信号丢失。

④ 按下 AUTO 按钮井口位置设置完成。再按下 TEACH 进入 Duck Teach。

⑤ 回收 arm，升高 carriage，在离 DUCk 大约 15cm 停止。

⑥ 按下 AUTO 按钮，duck 位设置完成。

9. 铁钻工多重故障叠加维护实例分析

前文中我们分析了铁钻工在现场实际使用中遇到一些常见故障及维护思路，这些故障基本是单一原因导致的，在铁钻工现场使用中，我们也遇到了一些较为复杂的问题，由于接触 nov 这样较高自动化程度的设备经验还比较少，现场备件不足，使得问题处理起来比较棘手，解决的思路有时受限，通过我们不断积累和总结对出现故障的解决也为我们如何做好铁钻工及相类似设备问题提供了更加开阔的解决思路，将故障问题放在机电一体化、软硬件统一化的框架下去思考、去一步步分析解决问题显得更加重要。下面以铁钻工无法旋转到井口位故障为例进行说明。

1）故障现象过程

2016 年 12 月 24 日，主铁钻工在旋转到鼠洞位置未停，向井口位旋转无反应，最后泄压拉回 PARK 位。

2）故障处理思路及过程

（1）通过发生故障现象的情况，CCW 旋转无动作反应，我们首选需要确定是电磁阀问题还是控制部分问题。首先我们将 CCW 和 CW 电磁阀线圈接线进行对调，即 CW 指令接 CCW 电磁阀线圈，CCW 指令接 CW 电磁阀线圈，测试结果为 CCW 能旋转，CW 不能旋转，与对调之前电磁阀动作相反，说明电磁阀阀体部分无问题，控制部分有问题(图 10)。

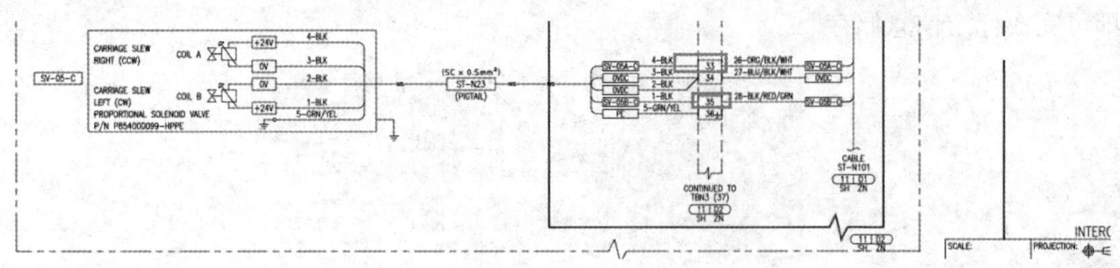

图 10

（2）确定了控制部分问题，首先检查电磁阀端输入电压信号，经过测量 SLEW-CW 电磁阀输出电压 10V，SLEW-CCW 电磁阀输出电压 4V。

（3）更换 SLEW 旋转电磁阀线圈进行测试，故障现象依旧，说明电磁阀线圈正常，电磁阀线圈部分无接地漏电现象导致电磁阀输入电压降低至 4V 的原因，问题出在电磁阀以上控制部分。

（4）因为测试输出电压信号为 4V，与正常输出信号 10V 不符，于是检查控制模块是否有问题导致了输出电压降低，于是将相同型号的 ST-160 伸出缩回电磁阀驱动模块与此模块对换，测试结果为铁钻工伸出缩回正常，铁钻工左右旋转故障依旧，以此分析此旋转电子阀控制模块无问题(图 11、图 12)。

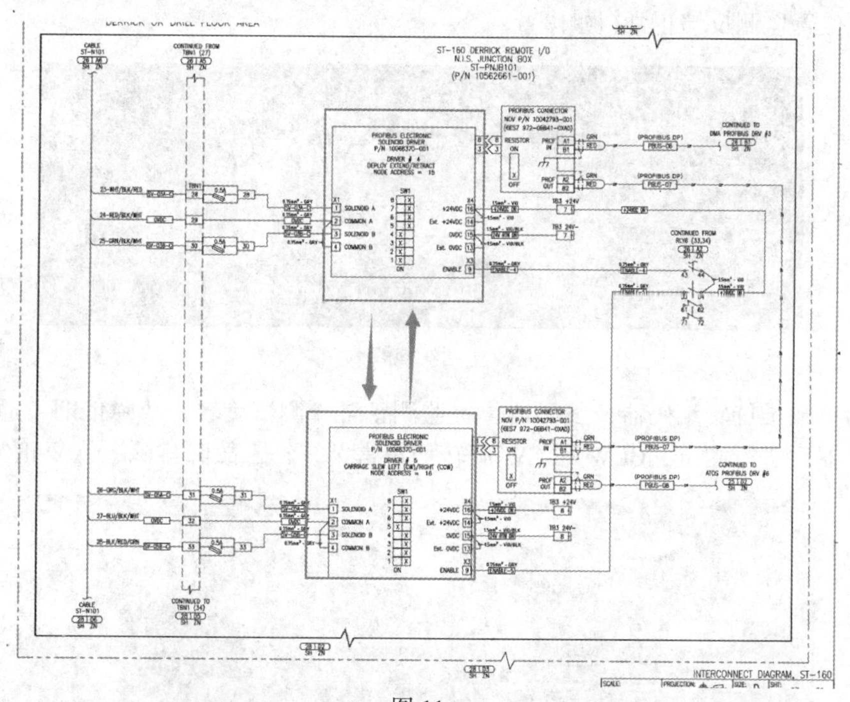

图 11

图 12

（5）于是根据以测试结果分析现在最可能的原因是电磁阀与控制模块间线路绝缘问题导致 CCW 旋转电磁阀输入电压拉低，于是测试线路绝缘 8MΩ，满足绝缘要求，又通过更换新电磁阀线圈，将接线不通过接线箱直接连接到 ST-160 整体旋转控制模块上测试，故障现象依旧是 CCW 不能旋转。

(6) 经过以上测试分析，控制模块经过接线到电磁阀经过测试检查均正常无问题，而且控制模块通过 profibus-DP 总线通讯，并通过 OLM 连接至主铁钻工的 SBC，如果连接控制模块级以上的总线及接头有问题，那么旋转不应该只是 CCW 不能旋转，所以分析这个问题的产生不是硬件问题，是程序限制了到电磁阀的输出电压。

(7) 为什么会只限制 CCW 输出电磁阀电压呢，是硬件原因还是软件原因限制，根据以上故障现象及原因分析 CCW 限制与什么有关呢，与旋转编码器有关，于是在 AMPHION 系统监测旋转编码器的旋转位置，在进行旋转时发现编码器未发生位置改变，根据编码器原理判定编码器肯定有问题，拆开检查编码器连接发现，旋转编码器应该无问题，旋转编码器轴，AMPHION 系统旋转位置有变化，检查连接齿轮部分，发现齿轮下陷，通过调整，测试编码器旋转位置监测反馈正常(图 13)。

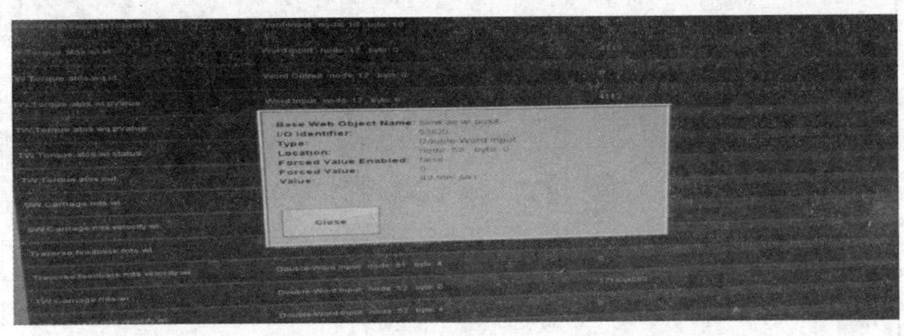

图 13

(8) 通过校准旋转编码器，编码器位置监测正常，测试旋转，故障依旧，通过校准旋转比例阀驱动器后进行测试，CCW 和 CW 旋转均正常，铁钻工故障排除，恢复正常(图 14)。

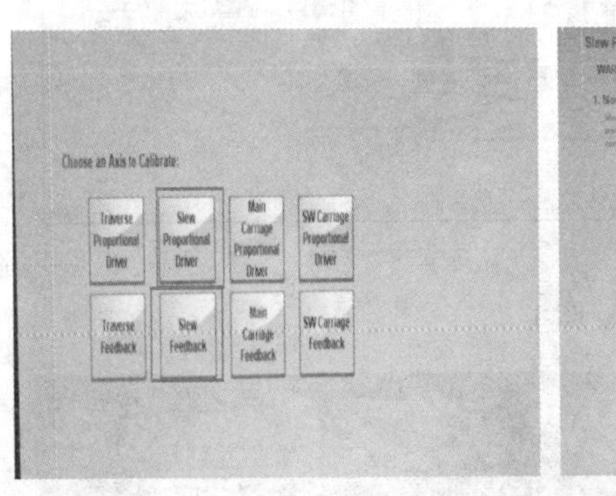

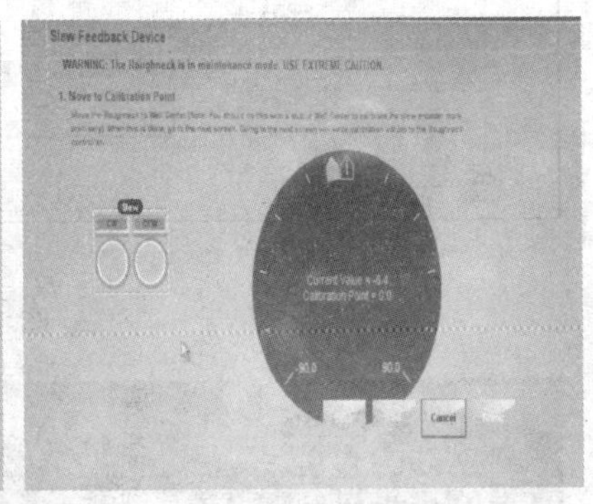

图 14

3) 故障原因分析

(1) 通过此次铁钻工故障现象和处理过程分析，产生此次故障原因有两个，一个是旋转编码器位置监测故障和旋转比例阀 CCW 电磁阀驱动信号问题。

(2) 此次故障是旋转到鼠洞位置未停，未停说明此时旋转编码器连接轴已经连接不可靠，位置监测不准，系统监测未到鼠洞位置，可以继续旋转。

(3) 控制整体旋转 CCW 电磁阀驱动电压不足时导致故障原因之一，这个问题的处理思路是我们以后处理类似故障时需要注意的，比例阀驱动器输出电压不准确，除了硬件故障，还需要考虑软件标定及设置的问题。

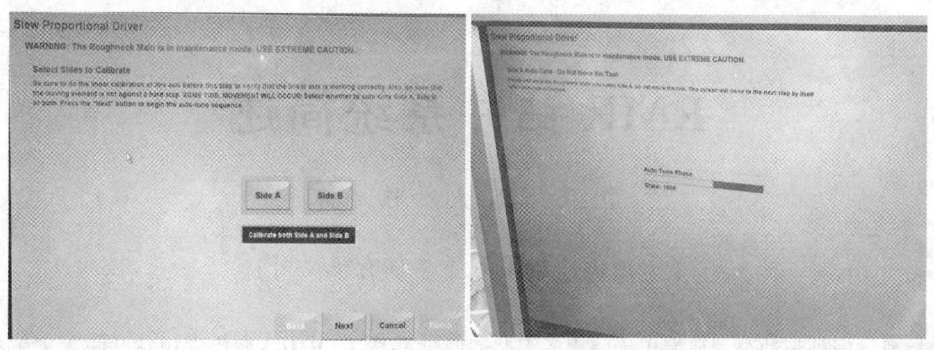

图 15

（4）电气设备自动化程度越高注定了电气故障处理思路越复杂，操作人员与维护人员加强沟通，对于出现的故障，相互交流，准确的反映出现故障的操作和现象，以便于后续故障的解决提供比较便捷和有效的思路和方向。

10. 结束语

在海洋石油钻井装备自动化程度越来越高的今天，我们面对集成化越来高的电气设备和控制系统，不仅要熟悉掌握电气设备及系统的相关内容，更要清楚设备的高度自动化是建立在机电一体化和软件硬件一体化的基础之上的，当面对设备出现的故障或问题，要求我们不仅仅要从一个电气管理维护者去考虑去解决，更要以机电一体化的思维，以软硬件统一化的思路去学习相关知识，去掌握理解设备控制原理及结构，用更开阔的思路去分析和更精准的判断解决设备出现的问题和故障，这样才是一位合格的设备管理维护人员，才会在设备出现问题时迎刃而解。

参 考 文 献

[1] NOV-St-160-Iron Roughneck User Manual.

RMR 钻井系统简述

曹飞　王剑　陈龙桥

（中国石油集团海洋工程有限公司）

摘要：国外石油公司研发出无隔水管泥浆回收钻井技术（RMR）替代常规钻井技术来解决深水钻井中遇到的一系列难题，该钻井技术去除了常规隔水管，利用直径相对较小的回流管线将钻井液从海底井口直接泵送回钻井平台。目前，RMR 钻井技术主要用于深水区域的浅表层作业，在跟踪学习国内、国外相关技术的基础上，详细分析了 RMR 钻井系统的工作原理、关键组成装备以及系统特点。

关键词：无隔水管钻井液举升；深水钻井；双梯度钻井；吸入模块；举升模块

在深水钻井中，由于海底疏松的沉积物和海水液柱影响，地层孔隙压力和破裂压力之间的余量很小，使得钻井非常困难。于是，国外从 20 世纪 90 年代开始研究无隔水管泥浆返回（RMR）技术，该技术能很好地解决这些深水钻井中的问题。RMR 技术的核心是通过在海底泥线处安放钻井液回收和举升系统，将井眼环空中返出的钻井液采用小直径回流管线举升到钻井平台上，这样就不再需要大直径的隔水管，降低了对钻井平台的要求，并能够降低成本；同时，由于系统的双梯度效应，还能简化钻井作业程序，提高钻探能力。

1. RMR 钻井技术原理

RMR 钻井技术的原理是双梯度钻井技术，从海面到泥线是海水梯度，泥线以下为钻井液梯度，地层破裂压力和孔隙压力之间的作业窗口相对于常规钻井技术增大。这种结构的设计可以带来很多好处，由于不使用隔水管，可以消除钻井作业中与隔水管相关的各种问题，并且节约了相关的设备费用。

常规的隔水管钻井技术采用单梯度钻井技术，在作业的过程中只采用一个液柱梯度，即井底压力为井底到钻井平台之间的钻井液柱产生的压力，其液柱压力是以钻井平台作为起始点，斜率代表钻井液密度，如图 1 中的曲线 C 所示，该静水压力在一个短的垂直距离上穿

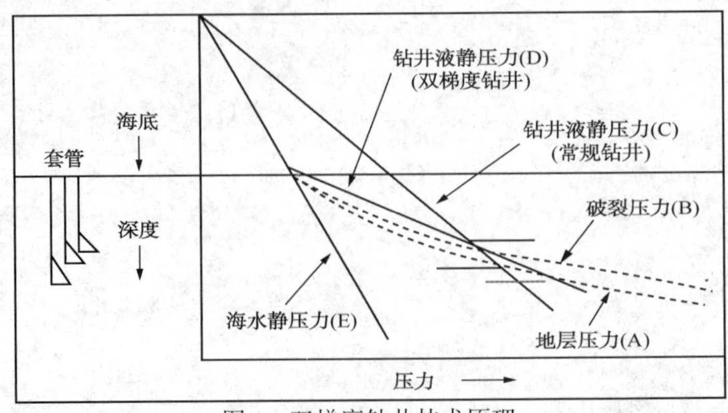

图 1　双梯度钻井技术原理

过钻井液密度窗口，所以很难维持井眼环空压力在这两条曲线中间，比较容易引发井漏事故。为了保证井身的质量，就需要下入多层套管来保护地层。

所谓双梯度钻井技术，就是采取一定的措施使隔水管内的流体密度与海水密度接近，使地层破裂压力和孔隙压力之间的余量相对增大，钻井液的可选择范围也相对增大。如图 1 中的曲线 D 所示，双梯度钻井技术的静水压力在海床附近与海水静压力完全相等，在泥线位置采用钻井液钻井，在作业窗口内穿过的距离明显增加，即意味着可以简化井身结构，延长表层套管的下入深度；同时，双梯度钻井静压力的斜率明显增加，意味着钻井液的密度增加，钻井液性能的可调节性增强。

2. RMR 钻井系统关键设备

RMR 钻井系统组成如图 2 所示，该系统由两大类设备组成：常规钻井设备和 RMR 系统专用设备。海面设备采用常规钻井设备或者升级改造的常规钻井设备，系统专用设备主要包括海底吸入装置、海底举升装置、钻井液回流管线、管缆绞车以及控制系统等。

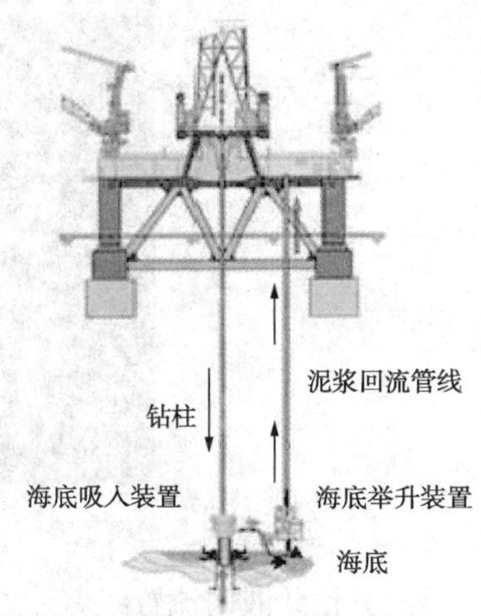

图 2　RMR 钻井系统示意图

1）海底吸入装置

海底吸入装置是无隔水管泥浆返回钻井系统中的关键组成部件，主要功能是隔离井眼环空顶部和外部海水环境，将海水与井筒隔开，起到类似隔水管和防喷器的作用。海底吸入装置能使由井眼环空上返的钻井液改变方向进入海底举升系统，为钻井液返回管线提供接口，同时还起到扶正下入钻具的作用，如图 3 所示。该装置从结构上可分为内部旋转部件、外壳体、橡胶密封胶芯、旋转轴承总成等，同时还设计有压力传感器和照明摄像装置，能为平台上的操作人员提供海底的实时图像，方便操作人员控制并能预防某些钻井事故的发生。

图 3　海底吸入装置

2）海底举升装置

海底泥浆举升装置是 RMR 钻井系统的核心组件，其作用是将由井口返出的钻井液举升到海面平台，并对井内压力进行控制和调节。该装置是由两台或者多台举升泵组成的泵组，根据水深和钻井液流量的不同，可将多台单泵串联或者并联以满足扬程和流量的要求，如图 4 所示。该举升泵组的入口通过软管与海底吸入模块相连，出口与钻井液回流管线相连，同时该举升泵组还包括有水下电机、快速接头、压力流量传感器等设备。

图 4　海底举升装置

3）钻井液回流管线

泥浆回流管线主要用来提供岩屑和钻井液返回钻井平台的通道，同时也作为节流和压井管线、海底控制电缆等的附着体，如图 5 所示。实际钻井中，钻井液返回管线多采用一种回收软管，既可满足压力需要又具备承受海浪海流环境载荷的能力。回流管线应当尽量在允许的范围内增大直径，这样能够减少摩擦损失，降低能量消耗。

图 5　钻井液回流管线

4）管缆绞车和软管悬挂平台模块

在 RMR 钻井方案中，海底泵组是通过管缆绞车下放的，连接在海底泵上的控制管缆同时也提供了电气设备集装箱和海底泵组之间的动力和信号传输通道。控制管缆需要进行电力、压力传感器、电磁阀控制信号等数据的传输，其结构如图 6 所示。

软管悬挂装置为泥浆返回管线边缘布置时使用，被固定在平台的边缘，是悬挂钻井液返回管线上部接头的设备，其结构如图 7 所示。

图 6　管缆绞车

图 7　软管悬挂装置

5）电气设备集装箱和控制台

RMR 电气设备集装箱为一个标准的集装箱，如图 8 所示，里面包含变频器、滤波器和升压变压器三个主要的设备，这些设备可以为海底泵组的电机提供电力，并能控制其工作状态。在深水 RMR 钻井技术中，水下安装有两个海底泵组，需要两个电气设备集装箱进行控制。控制台模块为一个标准的集装箱，里面为办公和备用设备存储空间。控制台的电脑从海底电子组件和海底泵组的传感器上获取数据，并发送控制信号给变频器，从而调节水下电机的转速来维持吸入模块处的压力稳定，图 9 显示了工作间的电脑和监视器，同时，可以储存一些简单的设备及备用的零部件，在现场作业时可以进行简单的设备维修。

图 8　电气设备集装箱

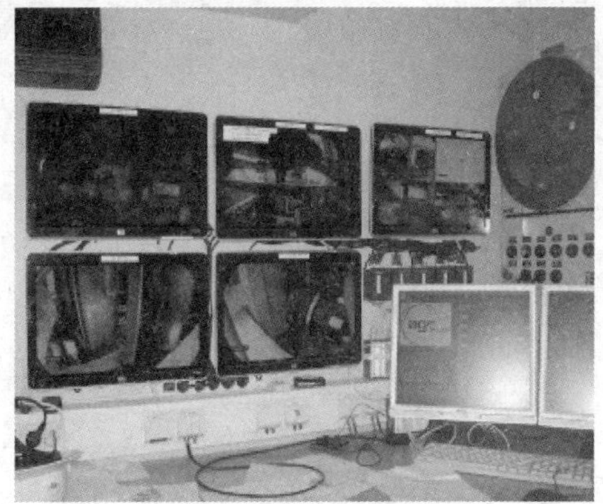

图 9　控制台

3. RMR 钻井技术特点

RMR 钻井技术作为一项全新的深水钻井技术，与常规海洋钻井相比具有较大的优势，其现场施工主要有以下几个特点：

(1) 适合于深水区域存在浅层气、浅层水流等地质灾害的地层，一般用于浅表层作业。

(2) 简化井身结构，增加表层套管的下入深度，减少下入套管层数，缩短作业周期，降低钻井成本。

(3) 提高井眼质量，地层孔隙压力和地层破裂压力间隙区域相对变宽，使得井涌、井漏等问题大大减少，减少处理钻井复杂事故的时间，更好的实现井控。

(4) 降低钻井平台的限制，放弃常规钻井隔水管，钻井平台不再承受巨大的隔水管悬挂载荷，降低了对钻井平台的要求。

(5) 由于不使用隔水管，钻井平台不再承受由隔水管和大体积浮力块在深海海浪、海流等复杂载荷作用下产生的交互载荷，降低了对定位系统的要求，增加了定位的可靠性。

(6) 提高钻井系统的机动性，由于该系统不使用隔水管，紧急撤离时只需将海底设备断开连接，不必考虑因隔水管底端触及海底突出地形而引发事故。

(7) 目前 RMR 钻井系统在国内的使用率较低，其主要技术由国外几家大的钻井公司掌握，因此，该项钻井技术的普及率较低，且使用成本较高。

参 考 文 献

[1] 高本金．海底泥浆举升圆盘泵流场仿真与性能研究[D]．中国石油大学，2009.

[2] 许亮斌，蒋世全，殷志明，陈国明．双梯度钻井技术原理研究[J]．中国海上油气，2005(4).

[3] THOROGOOD J L, ROLLAND N L, BROWN J D, URVANT V V. Deployment of a Riserless Mud-Recovery System Offshore Sakhalin Island [C]. SPE/IADC Drilling Conference, 10.2118/105212-MS, 2007.

[4] COHEN J H, KLEPPE J, GRØNÅS T, MARTIN T B, TVEIT T, GUSLER W, CHRISTIAN C F, GOLDEN S. Gulf of Mexico's First Application of Riserless Mud Recovery for Top-hole Drilling - A Case Study [C]. Offshore Technology Conference, 10.4043/20939-MS, 2010.

扭力冲击器+PDC钻头在新疆美14井现场应用

张继鑫　张敏峰　刘宝林　王健栋

(中国石油集团海洋工程有限公司钻井事业部)

摘要：在低油价模式下，如何提速增效，缩短建井周期，为诸多提速新工具和技术的应用的提供了契机，本文阐述了阿特拉扭力冲击器的提速机理、参数和在新疆美14井的应用中情况，实践表明比邻井机械钻速提高81.1%~116.4%，提速效果明显，具有一定的推广借鉴意义。

关键词：美14井；扭力冲击器；钻头黏滑

1. 引言

随着油气勘探开发的不断发展，深井、超深井的比例不断增加。深井、超深井突出的问题为深部地层岩石强度大、研磨性高、可钻性极差，钻具憋跳严重，钻头易泥包，机械钻速低，钻井周期长，钻井成本高。而在低油价模式下，如何缩短建井周期成为降本增效的一项重要举措，因此，扭力冲击器等提速工具和技术也逐渐得以应用。

现场录井数据表明，在硬地层段钻进时，转速和扭矩存在较大波动，钻头出现卡滑现象。当钻头破岩能力不足时，吃入岩石的钻头处于静止状态，钻柱旋转直到钻头积蓄的能量超过岩石破碎能，此时钻头瞬间高速转动并释放钻柱能量，同时钻柱扭矩也随之发生大幅变化，随后钻头进入下一个卡滑阶段。同时，PDC钻头在切削井底岩石过程中，会出现多种无规律有害的振动，主要为横向振动、纵向振动、扭转振动、涡动和各种耦合作用。在卡滑作用和这些有害振动的作用下，PDC钻头的破岩效率大大降低，从而使机械钻速下降，钻头使用寿命缩短，井身质量降低。

因此，为提高深井、硬地层等钻探难度大的地层的破岩效率，综合脉冲钻井和冲击振动钻井两类技术的优势，新型辅助破岩提速工具——扭力冲击器应用而生。轴向冲击和扭转冲击协同作用，提高PDC钻头的破岩钻井速度，抑制钻头黏滑振动，在提高机械钻速的同时，延长钻头的使用寿命。

2. 阿特拉扭力冲击器介绍

1）扭力冲击器工作机理

扭力冲击器扭力冲击器配合PDC钻头一起使用，其破岩机理是以冲击破碎为主，并加以旋转剪切岩层，主要作用是在保证井身质量的同时提高机械钻速。扭力冲击器消除了井下钻头运动时可能出现的一种或多种振动(横向、纵向和扭向)的现象，使整个钻柱的扭矩保持稳定和平衡，巧妙地将钻井液的流体能量转换成扭向的、高频的、均匀稳定的机械冲击能量并直接传递给PDC钻头，使钻头和井底始终保持连续性，大幅度提高剪切效率，由于形成了高频的、均匀稳定的机械冲击能量，使钻头和井底能始终保持连续的高频切削，消除钻头运动时可能出现的一种或多种有害运动，消除黏滑现象(图1)。

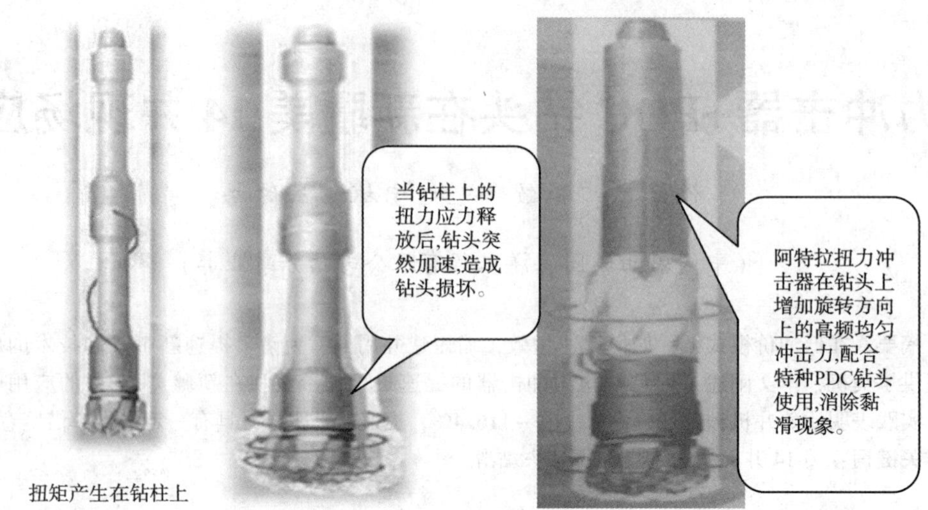

图1 消除黏滑现象示意图

由扭力冲击器提供的额外的扭向冲击力完全改变了 PDC 钻头的运动方式，其每分钟750~1500 次高频稳定的冲击力，相当于每分钟 750~1500 次切削地层，使钻头不需要等待扭力积蓄足够的能量就可以切削地层，作用在 PDC 钻头上有两个力在切削地层，一个是转盘提供的扭力，另一个是扭力冲击器提供的扭力，并直接施加到钻头本身，使得钻杆的扭矩基本保持稳定，传递的扭矩可以完全用于切削地层。

2）扭力冲击器技术特点

（1）扭力冲击器内部机械结构合理，流道通畅，无任何橡胶件，无任何电子元器件。即使扭力冲击器失效，也不影响继续钻进，但性能相当于与不使用扭力冲击器相同，没有任何其他风险。

（2）钻井液流量和流速越大，扭力冲击器扭力冲击发生器产生的冲击能量也越大，对钻头产生的机械钻速以及冲击的频率也越高。

（3）扭力冲击器只适用于金刚石钻头。产生的所谓振动或冲击会延长 PDC 钻头寿命，同时也减弱其他钻具的疲劳强度，延长其他钻具的寿命。

3）技术规格参数

阿特拉扭矩冲击器工具已系列化，规格参数见表1。

表1 阿特拉扭矩冲击器规格及参数

规格	5in	6½in	8in	10⅜in
排量/s^{-1}	11.3~15.8	18.3~35	18.3~35	35~75
压降/kPa	480~1725	350~1200	350~1200	275~1140
连接扣型	3½inREG	4½inREG	6⅝inREG	6⅝inREG
上扣长度/mm	596.4	671.3	726.96	995.4
上扣扭矩/(ft·lb)	7000~9000	12000~16000	28000~32000	28000~32000
冲击频率/(次/min)	680~1300	1000~2400	1000~2400	750~1500
扭向冲击力/(N·m)	610	1017	1017	1627
最高作业温度	320℃	320℃	320℃	320℃
最大钻压/lbf	18900	250000	300000	500000

3. 应用情况

1）美14井基本情况

该井是位于新疆福海县境内准噶尔盆地陆梁隆起滴南凸起的一口重点三开探井（直井），设计井深4850m。三开是该井钻进作业的重点和难点，尤其是二叠系梧桐沟组地层泥岩致密，容易钻头泥包，可钻性极差。

2）实钻地质分层（表2）。

表2　地层分层数据表

地层				实钻地层	
界	系	统	组（群）	底界深度/m	厚度/m
中生界 Mz	白垩系 K	下统 K_1	吐谷鲁群 K_1tg	2480	
		中统 J_2	西山窑组 J_2x	2820	340
		下统 J_1	三工河组 J_1s	3166	296
			八道湾组 J_1b	3594	478
	三叠系 T	上统 T_3	白碱滩组 T_3b	3862	230
		中统 T_2	克拉玛依组 T_2k	3970	140
		下统 T_1	百口泉组 T_1b	4078	120
古生界 Pz	二叠系 P	上统 P_3	梧桐沟组 P_3wt	4302	150
	石炭系 C	下统 C_1	松喀尔苏组上亚组（C_1s^b）	4512	310
			松喀尔苏组下亚组（C_1s^a）	4850	420

3）应用井段地层岩性特点

三叠系（T）：

白碱滩组（T_3b）：巨厚层灰色、深灰色泥岩、粉砂质泥岩夹不等厚浅灰色细砂岩、泥质细砂岩。与下伏地层整合接触。

克拉玛依组（T_2k）：上部主要以厚层灰色、浅灰色泥质细砂岩、粉砂岩为主，夹不等厚褐色泥岩，下部为大套巨厚层褐色泥岩。与下伏地层整合接触。

百口泉组（T_1b）：上部主要以大套厚—巨厚层灰色含砾细砂岩为主，夹不等厚褐色、红褐色泥岩，下部为大套红褐色粉砂质泥岩、紫褐色泥岩夹薄层红褐色泥质粉砂岩。与下伏地层不整合接触。

二叠系(P)：

梧桐沟组(P_3wt)：上段为褐色泥岩夹薄层砂岩，下段为灰色砂砾岩夹薄层泥岩。与下伏石炭系地层不整合接触。

4）钻井液性能参数

该井段应用钾钙基聚合物钻井液体系，性能参数见表3。

表3　钻井液性能表

密度/ g/cm^3	黏度/ s	含砂/ %	塑黏/ mPa·s	失水/ mL	初切/ Pa	终切/ Pa	泥饼/ mm	动切力/ Pa	pH值
1.33	46	0.2	24	4.0	2	5	0.5	6.5	9.5

5）钻具组合及钻井参数

钻具组合：215.9mmPDC钻头(U513S)+扭力冲击器+411×NC460+FV+$6\frac{1}{4}$inDC×2+214mm扶正器+$6\frac{1}{4}$inDC×22+$6\frac{1}{4}$in随钻+5inDP

钻井参数：钻压：100~120kN；转速：70r/min；泵压：20MPa，排量：33L/s。

6）应用效果

在该井3625~4365.68m三开井段钻进时，应用阿特拉13mm复合片五刀翼的U513S刚体PDC钻头和扭力冲击器工具，实现了单只钻头一趟钻进尺740.68m，纯钻时间175.32h，平均机械钻速4.22m/h，成为该区块唯一一口利用单只PDC钻头穿过三叠系和二叠系梧桐沟组地层且进尺超700m的井。钻头出井后外径完好，水眼通畅，除3号刀翼蹦齿1颗外，其它刀翼各齿轻微磨顿，钻头新度90%。钻头入井、出井对比见图2。与滴西321井相比提速81.1%，节约三牙轮钻头3只、PDC钻头2只；较克美002井提速181.12%，节省三牙轮钻头2只、PDC钻头1只，具体对比情况见表4。

表4　与邻井对比情况

井号	钻头类型	钻头型号	下入井深/m	起出井深/m	所钻地层	钻头进尺/m	总进尺/m	纯钻时间/h	机械钻速/(m/h)	平均机械钻速/(m/h)
滴西321	PDC	FR1945	3088	3283.01	T3b-T2k	195.01	480.72	64.1	3.04	1.95
	PDC	MCXG516-7	3283.01	3295.39	T2k	12.38		7.7	1.61	
	PDC	FR1655M	3295.39	3314.43	T2k	19.04		16.5	1.15	
	三牙轮	HJ517G	3314.43	3466.05	T2k-P3wt	151.62		92	1.65	
	三牙轮	HJ517GK	3466.05	3483.41	P3wt	17.36		8.1	2.14	
	三牙轮	HJ517GK	3483.41	3568.72	P3wt-C2b	85.31		39.5	2.10	
克美002	PDC	U516S	3608	4071.46	T3b-T1b	463.46	731.01	112.5	4.12	2.33
	三牙轮	HJ517G	4071.46	4181.67	T1b-P3wt2	110.21		95.9	1.15	
	三牙轮	HJ517G	4181.67	4299.34	P3wt2-C2b	117.67		98	1.20	
	PDC	CS513RG	4299.34	4339.01	C2b	39.67		14	2.83	
美14	PDC	U513S	3625	4365.68	T3b-C1	740.68	740.68	175.32	4.22	4.22

(a)钻头入井前照片

(b)钻头出井后照片

图 2　阿特拉 U513S 钻头入井和出井照片

4. 结论

(1) 阿特拉 PDC 钻头和扭力冲击器在美 14 井的应用中，能够利用小钻压，获得高机械钻速，与邻井常规钻具相比机械钻速提高 81. 1%~116. 4%，提速明显。

(2) 扭力冲击器的轴向冲击和扭转冲击协同作用，提高 PDC 钻头的破岩钻井速度，抑制钻头黏滑振动，在提高机械钻速的同时，延长钻头的使用寿命。

(3) 钻进过程中，在设备条件满足的情况下，应尽量选择大排量，同时维护好钻井液性能，以达到井眼清洁，防止钻头泥包的目的。

5. 经验及教训

(1) 扭力冲击器必须在钻压、转速和排量等钻井参数充分保证的前提下才能获得最佳的工作状态，因此，参数匹配是提速的关键，需在正常钻进之前进行试钻，以获得最佳的钻井参数，并在钻进过程中维持参数稳定，当地层岩性的变化导致钻头与地层的接触状态发生变化，则需根据地层岩性变化灵活调整钻井参数。

(2) 扭力冲击器可以有效减小钻柱扭矩突变，保护底部钻具，能够一定程度上释放的钻压，因此钻遇硬岩地层时，在钻具和井身质量允许的情况下应当尽量增大钻压，但钻压最大限制在16t。

(3) 从本井情况来看，钻井难度较大的地层为二叠系梧桐沟组和石炭系火成岩段，二叠系梧桐沟组层位钻速较低，钻时波动较剧烈，面临掉块、阻卡等复杂风险较大，要求在后续的作业中进一步加强对地层特性的认识以便采取针对性更强的措施。

参考文献

[1] 张海山，葛俊瑞，杨进，等．扭力冲击器在海上深部地层的提速效果评价[J]．断块油气田，2014，21(2)：249-251.

[2] 杨镇榜，朱忠喜，林瀚．扭力冲击器在新疆地区的应用研究[J]，长江大学学报(自然版)，2017，14(15)：43-45.

HSE、风险评估及项目管理

自升式平台压载作业桩靴侧向滑移的极限 RPD

高　畅

（中国船级社海工技术中心）

摘要：自升式平台在修井作业前，往往需要在已有桩坑附近进行插桩，称为“踩脚印”，此过程极易产生桩靴侧滑，导致桩腿、升降系统以及平台结构产生损坏。目前传统设计方法只对升船和预压载工况下的桩腿强度进行极限 RPD 值分析，并没有涉及升降系统以及固桩区结构强度等，对于桩靴侧滑此类特殊工况并不适用。通过对“踩脚印”过程的 RPD 计算原理进行研究，推算适用于桩靴侧滑的 RPD 计算方法；然后采用有限元分析方法模拟桩腿在不同方向、不同距离进行侧滑，计算平台桩腿、升降系统以及固桩区结构强度，确定平台系统的临界极限能力；通过搜索最终确定平台“踩脚印”时的极限 RPD 值。通过上述原理和方法，将 RPD 理论应用于自升式平台“踩脚印”插桩过程，从而通过 RPD 监测系统，当桩腿变形接近临界值，报警并及时调整平台插桩状态，可有效减少桩脚的侧滑风险，对设计者和作业者具有很强的指导作用，具有较高的应用价值。

关键词：自升式平台；踩脚印；侧向滑移；极限 RPD

1. 引言

自升式海洋平台是指具有活动桩腿，且其主船体能沿支撑于海底的桩腿升至海面以上预定高度进行作业的平台，此种平台在海洋石油开发中被广泛应用。随着油气开采向深海发展，自升式移动平台的作业水深不断加大，其自身的结构安全问题越来越受到各方的重视。自升式平台在进行修井作业前，往往需要在已有桩坑附近进行插桩，称为“踩脚印”，此过程极易产生桩靴侧滑，导致桩腿、升降系统以及平台结构产生损坏。2012 年 5 月，胜利 3 号平台在黄海插桩作业时发生侧滑，平台结构严重受损，最终平台倾覆，造成严重作业事故；2017 年 6 月，“HYSY944”在中国东海海域进行修井作业时，艏部桩腿发生滑移，导致船艏倾斜 5°，3 根斜撑、1 根内水平撑发生变形。因此，对于自升式平台的“踩脚印”作业，应建立起详细的预警方案和应对措施，避免滑移对平台结构带来的损伤风险。

传统的 RPD 监测系统对桩腿各个弦杆变形进行监测，一旦桩腿变形接近临界值，RPD 系统就会报警，船体升降操作必须停止，随后要按操作规程调整升降系统，使船体恢复水平。目前国外先进的自升式钻井平台都配备有 RPD 监测系统，比如 F&G 公司 JU-2000E 平台的极限 RPD 为 203mm；GustoMSC 公司 CJ46 平台的极限 RPD 为 58mm；BMC375 上也安装了类似的监视系统。但该传统设计方法只是对桩腿强度进行极限 RPD 值分析，并没有涉及升降系统以及固桩区结构强度等，对于侧滑此种特殊工况并不适用，需综合考虑各种因素影响。

本文通过对“踩脚印”过程的 RPD 计算原理进行研究，推算适用于桩靴侧滑的 RPD 计算方法；然后采用有限元分析方法模拟桩腿在不同方向、不同距离进行侧滑，计算平台桩腿、升降系统以及固桩区结构强度，确定平台系统的临界极限能力；通过迭代搜索最终确定平台

"踩脚印"时的极限 RPD 值。文中以某 400 英尺作业水深的自升式平台为例，通过上述原理和方法计算桩靴滑移过程的极限 RPD 值，并以此得出几个有益的结论。将 RPD 理论应用于自升式平台"踩脚印"插桩过程，从而通过 RPD 监测系统，当桩腿变形接近临界值，报警并及时调整平台插桩状态，可有效减少桩脚的侧滑风险，对设计者和作业者具有较强的指导作用，具有较高的应用价值。

2. RPD 计算原理

RPD(Rack Phase Difference)定义为桁架式桩腿的两相邻弦杆具有相同标高的齿条板相对于升降室顶部的垂向位移的绝对差值。测量时需记录不同主弦杆上具有相同标高的齿节点距离参考平面的垂直距离 RPV(Rack Phase Value)，再经计算得到桩腿上的 RPD 值：

$$\mathrm{RPD}=\max\left(\left|RPV_i - RPV_j\right|\right) \tag{2-1}$$

常规情况下，平台的极限 RPD 值表征桩腿可容许的最大弯矩，与桩腿支撑杆的轴向屈曲密切相关。其理论计算方法一般应建立桩腿的有限元模型，模拟升降系统、上下导向结构作为边界条件，在桩腿底部位置加载垂向载荷；下导向位置施加弯矩，此弯矩值应使桩腿弦杆或撑杆发生屈曲(应力比接近 1.0)，此时可计算分析得到三个弦杆的垂向位移，即可计算得到极限 RPD 值：

$$\mathrm{RPD}=\frac{(\Delta Z_{\max}-\Delta Z_0)}{UC_L}+\Delta Z_0 \tag{2-2}$$

式中 $\Delta Z_{\max}$——计算得到的弦杆垂向位移差值；

UC_{L}——桩腿构件的最大名义应力比值；

ΔZ_0——桩腿初始倾斜产生的垂向位移差值。

一般情况下，桩腿弦杆齿条板与上、下导向之间会存在一定量的间隙(gap)，尤其对于老龄平台，当齿条板及导向板存在磨损时，这一间隙不可忽略。间隙的存在使得桩腿相对于主船体存在一定的初始倾斜而不会产生桩腿应力。这部分倾斜所导致的 RPD 也称为无限制 RPD(Free RPD)。

当自升式平台在旧脚印附近就位时，极易引起桩腿滑移，不但对桩腿结构产生危害，还对导向产生挤压、甚至使升降系统过载。因此，自升式平台"踩脚印"过程极限 RPD 的计算原理，应综合考虑桩腿结构、船体结构及升降系统极限能力三方面因素，进而推算出适用于桩靴侧向滑移的极限 RPD 值：

$$\mathrm{RPD}=\frac{(\Delta Z_{\max}-\Delta Z_0)}{UC_{\max}}+\Delta Z_0 \tag{2-3}$$

$$UC_{\max}=\max(UC_{\mathrm{L}},\ UC_{\mathrm{H}},\ UC_{\mathrm{J}}) \tag{2-4}$$

式中 UC_{H}——船体构件(包括围阱区及固桩架结构)的最大名义应力比；

UC_{J}——升降系统最大受载与升降能力比。

3. "踩脚印"时的平台极限能力

自升式平台极限滑移能力指的是平台结构所能承受的最大侧向滑移距离，超过该滑移距离，平台桩腿、升降装置或平台桩腿下导向结构就会发生损坏。

1) 计算模型

为计算得到"踩脚印"时的平台极限能力，一般需建立有限元模型，保证模型刚度、质量及载荷模拟与实际预压载条件一致。

（1）桩腿刚度。

桁架式桩腿弦杆一般采用相当刚度的梁进行模拟，梁的刚度应与实际桩腿一致，包括：①截面面积；②截面惯性矩；③剪切面积；④扭转惯性矩。桩腿撑杆则按照实际结构以管单元模拟。

（2）主船体刚度。

根据研究对象的不同，平台主船体的刚度一般有简化模拟和详细模拟两种方法。

分析桩腿强度时，可应用简化方法，即采用等截面梁单元模拟平台主船体。将平台实际的横纵舱壁及各层甲板，简化为梁架结构，同时保证截面惯性矩、剪切面积及扭转惯性矩与平台结构一致。如图 1 所示，具体的等效方法可参见 SNAME 5-5A。

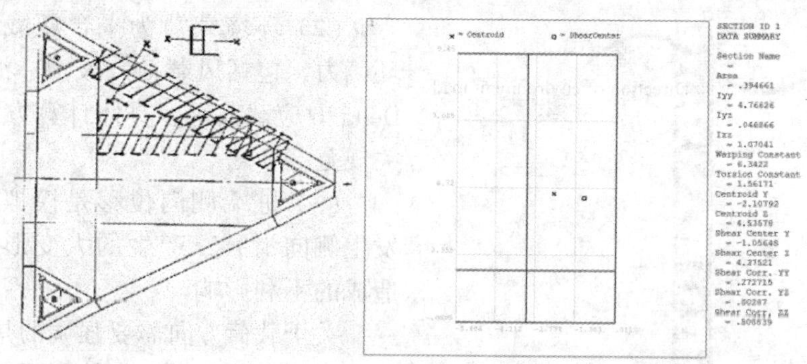

图 1　平台主船体舷侧舱壁等截面梁模拟方法

分析固桩区及船体结构时，则需应用详细模拟的方法，即采用板、梁单元完全模拟平台横纵舱壁、各层甲板及固桩区结构，单元尺寸及属性与平台实际结构一致。

（3）桩腿—升降系统连接。

为准确模拟桩腿侧向滑移对升降系统及上下导向的载荷传递，应充分考虑桩腿和船体的连接刚度。在有限元分析中，建立详细的固桩架模型，并在导向及升降齿轮的位置与桩腿之间采用弹簧单元进行模拟。单个弦杆上升降系统弹簧垂直刚度系数 K_{Vjack} 可用下式表示：

$$K_{\mathrm{Vjack}}=\frac{1}{1/(n_{\mathrm{p}}K_{\mathrm{Vpinion}})+1/K_{\mathrm{Vjackhouse}}} \tag{2-5}$$

式中　n_{p}——单弦杆上的齿轮个数；

K_{Vpinion}——单个齿轮的垂向刚度系数；

$K_{\mathrm{Vjackhouse}}$——单弦杆升降齿轮箱的垂向刚度系数。

（4）桩腿—导向连接。

为准确模拟桩腿与导向之间间隙导致的无限制 RPD（Free RPD），有限元分析时，可将上、下导向与桩腿之间采用非线性弹簧单元连接，单元设置初始间隙 δ_0，且单元仅在接触后轴向受压，如图 2 所示：

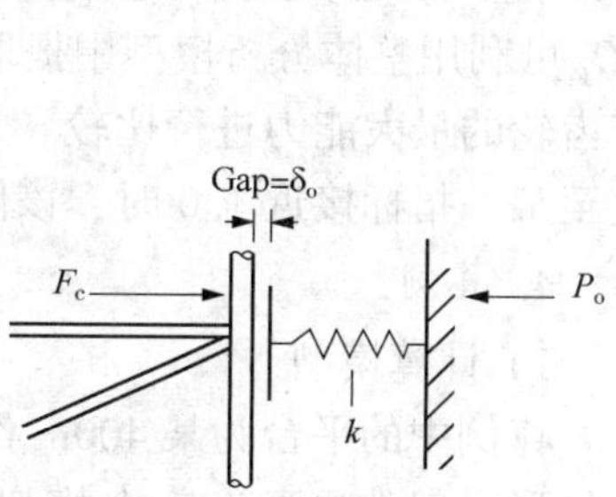

图 2　桩腿与导向之间的非线性弹簧单元示意图

（5）边界条件。

平台预压载过程中，由于土壤处在不断被桩靴压实的过程，因此无法确定准确土壤刚度。如果考虑水平方向的土壤刚度，可使桩靴允许的滑移距离增大；而考虑土壤的转动刚度，则使得桩靴允许的滑移距离减小。因此通过敏感性分析发现，将桩端简化为铰支约束（水平刚度无限大，转动刚度为0），与同时考虑水平刚度及转动刚度的计算结果差别不大。因此对于不滑移桩腿，可采用铰支约束，滑移桩腿则通过给定强制位移来模拟侧向滑移。

2）桩腿侧滑计算载荷

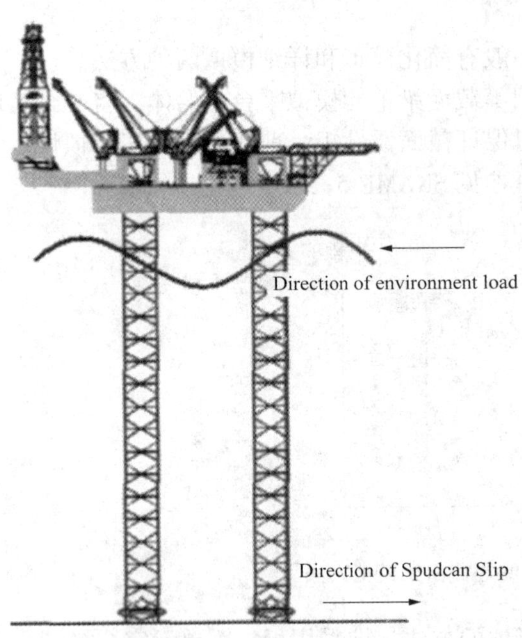

图3 桩靴滑移方向与环境载荷入射方向关系

将平台整体结构作为研究对象，计算预压载时桩腿侧向滑移需要考虑的载荷包括重量载荷、环境载荷及桩端侧向位移。

（1）重量载荷包括固定载荷、可变载荷及压载水重量。

（2）环境载荷为平台压载作业时受到的环境力，包括风载荷、波浪、海流载荷及P-Delta效应载荷等，具体计算方法参见CCS相关规范。

（3）桩端侧向位移是模拟平台某一桩腿发生侧向滑移，产生的大变形对平台及桩腿造成的不利影响。

关于载荷方向需要强调的是，由于实际就位点与旧脚印之间方位的不同，需研究不同滑移方向对结构的影响。因此在0°～180°范围内进行了多方向滑移分析。出于保守考虑，环境载荷的入射方向按照加重结构破坏的原则，向桩端滑移的反方向施加，如图3所示。

3）平台极限能力

为使平台结构安全，平台踩脚印时的极限能力，应保证桩腿结构、船体及固桩架结构以及升降系统均不发生损坏，即：

$$UC_{\max} = \max(UC_L, UC_H, UC_J) \leqslant 1 \quad (2-6)$$

式中，桩腿及船体的极限强度UCL、UCH可通过有限元模型分析得到。平台升降系统的最大承载能力可由升降系统生产厂家提供，UC_J可利用整体分析模型中提取弦杆上的垂向力，与单个弦杆上所有齿轮的最大能力进行比较。通过不断加大平台的侧向滑移距离，直至某一指标接近1.0时，该侧滑距离即为平台极限滑移距离。

4. 算例

1）计算模型

算例中的平台为某400in作业水深的自升式钻井平台，采用三角箱形主船体，配有三个桁架式桩腿，艏一尾二，升降系统为电动齿轮升降系统，每个桩腿弦杆4套，平台每个桩腿底部带有一个圆形的桩靴。为分别考察桩腿强度及固桩区局部强度，算例平台建立了简化模型及详细模型，如图4、图5所示。

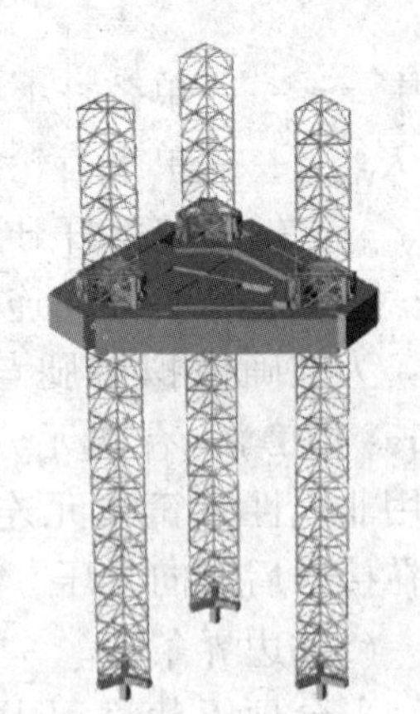
图4 算例平台简化模型

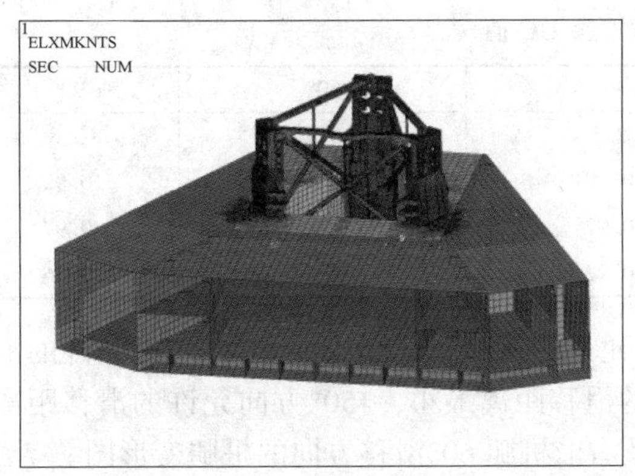

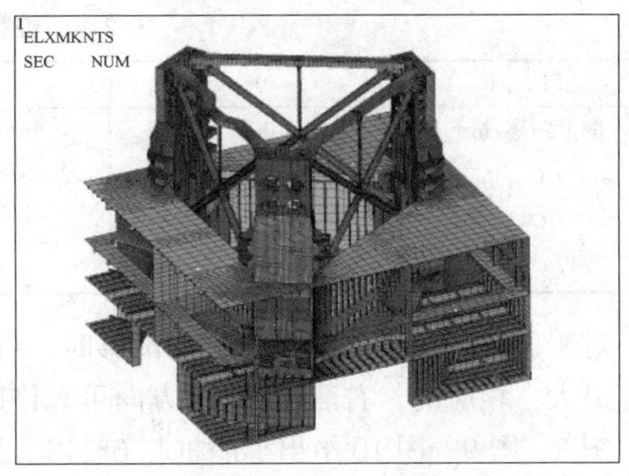

图 5 算例平台详细模型

2）计算载荷

算例平台的环境条件等主要参数如表 1 所示。

表 1 平台的环境条件及主要参数

预压工况	Value	预压工况	Value
水深/m	90	单桩最大预压反力/t	10770
最大波高/m	1. 83	单齿轮最大保持能力/t	970
波周期/s	3	单弦杆最大保持能力/t	3880
最大风速/(m/s)	10. 8	单桩腿重量/t	1659
流速/(m/s)，表层	1. 02	齿条板与导向间隙/mm	20
流速/(m/s)，底层	0		

3）计算结果分析

下面对算例平台的极限能力UC_{max}进行搜索。假定平台桩靴在不同方向上产生侧向滑移，通过不断增大滑移距离反复计算，直到UC_{max}接近 1. 0 为止。图 6 为艏桩腿滑移距离-UC_{max}关系图；图 7 为右舷桩腿滑移距离-UC_{max}关系图。

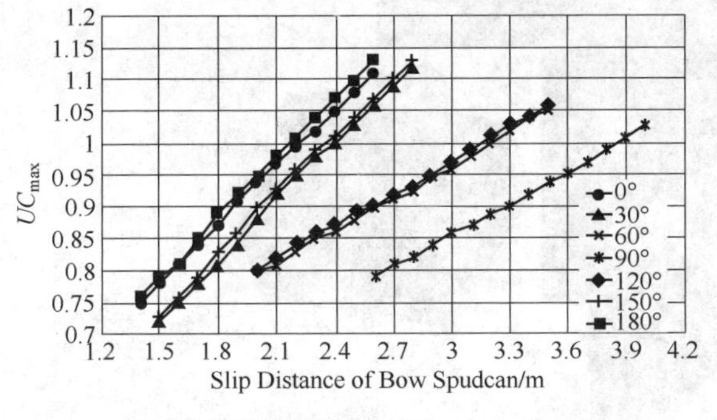

图 6 艏桩腿滑移距离与UC_{max}关系图

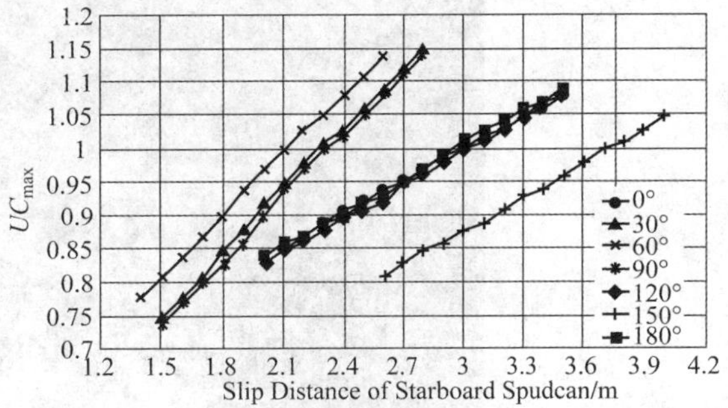

图 7 右舷桩腿滑移距离与UC_{max}关系图

计算结果显示，当平台单桩达到最大压载量时，被压桩腿发生侧向滑移过程中，升降系统首先过载，继续增大侧滑距离，桩腿撑杆发生屈曲，进而平台围阱区下导向附近结构屈服。以艏桩腿为例，给出升降系统、桩腿结构及船体结构的 UC 值如表 2 所示。

表 2　艏桩腿滑移 UC 值

侧滑方向	0°	30°	60°	90°
侧滑距离/m	2.1	2.3	3.1	3.8
UC_J	0.97	0.98	0.97	0.99
UC_L	0.91	0.92	0.95	0.97
UC_H	0.89	0.92	0.93	0.96

对于艏桩腿，当桩靴向 0°方向滑移时，可允许的滑移距离最小，90°方向可允许的滑移距离最大；相应的，右舷桩腿 60°方向可允许的滑移距离最小，150°方向允许的滑移距离最大。图 8、图 9、图 10 给出了艏桩腿 0°，90°及右舷桩腿 60°滑移方向的桩腿变形图。

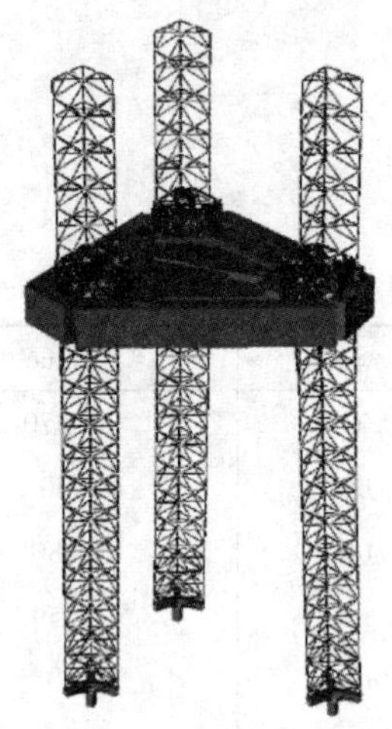

图 8　艏桩腿 0°方向滑移

图 9　艏桩腿 90°方向滑移

图 10　右舷桩腿 60°方向滑移

以艏桩腿为例，算例平台艏桩沿着 90°方向滑移至最大 3.8m 时，船体结构强度 UC_H 达到 0.96，最大 UC 值出现在滑移桩腿下导向处。此时平台围阱区下导向结构应力云图如图 11 所示。

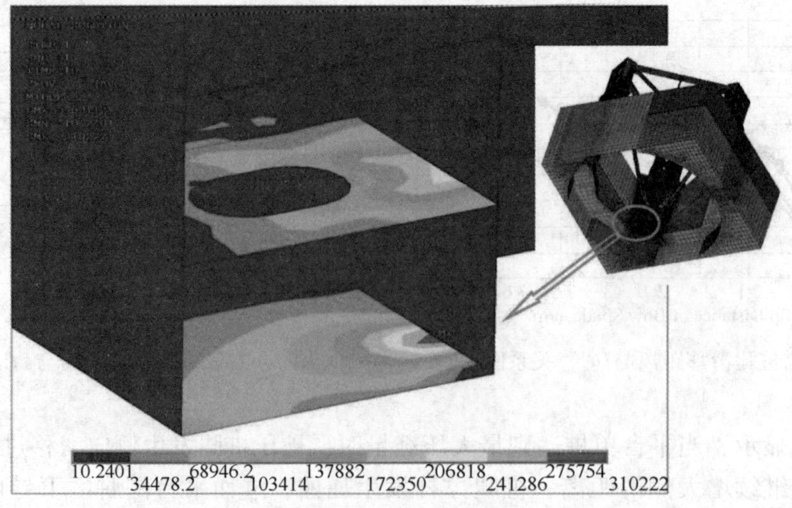

图 11　艏桩腿 90°方向滑移 3.8m 围阱区结构最大应力图

研究表明，算例平台在不同方向上可允许的最大滑移距离不同，图 12、图 13 给出艏桩腿、右舷桩腿的最大滑移距离平面包络图，可为平台指定踩脚印方案提供理论指导。

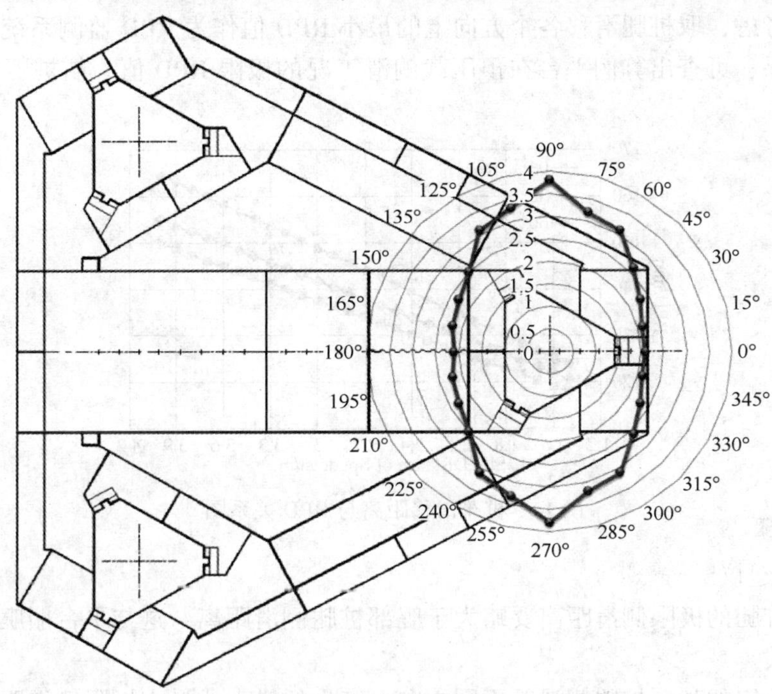

图 12　艏桩腿最大滑移距离包络图

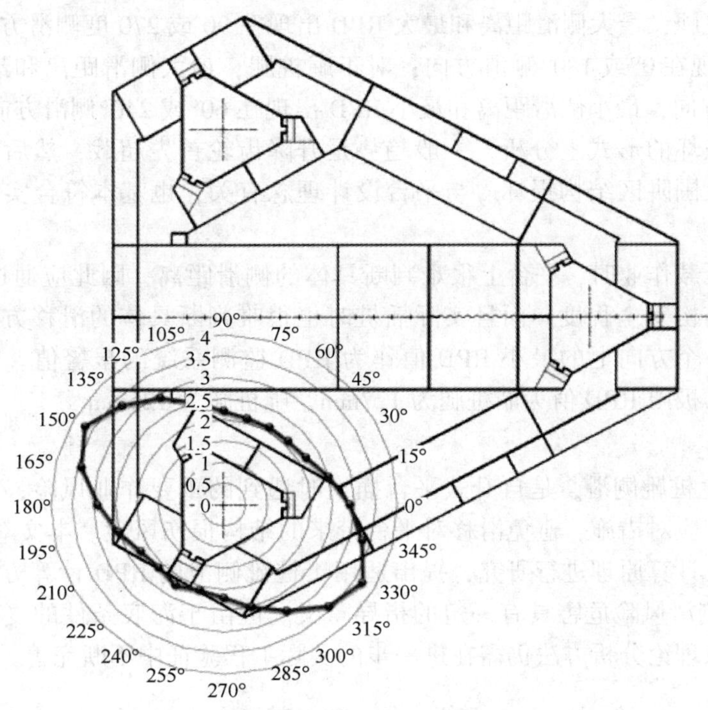

图 13　右舷桩腿最大滑移距离包络图

算例平台桩靴滑移距离与 RPD 关系如图 14 所示。由于算例平台为三角形桁架式桩腿，根据桩腿与固桩架的轴对称性，将 0°~60°作为研究对象，其它角度可根据对称性求得。

基于保守考虑，取桩腿滑移各个方向上的最小 RPD 值作为 RPD 监测系统的报警值。根据以上计算结果，可查出算例平台在预压载侧滑工况的极限 RPD 值，艏桩腿为 127mm，艉桩腿为 125mm。

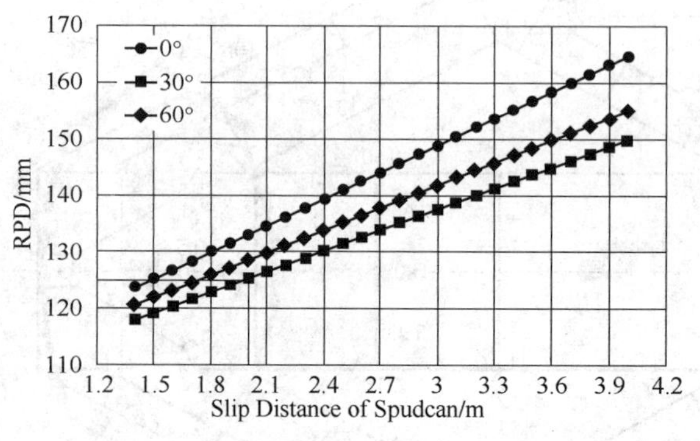

图 14 桩靴滑移距离与 RPD 关系图

4）结论和建议

（1）艏部桩腿的极限侧滑距离要略大于艉部桩腿侧滑距离，这与平台艏艉结构形式和桩腿间距不同有关。

（2）对于给定的某一桩腿侧滑，不同方向上产生的最大或最小极限侧滑距离必然产生最大或最小的 RPD 值，符合侧滑距离越大，对结构产生不利影响越大、结构变形越大的趋势。

（3）对于艏桩腿，最大侧滑距离和最大 RPD 出现在 90 或 270 度侧滑方向，最小侧滑距离和最小 RPD 出现在 0°或 180°侧滑方向；对于艉桩腿，最大侧滑距离和最大 RPD 出现在 150°或 330°侧滑方向，最小侧滑距离和最小 RPD 出现在 60°或 240°侧滑方向。

（4）从侧滑破坏的形式上分析，一般趋势是升降齿轮首先超载，然后桩腿结构发生破坏，最终下导向及围阱区结构损坏。与平台设计理念有关，也基本符合实际侧滑结构损伤情况。

（5）在实际压载作业时，平台上很难判断具体的侧滑距离，因此应通过 RPD 监测系统报警值确定平台结构安全程度。而且实际插桩时也很难判断具体的滑移方向，基于保守考虑，取桩腿滑移各个方向上的最小 RPD 值作为 RPD 监测系统的报警值。因此对于算例平台，桩腿可容许的极限 RPD 值为艏桩腿为 127mm，艉桩腿为 125mm。

5. 结语

"踩脚印"发生桩靴侧滑，是自升式平台插桩时遇到的重要作业风险，作业前应建立起详细的预警方案和应对措施，避免滑移对平台带来的结构损伤风险。本文对自升式平台"踩脚印"过程的 RPD 计算原理进行研究，提出适用于桩靴侧滑的 RPD 计算方法，对自升式平台减少"踩脚印"侧滑风险危害具有一定的指导意义。但由于海底条件的复杂性以及实际作业的不确定性，该理论分析方法仍需在进一步的实际工程验证中不断完善。

参 考 文 献

[1]李润培，王志农，海洋平台强度分析[M]. 上海交通大学出版社，1992.

[2]陈宏，李春详，自升式钻井平台的发展综述[J]. 中国海洋平台，2007，22(6)：4-5.

[3] MSC，Overall Basic Design for Jack-up[M]. Gusto MSC，2007：56.

[4]秦洪德，王洋，自升式平台作业过程中 RPD 问题研究[C]. 第十四届中国海洋(岸)工程学术讨论会论文集，2010，386-392.

[5] 李红涛，RPD 在自升式海洋平台上的应用[J]. 中国海洋平台，25(5)：25-28.

[6] SNAME，Guidelines for Site Specific Assessment of Mobile Jack-up Units[S]. Technical & Research Bulletin 5-5 A，January 2002.

[7] 李红涛，徐捷，李晔，自升式海洋平台站立状态下的性能分析[J]. 中国海洋平台，2009，24(4)：38-42.

[8] 中国船级社，海上移动平台入级与建造规范[M]. 人民交通出版社，2005：2-33.

SPH 与 CEL 方法在海底滑坡计算上的对比分析

祁磊[1,2] 许浩[1,2] 刘振纹[1,2] 邓海峰[1,2] 李春[1,2]

(1. 中国石油集团工程技术研究院；2. 中国石油天然气集团海洋工程重点实验室)

摘要：研究表明，海底滑坡大大影响水下生产系统、海底管道和其他海洋结构的稳定性和安全性。即使倾斜角小于 1°滑坡也可以发生。目前陆上滑坡的研究较多，但海底滑坡的研究很少。本文比较分析了 CEL 和 SPH 方法在海底滑坡上的应用。可以看出，采用 SPH 方法和 CEL 方法进行海底滑坡的计算都是可行的。CEL 方法在某些方面的结果更为准确。当 SPH 和 CEL 的单元数量较少时，SPH 的计算时间比 CEL 短，但是随着单元数量的增加，CEL 方法计算速度比较快。如果需要拉格朗日结构的应力值，最好选择 CEL 方法。

关键词：海底滑坡；SPH；CEL；Abaqus

1. 概述

海洋油气开发需要将水下设施放置于海底，如水下井口、海底管道和浮式生产系统的基座等等，而这些地方时常会存在海底滑坡的风险。因而我们必须关注海底滑坡，除了选址上尽量避免，评价井场滑坡风险也是必须的。有两个问题需要关注：一是滑坡稳定性，二是滑坡对结构物的影响。这两个问题都是海洋工程装备安装设计中需要关注的问题。

滑坡稳定性主要用于评估因受重力、地震等因素影响而发生边坡失稳的可能性。滑坡稳定性主要利用伽辽金方法，离散单元法等方法。研究表明大量海底滑坡发生在较为平坦的边坡上(坡角小于 10°)，并会较陆上滑坡滑移更远的距离。因此我们需要清楚一旦发生海底滑坡，是否会造成结构物的破坏。

当发生滑坡时，滑坡的流体特征显著，土壤转化为泥石流，这不是固态而是流体流动状态。所以可借助 SPH 法和 CEL 法进行模拟。

2. SPH 方法

SPH 方法是一种自由拉格朗日计算方法。这种方法最初被开发来模拟天体物理现象，如两星相撞、超新星爆炸等。SPH 方法的应用范围广阔，目前在国内外的研究成果多集中于天体物理学、爆炸与高速冲击科学、采矿工程、流体动力学等。在岩土方面的应用还处于起步阶段，但由于 SPH 方法在流体动力学方面的成功应用，目前，在岩土工程相关学科的数值模拟研究中，有很多学者所做的工作都是与流体动力学有关，如溃坝问题等。

SPH 是一种无网格的拉格朗日方法，可以避免拉格朗日计算中网格扭曲的产生，SPH 方法是建立在一系列离散的节点上的，因此计算时要采用其离散的形式。在 SPH 方法中，任何计算区域内的系统状态均是由一系列可以承载不同性质材料特征的质点所描述，并使用控制守恒方程式约束这些质点的运动。正因为如此，SPH 方法可以有效处理具有大变形特征系统的动力响应问题，并在与 FEM 等方法耦合使用中，在同一个数值模拟分析过程中发挥各自的优势。

Abaqus 软件可以较方便的采用 SPH 方法计算大变形问题，并可通过建立的有限元网格直接转化成 SPH 粒子。采用 C3D8R，C3D6，或者 C3D4 等减缩积分单元对部件划分网格，之后当符合应变转化、时间转化或应力转化准则后，有限元单元将在内部生成 SPH 粒子。在有限元单元上定义的载荷，接触等都会通过自动变换到后生成的粒子中去。

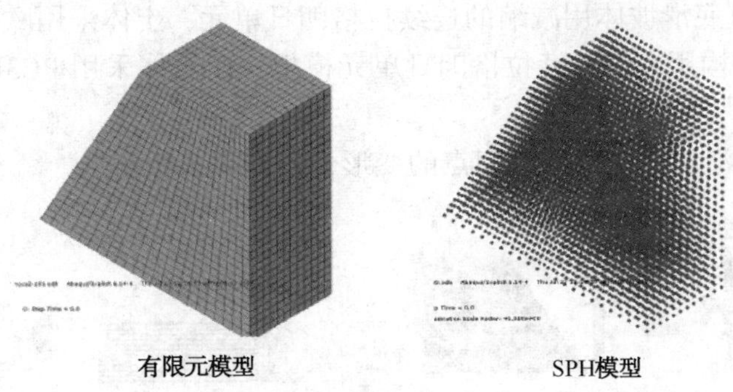

图 1 有限元及 SPH 模型

3. CEL 方法

CEL 作为一种常见的流固耦合算法，其根本目的是解决固体问题、流体问题耦合分析时带来的流固耦合面不固定、迭代增量计算周期大等问题，但其计算资源耗费巨大因此对于长周期的模拟时完全不占优势，但其计算精度高、收敛性较好，处理瞬态问题具有一定的优势。

可采用 Abaqus 软件来进行 CEL 计算。CEL 方法可以使用欧拉单元来模拟流体，而使用拉格朗日单元来模拟非流体，两者可以产生接触。用欧拉单元模拟的构件可以克服大变形时网格的严重变形。在欧拉网格中，材料在固定的网格内流动，在每一个增量步中，计算每个单元内的材料分布。通过材料分布来描述流体的变形状态。因此，欧拉材料边界比传统的拉格朗日材料边界更适合用来描述极度的大变形现象。

使用一个规则的立方体来模拟欧拉区域。流体只能在这个欧拉区域内流动，因此欧拉区域要完整地覆盖流体可能运动到的地方。欧拉和拉格朗日单元的重叠是允许的，因为流固耦合发生相互作用的区域为赋予拉格朗日材料的单元边界和赋予欧拉材料的单元边界。所以必须定义欧拉网格中欧拉材料的初始位置。默认情况下，欧拉网格内是没有任何材料的。欧拉部件在赋予截面属性时并不是像常规部件赋予属性一样，它仅提供了一系列可以在欧拉区域内使用的材料。在 Abaqus 中，创建完截面属性后必须在 Load 模块的初始场定义中为相应的欧拉网格区域赋予相应的材料属性。

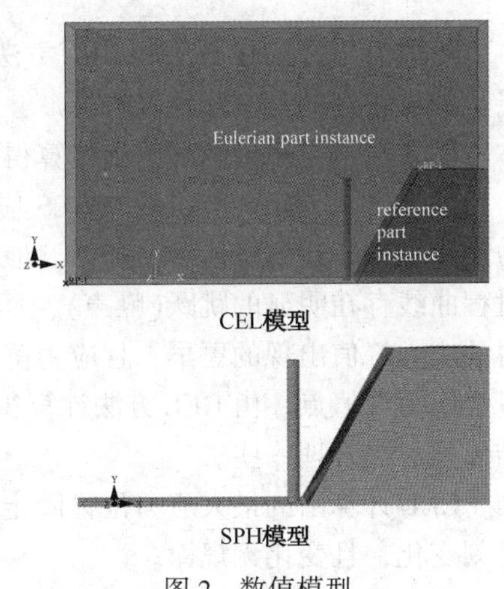

图 2 数值模型

4. 两种方法的对比分析

数值模型采用 Abaqus 建立，坡角为 60°，土体密度假定为 2.0g/cm^3，摩擦角为 20°，黏聚力为 6.19kPa，假设结构为弹塑性钢桩，密度为 7.85g/cm^3，SPH 和 CEL 模型如图 2 所示，两个模型的尺寸和参数完全一致，并划分为完全一致的网格。

海上滑坡与陆上滑坡的不同点之一是海上滑坡存在水滑效应(hydroplaning effect)，由于摩擦很小，会导致滑移距离很大。所以为计算方便，将海床设为刚性体，同时忽略海床与滑坡体间的摩擦。

对 CEL 方法，海底滑坡体用减缩的连续拉格朗日单元，土体采用欧拉单元 EC3D8R。

对 SPH，水下结构用减缩连续拉格朗日单元模拟，而土体采用 PC3D，建立刚体壳单元来限制粒子的溢出。

两种方法所得的滑坡体在同一时间点的变形云图如图 3 所示。

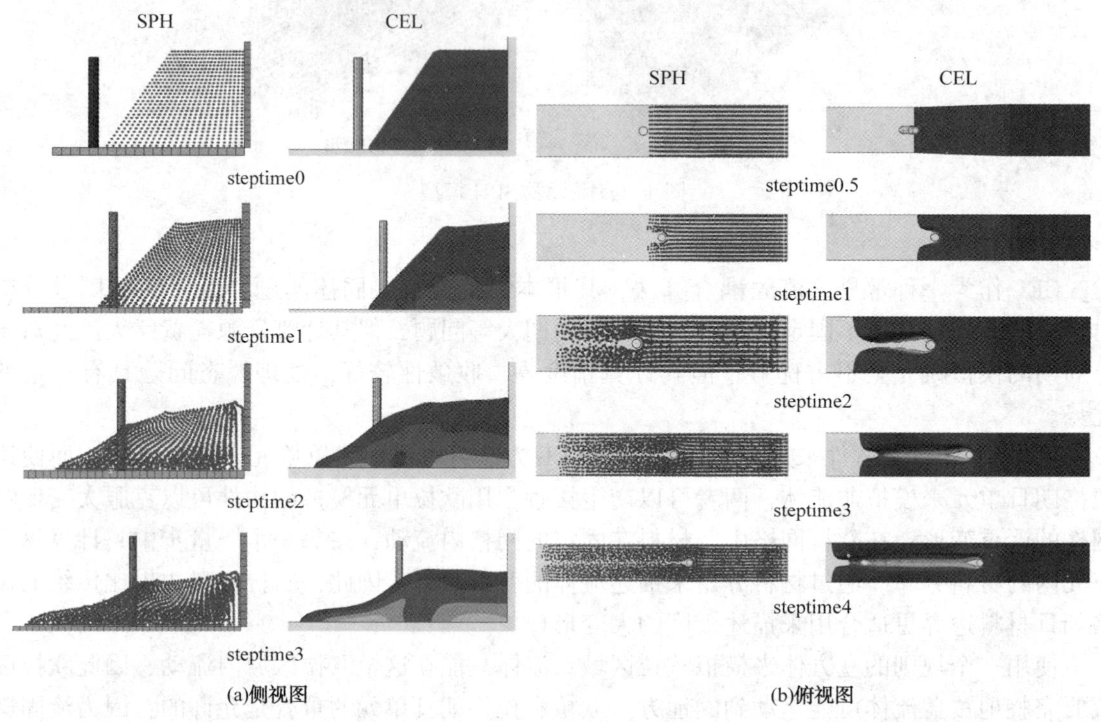

图 3　计算结果对比

可以看出，SPH 方法和 CEL 方法计算出的相同时间点的滑坡体形状基本一致，计算结果也能够很好的与实际情况符合。

图 4 显示了采用两种方法计算得到的水下结构受滑坡冲击的时程曲线。

如上所示，相同节点的 MISES 应力变化趋势总体是一致的。因受到滑坡体的冲击，应力逐步增加，达到峰值后又降低。但两个结果也存在着明显的差别，SPH 方法计算的应力时程曲线存在明显的跳跃(噪声)，而 CEL 方法的计算结果相对比较稳定。SPH 方法计算所得的应力峰值出现的更早，且应力降低后又增加，出现两个峰值。但是 CEL 计算结果只有一个应力峰值点。由 CEL 方法计算得到的曲线更顺滑。从结果可以看出，CEL 方法计算的结果相对更合理一些。

CEL 计算出的最大应力位置固定，位于结构根部。而 SPH 方法计算出的最大应力位置时刻变化，且变化无规律。

表 1 和图 6 列出了两种方法计算时间的差异。

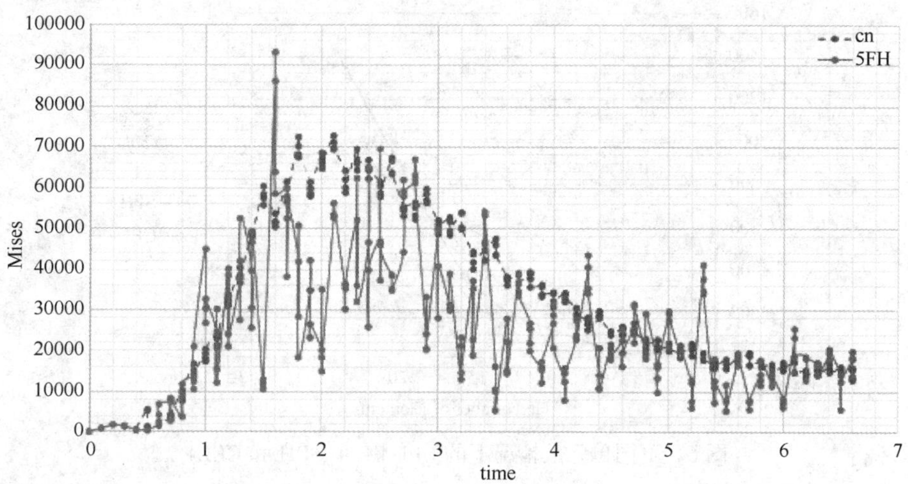

图 4　相同节点的应力对比

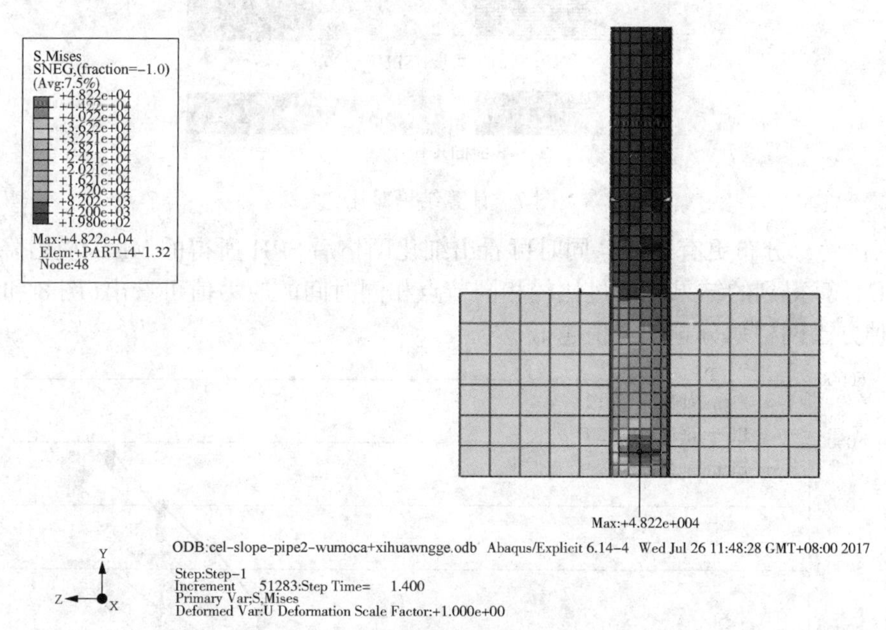

图 5　结构应力云图

表 1　CPU 时间对比

Method	Step time	Element	CPU time
CEL	0. 1	12	239. 6
SPH	0. 1	12	164. 8
CEL	0. 1	24	1143. 4
SPH	0. 1	24	1429. 5

当 SPH 和 CEL 单元数较少时，SPH 方法的 CPU 计算时长比 CEL 短，而随着单元数的增加，SPH 方法比 CEL 方法耗费更多计算时长。

图 7 显示了不同单元网格数的比较。

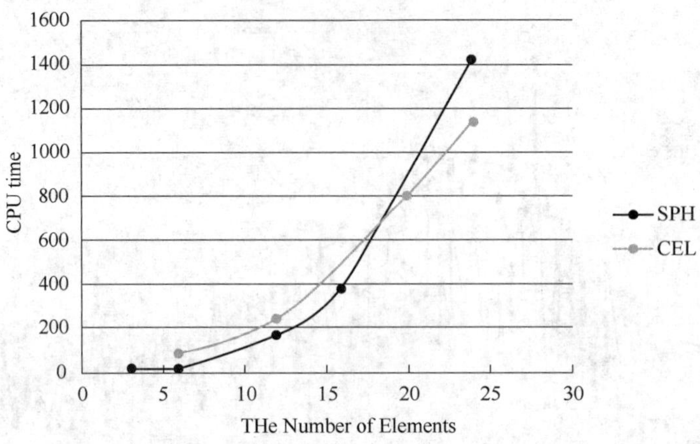

图 6　不同单元数情况下的 CPU 时间(SPH 和 CEL)

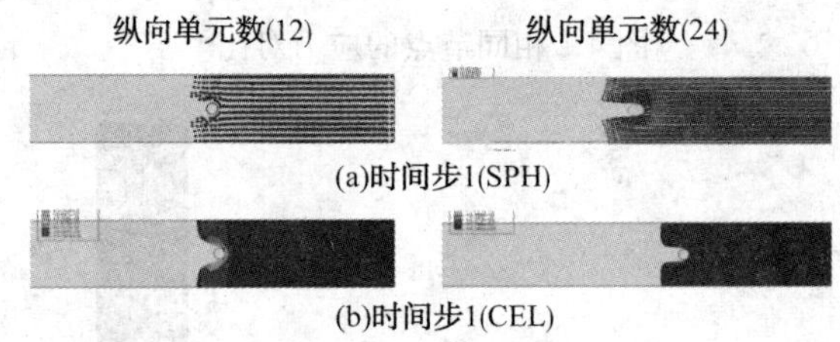

图 7　计算结果对比

细化网格后，分布更有规律。同时可看出细化网格后 SPH 所得的 Mises 应力降低，并逐步接近 CEL 计算得到的结果。通过比较相同节点相同时间的应力值可看出(图 8 和图 9)CEL 和 SPH 两种方法网格划分越细，值越低。

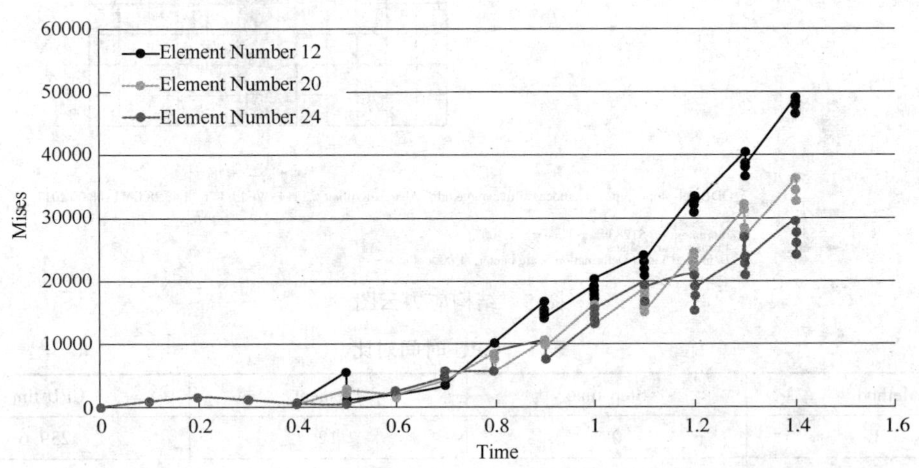

图 8　不同单元数的应力对比(CEL)

对 SPH 方法，尽管网格细化后应力值有所降低，但结果仍旧存在振动(噪声)。所以如果需要获取拉格朗日结构的应力值，最好选用 CEL 方法。

5. 结论

可以看出，SPH 和 CEL 方法得到的不同时刻的滑坡体形态基本一致。计算的结果与实际情况基本符合。这两种方法都可以作为计算海底滑坡分析的工具。

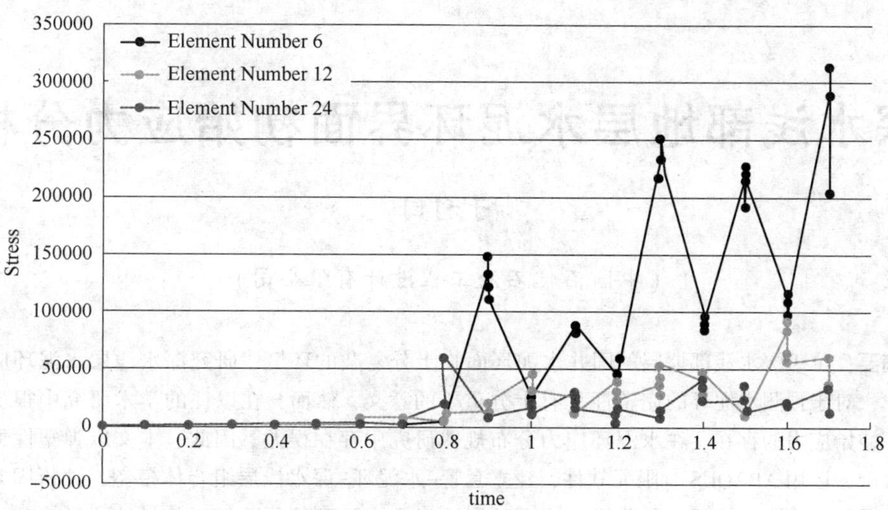

图 9 不同单元数的应力对比(SPH)

两种方法在相同节点计算的 Mises 应力有相同的趋势，但相同单元情况下，CEL 方法更准确。当 SPH 和 CEL 方法的单元数较少时，SPH 方法的计算时长比 CEL 的短，但是随着单元数的增加，CEL 计算方法更快，如果需要拉格朗日结构的应力值，最好采用 CEL 方法。

本文探讨了因滑坡导致的结构影响的计算方法，这对于将来探讨滑坡对结构的影响具有重要的意义。

参 考 文 献

[1] Anders Elverhoi，Hedda Breien，Fabio V Blasio，Carl B. Harbitz，Matteo Pagliardi. Submarine landslides and the importance of the initial sediment composition for run-out length and final deposit[J]. 2010，Ocean Dynamics(4)：1027-1046.

[2] Gingold，R A，J J Monaghan. Smoothed Particle Hydrodynamics：Theory and Application to Non-Spherical Stars. Royal Astronomical Society，Monthly Notices，vol. 181，pp. 375-389，1977.

[3] Johnson，J，R Stryk，S Beissel. SPH for High Velocity Impact Calculations. Computer Methods in Applied Mechanics and Engineering，1996.

[4] Libersky，L D，A G Petschek. High Strain Lagrangian Hydrodynamics. Journal of Computational Physics，vol. 109：67-75，1993.

[5] Monaghan，J. Smoothed Particle Hydrodynamics. Annual Review of Astronomy and Astrophysics，1992.

[6] Munjiza，A，K R F Andrews. NBS Contact Detection Algorithm for Bodies of Similar Size. International Journal for Numerical Methods in Engineering，vol. 43：131-149，1998.

[7] Randles，P W，L D Libersky. Recent Improvements in SPH Modeling of Hypervelocity Impact. International Journal of Impact Engineering，1997.

[8] Jiang Tao Yi，Fook Hou Lee，Siang Huat Goh，Xi Ying Zhang，Jer-Fang Wu. Eulerian finite element analysis of excess pore pressure generated by spudcan installation into soft clay[J] 2012，Computers and Geotechnics：157-170.

[9] Pike K，Kenny S. Numerical pipe/soil interaction modelling：sensitivity study and extension to ice gouging [C]. OTC 23731 ，2012.

[10] Chopra，M B，Dargush，G F. Finite - Element Analysis of time - dependant large - deformations Problems. International Journal for Numerical and Analytical Methods in Geomechanics 16，101-130，1992.

深水浅部地层水泥环界面初始应力分析

于利国

（中国石化石油工程设计有限公司）

摘要：位于深水浅部地层的固井水泥环面临十分复杂的环境，研究深水浅层水泥环应力分布规律，对于预测水泥环的完整性具有十分重要的意义，然而，在以往的学术研究中很少考虑水泥环初始应力的存在，在水泥环应力分布规律研究中存在误差。因此，本文以弹塑性力学理论为基础，运用ABAQUS有限元软件，建立套管-水泥环-深水浅层组合体模型，分析固井水泥浆凝固后初始应力对水泥环危险界面应力的影响以及水泥环硬化收缩对初始应力的影响，并提出可行性建议，以期对深水浅层固井安全施工有一定的指导意义。

关键词：深水浅层；水泥环；应力分布；初始应力；有限元

1. 引言

随着浅海和陆地未勘探领域日益减少，石油勘探开发逐渐向深海迈进。国际上把水深大于500m的海洋钻井称为深海钻井。由于深水特殊的地层环境，深水固完井作业具有很高的技术难度，尤其在深水浅部地层对固井安全提出了更大的挑战。固井封固系统初始应力是指固井作业完成后，封固系统刚刚形成时作用于封固系统的外力和封固系统各组成部分之间的作用力，对套管、水泥环的受力及破坏形式和封固系统的封隔性能及失效形式有重要影响，在水泥环界面产生的初始应力对水泥环应力分布的影响较大，需要对其进行一定的研究。为此，本文以弹塑性力学为基础，建立套管—水泥环—深水浅部地层组合体模型(图1)。运用ABAQUS有限元软件定性分析固井水泥浆凝固后初始应力对水泥环危险界面应力的影响以及水泥环硬化收缩对初始应力的影响，并提出可行性建议，以期对深水浅层固井安全施工有一定的指导意义。

2. 初始应力对水泥环危险界面应力的影响

1）界面初始应力分析

水泥环的一界面即套管—水泥环界面，二界面即深水浅层-水泥环界面，一、二界面初始应力示意图如图2所示。一、二界面处的初始作用力是水泥浆水化直至形成水泥石的过程中逐渐传递地层孔隙压力的结果，封固系统中二界面初始应力值等于地层孔隙压力，水泥浆由液态到固态的变化过程中，水泥环逐渐能够承受部分压力，故水泥环一界面应力值稍小于地层孔隙压力，因此在模拟过程中设置$P_1>P_2$。

2）有限元模型建立

深水浅部地层具有较低的弹性模量和抗压强度，受饱和土固结理论控制，井壁周围处于弹塑性状态。此外，深水浅部地层经历的构造运动少，且地层泊松比较大，各向水平地应力间差值不大，可认为深水浅层受均匀水平地应力的作用。假设深水浅层为各向同性均质理想弹塑性材料。套管—水泥环—深水浅层组合体共同承载封闭系统内外的载荷，组合体模型如

图 1 所示。根据研究问题的需要，对套管环空组合体模型做出如下假设：①套管、水泥环和地层为各项同性材料，套管为弹性材料，水泥环和弱胶结地层为弹塑性材料，选取摩尔—库伦准则作为水泥环和弱胶结地层的破坏准则；②套管、水泥环以及深水浅层紧密连接，井眼垂直，套管居中，无泥饼存在。

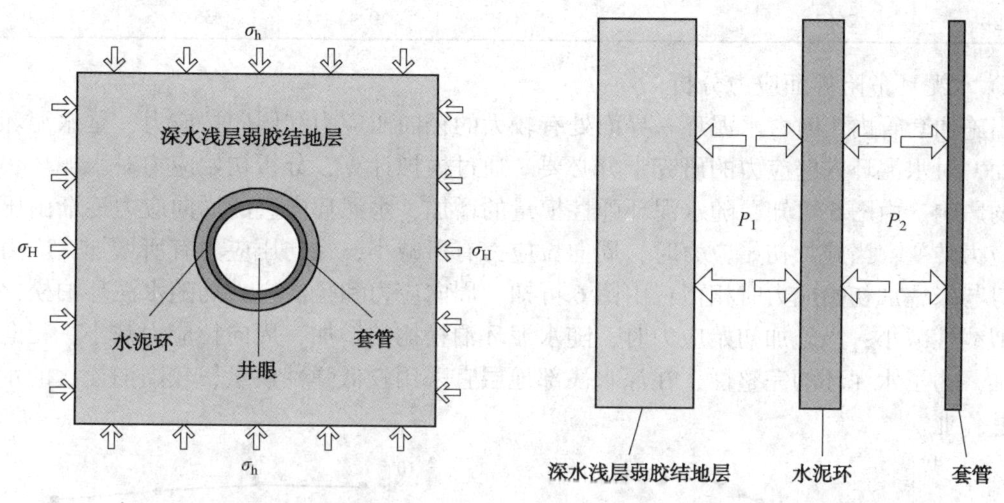

图 1　套管—水泥环—底层组合体模型　　　　图 2　界面初始应力示意图

3）基本参数设计

为节约运算成本，本文采用模型的 1/4 进行模拟。模型采用三维实体单元 C3D8R，网格采用结构化网格划分，如图 3 所示。在套管—水泥环和水泥环—弱胶结地层建立界面接触，法向接触为硬接触，切向接触选取粗糙，对原地应力进行预处理。根据圣维南原理，为有效消除井壁应力对远场应力的影响，本文选取地层尺寸为井眼尺寸的 12 倍，为消除端部效应，

选取井眼半径的 6% 作为模型高度。本文模拟水深 600m，泥线面以下 200m 的深水浅层，施加上覆岩层压力和水平地应力，组合体几何参数和材料性质如表 1 所示，组合体受力如图 4 所示。

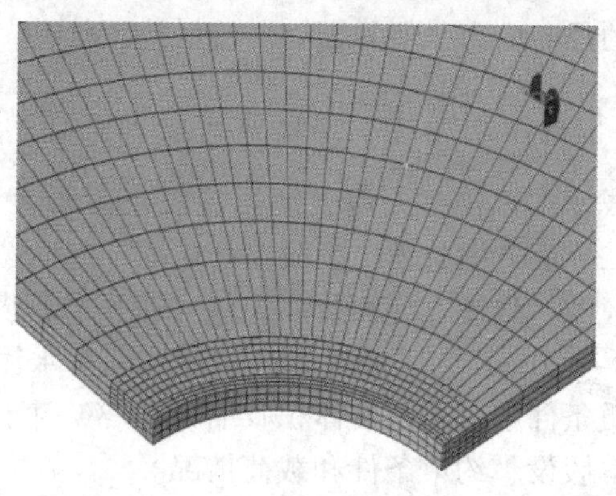

图 3　模型网格划分

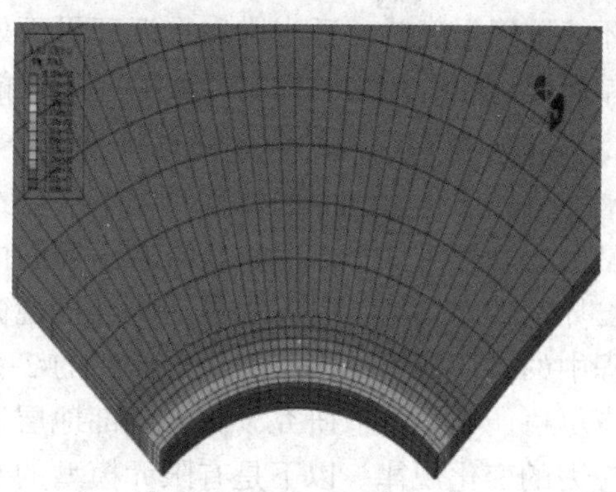

图 4　模型受力云图

表1 模型材料几何参数和性质

材料	尺寸/mm	壁厚/mm	弹性模量/GPa	泊松比	内摩擦角	黏聚力/MPa
套管	339.73	12.19	207	0.3	–	–
水泥环	444.5	52.385	10	0.2	26°	10
地层	2667	–	1	0.45	35°	1

4）水泥环危险界面应力分析

当施加套管内压时，水泥环一界面处有较大的径向压应力和周向拉应力，是水泥环的危险界面，对水泥环内壁应力的研究十分必要。通过模拟计算，分析初始应力对水泥环一界面应力的影响。由图5可知，随水泥环弹性模量的增加，水泥环内壁的周向应力逐渐由压应力向拉应力转变；当施加初始应力时，周向拉应力有所减小，径向压应力有所增加，应力的变化趋势与未叠加初始应力时相似；由图6可知，周向应力和径向应力均随水泥环泊松比的增加近似线性减小；当施加初始应力时，随水泥环泊松比的增加，周向拉应力减小，径向压应力增加。为了水泥环的完整性，在深水浅部地层宜采用较低弹性模量，较高泊松比的水泥进行固井作业。

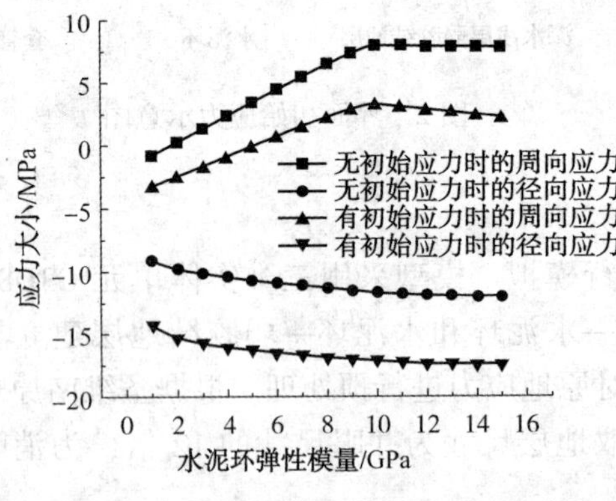

图5 不同弹性模量水泥环内壁应力

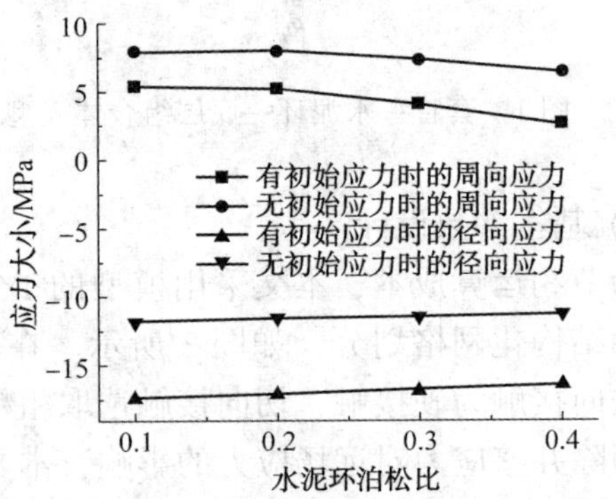

图6 不同泊松比水泥环内壁应力

当施加初始应力时，水泥环内壁具有更小的周向拉应力，更大的径向压应力。周向拉应力越小，水泥环越不容易产生周向拉伸破坏，对于水泥环的安全是有利的；当径向压力低于水泥环的抗压强度时，适当增加水泥环界面处的径向应力，使界面处于接触挤压状态，降低产生界面微环隙的风险，提高界面的封固性能。

3. 水泥环硬化收缩对初始应力的影响

水泥浆在硬化过程中的体积收缩不仅会造成水泥浆液柱下降，还会造成浆体回落受阻。由能量最小理论可知，水泥浆会沿着一界面向二界面方向收缩，当收缩产生的二界面拉应力超过二界面径向黏结力时，二界面将会出现微环隙，致使二界面封隔失效。油井水泥浆在凝结过程中的体积收缩率为水泥浆总体积的2.6%~5.0%，为了固井安全，所用固井水泥的收缩率应尽可能小。本节研究了深水浅部地层地质条件下，水泥石体积收缩为0~3%时水泥环初始应力的变化规律。以下是有限元模型的基本假设、约束条件和载荷情况。

1）基本假设与分析模型

（1）基本假设。

①井眼为垂直井眼且套管始终居中。②套管、水泥环以及地层三者是紧密连接。③套管、水泥环、地层均为各向同性均质体。④不考虑井壁泥饼影响，前期固井质量良好。⑤套管内压不发生变化。

（2）基本模型。

将组合体在水泥环硬化收缩过程中的受力视为平面应变模型，运用 ABAQUS 对弱胶结地层-水泥环-套管建立有限元二维模型，为节约运算成本，将模型的四分之一作为研究对象，水泥浆处于流体状态时，水泥浆对套管和地层的作用力为静液柱压力，分别对一、二界面施加相同的初始应力，分别对地层、水泥环和套管的边界施加约束。

2）水泥石体积收缩率对水泥环初始应力的影响

通过研究水泥石收缩率为 0~3%时，水泥环径向应力和周向应力的分布，来研究水泥环的硬化收缩对水泥环应力分布规律的影响。由图 7 知，水泥环水化过程中无论是否发生体积收缩，水泥环径向始终处于受压状态，二界面径向应力不变。当水泥石发生体积收缩时，一界面径向应力大于二界面径向应力并随体积收缩率的增加线性增加；水泥环周向由受压转为受拉状态，并且随水泥浆体积收缩率的增加不断增大。

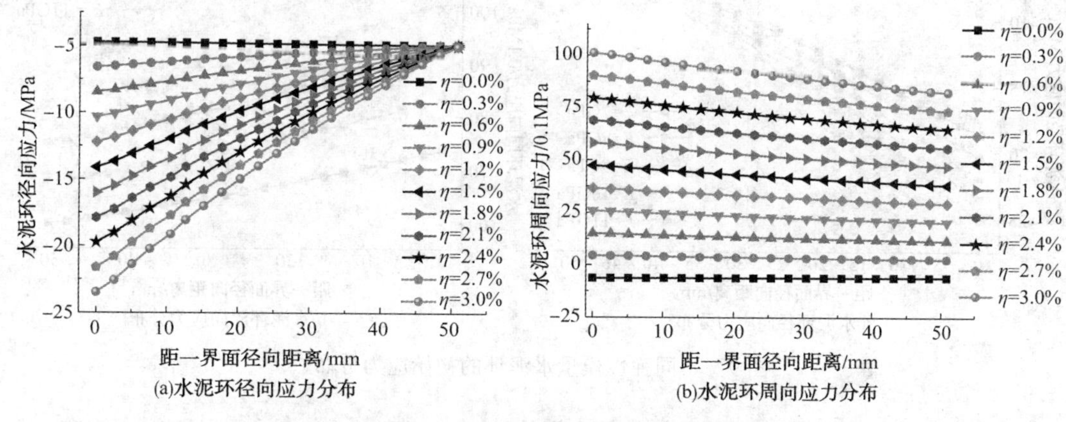

图 7 水泥环在不同体积收缩率下的初始应力分布

3）水泥石力学性能对水泥环初始应力的影响

（1）水泥石泊松比对水泥环初始应力影响规律

为保证固井安全，水泥浆体积收缩率一般不大于 0.2%，本文研究水泥石体积收缩率为 0.2%，水泥石泊松比在 0.1~0.3 变化时，水泥环应力分布变化规律。如图 8 所示，从一界面沿半径方向到二界面，水泥环径向应力为压应力且逐渐降低，二界面径向压应力保持不变；水泥环周向应力为拉应力且线性降低。

（2）水泥环弹性模量对水泥环初始应力影响规律。

研究水泥石体积收缩率为 0.2%，水泥石弹性模量在 7~11GPa 变化时，水泥环初始应力分布变化规律，如图 9 所示；从一界面沿半径方向到二界面，水泥环径向应力为压应力且逐渐降低，二界面径向应力保持不变；水泥环周向应力为拉应力且逐渐降低；一界面处水泥环径向应力、周向应力随水泥弹性模量增加而增加。因此采用低弹性模量水泥浆可有效防止水泥环裂纹的产生。

4）弱胶结地层力学性能对水泥环初始应力的影响

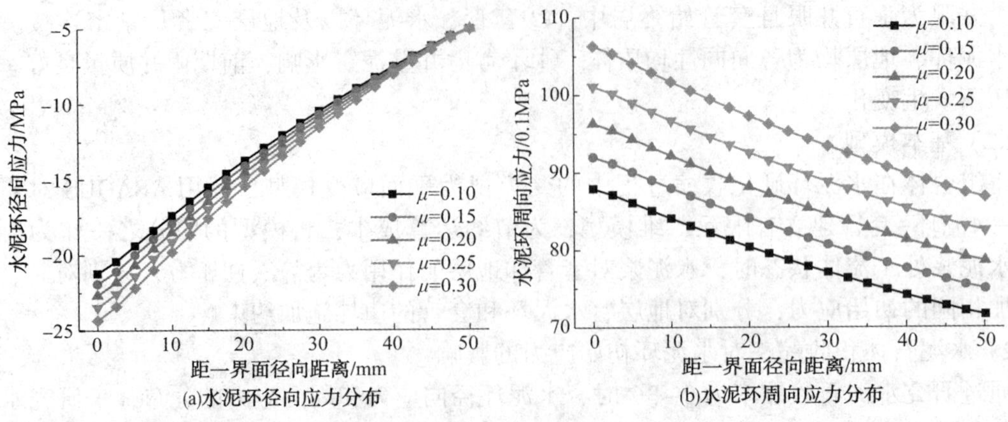

(a)水泥环径向应力分布 (b)水泥环周向应力分布

图 8 不同泊松比水泥环的初始应力分布

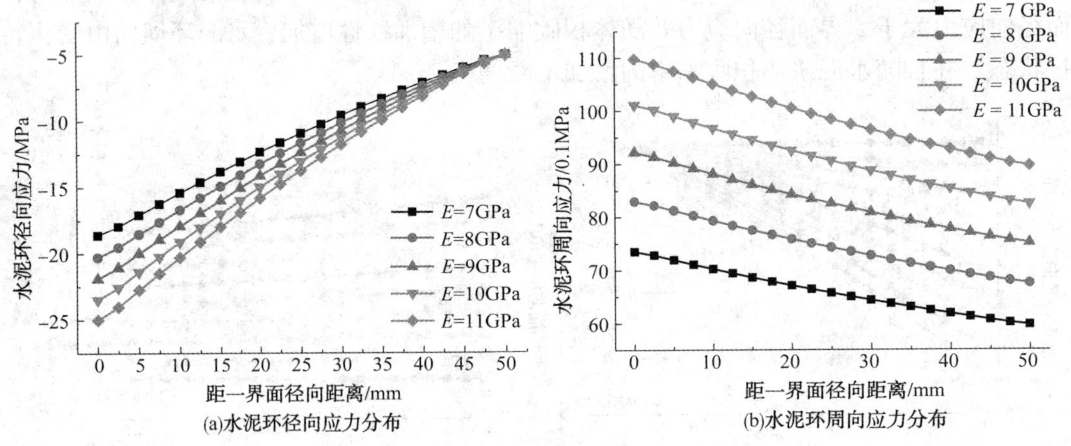

(a)水泥环径向应力分布 (b)水泥环周向应力分布

图 9 不同弹性模量水泥环的初始应力分布

(1) 地层泊松比对水泥环初始应力影响规律。

研究水泥石体积收缩率为 0.2%，地层泊松比在 0.35~0.45 变化时，水泥环初始应力应力分布规律。由图 10 所示，在深水浅部地层地质条件下，地层泊松比对水泥环径向应力和周向应力影响非常小，不同泊松比的地层，水泥石径向与周向应力之差在 10kPa 以内，得出的水泥环径向和周向应力分布曲线基本重合。说明在弱胶结地层中地层的泊松比对水泥环的初始应力分布规律影响较小。

(2) 地层弹性模量对水泥环初始应力影响。

研究水泥石体积收缩率为 0.2%，地层弹性模量在 100~400MPa 时，水泥环初始应力的分布规律。如图 11 所示，在深水浅部地层地质条件下，地层弹性模量对水泥环径向和周向应力大小的影响非常小，不同弹性模量的地层，水泥石径向和周向应力差在 20kPa 以内，得出的水泥环径向和周向应力分布曲线基本重合。说明在弱胶结地层中地层的弹性模量对水泥环的初始应力分布规律影响较小。

5) 水泥浆硬化收缩对二界面初始应力影响

本文分别对固井水泥浆在深水浅部地层和普通地层硬化收缩过程中对二界面初始应力的影响进行了分析和比较。由图 12 和图 13 比较可知，低弹性模量地层的二界面拉应力大于高

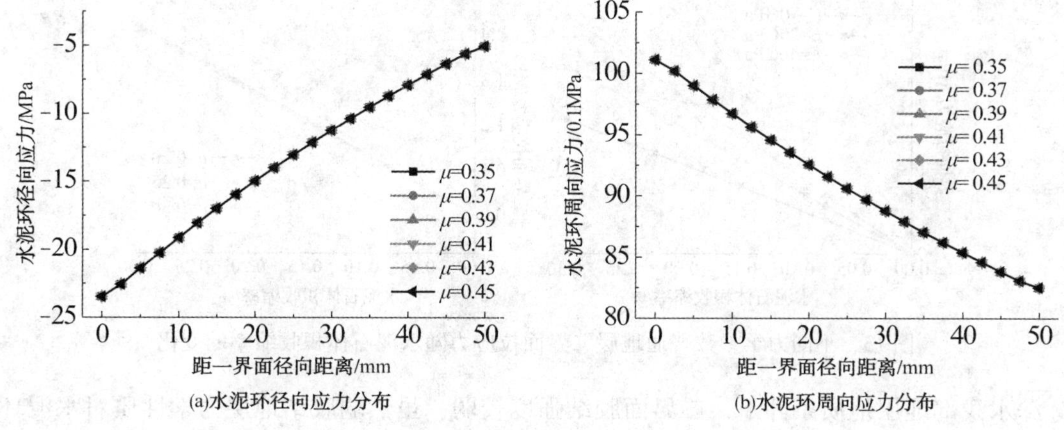

图 10　不同泊松比弱胶结地层下水泥环初始应力分布

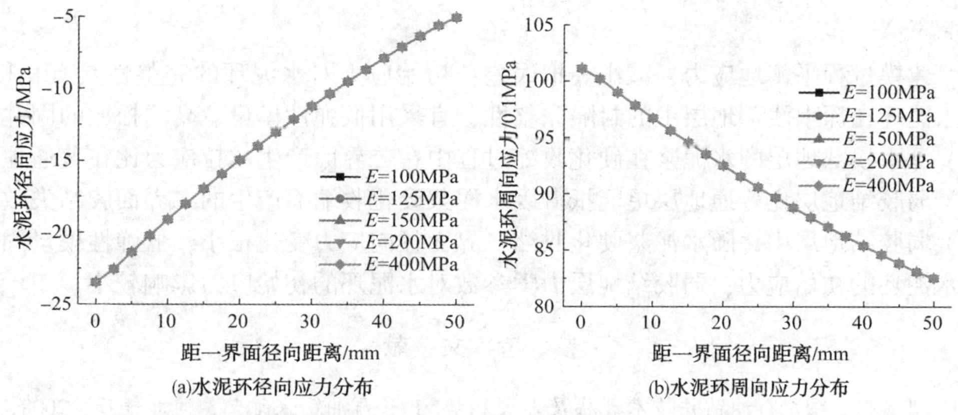

图 11　不同弹性模量地层下水泥环初始应力分布

弹性模量地层，高泊松比地层的二界面拉应力大于低泊松比地层。在弱胶结地层中，即使水泥浆在收缩率很大的情况下，硬化收缩过程产生的二界面初始拉应力在几十千帕范围内；而在普通地层中，即使在收缩率很小的情况下，水泥浆硬化收缩过程产生的二界面初始拉应力也处在几兆帕的范围。因此，深水浅部地层比普通地层更能抵御因水泥浆硬化收缩而产生的二界面胶结失效。

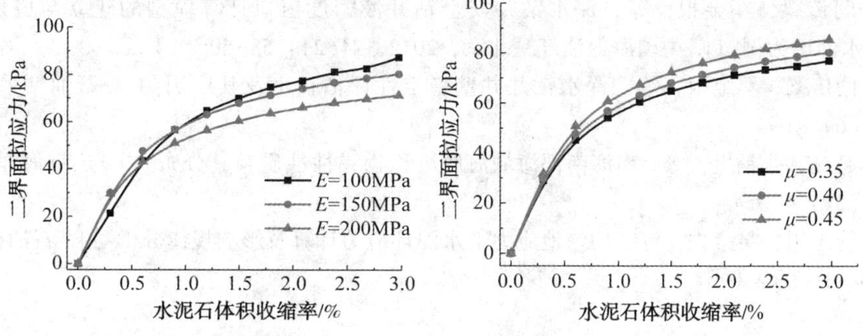

图 12　不同力学参数深水浅部地层二界面拉应力随水泥石体积收缩率的变化

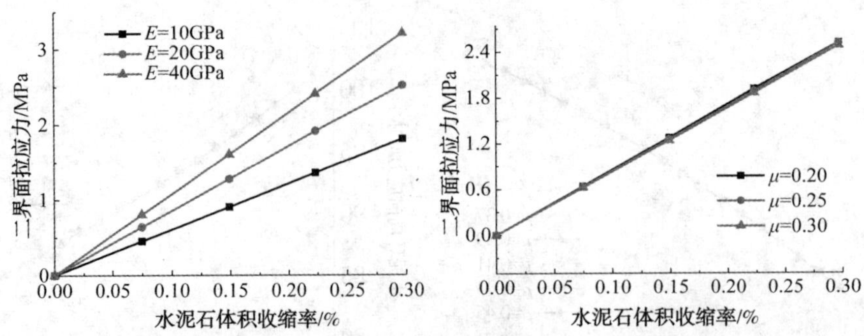

图 13 不同力学参数普通地层二界面拉应力随水泥石体积收缩率的变化

深水浅部地层地质条件下，二界面胶结强度较弱，虽然弱胶结地层力学性质对水泥环初始应力分布影响很小，但是对二界面应力影响不容忽视。二界面不产生微环隙条件：因水泥环收缩产生的径向拉应力不高于二界面的胶结应力。

4. 结论

(1) 建模过程平衡地应力，减小模拟误差；初始应力对水泥环的完整性具有积极作用；为保证水泥环在深水浅部地层中的封隔完整性，宜采用低弹性模量、高泊松比的固井水泥。

(2) 深水浅部地层的水泥浆在硬化收缩过程中在二界面产生的拉应力比在普通地层中产生的小，弱胶结地层比普通地层更能抵御因水泥浆硬化收缩而产生的二界面胶结失效。

(3) 弱胶结地层中，随水泥浆硬化收缩二界面径向应力变化很小，低弹性模量固井水泥能降低水泥环的初始应力；弱胶结地层力学参数对水泥环的初始应力影响较小。

参 考 文 献

[1] 杨进，曹式敬．深水石油钻井技术现状及发展趋势[J]．石油钻采工艺，河北任丘，2008，30(2)：10-13.

[2] 郭辛阳，步玉环，李娟，等．固井封固系统初始作用力及其影响[J]．中国石油大学学报：自然科学版，山东青岛，2011，35(3)：79-83.

[3] 殷有泉，陈朝伟，李平恩．套管-水泥环-地层应力分布的理论解[J]．力学学报，北京，2006，38(6)：835-842.

[4] 刘洋，严海兵，余鑫，等．井内压力变化对水泥环密封完整性的影响及对策[J]．天然气工业，四川成都，2014，34(04)：95-98.

[5] 蔚宝华，闫传梁，邓金根，等．深水钻井安全钻井液密度窗口计算模型的建立与应用——以西非AKPO深水油田为例[J]．中国海上油气，北京，2012，24(2)：58-60.

[6] 蔚宝华，闫传梁，邓金根，等．深水钻井井壁稳定性评估技术及其应用[J]．石油钻采工艺，北京，2011，33(6)：1-4.

[7] 卢博，李赶先，张福生，等．南海南部海域海底沉积物弹性性质及其分布[J]．热带海洋学报，广州，2005，24(3)：47-54.

[8] 赵效锋，管志川，吴彦先，等．均匀地应力下水泥环应力计算及影响规律分析[J]．石油机械，湖北荆州，2013，41(9)：1-6.

差分定位技术在移动式钻井平台拖航与就位作业中的应用

张月超[1,2]　刘光霁[3]　崔国宾[4]　顾红兵[1,2]

（1. 中国石油集团海洋工程重点实验室；2. 中国石油集团工程技术研究有限公司；
3. 中国石油集团海洋工程有限公司船舶服务事业部；4. 中国石油集团海洋工程有限公司井下作业事业部）

摘要：移动式平台是海洋油气资源开发的重要支撑平台，在中浅水海域以自升式平台为主，深水海域以半潜式平台为主，这类平台在不同地点作业时需要船舶辅助拖航，在设计位置就位时必须依靠高精度的定位测量技术保障准确就位。本文介绍了移动式平台在海上进行拖航与就位作业的主要方式、特点和要求，分析了不同海洋定位测量方法的技术特点，重点介绍了星站差分定位技术在移动式平台拖航与就位作业中的应用情况，对开展此类定位工作具有一定的参考意义。

关键词：卫星导航；差分定位；钻井平台；拖航与就位

海洋油气资源勘探开发离不开海洋工业技术的发展，其中，移动式钻井平台是目前海上石油开采的主要载体之一。根据平台结构类型的不同可以将移动式钻井平台分为座底式平台、自升式平台和半潜式平台，浅海作业以座底式平台和自升式平台为主，深海作业以半潜式平台和钻井船为主。移动式钻井平台在进行海上油气勘探开发作业时必须要依赖卫星定位导航技术的支持，特别是在平台进行拖航、移位、就位作业时需要精确位置、速度、方位等信息来保障作业时的技术要求，同时，防止可能发生的碰撞、搁浅等危险，保证海上安全。本文以自升式平台为例，介绍差分定位技术在移动式平台拖航与就位作业中的具体应用。

1. 移动式平台作业类型

移动式钻井平台在到达某一海域开展生产作业前，一般都要经历拖航、就位等过程。拖航是指平台作为被拖物由拖船拖带，从某一地理位置向另一地理位置转移时所处的状态或过程；就位是指平台进入井场并向预定的位置接近和定位的作业过程；定位是指平台在预定的位置布锚或插桩的作业过程。自升式平台定位指自桩脚入泥至升船到压载位置的作业过程，它是平台海上作业中最为关键的一环，定位精度的好坏直接决定着后续工作的顺利与否。

移动式平台就位作业主要分为空海域钻井就位和导管架井口就位两种作业形式。空海域钻井就位时需要钻机位置和平台艏向满足设计要求，即坐标和方位要求；导管架井口就位分为单井口就位、井口槽就位，除平台位置、艏向要满足设计要求外，平台与导管架之间的横向纵向间距也要满足设计要求，保证一次就位后自升式平台钻机位置能够覆盖所有井位，具体的作业模式如图1所示。

移动式平台就位作业中需要高精度的海上定位测量技术支持，实时测定平台位置坐标、艏向方位、与导管架间的纵横向距离等数据，确保就位成果满足设计要求。

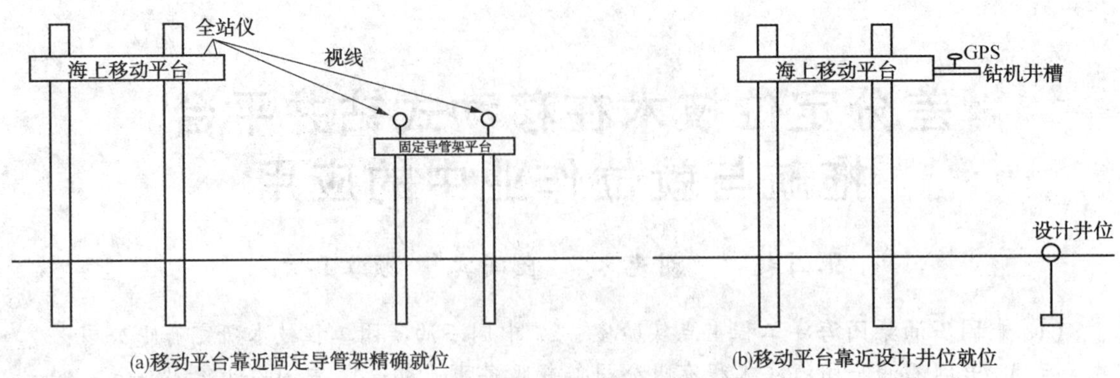

图 1 移动式平台就位作业模式

2. 差分定位测量技术

目前，海上定位测量应用最为广泛的是海面卫星定位，船舶航行导航定位主要采用信标定位技术，海洋工程定位测量主要采用 RTK 定位技术和星站差分定位技术。

信标定位技术是利用沿海的岸基无线电信标台，发射差分修正信号，定位精度可达 1~3m，覆盖范围离岸 300km；RTK 定位技术是指在已知点或固定点上架设基准站，解算电离层延迟、对流程延迟和星历误差等差分改正信息，通过电台发送差分改正信号，定位精度可达 3~5cm，覆盖范围受电台功率影响小于 20km；星站差分定位技术是在全球建立地面基站，收集各地的差分改正信息并通过海事卫星播发给全球用户，可以在南北纬 76°之间任意区域实时定位，精度可达 10cm(表 1)。

为验证 StarFire 星站差分定位技术的数据稳定性，我们利用 SF-3050 型号的 GPS 接收机开展了定点实时观测实验，连续采集了 3000 个历元数据，组成样本数据。根据统计学原理，观测值用 L 表示，则总体观测量为 L_1，L_2，L_3，…，L_n。观测值的平均值用 $\overline{L}$ 表示。

$$\overline{L} = \frac{L_1 + L_2 + L_3 + \cdots + L_n}{N} \tag{2-1}$$

当样本的数量足够大时，样本的平均值相当于真值。在此，为了便于理解和统计分析，我们选取本次实验数据平均值作为定位真实值计算各个历元数据的残差值 ΔL。

$$\Delta L = L - \overline{L} \tag{2-2}$$

表 1 信标定位、RTK 和星站差分定位的技术特点

定位方法	仪器型号	实时定位精度 RMS		作业范围
		水平	垂直	
信标定位	Trimble R7	0. 25m+1ppm	0. 50m+1ppm	海上 300km，陆上 200~300km
RTK	Trimble R10	8mm+1ppm	15mm+1ppm	单基线距离<20km
星站差分	SF3050	<10cm	<15cm	南北纬 76°之间所有区域

实验中每个观测历元获得的观测值 L 为位置坐标，包括北坐标 X 和东坐标 Y 两项数据，根据式(2-1)、式(2-2)得到的 ΔX，ΔY 为分量残差。根据误差传播定律可以得到平面位置坐标的残差为：

$$\Delta S = \sqrt{\Delta X^2 + \Delta Y^2} \tag{2-3}$$

根据式(2-1)~式(2-3)计算实测数据的平面残差量绘制了图2所示的定位测量数据统计图。根据离散数据统计图可以看出69%的历元数据偏移量小于6cm，在有StarFire差分数据的情况下定位精度较高。

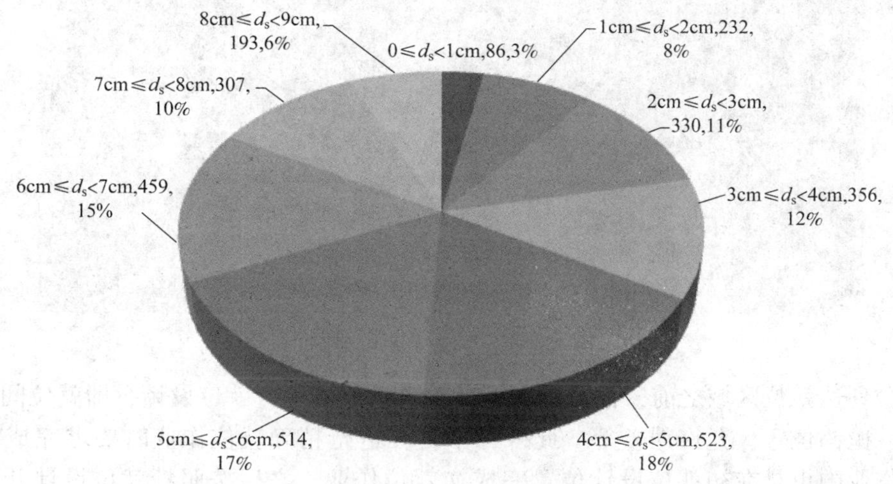

图2　StarFire差分定位稳定性离散度统计图

移动式钻井平台在拖航与就位作业中难免会出现跨海域、跨大洋的长距离作业，就位过程中对定位测量数据的稳定性和精度要求比较高，因此，综合使用范围和精度可靠性等因素，星站差分定位技术是最适用于移动式钻井平台拖航与就位作业的技术方法之一。

3. 差分定位技术与平台拖航就位

1）拖航准备

移动式钻井平台在拖航与就位作业中需要确定平台整体结构的位置信息，因此必须将单点差分定位数据与平台坐标系进行统一，即将平台坐标系转换到施工坐标系或地理坐标系中。极坐标方法是实时计算平台任意点位坐标数据的有效手段，在实际应用中采用电罗经实时测定平台艏向信息，与差分定位数据组合形成对移动式钻井平台整体的定位功能。假设差分定位GPS实测坐标为(x_g，y_g)，平台任意点平面坐标为(x，y)，任意点到平台平面基点轴线距离为S，罗经实测平台艏向为α，根据极坐标计算公式有：

$$\begin{aligned} x &= x_g + S\tan\alpha + \Delta x \\ y &= y_g + S\tan\alpha + \Delta y \end{aligned} \tag{3-1}$$

式中，Δx，Δy为GPS实测点到平台基准点的位置改正数。图3所示为平台平面位置根据式(3-1)改正到施工坐标系中的实测位置图，在导航软件中实时显示。

在拖航准备阶段除完成差分定位GPS安装及量测改正数之外，还要实测/校准移动式钻井平台的平面图，航线规划，电罗经安装及校准。

2）拖航与就位作业

移动式钻井平台在进入拖航作业阶段后需要定时汇报平台拖航状态，包括平台实时位置、拖航速度、航向、拖航里程等信息，在航道、特殊海域等位置监测好平台位置信息，防止出现碰撞、搁浅等安全风险。

就位阶段在移动式钻井平台拖航就位作业项目中是技术难度最高、安全风险最大的阶

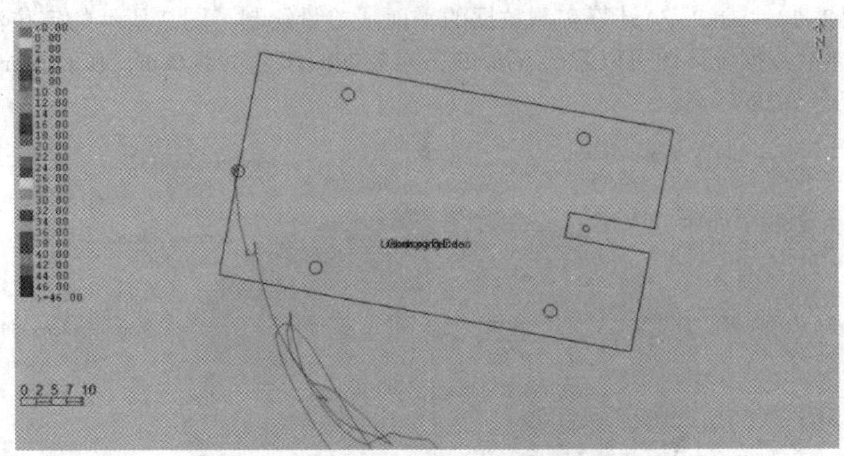

图3　平台平面实测位置图

段。在平台到达就位区域之前，根据甲方设计要求，完成平台就位设计，即就位间距、平台就位坐标、抛锚位置、允许误差等。此外，平台在进行精确就位作业时要求完成初就位设计，实际作业中也是在初就位设计位置完成初就位作业，之后按照精就位设计开展就位作业。如图4所示，为某移动平台在渤海某井位进行精就位作业时的就位设计图，图中蓝色平台为平台初就位设计位置，红色平台表示平台精就位设计位置，圆圈为抛锚点。

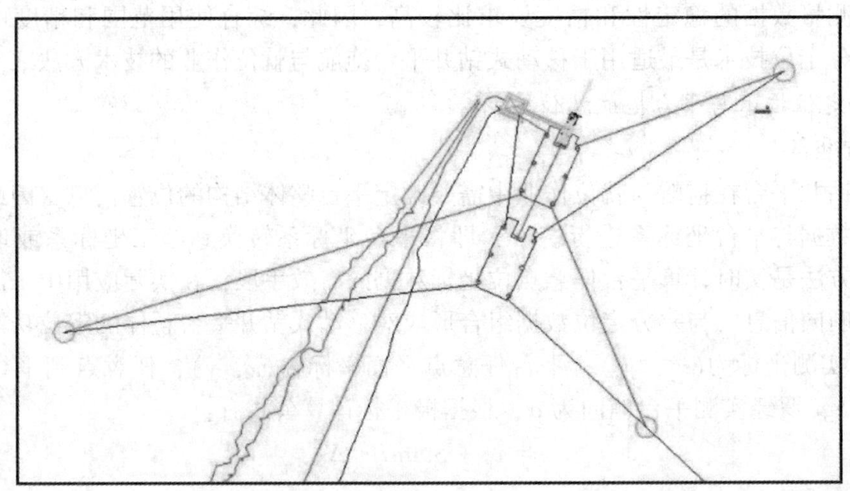

图4　平台精确就位作业设计图

根据平台就位设计要求，按照《钻井平台拖航与就位作业规范》相关要求，开展拖航就位作业，在平台达到就位精度要求后进行插桩/压载，完成最后的平台位置测定，形成拖航就位技术报告。图5所示为移动式钻井平台拖航与就位作业的技术流程。

3）应用案例

我们将前文叙述的作业流程应用到移动式平台拖航与就位作业中，验证该方法的有效性。项目应用为中油海某平台由曹妃甸船舶基地拖航至渤海北部某设计位置进行就位作业。

在平台拖航前，完成平台平面图测量工作，以平台中轴线和尾部边线为坐标轴建立平台平面坐标系，并绘制平台平面图(图6)。

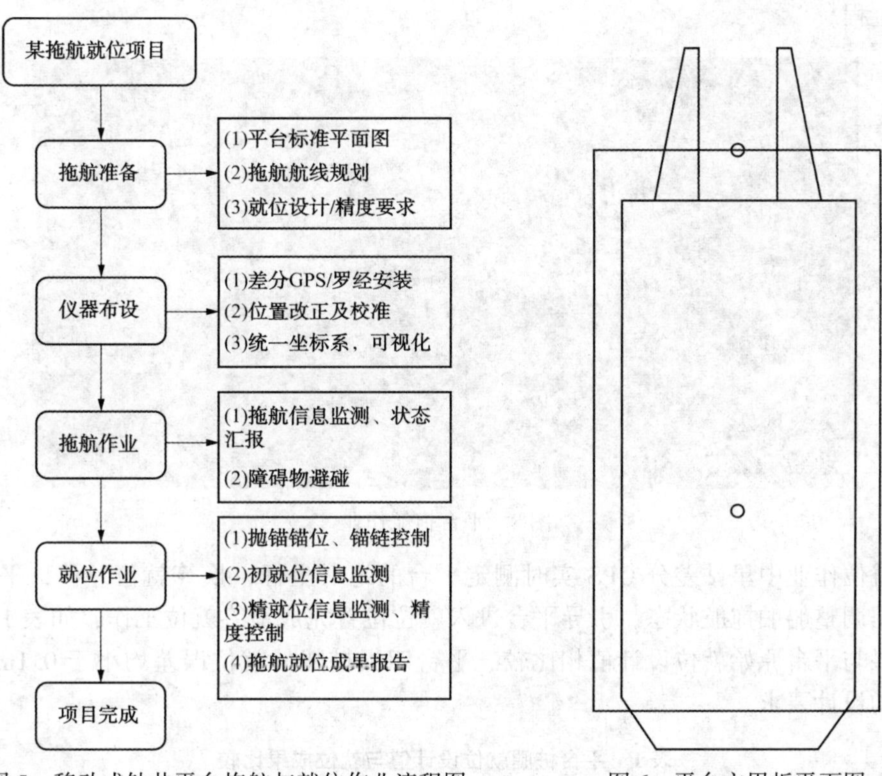

图5　移动式钻井平台拖航与就位作业流程图　　　图6　平台主甲板平面图

差分定位 GPS 采用的美国 Navcom 公司生产的 SF3050 星站差分定位 GPS，GPS 天线安装在平台顶部甲板。量测安装点位距平台基准点的纵向距离 2.6m，横向距离 0.5m，得到平台位置改正参数为(-0.5，2.6)。星站差分定位设备安装完毕后与电罗经联合调试，获得平台在港池中的精确位置及艏向信息，完成海图匹配。平台起拖前在港池中的位置艏向等信息如图 7 所示。

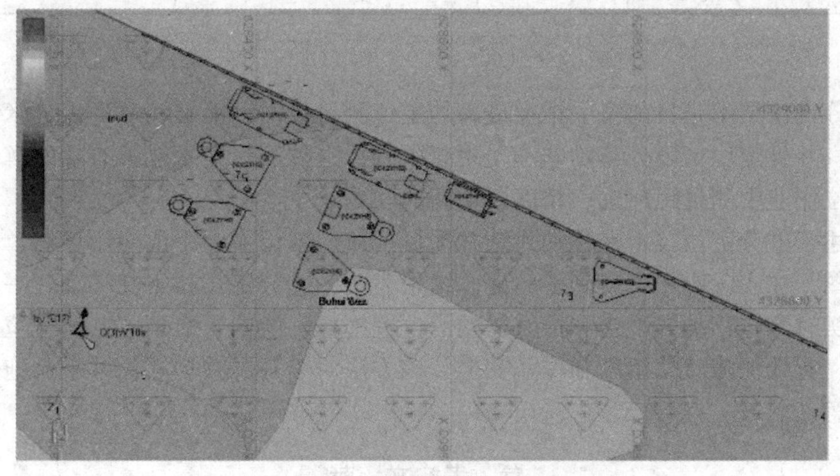

图7　平台起拖前定位信息图

平台拖航阶段需要实时测定平台的坐标位置、航向、航速数据，在航道通行中严密监测平台位置，防止出现碰撞危险。图 8 所示为平台拖航阶段监测平台由多浅滩水域进入深水航道的作业过程。

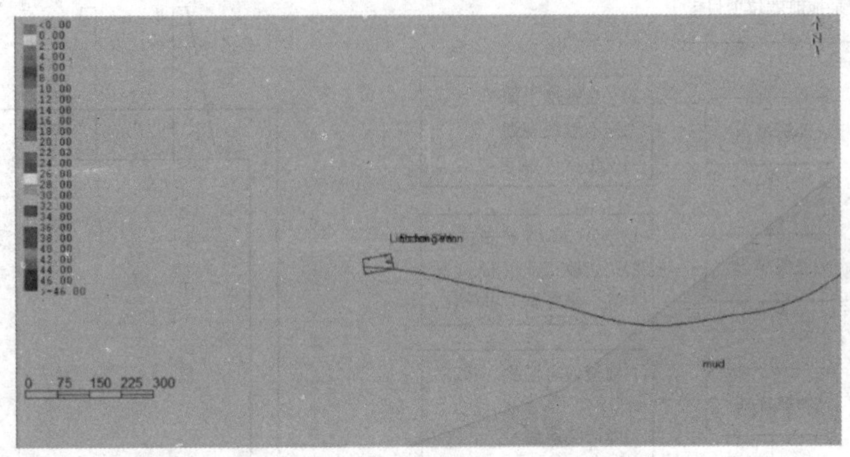

图8 平台拖航作业

平台就位作业中星站差分GPS实时测定平台的绝对坐标，换算就位差值，平台指挥根据测算数据调整船舶拖航状态，引导平台进入就位位置完成最终就位工作，如表1所示，最终就位成果与平台原始就位设计值相比较，平台四根桩腿的就位误差均小于0.1m，就位成果符合最初设计要求。

表1 平台桩腿就位设计值与就位成果比较

桩腿	就位设计值/m		就位测量结果/m		差值/m	
	X	Y	X	Y	dx	dy
左前桩	4468839.58	428448.47	4468839.67	428448.57	0.09	0.1
右前桩	4468853.6	428459.97	4468853.67	428460.06	0.07	0.09
左后桩	4468812.29	428481.91	4468812.38	428481.83	0.09	-0.08
右后桩	4468826.33	428493.25	4468826.34	428493.30	0.01	0.05

4. 结语

星站差分定位技术是目前海上精度最高的定位测量技术，能够实时提供分米级以上的定位测量数据，并且定位精度分布均匀不受距离限制，这种测量技术能够有效的解决移动式平台拖航与就位作业中测量距离远、精度要求高的问题。

本文论述了差分定位技术在移动式钻井平台拖航与就位作业中的应用策略，制定了具体的作业流程图，在实际应用中得到了验证。结果表明，差分定位技术在移动式平台拖航就位作业中能够实时测定移动式平台和拖航船舶的位置坐标、航向、航速，监测就位间距、平台艏向等信息，有效保障就位精度和作业安全。该方法对于开展移动式钻井平台拖航与就位作业具有指导意义。

参 考 文 献

[1] Subrata Chakrabatri, John Halkyard, Cuneyt Capanoglu. Handbook of Offshore Engineering, Academic Press Inc , 2005.

[2] 国家能源局．钻井平台拖航与就位作业规范[M]．北京：石油工业出版社，2010.
[3] 周立．海洋测量学[M]．北京：科学出版社，2013.
[4] 汪志良．全站仪用于海上勘测的定位方法[J]．工程勘察，1998，(6)：46-49.
[5] 孔玉柱，高书东，陈青，巩性和．三山岛北部海域近海地质钻探的定位方法及质量控制[J]．山东国土资源，2015，31(2)：43-45.
[6] 徐绍铨，张华海，杨志强，王泽民．GPS 测量原理及应用[M]．武汉：武汉大学出版社，2008.
[7] 张彦军．StarFire 全球高精度广域差分 GPS 系统[J]．物探装备，2007(2)：146-151.
[8] 曾凡祥，宋来勇，易锋，胡家赋．星站差分 GPS 在数字罗经安装/校准中的应用[J]．现代导航，2014(4)：277-281.
[9] 王化仁，杨鲲．电罗经测定方位角的校准方法及其误差分析[J]．水道港口，2006，27：13-17.
[10] 伍习军，童辛涛，方志远．GPS 在海域钻井平台拖航就位中的应用[J]．海洋石油，2004，24(2)：113-116.

基于能量谱和相位导数阈值的 ACFM 裂纹实时判定与评估方法研究

袁新安　李伟　屈萌　陈国明　葛玖浩　孔庆晓　张雨田　吴衍运

[中国石油大学(华东)海洋油气装备与安全技术研究中心]

摘要：交流电磁场检测(ACFM)技术已经广泛用于海洋各类结构物缺陷的检测和评估。传统基于特征信号或蝶形图的缺陷判别方法容易引起误判且难以实现实时判定与评估。本文搭建 ACFM 阵列检测系统，利用 *Bx* 能量谱和 *Bz* 相位导数阈值算法实时判定裂纹，依据阈值参数对裂纹危险等级进行评估，并开展裂纹检测与评估实验。结果表明：交流电磁场特征信号 *Bx* 能量谱可作为裂纹长度评估阈值，特征信号 *Bz* 相位在裂纹区域发生明显的翻转；基于能量谱和相位导数阈值的判定方法能够实时判定裂纹；利用阈值参数可对裂纹危险等级进行评估；基于能量谱和相位导数阈值的裂纹判定与评估 ACFM 检测系统能够实现裂纹的实时定量与定位评估。

关键词：ACFM；能量谱；相位；阈值；实时判定与评估

交流电磁场检测(ACFM)技术由于具有非接触测量、无需标定、数学模型精确、对结构物表面清洁程度要求低等优点，非常适合于海洋结构物缺陷的检测。利用通有正弦激励信号的载流线圈在工件表面感应出一定的匀强电流区域。由于缺陷的存在，匀强电流会从裂纹两端绕过。裂纹中心处电流变得稀疏，引起 x 方向磁通密度 B_x 产生波谷，同时，裂纹两端电流聚集，引起 Z 方向磁通密度 B_z 产生波峰和波谷。

由于 ACFM 技术在检测海洋结构物时，难免引起探头提离高度变化或者扰动，检测传感器很容易引入干扰信号。传统基于信号特征或者蝶形图的判别方法可能将干扰信号作为缺陷信号，形成缺陷的误判。同时，基于信号特征或者蝶形图的判别方法必须完成整个缺陷的检测，才能进行数据处理和判定，难以实现实时判定与评估。

针对以上问题，笔者建立 ACFM 阵列探头检测系统并提取裂纹特征信号，采用能量谱和相位导数相结合的阈值判定方法实时获取裂纹特征信号，利用阈值参数对裂纹的危险等级进行评估。基于能量谱和相位导数阈值的判别方法搭建的 ACFM 裂纹检测系统能够实现裂纹实时判别与评估，对于海洋结构物缺陷的检测具有重要意义。

1. 系统搭建

根据 ACFM 技术原理，设计交流电磁场裂纹检测系统如图 1 所示。信号源基于直接数字频率合成技术(DDS)，利用 AD9850 作为信号激励源芯片，结合 8 位微控制器 AT89S52 控制芯片，输出频率为 6kHz，幅值为 1V 的正弦激励信号，激励信号经过功率放大加载至激励线圈。激励线圈在试件表面感应出垂直于裂纹的匀强电场，电场经过缺陷发生畸变，引起空间磁场发生畸变。检测线圈拾取磁场畸变信号并转化为电信号传输至调理信号。经过调理电路放大和滤波处理，检测线圈检测到的磁场信号经过采集卡传输至计算机(PC)。计算机通过工控机控制试验台运动，试验台带动探头在试件表面扫描。计算机内部基于 LabVIEW 和

MATLAB 编写的智能可视化算法能够对采集到的缺陷信号分析处理，显示缺陷特征信号并对缺陷危险等级进行预警。

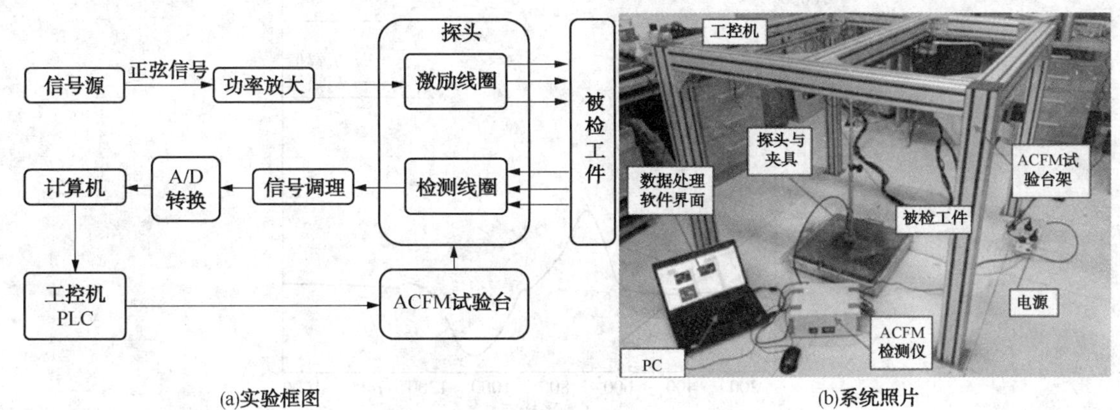

(a)实验框图　　(b)系统照片

图 1　ACFM 裂纹检测系统设计

为避免漏检，增加检测范围，本文 ACFM 探头采用 1×3 阵列检测传感器探测畸变磁场信号，如图 2 所示。激励线圈在 U 型锰锌铁氧体磁芯横梁上缠绕 500 圈。检测线圈由共同缠绕在矩形磁芯的两个线圈组成，x 方向线圈在磁芯上缠绕 150 圈，用于提取 x 方向的磁通密度(沿着裂纹方向)；z 方向线圈在磁芯上缠绕 200 圈，用于提取 Z 方向的磁通密度(垂直于试件)。检测线圈排布在 U 型磁芯的正下方，间距为 5mm。

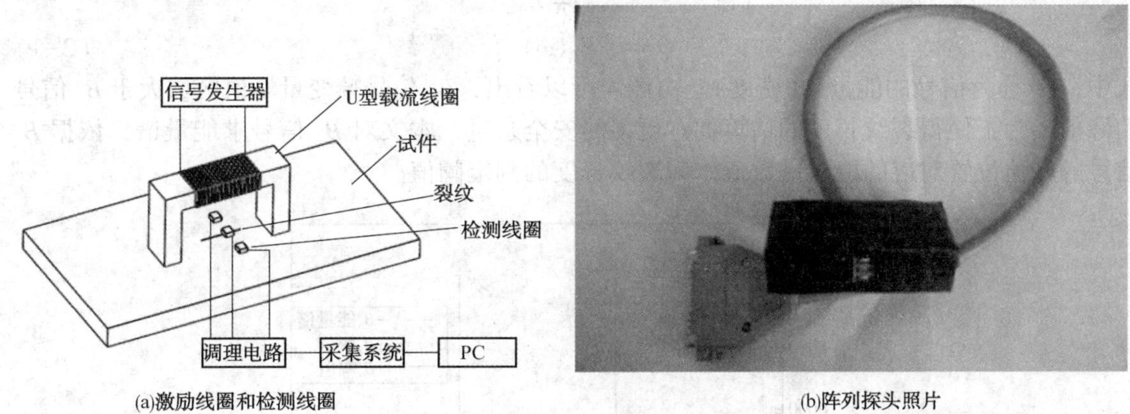

(a)激励线圈和检测线圈　　(b)阵列探头照片

图 2　阵列检测探头设计

试件为长 400mm 宽 400mm 厚度为 20mm 低碳钢板，裂纹为电火花加工的矩形缺陷。利用本文设计的交流电磁场检测系统对其中一条长 40mm，宽 0.5mm，深 6mm 的裂纹进行检测，探头下方中间传感器输出的裂纹信号如图 3 所示。

由图 3 可以看出，特征信号 B_x 出现波谷，与此同时，在同样位置处特征信号 B_z 产生方向相反的峰值。特征信号的畸变规律与 ACFM 原理一致，表明本文设计的交流电磁场检测系统能够实现裂纹特征信号的测量。

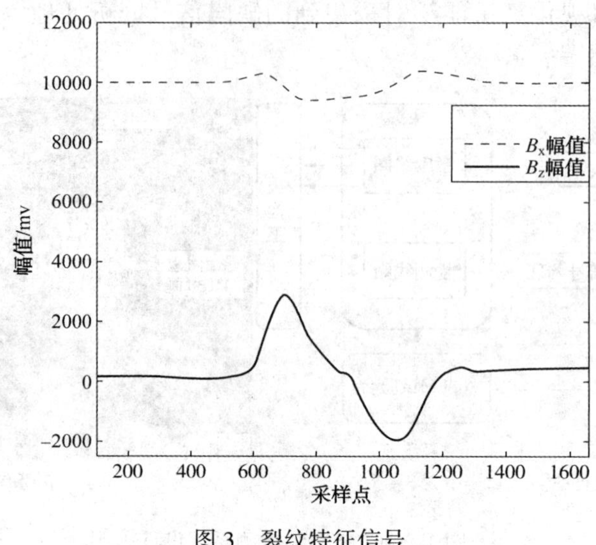

图 3　裂纹特征信号

2. 基于能量谱和相位导数阈值的判定方法

1）能量谱阈值判定方法

设$f_T(t)$为时域信号，$F_T(\omega)$为$f_T(t)$的傅里叶变换，根据帕塞瓦尔定理，$f_T(t)$的能量E_T可表示如下：

$$E_T = \int_{-\infty}^{+\infty} f_T^{\,2}(t)\,\mathrm{d}t = \frac{1}{2\pi}\int_{-\infty}^{+\infty} |F_T(\omega)|^2 \mathrm{d}\omega$$

$$Q_f = |F_T(\omega)|^2 \tag{2-1}$$

式中，Q_f称为信号的能量谱（密度）。由图 4 可以看出，B_x信号畸变量峰值区域大于B_z信号的峰值，为了使得裂纹长度的估算拥有更多的安全余量，本文对B_x信号求能量谱，依据B_x信号的峰值位置对应的能量谱数值作为裂纹长度的判定阈值。

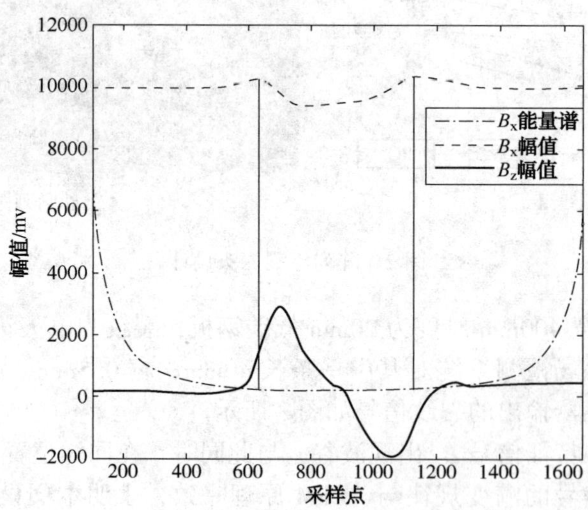

图 4　B_x、B_z及B_x能量谱曲线

由图 4 可以看出，位于裂纹区域的 B_x 能量谱曲线处于下降状态。对于本实验中 40mm 裂纹，B_x 峰值位置处对应的能量谱阈值为 285. 8。对于任意检测到的 B_x 信号实时求能量谱，当能量谱数值小于规定阈值时，则可以实时评估裂纹的长度信息。

针对试件上深度和宽度相同，长度不同的裂纹进行测试，得到不同长度的裂纹特征信号 B_x 的能量谱阈值，如表 1 所示。

表 1　不同长度裂纹的 B_x 能量谱阈值

序号	裂纹长度/mm	B_x 峰值对应的能量谱阈值	序号	裂纹长度/mm	B_x 峰值对应的能量谱阈值
1	10	249. 0	7	40	285. 8
2	15	252. 2	8	45	297. 6
3	20	256. 7	9	50	310. 5
4	25	260. 6	10	55	325. 9
5	30	267. 7	11	60	343. 3
6	35	275. 7			

利用表 1 中数据，借助 MATLAB 软件多项式拟合，得到不同长度裂纹的能量谱阈值，如图 5 所示。

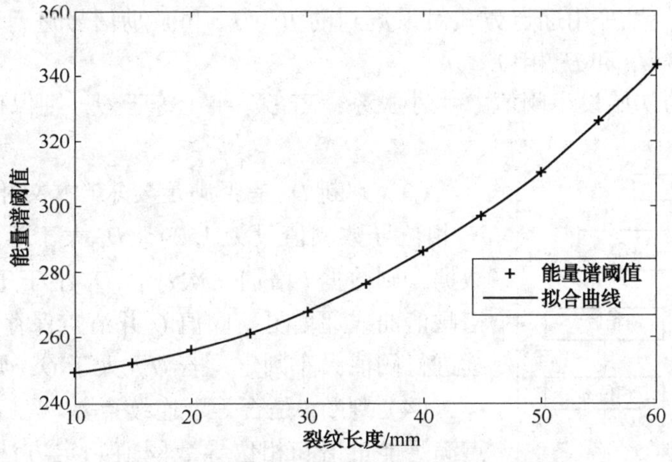

图 5　能量谱阈值与裂纹长度拟合曲线

可以看出，随着裂纹长度的增加，能量谱阈值不断增大。依据该特性曲线可根据裂纹长度判定要求自适应地调节能量谱阈值(Q)初始设定值。能量谱阈值与裂纹尺寸之间多项式函数关系：

$$Q=0.0001582L^3+0.01601L^2+0.08267L+246.7 \quad (2-2)$$

式中，Q 为能量谱阈值；L 为裂纹长度。

2）相位导数谱阈值判定方法

由于检测线圈进入裂纹区内部磁通密度方向发生改变，造成 Z 线圈进入缺陷时 B_z 的相位发生变化。如图 6 所示，当检测传感器进入裂纹时，B_z 的相位有两次翻转突变，B_z 相位导数变化出现 3 个峰值，正的峰值位于裂纹的中心，负的峰值位于裂纹长度方向的两侧。同时，在未进入裂纹区域时，B_z 的相位保持恒定，其导数为 0。因此，B_z 相位导数变化属于裂纹的另一明显特征信号，选定 B_z 相位的导数作为裂纹实时判定又一依据。

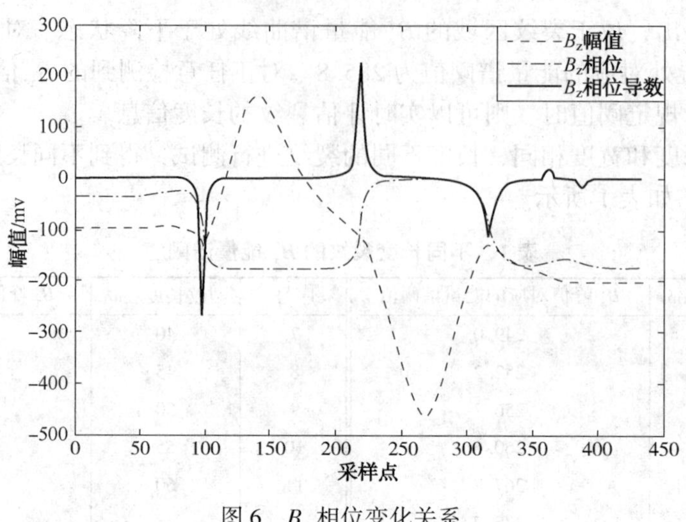

图 6 B_z 相位变化关系

3）基于能量谱和相位导数阈值的判定算法

依据 B_x 能量谱和 B_z 相位导数阈值的裂纹实时判定算法如图 7 所示，主要步骤如下：

（1）对于连续信号采用逐点方式对采集到的 B_x、B_z 和激励信号进行锁相放大和数据处理，得到 B_x 能量谱 Q_{Ex} 和 E_z 相位 φ_Z。

（2）判断 Q_{Ex} 与初始设定阈值 Q 大小关系。若 Q_{Ex} 小于等于 Q，则保存数据。对 B_z 相位求导得到 D_z。

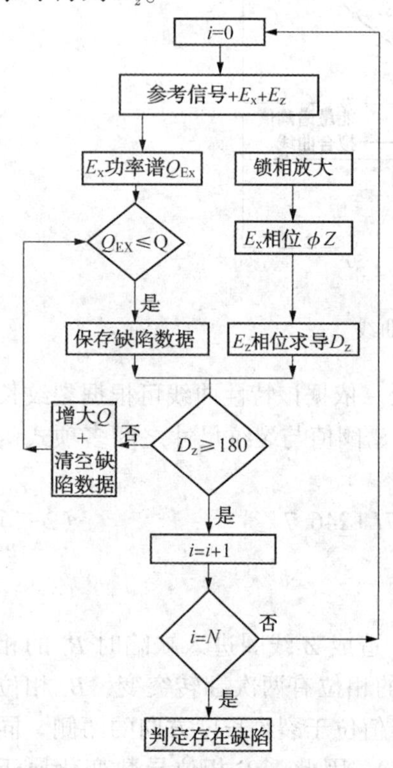

图 7 基于能量谱和相位导数阈值的判定方法

（3）判断 D_z 是否满足要求（本文相位判断设有余量，E_z 相位导数阈值设为 150）。D_z 大于等于 150 则视为有效数据，则数据 i 增加一次；若 D_z 小于 150 则按照 B_x 能量谱阈值曲线递增更新阈值 Q 并清空保存的缺陷数据，并继续进行阈值大小判定。若 Q_{Ex} 大于 Q，则舍弃该数据。

（4）判断 i 是否等于连续点数 N，若该缺陷连续 N 个点满足能量谱和相位导数阈值判定方法则判定缺陷存在；若 i 不满足连续 N 个点满足阈值判定方法则视为干扰信号，从新开始数据的判定。

由以上可知，本文设计的基于能量谱和相位导数阈值的判定方法算法能够自动更新阈值，可有效实现连续信号的缺陷实时判定，且算法可排除其他非缺陷的干扰信号。

3. 裂纹判定及评估实验

裂纹长度是缺陷的关键因素，且裂纹长度相关特征信号在 ACFM 检测技术中易于提取。本文裂纹预警等级参数可根据工程实际裂纹长度预警值设置，本次实验将裂纹危险程度按照长度分设为低预警（20mm 以下）、中预警（20mm 到 50mm）和高预警（50mm 以上）3 个等级，。依据裂纹判定最终显示的阈值结果对裂纹危险等级进行评估。

1）裂纹判定及评估软件

基于能量谱阈值和相位导数的阈值的裂纹判定与评估软件如图 8 所示。主要由检测平台控制模块、DAQ 采集模块、锁相放大模块、特征信号模块、阈值模块和裂纹状态评估模块组成。检测平台控制模块主要用于试验台的运动，DAQ 采集模块用于设定信号采集参数，锁相放大模块主要用于提取 B_z 相位信息，特征信号实时显示缺陷的 B_x 和 B_z 信号，阈值设定模块用于设定初始阈值并自动更新阈值，裂纹状态评估模块可根据阈值参数对裂纹危险等级进行预警。

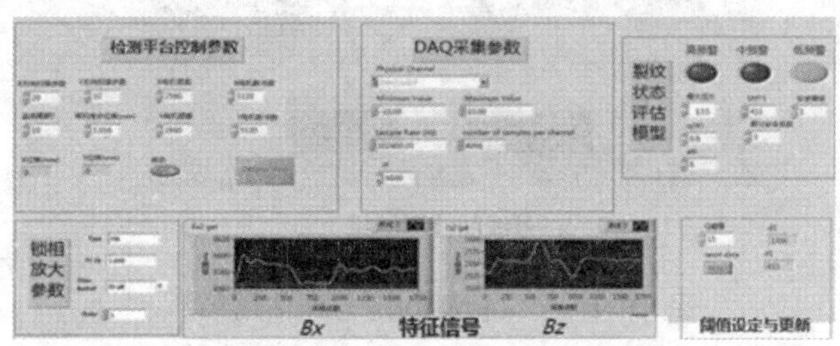

图 8　裂纹判定与评估软件

2）裂纹检测实验

测试件为长 400mm 宽 400mm 厚 20mm 的普通低碳钢板，裂纹由电火花加工而成，其尺寸为长 45mm 宽 0.5mm 深 6mm。激励信号为幅值 1V 频率 6kHz 的正弦信号。设定好的检测台架控制参数、DAQ 采集参数、锁相放大参数和初始阈值，利用检测台架带动探头在试件上方沿着裂纹方向以 5mm/s 的速度扫描激励线圈在试件表面感应出局部均匀电场，电场经过裂纹发生畸变，裂纹上方的 3 个检测线圈将提取磁场畸变量 B_x 和 B_z，B_x 和 B_z 经过放大滤波处理，经过采集卡传输至计算机。计算机内部基于 LabVIEW 编写的锁相放大模块提取 B_z 相位信息，基于 LabVIEW 和 MATLAB 编写的缺陷判定与评估算法对裂纹进行判定与预警。最终，软件显示 3 个检测线圈拾取的裂纹特征信号及判定与评估结果，如图 9 所示。

从图 9 可以看出，在 2 号检测线圈位置（中间传感器）B_x 出现波谷，B_z 出现相反的峰值，符合 ACFM 原理的特征信号。同时，软件基于能量谱阈值和相位导数判定方法对 2 号检测线圈的到的缺陷特征信号进行判定和评估，结果显示危险等级为中预警。由于该裂纹长度为 45mm，属于裂纹阈值判定算法的中预警范围，可见软件判定结果正确。1 号检测线圈测试的特征信号较为微弱，B_x 和 B_z 信号特征出现失真。3 号检测线圈信号紊乱，看不出缺陷特征信号。因此，2 号传感器和 3 号传感器无法显示缺陷预警。由此可以看出，基于能量谱和相位导数阈值的 ACFM 裂纹实时判定与评估检测系统能够对裂纹实时判定，并进行危险等级评估。同时，由检测线圈的位置可确定裂纹的位置，实现定量与定位评估

4. 结论

（1）交流电磁场 B_x 信号能量谱可作为裂纹长度的评估的阈值；B_z 信号相位在裂纹区域发生明显的翻转。

（2）基于能量谱和相位导数阈值的判定方法能够实时判定裂纹；利用阈值参数可对裂纹危险等级进行评估。

（3）基于能量谱和相位导数阈值的 ACFM 裂纹判定与评估系统能够实现裂纹的实时定量与定位评估。

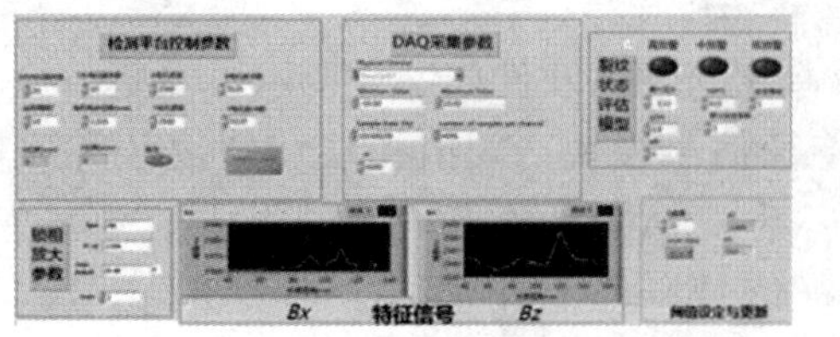

(a) 1号线圈检测结果

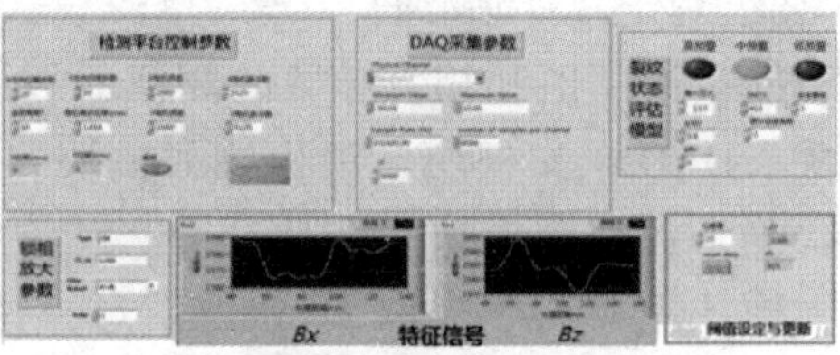

(b) 2号线圈检测结果

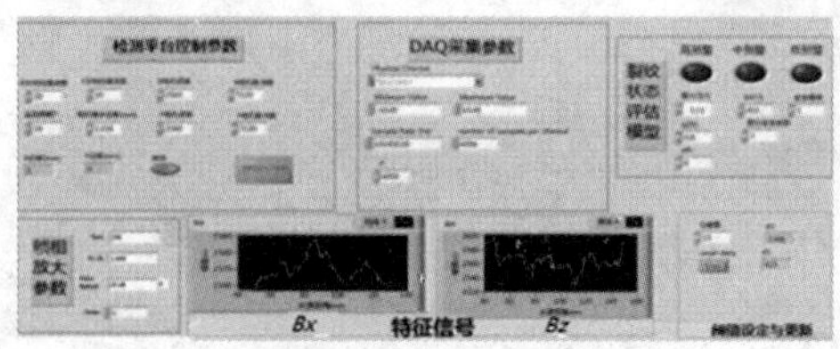

(c) 3号线圈检测结果

图 9　裂纹检测判定与评估结果

参 考 文 献

[1] 李伟，袁新安，陈国明，等．基于外穿式交流电磁场检测的钻杆轴向裂纹在役检测技术研究[J]．机械工程学报，2015，51(12)：8-15.

[2] 李伟，陈国明．基于双 U 形激励的交流电磁场检测缺陷可视化技术[J]．机械工程学报，2009，45(9)：233-237.

[3] 齐玉良，陈国明，张彦廷．交流电磁场检测数值仿真及其信号敏感性分析[J]．石油大学学报(自然科学版)，2004，28(3)：65-68.

[4] LI W，CHEN G M，ZHANG C R，et al. Simulation analysis and experimental study of defect detection underwater by ACFM probe[J]. China Ocean Eng.，2013，27(2)：277-282.

[5] LI W，YUAN X A，CHEN G M，et al. A feed-through ACFM probe with sensor array for pipe stringcracks inspection[J]. NDT&E International，2014，67：17-23.

[6] LUGG M C. The first 20 years of the A. C. field measurement technique[C]. In：18th World Conference on Non-Destructive Testing(WCNDT)，South Africa，pp 16-20，2012.

[7] NOROOZI A，HASANZADEH R P R，RAVAN M. A fuzzy learning approach for identification of arbitrary crack profiles using ACFM technique[J]. IEEE Transactionson Magnetics，2013，49(9)：5016-5027.

[8] LUGG M，TOPP D. Recent developments and applications of the ACFM inspection method and ACSM stress measurement method[C]. In：Proceedings of ECNDT，2006，Berlin，Germany，2006.

[9] NICHOLSON G L，KOSTRYZHEV AG，HAO X J，et al. Modelling and experimental measurements of idealised and light-moderateRCF cracks in rails using an ACFM sensor[J]. NDT&E International，2011，44：427-437.

[10] 李文艳，李伟，陈国明．交变磁场测量系统的设计及其微弱信号的检测方法[J]．无损检测，2010，32(12)：977-979.

[11] 刘珊，张荣华，张牧，等．基于 *Bz*(*Pmax*)相轨迹的电磁涡流无损检测方法[J]．仪器仪表学报，2015，36(11)：2458-2465.

[12] 安周鹏，肖志怀，陈宇凡等．小波包能量谱和功率谱分析在水电机组故障诊断中的应用[J]．水力发电学报，2015，33(6)：182-190.

[13] 朱红运，王长龙，王建斌，等．圆盘状脉冲涡流差分传感器缺陷检测信号的解析计算[J]. 仪器仪表学报，2015，36(8)：1707-1714.

[14] 罗清旺，师奕兵，王志刚，等．一种基于远场涡流的管道大面积缺陷定位检测方法[J]. 仪器仪表学报，2015，36(12)：2790-2797.

[15] LI W，YUAN X A，CHEN G M，et al. High sensitivity rotating alternating current field measurement for arbitrary-angle underwater cracks[J]. NDT&E International，2016，76：123-131.

[16] LI W，YUAN X A，CHEN G M，et al. Induced circumferential current for transverse crack detection on a pipe string[J]. Insight，57(9)：528-533.

某浅水小油田开发其它海工方案构思

赵延辉

（中国石化上海海洋油气分公司工程院）

摘要：在当时的管理和技术背景下，某水深 50m 左右的海上小油田工程开发方案虽然已经确定，但通过后续进一步的推敲和研究，发现有些未被接受的工程开发方案盈利能力更好，风险更小，建造周期更短。本文针对某浅水小油田确定的浮式开发方案，提出并加以简述浅水坐底固定式开发方案的其它构思，旨在倡导立足自身的技术优势，充分利用现存闲置的设备设施等固定资产，改造创新总结出一套更适合自己的浅水小油田开发方案和技术措施。

关键词：船型 FPSO；井口平台；自升式生产平台储油卸油

1. 某油田海工方案概述

某油公司待生产开发小油田水深 50m 左右，离岸最近距离约 110km，预计部署 9~12 口井，油田设计寿命 20 年，先期自喷开采，注水开发，后期下电潜泵；原油年处理设计规模 42×10^4t，天然气日处理设计规模 $14\times10^4\text{m}^3$，生产水日处理设计规模 2150m^3，自持天数 7 天；周边该油公司本系统有几个收油港和几个炼油厂，距离其它非系统油公司已建生产中心平台最近约 27km。

油田海工开发方案的确定直接关系到整个生产周期的初期投资，生产维护费用与风险控制，最初方案论证提出如下 5 个海工开发模式：

（1）井口平台+船形 FPSO+穿梭油轮（图 1）；

（2）综合处理平台+船形 FSO+穿梭油轮（图 2）；

（3）综合处理平台+穿梭油轮；

（4）综合处理平台+海底管线；

（5）井口平台+自升式生产平台（MOPU）+穿梭油轮。

通过综合对比分析确定方案 1 和方案 2 为进一步研究论证的重点对象。

图 1　井口平台+FPSO 方案

图 2　综合导管架平台+FSO 方案

方案 1：井口平台(井口+计量+变/配电+加药、注水等)+船形 FPSO+穿梭油轮。

井口采出液经 2.0km 海底管线输至 FPSO 进行处理和储存，由穿梭油轮定期拉运；伴生气除满足 FPSO 自身发电需求外，剩余部分放空燃烧；分离出来的生产水经处理并增压后通过 2.0km 注水管线输至井口平台回注；井口平台由 FPSO 通过 2.0km 海底电缆供电。

方案 2：综合处理平台(井口+计量+生产处理+公用+生活等)+船形 FSO+穿梭油轮。

井口采出液经本平台脱水脱气处理后，经 2km 海底管线输至 FSO 储存，由穿梭油轮定期拉运；伴生气除满足本平台自身发电需求外，剩余部分放空燃烧；生产水经本平台处理后回注井口；平台以天然气发电，柴油发电作为补充。

方案 1(FPSO 方案)和方案 2(FSO 方案)均可实现海上连续生产；FPSO 方案固定设施投资比 FSO 方案相对较高，如果井口平台采用无人值守，比起 FSO 方案平台有人值守后期生产管理难度相对较高；另外，不管是 FPSO 还是 FSO 均可二次利用，只是 FPSO 搬迁难度更大。其它方案由于无法实现连续生产，或者依托其它油公司存在不确定性因素等，或者本油公司闲置 Jackup 燕尾槽开口式钻井平台改移动生产平台 MOPU 的方案不能通过 CCS 船级社的认证而被否决。

最终决策倾向于“井口平台+油气水全输、高压注水海管与动力复合海缆+船形 FPSO+穿梭油轮”方案。

2. 海工方案其它构思与论述

近几十年来，世界上典型而成功应用于海上浅水边际小油田开发、各种坐底固定式平台的生产方式初露端倪，它们充分考虑了所支持油田从开始到弃置整个生产寿命周期各个不同的阶段，虽然安装坐底基础形式不同，然而在降本增效的相同目标驱动下均以各种新的技术工艺和可行的措施办法有效降低了以往陆地建造与海上施工的高成本，以及海上开发的高风险，并相继推出不少耳目一新的构思与方案，在很多情况下确实适应当今的经济气候。

该油公司利用燕尾槽(非悬臂)自升式钻井平台(如图 3 所示，以下称“MODU”)在水深将近 50m、靠近某国边界的水域钻探发现一个小油田，通过钻具等做过不完善的延长井测试，初步探明储量相对以上提到的国外案例小得多，并且周边除了直线距离相距另一油公司导管架平台 27km 以外，无任何可依托的海管等生产固定设施，为了达到该油公司系统规定的经济效益指标，有必要建立一个合理的、分阶段、递增式开发策略和一套切实可行的整体开发方案，避免不确定性因素带来的风险。

针对如上“某油田海工方案概述”被否决的“5 井口平台+自升式生产平台(以下称 MOPU)+穿梭油轮”方案，如果立足现有的设备资产和自身的专业技术，挖掘自身的潜力，更深层次地研究分析，那么可以提炼出不错的构思。

构思 1(如图 4 所示，北海重力可移自升式生产平台开发方案)：该油公司目前虽然没有任何现成的油气生产设施设备，但有一座最近几年发电机组、主吊、管子处理设备和生活楼等更新升级，服役近 40 年的燕尾槽自升式钻井平台(图 3)，可以通过适当改造，把海上移动钻井设施(MODU)转变成海上可移动生产固定设施(MOPU)，即把常移动/短停留的作业边界条件改变成可移动/长时间固定的边界条件，充分利用原来的生活模块、公用设施系统和钻机模块，减少新建，但水上简易井口平台(Minimal)、油气水生产处理系统和储卸油设施等须新建，其它系统可以考虑增设和改造。首先最重要的就是，根据 MODU 自升腿的相对位置与几何尺寸预制建造坐底式钢筋混凝土(或钢质)基础结构(图 4)，除了储油功能还

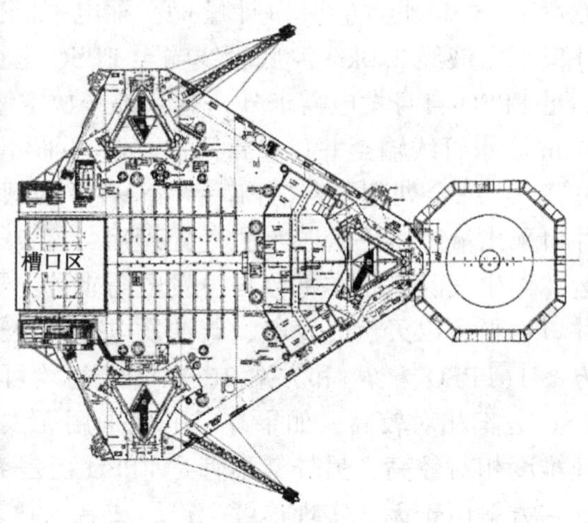

图 3 燕尾槽自升式钻井平台 MODU

能作为 MOPU 稳固连接的支撑基础；其次根据 MODU 燕尾槽的位置和大小把钻井基盘、井口平台导管支持构架等立管接口一起考虑预制到钢筋混凝土储油基础结构上，然后干或湿拖到井场，压载下放到勘察好的海底(可对接预钻井水下井口，如有要求)；实际上水下基础结构建造成本并不高，可多建几座放置在不同的小油田，也可再次使用，相当于“水下船坞”，等待自升式平台设施前来对号入座，其准确定位可以通过预设预抛系泊缆与自升式平台锚系的连接与协调来操作，最终形成重力基础(含储油)固定生产中心+井口平台的系统。

MODU 设施自升腿桩靴经过局部改进并携带预制好的上部组块(燕尾槽 MODU 称之为小钻台)前往“水下船坞”对号入座，利用钻机和吊机等索具沿着预制好的钻井基盘和导管支持构架的槽孔下放钻进与连接各种管柱，搭建水上简易导管井口平台，然后连接安装上部组块和所需管柱并调整钻机位置实施钻完井作业；完工后复员到码头，整个钻台(钻机等)移动爬出到预先设计的支撑台面，此时预先建造调试完工的生产处理设施和生产支持设备等或者以同样的方式移动爬入或者吊装到原 MODU 上连接固定(即插即用)，就此转换为 MOPU 可移动生产固定设施的角色，公用设施设备和生活模块等无需新建，大大缩短新建周期，减少投资费用；由于油气生产固定设施永久定位的缘故驳船体甲板定位需考虑持续稳固的支撑腿轴向定位(如齿条止锁等)，而不是仅仅依赖举升电机的刹车和支撑腿的扶正楔块。

转型后的 MOPU 可移动生产平台如同导管架等固定生产平台，是非船型海洋工程固定设施，不挂旗，不做入级检验，但投产前必须由海洋石油安全监督总局认可的检验机构做发证检验和评价；如有必要，可满足 5 年特检的要求，只需关井停产，并拆卸自升腿桩靴的联接定位销和驳船体甲板锁止定位装置，借助升降装置和系泊系统下放到海面并脱离可独立存在的导管井口平台(参考图 5 下三个图示)，然后作为设备单元干拖(而非船体)。

构思 2(如图 5 所示，“T”形井口平台搭接过程)：燕尾槽式钻井平台 MODU(图 3)在辅助船舶的支持下携带预制好的钻井基盘、中间支持构架(如有需要)、小钻台(即“T”字形上部组块)和所需管柱等，在气候窗口允许的情况下湿拖前往海上规划好的井场，“T”字形上部组块根据计算校核或者直接绑定在燕尾槽里或者在现场安装；抵达指定现场，MODU 钻井平台根据本身升降能力或者附带上部组块自升调整安装到后期生产所需要的标高或者上部组块现场后连接固定到 MODU 槽口，然后利用平台钻机或吊机以及专用索具等吊起下放并调

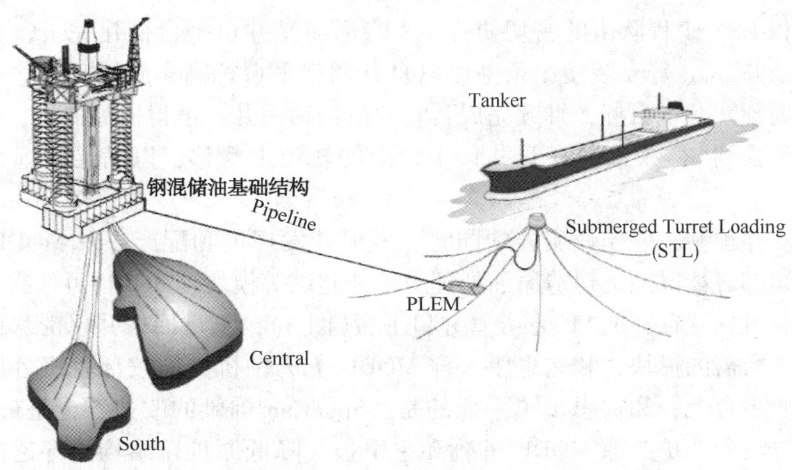

图 4　北海重力可移自升式生产平台开发方案

整钻井基盘；如有需要以同样方式吊起下放 4 个角绑有索具的中间支持构架置于基盘上方，然后对准上部组块、已安装的基盘和支持构架的井槽或支撑腿槽，以旋转钻进和驱打的方式，下放/连接/安装各种所需管柱，核实并利用 MODU 固井设备对钻井基盘与支撑导管之间灌浆候凝，上部组块安装管套与支撑导管之间也可采用灌浆等其它固定连接；通过 100 年重现期海况气象环境条件下的强度刚性计算 50m 水深“T”形简易导管井口平台无需中间支撑层桁架；如果水深增加到一定程度，则需要中间支撑层加强，并涉及到水下卡子夹具等的安装，或者管子成形技术的应用。

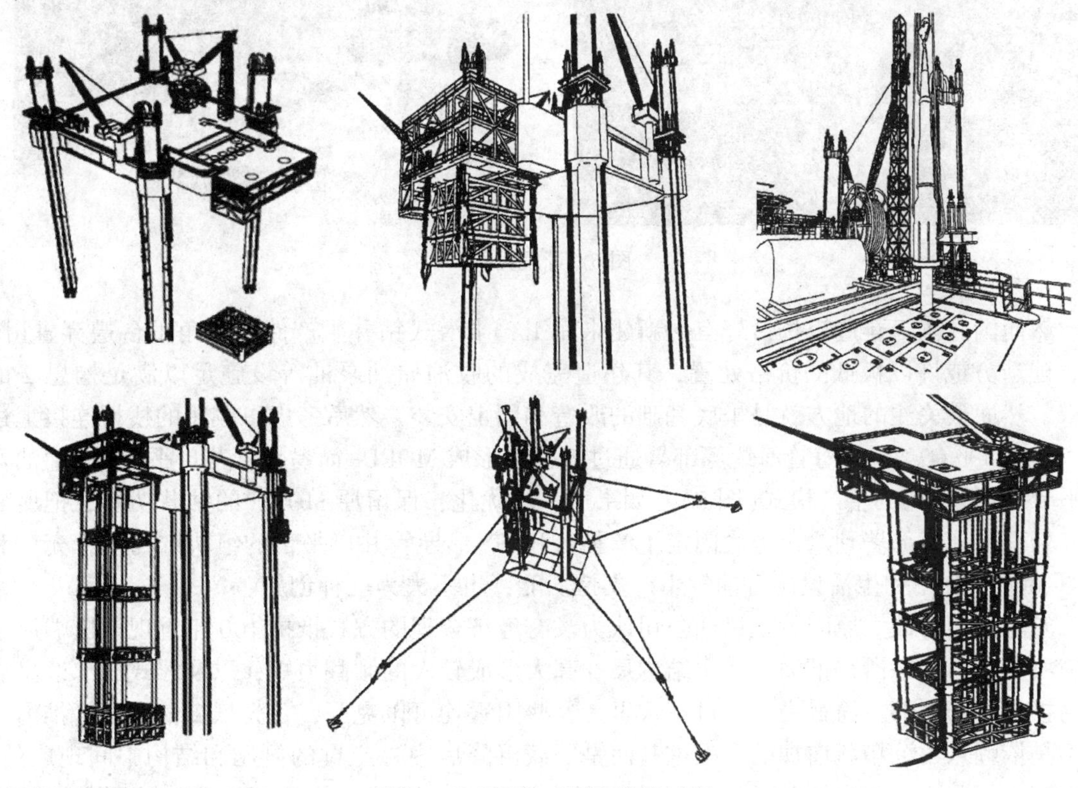

图 5　“T”形井口平台搭接过程

在钻井队和EPC工程队伍的密切协作下“T”形简易井口平台搭建完工，并预留搭桥空间位置，根据钻井BOP等安装使用条件可以自升调整平台标高实施钻完井作业、早期生产加评估，如达到预期开发目标，继续完成其它井位预钻完井；值得探讨的是，钻机稍经局部改造还可以在延长到“T”形简易导管井口平台上的轨道上滑移，以满足较远井槽的钻完井作业。

在上述生产井预钻完井作业实施的同时，根据开发规模和配产以及MODU钻井平台和井口平台的空间部署情况陆地建造原油处理与单井测试等模块；MODU可依靠自身锚泊系统稳定下降并脱离可独立存在的“T”形导管井口平台(图5)，复员回来并以滑移或吊装方式固定安装原油生产所需的模块，和构思1一样MODU上的钻机无需按部就班分拆，而是整体滑移到预制好的平台上；和构思1不一样的是，SpudCan桩靴的改造，也是最关键的地方，参照图6所示方案向外扩改原MODU桩靴和主甲板，降低原桩靴结构的穿透能力，并增设2-3套桩基，旨在保证长期的生产工况下3套独立升降支撑腿系统相对直立不歪斜不滑移不沉降(允许公差内“三不”)，必要的时候还可以旋转或切割等不同方式相对快速拔桩搬迁MOPU，满足大修和检查以及再用等要求；原MODU(钻井功能)完成MOPU(油气生产主功能)的转变之后，干湿拖到海上规定位置，自升/压载/调整/桩基定位安装/栈桥吊装，搭接到“T”形井口平台(如图6右图所示开发方案)，然后进行生产处理等系统的联接调试。

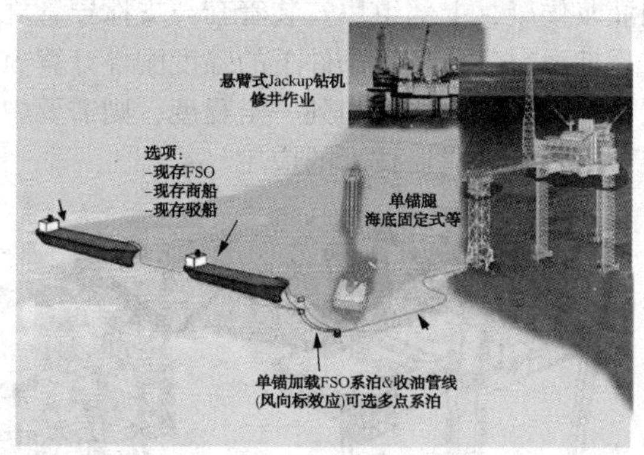

图6 开发方案

然而国内海工建造市场恰好有一新建未完工、半潜式钻井生产储油八角平台遭弃置(图7)，建造方或许以极低的价格处置，其建造完成的收油储油泵油等设施足以满足构思2的需求，然而最关注的地方就是坐底基础的改造和固定安装，然后考虑以较短的栈桥连接上述“T“形井口平台，所有海管海缆等部署通过栈桥，形成MOPU+简易导管井口平台+储卸油八角平台+穿梭油轮的生产模式(图8)，如果进一步优化，保留原MODU的钻井功能，把所有油气处理设施等部署到八角坐底固定生产平台和“T“形导管井口平台的组块结构上，充分利用原MODU公用和生活设施等油气生产支持功能，也不失为一种创新。

未能采用的最大原因就是该油公司认为没有经济合理的方式抵抗100年重现期极端风暴环境所导致的水平滑移推力，其次结构尺寸高大形成较大的倾翻力矩，以及浮式底部改坐底容易损坏结构底部。简言之，经过深入思考这些因素均可以克服，首先抵御最大水平推力主要不是依赖八角沉箱新增加的多根桩基而是压载沉降后内外土壤的侧压和结构中间现成的、稍加改造的井口架管内桩基；抵消风浪流形成的倾翻力矩除了依赖抵御滑移的所有桩基以

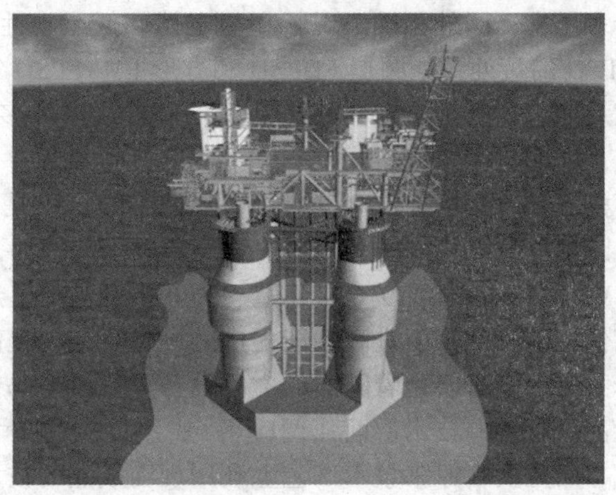

图7 钻采储一体化浮式平台

外，还可以利用平台12套现有的锚系；如果结构底部强度不够，内部可加强，而且也可以陆地预制建造人工海底基础，海上安装，然后整体结构前去入座连接(方法措施较多)。

这样构思2MOD(P)U自升式平台临近的导管井口平台和奥特宝生产储卸油整体结构之间可以稳固地搭接栈桥(图8)。

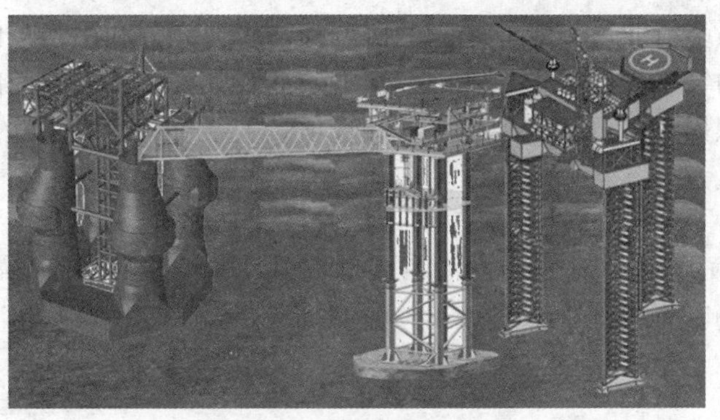

图8 油气钻采储坐底改造方案

3. 认识与建议

MODU转变成MOPU，不管构思1和构思2，归纳起来就是对照固定平台的结构设计与海上安装，结合Jackup设备可移动自升安装的特点，尽量把改造设备设施的整体结构转变成刚性结构；同时尽快开发出海上搭建可独立存在的导管井口平台的专用工装工具和技术工艺，充分挖掘并发挥现有Jackup钻机的辅助支持功能。

实际上，该油公司待开发区块较理想的方案还是坐底固定式，省去海底管缆全过程初期投入和维护费用，集中合理部署钻修采储卸功能模块单元；当然最好经历过比较完整的延长测试或早起开发评估阶段，如油藏渗透性好，产量大并达到预期目标，或者最多搭设栈桥，连接新建导管架平台，扩大生产规模；情况不妙，可随时撤离搬迁，把损失降低到最小；浮式方案很难集钻修采储卸功能于一体，而且50m水深(不深也不浅)需配套专门的系泊(如内外转塔)系统、海底管缆、立管和水下井口或水上(井口平台)采油树装置；另外，从国内行政区域管理上由于所需生产水域范围相对较大，所涉及到的渔业赔偿等各项费用也越高。然而最近十多年来，国外相继出现了高稳定性、低运动性、非船型 FDPSO 浮式设备，力求归避船型 FPSO 的短处，如圆形 FDPSO 和方形 LM-FPSO 等。坐底固定式相对船型 FPSO 海工开发方案后期生产管理上省去好多麻烦，而且从国外多个案例了解到，至少可节省 2 亿~4 亿元。

不管是沉垫/燕尾槽式/整体举升 JACKUPs，还是 SpudCan 桩靴/燕尾槽式/独立举升 JACKUPs，在全球钻井市场上几乎快消痕匿迹了。譬如，国外 ENSCO 公司于 2014 年 2 月以约 2 亿 RMB 卖掉了 2 台 1976 年建造、独立举升桩腿、燕尾槽式 JACKUP 钻井平台，其目的就是剥离低性能资产，引进高性能先进的设备资产，提高市场竞争能力，难道现在这种海上油气行情我们还有必要抱着陈旧低劣的设备等待机遇吗?

企业高层管理向技术层面强调应用“成熟可靠的技术”，并不是模仿或盲从以前那种别人的模式，而是要在原来技术工艺上利用现在成熟的技术推陈出新；国外十多年前曾多次成功使用并得到工程实际验证，只是我们当前没有涉足去研究或者没有研究透彻，就断定不成熟可靠，风险太大，对于技术层面来说未免觉得不可理喻，何况水深 50m 边际小油田的开发在国内已不是什么巨大挑战，因此技术层面应该斟酌管理层的意见切实提出适合自身的工程开发方案，为企业和社会争取最大的经济效益，把风险降低到最低限度，这也不失为一种技术管理上的创新。当前，企业要大降成本提高自身的盈利能力就必须创新，充分挖掘企业内部现存设备设施的潜力。

最后，广泛加强多行业与多专业之间的协调与合作，充分利用当今的新材料新技术新工艺进一步深入海上油气工程设施重力基础，水下储油及其安装工艺方面的研究，为海上边际小油田的合理开发积累筹备更多的措施办法和选项。

参 考 文 献

[1] http://analysis. decomworld. com/projects-and-technologies/gravity-base-structures-storage.

[2] http://www. northernsights. net/scotviews/nigg3. html.

从统计数据分析安泰公司知识产权现状

郑小琴

（中国海洋石油集团有限公司）

摘要：随着科技的发展，世界已经进入知识经济时代，知识产权成为了企业乃至国家综合实力的重要体现。拥有知识产权数量和质量，更是衡量一个企业技术创新能力和经济竞争实力的重要标志。知识产权是企业创新能力的证明，要想了解一个企业的创新能力，一个简单的方法便是了解和分析企业的知识产权情况。本文以安泰集团公司为研究对象，从统计数据的角度对该公司专利和知识产权情况进行分析，通过与国内企业对比、与央企对比和与两大石油企业对标来分析安泰公司专利及知识产权的发展水平，进而从专利和知识产权的角度了解安泰公司科技创新能力。

关键词：专利；知识产权；数据；分析

1. 引言

创新与知识产权是企业乃至国家竞争与发展的命脉。企业要具备竞争力，必须拥有自主知识产权、高科技附加值的技术或产品。随着社会的进步，企业之间的竞争愈加激烈，拥有自主知识产权已经成为企业在市场竞争中立于不败之地的有效武器。知识产权拥有数量和质量能够有力地证明企业的创新能力。因此，对一个企业来讲，分析并研究其专利和知识产权发展水平，进而从这个角度去了解和提升企业科技创新能力具有重要意义。

2. 企业概况

安泰集团是一家能源领域的特大型国有企业。自成立以来一直保持良好的发展态势，由一家单纯从事油气开采的纯上游公司，发展成为主业突出、产业链完整的综合性企业集团，形成了油气勘探开发、专业技术服务、化工化肥炼化、天然气及发电、金融服务、综合服务及新能源等六大良性互动的产业板块。“十二五”以来，该公司科技投入累计400多亿元，研发投入累计近200亿元，其中用于科技项目实际支出达百亿元。

自2014年以来国际油价大幅下跌以来，面对经济转型、能源行业转型的复杂形势，公司把加快推进创新作为应对低油价严峻挑战、培育公司核心竞争力的重要手段，科技创新能力建设得到了更多的关注和期许。

3. 安泰公司专利与知识产权概况

安泰公司拥有一套较为完善的企业知识产权管理办法及流程。早在2005年，集团公司就根据企业自身实际发展需要，积极制定了《知识产权管理办法》、《专利管理实施细则》和《技术秘密管理实施细则》。各所属单位也根据集团公司制度和本单位实际情况制定了所属单位的专利与知识产权制度体系。这些制度有效地规范了知识产权的管理，明确了专利的申报、维护、奖惩等各项管理的要求和工作程序，规范了技术秘密的保护和管理，有效保护了集团科技创新和生产经营活动中的发明创造。

“十二五”期间，为激发所属单位科技成果产出水平的不断增长，海油将专利受理与授权情况纳入年度经营业绩考核体系，有力促进了所属单位申请专利的积极性。“十二五”以来，集团专利申请数量、授权数量不断增加，专利数量和质量不断提高。

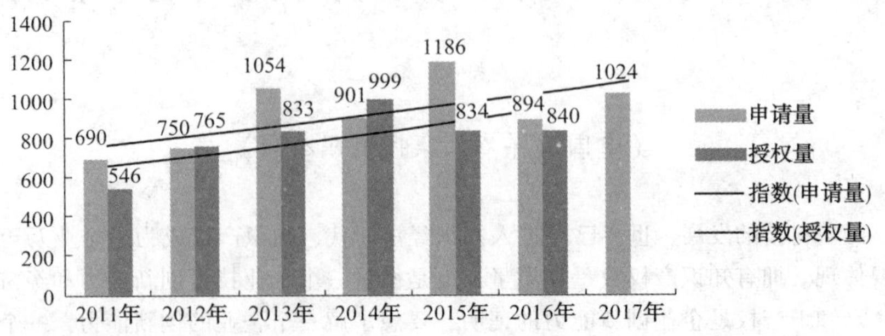

图1　2011~2017 年安泰公司专利申报数量(单位：件)

在安泰集团公司科技创新绩效考核和专利激励政策引导下，集团累计拥有的有效专利和发明专利不断增加，自主知识产权不断积累，创新能力不断增强。2017 年公司专利业绩再创历史新高，安泰集团公司及各所属单位全年申请专利 1024 件，授权专利 840 件，获授权发明专利 508 件。截至 2017 年底，总公司累计拥有有效专利 5114 项，其中发明专利 2156 项，为集团建设自主核心技术体系打下良好基础。

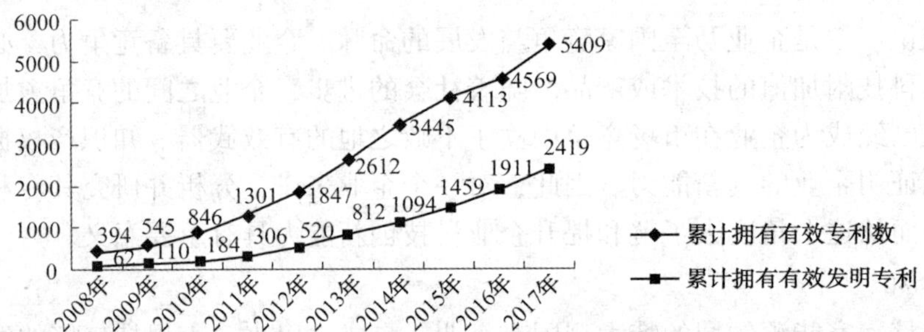

图2　2008~2017 年安泰公司累计拥有有效专利数量(单位：件)

4. 安泰公司专利与知识产权对比全国水平分析

从专利申请数量看，我国 2017 年发明专利申请总量为 138. 2 万件，同比增长 14. 2%。2017 年安泰集团公司申请专利 1024 件，同比增长 14. 5%，其中，申请发明专利 631 件，比上年增长 15. 4%，略高于全国 14. 2%的增长水平。

从专利授权数量看，我国 2017 年共授权发明专利 42. 0 万件，其中，国内发明专利授权 32. 7 万件，同比增长 8. 2%。2017 年安泰公司获授权专利 840 项，较上年增长 7%，其中，授权发明专利 508 项，同比增长 12. 3%，明显高于国内 8. 2%的增长水平。

从授权发明专利比例看，2017 年安泰集团公司授权发明专利占申请发明专利总量的 80. 5%，同样高于全国 30. 4%平均水平，体现了公司发明专利的申请质量大大高于全国平均水平。

从发明专利拥有数量来看，截至 2017 年底，我国国内发明专利拥有量共计 135. 6 万件，每万人口发明专利拥有量达到 9. 8 件，而安泰公司累计发明专利拥有量共计 2156 件，万人发明专利拥有量高达 217. 3 件，是全国水平的 22 倍。

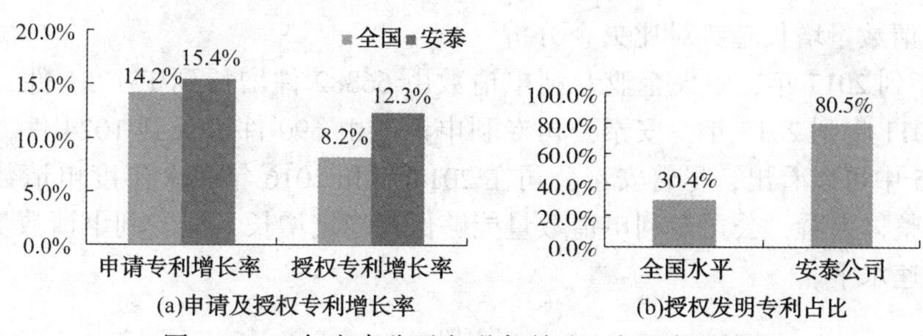

图 3 2017 年安泰公司发明专利对比全国水平情况

5. 安泰公司专利与知识产权对比央企水平分析

1）央企专利与知识产权概况

“十二五”以来，我国中央企业的科技研发投入持续增长，从 2011 年的 2700 亿元到 2016 年已经超过 3800 亿元，年复合增长率超过 20%。随着科技研发投入与研发能力的提升，科技成果也在不断涌现。据不完全统计，从 2011 年到 2014 年，中央企业累计拥有有效专利和发明专利每年增长超过 30%。截止到 2014 年年底，中央企业累计拥有的有效专利数就达到了 23 万项左右，发明专利达到 10 万项左右。目前我国正在加快推进知识产权管理体制机制改革，一大批央企也正在不断健全和完善知识产权管理体系，积极开展专利、商标、商业秘密的维权和保护，并不断强化企业品牌建设。

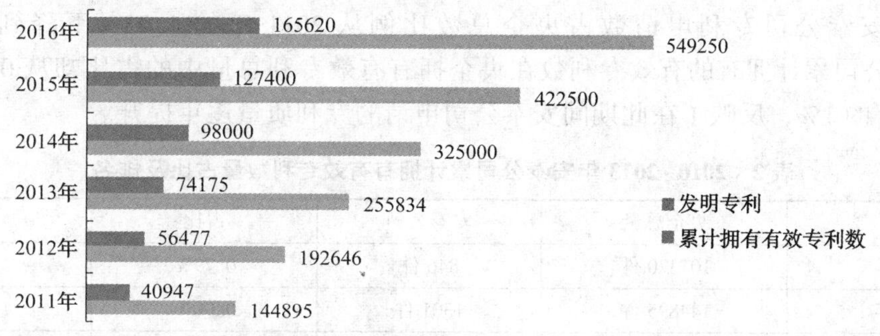

图 4 中央企业累计拥有的有效专利及发明专利数据(单位：件)

2）专利申请数量对比

“十二五”期间，安泰公司每年专利申请数占央企专利申请总数的 1%；伴随着央企专利申请总量平均每年 15%的复合增长率和安泰公司每年 7%的复合增长率，进入到“十二五”期间，安泰公司每年专利申请数占央企专利申请总数的在 0. 65%左右，占比逐渐减少。

表 1 2011～2017 年安泰专利申请数量占央企总数比例

年度	央企申请总量	安泰申请总数	占比
2011 年	66882	690	1. 03%
2012 年	85235	750	0. 88%
2013 年	104874	1054	1. 01%
2014 年	120000	901	0. 75%
2015 年	130000	1186	0. 91%
2016 年	149400	894	0. 60%
2017 年	151751	1024	0. 67%

3) 专利申请数量增长趋势对比央企分析

从 2011 年到 2017 年，中央企业专利申请数由 66882 件增长到 151751 件，复合增长率为 15%；从 2011 年到 2017 年，安泰公司专利申请数由 690 件增长到 1024 件，复合增长率为 7%。从图 5 中可以看出，尽管安泰公司在 2014 年和 2016 年两个年度申请数量较上年有所降低，但从整体上看，公司专利申请数量能够保持稳定增长，但专利申请数量增速明显低于央企专利增速水平。

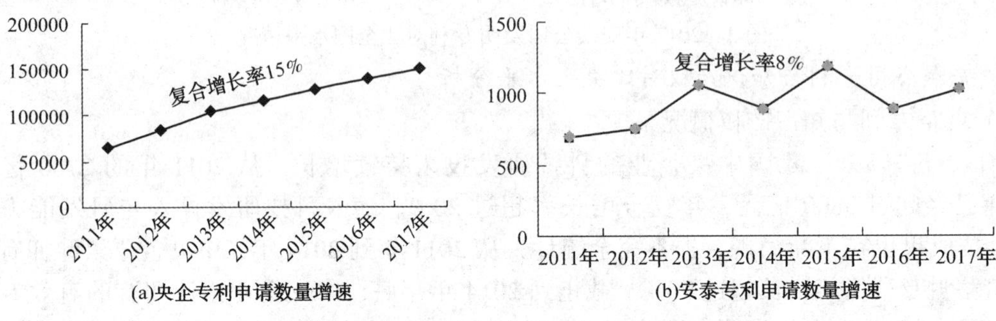

图 5　申请专利复合增长率对比情况

4) 累计拥有有效专利数占比及排名

“十二五”期间，安泰公司累计拥有有效专利数量一直比较稳定地保持在央企的第 30 位左右。虽然安泰公司专利申请数占央企总数比例从 2011 年的 1.03%下降到 2017 年的 0.67%，但公司累计拥有的有效专利数在央企拥有有效专利总量中的占比却从 0.8%逐步提升至 2013 年的 1%，反映了在此期间安泰公司申请的专利质量逐年提升。

表 2　2010~2013 年安泰公司累计拥有有效专利数量占比及排名

年度	央企总量	安泰公司	占比	排名
2010 年	107370 件	846 件	0.79%	31
2011 年	144895 件	1301 件	0.90%	30
2012 年	192646 件	1847 件	0.96%	28
2013 年	255834 件	2612 件	1.02%	31

5) 累计拥有有效发明专利数量占比及排名

“十二五”期间，安泰公司累计拥有有效发明专利数量在央企中的排位与累计拥有有效专利总数的排名比较靠前，基本上在第 25 位左右。4 年间，公司累计拥有的有效发明专利数量在央企拥有有效专利总量中的占比从 0.6%逐步提升至 2013 年的 1%；也反映了在此期间安泰公司申请的专利质量逐年提升。

表 3　2010~2013 年安泰公司累计拥有有效发明专利数量占比及排名

年度	央企总量	安泰公司	占比	排名
2010 年	30007 件	184 件	0.61%	25
2011 年	40947 件	306 件	0.75%	28
2012 年	56477 件	520 件	0.92%	23
2013 年	74175 件	812 件	1.09%	22

6. 安泰公司专利与知识产权对标石油巨头企业分析

1）中国石油化工股份有限公司、中国石油天然气股份有限公司专利与知识产权概况

中国石油化工股份有限公司、中国石油天然气股份有限公司是我国石油行业的巨头企业，它们的专利与知识产权水平一直在中央企业中保持着较为领先的地位。以2017年为例，在中央企业专利申请公开量排名中，中国石油化工股份有限公司排在第4位，中国石油天然气股份有限公司排在第6位。在中央企业专利有效专利量排名中，中国石油化工股份有限公司排在第5位，中国石油天然气股份有限公司排在第4位。而且从近十年的数据来看，他们的专利申请都保持着稳定增长。

在专利申请历史上，中国石油化工股份有限公司申请专利的时间最早(1985年)，其次是中国石油天然气股份有限公司(1986年)，安泰公司1998年才开始申请专利，2000年才开始活跃起来，尤其是2007年以后增长较快，总之较中国石油天然气股份有限公司和中国石油化工股份有限公司，安泰起步较晚，数量相对最少。

通过对标这两个石油企业巨头，我们可以找到安泰公司专利与知识产权的弱势方面，从而努力发展自己的弱势，提高科技创新能力。

2）三家石油公司专利申请数量对比

从近年来的专利申请数量来看，安泰公司处于弱势，各年申请专利数量均远远低于中国石油天然气股份有限公司、中国石油化工股份有限公司。2012~2017年三家石油公司申请专利数量对比如图6所示。

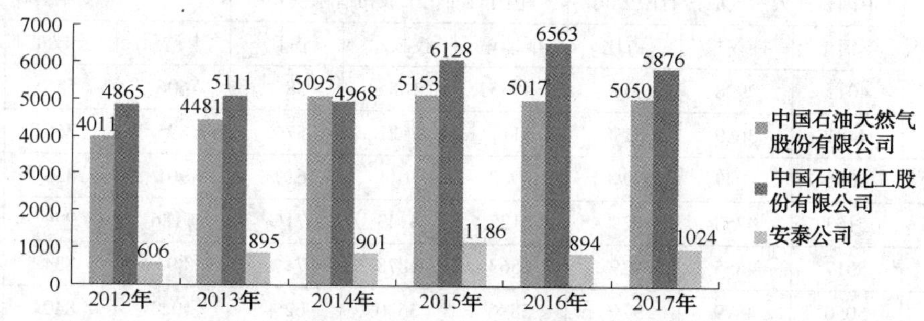

图6　三家石油公司申请专利数量对比(单位：件)

由于企业的大小不同，为了更合理的分析专利申请情况，从万人专利申请数量对比进行分析：以2017年数据为例，截止到2017年止，中国石油天然气股份有限公司、中国石油化工股份有限公司、安泰三家公司员工人数分别为494297人、446225人和99200人，三家公司万人专利申请量分别为102件、132件和103件。中国石油化工股份有限公司占据领先地位，安泰与中国石油天然气股份有限公司持平。

3）三家石油公司专利授权数量对比

从近年来的专利授权数量比较来看，与申请数量一样，安泰公司仍然处于明显的弱势，各年授权专利数量均远远低于中国石油天然气股份有限公司、中国石油化工股份有限公司。2012~2017年三家石油公司授权专利数量对比如图7所示。

为了更合理的分析专利授权情况，从万人专利授权数量对比进行分析：以2017年为例，万人专利授权数量分别为99件、82件和85件。由于中国石油天然气股份有限公司2017年

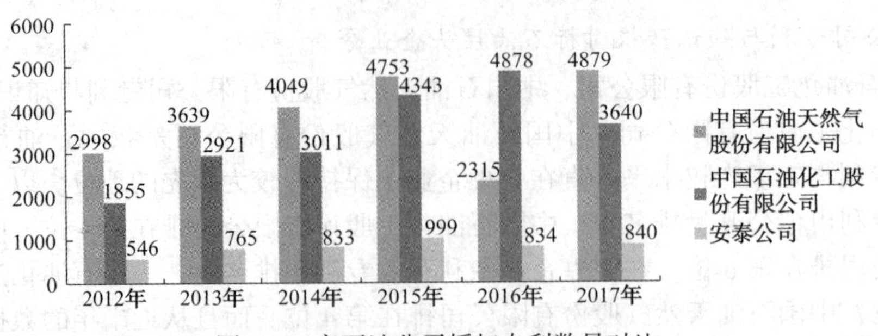

图 7　三家石油公司授权专利数量对比

授权比例高，万人授权数量也因此占据领先地位，其次为安泰公司，略领先与中国石油化工股份有限公司。

4）三家石油公司专利授权率对比

仅从2017年授权专利占比来看，中国石油天然气股份有限公司授权率最高，高达97%，其次为高泰为82%，中国石油化工股份有限公司授权率为62%。但从2012~2017年的专利授权率数据来看，安泰公司授权专利占申请数量比例最高，平均授权率为88%，中国石油天然气股份有限公司平均授权率为87%、中国石油化工股份有限公司平均授权率为60%，也反映出安泰公司和中国石油天然气股份有限公司专利申请质量较高。

表 4　三家石油公司专利授权率对比　　单位：件

年度	中国石油天然气股份有限公司			中国石油化工股份有限公司			安泰公司		
	申请量	授权量	占比	申请量	授权量	占比	申请量	授权量	占比
2012 年	4011	2998	75%	4865	1855	38%	606	546	90%
2013 年	4481	3639	81%	5111	2921	57%	895	765	85%
2014 年	5095	4049	79%	4968	3011	61%	901	833	92%
2015 年	5153	4753	92%	6128	4343	71%	1186	999	84%
2016 年	5017	4855	97%	6563	4878	74%	894	834	93%
2017 年	5050	4879	97%	5876	3640	62%	1024	840	82%

5）三家石油公司发明专利占授权总数比例对比

从2012~2017年的数据来看，中国石油化工股份有限公司的发明专利占授权总数比例最高，尤其是2017年，发明专利占授权总数比例高达71%，遥遥领先于中国石油天然气股份有限公司和安泰公司。安泰公司发明专利占授权总数比例在三家石油公司中排名第二，2017年发明专利占授权总数比例为60%，2012~2017年平均授权发明专利比例为44%，同时，安泰公司近几年的授权发明专利呈现逐年上升的趋势。

表 5　三家石油公司发明专利占授权总数比例　　单位：件

年度	中国石油天然气股份有限公司			中国石油化工股份有限公司			安泰公司		
	授权总数	授权发明	占比	授权总数	授权发明	占比	授权总数	授权发明	占比
2012 年	2998	692	23%	1855	968	52%	546	214	39%
2013 年	3639	847	23%	2921	1517	52%	765	292	38%

续表

年度	中国石油天然气股份有限公司			中国石油化工股份有限公司			安泰公司		
	授权总数	授权发明	占比	授权总数	授权发明	占比	授权总数	授权发明	占比
2014 年	4049	914	23%	3011	1600	53%	833	282	34%
2015 年	4753	1145	24%	4343	2844	65%	999	365	37%
2016 年	4855	1205	25%	4878	2555	52%	834	452	54%
2017 年	4879	1225	25%	3640	2567	71%	840	508	60%

7. 结语

通过上述专利与知识产权统计数据分析，我们可以看到，近年来安泰公司创新成果不断涌现，专利数量保持稳定，质量逐步提升。同时我们也应当看到，通过与全国平均水平、央企水平特别是石油行业巨头相比较，安泰公司专利和知识产权工作在专利申请数量、发明专利占比和的有效专利累计拥有数量等方面依然存在不小的提升空间，这也意味着安泰公司的创新竞争力依然存在不小的提升空间。特别是在当前国内外普遍重视新能源发展的环境下，安泰公司更应该加强研发投入，加快技术研发，加强成果突破，保持良好的技术发展态势，提高专利申请的数量和质量，不断提高发明专利申请和授权的比重，进而不断提高创新能力和核心竞争力，早日实现国际一流能源公司的目标。

参 考 文 献

[1] 吴汉东．知识产权总论[M]．北京：中国人民大学出版社，2013.
[2] 郭鹏，李红莲，姜健．专利对企业发展的影响[J]．教育教学论坛，2015(5)：106-107.

南海内波流的特征与预警措施

陈建强　马瑞民　魏博闻　韩进东　周海涛　刘修华

（中国石油集团海洋工程有限公司钻井事业部）

摘要：针对在南海深水作业中，内波可能导致半潜平台产生的漂移、隔水管损毁等问题，分析了内波的成因以及南海内波的特征，通过建立模型进行平台动力特性分析，进一步结合现场作业，建立内波流早期预警系统，制定了半潜平台应对内波流的技术措施并提出工作建议。

关键词：南海；内波；半潜平台；动力特性；预警措施

我国南海油气资源丰富，经过30多年的努力，我国海洋工程关注的重点正由300米的浅海走向3000米的深水，深水平台的安全依赖于对环境参数的确定，其中除去风、浪、流之外，海洋内波是南海环境中需要特别考虑的重要因素。海洋内波流可产生巨大的水平推力，威胁半潜式及锚定石油平台稳定性，使平台的主体结构和立管系统发生整体推移或扭转。周期性内波的剪切还会导致浮式生产储油卸油装置（FPSO）和浮式平台锚系疲劳破坏，也会使得深吃水浮体/系泊系统/立管系统处于持续不断的流动和尾涡作用之下，产生显著的涡激振动，降低平台装备的操作性能，并会引发碰撞和疲劳断裂，严重威胁作业安全和性能。因此，内波的研究日益受到重视，人们注意到在内波活动频繁的海区，海洋结构物设计必须考虑其能经受内波产生的作用力。

1. 内波的成因和特征

1）内波的成因

内波是密度稳定层化海水内部，频率介于浮性频率与惯性频率之间的一种波动。其与表面波最大的区别在于最大振幅位于海水内部。它对海水的混合及海洋中不同尺度物理过程间能量的传递有重要贡献。到目前为止，只有一种内波生成机制得到了比较普遍的认同，当垂向密度稳定层化的海水在天体引潮力的强迫下进行流动时，剧烈变化的地形（如陆架坡折处、海峡、海山、海岭和海沟等）又迫使该流动进一步产生相应的变化、最终导致层化的海水在垂向做大幅度的、与潮汐运动周期一致的上下波动；波动幅度在垂向密度变化剧烈的地方达到最大值，在海水表面和海底处该波动几乎消失；随着该波动的传播，内波被生成。

2）南海内波的特征

南海是内波灾害发生最频繁的海域，给深水油气资源的开发带来了巨大的安全隐患。目前所知世界上最大的内波流——南中国海内波流的振幅高达150m，约50层楼高。海面风浪周期约几秒到几十秒，海洋内波的周期却可长达几分钟到几十分钟。南中国海北部深水海域观测到的内波流最多，超深水海域观测到的内波流很少。春夏秋冬四季内波流都有发生并被遥感观测到，夏季（6~8月）最多，占61%左右，冬季（12~次年2月）最少，只占6%左右，与整个南海的内波季节规律相似。

在东沙岛附近，平均波长可达2km以上；内波流往西传播过程中，波长随着水深变浅而变短到 700m 左右。南海北部内波流波长变化总的趋势是：在往近海传播的过程中，内波流波长不断变短。南海北部内波从吕宋海峡向西传播过程中，波速不断减小。在深海海域，波速达到了 4.5m/s；到水深变浅海域，波速减小到 1~2.5m/s；在更浅海域，波速进一步减小到 0.5m/s 以下。内波流在往近岸传播过程中，振幅逐渐变小，内波流能量在摩擦耗散和垂直混合等过程中逐渐减少。在深海盆地中内波流振幅达到 100m 以上，最高可达近 170m，在东沙岛附近 1000m 水深时，内波流平均振幅可以达到 70m，在 300~500m 水深的区域，振幅为 15~50m。在水深 100m 左右的区域，平均振幅在 15m 以内。南海内部海域大部分内波流向西或西北传播，即向近岸传播，少量内波流向西偏南方向传播。

2. 内波对半潜平台作业的影响

内波作用导致深水钻井平台发生大偏移后，将使平台超出隔水管或其他管柱正常作业窗口，导致隔水管及其他管柱发生破坏，同时对井口的力学特性产生重大影响。因此，开展了内波下的平台动力学分析，确定平台在内波作用下的动力特性，明确内波作用下，平台漂移量的变化规律很有必要性。

1）内波力及运动方程计算基础

（1）内波力计算。

将内波假设为一个两层流模型，考虑到内波波长较长，一般在几百米甚至上千米，任何海洋结构物在内波作用下均可看作是小尺度结构物，即可以采用莫里森方程进行计算：

$$\mathrm{d}F(t)=\rho C_{\mathrm{m}}\frac{\pi D^2}{4}\frac{\partial\ u(t)}{\partial\ t}\mathrm{d}l+0.5\rho C_{\mathrm{d}}Du(t)\left|u(t)\right|\mathrm{d}l \tag{2-1}$$

将式(2-1)积分得到平台所受内波作用力为：

$$\mathrm{d}F(t)=\int_{l_1}^{l_2}\left[\rho C_{\mathrm{m}}\frac{\pi D^2}{4}\frac{\partial\ u(t)}{\partial\ t}\mathrm{d}l+0.5\rho C_{\mathrm{d}}Du(t)\left|u(t)\right|\right]\mathrm{d}l \tag{2-2}$$

式中，ρ 为流体密度；D 为结构物当量直径；u 为流体速度；C_{m} 为附加质量系数；C_{d} 为拖曳力系数；l 为入水长度；l_1、l_2 分别为结构物入水深度的上下边界。

KdV 模型是描述海洋内波最常用的模型，对于沿 x 轴正向传播的内波，其控制方程为：

$$\frac{\partial\eta}{\partial t}+c_0\frac{\partial\eta}{\partial x}+\alpha\eta\frac{\partial\eta}{\partial x}+\gamma\frac{\partial^3\eta}{\partial x^3}=0 \tag{2-3}$$

其中：

$$c_0=\left[\frac{g(\rho_2-\rho_1)h_1h_2}{\rho_2(h_1+h_2)}\right]^{0.5}$$

式中，η 为波剖面；c_0 为线性相速度；α 为非线性系数；γ 为频散系数；ρ_1、ρ_2 分别为上下层流体的密度；h_1、h_2 分别为上下层流体的厚度。

通过求解式(2-3)，得到等密度层方程为：

$$\eta(x,\ t)=\eta_0\mathrm{sech}^2\left(\frac{x-ct}{L}\right) \tag{2-4}$$

$$c=c_0+\frac{\alpha\eta_0}{3} \tag{2-5}$$

$$L=\left(\frac{12\gamma}{\alpha}\right)^{0.5} \tag{2-6}$$

式中，η_0 为最大振幅；c 为内波相速度；L 为半波宽。内波上下两层流速为：

$$u_1(x,\ t) = \frac{c_0\eta_0}{h_1}\mathrm{sech}^2\left(\frac{x - ct}{L}\right) \tag{2-7}$$

$$u_2(x,\ t) = -\frac{c_0\eta_0}{h_2}\mathrm{sech}^2\left(\frac{x - ct}{L}\right) \tag{2-8}$$

通过所得内波流速，结合莫里森方程，求得平台受到的内波力。

(2) 运动方程求解。

联立上述方程，确定运动方程的最终形式，如式(2-9)。通过建立位移与作用力之间如式(2-10)形式的传递函数 $G(t)$，最终得到平台的位移函数 $X(t)$

$$M\ddot{X} + C\dot{X} + KX = F \tag{2-9}$$

$$G(t) = \frac{X(t)}{F(t)} \tag{2-10}$$

式中，M 为平台质量；C 为阻尼系数；K 为平台系泊刚度。

2) 内波对半潜平台的影响

(1)研究对象。

以神狐海域深水半潜式钻井平台为研究对象，对其进行内波作用下的动力特性研究，基本参数如图 1 所示。

DIMENSIONS	IMPERIAL	METRIC
Length Overall	401.90 ft	122.5 m
Breadth	304.13 ft	92.7 m
Height (BL to pipe rack deck)	142.06 ft	43.3 m
Moonpool (L×B)	29.53 ft×144.36 ft	9 m×44 m
Transit Draft (1)	39.70 ft	12.1 m
Transit Draft (2)	41.0 ft	12.5 m
Survival Draft	59.06 ft	18.0 m
Minimum Operating Draft	68.90 ft	21.0 m
Maximum Operating Draft	78.74 ft	24.0 m
Variable Deck Load (approx.)	8469 lt	8605 t
Transit Speed (approx.)	8~10 knots	8~10 knots

图 1　平台基本参数

(2) 环境参数。

在研究神狐海域的内孤立波极值特征时，考虑吕宋海峡处的可能最大波高和大密度差。从已有的数据调研情况来看，吕宋海峡西口的内孤立波波高可达 120m，所研究区域的分层密度差可达 0.004。以此为计算条件，并选择密跃层深度 100m 的情形，我们得到了神狐海域处的内孤立波极值特征。模拟的波幅沿经度的分布如图 2 所示，从图中可见，波高为 120m 的内孤立波从吕宋海峡传播到神狐海域处时的波高达到了 75m。对应于上述极值波高情形，我们得到神狐海域处的内孤立波流场速度剖面如图 3 所示，此时波高约为 75m，最大水平速度为 174cm/s，方向与内孤立波传播方向相反，此最大速度出现在波峰处的跃层以下靠近跃层的位置。

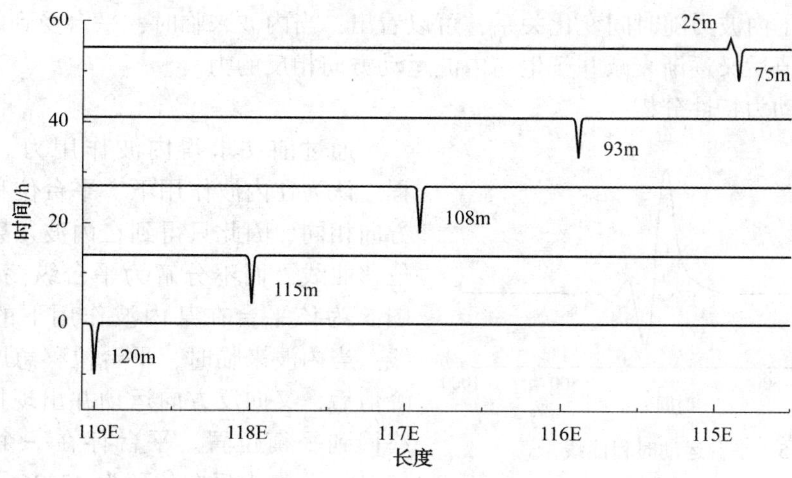

图 2　波高为 120m，密度比为 0.004 的计算演化结果

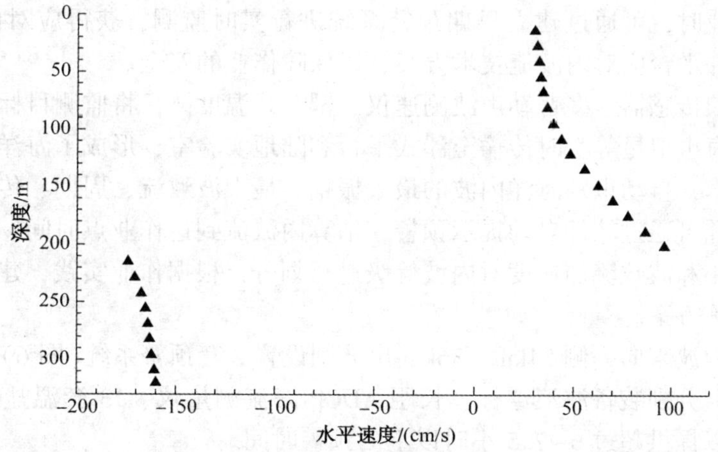

图 3　密度比为 0.004 时内孤立波传播演化至神狐海域时的内波流场水平速度剖面
（初始波高为 120m，此处波高为 75m）

（3）内波力计算。

根据 KdV 双层流理论与结构动力学，对该钻井平台进行编程计算，可计算出内波过境前后上下层流体流速，设内波到达平台为 0s，根据莫里森方程得到内波力的时程曲线，如图 4 所示。

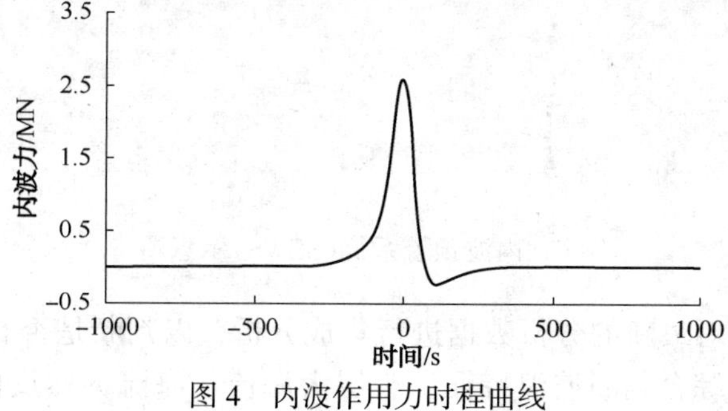

图 4　内波作用力时程曲线

图4反映了内波力随时间变化关系，可以看出，当内波来临时，平台受到的作用力急剧增大，达到峰值后又逐渐衰减并产生与内波运动方向相反的力。

(4) 平台动力特性分析。

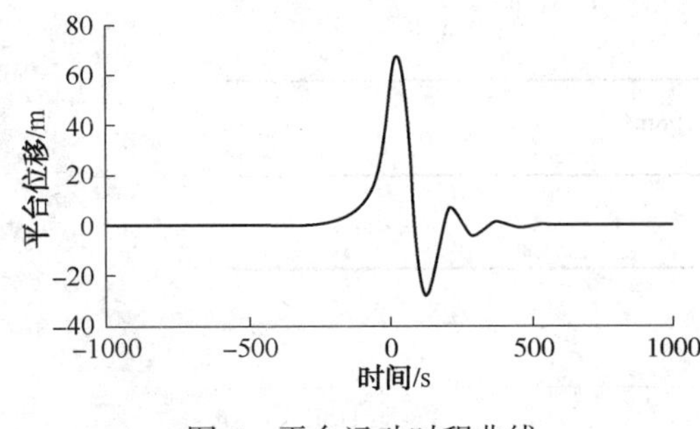

图5　平台运动时程曲线

通过前文求得内波作用力，求解运动方程。认为在内波作用下，平台位移与内波入射方向相同，因此只得到在内波入射方向的一条位移曲线，而不分解为平台纵荡和横荡运动。图5为该平台在某内波作用下的运动时程曲线。当内波来临时，平台位移急剧增大，达到峰值后，又向反方向运动并出现振荡运动，最终回到平衡位置。平台存在一个最大位移为62.15m，最大反向位移为25.36m。

3. 内波预警措施

深水钻井作业时，可通过建立早期预警系统进行实时监测，获得应对内波流的准备时间，建立深水钻井平台应对内波流技术方案，以保障作业的安全。

通过采用波浪传感器、多普勒声波测速仪、耦合式温度链，将监测目标海域的海洋内波和波流数据通过海事卫星等实时传输至浮式平台和陆地实验室，形成了海洋内波全天候实时定量监测预警技术，自动识别海洋内波的最大振幅、最大波致流、周期、传播速度和传播方向等特征参数，并可通过软件自动提示预警，估算内波流到达作业点时间。按照孤立内波引起的波致流的大小和波致流加速度对内波等级进行划分，根据作业实践，建立了目标海域的海洋内波应对实施方案。

在目标区域内波来向一侧54km、36km出分别设置2套预警系统(图6)，由2套浮标平台组成，每套平台分别装备波浪浮标、长距ADCP海流测量仪、13套温盐传感器以及锚系装备等组成，可以提供超过6~7.5小时以上的预警时间。

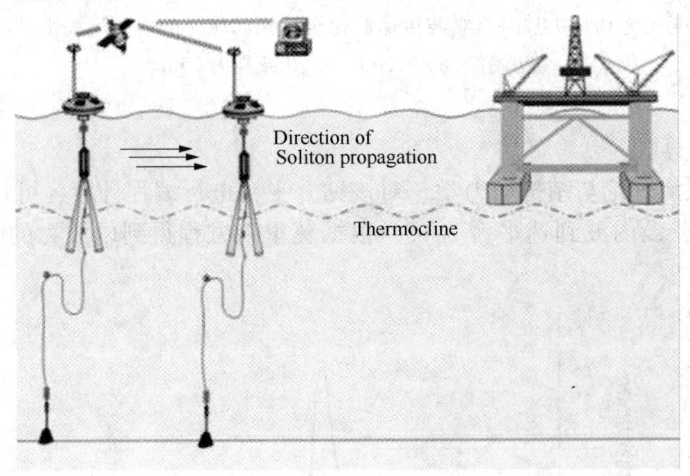

图6　内波预警系统(SEWS)示意图

预警系统每10min对最新的分析数据进行集成分析，以判断是否有内波出现，制作与警报产品。预警产品系统综合判断波浪特征、表层大海流、海流突然反向、大海流垂直切变、温跃层的高频振荡，同时出现两种及以上条件时，启动预报员进行综合判断，根据设定的预警阈值，发布不同等级的预警报产品。实时数据确认海洋内波的判据：(1)水平和垂直流速脉冲式增加；(2)海流突然反向；(3)海流速度切变；(4)温跃层的高频振荡。根据海洋内波的流速制定不同的风险等级以及对应的决策。

4. 结论与建议

(1) 在内波被监测到以后，为了减少内波流载荷对深水钻井平台以及钻井作业的影响，可以配备大功率推进器动力系统，调整平台艏向，最大地降低内波的影响。

(2) 在南中国海域进行石油工程勘探开发作业期间，应随时关注并监测内波流的形成和发展，制定并严格执行内波应急安全作业程序，以保证平台和人员的安全，保障作业的顺利。

(3) 南海必将成为油气勘探开发的主战场，建议进一步开展有关南海内波流的调查研究，掌握内波流的特征，进而指导平台安全作业。

单点系泊系统锚桩防沉板安全性分析

张 梁

（中国船级社青岛分社）

摘要：单点系泊系统作为连接油轮的卸油接口，通过海底管道与陆地容器及工厂连接，近年来已得到越来越广泛的应用。其中固定锚桩作为单点的主要受力构件，应当引起足够的重视，本文结合相关法规、标准，针对单点系泊系统锚桩打桩过程中出现的拒锤现象，结合锚桩设计中存在的防沉板的强度进行保守简化安全性分析，并提出结论。

关键词：单点系泊系统；锚桩；安装检验；拒锤；防沉板

1. 项目背景介绍

A 公司计划在 P 岛东部建造一座石油化工精炼厂。项目建成后将达到 2000 万吨年原油加工能力。A 公司计划建造一个单点系泊(以下简称 SPM)系统和海底管道，以进口石油化工炼油厂所需的原油和凝析油。SPM 系统的设计容量适用于 80000~300000DWT 级油轮。

SPM 和海底管道项目位于 P 岛北部，该海底管道将穿过一条宽约 50m 的 S 沙坝到达炼油厂。单点周围水深 33m，可供 30 万 DWT 级油轮停泊和运行。油轮中的原油将通过约 8.7km 的海底管道运往陆地的储存和运输设施。

SPM 和海底管道工程由以下主要设施组成：

（1）一套新的静式 SPM 系统，包括单点浮筒、浮管、海底软管、吊索、系泊链、锚桩和遥测系统；

（2）一个新的海底管道管汇(PLEM)；

（3）一个新的海底清管器发射器和接收器(以下简称 SPLR)；

（4）一条从 PLEM 到陆地储存和运输设施的海底管道，包括从登陆点到工厂边界的陆上管道。

其中 SPM 系统有六根锚桩，编号分别为 P1~P6，每根锚桩与单点通过锚链连接，相邻两根锚链形成 60°的夹角，布置图如图 1 所示。

每根锚桩长度为 46m，直径为外径 2134mm，壁厚 38mm，材质为 DH36，如图 2 所示。

在距离桩顶 20m 处设置有锚链连接点，锚桩在此处为厚度 50mm 的加厚段，锚桩内部有贯穿钢板，外部有环形加强板。如图 3 所示。

设计方因考虑到施工水域海底土质较软，为防止溜桩，在距桩顶 16m 处设置一层防沉挡泥板，厚度为 25mm，设有十字加强板，分别在距中心 450mm 及 750mm 同心圆处均布 8 个和 12 个直径为 50mm 的透水孔供海水和泥浆通过，如图 4 所示。

2. 施工过程

具体施工流程如图 5 所示。

3. 防沉板安全性分析

由于锚桩及锚链的整体抗拉能力直接涉及到单点系泊系统的作业工况的停泊能力和自存

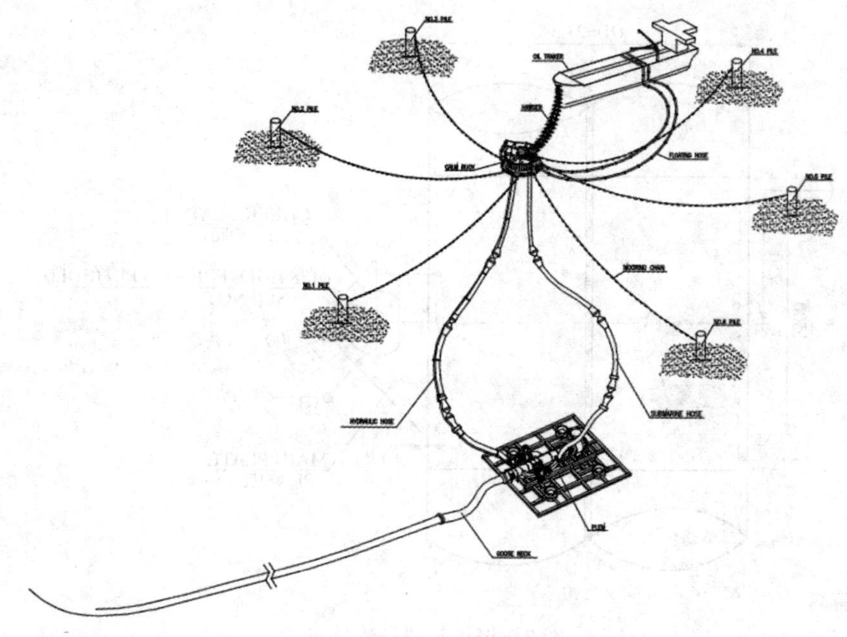

图 1　单点系统布置图

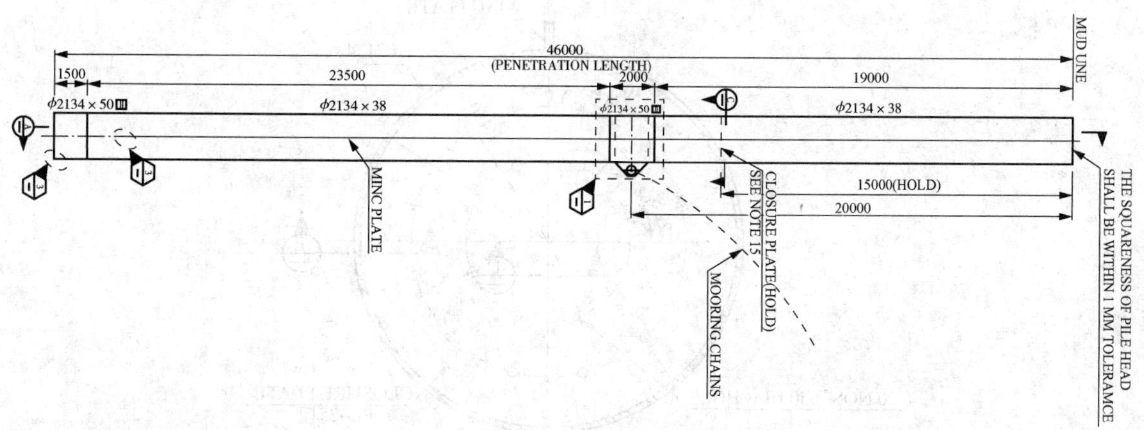

图 2　锚桩结构图

工况的抵抗环境外力的能力，因而锚桩及锚链的安装过程应该重点关注，尤其是锚桩与锚链的连接状态、锚桩的垂直度即安装位置精度、打桩过程中的异常情况等方面。

一般的单点系泊系统锚桩内部均不设防沉板，但设计方考虑到本项目的作业点海床土层情况，表层土壤较为松软，为防止溜桩情况的发生对吊机等设备造成损害，因而在锚桩内部在距桩顶 16m 处设置一层防沉挡泥板，厚度为 25mm，设有十字加强板，分别在距中心 450mm 及 750mm 同心圆处均布 8 个和 12 个直径为 50mm 的透水孔供海水和泥浆通过，详细数据如图 4 所示。但在现场施工过程中，发现当地土质并非如设计所考虑的松软程度，地质资料可能存在误差，现场打桩过程甚至出现了拒锤的现象。拒锤标准为：使用设计要求的打桩锤连续打桩，在连续 1. 5m 范围内的打桩阻力超过每 0. 3m 300 次，或任意每 0. 3m 800 次的情况，即视为拒锤；如果桩的质量不超过锤质量的 4 倍时，上述打击计数为按相应比例增加，但在任何情况下不得超过每 152mm 800 次的锤击次数。随着锚桩打入深度的增加，锚

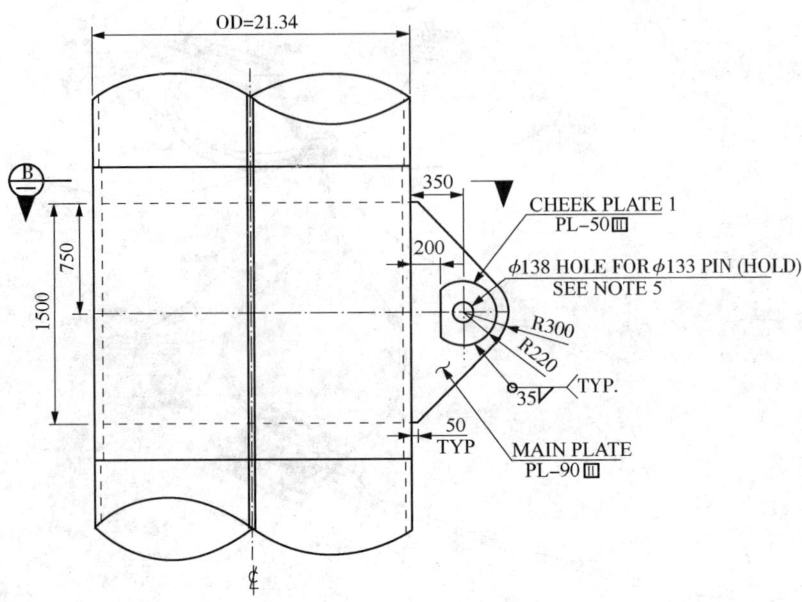

图 3　锚桩与锚链连接点

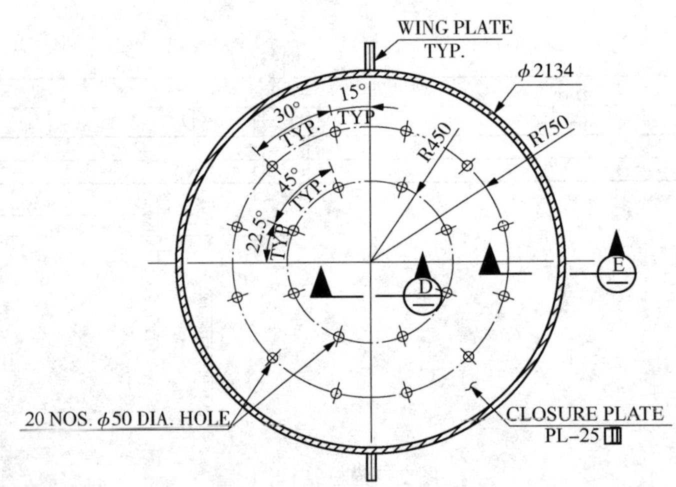

图 4　锚桩防沉板结构图

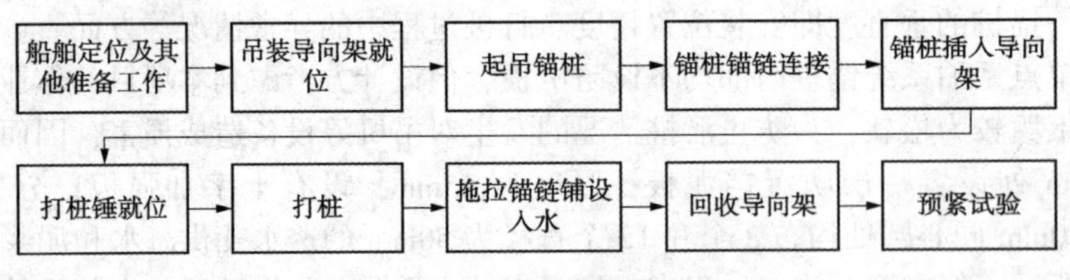

图 5　施工流程图

桩内部挡泥板以下的泥浆被逐渐挤压，可能存在因为防沉挡泥板预留的透水孔太小，而导致泥浆不能够有效及时溢出，内部泥土被继续挤压，土壤浮容重增大，压力得不到释放，土壤的抗剪切强度增大，锚桩摩擦力与端部承受力也同步增大，从而加大锤击时泥浆对防沉板的反作用力，有可能导致防沉板根部与锚桩内壁角焊缝连接处产生撕裂，撕裂位置很有可能出现在锚桩内壁热影响区，从而导致桩体整体抗拉能力的降低。基于以上考虑，利用施工实测数据采用简化偏安全的方法对防沉板及锚桩结构安全性进行分析。

本项目打桩过程中，详细记录数据如表 1 所示，每根桩的打桩用时和总锤击数如图 6 所示。P4、P2、P1、P6 四根锚桩打桩过程顺利，无异常情况；P5 锚桩由于 ROV 设备原因中间停锤一小时，然后继续打桩 232 锤，将最后 1m 打入到设计深度；P3 锚桩连续锤击，但最后 1m 锤击数 1050 次，达到拒锤标准而停锤，停锤时预定的停锤线距离目标还有约 20cm，但停锤后经潜水员探摸已确认该桩打桩到位，桩顶已完全没入泥面，故分析得出 P3 锚桩最后 1m 为受力最大的情况，并以此来进行简化分析。

表 1 锚桩打桩情况记录

打桩顺序号	1	2	3	4	5	6
锚桩号	P5	P4	P3	P2	P1	P6
打桩开始时间	2018-4-29，20：33	2018-5-2，13：04	2018-5-4，19：57	2018-5-6，01：45	2018-5-7，13：05	2018-5-8，14：40
打桩到位时间	2018-4-29，23：28	2018-5-2，14：12	2018-5-4，21：17	2018-5-6，02：52	2018-5-7，14：03	2018-5-8，15：41
打桩用时	1h55min	1h08min	1h20min	1h07min	58min	1h01min
总锤击数	2899	2424	3270	2483	2373	2544

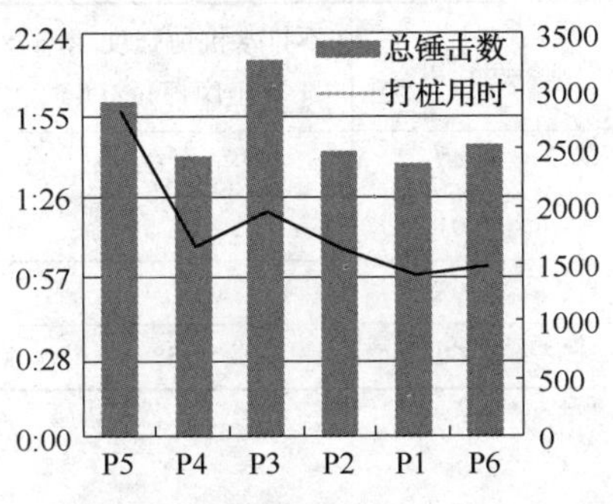

图 6 打桩用时和总锤击数

保守假设，按照平均数算法得出 P3 锚桩最后 1m 开始时的单锤打入速度为：

$$v_1 = \frac{L_1 - 1}{C - C_1} = \frac{24 - 1}{3270 - 1050} = 0.01036\text{m/锤}$$

式中 L_1——总打入米数(锚桩及打桩锤自重作用使锚桩入泥 22m，故总打入 24m)；

C——总锤击数；

C_1——最后 1m 锤击数。

则按照线性插值算法得出 P3 锚桩最后 1m 结束时的最后一锤打入速度为 v_2：

$$\frac{1}{1050} = \frac{1}{\dfrac{1}{v_1} + \dfrac{1}{v_2}}$$

解得：$v_2 = 0.001049\text{m/锤}$。

显然，最后一锤行进距离最短，在打击能量不变，均为110kJ的情况下，最后一锤导致各部位所受力最大，那么只需计算最后一锤时防沉板是否能够承受住这个力而不损坏，那么理论上来说其他单次锤击就不会造成损坏。

计算得出，最后一锤对整根锚桩产生的力为：

$$N_1=\frac{P}{v_2}=\frac{110\text{kJ}}{0.001049\text{m}}=104882609\text{N}$$

式中　P——最后一锤打击能量。

鉴于土壤在打桩过程中的局部变化有使摩擦力增大的方面，也有使端部承载力增大的方面，即土壤的变化对安全性的分析有正反两方面的影响，该影响都与土壤的浮容量相关，且本次简化分析无法对此影响进行有效的量化，理论上来讲越深层的土壤影响应该越大，即防沉板受到的影响较小，进而保守假设两方面的影响是相同的，故选择原土壤数据作为计算依据即可。根据设计文件土壤剖面强度资料(表2)，整根锚桩在此深度的摩擦阻力为：

$$N_2=\pi\cdot(R+R-2T)[\Sigma(M_i\cdot d_i)]=3.14\times(2.134+2.134-2\times0.038)$$
$$\times[4600\times15.5+12500\times(25.4-15.5)+17400\times(46.5-25.4)]=7400039(\text{N})$$

式中　R——锚桩外径；

T——锚桩壁厚；

M_i——对应土层单位表面摩擦力；

d_i——对应土层深度处锚桩长度。

表2　土壤剖面强度

土层	土壤	深度/m	浮容重	(不排水抗剪强度/kPa)/[桩土摩擦角/(°)]	单位表面摩擦力/kPa	单位端部承载力/kPa
1	高塑性粉土	0~15.5	5.47	4.6	4.6	41.4
2	高塑性粉土	15.5~25.4	5.91	12.5	12.5	112.5
3	低塑性黏土	25.4~46.5	7.93	17.4	17.4	156.6
4	粉沙	46.5~52	7.69	25°	81	5000

锚桩在水下重力为：

$$G=\pi\cdot[(R/2)^2-(R/2-T)^2]\cdot L\cdot(\rho_1-\rho_2)\cdot g=3.14\times[(2.134\div2)^2-(2.134\div2-0.038)^2]$$
$$\times46\times(7.8-1.025)\times9.8=763832(\text{N})$$

式中　R——锚桩外径；

T——锚桩壁厚；

L——锚桩长度；

ρ_1——锚桩钢材密度；

ρ_2——海水密度；

g——重力加速度。

桩底端部面积为：

$$D_1=\pi\cdot[(R/2)^2-(R/2-T_1)^2]=3.14\times[(2134\div2)^2-(2134\div2-50)^2]=327188(\text{mm}^2)$$

式中　T_1——桩底端部加厚段壁厚。

防沉板面积为：

$$D_2=\pi\cdot[(R/2-T)^2-20(d/2)^2]=3.14\times[(2134/2-38)^2-20\times(50/2)^2]=3285511(\text{mm}^2)$$

式中 d——防沉板排水孔直径。

防沉板边缘等效受剪切应力面积为：

$$D_3=\pi\cdot[(R/2-T)^2-(R/2-T-T_2\cdot\tan 45°)^2]$$
$$=3.14\times[(2134\div2-38)^2-(2134\div2-38-25\times1)^2]=159590.5(\text{mm}^2)$$

式中 T_2——防沉板厚度。

假设最后一锤时，锚桩底端部受到的土壤反作用力 N_3 和防沉板受到的土壤反作用力 N_4 按照土壤强度成比例分配，即：

$$N_3/N_4=(D_1\cdot M_1)/(D_2\cdot M_2)$$

且 $N_3+N_4=N_1+G-N_2$

式中 M_1——锚桩底端部对应土壤单位端部承载力，156.6kPa；

M_2——防沉板处对应土壤单位端部承载力，112.5kPa。

则解得：

$$N_3=11868185\text{N},\ N_4=85615148\text{N}$$

可得出防沉板边缘角焊缝处及附近热影响区受到的反作用力产生的剪切应力值为：

$$R_{\max}=\frac{N_4}{D_3}=\frac{35615148}{159590.5}536(\text{N/mm}^2)$$

4. 结论

根据中国船级社《材料与焊接规范》得知 DH36 的屈服强度为：$R_{eH}=355\text{N/mm}^2$，由于 $R_{\max}>R_{eH}$，因而理论上认为本次打桩过程中，土壤反作用力可能因防沉板的阻碍而已经对锚桩桩体内部造成撕裂损伤。鉴于本计算过程各项假设较为保守，且在后期锚链预张紧试验中并未出现异常情况，建议施工单位及设计单位应就此问题提供详细计算报告，供发证方及业主审核。如详细计算得出同样结果，则应充分考虑撕裂可能产生的恶劣影响，包括但不限于锚桩局部壁厚的降低、撕裂处可能产生的裂纹、对疲劳寿命的影响等方面，进而提供相应的锚桩整体抗拉能力的风险评估报告以供审核。

参 考 文 献

[1] 于志刚，冯秀丽．海洋地质[M]．北京：海洋出版社，2009.

[2] 中国船级社．海上固定平台入级与建造规范[S]．中国船级社，1992.

[3] 毛根海，邵卫云，张燕．应用流体力学[S]．北京：高等教育出版社，2006.

[4] 傅裕寿．土力学与地基基础[M]．北京：清华大学出版社，2009.

伊朗某气田水合物抑制剂选择分析

潘浩

（中国石油集团海洋工程有限公司工程设计院）

摘要：伊朗某气田，水深约70m，距离陆地约120km，采用井口平台，生产的天然气、凝析油、水通过外输管线混输至陆上处理厂。外输管线中的水合物生成是影响管道正常输送的重要风险因素，注入水合物抑制剂是有效的预防措施。本文分析了各种水合物抑制剂的特点、应用范围，针对气田的特点优选出合适的水合物抑制剂，能有效的保障管线的输送安全。

关键词：气田；水合物；水合物抑制剂

1. 生产现场管线基本情况

伊朗某气田水深约70m，离岸距离约120km。原始天然气地质储量22.4Tcf，凝析油储量818MMbbl。开发方案为部署2座井口平台，2座平台采出的湿天然气通过2条外输海底管道分别输送到两个陆上天然气处理厂处理。该气田由四个独立的储蓄层组成。通过对该区块单井及周边区块天然气组分分析见表，该气田天然气具有如下特征：

天然气中高含烷烃气体，CH_4含量均在80%以上。含有一定量的非烃气体，其中CO_2平均含量2.3%，H_2S含平均含量为0.96%，天然气组分在各层变化均不大。凝析油含量为36.5Stb/MMscf左右，天然气中有凝析水析出，含水率为0.8bbl/MMscf。该气藏属于偏异常高压、中含H_2S、低含CO_2的中含凝析油弱底水气藏。

表1　天然气组分统计表

组分	储蓄层1 Mole/%	储蓄层2 Mole/%	储蓄层3 Mole/%	储蓄层4 Mole/%	算数平均 Mole/%	储量加权平均 Mole/%
N_2	4.9	4.2	4.45	3.6	4.29	3.96
CO_2	2.45	2.3	2.35	2.1	2.30	2.21
H_2S	1.4	1	1.05	0.4	0.96	0.70
C_1	81.7	82.2	81.45	82.25	81.90	82.09
C_2	4.7	4.95	4.85	5.29	4.95	5.11
C_3	1.75	1.83	1.75	1.95	1.82	1.88
IC_4	0.33	0.38	0.38	0.42	0.38	0.40
NC_4	0.55	0.64	0.64	0.7	0.63	0.66
IC_5	0.25	0.28	0.27	0.3	0.28	0.29
NC_5	0.21	0.27	0.25	0.28	0.25	0.27
C_6	0.26	0.28	0.37	0.39	0.33	0.35
C_{7+}	1.50	1.67	2.19	2.32	1.92	2.08

2. 水合物防治措施

天然气水合物是在高压低温状态下，水分子与 CH_4、C_2H_6、CO_2 等形成的冰状物。通过上述分析可知，天然气开采过程中气和水同时存在，受管柱内低温高压、管线节流效应等综合因素影响，存在水合物生成的可能。会导致井筒、管线、阀门和设备产生堵塞的风险，严重时甚至会造成管道破裂，导致安全生产事故的发生。因此需要对天然气水合物采取防治措施。

天然气水合物防治的关键是减少甚至杜绝天然气水合物的生成，水合物堵塞管道主要分为成核、生长，聚集 3 个过程。针对水合物的这一过程特征，主要分为物理方法和化学方法，物理方法有脱水法、加热法、降压控制法，化学方法通过添加剂来防止水合物阻塞管道，化学添加剂的种类有热力学抑制剂、动力学抑制剂、防聚剂。

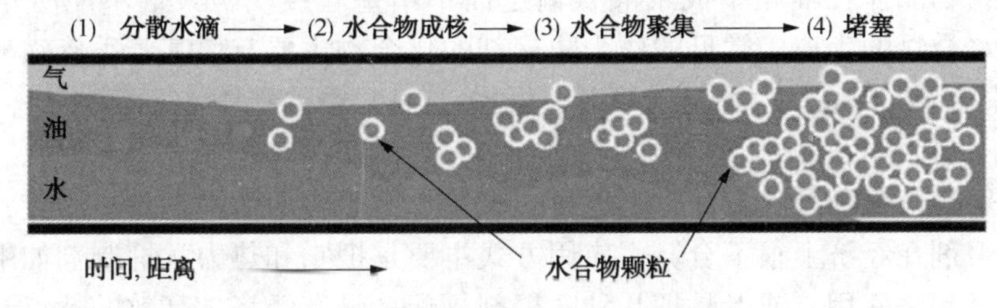

图 1 水合物形成阶段示意图

1）物理方法

脱水法通过去除水分来消除生成水合物的风险，目前天然气输送前通常采用脱水作为预处理措施，可显著降低天然气的露点。然而该方法成本较高，水合物的晶核或自由水会吸附于粗糙壁面等地方，尽管液烃相中的水浓度很低，水合物仍可在液烃相中生长，所以除水法的应用有很大的局限性。

加热法和降压法可使管线体系温度和压力偏离水合物生成区域，避免水合物生成。但加热法难以定位堵塞位置，且由于水合物的分解致使压力急剧升高会造成管线破裂，同时分解后的水合物容易发生二次生成，并且不适用于长距离海底输气。降压法对压力控制要求过高，并且对整个输送系统的要求高、负荷重，应用难度较大，只用于管线发生水合物堵塞后的解堵。因此物理方法并不能作为水合物防治的主要措施。

2）化学方法

化学方法主要是通过向管线中注入一定量的化学添加剂，改变水合物形成的热力学条件、结晶速率或聚集形态，来达到保持流体流动的目的，提高水合物生成压力，或者降低生成温度，以此来抑制水合物的生成。迄今为止，已发现化学抑制剂类型主要有热力学抑制剂、动力学抑制剂、防聚剂 3 类。

（1）热力学抑制剂。

通过向井筒、生产设备和输气管道中注入热力学抑制剂，可以改变天然气水合物生成的热力学条件。使水合物的平衡生成压力高于管线的操作压力或使水合物的平衡生成温度低于管线的操作温度，从而避免水合物的生成。常用的热力学抑制剂有甲醇、乙二醇等醇类以及一些电解质盐类。热力学抑制剂被广泛应用，在水溶液中质量分数一般为 10%~60%，具有用量大、存储和注入设备庞大、环境不友好等特点。

(2) 动力学抑制剂。

动力学抑制剂(KHIs)主要为水溶性或水分散性聚合物，KHIs 不影响水合物生成的热力学条件，通过延缓水合物晶体成核时间，降低生长速度，阻止晶体的进一步生长，从而使管线中流体在其温度低于水合物形成温度(过冷度 ΔT)下流动，而不出现水合物堵塞现象。常见的动力学抑制剂有 PVP、PVCap、Poly(VP/VC)等。

动力学抑制剂在应用中面临的问题是抑制活性偏低，而且通用性差，受外界环境影响较大。理论上动力学抑制剂适用的过冷度最低可大于 10℃，温度升高时动力学抑制剂的溶解性变差，从而降低了其应有的抑制效能。

(3) 防聚剂

防聚剂是一些聚合物和表面活性剂，主要通过防止水合物晶体的聚集以及在管壁上的粘附，从而使水合物晶体在油相中成浆液状输送而不堵塞管线。防聚剂不能防止水合物的形成，只能抑制水合物的生成。常见的作为防聚剂的化合物主要有烷基芳香族磺酸盐(Dobanax 系列)及烷基聚苷(Dobanol)、烷基乙氧苯基化物、四元季铵盐类表面活性剂、酰胺类化合物等。

目前，防聚剂已在国外陆上和海上进行了试验。由于表面活性剂价格昂贵，单纯使用表面活性剂做防聚剂在经济上很不合算；应用方式主要是把它和热力学抑制剂如甲醇以及动力学抑制剂等混合起来使用，或者是把几种防聚剂复配，具有经济、高效的特点。

3. 水合物抑制剂选择分析

根据开发方案描述，2 座平台采出的湿天然气通过 2 条外输海底管道分别输送到两个陆上天然气处理厂处理。受地理环境和施工条件等多种因素的制约，天然气脱水、加热和降压不能满足含硫气田开发水合物堵塞防治需要。因此采用注入水合物抑制剂作为防治措施，分别对两条管线的水合物防治进行分析。

1) A 平台海底管线抑制剂选择分析

各类水合物抑制剂中，热力学抑制剂通过变天然气水合物生成的热力学条件避免水合物的生成。动力学抑制剂和防聚剂不改变水合物的生成条件，只能延缓水合物的生成。考虑 A 平台所依托的陆上天然气处理厂拥有 MEG 再生系统，因此选择热力学抑制剂乙二醇作为该管线的水合物抑制剂。

通过数值模拟软件，计算了不同年份 MEG 的浓度以及加注量。计算中水合物生成温度安全余量为 3℃，富 MEG 浓度为 32%。贫 MEG 的体积浓度为 70%，最大注入量为 1300bbl/d。

通过计算我们可以发现，注入 MEG 可以有效避免水合物的生成，但使用剂量较大，并且必须在高浓度(10%~70%)时才能达到理想的抑制效果。如此大的剂量将造成存储和注入设备庞大，开采成本增加，应用成本高。因此可以考虑将 MEG 与动力学抑制剂进行复配，既能从热力学作用又能从动力学角度进行抑制，可显著提高抑制效果并降低生产成本。

2) B 平台海底管线抑制剂选择分析

B 平台管线的海底环境与管道条件基本与 A 平台管线一致，但陆上天然气处理厂未配备 MEG 再生回收装置。因此只能考虑选择动力学抑制剂和防聚剂。作为传统技术的替代选择，防聚剂与动力学抑制剂的研究已取得较大的进展。虽然使用量低至体系含水量的 3.0%以下，但却能够大幅度的延长水合物成核时间、减小生长速率或者防止其进一步聚集，保证输送过程中不发生水合物堵塞现象。

防聚剂的防聚效果取决于在注入点处的混合情况以及在管道内的扰动情况。仅在油和水共存时才能防止气体水合物的生成，作用效果与油相组成、含水量和水相含盐量有关，即防聚剂与油气体系具有相互选择性。因此，防聚剂在实际应用中不作为主要抑制剂使用，通常把它和动力学抑制剂混合使用。

动力学抑制剂经过多年的研究和现场应用，已经开发出一系列对水合物抑制效果较好的试剂。过冷度是制约动力学抑制剂性能的主要因素，以常见的商用抑制剂 Inhibex 为例，通过查阅实验数据可以看到，在与实际相似的实验条件下，Inhibex 501 和 Inhibex 301 在保证诱导时间大于 1d(1440min)的条件下，最大过冷度可达到 6.6~10.6K，可以满足该气田的实际生产需要。同时，考虑到一旦注入系统发生故障，对于不定期关闭气井或抑制剂不足等原因造成的水合物堵塞，需要采用降压等方法解决堵塞问题。

4. 结论

通过分析各类水合物抑制剂的特点和应用范围，结合气田的实际生产情况，分别对 A、B 平台海底管线选取了合适的水合物抑制剂。A 平台的海底管线选择热力学抑制剂乙二醇作为水合物防治措施。考虑到热力学抑制剂具有耗量大、成本高、毒性强等缺点，还需要依靠技术人员和操作人员摸索生产动态、寻求合理的注醇解堵技术、优化注醇量，并且考虑把热力学抑制剂和动力学抑制剂配合起来使用，以降低天然气生产成本。B 平台的海底管线选择动力学抑制剂为水合物防治措施，目前主流的商用动力学抑制剂可以满足该气田对水合物防治的需求。同时可以考虑添加防聚剂和降压等方法解决堵塞问题。

参 考 文 献

[1] 樊栓狮，王燕鸿，郎雪梅．天然气水合物动力学抑制技术研究进展[J]．天然气工业，2011，31(12)：99-109.

[2] 陈光进．气体水合物科学与技术[M]．北京：化学工业出版社：2007.

[3] 徐勇军，等．表面活性剂对水合物生成的影响及其应用前景[J]．天然气工业，2002，22(1)：85-87.

[4] 唐翠萍，杜建伟，梁德青．天然气水合物新型动力学抑制剂抑制性能研究[J]．西安交通大学学报，2008，42(3)：333-336.

浅谈ACFM检测技术在自升式平台水下检验中的应用

张梁

（中国船级社青岛分社）

摘要：ACFM检测技术是当前国内较为新颖的无损检测技术，尤其是应用在水下不损伤油漆检测方面，其突出的特点使其正逐渐向各个领域推广和应用。目前该技术已在海洋工程领域得到应用，并正在从设计、现场等方面逐步完善。本文将对该技术在自升式平台水下检验中的使用状况进行介绍，期望大家有个初步的了解，以便为今后项目的应用提供参考，并希望以此达到相互交流的目的。

关键词：ACFM技术；无损检测；水下检测；海洋工程；自升式平台；应用

1. 背景

随着海洋工程项目设计和建造规模的日益增大，现场遇到的新问题、用到的新技术和新工艺越来越多。本文所提到的ACFM技术就是一个正在逐渐被用于海工领域的新技术和新工艺。目前ACFM技术在国内特种设备、水力发电、桥梁、大坝等领域已获得成功的应用，并制订和颁布有相应的国家标准和行业标准，该技术在海洋工程领域的应用也已逐步成熟。

目前国内海工领域的ACFM技术主要用在水面以下钢结构物的无损检测方面，固定平台的导管架桩腿及撑管的定期检验，移动平台的水下检验等。但中国船级社还未开展针对此项技术的水下无损检测人员资质培训工作，本文重点介绍该技术及其在自升式平台水下检验方面的应用状况，旨在通过介绍让大家对该技术在海工领域的使用状况有个初步的了解，以便为今后项目的使用提供帮助和参考，并希望达到相互交流的目的。

2. 工艺介绍

1）工作原理

ACFM技术是由交流电压降测量技术（ACPD）发展而来的。ACPD技术一直用于测定裂纹的尺寸和监控裂纹的发展。尽管ACPD技术必须使探头和被检工件之间实现电连接，但它还是一直被用于水下。由于ACFM技术是依赖于测量被测工件近表面的磁场而不是电场，因此此技术操作简单，不需与工件电接触。伦敦大学机械工程系的沃伏森NDE中心进行了ACFM的理论研究并测定了这两种场的相互关系。因此，现有的裂纹周围的电场模型可用测量磁场的方法来确定裂纹的尺寸。这个非接触式测定缺陷尺寸技术依赖于向被检部位输入单向的电流，类似于ACPD技术要求的那样。但ACFM技术是用感应的办法输入电流的，因此使此技术完全不用与被检部件直接接触。

2）设备要求

各设备具体要求如表1所示。

表 1　各设备具体要求

名　　称	数量
TSC U31 型水下裂纹探伤仪	1
U31 型水上主机	1
350m 脐带(电缆)	1
绝缘变压器(ISOLATING TRANSFORMER)240V 变为 110V 或 110V 变 110V(操作员按可用电源的类型确定使用何种变压器)	1
便携式电脑，电脑系统必须适用于 110V 电源	1
必须适用于 110V 电源的 VGA 彩色监视器	1
RS232 接口(25 针)和 9-25 针适配器	1
WAMI 探伤软件软盘和手册	1
水下 ACFM 焊缝标准探头	1
水下狭窄部位适用的焊缝探头	1
水下铅笔式探头	1
可选择的其他探头	1
平板焊缝功能检验试块，含有 50mm 长 5mm 深的槽	1
磁性箭头	8

3）人员要求

水面操作员：熟练的操作员并持有 TWI 的 ACFM 证书(劳埃德认可)。

水下操作员：持有 CCS NDT 检验证书、专业机构认可的潜水员证书并接受了探头操作训练。

4）ACFM 技术优点

(1）对水质要求不高：潜水员只是手持探头沿焊缝进行扫描，无需对焊缝进行详细观察，检测结论由水上操作员得出。

(2）速度快：探头扫描率为 10~50mm/min。

(3）焊缝清理要求较低：仅需要将焊缝表面的海生物清理，无需清理防腐层。

(4）整个检测过程及最终检验结果都以电子文档形式保存科随时打印输出。

(5）检测结论可以共同探讨：必要时可以将检测数据以电子文档形式发送至各个专家处，共同分析焊缝状态；必要时可以将电子文档发往英国 TWI 公司让其分析，使结论更具公正性。

(6）可以测量裂纹深度。

(7）便于水上监督。

(8）ACFM 探伤可以解决更多 MPI 探伤无法解决问题。

综上所述，ACFM 探伤仪具有灵敏度高，效率高，记忆性强，操作简单、对水能见度要求不高等特点。

5）表面要求

(1）表面粗糙度：水下检验应将海生物、松散涂层等污物清除，表面应清理至使探头能平稳运动。表面要求和常规的涡流检测类似。通常用手动刮刀刷子清理就可以，必要时采用高压水射流技术清理。在探伤之前操作员应确认表面条件是否可以接受。表面详细情况通过水下目视检验做详细描述。

（2）涂层厚度：ACFM 探伤时穿过最大 5 毫米的非导电涂层探测缺陷。有涂层比没涂层得到的信号明显的小，但仍然可估计缺陷的尺寸。这通过在探伤软件 WAMI 尺寸估计程序中，即在标有"额外提升高度"的框中输入估计涂层的厚度来实现。额外提升高度选择（取决于探头的类型）-参阅 TSC 的穿过厚度大于 2 毫米的涂层测定缺陷的尺寸。注意：因为输入的是单向磁场，ACFM 信号相对来说对提升高度不敏感，所以厚度估计到最接近的毫米数即可。根据同样的理由，ACFM 技术相对来说对涂层的厚度（提升高度的变化）不敏感。不管怎么说，只影响 Bx 信号，所以不会与可能的缺陷信号混淆。

（3）磁化状态：要确保被检表面是处于非磁化的状态。因此，如果先前做过其它磁性探测（特别是磁粉检验），被检测部位表面应退磁。这是因为残余磁场的区域特别是磁粉检验磁轭腿放置的位置可在蝴蝶图中产生环线，有时可与缺陷信号混淆。

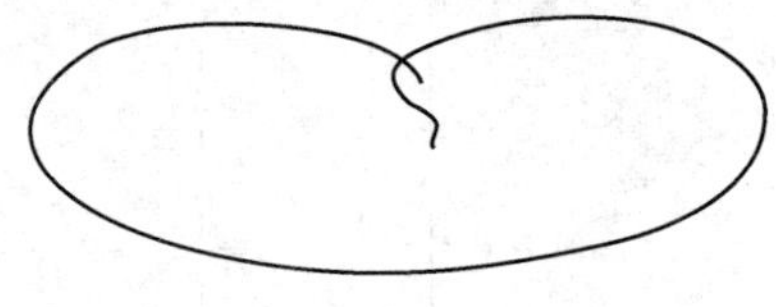

图 1 仪器测试示意图

6）设备操作前的校验及检查

（1）持有 ACFM 证书的操作人员每天作业前需要进行功能测试，用带缺陷试板进行检查，如出现完整圆滑的对称"蝴蝶"形状，表示设备正常，如图 1 所示。

（2）确认设备的完好性，包括保护用具、供电设备等，保证所有用具和设备都是完好可用的。

（3）若检查部位位于水下，持探头作业潜水员应确认各种装备情况并确保设备正常使用，包括安全设备以及潜水设备、拍照设备等，并在《潜水作业前检查表》上做好相关记录及签字。

（4）在 PL5817 试块（50mm×5mm 的人工缺陷）上扫描人工缺陷，图形显示 B_x 达 50%，B_z 达 175%。

（5）设备要进行专人多次检查，避免由于潜水员二次出水影响工程进行的情况发生。

7）探头选择及检验

如果几何形状允许所有的探伤都应用标准探头。如果主杆和斜支撑之间的角度太小标准探头无法进入则应使用狭窄区域探头如果主杆与支杆之间的夹角大于 90°时不要使用狭窄区域探头，因为与标准探头相比这会导至灵敏度降低。狭窄区域探头依赖于靠近主杆和支杆跨过焊缝感应出一个强的均匀的磁场。铅笔式探头只用于打磨过的区域或其它探头不能进入的区域。边缘探头用于板的边缘或类似形状的地方。注意边缘探头只用来探出缺陷而不能测尺寸。

8）检验人员与现场验船师的协调

检验过程应在现场验船师监督下进行。当发现缺陷时尽快通知现场验船师，用磁粉以及超声进行复检，并采用上述所添加的两个探伤标准进行是否可以接受的判定。

9）检测依据

（1）CCS《海上移动平台入级规范》（2016 及修改通报）；

（2）ADCI《商业潜水与水下作业公认标准》第六版；

（3）机械工业行业标准《金属无损检测及标准》；

（4）《中华人民共和国商业潜水安全规程》救捞人字（2007）371 号；

(5)《潜水员水下用电安全操作规程》GB 17869-1999；

(6)《中华人民共和国潜水条例》交体法发(2009)22号；

(7) 磁粉检测《中华人民共和国船舶行业标准 CB/T 3958—2004》；

(8) 超声波检测《中华人民共和国船舶行业标准 CB/T 3559—2011》；

(9) CCS《船体测厚指南》(Ver. 6. 1)。

3. 焊缝检验适用情况

1) 普通焊缝的检验

下面说明怎样探测平行于焊缝方向的疲劳裂纹，这依靠探头沿缺陷长度方向所得扫描信号辨认，所以探头总是沿与焊缝平行的方向移动。

推荐的探头扫描速度是10mm/s。标准探头(即不包括微型铅笔式探头)扫描的宽度是大约20mm宽。扫描应总是沿着两焊脚进行。如果焊缝的宽度超过20mm，应进行多次扫描以覆盖整个焊缝宽度(可在焊缝上扫描)。

(1) 焊道之间的裂纹。

如果在扫描焊脚时发现缺陷指示，在第一个焊道上重复扫描，以便确定裂纹指示是否是焊道之间的裂纹。如果在扫描焊道时的指示大于扫描焊角时的指示。缺陷必定是在焊道中。重复在焊道附近扫描直到反射信号最大。注意：焊道间的裂纹常常在它们之间跳跃。常常导至信号突然降低而在邻近的焊道突然增高。

(2) 裂纹进入母材

在一些几何形状，特别是管状联接部位，长缺陷从焊脚延伸至母材。这表现在 B_x 方向信号突然降低，而在 B_z 方向无波峰或波谷。在这种情况下，应在母材上沿预期的缺陷进行扫描，直到找到缺陷的端点。

(3) 穿透裂纹

当计算裂纹深度大于板厚时表示裂纹可能完全穿透焊缝，所以应要求潜水员寻找进一步的证据。这此证据可通过裂纹的开口看进去或看背面(如果是平板)。

(4) 环焊缝—没有打磨的区域

标准探头(非微型探头)有一个20mm的扫描宽度，如果焊缝宽度大于20mm要进行多次扫描以覆盖整个焊缝宽度，如果焊缝宽度少于20mm对主杆焊脚和支杆焊脚的扫描就足够了。

如果被检焊缝的长度大于400mm要对焊缝进行分段(长距离扫描潜水员操作困难，使探头被提升的机会增加)。应记录从基准点到四个主时钟位置的距离。任何影响探头移动的结构应报告(如其它焊缝与被检焊缝的接缝，焊接飞溅等)。

当发现裂纹时，应以较慢的速度进行更仔细的扫描，在焊缝的两侧指示长度的两头各多扫描30mm。应确定裂纹梢并标明。表面裂纹的长度应报给水面的操作员。也应记录下裂纹一端离基准点(如12点的位置)的周向距离。

如果用打磨的方式去除缺陷，每一次打磨的深度应是ACFM估计的深度。在进行打磨之前，缺陷长度加两端各30mm应用铅笔式探头扫描。打磨之后打磨的部位再用铅笔式探头进行检验确保缺陷被去除了。

2) 打磨过的焊缝的检验

为去除缺陷过去对焊缝进行了打磨。对这种焊缝的检验应用铅笔式探头。铅笔式探头是必要的但比起焊缝探头容易倾斜和摇动，所以扫描时应特别注意不要让此类事发生。第一次扫描应使探头轴向垂直于打磨的根部。该焊缝的打磨区域的两侧至少应各扫描 30mm。如果在打磨槽的底部发现缺陷，至少应按下列要求再扫描两次：

(1) 探头轴线与主杆成 30°。

(2) 探头轴线与支杆成 30°。

最大信号高度应用于测定裂纹深度也应用于指示缺陷在打磨槽中的位置。打磨过的区域应以适当的间隔标示出如 20mm 间隔，当探头跨越间隔标志时应通知水面的操作员。也应将裂纹上的一适当的标志离基准点(如 12 点的位置)的报告给水面的操作员。

当打磨的起始和结束位置太尖锐时这里可能隐藏缺陷。水面的操作员会告诉是否将过去打磨过的部分的端部进行打磨以便使探头运行平稳并有良好的信号。

3) 打磨过程中的检验

如果探测到的缺陷用打磨的方法去除，在进行打磨之前必须用一铅笔式探头进行扫描。这提供了一个对比基准，也消除了不同探头灵敏度所带来的影响。整个打磨过程应用同一个探头进行监控。

在打磨进行中应重新对缺陷进行扫描，打磨之后对裂纹的检验程序应按 3 节所述的程序做。特别应注意缺陷在打磨横断面中的位置。确保打磨位置跟随缺陷即便是缺陷的走向与预计的不一样。

水面操作员应注意每次打磨后信号的变化。例如长度变化，或分裂成两个或更多裂纹。信号在长度或深度的明显增长可能表明是近表面裂纹或是分叉裂纹。

如果在 ACFM 检验的基础上再用磁粉检验，为验证缺陷的尺寸对两种结果进行比较时应小心。

4) 平板焊接支撑板/加强板焊缝的检验

在扫描之前，水面的操作员必须对被检焊缝的几何形状有一全面的了解。对于探测管件来说如果形状允许应总是用标准探头。其它探头特别是铅笔型探头只有必要时才用。

使用均匀磁场可定缺陷的尺寸，也意味着标准探头从尖锐的几何形状如平板的边缘，角和老鼠洞之类的孔得到强的反射信号。当探头离边缘一定距离时这种边缘效应发生。此距离大约等于探头主体的宽度。因此，对标准的或狭窄区域使用的探头，当它们的中点离边缘 50mm 时它们将接受来自边缘的反射信号。铅笔式探头也曾经历过边缘效应，但是相对来说较小。

要探测靠近平板边缘的缺陷，应使用边缘效应探头。这就避免了其它探头发生的强烈梯度。可对缺陷的末端进行定位。为了估计靠近边缘的缺陷的深度，应用标准探头得到 B_x 读数如下列所述。

在边界区域不是不能用标准探头只是不容易辨认信号。边缘的效果是在探头信号上加了一个曲线，随着接近平板的边缘，此梯度增加。探测时，在蝴蝶图上缺陷的每一端都有一分离的信号，所以形成不了一个环。当在离边缘 50mm 之内发现缺陷时，缺陷的深度应用估计背景 B_x 在缺陷中心时的值来计算。

如果信号没有太多的曲率，用这个背景 B_x 估计缺陷两边的 B_x 值是最好的，此处不用时钟定位法，但要以适当的间隔标识被检焊缝(最大 100mm)。这些标识应通知水面的操作员。

在用边缘效应探头扫描时，如果缺陷显示直接朝向边缘，上述程序不能用。在此种情况下，深度估计可按下列方法进行：

（1）用边界效应探头在裂纹始端开始之前测出背景 B_x 的值(B_{x1})和最小值 B_{x2}。

（2）用标准探头在裂纹始端开始之前测出背景 B_x 的值(B_{x3})。

（3）将 B_{x3} 作为背景 B_x 值在裂纹深度对话框中输入，将($B_{x3}-B_{x1}+B_{x2}$)的计算结果作为最小 B_x 值输入。

（4）输入用边界效应探头得到的 B_z 值。

5）横向裂纹的检验

如果怀疑焊缝中有横向缺陷，应用下列探头扫描方法。为获得横向缺陷信号，输入的磁场必须垂直于缺陷，所以探头必须旋转 90°。平板和管材对接焊缝应用标准探头。T 型对接焊缝不能用标准探头，应用铅笔式探头。

按通常方法，如果要产生一个蝴蝶形环，探头必须横向扫描，即跨过焊缝扫描。为此必须以每 10mm 的间隔横扫。这样扫描速度就太慢了。探头应沿着焊缝的中心线进行扫描。

由于扫描不是沿着预期的缺陷的方向进行扫描，所以横向缺陷不会在蝴蝶图中产生一环，而是在 B_x 信号上产生一个凹陷(波谷)。如果扫描至靠近缺陷的某一端点时，B_z 信号有可能产生一波峰或波谷。但当扫描通过缺陷中部时，将无任何显示。在 B_x 上的凹陷(波谷)大约是 20mm 宽这将主要取决于探头输入磁场的几何形状而不是缺陷的尺寸。凹陷(波谷)的深度将由缺陷的深度来决定。

当探头沿着焊缝进行扫描时由于探头摇摆和提升比较剧烈且不可避免，因此，只靠 B_x 信号的凹陷(波谷)自已不足以表明缺陷的存在。为了确认缺陷的显示，要穿过焊缝横向沿着缺陷的方向覆盖 B_x 凹陷(波谷)进行扫描，(即沿着怀疑是缺陷的线进行扫描)。

探头的方向还和原来一样保持不变。开始和结束扫描的位置应至少离焊缝两侧各 25mm。以确保扫到缺陷的两端。在这种情况下缺陷就象正常情况一样在蝴蝶图中产生一个环。注意：在扫描方向上由于材料性质的变化在 B_x 和 B_z 上的信号能反应出来(这类似于在通常扫描时穿过其它接缝时)。如果这些信号在蝴蝶图中产生干扰环，在远离缺陷的地方进行同样的扫描以进行比较。

4. 自升式移动平台水下检验

某 CCS 级自升式移动平台，总长 72. 1m，总宽 49. 2m，深 9. 45m，有 3 条桁架式桩腿。现已进入坞内检验窗口期，但该平台靠泊码头处于停工状态，暂时并无进坞维修计划，不能够满足坞内检验的条件，且平台龄仅为 3 年，这是第一次坞内检验，由于平台没有水下检验附加标志，平台业主特向 CCS 申请以水下检验代替坞内检验。在得到 CCS 总部的同意后，平台业主按照《移动平台入级规范》及其修改通报第一篇第 5 章第 7 节及《移动平台安全规则》的要求执行水下检验安排，并详细制定了《水下检验计划》，相关分社按照计划对该平台进行了水下检验。

考虑到水下检验的局限性及自升式平台的特殊性，最终选定的方案为：只就水下不能露出水面的桩腿和桩靴及连接处等关键节点进行水下目视检验及 ACFM 无损检验，其它部分由验船师于平台站立状态时进行目视检验，必要时再对局部进行无损检验及测厚。

其中 ACFM 探伤范围包括：

（1）桩腿与桩靴连接焊缝及肘板焊缝 ACFM 探伤(图 2，图 3)；

（2）桩靴表面焊缝 ACFM 探伤(图 2，图 3)；

(3) 桩腿飞溅区附近选择的 TKY 节点焊缝 ACFM 探伤 20%;

(4) 对每根桩腿，选取锁紧系统上下各一个齿范围内、及固桩块区域范围内的齿条板，对齿条板和桩腿的连接焊缝进行 ACFM 探伤，探伤比例为 100%;

(5)其他 CCS 规范现场目测检验及规范进行 ACFM 探伤。

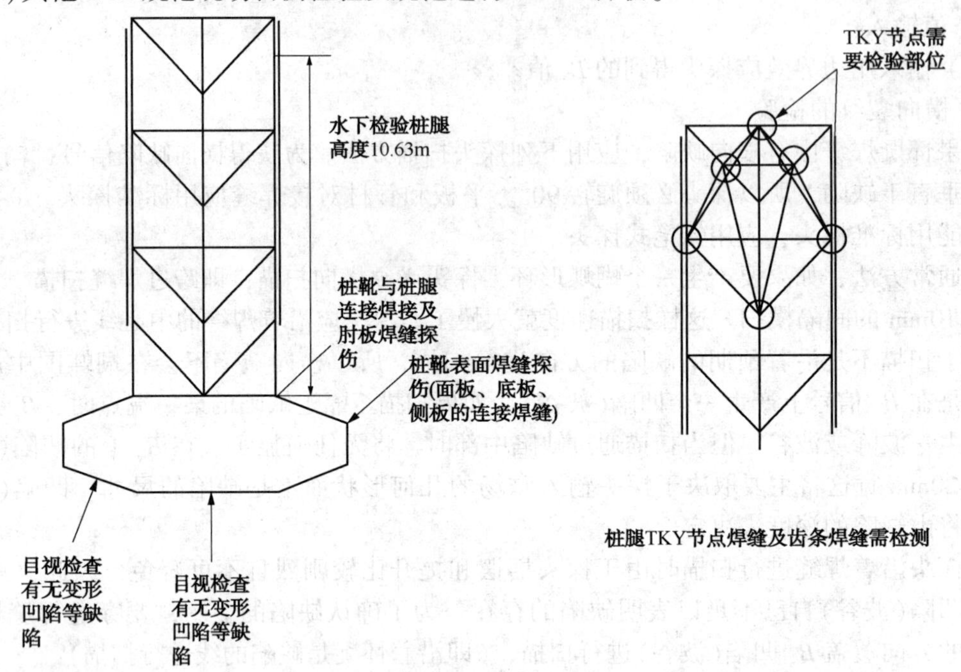

图 2 检验部位示意图

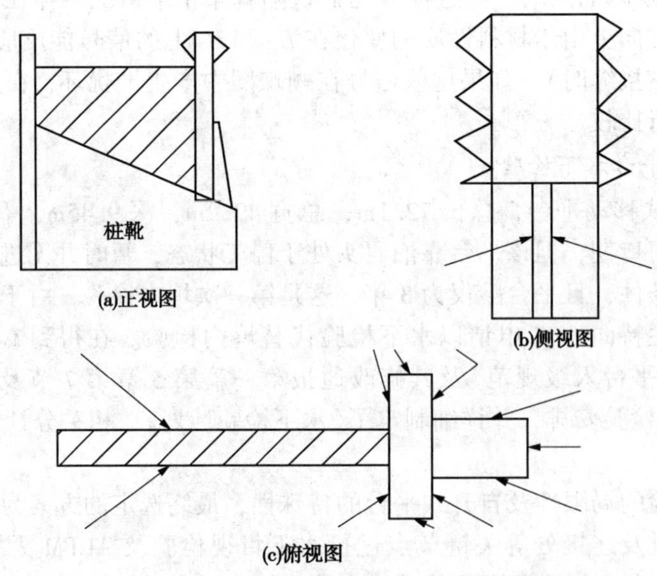

图 3 桩腿与桩靴连接焊缝(箭头所指为焊缝)

检测结果：对平台的 3 个桩腿飞溅区域和水下桩腿部分区域焊缝和桩靴焊缝，包括桩腿与桩靴的连接焊缝；表面焊缝，以及此焊缝上方桩腿的环形焊缝和竖条焊缝及 TKY 节点等处进行了 ACFM 探伤。未发现异常。

5. 结论

虽然该技术是当前国内较为新颖的无损检测技术，其突出的特点使其有广泛的应用前景，但该技术在具体海工领域应用方面还不成熟，仍然存在许多问题需要逐步解决和完善。作为海工相关从业人员，了解 ACFM 技术在当前海工领域的应用及现状情况将会对我们今后使用该技术提供参考和帮助。

参 考 文 献

[1] 中国船级社．海上移动平台入级规范[S]．中国船级社，2016.

[2] 李兵，任尚坤，周瑞琪．ACFM 检测系统的信号调理电路仪表技术与传感器[S]．2013，1.

[3] 国际海事组织．海上移动式钻井平台构造和设备规则[S]．国际海事组织，2009.

浅谈复杂海域海管铺设的安全管理

李晓　吴军　孔令兵　张涛　冯永超

（中国石油集团海洋工程有限公司海工事业部）

摘要：海底管道在铺设过程中受到风、浪、流等自然环境因素及海上油气开发不断增设的海管、海缆等海底设施和繁忙航道等人类活动因素的影响，因此细致的安全管理对复杂海况的管线铺设高效运行显的尤为重要。本文通过舟山市大陆引水三期工程，详细阐述了在杭州湾施工海域高流速、夏季台风频繁、穿越繁忙西堠门水道等复杂海况下海管铺设过程的安全管理细节。可为以后类似复杂海况的工程顺利实施提供有力的安全保障。

关键词：海管铺设；安全管理；高流速；台风频繁；繁忙水道

安全管理是促进经济健康发展，保证企业生产经营活动正常进行，保证劳动者生命和健康的重要因素。它是管理科学的一个重要分支，是为实现安全目标而进行的有关决策、计划、组织和控制等方面的活动；主要运用现代安全管理原理、方法和手段，分析和研究各种不安全因素，从技术上、组织上和管理上采取有力的措施，解决和消除各种不安全因素，防止事故的发生。施工现场安全管理主要是对场地与设施管理，行为控制和安全技术管理四个方面分别对生产中的人、物、环境的行为与状态进行具体的动态管理与控制。海管铺设远离陆地，缺乏相应的岸基支持，又受到海上种类和数量繁多的水上水下设施的影响，以及台风、高流速等不可抗力的环境因素干扰，因此做好海上安全施工管理工作对海管铺设高效实施意义重大。

海况也称海面状况、海情，是指在海洋水文观测中，由风浪和涌浪引起的海面外貌特征。其主要有以下两种情况：一是在风力作用下，根据视野内海面状况、波峰的形状及其破裂程度和浪花泡沫出现的多少等，把海况共分为 10 级；二是海区物理、化学、生物等性质及其变动情况，包括温度、盐度和密度的分布，水团和大洋环流的分布状况等。本文通过舟山市大陆引水三期工程，详细阐述了在杭州湾施工海域高流速、夏季台风频繁、穿越繁忙西堠门水道等复杂海况下海管铺设过程的安全管理细节，可为以后类似海况海底管线铺设提供安全管理经验。

1. 实勘施工海域、细化风险辨识、明确防控措施

舟山市大陆引水三期工程是浙东引水工程的重要组成部分，由宁波姚江河道提水，经宁波内陆、灰鳖洋海域至西堠山西北，出海口位置选在马目山西北桃花涂外海堤处，接入黄金湾调节水库，再输配水至本岛主要水厂及周边主要岛屿。施工海域横跨宁波市、舟山本岛两地，从新泓口围垦工程东顺堤外下海后，位于二期海底管道北侧，并与之平行延伸，距二期北线和南线管道分别为 50m 和 100m，距一期管道（部分管线存在悬空裸露）150m，且跨海段海管路由穿越西航路进金塘大桥、西堠门大桥主通航孔及烟墩作业区进港航道（图 1）。本工程设计大陆引水规模为 10.4×10^4t/d，设计引水流量为 1.2m^3/s，输、配水设计流量 5.0m^3/

s。跨海段管线长度为33.00km，全程采用焊接钢管，管道内径为DN1200mm。施工季节为5~8月份，受平均风速5.3m/s夏季偏东南风及台风影响，且该海域每月大潮汛高达7kn流速。

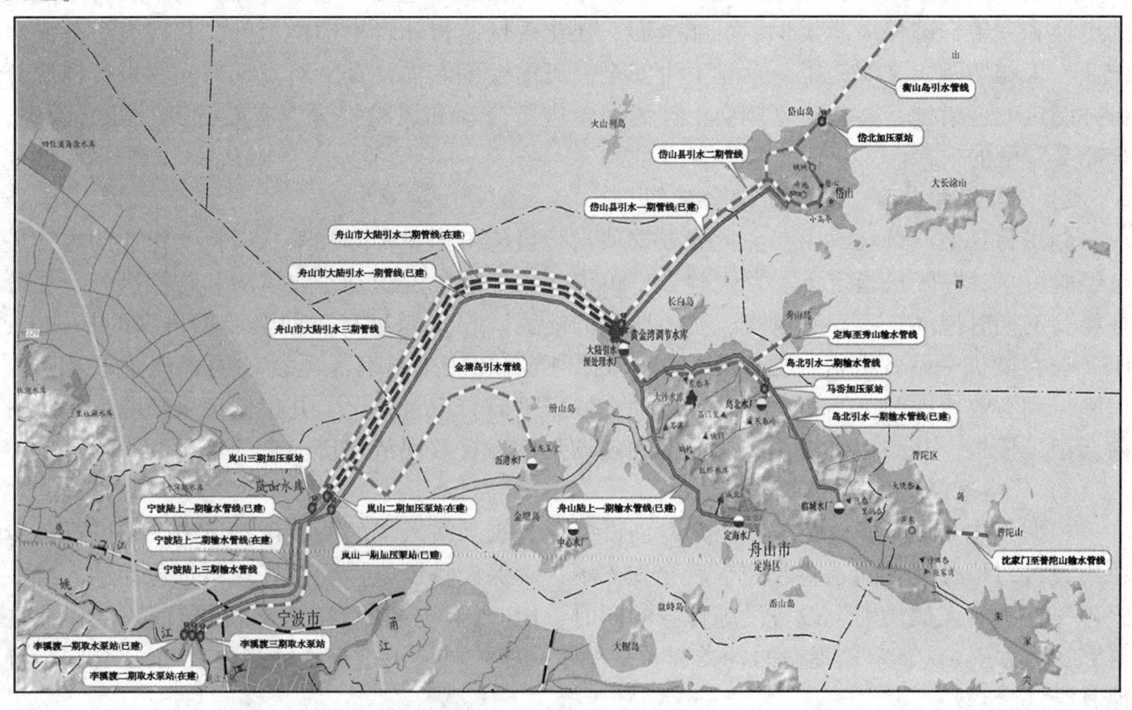

图1

根据《施工组织设计》和实际勘测海况，针对高流速、台风频繁、横跨繁忙水道等存在的施工安全风险点，组织编写了《舟山项目KP8-KP15.35段HSE风险评估报告》，并随项目的实施和后续工作量的增加，采用风险再评估的方式对已完成报告部分的风险及防控措施进行补充和完善，并先后完成了《舟山项目KP15.35-KP32段新增HSE风险评估报告》和《舟山项目登陆段新增HSE风险评估报告》。为实现项目风险动态管理，在《风险评估报告》的基础上，采取作业前JSA风险分析、每月进行《新增及重点监控危害因素识别与消减措施》、进行重大作业或高风险作业时，项目部以《每日风险销项单》的形式进行销项划分，明确具体措施落实人和验证人，专人专责、定期报告。

根据项目特点和出海人员管理要求，认真梳理登船人员健康证、五小证及特种作业人员证件，确保证件有效性，且分批组织进行HSE入场培训和班前会、许可专项培训，对项目管理要求、作业风险、应急资源等重点讲解，并进行考核，对考核不合格人员进行再培训、再考核。对临时出海人员、厂家及服务商人员，除进行HSE入场培训外，还组织进行临时出海专项培训。

2. 着眼细小环节、强化安全意识、提升现场管理

统计显示，98%的事故是因为人的原因引起的，其中安全意识薄弱的因素占比超过90%，而安全技术水平所占10%。正是这些不起眼细小环节的叠加效应最终导致了事故的发生，因此对待风险隐患宁可小题大做，不可大题小做，宁可信其有，不可信其无。防微杜渐是安全管理的根本。

1）规范现场行为、严格监督检查

项目作业实施前，施工部、技术部、HSE 部等部门对作业班组进行交底和 JSA 风险分析，明确风险防控措施，确保措施落实可操作，并在实施过程中对 JSA 分析结果进行不定时的更换和完善，确保风险辨识尽可能全面。强化现场监督和日常巡检力度，并持表进行潜水作业、工作场所、文明施工、食堂卫生安全、班前会等专项检查，对发现的问题进行根源分析并制定改进措施，并在每日例会上作为经验进行分享和风险提升，有效达到一处有隐患，全船受警醒的效果。

2）做实经验分享、落实班前会管理

利用每日生产例会，由参会代表根据项当日目施工作业实际和第二天将要作业的内容进行经验分享，并随机指定下一家经验分享单位，从不同角度识别作业风险和防控措施，在分享经验的同时提高自我识别风险、防控风险的能力。在组织进行班前会专项培训的基础上，HSE 监督随机旁站各班组，见证其班前会召开质量和效果，确保项目各项管理要求及防控措施得到有效传递和落实，同时，定期抽查各班班前会记录情况，并根据记录缺陷，制定班前会记录模板，并组织班组长进行宣贯和现场张贴，有效规范了班前会的记录。

3）严格分包管理、实现管理统一

根据各作业设备设施特点，制定专项设备检查表，对入场的所有设备设施、船舶进行专项检查，对检查发现问题整改完毕后允许入场，确保设备设施性能完好。将承包商纳入统一管理，在落实人员培训、设备设施检查的同时，HSE 部严格执行事业部《承包商入场作业许可》管理规定，认真审核提交的各类资质、程序文件、风险识别与消减措施及 HSE 合同，确保其合法合规。

4）丰富专项活动、提高全员意识

结合“安全生产月”、“6·5 世界环境日”及“节能宣传周”等活动，开展主题宣贯，并通过张贴图册、专项检查和培训、全员岗位风险辨识等方式，普及 HSE 基本知识，提升全员参与安全的意识。设立安全奖励基金，每月评选 HSE 优秀工人、优秀班组长、优秀监督及优秀行为观察沟通卡进行奖励，调动全员参与安全管理的积极性，共同提升现场安全管理水平。

3. 防控重大风险、夯实应急管理、提升应急处置

项目施工所处的杭州湾海域每逢农历初一、十五为大潮汛期，潮汐流速较大，瞬时峰值流速高达 7kn，对单锚拉力最大高达 140t，远超过中油海 101 船安全作业海况；与此同时，施工锚位及管线横跨西堠门、烟墩等繁忙航道，过往船舶对铺管船及引水管线构成一定的安全威胁；加之夏季东南沿海施工台风频繁，也是施工作业的潜在风险。针对这三条重大风险逐条管控，保证项目安全高效实施。

1）从海况和设备实际出发，保证船舶管线施工安全

为确保中油海 101 船的稳性，避免发生船舶失稳而导致安全事故，从大潮汛实际海况和 101 船锚机设备的实际出发，制定了以下防风险措施。①在施工过程中，单锚最大拉力一直严控在 100t 之内，当拉力接近 100t 时，立刻停工稳船，避免行船时锚机拉力继续增大，进而提高溜锚的风险。②化适用于本海域恶劣海况的布锚方案，宁可缩短一个锚位的行船距离，也要确保锚的抓地力，切实防止溜锚。③24 小时实时监控锚位、锚机、锚缆的工作状态；大潮汛涨落潮期间，为了应对单锚拉力过大及船尾偏离路由的现象，由抛锚艇提前到下

流船尾处进行顶推，从而保证管线及船舶的安全。

2）优化施工时间窗口，多部门协同跨航道

根据中油海101船日铺管效率和未来几日海况，预判跨越航道时间窗口，提前调整人员和设备状况，使其在跨越航道施工期间保持最佳效率，用最短的时间完成跨航道施工，将安全风险降到最低；跨航道期间每日以张贴《风险销项单》的形式划分销项，每日生产例会明确具体措施落实人和验证人，专人专责、定期报告，控制潜在风险；跨航道施工前邀请宁波海事局、舟山海事局登船指导工作，跨航道施工时交管公共频道循环播放跨航道施工航警，海事执法船、101守护船、101警戒船全方位值守，杜绝船舶误闯施工海域。

3）重视突发事件应急管理，提升现场应急处置能力

由于作业线大部分人是第一次登船施工，对船舶应急资源、设施和应急流程都比较陌生，为让员工更好的适应作业环境，在组织进行应急理论培训、视频播放的基础上，组织进行消防、弃船等应急演习，加深员工的应急反应和熟练度，同时，就演习出现的问题进行现场培训、现场讲解。演习结束后，组织相关船员、HSE管理员、HSE监督中心人员进行沟通和意见交流，在逐步提升演习的实效性和可操作性的同时，对《大风、台风撤离专项应急专项预案》进行完善，并对已形成并可能影响中油海101船组作业的"南玛都"和"奥鹿"台风进行分析和研究部署，明确了撤离条件、时间及每个预警信号下的具体动作要求。

4. 结论

随着生产力的发展和对海洋研究的深化，人类正在越来越多的开发和利用海洋这一巨大的资源宝库；与此同时，安全和海洋环境污染问题日益凸显，在开发利用的海洋资源越来越复杂的情况下，为更好的开发海洋、利用海洋、保护海洋，应做好以下安全管理工作：

(1) 项目实施前，对施工海域做好详尽的预调查工作，充分识别出施工区域复杂海况对作业可能构成的安全威胁，根据辨识的风险做好相应的安全应对措施，召开专家安全评审会，评估施工方案、安全管理手册的可行性。

(2) 生产过程中，严格现场监督检查和分包管理等行为，做好安全经验分享和班前会管理，组织专项安全活动，提高全员意识。

(3) 与海事、业主、各分包队伍密切沟通、配合，防控重大风险，定期组织海上演习，提高现场的应急能力。

参考文献

[1] 赵文华. 海上测控技术名词术语[M]. 北京：国防工业出版社，2013.

起重铺管船定位方式比选

赵开龙[1,2]　李春润[1,2]　刘振纹[1,2]

（1. 中国石油集团工程技术研究有限公司；

2. 中国石油集团海洋工程重点实验室）

摘要：锚泊定位与动力定位是目前海上结构物应用最为广泛的定位技术。本文以某3000吨起重铺管船定位方式选择为例，从技术、经济性、市场竞争力等方面对锚泊定位与动力定位进行了对比分析，比较了各自的优缺点，可为起重铺管船的定位方式选取提供参考。

关键词：起重铺管船；定位方式；锚泊定位；动力定位

1. 引言

锚泊定位是指用锚及锚链、锚缆将船或浮式结构物系留于海上，限制外力引起的漂移，使其保持在预定位置上的定位方式，目的在于限制和减小它们在风、浪、流作用下的运动，以减少由于过度运动所造成的作业暂停时间。由于风、浪、流可能来自不同方向，一般采用呈辐射状的多点锚泊系统。动力定位是海洋工程船舶的一种定位方法，先用声呐测定船位，再利用船上的自动控制系统，发出指令，控制安装在船首、船尾的侧向推进器，来固定船位。

锚泊定位和动力定位这两种形式均能满足起重铺管作业任务，主要由于推进系统和电力系统配置等方面的差别，使得这两者在船舶的技术合理性、经济性、市场竞争力等方面存在一定的差异。

2. 技术比选

1）定位精度

锚泊定位由于系泊系统的力学变形，随着作业水深增加，精度将减小，锚泊系统进行定位的船舶，其在水面上的水平位移为3%~5%的作业水深，而动力定位船舶在水面上的水平位移则可控制在1%的作业水深范围内。定位精度越高，则越能保障作业的安全性和可靠性，可提高作业效率，保证施工质量。

2）机动性

锚泊定位的起重铺管船一般为非自航船，其在航行时需要由拖轮辅助操作，作业时亦需抛锚艇辅助抛锚作业。同时其对海况和天气因素较为敏感，缺乏灵活性。动力定位设有推进系统，可自航至施工地点，对海况和天气因素的反应快速，操作较为方便，拥有动力定位系统的铺管船可以根据作业的需要快速收、弃管，其机动性较强。

3）可靠性

锚泊定位系统结构简单，不需要动力、推进器等复杂的系统，可靠性较高。动力定位系统虽然存在动力故障、推进器故障、电力系统故障和过载对系统影响等问题，但由于动力定位系统考虑DP2等级，单个设备或系统故障模式下仍可自动保持船位，且通常船舶会设置功率管理系统，可自动消除过载现象，故也具备较高的可靠性。

4）定点作业位置的可选择范围

锚泊定位的锚链是以铺管船为中心向四周辐射近似呈一个圆形，这使得其在一些已拥有较多海洋结构物的区域很难进行锚的布置，并且其对海床地质条件有一定要求，受水深限制较大。动力定位船舶不用考虑周边海洋结构物和海床地质对其的影响，在进行起重作业时则不受水深条件的限制，定位作业位置可选择的范围较为宽广。

5）铺管效率

采用锚泊定位的铺管船在进行移船铺管作业时，每次移船时需考虑起锚和绞车刹车等所花费的时间，故其铺管速度较慢。采用动力定位的铺管船铺管效率较高。

3. 经济性比选

1）初投资

项目投资估算范围包括工程建设所需的各项固定资产费用、建设期贷款利息及流动资金估算。投资估算依据设计提供的基础数据和类似项目的统计资料，并根据规定考虑了进口设备费用及相关从属费用。3000吨起重铺管船采用动力定位和锚泊定位两种定位形式船型方案的投资估算如表1所示：

表1　动力定位与锚泊定位船型方案投资估算

序号	项目名称	动力定位/万元	锚泊定位/万元	备注
一	工程建设直接费用	120525.1	107649.5	
1	原材料费	15034.3	14866.8	
(1)	船体材料	7366.1	7180.5	
(2)	轮机材料	2880.0	2600.0	
(3)	舾装材料	1173.3	2118.3	
(4)	电气材料	1680.0	1268.0	
(5)	管系阀件	755.0	715.0	
(6)	内装材料	1180.0	985.0	
2	设备费	72502.1	64248.0	
(1)	轮机设备	21657.4	9252.4	
(2)	电气设备	8205.1	5156.0	
(3)	甲板机械(含舾装设备)	2380.0	9580.0	
(4)	专业设备	40259.6	40259.6	
3	随船工属具及其他用品	590.0	520.0	
4	人工费	7630.0	6280.0	
5	动力费	2652.8	2474.3	
6	船厂生产专用费	7035.0	5885.0	
7	船厂管理费	4406.3	3981.7	(1+2+3)×5%
8	船厂利润	5492.5	4912.8	(1+2+3+4+5+6+7)×5%

续表

序号	项目名称	动力定位/万元	锚泊定位/万元	备注
9	船厂税金	5182.0	4480.8	(4+5+6+7+8)×17%+(4+5+6+7+8)×17%×12%
二	工程其他费	12257.3	11143.2	
1	项目管理费	3675.4	3289.1	
2	前期研究费	225.0	209.3	
3	设计费	2410.5	2153.0	
4	审计费			
5	招标代理费			
6	后评估费			
7	接船费	4500.0	4200.0	
8	保险费	602.6	538.2	
9	船检费	843.7	753.5	
三	预备费	13277.9	11879.0	
四	建设期贷款利息	6300.0	5650.0	
五	建设投资估算合计	152360.3	136321.7	

由上表可知，3000t 起重铺管船动力定位船型方案的总投资估算比锚泊定位船型方案的总投资估算约高出 12%，两者投资造价的差异主要体现在设备费方面。结合国内外已有的铺管船型，考虑其设置十二点锚泊定位系统，锚泊系统设备费用相对较高，由此在甲板机械设备费方面将比动力定位船型方案增加 7000 余万元。动力定位船型方案虽然无需设置锚泊系统，但由于其考虑了 DP2 等级的定位能力，增加的轮机电气设备较多，故机电设备费用较锚泊定位船型方案增加了约 1.55 亿元，相关原材料费亦有一定程度的增加。同时，考虑到动力定位船型方案的设计及建造难度相对较大，故其在设计费、人工费、动力费、船厂生产专用费、船厂管理费、船厂利润、税金及工程其他费用等方面相较锚泊定位船型方案均有一定程度的增加。

2）营运收入和营运成本费用估算

项目总成本和费用包括项目生产成本和期间费用。发生的期间费用包括管理费用、财务费用和销售费用。成本费用估算本阶段暂采用比例估算法。

船舶运营期间成本的测算原则：人员工资按测算的岗位配置进行测算；燃料动力费按本船电站功率的一定比例进行估算；修理费及其他费用等参照国内铺管船近几年运行成本相关资料信息进行测算。

(1)营运收入估算。

由于锚泊系统损耗较严重导致的机械停工期较长，受海床地质条件、周边海洋结构物、水深等因素限制较大，且对海洋环境条件变化的应对能力较弱，每次移船时需考虑起锚和绞车刹车等所花费的时间，故其起重铺管效率较低，且每年锚泊定位方案的可营运时间较短。而动力定位方案铺管效率较高，受海床底质条件、周边海洋结构物等因素限制较小，在进行起重作业时，则完全不受水深条件的限制，故其作业的时间窗口要求比锚泊定位方案更优。综合以上因素，假设动力定位方案年营运时间为245天，日租金为145万元/天，则其年运营收入为35525万元。锚泊定位年营运时间为210天，日租金为125万元/天，则其年运营收入为26250万元。动力定位方案年运营收入比锚泊定位高出约30%。

(2)营运成本费用估算。

营运成本费用主要由船员薪资、修理费、燃料动力费、备件费、保险费、其他费用和管理费用等方面组成，参照其他铺管船型的估算方法，项目年成本费用各组成部分可按如下方式进行估算：

① 船员薪资：人员工资、薪金总额按12万元/年计算。除去临时上船作业人员，本船常年核定船员为150人。

② 修理费：由于锚泊定位方案船舶在进行施工作业时，需频繁地进行起抛锚作业，对锚泊系统相关设备的损耗较为严重，修理费相对较高，故锚泊定位方案修理费按船舶造价的0.5%计算，动力定位方案修理费按船舶造价的0.4%计算。

③ 燃料动力费：锚泊定位方案燃料动力费按每天25t耗油考虑，动力定位方案在定位作业时消耗电站功率较大，燃料动力费按每天70t耗油考虑，油价暂按2500元/t考虑。

④ 备件费：锚泊定位船舶锚泊系统备件较多，而动力定位船舶轮机备件较多，故考虑两者总的备件费应无较大差异。由于锚泊定位船舶造价较低，备件费按其造价的1%计算，动力定位船舶备件费按其造价的0.8%计算。

⑤ 保险费：按船舶造价的0.5%计算。

⑥ 其他费用：包含港杂费、船检费、租赁费及各种其它不可预见的费用，由于锚泊系统在频繁起抛锚过程中损耗较严重，导致机械停工期较长，且海外作业时需长期租赁若干抛锚艇等配套设施，会因此额外增加相关租赁费用和人工成本，故每年锚泊定位方案的其他费用按营运收入的3%计取，动力定位方案的其他费用按营运收入的2%计取。

⑦ 管理费用(包括通讯费、海餐费、办公费用及其他日常管理费用)，按照营运收入的4%计取。

年营运成本费用暂不考虑运营期间发生的财务费用，即借款利息净支出。根据以上对各类成本费用的描述，两种定位形式船型方案的年成本费用统计如表2所示：

表2 两种定位形式船型方案的年成本费用 单位：万元

	船员薪资	修理费	燃料动力费	备件费	保险费	其他费用	管理费用	合计
动力定位方案	1800.0	609.4	4375.0	1218.9	761.8	710.5	1421.0	10896.6
锚泊定位方案	1800.0	681.6	1312.5	1363.2	681.6	787.5	1050.0	7676.4

由以上针对两种定位形式船型方案的营运收入和营运成本的初步分析计算可知，动力定位船型方案的年营运收入比锚泊定位船型方案多9275万元，而其每年成本费用则比锚泊定位船型方案多3220万元，故每年毛利润比锚泊定位船型方案多约6055万元。

4. 市场竞争力比选

随着电子技术、传感器和控制理论等相关技术的不断进步和发展，船舶动力定位技术日趋成熟，其在海洋资源的开发过程中承担着越来越重要的角色，近些年国外开发建造的起重铺管船型也越来越多地使用动力定位系统。

由于目前很多海工项目对于设备本身的操纵和定位精度、机动性、铺管效率等方面有着越来越高的要求，项目业主对工程承包商的要求也越来越高。

海洋资源的开发向深海进军是大势所趋，动力定位船舶由于自身良好的水深和环境适应能力，无需对船体大幅改造，仅需对铺管系统设备(如张紧器、A/R 绞车、铺管架等)作适当升级和更新换装，即可在一定程度上满足某些深海工程项目的作业要求，其改造的物质成本和时间成本较低，升级改造的潜力和空间较大，从而可在未来深海海工项目市场上保持一定的竞争能力。

5. 结论

从技术性角度讲，通过对定位精度、机动性、可靠性、作业的可选择范围和铺管效率等方面的对比分析可知，DP2 级动力定位系统与锚泊系统相比具有较大的优势；从经济性角度讲，动力定位方案的总投资估算虽然比锚泊定位方案高，但经初步估算其每年毛利润比锚泊定位船型方案多，年盈利能力较强，投资回收期也相应较短；从市场竞争力角度讲，无论是在目前现有的浅海海工市场，还是在未来可预见的深海海工市场方面，配备动力定位系统的起重铺管船具备较大的市场竞争能力和升级改造的潜力。

综合以上各方面的比选分析，认为采用动力定位的船型方案比采用锚泊定位的船型方案更具有优势。

参 考 文 献

[1] 季春群．移动式平台的定位系统[J]．中国海洋平台．41-44.

[2] 崔宏林，薛开，等．工程船锚泊动力定位系统设计与仿真分析[J]．机械工程师．2010，4：93-95.

[3] 魏云雨．锚泊偏荡运动数学模型的研究[D]．大连：大连海事大学，2001：19-20.

[4] 摩根 M J. 近海船舶的动力定位[M]．耿慧彬，译．北京：国防工业出版社，1984：36-56.

[5] 金鑫，王磊，等．切换控制在动力定位系统中运用的研究与进展[J]．实验室研究与探索．2014，12：12-15.

[6] 张本伟，杨清峡，等．半潜钻井平台动力定位与锚泊混合定位控位能力分析方法研究[J]．船海工程．2013，6：146-149.

基于BIM-CBR的海洋油气田前期开发方案投资评估方法

魏 立[1]　王 红[1]　缪青海[2]　黄 敏[2]　魏 群[2]

（1. 中海石油深海开发公司；2. 中国科学院大学）

摘要：论文面向海洋油气田前期开发方案的设计与评估，建立基于建筑信息模型BIM的案例库，结合人工智能中基于案例的推理CBR技术，提出海洋油气田开发方案投资费用估算方法。使用BIM案例库，可较为准确的得到设施投资费用；而使用CBR技术对不确定较大的施工安装费用也可得到定量的估算。案例库在实际工程累积丰富的同时，不断校正优化估算系数，提高估算的准确度。

关键词：建筑信息模型（BIM）；基于案例的推理（CBR）；前期设计（FEED）

1. 引言

随着信息化技术的快速发展，生产数据成为企业自身的宝贵资源。同时，如何管理、有效利用这些数据资源来更好的服务企业生产、决策，也给企业带来新的挑战。一方面，BIM技术取代传统的设计、管理模式，成为贯穿整个工程项目生命周期的主流发展趋势；另一方面，大数据和人工智能技术的快速发展，近年来成为将数据转化生产力的重要推动力。如何利用这些新技术服务于企业决策、生产，实现行业内落地，成为具有挑战性的课题。本文面向海洋油气田前期开发方案的设计与评估，提出基于BIM案例库和CBR技术的综合方法。

2. 相关技术与方法

1）建筑信息模型BIM

建筑信息化模型（Building Information Modeling，BIM）是在建设工程及设施全生命期内，通过参数模型整合各种项目的相关信息，对其物理和功能特性进行数字化表达，在项目策划、运行和维护的全生命周期过程中进行共享和传递，工程技术人员依此设计、施工、运营，在提高生产效率、节约成本和缩短工期方面发挥重要作用。

自20世纪70年代由乔治亚理工大学的Chuck Eastman教授提出BIM理念，历经萌芽阶段、产生阶段和发展阶段，BIM技术近年来进入一个高速发展时期。已经在场地分析、建筑策划、方案论证、可视化设计、协同设计、性能优化分析、工程量统计、施工进度模拟、物料跟踪、灾害应急模拟等领域得到广泛应用。

虽然我国BIM技术起步较晚，相关软件平台还主要以国外商业软件为主，但近年来国家相继出台相关行业标准，陆上工民建已大量采用BIM技术，上海中心大厦、黄登水电站等成为BIM应用的代表。与此同时，由于海洋工程的复杂性和高风险的特性，我国海上BIM技术研究与应用相对发展不够成熟，与陆上工民建BIM应用存在较大的差距。

2）基于案例的推理 CBR

基于案例的推理（Case-BasedReasoning，CBR）是人工智能技术的一个重要分支，涉及特征设计、模式分类、知识表示等环节，综合使用神经网络、模糊逻辑等人工智能技术，是一种基于过去的实际经验或经历的推理方法，是传统专家系统的提升。简单来说，CBR 把当前情况与以往曾成功解决的问题相匹配，从中获取答案或启发，是从经验库/案例库中找到与当前问题最接近的案例，以此案例作为参考样本，针对具体问题进行必要的改动，以得到当前需解决的问题方案。在匹配的过程中，必要时可对过去案例的解决方案进行修改，使之能更好地与当前问题的具体情况相适应。

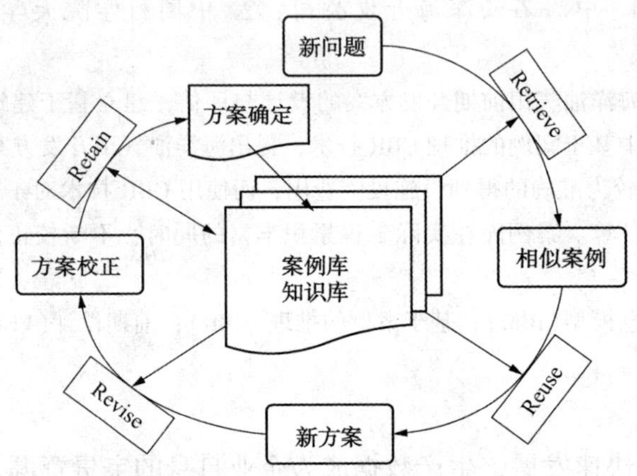

图 1　基于案例的推理 4R 工作流程原理

CBR 的工作过程可以概括为 4R（Retrieve→Reuse→Revise→Retain）的循环过程，即相似案例匹配查找（Retrieve）、案例重用（Reuse）、案例的修改和调整（Revise）、案例学习（Retain）4 个步骤的循环：

（1）案例匹配查找（Retrieve）。

根据新问题的特征描述，在案例库中按使用相似度测量方法，检索查找最相似的一个或多个案例，作为新方案设计的依据。

（2）案例重用（Reuse）。

如果新问题与案例库中的已有问题在主要特征上足够相似，则尝试用检索出案例的问题解决方案解决当前问题。

（3）案例的修改和调整（Revise）。

根据检索出的案例与输入案例的差别，对检索出的案例的解决方案进行修改，以适应当前问题的具体特点；不断调整，得到最终的问题求解方案。

（4）案例学习（Retain）。

将当前问题的特征描述，以及最终解决方案合并成为新案例放入案例库，进行知识的储备，对案例库进一步扩充。必要时，对案例库进行特征的优化重整，以便更好的服务于后继工程。

基于案例的推理具有两个特点：一是利用相对固定的特征向量表示已有的成功经验；二是待求解的问题与案例库中的问题通常属于同一个领域，即新旧问题具有较高的性质类比度。海洋油气田开发设计方案具备以上两个特点，CBR 作为前期开发方案的快速评估方法，与基于 BIM 的案例库相结合，正可以发挥它的特点和优势。

3. 面向海洋油气田开发的 BIM 案例库

在 CBR 应用中，案例库的建立、调整和维护是关键环节，传统的案例仅有一个特性向量和具体方案的数据/文字描述，难以适用于海洋油气工程这样大规模、高复杂度的应用场景。因此，本文将 CBR 与目前快速发展和普及的 BIM 技术相结合，创新性的提出基于 BIM 方法建立 CBR 案例库，提高案例描述的准确度、可视度。

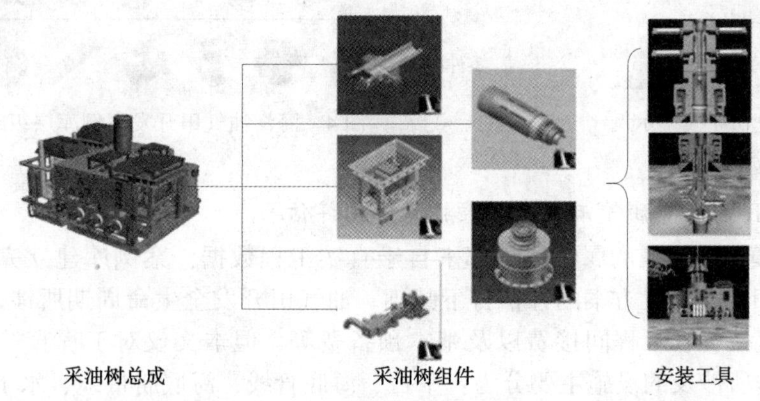

图 2　采油树三维模型

1）海洋油气生产三维模型库

典型的海洋油气田开发主要设施可以分为平台、海底管线、海底脐带缆、水下设施、浮式设施、单点系泊系统等部分。每一部分又包含多种生产设施，以水下生产设施为例，又包括采油树、管汇、分配单元、跨接管、PLET 等设施。而以采油树为例，又可进一步分解为采油树组件、湿气流量计、接头保护帽、油管挂组件、采油树帽、生产导向基盘、FPS 等。这些设施通常还配套专用的安装工具。

2）海洋油气生产系统的 BIM 化建模

在三维模型的基础上，通过扩展附加属性，建立海洋油气田基础设施的 BIM 模型库。设施模型的属性维度由原先的三维扩展到“3+X”维。所增加的维度根据设施的属性不同而有区别，例如这些设施可分为采办型和建造型。采办型设备一般向国内外的厂商定制购买，费用还包含相应的工具和安装费用，例如采油树。建造型设施，例如管汇，一般由国内厂家根据设计进行主体制造，个别设备(流量计等)通过采购进行安装。对于采油树等采办设备，属性扩展包含采办费用、安装费用以及相关的间接费用等。对于管汇等建造型设备，由于主要以钢结构为主，其扩展属性包括钢材型号、重量等。通过这些属性，可以计算出钢结构成本价格。

3）基于 BIM 模型的海洋油气田开发案例库

基于 BIM 模型，可以方便的创建海洋油气田开发案例，多个案例集成为案例库，是 CBR 案例库的基础。案例库采用多层级构建：最底层是零部件层，最小可以是一个螺丝钉；其上是设备层，例如采油树上的水下控制单元、油管挂等；设备层之上为设施层，包括采油树、管汇、脐带缆、海底管道等；最上层是案例层，由其下的多个设施根据实际的油气田开发方案构建，如图 4 所示。

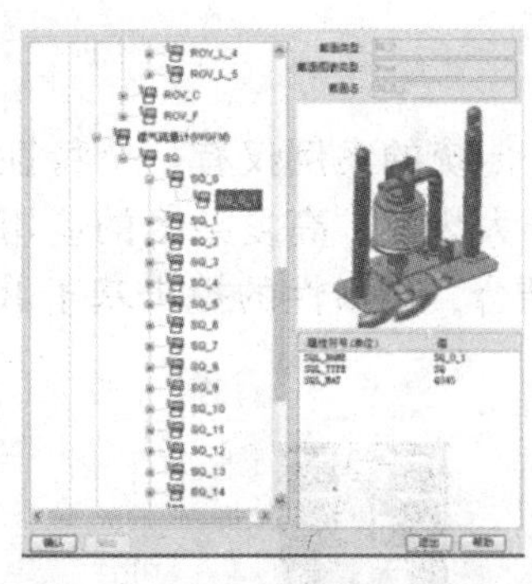

图 3 采油树 BIM 模型示例（湿气流量计）

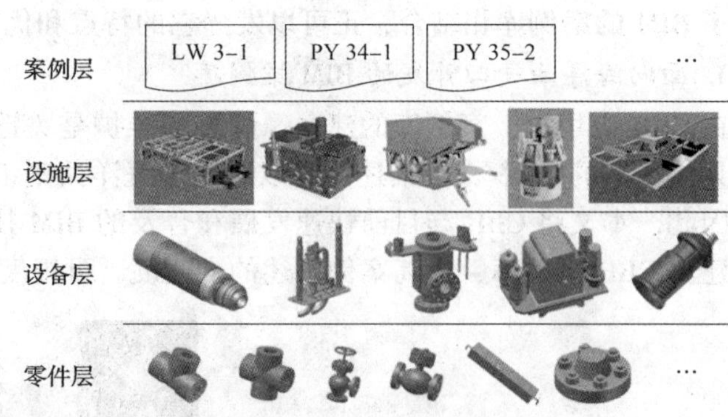

图 4 海洋油气田开发案例库层级结构

4. 基于 CBR 的海洋油气田开发方案投资费用评估

由于 BIM 模型所附属的属性信息都来自于真实工程数据，案例库建立完成后，为基于 CBR 对新油气田前期开发方案的评估打下基础。油气田开发全生命周期所涉及的环节众多，总体包含工程直接费、工程间接费以及基本预备费等，但本文仅对工程直接费部分进行估算。工程直接费所涉及的设施主要分为：平台、海底管线、海底脐带缆、水下设施、浮式设施、单点系泊系统等，每个设施又可细分 4 级。图 5 以水下设施为例，给出了顶层以下 3 级目录。

"水下生产设施"费用组成分级

1. 水下系统设备费
   (1) 采油树系统
   (2) 控制系统
   (3) 管汇和PLET
   (4) 跨接管
   (5) 卖方设计费及管理费
   (6) 其他费用
   (7) 运费
2. 水下系统保护结构费用
   (1) PLET
   (2) PLEM
   (3) SUTU
   (4) 在线管线
   (5) 中心管汇
   (6) 采油树
   (7) 涂漆
   (8) 采管费
   (9) 其他费用
   (10) 国内运费
3. 钻井船改造
4. 安装费

图 5 水下设施投资费用三级科目

其中，设备费、保护结构费用等虽然受经济形势、市场景气度等因素的影响，但整体可以较好的估算，可由 BIM 数据进行直接计算得到；而安装费容易受洋流、台风等不确定自然因素的影响，相对波动较大，预估难度也较大，因此可用 CBR 方法来进行估算。

1) 基于 BIM 的前期开发方案设施采办费用估算

使用基于 BIM 的油气田前期开发方案快速设计与评估功能，可根据关键设计参数，例如可根据井口数量快速计算采油树的总采办价格，根据井口位置估算海底管道和脐带缆的总体费用。以图所示某气田开发设计方案为例，可快速给出设施费用估算。

图 6 所示的开发方案包含采油树 11 部，中心管汇 1 部，其他管汇 4 部，分配单元 1 部，以及设施之间链接的海底管线与海底脐带缆。假设采油树的采办费用为 X，中心管汇的费用为 M_0，其他管汇的费用为 M_1，分配单元费用为 D，则主要设施的费用可估算为：

$$E_1 = X \times 11 + M_0 + M_1 \times 4 + D$$

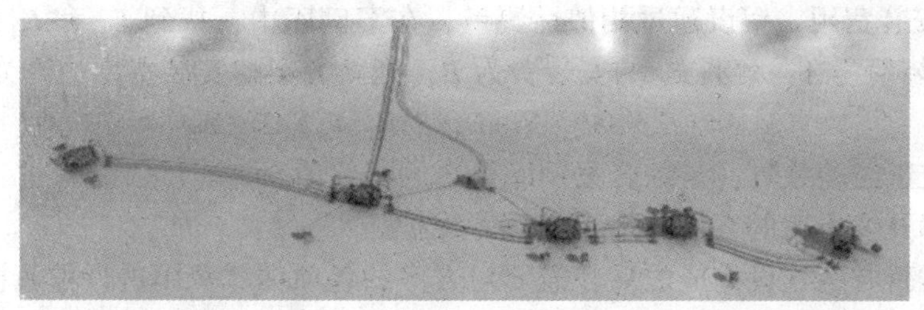

图6 某气田开发方案设计示意图

在完成开发方案的快速可视化设计后，由于采油树、管汇的位置已经确定，可进行海管、脐带缆、MEG管线的虚拟铺设，进而确定线缆的长度。假定图6设计中，22in海管总长度为80km，12in海管长度为30km，6in海管长度为10km，MEG管道长度为20km，脐带缆长度为60km，则海底管道、脐带缆的成本可估算为：

$$E_2 = P_{22} \times 80 + P_{12} \times 30 + P_6 \times 10 + P_{meg} \times 20 + U \times 60$$

2）基于CBR的前期开发方案设施安装费用估算

设施安装费用由于受到施工技术、自然条件、国际形势的影响，波动较大，难以准确计算。因此，本文提出采用人工智能中的综合推理方法CBR进行估算。CBR在本文的具体应用包括油气田开发方案的特征表示、基于特征的相似案例查找、根据相似度的安装费用估算以及案例库的添加维护等。

（1）油气田开发方案的特征表示。

综合海洋油气田的开发案例，可设计油气田的关键特征，构成特征向量。这些关键特征包括：类型，用于区别油田和气田；所处的位置，例如南海、东海等；水深，用于区别深水海域和浅水海域；年产量，此特征与投入设施等直接相关；井口数量，涉及施工工期长度；施工季节，将海洋气候环境因素纳入考虑因素。由此，可设计海洋油气田案例的特征向量：

<类型，位置，水深，产量，井口数，施工季节>

对案例库中的每一个已有案例，很容易设置其对应的特征向量。

（2）油气田开发方案的相似性评估。

对于新设计的油气田开发方案，根据其特征向量，需要在案例库中进行查找一个或多个最相似案例，作为新方案评估的基础。相似性测量(SimilarityMeasure)可采用多种方法，以下给出较为简单的计算公式：

$$SM(\mathrm{e}, E_i) = \sum_{i=1}^{N} v_i / N$$

式中，SM为特征的相似性测量值；参数e为新方案的特征向量；E_i为案例库中第i个案例的特征向量；N为特征向量为维数，在本例中为6；V_i为特征向量中对应元素的模糊相似度，在[0~1]区间取值。例如，如果两个气田同属南海，则特征向量中的“位置”元素可取值为1；深水一个为200m，一个为1500m，则根据案例库的水深范围，“水深”的模糊相似度可能取值为0.2，即相似度较小。因此，相似性评估的基本原理是：如果新方案的特征向量与案例E_i的特征向量中相同(似)元素越多、取值越大，则两个方案越接近，案例E_i对新方案的评估具有更大的参考价值。

（3）油气田开发方案安装费用的估算。

以上计算得出的相似度SM，经过逐项归一化折算后得到SM_N，用于估算水下设施

(例如采油树)安装费用。假设通过相似性测量，在案例库中，找到 E_1 和 E_4 两个相似案例，而案例 E_1 的安装费为 A、案例 E_4 的安装费为 B，则新方案的安装费用估算为：

$$E=(E_1 \times SM_N_1+E_4 \times SM_N_4)/2 \times Coef$$

式中，$Coef$ 为校正经验系数，是综合案例库得出的经验值。

(4) 油气田开发方案的案例添加和案例库维护。

油气田根据新方案建设完成之后，需要对方案的各项估算费用进行重新校正，将真实的投资数据录入案例库，同时对估算公式校正系数进行重新计算。当案例库的案例达到较多的数量时，有必要对案例库进行分类整理，以便使得相似度测量更加准确和高效。

5. 结论与展望

本文提出了基于建筑信息模型 BIM 案例库和基于案例推理 CBR 技术相结合的海洋油气田开发方案投资估算方法。使用 BIM 案例库，可较为准确的得到设施投资费用；而使用 CBR 技术对不确定较大的施工安装费用也可得到定量的估算。案例库在实际工程累积丰富的同时，不断校正优化估算系数，提高估算的准确度。本文所提出的方案目前还处于初步调试阶段，一方面案例还比较少，另一方面只考虑了投资费用科目表中较高的层级。下一步需要深入更具体的科目，充分利用企业数据资源，综合使用信息建模技术和人工智能技术，提高海洋油气田开发方案投资估的可信度。

参 考 文 献

[1] 建筑信息模型应用统一标准，GB/T51212-2016.

[2] 刘照球，李云贵，吕西林，等．基于 BIM 建筑结构设计模型集成框架应用开发[J]．同济大学学报(自然科学版)，2010，38(7)：948-953.

[3] 李俊松，董凤翔，张毅，等．基于达索平台的铁路隧道工程全生命周期 BIM 技术应用探讨[J]．铁路技术创新，2014(2)：53-56.

[4] 张连营，于飞．基于 BIM 的建筑工程项目进度-成本协同管理系统框架构建[J]．项目管理技术，2014，12(12)：43-46.

[5] Simon C K，Shiu and Sankar K Pal. Foundations of Soft Case-Based Reasoning[M]，Wiley Series on Intelligent Systems，John Wiley and Sons，2004.

[6] 卢梅，张代亚．基于 CBR 与 RBR 的国际工程风险费用预测[J]．土木工程与管理学报，2016，33(1)：38-43.

[7] 张自林，黄水燕．引入哑变量的 CBR 早期成本估算修正模型研究[J]．房地产导刊，2016(7).

[8] 田钰，朱文姝，陈建友．一种基于 CBR 技术的工程施工成本估算模型[J]．价值工程，2016，35(16)：203-205.

一种水下小目标磁性体探测定位方法

张宁馨[1,2]　杨肖迪[1,2]　徐爽[1,2]　罗小桥[1,2]　淳明浩[1,2]

(1. 中国石油集团工程技术研究有限公司 2. 中国石油集团海洋工程重点实验室)

摘要：海底金属障碍物、水下井口等小目标磁性体的探测定位是海洋工程勘察中面临的难题。本文通过对海底金属障碍物、水下井口的磁异常特征进行分析，提出了一种能快速确定水下小目标磁性体的探测定位方法：调查时以海底金属障碍物、水下井口为中心，布设 N-S 方向和 E-W 方向的两组正交的测线，将 N-S 方向测线的磁异常曲线极大值和极小值之间梯度极值连接成线，将 E-W 方向测线的磁异常曲线的极大值和极小值连接成线，两条直线的交点即为海底金属障碍物、水下井口的位置。

关键词：海底金属障碍物；水下井口；磁异常；探测定位

1. 引言

近年来，随着蓝色海洋经济区和"一带一路"战略的提出，沿海海洋经济迅速发展，航运、海洋石油、海上风电等海洋活动迅速增加。这些海洋工程建设都要求对批复使用海域进行详细调查，查明海底地层结构、海底地形地貌、海底障碍物等，保障工程建设的安全。但是对于一些海底金属障碍物如沉锚、历史遗留炸弹、水雷、水下井口等，难以根据前期资料确定其位置，需要重新对这些金属障碍物进行精确定位，以便指导打捞船实施打捞或探摸消除其安全隐患。

在海洋工程勘察中，对于水下金属障碍物和水下井口的探测往往带有一定的盲目性，对可能的区域进行大比例尺的全覆盖测量，测量效率较低。对于此类勘察任务，磁力探测是最佳选择，但是对于如何进行测量实施，国内相关规范还没有指出有效的方法。因此对使用磁力仪测量海底金属障碍物和水下井口进行了分析探讨。

2. 磁力探测定位原理

磁力勘察是应用地球物理学的一个分支，在矿产勘查和地质调查中，特别是金属矿、煤矿、岩石矿、断层带等勘察中发挥了重要作用。磁力勘察以地质学、地磁场理论、物体的磁化、磁性体的磁场特征为基础，通过测量不同磁性体引起的地磁场中磁场强度的变化(磁异常)来研究这些磁性体的磁异常特征，从而达到寻找磁性体位置的目的。

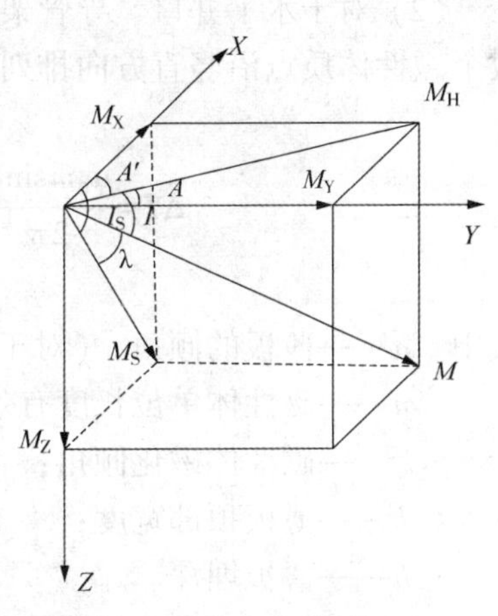

图 1　磁化强度矢量的空间分布

磁性体的磁化强度是感应磁化强度、剩余磁化强度以及消磁强度之和。如图 1 所示为磁性体磁化强度矢量的空间分布。图中 M 为总磁化强度矢量，M_S 为 M 在 XOZ 平面(即观测面)的投影(分量)，称为有效磁化强度矢量；M_H 为 M 在 XOY 面的投影，称为水平磁化强度矢量；I 为 M 与

M_H 的夹角，称为磁化倾角；I_s 为 M_z 与 OX 轴之间的夹角，称为有效磁化倾角；A' 为 M_H 与 OX 之间的夹角，称为剖面磁方位角。

相对于人造铁磁体的磁场来说，来源于地层深处和地表岩层的地磁场要平缓的多，因此可认为磁性体周围的地磁场是一个均匀场。磁异常总强度矢量 T_a 是磁场总强度 T 与正常场 T_0 的矢量差，即 $T_a=T-T_0$。而 ΔT 是 T 与 T_0 的模量差，即 $\Delta T=|T|-|T_0|$。

(1) 沉锚、水雷、炸弹等水下金属障碍物可近似为无数个磁性体质点组成的三度体，其磁场强度表达式为：

$$\begin{cases} H_{ax}=\dfrac{\mu_0}{4\pi}\dfrac{m}{(x^2+y^2+z^2)^{5/2}}[(2x^2-y^2-R^2)\cos I\cos A'-3Rx\sin I+3xy\cos I\sin A'] \\ H_{ay}=\dfrac{\mu_0}{4\pi}\dfrac{m}{(x^2+y^2+z^2)^{5/2}}[(2y^2-x^2-R^2)\cos I\sin A'-3Ry\sin I+3xy\cos I\cos A'] \\ Z_a=\dfrac{\mu_0}{4\pi}\dfrac{m}{(x^2+y^2+z^2)^{5/2}}[(2R^2-x^2-y^2)\sin I-3Rx\cos I\cos A'-3Ry\cos I\sin A'] \end{cases} \tag{2-1}$$

式中 m——磁性体单位长度有效磁矩；

H_a——ΔT 在水平方向的分量；

Z_a——ΔT 在竖直方向的分量；

H_{ax}——H_a 在 x 方向的分量；

H_{ay}——H_a 在 y 方向的分量；

I——磁性体的磁化倾角；

A'——OX 与磁化方向水平投影的夹角(剖面磁方位角)。

ΔT 与 H_{ax}、H_{ay}、Z_a 的关系为：

$$\Delta T=H_{ax}\cos I\cos A'+H_{ay}\cos I\sin A'+Z_a\sin I \tag{2-2}$$

则 ΔT 的表达式为：

$$\Delta T=\frac{\mu_0}{4\pi}\frac{m}{(x^2+y^2+z^2)^{5/2}}\begin{bmatrix}(2R^2-x^2+y^2)\sin I^2+(2x^2-y^2-R^2)\cos I^2\cos A^2+ \\ (2y^2-x^2-R^2)\cos I^2\sin I^2-3xR(\sin I\cos I\cos A+\sin I\cos I\cos A)+ \\ 3xy(2\cos I^2\sin A^2)+3yR(\cos I^2\sin A\cos A+\cos I\sin A\sin I)\end{bmatrix} \tag{2-3}$$

(2) 对于水下井口、导管架桩基等竖向磁性体，可近似为无限延深二度薄板，可视为无数个磁性体质点沿竖直方向排列，其总磁异常与磁性体质点类似，总磁异常强度表达式为：

$$\Delta T=\frac{\mu_0 m\sin a}{2\pi}\frac{\sin I}{\sin i_s}\begin{bmatrix}\dfrac{1}{2}\cos(\alpha-2i_s)\ln\dfrac{(x-b)^2+h^2}{(x+b)^2+h^2}-\sin \\ (\alpha-2i_s)\left(\operatorname{acrtan}\dfrac{x+b}{h}-\arctan\dfrac{x-b}{h}\right)\end{bmatrix} \tag{2-4}$$

式中 a——薄板的倾角，(对于水下井口等垂直于海底的磁性体，其倾角近似 90°)；

m——磁性体单位长度有效磁矩；

i_s——磁性体磁化倾角；

b——薄板顶部宽度；

h——薄板埋深。

图 2 所示为小目标磁性体磁异常空间分布特征。从图中可以看出，图 2(a)所示沉锚、

水雷、炸弹等三度体磁性体与图 2(b)所示水下井口等无线延深薄板的磁异常特征相似(斜磁化)，磁异常包含极大值和极小值，且极大值在磁性体南侧，极小值在磁性体北侧。由于我国大部分沿海海域处于北半球中纬度，地磁场矢量倾斜向下指向磁北方向，磁异常总是由正负两部分组成。磁异常为非对称状，存在极大值和极小值，且极大值存在于磁性体的南侧，极小值存在于磁性体的北侧。

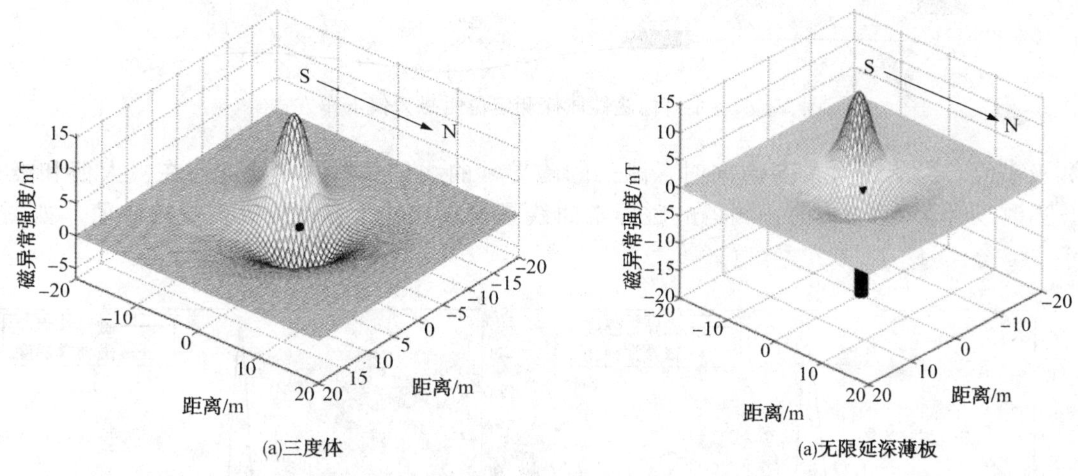

图 2　小目标磁性体磁异常强度空间分布图

3. 水下小目标磁性体探测定位技术方法

1）测量仪器

目前市场上大部分的海洋磁力仪大致分为 3 类：质子旋进式磁力仪、overhauser 磁力仪、光泵式磁力仪，均只能测量总磁场强度，测量的结果是 T 曲线。质子旋进式磁力仪是根据质子磁矩在地磁场方向旋进运动(拉莫尔旋进)的角速度与地磁场强度的大小成正比来测量磁场强度的。Overhauser 磁力仪本质上仍是质子磁力仪，但是通过电子—质子耦合达到质子极化的目的。光泵式磁力仪是利用亚稳态正氦受激发产生原子跃迁的频率与地磁场强度的大小相关来测量磁场强度的。在海洋工程勘察中主要使用到的磁力仪是 overhauser 磁力仪和光泵式磁力仪。

2）测线布设

对于沉锚、水雷、炸弹等三度体磁性体和水下井口、导管架桩基等无限延深薄板磁性体，调查测线往往布设为两组正交的测线，通常设置为 N-S 方向和 E-W 方向。调查测线间距和测点间距根据目标大小、材质、磁异常规模等确定。

3）探测方法

在海洋工程勘察中，一般以总磁场测量为主。海上作业时一般使用采用尾拖方式，如图 3 所示，磁力仪拖鱼距离船艉不小于 40m 以减小船磁的影响，并仔细测量磁力仪拖鱼至 GPS 天线的距离、磁力仪拖鱼入水深度以便计算磁力仪拖鱼的位置。测量时磁力仪拖鱼要尽可能沉到水下贴近目标物，可以在磁力仪拖鱼加装压载翼或非磁性重物实现。

4）资料处理

对同一个磁性体，不同方向测线上测得的磁异常曲线形态也是不同的。对于沉锚、水雷、炸弹等三度体磁性体与水下井口等无线延深薄板，其磁异常特征为非对称状，存在极大

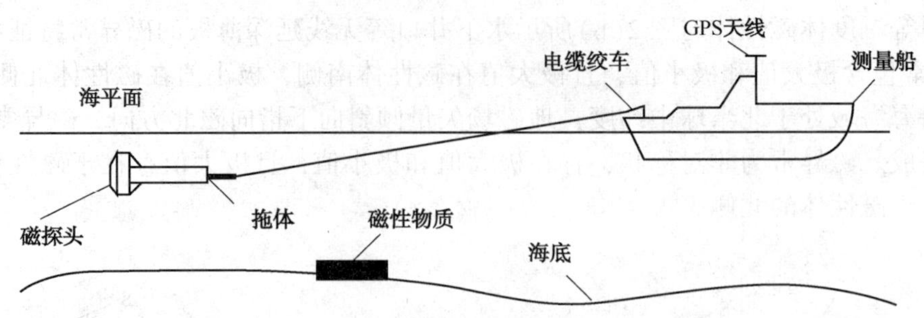

图 3　水下小目标磁性体探测定位时磁力仪工作方式

值和极小值。当测线为 N-S 方向时，测得的磁异常曲线是非对称曲线，存在极大值和极小值。当测线为 E-W 方向时，测得的磁异常曲线是对称曲线，存在极大值或极小值，如图 4 所示。

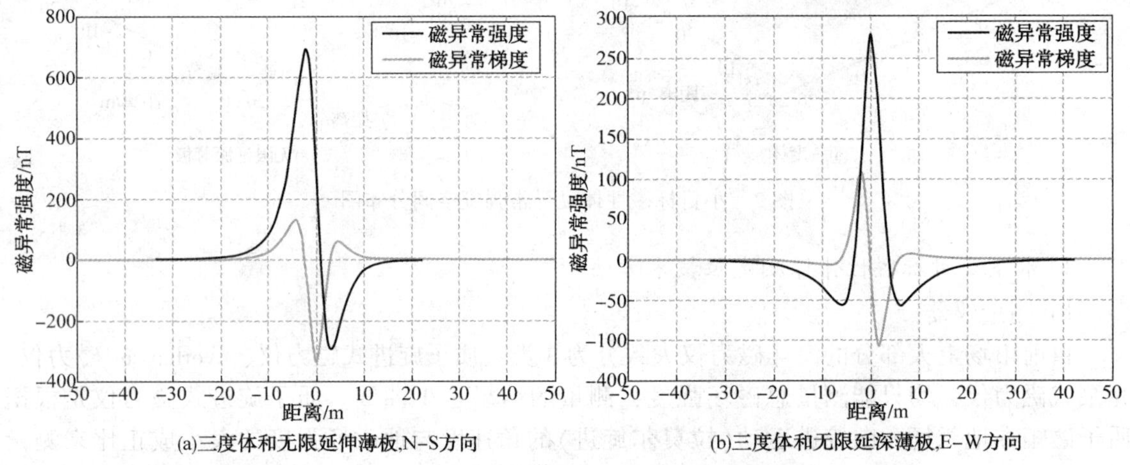

图 4　不同方向测线磁性体的磁异常曲线特征

从图 4 中可以看出，对于小目标磁性体来说，在 N-S 方向的磁异常曲线为非对称状，存在极大值和极小值，磁性体位于极大值和极小值之间的位置($x=0$)，而极大值和极小值之间磁异常变化较大，不容易判断磁性体的准确位置。对磁异常曲线求水平方向的梯度，绘制磁异常梯度曲线，在极大值和极小值处，梯度为零，而在极大值和极小值之间存在梯度极值($x=0$)。因此对于 N-S 方向非对称状的磁异常曲线，梯度极值的位置即为磁性体的位置。

在 E-W 方向上小目标磁性体的磁异常曲线为对称状，存在极大值，在极大值两侧还有 2 个极小值。对磁异常曲线求水平梯度，绘制磁异常梯度曲线。在极大值处磁异常梯度为零($x=0$)，而磁性体正位于极大值的位置。

4. 工程应用

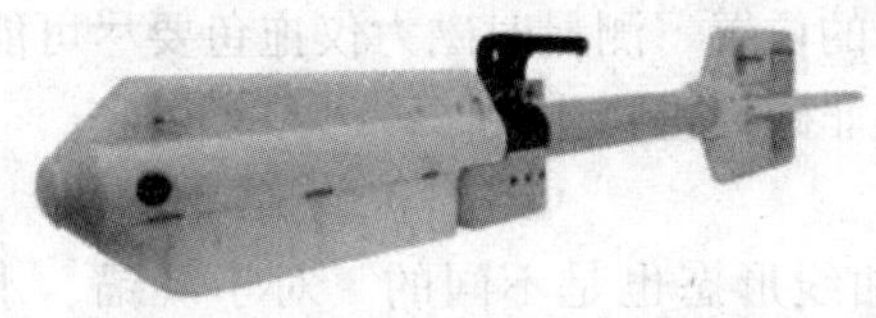

图 5　G882 型艳光泵海洋磁力仪

2017 年 6 月份在胜利油田埕北区块进行了废弃水下井口和海底管道的磁力探测试验，使用的磁力仪为美国 Geometrics G882 型铯光泵海洋磁力仪，如图 5 所示。

G-882 型为最新推出的海洋磁力仪，量程范围为 20000~100000nT，60 的指向误差为±1nT，整个量程范围内的绝对精度为小于 3nT，传感器拖鱼长度为 1.37m，直径为 7cm，总重量为 18kg。最新推出的 G-882 的分辨率较高，适合在浅水或深水区域进行磁力调查。

1）水下井口测量定位

对于水下井口测量，以水下井口为中心，布设 2 组正交的调查测线 22 条，测线间距 10m。调查测线方向为 18°和 162°。将测量的磁场强度数据进行正常场改正和位置改正后，得到磁异常数据。将水下井口的磁异常数据进行网格化后绘制磁异常等值线图[图 6(a)]。

由于埕北区块纬度约 38°，此处的地磁场磁倾角约 56°，水下井口为斜磁化。水下井口的磁异常分为正负两部分，正的磁异常在负的磁异常的南侧，负的磁异常在正的磁异常的北侧，与水下井口理论模型计算结果相符，从而证明水下井口磁场模型是正确的。

对磁异常数据求 N 方向的梯度，得到井口的磁异常梯度图[图 6(b)]，在磁异常梯度图中，存在正、负 2 个梯度极值，负的梯度极值对应着磁异常极大值和极小值之间的梯度极值，正的梯度极值对应着磁异常极大值南侧的梯度极值。

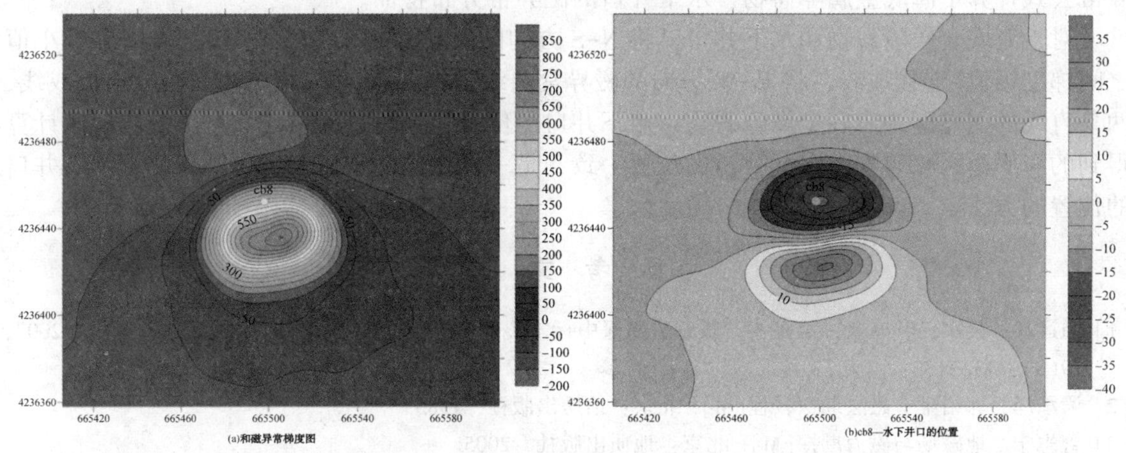

图 6　水下井口的磁异常等值线图

2）快速标定水下井口位置

将磁场强度数据进行正常场改正、位置改正、求梯度需要较大的工作量，不能快速确定水下井口的位置。对每条测线进行分析，绘制磁异常平面剖面图。偏 N-S 方向测线的磁异常曲线为非对称状，存在极大值和极小值，且越远离水下井口，磁异常曲线越平缓，极大值和极小值差异越小，反之磁异常曲线越尖锐；偏 E-W 方向测线的磁异常曲线为对称状，在水下井口北侧存在极大值，在水下井口南侧存在极小值，且越远离水下井口，磁异常曲线越平缓，反之越尖锐。将 N-S 方向的磁异常曲线的梯度极大值点连接成直线 L_1，则井口在直线 L_1 上；将 E-W 方向的磁异常曲线的极大值和极小值点连接成直线 L_2，则井口在直线 L_2 上。直线 L_1 和直线 L_2 交叉的点，则是井口的位置，如图 7 所示。与磁异常等值线图中极大值和极小值之间梯度极值、磁异常梯度图中北侧的梯度极值的位置一致。因此将磁异常特征点连线确定水下井口的位置的方法是快速有效的。

5. 结论

海底金属障碍物、水下井口等小目标磁性体是海洋工程勘察中经常遇到的实际问题，研

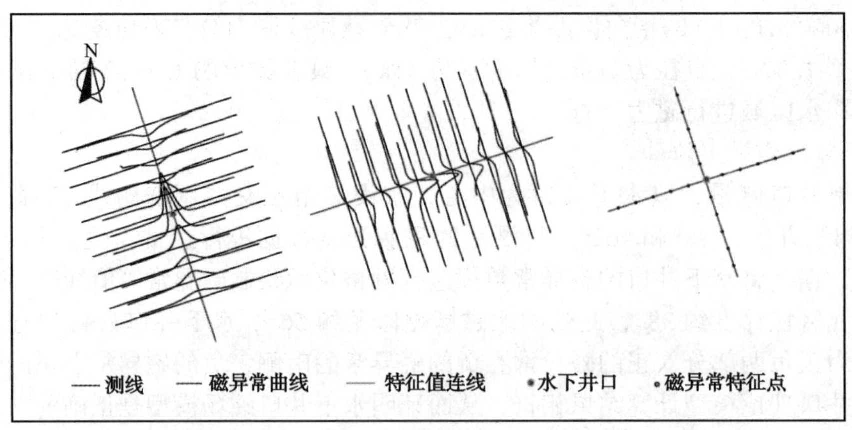

图 7　磁异常特征点(极值、梯度极值)连线确定水下井口的位置

究其磁异常分布特征具有明显的工程意义。本文从三度体、无限延深薄板模型出发，根据磁异常公式计算了海底金属障碍物、水下井口的磁异常分布特征。

对于海底金属障碍物和水下井口，将 N-S 方向的磁异常曲线的特征点(极大值和极小值之间梯度极值)连接成线，将 E-W 方向的磁异常曲线的特征点(极大值或极小值)连接成线，两条直线的交点即为海底金属障碍物、水下井口的位置，与通过网格化、求 x 方向梯度计算得到的海底金属障碍物、水下井口的位置一致，是一种快速确定海底金属障碍物、水下井口的位置的方法。

参 考 文 献

[1] 向运兵，吴军，叶厚余，孟宪才．谈磁法勘探中标本磁参数测定的必要性[J]．西部探矿工程，2007，19(3)：132-132.
[2] 谭承泽，郭绍雍．磁法勘探教程[M]．北京：地质出版社，1985.
[3] 管志宁．地磁场与磁力勘探[M]．北京：地质出版社，2005.
[4] 张建春，王传雷．水下磁性物体探测定位方法研究[J]．水运工程，2009，10：75-77，90.
[5] 吕邦来，王传雷．磁测在港航工程勘察中的几个实例[J]，工程地球物理学报，2004(6)：494-498.
[6] 张朝阳，肖昌汉，阎辉．磁性目标的单点磁梯度张量定位方法[J]．测控与控制学报．2009，31(4)：44-48.

建立悬空海底管道评估模型，提升风险防控能力

初同林[1] 李民强[2] 郑震生[2] 于俊峰[2] 劳海桩[2] 杨光[2] 王鹏鹏[2]

（1. 中国石化胜利油田分公司；2. 中国石化胜利油田分公司海洋采油厂）

摘要：海底管道是海洋油气开发的重要设施，一旦发生事故将造成严重损失。现役海底管道由于工程水文条件和海床条件的影响，存在悬空现象，悬空是导致管道事故的重要原因。本文依据 DNV 规范建立悬空管道评估模型，分析悬空管道的安全状态，对于海底管道的有效治理、保障管道安全运行提供重要依据。

关键词：海底管道；悬空；疲劳；风险评估

1. 海底管道现状

随着海上油田的开发，在海底铺设了大量管道输送油、气、水等介质，海底管道称为海洋油气资源开发和利用的生命线，是海洋石油开发的重要设施之一。它的安全与否直接影响着海洋石油工业和海洋生物与环境的发展。任何威胁到海底管道安全和持续生产的问题，都可能会造成生命财产损失，并进而引发严重的次生灾害如海域环境污染等。因此，确保管道结构在服役期内的安全可靠对于海洋油、气开发是至关重要的。

埕岛油田位于黄河三角洲前缘、渤海湾中东部南岸的极浅海海域，该区域的海床以粉土和淤泥质土为主，易出现液化和沉降。自黄河口改道以来，埕岛油田海域的来沙量减少，由于水文环境和土质条件等不利因素的存在，海床处于不稳定冲淤状态，甚至局部海区存在大面积冲刷，导致埋设于海底的管道出现裸露甚至悬空现象。胜利油田采用多波束全覆盖扫测、浅地层剖面等方法分别对不同水深范围内的管道进行了探摸调查及路由勘察，勘测结果表明各条管道均存在管道裸露、悬空等现象。根据海底管道路由复测资料，5m 水深范围的海三站—中心一号老 457 输油管道两端管道及平管段悬空现象尤为突出，最大悬空长度 133m，共发现 35 处裸露悬空管段，占总管道长度的 15%左右。当管道悬空长度达到一定数值后，管道在海流及海浪的作用下可能产生周期性涡旋发放，导致管道产生周期性振动，即涡激振动（VIV），涡激振动导致的疲劳破坏是海底管道事故的重要形式。表 1 统计了近几年发生在埕岛海域的管道安全事故，这些事故造成重大的经济损失和严重的环境污染，可以看出发生事故的管道均存在悬空现象。

表 1　埕岛油田海底管道失效案例

事故管道	发生时间	失效原因
埕岛中心一号登陆管道	2009 年	冲刷悬空
CB20A–中心二号海底管道	2009 年	冲刷悬空，不均匀沉降
CB25A–CB25B 海底管道	2009 年	冲刷悬空，不均匀沉降
CB11B–CB11A 海底管道	2011 年	冲刷悬空，疲劳破坏

2. 现有防护技术

海底管道悬空后极易引起严重事故，威胁到油田的正常生产作业，因此需要对出现悬空的管道进行有效治理。工程上通常采用如下几种方式对悬空管道进行防护或者治理：抛填砂袋、铺设土工布、打水下桩、铺设海底仿生水草、铺设联锁排等方式。上述治理方式通过增砂、促淤、防冲刷、缩短悬空长度等措施改变管道的悬空状态从而消除管道的安全运行隐患。管道治理需要投入大量的人力物力，作为管道的运行方需要对悬空管道的风险等级进行综合评估，确定合理经济的治理方式，保障管道安全有序运行。为此结合 DNV-RP-F105 规范对制定管道风险等级评估方法，用于指导管道安全管理。

3. 悬空管道分类

DNV-RP-F105 是挪威船级社发布的关于海底管道自由悬跨疲劳评估的指导性文献，主要针对受到波流联合作用的自由悬跨管道状态进行评估，提供了悬跨管道在波浪和海流作用下涡激振动及其疲劳寿命计算的经验公式，在评估中充分考虑到环境载荷、悬跨边界条件、温度、压力等因素的影响。本文依据 DNV-RP-F105 规范建立海底管道疲劳寿命风险评估模型，分析现有悬空管道是否存在安全运行隐患。

F105 根据悬空管道的名义长度(L/D)对管道响应进行了分类。

表 2 悬空管道响应分类

等级	L/D 范围	悬空管道响应描述	建议对策
1	$L/D<30$	动态响应很小	不会产生 VIV，通常不需要进行疲劳校核
2	$30<L/D<100$	响应特性以梁为主	自振频率对边界条件敏感(约束和轴向力)，需要疲劳校核
3	$100<L/D<200$	响应为梁和缆索的混合性能	自振频率对边界条件敏感(约束、轴向力、初始变形、几何刚度)，需要疲劳校核
4	$L/D<200$	响应特性以缆索为主	自振频率由变形形状和有效轴向力决定，需要疲劳校核

根据 F105 中对悬空管道的分类可知，管道的名义长度小于 30 时可以不进行疲劳校核，即对管道设计寿命不产生影响；名义长度在 30~100 之间时管道响应特性与梁类似，在外界浪流作用下可能会产生涡激振动，需要进行疲劳校核；名义长度更大时管道响应特性逐步由梁过渡到缆索，自振频率与边界条件和安装状态等因素有关，需要进行相应的疲劳校核。

4. 悬空管道疲劳校核

1）疲劳检验准则

DNV-RP-F105 要求在进行悬空管道疲劳寿命计算之前，要先用疲劳检验准则对其进行检验。如果满足检验准则的要求，则不必进行详细的疲劳寿命计算，悬跨的疲劳寿命可以达到 50 年以上；如果不满足检验准则的要求，则必须进行详细的疲劳寿命计算。

悬空管道同向固有频率需满足下列要求：

$$\frac{f_{n,\ IL}}{\gamma_{IL}} > \frac{U_{c,\ 100year}}{V^{IL}_{R,\ onset}\left(1-\dfrac{\frac{L}{D}}{250}\right)} \cdot \frac{1}{\alpha} \tag{4-1}$$

式中 $f_{n,\ IL}$——悬空管道同向固有频率；

γ_{IL}——同向检验系数；

α——流速比，取 $\max(\frac{U_{c,100year}}{U_{w,1year}+U_{c,100year}},\ 0.6)$；

L——跨长；

D——管道外径；

$U_{c,100year}$——管深位置100年一遇流速；

$U_{w,1year}$——在管道深度处的一年一遇有义波高引起的流速，对应于一年一遇的有义波高；

$V_{R,onset}^{IL}$——同向约化速度的初始值。

悬空管道横向固有频率需满足下列要求：

$$\frac{f_{n,CF}}{\gamma_{CF}}>\frac{U_{c,100year}+U_{w,1year}}{V_{R,onset}^{CF}\cdot D} \tag{4-2}$$

式中 $f_{n,CF}$——悬空管道横向固有频率；

γ_{CF}——横向检验系数；

$V_{R,onset}^{CF}$—横向约化速度的初始值。

若悬空管道参数不满足以上要求，则需要执行详细的同向、横向疲劳计算。

2）疲劳准则

疲劳准则的描述如下：

$$\eta\cdot T_{life}>T_{exposure} \tag{4-3}$$

式中 η——允许的疲劳损伤系数；

T_{life}——管道的疲劳寿命；

$T_{exposure}$——管道暴露时间；

工程中常用 S 与 N 之间的关系来表示结构的疲劳强度，S 指结构承受的交变应力的应力范围，N 指结构在应力范围为 S 的恒幅交变应力作用下产生疲劳破坏所需要的应力循环次数，也称为疲劳寿命。

$$N=\begin{cases}\overline{a_1}\cdot S^{-m_1} & S>S_{sw}\\ \overline{a_2}\cdot S^{-m_2} & S\leqslant S_{sw}\end{cases} \tag{4-4}$$

式中 $\overline{a_1}$、$\overline{a_2}$、m_1、m_2——S-N 曲线参数，可根据DNV-RP-C203选择；

S_{sw}——S-N 曲线交叉点处的应力范围。

根据海底管道焊接方式的不同可以选择DNV-RP-C203中D/F/F1/F3曲线来计算疲劳寿命。

管道上的动应力可根据下式计算，分为顺流向和横流向：

$$S_{IL}=2\cdot A_{IL}\cdot(A_Y/D)\cdot\Psi_{\alpha,\ IL}\cdot\gamma_S \tag{4-5}$$

式中 S_{IL}——同向涡激振动应力范围；

A_{IL}——同向振动幅值等于单位外径时的应力范围；

$$S_{CF}=2\cdot A_{CF}\cdot(A_Z/D)\cdot R_K\cdot\gamma_S \tag{4-6}$$

式中 S_{CF}——横向涡激振动应力范围；

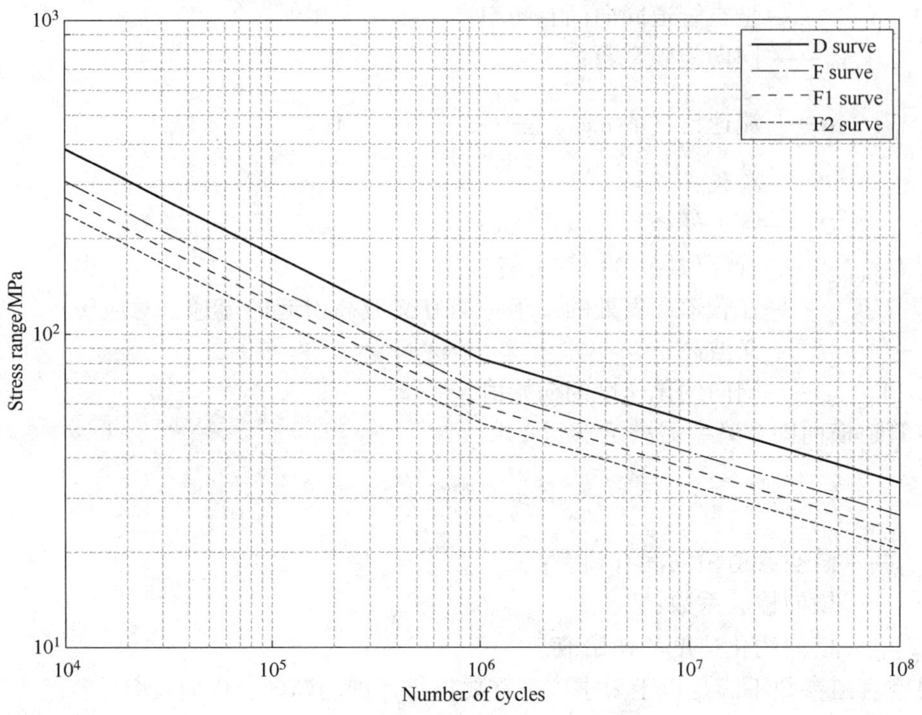

图 1　管道适用的 S-N 曲线

A_{CF}——横向振动幅值等于单位外径时的应力范围。

$$A_{\mathrm{IL/CF}}=(1+CSF)\frac{1}{2}DE(D_{\mathrm{s}}-\mathrm{t})\frac{\partial^{2}\varphi}{\partial x^{2}}\left[1+\left(\frac{\partial \phi}{\partial x}\right)^{2}\right]^{-3/2} \quad (4\text{-}7)$$

根据 Miner 线性累积损伤理论可知累计损伤度大于 1 时管道发生疲劳破坏。

$$D=\sum_{1}^{k}\frac{n_i}{N_i} \quad (4\text{-}8)$$

上述针对悬空管道的评估流程中需要大量的实测数据作为支撑，如管道的自振频率计算需要确定管道几何参数(尺寸、悬空长度、悬空高度)、两端的轴向力，管道的变形形状、内部流体重量以及内部压强等参量，计算管道的疲劳寿命需要确定环境载荷的基本参数及出现频次等。由于现场条件和运行成本的限制，悬空管道的诸多参数不能测定，只能根据已有数据对悬跨管道进行疲劳分析。为此制定悬空管道评估方法，步骤如下：

(1) 管道探摸调查，确定管道的实际状态(悬空长度、悬空高度、管径、实际变形形状等)。

(2) 计算名义悬空长度，确定是否需要疲劳校核。

(3) 若需要疲劳校核，确定 S-N 曲线。

(4) 建立有限元模型计算自振频率和管道振动的动应力。

(5) 给定实际浪流条件，计算特定工况的疲劳损伤。

5. 算例

根据上述评估方法分析 3 条实际悬空管道的疲劳寿命，通过探摸确定悬空管道具体参数见表 3。

表 3 悬空管道基本参数

管道参数	管道 A(CB20A)	管道 B(CB30A)	管道 C(CB701)
外管	Φ508×12.7	Φ426×14	Φ325×12
内管	Φ466×14.3	Φ325×14	Φ219×12
弹性模量	$2.06e^{11}$	$2.06e^{11}$	$2.06e^{11}$
密度	7850	7850	7850
悬空长度	9m	38m	39m
悬空高度	0.1m	0.7m	1m
水深	12m	9m	8.7m

管道 A 名义悬空长度(*L/D*)为 17.7，属于表 2 中的等级 1，不需进行疲劳校核，该段管道不会影响设计寿命。管道 B 和管道 C 的名义悬空长度 89.2 和 120，属于等级 2 和等级 3，需要进行疲劳校核。

自振频率和动态应力可以建立有限元仿真模型计算，但悬空管道两端约束对自振频率计算影响较大，需要根据实际支撑条件来确定，如果不能确定实际约束大小，在模型中对两端的约束采用简化处理，考虑两种极限情况：一种为悬跨管道之外部分对悬跨段仅能传递作用力不能传递弯矩，相当于悬跨管道两端简支；另一种为悬跨管道之外的部分对悬跨段不仅能传递作用力还能传递弯矩，相当于悬跨管道两端固支。实际悬跨管道的约束情况介于上述两种情况之间，要分析实际的约束情况需要测量管道上的轴向力大小、输送介质与周围环境的温度差以及地形变化等影响因素。

管道 B 和 C 都属于双层管，在模型中根据刚度等效的原则等效为单层管，保持外径相同，管道 B 等效参数为 Φ426×21，管道 C 等效参数为 Φ325×16。

环境条件：计算波高 3m，周期 6s，持续时间 1 天。

S-N 曲线：根据管道实际焊接方式，选择 D 曲线参数计算疲劳寿命。

表 4 悬空管道模态频率 单位：Hz

阶次	管道 B		管道 C(CB701)	
	简支	固支	简支	固支
1	0.799	1.803	0.579	1.310
2	3.190	4.959	2.313	3.608
3	7.163	9.691	5.197	7.060
4	12.696	15.955	9.224	11.644

表 5 悬空管道疲劳计算结果

参数	管道 B		管道 C(CB701)	
	简支	固支	简支	固支
响应频率(Hz)	0.816	—	0.724	0.919
动应力(MPa)	33.592	—	52.428	33.628
损伤系数	7.475×10^{-4}	—	0.006	8.463×10^{-4}

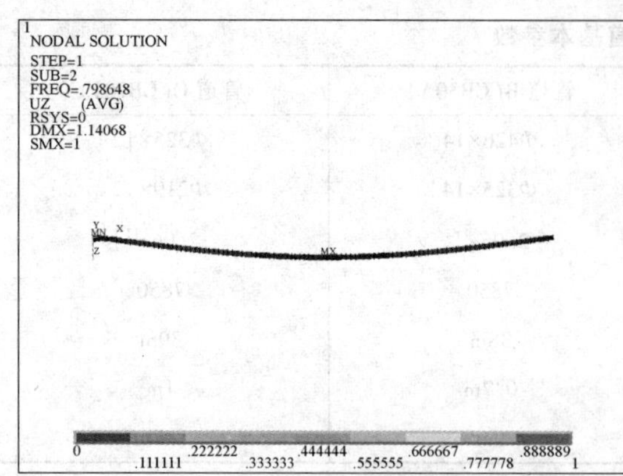

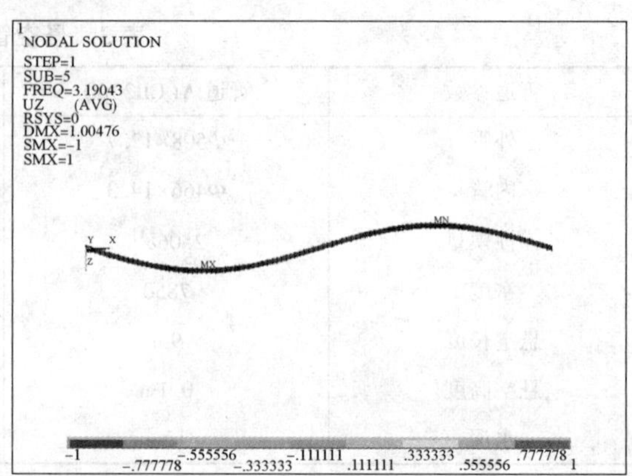

图 2 管道 B 简支约束前 2 阶模态振型

对管道 B 和管道 C 进行疲劳寿命评估，结果表明在 3m 波高工况下持续 1 天管道 C 简支约束时损伤为 0.006，固支约束时损伤可以忽略，管道 B 简支约束时损伤为 7.475×10^{-4}。由此可知管道 B、C 悬空长度基本相同时，大管径的管道自振频率高，疲劳损伤低。C 管道在 3m 波高时即产生较大损伤，需要优先治理。

综合来看：

管道 A 名义悬空长度小于 30，悬空对管道寿命不产生影响；

管道 B 名义悬空长度介于 30 和 100 之间，经疲劳分析表明简支约束下出现损伤，需要进行治理；

管道 C 名义悬空长度 120，在计算工况下出现较大损伤，需要优先治理。

6. 结论

本文依据 F105 规范对悬空管道进行分类，建立悬空管道损伤评估方法。通过算例结果来看，该方法能够确定管道在环境条件下的损伤系数，区分不同管道的风险等级，对于管道的安全管理提供重要指导依据。

本文建立的评估方法适用于实际悬空管道评估，边界条件采用简化方式处理，能够提供疲劳损伤的范围区间。更为准确的评估结果的有耐于详尽的勘查数据、完整风浪过程数据以及管道振动数据等。

参 考 文 献

[1] 何锋，张衍涛，刘锦昆，等．埕岛油田工程地质信息管理分析系统及其应用[J]．中国造船，2009，50(S)：1020-1026.

[2] 常方强，孟祥梅，等．黄河口埕岛海域土性特征的统计分析[J]．海洋地质与第四纪地质，2008，28(6)：35-40.

[3] 张卫明，梁瑞才，牟晓东，等．埕岛油田海域海底沉积特征与工程地质特性[J]．海洋科学进展，2005，23(3)：305-312.

[4] 刘锦昆．浅海海底管道悬空段防护技术研究及应用[D]．东营：中国石油大学(华东)，2014.

[5] DNV-RP-F105. Free Spanning Pipelines[S]. February 2006.

[6] DNV-RP-C203. Fatigue Design of Offshore Steel Structures[S]. October 2012.

深水钻井平台台风应急响应计划建立及在神狐海域的实践

谢丽君

(中国石油集团海洋工程有限公司钻井工程事业部)

摘要：台风对海上作业设施和人员生命危害极大。南中国海海域台风季节一般集中在6-10月份。频繁的台风给南海深水油气资源的开发带来巨大的安全隐患。为了应对台风的威胁，深水钻井平台作业期间都制定了严格的台风应急响应计划，本文根据浅水和深水钻井平台台风应急响应计划，分析了二者的差异，总结了深水钻井平台台风应急响应计划的基本思路，并根据以往深水平台台风应急的案例，给出深水钻井平台台风应急的建议，为今后制定深水钻井平台台风应急响应计划提供参考。

关键词：深水钻井平台；应急响应；台风；神狐海域

1. 引言

台风对海上作业设施和人员生命危害极大。南中国海海域台风季节一般集中在6~10月。频繁的台风给南海深水油气资源的开发带来巨大的安全隐患。为了应对台风的威胁，深水钻井平台作业期间都制定了严格的台风应急响应计划，本文根据常规水深(400m以内)和深水钻井平台台风应急响应计划，分析了二者的差异，总结了深水钻井平台台风应急响应计划的基本思路，并根据以往深水钻井平台台风应急的案例，给出深水钻井平台台风应急的建议，为今后制定深水钻井平台台风应急计划提供参考。

2. 深水钻井平台台风应急响应计划的建立

1）南海台风特征及规律

对近50年南海台风历史资料的分析得出(图1)，每年的7~10月是南海台风的高峰期，这几个月形成的热带气旋约占全年总数的85%。其余月份台风发生的次数少，强度越弱，冬半年极少有台风形成，针对神狐海域台风发源地分析表明，南海台风从生成到抵达南海神狐海域大约需要4~7天，因此台风防范工作是深水钻井作业中需要重点关注的问题。特别是台风比较频繁的神狐海域。面对台风的威胁，如何制定切实有效的台风应急响应计划，保证人员，油井和设备的安全，是所有深水项目必须考虑的问题。本文总结了深水钻井平台应急响应计划的基本思路，并结合南神狐海域深水钻井平台台风应急实践，分析了深水钻井平台台风应急响应计划中存在的问题并制定相应的对策，对今后的深水钻井平台应急响应计划的制定与实施提供了参考。

2）深水钻井平台台风应急计划原则

针对台风袭击，平台台风应急决策的原则：保护人员安全，保护设备安全，保护油气井的安全，保护环境，减少日损失。

在日常作业中要密切关注天气预报，每天更新T-time(起出BHA、关井、解锁及起出所

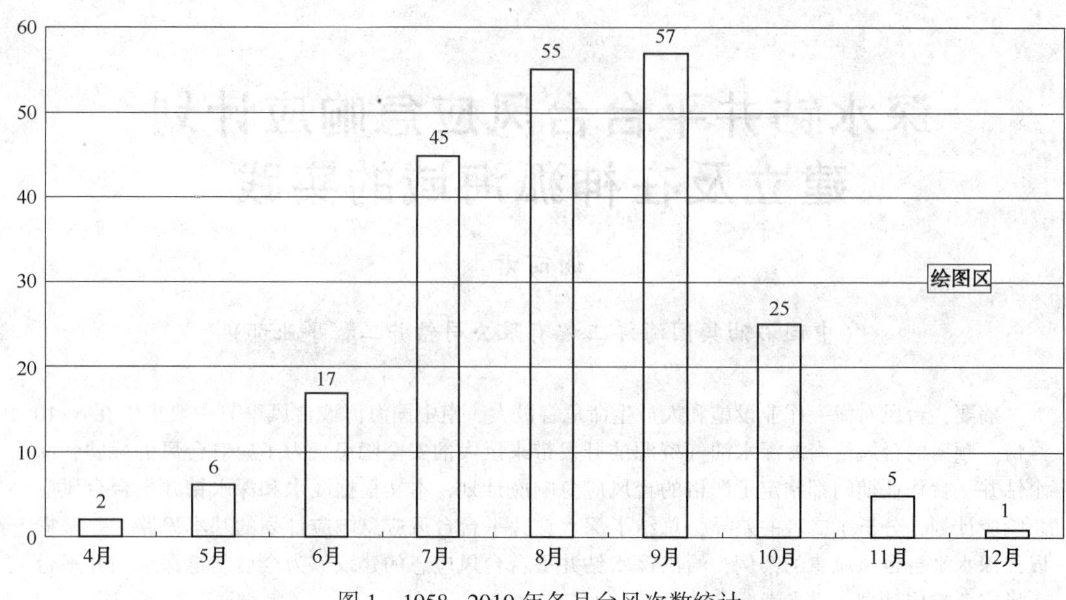

图1　1958~2010年各月台风次数统计

有隔水所需要的时间)计算表；一旦有低气压生成要及时调整作业计划，确保在T-time内安全撤离；T-time的计算要根据不同的作业工况进行；原则上要全部起出隔水管，尽可能避免悬挂隔水管航行；撤台时的最低定员原则是：保障深水钻井平台航行所需的操船人员、设备维护人员、起隔水管的最低配员(如需要悬挂隔水管航线)。

3）深水钻井平台平台台风应急两种主要撤离方式

(1) 处理维护井眼，回收全部隔水管，航行至安全区域，这是最安全的选择，但需要较长的撤离时间，因此必须较早做决定，也需综合考虑费用及时有效控制方面因素。

(2) 原井位抗台，如台风强度和路径对平台影响较小，可以考虑平台停留在原井位，对抗风暴。但两种应对措施，都需准确预测台风强度和路线，并充分结合深水平台抗风暴能力。

4）深水与常规水深钻井平台台风应急响应计划的区别

(1) 判断参数不同。深水台风应急响应计划各个阶段划分的主要判断参数是时间，计算时间时必须兼顾台风距离和实时移动速度；而常规水深的判断参数是台风距离，辅以台风移动速度的监测。

(2) 阶段划分不同。深水台风应急响应计划明确提出4个阶段，留出充分的准备时间，而常规水深台风应急响应计划仅3个阶段(观察准备阶段、撤离非必要生产人员、关闭平台设施)；由于深水作业关井、回收设备需要更长的时间，因此，关井时间的启动要比常规水深要早。

(3) 撤离方式不同。深水钻井平台一般都带有DP(动力定位系统)，具有自航能力，因此进入第4阶段的应急撤离程序之后，平台将驶离受台风路径影响区域；而常规水深钻井平台一般不具有自航能力，因此进入最后阶段的应急程序之后所有人员必须完成撤离。

(4) 应急响应时间不同。深水钻井平台作业期间，由于水深较大而需要较多的时间来处理井眼及回收防喷器组，因此深水钻井平台避台应急响应时间比常规水深钻井平台更长。

(5) 根据每天的作业情况，作业日报里必须填写和更新T-time的值，以便出现台风时，及时制定有效的台风应急响应执行表。

5）深水平台台风应急警戒区和应急响应计划阶段的划分

台风应急警戒区使用四级警戒色状态：绿色、黄色、橙色和红色状态，不同状态下的警戒区域是以台风移动的34节风圈至深水平台之间的距离，并参考安全撤离井场前需要完成规定工作的时间来确定。台风应急警戒区等级主要用来指导台风来临时相应程序的启动。如图2所示，蓝鲸1号在神狐海域台风应急警戒区由内向外划分为4个阶段(图2)。

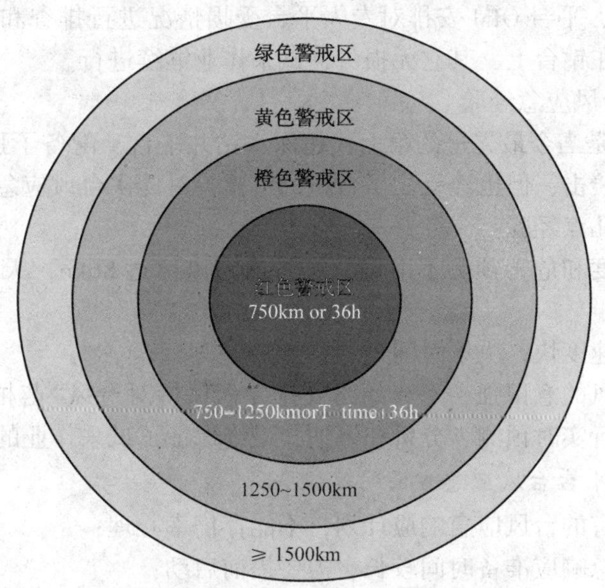

图2 台风应急警戒区示意图

绿色警戒区：维持正常作业，做防台风动员，落实防台物资和制定T-TIME表。

黄色警戒区：按照作业者代表的指令，停止钻井作业，开始做保护井眼和撤离非生产人员的工作。

橙色警戒区：继续撤离非必要配餐人员、服务商、平台人员和甲方人员。

红色警戒区：DP定位模式。留下必要的操船人员和设备维护人员，启动平台驶离台风影响区域。

3. 超深水钻井平台，“蓝鲸1号”抗台风“苗柏”实践

1）“蓝鲸1号”平台介绍

超深水钻井平台D90“蓝鲸1号”为第七代半潜式钻井平台，长117m，高118m，重达42000t，最大钻井深度15240m，是全球作业水深、钻井深度最深的半潜式钻井平台，适用于全球深海作业。相比传统单钻塔平台，“蓝鲸1号”配置了高效的液压双钻塔和全球领先的闭环动力系统，可提升30%的作业效率，节省10%的燃料消耗。配备DP3动力定位系统；最大作业水深3580m，可变载荷10000t，推进器8×5000kW；双井架双钻塔，正常作业风速36m/s，极限作业风速51.5m/s，在31m/s风速以下可以保持坐标位置稳定。

2）抗击台风“苗柏”情况

2017年第1号台风“苗柏”来临前，蓝鲸号平台正在进行天然气水合物试采作业，井位水深1200m，由于天气预报显示为热带低压，所以在平台生产会上并未对其引起足够的重

视，当发现该热带低压已经加强为热带风暴，并命名为“苗柏”时，台风将于××小时后到达井位，已无法按照正常的台风应急预案进行防台，平台积极准备抗台，固定平台物资和设备，并继续试采作业，随后观察到“苗柏”风速增加到48kn，台风风眼正面袭击平台，最大风速86kn，最大浪高7m。平台8台推进器功率最大瞬时功率超过90%，平台经受住了苗柏的袭击，并将平台稳稳定在井位上。

3）“蓝鲸1号”平台设备受损情况

台风“苗柏”过后，平台OIM安排对专人平台受损情况进行排查和评估，发现仅二层台电梯下护板脱落，掉在钻台上，其它无损失，试采作业继续进行。

4）“蓝鲸1号”台风应急经验

“蓝鲸1号”平台是当今最先进的第七代超深水钻井平台，配备了强劲的动力定位系统，虽然遭遇突发的台风袭击，但也经受住了台风的考验，对此次台风应急响应计划执行情况进行分析，总结出以下几点经验：

（1）对台风的强度和危害预测不准确，实际最大风速达86kn，天气预报不准确，影响了防台决策的部署。

（2）台风和加强速度快，决策时间短。

（3）人员对抗台风的意识强，平台始终安排专人保持对台风“苗柏”的密切观察，对它的路径和影响范围进行实时预测、分析和评估，最终保证了试采作业的安全顺利进行。

4. 关于深水钻井平台台风应急方面的建议

（1）严格执行现有的台风应急响应计划，不能存侥幸心理；

（2）由于台风应急响应准备时间较长，需要提前启动；

（3）重大作业和关键作业前，要对气象窗口进行评估；

（4）对作业人员进行台风风险培训；

（5）密切跟踪南海海况和气象预报；

（6）进行南海“土台风”专项研究，掌握一般规律；

（7）进行悬挂隔水管航行的可行性研究；

（8）制订紧急情况下弃隔水管的预案。

参考文献

[1] 吴迪生．南海灾害性土台风统计分析[J]．热带气象学报，2005，(21)：309-314.

[2] 陈彬．深水钻井平台防台应急程序建立及在南中国海的实践[J]．中国海上油气，2013.

[3] 吴红卫．东海平湖油气田防台风撤离实例分析[J]．中国海上油气，2001. 13(3)：49-53.

先进质量管理理念在LNG项目建设中的应用

李冬　马烨　郭太江　史振钟　周羽辰

（海洋石油工程股份有限公司）

摘要：本文通过对"第一次把事情做对"质量管理理念的阐述以及在LNG项目中的具体应用，进而对今后LNG项目产生借鉴及引导作用。

关键词：LNG项目；质量；管理；研究

前言：随着国际能源形势的变化以及LNG产业的发展形势，LNG工程建设进展迅速，液化天然气作为当下最清洁的化石能源，逐渐被社会所认可。如何通过先进质量管理理念管控LNG产业工程质量显得尤为重要。"第一次把事情做对"质量管理理念已经作为在LNG工程建设中应用较为广泛的管理方式，并产生良好的效果。

1."第一次把事情做对"定义

"第一次把事情做对"是被誉为全球质量宗师菲利浦·克劳士比在1957年提出的质量管理思想的核心，追求的是零缺陷，即没有不合格品；强调的是人的意识，即所有人必须首先明确自己工作的要求是什么；主张发挥人的主观能动性进行管理，生产者、工作者要努力使自己的产品、业务没有缺点，并向高质量目标奋斗。

2."第一次把事情做对"与LNG工程建设质量的联系

在工程项目的四大控制中，质量控制是工程的基础，没有质量，工程项目就失去了意义；对工程质量实施有效的管理和控制，保证其达到预定的质量目标，是顺利实现工程项目安全、进度、费用这三大控制的关键。"第一次把事情做对"管理活动作为工程质量管理的手段，强调在源头抓起，防患于未然，降本增效，减少事故、停工、返修、返工等质量缺陷，从而达到质量优异，降低成本，按期完工的工程项目要求。作为当前先进的质量管理理念，先后在LNG项目工程建设中得到运用，并产生良好的实践结果。

3. LNG工程建设中的具体应用

1）宣传新理念，提升全员质量意识

质量由90%的意识与10%的知识构成。"第一次把事情做对"代表一种态度和意识，强调以质量文化建设来激发员工的质量管理意识，并形成一种"自动自发"的预防与控制。通过张贴质量宣传画、课堂培训以及网络宣传等多种形式进行"第一次把事情做对"理念宣传，让每一位员工理解"第一次把事情做对"的意义，自我革新，转变观念，保证自己所做的工作符合要求，不让缺陷发生或流至下道工序或岗位。从源头上强化质量理念，提升项目人员质量意识。

2）预防先行，防患于未然，建立LNG工程项目质量隐患库

所有的防错都集中在缺陷发生之前就能及时得到发现，尽可能的避免差错对于质量过程造成不良影响。防错并不是说绝对没有差错，重点是未雨绸缪。LNG项目施工过程中，项

目组通过日常质量巡检、周联合检查、节前检查等方式，将项目日常管理、项目事件等过程中发现的质量隐患及时进行整理分类，建立项目质量隐患库，定期进行质量管理月度趋势预测与分析，并适时更新，为后续项目管理提前防患储备基础数据。质量隐患库建立以后，项目质量管理人员及时向全体施工人员分享并讲解隐患库内容，分析隐患产生原因，在施工过程中防微杜渐、防患于未然，提升了项目质量水平。

3）对照标准，明确要求，制定员工月度 KPI 指标

KPI 即(Key Performance Indication)，关键业绩指标。工作标准必须是零缺陷(第一次就把事情做对)。质量改进过程的终极目标是零缺陷或“无缺陷”的产品和服务，即让质量成为习惯。零缺陷不仅是一个激励士气的口号，而是一种工作态度和对预防的承诺。即对错误“不害怕、不接受、不放过”。零缺陷并不意味着产品必须是完美无缺的，而是指组织中的每个人都要有决心第一次及每一次都要符合要求，不接受不符合要求的东西，是一种可以操作、可以衡量的工作执行标准和行动准则，“差不多”的质量态度是不可容忍的。

4）编制良好作业实践汇编

良好作业实践是 LNG 项目深化开展“第一次把事情做对”质量管理活动的重要基础工作，将本年度具有推广意义的良好作业实践进行收集汇总，及时共享。通过良好作业实践的收集与共享，将 LNG 项目近一年来在项目施工和项目管理中好的做法总结记录下来，供后续 LNG 项目参考借鉴，减少后续项目停工、返工的几率，节约人力物力，提高工作效率。

4. 总结

LNG 工程项目将以“第一次把事情做对”主题质量管理活动为契机，结合 LNG 项目质量管理现状，强化质量管理执行力，将已投产完工的 LNG 项目质量隐患库、员工 KPI 指标以及良好实践库在先行以及后续 LNG 项目全范围内进行推广宣传，深化“第一次把事情做对”的理念，树立了“每一个员工都是主角”的观念。把每一个员工当作主角，让项目全体员工掌握了“零缺陷”的思想。只有这样，人人想方设法消除工作的缺陷，才会实现第一次把事情做对，从而提升项目整体质量管理水平，为后续 LNG 项目的达到既定质量目标奠定基础。

钻井液对职业健康的影响及应对措施

曹洪亮

（中国石油集团海洋工程有限公司钻井事业部）

摘要：作为油气井钻探过程中必不可少的循环介质，钻井液含有多种组份和添加剂，人员接触钻井液后对职业健康的影响也不容忽视。在本文中，首先分析了钻井液的化学组份及在钻井过程中可能携带的有害物质，然后对钻井液与人员接触的途径及潜在的职业健康危害进行了研究，最后针对上述分析结果提出了风险管理措施，以达到保障人员职业健康的目的。

关键词：钻井液；职业健康

1. 引言

钻井液在石油天然气行业中广泛使用，是油田开发和天然气勘探必不可少的润滑剂，对于保证安全和高效的钻井十分关键。在钻井过程中，人量钻井液会在高温和搅动的环境下、在一个开放或半封闭空间中流动。由于钻井液中含有各种成分不同的化学添加剂，并且在钻井液工作过程中会渗入地下水、钻屑和粘土等物质，因此其具体成分和组成更加复杂。

钻井液对于环境的影响，在国内外均已得到了广泛的关注；大量的研究和实践表明，人员在与钻井液接触后，其化学成分潜在对人员职业健康的造成影响。因此，在决定使用哪种类型钻井液体系时，油井设计者必须对钻井液体系的风险加以全面评估，除了环境和安全方面，还应考虑健康方面影响。本文将针对钻井液与职业健康的影响，分别从钻井液的化学组份、人员与钻井液的接触危害和保障人员职业健康的风险管控 3 个方面进行了论述。

2. 钻井液的化学组份

钻井液在钻井工程中的主要作用是：清除井眼产生的钻屑、冷却和润滑钻头和钻柱、控制与平衡地层压力、形成泥饼保护井壁、提供所钻底层的有关资料等。钻井液具有连续液相，可根据钻井条件的不同，通过加入各种液体和固体化学添加剂进行改进，从而达到钻井液的性能。

1）水基钻井液

水基钻井液（Water-based fluids，WBF）成份以水为主相材料，可以是淡水、海水或盐水。水基钻井液中，水是连续相，固相颗粒悬浮在水中或盐水中，油可以乳化到水中。图 1 显示了在水基钻井液中液相和化学物质的大概比例（质量分数）。

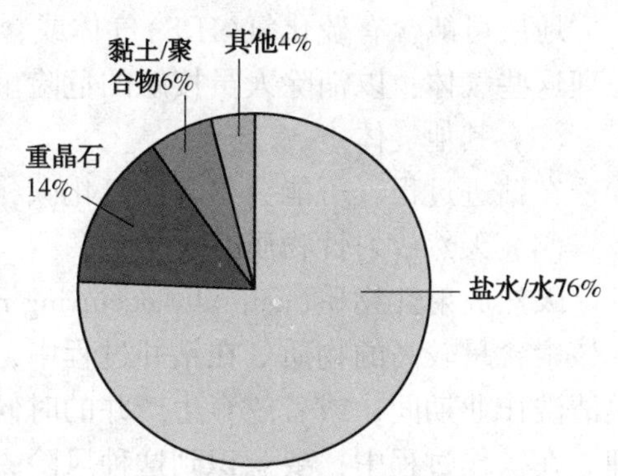

图 1　水基钻井液—化学成份

2）非水基钻井液

非水基钻井液（Non-aqueous fluids，NAF）的连续相为非水基，OGP 根据其芳烃含量将其分为 3 类（表 1）：

表1 非水钻井液的分类

非水钻井液类型	成份	芳烃含量
Ⅰ类：高芳烃含量钻井液	原油、柴油和传统矿物油	5~35%
Ⅱ类：中等芳烃含量钻井液	低毒性矿物油	0.5~5%
Ⅲ类：低/极低芳烃含量钻井液	酯、LAO、IO、PAO、直链烷烃和精制矿物油	<0.5%，PAH 低于 0.001%

Ⅰ类：高芳烃含量钻井液。这类钻井液含原油、柴油和传统矿物油，这些液体是从原油中提炼而成的，其芳烃含量水平在5%~35%之间。

Ⅱ类：中等芳烃含量钻井液。这类钻井液含有从原油提炼出来的产物，其芳烃含量水平在0.5%~5%之间，因此，常被称为“低毒性矿物油”。

Ⅲ类：低/极低芳烃含量钻井液。这类钻井液含有化学合成物质和精制矿物油，其芳烃含量水平低于0.5%，多环芳烃(PAH)含量低于0.001%。

图2所示为在非水基钻井液中液相和化学物质的大概比例(质量分数)。该图是根据本行业全球销售量和使用情况计算得出的平均值。

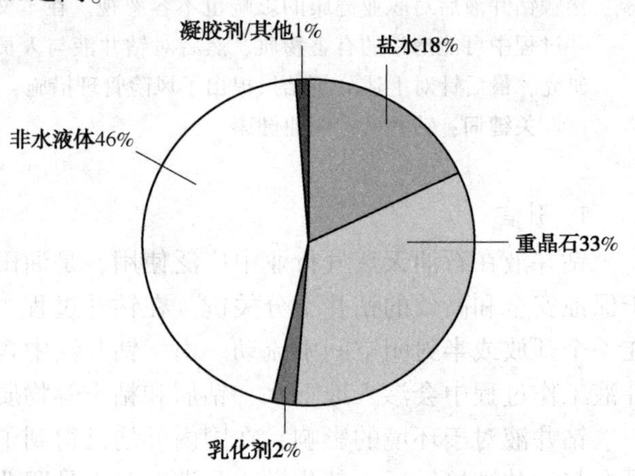

图2 非水钻井液—化学成份

3) 污染物进入钻井液

在正常钻探过程中，地层中潜在危险物质可能会进入钻井液中，对钻井液造成污染，常见的污染物如下所述。

(1) 烃类污染物。

由于钻井的目的在于开采油藏，因此钻探至油藏(气藏)地层时，地层中的烃类可能会进入钻井液，并造成污染。烃类污染物包括油、甲烷等。

(2) 非烃类气体。

地层可能含有硫化氢(H_2S)气体或含 H_2S 水样品，因此，在钻井过程中必须密切监测和处理这些气体，以消除人员接触的危险。H_2S 还会使循环系统的金属管道和管材降级。

(3) 其他气体。

在钻进过程，可能会出现一氧化碳，特别是在钻探到煤层时。但这种情况十分罕见。

(4) 天然放射性物质。

天然放射性物质(naturally occurring radioactive materials，NORM)是指自然界中天然放射性核素含量较高的物质。在钻井过程中，低比活度(LSA)放射性物质的污染可能出现在大规模清洗作业期间，或者放弃生产井的时候。这些污染物可以在所用的钻井液中进行清除或处理。在操作过程中，要意识到这种风险，虽然可能暴露在这些污染物中的时间有限，但是一旦识别出来，就应当立刻采取处理措施。

3. 与钻井液接触的危害

钻井液对职业健康的影响是由钻井液和添加剂等引起的，人体与钻井液的接触途径主要包括皮肤、吸入、口腔或其他，以下将分别详述。

1）皮肤接触

钻井液对人体最常见的健康影响就是皮肤刺激。造成的不良影响包括下述几个方面。

（1）刺激与皮炎。

在皮肤与钻井液接触后，对健康影响最多的情况是出现皮肤刺激和接触性皮炎。

石油烃会带走皮肤表面的天然脂肪，导致皮肤干燥、开裂。进而会使化合物经皮肤渗入体内，导致皮肤刺激和皮炎。

造成皮肤刺激的可能与石油烃有关，特别是芳香烃和 C8—C14 链烷烃，如煤油和柴油对皮肤具有明显的刺激作用。钻井液中常用的 α 直链烯烃和酯类仅对皮肤具有轻微的刺激作用，而直内烯烃对皮肤没有刺激作用。

除了钻井液中烃类的刺激性外，钻井液中的一些添加剂也具有刺激、腐蚀或致敏性质。例如，氯化钙具有刺激性，溴化锌具有腐蚀性，而聚胺乳化剂具有致敏性。因此，虽然水基钻井液并不以烃类为基础，但钻井液中的添加剂仍有可能造成刺激或皮炎。

（2）致癌性（皮肤接触）。

Ⅲ类钻井液（极低芳烃含量钻井液）中常用的烯烃、酯类和链烷烃不含特定致癌化合物，在动物试验中也没有表现出致癌性，因此，这些化合物与皮肤接触下的肿瘤形成无关。

Ⅰ类（高芳烃含量钻井液）钻井液，特别是柴油的多环芳香烃含量水平可能较高。含有裂解成份的柴油可能因 3~7 环 PAH 含量较高而具有基因毒性。目前，没有流行病学的证据证明柴油对人体致癌性，但是，在对小鼠进行的皮肤涂敷研究表明，长期通过皮肤接触柴油可能导致皮肤肿瘤，并且与 PAH 含量水平无关。对人体来说，由于对皮肤的慢性刺激，会造成皮肤小区域内的增厚，最终会形成疣状赘生物，并可能转为恶性肿瘤。

2）吸入

钻井液一般通过搅拌在高温下在开放系统中循环，这会导致在泥浆池上方形成蒸汽、气溶胶和/或粉尘。如果是水基钻井液，蒸汽中会包含水汽和溶解的添加剂。如果是非水钻井液，蒸汽可能由沸点较低的烃组成（链烷烃、烯烃、环烷和芳烃），这种烃类馏分可能含有添加剂、硫、单环芳烃和/或多环芳烃。虽然烃馏分在低沸点时所含的已知危险成份（如苯类）可以忽略不计，但是由于实际中可能会以较高的速度蒸发，因此有可能导致现场的蒸汽相的浓度比预计浓度更高。

（1）气味。

钻井液的气味问题虽然与健康没有直接关系，但是会影响到作业环境。有些钻井液可能由于主要成分或特定添加剂造成的难闻气味。钻井作业期间，钻井液可能会被原油和钻屑污染，这些也会改变钻井液的气味属性。钻井作业期间，对头部空间化合物（挥发物）的测量表明，除了上述物质外，还存在二甲基硫醚和异丁醛。这两种化合物都具有刺激性气味，会使工作环境变得非常难受。

（2）神经毒性。

吸入高浓度烃会导致神经毒性，可能会造成头痛、恶心、眩晕、疲劳、协调性差、注意力和记忆下降、步态异常，甚至昏迷。这些症状均属临时症状，仅在极高浓度下才会出现。

暴露在高浓度的正己烷中可能导致外周神经损伤，这种影响也是在长时间接触高浓度后才发现的。

(3) 肺部影响。

在接触钻井液的工人中，最常见的症状是咳嗽和痰。对接触矿物油产生的气雾和蒸汽的工人进行的流行病学研究表明，肺纤维化的呈增长趋势。

近期的研究表明，接触矿物油产生的高浓度气溶胶会造成载有油滴的肺泡巨噬细胞在肺部积累，形成炎症。极高浓度的低粘度烃类气溶胶既可能吸入肺部，也可能会沉积在肺部的液滴中，造成化学性肺炎，进而可能导致肺水肿、肺纤维化，偶尔也会导致死亡。

有些情况下，与钻井液接触后可能会造成呼吸道刺激。这是由于钻井液中的添加剂和理化性质，水基钻井液的 pH 值一般为 8.0~10.5d。

(4) 致癌性(吸入接触)。

Ⅲ类钻井液(极低芳烃含量钻井液)中常用的烯烃、酯类和链烷烃不含特定致癌物质，Ⅱ类(中芳烃含量)，尤其是I类(高芳烃含量)钻井液可能含有少量苯。要注意的是，所有钻井液可能都会被来自油藏的原油污染，产生苯类污染。由于苯的蒸汽压力较低，蒸汽相中的浓度可能高于预期。当苯的浓度大大高于其职业接触限值 0.5ppm 时，可能会造成急性骨髓性白血病。

3) 口腔

钻井液口腔接触的可能性不大，因此，与其他接触途径相比可以忽略不计。但是，如果用受到污染的手抓食物或抽烟，则不能忽略口腔接触。因此，员工一定要养成良好的卫生习惯。

4) 其他接触途径或组合接触途径

除了上述 3 种接触途径外，还有一种可能性比较大的情况是钻井液与眼睛接触。非水基钻井液中的烃类化合物对眼睛没有或仅有轻微刺激。但是，水基和非水钻井液的添加剂则都有可能刺激或腐蚀眼睛。

在有些场合，如果钻井液或基液处于高压下，液体可能会经过皮肤注入。由于钻井液的全身毒性较低，可以预见的主要影响是皮肤刺激。

正己烷和甲苯具有生殖毒性，这些化合物在Ⅱ类钻井液中少量存在，在I类钻井液中大量存在。然而，一项针对 1，269 名海上机械工、操作工和钻井人员的研究显示，父亲在职业中接触烃类，对妻子的怀孕次数和自然流产概率并没有显著影响。Ⅲ类钻井液(极低芳烃含量钻井液)中常用的烯烃、酯类和链烷烃对动物的生育能力和和发育毒性没有影响。

4. 风险管理

在钻井平台中，潜在钻井液暴露的区域包括：振动筛房、搅拌料斗、泥浆池、袋装库、钻台、甲板作业、实验室。

为了保障员工的健康，在钻井作业的每个阶段，都应识别钻井液的危险成份和接触风险，并应考虑以下管控层次：①排除；②替换；③工程控制；④行政控制；⑤个人防护装备。

1) 排除

在作业过程中，避免使用危险物质，避免可能造成接触的环节。

由于个人喜好或者厂家推荐的原因，在现场可能存在大量的具有相同性质和作用的化学物质，而这么做没有必要，并且会妨碍风险管理工作。建议在每项作业中都要尽可能减少使用的化学物质数量。

2）替换

钻井液造成的健康危害不仅与主要成份有关，而且也与使用的添加剂有关。

在上文中提到，钻井液最主要的影响是皮肤刺激和皮炎，而皮肤刺激可能是由于 C8–C14 链烷烃和芳烃以及某些添加剂引起的。使用水基钻井液或 III 类非水基钻井液可以降低刺激危险。

3）工程控制

工作场所的设计要满足工程控制相互结合，从而减少工人在危险物质中的暴露。某些年代久远的钻井平台无法容纳大型通风系统或先进的流程，而这些却是减少人员接触钻井液的工程控制手段。因此，选择承包商时，必须考虑钻井平台能否容纳这些工程控制手段，使人员暴露降低到可接受水平。

近些年，针对钻井平台开发了很多新技术，用来解决恶劣的工作环境条件，如：控制压力钻井(MPD)和欠平衡钻井(UBD)、振动筛通风顶棚、在密闭的钻井液罐中使用传感器、实时测量等。

4）行政控制

(1) 卫生措施

① 衣物清洗。

在钻井作业过程中，员工的防护服以及皮肤可能会被钻井液和化学物质污染；如果洗衣不当，工作服仍会有钻井液残留，在下次穿着时，就会造成皮肤刺激。清洗被钻井液污染的服装时有如下建议：

a. 指定一台洗衣机专门清洗被钻井液污染的衣物；

b. 洗衣机内衣物不要装得太多；

c. 清洗受到污染的衣物时，用热水和清洁剂至少循环清洗两次。如果污染程度较为严重，需要多洗几个循环；

d. 如果反复清洗不可能行，可在洗衣前把受污染的衣物浸泡在清洁剂溶液中 1~2h。

② 清洗设施。

为了降低钻井液对皮肤的刺激，每天收工后和工作间歇时清除皮肤上的脏污和污染物极其重要，因此在现场需要提供适当的清洗设施，包括适当的冷热水供应、指甲刷和干净毛巾。

③ 皮肤清洁。

在皮肤受污染程度不严重时，用肥皂和水清洗是有效的方法。优质的肥皂和水源能够达到更好的清洁效果，因此，选择优质的肥皂和水源很关键。

皮肤专用的清洁液现在已经普遍使用，它能更加安全有效地清除皮肤表面的脏污和刺激物，而不会破坏皮肤结构和功能。对于无法提供管道自来水的现场，应提供特殊的免洗皮肤清洁液和清洁湿巾。

④ 护肤霜及皮肤护理。

普通护肤霜是针对预防水溶性或溶剂溶解性刺激物而设计的。由于其效果有限，因此任何情况下都不能取代良好的职业卫生习惯以及良好的皮肤清洁和护理习惯。护肤霜要在卫生的条件下涂抹在皮肤表面；其效果也会在2~3h后减弱，需要再次涂抹；洗手后也要再次涂抹护肤霜。护肤霜对于已经过敏的人是没有任何效果的。

皮肤修复护理：使用修复霜常常是皮肤护理最重要的一个环节，然而也是常被忽略的环节。每天收工后使用修复霜有助于修复由于接触化学物质和频繁清洗而流失的天然皮肤油脂。修复霜还有助于修复受损的皮肤细胞，减少伤口、刮伤感染或皮肤磨损。在现场建议安装专门的皮肤清洁剂、护肤霜或修复霜分配器，以可以减少交叉感染和护理霜污染。

(2) 工作时间。

可以通过有效的行政管控手段调整作业班次和倒班模式，限制与危险接触的时间。

(3) 认识和培训。

通过对人员培训，加强他们对危险物质、潜在接触及其健康影响的认识至关重要，培训内容一般包括：

a. 要提供钻井液体系中成份和添加物的材料安全数据表，在员工上岗前，应了解这些数据表。

b. 作业人员必须接受的培训包括：操作规程；PPE的选择、保养和储存；钻井平台的健康安全设备；职业病(如皮肤刺激)的上报程序等。

c. 在选择医护人员时，应考虑他们在诊断以及治疗相关的职业病方面的经验和专业知识。

(4) 应急情况。

除了正常作业活动的情况，行政管控还应当考虑应急情况，如大规模泄漏或溢出事故。

5) 个人防护装备

衡量个人防护装备(PPE)效果的重要因素之一是穿着者的舒适感。如果不舒适，或者运动不方便，人员就不愿意穿戴个人防护装备。

为了防止与化学物质直接接触，建议使用防护服。在可能受到油雾严重污染的环境中工作时，建议使用的PPE包括防化学物质喷溅护目镜、适当的抗化学物质渗透手套、橡胶靴、连体服，钻井雨衣等。

为了减小工人在高温环境下暴露，可以使用一次性抗化学物质连体服取代雨衣。此外，应根据污染程度，定期更换防护服和手套。

当使用钻井液作业时，如果通风不充分，还应穿戴护目镜和自给式呼吸器。为了确保所选的呼吸设备能对穿戴者提供足够的保护，强烈建议试戴(试穿)。

5. 结论

钻井液中含有多种类型的化学添加剂，并且在钻井液工作过程中可能会渗入烃类和硫化氢等物质。为了全面的分析钻井液对人员职业健康的影响和应对措施，本文从钻井液的化学组份、人员与钻井液的接触危害、保障人员职业健康的风险管控3个方面进行了论述，主要结论如下：

(1) 水基钻井液的主要成分是水(淡水、海水或盐水)、重晶石、粘土/聚合物；非水钻井液的主要成分为非水液体(烃类、脂类)、重晶石、盐水、乳化剂等。在钻探过程中，地层中潜在危险物质如烃类、硫化氢、一氧化碳、天然放射性物质等，可能会进入钻井液中，对钻井液造成污染，而这些物质也潜在对人员造成伤害。

(2) 钻井液及其添加剂潜在对职业健康的造成影响，人体与钻井液的接触途径主要包括皮肤、吸入、口腔或其他，其中皮肤接触是最主要的接触方式。

① 皮肤：钻井液中的烃类，特别是芳香烃和 C8-C14 链烷烃，是造成皮肤刺激的主要因素。

② 吸入：由于钻井液可能的主要成分或特定添加剂会造成的难闻或刺激性气味，引起人员不适；钻井液中的矿物油等成分会产生的气雾或蒸汽，吸入后会造成咳嗽和痰，可能引起炎症或者肺部纤维化；吸入高浓度烃会导致神经毒性，暴露在高浓度的正己烷中还可能导致外周神经损伤；Ⅰ、Ⅱ类钻井液中可能含有少量苯，钻井液还可能被来自油藏的原油污染而产生苯类，而当苯的浓度大大高于其职业接触限值 0.5ppm 时，可能会造成急性骨髓性白血病。

③ 口腔接触：钻井液与口腔接触的可能性较小，但是在员工可能会在接触钻井液后直接抓食物或抽烟，因此应注意培养员工养成良好的卫生习惯。

④ 其他接触：钻井液可能会与眼睛接触，而水基和非水钻井液的添加剂则都有可能刺激或腐蚀眼睛。

(3) 为了降低人员接触钻井液中危险成份的可能性及影响后果，从风险管理的角度出发，提出如下建议：

① 在作业过程中，避免使用或者用危险性低的物质替代危险性高的物质，避免可能造成接触的环节。

② 采用合理的工程控制手段和技术，减少危险物质的排放和聚集。

③ 现场配备卫生清洁及皮肤护理用品，实行合理的倒班制控制人员暴露时间，向员工提供有关接触危害和管控措施及效果的信息及培训。

提供作业环境相匹配且穿戴舒适的个人防护装备对降低人员接触危害物质至关重要。

参 考 文 献

[1] OGP Non-Aqueous Drilling Fluids Task Force. Environmental Aspects of the Use and Disposal of Non Aqueous Drilling Fluids Associated with Offshore Oil & Gas Operations. Report No. 342(2003).

[2] OGP report no. 412, Guidelines for the Management of Naturally Occurring Radioactive Material(NORM) in the oil & gas industry.

[3] 周晓剑，周启甫，等．油气工业中的 NORM 照射问题及安全防护建议．中国核科学技术进展报告．2013：145~149.

[4] 练章富，邓昌松，等．油气工业中天然放射性物质的安全处理措施[J]．安全与环境工程，2012，03：136-139.

[5] OGP report No. 396, Drilling fluids and health risk management——A guide for drilling personnel, managers and health professionals in the oil and gas industry.

浅述四级风险防控在海洋工程HSE管理中的构建与应用

张忠强　徐向前　王学彬　吕红宾　任国庆　陈　明

(中国石油集团海洋工程有限公司安全环保监督中心)

摘要：结合海上施工"高风险、高投入、难救援"的作业特点，中国石油海洋工程有限公司(以下简称"海洋公司")不断完善风险管理工作流程和方法，精准定位、缜密实施、强化落实，精细打造"防风险、控事故、保安全"的长效机制，探索建立有海洋工程特色的四级风险防控体系。本文结合海上施工风险管理实际，从风险体系的构建、四级风险防控的内涵及取得的初步效果等方面展示四级风险防控体系推行过程中采取的积极措施，并对四级风险防控体系的不断推行实施提出了工作建议。

关键词：风险；四级风险防控；HSE；HSE管理

海上施工作为高投入、高风险行业，具有人员与设备高度集中、自然环境恶劣、空间相对狭小、地质条件复杂、不确定因素多、救援困难等特点。海洋施工企业也应在如何加强施工风险分析，研究处置风险的对策方面，总结经验教训，对风险进行跟踪，实行动态风险管理，努力提高本企业自身的风险防范和管理能力。海洋公司经过十余年的探索和实践，凝练出"安全生产和环境保护是公司生命线"的核心价值理念，把安全环保作为公司的"天字号"和"零字号"工程。2016年，为实现公司的HSE风险的有效管控，公司开展了全员、全过程、全方位的风险识别，形成了具有海洋工程特色的四级风险防控体系。

1. 构建四级风险防控框架

1）整体思路

紧密围绕公司战略目标和HSE工作目标，按照"整体统筹、分步实施；整分结合，全面推进；突出重点、务求实效"的总体思路，分阶段、有重点地推进实施。

2）组织机构

建立由公司主要领导担任组长的领导小组，明确工作职责，将风险防控工作融入到各级管理流程和所有生产作业过程。建立分层风险防控模式，形成以公司级为核心、二级单位级为重点、基层单位级为要害、岗位员工级为关键的风险防控体系。

3）计划实施

(1) 发布"风险分级防控工作"指导文件，确立了以国家标准、公司规章制度等六项规范为依据，四个时间节点为主线的实施方案。

(2) 开展全员培训，实现"统一思想，统一识别，统一评价，统一分析，统一评审，统一更新"的风险防控工作流程。

(3) 建立情况通报、工作例会、过程督导等三项运行机制，确保各项工作踏线运行。

2. 四级风险防控的丰富内涵

1）深入开展辨识

海洋公司结合业务发展特点，按照钻井作业、井下作业、海工建造、船舶营运、化工产业研制、现场专业服务、设计开发、机关后勤划分，开展全员、全过程、全方位危害（环境）因素辨识活动，共计识别出生产作业活动所涉及的危害因素 1881 个、环境因素 469 个。分别采用风险矩阵法及多因子评价法，对危害因素和环境因素进行评价，确定了二级单位级重大危害因素 116 个，重要环境因素 28 个。在此基础上，进一步评定出井喷、火灾及爆炸、拖航（移位）、陆地交通、极端天气（热带气旋及风暴潮）5 个公司级重大危害因素，井喷溢油和污油水泄漏 2 个重要环境因素。

2）推动责任落实

由安全环保部门牵头，运行、技术、装备、人事、企管等相关部门参与，本着“谁主管谁负责”、“管工作必须管安全”的工作原则，对各类专业风险实行分类管理，落实直线、属地职责。

3）制定防控措施

在识别出危害（环境）因素的同时，根据风险等级的不同，由各层级管理部门及岗位员工讨论制定出具体风险防控措施，系统性的完善了《危害因素及控制措施清单》《重大危害因素及控制措施清单》《环境因素及控制措施清单》《重要环境因素及控制措施清单》，凝练并形成公司《HSE 四级风险防控手册》。坚持以风险防范为出发点，强化管控，各负其责，严格落实，有效的指引了四级风险防控工作的开展，确保各项风险受控。

3. 四级风险防控取得的初步成果

1）有效提升风险防控理念

风险防控体系的构建与有效运行，使各级管理者和员工对待 HSE 管控工作从被动接受向主动改进转变，形成从事后弥补向前期预防和过程监控的实质性改变，实现了 HSE 风险的源头防范和控制，对提升公司竞争力和 HSE 保障能力起到了重要作用。

2）有效应用安全管理工具

（1）以风险防控为契机，各单位延伸开展了安全管理工具培训和学习活动，使岗位员工熟练运用安全经验分享、作业许可、隔离与挂牌上锁、工作循环分析、安全目视化、工作前安全分析、行为安全观察与沟通等 7 种管理工具，实现风险受控。

（2）各作业单元在施工前，结合作业特点、作业环境变化、地质条件等情况，组织开展危害（环境）因素识别及风险评估，根据识别结果，制定完善风险削减控制措施，形成项目《HSE 作业计划书》，保证施工安全。

（3）开展“讲风险”活动。使各级管理者听到岗位员工能够根据作业工序、流程讲出本岗位的风险和控制措施，为 HSE 管理从“严格监管”到“自主管理”打下了良好的基础。

3）有效提高重点项目 HSE 管理水平

（1）运用“危险与操作故障辨识”（HAZOP）等评估方法，在亚马尔项目中编制完成了“YAMAL 项目及 YAMAL MWP4&FWP5&MWP10A 包”HSE 风险评估报告，项目累计安全工时超过 880 万。

（2）在海外钻井项目中，对中油海 9、10、15 平台开展了“伊朗海域作业安全评估”，实现了“零事故，零伤害，零污染”的 HSE 目标，创造了波斯湾新的安全生产记录。

（3）在辽东湾污水排海管线、舟山大陆引水三期工程等 EPC 总包项目，组织分包商共同开展项目风险辨识与评价工作，识别危害(环境)因素 263 项，其中重大危害(环境)因素 28 项，制订风险消减控制措施 797 项，打造出业主满意的精品工程。

4）实现风险防控与 HSE 管理体系深度融合

以风险防控工作为核心，融入现有的 HSE 管理体系，实现管理过程全覆盖。

（1）制度保证。对“危害因素辨识、风险评价与风险控制程序”、“环境因素辨识、评价与风险控制程序”等两项制度予以修订。

（2）持续拓展。将风险防控成果拓展到公司 15 类《基层站队 HSE 标准化建设标准》中，落实到具体岗位，成为支持性文件。

（3）量化考核。把风险防控实施情况纳入到公司各专业《体系审核及 HSE 考核记录表》，作为每次检查重点内容，分阶段实施量化考核，强化责任落实。

（4）成为标准。各级安全管理(监督)部门将《HSE 四级风险防控手册》作为驻现场监督检查的必备工具书，保证了检查效果。

4. 持续推行四级风险防控能力的几点建议

（1）完善优化风险防控体系，采取再培训、再学习、深入研讨交流等措施，深入开展风险防控文化建设。

（2）强化重大风险监控和预警能力，构建日常风险信息搜集、报告和处理机制，形成风险动态管理系统。

（3）加强对半潜式钻井平台深水钻(完)井技术发展动态的研究，探讨持续提升风险管控能力和科学决策水平，为公司进军深水提供坚强保障。

（4）充分认识风险防控建设与实施工作的重要性和长期性，将建设与实施作为长期任务常抓不懈，同时把安全生产标准化、HSE 管理体系建设实施有效地结合起来，共同促进。

5. 结语

风险防控是动态的，随着环境变化、科学技术和装备能力的改进、人员素质的提高，我们所面临的风险也在不断变化，在四级风险防控管理中仍需不断完善各项风险管控措施，层层传递压力，严格督促落实，持续消减风险，保证生产安全。

参 考 文 献

[1] 张云青，当前我国海洋石油工程项目的风险管理及对策[J]，魅力中国，2009.

[2] 邓宝良，海洋石油工程项目的风险管理研究[J]，管理观察，2010，5.

陆岸终端及其他

泡沫玻璃预制损耗优化研究

吴捷 孙明玉

(中国石油集团海洋工程有限公司)

摘要：在保冷工程中，泡沫玻璃材料成本约占保冷工程施工总成本的38%~67%。泡沫玻璃作为脆性材料，损耗率较高，急需预制损耗优化。泡沫玻璃是应用广泛的保冷材料，从施工工艺角度有效降低材料损耗率是保冷施工成本控制的关键。从保冷结构要求、施工工艺角度进行研究，明确保冷管径，保冷层总厚度，预制工艺及施工效率为约束条件。进一步研究泡沫玻璃预制的影响因素，确定型材内径、厚度、角度分别和损耗率的关系。在明确约束条件和影响因素后，提出采用模拟退火算法数学建模，在型材角度、排版布置两个方向进行优化。通过研究形成泡沫玻璃预制优化方案，结合YAMAL保冷工程实践进行验证。研究和验证结果表明，该算法应用有效，泡沫玻璃预制损耗率比传统预制方法降低约6%。

关键词：泡沫玻璃；预制损耗；模拟退火算法；数学建模；优化

伴随着世界经济的复苏，对能源的需求日益迫切，尤其是对天然气的需求正逐步增长。液化天然气(LNG)是天然气输运的主要形式，LNG管道的深冷绝热则是确保经济性和安全性的重要组成。泡沫玻璃是一种具有适用温度广泛，防潮防湿性能良好，防火性能优异等诸多特点的保冷材料，广泛应用于LNG保冷工程中。针对泡沫玻璃材料成本高，采购周期长的特点，泡沫玻璃预制损耗研究具有重大价值。

在国际项目中，泡沫玻璃型材既需要满足保冷结构要求，符合国际项目施工标准要求，又必须结合保冷工程实际情况兼顾保冷施工效率及便利性。这提升了泡沫玻璃预制损耗优化的研究难度。

针对保冷结构，刘晓延等研究了复合保冷结构的材料组成和优化设计厚度；李莉优化保冷层厚度通过研究保冷厚度的确定方法和计算程序；张月静等以费用最低原则，建立模型，分析研究了低温LPG管道的保冷成本及约束条件。保冷施工角度的研究，生动等分析了中石化山东LNG接收站一期工程的保冷施工和质量控制等。姜娟娟研究和探讨了泡沫玻璃在LNG管线深冷绝热施工流程和施工技术要求。韩帅等分析了保冷层结构及施工工艺并提出了相应的改进建议。

另一方面，采用优化算法降低材料损耗的研究十分广泛。陶献伟等研究了模拟退火算法与最小宽度算法的结合，在一定概率上跳出局部最优算法的缺陷，达到全局近似最优；段文英等针对单目标组合优化问题进行模拟退火求解，研究了模拟退火算法有效地规避了常规算法对初值的敏感性，具有较好的稳定性；肖思和等研究了模拟退火算法求解的实现步骤，提出了模拟退火算法中各参数值得选择和设置对运算结果的影响；谢云研究了模拟退火算法的实现形式、渐进收敛性、并行策略，论证了模拟退火算法并行进行，适合求解大规模组合优化问题；王罡等将模拟退火算法与空闲块算法相结合，应用在图片优化排版上，大大提高了打印纸张的利用率；模拟退火算法的概率接受函数和降温函数对模拟退火算法的适用性和效率影响甚大对如何选择接受函数和降温函数，国际学者 Sechen 已经进行专门的研究。

从文献研究可以看出，控制保冷材料成本方面的研究多从保冷结构和施工质量控制入手，而预制损耗优化研究尚属空白；同时优化算法在钢板等材料预制中的损耗优化中已经较为成熟，因此应用优化算法进行泡沫玻璃预制损耗优化具有较高可行性。本文拟从泡沫玻璃型材预制入手，明确约束条件，分析确定预制影响因素，引入优化算法进行数学建模，并通过工程实践验证优化结果。

1. 泡沫玻璃型材预制约束条件研究

泡沫玻璃型材预制要需要满足保冷结构要求，同时符合规范标准要求，又必须结合保冷工程实际情况兼顾保冷施工效率及便利性。因此需要从保冷结构，泡沫玻璃型材预制工艺，安装工艺这三个方面明确型材预制约束条件。

1）保冷结构研究

CINI 工业绝热手册是当前较为通用的国际工业绝热施工设计标准，以该规范的保冷结构要求为研究基础。直管典型保冷结构如图 1、图 2 所示。可知，典型保冷结构对泡沫玻璃型材的约束条件为：

（1）最内层泡沫玻璃型材的内径与保冷管外径相同；

（2）最外层型材的外径是保冷管外径和保冷层总厚度之和；

（3）当泡沫玻璃型材厚度大于 80mm 时，应根据施工进行均匀分层。

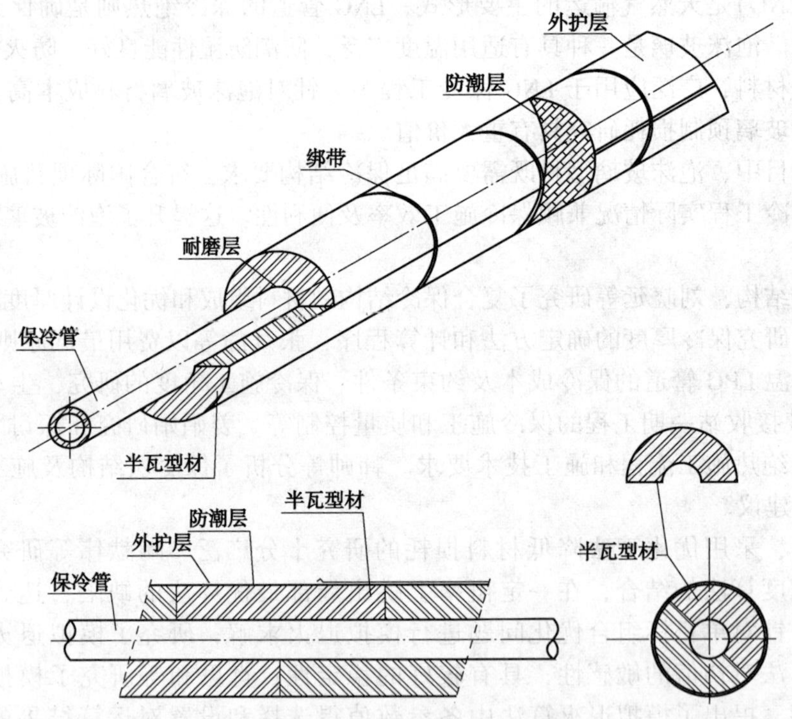

图 1　直管单层保冷结构典型图

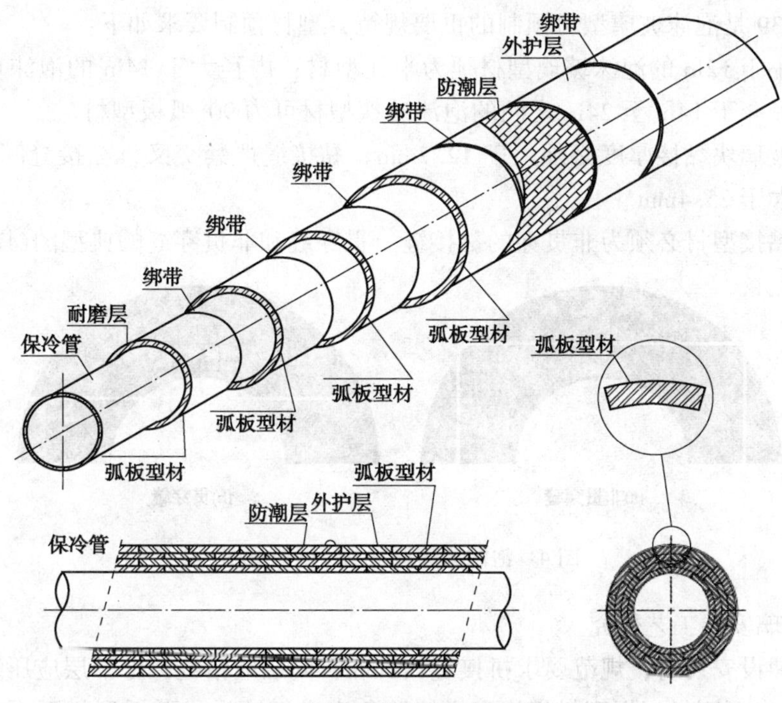

图 2　直管多层保冷结构典型图

2）泡沫玻璃预制工艺研究

常用泡沫玻璃标准块规格为 450mm×150mm×600mm。泡沫玻璃型材预制采用多块标准泡沫玻璃块从厚度方向进行黏接，然后切割预制。泡沫玻璃是易碎材料，为减少预制切割中型材互相影响，根据型材宽度将泡沫玻璃组块分成两块分别预制切割。同时结合泡沫玻璃切割机施工误差，考虑泡沫玻璃预制的设计余量为 5mm，型材预制如图 3 所示。可知当前泡沫玻璃预制工艺对型材的约束条件为：

（1）泡沫玻璃型材宽度为 600mm；

（2）两块或多块型材宽度之和小于 450mm。

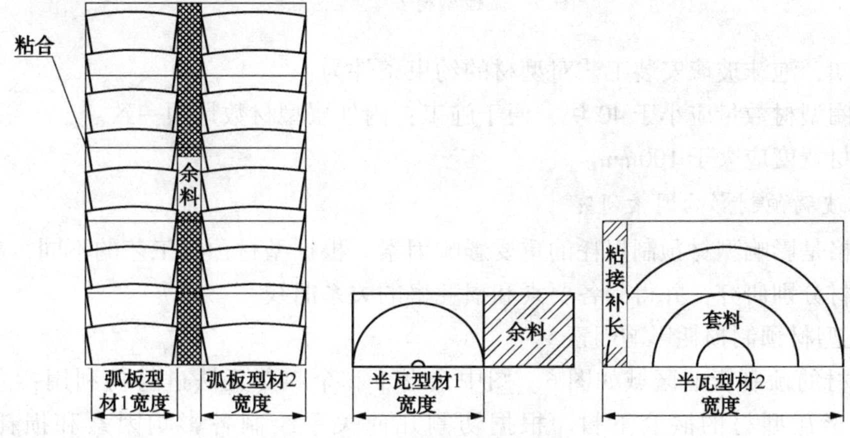

图 3　泡沫玻璃型材预制典型图

ASTM C1639 是泡沫玻璃型材预制的重要规范，型材预制要求如下：

（1）内径小于 12in 的泡沫玻璃型材须为半瓦型材；内径大于 14in 的泡沫玻璃型材须为弧板型材；内径介于 14in 至 24in 之间的泡沫玻璃型材可为 90°弧板型材。

（2）泡沫玻璃块黏接厚度必须大于 12. 7mm。黏接缝严禁交叉，黏接缝间夹角 90°，黏接缝长度必须大于 25. 4mm。

（3）对于黏接型材必须为非贯穿的黏接缝。贯穿缝和非贯穿缝的典型图(图 4)。

图 4　泡沫玻璃型材黏接缝典型图

3）泡沫玻璃安装工艺研究

泡沫玻璃铺设安装时，规范要求拼接缝≤2mm；同层应错缝，上下层应压缝，搭接长度不宜<100mm。半瓦型材根据型材规格和拼接缝角度进行铺设；弧板型材至下而上，由内及外的呈阶梯式铺设；同时为兼顾施工效率和保冷效果，拼接缝不宜过多；为保证绑带固定牢固，型材宽度不宜过小。错缝施工简图如图 5 所示。

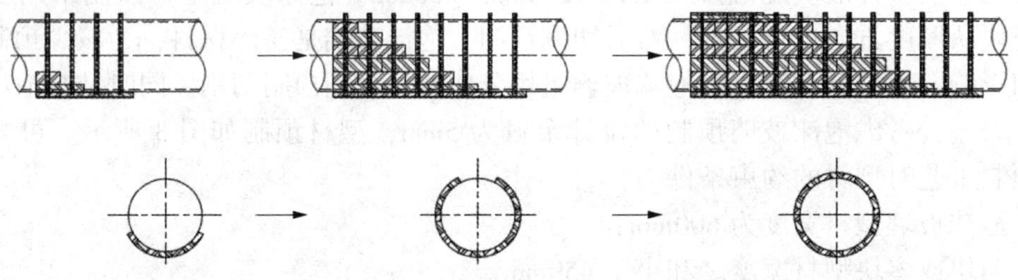

图 5　弧板型材安装典型图

由图可知，泡沫玻璃安装工艺对型材的约束条件为：

（1）整圈型材数量应小于 40 块，便于施工；内外层型材数量须一致。

（2）型材宽度应大于 100mm。

2. 泡沫玻璃预制影响因素研究

型材规格是影响型材预制损耗的重要影响因素。根据型材预制工艺的不同，分为半瓦型材和弧板型材分别研究，并得到各要素和损耗率的关系曲线。

1）半瓦型材预制损耗影响因素

半瓦型材的预制影响区域如图 6。图中余料 1 和余料 2 无法进行再利用；余料 3 则可以用于小的半瓦型材的嵌套下料。根据切割几何关系绘制各影响因素和损耗率的关系（图 7）。

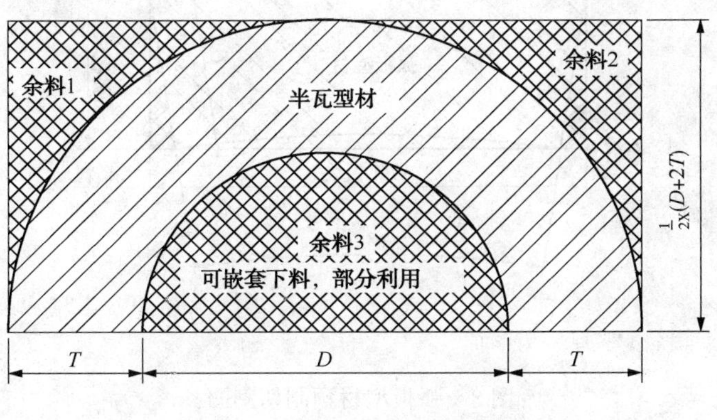

图 6　半瓦型材预制切割简图

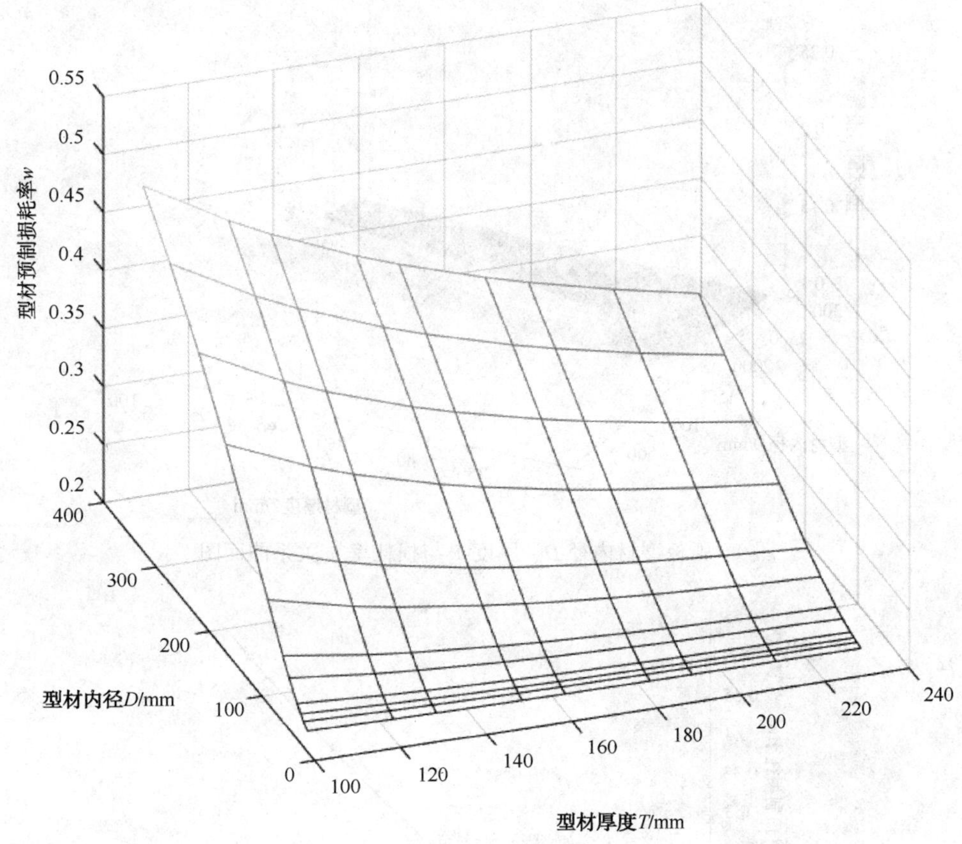

图 7　半瓦型材内径 D、厚度 T 与损耗率 w 关系曲面图

2）弧板型材预制损耗影响因素

弧板型材的预制影响区域(图 8)。根据切割几何关系绘制各影响因素和损耗率的关系，如图 9、图 10 所示。

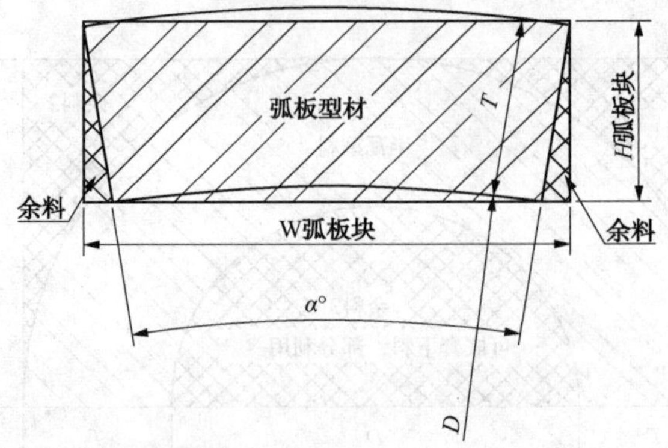

图 8　弧板型材预制切割图

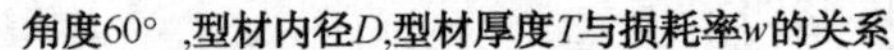

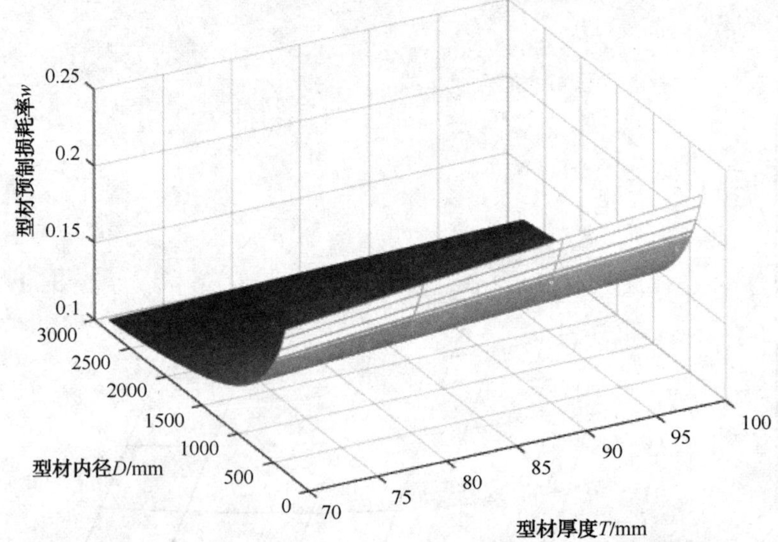

图 9　弧板型材内径 D、厚度 T 与损耗率 w 关系曲面图

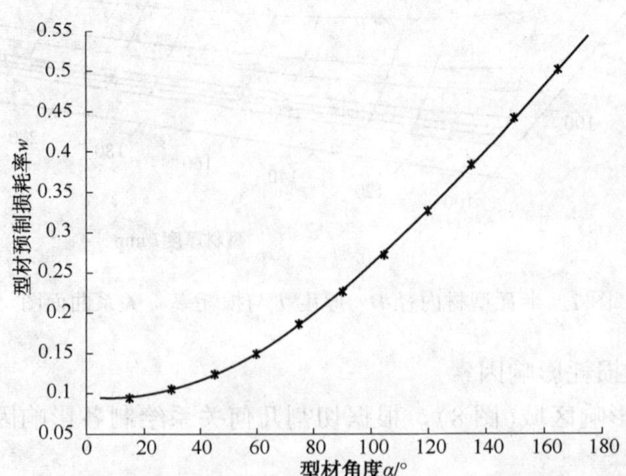

图 10　确定弧板型材内径 D、厚度 T 后，型材角度 α 与损耗率 w 关系曲线图

综上研究可知，预制损耗率与半瓦型材内径成正比，与半瓦型材厚度成反比；预制损耗率与弧板型材内径成反比，与弧板型材厚度成正比，与弧板型材角度成正比。其中，型材角度与预制损耗率的关系曲线的曲率最大，即预制损耗的变化对型材角度最敏感，成为预制优化的突破口。

3. 算法应用及数值模拟计算

泡沫玻璃的一般预制工艺是以单根保冷管为基础采用穷举法进行优化，即根据管径及施工限制条件，分别列出型材不同规格并计算该规格下的损耗率，从中选取单根保冷管的最佳预制损耗率。这种方法的优点在于计算简单，但随着 LNG 工程的数量和复杂程度，逐步凸显其计算量巨大，并不适合型材规格较多，数量多的缺点。

1）算法原理介绍

模拟退火算法是基于蒙特卡洛迭代求解策略的一种随机寻优算法，来源于固体退火原理。从较高的初始温度出发，随着温度参数的不断下降，结合概率突跳特性在解空间中随机寻找目标函数的全局最优解，即能有概率地跳出局部最优解从而最终趋于全局最优解。模拟退火算法优点在于计算过程简单通用，抗干扰性强；可并行运算，求解非线性问题；对初始解状态不敏感；最终结果是否是全局最优解以及运算速度，依赖于温度参数下降的速度，是可控的。模拟退火算法的缺点在于最终解未必是全局最优解，是有一定概率取得全局最优解。满足工程中泡沫玻璃预制要求。

模拟退火算法是以粒子能量定义材料所处状态，退火过程的数学描述如下：

（1）材料在 i 状态时能量为 $E(i)$，那么当材料在温度 T 时从状态 i 进入状态 j 则产生如下情况：

当 $E(j)\leqslant E(i)$ 时，该状态可被接受；

当 $E(j)>E(i)$ 时，该状态以公式(3-1)概率被接受；

$$e^{\frac{E(i)-E(j)}{KT}} \tag{3-1}$$

式中 K——波尔曼兹常数，JK^{-1}；

T——材料温度，℃。

（2）当材料状态达到热平衡时，材料处于状态 i 的概率满足波尔兹曼能量分布即：

$$P_T(x=i)=\frac{e^{\frac{E(i)}{KT}}}{\sum_{j\in S}e^{\frac{E(j)}{KT}}} \tag{3-2}$$

式中 x——材料当前状态的随机变量；

S——状态空间的集合。

（3）当温度下降时，材料会大概率进入小能量状态并收敛，即：

$$\begin{cases} E_{\min}=\min\limits_{j\in S}E(j) \\ S_{\min}=\{i\,|\,E(i)=E_{\min}\} \\ \lim\limits_{T\to 0}\dfrac{e^{\frac{E(i)-E_{\min}}{KT}}}{\sum\limits_{j\in S}e^{\frac{E(j)-E_{\min}}{KT}}}=\lim\limits_{T\in 0}\dfrac{e^{\frac{E(i)-E_{\min}}{KT}}}{\sum\limits_{j\in S_{\min}}e^{\frac{E(j)-E_{\min}}{KT}}}=\begin{cases}\dfrac{1}{|S_{\min}|}, & i\in S_{\min} \\ 0, & otherwise\end{cases} \end{cases} \tag{3-3}$$

简而言之，模拟退火算法将物理退火的思想应用于求解非线性问题得到最优解的过程。

2）MATLAB 数值模拟建模

模拟退火算法在钢板下料中应用较为成熟。为贴合泡沫玻璃型材预制实际，进行算法改进，并建立模拟退火算法的数学模型，采用两次模拟退火算法嵌套，分别进行型材角度优化、排版布置优化。

(1) 设定目标函数：

$$w=\min\left(1-\frac{\sum V_i\times N_i}{\sum V_{块}\times M_i}\right) \tag{3-4}$$

式中 V_i——第 i 类的型材体积，m^3；

N_i——第 i 类的型材预制数量，个；

$V_{块}$——单个泡沫玻璃块体积，0.0405m^3；

M_i——预制损耗泡沫玻璃原料块数量，个。

(2) 设置迭代求解参数：

设置初始化温度参数 $T_k=100$，用于型材排版优化迭代；设置静止温度参数 $T_{\min}=1$；设置降温函数 $T_{k+1}=C\times T_k$；调整降温参数 C，确定迭代次数。通常设置为 0.95，约 90 次迭代。

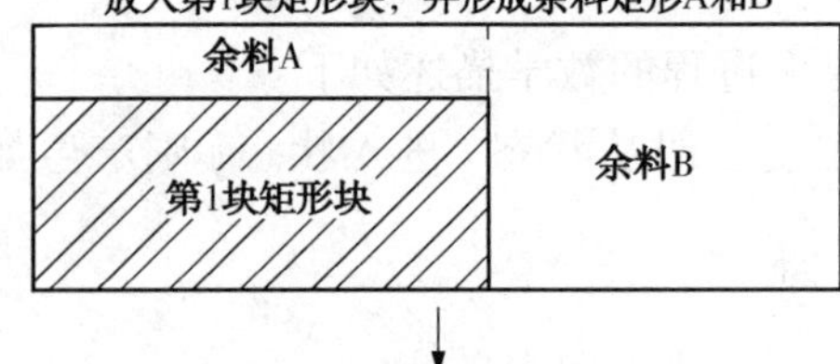

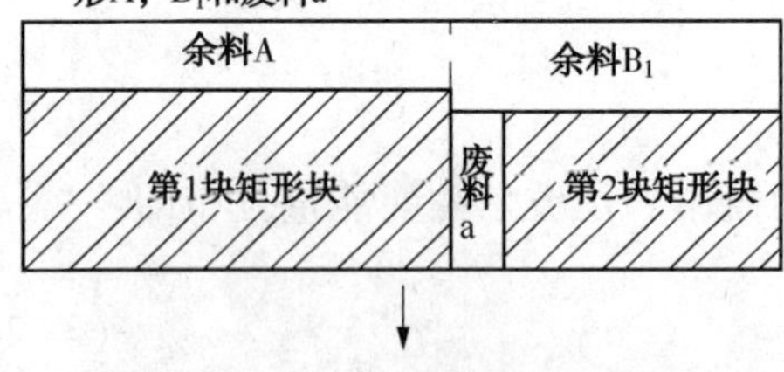

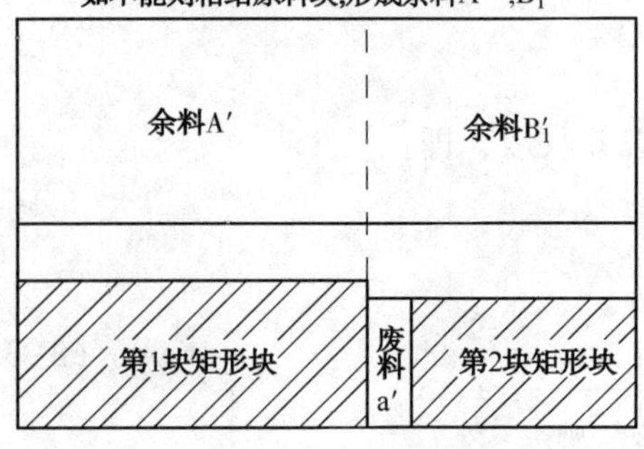

图 11 型材排版布置简要流程图

设置初始化温度参数 $T_l=100$，用于型材角度优化迭代；设置静止温度参数 $T_{\min}=1$；设置降温函数 $T_{l+1}=C_1\times T_l$；调整降温参数 C_1，确定迭代次数。该迭代次数选择为型材类型的 2 倍左右。

(3) 求解初始状态排版初始解：

代入初始状态解。按照简化后的矩形块尺寸规格，从大到小依次放入泡沫玻璃块，如图 11 所示。依次进行排版，确定使用的原料块的数量，即可计算损耗率，确定初始解 $w=w_k$，且 $k=0$。排版完成后，将型材放入简化的矩形块中，按预制要求校核黏接缝长度和黏接块厚度。

(4) 进行模拟退火算法首次排版优化迭代求解：

判断当前温度 $T_k>T_{\min}$；根据余料的规格尺寸，随机放置矩形块。重复步骤 3，得到当前排列下的最优损耗率 w_{k+1}。

判断目标函数增量 $\Delta w=w_{k+1}-w_k$；当 $w_{k+1}<w_k$ 时，则更新 $w=w_{k+1}$；当 $w_{k+1}>w_k$时，则 w 不更新；同时当 $w_{k+1}>w_k$时，设置跳出因子 $p=e^{(-\Delta w/Tk)}$；判断 $p>$random[0，1]时，则将当前记录在过程最优解中；否则接受当前非最优解 $w=w_{k+1}$，概率跳出当前解；直至迭代结束，得到当前型材角度下的最优

损耗率 w。

(5) 得到初始型材角度状态下排版优化后的最优解：

得到初始状态下最优解 w 后，判断 w 是否符合工程要求。如满足工程要求，则将该损耗率 w 及相关参数记录进最优解集合 W。

(6) 进行模拟退火算法第二次型材角度优化迭代求解：

判断当前温度 $T_l>T_{\min}$；随机选择某类型材，改变型材角度，更新该类型材参数组。重复步骤 3 和 4，得到当前型材角度下的最优损耗率 w_{l+1}。

判断目标函数增量 $\Delta w= w_{l+1}- w_l$；当 $w_{l+1}< w_l$时，则更新 $w= w_{l+1}$；当 $w_{l+1}> w_l$时，则 w 不更新；同时当 $w_{l+1}> w_l$时，设置跳出因子 $p=e^{(-\Delta w/Tk)}$；判断 $p>$random[0, 1]时，则将当前记录在过程最优解中；否则重复步骤 5，并接受当前非最优解 $w= w_{l+1}$，概率跳出当前解；

直至迭代结束，得到该批次预制的最优解 w，以及满足工程目标的最优解集合 W。

(7) 选择适用的最优解：

横向对比最优解集合 W，选取适合当前工程的最优解和次优解。如集合 W 中求解数量过多，可适当提高符合工程要求的标准最优解。

4. 工程实践验证

选取 YAMAL 项目 FWP5 包中相似模块 SPP320R 和 SPP321R 模块泡沫玻璃型材进行对比实验验证，预制信息如表 1 所示，SPP320R 理论优化结果如表 2 所示，SPP320R 根据优化结果进行预制结果如表 3 所示，SPP321R 未优化后结果如表 4 所示。

表 1 SPP320R 和 SPP321R 模块泡沫玻璃型材预制信息

SPP320R				SPP321R			
保冷管管径/in	保冷层厚度/mm	分层	保冷长度/m	保冷管管径/in	保冷层厚度/mm	分层	保冷长度/m
36	320	70/80/80/90	22. 9	36	320	70/80/80/90	22. 9
36	320	70/80/80/90	26. 2	36	320	70/80/80/90	26. 6
30	290	90/100/100	30. 4	30	290	90/100/100	30. 15
20	80	80	25. 4	20	80	80	26. 48
20	80	80	27. 88	20	80	80	31. 08
20	80	80	28. 92	20	80	80	29. 22
8	60	60	28. 76	8	60	60	28. 23
4	50	50	35. 19	4	50	50	35. 69
4	50	50	36. 50	4	50	50	36. 50
4	50	50	36. 00	4	50	50	36. 00
3	40	40	34. 65	3	40	40	34. 43

表 2 SPP320R 型材理论优化结果

序号	型材类型	型材整圈块数/块	型材角度/℃	型材数量/块	使用原料总量/块	损耗率/%
1	半瓦型	2	180	124	3464	17.17
2	半瓦型	2	180	384		
3	半瓦型	2	180	102		
4	弧板型	8	45	1184		
5	弧板型	18	20	990		
6	弧板型	18	20	990		
7	弧板型	18	20	990		
8	弧板型	18	20	1062		
9	弧板型	18	20	1062		
10	弧板型	18	20	1062		
11	弧板型	18	20	1062		

表 3 SPP320R 型材优化后实际切割结果

序号	型材类型	型材整圈块数/块	型材角度/℃	型材数量/块	使用原料总量/块	损耗率/%
1	半瓦型	2	180	124	3472	17.36
2	半瓦型	2	180	384		
3	半瓦型	2	180	102		
4	弧板型	8	45	1184		
5	弧板型	18	20	990		
6	弧板型	18	20	990		
7	弧板型	18	20	990		
8	弧板型	18	20	1062		
9	弧板型	18	20	1062		
10	弧板型	18	20	1062		
11	弧板型	18	20	1062		

表 4 SPP321R 型材未优化的预制结果表

序号	型材类型	型材整圈块数/块	型材角度/℃	型材数量/块	使用原料总量/块	损耗率/%
1	半瓦型	2	180	124	3806	23.66
2	半瓦型	2	180	386		
3	半瓦型	2	180	102		
4	弧板型	6	60	936		
5	弧板型	18	20	990		
6	弧板型	18	20	990		
7	弧板型	18	20	990		
8	弧板型	20	18	1800		
9	弧板型	20	18	1800		
10	弧板型	20	18	1800		
11	弧板型	20	18	1800		

经工程实践验证，SPP320R 采用模拟退火算法进行预制优化，理论损耗率为 17.17%；SPP320R 按优化后结果进行排版下料，实际损耗为 17.36%，其中额外损耗 0.19%为预制操作的损耗；SPP321R 为未进行预制优化，预制后损耗率为 23.66%；由此可见，采用模拟退火算法优化的实践应用具有可行性，预制损耗率和理论损耗率偏差为 0.2%，具有算法稳定性；优化效果明显，优化后比未优化的预制损耗率下降了 6.3%。

5. 结论

经过上述研究后，本文得出结论如下：

（1）保冷管管径，型材厚度，型材角度是影响泡沫玻璃型材预制损耗的重要影响因素；其中型材角度最具有优化价值。

（2）通过 MATLAB 采用模拟退火算法编制型材预制规格尺寸程序，能有效泡沫玻璃型材角度优化和预制排版布置优化。

（3）通过 YAMAL 工程实践验证，采用模拟退火算法优化，能降低约 6%预制损耗；理论优化结果与实际预制结果偏差率为 0.2%，该算法的应用具有较好的稳定性。

参考文献

[1] 刘晓延，张岁怀，等．低温管道保冷复合结构优化设计[J]．油气田地面工程，2000，19(6)：72-73.

[2] 李莉．低温送风管路保冷厚度确定方法与程序设计[J]．低温工程，2007，6(5)：19-22.

[3] 张月静，阎振奎．LPG 低温管道经济保冷层厚度的计算[J]．油气储运，1999，18(1)：19-19.

[4] 生动，胡超，等．山东 LNG 接收站管道保冷技术研究[J]．油气田地面工程，2015，34(11)：1-2.

[5] 姜娟娟．泡沫玻璃在 LNG 管线深冷绝热中的应用[C]．第二届全国智慧结构学术会议．绵阳．中国城市科学研究会，2016：75-79.

[6] 韩帅，沈孝风，等．LNG 工程保冷施工[J]．管道技术与设备，2013，(6)：24-51.

[7] 陶献伟，王华昌，等．矩形件优化排样模拟退火算法求解[J]．锻压技术，2003，(3)：24-27.

[8] 段文英，岳琪．模拟退火算法求解组合优化问题的研究[J]．森林工程，2004，(7)：26-28.

[9] 肖思和，鲁英红，等．模拟退火算法在求解组合优化问题中的应用研究[J]．四川理工学院学报，2010，23(1)：116-118.

[10] 谢云．模拟退火算法综述[J]．微计算机信息．1998，14(5)：66-68.

[11] 王罡，彭国华，等．模拟退火算法在图片优化排版中的应用[J]．西南民族大学学报，2006，32(3)：586-590.

[12] Sechen C. Chip-planning, placement, and global routing of macro/custom cell integrated circuits using simulated annealing. In: Proceedings of the 25th ACM/IEEE Conference on Design Automation[C]. New Jersey, IEEE Computer Society Press, 1988: 73-80.

[13] Committee Insulation Netherlands Industry(CINI), Insulation manual for industries[S]. Netherlands, 2010.

[14] American Society for Testing and Materials, ASTM C1639-2010a: Standard Specification for Fabrication of Cellular Glass Pipe and Tubing Insulation[S]. ASTM International, 2010.

[15] GB 50264—2013，工业设备及管道绝热工程设计规范[S]．北京：中国计划出版社，2013.

[16] GB 50185—2010，工业设备及管道绝热工程施工质量验收规范[S]．北京：中国计划出版社，2010.

[17] GB 50126—2008，工业设备及管道绝热工程施工规范[S]．北京：中国计划出版社，2008.

[18] 郑晓军，杨光辉，等．多规格一维下料问题基于满意度模拟退火算法[J]．大连理工学报，2009，49(6)：23-27.

自航与非自航海上风电安装平台适用规范和法规要求差异分析

丁果林　凌爱军　冯洋　宋庆国

（中国船级社海洋工程技术中心）

摘要：随着我国海上风电行业的蓬勃发展，海上风电安装平台的建设进入了一个高潮，自航的海上风电安装平台也应运而生并进入实际工程阶段。本文针对自航与非航平台海上风电安装平台适用规范和法规要求进行了差异分析，以期望给业界提供有益参考和借鉴。

关键词：海上风电安装平台；自航

1. 前言

近几年，受国际油价持续低迷的影响，常规的海上钻井、修井移动平台的投资进入了低谷，新建项目数量萎缩较明显。而随着国家对海上风电的大力支持，国内的海上风电行业则进入了一个投资高峰，非油气作业的海上风电安装平台的建设数量持续猛增。

早期的海上风电安装船一般借用或由其他海洋工程船舶改造而成，大多采用漂浮式或可坐滩作业的坐底箱形船型，如专门为海上风电场东海大桥风电示范区风电设备安装所设计的中交第三航务工程局的“三航风范”号2400t(2×1200t)双臂变幅起重船。后来，随着风机的大型化，对起重高度、起重能力、机动能力、定位性能、风浪承受能力、作业效率等的要求越来越高，以自升式为主的海上风电安装平台不断出现，平台一般配备一台起重能力在500~1200t左右的全回转主吊机，最大起重高度达到110m左右，最大作业水深在40m左右，主甲板面积较大，部分平台配备了几台艏艉侧推器，具备风场内短距离航行功能，如已经建成投入营运的“福船三峡号”和“精铟1号”风电安装平台。当前，随着海上风电场建设的不断发展成熟，也进一步要求风电安装平台的各种功能愈发完善，如具备完全自航能力、配备动力定位系统、容纳更多的工作人员、配备有直升机甲板等，如当前正在设计的尚和海洋工程设备有限公司的“尚和1号”自升式风电安装平台和中国铁建港航局集团有限公司的1200吨自升式风电安装平台，均要求具备完全的自航能力。

国家能源局《风电发展“十三五”规划》中指出：到2020年，全国海上风电开工建设规模达到1000×10^4kW，力争累计并网容量达到500×10^4kW以上。海上风电行业的蓬勃发展，带来了海上风电安装平台的快速升级换代，自航的海上风电安装平台应运而生。由于平台远距离迁航不再由拖轮拖带航行而是使用自身推进器来进行自我航行，在设计时需要满足规范、法规中关于自航方面的一些新要求，本文针对自航与非航平台海上风电安装平台适用规范和法规要求进行了差异分析，以期望给业界提供有益参考和借鉴。

2. 海上风电安装平台的特点及适用的规范、法规

海上风电安装平台是海上风电机组施工、安装和维护的主要设备，根据船型、施工模式

等不同，可大致分自升式、坐底式、坐底箱形式、浮吊等几种类型的风电安装平台/船，当前自升式风电安装平台占绝大多数。

与常规的海上油气作业移动平台相比，海上风电安装平台具有以下明显特点：①主尺度相对常规钻井平台小，大多采用长方形主船体结构形式，作业水深一般在30~50m范围。②主吊机起吊能力大，一般为500~2000t；起吊高度很大，一般达到100m以上；部分平台采用绕桩吊布置形式。③甲板面积要求大，以方便海上风电设备运载、组装和施工；甲板载荷要求较高，可达到10t/m^2。④部分自升式平台除在插桩站立工况时进行起吊作业外，还具备漂浮工况时起吊作业能力。⑤无油气生产、钻采设施。⑥升降系统使用频率高、速度快，采用插销式液压升降系统或齿轮齿条式升降系统。⑦部分平台配备了首尾侧推进器，具备风场内短距离迁移能力，有的平台甚至要求具备完全自航能力。⑧部分平台配备了动力定位系统，取得DP1或DP2附加标志。

船级社一般将此类设施归类为海上移动平台，其设计和建造需要遵循海上移动平台的适用规范、法规和公约，主要包括：

（1）CCS《海上移动平台入级规范(2016)》及修改通报(以下简称“移规”)；

（2）CCS《材料与焊接规范(2015)》及修改通报；

（3）CCS《钢质海船入级规范2015》及修改通报(以下简称“钢规”)；

（4）CCS《海上风机作业平台指南(2012)》；

（5）CCS《船舶与海上设施起重设备规范(2007)》；

（6）中华人民共和国海事局《海上移动平台法定检验技术规则(2016)》；

（7）中华人民共和国船舶检验局《起重设备法定检验技术规则(1999)》；

（8）中华人民共和国船舶检验局《海上拖航法定检验技术规则(1999)》；

（9）IMO《2009年海上移动式钻井平台构造和设备规则》；

（10）IMO《经1988年议定书修订的1966年国际载重线公约》及其修正案；

（11）IMO《1972年国际海上避碰规则》及其修正案；

（12）IMO《MARPOL 73/78防污公约2011综合文本》及其修正案；

（13）IMO《1969国际船舶吨位丈量公约》；

（14）IMO《2004年国际船舶压载水和沉积物控制和管理公约》。

新建海上风电安装平台经CCS设计审查和建造检验，确认满足上述规范、法规和公约的要求后，CCS将签发《海上移动平台入级证书》和《海上移动平台安全证书》、《国际吨位证书》、《国际载重线证书》、《国际防止油污染证书》、《国际防止生活污水污染证书》、《国际防止空气污染证书》、《防止船舶垃圾污染检验证明》、《国际防污底系统证书》、《国际压载水管理符合证明》等法定证书。

3. 自航与非自航海上风电安装平台适用规范和法规要求差异分析

自航与非自航海上风电安装平台，在船员舱室设备、驾驶室视野、引航员梯道、航行设备、信号设备等方面存在不少差异之处。

1）船员舱室设备

我国政府2015年8月29日批准通过了《2006年海事劳工公约》(MLC2006)，公约于2016年11月12日对我国正式生效，在此日期及以后安放龙骨或进行重大改建的船舶，其起居舱室和船上娱乐设施应符合MLC2006相关要求。公约适用于中国籍国际航行船舶和国内沿海航行船舶及其在这些船舶上工作的船员，但军事船舶、公务舶舶、渔业船舶、体育运动船艇，以及仅在港区、内河和遮蔽水域航行、作业的船舶除外。自航海上移动平台，属于“机动舶舶”，至少应按《中华人民共和国船舶最低安全配员规则》配备船员，因此需要按照MLC2006的要求设置船员舱室设备。

MLC2006中有“除客船、特殊用途船以及小于3000总吨的船舶以外，船上应为每一海员提供单独的卧室”要求。MLC2006中“船员”的定义为：在本公约所适用的船舶上以任何职务受雇或从业或工作的任何人员。

海上移动平台，由于其钻井、采油、施工、支持等工作特性，平台上人员众多，常规的话会有百人左右，多的可能达好几百人。如果全部人员住宿和生活条件均按MLC2006要求执行，特别是船员住舱全部按单人间配备，平台上生活楼将会及为庞大，平台自身无法提供这么大的甲板面积，平台作业能力也会下降很明显，经济性不足船东就没有了投资意愿。而仅用于货物运输的常规船舶，其上面的人员相对平台来说少很多，很容易满足MLC2006的要求。

当前，一些方便旗的主管机关(如巴拿马MERCHANT MARINE CIRCULARmmC-251、圣文森特等)针对MLC2006在海上移动平台上的适用性，出台了船东自愿选择、不强制要求、仅适用平台航行操作人员等的相关规定。而我国海事局并没有对此进行过解释或者出台相关规定，也没有明确中国旗平台的“海员”定义。

对于非自航海上移动平台，船员舱室设备建议按《海上移动平台法定检验技术规则2016》第16章“人员健康和保护”中的要求执行。而对于自航海上移动平台，建议根据平台生活舱室的实际情况和MLC2006对船员舱室和娱乐设施的要求核定《起居舱室和娱乐设施检验证书》中该平台允许的最大海员人数，建造检验完成后，根据上述证书中最大海员人数申请相应的MLC认证工作。

2）最小船首高度

依据IMO《2009年海上移动式钻井平台构造和设备规则》中3.7.18的要求，自升式平台在被拖带时，国际载重线公约中的船首高度和储备浮力要求可能达不到，此时主管机关可以给予特殊考虑。

对于完全自航的海上移动平台，国际载重线公约中的船首高度和储备浮力要求(即1988年LL议定书第39条)应予以满足。

3）航行设备

自航海上移动平台与非自航海上移动平台，在航行设备配备上的主要差别如表1所示。

表1　航行设备配备上的差别

项　目	自　航	非自航	依　据
磁罗经及其备用罗经	所有吨位平台均应配备磁罗经，小于150T平台无需备用磁罗经	不必配备	SOLAS第V章
哑罗经	所有吨位平台均应配备	不必配备	
海图或电子海图	所有吨位平台均应配备	不必配备	
VDR	所有吨位平台均应配备	不必配备	
GPS或其他卫星导航系统	所有吨位平台均应配备	推荐配备	

续表

项　目	自　航	非　自　航	依　据
白昼信号灯	150T 及其以上平台应配备	不必配备	SOLAS 第 V 章
BNWAS	150T 及其以上平台应配备	不必配备	
回升探测仪(测深)	300T 及其以上平台应配备	自升式平台、坐底式平台推荐配备	
雷达	300T 及其以上平台应配备 9G 雷达；3000T 及其以上平台再增设 3G 雷达或第 2 台 9G 雷达	不必配备	
航速仪(对水)	300T 及其以上平台应配备	不必配备	
艏向指示装置	300T 及其以上平台应配备	不必配备	
AIS	300T 及其以上平台应配备	不必配备	
电罗经，和复视器(如有应急操舵)	500T 及其以上平台应配备	不必配备	
螺旋桨工作模式指示器	500T 及其以上平台应配备	带推进器平台推荐配备	
自动跟踪仪	500T 及其以上平台配备 1 台；3000T 以上配备再配备第 2 台	不必配备	
自动雷达描绘仪和艏向或航迹控制系统	10000T 及其以上平台应配备	不必配备	
回转速率指示仪	50000T 及其以上平台应配备	不必配备	
航速仪(对地)	50000T 以上平台应配备	不必配备	
驾驶室可视范围	需满足	不必满足	
引航员登离船装置	需满足	不必满足	

4）常规电气设备

自航海上移动平台与非自航海上移动平台，在常规电气设备要求上的主要差别如表 2 所示。

表 2　常规电气设备要求上的差别

项　目	自航	非自航	依据
操舵装置处所的应急照明供电要求	需满足	不必满足	移规第 5 篇
主电的瘫船启动要求	需满足	不必满足	
并车时自动卸负载要求(当一台发电机失效时)	需满足	不必满足	
负载不够时，发电机自动加载要求	需满足	不必满足	
白昼信号灯和平台号笛的供电要求	需满足	不必满足	

5）与推进相关的电气设施的配备

自航海上移动平台与非自航海上移动平台，在与推进相关的电气设备要求上的主要差别如表 3 所示。

表3　与推进相关的电气设备要求上的差别

项　目		自航或具有 Thruster 附加标志	无 Thruster 附加标志	依据
控制推进电动机的半导体变换器		至少一用一备	不必配备	钢规第8篇第15章
遥控控制		应配备。独立于就地控制。	不必配备	
就地控制		应配备。独立于遥控控制。	不必配备	
保护装置	主推进的对地漏电检测及脱扣保护装置	应配备。	不必配备	
	推进电机励磁电路对地漏电检测装置	应配备，但无刷励磁系统和500KW以下电机除外。	不必配备	
	半导体变换器过压保护装置	应配备。	不必配备	
	半导体变换器元件过载保护装置	应配备。	不必配备	
	半导体变换器短路保护装置	应配备。	不必配备	
	电动机内部差动保护装置	应配备，但单台1500KW以下电动机除外。	不必配备	
监测报警装置	发电机监测报警装置	应配备，监测报警项目按照钢规15.2.11执行。	不必配备	
	推进电动机监测报警装置	应配备，监测报警项目按照钢规15.2.11执行。	不必配备	
	推进半导体变换器监测报警装置	应配备，监测报警项目按照钢规15.2.11执行。	不必配备	
	推进变压器温度监测报警装置	应配备，监测报警项目按照钢规15.2.11执行。	不必配备	

注：由于绝大多数的自航式海上风电平台的推进系统采用电力推进，故自航式风电安装平台应按照上述要求进行配备。此外，对于具有 Thruster 附加标志的平台(同样地，其推进系统考虑为电力推进)也应按照上述要求进行配备。

6）内部通信设备

自航海上移动平台与非自航海上移动平台，在内部通信设备要求上的主要差别如表4所示。

表4　内部通信设备要求上的差别

项　目	自航	非自航	依据
轮机员报警	需满足	不必满足	移规第5篇
机舱与驾驶室之间的听/视觉显示	需满足	不必满足	
机舱与驾驶室之间的可靠通信(直通声力电话或蓄电池供电的电话)	需满足	不必满足	

7）无线电通信息设备

自航海上移动平台与非自航海上移动平台，在无线电通信设备要求上的主要差别如表5所示。

表 5　无线电通信设备要求上的差别

无线电设备		基本设备			第二套设备			拖带船满足 SOLAS 要求的非自航平台
		A1	A1+A2	A1+A2+A3	A1	A1+A2	A1+A2+A3	
VHF	DSC 收发	X	X	X	X	X	X	
	VHF 无线电话	X	X	X	X	X	X	#
	DSC 连续值班	X	X	X				
MF 无线电装置	DSC 收发		X	X		X		
	MF 无线电话		X	X		X		
	MF 无线电话或 NBDP		X			X		#
	DSC 连续值班		X	X*				
MF/HF 无线电装置	DSC 收发						X	
	MF/HF 无线电话						X	
	MF/HF NBDP						X	
	DSC 连续值班						X*	
Inmarsat SES(船站)				X				
MSI 接收机	NAVTEX	X	X	X				#
	EGC			X				
示位标	COSPAS-SARSAT	X	X	X				
	INMARSAT	X	X	X				#
	VHF	X						
救生无线电	SART 和 AIS-SART	X	X	X				#
	双向 VHF	X	X	X				

注：①X——应配备，X*——保留一台接收机即可；

② #——为拖带船舶能够满足 SOLAS 第 IV 章中船舶无线电通信的使用要求时的非自航平台需要满足的配备；

③ 当平台为自航平台，或为非自航平台但拖带船舶不能满足 SOLAS 第 IV 章中船舶无线电通信的使用要求时，上述表格中所有标有 X 的项目均应按照其平台所在海区满足表格要求。

8）机械设备

采用辅助推进的平台(取得 THRUSTER 附加标志)和非自航平台在各机械设备系统上的要求是一致的。对于取得 CSM 的平台，其推进机械需要满足 CCS《钢质海船入级规范 2015》第 3 篇的相关规定，具体要求主要有：

(1) 应设有即使在一台关键辅机无法工作的情况下仍能维持或恢复推进机械正常运转的装置。

(2) 主推进机械以及对推进和平台安全所必需装配在平台上的辅机，应能够在平台处于 CCS《海上移动平台入级规范 2016》第 4 篇第 1 章表 1. 1. 4. 1 中所述条件下运转。

(3) 平台应有足够的后退动力。

(4) 平台推进所必需的主机和辅机应设有有效的操作和控制装置。平台推进、控制和安全所必需的所有控制系统均应是独立的，或设计成当一个系统失效时不会降低另外一个系统的功能。对可调螺距螺旋桨，应在驾驶台装设螺距指示器。

(5) 操舵装置特殊要求。

(6) 驾驶室与机舱之间的通信要求。

(7) 应急电源的特殊要求。

4. 结语

随着国内海上风电安装平台的快速升级换代，自航的海上风电安装应运而生，其设计和建造面临着规范和法规适应性方面的新问题。本文针对自航与非航平台海上风电安装平台适用规范和法规要求进行了差异分析，以期望给业界提供有益参考和借鉴。

参 考 文 献

[1] CCS. 海上移动平台入级规范 2016.
[2] CCS. 钢质海船入级规范 2015.
[3] 中华人民共和国海事局 . 海上移动平台法定检验技术规则 2016.
[4] IMO. 2009 年海上移动式钻井平台构造和设备规则 .

大港滩海工程技术应用启示

尹文斌　林学春　吕菲　杨振良

（中国石油大港油田滩海开发公司）

摘要：本文综合介绍了滩海工程八项特色技术应用，反映了大港滩海工程技术的发展趋势和现状，对大港滩海今后进一步开发具有重要启示作用。

关键词：大港滩海；人工岛；进海路；工程技术

大港滩海采用人工岛"海油陆采"开发方式，在埕海油田先后建成了"四路四岛、两线一站"及相应的地面配套工程，形成了以赵东、埕海、原油储运库、天然气处理站等为一体的油气生产、储运、处理系统。本文通过大港滩海人工岛钻采修井口布局技术，平面布置集成立体化技术，撬块化、一体化设备高效污水处理应用技术，地面工艺技术标准化、密闭化、自动化、海陆一体化，人工岛围埝结构技术、进海路结构技术，海工结构综合利用技术，试采平台结构技术研究的八项特色技术进行综合概述，对今后的开发建设具有一定启示作用。

1. 大港滩海开发建设阶段

大港滩海工程技术的发展是随滩海开发建设的推进而发展的，大体来说大港滩海建设开发主要分为3个阶段：

第一阶段(2003~2006年)：技术研究及方案设计阶段。

该阶段是海工技术和地面技术研究的主要阶段，通过先期对人工岛围埝结构、进海路结构的技术研究，完成了大港南部滩海油气集输整体规划，埕海一区开发方案及技术设计，完成了埕海二区开发方案。

第二阶段(2007~2010年)：工程实践及项目实施阶段。

该阶段是在工程项目实施过程中探索采用新技术新工艺的实践阶段。通过分期分步建设，完成了1-1人工岛和进海路建设，完成了2-1及2-2人工岛和进海路建设，完成了埕港油气管道，海底管道，埕海联合站及相应的地面配套工程。

第三阶段(2011~2014年)：优化完善阶段。

该阶段是对海工工程及地面工艺等油气集输系统工程进行优化完善阶段，有效提高了工艺技术适应性和工程技术水平。

2. 大港滩海工程技术综述

1）人工岛围埝结构技术

人工岛建设关键取决其围埝结构，它不仅对人工岛的安全稳定性至关重要，而且对人工岛的建设成本影响极大。一般人工岛围埝结构的优化选择，可以根据不同的冰浪潮涌选择不同的组合结构，也可以在保障安全稳定性基础上确定一种结构。目前大港滩海采用的人工岛围埝结构主要有以下几种。

主要包括桩基承台+抛石斜坡堤结构(图1)，钢箱筒基础+承台结构(图2)，箱筒型结构

(图 3)，抛石斜坡堤结构(图 4)，对拉管桩结构(图 5)。

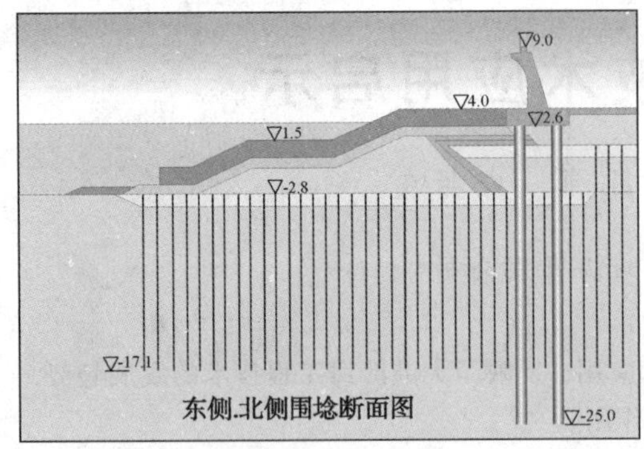

图 1 桩基承台+抛石斜坡堤结构

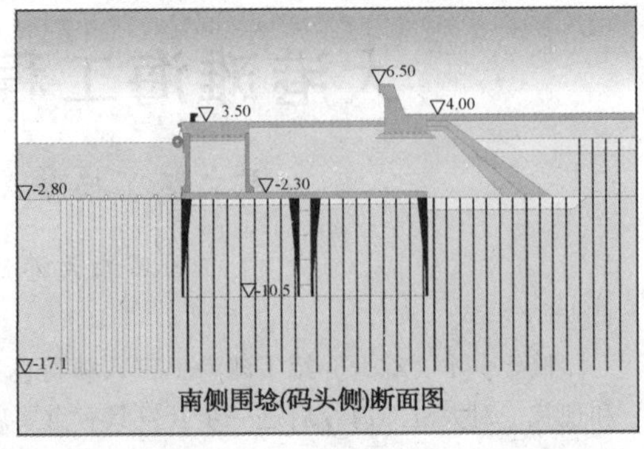

图 2 钢箱筒基础+承台结构

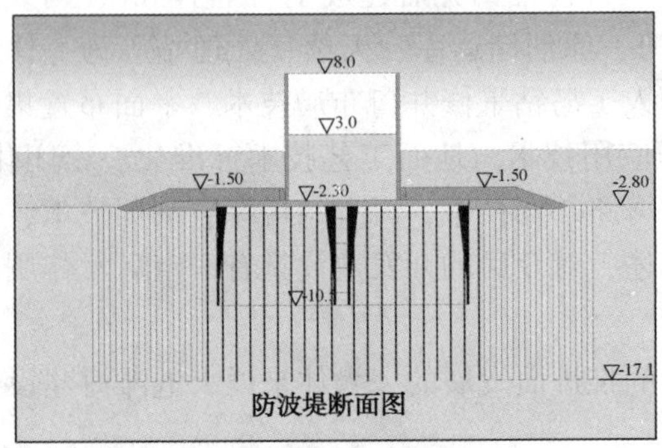

图 3 箱筒型结构

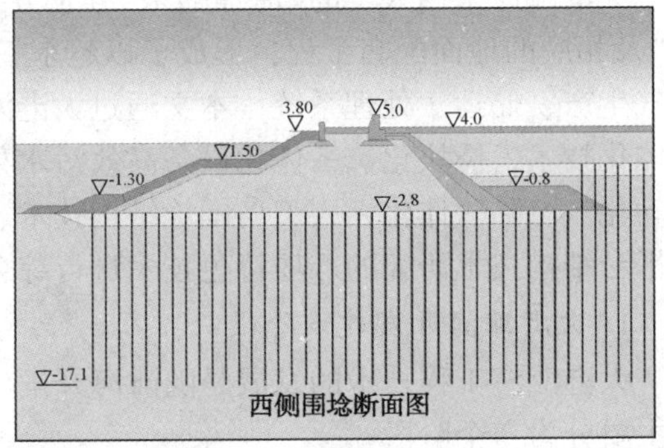

图 4 抛石斜坡堤结构

图 5 对拉管桩结构

2）进海路结构技术

一般进海路主要有实体进海路和透流路进海路两类结构。实体进海路结构包括：抛石基础+预制构件组合结构、对拉板桩结构。透流进海路结构包括：筒基栈桥结构、箱涵结构。目前大港滩海采用的进海路结构主要有以下几种结构(图 6、图 7、图 8、图 9)。

3）平面布置集成立体化技术

人工岛设施平面布置将钻井、地面、安全设施有机集成，立体化设置，统一布置的综合配套技术。大港滩海埕海 1-1 岛、埕海 2-2 岛设施布置的立体化采取钻井、地面配套、安全设施有机结合，地面处理设施上下两层立体布局，岛面占地仅相当于陆地同等规模的1/3，施工周期缩短 1/6。

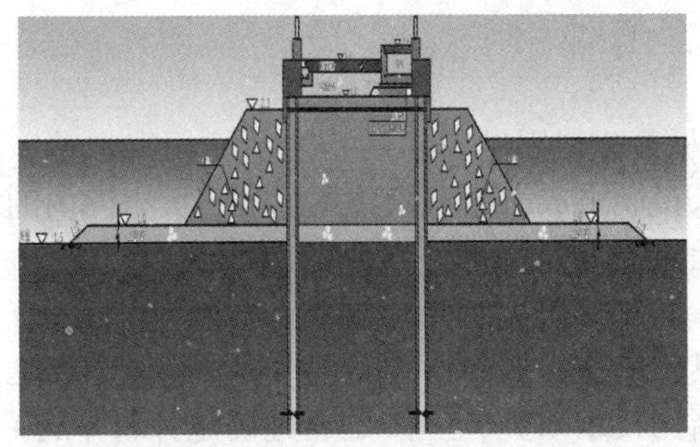

图 6　抛石基础+预制构件组合结构

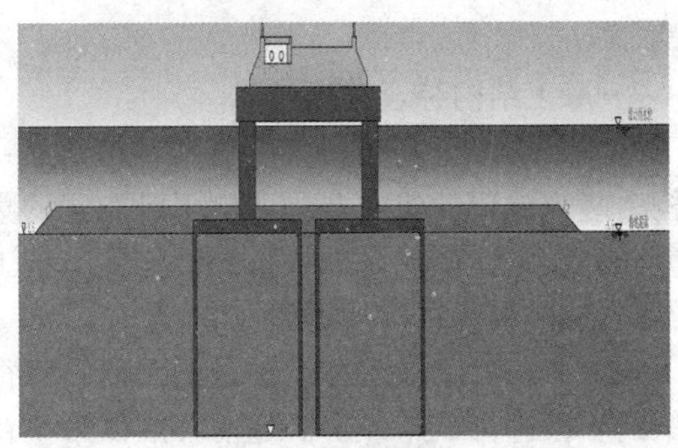

图 7　对拉板桩

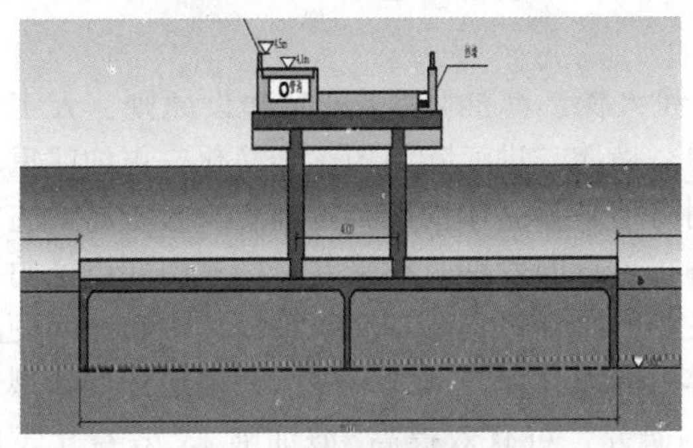

图 8　筒基栈桥结构

图 9　透流箱涵结构

4）撬块化，一体化设备高效污水处理应用技术

该技术是采用集"侧向流斜板分离、核桃壳及纤维球过滤"于一体的全自动水处理设备技术。埕海 1-1 岛 2007 年 7 月采用后运行平稳，处理水质稳定达标。该设备工艺流程短，占地面积少；除油效率高；设备自动化程度高，设备一体化，撬装安装，施工简便。

5）地面工艺技术标准化、密闭化、自动化、海陆一体化

通过简化海上工艺，完善陆上处理终端，最终实现地面工艺标准化、密闭化、自动化、海陆一体化的综合配套技术。主要体现在一是优化简化地面工艺，实现设计标准化方面，包括平面布置标准化、工艺流程定型化、工艺单元集成化、设施标识规范化等内容；二是采用油气混输工艺，实现集输密闭化方面，包括油气集输系统密闭化、供注水系统密闭化、污水收集系统密闭化等内容；三是采用自动化控制技术，实现生产过程自动化方面，主要包括集中监控和生产过程自动化控制等内容；四是简化海上、完善终端方面，实现了海陆一体化。包括在人工岛只设单井计量和集输功能，采出气、液混输至陆上终端埕海联合站集中处理。

6）人工岛钻采修井口布局技术

人工岛钻采修井口布局集钻井、采油、修井、集输功能于一体，大港滩海人工岛钻采修井口布局模式有 3 种：

模式一：在埕海 1-1 人工岛采用了井口槽+双排井口+专用钻机+油气水就地处理。

模式二：在埕海 2-1、2-2 人工岛采用了双排井口+普通钻机通用底座+油气水混输上岸处理。

模式三：在埕海 2-1 人工井场采用了单排井口+普通钻机通用底座+油气水混输进联

合站。

7）海工结构综合利用技术

海工结构综合利用技术主要是在埕海 2-2 人工岛利用抛石体结构建消防用取水井，其结构由竖直放置的集水井和两侧平卧布置的集水箱涵组成，用于收集围埝抛石堤空隙内的海水。即利用岛体结构增加或拓展功能，节省工程投资。

8）试采平台结构技术研究

大港滩海面临缺乏井组试采的手段，以往只能依托租赁的钻井船进行钻井、试油和延长测试的手段进行试采评价。超前开展试采平台结构技术研究，主要是通过确定井口平台+生产平台+储油平台试采模式，研究生产和储油平台是否可采用圆筒型基础，达到在大港滩海需要试采评价海域范围可移动重复使用，试图解决无试采装备问题。

3. 大港滩海开发建设启示

大港滩海遵循了"由陆进海，陆海结合，由浅入深、海油陆采"开发建设原则，人工岛位置逐步由近向远、由浅入深的向海上纵深发展。岛体、进海陆结构逐步简化，更加注重环保，逐步降低了工程投资。人工岛设施布置采用海上平台立体框架布置理念，人工岛设施布置逐步向模块化施工、立体化布置、撬装化设备布置方向发展。钻采井口模式由井口槽向无井口槽、专用钻机向普通钻机的发展。井口由主要解决井口集输和注水管线集中布置问题的井口槽模式，向主要解决井口油气聚集和井口排污的无井口槽模式发展。并提前开展新型箱涵式进海路结构研究，人工岛对拉管桩围埝结构研究，可有效提高"海油陆采"效益化发展水平。开展可移动式试采平台结构研究，以及固定式开发平台研究，可解决大港滩海缺乏滩海试采装备，以及滩海海上平台开发模式。

4. 结语

大港滩海经过十几年的开发建设，逐步发展形成了具有大港特色的滩海技术系列。本文通过大港滩海开发建设和工程技术综述，由此获得在海工简化结构、优化方案、降低投资、注重环保方面，在提高工艺设施建设和生产运行管理效率方面的启示，进一步进行交流探讨。

中油海 101 船张紧器改造技术研究

丁 文　张劲松　孙革田　正杰闫　薇 威

[中国石油集团海洋工程(青岛)有限公司]

摘要：本文简述了中油海 101 船张紧器装置的功能，并根据舟山大陆引水三期工程施工要求，对张紧器装置进行分析和研究，进行了张紧器适应管径的改造，保障了舟山大陆引水三期工程顺利实施，同时该改造方案可为类似铺管船关键设备改造提供技术保障。

关键词：铺管船张紧器改造；开口高度

舟山大陆引水三期工程是国家重大水利工程，该项目位于杭州湾水域，水流速当属世界之最，穿越 3 条繁忙航道，中油海 101 船主要承担了 KP8-KP33 段的水管线敷设施工，长度约 25km，管线规格为 48in。

中油海 101 船张紧器由气动装置产生压力，通过安装在履带板上的摩擦块夹紧管子，电机和减速箱传动装置驱动履带，通过摩擦块夹紧管子产生的摩擦力来带动管子来实现张紧器的拉力能力。张紧器作为管线敷设的关键设备之一，主要功能是确保管线处于恒张力的作用，以便于管线在作业线平稳进行焊接和施工，张紧力为 75t，作业管径范围为 4~36in。

根据舟山大陆引水三期工程施工要求，需要增大中油海 101 船张紧器的适应管径，本文针对张紧器现有状况，进行了深入分析和研究，提出了改造设计和安装施工方案。

1. 张紧器现状

中油海 101 船张紧器改造前作业管径范围为 4~36in。

图 1　75t 张紧器

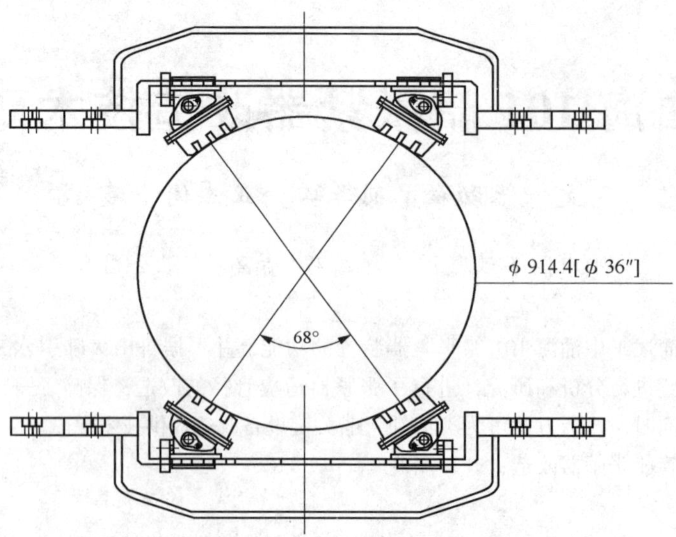

图 2　75t 张紧器夹持 36in 管(接触角 68°)

张紧器改造前履带板组件 144 套，角度为 34°。

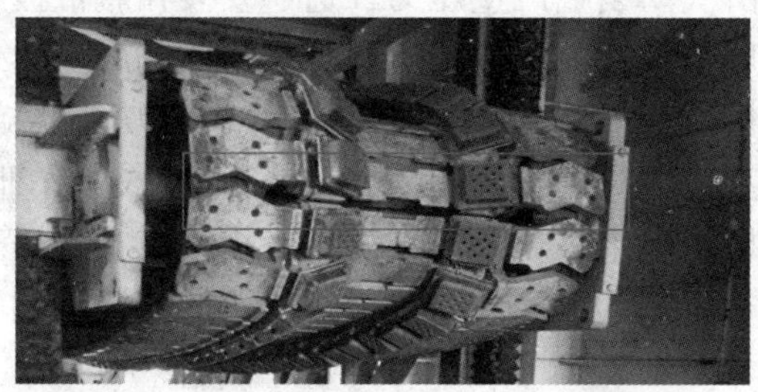

图 3　张紧器的履带板组件

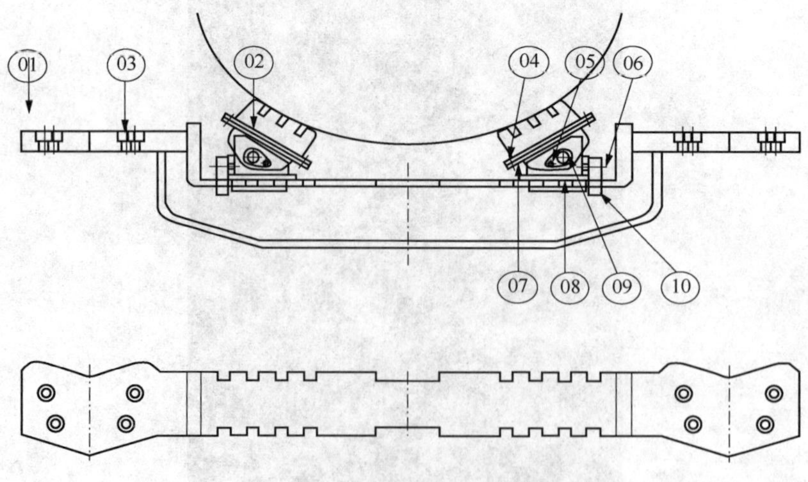

图 4　履带组件结构设计

部件说明和每套个数：

件号01：履带板(1)；

件号02：摩擦块(2)；

件号03：履带板与履带之间的固紧螺栓：内六角3/4in-16UNF(8)；

件号04：摩擦块固紧螺栓组件：M12×40(8)；

件号05：销轴固定螺栓(2)；

件号06：滑移支架固定螺栓：外六角螺栓M16×40(2)；

件号07：可转动支架(2)；

件号08：滑移支架(2)；

件号09：销轴(2)；

件号10：保持板(2)。

张紧器的BOP参数为BOP=1750mm，开口高度参数为1524mm(60in)。

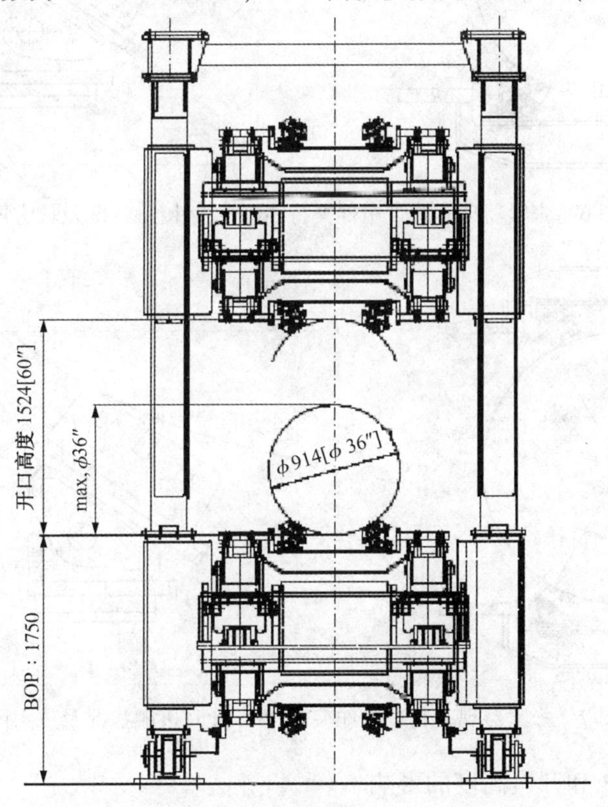

图5 张紧器的BOP和开口高度

2. 张紧器改造分析

1）现有履带组件夹持36in管与48in管的状况对比

张紧器原设计能力为最大铺设管径36in，现要求提高到48in，需检查现有履带组件是否适合管径增大的要求。

目前张紧器原设计可夹持的最大管径36in，参见图6，接触角为68°，与摩擦块的接触面较合理，但是如要求其夹持48in管径时，参见图7，可发现如下几点：

（1）接触角为 58°，接触角变小了，会影响管子在张紧器中的支撑稳定性。

（2）管与摩擦块的接触区在摩擦块的顶部，是点接触，会影响管的夹紧牢固度，摩擦块也会很快磨损，甚至接触处被切除。

（3）点接触，造成接触应力增大，有可能损伤管子。

理想的接触角为 65°~90°，且与摩擦块接触良好，可见现有的履带组件不适合夹紧 48in 管，应对其进行改造，以适应夹持超出 36in 的管径。

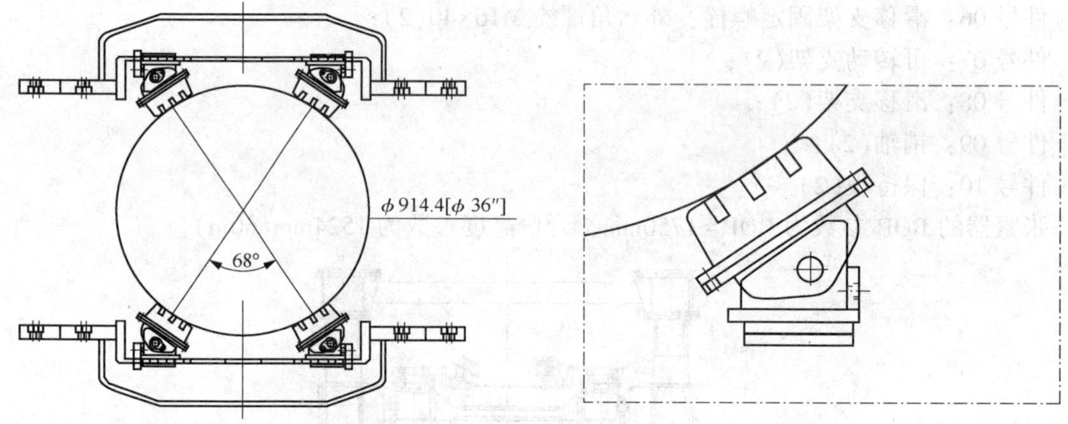

图 6　张紧器现有履带组件夹持 36in 管时接触状况及放大图

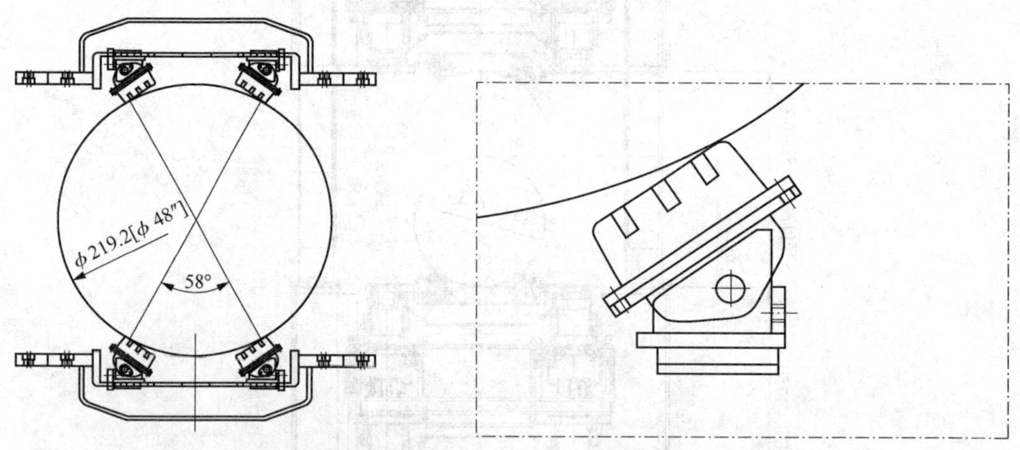

图 7　张紧器现有履带组件夹持 48in 管时接触状况及放大图

2）对张紧器 BOP 和开口高度的影响

改造前后张紧器的 BOP 和开口高度对比，参见图 8。

（1）原有 BOP1750mm，改造后 1754mm，相差 4mm，基本维持不变。

（2）原开口高度 1524mm（60in），改造后 1516mm（59. 7in），相差在 10mm 内，也可以认为维持在原有的开口高度。

3. 改造方案

1）改造履带板组件

为完成新的铺管任务，在不伤及主结构的情况下，通过合理的改造来扩展张紧器的铺设管径。

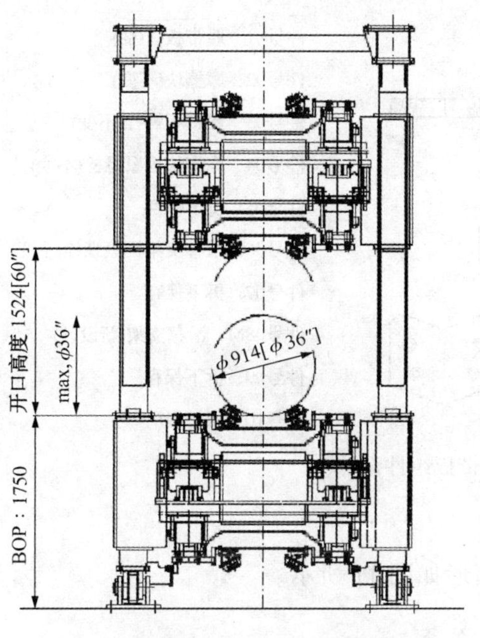

现在的 BOP 和 开口高度(改造前)　　改造后的 BOP 和 开口高度

图 8　改造前后的张紧器的 BOP 和开口高度

(1) 履带板组件改造设计与原设计对比。

参见图 9 和图 10，对现有履带板组件作如下改造：

(1) 件号 01(履带板)主结构维持。

(2) 件号 02(摩擦块)主要部件，尺寸型式不变。

(3) 件号 03、04、06、10 尺寸型式也不变，只是根据实际情况进行更换。

(4) 件号 05、07、09 拆下保存。

(5) 件号 08M(滑移支架)更换为新的设计。

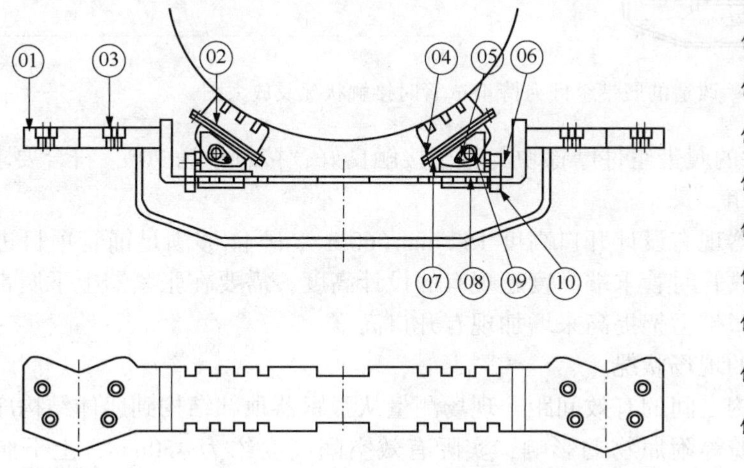

件号02：摩擦块

件号03：履带板固紧螺栓

件号04：摩擦块固紧螺栓

件号05：销轴固定螺栓

件号06：滑移支架固定螺栓

件号07：可转动支架

件号08：滑移支架

件号09：销轴

件号10：保持板

图 9　现有履带板组件设计

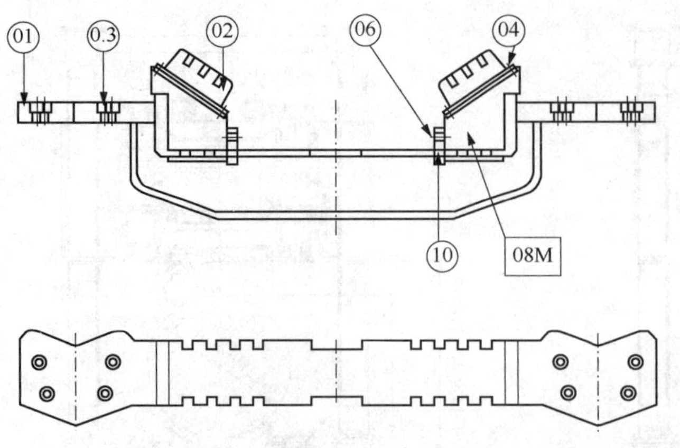

件号01：履带板(不变)

件号02：摩擦块(不变)

件号03：履带板螺栓(不变)

件号04：摩擦块固紧螺栓(不变)

件号05：拆下保存

件号06：滑移支架固紧螺栓(不变)

件号07：拆下保存

件号08M：滑移支架(新设计)

件号09：拆下保存

件号10：保持板(不变)

图 10 改造后的履带板组件设计

(2) 履带板组件改造后效果。

改造后的履带板组件夹持 48in 管径的接触情形如图 11 所示。

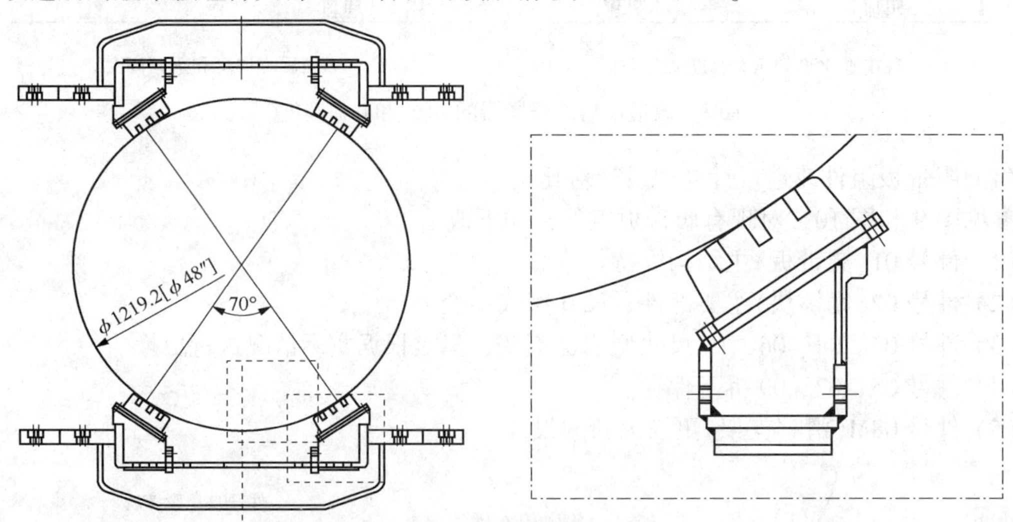

图 11 改造的履带组件夹持 48in 管时接触状况及放大图

从图 11 可见，改造后的履带组件摩擦块与管子接触良好，接触角为 70°，符合要求。

2) 增加张紧器开口高度

根据项目所需，张紧器现有设计开口高度 1524mm(60in)，不能够满足铺管项目进行中弃管和收管时高度要求，收管时管末端高度超现有的设计高度，需要在张紧器上下履带框架之间加入增高结构，将上履带框架提高来增加现有开口高度。

(1) 张紧器安装位置的现场状况。

张紧器顶部与船体结构之间的有效间距，现场测量从张紧器顶部结构到船体结构净空为 600mm，如考虑到顶部电缆等附属物的影响，实际有效空间高度约为 450mm，上下履带框架结合处内焊有直径 Φ100mm，高 45mm 的连接定位销，以增加安装定位精度和承受剪切力。增高结构的上法兰板也会有同样的定位销。因此，在加入增高结构时，提升上框架须考虑多预留高度约 100mm，这也限制了增高结构可能增加的高度。

图 12 张紧器顶部与船体结构之间的有效间距检测(1)

图 13 75t 张紧器顶部与船体结构之间的有效间距检测(2)

张紧器上履带框架及装置总重约 45t，在起吊过程中须考虑张紧器上方船体的强度，用于吊起上履带框架的四个在船体的吊点，每个吊点至少能承受 15t 的安全许用拉力(SWL)。

在张紧器上下履带框架之间只加入高 450mm 结构件，将上履带框架提升 450mm，增大张紧器的开口高度。

(2) 增高结构改造后效果。

安装增高结构在上下履带框架之间加入增高结构，将张紧器上部增高，以增加张紧器的开口高度。

4. 改造效果

(1) 提升了张紧器的铺管能力，其可铺管的管径(含表面涂层)可达 48in。

(2) 张紧器的开口高度由原来的 1524mm(60in)提高至约 1960mm(77in)，为张紧器铺设更大的管径工程提供了可行性。

(3) 张紧器的 BOP 维持原有高度 1750mm，从对中站到托管架的滚轮支撑设备的原有的高度维持，无需因改造而作调整。

(4) 张紧器的拉力能力可维持在原有能力 75t，没有降低其主要性能指标。

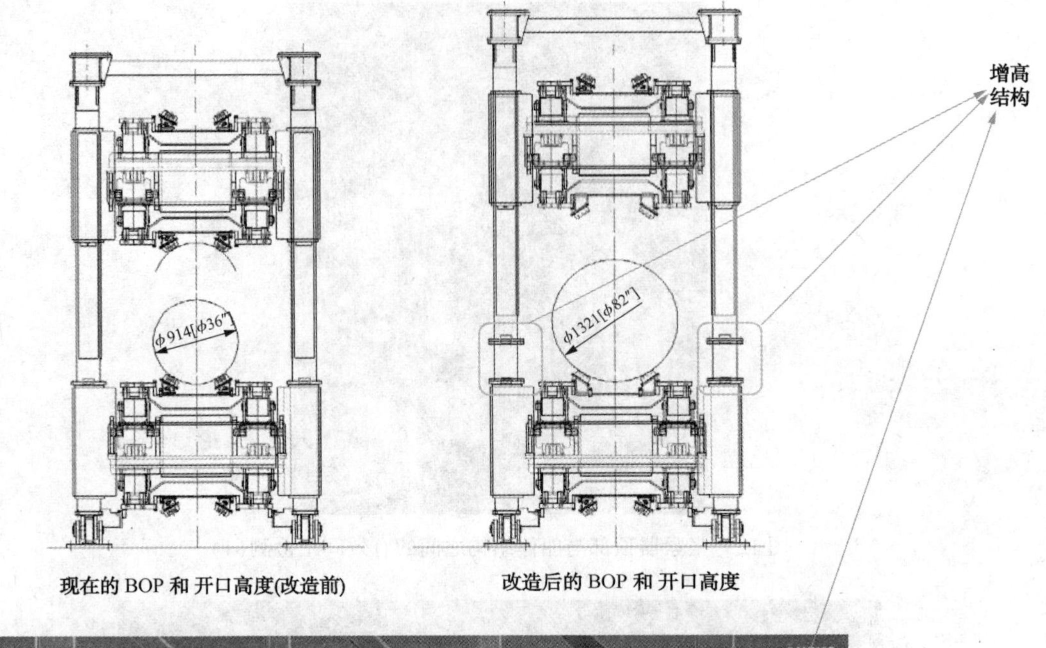

图 14　增高结构改造后效果图

5. 结论

通过中油海 101 船张紧器改造实践，扩展了中油海 101 船作业范围，取得了一定的经济效益，另外也为其他铺管船张紧器改造提供了实践依据和经验。

参 考 文 献

[1] 孙亮，张仕民，杨树松．海洋铺管船用张紧器履带机构运动学分析．石油矿场机械．2013，42(9)：15-17.

[2] 王学军，陈赋秋，等．铺管船用张紧器链轨张力计算方法以及张紧端受力的研究．造船技术．2014.

[3] 付利，张棣徐，兴平，张辛，王言哲．铺管船张紧器主框架结构优化设计．中国海上油气．2014.

重吊船上模块卸载方法

梁超　刘超　王继强　李雪松　张建

（海洋石油工程股份有限公司）

摘要：在将重吊船上的模块卸载至码头时，首先需将一个特制浮筒放置在水中并将其固定在船舷，用于提高船体的稳定性，便于模块卸载操作，然后利用重吊船上的吊机先将重吊船中间位置的模块吊至码头，并将重吊船向前移动，之后再用吊机将SPMT运载小车从码头吊到重吊船的船中位置，并在SPMT运载小车组装完成后分别将船头和船尾的模块运输至船中，利用重吊船上的吊机将模块吊至码头存放位置。模块卸载后，将SPMT运载小车拆解后并吊至码头。

关键词：重吊船；SPMT运载小车；模块；浮筒；卸载

1. 引言

由于甲板驳甲板面宽大且甲板面较低，驳船整体重心低稳性强，所以模块的海上运输一般是选用甲板驳。在码头卸载甲板驳船上的模块时，将SPMT运载小车移动至驳船上模块下方，然后用SPMT运载将模块顶起，并缓慢将SPMT运载从驳船移动至码头模块存储区。但，使用甲板驳存在以下问题：①对驳船调载能力要求高；②对驳船系泊能力要求强；③小车通过驳船与码头间的栈桥时，存在较大风险；④受到潮汐影响，卸船时间受到约束。如果使用重吊船进行模块的运输，以上问题将得到解决。

当使用重吊船将多个模块运输至码头时，如图1所示，由于重吊船的甲板面大大高出码头，无法用小车直接将模块从重吊船上移动至码头的模块存放区，同时码头又没有适合的吊装设备直接将模块从重吊船吊至码头的模块存放区。所以此时需要利用重吊船自身的吊机来移动模块，但重吊船上的单个吊机的起吊能力无法满足要求，需要重吊船上的两个吊机一起才可吊起模块。在此情况下只能将位于两个吊机之间的模块吊起，而其他位置的模块却无法吊动。此时可以利用小车将重吊船上其他位置的模块移动至重吊船上的两个吊机间的位置，按此操作即可将重吊船上所有的模块吊至码头存放区。

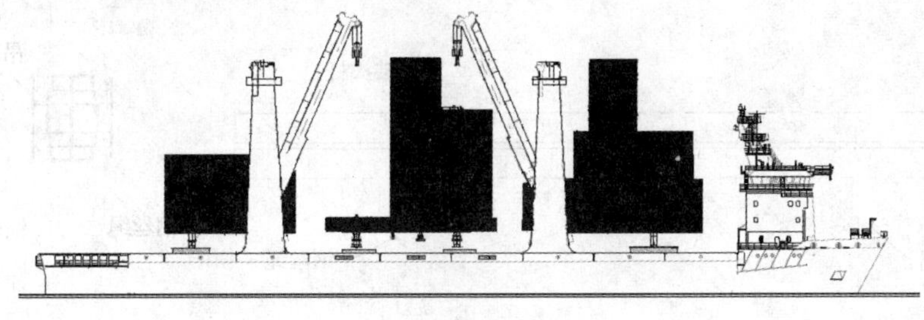

图1　重吊船运输模块

2. 模块卸载方法

当重吊船托运着模块到达码头后，如果码头无吊机以及其他可以用于卸载重吊船上模块的设备时，需要考虑使用重吊船上自身的吊机设备在完成模块卸载作业。但是由于模块的整体重量一般都比较大，往往会超过单个吊机的吊装能力，所以，此时需要考虑使用双吊协同作业来完成模块卸载。当然，仅仅使用重吊船上自身的吊机是无法完成重吊船上模块的卸载共做，此时还需要吊装撑杆和SPMT运载小车的协助，如图2、图3所示。

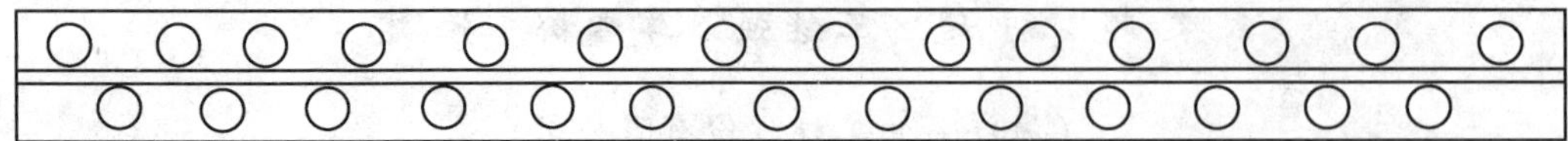

(a)吊装撑杆主视图

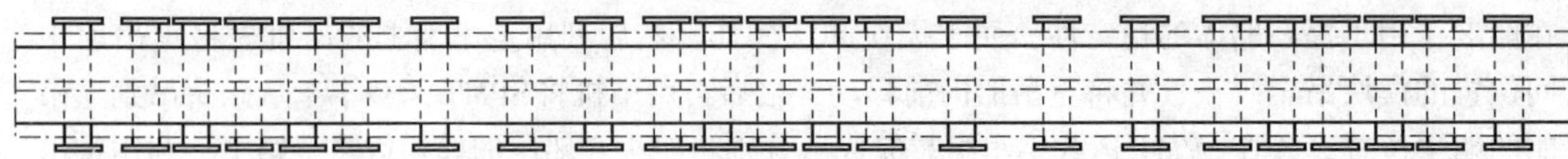

(b)吊装撑杆俯视图

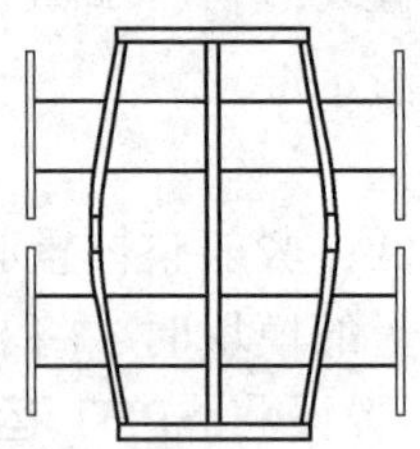

(c)吊装撑杆侧视图

图2　吊装撑杆示意图

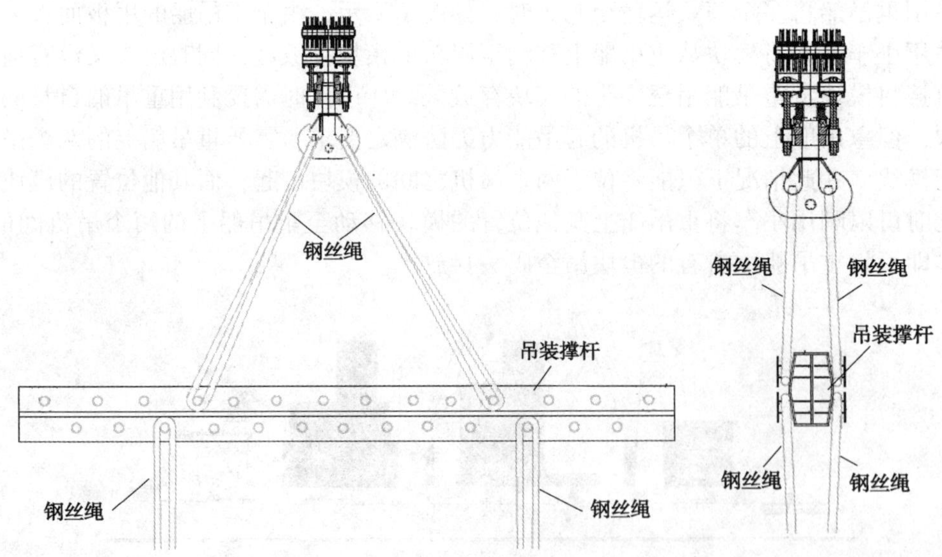

(a)吊装撑杆配扣主视图　　(b)吊装撑杆配扣侧视图

图3　吊装撑杆配扣示意图

吊装撑杆由吊装撑杆主体和若干吊装柱组成，吊装柱焊接在吊装撑杆主体上，并在吊装撑杆主体上分上下两层均匀分布。在进行大型结构物的吊装作业时，由于所使用的撑杆尺寸大，在进行配扣操作时，需要借助吊机和铲车等大型的机械资源以及相对较多的人力资源进行大型卡环和钢丝绳的拆卸和装配，在此期间需要耗费较多的时间。如果现场施工需要多次更换索具，配扣操作将消耗大量的人力、物力以及消耗较多的工期。此吊装撑杆用吊装柱代替吊耳，在配扣时直接将钢丝绳挂扣在吊装柱上即可，节省了卡环配装的耗时，方便省力。

SPMT小车(自行式模块运输车)是一种配备有液压升降的特种车辆，如图4所示，主要进行重、大、高、异型结构物的运输，其优点主要是使用灵活、装卸方便，广泛应用于装备制造业、石油、化工、海洋石油、桥梁建造等工程领域，是由带有顶升装置的多轴小车组和位于尾部的动力模块单元构成。将此种小车移动至模块下方后，可通过SPMT小车的液压顶升装置将千吨重的模块顶起，并驱动SPMT小车前移可将模块移动至任何地方。

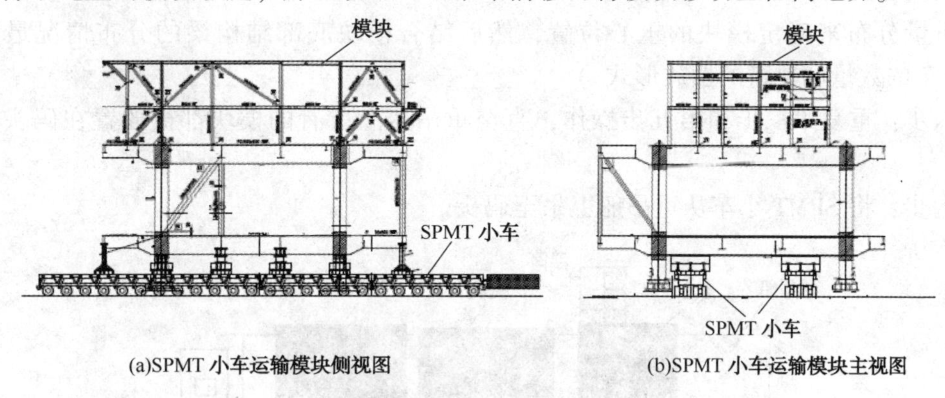

(a)SPMT小车运输模块侧视图　(b)SPMT小车运输模块主视图

图4　SPMT小车运输模块

由于SPMT小车无法用吊机整体吊至重吊船上，所以需先将多个SPMT小车组和动力模块单元依次吊至重吊船上，然后在重吊船上组装成一个SPMT小车，一个模块需用多个SPMT小车移动。同时，由于重吊船上单个船吊的吊装能力无法满足起重要求，同时船吊吊臂的触及范围有限，所以模块的吊卸需要在SPMT小车的协助下用两个船吊共同协作才可完成。

重吊船上模块卸载的方法实施步骤如下：

第一步：将重吊船停靠在码头指定位置后，将特制浮筒固定在远离码头一侧的船舷边，如图5所示。(注：浮筒被吊入水中后，由拖轮拖带至重吊船船舷制定位置，并将浮筒固定在船舷边，然后打开浮筒上的阀们向浮筒内注入足够的水。因为在将模块从重吊船甲板上吊至码头时，船的中心会发生偏移，进而影响到船体的稳定性，浮筒的存在就是用于调整船体重心，防止船体重心偏移过大而带来不可预测的风险。)

第二步：用两个船吊共同将重吊船上位于船吊间的模块吊起并将模块放置在码头模块存放区，如图6、图7、图8所示。(注：根据模块的尺寸和重量，如果模块的尺寸较小质量较轻，可以用单吊吊起模块并将模块转移至码头。待模块被放置在码头后，会被SPMT小车运输至场地内模块存储区域。一般情况下，为了保证吊装作业的安全性，在吊模块前需要对模块吊耳以及吊装撑杆的吊点进行无损探伤，以此确定吊耳和撑杆是否存在损伤或者结构上的缺陷。)

第三步：将重吊船向前移动一定距离。(注：重吊船的移动距离至少需要满足一个模块的身位。)

第四步：将 SPMT 小车分段吊至重吊船上并在重吊船甲板上组装 SPMT 小车。(注：由于重吊船船中位置的模块已经被吊至码头，所以船中位置的甲板空间可以用来进行 SPMT 小车的组装。由于空间有限，在 SPMT 小车进行组装时需严格控制高空作业，以及相应的交叉作业。)

第五步：用 SPMT 小车将重吊船上其他位置的模块移动至重吊船船吊之间，并用两个船吊共同将模块移动至码头模块存放区。(注：SPMT 小车在重吊船甲板上移动模块是属于高风险作业，由于重吊船甲板面积较窄，在 SPMT 小车移动过程中需严格监控重吊船甲板的水平度以及周边的施工环境，确保施工安全。在 SPMT 小车进行模块运输前，需要根据模块的尺寸和重量分布来确定模块的重心位置，然后结合模块底部结构梁的分布情况最终确定 SPMT 小车的数量和垫蹲的摆放形式。)

第六步：重复第三步和第五步操作，直至重吊船上所有的模块都被放置在码头模块存放区。

第七步：将 SPMT 小车从重吊船上吊至码头。

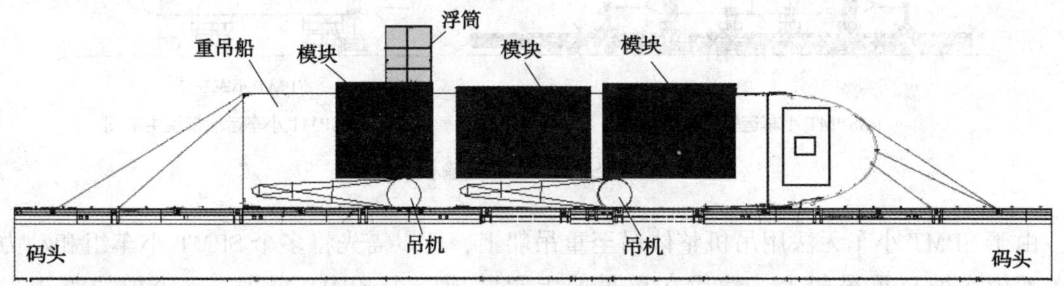

图 5　重吊船上模块示意图

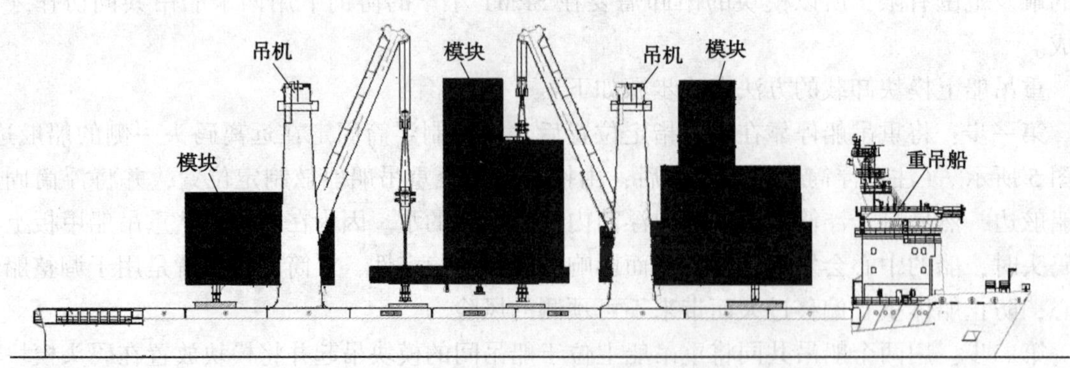

图 6　双吊起吊模块示意图

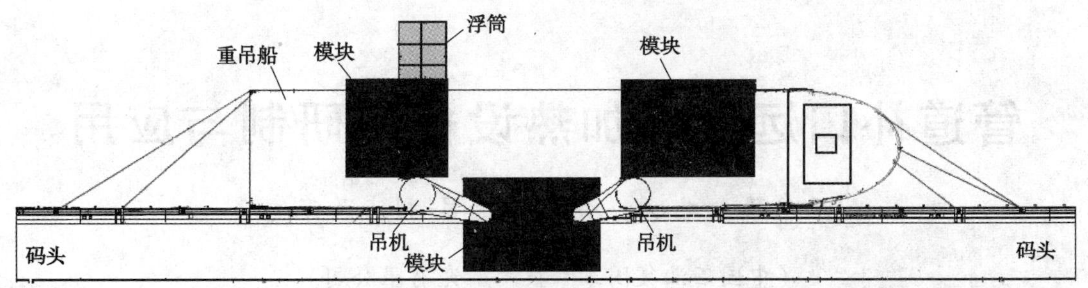

图 7　双吊将模块移至码头示意图

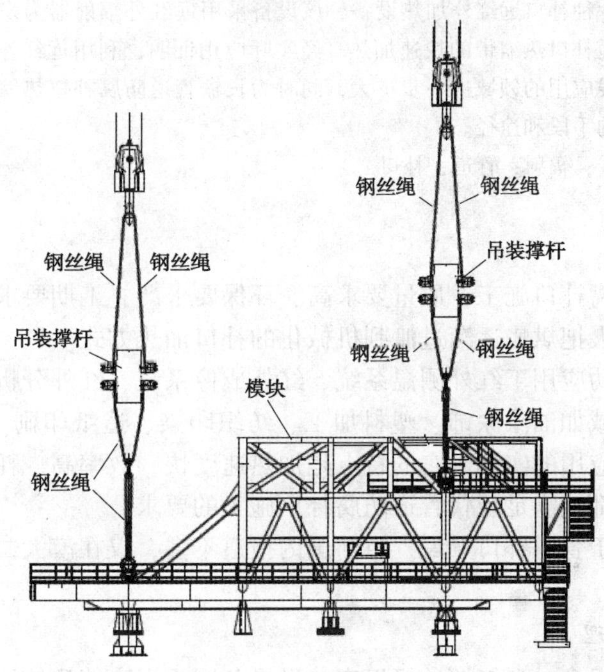

图 8　双吊配扣示意图

3. 结语

与从甲板驳上卸载模块相比，此方法通过使用重吊船上自身的船吊资源在 SPMT 小车的协助下将重吊船上的模块放置在码头模块存储区域，降低了对模块运输驳船能力的要求，同时减少了 SPMT 小车移动模块时存在的潜在风险，同时不用考虑潮汐对模块卸载的影响，提高了卸载模块的效率，节省施工时间，而且重吊船有较大的舱容量，一般尺寸较小的模块、小的结构物以及散料等都可以存放，同时其较强的自行能力使现场吊装作业更加灵活。

参 考 文 献

[1] 曹凯，张平，王德旭 . FPSO 大型海工模块整体吊装工艺研究[M]. 大连：大连海事大学出版社，2008.
[2] 也英宇，周宝先，徐文杰 . FPSO 超高超大模块运输与吊装工艺研究[J]. 工程技术，2017，28：89-90.
[3] 樊巍巍，李荣遵 . SPMT 液压平板车在大件称重中的应用研究[J]. 起重运输机械，2015，(5)：107-110.

管道补口远红外加热设备的研制与应用

王来臻　龙 斌　段瑞彬　吕利　王克宽

(中国石油集团工程技术研究有限公司)

摘要：开发了一种补口远红外加热设备，该设备采用远红外辐射器为发热源，通过圆周布置来实现对长输管道补口热缩带的快速加热。经实际应用证明，利用远红外可实现对热缩带快速加热，使远红外线应用的领域进一步扩大，同时为长输管道防腐补口热缩带安装行业和科研开发提供了一种新的手段和途径。

关键词：红外线；辐射；管道；补口

1. 前言

目前长输管道防腐补口施工，质量要求高、环保要求严、工期要求紧，热缩带的加热方式逐渐有原先的人工火把烘烤逐渐过渡到机械化的补口加热方式。

红外线加热已成功应用于红外测温系统、红外成像系统、红外分析系统等方面，尤其在红外线加热与干燥领域如油漆涂饰、塑料加工、纺织印染、造纸印刷、医药卫生等部门中，都有很多红外线加热应用的实例。它的特点是加热速度快、效率高、耗能低、无污染和工件受热均匀，这些特点都能满足现代管道防腐补口施工的要求。

红外线加热应用于管道补口领域，目前国内报道不多，仅在漠大二线、中俄东线等有实验性应用报道。

2. 远红外加热原理

工业加热的方法很多，自能源危机以来，世界各国为提高能源使用效率与发展能源多元化，纷纷研发各种节约与替代能源技术，其中辐射加热由於方法的特殊性，被证实为最有效率的加热技术之一，而被广泛地用于取代传统的热风式加热与干燥系统。

辐射加热包括红外线、紫外线、微波/射频、电子束与雷射等，其中红外线加热是利用电磁辐射热传原理，以直接方式传热而达到加热物体的目的，从而避免加热传媒体导致的能量损失，同时红外线因有产生容易，可控性良好等特质，具有加热迅速、生产力提高，产品品质改进及设备空间节省等优点。

远红外线的传热形式是辐射传热，由电磁波传递能量，因为没有介质，中间不需要损耗能量。在远红外线照射到被加热的物体时，一部分射线被反射回来，一部分被穿透过去。当发射的远红外线波长和被加热物体的吸收波长一致时，被加热的物体吕量吸收远红外线，这时，物体内部分子和原子发生“共振”——产生强烈的振动、旋转，而振动和旋转使物体温度升高，达到了加热的目的(图 1)。

采用红外线加热是否有效，主要取决于被加热物体的吸收程度，吸收率越高，红外线辐射效果就越好。而吸收率取决於被加热物质的类别、表面状态、红外线辐射源的波长等。物质反射的辐射能量与入射能量的比值叫反射率，不同材料和不同表面状况的反射率各不相

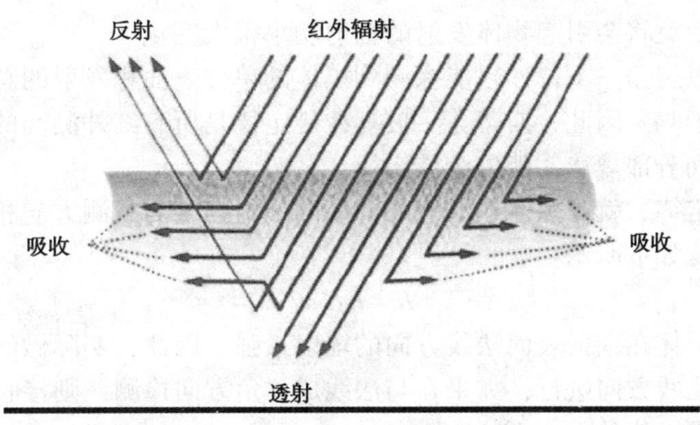

图 1 远红外加热原理

同。物质透过的辐射能量与入射能量的比值叫穿透率，穿透率随材料的性质及厚度不同而变化。

科学实验证明，远红外线加热时传递的热量与温度成四次方正比，不需要传热介质。其具有很强的穿透能力，这样，远红外线加热与常规传导方式相比，具有热传递直接简单，生产热效率高，大大节省能源，制造简单，易推广等优点。

3. 远红外辐射规律

1）黑体的红外辐射规律

所谓黑体，简单讲就是在任何情况下对一切波长的入射辐射吸收率都等于 1 的物体，也就是说全吸收。显然，因为自然界中实际存在的任何物体对不同波长的入射辐射都有一定的反射(吸收率不等于 1)，所以，黑体只是人们抽象出来的一种理想化的物体模型。但黑体热辐射的基本规律是红外研究及应用的基础，它揭示了黑体发射的红外热辐射随温度及波长变化的定量关系。

(1) 辐射的光谱分布规律—普朗克辐射定律。

一个绝对温度为 $T(K)$ 的黑体，单位表面积在波长 λ 附近单位波长间隔内向整个半球空间发射的辐射功率(简称为光谱辐射度) $M\lambda b(T)$ 与波长 λ、温度 T 满足下列关系：

$$M\lambda b(T) = C_1\lambda - 5[\mathrm{EXP}(C_2/\lambda T) - 1] - 1$$

式中 C_1——第一辐射常数，$C_1 = 2\pi hc_2 = 3.7415\times10^8 \mathrm{w}\cdot\mathrm{m}^{-2}\cdot\mathrm{um}^4$；

C_2——第二辐射常数，$C_2 = h_c/k = 1.43879\times104\mathrm{um}\cdot\mathrm{k}$。

普朗克辐射定律是所有定量计算红外辐射的基础。

(2) 辐射功率随温度的变化规律—斯蒂芬—玻耳兹曼定律。

斯蒂芬—玻耳兹曼定律描述的是黑体单位表面积向整个半球空间发射的所有波长的总辐射功率 $Mb(T)$ (简称为全辐射度)随其温度的变化规律。因此，该定律为普朗克辐射定律对波长积分得到：

$$Mb(T) = \int 0\infty\, M\lambda b(T)\,\mathrm{d}\lambda = \sigma T^4$$

式中，$\sigma = \pi^4 C_1/(15C24) = 5.6697\times10^{-8}\mathrm{w}/(\mathrm{m}^2\cdot\mathrm{K}^4)$，称为斯蒂芬—玻耳兹曼常数。

斯蒂芬—玻耳兹曼定律表明，凡是温度高于开氏零度的物体都会自发地向外发射红外热辐射，而且，黑体单位表面积发射的总辐射功率与开氏温度的四次方成正比。而且，只要当温度有较小变化时，就将会引起物体发射的辐射功率很大变化。

那么，我们可以想象一下，如果能探测到黑体的单位表面积发射的总辐射功率，不是就能确定黑体的温度了吗？因此，斯蒂芬—玻耳兹曼定律是所有红外测温的基础。

（3）辐射的空间分部规律—朗伯余弦定律

所谓朗伯余弦定律，就是黑体在任意方向上的辐射强度与观测方向相对于辐射表面法线夹角的余弦成正比，如下所示：

$$I\theta = I_0\cos\theta$$

此定律表明，黑体在辐射表面法线方向的辐射最强。因此，实际做红外检测时。应尽可能选择在被测表面法线方向进行，如果在与法线成 θ 角方向检测，则接收到的红外辐射信号将减弱成法线方向最大值的 $\cos\theta$ 倍。

2）实际物体的红外辐射规律

（1）基尔霍夫定律。

物体的辐射出射度 $M(T)$ 和吸收本领 α 的比值 M/α 与物体的性质无关，等于同一温度下黑体的辐射出射度 $M_0(T)$。其表明，吸收本领大的物体，其发射本领大，如果该物体不能发射某一波长的辐射能，也决不能吸收此波长的辐射能。

（2）发射率。

实验表明，实际物体的辐射度除了依赖于温度和波长外，还与构成该物体的材料性质及表面状态等因素有关。这里，我们引入一个随材料性质及表面状态变化的辐射系数，则就可把黑体的基本定律应用于实际物体。这个辐射系数，就是常说的发射率，或称之为比辐射率，其定义为实际物体与同温度黑体辐射性能之比。

这里，我们不考虑波长的影响，只研究物体在某一温度下的全发射率：

$$\varepsilon(T) = M(T)/M_0(T)$$

则斯蒂芬—玻耳兹曼定律应用于实际物体可表示为：

$$M(T) = \varepsilon(T)\sigma T_4$$

3）发射率及其对设备状态信息监测的影响

物体对于给定的入射辐射必然存在着吸收、反射和透射，而且吸收率 α，反射率 ρ 和透射率 τ 之和必然等于 1：

$$\alpha + \rho + \tau = 1$$

而且，其反射和透射部分不变。因此，在热平衡条件下，被物体吸收的辐射能量必然转化为该物体向外发射的辐射能量。由此可断定，在热平衡条件下，物体的吸收率必然等于该物体在同温度下的发射率：

$$\alpha(T) = \varepsilon(T)$$

其实由基尔霍夫定律，我们也可以推断出以上公式：

$$M(T)/\alpha(T) = M_0(T)$$

$$\varepsilon(T) = \alpha(T)$$

$$\varepsilon(T) = M(T)/M_0(T)$$

则对于一个不透明的物体：

$$\varepsilon(T) = 1 - \rho(T)$$

根据上式，我们不难定性地理解影响发射率大小的下列因素：

（1）不同材料性质的影响。

不同性质的材料因对辐射的吸收或反射性能各异，因此它们的发射性能也应不同。一般当温度低于 300K 时，金属氧化物的发射率一般大于 0. 8。

（2）表面状态的影响。

任何实际物体表面都不是绝对光滑的，总会表现为不同的表面粗糙度。因此，这种不同的表面形态，将对反射率造成影响，从而影响发射率的数值。这种影响的大小同时取决于材料的种类。

例如，对于非金属电介质材料，发射率受表面粗糙度影响较小或无关。但是，对于金属材料而言，表面粗糙度将对发射率产生较大影响。如熟铁，当表面状况为毛面，温度为 300K 时，发射率为 0. 94；当表面状况为抛光，温度为 310K 时，发射率就仅为 0. 28。

另外，应该强调，除了表面粗糙度以外，一些人为因素，如施加润滑油及其他沉积物(如涂料等)，都会明显地影响物体的发射率。

因此，我们在检测时，应该首先明确被测物体的发射率。在一般情况下，我们不了解发射率，那么只有用相间比较法来判别故障。

（3）温度影响。

温度对不同性质物体的影响是不同的，很难做出定量的分析，只有在检测过程中注意。

4. 远红外加热设备设计

通过前面的介绍，远红外辐射器的结构形式对于管道补口远红外加热设备的性能、效率、适应性具有重要影响。辐射器是红外线加热工艺中最重要、最基本的元器件。它的作用是把热源的热能转换成红外线辐射能。辐射器一般由 3 部分组成：发热体或热源、基体、附件。

1）辐射器类型对红外加热的影响

不同种类的辐射器在加热性能、辐射效率等方面差异较大，本文选取了两种不同辐射器进行了性能测试(表 1、表 2)。

表 1　远红外辐射器类型

辐射器类型	陶瓷辐射器	铸铝辐射器
辐射器功率/W	650	650
辐射器尺寸/mm	120×120	120×120
与热缩带距离/mm	10	10

表 2　不同类型辐射器加热效果

时间/s	陶瓷辐射器温度/℃	热缩带表面温度/℃	铸铝辐射器温度/℃	热缩带表面温度/℃
30	18. 3	12. 7	15. 6	12. 3
60	36. 2	22. 8	39. 4	17. 6
90	72. 4	48. 3	76. 8	20. 1
120	99. 7	76. 9	110. 5	21. 7
150	136. 0	101. 2	140. 8	24. 8
180	178. 9	124. 6	169. 9	29. 6

续表

时间/s	陶瓷辐射器温度/℃	热缩带表面温度/℃	铸铝辐射器温度/℃	热缩带表面温度/℃
210	217.6	142.7	196.4	33.7
240	263.5	161.5	221.2	37.1
270	304.8	172.8	288.4	43.9
300	359.7	184.9	327.6	48.5

通过以上试验可知，陶瓷辐射器的辐射加热效率远远高于铸铝辐射器，这对于补口施工效率的提高影响重大。本文所设计的加热设备采用远红外埋入式陶瓷辐射器，它使用钨丝作为发射源，钨丝封装在陶瓷烧结的辐射器内。同时采用反射涂层，使从被加热物质表面反射出去的红外线再反射回去，使其再次或多次被吸收，以提高热能的利用率。该反射涂层采用特殊涂料，使得远红外线的反射率高达98%。

2）辐射器距离对红外加热的影响

确定了辐射器类型，就要对其加热能力进一步的研究，本文对其在不同距离下的加热均匀程度进行了研究，图2为加热模型示意图，表3为加热结果记录表。

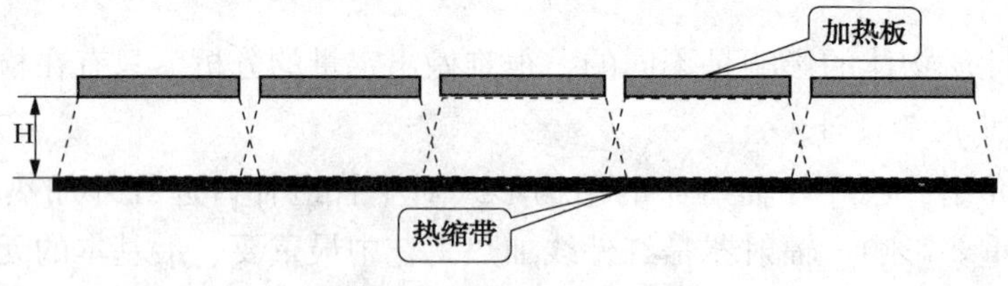

图2 加热模型示意图

表3 加热结果记录表

t/s	辐射器距离 10cm		辐射器距离 15cm		辐射器距离 20cm	
	重叠区	中间位	重叠区	中间位	重叠区	中间位
30	14.8	14.8	16.7	16.7	13.1	13.1
60	30.9	26.5	24.3	24.6	19.5	20.2
90	45.2	37.4	37.1	36.8	28.9	34.0
120	71.6	52.8	51.2	52.0	35.6	39.8
150	89.5	69.2	64.9	66.1	42.8	53.5
180	100.1	82.3	80.7	78.0	49.7	65.8
210	115.9	95.0	92.9	90.3	52.9	80.7
240	120.8	106.1	100.8	101.7	67.4	95.5
270	152.2	134.5	125.7	128.0	82.3	115.2
300	186.4	158.7	149.6	153.3	96.5	129.7
330	203.2	183.1	175.3	179.5	109.7	149.8

通过以上试验结果可知，辐射器间隔固定时，与热缩带距离过小会导致重叠区域温度过高，距离过大会导致重叠区域温度不足，这都直接影响热缩带的收缩效果，只有在合适的距

离下才能达到最好的加热效果。

管道补口远红外加热设备由固定部分、可旋转部分和开合机构组成(图3)。其中，固定部分起到整体的定位和支撑的作用，固定部分通过旋转轴与可旋转部分相连接。可旋转部分可进行120°开合动作，以此来实现装置在管道上的安装就位。其中，固定部分采用柔性支脚定位调节的方式，具有稳定的转动和简捷的安装功能，满足自动设备小型化和轻便的设计要求，提高了管道补口远红外加热设备的定位精度以及加热过程的可靠性和准确性，确保管道补口远红外加热设备在运行过程中的精度。

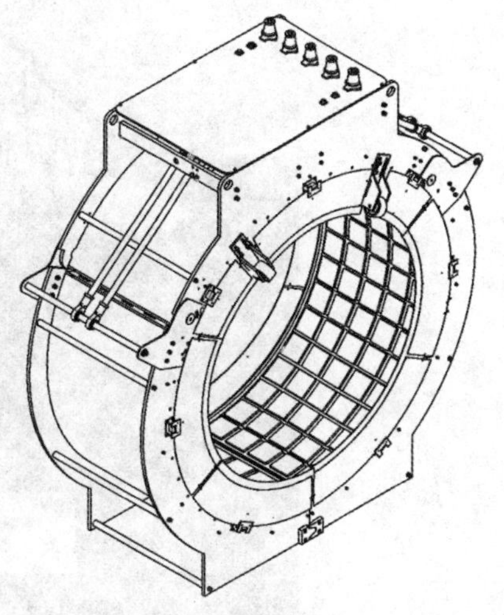

图3　补口远红外加热设备

开合装置采用电力驱动方式，采用左右旋梯形螺纹丝杠形式，控制可转动框架的开合，使得安装就位更加方便快捷，节约了热收缩带收缩回火的辅助时间。加热框架主体采用三瓣式可开合结构，即保证了整体结构的强度，又保证了开合结构的灵活性，同时通过优化底部结构，降低了防腐施工现场的底部空间要求。

补口远红外加热设备最为突出的特点是：在设备内排布了数圈远红外埋入式陶瓷辐射器构成热辐射源，通过设备的开合机构，可将远红外加热设备方便的吊装到补口位置。

为了保证热缩带收缩过程的稳定，加热空间内的温度要保证周向均匀。根据热对流规律，通过调整不同位置辐射器的功率来达到均匀加热的目。该设备控制系统具备一路输入五路输出功能，可保证不同分区辐射器的差别控制。采用温度监控反馈设计，实现了加热过程的自动化控制。采用不同区域并联组网模式，减少了设备开机过程中的负载冲击。通过对不同分组的辐射器的精确控制，实现了有中间向两边的梯度加热功能，精确控制工艺参数，模拟了人工烘烤热缩带的过程，避免了人工烘烤缺陷，保证了热缩带安装质量的稳定，替代了人工烘烤作业方式。

5. 应用效果

管道补口远红外设备加热对象为宽度为550mm的热缩带，使其能够均匀快速的收缩成型。设备配有非接触式测温系统，通过该系统可调整不同位置的辐射器通电时间，确保加热效果。设备在中俄东线试验段施工现场累计完成8km防腐作业，共计超过700道口的补口作业，补口质量一次性合格率100%。

管道补口远红外设备进入现场施工至今，克服了低温、雨雪、大风等不利条件的影响，保证每小时4~5道口的施工速度，装备的质量和综合效益得到了工程项目部给予了高度的肯定，得到了业主、监理以及施工单位的一直认可。图4为设备现场施工情况。

6. 结论

从中俄东线的应用情况来看，该方法实现了热收缩带热熔胶与底漆及3PE防腐层的良好粘接，回火温度均匀、迅速、可控，可使热熔胶熔融均匀，基本解决了人工火焰烘烤不均、易碳化、气泡的问题，有利于保障补口质量。

管道补口远红外加热技术及其装备以先进、安全、环保、高质、高效、稳定等特点赢得

图4 为设备现场施工情况

了管道施工业主和监理及施工单位的一致认可。现场施工应用证明远红外补口技术与装备的推广应用，必将提升长输管道补口质量，促进管线运行安全可靠，延长油气输送管道的经济寿命，对于国家能源战略安全具有重大意义。

参考文献

[1] 黄荣华. 红外技术及其在工业生产中的应用[M]·北京：水利电力出版社，1987.

[2] Rainieri S, Pagliarini G. Data filtering applied to infrared thermograp hic measurements intended for the estimation of local heat transfer coefficient[J]. Experimental Thermal and Fluid Science, 2002, 26(2): 109-114.

[3] Meinders E R, Vandermeer T H, Hanjalic K, et al. Application of infrared thermograp hy to the evaluation of local convective heat transfer on arrays of cubical prot rusions[J]. International Jou rnal of Heat and Fluid Flow, 1997, 18(1): 152-159.

[4] Datta A, Ni H. Infrared and ho-air-assisted microwaveheating of foods for control of surface moist ure[J]. Journal of Food Engineer, 2002, 51: 355-364.

[5] 刘金祥. 铝合金活塞红外线加热热疲劳实验台架研究[J]·河北科技大学学报，2000，21(3)：37-40.

[6] 李光民. 非接触式远红外线加热技术在大型热风炉拱顶消除应力退火中的应用[J]. 冶金设备，1995，(6)：41-44.

[7] 全世平. 红外线管材真空光亮退火炉的研制[J]. 钛工业进展，1999，(3)：38-40.

[8] 王月云. 远红外加热技术应用问答[M]. 上海：上海科学技术文献出版社，1988.

铺管船锚位设计与锚泊分析研究

洪 帅

（海洋石油工程股份有限公司）

摘要：在较浅水域（水深小于40m），以锚系船作为主要铺管设备的方案已得到充分的应用，而锚系船的主要优点在于没有动力系统或动力系统只占很小空间，从而可以使船舶吃水较浅，进而可以到达更浅水域，完成浅水管线铺设及管线登陆拖拉等作业。本文主要研究了在较浅水区域锚位设计过程中需要考虑的主要因素、设计方法，希望对相关作业有所借鉴。

关键词：锚位设计；较浅水；跨越铺管船锚泊分析

1. 引言

目前，在海洋石油工程技术中，海底管道铺设船舶主要有两种，第一种是DP船；第二种是锚系船。其中DP船主要用于较深水域，锚系船主要用于较浅水域，二者工作范围在30~150m水深左右会有交叉。国内锚系铺管船已有了广泛的应用，但由于国内油田区一般已存在海底设施较少，对抛锚影响较小，因此只会对起始铺设和终止铺设进行较详细的研究，而在中间段则采用粗放的抛锚方式，现场临时决定抛锚位置，从而缺少相应的设计文件支持。随着海底设施的增多，以上粗放式的抛锚方式将无法满足项目要求，为了解决此问题本文将在以前项目的基础上，对锚位设计方式方法进行详细介绍。

2. 锚位设计的考虑因素

铺管船的铺管作业不同于定点的吊装作业，由于要进行连续的铺管作业，船位始终在发生着变化，锚缆长度及角度也将随之发生变化，因此在锚位设计过程中要充分考虑这一动态的过程。主要考虑的因素有以下几点。

1）铺管船自身因素

包括锚机数量，一般铺管船配备8~12套锚机系统；船舶设计吃水情况，这一参数决定了船舶施工海域的水深范围；船舶RAO等详细参数情况，这决定了船舶可以施工的环境条件。

2）规范要求因素

涉及锚位设计的国际规范主要有“GL Noble Denton”“DNV-OS-F101”等。不同的业主针对不同海域的施工特点，亦会有专门的要求，以锚缆跨越已存在海底管线或海底电缆为例，表1列举了本文作者参与的3个区域的项目的不同要求。

针对铺管船的最小离地间隙问题，沙特CRPO-3648项目业主规范中亦作了明确要求，如果铺管船不跨越管线，最小离地间隙不小于1m，如果跨越已存在管线，最小离地间隙不小于5m。

3）环境因素

环境因素主要包括气象因素、海况因素、海底地貌及海洋设施因素。

表1 锚与已存在管线距离要求

	国内项目	缅甸 ZAWATIKA 海管项目	沙特 CRPO-3648 项目
锚缆跨越已存在管线	锚点到与管线交叉点的距离不小于 200m	锚点到已存在管线的垂直距离不小于 300m	(1)管线在正常工作状态，锚点到已存在管线的垂直距离不小于 1200in(366m)； (2)管线在低压运行或停滞状态，锚点到已存在管线的垂直距离不小于 600m(183m)
锚缆不跨越已存在管线	锚点到管线的垂直距离不小于 150m	锚点到管线的垂直距离不小于 200m	锚点到管线的垂直距离不小于 300in(91.5m)

关于气象因素主要是主风向对船舶的影响。

关于海况因素，主要是考虑主流向对船舶的影响。

由于铺管船必须沿管线路由爬行，船艏向是一个确定的因素，为了应对以上两个因素的影响，只能在满足铺管船爬行力要求的情况下在很小的范围内调整锚缆角度，而结构物吊装作业为点状作业，所有工作围绕导管架一个点区域进行，在进行结构物吊装时可以根据环境条件对船艏向进行调整，这是铺管作业与结构物吊装作业主要的不同点。

海底地貌及海洋设施因素是锚位设计中最主要的考虑因素，海底地貌的情况决定了锚的类型、锚缆的类型、锚缆的角度、锚缆的长度以及每个船位可以爬行的最大距离，从而对管线铺设效率造成一定的影响。

3. 锚位设计方法

1）工作锚的选择

目前铺管船所使用的工作锚主要有三种：霍尔锚、大抓力锚、重力锚。

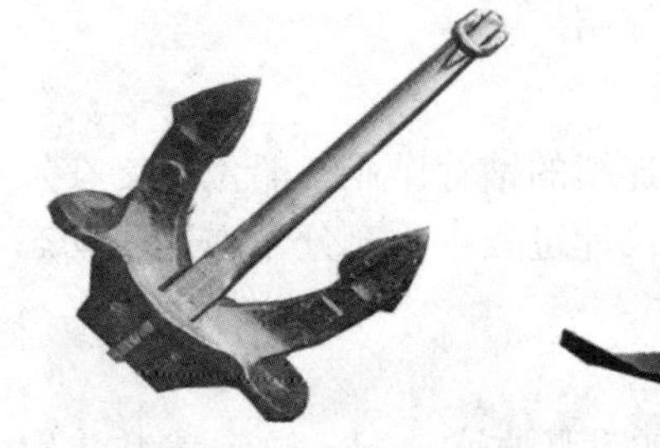

图1 霍尔锚

图2 大抓力锚

图3 重力锚

在上述3种工作锚中，霍尔锚操作灵活，但较同级别的大抓力锚提供的锚抓力小，适合小型的铺管船使用；大抓力锚由于可以提供更大的抓力，在较复杂的区域且需要提供更大铺管张力时更适合使用；霍尔锚和大抓力锚的共同特点是随着锚入泥深度的增加，锚抓力将显著增加，因此为了保证足够的入泥深度，海床地质不宜过硬，一般泥质和沙质海床效果较好，此二者并不适合砂石或钙质岩等硬质海床，当然如果有足够的备用锚，PIGGY-BACK ANCHOR(即抛双锚)是一种可选的方案。

为了解决霍尔锚和大抓力锚在硬质海床效果不好的问题，重力锚应运而生，重力锚顾名思义，主要是靠自身重量压在海床上，靠重力锚下方的排齿增加与海床的摩擦力，从而提供相应的拉力，重力锚的摩擦系数根据海床地质不同一般在 0.8~1.2 之间。

2）锚缆的选择

目前铺管船所使用的锚缆有3种形式，钢丝绳、高强软缆、钢丝绳与高强软缆联合使用。

图 4　钢丝绳锚缆

通常铺管船所用的锚缆均为钢丝绳材质，钢丝绳锚缆具有质地坚硬、耐磨性好、延展率小、使用寿命长、费用低等优点。但由于钢质材料密度大、重量大，如需要长距离抛锚，对拖轮能力要求较高，从而造成船舶成本增加，另外对于已存在海底设施较多且水深较浅的海域，为了满足锚缆与已存在管线海缆之间的竖向间隙，通常要安装大量的 DP 浮筒，从而抛锚时间大幅度增加，降低了铺管效率。并且有些项目业主方直接要求不允许使用钢丝绳锚缆，因此高强软缆在一些项目中得到了应用。

高强软缆是用高分子聚乙烯材料通过一定的工艺编制而成，如下图所示：

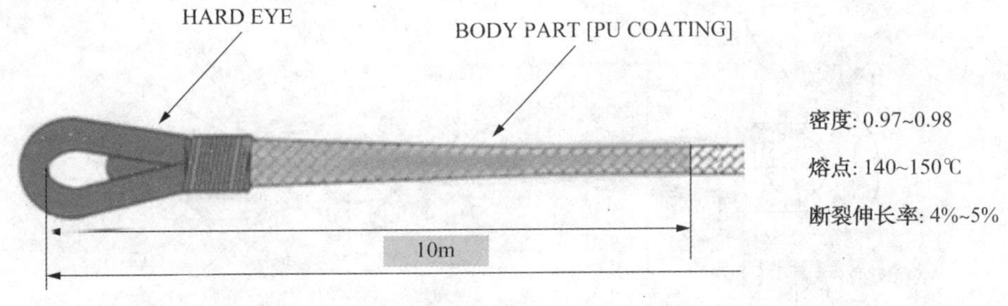

图 5　高强软缆

高强软缆抗拉强度一般较同直径的钢丝绳稍强，但耐磨性较差，一般通过注胶等方式增强耐磨性。高强软缆密度在 0.97 ~ 0.98 左右，比水密度小，因此在不带力状态下可以漂浮于水面，解决了锚缆可能对已存在海底管线电缆造成损坏的问题，同时由于软缆重量轻，降低了对抛锚拖轮能力的要求。

3）锚位设计

锚位设计需在综合考虑第一节影响因素的基础上进行，下面以蓝疆船为例进行简要分析研究。

如图 6 所示，其中使用的蓝疆锚号分别为#1、#3、#5、#6、#7、#8、#10、#12。

通常情况下，为了保证铺管船能够顺利向前爬行，保持一次移锚可爬行的距离最大化，铺管船前锚与船头的夹角较小，而为了稳船，艉锚的开角则比较大，如图 6 所示。同时为了爬行更远，艉锚#5、#8 锚缆与船头的夹角通常为锐角，随着向前走船，#5、#8 锚缆与船头的夹角变为钝角后，会想前移#6、#7 锚，之后移#5、#8，使#5、#8 锚缆与船头的夹角变为锐角。船头 4 个锚的移动时机为锚缆过短或锚缆与船头的夹角太大无法提供向前的拉力。

锚缆种类的不同，导致了布锚位置的不同，下面分述钢丝绳锚缆和高强软缆情况下锚位设计的主要方法。

在采用钢丝绳作为锚缆的情况下，为了保证锚缆对锚没有上拔力，要求靠近锚一侧至少 50m 长的锚缆着泥，为了满足动态走船情况下均能满足 50m 要求，通常抛出的锚缆会比较长，因此会有 100 ~ 200m 的锚缆着泥，着泥部分锚缆并不会全部跟随铺管船向前移动。

铺管船从位置 A 到位置 B 过程中，如锚缆无着泥，则锚缆会从黑线变到蓝线，如着泥，则会变到红线位置，如到蓝线位置则可继续向前走船，如到红线位置，则到位置 B 时需要

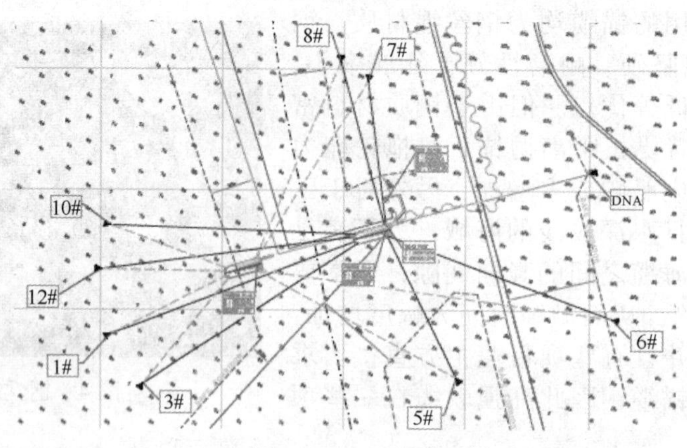

图 6　蓝疆锚位图

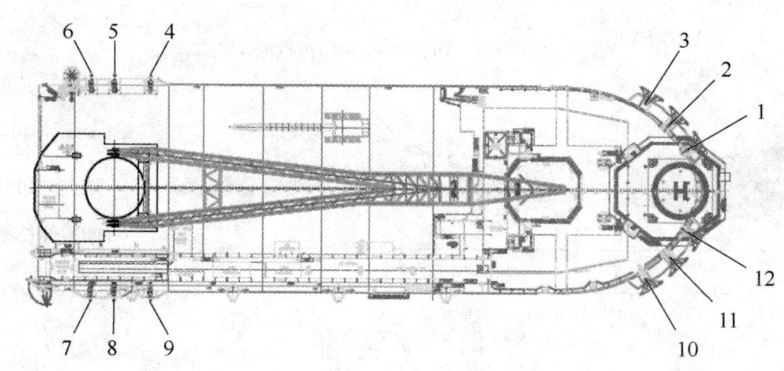

图 7　蓝疆导缆孔分布及锚编号方式

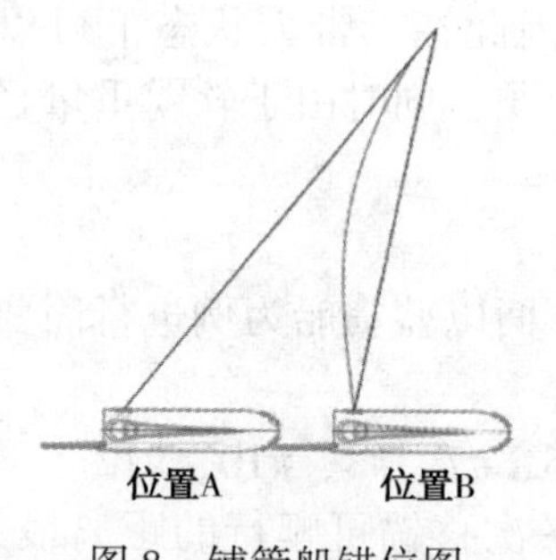

图 8　铺管船锚位图

进行移锚作业。

在采用高强软缆做锚缆的情况下，锚缆几乎不会与海床接触，因此会走出蓝线的情形，需按蓝线进行移锚。

因此采用软缆时，设计阶段的锚位图与现场实际阶段锚位较为吻合，如果采用钢丝绳锚缆时，由于受到锚缆拖泥影响，设计阶段锚位图会与现场实际锚位产生较大的差距，现场需对设计锚位图进行及时调整，因此锚位图设计也是一个动态的过程。

4. 总结

本文针对浅水区抛锚的特点，研究了影响抛锚的因素主要有铺管船自身因素、规范因素、环境因素等，并根据影响抛锚的主要因素给出了抛锚的主要方法。由于影响抛锚的因素存在很大的不确定性，因此需要对相关因素进行时刻跟踪，并对设计锚位图进行及时调整。通过本文的研究得到了铺管船抛工作锚的基本原则及办法，希望对后续工程有所裨益。

参 考 文 献

［1］郝绍瑞，曹剑鸣．某型布缆船锚系设计［J］．船舶 Ship & Boat，2015(04)：123-127.

全自动 TIG 焊在俄罗斯亚马尔 LNG 工艺管道焊接中的应用

王志坚

（中国石油集团海洋工程有限公司）

摘要：俄罗斯亚马尔(YAMAL)LNG 项目，具有代表性的工艺管道采用低温碳钢管道材料 ASTM A333 Gr.6，设计温度为-50℃，不锈钢材料 ASTM A312/A358 TP304/304L，设计温度为-196℃。焊接技术规格书要求管道根焊必须采用氩弧焊(TIG)的焊接方法。项目采用在青岛预制、俄罗斯组装的建造模式，对精度要求高。简要介绍了项目背景和全自动 TIG 焊焊接方法的特点，分析了工艺管道材料的焊接性，详细论述了对工艺管道焊接工艺进行的评定，内容包括焊接方法设计、焊接工艺参数、焊后机械性能试验及结果分析、全自动 TIG 焊的优势分析等。试验表明，低温碳钢和不锈钢管道的根焊和热焊采用自动、高效率的 TIG 焊，焊缝性能满足 LNG 项目技术规格书和 ASME B31.3 的要求，焊接效率比常规的手工 TIG 焊提高了 2 倍，提高了 LNG 项目工艺管道建造的质量和进度。

关键词：俄罗斯亚马尔(YAMAL)；LNG 项目；工艺管道；全自动 TIG 焊

中国石油集团海洋工程有限公司承揽了俄罗斯亚马尔(YAMAL)LNG 项目，该项目属于俄罗斯北极圈亚马尔半岛上的南坦别伊天然气田(该气田每年有 9 个月的冰期，年最低温度-52℃)，项目工程量共 168 个模块，钢结构质量超过 5 万 t，工艺管道 19 万 m。工艺管道尺寸 0.5~72in(1in=25.4mm)，焊接工作量 23.7 万个达因(焊接当量)。该项目的主要工作是管廊结构和工艺管道的预制，预制长度 20~44m，其中 LNG 管道(运行温度在-169℃)需要做深冷保温。项目采用在青岛预制、俄罗斯组装的建造模式，对精度要求高。工艺管道分为低温碳钢和奥氏体不锈钢管道，具有代表性的低温碳钢管道材料为 ASTM A333 Gr.6，设计温度为-50℃，不锈钢材料为 ASTM A312/A358 TP304/304L，设计温度为-196℃。

项目的焊接技术规格书要求管道根焊必须采用氩弧焊(TIG)的焊接方法。传统 LNG 工艺管道的根焊和热焊通常采用手工 TIG 焊，焊接效率低，对焊工的操作技能要求高。为提高该项目工艺管道根焊和热焊的焊接质量和效率，将管道的建造分为车间预制和现场安装两部分，车间管道预制的根焊和热焊采用全自动 TIG 焊，现场焊接则采用手工焊。

1. 全自动 TIG 焊焊接方法

全自动 TIG 焊通过自动填充焊丝、自动摆动焊炬、自动旋转被焊接工件实现 TIG 焊的自动焊。从理论上讲，整个焊接过程无需人工进行干预，焊接速度高，质量好。

全自动 TIG 焊焊接系统由焊接电源、TIG 焊枪、悬臂式焊接机(包括十字滑块、焊枪夹持机构、摆动机构和控制箱)、送丝系统、冷却循环系统、卡盘式管道驱动机(或转胎)组成。全自动 TIG 焊的焊接工艺特点是：

(1) 弧长控制(AVC)。在 TIG 焊的全自动焊过程中，由于工件本身存在椭圆度和坡口加工误差，因而在焊接过程中工件到钨极的距离是实时变化的，这就容易造成弧长随加工误差而发生变化，从而导致电弧不稳定甚至短路，由此引起电弧能量发生变化，影响焊接质量。

(2) 横摆控制(Oscillation)。横摆就是在焊枪行走或工件旋转过程中，钨极在焊接的垂直方向进行摆动。由于焊缝宽度超过一定的数值后，仅靠增大电流无法使坡口侧面的母材很好地发生熔合，因此必须横摆，而且还需在焊缝的两侧停留一定的时间，才能保证与坡口两侧的母材很好地发生熔合。

(3) 送丝系统。在全自动 TIG 焊的焊接系统中，焊丝是自动送入电弧中的，通过电弧熔化焊丝形成焊道。焊丝送入点位于电弧轴靠近熔池前方(正向送丝)或后方(反向送丝)1/3处较好。送丝角度也是影响送丝效果的一个重要因素，送丝过陡会形成顶丝，使丝嘴晃动从而使送丝不稳；送丝过于平缓，伸长量和焊丝与钨极的距离难以控制，且还会影响焊缝背部成型。

2. 工艺管道材料焊接性分析

低温碳素钢 ASTM A333 Gr. 6 和 ASTM A350 LF2 CL1 主要应用于-50℃左右的低温环境下，其焊接的主要问题是保证接头的低温韧性。该种材料具有含碳量较低、韧性和塑性较好的特点，但在焊接过程中，由于经历再热的过程，晶粒易长大，导致接头韧性和塑性降低。项目要求其焊接接头在-50℃的低温时冲击值不小于 27J，因此必须合理地选择焊接方法、焊接材料和焊接工艺，严格控制焊接线能量，以获得满足要求的低温钢焊接接头。

奥氏体不锈钢 ASTM A312/A358 TP304/304L 具有随着温度的下降其冲击韧度减少缓慢，且不存在脆性转变温度的特点，因此可用于温度低达-196℃的深冷工况。但为了防止奥氏体不锈钢的热裂纹，往往在焊缝金属中添加一些铁素体形成元素，而铁素体的形成会降低低温冲击韧性，因此需要控制其铁素体含量不能超过 7FN。另外当奥氏体不锈钢的焊接接头温度在 600~800℃时，在近焊缝的热影响区中会析出少量的碳化物，从而降低焊缝的抗晶间腐蚀能力，因此需要严格控制不锈钢焊接接头的焊接热输入，减少焊接接头在 600~800℃温度区间的停留时间。

根据低温碳钢和奥氏体不锈钢的焊接特点，研究采用全自动 TIG 焊替代手工 TIG 焊是很有必要的，但必须保证焊接接头的热输入不会增加，以保证焊缝的低温冲击韧性，同时不能降低奥氏体不锈钢焊接接头的抗晶间腐蚀的能力。

3. 焊接工艺评定

1) 焊接方法设计

全自动 TIG 焊目前只能用在生产线上，采用全自动 TIG 焊进行根焊和热焊，其填充和盖面可采用脉冲 MIG 焊、自动 FCAW 或 SAW，这可以大幅提高工艺管道的焊接效率。全自动 TIG 焊的焊接电流较手工 TIG 大，每道焊缝金属厚度比手工焊道大 1mm 左右，根焊和热焊的焊接完成后可以直接进行埋弧焊(SAW)的焊接，手工 TIG 焊必须进行 3 道 TIG 焊接后才能进行埋弧焊(SAW)的焊接，因此采用全自动 TIG 焊具有较明显的焊接效率优势。

焊接设备的选择：全自动 TIG 焊选用 MILLER XMT 450MPa 进行根焊和热焊，配备 2 台送丝机可以完成 MIG、FCAW 和 SAW 的焊接，能在一台设备上完成一个焊接接头的焊接，焊接效率较采用手工 TIG 进行打底和热焊有较明显的提高，焊接热输入也能得到控制，焊接接头的质量更有保证。

2）焊接工艺评定母材

LNG工艺管道的焊接标准有ASME B31.3和ASME IX，采用ASME IX标准。碳钢管道进行焊接工艺评定时选择ASTM A333 Gr.6(Group No：1)与ASTM A350 LF2 CL1(Group No：2)两种不同材料，覆盖范围更大。不锈钢TP304/304L和TP316/316L均为P No：8、Group No：1的材料，选择304L的材料进行焊接工艺评定可以覆盖TP304/304L和TP316/316L材料的焊接。试验用母材的化学成分如表1所示，机械性能如表2所示。

表1 试验材料化学成份的质量分数 单位：%

钢号	C	Mn	P	S	Si	Ni	Cr	Mo	Cu	Cb	V
A333 Gr.6	0.3	0.29~1.06	0.025	0.025	0.10Min.						
A350 LF2 CL1	0.3	0.60~1.35	0.035	0.04	0.15~0.40	0.4	0.3	0.12	0.4	0.02	0.08
304L	0.035	2.0	0.045	0.030	1.0	8~13	18~20				

表2 试验材料的力学性能

钢号	屈服强度 *Y.S.*/MPa	抗拉强度 *T.S.*/MPa	断后延伸率 *E.L.*/%	冲击功 *Ave*/J(-45℃)
A333 Gr.6	214Min.	415Min.	30	18.5
A350 LF2 CL1	240Min.	415~585	30	17.6
304L	170Min.	485Min.	35	27

3）焊接工艺参数

（1）低温碳钢管道。根据LNG项目碳钢低温管道设计温度-50℃的要求，焊材选用合金钢焊材。TIG+FCAW采用广泰KM-80Ni1(ER80S-Ni1)/KFX-81K2(E81T1-K2)，TIG+SAW采用广泰KM-80Ni1(ER80S-Ni1)和林肯焊丝PREMIER WELD Ni1K+焊剂PREMIER 8500，两种工艺均满足-60℃低温冲击值不小于27J的要求。焊接工艺评定要求如表3、表4所示。

表3 低碳钢焊接工艺评定设计

评定编号	管壁厚度/mm	坡口	焊接方法	焊接材料	保护气	热处理
01/18	11.6/5.8	V形	GTAW/FCAW	ER80S-Ni1/E81T1-K2C	100%Ar/100%CO_2	
02	11.6	V形	GTAW/SAW	ER80S-Ni1/ENi1K-Ni1	100%Ar/-	
03	12.7	V形	GTAW/SAW	ER80S-Ni1/ENi1K-Ni1	100%Ar/-	PWHT

表4 焊接工艺参数

评定编号	焊道	焊接方法	焊接材料	焊丝直径/mm	极性	电流/A	电压/V	速度/($mm \cdot min^{-1}$)	保护气流量/($L \cdot min^{-1}$)
01/18	根焊	GTAW	ER80S-Ni1	1.2	DCEN	160~180	11~12	75~120	12~15
	热焊	FCAW	E81T1-K2C	1.2	DCEP	160~190	24~26	160~200	20~25
	填充、盖面	FCAW	E81T1-K2C	1.2	DCEP	165~185	24~26	200~220	20~25

续表

评定编号	焊道	焊接方法	焊接材料	焊丝直径/mm	极性	电流/A	电压/V	速度/($mm \cdot min^{-1}$)	保护气流量/($L \cdot min^{-1}$)
02/03	根焊	GTAW	ER80S-Ni1	1.2	DCEN	176	13	72~110	12~15
	热焊	GTAW	ER80S-Ni1	1.2	DCEN	191	13	91~93	12~15
	填充、盖面	SAW	ENi1K-Ni1	2.4	DCEP	270~300	28~29	280~290	-

(2) 不锈钢管道。不锈钢工艺管道系统的设计温度分别为-50℃、-104℃、-196℃，因此焊接工艺评定的低温冲击温度选择-196℃，选择广泰 KT-308L/KM-308L(ER308L)的焊丝作为填充材料，并且要求焊丝的冲击侧向膨胀率大于 0.38mm，铁素体含量不大于 7FN。具体的焊接工艺评定要求和焊接参数如表 5、表 6 所示。

表 5 奥氏体不锈钢 304L 焊接工艺评定设计

评定编号	管壁厚度/mm	坡口	焊接方法	焊接材料	保护气
01	10.31	V 形	GTAW/GMAW	ER308L	100%Ar
18	19.05	V 形	GTAW/SAW	ER308L	100%Ar

表 6 焊接工艺参数

评定编号	焊道	焊接方法	焊接材料	焊丝直径/mm	极性	电流/A	电压/V	速度/($mm \cdot min^{-1}$)	保护气流量/($L \cdot min^{-1}$)
01	根焊、热焊	GTAW	ER308L	1.2	DCEN	171~180	12~13	75~130	12~18
	填充、盖面	GMAW	ER308L	1.2	DCEP	180~190	25~28	125~133	20~25
18	根焊、热焊	GTAW	ER308L	1.2	DCEN	142~198	11~14	78~120	15~20
	填充、盖面	SAW	ER308L	2.4	DCEP	270~330	27~32	320~404	-

根据编制的 PWPS 和接头组对的参数在设备上设置焊接参数，主要的焊接参数为：焊接电流、送丝速度、焊接速度、摆动频率、摆动宽度和坡口左右停留时间，如图 1(a)所示，焊炬位置如图 1(b)所示。

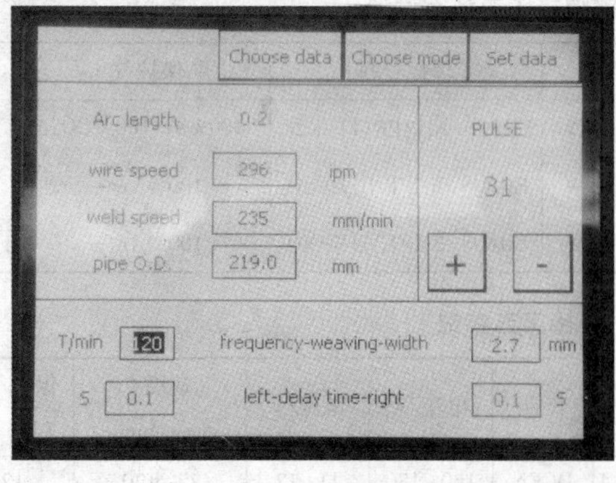

(a)焊接参数

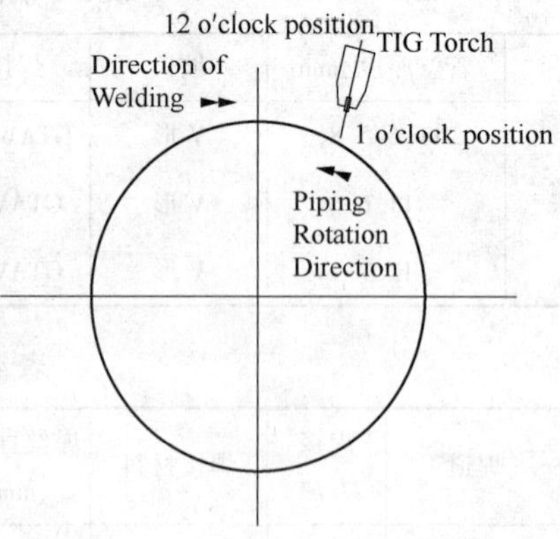

(b)焊炬的位置

图 1 焊接参数的设置和焊炬位置

4）焊后机械性能试验及结果分析

碳钢管道和不锈钢管道的焊后机械性能试验结果如表 7、表 8 所示。从表中可以看出：

表 7 碳钢管道的焊后机械性能

<table>
<tr><th rowspan="3">评定编号</th><th rowspan="3">抗拉强度 T. S./MPa</th><th rowspan="3">弯曲试验</th><th colspan="5">冲击试验</th></tr>
<tr><th rowspan="2">试件尺寸/mm</th><th rowspan="2">试验温度/℃</th><th colspan="3">冲击功/J</th></tr>
<tr><th>焊缝中心</th><th>管侧 HAZ</th><th>锻件测 HAZ</th></tr>
<tr><td>01</td><td>637/540</td><td>合格</td><td>8×10×55</td><td>-50</td><td>104，81，145</td><td>127，162，155</td><td>84，94，79</td></tr>
<tr><td>18</td><td>591/611</td><td>合格</td><td>4×10×55</td><td>-66.7</td><td>30，33，58</td><td>19，27，26</td><td>22，25，22</td></tr>
<tr><td>02</td><td>585/590</td><td>合格</td><td>8×10×55</td><td>-50</td><td>94，104，130</td><td>104，149，120</td><td>114，75，82</td></tr>
<tr><td>03</td><td>538/539</td><td>合格</td><td>8×10×55</td><td>-50</td><td>89，115，135</td><td>126，122，149</td><td>117，106，114</td></tr>
</table>

表 8 不锈钢管道的焊后机械性能

<table>
<tr><th rowspan="3">评定编号</th><th rowspan="3">抗拉强度 T. S./MPa</th><th rowspan="3">弯曲试验</th><th colspan="4">冲击试验</th><th colspan="2">侧向膨胀/mm</th><th rowspan="3">铁素体/FN</th></tr>
<tr><th rowspan="2">试件尺寸/mm</th><th rowspan="2">试验温度/℃</th><th colspan="2">冲击功/J</th><th rowspan="2">焊缝中心</th><th rowspan="2">HAZ</th></tr>
<tr><th>焊缝中心</th><th>HAZ</th></tr>
<tr><td>01</td><td>626/631</td><td>合格</td><td>8×10×55</td><td>-196</td><td>77，74，79</td><td>176，87，117</td><td>1.0，1.0，0.875</td><td>1.65，1.475，1.725</td><td>4.3</td></tr>
<tr><td>18</td><td>633/630</td><td>合格</td><td>10×10×55</td><td>-196</td><td>34，39，38</td><td>78，100，78</td><td>0.45，0.45，0.55</td><td>1.1，1.35，0.95</td><td>6.3</td></tr>
</table>

（1）焊接接头外观。全自动 TIG 焊接头的外观成型美观，特别是焊道背部成型完美，坡口两边熔合很好，经 X 射线探伤和磁粉探伤，未发现根部未熔合和表面缺陷（图 2、图 3）。

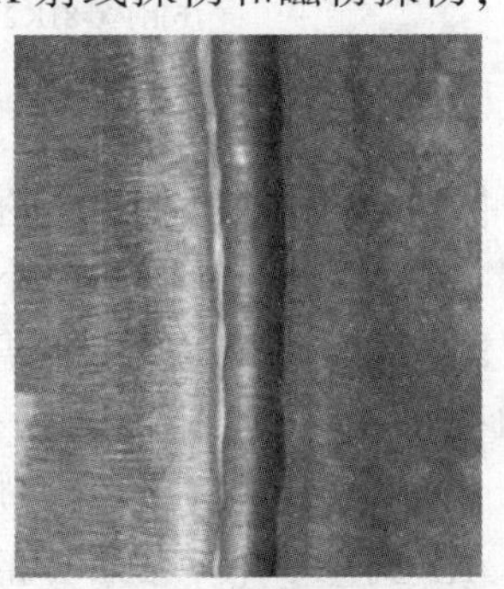

(a)根焊背部

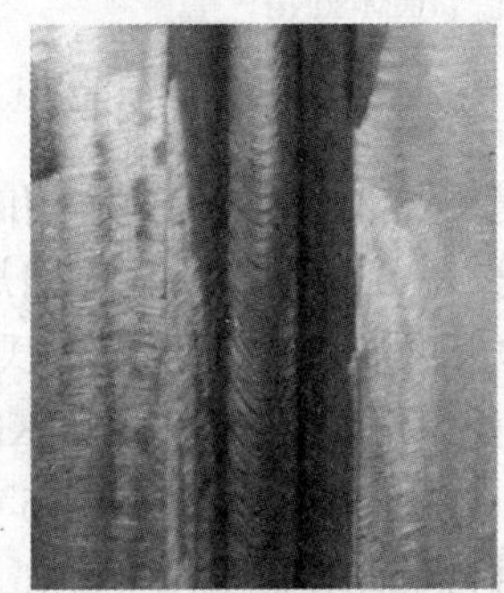

(b)坡口内成型

图 2 不锈钢根焊背部/坡口内成型

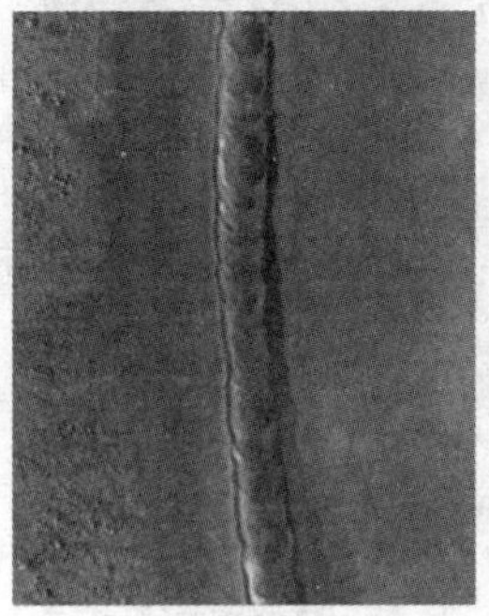

(a)根焊背部

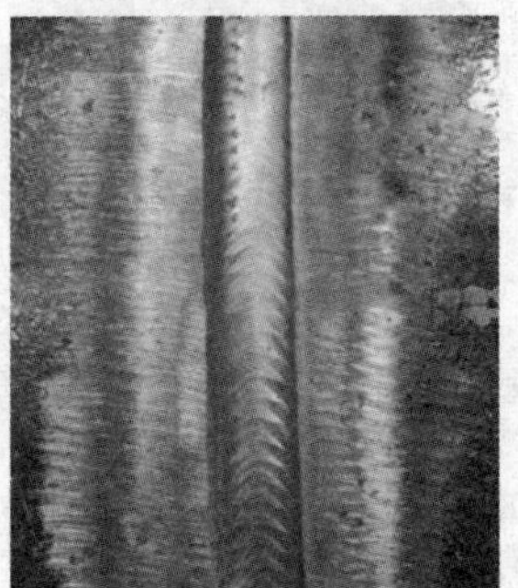

(b)坡口内成型

图 3 低温碳钢根焊背部/坡口内成型

(2) 机械性能试验结果。第一，低温碳钢工艺评定的拉伸、弯曲和冲击韧性均满足项目的要求，焊接接头进行焊后退火，焊缝的冲击韧性有明显提高。图4为低温碳钢KM-80Ni1与KFX-81K2焊缝金相组织，比对国际焊接协会(International Institute of Welding)提出使用光学显微镜将铁素体焊缝金属微结构组成分类指针进行显微结构之分析，而其得到之焊缝显微结构大致可得到三种铁素体型态：先共析铁素体(PF)、含二次相铁素体(FS)及针状铁素体(AF)。其中在这三种型态铁素体中，针状铁素体所占的比例是最高的。根据H. K. D. H. Bhadeshia研究透过合金添加可使得铁素体型态由先共析铁素体转变成针状铁素体。在Dolby、Glover与Dallam的研究指出，针状铁素体可有效的改善低温冲击韧性。因此，KM-80Ni1与KFX-81K2因添加了适量的Ni合金，促进针状铁素体生成，进而提高其低温冲击勒性。

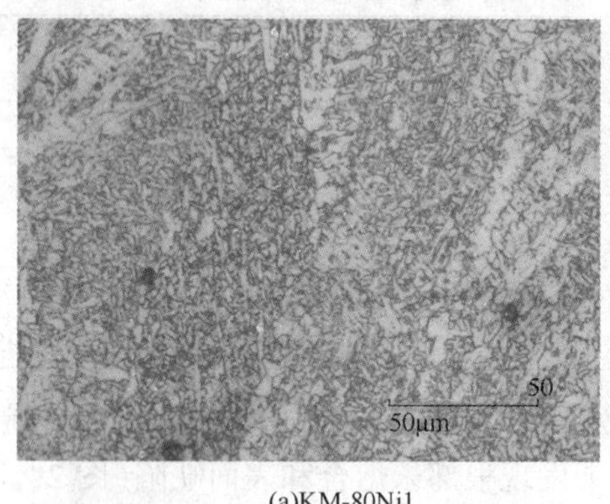

(a)KM-80Ni1

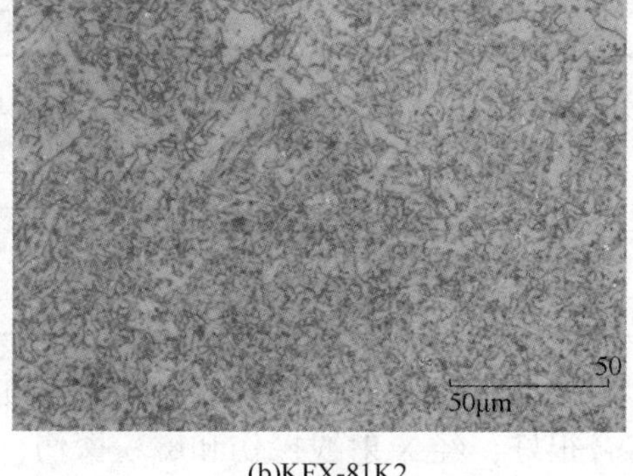

(b)KFX-81K2

图4 低温碳钢KM-80Ni1与KFX-81K2焊缝金相组织

第二，不锈钢工艺评定的拉伸、弯曲和冲击韧性均满足项目的要求，冲击试件在-196℃的侧向膨胀率均大于0.38mm。不锈钢焊接接头的铁素体含量小于7FN，满足项目在深冷管道铁素体控制方面的要求，保证了奥氏体不锈钢深冷工况的低温冲击韧性。图5为不锈钢KM-308L焊缝金相组织，从图中可知KM-308L为奥氏体组织，且奥氏体的晶粒尺寸小。在Graham Holloway的研究中，在-196℃工作温度的不锈钢，应选用CF(Controlled ferrite)型的不锈钢焊材，藉由优化平衡Cr、Ni当量，使-196℃的侧向膨胀率均大于0.38mm。铁素体含量小于7FN，大致落在3~5FN之间，保证其超低温冲击韧性。

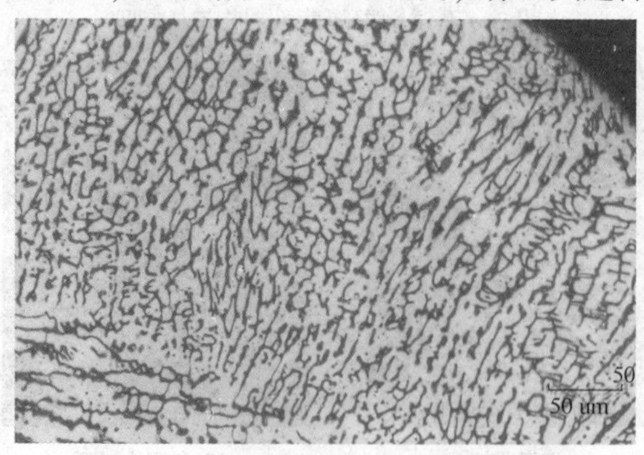

图5 不锈钢KM-308L焊缝金相组织

5）全自动 TIG 焊优势分析

（1）焊接接头的外观成型优良，特别是有良好的单面焊双面成型效果。

（2）焊接效率。不锈钢和碳钢工艺管道自动焊根焊的焊接速度大于 70mm/min，手工焊的根焊焊接速度为 30~45mm/min，自动焊热焊的焊接速度大于 110mm/min，手工焊热焊的焊接速度一般为 70mm/min 左右。自动焊焊道的根焊加热焊的焊缝厚度大于 5mm，手工焊焊道的根焊加热焊的焊缝厚度大约为 3.5~4mm。如果根焊和热焊完成后采用半自动焊，4mm 的厚度可以满足要求，如果要采用埋弧焊的话，手工焊只焊一道，热焊无法满足要求，会出现漏焊的情况，需要再进行一道 TIG 焊的焊接，手工焊的根焊和热焊的时间花费较多，综合计算全自动焊的焊接效率是手工焊的 3 倍左右，全自动焊的焊接效率优势明显。

（3）焊缝性能。采用全自动 TIG 焊，焊接速度大约比手工焊的焊接速度提高了 1 倍，虽然焊接电流较手工焊有所增大，但热输入基本保持不变，焊缝低温冲击韧性满足冲击功不小于 27J 的要求，奥氏体不锈钢的全自动 TIG 的焊接接头抗晶间腐蚀的能力没有下降。

4. 结语

（1）全自动 TIG 焊在不锈钢和低温管道的根焊和热焊的焊接中焊接成型优良，焊接效率比手工 TIG 焊的焊接效率提高 2 倍。

（2）全自动 TIG 焊焊缝的背部成型优良，有利于减小工艺管道的内部流体阻力，提高流体的流速。

（3）全自动 TIG 焊的焊接接头保证了低温碳钢和不锈钢的低温冲击韧性，也保证了奥氏体不锈钢的抗晶间腐蚀的能力。

参 考 文 献

[1] Job specification：Welding & NDE of Piping Shop and Field. Document No：3300-E-000-MC-SPE-63002-00-D.

[2] 张其枢，堵耀庭. 不锈钢焊接指南[M]. 合肥：安徽科学技术出版社，2002.

[3] IIW，Guidelines for the Classification of Ferrite Steel Weld Metal Microstructural Constituents Using the Light Microscope，Welding in the World，vol. 24，no. 7/8，pp. 144-148，1986.

[4] Bhadeshia，H K D H，and Svensson，L E，in Mathematical Modelling of Weld Phenomena，Eds. H. Cerjak and K. Easterling，Institute of Materials，1993.

[5] Dolby，R E，Research Report No. 14/1976/M，Welding Institute，Cambridge 1976.

[6] Glover，A G，McGrath，J T，and Eaton，N F，in S Toughness Characterization and Specifications for HSLA and Structural Steels. ed. P. L. Manganon，Metallurgical Society of AIME，NY，143-160.

[7] Dallam，C B，Liu，S，and Olson，D L，Weld J，64：140s，1985.

[8] Graham Holloway，Adam Marshall，液化天然气用超低温不锈钢的焊接及焊拉材料，机械工人，2005(8).

油轮首尾两点系泊系统设计分析

赵玉良[1]　马维林[1]　董　胜[1]　齐晓亮[2]

（1. 中国海洋大学工程学院；2. 上海单点海洋技术有限公司）

摘要：首尾两点系泊系统中柔性部分的长度和质量有了较大的增加，忽略柔性系统的动力响应对船舶在波浪中的运动响应的影响是不准确的。采用 AQWA 计算软件，以某油田开发工程为例，考虑系泊缆的水动力特性以及系泊缆与油轮之间的耦合影响，采用时域法进行分析计算并通过迭代法求解，对于给定工况下的首尾两点系泊的油轮的水动力性能和系泊性能进行耦合响应计算，为处理海上浮体波浪响应的耦合非线性问题提供参考。

关键词：两点系泊；水动力；时域耦合分析；AQWA

1. 概述

随着海洋开发的不断发展，为保证海上浮体作业以及各种功能的稳定性，需要有合适的系泊系统。20 世纪 90 年代后期，一种新的系泊系统——两点系泊系统为油轮外输原油作业提供了一种简易的系泊方式，对于首尾两点系泊系统，其最明显的特点是系泊缆要将船舶舷舵两端系住，同时船体的首尾两端存在两个单锚腿浮筒。首尾两点系泊系统与传统的单点系泊系统相比有着明显的优缺点，首先，其纵向受力稳定，在环境荷载作用下不会产生较大的位移，而受到横向荷载时的运动响应比较明显，因此首尾两点系泊系统的浪流环境需要有明确的观测；其次，其与单点系泊系统相比，对接头的制造要求较低，投资较小，对于日益讲究经济效益的今天，两点系泊系统在边际油田或者收益一般的海洋开发中可以广泛应用。

两点系泊系统的船舶受侧向环境载荷的影响较大，因此我们需要对于波浪及海流的方向要有明确的测定，以便于最优化的确定系泊方向。首尾系泊系统其装置可拆卸，对船舶的特点要求低，系统包含首尾系缆和浮筒，只需将其系于两个单锚腿浮筒上即可完成，对于海洋工程的技术条件比较容易实现。因此，首尾两点系泊系统一般并不应用于深水海域，比较适宜于浅水海洋开发，对于投资成本较低的海洋油田首尾两点系泊系统可以作为运输油轮的不错的选择方案。

对于两点系泊系统的设计分析主要是从以下几个方面考虑：

（1）作业工况设计。海上浮体需要在特定的海洋工况下作业，由于外载荷的影响，油轮的位移、倾角及稳定性等特性需要满足要求；

（2）对于系泊系统的设计分析。系泊缆索长度的不同会引起系缆预张力的不同，锚链和浮筒的不同模拟会对结果产生较大的影响，目前有较多的系泊系统耦合分析软件及其模型的建立与模拟，其精确程度各有不同。

（3）两点系泊系统作业环境限制条件。海洋环境中的风浪流载荷是对首尾两点系泊系统受力和运动响应的最关键影响因素，探索船体及首尾两点系泊系统的波浪响应，主要是运用耦合分析软件确定油轮和两点系泊系统在时域上的时间响应。

针对上述问题，采用AQWA计算软件，主要研究某油田开发工程中油船与系泊系统的耦合动力分析，探索油船与系泊系统耦合条件下的运动响应以及缆索张力的变化规律，对今后我国海上油田开发工程中的两点系泊系统的设计分析提供参考。

2. 浮式系统时域分析方法

1）基本理论

（1）浮体时域运动方程。

对于有系泊系统的浮式结构物，其运动方程可以写为：

$$\sum_{j=1}^{6}[[a_{ij}+m_{ij}(t)]\ddot{x}_j(t)+\int_0^t K_{ij}(t-\tau)\dot{x}_j(\tau)d\tau+C_{ij}x_j(t)]=F_i(t) \tag{2-1}$$

式中，$i=1, 2, \cdots, 6$；a_{ij}为浮体的惯性质量矩阵；$m_{ij}(t)$为浮体的附加质量矩阵；$K_{ij}(t)$为延迟函数矩阵；C_{ij}为静水恢复力矩阵；$F_i(t)$为波浪激励力；$x_j(t)$为浮体位移矩阵。

波浪激励力可用下式表示：

$$F_i(t)=\sum_{k=1}^{N}R[A_k F_i(\omega_k)e^{-i(\omega_k t+\theta_k)}] \tag{2-2}$$

式中，A_k、ω_k、θ_k分别为波谱中每个规则波成分波的波幅、频率和相位；$F_i(\omega_k)$是频率为ω_k的单位波幅对应波浪激励力。

（2）系泊系统与悬链线理论

油轮首尾两点系泊系统采用悬链线系泊方式，是浮式结构物常见且传统的系泊方式。一般来说，悬链线系泊方式适用水深较浅，系泊系统的水平恢复力主要由悬在水中的系泊缆悬挂段和卧躺在海底的躺底段的缆绳重力提供。

根据有限元理论，锚链线的运动方程可表示为

$$(M+\mu)\ddot{x}+C\dot{x}+Kx=R \tag{2-3}$$

式中，M、μ、C、K分别为锚链的质量矩阵、附加质量矩阵、阻尼矩阵和刚度矩阵；R为锚链的节点外载荷矩阵。

2）分析流程

AQWA基于平均湿表面的时域求解可以分析浮式结构在风、流、一阶波浪载荷和二阶波浪载荷作用下的运动响应及连接部件的响应状态，本文基于此建立油轮与两点系泊的全耦合模型，对其进行动力分析，获得在给定海况下的浮体的动力响应以及系泊系统的动力响应。分析流程如图1所示。

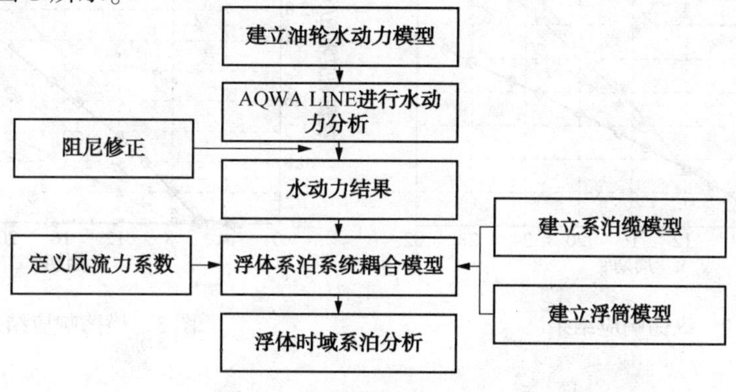

图1 油轮时域系泊分析流程

3. 工程实例

1) 分析模型

本文的计算设计模型是某油田开发工程项目的一艘油轮，其基本参数见表 1；浮筒和系泊缆的基本模型参数如表 2 所示。

表 1　油轮主尺度参数

主尺度	数值	主尺度	数值
船长/m	115	垂线间长/m	108
型宽/m	16	设计吃水/m	5. 7
型深/m	7. 8	排水量/t	7531

表 2　系泊缆与浮筒尺寸

参数	船端锚链	尼龙缆	浮筒端锚链	浮筒	水下锚链
直径/mm	35	132	35	2900	52
长度/m	5. 24	50	7. 29	3. 5	21
浮重/(kg · m^{-1})	73. 1	1. 87	73. 1	–	93. 29
破断荷载/10kN	1676	3332	1676	–	2264
EA/10kN	14244	1832	14244	–	19242

2) 水动力分析结果

根据初步的计算结果对横摇阻尼进行修正，横摇运动时的临界阻尼为

$$D_{\text{critical}} = 2\sqrt{(I_{xx} + \Delta I_{xx})K_{\text{roll}}} \tag{3-1}$$

式中，I_{xx}为横摇方向惯性质量；ΔI_{xx}为附加质量惯性质量；K_{roll}为横摇方向刚度。进行阻尼修正后重新进行水动力分析，得到油船的纵摇、横摇和垂荡固有周期分别为 6. 16s、20. 8s、6. 56s，其水动力结果如图 2~图 7 所示。

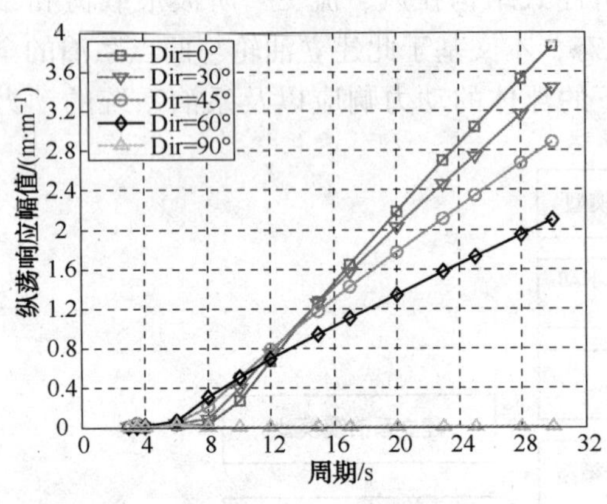

图 2　纵荡响应结果

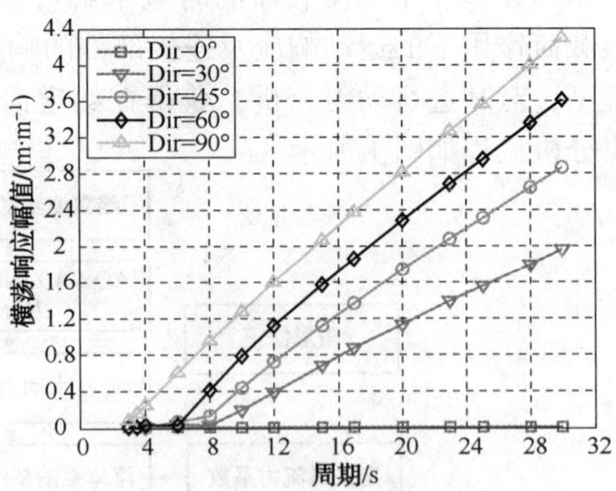

图 3　横荡响应结果

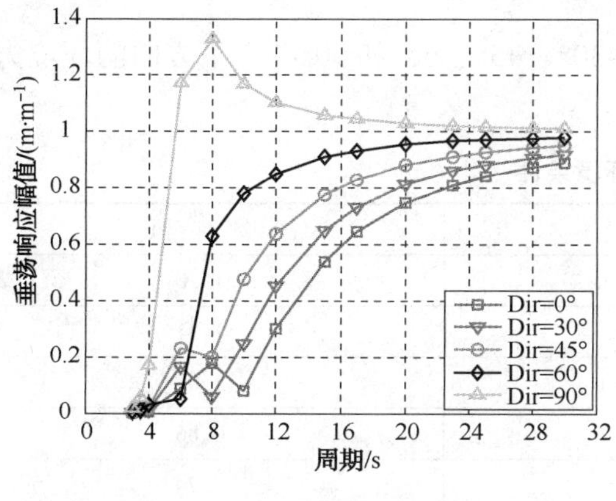

图 4 垂荡响应结果

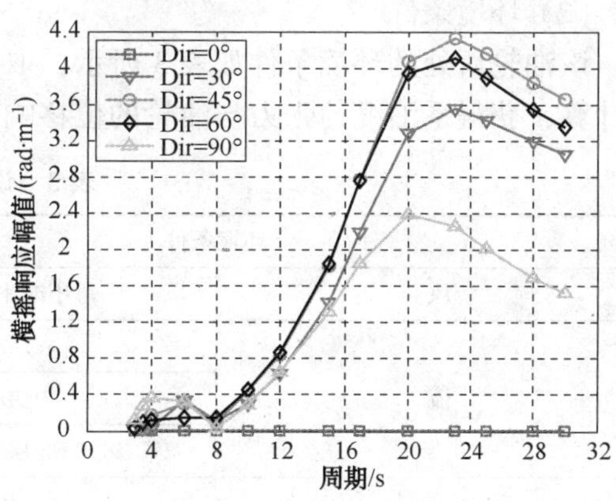

图 5 横摇响应结果

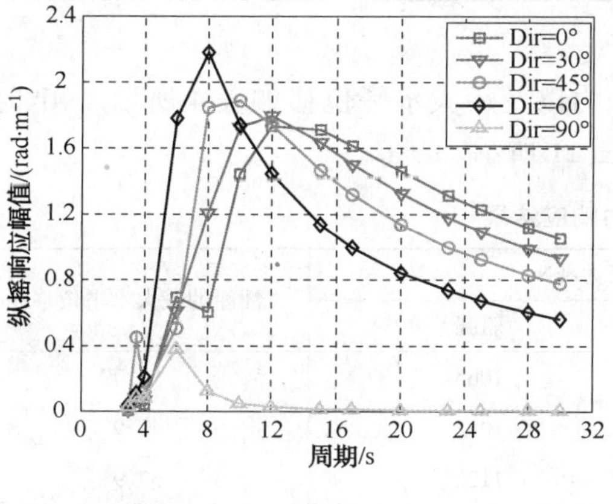

图 6 纵摇响应结果

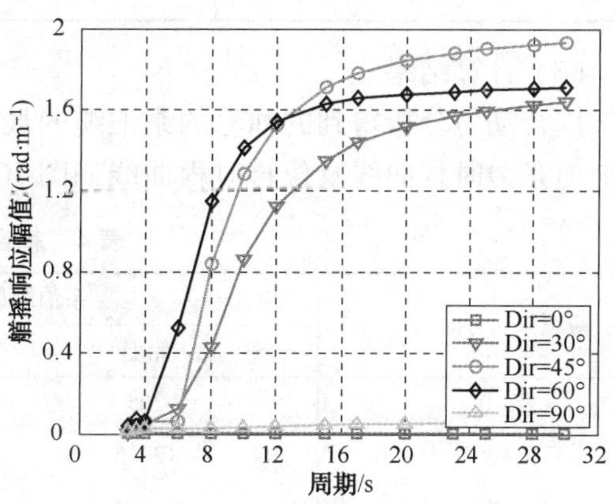

图 7 艏摇响应结

3）耦合动力分析结果

（1）系泊系统布置。

油船采用首尾两点系泊系统，系缆采用的是复合悬链线模型，共有 3 种材料，首尾 8 段，浮筒采用向上的浮力模拟，将船体首尾与系缆及浮筒连接，如图 8 所示。

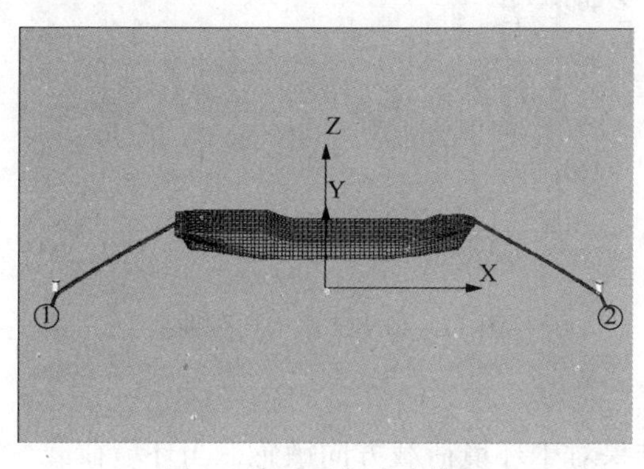

图 8 首尾两点系泊模型

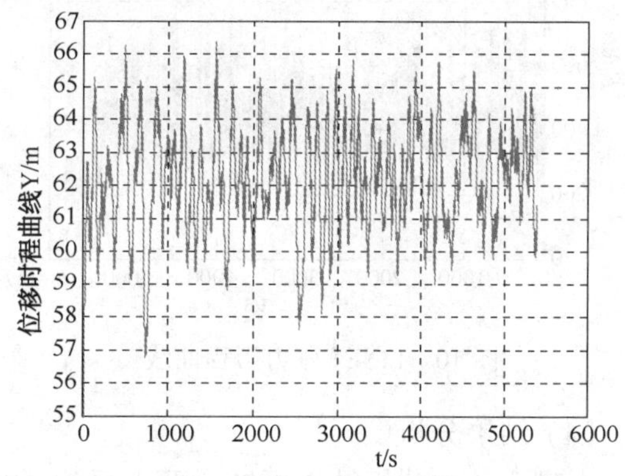

图 9 油轮位移时程曲线

(2) 环境条件。

该油轮所处的环境条件如表3所示，取0°、30°、45°、60°和90°共5个方向的环境力进行计算，获得系泊缆的张力与油轮的位移响应。

表3 设计环境条件

环境条件		数 值
风	每小时平均/(m/s)	15.0
流	表层/(m/s)	1.31
	中层/(m/s)	1.00
	底层/(m/s)	0.85
浪(JONSWAP 谱)	H_s/m	1.74
	T_p/s	6.9
	Gamma 值	3.0

(3) 计算结果。

耦合动力分析得到的油轮的系泊缆的最大张力以及最大水平位移如表4所示。90°时的系泊缆张力时程曲线及位移时程曲线如图10和图11所示。

表4 耦合动力响应结果

荷载作用方向/(°)	系泊缆最大张力/kN		油船的最大水平位移/m
	船艏	船艉	
0	205	1065	18.09
30	122.5	1092	47.97
45	162.4	1122	57.95
60	323.2	1165	62.67
90	610.8	1165	65.91

1200
1000
800
600
400
200
0
F_1/kN
0
1000
2000
3000
4000
5000
6000
t/s

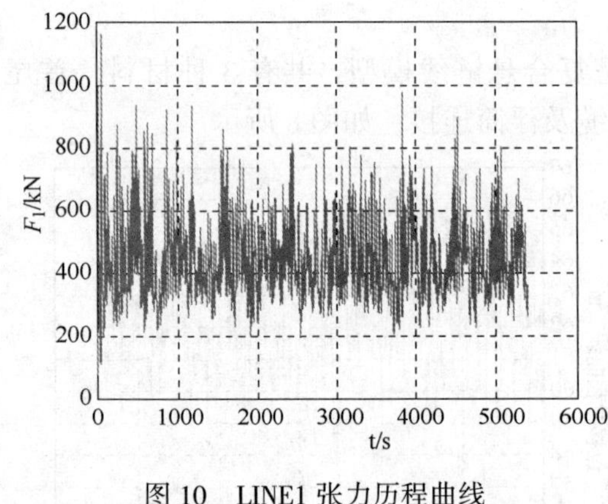

图10 LINE1 张力历程曲线

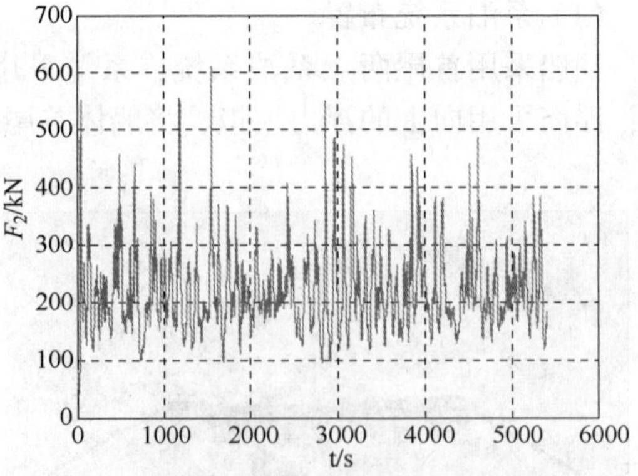

700
600
500
400
300
200
100
0
F_2/kN
0
1000
2000
3000
4000
5000
6000
t/s

图11 LINE2 张力历程曲线

(4) 结果分析。

由耦合动力分析结果可知，两点系泊系统结果对于环境荷载方向敏感，当环境荷载方向沿船长方向时，其最大位移较小，当环境荷载荷载方向垂直于船长方向时，其最大系泊张力与最大位移都会增大。

4. 结语

首尾两点系泊系统对环境荷载的方向性很敏感，因此主要适用于环境荷载单一、存在明显主荷载方向的海域，对环境要求比较高。两点系泊系统成本较低，设计方便，对于浅海水域的中小海域和边际海域的油田开发具有较高的应用价值。

参考文献

[1] 吴思，郭宝忠，张玉双．两点水下浮筒系泊设计[J]．中国海上油气，1999，11(4)：1-3.

[2] 范模．两点系泊系统的研究[J]．中国海上油气，2003，15(6)：13-16.

[3] 谭学启，陆子光，李少远．一种新型的海上系泊装置——两点系泊系统[J]．中国海洋平台，1992，(6)：247-253.

[4] 冯胜．两点系泊外输系统在海洋石油开发运用中关键因素研究[J]．中国石油和化工标准与质量，2012，33(12)：138-139.

[5] 周维洪．两点系泊外输系统在海洋石油工程开发中的应用及优化分析[D]．北京：中国石油大学，2013：3-14.

[6] 王曦，杨光，彭勇，等．两点系泊系统水动力性能分析[J]．船海工程，2011，40(5)：9-12.

[7] 刘应中，缪国平．船舶在波浪上的运动理论[M]．上海：上海交通大学出版社，1987：133-150.

[8] 梅华东，尹汉军，蔡元浪等．两点系泊系统系泊力影响因素分析[J]．中国海上油气，2011，23(6)：411-414.

[9] 李远林，吴家鸣．多锚链系泊浮筒非线性漂移运动的时域模拟[J]．海洋工程，1990，(1)：25-33.

机械化补口工作站无线数据采集系统设计与实现

段瑞彬　龙　斌　唐德渝　王克宽　王来臻

（中国石油集团工程技术研究有限公司）

摘要：为了实时采集机械化补口工作站的施工数据，需要解决多个移动数据采集终端与上位机可靠通信的难题。本文采用基于 Wi-Fi 技术的无线组网方案，设计并实现了一种无线数据采集系统，该系统保证了补口工作站施工数据的实时采集与稳定传输。测试结果表明：该系统可稳定工作于机械化补口施工现场，满足了现场数据采集的要求。目前，该系统已在中俄东线天然气管道工程中应用，并取得良好的效果。

关键词：机械化补口；无线；数据采集；HMI

1. 前言

随着中俄东线天然气管道的开工建设，中国石油正式步入智慧管道建设阶段，这就要求各厂商的机械化补口工作站不仅能满足防腐补口的工艺需求，而且具备数字化、远程化的质量监控能力。远程补口质量监控通过实时采集各工作站的施工数据实现，而补口工作站的移动作业方式又决定了其数据采集系统不能基于线缆传输。相比其他主流的无线通信技术，Wi-Fi 具有传输速度快、通信距离远、抗干扰能力强、组网方便等优势。基于 Wi-Fi 技术的数据采集系统无线组网方案可有效解决多个移动数据采集终端与上位机的通信问题，保证了施工数据的实时、稳定传输。

本文设计并实现了一种无线数据采集系统，该系统通过 Wi-Fi 无线局域网进行数据传输，工作稳定可靠，可实时采集各个机械化补口工作站的施工数据，同时具有数据存储和远程传输功能。

2. 无线数据采集系统总体设计

油气长输管道机械化防腐补口工作站由喷砂除锈工作站（管口表面处理）、中频加热工作站 1（管口预热）、中频加热工作站 2（底漆预热）和红外加热工作站（热收缩带收缩与回火）组成。基于上述配置，本文设计了机械化补口工作站无线数据采集系统，其组网方案如图 1 所示。

图 1 中，现场局域网由 4G 路由器建立，并通过交换机进行以太网口扩展，上位机通过 RJ45 接入交换机，两台 AP（Wireless Access Point）将局域网拓展为采用 Wi-Fi 标准的无线局域网。每台工作站安装独立的数据采集终端，该终端通过无线 CPE（Customer Premise Equipment）接入现场无线局域网。通过现场局域网和无线局域网，数据采集系统中的所有连接设备实现了互联互通，其 IP 地址设置如表 1 所示。

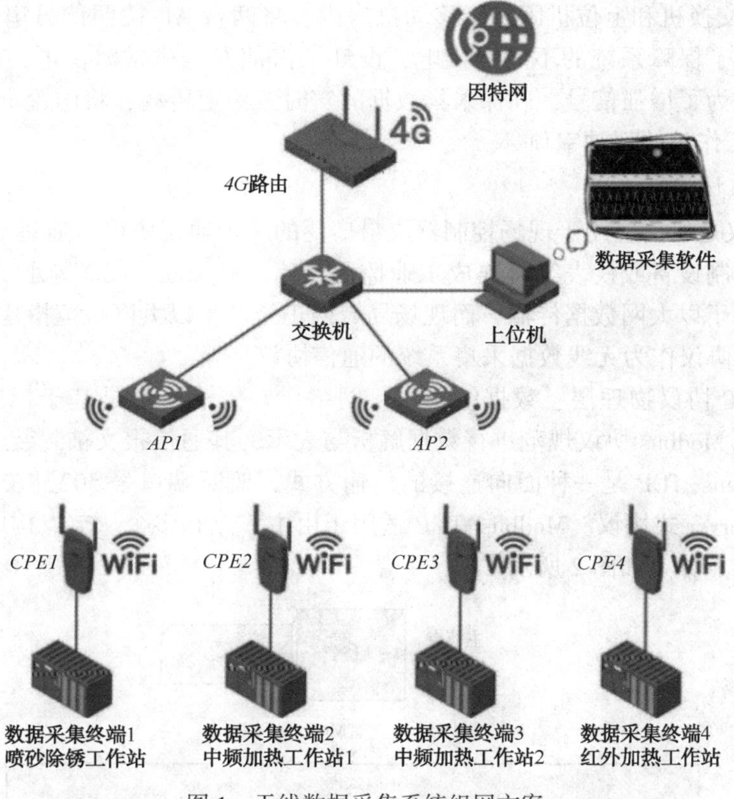

图 1　无线数据采集系统组网方案

表 1　现场局域网各个节点 IP 地址

编号	设备名称	IP 地址	网关地址
1	上位机	192.168.10.10	192.168.10.1
2	数据采集终端 1	192.168.10.11	192.168.10.1
3	数据采集终端 2	192.168.10.31	192.168.10.1
4	数据采集终端 3	192.168.10.32	192.168.10.1
5	数据采集终端 4	192.168.10.21	192.168.10.1
6	CPE1	192.168.10.151	192.168.10.1
7	CPE2	192.168.10.152	192.168.10.1
8	CPE3	192.168.10.153	192.168.10.1
9	CPE4	192.168.10.154	192.168.10.1
10	AP1	192.168.10.253	192.168.10.1
11	AP2	192.168.10.254	192.168.10.1

数据采集终端实时采集补口工作站的施工数据，并通过无线局域网将其传输至上位机；上位机运行数据采集组态软件，对采集数据进行显示、存储等处理。同时，上位机通过 4G 路由器接入因特网，将现场施工数据加密上传至远程服务器，实现了防腐补口施工的远程质量监控。

为了最大限度的提高无线数据采集系统的可靠性，在现场配备可自由拖移的移动机房，将4G路由器、交换机和上位机固定于移动机房内，将两台AP按照信号扇区要求固定在机房外墙。同时为了保障系统的不间断供电，设计了汽油发电机常时供电，UPS紧急备用的电力供应方案。为了增强信号，确保采集数据的实时、稳定传输，将内置全向增益天线的无线CPE固定在工作站的驾驶室顶部。

3. 系统通信协议

Modbus协议是目前应用于现场控制器上最广泛的一种通用协议，通过Modbus协议，不同厂商生产的控制设备或仪表等可连成工业监测网络。Modbus-TCP继承了Modbus的诸多优点，并且专用于以太网数据传输，而现场局域网正是基于以太网规范搭建。因此，本文选用Modbus-TCP协议作为无线数据采集系统的通信协议。

Modbus-TCP协议物理层、数据链路层、网络层、传输层都是基于标准TCP/IP协议，只在应用层按照Modbus协议规范进行数据解析与表示，其通信报文被封装于以太网TCP/IP数据包中。Modbus-TCP是一种面向连接的传输方式，监听端口号502，在应用层采用了确定性的Client/Server式协议。Modbus-TCP适用于由主节点和多个从节点构成的通信网络中，系统的主、从节点分布如图2所示。

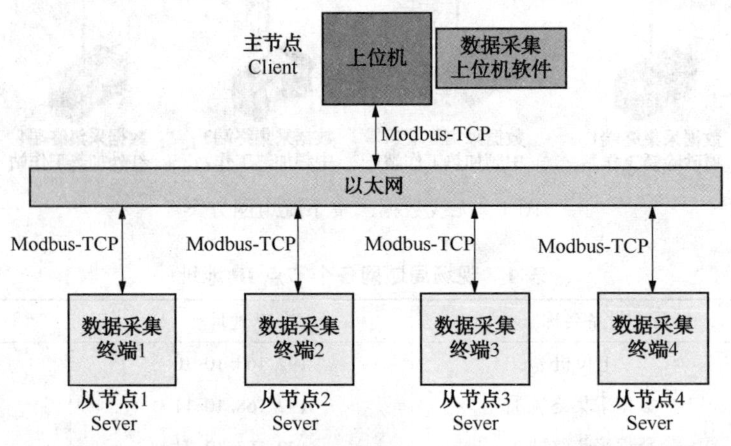

图2 数据采集系统主从节点分布

图2中，主节点负责控制网络的通信，采用轮询的方法逐一访问从节点。这种通信方式提高了数据通信的可靠性，且任何时刻在网络上只有一个节点发送数据，不会出现节点冲突的现象，减少网络重负载时数据传输的延迟。

Modbus-TCP数据帧包含报文头、功能代码和数据3部分。由于以太网TCP/IP数据链路层的校验机制保证了数据的完整性，因此Modbus-TCP报文中不再带有数据校验域。在Modbus-TCP应用数据单元中，应用协议头分4个域，共7个字节，协议数据单元由功能代码及数据单元组成。Modbus-TCP通信过程中，上位机为客户端(Client)，数据采集终端为服务器端(Server)。客户端发出请求(Request)报文，服务器根据请求返回响应(Response)报文。

4. 数据采集终端设计

1) 数据采集对象

依据防腐补口工艺规程，机械化补口工作站补口施工过程中的一些物理量被选作质量控制点。作为原始记录，这些物理量客观、准确地反映出对应工序施工时的真实情况。因此，施工物理量成为数据采集系统的核心采集对象。为了快速区分各个工作站和相应焊口，在施工物理量前增加设备编号和焊口编号两项内容，为了表示设备的工作状态，在施工物理量后增加设备状态一项内容。如表 2 所示，设备编号等四项内容构成了数据采集系统的采集对象。

表 2 数据采集对象

补口工作站	设备编号	焊口编号	物理量	设备状态
喷砂除锈工作站	HPY-56	实际焊口编号	主气罐压力/MPa	0 喷砂停止，1 喷砂启动
中频加热工作站 1	APH-56-1	实际焊口编号	管口预热温度/℃	0 加热停止，1 加热启动
中频加热工作站 2	APH-56-2	实际焊口编号	底漆固化温度/℃	0 加热停止，1 加热启动
红外加热工作站	IPY-56	实际焊口编号	红外加热 1#、2#、3# 温度/℃	0 加热停止，1 收缩启动，2 回火启动

2）数据采集终端硬件模块设计

明确数据采集对象后，根据工作站现有控制系统结构，本文设计了以人机界面(Human Machine Interface，HMI)为控制核心的数据采集终端，其硬件模块框图如图 3 所示。

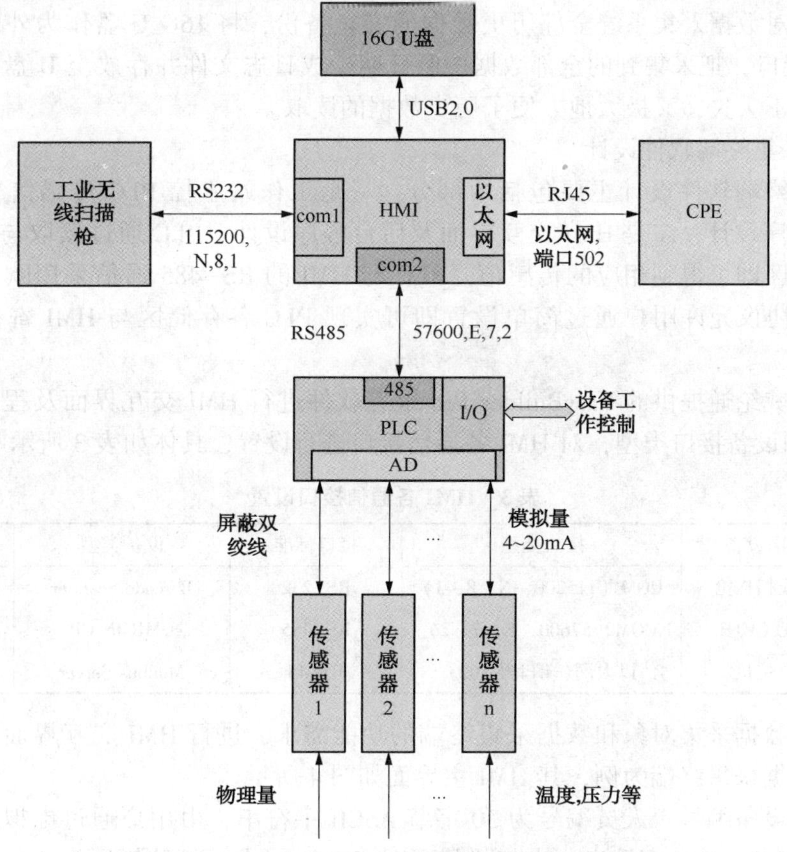

图 3 数据采集终端硬件模块框图

HMI 选用威纶通的 MT8071iE，其搭载了 Cortex A8 CPU 和 128MB 内存，运行快速；采

用了 7 寸 TFT 工业电阻屏，操作方便快捷；拥有三组独立串口，一个 10/100M 以太网口，一个 USB2.0 接口，支持与多种不同协议的控制器同时通信。MT8071iE 内置电源隔离，可有效抑制电源浪涌和异常电流，增强了其现场运行的稳定性。

各补口工作站的主控制器均为 PLC，型号为欧姆龙 CP1H，其内建 AD 模块可以接受标准的 4~20mA 电流信号。由于补口工艺需要，红外加热工作站已经安装了标准输出的红外测温传感器，现在只需要对喷砂除锈工作站和中频加热工作站分别加装标准输出的气压传感器和温度传感器，并将其输出信号接入 PLC 的 AD 模块，即可完成对施工物理量的采集转换。CP1H 支持 RS-485 通信接口拓展，安装欧姆龙专用 485 通信模块并进行相应设置后即可实现与 HMI 的通信。为了降低干扰、提高通信速率，本文采用屏蔽双绞线作为 RS-485 通信载体。

工业无线扫描枪由手持扫描枪和通信底座两部分构成，手持扫描枪可脱离底座工作，并将扫描到的焊口二维码信息远距离(180m)无线传输至底座，通信底座再通过 RS-232 串口将焊口二维码发送给 HMI。

无线 CPE 通过 RJ45 连接至 HMI 的以太网口，其功能相当于一个无线网桥。透过无线 CPE 和无线 AP，HMI 灵活、可靠地接入现场局域网，该方案成功解决了多个数据采集终端与上位机可靠组网的难题。

为了实现对数据采集系统全部历史数据的安全备份，将 16G U 盘作为外部存储器接入 HMI 的 USB 接口，把采集到的全部数据按照日期生成日志文件并存放至 U 盘中。该设计既确保了数据永不丢失，又极大地方便了历史数据的读取。

3）数据采集终端软件设计

数据采集终端软件设计主要包括两部分：一是工作站主控 PLC 传感信号读取以及与 HMI 通信的程序设计，二是 HMI 交互界面及后台程序设计。PLC 通过读取与 AD 相关的内部辅助继电器区即可得到相应的传感值。PLC 与 HMI 的 RS-485 通信采用欧姆龙专用协议 Host Link，该协议允许用户通过简单设置即可实现 PLC 各存储区与 HMI 寄存器间的数据交换。

本文采用威纶通提供的 EasyBuilder Pro 组态软件进行 HMI 交互界面及程序设计。首先根据 HMI 外围设备接口类型，对 HMI 各通信接口进行设置，具体如表 3 所示。

表 3　HMI 各通信接口设置

编号	外围设备	接口类型	接口标准	设备类型	通信协议
1	无线扫描枪	COM1(115200，N，8，1)	RS-232	Barcode Scanner	UART
2	PLC CP1H	COM2(57600，E，7，2)	RS-485	OMRON CP	Host Link
3	上位机	以太网(端口号 502)	RJ-45	Modbus Server	Modbus-TCP

然后针对数据采集对象和数据采集终端的功能需求，进行 HMI 交互界面设计。以喷砂除锈工作站数据采集终端为例，其 HMI 主界面如图 4 所示。

图 4 中，设备编号、人员编号为 30 字节 ASCII 字符串，由用户通过虚拟键盘输入；焊口编号为 30 字节 ASCII 字符串，由扫描枪通过 COM1 写入；喷砂气压为 4 字节 Float 数值，通过读取 PLC 相应存储单元获得。为了直观反映数据采集终端的工作状态，HMI 交互界面专门设置了多个状态指示灯。

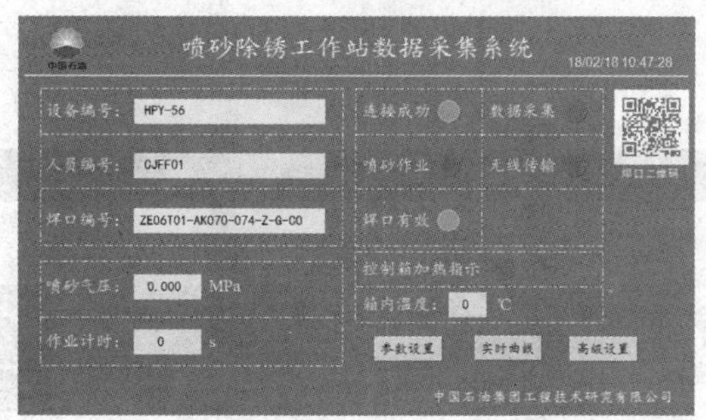

图 4　喷砂除锈工作站 HMI 主界面

HMI 后台程序主要由宏指令编写，数据采集终端的主要功能基于该程序实现，其工作流程如图 5 所示。

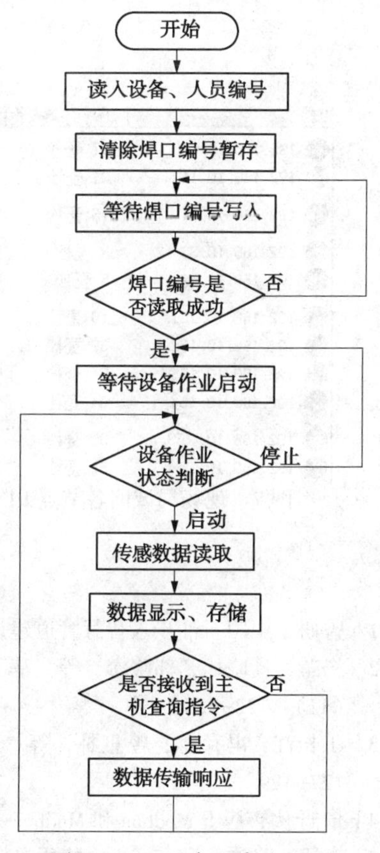

图 5　HMI 后台程序流程图

5. 工程应用

1）系统安装与测试

如图 6 所示，将本文设计开发的无线数据采集系统分别安装在移动机房和各机械化补口工作站，并进行现场测试。

无线数据采集系统现场局域网通信测试结果如图 7 所示。

可以看出，系统中的全部节点已经成功接入无线局域网，其通信延迟也在可接受范围内。

然后对整个无线数据采集系统进行测试，以喷砂除锈工作站为例，上位机数据采集组态软件监控界面如图 8 所示。

上位机的监控界面可以实时显示出设备编号、人员编号、焊口编号、喷砂主气罐压力等信息，表明无线数据采集系统工作正常。

测试结果表明，本文设计开发的无线数据采集系统可稳定工作于机械化补口施工现场，满足了现场数据采集的要求。

2）工程应用

本文的设计与开发任务依托于中俄东线天然气管道工程，具体应用于四标段(克东-明水)。截至目前，机械化补口工作站无线数据采集系统上线运行 100 余天，已累计完成近 1600 道口的数据采集任务。系统工作稳定可靠，上线运行以来未见故障；系统操作简单，功能完备，为补口质量监控提供了一种高效、便捷的手段。应用结果表明，本文设计开发的无线数据采集系统可稳定工作于机械化补口施工现场，满足了现场数据采集的要求。

6. 结语

本文设计并实现了机械化补口工作站无线数据采集系统。该系统采用基于 Wi-Fi 的无线组网方案，解决了多个移动站点间可靠通信的难题，实现了补口施工数据的实时采集，满足了远程补口质量监控的要求。目前机械化补口工作站无线数据采集系统已成功应用于中俄东线天然气管道防腐补口施工现场，并取得良好的效果。该系统的应用促进了机械化补口工作站在油气管网规模建设中的应用，加速了智慧管道的建设进程。

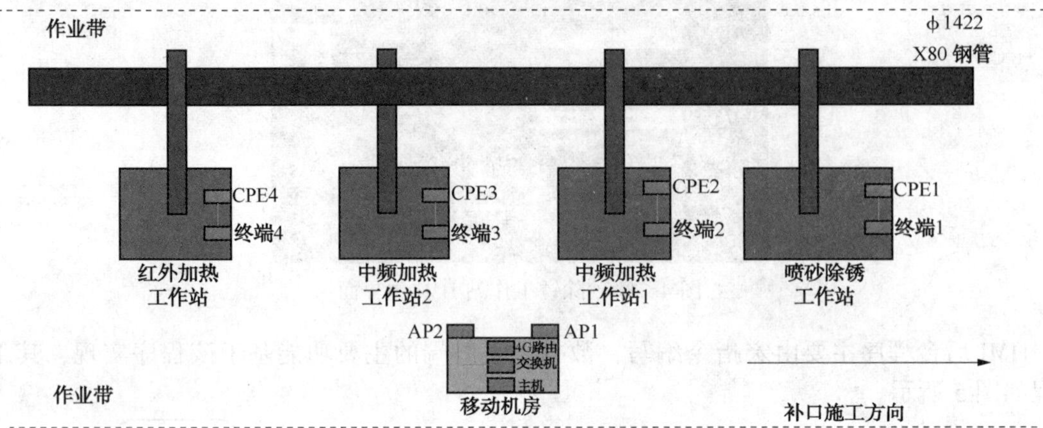

图 6　无线数据采集系统布置图

IP	Ping	主机名称
192.168.10.10	27 毫秒	bogon
192.168.10.11	21 毫秒	bogon
192.168.10.21	15 毫秒	bogon
192.168.10.31	7 毫秒	bogon
192.168.10.32	5 毫秒	bogon
192.168.10.151	10 毫秒	bogon
192.168.10.152	39 毫秒	bogon
192.168.10.153	51 毫秒	bogon
192.168.10.154	64 毫秒	bogon
192.168.10.253	39 毫秒	bogon
192.168.10.254	51 毫秒	bogon

图 7　现场局域网各节点 PING 列表

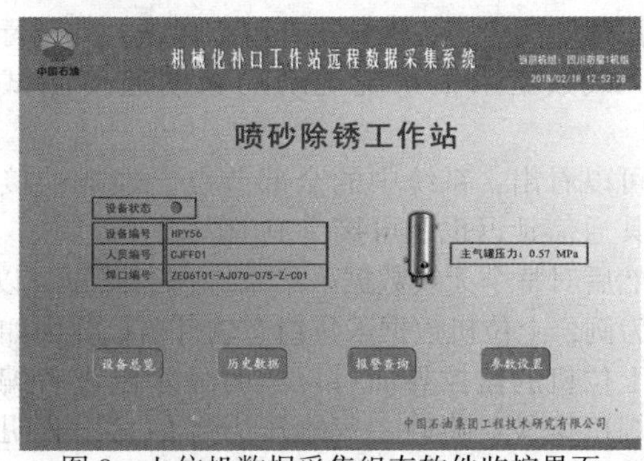

图 8　上位机数据采集组态软件监控界面

参 考 文 献

[1] 曾妍．中国石油步入智慧管道建设阶段[J]．天然气与石油，2017(04)：72.

[2] 杨莹，周晓旭，郭晓澎，等．基于 Wi-Fi 的分布式无线数据采集系统[J]，电子测量技术，2016，39(11)：122-125.

[3] 王长江，冯存栋，曾惠林，等．油气长输管道机械化补口工作站[J]．石油科技论坛，2015，增刊：127-129.

[4] 俞野秋．基于 Modbus 和 Modbus-TCP 协议的远程监控技术研究[D]．上海：上海交通大学，2012.

[5] 李娟，张波，邱东元．电能质量监测系统中基于 Modbus RTU 的多机通信[J]，电力自动化设备，2017，(01)：93-96.

[6] 刘沛津，谷立臣，韩行，等．基于 Modbus/TCP 的火电厂实时数据集成及网络通信控制器研制[J]，电力自动化设备，2009，29(08)：128-131.

[7] 赵安，王隆太．PLC 控制系统“使用期限”加密程序的设计[J]，泰州职业技术学院学报，2010(01)：20-21.

[8] 杨国新，李国栋，苏红海．OMRON PLC 的 HOST LINK 网络通信系统[J]，莱阳农学院学报，2002(04)：313-316.

[9] 阮旭良，史书伟，李梦辉，等．基于 HMI 可移动式籽棉喂料机控制系统设计[J]，机械制造自动化，2015(03)：75-77.

LNG储罐顶升施工技术研究

孔 强

(海洋石油工程股份有限公司)

摘要：顶升作业是LNG储罐施工的重要手段，通过顶升作业可以将已完成预制的罐顶安全、平稳地从地面顶升至预定位置。气顶升作业的优点在于罐顶受力均匀，可以避免使用大型吊装设备，施工速度快，施工成本低。它是LNG储罐施工过程中的重要节点。同时，施工过程中受到各种因素影响，施工难度和风险较高。所以，对顶升作业进行系统研究分析，就显得尤为重要。通过分析LNG储罐顶升的技术要点，对顶升技术进行了研究，特别是对顶升的供风系统和平衡导向系统进行了理论研究和量化受力分析，这也是施工的技术关键点和风险点。对于施工要点也进行了阐述论证，从而确定了施工方案，将计算结果运用到实际施工中，取得了良好效果。验证了计算分析的正确性和施工设计的有效性，为今后的储罐建设的方案设计以及施工提供了有益的参考。

关键词：LNG储罐；顶升施工；载荷；平衡导向装置；计算

1. 引言

近年来，LNG技术日趋成熟，LNG以其高效、清洁、低污染等特点，正逐渐被广泛使用。其减少了储存和运输成本，对于管道天然气不能送达的地域，更具应用优势，未来在我国能源结构的消费比例将逐步扩大，各地也将陆续上马多个LNG接收站施工项目。

所谓LNG，是天然气经过压缩，并冷却至其沸点(-160℃)以下，成为液态，同时其体积压缩为其气态体积的1/620，这时的天然气即为液化天然气(liquefied natural gas，LNG)。

LNG需要储存在特殊的低温储罐内，大型LNG储罐按照结构型式可分为单容罐，双容罐，全容罐。目前通常采用全容式储罐结构型式，全容罐其结构主要为钢结构混凝土外罐和钢制内罐。由于其特殊的顶部结构，在施工中，其罐顶需要进行顶升作业，然后进行内罐以及附属设备的施工，可见，这是整个罐体施工的重要节点。

目前常用的顶升作业施工方法是，首先钢制罐顶在地面预制，罐顶为拱形钢梁焊接结构，外表面铺设钢板并焊接。然后预制安装内罐铝吊顶，铝吊顶通过吊杆悬挂在钢制罐顶下方，组合为需要顶升的罐顶。罐顶采用空气顶升施工，沿混凝土罐壁内侧，顶升至最终安装位置。然后，完成罐顶与抗压圈的固定，现场浇注混凝土顶层，完成整个罐顶施工。顶升通常采用两种方式：边缘锚固平衡顶升和中心锚固平衡顶升(图2、图3)。

2. 顶升施工基本原理

使用鼓风机将空气充入罐内，利用空气压力将钢制罐顶和铝吊顶顶升至预定高度，实现与顶部承压环的连接。大型储罐通常高度达到30m以上，而且罐顶结构尺寸大，吨位大，为了使罐顶平稳安全地顶升至预定高度，避免水平倾斜、周向转动错位等的发生，需要制定科学严谨的顶升方案。

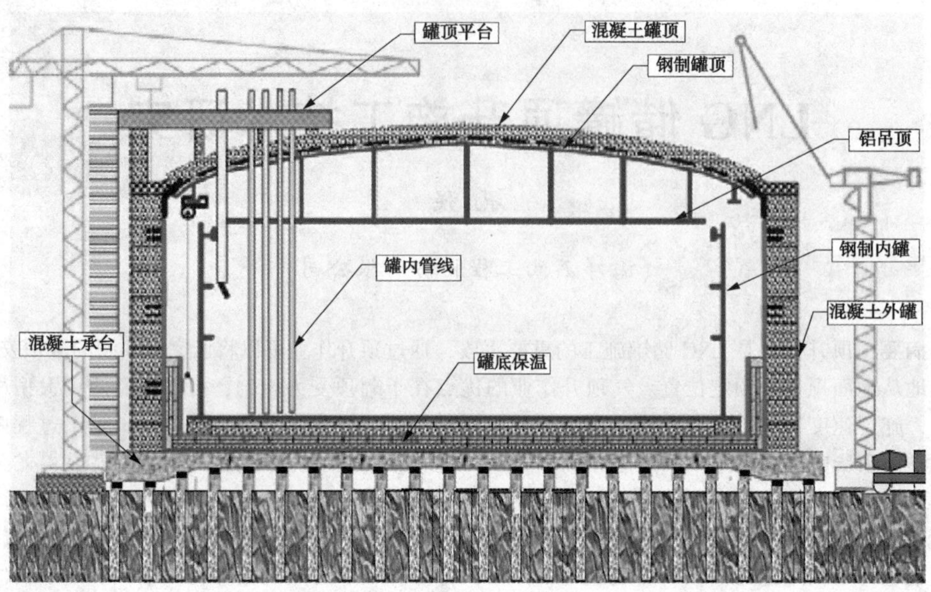

图1　LNG储罐结构示意图

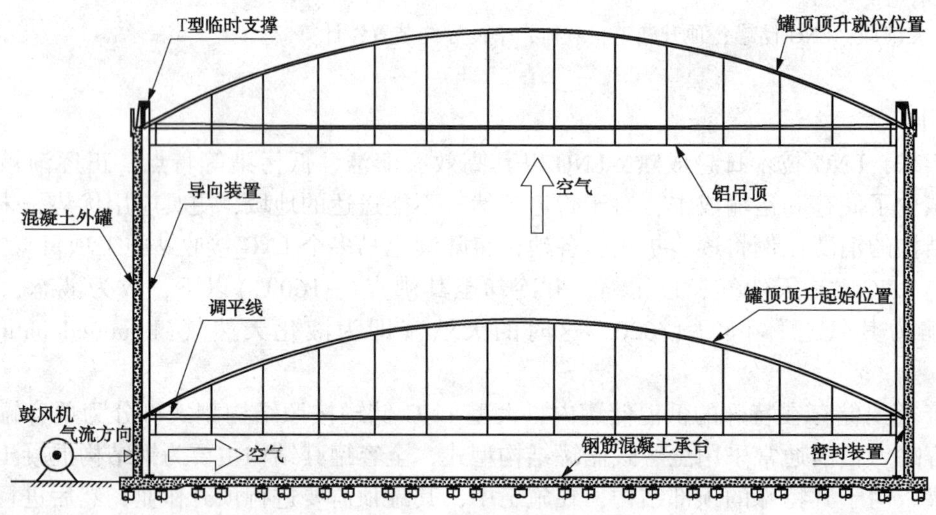

图2　边缘锚固平衡顶升示意图

下面以某160000m^{3}的LNG储罐为例，对顶升施工的难点进行分析。该施工作业采用底部中心锚固平衡顶升，基本数据如下：

H_1 为外罐壁高度，39.9m；

H_2 为内罐顶拱高，11.7m；

H_3 为罐顶提升高度，35.96m；

D_1 为外罐内径，84m；

D_2 为内罐外径，82m；

L_1 为内罐顶密封材料宽度，1m；

S 为受力面积(外罐内底部面积)，5539m^2。

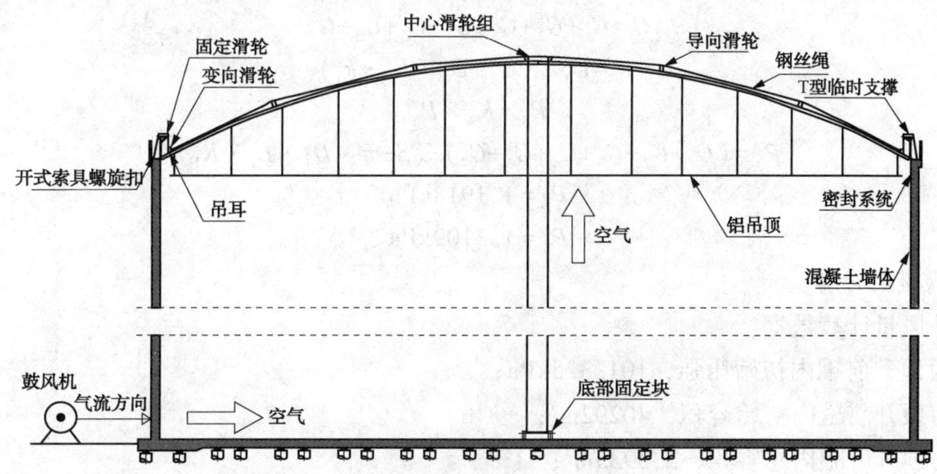

图 3　中心锚固平衡顶升示意图

该顶升施工包括以下主要部分：

(1) 鼓风机系统，为顶升作业提供动力。

(2) 平衡导向装置(含配重平衡系统)，利用安装在罐顶、罐壁上部、拱形顶部、内罐底部的一套吊索具系统，以及平衡设施，限定罐顶运动的路径以及倾斜角度，当罐顶的一侧运动速度过快，对应一侧索具将产生拉力，限制其运动，以达到平衡运动的目的。

(3) 密封系统，在罐顶与外罐内壁间形成密封，保障顶升压力的持续稳定。

可见，确定施工所需的动力系统，制定可靠的平衡导向系统，确保稳定的密封系统，这是保障顶升施工的三个重点内容。密封系统是顶升作业的保障条件，动力系统提供罐顶匀速上升的动力，平衡导向装置(含配重平衡系统)，可以确保顶升平衡运动，不发生偏斜和扭转。这三部分相互密切配合，才能保证施工顺利进行。

3. 载荷计算

储罐载荷数据如下：

G_1为内罐顶钢结构重量，4661.86kN；

G_2为铝吊顶重量，1571.92kN；

G_3为平衡配重，90.16kN；

G_4为平衡导向装置重量，24.5kN；

G_6为密封材料重量，14.7kN；

G_7为附件重量，11.76kN；

k_1为摩擦系数，0.72；

K_2为压力附加系数，1.1；

G_5为罐壁密封材料摩擦力，kN；

P_3为理论顶升平衡压强，kPa；

P_4为实际顶升平衡压强，kPa；

G 为顶升载荷合计，kN。

顶升平衡压强的计算

$$P_3 = G/S \tag{3-1}$$

$$G=G_1+G_2+G_3+G_4+G_5+G_6+G_7 \tag{3-2}$$

$$G_5=P_3\cdot(\pi\cdot D_1\cdot L_1\cdot k_1) \tag{3-3}$$

$$P_4=K_2\cdot P_3 \tag{3-4}$$

得到

$$P_3=(G_1+G_2+G_3+G_4+G_6+G_7)/(S-\pi\cdot D_1\cdot L_1\cdot K_1)$$

$$P_3=1.1918\text{kPa}$$

$$P_4=1.3109\text{kPa} \tag{3-5}$$

4. 风量的计算

顶升风量计算数据:

P_0为顶升前罐内初始压强，101.325kPa；

V_0为顶升前罐内初始容积，40292m^3；

V_1为顶升后罐内总容积，233935m^3；

K_3为考虑泄漏损失的附加系数，取值1.3；

T为顶升时间，3h；

P_1为理论顶升压强，kPa；

Q为总风量，m^3；

Q_{max}为理论最大总风量，m^3；

Q_h为每小时进风量，m^3/h。

$$P_1=P_0+P_3 \tag{4-1}$$

假设温度一定，则PV为恒量

即

$$P_0(V_0+Q)=P_1V_1, \tag{4-2}$$

可知 $$Q=(P_1V_1-P_0V_0)/P_0 \tag{4-3}$$

$$Q_{max}=Qk_3 \tag{4-4}$$

$$Q_h=Q_{max}/T \tag{4-5}$$

得

$$Q_{max}=255313\text{m}^3$$

$$Q_h=85104\text{m}^3/\text{h}$$

5. 风机的配置

由以上计算，最终选定鼓风机为某型，该风机风量为97472~56877m^3/h，转速990r/min，功率110kW，风压2.279~3.617kPa，正常顶升工作使用2台，另外2台备用，共计4台。2台风机工作，每小时最大进风量2×97472m^3/h=194944m^3/h>85104m^3/h，可以满足工作要求。

每台风机使用自备发电机，采用独立供电方式，如图4所示。这种施工设计优点在于，能够保障足够的施工供风量，降低实际作业过程中的设备故障等意外风险，同时，风量便于调节，有利于施工控制。

6. 平衡导向装置的设计

平衡导向系统由24组滑轮、钢丝绳、索具、顶部T形架和底部锚固件等组成，顶部T形架安装在外罐的抗压环上，T形架的位置与24组滑轮相对应，钢丝绳一端通过T形架固定与抗压环连接，通过滑轮组，另一端与罐体底部锚固件连接，底部锚固件设置在罐体底部中心位置。平衡导向系统的设置和定位非常重要，由于它锁定了罐顶的运行路径，使得它具有显著的水平倾覆纠偏能力，但是几乎没有对于水平位移和旋转的纠偏能力。

在初始预紧力的作用下，可以自动调节在顶升过程中出现的罐顶倾斜和偏转，通过预紧的钢丝绳和滑轮组的布置，限定了罐顶的运行路径，在钢丝绳索的共同作用下，使罐顶在顶升过程中，沿着锁定的路径，平稳提升。平衡导向系统布置如图 3 所示。

在拱顶中心环位置，安装用于平衡导向的中心滑轮组，滑轮方向呈周向放射状布置，如图 5 所示。

吊耳安装在拱顶梁上，吊耳焊接完成后，需外观以及 MT 检测合格，才能使用，吊耳与变向滑轮连接，拱顶安装导向滑轮，用于安装钢丝绳，如图 7 所示。

平衡钢丝绳的张紧，钢丝绳的预紧采用对称多次张拉的方式。

钢丝绳的选择，拱顶在上升的平衡阶段，罐顶的重量与顶升气压平衡，可认为此时钢丝绳受力为零。在拱顶上升发生倾斜时，钢丝绳将因调节罐顶平衡而受力。在罐顶上升阶段，罐顶由于顶吹风压大于罐顶重力，而向上运动，同时，与平衡导向系统产生滑动摩擦力，钢丝绳因而受力。

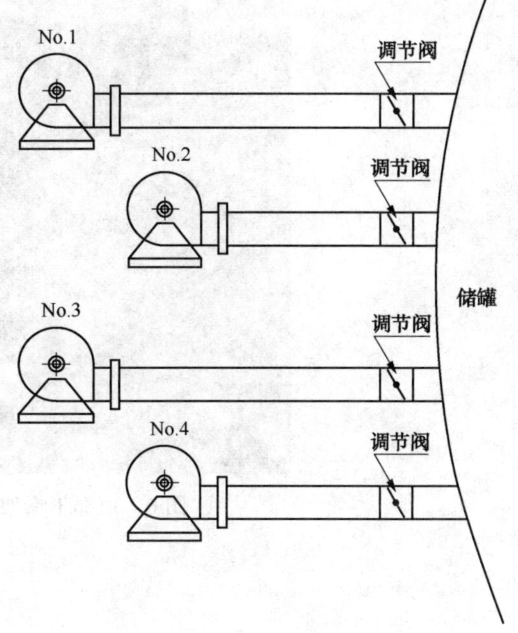

图 4　风机布置图

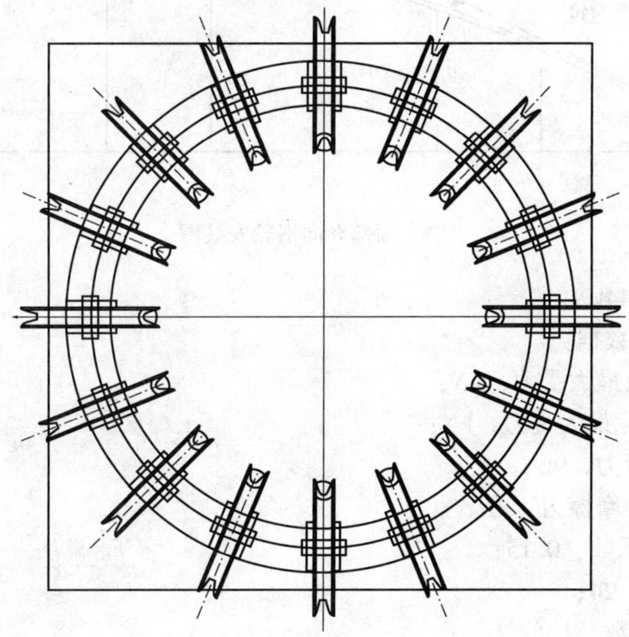
图 5　顶部中心滑轮组

钢丝绳受力计算如下：

$$F_{总}=F_{预}+F_{摩}=F_{预}+\mu\cdot(P_4\cdot S-G)/n \tag{6-1}$$

$$F'_{总}=K_5\cdot F_{总} \tag{6-2}$$

图6　顶部T形架安装在外罐的抗压环上

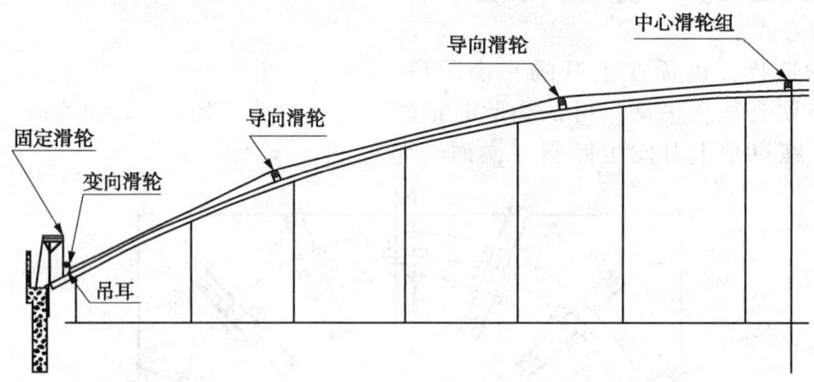

图7　顶部导向滑轮安装图

可得，$F'_{总}=14.44kN$。

导向钢丝绳受力数据：

$F_{总}$，钢丝绳理论最大受力，kN；

$F'_{总}$，钢丝绳实际最大受力，kN；

$F_{预}$，钢丝绳预紧力，9kN；

$F_{摩}$，钢丝绳滑动摩擦力，kN；

μ，钢丝绳摩擦系数，0.15；

n，钢丝绳组数，24；

K_5，压力附加系数，1.1；

K_4，安全系数。

根据计算，选择公称直径为18.5mm6×19的钢丝绳，其公称抗拉强度为1372MPa，最小破断拉力为176.4kN，大于钢丝绳实际最大受力 $F'_{总}=14.44kN$，安全系数 $K_4=176.4/14.44=12.2$，

所以，所选钢丝绳满足强度要求。

7. 罐顶平衡配重的设计

由于有各种管口等分布在罐顶，其管径尺寸不一，分布不对称，造成罐顶重心偏移，为防止顶升过程中出现倾翻扭动，应先通过计算，得出罐顶自身重心位置。然后加以配重措施，进行调节，在顶升前，使罐顶重心处于罐顶几何中心位置，保障顶升工作安全平稳进行。

8. 密封系统

密封系统的作用是使储罐形成一个密闭的空间，保证吹顶过程中，罐内保持足够的压力，减少吹顶过程中风量的损失，从而使罐顶能够稳步上升至预定位置。密封包括门洞的密封，管道口的密封，拱顶边缘的密封。其中管道口的密封是使用法兰和盲板进行密封，门洞口使用钢板、加固材料进行密封，拱顶边缘使用薄钢板、防火帆布、压条、螺栓等进行密封。顶升前以及过程中，应进行检查，确保密封效果。

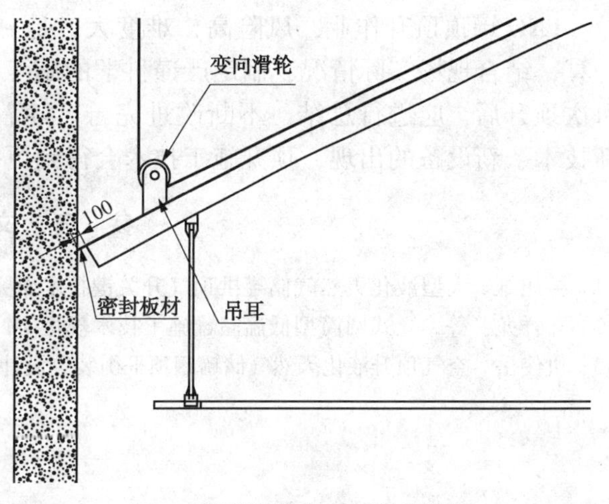

图 8　拱顶边缘密封材料安装图

9. 准备及施工

在准备阶段，在风机门洞口等处，安装 U 型压差计，在混凝土外罐内壁设置标尺，设置若干个观测点，在顶升过程中实时监测，观测内容包括罐体内外压差、罐顶起升高度、罐顶水平状态、水平扭转状态等。每 5min 记录报告一次，以便总指挥及时了解顶升速度和拱顶倾斜状态，统一指挥。

罐顶到达抗压环后，应通过临时锚固装置固定，之后开始罐顶与抗压环的焊接，并逐步减小顶吹风量，整个罐顶完成焊接后，关闭顶吹风机，。

罐顶内部纵向梁与抗压环焊接完毕，通过检验合格后，拆除临时锚固装置。

10. 综述

以上分析和计算，是以理想状态为设计基础，即 LNG 罐顶在顶升过程中，始终为理想的水平状态，平稳上升。而实际施工中，由于各种因素的影响，很难实现理想状态的顶升，这些影响因素包括：

(1) 由顶升动压导致的压力扰动。

(2) 罐顶实际重心与理论重心的偏差。

(3) 密封系统的局部损失，甚至局部密封钢板受风压翻转、密封失效。

(4) 平衡系统各滑轮组摩擦阻力不一致，等等。

顶升过程中，这些因素的影响，都可能造成罐顶的倾斜，密封钢板因受压而扭转，进而恶化平衡状态，所以，这些都是施工中的风险因素。

因此，施工设计中应充分分析，采取相应应对措施：

(1) 合理调整风机的风压风速，以降低动压的扰动。

(2) 精确计算重心，现场调整实际配重，减小重心偏差。

(3) 进行密封系统校核并加强，密封钢板应始终处于弹性变形状态，以保持密封的稳定性。

(4) 调整滑轮组预紧力，使每条钢丝绳预紧力相等，摩擦力基本一致。

这些都可以降低不稳定因素的影响，使实际状态接近理想状态，提高施工设计的可靠性。

11. 结语

LNG罐顶顶升作业，风险高，难度大，是一项细致复杂的工作，只有通过科学周密的计算，结合现场实际情况，制定严谨科学的施工措施计划，才能保证施工平稳顺利。同时，每次顶升后，应进行总结，不断改进完善。随着国内LNG产业的快速发展，以及新材料、新技术、新设备的出现，顶升施工技术会得到更多的应用，并不断进步。

参 考 文 献

[1] 吴旭维. 大型液化天然气储罐拱顶气升关键技术研究[J]. 石油化工设备. 2013, 42(5), 90-91.
[2] 郑祥龙, 等. 立式圆筒型低温储罐施工技术规程[M]. 北京: 中国石化出版社 2009.
[3] 仇俊岳. 空气顶升液化天然气储罐罐顶平衡装置设计与研究[J]. 石油化工设备技术. 2001, 32(5)1-5.

油气管道工程自动超声波检测(AUT)工艺评定技术及应用研究

刘 剑　胡艳华　牛虎理　杨华庆　何亚章

(中国石油集团工程技术研究有限公司)

摘要：针对工程急需，本文通过开展油气管道工程自动超声检测工艺评定技术研究工作，提出了一套完整的AUT工艺评定方法，建立了检测人员、检测系统、试件设计及加工等方面的具体要求和规则。为保证AUT检测工艺的可靠性和现场执行度，设计了AUT工艺评定质量保证体系。研究成果在中俄二线工程中得到应用，结合其施工的低温环境，提出了在低温环境检测时的检测质量的保障措施。

关键词：自动超声波检测；工艺评定；质量保障体系；相控阵

1. 前言

随着国家油气管道建设的兴起，自动焊技术得到了极大的推广，其技术和管理水平也得到了显著提高。近年来，全自动超声波检测技术(AUT)也已大量应用于国内长输管线自动焊的环焊缝检测中。但目前，全自动超声波检测技术仍处于起步发展阶段，AUT工艺评定未受到重视，加上现场执行的机组人员技术水平、人员素质差距很大，工艺很难严格执行。AUT检测工艺缺少验证，工艺是否可靠，执行是否正确缺少有力的检验措施。以往通常采用RT复验的形式来与AUT检测结果进行比对，但是由于RT与AUT原理不同，对缺陷的检出类型也不同，RT复验很难正确反映AUT工艺的正确性。因此研究制定一套可靠性较高的AUT工艺评定体系和现场质量管理体系，有助于保障AUT检测质量和管道工程的顺利建设。

全自动超声波检测技术(AUT)是一种采用机械驱动，以分区扫查法检测和带状图显示的焊缝超声检测方法。它将A扫描、B扫描和TOFD扫查3种方法熔合在一起，提供了缺陷图像彩色显示，可以实现对焊缝中缺陷的深度、纵向和横向定位的功能，能够较精确的测定缺陷的自身高度，判断缺陷的性质。随着相控阵理论在超声波检测领域中的应用和自动化程度的提高，全自动相控阵超声波检测技术以其检测速度快、缺陷定量准确、作业强度低等优点被广泛应用于石油工程中的钢结构焊接检测。特别是在长输管道自动焊环焊缝焊接检测和工作环境的特殊要求，全自动相控阵超声波检测更全面地体现了其优越性能。

2. 全自动超声波检测(AUT)基本原理

与传统超声波检测不同，相控阵超声波检测系统采用多声束扫描成像技术，超声波检测探头是由多个晶片组成的换能器阵列，阵列单元在激发电路激励下以可控的相位激发出超声波，并使超声波声束在确定的声场处聚焦，其基本原理如图1所示。声场控制通过在发射脉冲和接收信号的过程中引入相位控制来实现。

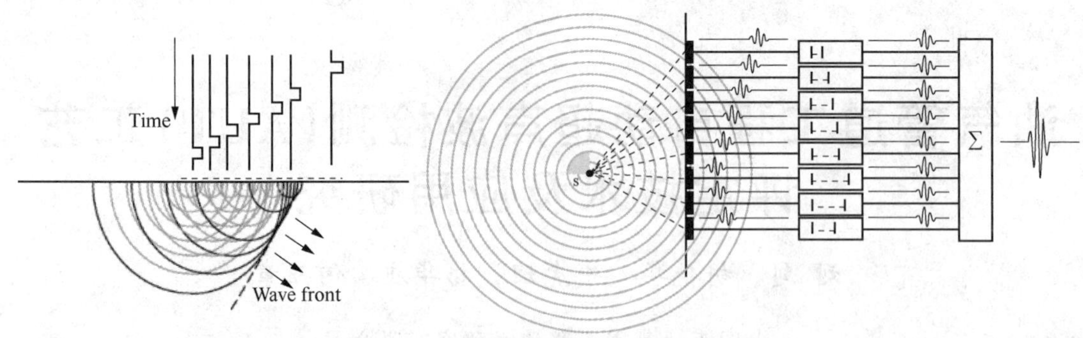

图1 相控阵超声波检测基本原理图

超声线性相控阵探头是超声检测中实现电声转换的器件，它由换能器、壳体、电缆和其他附件组成。换能器是探头的功能件，具有发射超声波和接收超声波信息的功能。超声线性相控阵换能器的结构形式如图2所示，由压电元件、内外匹配层、保护层和背衬块组成。

相控阵探头由多个相互独立的压电晶片组成阵列，每个晶片称为一个单元，按一定的规则和时序用电子系统控制激发各个单元，使阵列中各单元发射的超声波叠加形成一个新的波阵面。同样，在反射波的接收过程中，按一定规则的时序控制接收单元的信号接收并进行信号合成。借助相控阵技术，可以用一个探头得到聚焦在不同深度的声束。聚焦时，阵列中每个小晶片发射的能量累积叠加到某一点，聚焦规则为对称抛物线形状。

3. AUT 工艺评定的控制要素及要求

AUT 工艺是在 AUT 工艺评定实施前，依据焊接工艺规程和 AUT 相关标准编制的用于规范和指导 AUT 检测作业的文件，它将 AUT 检测系统中晦涩的原理和信号转换过程转化为可执行的规程。工艺文件是实施检测作业的依据，规定了所有的技术要求和参数，对于检测工作非常重要。

AUT 工艺是一个系统的内容，严格来说它包括人员、设备、检测方法及检测参数、试块设计与加工、检测过程控制等检测全过程。

1）人员要求

AUT 工艺编制人员、工艺评定人员、检测人员均应熟悉 AUT 技术，并持有能证明其 AUT 技术能力的资格证书，如符合 EN ISO 9712 标准或 TSG Z8001-2013 技术标准的 AUT 和 UTⅡ级及以上资格证书，有较丰富的 AUT 检测经验。

2）检测系统要求

AUT 设备属于精密仪器，结构非常复杂。从大的结构上可以分为采集单元、马达驱动单元、主电缆线和扫查装置4个部分。工艺评定所使用的 AUT 设备和探头必须是与参与过该工程 AUT 工艺评定的设备同一个类型的设备，其能力应满足该工程检测的要求。此外，AUT 设备和探头必须是经过校准或检定的，且在校准或检定有效期内。并且必须使用独立的专用 TOFD 探头，探头的频率应与被检测的壁厚相匹配。

3）检测方法及检测参数要求

AUT 工艺包含了检测通道、检测参数、扫查方式等设置信息，缺陷评判中需结合 A 扫描、B 扫描和 TOFD 扫查。而且所有的检测方法和检测参数设置必须满足 AUT 工艺评定中的重复性试验、轨道偏移试验、温差敏感性试验和可靠性试验要求。

4）试块设计与加工

试块加工与设计中缺陷分布依托于可靠性理论计算，缺陷数量的制定来源于可靠性理论设计结果；缺陷类型的制定来源于国内西气东输一线、西二线、陕京二线、印度东气西输、西三线等多个工程近 2000km、16 万道焊口中的 6873 道不合格焊口的 AUT 检测统计数据。考虑到检测人员、设备及现场检测施工作业环境等因素的复杂性与不可确定性，同时结合施工经验与自动焊检测历史数据，确定后续 AUT 工艺评定试验中用于可靠性评价分析的有效样本容量数为 46 个，缺陷分布见图 2 和图 3。同时，根据工程的实际情况与要求，缺欠的数量可以调整，但必须通过可靠性理论计算后优化确定。

图 2　工艺评定的焊缝试件

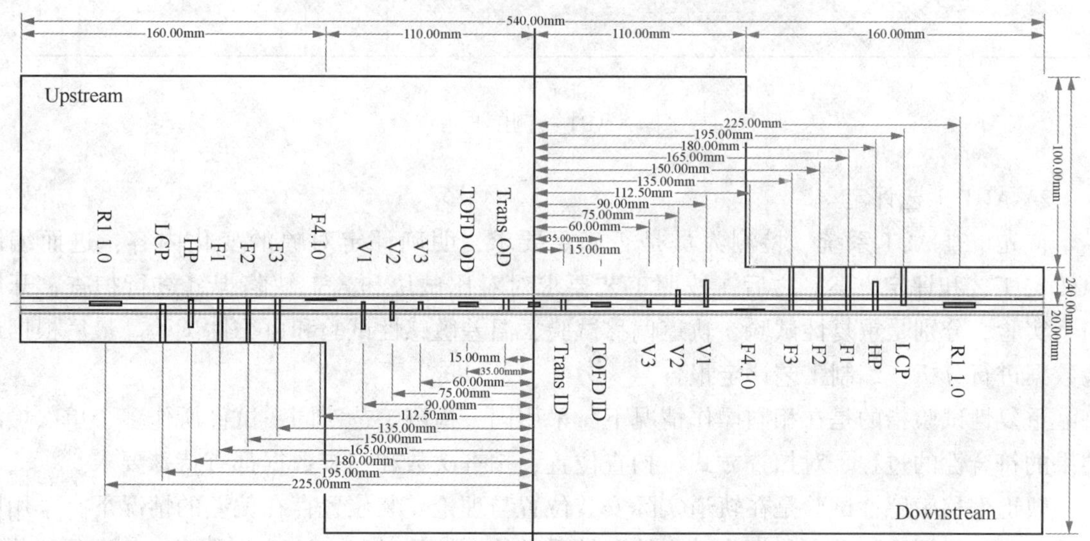

图 3　工艺评定焊缝缺陷分布

5）检测过程控制要求

检测过程质量控制是保证检测工艺正确执行、保证检测结果达到预定目标从而保证检测结果准确可靠的重要措施，是 AUT 质量保证中的重要内容。目前的状况看，AUT 的过程控制不严格，存在无人监督的情况，从而常常导致得到的扫查图不符合要求，从而导致检测结果不准确、不可靠。因此检测过程控制包括检测单位在检测过程中开展的自检自查控制、监理单位的质量监督检查和业主单位的抽查评价，以及业主组织开展的质量验证等活动。AUT工艺评定的检测过程控制指的是四项试验检测项目、数据采集分析等须在监理人员的见证下完成。

4. AUT 工艺评定技术要求

1）AUT 工艺制定

对 AUT 工艺进行评定类的主要做法是在 AUT 工艺制定完成后，采用该工艺对人工制作的焊缝(与工程被检测焊缝相同的材质、规格和坡口形式)进行扫查，并对扫查结果进行详细评定和记录，然后对人工焊缝中的缺陷进行其他方法检测和切片，将 AUT 检测结果与切片结果进行比对，采用统计方法得到 AUT 缺陷检出率，该检出率达到某一值时认为 AUT 工艺可靠。

全自动超声波的扫查图分 3 部分：带状图、TOFD 和 B 扫描。在 PipeWIZARD 系统中的每个通道设置合适的参数，通过采集单元搜集闸门内的反射信号，作为缺陷进行记录，并过滤掉闸门范围外的信号。工艺设置后的信号发射和接收示意如图 4 所示。

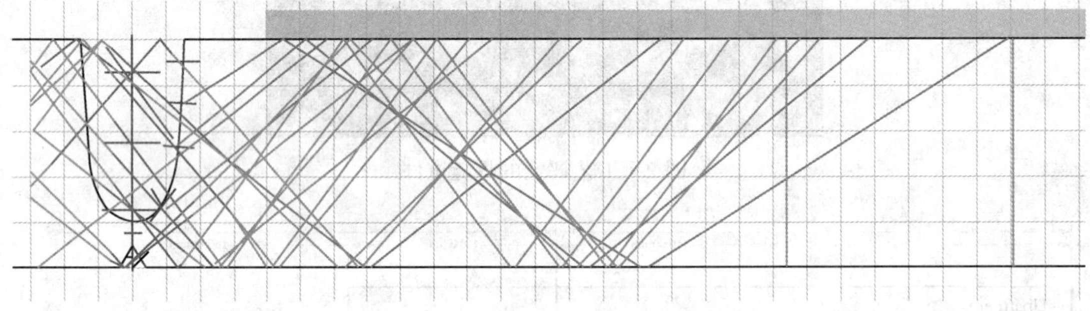

图 4 AUT 检测工艺示意

2）AUT 工艺评定

首先审查 AUT 系统、检测人员是否满足要求，明确评定对象的变化内容，进而编制 AUT 与工艺和评定方案。之后，按照工艺要求对对比试块和人工缺陷焊缝进行扫查，开展四个实验，分别是重复性试验、轨道偏移试验、温差敏感性试验和可靠性试验。最后根据试验数据进行分析，编制工艺评定报告。

重复性试验指的是在相同操作情况下，采用同一检测工艺对同一试件所作多个单次检测结果的符合性的过程。对扫查方式、扫查位置、扫查次数和扫查数据都有特殊要求。

轨道偏移敏感性试验是在轨道实际安装位置与理论安装位置存在偏差的情况下，采用同一检测工艺对同一试件所作多个单次检测结果的符合性的过程。该试验是用于验证预工艺中轨道安装偏差的有效性，而且应在重复性试验通过后进行。如果试验结果不符合要求，应缩小预工艺中的轨道安装精度要求，采用调整后的偏差值进行试验。

温差敏感性试验旨在检验试块与被检焊缝存在温差的情况下，采用同一检测工艺对同一试件所作多个单次检测结果的符合性。温差是 AUT 检测中比较重要的因素，AUT 工艺评定应采用与现场基本类似的温度环境，海洋管道焊接可能会高温急冷，陆地管道可能有高寒冷天气，因此碰到这些情况时应考虑高寒或高温条件下探头与对比试块之间温差对工艺评定的影响。温差敏感性试验应在重复性试验通过后，在工艺评定用焊缝试件上进行。

可靠性试验是在一定置信度条件下，为验证 AUT 预工艺的可靠性是否达到规定定量要求而开展的试验的过程。可靠性试验必须在重复性试验、轨道偏移试验和温度敏感性试验通过后才可以实施。在焊缝扫查方面标准规定间隔 24h 按程序进行两次扫查，增大样本数量，并应该排除了人员因素的影响，在缺陷记录和评定方面，标准规定对超过 20%的回波信号进行评定并参与可靠性评价，加大了可评定的缺陷的数量。

统计以上试验的数据分析，统计出缺陷检出率(POD)、定量准确率(POS)、拒收概率(POR)。其中缺陷检出率是指某一尺寸(或其他几何特征)的缺陷能够被检测出的概率，它是衡量无损检测系统可靠性的重要标准；定量准确率指对缺陷尺寸准确测量的概率，对缺陷进行定量是一个重要的环节，它直接影响缺陷判读的准确性；拒收概率是在一定置信度条件下，基于 AUT 检测验收标准所对应的缺陷拒收概率，可直接反映 AUT 工艺的可靠性水平。依据指定的评判标准，分析得到的各项指标数据，验证制定的 AUT 工艺是否符合检测要求，POS 的数据分析如图 5 所示。

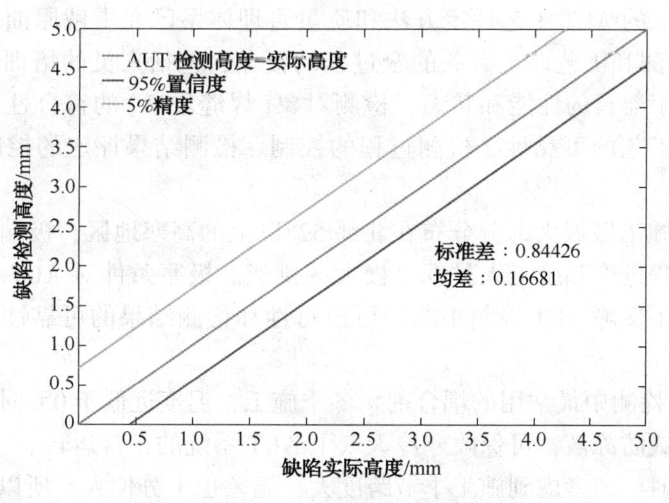

图 5 AUT 的 POS 曲线

5. AUT 工艺评定在中俄二线工程中的应用

1) AUT 工艺评定质量管理体系

AUT 工艺评定质量管理体系包括 5 个方面 3 个层次。5 个方面为人员、设备、检测方法及检测参数、试块设计与加工、检测过程控制。3 个层次是指每一个方面所采取的管理措施和宗旨。人员管理的核心是提高人员技能，措施是开展人员培训、取证和考核。设备管理的核心是保证设备稳定性，措施包括设备校准、设备入场考核。检测方法和检测参数管理的核心是检测人员的能力满足要求，措施是通过工艺制定和评定的各个环节考核其能力。试块设计与加工管理的核心是保证检测工艺满足能力评价要求，措施是分析工艺评定的检测数据。检测过程控制管理的核心是保证检测作业符合标准要求，具体措施是开展自检、监理检查和业主检查等工作。质量管理体系的整体架构见图 6。

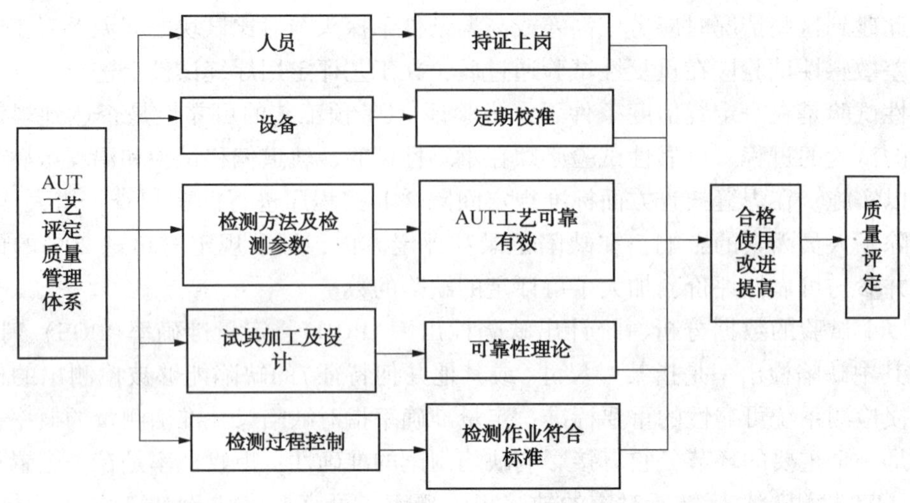

图6 AUT工艺评定质量管理体系

2）AUT工艺评定技术在中俄二线中的应用

目前，本文建立的AUT工艺评定方法和质量管理体系已在中俄原油二线工程中得到应用，实现了AUT检测和工艺评定有关的全过程的覆盖，包括人员的培训、资质，设备的性能和状态、检测用工器具的性能和状态，检测对象(焊缝坡口)的符合性、试块的设计与加工的符合性、检测工艺的可靠性、检测过程的控制、检测结果评定的控制以及检测报告的控制。

中俄二线工程施工区域大部分分布在北纬52°以上的高寒地区，极端寒冷的天气和复杂的地质条件，对工程进度和施工人员都是极大的挑战。极寒条件对AUT检测系统的稳定性是极大的挑战，为了保障AUT检测工艺的可执行性和检测结果的可靠性，可采取相关的技术保障措施。

(1) 水是AUT检测中最常用的耦合剂，冬季施工，温度远低于0℃时。所以此时，耦合剂建议选用玻璃水或防冻液，可保障寒冷天气下AUT系统的正常运转。

(2) 工艺设计时，需考虑到施工季节跨度大，温差也十分惊人，所以温差敏感性试验的温差值要由AUT预工艺中规定的温度上限与温度下限决定，以保证AUT工艺的适用性。

(3) 目前探头楔块与管材表面的接触采用的是防磨丁的形式，由四个位于楔块四角的防磨丁直接与管材表面接触，使楔块底面与管材保持固定的间隙。但在冬季温度很低，金属冷脆性变强，防爆丁经常损坏，从而导致试块校准时灵敏度变化较大，不容易获得合格的校准图。在中俄二线工程中可采用防磨条来代替防磨丁，由于防磨条有一定的长度，与管材表面成线性接触，使得楔块比较稳定，试块校准也变得比较容易获得合格的校准图。

6. 结论

(1) 提出的AUT工艺评定质量管理体系明确了人员、设备、检测方法及检测参数、试块设计与加工、检测过程控制等方面的具体要求，保证了检测人员水平与能力、检测系统的稳定性、检测工艺的执行度，有力的保证了AUT工艺评定过程各个环节的执行质量。

(2) 为保证AUT检测工艺的可靠性，中俄二线过程施工中，需要对现有的AUT检测系统进行完善，严格执行工艺要求和管理体系。

(3) AUT 工艺评定技术和质量管理体系，能够综合评判 AUT 检测工艺可靠性、现场执行性和正确性，可全力保障自动焊焊接质量，提升管道建设和运行安全，对于 AUT 技术在油气管道工程中的推广具有重要的意义。

参考文献

[1] 胡艳华，王玉雷，周剑琴，等．陆地长输管道自动焊自动超声检测可靠性评价研究[J]，石油工程建设，天津，2016，42(5)：85-89.

[2] 薛岩，周广言，李佳，等．油气管道环焊缝自动超声检测与射线检测方法对比[J]，无损检测，2016，38(11)，45-48.

[3] 彭伟，尤卫宏，张俊杰，等．海底石油管线焊缝全自动超声波检测与射线检测的技术比较[J]，焊接技术，2017(4)：83-86.

[4] 尤卫宏，张俊杰．海底管道 AUT 检测方法的改进[J]，石油工程建设，2012，38(1)，62-64.

[5] GB/T 50818-2013 石油天然气管道工程全自动超声波检测技术规范[S]，2013.

[6] 裴彪，胡卫震，杨东明，等．海底管道 AUT 检测系统可重复性试验研究[J]，工程技术，2016，(8)：00256-00256.

[7] 裴彪，张利园，王兴国，等．海底管道 AUT 检测系统温度灵敏度试验研究[J]，工程技术，2016，(6)：00279-00280.

[8] DNV-OS-F101 海底管线系统[S]，2012.

[9] Georgiou G A. Probability of detection (POD) curves. Derivation, application and limitations [R]. Health and Safety Executive, 2006.

浅谈大型门式起重机的安全系统

刘 强[1] 李学云[1] 卢 坤[2]

(1. 海洋石油工程股份有限公司；2. 中海福陆重工有限公司)

摘要：简要介绍了大型门式起重机安全系统的组成及工作原理。

关键词：起重机；龙门吊；安全系统

1. 引言

门式起重机，又称为龙门吊，具有节能环保、可靠性高、起重能力大、维修保养工作量小、易于实现自动化操作等优点。起重机作业区覆盖整个滑道作业区域。实现组块建造新工艺即结构甲板片在车间预制完成，集设备、管汇、电仪、支架附件等形成单体模块，并实现单体模块的整体吊装。同时，肩负结构甲板片的翻身和其他大型结构物的装卸。能提高组块建造速度，缩短占用滑道的时间，是高效、安全的大型起重设备。

2. 安全系统的组成

门式起重机设有夹轨器、锚定装置、锚固装置、纠偏装置、起重量限制装置、各机构的限位装置、急停按钮等根据起重机安全规程所规定的各种安全保护装置。

1）夹轨器

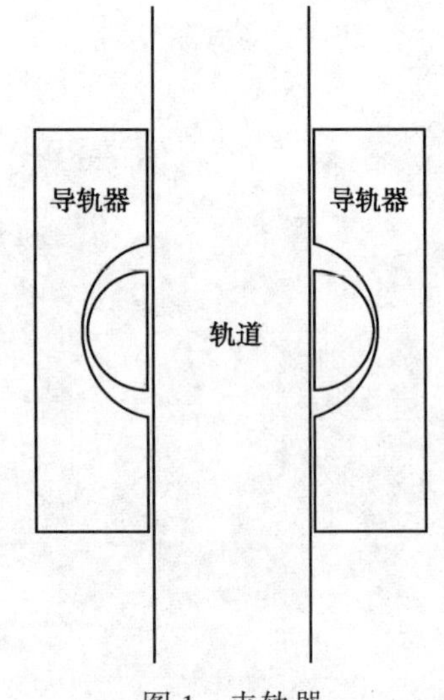

图 1　夹轨器

夹轨器是大车安全停止所需要的重要装置，它能保证大车停止后暂时固定在轨道上，即使受到外力作用(如大风)也不会在轨道上滑动。夹轨器的工作过程：大车行走电机转动之前，夹轨器先得电打开，反馈信号到 PLC，PLC 收到反馈信号之后方能控制行走电机得电启动；大车停止时，行走电机先抱闸制动，然后 PLC 收到抱闸反馈信号，夹轨器失电加紧轨道。夹轨器的加紧方式如图 1 所示。大车行走时，两个半圆形的金属块被提起，不会夹紧；当大车停止时，两个金属块被放入导轨器的凹槽内(导轨是和大车同时移动的，而半圆形金属块可以随意晃动)，由于惯性，半圆形金属块是不动的，这就与凹槽形成了相对运动，使金属块逐渐夹紧轨道，并且外力越大，夹的越紧，从而起到了固定作用。

2）锚定装置

锚定装置同样是防止大车停止时前后滑动的设备，由液压系统控制。锚定装置与夹轨器的区别在于，夹轨器是用于大车临时停车的，而锚定装置是用于大车停止作业后固定大车的。司机室先发出打开锚定的指令让锚定装置打开，然后才能移动大车，锚定装置也是有反馈的，PLC 接到反馈信号才会让大车移动。锚定装置的外形如图 2 所示，中间的黑色金属片就是锚定装置的主要部件，轨道中间两侧都挖有锚定坑，靠上部的液压装置将金属片放到锚定坑内来固定大车。

3）锚固装置

锚固装置是一种手动装置，用于极端恶劣天气(主要是大风)防止大车侧翻。其结构如图3所示。轨道两侧相应位置都挖有锚固坑，里面埋有金属销，正常情况下，金属销平放在锚固坑内，当遇到大风天气需要锚固时，将大车停于停车位置，手动转动转盘，锚固落下，将锚固坑内的金属销抬起，对准螺栓孔，继续转动转盘，将两部分连接好，确保大车固定。

图2 锚定装置

图3 锚固装置

4）纠偏装置

纠偏装置用于纠正大车由于各种原因造成的刚、柔腿行走不同步而产生的偏斜，分为两部分：大车纠偏和柔性绞纠偏。大车纠偏装置主要是靠行走机构中心的绝对值编码器(图4)。刚、柔腿侧各有一个编码器，大车移动时，编码器与大车同步运动，它会记下检测轮的转动周数，如果两个编码器的记录偏差过大，控制系统将会自动调整两边行走机构的速度缩小偏差，如果控制系统不能自动缩小偏差，当偏差继续增大至设计极限时，大车将自动停止，采用手动纠偏的方式纠偏后，大车方可再次启动。柔性绞纠偏是一个机械限位装置(图5)，柔性绞是柔腿顶部可以旋转的部件，当大车发生偏斜时，柔性绞转动，通过机械连接，使撞针碰撞限位开关，从而达到减速和停车的目的。这两部分纠偏是作为互补的装置，即使当一个失效时，另一个也可以作用，起到双保险的效果。

图4 绝对值编码器

图5 柔性绞纠偏限位

5）起重量限制装置

起重量限制装置由压力传感器和重量显示仪表组成，压力传感器安装在钓钩的传动轮上，通过钓钩给的压力发出电信号，再经过信号转换，传入重量显示仪表，在司机室内即可读出读数，当重量超过设计起重量时大车自动停止，并且报警。

6）各机构的限位装置

600T 的限位装置包括行走限位、钓钩起升高度限位、纠偏限位等。

从类型上分为机械限位和磁感应限位两种。机械限位的优点是动作准确，原理简单，维修方便，缺点是体积和重量较大。磁感应限位的优点是体积小、质量轻，安装方便，缺点是磁块要对准才能动作，定位比较困难，准确性相对较低。

（1）行走限位：600T 的行走限位共有 3 套，包括大车行走限位和上、下小车行走限位。

大车限位装置由两个减速，两个停止，两个急停限位组成。停止、急停限位都是机械限位，减速限位是磁感应限位，在刚性腿两端的台车下部各有一组，机械限位通过与焊接在轨道旁边的撞块相碰使开关动作，磁感应限位通过与埋在轨道旁边的磁块接近，利用磁力使开关动作。大车正常移动到轨道端部时，首先减速限位动作，大车进入减速区，大车开始以低速运行，直到停止限位动作，大车正常停止，当停止限位由于各种原因未能动作时，大车继续前进，急停限位将会随后动作，大车彻底停止，这时只有切换成手动模式，将其移到正常位置后，方可再次启动。上、下小车行走限位形式与原理与大车基本相同。

（2）钓钩起升高度限位：由三套主起升限位和一个凸轮开关组成。主起升限位用于三个主起升机构，每套包括两个减速，两个停止，两个急停，两个脱槽及一个中心校零限位(共 9 个)。

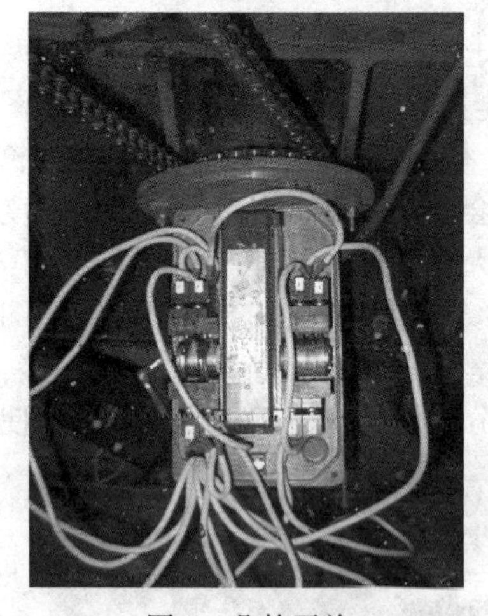

图 6　凸轮开关

减速，停止，校零限位为磁感应限位，急停和脱槽限位为机械限位。全部安装在拖链外侧。靠拖轮上的金属结构碰触机械限位开关，或接近磁感应开关使开关动作来进行相应的控制。

凸轮开关（图 6），它有左右各四个档，分别用于副起升机构的吊钩高度限位（包括起升和下降方向的减速、停止和急停）。用螺丝刀调节两侧凸轮的角度即可调整吊钩的动作高度。

（3）纠偏限位：本部分在纠偏装置中已经介绍过了，这里不再赘述。

7）急停按钮

急停按钮分别位于主梁、各电气室、司机室、刚柔腿内、各就地控制站、看道房、行走机构等处，一旦现场出现问题，工作人员可以立即就地反应，关断大车。这些急停按钮都串联在一起，当任何一个按钮断电时，起重机立即停车。

8）其他安全设备

包括火灾报警、行走报警、广播系统、视频监控、风速仪等安全设备，这些设备从各个方面提高了起重机的安全系数，使其更高效的工作。

3. 结论

以上就是门式起重机的安全系统简介。作为门式起重机不可或缺的一部分，安全系统在保证设备正常运行，生产安全和人员安全方面发挥着极其重要的作用。

一种珊瑚礁砂水下不分散砼试验研究

商宁宁　周伟　刘美会

（中国石油集团工程技术研究有限公司）

摘要：我国南海某些岛礁地处热带气候，为珊瑚礁岛屿，珊瑚资源丰富，就地取材，用疏浚港池、航道挖出的珊瑚礁、砂代替碎石、河沙，用海水代替淡水，配制能直接在水下施工的海水拌养珊瑚礁、砂混凝土，对于无筋的新建或修补混凝土工程，都有重要的现实意义和极高的实用价值。本实验对珊瑚砂混凝土性能影响较大的四个因素进行试验分析，最终优选出珊瑚砂混凝土的最优配合比并进行了性能试验。

关键词：珊瑚砂；混凝土；配合比

1. 前言

我国南海某些岛礁地处热带气候，为珊瑚礁岛屿，珊瑚资源丰富，距离大陆较远，岛礁上没有碎石、河沙等常规的建筑材料，施工用淡水也非常匮乏，新建水下构筑物工程所需的砂、石、淡水材料不得不从大陆用船舶运输，耗费大量人力、物力。因此，在不破坏当地生态环境的前提下，就地取材，配制能直接在水下施工的海水拌养珊瑚礁、砂混凝土，对于无筋的新建或修补混凝土工程，都有重要的现实意义和极高的实用价值。本研究对珊瑚砂混凝土性能影响较大的四个因素进行试验分析，最终优选出早强型珊瑚砂混凝土的最优配合比并进行了性能试验。

2. 试验原材料和试验依据

1）试验原材料

（1）水泥：唐山北极熊牌 P·O42.5 水泥。

（2）砂、石骨料。

砂，珊瑚砂，细度模数 1.79(表 1)，含盐量 0.3%，含泥量 0.1%。石子、石灰岩碎石，5~25mm 连续级配(表 2)，含泥量 0.1%，饱和面干。

表 1　砂、石颗粒级配

筛孔尺寸/mm	0.16	0.315	0.63	1.65	2.50	5.00	细度模数
累计筛余/%	64.7	51.52	35.16	23.24	10.34	1.84	1.79
筛孔尺寸/mm	20	16	10	5	0	—	—
累计筛余/%	2.1	20.6	43.1	90	99.2	—	连续级配

表 2　砂、石子其他物理性能

骨料	视比重	松散容重/(t/m^3)	紧密容重/(t/m^3)	含泥量/%	含水率/%	空隙率/%	
						松散	紧密
砂	2.17	1.28	1.43	0.1	11.6	49.3	46.5
石	2.78	1.54	1.70	0.57	0.0	44.6	38.8

(3) 水：自来水。

(4) 絮凝剂：中国石油工程技术研究院生产 UWB-Ⅱ型絮凝剂。

(5) 减水剂：BSH-200 聚羧酸高性能减水剂。

(6) 掺合料：硅灰，SiO_2含量 92%。

2) 试验依据

(1) DL/T 5100—2014《水工混凝土外加剂技术规程》

(2) JTJ 270—1998《水运工程混凝土试验规程》

3. 珊瑚礁砂水下不分散混凝土试验及分析

1) 试验方案

根据委托方要求，珊瑚礁砂水下不分散混凝土抗分散性要达到要求，且 7d、28d 强度均要求有一定的强度。根据现有的技术条件，选择采用 P. O42. 5 普硅水泥，同时掺加适量硅灰和减水剂，以保证混凝土的流动性和强度要求。通过研究水泥、硅灰、减水剂、絮凝剂的用量变化对珊瑚礁砂水下不分散混凝土性能的影响，确定符合技术要求的珊瑚礁砂水下不分散混凝土配合比方案。

2) 试验及分析

(1) 絮凝剂型号选择及掺量影响分析。

本课题在絮凝剂选择上，首先考虑了和 P·O42. 5 级水泥的适应性问题。从适应性上来看，UWB-II 最佳、SCR 次之，而 UWB-I、NDC 则完全不适应 P·O42. 5 级水泥。因此本课题选择了 UWB-II 型絮凝剂。在絮凝剂掺量变化选择上，采取了以单位立方混凝土的掺量变化的试验方法，它不受水泥用量变化的影响，在测试其抗分散性能时更具有规律性。

UWB-II 絮凝剂(已掺含气量控制剂，未掺减水剂)掺量选择了 7. 5~15kg/m³的范围，减水剂推荐产量掺入。水下不分散混凝土理论配合比为：P·O42. 5 级水泥 450kg/m³，砂子 659kg/m³，石子 911kg/m³，水 330kg/m³，硅灰 2%，减水剂为水泥质量的 0. 3%。其中，水的实际用量以使混凝土达到基本相同的流动性(2min 坍扩度 50~55cm)为准。试验结果如表 3 所示。

表 3　絮凝剂对水下不分散混凝土性能的影响

序号	絮凝剂掺量/(kg/m³)	凝结时间/min		水下成型强度/MPa		陆上成型强度/MPa		水陆强度比/%	
		初凝	终凝	7d	28d	7d	28d	7d	28d
X1	7. 5	600	720	30. 3	31. 8	42. 5	46. 4	69	76
X2	10	640	770	30. 7	32. 6	37. 3	39. 2	83	84
X3	12. 5	665	805	28. 1	30. 9	33. 4	36. 4	85	85
X4	15	680	830	26. 2	29. 6	31. 2	34. 8	85	86

表 3 表明，絮凝剂掺量对水下不分散混凝土的凝结时间有一定的影响，初凝时间在 600~680min，终凝时间在 720~830min。其变化规律是随着絮凝剂掺量的增加，凝结时间加长，这是由于絮凝剂高分子体系中的增粘剂一般会对无机胶凝材料混合体系的凝结时间带来一定的缓凝作用。随着絮凝剂掺量的加大，配制的混凝土陆地强度呈现出降低的趋势。这主要是由于絮凝剂有增稠的作用，随着掺量增加，要保持相同的流动性，单方用水量会有所增

大，从而导致水灰比增大，强度有所降低。随着絮凝剂掺量增加，混凝土的水陆强度比逐步增加，体系抗分散性逐步提高。在掺量达到10kg/m^{3}以后，水陆强度比均大于85%，增加掺量，水陆强度比增加幅度减小并趋于平稳，因此，确定UWB-II絮凝剂掺量12.5kg/m^3。

（2）减水剂品种和掺量的确定。

絮凝剂效果决定了珊瑚礁砂混凝土体系在水下施工时的抗水洗能力，用水量则决定了体系的强度、流动性。因此，配制水下混凝土时还需要掺加减水剂。减水剂应首先满足与UWB-II絮凝剂适应性要求，其次也要满足与P·O42.5级水泥的适应性要求。根据絮凝剂使用说明，可以掺加聚羧酸盐减水剂和氨基磺酸盐减水剂。从P·O42.5级水泥的适应性上来看，聚羧酸减水剂具有更好的适应性和减水率，采用P·O42.5级水泥测定其减水率和流动性损失，结果如表4所示。

表4　聚羧酸盐减水剂掺量与减水率及塌落度损失的关系

序号	掺量/%	W/C	减水率/%	塌落度保持能力/mm		
				初始值	1h	1.5h
1	0	0.60	0	24.5	—	—
2	0.20	0.51	15	25	23	20
3	0.40	0.44	26	25.5	24	21.5
4	0.60	0.41	32.0	25	24	22
5	0.80	0.38	36	25	24	22

聚羧酸盐减水剂具有梳形分子结构，属于反应性高分子，在水泥体系的碱性条件下，缓慢释放。有掺量低、高减水率、塌落度损失小等特点，本研究认为BSH聚羧酸盐减水剂符合目标要求，确定采用聚羧酸盐减水剂，掺量为胶凝材料的0.3%。

（3）珊瑚砂砂率的确定。

砂率是影响混凝土工作性、表观密度、强度和变形性能的主要因素之一。采用合理砂率不仅可以增加混凝土的强度，还可以提高混凝土的流动性。本试验珊瑚砂的掺量选择了砂率38%~46%的范围，减水剂和絮凝剂均按照推荐产量掺入。水的实际用量以使混凝土达到基本相同的流动性(2min坍扩度50~55cm)为准。试验结果如表5所示。

表5　不同砂率对水下不分散混凝土强度的影响

序号	珊瑚砂砂率/%	流动性		陆上成型强度/MPa		
		坍落度/cm	坍扩度/cm	3d	7d	28d
X1	38	25	50	15.3	25.5	31
X2	40	24.5	49	17.3	26.6	32.9
X3	42	25	50	18.7	28.3	34.4
X4	44	25.5	51	18.0	27.7	33.2
X5	46	25	50	17.6	27.1	32.9

从表5中可以看出，珊瑚砂混凝土强度随砂率增大而出现波动，砂率在42%时，达到最大强度，无论砂率低于还是高于42%，强度均有所下降。这主要是由于在砂率低于42%时，粗骨料之间的空隙未被填充密实，随着砂率的提高，空隙率减少，混凝土更加密实，使强度

得到提高；而砂率高于42%以后，随着砂率的提高，粗骨料的用量降低，细骨料用量增大，而水泥用量却没有变化，使砂浆本身的密实程度降低，珊瑚砂与水泥石之间的界面强化度和机械啮合作用下降，混凝土破坏时，沿珊瑚砂本身的破坏和界面破坏两种形式同时存在，混凝土强度有所降低；而且过高的砂率很容易产生分层离析和泌水，导致混凝土稳定性降低，强度反而下降。因此，我们选取42%砂率为珊瑚礁砂混凝土的最佳砂率。

(4) 硅灰掺量的确定。

絮凝剂和减水剂可以采用常规掺量，硅灰的掺量对混凝土体系性能的影响，则需要进一步的研究其规律。水下不分散混凝土配合比：水泥 450kg/m^3，砂子 659kg/m^3，石子 911kg/m^3，水 330kg/m^3，絮凝剂为 12.5 kg/m^3，减水剂为水泥重量的 0.3%，硅灰外掺，掺量 0~8%之间变化，水的实际用量以使混凝土达到基本相同的流动性(2min 坍扩度 50~55cm)为准。环境温度为 16℃，水温为 20℃，试验结果如表 6 所示。

表 6 硅灰对珊瑚砂混凝土强度的影响

序号	硅灰掺量/%	流动性/cm		水下成型强度/MPa		陆上成型强度/MPa		水陆强度比/%	
		坍扩度	坍落度	7d	28d	7d	28d	7d	28d
T1	0	51	25.5	20.8	27.4	25.5	33.1	81	83
T2	2	50	25	22.4	31.3	25.9	35.9	86	87
T3	4	50.5	25.5	20.9	30.5	24.4	35.0	85	87
T4	6	50	25	20.5	29.6	24	34.7	85	85
T5	8	50	25	19	28.7	23.6	33.5	81	85

表 6 表明，随着硅灰掺量增加 7 天强度和 28 天强度呈现先增加后降低的趋势，这是因为硅灰的比表面积比水泥的比表面积大，随着硅灰掺量的增加，用水量加大。试件 7 天强度和 28 天强度均在硅灰掺量为 2%时达到最高，故采用硅灰掺量为 2%。

(5) 水泥用量的确定。

通过混凝土理论研究和施工实践证明，水泥用量不足和用量过多，除了给混凝土质量带来不利影响外，还会在经济上造成不必要的损失。本试验水泥的用量选择了 380~500kg/m^3 的范围，减水剂、砂率和絮凝剂均按照推荐掺量掺入。水下不分散混凝土理论配合比为：砂率 42%，絮凝剂 12.5kg/m^3，水 330kg/m^3，减水剂为水泥重量的 0.3%，试验温度为 16℃。其中，水的实际用量以使混凝土达到基本相同的流动性(2min 坍扩度 50~55cm)为准。试验结果如表 7 所示。

表 7 不同水泥用量对水下不分散混凝土强度的影响

序号	含气量/%	流动性/cm		凝结时间/min		陆上成型强度/MPa		
		坍扩度	坍落度	初凝	终凝	3d	7d	28d
S1	3.1	51	25	>200	>200	19.3	21.2	30.7
S2	3.3	50	25	>200	>200	22.9	27.5	34.9
S3	3.4	49.5	25	>200	>200	26.6	30.5	39.3
S4	3.2	49.5	24.5	>200	>200	27.3	31.2	40.1

由表 7 可以看出，水泥用量与强度平均值的大致关系表明，水泥用量越大，试块 3 天、

7 天、28 天抗压强度平均值总体越大，但水泥用量超过 460kg/m³ 平均强度增幅不大。水泥用量对凝结时间的影响较大，所以，从凝结时间的角度考虑，考虑到成本的因素，建议水泥用量不超过 460kg/m³ 为宜。

在以上试验分析的基础上，我们选定的珊瑚礁砂水下不分散混凝土配合比如表 8 所示。

表 8　水下不分散混凝土配合比

P·O42.5 水泥	砂子	石子	水	硅灰	絮凝剂	减水剂
460kg/m³	655kg/m³	905kg/m³	330kg/m³	2%	12.5kg/m³	0.3%

4. 结论

（1）珊瑚礁砂混凝土的立方体抗压强度随着养护期龄的延长而增大，在养护初期其抗压强度增长较快，超过 7 天，其抗压强度的增长逐渐减慢，并逐步趋于稳定。

（2）在相同水灰比（W/C）条件下，在养护初期珊瑚礁砂混凝土的抗压强度增长速度较普通砂石混凝土要快，但在养护后期，由于骨料的强度对混凝土强度的影响起重要作用，珊瑚礁砂混凝土 28d 抗压强度增长速度反而比普通砂石混凝土抗压强度增长速度低。

（3）珊瑚礁砂混凝土抗压强度随着灰水比（*C/W*）的增大而增大，两者之间符合线性关系，这与普通砂石混凝土的强度规律是一样的。

参　考　文　献

[1] 孙宗勋．南海群岛珊瑚砂工程性质研究[J]．热带海洋，2000，19(2)：1-4.

[2] 叶列平，孙海林，陆新征．高强轻骨料混凝土结构：性能，分析与计算[M]．北京：科学出版社，2009.

[3] 陈兆林，陈天月，曲勋明．珊瑚礁砂混凝土的应用可行性研究[J]．海洋工程，1991(3)：67-80.

[4] 王磊，赵艳林，吕海波．珊瑚骨料混凝土的基本性能及研究应用前景[J]．混凝土，2012(2)：99-100.

[5] Ehlert R. Coral Concrete at Bikini Atol[J]. Concrete International，1991，01：19-24.

[6] Arumugam R A R amamurthy K. Study of Compressive Strength Characteristics of Coral Aggregate Concrete[J]. Magazine of Concrete Research，1996，48(9)：141-148.

[7] 陈兆林，孙国峰，唐筱宁，等．岛礁工程海水拌养珊瑚礁、砂混凝土修补与应用研究[J]．海岸工程，2008，27(4)：60-69.

[8] 王以贵．珊瑚混凝土在港工中应用的可行性[J]．水运工程，1988(9)：46-48.

[9] 李林．珊瑚混凝土的基本特性研究[D]．广西：广西大学，2012.

常见的重力锚安装方法介绍

吴业卫 洪帅 孟祥伟 刘凯 陈刚

（海洋石油工程股份有限公司）

摘要：目前锚系船舶主要是使用抓力锚作为定位锚进行海上施工，抓力锚需要有足够的入泥深度才可以到达一定的抓力，如入泥深度不够，则导致溜锚现象的发生，可能对船舶和海上施工安全造成不利影响，所以常规抓力锚并不适合在硬质海床海域进行锚泊作业。在硬质海床海域可以采用重力锚进行锚泊作业，依靠重力锚与海床的摩擦力和土壤剪切力，为施工船舶提供锚缆张力，以到达船舶定位目的。由于重力锚自身重量较大，其海上安装方法也更为复杂，对安装资源要求较高。

关键词：重力锚；安装方法；安装资源

在海洋工程领域锚系船舶得到大量应用，船舶主要借助定位锚对海床的抓力来对抗风、流等外力作用，以保持船舶定位。锚系船舶通常使用抓力锚作为定位锚进行海上施工，抓力锚需要足够的拖曳距离以达到足够的入泥深度，如入泥深度不足，可导致溜锚现象的出现，影响船舶和海上施工安全。所以并不是任何区域都可以使用抓力锚，以下情况下并不适合使用抓力锚：

（1）硬质海床区域，如钙质土海床，抓力锚入泥深度不够，可能出现溜锚情况。

（2）水下设施较多，抛锚位置受到限制，导致抓力锚拖曳距离不足，无法到达足够的入泥深度。

（3）受锚缆长度限制，抓力锚需要承受一定的上拔力，在抓力锚拖曳过程中，无法到达足够的入泥深度。

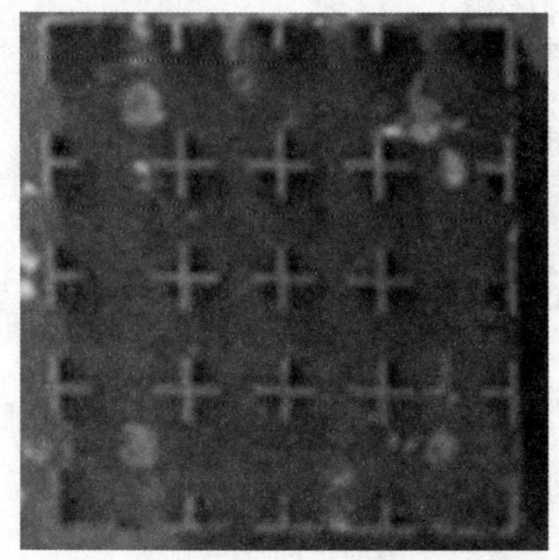

图1　剪力键式重力锚

针对以上情况可以采用重力锚进行锚泊作业，重力锚的工作原理是依靠锚与海床的摩檫力和土壤剪切力，为施工船舶提供锚缆张力，以到达船舶定位目的。重力锚与常规抓力锚相比较，其最大的优点是不需要有拖曳距离和入泥深度，而且可以承受一定的上拔力。

为提供足够的摩檫力和土壤剪切力，重力锚一般重量较大，且在锚底部进行增强剪切力设计，常见的重力锚增强剪切力设计有剪力键、剪力桩及剪力齿等。

由于重力锚底部的非平面设计，导致重力锚无法像常规抓力锚一样由抛锚拖轮甲板经锚缆拖拽下水，并可以回收至甲板，相比较而言重力锚的安装工艺更为复杂。

目前国内在海洋工程中重力锚的应用情况较少，但在中东波斯湾海域由于其部分区域为硬质海床，常规抓力锚无法进行正常使用，重力锚在该区域得到广泛应用。

中东区域常见的重力锚安装方法有普通抛锚拖轮安装法、带A字架抛锚拖轮安装法及自升式甲板驳安装法。本文结合中东海域重力锚的使用情况，对常见的重力锚安装方法进行介绍，希望可以为重力锚的国内应用提供作业指导。

图2 剪力齿式重力锚

图3 剪力桩式重力锚

1. 重力锚索具连接方法

重力锚的索具一般由锚链和钢丝绳配合使用，重力锚上部索具主要承担重力锚的起吊和起抛锚作业，上部索具应根据重力锚的规格和使用水深情况进行设计，为方便回收作业，上部索具终端需安装浮筒。重力锚下部索具由两根锚链通过链环与锚缆进行连接。

重力锚除在上部配备用于吊装锚链连接的吊耳外，在两侧都各具备两个吊耳用于锚缆的连接，常规情况下可使用一侧的两个吊耳，如遇特殊情况需要将重力锚串联使用，另一侧的两个吊耳可以与后面的重力锚进行连接，两个重力锚之间通过锚链和锚间缆连接。

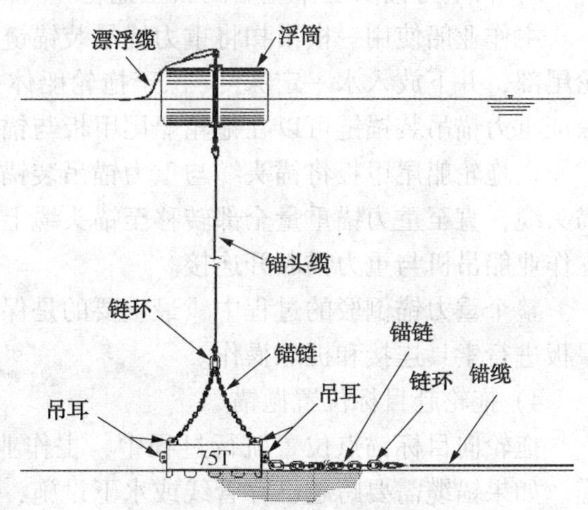

图4 单个重力锚连接方案

2. 普通拖轮安装法

由于重力锚底部的特殊设计型式，重力锚无法通过抛锚拖轮甲板滑移下水，如应用普通抛锚拖轮进行重力锚安装，需要由主作业船吊机配合抛锚拖轮将重力锚固定在拖轮船尾水下位置，然后抛锚拖轮前往锚点位置进行抛锚。

1）选取合适安装资源

由于该安装方法主要依靠抛锚拖轮的起抛锚绞车进行重力锚的安装和回收，所以应根据重力锚的规格选取具备合适绞车能力的抛锚拖轮，除此之外还应考虑重力锚回收时由于海床和重力锚间产生的瞬间吸附力。

2）准备工作

根据需求将拖轮船尾靠泊主作业船左舷或右舷以装载重力锚，主作业船按照重力锚索具

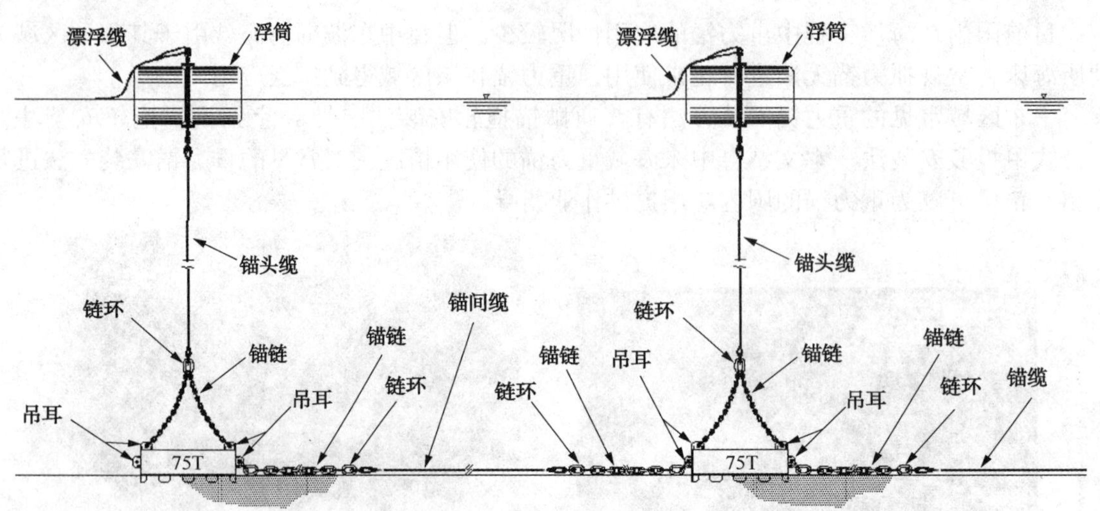

图5 两个重力锚连接方案

的连接方案，将所需索具连接到重力锚上，如果锚缆没有跨越水下设施，重力锚与锚缆的连接可在主作业船甲板或拖轮上进行，对于有跨越的情况，锚缆则在拖轮甲板上进行连接。

重力锚索具连接完毕后，主作业船将锚头缆及浮筒吊至拖轮甲板，其中锚头缆缠至拖轮滚筒上。

3）将重力锚从主作业船倒驳至拖轮

主作业船使用一根吊扣将重力锚吊装锚链与主吊机连接，主吊机起吊重力锚将其吊至拖轮尾部，并下放入水一定深度(位于拖轮船体龙骨下方)，但要保证链环位于水面以上，以保证重力锚吊装锚链可以在拖轮船尾甲板与锚头缆进行连接。

在拖轮船尾甲板将锚头缆与重力锚吊装锚链连接，继续下方重力锚，同时拖轮绞车回收锚头缆，直至重力锚重量全部转移至锚头缆上，重力锚载荷转移完毕后，在拖轮船尾甲板将主作业船吊机与重力锚断开连接。

整个重力锚倒驳的过程中，最重要的是保证吊装链环位于水面以上，并可以在拖轮船尾甲板进行索具连接和拆除操作。

4）拖轮赴目标位置抛锚

拖轮向目标锚点位置航行过程中，主作业船定位锚绞车应保持一定的张力随动释放锚缆。如果锚缆需要跨越已存管线或水下设施，应在锚缆上安装足够数量的防破坏浮筒。

拖轮到达指定位置后，由拖轮绞车下放重力锚，整个下放过程中，主作业船定位锚绞车应保持一定的张力，一是避免出现锚缆被重力锚压在下方的问题，二是通过锚缆带力可以控制重力锚在海床上的方向。

重力锚下放至海床后，在拖轮甲板连接锚头缆和浮筒，最后将浮筒和锚头缆全部下放至水中，此时主作业船可以加大锚缆张力，以检验重力锚的布设效果，如布设效果不满足设计要求，拖轮可以按照移锚的方法重新选择锚点进行重力锚布设。

整个抛锚过程中重力锚一直悬挂在拖轮尾部，承受重力锚重量的只有一根锚头缆，对于抛锚过程中跨越较多管线的锚点，应在吊装链环上部再连接一根安全绳，安全绳可以连接至拖轮上的另外一个滚筒，如滚筒能力不足，可以在拖轮甲板安装吊耳，利用吊耳作为重力锚的备用受力点，在拖轮到达锚点时，可以在拖轮船尾断开安全绳的连接，将安全绳回收至拖轮甲板，可以在下次抛锚过程中继续使用。

拖轮抛锚过程中增加安全绳的方案，可以避免由于锚头缆意外断裂或绞车故障造成重力锚坠落对海底设施的损害，提高了拖轮抛锚过程中跨越海底设施的安全性。

3. 带A字架拖轮安装方法

带A字架拖轮可以在拖轮甲板进行重力锚的起吊工作，通过A字架和绞车的载荷转移，将重力锚固定在拖轮船尾水下位置。

1）选取合适安装资源

该安装方法主要依靠抛锚拖轮的A字架将重力锚移出甲板，由拖轮绞车完成重力锚的下放，所以拖轮应具备合适的A字架和绞车，除此之外，重力锚存放在拖轮甲板上，拖轮的甲板空间和强度要满足重力锚存放要求。

图6 带A字架抛锚拖轮

2）准备工作

由主作业船将重力锚、浮筒及连接索具倒至拖轮甲板，重力锚要放在A字架工作范围内的甲板区域，拖轮按照重力锚索具的连接方案，将所需索具和锚缆连接到重力锚上，其中锚头缆缠至拖轮滚筒上。

3）拖轮赴目标位置抛锚

拖轮向目标锚点位置航行过程中，主作业船定位锚绞车应保持一定的张力随动释放锚缆。如果锚缆需要跨越已存管线或水下设施，应在锚缆上安装足够数量的防破坏浮筒。

拖轮到达指定位置后，连接A字架吊装索具和重力锚吊装链环，使用A字架将重力锚移至船尾水面上方，A字架下放重力锚位于拖轮船体龙骨下方，拖轮绞车回收锚头缆，同时A字架放松吊装索具，将重力锚荷载转移至锚头缆，继续回收锚头缆至吊装链环到达拖轮船尾甲板，断开A字架吊装索具和重力锚吊装链环的连接，最后由拖轮绞车完成重力锚下放。

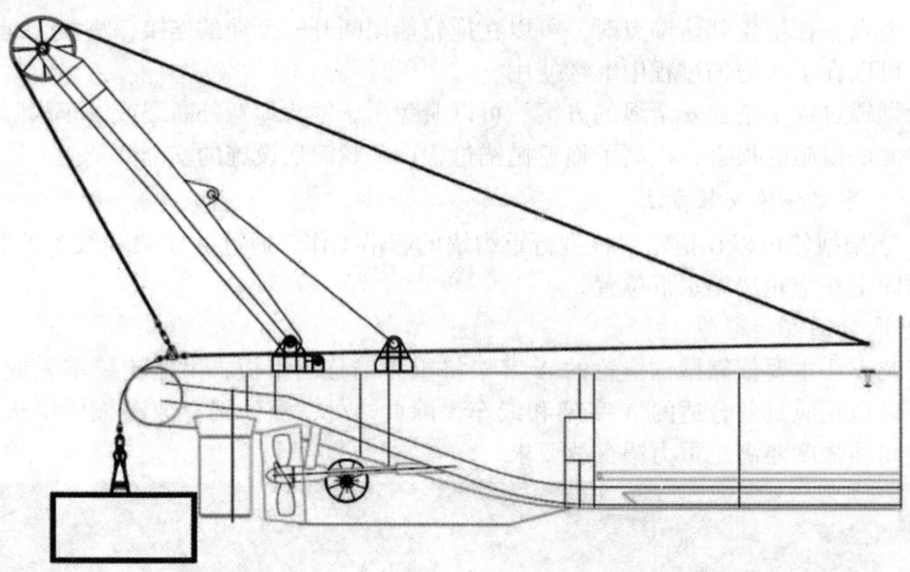

图7 带A字架抛锚拖轮安装重力锚示意图

4. 自升式甲板驳安装方法

自升式甲板驳可以为重力锚的安装提供一个工作平台，由于其不具备航行能力，工作期间需要由拖轮配合移动就位，甲板上面配备履带吊进行重力锚的起吊及下放工作，其工作方法与水下设施安装类似。

如工作水深超出了履带吊的起吊能力，甲板上面需要配备绞车及A字架，其重力锚安装方法与带A字架拖轮类似，由履带吊将重力锚吊至船尾水面以下，将重力锚载荷转移至绞车钢丝绳，最后由绞车及A字架进行重力锚的下放。

由于受抛锚资源机动性限制，这种安装方法可以在预抛重力锚项目中应用，而且重力锚需要预留连接缆供拖轮回收，海上施工时再由拖轮完成重力锚和锚缆的连接。

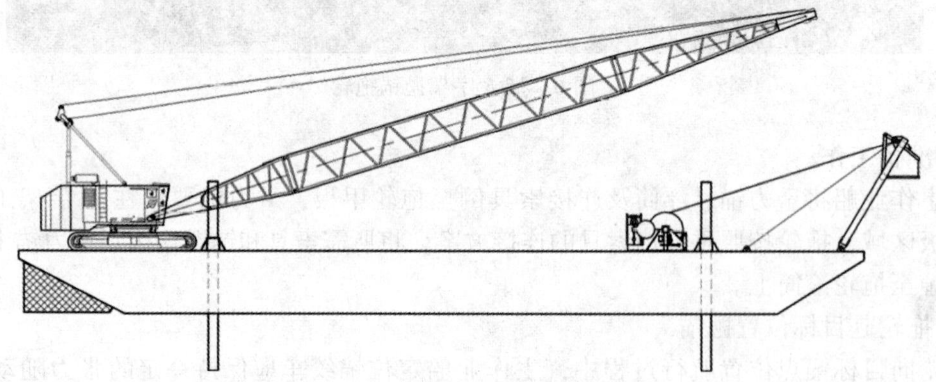

图8 自升式甲板驳甲板布置图

5. 结论

本文介绍了常见的重力锚安装方法，但无论采用哪一种安装方法，其最终目的都要将重力锚载荷转移至绞车，最后由绞车进行重力锚的下放和回收，但是每种安装方法都有各自的优缺点。

普通拖轮安装法其优点是对抛锚拖轮要求较低，只对抛锚绞车有一定能力要求，缺点是每次需要主作业船配合将重力锚固定在拖轮船尾水面以下，且航行至锚点过程中，重力锚一直固定在船尾船体龙骨下方，如在浅水区域抛锚作业，重力锚可能出现碰撞海床的情况，施工前需要对重力锚进行离地间隙分析，所以该安装方法会受到作业水深的限制，而且有些项目明确要求跨越管线抛锚时，工作锚必须在拖轮甲板上面，其适用性受到作业水深及项目抛锚要求的限制。

带A字架拖轮安装法其优点是只需要主作业船配合将重力锚倒至拖轮甲板，拖轮自身可以完成重力锚的抛锚工作，而且在航行至锚点过程中，重力锚一直存放在拖轮甲板上，极大降低了抛锚过程中对海底设施造成损坏的可能性，其缺点是拖轮需要配备足够能力的A字架，据了解，配备A字架的抛锚拖轮资源稀少，抛锚资源的寻找会存在问题。

自升式甲板驳安装法其优点是可以配备履带吊，因此不需要主作业船的配合，由于其甲板面积大，自身可以完成重力锚的存储工作，而且由于其船舶吃水较小，可以解决抛锚拖轮吃水受限区域的抛锚问题，缺点是机动性差，工作期间需要由拖轮配合移动就位，仅适用于需要预抛重力锚的项目。

ROLLS-ROYCE 舵机典型故障原因分析及处理

曹用顺

（中国石油集团海洋工程有限公司船舶服务事业部）

摘要：公司 5000HP 及以上 8 条船舶均为 ROLLS-ROYCE 变频舵机，在日常工作中经常会出现“液压锁报警”等故障导致舵机无法正常使用，因为“液压锁报警”为综合故障报警，只有查清出现报警的真正原因，才能排除故障，恢复舵机的工作。本文通过介绍 ROLLS-ROYCE 舵机系统的组成及工作原理，分析“液压锁故障”的原因、接近开关的调整、故障处理措施及修复方法，为今后同类型舵机故障处理、扩大自修、节约成本等提供借鉴与支持。

关键词：舵机；液压锁报警；故障处理

1. 引言

舵机是船舶航行的关键设备，舵机系统能否正常工作，关系到船舶的航行安全，本文涉及到的舵机为本公司 ROLLS-ROYCE 阀控型液压变频舵机。系统主要由电动机、液压油泵、变频器、控制阀组、控制单元、反馈单元、报警单元等组成。其中电动机及液压泵为双向旋转，变频器控制电动机转速，电动机在没有舵令时不运转，大大提高舵机的使用寿命，减少系统磨损及能耗。图 1 所示为 ROLLS-ROYCE 变频液压舵机系统图。

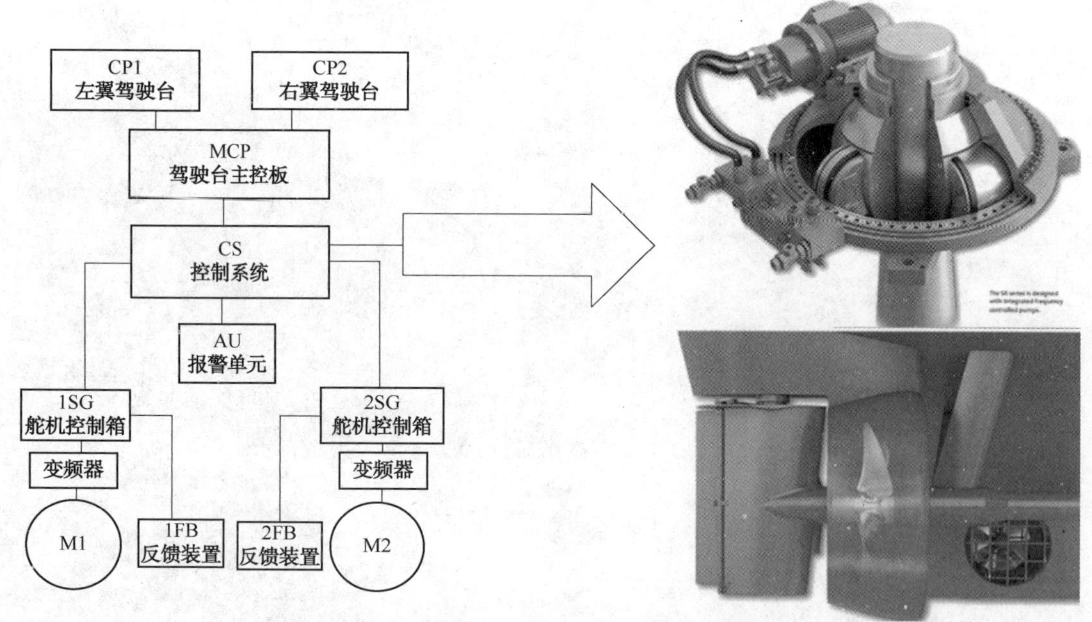

图 1　ROLLS-ROYCE 变频液压舵机系统图

2. 舵机液压系统结构及原理

ROLLS-ROYCE 液压变频舵机液压系统主要结构如图 2 所示，2 台舵机既可同时运转，又可单独运转从而保证一台舵机发生故障时，船舶依然可控，保证船舶安全。每台舵机动力为 2 台可双向旋转的电动机及液压泵组，系统管路包含液压油柜、4 个单线阀即“液压锁”、溢流阀、防浪阀、电磁阀等组成。其中液压锁传感器安放于 4 个单向阀处，每台舵机安装 2 个液压锁报警传感器，分别检测驾驶台控制系统发出的左舵、右舵指令时，液压单向阀是否打开。舵机启动后，以左舵为例液压油经单向阀 1、电磁阀 2 进入转舵机构推动舵杆转动；回油经溢流阀 4、滤器最终回液压重力油柜 6。液压油不足时，重力油柜进行补充，执行器内部泄露的液压油回到重力油柜。当大风浪天气时，防浪阀 7 使系统压力不超过额定值，保证设备安全可靠。

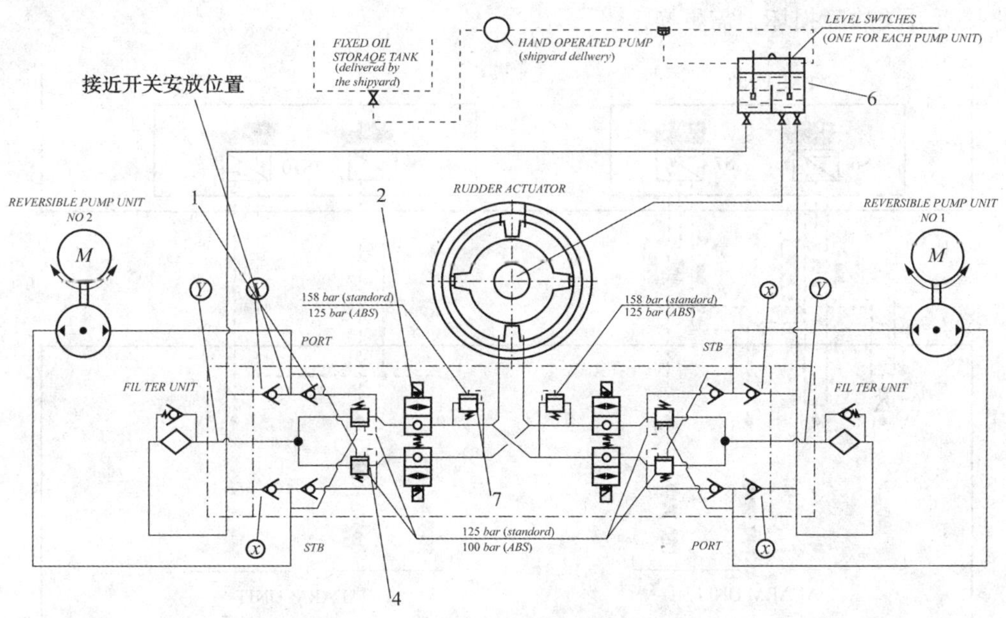

图 2　液压系统结构原理图

3. 液压锁故障原因

由图 2 可知，每台舵机共安装 4 个“液压锁报警传感器”(左舵令、右舵令各 2 个)，从驾驶台遥控发出舵机指令时，“液压锁报警传感器”在 3S 内没有检测到单向阀开启，就会向舵机报警单元发出“液压锁报警”信号。虽然液压锁报警故障是由于单向阀没有打开所致，但引起单项阀无法打开的因素很多，如：变频器损坏、电动机无法工作、泵损坏、极限开关位置不正确、系统液压油脏堵或系统缺油等都会导致舵机液压锁报警，因此可以说液压锁报警为舵机报警的综合体现。

4. 液压锁故障的排除

如出现“液压锁故障报警”应首先对报警进行确认，如短时间内无法恢复或者恢复后又重新出现，就需要对报警的原因进行查找、排除。

1）舵机机旁检查，确认是否液压系统故障

首先对液压系统进行整体检查，是否系统漏油，电源、变频器是否正常等。如上述均能正常工作，将舵机控制转换开关转至“机旁”位置，手动操纵舵机，注意观察舵机从“左 35°舵角”到“右 35°舵角”或者“右 35°舵角”到“左 35°舵角”执行机构是否运转平稳，有无噪音，最好计算时间，检查是否符合规范要求，如执行机构运转正常，基本可以排除液压油脏堵、电动机、变频器、液压油泵、控制阀故障引起的故障报警。

2）液压锁传感器接近开关检查

液压锁传感器接近开关是一个电磁开关，它的端面与单向阀紧贴一起时，触电接通。当系统有液压油通过单向阀时，单向阀打开，2 个贴近的端面分开，传感器触电断开。根据传感器工作原理及接线图如图 3 所示，很容易判断传感器是否损坏。打开液压锁接线盒，将万用表调至直流电压档，红色表笔接触“3”号端子，黑色表笔接触“2”号端子，驾驶台遥控操纵舵机，用万用表测量观察是否有 24V 电压变化，如有电压变化，接近开关正常；如无电压变化接近开关故障损坏，需更换。

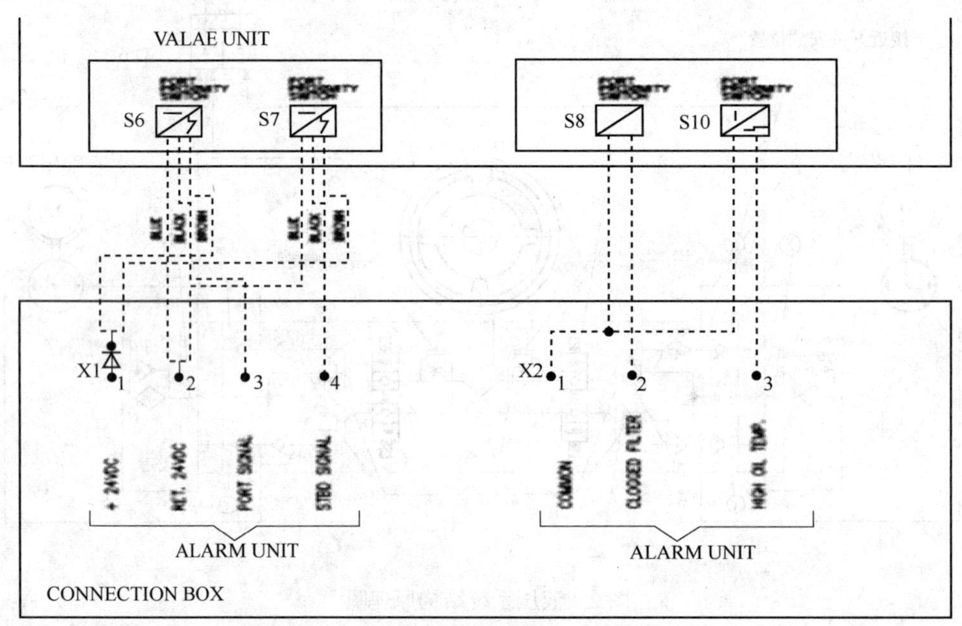

图 3 液压锁传感器接近开关接线图

3）对电器控制系统进行检查

当通过本地操作排除液压系统故障后，将转换开关转至“遥控”位置，舵机无法正常工作，且液压锁故障报警，因此判断为转换“遥控”操作后控制电路导致故障，图 4 为舵机控制电路部分接线图。

从图 4 可以看出，操作位置转换开关转至“机旁”时，继电器 K12 工作，系统正常工作，所以可以判断故障不是继电器 K12 所引起的。将转换开关转至“遥控”时，控制回路由继电器 K11 常开触点 43-44 控制，在驾驶台遥控启动舵机，用万用表测量继电器 K11 常开触点，不带电。检查继电器，发现常开触点铜片因震动断裂脱落，更换继电器，舵机恢复正常使用。

4）通过 U02 报警控制单元排除故障

在舵机的报警控制单元 U02 中如图 5 报警控制单元接线图，每个接线点都自带一个

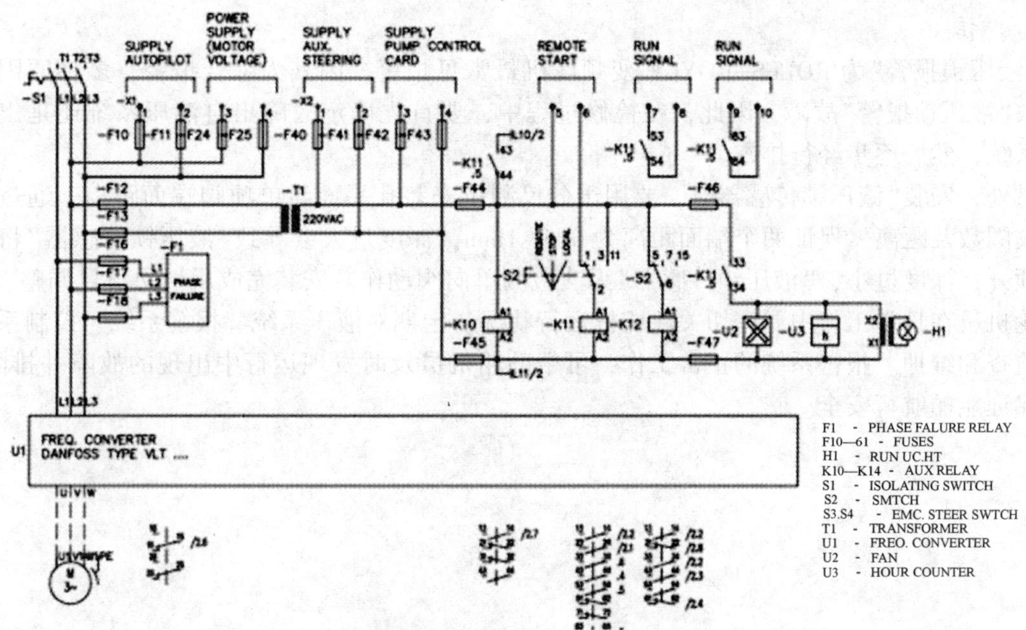

图 4　舵机电器控制系统原理图

LED 灯，要确认“液压锁故障报警”是否真实警报或者报警来自哪个部位，我们通过长期工作观察、记录，也可通过对灯的亮、灭状态进行故障查找。

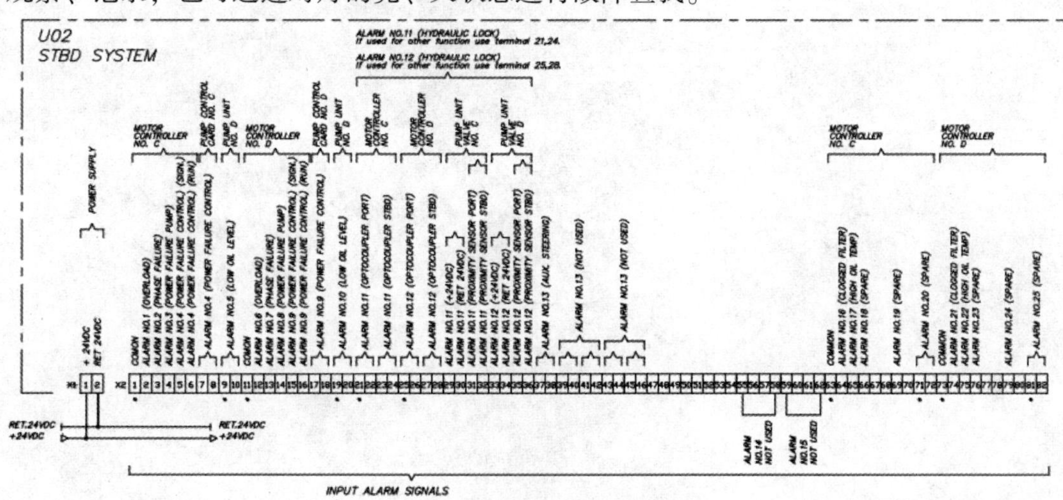

图 5　报警控制单元接线图

（1）打舵过程中报警，观察，U02 上的灯，正常状态是(左舵 17、20 亮，18、19 灭，反之亦然)。如果 17、18 灯不正常，是接触器 15、16 的原因，如果 19，20 不正常，是接近开关的原因。调整接近开关，正常状态是 24V 电压，顺时针旋入到变成 0V 时再顺时针旋入 90 度然后上紧，此时为 24V。如果没有 0V 的状态，则接近开关损坏，需更换。

（2）打舵结束后三四秒报警。观察 U02 上的灯的状态，正常状态下 17、18 灯灭，19、20 亮，哪个灯状态不真确就是相应的接触器或者接近开关故障。

5. 结语

“液压锁报警”为 ROLLS-ROYCE 变频舵机最常见报警，因其为综合报警，多种原因都可导致“液压锁报警”故障，因此，在检修过程中，要首先确定故障出自液压系统还是出自控制系统，然后逐步经行排查。

另外，安装“液压锁传感器时，要用千分尺测量安装孔平面与单项阀端面距离，通过记录螺纹圈数及距离，保证两个端面距离为 0.5~1mm，深度过大会导致“液压锁传感器”将单向阀顶开，深度过小，“液压锁传感器”无法检测单向阀动作。安装完成后切勿盲目调整。

轮机员在日常工作中要密切关注舵机运行状况，定期对液压系统、报警系统、控制系统经行检查和维护。报警系统的正常工作，可帮助轮机员及时发现运行中出现的故障并排除，进而保证船舶航行安全。

水下阀门关键技术研究及产品国产化

琚选择[1]　姜瑛[1]　石磊[1]　钟朝廷[1]　陈小平[2]　付剑波[1]

(1. 海洋石油工程股份有限公司; 2. 纽威阀门股份有限公司)

摘要：针对水下阀门是水下生产系统的不可或缺的核心设备之一，涉及整个水下生产系统各个工艺环节，具有技术含量高、可靠性要求高、使用寿命长不可维修性、供货周期长、占设备投资成本高等特点，阐述了水下阀门关键设计技术，包括水下闸阀的高可靠性零泄漏阀门密封机构设计和高可靠阀杆填料系统设计；水下球阀的阀座和球的密封结构设计、有外压密封的法兰结构设计和球体支撑设计；水下阀门材料选型设计和水下阀门操作设计。另外，基于水下阀门国际上推荐做法和工程应用的特点，对水下阀门的型式认证与测试技术进行了论述，包括工厂测试技术(FAT)、性能(PR2)测试技术和高压舱测试技术。通过从"十一五"到"十三五"近十年水下阀门国产化的研发，基本形成了从水下阀门的选型设计到产品设计的技术体系，并实现产品国产化，为后续的进一步紧随国际研发水平与水下阀门产业化发展打下了基础。

关键词：海洋石油工程；水下生产系统；水下产品；水下阀门

1. 概述

水下生产系统作为海上油气田开发的重要模式，可采用水下生产系统+浮式平台或水下生产系统+浅水固定导管架平台/陆上油气处理终端回接等组合开发方案，在国内、外油气田开发尤其是深水油气田开发领域得到广泛应用。而水下阀门是水下生产系统的不可或缺的核心设备之一，涉及整个水下生产系统各个工艺环节，具有技术含量高、可靠性要求高、使用寿命长不可维修性、供货周期长、占设备投资成本高等特点。在国际上伴随着水下生产系统技术与产业的发展，欧美发达国家水下阀门技术已基本成熟，在选材、设计和制造上已经趋于标准化，形成了标准化的认证体系，工程应用水深达到了3000m，高压舱测试装备能力达到了模拟4500m深海环境。由于水下阀门技术门槛高，故主流水下阀门供货商数量有限，主要集中在意大利和英国，其中比较著名的生产企业有Ring-O、Petrolvalve、ATV、Belvalve等。早在1997年，中国海洋石油总公司与国际跨国石油公司联合开发中国南部海域的石油，并引进了欧美发达国家的先进技术，其中，水下生产技术首次在陆丰22-1油田开发中引进，随着中国海油工业的壮大和发展，自主开发技术能力日益提升，于"十一五"期间依托国家重大专项目等课题启动开展水下生产系统技术的研发，其中，水下阀门是作为核心关键设备之一进行研发的。在"十二五"期间，海洋石油工程股份有限公司依托工业与信息化部海洋工程装备科研项目联合国内知名阀门制造企业纽威阀门股份有限公司开展了水下阀门的工程样机研制，并取得了重要的突破。本文将依托该研究，对水下阀门设计、材料选择、型式认证与测试以及水下机器人(ROV)可视化操作设计进行论述，并对下一步研究及产业化应用提出建议与意见。

2. 水下阀门设计关键技术

1）水下闸阀设计关键技术

（1）高可靠性零泄漏阀门密封机构设计。

水下阀门密封主要由阀体、阀座、闸板及阀座密封圈构成，其密封在陆地闸阀阀门密封的成熟结构上进行优化设计而来，重点从材料、表面处理、加工精度等方面进行提高，使其可靠性更高。

水下闸阀机构的特点是阀座和闸板孔径与阀体相同，因此能实现全孔径密封，不会因为密封机构缩颈而对流体形成阻尼。阀体为圆腔结构，能减小阀体内腔受流体压力作用时出现的应力集中。两个阀座和阀座密封圈对称分布，可实现双向密封。闸板与阀座间为金属对金属密封，密封面喷涂碳化钨硬化，使表面硬度达到 HV1050-1350 之间，使闸板和阀座密封面具有有很高耐磨性能。

（2）高可靠阀杆填料系统设计。

水下闸阀阀杆填料是阀门外漏可能通道中的唯一动密封。阀杆填料需要有 20~30 年的超长免维修使用寿命，并且在阀门开关磨损后仍然能可靠密封。为了保证阀杆填料的使用寿命及可靠性，在水下闸阀的阀杆填料设计中应采用多道无橡胶的密封来密封阀门内部的压力，同时采用密封圈密封阻隔来自外部海水的压力。

2）水下球阀设计关键技术

（1）阀座和球的密封结构设计。

水下球阀阀座和球体的密封结构通过多次改进设计以及有限元分析优化，在保证阀门扭矩合理的同时使密封性能最优化，包括低压气和高压气密封、寿命试验的要求。

（2）有外压密封的法兰结构设计。

由于水下阀门在海底长期应用的特殊性，外压密封的设计将是其与常规硬密封球阀的最大区别，需要保证长期有效的外压密封，以阻止海水进入。综合对比研究国外的外压密封设计，主密封为透镜式钢圈(BX 环)的金属对金属密封，外密封辅助密封以 O 形圈和唇式密封(Lipseal)为主，且一般采用单道密封。国产化密封采用 Lipseal+金属密封作为防止海水进入的密封件(图 1)。

（3）球体支撑设计。

水下球阀球体支承结构是设计阀门时需要首先考虑的问题，决定了阀门的内部结构。球体支承方式在固定球阀中常用的有两种：枢轴式和支撑板式。枢轴式的特点是定位可靠，受杂质的影响小，但需要增加外漏点，加工难度高，维护较麻烦。常用于小口径固定球阀及上装式固定球阀；支撑板式的特点是结构简单、加工难度小、定位精确、外漏点少，但容易受杂质的影响，常用于大口径的侧装式固定球阀。综合评估后，国产化水下球阀决定使用支撑板式结构(图 2)，尽量减少外漏点。同时支撑板的加工质量进行严格控制，保证装配后的球体能够处于正确的位置，使得阀门的整个开关过程，球体能够正常运转。

4）水下阀门材料选型设计

水下阀门的材料可靠性是使用寿命的基础，其不可维修性决定了对材料质量控制要高于陆地阀门要求。随着水下生产系统技术发展到成熟应用，水下阀门材料在国际上也趋于标准化，主要基于的规范有 API 6A/ISO 10423、API 17D/ISO 13628-4、NACE MR0175/ISO15156、NORSOK M-630、DNVGL-ST-F101 等。但根据各石油公司企业推荐做法、具体项目不同的操作工况、设计寿命、可靠性等要求会对材料的选择带来细微的变化。本次国产化水下阀门材料推荐如表1所示。

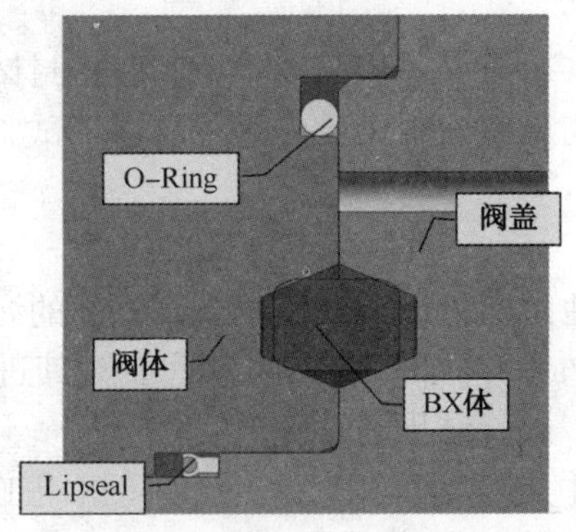

图1 水下球阀阀体法兰处密封示意

图2 水下球阀支撑板结构

表1 国产化水下阀门材料表

水下阀门组件	材料建议
阀体/阀盖	ASTM A694 F60+堆焊 625
球体	ASTM A694 F60+堆焊 625 ASTM A182 -F55
闸板	ASTM A182 -F55/F53 Inconel 718
阀座	ASTM A182 -F55/F53 Inconel 718
阀杆	ASTM A182 F55/F53 Inconel 718 Inconel 725
表面硬化	WC（TCC）
承压螺栓	ASTM A320 L7M/B7M ASTM A194 2HM
O Ring	HNBR/NBR
Lip Seal	PTFE/PEEK+Energizer

3. 水下阀门型式认证与测试技术

1）水下阀门工厂测试技术(FAT)

水下阀门安装于水下生产系统中，安装操作均需要动用深水船舶和ROV，而维修成本更是高昂。因此，对于水下阀门须具有较高的可靠性，应通过严格的质量控制避免阀门的前期失效，而工厂测试是对水下阀门性能最基本的检验。因此，合理的试验程序和验收准则对水下阀门质量控制至关重要。

API 17D/ISO 13628-4、API 6DSS/ ISO 14723、API 6A/ISO 10423 都对水下阀门的出厂试验做了要求。规范中需规定水下球阀、闸阀的试验条件，包括试验压力、试验保压时间及验收准则等内容。

水下闸阀出厂试验内容包括：电连续性试验、水压壳体试验、水压阀座密封试验、扭矩操作试验、壳体气压试验、阀座气密封试验、上密封气压试验。试验步骤及验收准则严格按照 API 6A 及 API 17D 相关规定及要求执行。

水下球阀出厂试验内容包括：电连续性试验、水压壳体试验、水压阀座密封试验、扭矩操作试验、低压气密封试验、高压气壳体试验、高压气密封试验、阀腔自泄压试验。试验步骤及验收准则严格按照 API 6DSS 相关规定执行。

2）水下阀门高压舱测试技术

水下阀门服务于海底油气生产系统中，与陆地阀门的区别在于，受到外部的海水的静水压力，最大应用深度达到了 3000m，相当于 30MPa 的外部压力。因此，需对其进行静水外压试验以验证阀门处于水下工况时的功能稳定性，试验结果的符合性。

水下阀门外压测试一般在模拟的高压测试舱中进行，试验时采用 ROV 扭矩工具对阀门进行操作，以验证其水下工况操作扭矩的符合性，高压舱试验需在 FAT 试验后进行，并且阀门不得涂装。各种压力试验都应有一段足够的时间使压力稳定，待压力稳定后，要将压力源与阀门断开。保证阀门中腔和阀杆填料函部分是干燥的，将试验的阀门两连接端封闭并水平固定在高压舱内。根据设计需要，在阀体主要部位安装应变片，以监测阀体受压时的应力变化。连接被测阀门所需的管件接头及测压、测漏装置，若条件允许，可先检测辅助装置的密封性或功能。安装、调试 ROV 工具，使阀门可以正常启闭。调试合格后，进行一次开关循环并记录最大和最小扭矩值。被测阀门的辅助装置安装完成之后合上舱盖，连接好外围装置。

图 3 水下球阀高压舱试验

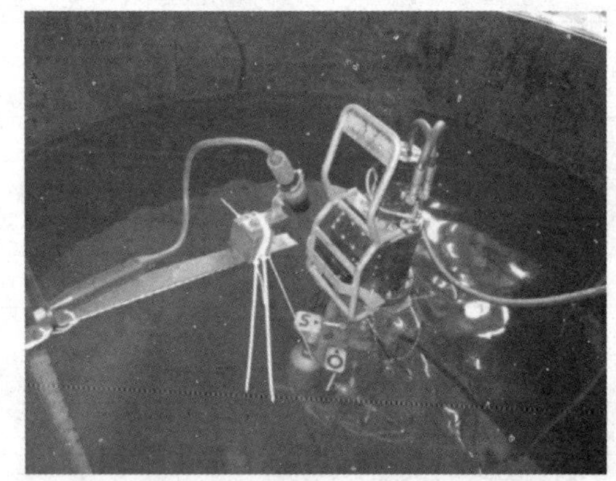

图 4 水下闸阀高压舱试验

3）水下阀门性能测试技术

API 6A 井口和采油树设备规范附录 F 中规定了阀门的性能试验，分为 PR1 和 PR2 两个等级。PR2 性能试验旨在通过对阀门使用状况的模拟来验证阀门的性能。试验需要首先进行常温开关循环试验，开关在阀门满压差下进行，通过开关来模拟阀门使用工况的开关，验证阀孔密封机构、齿轮箱磨损疲劳寿命。然后，使阀门在最高使用温度和最低使用温度进行满压差开关，验证阀门最高和最低温度疲劳寿命。高低温循环试验，通过模拟环境温度的变化验证阀门的密封性能。操作扭矩试验，验证阀门的操作扭矩的变化在正常范围。对于水下阀门国产化，PR2 试验（图 5）的关键技术为试验设备和试验的规程。需要配置有环境舱能放置阀门，且温度能够达到阀门最高、最低温度，以满足 PR2 测试要求。

4）水下阀门寿命测试技术

水下阀门国产化研发，属于首次工程化产品，其寿命测试与验证是水下阀门产品型式认证重要环节。根据 API 17D、API 6A 等水下设备生产的相关规范和标准，以及对比国际上水下设备制造商的规范要求，对水下阀门进行寿命测试的型式认证。需要在一定条件下，对阀门和执行器的总成进行寿命试验，即带压循环开关试验。对于阀门而言，一个循环应包含从全关位置开始，施加额定工作压力的压差，在全压差下开启至阀杆行至全开位置，然后泄压至大气压力，最后再关闭阀门。水下球阀和水下闸阀均需进行 600 次的寿命循环试验，其结果均应能够满足 ISO 5208 对阀门泄漏量的要求，球阀达到 C 级要求，闸阀达到 B 级要求。

4. 水下阀门操作设计技术

水下阀门应用于海底油气生产系统中，与陆地阀门操作相比方便性差距大，水下阀门需要 ROV 携带扭矩工具开闭阀门，因此需要对水下阀门配备 ROV 扭矩工具接口，同时齿轮箱需要有很高的可靠性，既能操作水下阀门又能承受扭矩工具的最大扭矩。另一方面，与陆地阀门相比，阀门的位置指示需要特殊设计适合 ROV 清晰观察。

对于水下阀门可视全行程开关指示系统设计，阀门开关操作时，阀杆螺母在闸阀开启和关闭时做直线运动，销一端被安装在阀杆螺母上，销另一端与指示传动轴上的螺旋槽相连接，从而在阀杆螺母上下运动时带动指示传动轴旋转运动。指示传动轴带动指示连接杆旋转运动，指示连接杆带动指示针旋转运动。当阀门关闭时指示针指向指示牌的“S”，当阀门开启时指示针指向指示牌的“O”。从而可通过 ROV 上配备的摄像头观察阀门的开启、关闭。

图 5 水下闸阀 PR2 试验

图 6 水下阀门指针开关指示

5. 结语

随着我国南海深水油气资源开发进入深水区，水下生产系统将大规模的应用于工程建设中，水下生产系统工程技术亦将得到创新和发展，并将推动产业发展，带动国内相关企业向海洋油气的深水工程配套。水下阀门作为水下生产系统的核心部件，因具有技术含量高、可靠性要求高、使用寿命长不可维修性、供货周期长、占设备投资成本高等特点，在水下生产系统研发伊始就得到而来行业的重视，从选型设计和产品研发经过近十年的历程，水下闸阀和球阀的关键设计、材料选择、型式认证、工厂测试等技术得到掌握，特别是高压舱测试的成功实施，标志着国内水下阀门技术已经达到紧跟国际研发与设计的水平。水下阀门下一步的重点是将现有研发成果的规模化推广与工程应用，并培育相应的产业链，建造国内专有的水下阀门性能测试高压舱，深化研发水下阀门的ROV操作接口及远程驱动器的设计。

参 考 文 献

[1] 高原，魏会东，姜瑛，王勇．深水水下生产系统及工艺设备技术现状与发展趋势[J]．中国海上油气，2014，26(04)：84-90.

[2] 李清平，朱海山，李新仲．深水水下生产技术发展现状与展望[J]．中国工程科学，2016，18(02)：76-84.

[3] Ju，G T，Littell，H S，Cook，T B，et al. Perdido Development：Subsea and Flowline Systems[C]. Offshore Technology Conference，2010：OTC-20882-MS.

[4] Hyperbaric chamber simulates deepwater valve conditions[EB/OL]. https：//www. offshore-mag. com/articles/print/volume - 71/issue - 11/italy - supplement/hyperbaric - chamber - simulates - deepwater - valve - conditions. html，2011-11-01/2018-06-03.

[5] 祝晓丹，王国富．浅谈水下球阀的选用[J]．中国造船，2012，53(A02)：423-428.

[6] 张飞，周美珍，姜瑛，琚选择，邢广阔．水下管汇阀门的选型和材料要求[J]．船海工程，2014，43(2)：135-138.

[7] 闫嘉钰．水下阀门类型及设计方案分析[J]．石油机械，2015，43(11)：68-73，87.

[8] 侯广信，安维峥，孙钦，王文祥，洪毅．水下复合电液控制系统液压控制响应分析[J]．石油机械，2015，43(6)：40-45.

[9] 吴巧梅，常占东，刘少波，李虎生，闫嘉钰，郭宏，洪毅．深海阀门阀杆填料密封结构的研究与设计[J]．通用机械，2015(07)：24-26.

[10] Yangye He，MenglanDuan，Xuan Xiao，et al. A Design Method of Subsea Gate Valve Actuator [A]. Society for Underwater Technology Technical Conference (SUTTC2013)[C]. Shanghai，China. 2013，8.

[11] 李树林，周思柱．水下阀门的材料要求及选择[J]．石油机械，2013，41(05)：54-58.

[12] 潘灵永，王向旗，李宝仁，高文金．基于阀门开度的水下闸阀摩擦力负载模型研究[J]．华中科技大学学报(自然科学版)，2015，43(10)：6-9.

[13] 王裴，张建权，冯素敬，李国庆，阎栋．深水阀门杆密封的设计与研究[J]．机械制造，2017，55(629)：63-65，81.

[14] 李跟飞，蒋鹏，张新奇，史文祥．水下球阀八角垫环密封结构的设计分析[J]．机械制造，2017，55(03)：43-45.

[15] API SPEC 6A-2011，Specification for Wellhead andChristmas Tree Equipment[S].

[16] ISO 10423-2009 (Modified)，Petroleum and natural gasindustries—Drilling and production equipment—Wellhead and Christmas Tree Equipment[S].

[17] API SPEC 17D-2011，Design and Operation of Subsea Production Systems-Subsea Wellhead and Tree Equipment [S].

[18] ISO 13628-4-2010，Petroleum and natural gas industries—Design and operation of subsea production systems—Part 4：Subsea wellhead and tree equipment [S].

[19] ANSI/NACE MR0175/ISO15156-2015，Petroleum and natural gas industries—Materials for use in H_2S-containingEnvironments in oil and gas production [S].

[20] NORSOK M-630-2013，Material data sheets and element data sheets for piping

[21] DNVGL-ST-F101-2017, Submarine Pipeline Systems [S].

[22] ASTM A694/A694M-2012, Standard Specification for Carbon and Alloy Steel Forgings for Pipe Flanges, Fittings, Valves, and Parts for High-Pressure Transmission Service [S].

[23] ASTM A182/A182M-2018, Standard Specification for Forged or Rolled Alloy and Stainless Steel Pipe Flanges, Forged Fittings, and Valves and Parts for High-Temperature Service [S].

[24] ASTM A320/A320M-17b-2017, Standard Specification for Alloy-Steel and Stainless Steel Bolting for Low-Temperature Service [S].

[25] ASTM A194/A194M-17a-2017, Standard Specification for Carbon Steel, Alloy Steel, and Stainless Steel Nuts for Bolts for High Pressure or High Temperature Service, or Both [S].

[26] E. J. Euthymiou. One Company's Experience in Subsea Valve Testing[C]. Offshore Technology Conference, 2002: OTC-14005-MS.

[27] ISO 5208-2015, Industrial valves - Pressure testing of metallic valves [S].